Meteorological analysis and weather forecast

기상분석과 일기예보

홍성길

교학연구사

저자 소개

홍성길(洪性吉)

1940년 대전 출생, 대전중·고등학교 졸업
서울대학교 문리과대학(천문기상학과)졸업(이학사)
공군 간후 50기 임관, 대위(기상장교)예편
영국 레딩대학교 대학원 졸업(이학 석사)
부산대학교 대학원 졸업(이학 박사)
기상청 김포국제공항기상대장, 예보분석관실장, 대전지방기상청장, 기상연구소장 역임
(사)한국기상학회장 역임
(주)휴머노피아, 정보기술연구소장 역임
(사)한국기상전문인협회장 역임
몽골 기상청자문관(지식경제부/NIPA파견) 역임

현재
(사)한국기상전문인협회 고문
(재)한국기상과학아카데미 이사 겸 강사
(주)워터피아 연구원
강남교회(예장, 노량진 소재) 장로

저서
미기상학(1980, 공저), 기초기후학(1981), 기상분석과 일기예보(1983), 기상과 화재(1987), 기상과 건강(1990), 대기오염과 미기상학(1990, 공저), 일기예보 이야기(1993), 환경인을 위한 미기상학(1998, 공저), 기상분석과 일기예보(개정판, 2003), 항공기상학(2012)

머리말

오늘날에는 수치예측에 의한 일기예보가 큰 진전을 보이면서 그 예측 정확도가 크게 향상되었습니다. 시중에서 기상청의 예보에 대한 평가가 놀라울 정도로 향상되었습니다. 크게는 수치예측모델 향상 덕분이라고 봅니다. 한편 수퍼컴을 사용한 수치예측모델의 일기예측에 크게 의지하면서 기상청 전직원의 예보관화가 이루어졌습니다.
"이제 누가 일기도를 그리며 일기도를 드려다 보는가? 컴퓨터가 모든 것을 처리해주는데..." 라고 농담을 해도 그럴듯해 보이게 되었습니다.

일기예보는 아직은 예보관의 활동무대입니다. 일기도에 기압계가 춤추고 날씨의 표정이 들어있습니다. 어떤 면에서는 일기예보는 일기도와의 씨름입니다. 아직 수치예측모델의 결과가 해결하지 못하고 있는 20%를 해결하는 열쇠는 역시 기상학 자체, 특히 기상분석에 대한 기상학적인 지식의 증진에 달려 있다고 생각됩니다.

본 책에서는 지금으로부터 꼭 30년 전에 발간된 초판의 전통을 이어서 기상관측정보를 해석하고 이용하는 요령으로부터 시작하여, 일기도를 비롯한 각종 기상분석을 다루고 있으며, 일기예보의 원리와 적용, 그리고 수치예보 자료의 이용을 비롯해 기상요소를 객관적으로 구하는 여러 방법들을 종합하였습니다.

앞으로도 기상학 지식이 더욱 향상되면서 기상분석능력과 일기예측 능력은 빠른 속도로 향상될 것이 틀림없는 일입니다. 이를 뒷받침할 수 있는 수퍼컴은 계속 발달할 것이고, 이에 따라 수치예측모델은 더욱 정교해질 것입니다. 정확한 일기예측을 위해 우리의 기상분석 역량을 넓혀가야 하겠습니다.

이 책에 많은 자료를 사용할 수 있도록 허락해주신 기상청에 감사하며, 또한 D. Djuric 교수의 Weather Analysis를 많이 참고했기에 감사를 표합니다. 아울러 내용을 검토해주신 전종갑교수, 그리고 기상청 직원들께 감사하며 이 책이 햇빛을 볼 수 있도록 수고해주신 교학연구사에 감사드립니다.

초판을 낼 즈음엔 구 소련에 의한 우리 국적기 격추 만행사건이 발생해 국민의 분노가 컸었습니다. 금년에는 우리 국적기의 샌프란시스코공항의 착륙사고가 발생했습니다. 안보 취약점에 대한 대비와 기계화, 전자화, 자동화의 취약점에 대한 대비는 항상 있어야 할 것입니다.

2013년 9월
상도동 한울집 서재에서
저자 씀

차 례

Chapter 01

기상전문의 해석과 활용

일기예보는 기상실황의 관측으로부터 시작된다.

기상정보 중에서도 기상실황전문은 기본적으로 중요하며 일기예보에는 기상실황전문의 이해가 무엇보다 중요하다. 기상실황전문을 수집하고, 이를 해석하고 일기도에 기입을 하여야만 기상분석을 시행할 준비가 갖추어지게 된다. 이제 기상분석의 첫걸음이 될 기상실황전문을 이해하고 활용하는 능력을 길러보자.

기상실황전문은 객관성과 합리성이 있고 간결해야 할 필요성이 있다. 기상실황전문의 구성은 관계자들의 약속에 속하는 사항이므로, 시대에 따라 적합한 형태로 끊임없이 변화되어 왔고, 앞으로도 변화될 가능성이 있는 것이다.

1.1 WMO 기상전문과 통신제도

1 기상전문 제도

기상관측이 실시되어 그 결과가 기록되면 이 기록을 교환하기 위하여 송수신에 적합한 기상전문(meteorological message, 氣象電文)을 작성하게 된다.

관측한 기상 기록을 기상전문으로 작성할 때는 명시된 규정에 맞게 작성하여야만 제삼자가 이를 해석하여 사용할 수 있게 된다.

기상자료를 교환하기 위해 사용되는 기상전문형식(meteorological code)은 WMO[1]를 통하여 국제적으로 협약이 이루어져 있다. 이것을 국제기상전문형식(international meteorological code)이라고 한다. 국제기상전문형식 외에도 지역기상전문형식(regional meteorological code)을 개발할 필요성이 있는 경우에는 WMO의 각 지역위원회[2]별로 이에 대한 규정을 제정하여 사용하고 있다.

기상자료의 교환에 사용되는 이러한 기상전문형식은 기상요소들을 표시하는 문자와 숫자로 구성되어 있고, 이러한 문자와 숫자가 실제 기상전문에서는 관측된 기상요소의 값, 또는 상태를 나타

1) WMO : 세계기상기구(World Meteorological Organization)는 UN의 특별기구 중의 하나로서 국제적인 기상업무를 회원국의 동의를 거쳐 통할 조정한다.

2) 지역위원회 : WMO는 세계를 6개 지역위원회(Regional Association)로 다음과 같이 나눈다.
RA-I : Africa, RA-II : Asia, RA-III : South America,
RA-IV : North America, RA-V : South-West Pacific, RA-VI ; Europe

내는 기호나 숫자로 모두 대치된다. 예를 들면, 지상 종관기상실황전문형식(FM 12-XIV SYNOP)에서 Nddff라고 쓰인 부분은 전운량(N), 풍향(dd)과 풍속(ff)을 나타낸다. 전문에서 이에 대응하는 부분에 52808로 쓰였다면 전운량이 5/8이며, 바람이 280도 방향에서 불어오고, 풍속은 08m/sec(또는 다른 약속에 따라서는 08kts일 수도 있음)임을 나타내는 것으로 약속되어 있다.

각 기상전문형식은 FM이라는 기호 뒤에 code의 고유번호가 붙어 있고, 다음에 그 code가 제정 또는 개정된 CBS[1] 회의의 차수를 나타내는 로마 숫자를 붙인다. FM이란 Form of Message의 약자이다. FM시스템으로 나타내는 code는 표 1-1과 같이 여러 가지가 있다.

본 장에서는 표 1-1의 code중에서 FM 12~FM 14, 그리고 FM 35~FM 38만을 다루도록 한다.

[표 1-1] 기상전문의 FM 시스템(2010년 이후)

전문 명칭	내 용
FM 12-XIV SYNOP	Report of surface observation from a land station
FM 13-XIV SHIP	Report of surface observation from a sea station
FM 14-XIV SYNOP MOBIL	Report of surface observation from a mobile land station
FM 15-XIV METAR	Aviation routine weather report (with or without trend forecast)
FM 16-XIV SPECI	Aviation selected special weather report (with or without trend forecast)
FM 18-XII BUOY	Report of a buoy observation.
FM 20-VIII RADOB	Report of ground radar weather observation
FM 22-IX Ext.RADREP	Radiological data report (monitored on a routine basis and/or in case of accident)
FM 32-XI Ext. PILOT	Upper-wind report from a fixed land station
FM 33-XI Ext. PILOT SHIP	Upper-wind report from a sea station
FM 34-XI Ext. PILOT MOBIL	Upper-wind report from a mobile land station
FM 35-XI Ext. TEMP	Upper-level pressure, temperature, humidity and wind report from a fixed land station
FM 36-XI Ext. TEMP SHIP	Upper-level pressure, temperature, humidity and wind report from a sea station
FM 37-XI Ext. TEMP DROP	Upper-level pressure, temperature, humidity and wind report from a sonde released by carrier balloons or aircraft
FM 38-XI Ext. TEMP MOBIL	Upper-level pressure, temperature, humidity and wind report from a mobile land station
FM 39-VI ROCOB	Upper-level temperature, wind and air density report from a land rocketsonde station
FM 40-VI ROCOB SHIP	Upper-level temperature, wind and air density report from a rocketsonde station on a ship

〈다음면 계속〉

1) CBS : WMO의 전문위원회 중의 하나인 기본체계위원회(Commission for Basic System)이다. WMO의 전문위원회는 CBS 외에도 기상측기・관측법위원회(CIMO), 대기과학위원회(CAS), 항공기상위원회(CAeM), 농업기상위원회(CAgM), 해양기상위원회(CMM), 수문위원회(CHy), 그리고 기후위원회(CCl)로 편성되어 있다. 각 전문위원회는 총회나 지역위원회와 마찬가지로 4년마다 정기회의, 그리고 필요시에 임시회의를 개최한다.

FM 41-IV CODAR	Upper-air report from an aircraft (other than weather reconnaissance aircraft)
FM 42-XI Ext. AMDAR	Aircraft report (aircraft meteorological data relay)
FM 44-V ICEAN	Ice analysis
FM 45-IV IAC	Analysis in full form
FM 46-IV IAC FLEET	Analysis in abbreviated form
FM 47-IX Ext. GRID	Processed data in the form of grid-point values
FM 49-IX Ext. GRAF	Processed data in the form of grid-point values (abbreviated code form)
FM 50-VIII WINTEM	Forecast upper wind and temperature for aviation
FM 51-XIV TAF	Aerodrome forecast
FM 53-X Ext. ARFOR	Area forecast for aviation
FM 54-X Ext. ROFOR	Route forecast for aviation
FM 57-IX Ext. RADOF	Radiological trajectory dose forecast (defined time of arrival and location)
FM 61-IV MAFOR	Forecast for shipping
FM 62-VIII Ext. TRACKOB	Report of marine surface observation along a ship's track
FM 63-XI Ext. BATHY	Report of bathythermal observation
FM 64-XI Ext. TESAC	Temperature, salinity and current report from a sea station
FM 65-XI Ext. WAVEOB	Report of spectral wave information from a sea station or from a remote platform (aircraft or satellite)
FM 67-VI HYDRA	Report of hydrological observation from a hydrological station
FM 68-VI HYFOR	Hydrological forecast
FM 71-XII CLIMAT	Report of monthly means and totals from a land station
FM 72-XII CLIMAT SHIP	Report of monthly means and totals from an ocean weather station
FM 73-VI NACLI/CLINP/SPCLI /CLISA/ INCLI	Reports of monthly means for an oceanic area
FM 75-XII Ext. CLIMAT TEMP	Report of monthly aerological means from a land station
FM 76-XII Ext. CLIMAT TEMP SHIP	Report of monthly aerological means from an ocean weather station
FM 81-I SFAZI	Synoptic report of bearings of sources of atmospherics
FM 82-I SFLOC	Synoptic report of the geographical location of sources of atmospherics
FM 83-I SFAZU	Detailed report of the distribution of sources of atmospherics by bearings for any period up to and including 24 hours
FM 85-IX SAREP	Report of synoptic interpretation of cloud data obtained by a meteorological satellite
FM 86-XI SATEM	Report of satellite remote upper-air soundings of pressure, temperature and humidity
FM 87-XI SARAD	Report of satellite clear radiance observations
FM 88-XI SATOB	Report of satellite observations of wind, surface temperature, cloud, humidity and radiation

2 기상통신망

한 지점 또는 지역에서 얻은 기상정보를 타 지점 또는 지역에 보내고, 다른 지점에서 얻어진 기상정보를 수집하기 위해서는 일정한 통신수단이 필요하다. 이러한 통신수단 중에는 유・무선 CW, 유・무선 텔레타이프, 유・무선 팩시밀리가 있으며, 오늘날에는 통신이 컴퓨터화 되어 정보를 대량으로 편집, 송・수신할 수 있게 되었다.

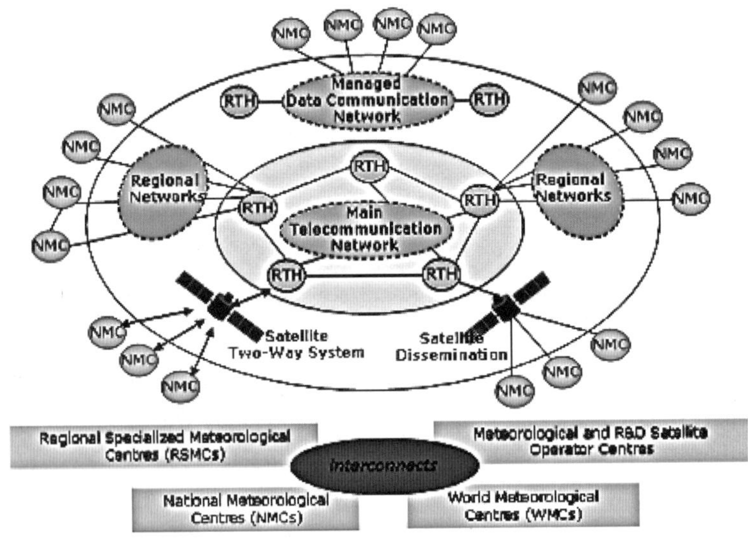

(a) GTS의 구조

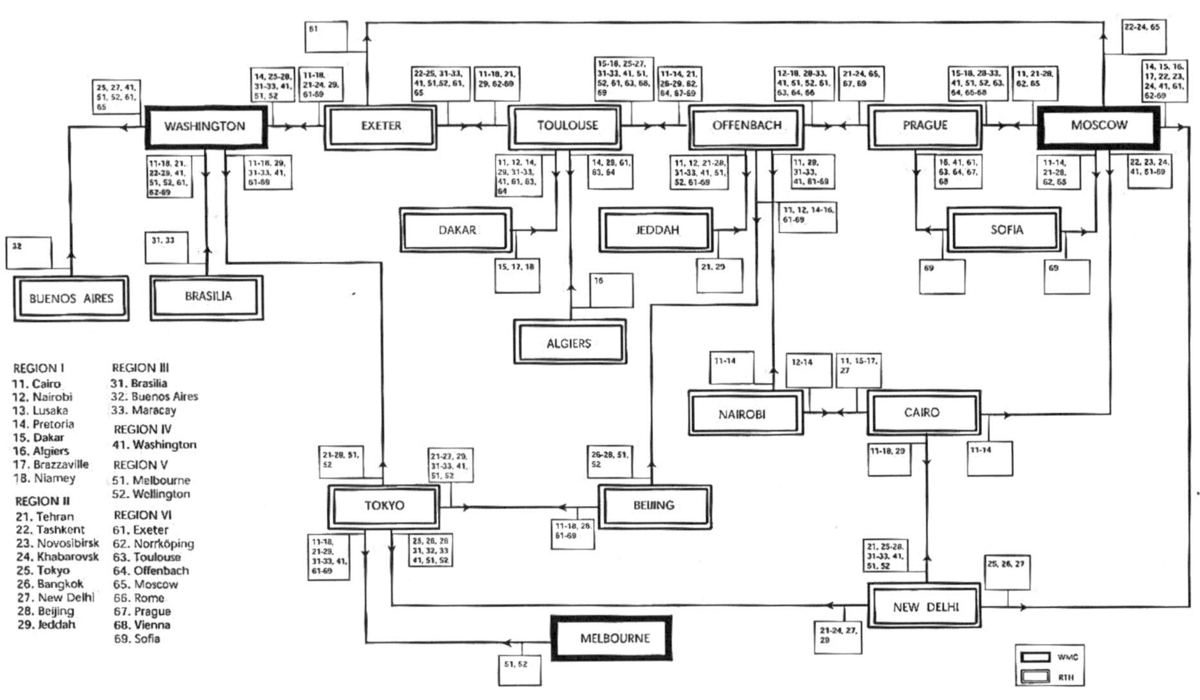

(b) 관측자료 통신 계획

[그림 1-1] 세계기상통신시스템(GTS)의 구조와 관측자료 통신 계획

넓은 지역의 기상정보를, 시각을 다투어 송·수신하기 위하여 WMO에서는 그림 1-1과 같은 통신망을 구성하고 있다. 이러한 구성을 GDP시스템(Global Data- Processing System)이라고 한다. GDP시스템은 가공된 정보를 각 WMO회원국에게 실시간(real-time)또는 비실시간(non-real-time)으로 지원하기 위하여 구성되었다.

GDP시스템을 위한 세계기상통신센터(World Meteorological Center, WMC)는 미국의 Washington, 러시아의 Moskva 및 호주의 Melbourne(남반구 전담)이다. 이와 함께 지역기상통신센터(Regional Meteorological Center, RMC)는, 우리와 직접적으로 관계가 있는, 일본 Tokyo 등 26개소이다. 이 시스템에서는 많은 자료를 단시간에 정확하게 송·수신하여야 하기 때문에 지점 대 지점(point-to-point) 통신을 실시하고 있다.

예를 들면, 우리나라의 각 기상관측시설(이하 기상관측소라 한다)에서 관측된 기상정보는 국내기상통신센터(National Meteorological Center, NMC)인 기상청에 수집되고, 이 정보는 point-to-point 통신망으로 극동지역의 RMC인 Tokyo로 보내져서 이곳을 통해서 극동지역은 물론이고 세계적인 공급이 이루어진다. 아울러 우리나라는 Tokyo RMC로부터 극동지역의 정보뿐만 아니고 세계적인 정보를 수정하고 있다.

물론 GDP시스템은 기상실황전문의 품질관리, 전문해석 및 분류가 이루어지기 이전의 실시간 자료도 취급되고 있지만, 그 외에도 대기의 3차원 분석 자료와 예보자료도 함께 통신되고 있으며 비실시간 자료도 통신되고 있다.

1.2 지상기상실황전문

1 지상기상실황전문 해설

가. 전문의 형식

지상(육상과 해상)의 종관기상 실황전문형식은 3가지로서, FM 12 SYNOP, FM 13 SHIP 및 FM 14 SYNOP MOBIL이다. 이들은 각각 육지에 위치한 종관기상관측소와 해상에 정박 중이거나 항해 중인 선박, 그리고 위치이동이 가능한 이동관측소에서 관측한 기상실황을 보고하는 전문형식이다(표 1-2 참조).

나. 전문의 개관

1) 전문형식 FM 12 SYNOP은 육상의 유인관측소나 무인관측소의 종관기상실황을, 전문형식 FM 13 SHIP은 유인이든 무인이든 해상에서 정박 또는 운항 중인 선박이나 시설물 상에서의 종관기상실황을, 그리고 FM 14 SYNOP MOBIL은 육상에서 이동이 가능한 유인관측소나 무인관측

소에서의 종관기상실황을 보고하는 데 사용된다.

2) Code의 이름인 SYNOP, SHIP 그리고 SYNOP MOBIL은 보고되는 전문에는 포함시키지 않는다.

[표 1-2] 지상 종관기상실황전문의 형식

(FM 12-XIV SYNOP, FM 13-XIV SHIP 및 FM 14-XIV SYNOP MOBIL)

SECTION 0	$M_iM_iM_jM_j$ $\begin{cases} D \ldots\ldots D^{4)} \text{ or} \\ A_1 b_w n_b n_b n_b^{2)} \end{cases}$ $YYGGi_w$ $\begin{cases} IIiii^{1)} \text{ or} \\ 99L_aL_aL_a \ Q_cL_oL_oL_oL_o^{2)} \end{cases}$
	$MMMU_{La}U_{Lo}^{3)}$ $h_0h_0h_0h_0i_m^{3)}$
SECTION 1	i_Ri_xhVV $Nddff$ $(00fff)$ $1s_nTTT$ $\begin{cases} 2s_nT_dT_dT_d \text{ or} \\ 29UUU \end{cases}$ $3P_0P_0P_0P_0$
	$\begin{cases} 4PPPP \text{ or} \\ 4a_3hhh \end{cases}$ $5appp$ $6RRRt_R$ $\begin{cases} 7wwW_1W_2 \text{ or} \\ 7w_aw_aW_{a1}W_{a1} \end{cases}$ $8N_hC_LC_MC_H$ $9GGgg$
SECTION 2	$222D_sv_s$ $(0s_sT_wT_wT_w)$ $(1P_{wa}P_{wa}H_{wa}H_{wa})$ $(2P_wP_wH_wH_w)$
	$((3d_{w1}d_{w1}d_{w2}d_{w2})$ $(4P_{w1}P_{w1}H_{w1}H_{w1})$ $(5P_{w2}P_{w2}H_{w2}H_{w2}))$
	$(\begin{cases} 6I_sE_sE_sR_s \text{ or} \\ ICING + plain language \end{cases})$ $(70H_{wa}H_{wa}H_{wa})(8s_wT_bT_bT_b)$
	$(8s_wT_bT_bT_b)$ $(ICE+\begin{cases} c_iS_ib_iD_iz_i \text{ or} \\ plain \ language \end{cases})$
SECTION 3	333 (0 ....) $(1s_nT_xT_xT_x)$ $(2s_nT_nT_nT_n)$ $(3Ejjj)$ $(4E'sss)$
	$(5j_1j_2j_3j_4$ $(j_5j_6j_7j_8j_9))$ $(6RRRt_R)$ $(7R_{24}R_{24}R_{24}R_{24})$ $(8N_sCh_sh_s)$
	$(9S_pS_ps_ps_p)$ (80000 (0 . . . .) (1 . . . .) . . . . .)
SECTION 4	444 $N'C'H'H'C_t$
SECTION 5	555 Groups to be developed nationally

1) : Used in FM 12 only. 2) : Used in FM 13 only.

3) : Used in FM 14 only. 4) : Used in FM 13 and FM 14 only.

[표 1-3] M_iM_i(전문의 종류), M_jM_j(전문의 부분)의 표시 (Code Table 2582 참조)

전문의 종류	M_iM_i	M_jM_j				
		Part A	Part B	Part C	Part D	No distinction
FM 12 SYNOP	AA					XX
FM 13 SHIP	BB					XX
FM 14 SYNOP MOBIL	OO					XX
FM 35 TEMP	TT	AA	BB	CC	DD	
FM 36 TEMP SHIP	UU	AA	BB	CC	DD	
FM 37 TEMP DROP	XX	AA	BB	CC	DD	
FM 38 TEMP MOBIL	I I	AA	BB	CC	DD	

3) SYNOP전문인 경우에는 $M_iM_iM_jM_j$(Code Table 2582)를 AAXX로, SHIP전문인 경우에는 BBXX로, SYNOP MOBIL전문인 경우에는 OOXX로 구별한다(표 1-3 참조)

4) 이들 전문 형식의 구성은 표 1-4와 같다.

[표 1-4] 지상관측전문의 구성

Section	인식숫자군	내 용
0 (식별부)	없음	식별자료(형식, 선박 호출부호/부표 인식부호, 날짜, 시간, 위치 등) 및 풍속 단위 지정.
1 (공통자료부)	없음	SYNOP전문형식과 SHIP전문형식, 그리고 SYNOP MOBIL전문형식에 공통인 국제 교환 자료.
2 (해양자료부)	222	해상관측소나 육지의 해안관측소의 해양관측 자료.
3 (지역별자료부)	333	지역 회원국 간의 교환 자료.
4 (관측소 고도 이하 구름자료부)	444	운저가 관측소보다 낮은 구름 관측 자료(국내용).
5 (국가별자료부)	555	국내 교환 자료.

5) 이들 전문 형식은 대체로 인식숫자의 증가 순으로 나타낸다.

6) 어느 section에서나 괄호 중의 어느 group을 생략할 것인지는 관측소의 형태나 자료 특성에 따른다.

7) 정보 내용이 별로 소용이 되지 않거나, 정보 내용을 얻지 못하였을 경우에는 해당 group을 생략하게 되므로 전문의 길이가 짧아질 수도 있다.

8) 육상관측소[1)]인 경우 $M_iM_iM_jM_j$ $YYGGi_w$는 편집된 일련의 전문군(text)의 첫 줄에만 사용되며, 이 때 그 전문군은 같은 시각의 자료들이고 풍속의 단위가 같다고 본다.

9) 해상관측소[2)] 또는 육상의 이동관측소인 경우 $M_iM_iM_jM_j$는 전문군의 첫 줄에만 표시하고, D...D $YYGGi_w$ 또는 $A_1b_wn_bn_bn_b$ $YYGGi_w$는 개개의 보고에 모두 표시한다.

10) 육상의 고정관측소의 보고에서는 최소한 Section 0과 1을 포함하여야 하고, 관측소 위치는 $IIiii$군으로 나타낸다. 해안에 위치한 고정관측소에서는 Section 2도 포함시킬 수 있다.

육상의 이동관측소는 D...D군을 표시한다. 그리고 그 위치를 $99L_aL_aL_a$ $Q_CL_oL_oL_oL_o$로 표시하고 $h_0h_0h_0h_0i_m$을 나타내야 한다. 육상의 이동관측소의 보고에서는 Section 0과 1 이외에도 가능

---

1) 육상관측소(land station) : 대륙이든 섬이든 그 위치가 변함이 없는 땅에서 기상관측을 시행할 때 이를 육상관측소라 한다. 이는 지상관측소(surface station)와 구별된다. 지상관측소는 육상관측소와 해상관측소를 총칭한다. 따라서 지상관측(surface observation)은 고층관측(upper air observation)에 대응되는 용어로서, 지상에서의 대기의 상태를 평가하는 것이다.

2) 해상관측소(sea station) : 해상에 정박 중이거나 항행 중인 선박, 또는 해상의 시설물 상에서 기상을 관측하는 경우 그 곳을 해상관측소라 한다.

한한 Section 3의 5, 8, 9군을 포함시킨다.

11) 해상관측소인 경우에, 약식전문이나 단축전문 형식이 아닌, 정상적인 보고는 항상 Section 0, 1 및 2를 포함시켜야 하고, Section 2는 가급적 최대한의 자료 group을 포함시킨다. 해상관측소(지점)의 위치는 $99L_aL_aL_a$ $Q_CL_oL_oL_oL_o$군과 D...D나 $A_1b_wn_bn_bn_b$군으로도 나타낸다.

12) 해상관측소에서는 Section 0, 1, 2 이외에도 가능하면 Section 3의 5, 8, 9군을 반드시 보고해야 한다.

13) 보조관측선박(supplementary ship)에서의 보고인 경우, Section 1은 최소한 "i_Ri_xhVV $Nddff$ $1s_nTTT$ $4PPPP$ $7wwW_1W_2$"를 포함한다. 단, 이 때 i_R=4이고, i_X=1, 2, 3 중에서 사용한다.

14) 해상의 drilling rig나, oil or gas production platform의 경우에는 $A_1b_wn_bn_bn_b$군을 사용한다. Call sign이 없는 배의 경우에는 D...D에 "SHIP"를, 그리고 육상의 이동관측소의 경우에는 "MOBIL"을 사용한다.

15) 국제 교환의 경우, 전 지구적인 교환을 위해서는 Section 0과 1을, 지역 내의 교환을 위해서는 Section 0, 1, 2와 함께 Section 3 중에서 인식숫자 1, 2, 6 및 8군을 사용한다. Section 3의 나머지 부분(군)의 교환 여부는 각 회원국에서 결정한다.

다. 전문의 해석

(1) 전문의 종류와 위치 표시부(Section 0)

$M_iM_iM_jM_j$	$\begin{cases} D \;......D^{4)} \text{ or} \\ A_1\, b_wn_bn_bn_b^{2)} \end{cases}$	$YYGGi_w$	$\begin{cases} IIiii^{1)} \quad \text{or} \\ 99L_aL_aL_a \;\; Q_CL_oL_oL_oL_o^{4)} \end{cases}$
$MMMU_{La}U_{Lo}^{3)}$	$h_0h_0h_0h_0i_m^{3)}$		

1) : Used in FM 12 SYNOP only. 2) : Used in FM 13 SHIP only.
3) : Used in FM 14 SYNOP MOBIL only. 4) : Used in FM 13 and FM 14 only.

- $M_iM_iM_jM_j$: 전문의 종류와 부분의 인식 부호(Code Table 2582, 표 1-3 참조).
- $YYGG$: 날짜와 관측시각(UTC)
- i_w : 풍속 단위 결정(표 1-5 참조)

[표 1-5] i_w(풍속 단위)의 결정 (Code Table 1855 참조)

i_w의 Code 숫자	단위	추정 또는 계측 여부
0	m/s	추정값
1	m/s	계측값
3	kts	추정값
4	kts	계측값

- $IIiii$: WMO에서 정한 구역 고유번호(II, WMO-No.9, Vol.A 참조)와 구역 내 관측소 고유번호(iii).

  예 한국+일본은 II=47, 서울은 iii=108.
- $D.....D$: 선박의 호출부호(Call sign)
- A_1b_w : 자동관측 부표(buoy)가 떠 있는 해역의 대·소구분, Code Table 0161(표 1-6 참조)

[표 1-6] A_1b_w(자동관측 부표(buoy)가 떠 있는 해역의 대 · 소구분 (Code Table 0161)

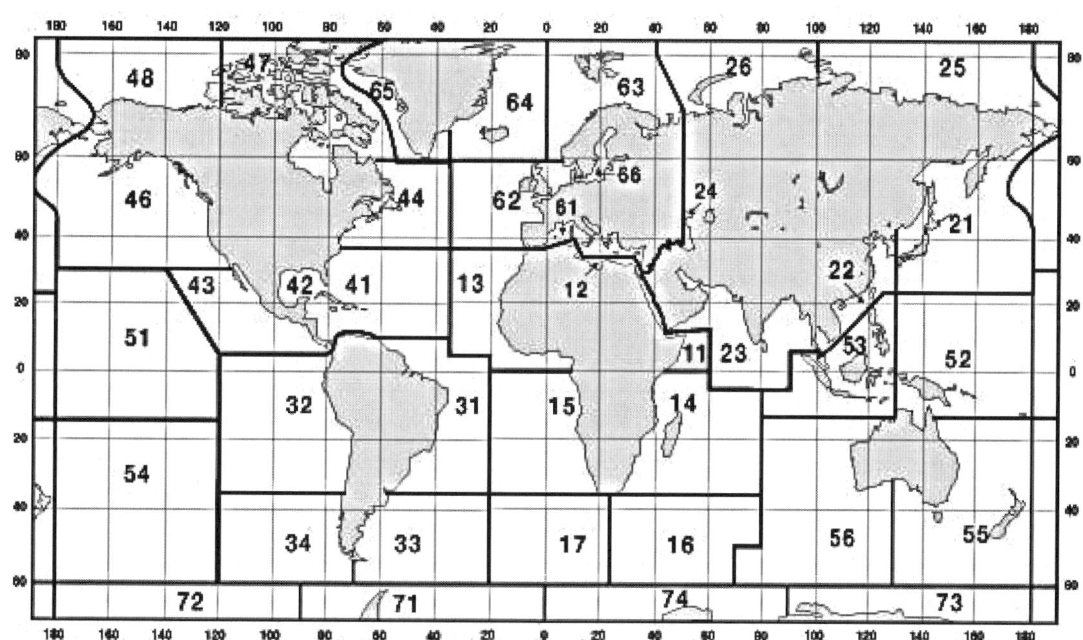

- $n_bn_bn_b$: Buoy의 형태 또는 일련번호.
- $99L_aL_aL_a$: 해상관측소의 위치를 나타내기 위한 인식숫자(99)와 0.1도 단위의 위도($L_aL_aL_a$)
- Q_C : 지구 표면을 4등분한 구역 표시, Code Table 3333 (표 1-7 참조).

[표 1-7] Q_C(지구 표면을 4등분한 구역)의 표시(Code Table 3333 참조)

Q_C (지구 표면을 4등분한 구역)	서경	동경
북반구	7	1
남반구	5	3

- $L_oL_oL_oL_o$: 0.1도 단위의 경도.
- MMM : 해상관측 또는 육상이동관측의 경우 관측시각에 관측선 또는 관측차량이 위치한 곳의 Marsden 구역번호, Code Table 2590(표 1-8 참조).

[표 1-8] MMM(해상관측 또는 육상이동관측에서 관측 위치의 Marsden 구역번호) 표시 (Code Table 2590 참조).

	180°–170°	170°–160°	160°–150°	150°–140°	140°–130°	130°–120°	120°–110°	110°–100°	100°–90°	90°–80°	80°–70°	70°–60°	60°–50°	50°–40°	40°–30°	30°–20°	20°–10°	10°–0°	0°–10°	10°–20°	20°–30°	30°–40°	40°–50°	50°–60°	60°–70°	70°–80°	80°–90°	90°–100°	100°–110°	110°–120°	120°–130°	130°–140°	140°–150°	150°–160°	160°–170°	170°–180°
80°–70°	270	269	268	267	266	265	264	263	262	261	260	259	258	257	256	255	254	253	288	287	286	285	284	283	282	281	280	279	278	277	276	275	274	273	272	271
70°–60°	234	233	232	231	230	229	228	227	226	225	224	223	222	221	220	219	218	217	252	251	250	249	248	247	246	245	244	243	242	241	240	239	238	237	236	235
60°–50°	198	197	196	195	194	193	192	191	190	189	188	187	186	185	184	183	182	181	216	215	214	213	212	211	210	209	208	207	206	205	204	203	202	201	200	199
50°–40°	162	161	160	159	158	157	156	155	154	153	152	151	150	149	148	147	146	145	180	179	178	177	176	175	174	173	172	171	170	169	168	167	166	165	164	163
40°–30°	126	125	124	123	122	121	120	119	118	117	116	115	114	113	112	111	110	109	144	143	142	141	140	139	138	137	136	135	134	133	132	131	130	129	128	127
30°–20°	90	89	88	87	86	85	84	83	82	81	80	79	78	77	76	75	74	73	108	107	106	105	104	103	102	101	100	99	98	97	96	95	94	93	92	91
20°–10°	54	53	52	51	50	49	48	47	46	45	44	43	42	41	40	39	38	37	72	71	70	69	68	67	66	65	64	63	62	61	60	59	58	57	56	55
10°–0°	18	17	16	15	14	13	12	11	10	9	8	7	6	5	4	3	2	1	36	35	34	33	32	31	30	29	28	27	26	25	24	23	22	21	20	19
0°–10°	317	316	315	314	313	312	311	310	309	308	307	306	305	304	303	302	301	300	335	334	333	332	331	330	329	328	327	326	325	324	323	322	321	320	319	318
10°–20°	353	352	351	350	349	348	347	346	345	344	343	342	341	340	339	338	337	336	371	370	369	368	367	366	365	364	363	362	361	360	359	358	357	356	355	354
20°–30°	389	388	387	386	385	384	383	382	381	380	379	378	377	376	375	374	373	372	407	406	405	404	403	402	401	400	399	398	397	396	395	394	393	392	391	390
30°–40°	425	424	423	422	421	420	419	418	417	416	415	414	413	412	411	410	409	408	443	442	441	440	439	438	437	436	435	434	433	432	431	430	429	428	427	426
40°–50°	461	460	459	458	457	456	455	454	453	452	451	450	449	448	447	446	445	444	479	478	477	476	475	474	473	472	471	470	469	468	467	466	465	464	463	462
50°–60°	497	496	495	494	493	492	491	490	489	488	487	486	485	484	483	482	481	480	515	514	513	512	511	510	509	508	507	506	505	504	503	502	501	500	499	498
60°–70°	533	532	531	530	529	528	527	526	525	524	523	522	521	520	519	518	517	516	551	550	549	548	547	546	545	544	543	542	541	540	539	538	537	536	535	534

POLAR ZONES

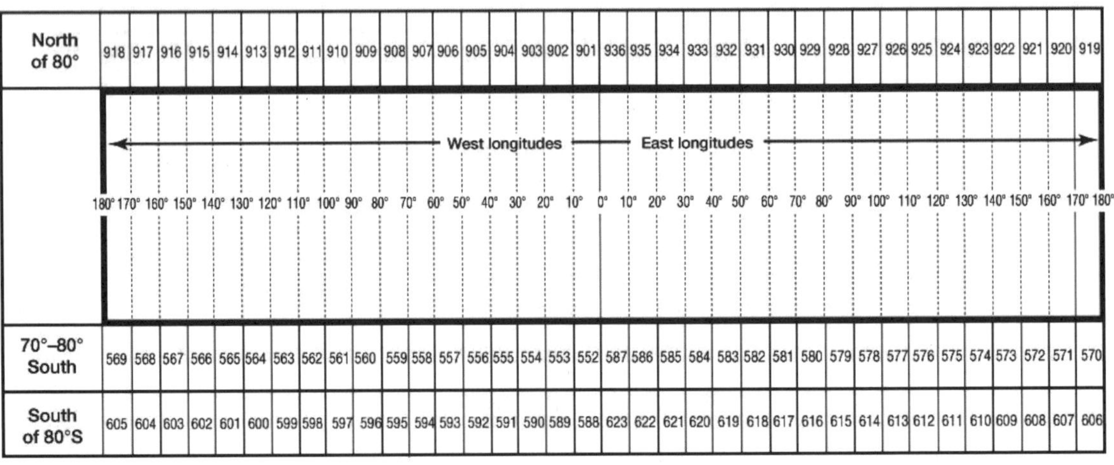

	180°–170°	170°–160°	160°–150°	150°–140°	140°–130°	130°–120°	120°–110°	110°–100°	100°–90°	90°–80°	80°–70°	70°–60°	60°–50°	50°–40°	40°–30°	30°–20°	20°–10°	10°–0°	0°–10°	10°–20°	20°–30°	30°–40°	40°–50°	50°–60°	60°–70°	70°–80°	80°–90°	90°–100°	100°–110°	110°–120°	120°–130°	130°–140°	140°–150°	150°–160°	160°–170°	170°–180°
North of 80°	918	917	916	915	914	913	912	911	910	909	908	907	906	905	904	903	902	901	936	935	934	933	932	931	930	929	928	927	926	925	924	923	922	921	920	919
70°–80° South	569	568	567	566	565	564	563	562	561	560	559	558	557	556	555	554	553	552	587	586	585	584	583	582	581	580	579	578	577	576	575	574	573	572	571	570
South of 80°S	605	604	603	602	601	600	599	598	597	596	595	594	593	592	591	590	589	588	623	622	621	620	619	618	617	616	615	614	613	612	611	610	609	608	607	606

- $U_{La}U_{Lo}$: 해상관측 또는 육상이동관측의 경우에 보고된 위도의 1단위 숫자(U_{La})와 경도의 1단위 숫자(U_{Lo})
- $h_0h_0h_0h_0$: 육상이동관측소(차량)의 해발고도 값(m)
- i_m : 해발고도 값의 단위와 정확성의 정도, Code Table 1845 (표 1-9 참조).

[표 1-9] i_m(해발고도 값의 단위와 정확성) 표시(Code Table 1845 참조)

i_m의 Code 숫자	설명(단위와 정확성)	i_m의 Code 숫자	설명(단위와 정확성)
1	m 단위, 3m 이내로 탁월	5	ft 단위, 10ft 이내로 탁월
2	m 단위, 10m 이내로 우수	6	ft 단위, 30ft 이내로 우수
3	m 단위, 20m 이내로 양호	7	ft 단위, 60ft 이내로 양호
4	m 단위, 20m 이상으로 불량	8	ft 단위, 60ft 이상으로 불량

(2) 공통자료부(Section 1)

$$i_R i_x h VV \quad Nddff \quad (00fff) \quad 1s_n TTT \quad \begin{cases} 2s_n T_d \; T_d T_d \text{ or} \\ 2\,9UUU \end{cases} \quad 3P_0P_0P_0P_0$$

$$\begin{cases} 4\,PPPP \text{ or} \\ 4\,a_3hhh \end{cases} \quad 5appp \quad 6RRRt_R \quad \begin{cases} 7\,wwW_1W_2 \quad \text{or} \\ 7\,w_aw_aW_{a1}W_{a1} \end{cases} \quad 8N_hC_LC_MC_H \quad 9GGgg$$

- i_R : 강수자료 포함여부 표시, Code Table 1819 (표 1-10 참조)

[표 1-10] i_R(강수자료 포함 section) 표시(Code Table 1819 참조)

i_R의 Code 숫자	포함된 section	i_R의 Code 숫자	포함된 section
0	1, 3		
1	1	3	강수량=0으로 생략
2	3	4	결측으로 생략

- i_x : 관측소 운영 형태와 현재일기, 과거일기 포함여부 표시, Code Table 1860 (표 1-11 참조)

[표 1-11] i_x(관측소 운영 형태와 현재일기, 과거일기 포함여부) 표시(Code Table 1860 참조)

i_x의 Code 숫자	설명		i_x의 Code 숫자	설명	
			4	자동 관측소	포함(ww, W_1W_2로)
1	유인 관측소	포함	5		생략(악기상 없음)
2		생략(악기상 없음)	6		생략(결측)
3		생략(결측)	7		포함(w_aw_a, $W_{a1}W_{a2}$로)

- h : 최하층운저의 지상고도, Code Table 1600 (표 1-12 참조).

[표 1-12] h(최하층운저의 지상고도)의 표시(Code Table 1600 참조).

h의 Code 숫자	운저의 지상고도	h의 Code 숫자	운저의 지상고도
0	50m까지	6	1000~1500m
1	50~100m	7	1500~2000m
2	100~200m	8	2000~2500m
3	200~300m	9	2500m 이상 or 맑음
4	300~600m	/	불명 or 운저가 관측소고도보다 낮고 운정은 관측소고도보다 높음
5	600~1000m		

– 안개, 모래폭풍, 먼지폭풍, 눈날림이 짙어 하늘이 안 보일 경우에는 /로 표시한다.

- VV : 지상의 시정, Code Table 4377 (표 1-13 참조)
- N : 전운량, Code Table 2700 (표 1-14 참조)
- dd : 관측시각 전 10분 간의 10도 단위의 평균 풍향, Code Table 0877(표 1-15 참조).
- ff : 관측시각 전 10분 간의 평균 풍속(단위는 i_w에서 이미 결정).

  단, 풍속(m/s 또는 knots)이 99 이상인 때에는 ff는 99로 하고, 그 다음 00fff의 fff에 실제 값을 쓴다.
- 인식숫자 : 1(기온), 2(이슬점), 3(관측소기압), 4(해면기압), 5(기압변화), 6(강수량), 7(일기), 8(구름), 9(관측지연 시각)을 나타낸다. 1, 2, 4, 5군은 꼭 보고해야 한다.

[표 1-13] VV(지상의 시정) 표시(Code Table 4377 참조)

VV Code 숫자	시정	Code 숫자 90~99	해상 시정(km)
00	< 0.1 km	90	<0.05
01~50	Code숫자 × 0.1km	91	0.05
		92	0.2
51~55	(사용하지 않음)	93	0.5
56~80	(Code숫자 – 50) × 1km	94	1
		95	2
81~88	(Code숫자–80)×5km+30km	96	4
		97	10
89	70km ≦	98	20
(90~99)	(해상에서 사용, 옆 부분 참조)	99	50≦

단, 시정이 Code Table 4377에서 주어진 거리 중간 단계에 해당되면 작은 code 숫자를 택한다. 즉 시정이 350m이면 03을 택한다.

[표 1-14] N(전운량), N_h(C_L의 운량), N_s(단일층 운량), N'(관측소고도 이하의 운량)의 표시 (Code Table 2700 참조)

N의 Code 숫자	0	1	2	3	4	5	6	7	8	9	/
Oktas	0	0<N≦1	2	3	4	5	6	7	8	안개 등으로 하늘 차폐	결측/불명
Tenth	0	0<N≦1	2~3	4	5	6	7~8	9≦N<10	10	안개 등으로 하늘 차폐	결측/불명

- 틈새가 있는 Ac, Sc로서 전 하늘이 덮여 있을 때는 N≤7로 한다.
- 안개 등이 끼었을 때에 이들을 통하여 하늘이 보일 때는 이들 안개 등이 없는 것으로 간주하여 관측한 운량이다.

[표 1-15] dd(10도 단위의 풍향), $d_m d_m$(최대풍의 풍향), $d_{w1}d_{w1}$, $d_{w2}d_{w2}$(각각 제1, 제2 너울파가 이동해오는 방향), $d_0 d_0$, $d_1 d_1$, …… $d_n d_n$(각각 지상 및 해당 고도의 풍향)의 표시. (Code Table 0877 참조).

dd, $d_m d_m$, $d_{w1}d_{w1}$, $d_{w2}d_{w2}$, $d_0 d_0$, $d_1 d_1$, …… $d_n d_n$의 Code 숫자	설명
00	Calm 또는 No waves
01	5° ~14°
02	15° ~24°
⋮	⋮
35	345° ~354°
36	355° ~4°
99	가변/전방향/불명

* 단, dd의 경우에는 남/북극점을 중심으로 위도 1도 이내에서는 풍향을 Code Table 0878로 표시한다(설명을 생략함).

- s_n : 자료의 부호, Code Table 3845 (표 1-16 참조)

[표 1-16] s_n(자료의 부호)의 표시(Code Table 3845 참조)

s_n의 Code 숫자	0	1	9
내용	0 또는 양	음	이슬점 대신 상대습도

- TTT : 기온(섭씨 0.1도 단위)
- $T_d T_d T_d$: 이슬점(섭씨 0.1도 단위)
- UUU : 상대습도. 이슬점 대신 상대습도가 보고되는 경우에는 s_n을 9로 쓰고 1% 단위의 상대습도를 3자로 보고한다.

- $P_0P_0P_0P_0$: 천 단위를 생략한 0.1hPa 단위의 관측소기압.
  관측소의 해면고도가 500m 이상인 경우, 또는 관측소 고도가 불분명한 경우, 또는 해면경정을 할 수 없는 경우는 반드시 관측소기압을 보고해야 한다.
  RA-II(아시아 지역)에서는 ① 관측소 고도가 500~800m이고 국지적인 조건상 해면경정을 정확하게 할 수 없는 곳, ② 관측소 고도가 불분명한 곳, ③ 관측소 고도는 500m 미만이지만 어떤 이유로 해면경정을 할 수 없는 곳에서는 $4PPPP$ 대신 $3P_0P_0P_0P_0$를 보고한다.
- $PPPP$: 천 단위를 생략한 0.1hPa 단위의 해면기압. 고도가 매우 높아 해면기압을 정확하게 구하기 어려운 관측소에서는 지역회원국협약에 의해 표준등압면의 geopotential height를 정수 3자리로 보고한다. 이 경우 $4PPPP$군을 $4a_3hhh$로 대치한다. a_3는 Code Table 0264 (표 1-17 참조)이다.
- a : 3시간 전 관측 이후의 기압변화 경향, Code Table 0200 (표 1-18 참조)
- ppp : 3시간 전 관측 이후의 관측소기압의 변화량(0.1hPa 단위).
  적도 부근에서는 $5appp$를 생략할 수도 있다.

[표 1-17] a_3(geopotential이 보고되는 표준기압면)의 사용 (Code Table 0264 참조)

a_3의 Code 숫자	기압고도
1	1000hPa
2	925hPa
5	500hPa
7	700hPa
8	850hPa

[표 1-18] a(3시간 전 관측 이후의 기압변화 경향)(Code Table 0200 참조)

<table>
<tr><th>a의 Code 숫자</th><th colspan="2">변화 경향</th><th>a의 Code 숫자</th><th colspan="2">변화 경향</th></tr>
<tr><td>0</td><td rowspan="4">상승</td><td>상승 후 하강</td><td>5</td><td rowspan="4">하강</td><td>하강 후 상승</td></tr>
<tr><td>1</td><td>상승 후 일정</td><td>6</td><td>하강 후 일정</td></tr>
<tr><td>2</td><td>계속 상승</td><td>7</td><td>계속 하강</td></tr>
<tr><td>3</td><td>하강 후 상승</td><td>8</td><td>상승 후 하강</td></tr>
<tr><td>4</td><td colspan="2">일 정</td><td colspan="3"></td></tr>
</table>

- RRR : 강수량, Code Table 3590 (표 1-19 참조)
  세계적 교환을 위해서는 6시간 간격의 강수 자료를 Section 1에, 지역회원국 간의 교환을 위

해서는 3시간 간격의 자료를 Section 3에 넣는다(강수 자료 포함 여부는 이미 i_R에서 결정됨). 우리나라에서는 Section 1에 넣는다.

[표 1-19] RRR(강수량) 코드의 적용(Code Table 3590, 표 1-35 참조)

RRR의 Code숫자	강수량	RRR의 Code숫자	강수량(mm)
001~988	Code숫자×1mm	990	Trace
989	989mm ≦	991~999	(Code숫자−990)×0.1mm

• t_R : 강수량 측정을 위한 집수 기간(Code Table 4019, 표 1-20 참조)
우리나라에서는 강수량 보고를 Section 1에 보고하며 00Z, 12Z에 각각 전 12시간 동안의 강수량을 보고하며 기타 시각에는 생략한다.

[표 1-20] t_R(보고시간에 끝난 강수량의 집수 기간)의 표시(Code Table 4019 참조)

t_R의 Code 숫자	시간	t_R의 Code 숫자	시간
1	6	6	2
2	12	7	3
3	18	8	9
4	24	9	15
5	1	0	보고시간에 강수현상 안 끝남

• ww : 현재일기(표 1-21, 그림 1-2 및 Code Table 4677 참조)

[표 1-21] ww(현재일기)의 해설(Code Table 4677, 그림 1-2 참조)

ww의 Code 숫자	현상 설명
00~49 :	관측시각에 관측소에 무강수
00~09	관측시각 또는 전시간 동안(09 제외) 관측소에 precipitation, fog, ice fog, duststorm, sandstorm, drifting/blowing snow 없음. 00: 구름 없음, 01: 구름 소멸/감소 중, 02: 구름 무변화, 03:구름 생성/발달 중, 04: 연무/화산재/연기로 시정 감소, 05: 연무, 06: 관측소 밖에서 발생해 온 광범위한 공중먼지, 07: 관측소나 부근에서 날린 먼지/모래 (먼지/모래 회오리, 먼지/모래폭풍은 없음), 08: 관측소나 부근에서 발생한 먼지/모래회오리(먼지/모래폭풍 없음), 09: 관측시간 시계 내, 또는 전시간 먼지/모래폭풍.
10~19	관측시각 또는 전시간 동안(17 제외) 관측소에는 precipitation, fog, ice fog(11:, 12: 제외), duststorm, sandstorm, drifting/blowing snow 없음.

	10: Mist, 11: 육상에서 두께 2m 이하, 해상에서 두께 10m 이하의 낮은 덩어리 땅안개/언땅안개, 12: 육상에서 두께 2m이하, 해상에서 두께 10m 이하의 낮은 연속 땅안개/언땅안개, 13: 번개(천둥 없음), 14: 시계 내의 강수(지면에 도달 안함), 15: 시계 내의 강수(지변에 도달, 5km 밖), 16: 시계 내의 강수(관측소 밖, 5km 내), 17: 뇌우(강수 없음), 18: 관측소/시계 내 squall, 19: 관측소/시계 내 깔때기구름
20~29	전시간 동안의 precipitation, fog, ice fog 또는 thunderstorm 20: drizzle(얼지 않음)/가루눈, 21: rain(얼지 않음), 22: snow, 23: 진눈깨비/ice pellet, 24: 언drizzle/언비, 25: 소나기, 26: 소낙눈 또는 진눈깨비, 27: 우박 또는 비/우박, 28: Fog/ice fog, 29: Thunderstorm(강수 유/무)
30~39	Duststorm, sandstorm, drifting/blowing snow. 30: 약/보통 먼지/모래폭풍(감소 중), 31: 약/보통 먼지/모래폭풍(무변화), 32: 약/보통 먼지/모래폭풍(증가 중), 33: 강한 먼지/모래폭풍(감소 중), 34: 강한 먼지/모래폭풍(무변화), 35: 강한 먼지/모래폭풍(증가 중) 36: 눈높이보다 낮은 약/보통의 날린 눈, 37: 눈높이보다 낮은 강한 날린 눈, 38: 눈높이보다 높은 약/보통의 날린 눈, 39: 눈높이보다 높은 강한 날린 눈,
40~49	Fog/ice fog. 40: 시계 내 안개/언안개(관측자 키 넘는 두께), 41: 덩어리 안개/언안개, 42: 안개/언안개(하늘 보임, 엷어짐), 43: 안개/언안개(하늘 안 보임, 엷어짐), 44: 안개/언안개(하늘 보임, 무변화), 45: 안개/언안개(하늘 안 보임, 무변화), 46: 안개/언안개(하늘 보임, 짙어짐), 47: 안개/언안개(하늘 안 보임, 짙어짐), 48: 안개(상고대 발생, 하늘 보임), 49: 안개(상고대 발생, 하늘 안 보임),
50~99 :	관측시각에 관측소에 강수.
50~59	Drizzle 50: 약한 단속 drizzle, 51: 약한 계속 drizzle, 52: 보통 단속 drizzle, 53: 보통 계속 drizzle, 54: 강한 단속 drizzle, 55: 강한 계속 drizzle, 56: 약한 얼 drizzle, 57: 보통/강한 얼 drizzle, 58: 약한 비 섞인 drizzle, 59: 보통/강한 비 섞인 drizzle
60~69	Rain 60: 약한 단속 rain, 61: 약한 계속 rain, 62: 보통 단속 rain, 63: 보통 계속 rain, 64: 강한 단속 rain, 65: 강한 계속 rain, 66: 약한 얼 rain, 67: 보통/강한 얼 rain, 68: 약한 비/drizzle 및 눈, 69: 보통/강한 비/drizzle 및 눈
70~79	소낙성 아닌 고체 강수 70: 약한 단속 설편(snowflakes), 71: 약한 계속 설편, 72: 보통 단속 설편, 73: 보통 계속 설편, 74: 강한 단속 설편, 75: 강한 계속 설편, 76: Diamond dust(안개 유/무), 77: Snow grains(안개 유/무), 78: 별모양 눈결정(안개 유/무), 79: Ice pellets
80~99	소낙성 강수, 또는 뇌우와 관련된 강수. 80: 약한 소나기, 81: 보통/강한 소나기, 82: 심한 소나기, 83: 약한 소낙성 진눈깨비, 84: 보통/강한 소낙성 진눈깨비, 85: 약한 소낙눈, 86: 보통/강한 소나눈, 87: 약한 싸락눈/싸락우박(비/진눈깨비 유/무), 88: 보통/강한 싸락눈/싸락우박(비/진눈깨비 유/무), 89: 약한 우박(비/진눈깨비 유/무, 천둥 없음), 90: 보통/강한 우박(비/진눈깨비 유/무, 천둥 없음), 91: 전시간 뇌우에 관련된 약한 비, 92: 전시간 뇌우에 관련된 보통/강한 비, 93: 전시간 뇌우에 관련된 약한 눈/진눈깨비/우박, 94: 전시간 뇌우에 관련된 보통/강한 눈/진눈깨비/우박, 95: 약/보통 뇌우(우박 무, 비/눈 유), 96: 약/보통 뇌우(우박 유), 97: 강한 뇌우(우박 무, 비/눈 유), 98: 뇌우(duststorm/sandstorm 동반), 99: 강한 뇌우(우박 동반)

- W_1W_2 : 00, 06, 12, 18Z 관측시는 6시간 전의 과거일기, 03, 09, 15, 21Z에는 3시간 전 과거일기, Code Table 4561, 표 1-22 참조)
  과거일기가 둘 이상 있었던 경우는 큰 숫자에 해당하는 현상의 것을 W_1에 쓴다. 과거일기가 하나 뿐인 경우는 W_1과 W_2를 같이 나타낸다.

[표 1-22] W_1, W_2(관측시간 00, 06, 12, 18Z에는 6시간 전 과거일기, 관측시간 03, 09, 15, 21Z에는 3시간 전 과거일기)의 설명 (Code Table 4561 참조)

W_1 또는 W_2의 Code 숫자	현상	W_1 또는 W_2의 code 숫자	현상
0	운량≦5/10	5	Drizzle
1	운량>5/10, (단, 일부 기간에 운량≦5/10)	6	Rain
2	운량>5/10	7	Snow, or rain and snow mixed
3	Sandstorm, duststorm or blowing snow	8	Shower
4	Fog or ice fog or thick haze	9	Thunderstorm with or without precipitation

- w_aw_a : 자동기상 관측소인 경우의 현재일기, (Code Table 4680, 표 1-23 참조)

[표 1-23] w_aw_a(자동기상관측소 관측의 현재일기)의 설명 (Code Table 4680 참조).

w_aw_a의 Code 숫자	현상 설명
00~09	00: 악기상 없음, 10: 전시간 동안 구름 감소 중, 02: 전시간 동안 하늘상태 무변화, 03: 전시간 동안 구름 발달 중, 04: 연무/연기/공중 먼지(시정 1km 이상), 05: 연무/연기/공중 먼지(시정 1km 미만), 06~09: (사용 유보)
10~19	10: Mist, 11: Diamond dust, 12: 먼 번개, 13~17: (사용 유보), 18: Squall, 19: (사용 유보)
20~29	20: 전시간 안개, **21: 전시간 강수**, 22: 전시간 drizzle/가루눈, 23: 전시간 비, 24: 전시간 눈, 25: 전시간 얼 drizzle/얼 비, 26: 전시간 뇌우(강수 유/무), **27: 날린 눈/모래**, 28: 날린 눈/모래(시정 1km 이상), 29: 날린 눈/모래(시정 1km 미만)
30~39	30: 안개, 31: 부분 안개/언안개, 32: 안개/언안개(약화 중), 33: 안개/언안개(무변화), 34: 안개/언안개(강화 중), 35: 안개(상고대 발생), 36~39: (사용 유보)
40~49	**40: 강수**, 41: 약/보통 강수, 42: 강한 강수 43: 약/보통 액체강수, 44: 강한 액체강수, 45: 약/보통 고체강수, 46: 강한 고체강수, 47: 약/보통 얼 강수, 48: 강한 얼 강수, 49: (사용 유보)
50~59	**50: Drizzle**, 51: 약한 drizzle, 52: 보통 drizzle, 53: 강한 drizzle, 54: 약한 얼 drizzle, 55: 보통 얼 drizzle, 56: 강한 얼 drizzle, 57: 약한 비 섞인 drizzle, 58: 보통/강한 비 섞인 drizzle, 59: (사용 유보)

60~69	60: Rain, 61: 약한 rain, 62: 보통 rain, 63: 강한 rain, 64: 약한 얼 비, 65: 보통 얼 비, 66: 강한 얼 비, 67: 약한 비/drizzle와 눈, 68: 보통/강한 비/drizzle와 눈, 69: (사용 유보)
70~79	70: Snow, 71: 약한 snow, 72: 보통 snow, 73: 강한 snow, 74: 약한 ice pellet, 75: 보통 ice pellet, 76: 강한 ice pellet, 77~79: (사용 유보)
80~89	80: 소나기/단속성 강수, 81: 약한 소나기/단속성 강수, 82: 보통 소나기/단속성 강수, 83: 강한 소나기/단속성 강수, 84: 심한 소나기/단속성 강수, 85: 약한 소낙눈, 86: 보통 소낙눈, 87: 강한 소낙눈, 88: (사용유보), 89: 우박
90~99	90: 뇌우, 91: 약/보통 뇌우(무강수), 92: 약/보통 뇌우(소나기/소낙눈 동반), 93: 약/보통 뇌우(우박 동반), 94: 강한 뇌우(무강수), 95: 강한 뇌우(소나기/소낙눈 동반), 96: 강한 뇌우(우박 동반), 97~98: (사용 유보), 99: Tornado

- $W_{a1}W_{a2}$: 자동기상관측소로부터 보고되는 과거일기(Code table 4531, 표 1-24 참조)

[표 1-24] W_{a1}, W_{a2}(자동기상관측소로부터 보고되는 과거일기)의 설명 (Code table 4531 참조)

W_{a1} 또는 W_{a2}의 Code 숫자	설명	W_{a1} 또는 W_{a2}의 Code 숫자	설명
0	악기상 없음	5	drizzle
1	시정 감소	6	비
2	날림 현상, 시정 감소	7	눈이나 싸락눈
3	안개	8	소나기나 단속성 강수
4	강수	9	뇌우

(주) 관측으로 구분이 가능하다면 숫자가 높은 쪽의 현상을 보고한다.

- N_h : C_L의 운량. C_L이 없는 경우에는 C_M의 운량. 만일 C_M도 없으면 0, 하늘 상태가 안개 등으로 식별 불가능하면 9이다.(Code Table 2700, 표 1-14 참조).
- C_L : 하층운(Sc, St)과 연직발달운(Cu, Cb)의 종류(Code Table 0513, 표 1-25 참조)

[표 1-25] C_L(하층운(Sc, St)과 연직발달운(Cu, Cb))의 설명 (Code Table 0513 참조)

C_L의 Code숫자	설명
0	No Sc, St, Cu, Cb
1	Cu, 단 연직으로 발달하지 않고 악기상 없음.
2	Cu, 단 중/강하게 연직 발달, 보통 돔/타워모양, 운저는 같은 고도
3	Cb, 단 구름정상이 부분적으로 섬유모양으로 흩어져 보이나 아직 모루는 안 나타남. Cu, Sc, St가 함께 있을 수 있음.
4	Sc, 단 Cu로부터 퍼져 나옴. Cu가 함께 있을 수 있음.
5	Sc, 단 Cu로부터 퍼져 나온 것이 아님.

6	St, 단 다소 연속적인 층 형성. 악기상의 조각 St는 없음
7	악기상을 이루는 조각 St 또는 조각 Cu. 보통 As나 Ns의 아래에 나타남
8	Cu와 Sc. 단 Cu로부터 형성된 것이 아님. Cu의 운저는 Sc의 운저와 차이가 있음.
9	Cb. 단 구름 정상부가 분명하게 모루구름으로 섬유모양임. 그렇지 않은 Cb나 Cu, Sc, St, 또는 토막구름이 동반될 수도 있음.
/	어둠, 안개, 날린 먼지/모래 등의 현상 때문에 Sc, St, Cu, Cb가 보이지 않음.

- C_M : 중층운(Ac, As, Ns)의 종류(Code Table 0515, 표 1-26 참조)

[표 1-26] C_M(중층운(Ac, As, Ns))의 설명 (Code Table 0515 참조)

C_M의 Code숫자	설명
0	No Ac, As, Ns
1	As, 단 많은 부분이 반투명하고, 이 부분을 통해 해/달이 희미하게 보임
2	As, 단 많은 부분이 해/달을 가리기에 충분, 또는 Ns.
3	Ac, 단 많은 부분이 반투명. 한 층을 이루고 있으며, 구름의 여러 요소가 서서히 변함
4	Ac, 단 덩어리모양으로 많은 부분이 반투명. 구름이 한 층이나 그 이상, 요소들이 계속적으로 변함.
5	Ac, 단 띠모양으로 반투명, 한 층이나 그 이상임. 점차 하늘을 덮게 되며, 전체적으로 두꺼워짐.
6	Ac, 단 Cu/Cb로부터 퍼져나옴.
7	Ac, 단 두 층 이상의 층을 이룸. 보통 불투명. 운량 증가하지 않음. As나 Ns와 공존하기도 함.
8	Ac, 단 작은 탑모양/구멍난 흉벽모양, 또는 Cu형 무더기 모양의 Ac
9	Ac, 단 혼돈상태를 보이며 여러 층으로 보임
/	어둠, 안개, 날린먼지/모래 등, 또는 더 잦은 이유로는 하층운 때문에 Ac, As, Ns가 보이지 않음.

- C_H : 상층운(Ci, Cc, Cs)의 종류(Code Table 0509, 표 1-27 참조)
- $GGgg$: 이 군은 Section 0에서 보고된 표준시각 GG와 10분 이상 지연되었을 때 실제 관측시간과 분을 나타낸다(정시에 보고되었을 때는 $9GGgg$를 생략한다).

[표 1-27] C_H(상층운(Ci, Cc, Cs))의 설명 (Code Table 0509 참조)

C_H의 Code숫자	설명
0	No Ci, Cc, Cs
1	Ci, 단 실, 올, 갈고리 보양을 보임. 하늘에서 점차 증가하지 않음.
2	Ci, 보통 증가하지 않고, 때로는 Cb의 상층부가 남은 모양의 덩어리 또는 얽힌 모양으로 짙음. 작은 탑 모양, 또는 Cu형 다발모양을 보임.

3	Ci, 짙음, 때로는 Cb의 상층부가 남아 모루구름 모양을 이룸.
4	Ci, 갈고리나 섬유모양을 보이며, 점차 하늘을 덮게 됨. 전체적으로 짙어짐.
5	Ci(때로는 띠모양으로 지평선 한 두점으로 수렴)와 Cs가 공존하거나 Cs가 단독으로 나타남. 하늘에 점차 퍼지면서 전체적으로 짙어지나 연속적인 베일이 지평선 위 45도 이하.
6	Ci(때로는 띠모양으로 지평선 한 두점으로 수렴)와 Cs가 공존할 수 있음. 하늘에 점차 퍼지면서 전체적으로 짙어지나, 베일이 지평선 위 45도 이상. 완전히 덮히지는 않음.
7	Cs, 베일이 천공을 돔 모양으로 덮음.
8	Cs, 하늘에 점차 구름이 증가하지 않음. 하늘을 완전히 덮지 않음
9	Cc. Ci나 Cs를 동반할 수도 있으나 Cc가 주를 이룸.
/	어둠, 안개, 날린먼지/모래 등, 또는 더 잦은 이유로는 아래 층의 구름들 때문에 Ci, Cc, Cs가 보이지 않음.

(3) 해양자료부(Section 2)

$$222D_s v_s \quad (0s_s T_w T_w T_w) \quad (1P_{wa}P_{wa}H_{wa}H_{wa}) \quad (2P_w P_w H_w H_w)$$
$$((3d_{w1}d_{w1}d_{w2}d_{w2}) \quad (4P_{w1}P_{w1}H_{w1}H_{w1}) \quad (5P_{w2}P_{w2}H_{w2}H_{w2}))$$
$$(\begin{cases} 6I_s E_s E_s R_s & \text{or} \\ ICING + plain\,language \end{cases}) \quad (70H_{wa}H_{wa}H_{wa}) \quad (8s_w T_b T_b T_b)$$
$$(ICE + \begin{cases} c_i S_i b_i D_i z_i \text{ or} \\ plain \quad language \end{cases})$$

- 해양관측을 하는 해상관측소나 해안에 위치한 육상관측소에서 보고한다.
- 222: Section 2의 식별숫자.

  D_s: 관측전 3시간 동안의 선박 이동방향(Code Table 0700, 표 1-28 참조).

  v_s: 관측전 3시간 동안의 선박 평균속도(Code Table 4451, 표 1-29 참조).

[표 1-28] D_s(관측전 3시간 동안의 선박 이동방향). (Code Table 0700 참조).

D_s의 Code숫자	설명	D_s의 Code숫자	설명
0	정지	6	W
1	NE	7	NW
2	E	8	N
3	SE	9	불명
4	S	/	(보고 없음)
5	SW		

[표 1-29] v_s(관측전 3시간 동안의 선박이동 평균속도). (Code Table 4451 참조).

v_s의 Code숫자	속도		v_s의 Code숫자	속도	
	knots	km/h		knots	km/h
0	0	0	6	26~30	48~56
1	1~5	1~10	7	31~35	57~65
2	6~10	11~19	8	36~40	66~75
3	11~15	20~28	9	40<	75<
4	16~20	29~37	/	(보고 없음)	(보고 없음)
5	21~25	38~47			

- 인식 숫자 및 부호 설명:

  0: 0.1℃ 단위의 해수면온도, s_s는 해수면온도($T_w T_w T_w$)의 부호와 관측형식(Code Table 3850, 표 1-30 참조).

  1과 2: 각각 계기관측(1)과 목측관측(2) 해파의 주기(초 단위)와 파고(0.5m 단위).

  3: 제1, 제2너울의 접근방향(10도 단위).

  4와 5: 각각 제1너울파(4)와 제2너울파(5)의 주기(초 단위)와 파고(0.5m 단위).

  6: 착빙에 관한 정보(설명은 생략).

  7: 0.1m 단위의 정확한 파고.

  8: 습구온도의 부호와 보고형식(s_w, Code Table 3855, 표 1-31 참조)과 0.1℃ 단위의 값.

  ICE: 해빙에 관한 정보(설명은 생략).

[표 1-30] s_s(해수면온도의 부호와 관측형식)의 설명 (Code Table 3850 참조)

s_s의 Code숫자	설명		s_s의 Code숫자	설명	
	온도(℃)	관측형식		온도(℃)	관측형식
0	0 이상	intake	4	0 이상	full contact sensor
1	0 미만	intake	5	0 미만	full contact sensor
2	0 이상	bucket	6	0 이상	기타
3	0 미만	bucket	7	0 미만	기타

[표 1-31] s_w(습구온도의 부호와 보고형식)의 설명 (Code Table 3855 참조)

s_w의 Code숫자	설명		s_w의 Code숫자	설명	
0	실측값	0 이상	5	계산값	0 이상
1		0 미만	6		0 미만
2		습구온도계 빙결	7		습구온도계 빙결

(4) 지역 자료부(Section 3)

$$333\ (0\ \ldots\ldots.)\ \ (1s_nT_xT_xT_x)\ \ (2s_nT_nT_nT_n)\ \ (3Ejjj)\ (4E'sss)$$
$$(5j_1j_2j_3j_4\ \ (j_5j_6j_7j_8j_9))\ \ (6RRRt_R)\ \ (7R_{24}R_{24}R_{24}R_{24})\ \ (8N_sCh_sh_s)$$
$$(9S_pS_ps_ps_p)\ \ (80000\ (0\ .\ .\ .\ .)\ \ (1\ .\ .\ .\ .)\ .\ .\ .\ .\ .)$$

- 333: 지역별 자료를 나타내는 식별숫자
- 인식 숫자 및 부호 설명:

0: (유보 중).

1: 0.1℃ 단위의 최고기온($s_nT_xT_xT_x$).

2: 0.1℃ 단위의 최저기온($s_nT_nT_nT_n$).

3: 지면상태(설명 생략).

4: 적설상태(설명 생략, sss: 적설량(cm 단위), Code Table 3889, 표 1-32 참조).

5: 보조 정보(설명 생략).

6: 강수자료(RRR: Code Table 3590, 표 1-19 참조, t_R: Code Table 4019, 표 1-20 참조).

7: 관측시간 이전 24시간의 누적강수량(0.1mm 단위).

8: 각 층의 구름정보를 보고한다.

단일 구름층의 운량(N_s, Code Table 2700, 표 1-14 참조), 해당 구름층의 운형(C, Code Table 0500, 표 1-33 참조), 해당 구름층의 운고(h_sh_s, Code Table 1677, 표 1-34 참조). 구름층이 여럿이면 하층부터 3개 층까지 $8N_sCh_sh_s$를 반복할 수 있다. 안개 등의 이유로 구름을 볼 수 없으면 N_s=9여서 $89/h_sh_s$가 되고 h_sh_s는 연직시정이다. 구름이 없으면 8군은 생략된다. 이 구름정보군은 항공기상에 직접 이용할 수 있도록 항공기상관측전문의 요령에 맞추어 보고되고 있음.

9: 보조 정보(설명 생략).

80000: 이하 정보의 추가를 위해 유보 중임.

[표 1-32] sss(적설량)의 표시 (Code Table 3889, 참조)

sss의 Code 숫자	설명	sss의 Code 숫자	설명
000	(사용 안함)	997	0.5 미만
001	1	998	눈덮임이 불연속
etc	etc	999	측정불능 또는 부정확
996	996		

[표 1-33] C (해당 구름층의 운형), C'(운저가 관측소 고도 이하에 있는 구름의 운형) (Code Table 0500 참조)

C 또는 C'의 Code 숫자	해설	C 또는 C'의 Code 숫자	해설
0	Ci	6	Sc
1	Cc	7	St
2	Cs	8	Cu
3	Ac	9	Cb
4	As	/	어둠, 안개, 먼지/모래폭풍, 기타 현상으로 안 보임.
5	Ns		

[표 1-34] h_sh_s(C로 나타낸 구름의 운고) 설명 (Code Table 1677 참조)

h_sh_s의 Code숫자	설명	h_sh_s의 Code숫자		설명
00	< 30m	90~99	90	< 50m
01~50	Code숫자×30m		91	50~100m
			92	100~200m
51~55	(사용 않음)		93	200~300m
			94	300~600m
56~80	(Code숫자 − 50)×300m		95	600~1000m
			96	1000~1500m
81~88	(Code숫자 − 80)×1500m + 9000m		97	1500~2000m
			98	2000~2500m
89	2100m <		99	2500m ≦

(5) 관측소고도 이하 구름자료부(Section 4)

444 $N'C'H'H'C_t$

- 444: Section 4의 인식숫자
- 부호의 설명: 운량(N'), 운형(C', Code Table 0500, 표 1-33 참조), 운정의 고도($H'H'$), 운정의 상태(C_t), (구체적인 설명은 생략함)

라. 전문해석 연습

(1) 육상 종관기상 실황전문

(가) 전문 예

SMKO1 RKSL 070000

AAXX 07004

47108 11530 80707 10063 20048 30082 40190 57006 60162 76166 8672/

333 20061 70160=

47115 32568 82003 10070 20051 39960 40234 57008 8662/ 333 20050

70005=

(나) 전문 해석

앞의 육상 종관기상 실황전문 예의 도입부분에 "SMKO1 RKSL 070000"이라 기록한 것은 한국의 기상관측자료 수집센터(RKSL, 서울)에서 7일 0000Z 관측자료를 편집한 한국의 지상종관기상 실황전문(SMKO)이라는 뜻이다(이 부분의 구체적 해석은 생략한다).

전문코드	전문	해 설	Code Table
$M_iM_iM_jM_j$	AAXX	SYNOP 전문임	2582
$YYGGi_w$	07004	YY=07 : 7일(월은 기록되어 있지 않음) GG=00 : 00Z I_W=4 : 풍속은 계기관측의 kts 단위임. ($M_iM_iM_jM_j$ $YYGGi_w$에 해당하는 AAXX 07004를 별도로 앞 줄에 빼놓은 것은 IIiii=47108 이하의 문건이 같은 종류의 것임을 나타낸다)	– – 1855
$IIiii$	47108	II=47 : 지역번호, 한국과 일본을 포함하는 지역 iii=108 : 지점 고유번호, 서울관측소	– –
i_Ri_xhVV	11530	i_R=1 : 강수자료를 Section 1에 포함 i_X=1 : 유인관측소이며 일기 포함 h=5 : 중층운 이하 최하층 운고, 600~1000m VV=30 : 시정, 3km	1819 1860 1600 4377
$Nddff$	80707	N=8 : 전운량, 8 okta dd=07 : 풍향, 70도 방향 ff=07 : 풍속, 7kts(i_w=4 참조)	2700 0877 –
$1s_nTTT$	10063	1 : 기온 자료 보고군의 인식숫자 s_n=0 : 온도부호, 0℃ 이상 TTT=063 : 기온, 6.3℃	– 3845 –
$2s_nT_dT_dT_d$	20048	2 : 이슬점 자료 보고군의 인식숫자 s_n=0 : 온도부호, 0℃ 이상 $T_dT_dT_d$=048 : 이슬점, 4.8℃	– 3845 –
$3P_0P_0P_0P_0$	30082	3 : 관측소기압 자료 보고군의 인식숫자 $P_0P_0P_0P_0$=0082 : 관측소기압이 1008.2hPa	– –
$4PPPP$	40190	4 : 해면기압 자료 보고군의 인식숫자 PPPP=0190 : 해면기압, 1019.0hPa	– –
$5appp$	57006	5 : 3시간 기압변화 자료 보고군의 인식숫자 a=7 : 기압변화경향, 계속 하강 중 ppp=006 : 기압변화량, 0.6hPa 하강	– 0200 –

$6RRRt_R$	60162	6 : 강수량 자료 보고군의 인식숫자 RRR=016 : t_R이 나타내는 시간 동안의 강수량이 16mm임 t_R=2 : 관측시간 전 12시간	 3590 4019
$7wwW_1W_2$	76166	7 : 일기 자료 보고군의 인식숫자 ww=61 : 현재일기, 지속적인 약한 비 W_1=6 : 제1 과거일기, 비 W_2=6 : 제2 과거일기, 비(W_1과 같음)	 4677 4561 4561
$8N_hC_LC_MC_H$	8672/	8 : 구름 자료 보고군의 인식숫자 N_h=6 : 중층 이하의 최하층 운량, 6 okta C_L=7 : 상층운, 악기상 때의 St, Cu 등의 조각구름 C_M=2 : 중층운, 불투명한 As 또는 Ns C_H=/ : 상층운, 보이지 않음	– 2700 0513 0515 0509
333	333	333 : Section 3을 나타내는 인식숫자	–
$2s_nT_nT_nT_n$	20061	2 : 일최저기온 자료 보고군의 인식숫자 S_n=0 : 온도부호, 0℃ 이상 $T_nT_nT_n$=061 : 최저기온, 6.1°C	– 3845 –
$7R_{24}R_{24}R_{24}R_{24}$	70160=	7 : 24시간동안의 강수 자료 보고군의 인식숫자 $R_{24}R_{24}R_{24}R_{24}$=0160 : 관측시각 전 24시간 동안의 총 강수량이 16.0mm = : 한 개 전문의 종료를 나타냄.	–
IIiii	47115	II=47 : 지역번호, 한국과 일본을 포함하는 지역 iii=115 : 지점고유번호, 울릉도기상대 이 Section 0에서 $M_iM_iM_jM_j$ $YYGGi_w$가 생략된 것은 이미 앞(서울관측소) 전문에서 일괄하여 나타냈기 때문이다. 따라서 울릉도(47115) 전문도 표시된 내용은 앞의 요령에 따른 것이다. 이하의 내용은 스스로 각자가 해석해 볼 수 있다.	

(2) 해상 종관기상 실황전문

(가) 전문 예

SMVX13 RJTD 040000

BBXX

JPZD 04001 99357 11648 41398 62217 10180 20165 40180 57020 70111

88400 22264 00200 20403 329// 40904;

JDBD 04004 99442 11630 41498 53125 10050 21011 40195 52017 70162

81150 22224 00095 20303 334// 41006;

(나) 전문 형식과의 비교

전문 형식에 대응되는 도입 부분에 "SMVX13 RJTD 040000"라 보고된 부분은 일본 동경(RJTD)에서 편집된 04일 0000Z에 관측된 해상기상실황전문(SMVX)임을 나타낸다.

$M_iM_iM_jM_j$Mj

BBXX

$D...D$ $YYGGi_w$ $99L_aL_aL_a$ $Q_CL_oL_oL_oL_o$ i_Ri_xhVV $Nddff$

JPZD 04001 99357 11648 41398 62217

$1s_nTTT$ $2s_nT_dT_dT_d$ $3P_0P_0P_0P_0$ $4PPPP$ $5appp$ $6RRRt_R$

10180 20165 (생략) 40180 57020 (생략)

$7wwW_1W_2$ $8N_hC_LC_MC_H$ $9GGgg$ $222D_sv_s$ $0s_sT_wT_wT_w$

70111 88400 (생략) 22264 00200

$1P_{wa}P_{wa}H_{wa}H_{wa}$ $2P_wP_wH_wH_w$ $3d_{w1}d_{w1}d_{w2}d_{w2}$ $4P_{w1}P_{w1}H_{w1}H_{w1}$;

(생략) 20403 329// 40904;

$D...D$ $YYGGi_w$ $99L_aL_aL_a$ $Q_CL_oL_oL_oL_o$ i_Ri_xhVV $Nddff$

JDBD 04004 99442 11630 41498 53125

$1s_nTTT$ $2s_nT_dT_dT_d$ $3P_0P_0P_0P_0$ $4PPPP$ $5appp$ $6RRRt_R$

10050 21011 (생략) 40195 52017 (생략)

$7wwW_1W_2$ $8N_hC_LC_MC_H$ $9GGgg$ $222D_sv_s$ $0s_sT_wT_wT_w$

70162 81150 (생략) 22224 00095

$1P_{wa}P_{wa}H_{wa}H_{wa}$ $2P_wP_wH_wH_w$ $3d_{w1}d_{w1}d_{w2}d_{w2}$ $4P_{w1}P_{w1}H_{w1}H_{w1}$;

(생략) 20303 334// 41006;

㈐ 전문해석

전문코드	전문	해 설	Code Table
$M_iM_iM_jM_j$	BBXX	SHIP 전문임 $M_iM_iM_jM_j$에 해당되는 BBXX를 윗줄로 빼놓은 것은 D…D=JPZD 이하의 전문이 같은 BBXX 전문임을 나타낸다.	2582
D…D	JPZD	배의 호출부호가 JPZD임	–
$YYGGi_w$	04001	YY=04 : 날짜, 4일(실제 1982.12.4) GG=00 : 관측시각, 00Z i_w=1 : 풍속은 계기관측의 m/s 단위임	– – 1855
$99L_aL_aL_a$	99357	99 : 위도 표시군 인식숫자 $L_aL_aL_a$=357 : 위도, 35.7도	– –
$QcL_0L_0L_0L_0$	11648	Qc=1 : 지구표면 구역, 제1상한(북반구의 동경) $L_0L_0L_0L_0$=1648 : 경도, 164.8도	3333 –
i_Ri_XhVV	41398	i_R=4 : 강수는 결측 i_X=1 : 유인관측 h=3 : 중층 이하 최하층 운고, 200~300m VV=98 : 시정, 20km	1819 1860 1600 4377

$Nddff$	62217	N=6 : 전운량, 6 okta dd=22 : 풍향, 220도 방향 ff=17 : 풍속, 17 (단위는 i_w에서 m/s로 결정됨).	2700 0877 –
$1s_nTTT$	10180	1 : 기온자료 보고군 인식숫자 s_n=0 : 온도부호, 0℃ 이상 TTT=180 : 기온, 18.0℃	– 3845 –
$2s_nT_dT_dT_d$	20165	2 : 이슬점 보고군 인식숫자 s_n=0 : 온도부호, 0℃ 이상 $T_dT_dT_d$=165 : 이슬점, 16.5℃	– 3845 –
$4PPPP$	40180	4 : 해면기압 보고군 인식숫자 PPPP=0180 : 해면기압, 1018.0hPa	– –
$5appp$	57020	5 : 3시간 기압변화 보고군 인식숫자 a=7 : 기압변화 경향, 계속 하강 ppp=020 : 기압변화량 2.0hPa	– 0264 –
$7wwW_1W_2$	70111	7 : 일기자료 보고군 인식숫자 ww=01 : 현재일기, 구름이 점차 감소하고 있음 W_1=1 : 제1 과거일기, 구름이 4 내외 W_2=1 : 제2 과거일기, 구름이 4 내외(W_1과 같음)	– 4677 4561 4561
$8N_LC_LC_MC_H$	88400	8 : 구름자료 보고군 인식숫자 N_L=8 : 중층운 이하의 최하층 운량, 8okta C_L=4 : 하층 및 연직발달운 운형, Cu에서 퍼져나온 Sc. C_M=0 : 중층운형, 구름 없음 C_H=0 : 상층운형, 구름 없음	– 2700 0513 0515 0509
$222D_sv_s$	22264	222 : Section 2의 표시숫자 D_s=6: 전 3시간 선박의 평균 이동방향, 서향 v_s=4: 전 3시간 동안 선박의 평균 이동속도, 16~20kts	– 0700 4451
$0s_sT_wT_wT_w$	00200	0 : 해면온도 보고군 인식숫자 s_s=0 : Intake로 실측한 해면온도부호, 0℃ 이상 $T_wT_wT_w$=200 : 해면온도, 20.0℃	– 3845 –
$2P_wP_wH_wH_w$	20403	2 : 육안관측 해파자료 보고군 인식숫자 P_wP_w=04 : 파의 주기, 4초 H_wH_w=03 : 파고, 1.5m	– – –
$3d_{w1}d_{w1}d_{w2}d_{w2}$	329//	3 : 너울 방향 보고군 인식숫자 $d_{w1}d_{w1}$=29 : 제1너울이 다가 오는 방향, 290도 $d_{w2}d_{w2}$=// : 제2너울이 다가 오는 방향, 제2너울 없음	– – –
$4P_{w1}P_{w1}H_{w1}H_{w1}$	40904;	4 : 제1 너울 주기, 파고 보고군 인식숫자 $P_{w1}P_{w1}$=09 : 제1 너울 주기, 9초 $H_{w1}H_{w1}$=04 : 제1 너울 파고 2m ; : 한 개 전문의 종료를 나타냄	– – – –
$D \cdots D$	JDBD	관측선의 호출부호가 JDBD임. 앞에서 언급된 것처럼 이하의 전문은 관측선 JDBD의 보고로서 앞의 JPZD의 보고와 같은 요령으로 해석할 수 있다. 각자가 해석을 시도해 볼 수 있다.	

2 지상 일기도 기입

가. 기입 모델

지상기상관측(육상관측, 해상관측 그리고 육상 자동관측)으로 얻어진 기상요소(그림 1-2)는 그림 1-3과 같은 요령으로 해당 관측소 위치를 나타내는 직경 약 2.5mm 정도의 작은 원의 주위에 기입(plotting)된다.

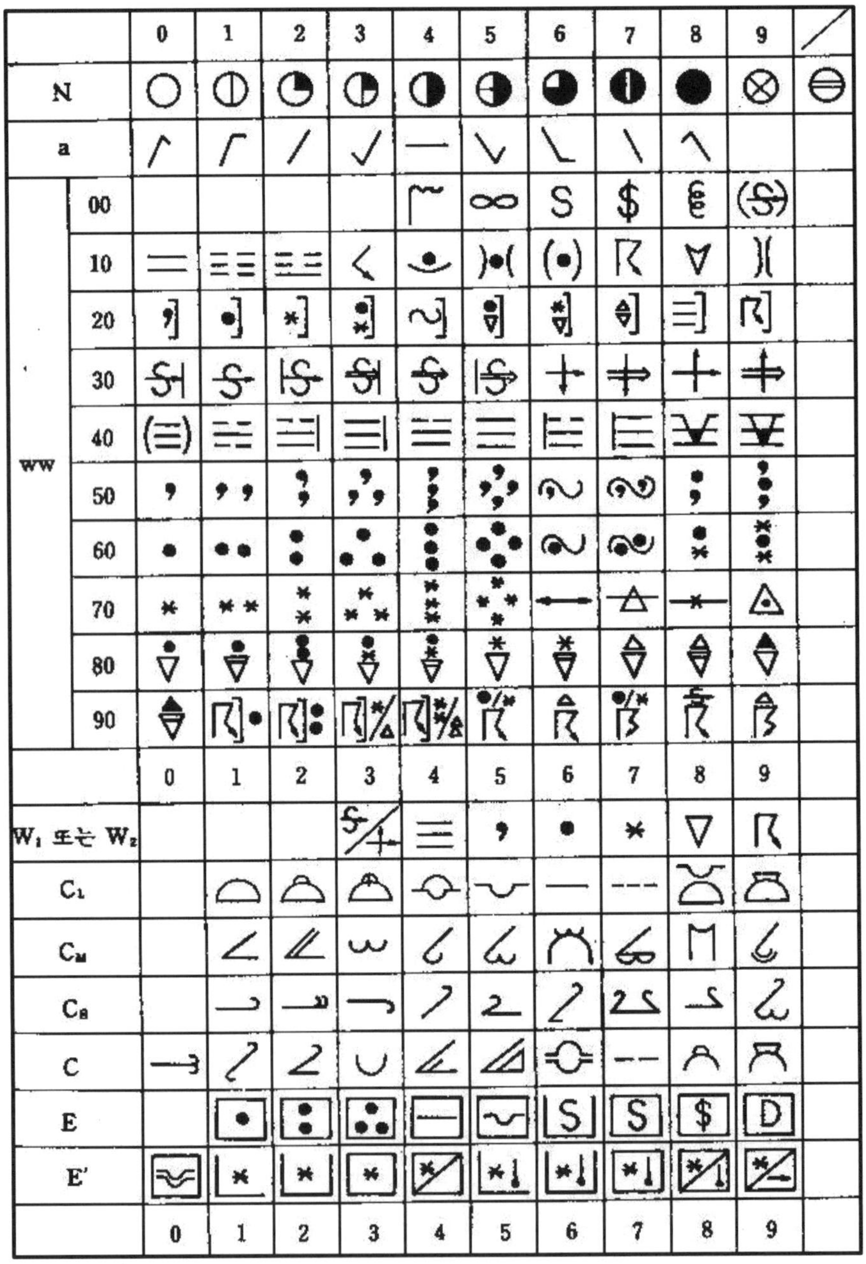

		0	1	2	3	4	5	6	7	8	9	/
N												
a												
ww	00						∞	S	$			
	10											
	20											
	30											
	40											
	50											
	60											
	70											
	80											
	90											
		0	1	2	3	4	5	6	7	8	9	
W₁ 또는 W₂												
C_L												
C_M												
C_H												
C												
E								S	S	$	D	
E'												
		0	1	2	3	4	5	6	7	8	9	

[그림 1-2] N, a, ww, W_1, W_2, C_L, C_M, C_H의 기입 요령

기입시의 일반적인 유의사항은 다음과 같다.

(1) 그림 1-3에서 네모난 칸들은 단지 각 기상 요소의 기입 위치를 나타내기 위하여 표시한 것에 불과하다. 따라서 실제 기입 때에는 포함되지 않는다.

(2) 바람 기입은 이 모델에서는 나타내지 않았다. 따라서 풍향, 풍속은 기입 요령에서 밝히는 대로 기입한다.

(3) 선박이나 부표(buoy)나 그 이름을 나타내는 기호는 모델의 최상단 위에 기입한다.

자동기상관측소는 관측소를 나타내는 원에 접하며 한 꼭지점이 북쪽을 향하는 조그마한 정삼각형을 그려 나타낸다.

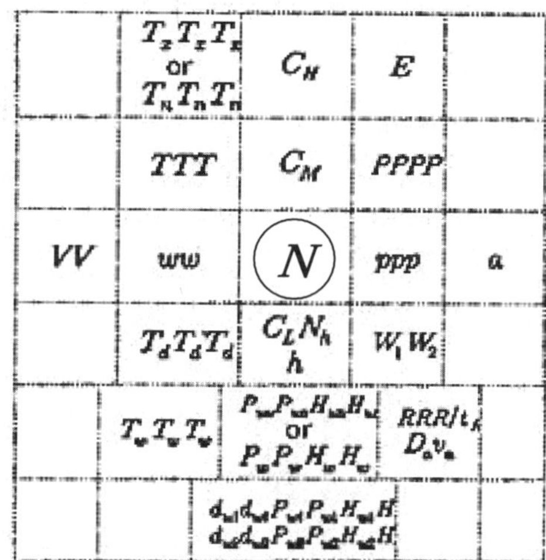

(a) 정식모델

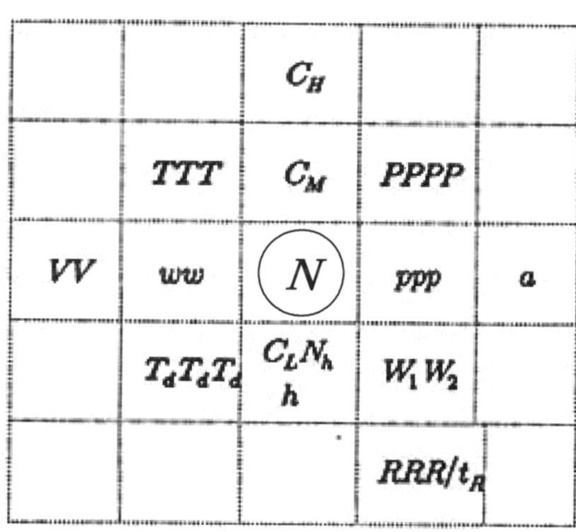

(b) 약식모델

[그림 1-3] 지상종관기상 실황전문 기입모델(Plotting model)

나. 기상요소의 기입 요령

- h : 최하층 운고의 지상고도를 C_L기호 아래에 Code숫자로 기입한다.
- VV : 시정은 Code숫자를 그대로 기입한다.
- N : 전운량은 그림 1-4와 같이 기호로 나타낸다. 경우에 따라서는 유럽의 일부 국가에서 표시하는 방법(그림 1-4 하단)으로 기입해도 좋을 것 같다. 특히 plotter로 기입할 경우에는 더욱 그러하다.

·	0	1	2	3	4	5	6	7	8	9	/
N											

[그림 1-4] 전운량(N) 기입 요령(아래쪽의 것은 plotter를 사용하는 경우에 사용)

- *ddff* : 지상 바람 자료를 다음 요령으로 기입한다.
  1) 풍속은 깃가지(barb)와 그늘칠한 삼각깃(pennant)으로 나타낸다.
  2) 긴 깃가지는 5m/s(10kts), 짧은 깃가지는 2.5m/s(5kts), 삼각깃은 25m/s(50kts)이다.
  3) 풍향은 관측소를 나타내는 원을 향해 짧은 직선 선분을 그린다.
  4) 북반구에서는 관측소를 나타내는 원을 향하여 바라본다고 했을 때 모든 삼각깃과 깃가지는 풍향선의 왼쪽으로 약 120도(8시 방향)의 각을 가지도록 그리며, 삼각깃은 풍향선을 기선으로 하는 직삼각형으로 그린다.
  5) 풍속은 풍향선의 끝에서부터 삼각깃, 긴 깃가지, 짧은 깃가지 순으로 기입한다. 단, 짧은 깃가지만 기입해야 할 경우에는 풍향선 끝으로부터 1~2mm 안쪽에 기입하여 긴 깃가지 기입과 차별화를 하여야 한다.
  6) 풍속을 모르는 경우에는 풍향선 끝에 X를 표시한다. 풍향을 모르는 경우에는 바람 기입을 생략한다. 풍속이 아주 약한 경우(1~2m/s, 1~4kts)에는 풍향만 나타낸다.
  7) 무풍은 지점을 나타내는 원 주위에 약간 큰(반경이 1mm 정도 더 큰) 원을 그려 표시한다.
- *TTT*, $T_dT_dT_d$: 실제 기온, 이슬점을 소숫점을 넣어 소수 1위까지 유효숫자를 기입한다. 영하온도의 경우에는 "–"부호를 선행시킨다.

  화씨온도 체계를 사용하는 경우, 기온과 이슬점을 소수 이하를 반올림하여 두 자리의 정수로 기입하도록 하는 경우도 있다. 이 경우, 1°F는 약 0.5℃ 정도이기 때문에 정수 단위로 기입하여도 전선분석 등에서 큰 불편이 없을 수도 있다. 그러나 섭씨온도 체계를 사용하고 있으면서 기온과 이슬점을 정수 단위로 표현하는 경우는, 1℃가 거의 2°F에 해당되어 전선분석 등에서 온도차를 분석하는 데 매우 큰 어려움을 겪게 된다. 따라서 섭씨온도 체계에서는 소수 1위까지의 유효숫자를 소숫점을 넣어 기입하는 것이 원칙이다. 온도를 정수 단위로 기입하도록 하는 경우에는 반드시 2자리로 표현하여야 그나마 혼란을 방지할 수 있다.
- *PPPP* : 4자리로 할당되어 있지만, 일기도 기입에서는 해면기압값을 0.1hPa 단위로 소숫점 없이 끝 3자리만 기입한다.
- *a* : 기압변화 경향을 그림 1-2에서와 같이 기입한다.
- *ppp* : 3자리로 할당되어 있지만, 기압변화량을 0.1hPa 단위로 소숫점 없이 끝 2자리로 기입한다. *a*가 0, 1, 2, 3인 경우에는 그 앞에 "+"를, 4인 경우에는 그 앞에 "±"를, 5, 6, 7, 8인 경우에는 "–"를 붙인다. *a*가 2, 4, 7인 경우에는 부호를 생략할 수도 있다.
- *RRR* : 강수량은 i_R에 따라 표 1-35와 같이 처리(Code숫자 기입)한다.
- t_R : 강수량 측정 기간을 Code숫자로 기입한다.
- *ww* : 현재일기를 그림 1-2에서와 같이 기입한다(해설은 표 1-21 및 부록 V 참조).

  단, 현상부호 중 93, 94, 95, 97은 비, 눈, 우박을 관측된 그대로 선택하여 기입한다.

  현저한 기상현상이 아닌 경우(i_x=2 or 5)에는 *ww*와 W_1W_2는 기입하지 않고 공백으로 남겨

둔다. 관측이 없었을 때(i_x=3 또는 6)나, 관측했지만 자료가 망실되었을 때(i_x=1 or 4이지만 7군이 없는 경우)는 *ww*와 W_1W_2를 모두 //로 기입한다.

[표 1-35] *RRR*의 기입요령(i_R 값에 따름) (표 1-19 참조)

i_R 값	설명	기입요령
i_R=1 or 2	강수량 보고 있음.	*RRR*을 Code 숫자로 기입
i_R=3	강수량=0	기입하지 않음
i_R=4	강수량 관측 없음(결측)	*RRR*을 ///로 기입

- W_1W_2 : 과거일기는 그림 1-2에서와 같이 기입한다. 과거일기가 둘 모두 같게 보고되었을 경우는 W_2의 기입을 생략한다. 여러 가지 색으로 기입하는 경우에는 눈은 적색으로 기입한다.
- N_h : 운량을 Code숫자 그대로 C_L의 오른쪽에 기입한다.
- C_L, C_M, C_H : 운형을 각각 그림 1-2에서와 같이 기입한다. 여러 가지 색으로 기입하는 경우는 C_H는 적색으로 기입한다.
  C_L=8이면서 Sc 운저가 Cu 운저의 아래에 있을 경우에는 ⌓ 로 기입한다.
- *GGgg* : 만일 자료의 관측 시각이 해당 일기도의 시각과 다른 경우에는 기입된 자료를 W_1W_2 의 오른쪽에 UTC로 표시된 해당 Code숫자 그대로 기입한다.
- D_s : 배의 이동방향으로 화살표로 표시한다.
- v_s : 배의 이동속도를 D_s화살표의 오른쪽에 code숫자 그대로 기입한다.
- $T_wT_wT_w$: 해수면온도를 소숫점을 포함하여 유효숫자를 기입하거나, 소숫점을 반올림하여 2자리의 정수로 기입한다. 영하 온도의 경우에는 "-"부호를 선행시킨다.
- $d_{w1}d_{w1}d_{w2}d_{w2}$: 너울이 이동해오는 $d_{w1}d_{w1}$, $d_{w2}d_{w2}$ 방향을 각각 wave형 화살표로 기입한다. Code숫자가 00(너울 없음)이면 화살끝 표시가 없이 wave선만 남북방향으로 기입하고, code 숫자가 99(방향이 가변)이면 wave형 화살표의 끝이 위를 보도록 X형으로 교차시킨다. Code 숫자가 //(missing)인 경우는 99의 경우와 같이 기입하나 화살끝 표시를 생략한다. 제2 swell이 있는 경우는 제1 swell의 아래에 기입한다.
- $P_{wa}P_{wa}H_{wa}H_{wa}$, $P_wP_wH_wH_w$, $P_{w1}P_{w1}H_{w1}H_{w1}$, $P_{w2}P_{w2}H_{w2}H_{w2}$: Wave의 주기와 파고를 Code숫자 그대로 기입한다.
- $T_xT_xT_x$ 또는 $T_nT_nT_n$: 일최고기온, 일최저기온은 소수점을 포함하여 유효숫자를 기입한다. 영하기온은 "-"를 선행시킨다.
- E 또는 E' : 지면상태를 그림 1-2에서와 같이 기입한다(설명 생략). E'의 경우에는 적설량 *sss*를 cm단위인 Code숫자 그대로 또는 유효숫자를 기입한다.
- 만일 Section 1의 $8N_sCh_sh_s$가 보고되지 않았으면서 Section 3에서 $8N_sCh_sh_s$가 보고된 경우에는 C를 그림 1-2에서와 같이 기호로 각 해당 고도에 기입하고 h_sh_s를 Section 1에서의

h에 해당하는 위치에 Code숫자(2자)로 기입한다.

다. 전문 기입 연습

(1) 육상기상 실황 전문

㈎ 전문 예

AAXX 04004

47648 11/82 60112 10140 20086 40225 50013 69902 70162 86230

333 20128;

㈏ 기입요령

전문 코드	전문	해 설	기 입
$M_iM_iM_jM_j$	AAXX	SYNOP 전문임을 나타냄	(전문종류 확인)
$YYGGi_w$	04004	YY=04 : 날자, 04일 GG=00 : 관측시간 00Z I_W=4 : 풍속, 계기관측의 kts 단위임.	(04일 00Z일기도에 기입함) (풍속 단위 확인)
$IIiii$	47648	II=47 : 한국과 일본 구역 iii=648 : 일본 Choshi 관측소의 고유번호	(구역 찾음) (번호 찾음)
i_Ri_XhVV	11/82	i_R=1 : 강수자료를 Section 1에 포함 i_X=1 : 유인관측소이며 일기 포함 h=/ : 중층운 이하 최하층 운고, 보고 없음 VV=82 : 시정, 40km	(확인) (확인) h=공란 VV=82
$Nddff$	60112	N=6 : 전운량, 6 okta dd=01 : 풍향, 010도 방향 ff=12 : 풍속, 12kts	(그림 1-4 참조) (10도 방향에서) (온깃 1개)
$1s_nTTT$	10140	1 : 기온 자료 보고군의 인식숫자 s_n=0 : 온도부호, 0이상 TTT=140 : 기온, 14.0° C	(확인) s_n=공란 TTT=14.0
$2s_nT_dT_dT_d$	20086	2 : 이슬점 자료 보고군의 인식숫자 s_n=0 : 온도부호, 0이상 $T_dT_dT_d$=086 : 이슬점, 08.6 ° C	(확인) s_n=공란 $T_dT_dT_d$=8.6
$4PPPP$	40225	4 : 해면기압 자료 보고군의 인식숫자 PPPP=0225 : 해면기압, 1022.5hPa	(확인) PPPP=225
$5appp$	50013	5 : 3시간 기압변화 자료 보고군의 인식숫자 a=0 : 기압변화경향, 계속 상승 후 하강 ppp=013 : 기압변화량, 01.3hPa 상승	(확인) (그림 1-2 참조) ppp=+13
$6RRRt_R$	69902	6 : 강수량 자료 보고군의 인식숫자 RRR=990 : 강수량, 흔적 정도 t_R=2 : 강수측정기간, 12시간(6시간×2)	(확인) RRR=990 t_R=2
$7wwW_1W_2$	70162	7 : 일기 자료 보고군의 인식숫자 ww=01 : 현재일기, 구름이 점차 벗겨짐	(확인) ww=공란

		W_1=6 : 제 1 과거일기, 비가 왔었음 W_2=2 : 제 2 과거일기, 구름이 반 이상	(그림 1-2 참조) W_2=공란
$8N_hC_LC_MC_H$	86230	8 : 구름 자료 보고군의 인식숫자 N_h=6 : 중층 이하의 최하층운량, 6 okta C_L=2 : 하층운형, 연직으로 발달된 Cu C_M=3 : 중층운형, 거의 하늘이 보이는 Ac C_H=0 : 상층운형, 상층운 없음	(확인) N_h=6 (그림 1-2 참조) (그림 1-2 참조) C_H=공란
333	333	Section 3임을 나타내는 인식숫자	(확인)
$2s_nT_nT_nT_n$	20128	2 : 최저기온 자료 보고군의 인식숫자 s_n=0 : 온도 부호, 0 이상 $T_nT_nT_n$=128 : 최저기온, 12.8℃	(확인) s_n= 공란 $T_nT_nT_n$= 12.8

이상을 종합하면 다음과 같다.

	$T_nT_nT_n$	C_H	E	
	TTT	C_M	$PPPP$	
VV	ww	N	ppp	a
	$T_dT_dT_d$	C_LN_h h	W_1W_2	
			RRR/t_R	

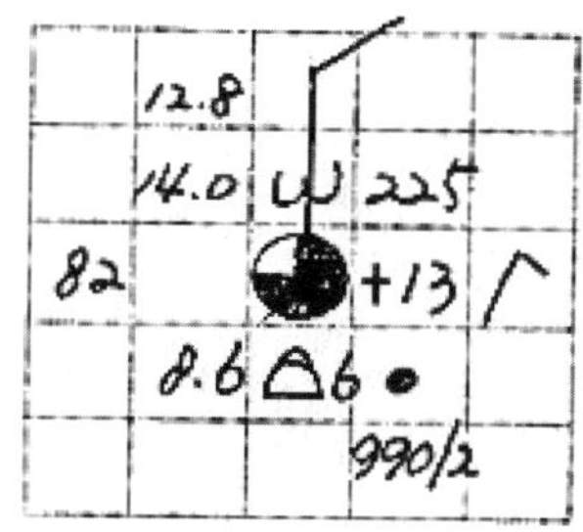

(2) 해상기상 실황전문 예

(가) 전문 예

BBXX

JDBD 04004 99442 11630

41498 53125 10050 21010 40195 52017 70162 81150

22224 00095 20303;

(나) 기입 요령

전문 코드	전문	해 설	기 입
$M_iM_iM_jM_j$	BBXX	해상 종관기상 실황전문임	(전문 종류 확인)
$D \cdots D$	JDBD	호출부호가 JDBD임	(기입모델 아래에 JDBD를 기입)
$YYGGi_w$	04004	YY=04: 관측날짜, 4일 GG=00 : 관측시각, 00Z i_w=4 : 바람은 계기관측의 kts 단위임	- (00Z 일기도 기입) (풍속 단위 확인)
$99L_aL_aL_a$	99442	99 : 관측소의 위도 보고군 인식숫자 $L_aL_aL_a$=442 : 위도, 44.2도	(확인) (위치 확인)

$Q_cL_0L_0L_0L_0$	11630	Q_c=1 : 지표 4분원의 제1상한(북반구, 동경) $L_0L_0L_0L_0$=1648 : 경도, 164.8도	(위치 확인) (위치 확인)
i_Ri_XhVV	41498	i_R=4 : 강수자료, 결측으로 불포함 i_X=1 : 유인관측, 일기보고 있음 h=4 : 중층운 이하 최하층 운고, 300~600m VV=98 : 시정, 20㎞	(확인) (확인) h=4 VV=98
$Nddff$	53125	N=5 : 전운량, 5 okta dd=31 : 풍향, 310도 방향 ff=25 : 풍속, 25kts	(그림 1-2 참조) (310도 방향에서) (온깃 2, 반깃 1)
$1s_nTTT$	10050	1 : 기온자료 보고군 인식숫자 s_n=0 : 온도부호, 0 이상 TTT=050 : 기온, 5.0℃	(확인) s_n=공란 TTT=5.0
$2s_nT_dT_dT_d$	21010	2 : 이슬점 자료 보고군 인식숫자 s_n=1 : 온도부호, 영하 $T_dT_dT_d$=010 : 이슬점, 01.0℃	(확인) s_n=- $T_dT_dT_d$=1.0
$4PPPP$	40195	4 : 해면기압 보고군 인식숫자 PPPP=0195 : 해면기압, 1019.5hPa	(확인) PPPP=195
$5appp$	52017	5 : 3시간 기압변화 보고군 인식숫자 a=2 : 3시간 기압변화경향, 계속 상승 ppp=017 : 기압변화량이 01.7hPa	(확인) a=/ ppp=+17
$7wwW_1W_2$	70162	7 : 일기자료 보고군 인식숫자 ww=01 : 현재일기, 구름이 점차 감소함 W_1=6 : 제 1 과거일기, 비가 왔었음 W_2=2 : 제 2 과거일기, 구름 4 okta 이상	(확인) ww=공란 (그림 1-2 참조) W_2=공란
$8N_LC_LC_MC_H$	81150	8 : 구름자료 보고군 인식숫자 N_L=1 : 중층운 이하의 최하층 운량, 8 okta C_L=1 : 하층 및 연직운형, 평평한 Cu C_M=5 : 중층운형, 줄지어선 거의 투명한 Ac C_H=0 : 상층운형, 상층운 없음	(확인) N_L=1 (그림 1-2 참조) (그림 1-2 참조) C_H=공란
$222D_sv_s$	22224	222 : Section 2 인식숫자 D_s=2 : 3시간 동안의 선박 이동방향, 동향 v_s=4 : 3시간의 선박 이동속도, 16~20kts	(확인) D_s= --> v_s= 4
$0s_nT_wT_wT_w$	00095	0 : 해면온도 자료 보고군 인식숫자 s_n=0 : 온도 부호, 0 이상 $T_wT_wT_w$=095 : 해면온도, 09.5℃	(확인) s_n= 공란 $T_wT_wT_w$= 9.5
$2P_wP_wH_wH_w$	20303	2 : 육안관측 해파자료 보고군 인식숫자 P_wP_w=03 : 파의 주기, 03초 H_wH_w=03 : 파고, 1.5m	(확인) P_wP_w= 03 H_wH_w= 03

이상을 종합하면 다음과 같다.

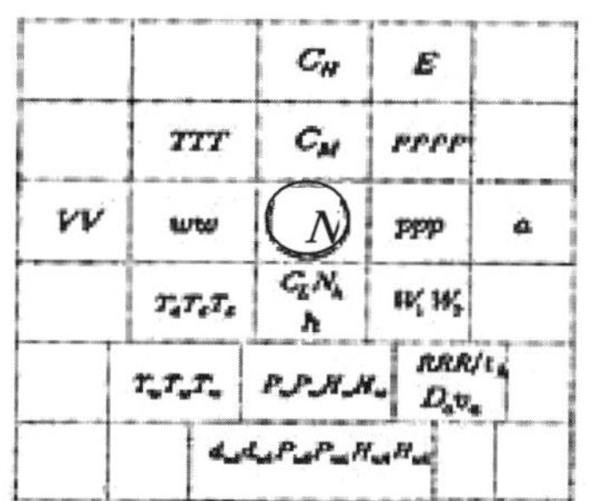

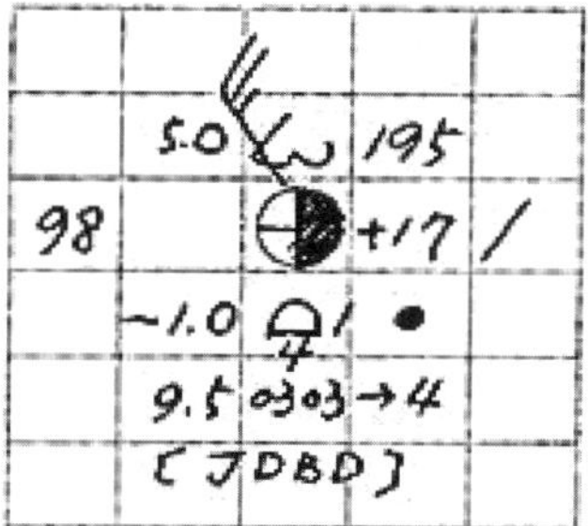

지상 종관기상 실황전문을 실제로 기입한 모양은 그림 1-5와 같다.

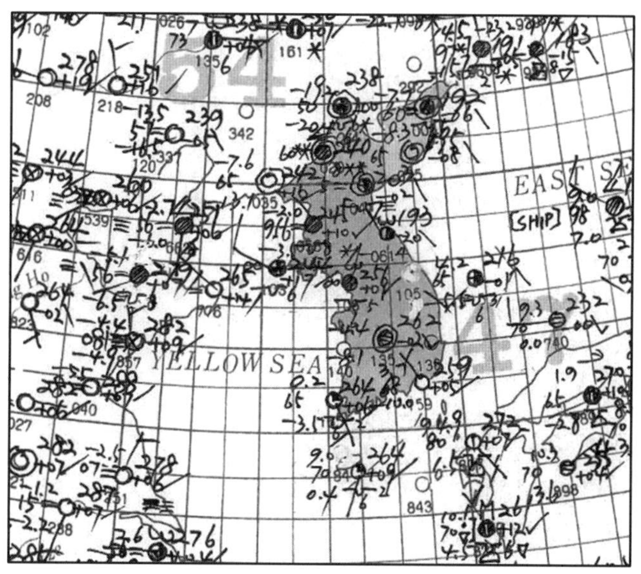

[그림 1-5] 지상종관기상 실황 전문 기입 예

연습 1-1 부록 Ⅴ의 자료로 지상일기도(부록 Ⅷ 참조)를 기입하여 보아라.

1.3 상층기상실황전문

1 상층기상실황전문 해설

가. 전문의 형식

상층기상실황전문은 풍선에 매달아 비양(飛揚)시키는 radiosonde 및 rawinsonde에 의한 고층관측보고(FM 35-XI Ext. TEMP과 FM 36-XI Ext. TEMP SHIP 및 FM 38-XI Ext. TEMP MOBIL), 그리고 항공기에서 떨어뜨리는 dropsonde에 의한 FM 37-XI Ext. TEMP DROP로서, 그 관측소 상공의 기상상태를 연직으로 관측하여 보고하는 전문들이다.

이러한 관측으로 상층의 기압, 기온, 습도를 얻을 수 있고, 기구가 상승하면서 흘러가는 방향을 추적하여 풍향과 풍속을 얻을 수 있다.

우리나라는 현재 오산, 포항, 광주, 제주도(고산), 속초, 백령도, 흑산도 등에서 고층기상 관측을 시행하고 있다. 이 전문의 형식은 표 1-36과 같다.

[표 1-36] 고층기상실황전문의 형식

(FM 35-XI Ext. TEMP, FM 36-XI Ext. TEMP SHIP, FM 37-XI Ext. TEMP DROP, FM 38-XI Ext. TEMP MOBIL)

Part A :

SECTION 1	$M_iM_iM_jM_j$ $D....D^{2)}$ $YYGGI_d$ $\left\{ \begin{matrix} IIiii^{1)} \quad \text{or} \\ 99L_aL_aL_a\ Q_cL_oL_oL_oL_o\ MMMU_{La}U_{Lo}^{3)}\ h_0h_0h_0h_0i_m^{4)} \end{matrix} \right\}$
SECTION 2	$99P_0P_0P_0$ $T_0T_0T_{a0}D_0D_0$ $d_0d_0f_0f_0f_0$ $P_1P_1h_1h_1h_1$ $T_1T_1T_{a1}D_1D_1$ $d_1d_1f_1f_1f_1$ . . . . $P_nP_nh_nh_nh_n$ $T_nT_nT_{an}D_nD_n$ $d_nd_nf_nf_nf_n$
SECTION 3	$88P_tP_tP_t$ $T_tT_tT_{at}D_tD_t$ $d_td_tf_tf_tf_t$ or 88999
SECTION 4	$\left\{ \begin{matrix} 77P_mP_mP_m \\ \text{or} \\ 66P_mP_mP_m \end{matrix} \right\}$ $d_md_mf_mf_mf_m$ $(4v_bv_bv_av_a)$ or 77999
SECTION 7	31313 $s_rr_ar_as_as_a$ $8GGgg$ $(9s_n\ T_wT_wT_w)$
SECTION 9	$\left\{ \begin{matrix} 51515 \\ 52525 \\ \cdots\cdots \\ 59595 \end{matrix} \right\}$ Code groups to be developed regionally
SECTION 10	$\left\{ \begin{matrix} 61616 \\ 62626 \\ \cdots\cdots \\ 69696 \end{matrix} \right\}$ Code groups to be developed nationally

Part B :

SECTION 1	$M_iM_iM_jM_j$ $D....D^{2)}$ $YYGGa_4$ $\left\{ \begin{matrix} IIiii^{1)} \quad \text{or} \\ 99L_aL_aL_a\ Q_cL_oL_oL_oL_o\ MMMU_{La}U_{Lo}^{3)}\ h_0h_0h_0h_0i_m^{4)} \end{matrix} \right\}$
SECTION 5	$n_0n_0P_0P_0P_0$ $T_0T_0T_{a0}D_0D_0$ $n_1n_1P_1P_1P_1$ $T_1T_1T_{a1}D_1D_1$ . . . . $n_nn_nP_nP_nP_n$ $T_nT_nT_{an}D_nD_n$
SECTION 6	21212 $n_0n_0P_0P_0P_0$ $d_0d_0f_0f_0f_0$ $n_1n_1P_1P_1P_1$ $d_1d_1f_1f_1f_1$ . . . . $n_nn_nP_nP_nP_n$ $d_nd_nf_nf_nf_n$
SECTION 7	31313 $s_rr_ar_as_as_a$ $8GGgg$ $(9s_n\ T_wT_wT_w)$
SECTION 8	41414 $N_h\ C_Lh\ C_MC_H$

SECTION 9	$\begin{Bmatrix} 51515 \\ 52525 \\ \cdots\cdots \\ 59595 \end{Bmatrix}$ Code groups to be developed regionally
SECTION 10	$\begin{Bmatrix} 61616 \\ 62626 \\ \cdots\cdots \\ 69696 \end{Bmatrix}$ Code groups to be developed nationally

Part C :

SECTION 1	$M_iM_i\ M_jM_j \quad D....D^{2)} \quad YYGGI_d$ $\begin{Bmatrix} IIiii^{1)} \quad \text{or} \\ 99L_aL_aL_a\ Q_cL_oL_oL_oL_o\ MMMU_{La}U_{Lo}^{3)}\ h_0h_0h_0h_0i_m^{4)} \end{Bmatrix}$
SECTION 2	$P_1P_1h_1h_1h_1 \quad T_1T_1T_{a1}D_1D_1 \quad d_1d_1f_1f_1f_1$ . . . . $P_nP_nh_nh_nh_n \quad T_nT_nT_{an}D_nD_n \quad d_nd_nf_nf_nf_n$
SECTION 3	$88P_tP_tP_t \quad T_tT_tT_{at}D_tD_t \quad d_td_tf_tf_tf_t$ or 88999
SECTION 4	$\begin{Bmatrix} 77P_mP_mP_m \\ \text{or} \\ 66P_mP_mP_m \end{Bmatrix} \quad d_md_mf_mf_mf_m \quad (4v_bv_bv_av_a)$ or 77999
SECTION 7	31313 $s_rr_ar_as_as_a \quad 8GGgg \quad (9s_nT_wT_wT_w)$
SECTION 9	$\begin{Bmatrix} 51515 \\ 52525 \\ \cdots\cdots \\ 59595 \end{Bmatrix}$ Code groups to be developed regionally
SECTION 10	$\begin{Bmatrix} 61616 \\ 62626 \\ \cdots\cdots \\ 69696 \end{Bmatrix}$ Code groups to be developed nationally

Part D :

SECTION 1	$M_iM_i\ M_jM_j \quad D....D^{2)} \quad YYGG/$ $\begin{Bmatrix} IIiii^{1)} \quad \text{or} \\ 99L_aL_aL_a\ Q_cL_oL_oL_oL_o\ MMMU_{La}U_{Lo}^{3)}\ h_0h_0h_0h_0i_m^{4)} \end{Bmatrix}$
SECTION 5	$n_1n_1P_1P_1P_1 \quad T_1T_1T_{a1}D_1D_1$ . . . . $n_nn_nP_nP_nP_n \quad T_nT_nT_{an}D_nD_n$
SECTION 6	1212 $n_1n_1P_1P_1P_1 \quad d_1d_1f_1f_1f_1$ . . . . $n_nn_nP_nP_nP_n \quad d_nd_nf_nf_nf_n$
SECTION 7	31313 $s_rr_ar_as_as_a \quad 8GGgg \quad (9s_nT_wT_wT_w)$
SECTION 9	$\begin{Bmatrix} 51515 \\ 52525 \\ \cdots\cdots \\ 59595 \end{Bmatrix}$ Code groups to be developed regionally
SECTION 10	$\begin{Bmatrix} 61616 \\ 62626 \\ \cdots\cdots \\ 69696 \end{Bmatrix}$ Code groups to be developed nationally

1) Used in FM 35 only.
2) Used in FM 36 and FM 38 only.
3) Used in FM 36, FM 37 and FM 38 only.
4) Used in FM 38 only.

나. 전문의 개관

(1) TEMP는 육상관측소에서, TEMP SHIP은 해상관측소에서, TEMP MOBIL은 육상이동관측소에서 기구(풍선)에 매달아 띄운 측정장치를 이용하여, TEMP DROP은 항공기나 Carrier Balloon에서 떨어뜨린 Dropsonde을 이용하여 각각 기압, 기온, 습도 및 바람의 관측결과를 보고하는 전문의 명칭이다.

(2) TEMP는 M_iM_i=TT, TEMP SHIP은 M_iM_i=UU, 그리고 TEMP DROP은 M_iM_i=XX, TEMP MOBIL은 M_iM_i=II를 사용한다(Code Table 2582, 표 1-3 참조).

(3) 전문은 각각 Part A, B, C, D의 네 부분으로 구성되어 있다.

[표 1-37] 고층기상관측전문(TEMP, TEMP SHIP, TEMP DROP, TEMP MOBIL)의 구성

Section	Part	인식숫자	내 용
1	A, B, C, D	–	식별 자료와 관측지점 위치
2	A, C	–	표준등압면의 자료
3	A, C	88	권계면 고도의 자료
4	A, C	6677	최대풍 고도와 연직 wind shear 자료
5	B, D	–	기온과 상대습도 유의고도 자료
6	B, D	21212	바람 유의고도 자료
7	A, B, C, D	31313	측정장치, 비양시각 자료
8	B	41414	구름 자료
9	A, B, C, D	51515	} 지역별 사용 전문군
		……	
		59595	
10	A, B, C, D	61616	} 국가별 사용 전문군
		……	
		69696	

(4) 만일 100hPa면 이하의 자료가 Part A나 B에서 누락되었다 하더라도 그 자료를 Part C나 D에 포함시키지 않고, 누락된 자료는 수정전문을 작성하여 별도로 송신한다.

(5) 각 Part는 따로따로 송신할 수 있다.

(6) 전문 형태는 표 1-37과 같이 여러 Section으로 나뉜다.

(7) Code의 명칭 FM 35-XI Ext. TEMP, FM 36-XI Ext. TEMP SHIP, FM 37-XI Ext. TEMP DROP 및 FM 38-XI Ext. TEMP MOBIL은 보고 전문에는 포함되지 않는다.

(8) 만일, 상승 중 기압 자료를 더 이상 얻을 수 없고 바람 자료만 얻어질 때는 TEMP전문으로 보고하지 않는다. 이런 바람 자료는 PILOT전문으로 보고할 수 있다.

(9) Part A에서의 표준등압면은 1000, 925, 850, 700, 500, 400, 300, 250, 200, 150 및 100hPa면이고, Part C에서의 표준등압면은 70, 50, 30, 20 10hPa면이다.

다. 전문의 해석

(1) 전문의 종류와 위치 표시부(Section 1)

$$M_iM_iM_jM_j \quad D....D \quad YYGGI_d$$
$$\begin{cases} IIiii \quad \text{or} \\ 99L_aL_aL_a \quad Q_CL_oL_oL_oL_o \quad MMMU_{La}U_{Lo} \quad h_0h_0h_0h_0i_m \end{cases}$$

* I_d가 Part B에서는 a_4, Part D에서는 /를 사용한다.

- $M_iM_iM_jM_j$: 전문 종류 인식 부호(M_iM_i) 및 전문의 part인식 부호(M_jM_j)(Code Table 2582, 표 1-3 참조). 100hPa 이하 고도에서는 Part A와 B, 100hPa 이상 고도에서는 Part C와 D를 사용한다.
- YY : 관측 일자(UTC) 및 풍속 단위 표시.
  실제 날짜인 경우는 풍속 단위가 m/s이고, 풍속 단위로 kts를 사용하는 경우에는 실제 날짜에 50을 더한다.
- GG : 실제 관측시각에 가장 가까운 정수 단위의 UTC(FM 12-XIV SYNOP에서와 같음).
- I_d : Part A와 C에서 바람이 보고되는 마지막 표준등압면의 기압값(Code Table 1734, 표 1-38 참조). Part B에서는 고층관측 장비의 종류(a_4, Code Table 0265, 표 1-39 참조), Part D에서는 /(표준등압면 보고가 없음)으로 나타낸다.
- $IIiii$: 육상관측소인 경우에 구역번호와 지점번호(FM 12-XIV SYNOP의 경우와 동일함). ($IIiii$는 WMO-No.9 Vol.A에 상세히 명시되어 있음)
- $99L_aL_aL_a \quad Q_CL_oL_oL_oL_o$: 해상관측소 또는 육상 이동관측소인 경우 관측지점의 0.1도 단위의 위도($L_aL_aL_a$) 및 경도($L_oL_oL_oL_o$). Q_C는 FM 13-XIV SHIP에서와 동일함(Code Table 3333, 표 1-7 참조).

[표 1-38] I_d(바람 보고 마지막 표준등압면 기압값)의 사용(Code Table 1734 참조).

I_d의 Code 숫자	Part A	Part C	I_d의 Code 숫자	Part A	Part C
1	100 or 150hPa	10hPa	7	700hPa	70hPa
2	200 or 250hPa	20hPa	8	850hPa	-
3	300hPa	30hPa	9	925hPa	-
4	400hPa	40hPa	0	1,000hPa	-
5	500hPa	50hPa	/	어떤 표준등압면에도 바람군이 포함되지 않음.	
6	-	-			

[표 1-39] a_4(고층관측 장비의 종류)의 설명(Code Table 0265 참조).

a_4의 Code 숫자	장비명	a_4의 Code 숫자	장비명
0	바람 측정장비에 딸린 기압계	5	VLF–Omega
1	광학 경위의	6	Loran–C
2	라디오 경위의	7	Wind profiler
3	레이더	8	Satellite navigation
4	위의 0과 같으나 기압측정 실패	9	(사용 않음)

- MMM : 해상관측 또는 이동식 육상관측의 경우 관측시각에 관측선 또는 관측차량이 위치한 곳의 Marsden 구역번호 (Code Table 2590, 표 1–8 참조).
- $U_{La}U_{Lo}$: 해상관측 또는 이동식 육상관측의 경우에 보고된 위도의 1단위 숫자(U_{La})와 경도의 1단위 숫자(U_{Lo}).
- $h_0h_0h_0h_0$: 육상 이동관측소(차량)의 해발고도 값(m 단위).
- i_m : 해발고도값의 단위와 정확성의 정도(Code Table 1845, 표 1–9 참조).

(2) 표준등압면 자료부(Section 2)

$$99P_0P_0P_0 \quad T_0T_0T_{a0}D_0D_0 \quad d_0d_0f_0f_0f_0$$
$$P_1P_1h_1h_1h_1 \quad T_1T_1T_{a1}D_1D_1 \quad d_1d_1f_1f_1f_1$$
$$\cdots\cdots \quad \cdots\cdots \quad \cdots\cdots$$
$$P_nP_nh_nh_nh_n \quad T_nT_nT_{an}D_nD_n \quad d_nd_nf_nf_nf_n$$

- 표준등압면의 geopotential height가 관측소 고도보다 낮을 때에는 그 표준등압면의 해당 기온·습도군은 /////로 표시한다.
- $99P_0P_0P_0$: 관측소 고도 자료의 인식숫자(99)와 관측소 고도에서의 정수 단위의 관측소기압(hPa).

[표 1-40] T_{a0}, T_{a1}, ⋯, T_{an}, T_{at}(해당 각 기층 및 권계면고도 기온의 소수 이하의 근사치와 부호)의 사용. (Code Table 3931 참조).

Code 숫자	설명
홀수	소수 1위의 근사값, 그리고 기온값이 "–"
짝수	소수 1위의 근사값, 그리고 기온값이 0 또는 "+"

- $T_0T_0T_{a0}D_0D_0$: 지상고도 기온의 정수부(T_0T_0), 소수 이하의 근사치와 부호 표시(T_{a0} : Code Table 3931, 표 1–40 참조), 그리고 이슬점차(D_0D_0 : Code Table 0777, 표 1–41 참조)를 나타낸다.

[표 1-41] D_0D_0, D_1D_1, …, D_nD_n**(해당 층에서의 이슬점차),** D_tD_t**(권계면고도의 이슬점차)의 사용(Code Table 0777 참조).**

Code 숫자	설명
00~50	0.1도 단위의 이슬점차
51~55	사용 안 함
56~99	Code 숫자에서 50을 뺀 정수단위의 이슬점차

- $d_0d_0f_0f_0f_0$: 지상의 풍향, 풍속. 풍향은 가까운 0° 또는 5°로 처리된다. 따라서 그 끝수는 $f_0f_0f_0$의 첫 자에 더해진다(예: 255°, 123kts이면, 25623으로 표시된다).
- P_1P_1, P_2P_2, …, P_nP_n : 고도 증가순의 표준등압면의 기압(10hPa 단위).
- $h_1h_1h_1$ $h_2h_2h_2$, …, $h_nh_nh_n$: 표준등압면(P_1P_1 등)의 지오퍼텐셜고도(geopotential height, gpm). 이 때 평균해면 이하 고도에 대해서는 해면 이하 깊이 값에 500을 더하여 지하 고도임을 표시한다. 500hPa 미만의 고도에서는 정수단위의 gpm을 3자리로, 500hPa 이상에서는 10gpm을 단위로 하여 3자리로 표시한다(윗자리 숫자는 생략).
  지오퍼텐셜고도(gpm)는 기하학적인 고도(m)보다 조금 작지만 그 차이가 매우 적어 실용적인 이용에서는 호환할 수도 있다.
  각 표준등압면의 표준고도는 표 1-42와 같다.

[표 1-42] 표준등압면의 표준 해발고도

표준등압면 (hPa)	표준 해발고도(gpm)		표준등압면 (hPa)	표준 해발고도(gpm)	
	표준값	RA-Ⅱ 지역 근사값		표준값	RA-Ⅱ 지역 근사값
1,000	111	100	200	11,784	12,300
925	810	800	150	13,508	14,100
850	1,457	1,500	100	16,180	16,600
700	3,012	3,100	70	18,442	18,500
500	5,574	5,800	50	20,576	20,500
400	7,185	7,600	30	23,849	24,000
300	9,164	9,500	20	26,481	26,500
250	10,363	10,600	10	31,055	31,000

- T_1T_1, T_2T_2, …, T_nT_n : 표준등압면 또는 유의고도에서의 섭씨기온의 정수 부분의 절대값(소수 이하의 부분과 부호는 T_{a1}, T_{a2}, …, T_{an}에 각각 표시한다).
- T_{a1}, T_{a2}, …, T_{an} : 표준등압면 또는 유의고도에서의 기온값의 부호와 소수 이하의 근사값. 사용 요령은 T_{a0}의 경우와 같다.(Code Table 3931, 표 1-40 참조).
- D_1D_1, D_2D_2, …, D_nD_n : 표준등압면 또는 유의고도의 이슬점차를 나타낸다. 사용 요령은 D_0D_0의 경우와 같다(Code Table 0777, 표 1-41 참조).

- d_1d_1, d_2d_2, ⋯, d_nd_n : 표준등압면 및 유의고도의 풍향. 단수 부분은 가까운 0° 또는 5°로 관측하여 10° 단위의 풍향만 여기서 표시한다. 관측된 풍향의 끝수(단수)가 5로 끝나면 이것은 뒤의 fff의 첫 자에 더하므로 fff에 500을 더하는 결과가 된다.

  예 ; 293/162kts → 295/162kts, $ddfff$=29662

  292/162kts → 290/162kts, $ddfff$=29162
- $f_1f_1f_1$, $f_2f_2f_2$, ⋯, $f_nf_nf_n$: 표준등압면 및 유의고도의 풍속(단위는 Section 1의 YY에서 결정됨)

(3) 권계면 자료부(Section 3)

$$\begin{cases} 88P_tP_tP_t \quad T_tT_tT_{at}D_tD_t \quad d_td_tf_tf_tf_t \quad \text{or} \\ 88999 \end{cases}$$

- 권계면이 2개 이상이면 각 권계면에 대하여 Section 3을 권계면의 수만큼 반복 사용할 수 있다.(권계면의 정의에 대해서는 제3장 3.4 참조)
- $88P_tP_tP_t$: 권계면 자료군을 나타내는 지시숫자(88)와 권계면고도의 기압($P_tP_tP_t$). 100hPa 고도 이내의 대기층에 권계면이 있을 때는 정수 단위 3자리, 100hPa보다 상층에 있을 때는 0.1hPa 단위 3자리로 표시한다.
- $T_tT_tT_{at}D_tD_t$: 권계면 고도의 온도 정수 부분의 값(T_tT_t), 온도의 부호와 소수 이하의 근사값(T_{at}, Code Table 3931, 표 1-40 참조) 및 이슬점차(D_tD_t, Code Table 0777, 표 1-41 참조)를 나타낸다.
- $d_td_tf_tf_tf_t$: 권계면 고도의 풍향과 풍속. 표시 방법은 앞의 Section 2에서 설명한 $d_0d_0f_0f_0f_0$의 경우와 같다.
- 88999 : 권계면이 없을 때는 권계면 지시숫자(88)에 999를 붙여 나타낸다.

(4) 최대풍 자료부(Section 4)

$$\begin{cases} 77P_mP_mP_m \ (\text{또는 } 66P_mP_mP_m) \quad d_md_mf_mf_mf_m \quad (4v_bv_bv_av_a) \ \text{or} \\ 77999 \end{cases}$$

- 최대풍 고도가 여러 개 나타나면 Section 4를 최대풍 고도의 수만큼 반복 사용한다. 최대풍은 500hPa을 초과하는 고도에서 30m/sec를 초과하는 바람으로서 해당 고도의 인접한 상하층의 최소풍보다 10m/sec 이상 강한 바람으로 정의한다.
- 77 또는 66 : 최대풍 자료군의 인식숫자. 최대풍 고도가 관측된 환경곡선 범위 내에 있을 경우에는 77을 사용하고, 실제는 최대풍 고도가 더 상공에 있음직 하지만 관측된 해당 환경곡

선의 최상단에서 바람이 가장 큰 것으로 관측된 때는 66을 사용한다.

- $P_mP_mP_m$: 최대풍 고도의 기압. 만일 이 고도가 100hPa면 이내의 하층에 있으면 정수 단위로, 100hPa면보다 상층에 있으면 0.1hPa 단위로 표시한다.
- $d_md_mf_mf_mf_m$: 단수 부분을 가까운 0° 또는 5°로 처리한 10° 단위의 최대풍의 풍향(d_md_m)과 그 풍속($f_mf_mf_m$)을 나타낸다. 이 부분의 구체적 표시방법은 앞 Section 2 에서의 $ddfff$의 표시 요령과 같다.
- $4v_bv_bv_av_a$: wind shear군의 인식숫자(4)와 최대풍 고도로부터 그 하층 1km 사이의 바람 vector 차의 절대값(v_bv_b) 및 최대풍 고도로부터 그 상층 1km 사이의 바람의 vector 차의 절대값(v_av_a)이다. 단, 단위는 Section 1의 YY에 따라 결정된다.

(5) 온도와 습도 유의고도 자료부(Section 5)

$n_0n_0P_0P_0P_0$	$T_0T_0T_{a0}D_0D_0$
$n_1n_1P_1P_1P_1$	$T_1T_1T_{a1}D_1D_1$
. . . . .	. . . . .
$n_nn_nP_nP_nP_n$	$T_nT_nT_{an}D_nD_n$

- 만일 어떤 고도에서 온도와 습도에 대해 유의점으로서의 범주가 동시에 만족되면 이들 두 요소에 대한 자료를 모두 보고한다. 유의고도의 선택은 유의고도의 자료만 가지고도 온도와 습도의 연직분포를 충분히 정확하게 재현할 수 있을 정도이면서, 최소한으로 선택되어야 한다. 따라서 표준등압면이 유의고도의 조건에 해당하면 유의고도로서도 보고한다.
- 온도 유의고도는, ① 지상 고도와 관측된 자료의 최고고도, ② 제1권계면과 300hPa 고도 중 높은 고도 이하에 20hPa 이상 두께의 역전층 또는 등온층이 있을 때 그 상한 고도와 하한 고도, ③ 고도 증가에 따라 온도가 서서히 변하고 있을 때는 하층으로부터 단순내삽법으로 구한 온도와 실제의 온도의 차가 1℃가 넘기 전에 또 다른 유의고도를 택한다. ④ 제1권계면과 300hPa고도 중 높은 고도의 상부에서는 하층으로부터의 단순내삽법으로 구한 온도와 실제의 온도의 차가 2℃가 넘기 전에 또 다른 유의고도를 택한다.
- 습도 유의고도는 ① 제1권계면과 300hPa고도 중 높은 고도 이하에서 상대습도가 실제로 15% 이상 변하는 층의 상하고도와 하한고도, ② 습도가 고도에 따라 서서히 변할 경우에는 하층으로부터의 단순내삽법으로 구한 습도와 실제의 습도의 차가 15%가 넘기 전에 또 다른 유의고도를 택하게 된다.
- 유의고도이지만 자료가 없을 때는 $nnPPP$ TTT_aDD를 $nn///$ $/////$로 나타낸다.
- n_0n_0, n_1n_1, ⋯, n_nn_n : 지표면(n_0n_0=00)과 상층으로 순서대로 유의고도에 붙인 고도번호(n_1n_1, ⋯, n_nn_n). 상층 유의고도가 많을 때에는 11부터 99까지를 반복할 수 있다.

- $P_0P_0P_0$, $P_1P_1P_1$, ⋯, $P_nP_nP_n$: 관측소의 관측소기압($P_0P_0P_0$)과 상층 각 유의고도의 기압, 100hPa 고도 이하에서는 정수 단위, 100hPa보다 높은 고도에서는 0.1hPa 단위의 기압이다.
- T_0T_0, T_1T_1, ⋯, T_nT_n : Section 2에서의 설명과 동일함.
- D_0D_0, D_1D_1, ⋯, D_nD_n : Section 2에서의 설명과 동일함.

(6) 바람 유의고도 자료부(Section 6)

21212	$n_0n_0P_0P_0P_0$	$d_0d_0f_0f_0f_0$
	$n_1n_1P_1P_1P_1$	$d_1d_1f_1f_1f_1$
	. . . . .	. . . . .
	$n_nn_nP_nP_nP_n$	$d_nd_nf_nf_nf_n$

- 바람 유의고도는 충분히 상세하게 바람의 연직분포를 재현할 수 있도록 다음과 같이 선택한다.
  ① 지표면과 관측된 기온곡선의 최고 고도.
  ② 풍향이 10도 이상 또는 풍속이 5m/s 이상의 편차가 생기는 고도.
- 21212 : 바람 유의고도부의 인식숫자.
- $n_0n_0P_0P_0P_0$, $n_1n_1P_1P_1P_1$, ⋯, $n_nn_nP_nP_nP_n$: Section 5에서의 설명과 같다.
- $d_0d_0f_0f_0f_0$, $d_1d_1f_1f_1f_1$, ⋯, $d_nd_nf_nf_nf_n$: Section 2에서의 설명과 같다.

(7) 관측장비, 비양시각 자료부(Section 7)

31313	$s_rr_ar_as_as_a$	$8GGgg$	$9s_nT_wT_wT_w$

- 31313 : Section 7의 인식숫자군
- s_r : 태양복사, 적외복사 보정(Code Table 3849, 표 1-43 참조)

[표 1-43] s_r(태양복사, 적외복사 보정)의 사용(Code Table 3849 참조)

s_r의 Code 숫자		s_r의 Code 숫자	
0	보정 없음	4	라디오존데에 의한 태양과 적외 자동보정
1	CIMO 태양보정 & CIMO 적외보정	5	라디오존데에 의한 태양 자동보정
2	CIMO 태양보정 & 적외보정	6	해당 국의 특별한 방법에 의한 태양 보정과 적외보정
3	CIMO 태양보정	7	해당 국의 특별한 방법에 의한 태양 보정

- r_ar_a : 사용된 radiosonde/sounding system의 종류(Code Table 3685, 설명은 생략함)
- s_as_a : 사용된 시스템의 추적 기술과 그 상태(Code Table 3872, 설명은 생략함)

- $8GGgg$: 실제 비양시각군 지시숫자(8)와 비양 시간(GG)과 분(gg)
- $9s_n T_w T_w T_w$: 해수온도군 지시숫자(9)와 0.1℃ 단위의 해수온도($T_w T_w T_w$) 및 부호(s_n, Code Table 3845, 표 1-16 참조).

(8) 구름 자료부(Section 8)

41414 $N_h C_L h C_M C_H$

- 이 군은 Part B에서만 사용한다.
- 41414 : 구름 자료부의 인식숫자.
- $N_h C_L h C_M C_H$: 지상 기상 실황전문(FM 12-XIV SYNOP 등)에서의 구름 자료군에서와 같이 N_h(Code Table 2700, 표 1-14 참조)는 C_L의 운량 또는 C_L이 없을 때는 C_M의 운량, C_L은 하층운 및 연직운(Code Table 0513, 표 1-25 참조), C_M은 중층운(Code Table 0515, 표 1-26 참조), C_H는 상층운(Code Table 0509, 표 1-27 참조)의 종류이다.

라. 전문 해석 연습

(1) 전문 예

USKO01 RKSL 070000

TTAA 57001 47122 99011 06827 08012 00141 06426 08512 92778
03810 13515 85460 00108 18025 70999 06105 22044 50556 20728
25043 40717 32746 24550 30913 49156 24051 25031 58957 23063
20169 63157 25574 15350 56957 26578 10606 57557 27059 88207
64956 25073 77173 26589 41511=

TTBB 57004 47122 00011 06827 11912 03207 22863 00207 33859
00008 44808 01705 55680 06905 66571 14117 77467 24133 88377
35950 99260 57157 11207 64956 22176 57157 33140 55957 44109
58157 21212 00011 08012 11856 17524 22680 22546 33601 25535
44262 23061 55173 26589 31313 02105 82320=

(2) 전문 형식과의 비교

Part A

$M_iM_iM_jM_j$	$YYGGI_d$	$IIiii$	$99P_0P_0P_0$	$T_0T_0T_{a0}D_0D_0$	$d_0d_0f_0f_0f_0$
TTAA	57001	47122	99011	06827	08012

$P_1P_1h_1h_1h_1$	$T_1T_1T_{a1}D_1D_1$	$d_1d_1f_1f_1f_1$	$P_2P_2h_2h_2h_2$	$T_2T_2T_{a2}D_2D_2$	$d_2d_2f_2f_2f_2$
. . . . .	. . . . .	. . . . .	$P_nP_nh_nh_nh_n$	$T_nT_nT_{an}D_nD_n$	$d_nd_nf_nf_nf_n$
00141	06426	08512	92778	03810	13515
85460	00108	18025	70999	06105	22044
50556	20728	25043	40717	32746	24550
30913	49156	24051	25031	58957	23063
20169	63157	25574	15350	56957	26578
10606	57557	27059			
$88P_tP_tP_t$	$T_tT_tT_{at}D_tD_t$	$d_td_tf_tf_tf_t$	$77P_mP_mP_m$	$d_md_mf_mf_mf_m$	$4v_bv_bv_av_a$
88207	64956	25073	77173	26589	41511

Part B

$M_iM_iM_jM_j$	$YYGGa_4$	$IIiii$
TTBB	57004	47122

$n_0n_0P_0P_0P_0$	$T_0T_0T_{a0}D_0D_0$
00011	06827

$n_1n_1P_1P_1P_1$	$T_1T_1T_{a1}D_1D_1$	$n_2n_2P_2P_2P_2$	$T_2T_2T_{a2}D_2D_2$
. . . . .	. . . . .	$n_nn_nP_nP_nP_n$	$T_nT_nT_{an}D_nD_n$
11912	03207	22863	00207
33859	00008	44808	01705
55680	06905	66571	14117
77467	24133	88377	35950
99260	57157	11207	64956
22176	57157	33140	55957
44109	58157		

21212	$n_0n_0P_0P_0P_0$	$d_0d_0f_0f_0f_0$	$n_1n_1P_1P_1P_1$	$d_1d_1f_1f_1f_1$
	. . . . .	. . . . .	$n_nn_nP_nP_nP_n$	$d_nd_nf_nf_nf_n$
21212	00011	08012	11856	17524
	22680	22546	33601	25535
	44262	23061	55173	26589

31313 $s_r r_a r_a s_a s_a$ $8GGgg$ $9s_n T_w T_w T_w$

31313 02105 82320 (자료 없음)

(3) 전문 해석

Part A

- TEMP전문(TT) 중의 Part A(AA) 전문임.
- 07일 전문(YY=57)이며 풍속은 kts 단위이고, 시간은 00Z(GG=00)인데 바람 보고(I_d=1)는 100~150hPa 고도까지이다.
- 이 전문은 47 지역의 122지점(오산)의 것이다.
- 관측소 고도자료(99)는 관측소기압이 1011hPa이고 기온은 6.8℃, 이슬점차는 2.7℃, 풍향, 풍속이 080도, 12kts이다.
- 1000hPa(=00)의 고도는 141gpm이며 온도는 6.4℃, 이슬점차는 2.6℃이고 풍향풍속은 085도 12kts이다.
- 925hPa(=92)의 고도는 778gpm이며 온도는 3.8℃, 이슬점차는 1.0℃이고 풍향은 135도, 풍속은 15kts이다.
- 850hPa(=85)의 고도는 1460gpm이며 온도는 −0.1℃, 이슬점차는 0.8℃이고 풍향은 180도, 풍속은 25kts이다.
- 7005hPa(=70)의 고도는 2999gpm이며 온도는 −6.1℃, 이슬점차는 0.5℃이고 풍향, 풍속은 220도에 44kts이다.
- 500hPa의 고도는 5560gpm이고 온도는 −20.7℃, 이슬점차는 2.8℃이며 풍향, 풍속은 250도에 43kts이다.
- 이하 100hPa까지의 표준기압면 자료를 정리하면 다음과 같다.

표준기압면 (hPa)	고 도 (gpm)	온 도 (℃)	이슬점차 (℃)	풍향/풍속 (deg./kts)
400	7170	−32.7	4.6	245/50
300	9130	−49.1	6	240/51
250	10310	−58.9	7	230/63
200	11690	−63.1	7	255/74
150	13500	−56.9	7	265/78
100	16060	−57.5	7	270/59

- 권계면고도의 기압은 207hPa이고, 그곳의 온도는 −64.9℃, 이슬점차는 6℃이며 풍향, 풍속은 250도 73kts이다.
- 최대풍은 100hPa 이내(실제로 173hPa 고도)에서 나타나고, 최대풍의 풍향 풍속은 265도에 89kts이고, wind shear(4)는 최대풍 아래 1km에서sms 15kts/km이고, 최대풍 위에서는 11kts/km이다.

Part B

- TEMP전문(TT) 중의 Part B(BB) 전문임.
- 07일 00Z 전문이며 풍속은 kts 단위로 표시된다. 기압관측 장비는 바람관측 장비에 부가되어 있으나 상승 중 기압측정이 가능치 못했다.(a_4=4).
- 이 전문은 위 Part A의 경우와 같은 47구역의 122지점(오산)의 전문이다.
- 유의고도로서의 지상(n_0n_0=00)의 기압은 1011hPa이고 기온은 6.8℃, 이슬점차는 2.7℃이다.
- 다음 첫 번째 유의고도(n_1n_1=11)의 기압은 912hPa인데 온도와 이슬점차는 각각 3.2℃, 0.7℃이다.
- 이하를 정리하면 다음과 같다.

유의고도 순서	기압 (hPa)	온도 (℃)	이슬점차 (℃)	유의고도 순서	기압 (hPa)	온도 (℃)	이슬점차 (℃)
11	912	3.2	0.7	22	863	0.2	0.7
33	859	0.0	0.8	44	808	−1.7	0.5
55	680	−6.9	0.5	66	571	−14.1	1.7
77	467	−24.1	3.3	88	377	−35.9	5.0
99	260	−57.1	7	11	207	−64.9	6
22	176	−57.1	7	33	140	−55.9	7
44	109	−58.1	7				

- 바람 유의고도 자료군 지시숫자군 21212 이하의 내용을 정리하면 다음과 같다.

유의고도 순서	기압 (hPa)	풍향 (degree)	풍속 (kts)	유의고도 순서	기압 (hPa)	풍향 (degree)	풍속 (kts)
00	1011	080	12	11	856	175	24
22	680	225	46	33	601	255	35
44	262	230	61	55	173	265	89

- 관측장비, 비양시각 자료군(31313)에서는 일사량 자료의 보정이 안 되어 있음(s_r=0, 표 1−43 참조). 사용된 Radiosonde 시스템이 Jinyang 제품(r_ar_a=21)임. 사용된 시스템의 추적기술은 multiple VLF−Omega 주파수를 사용한 자동화 시스템임(s_as_a=05).
- 시스템을 실제 비양한 시각(지시숫자 8)은 23:20($GGgg$=2320)임.

2 상층일기도 기입

가. 기입모델

상층일기도인 등압면일기도는 광범위한 지역 상공의 자유대기의 표준등압면의 상태를 나타내기 위하여 작성한다. 국내 기상업무에서는 표준등압면 중 925, 850, 700, 500, 300, 200 및 100hPa면의 일기도를 분석하고 있다.

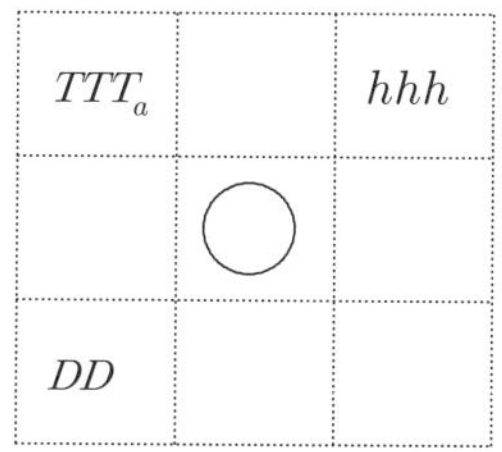

[그림 1-6] 고층기상실황전문 기입모델

어느 표준등압면 일기도를 분석하기 위해서는 고층기상실황전문(FM 35 TEMP, FM 36 TEMP SHIP, FM 37 TEMP DROP 및 FM 38 TEMP MOBIL)에서 Part A와 Part C 중에서 해당 표준등압면의 자료를 찾아 그림 1-6과 같은 요령으로 기입한다. 단, 이 모델에서 풍향(dd), 풍속(fff)은 나타내지 않았다. 풍향, 풍속을 그리는 요령은 FM 12 SYNOP이나 FM 13 SHIP에서와 같다.

나. 기상요소의 기입 요령

- $IIiii$ 또는 $99L_aL_aL_a$ $Q_CL_oL_oL_oL_o$ $MMMU_{La}U_{Lo}$: 상층일기도 분석을 위해 마련된 지도상에서 육상 관측소의 경우는 그 관측소가 위치하는 해당 block number(Ⅱ)를 찾는다. 해당 block내에서 관측소의 일련번호(iii)에 의해서 관측소의 위치를 찾아 작은 원을 그린다. 해상 또는 이동식 관측소인 경우 Q_C(Code Table 3333, 표 1-7 참조)로 결정되는 4상한 중의 한 구역에서 소수 1위까지의 위도($L_aL_aL_a$)와 경도($L_oL_oL_oL_o$)의 교점에 작은 원을 그린다. 해상의 경우 이렇게 찾은 위치가 정확한가를 Marsden 구역번호(MMM, Code Table 0159, 표 1-8 참조)로 확인하며, 또 다시 정확성을 기하기 위해 1위의 위도(U_{La})와 경도(U_{Lo})로 확인한다.
- PP : 해당 표준등압면을 고른다.
- hhh : 해당 표준등압면의 고도를 Code숫자 그대로 기입한다.
- TTT_a : 해당 표준등압면의 온도를 Code숫자에 소숫점을 넣어 소수 1위까지 유효숫자를 기입한다. T_a에 따라 부호가 결정되므로 T_a가 홀수이면 TTT_a앞에 “-” 부호를 붙여 표시한다.(Code Table 3931 참조, 표 1-40 참조).
  화씨온도 체계를 채용하는 경우는, 기온과 이슬점을 소수 이하를 반올림하여 두 자리의 정수로 기입하기도 한다. 이때 1℉ 차이는 0.5℃ 정도의 차이를 나타내기 때문에 정수 단위로 기입하여도 전선분석 등에서 큰 불편이 없을 수도 있다.
  그러나 섭씨온도 체계를 채용하는 경우에는 1℃가 거의 2℉에 해당되어 정수 단위로 기입한다면 전선분석 등에 매우 어려움을 겪게 된다. 따라서 소숫점을 넣어 소수 1위까지 유효숫자를 기입하는 것이 원칙이다. 그럼에도 불구하고 정수 단위로 기입하는 경우에는 반드시 2자리로 기입하여야 한다.
- DD : TTT_a와 이슬점과의 차(이슬점차)를 나타낸다. 전문 작성 시에 Code Table 0777(표 1-41 참조)에 의하여 Code화 되어 있으므로, Code 값을 이슬점차 값으로 환산하여 소숫점

을 넣어 소수 1위까지의 유효숫자를 기입한다.

- *dd* : 해당 표준등압면의 바람이 관측지점을 향해 불어가도록 관측지점을 나타내는 원까지 짧은 직선을 긋는다. 그리고, 풍향 기입의 정확성을 확인할 수 있도록 풍향선의 끝에 dd의 끝 숫자를 기입한다.

  풍향을 기입할 때 dd는 10도 단위의 값이며, 만일 그 다음의 fff의 첫 f가 5 이상이면 풍향의 1단위 숫자가 5인 점에 유의해야 한다.
- *fff* : 풍속을 다음 요령으로 기입한다(단, 값이 500 이상이면 풍향 때문에 더해진 500을 뺀 값이 풍속값이다. 풍속의 단위는 전문 각 Part에 나오는 YY가 결정한다).
  1) 풍속을 짧은 깃가지(2.5m/s 또는 5kts), 긴 깃가지(5m/s 또는 10kts) 및 그늘칠 삼각깃(solid pennant, 25m/s 또는 50kts)으로 나타낸다.
  2) 북반구에서는 모든 삼각깃과 깃가지는 바람을 등지고(즉 관측소를 12시 방향으로 보고) 있을 때 8시 방향(즉 풍향선의 왼쪽으로 120도)을 이루도록 그린다.
  3) 풍속은 풍향선의 끝에서부터 삼각깃, 긴 깃가지, 짧은 깃가지 순으로 기입한다. 삼각깃은 풍향선을 기선으로 하는 직삼각형으로 그린다. 짧은 깃가지만 그려야 할 풍속인 경우에는 풍향선 끝으로부터 1~2mm 안쪽에 그려 긴 깃가지 기입과 차별화 한다.
  4) 풍속이 아주 약한 경우는 풍향선 만을 그리고, 무풍인 경우는 관측지점을 나타내는 점(또는 원) 주위에 반경이 1mm 정도 더 큰 원을 그린다.

     풍향은 알지만 풍속을 모를 때에는 풍향선 끝에 조그맣게 "×"를 표시한다. 풍향을 모르고 풍속만 알 경우에는 바람기입을 생략한다.

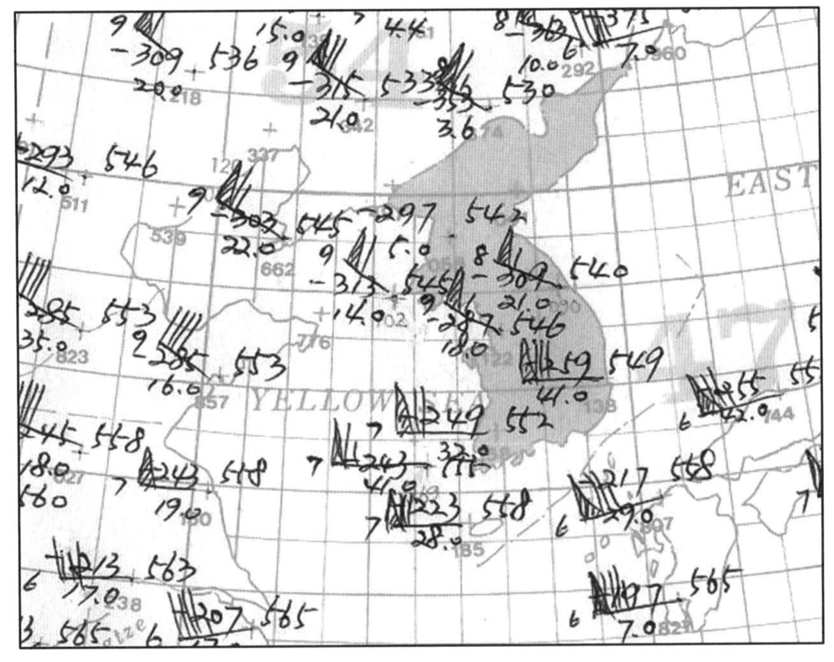

[그림 1-7] 850hPa 고층기상실황전문 기입 예

연습 1-2 부록 VI의 자료로 925, 850, 700, 500, 300hPa면 상층일기도를 기입하시오.

[표 1-44] WMO CODE 기호를 본문에서 정리한 표 번호와 대비한 표

각 기호의 WMO Code 번호	본문의 표 번호	각 기호의 WMO Code 번호	본문의 표 번호	각 기호의 WMO Code 번호	본문의 표 번호
0161 A_1, b_w	표 1-6	1677 h_sh_s	표 1-34	3849 s_r	표 1-43
0200 a	표 1-18	1734 I_d	표 1-38	3850 ss	표 1-30
0264 a_3	표 1-17	1819 i_R	표 1-10	3855 s_w	표 1-31
0265 a_4	표 1-39	1845 i_m	표 1-9	3889 sss	표 1-32
0500 C, C'	표 1-33	1855 i_w	표 1-5	3931 T_{a0}, T_{a1}, …, T_{an}, T_{at}	표 1-40
0509 C_H	표 1-27	1860 i_X	표 1-11	4019 t_R	표 1-20
0513 C_L	표 1-25	2582 M_iM_i, M_jM_j	표 1-3	4377 VV	표 1-13
0515 C_M	표 1-26	2590 MMM	표 1-8	4451 v_s	표 1-29
0700 D_S, D_t	표 1-28	2700 N, N_h, N_s, N'	표 1-14	4531 W_{a1}, W_{a2}	표 1-24
0777 D_0D_0, D_1D_1, …, D_nD_n, D_tD_t	표 1-41	3333 Q_C	표 1-7	4561 W_1, W_2	표 1-22
0877 dd, d_md_m, $d_{w1}d_{w1}$, $d_{w2}d_{w2}$, d_0d_0, d_1d_1, …, d_nd_n	표 1-15	3590 RRR	표 1-19	4677 ww	표 1-21
1600 h	표 1-12	3845 s_n	표 1-16	4680 w_aw_a	표 1-23

Chapter 02

기본일기도의 작성과 이용

일기(weather, 日氣)는 바람장(wind field)과 밀접한 관계를 가지고 있어서 바람장을 나타내는 유선(stream line)을 분석하여 공기의 운동에 따른 상승·하강운동을 추적함으로서 일기를 판단할 수 있다.

그러나 지상 물체나 지면의 마찰 등의 영향 때문에, 그리고 바람을 측정하는 풍향풍속 관측 정확도의 한계 때문에 유선을 정확하게 분석하기는 기술적으로 매우 어렵다. 이를 극복하기 위해 간접적으로 바람장을 나타낼 수 있는 기압분포를 지도 위에 나타낸 것이 일기도이다. 일기도를 통해서 일기를 파악하고 그 변화를 예상하게 된다.

따라서 일기도(weather chart)는 기본적으로 등압선 또는 등고선을 분석함으로서 지상과 상층의 기압계의 수평분포와 연직분포, 그리고 그 강도를 나타내게 된다.

2.1 기상도의 분류와 일기도용 지도

1 기상도의 분류

기상분석에는 보통 직교좌표가 사용된다. 이 직교좌표에서 z축은 연직, xy평면은 수평으로 한다. 기본적인 기상도는 다음과 같이 구분된다.

(1) z가 변수이고 x와 y는 상수인 기상도 : 탐측도(sounding chart).

(2) z가 상수이고 x와 y가 변수인 기상도 : 종관일기도(synoptic chart).

(3) x(또는 y)는 상수이고 z와 y(또는 x)가 변수인 기상도 : 연직단면도(vertical cross section).

탐측도는 자료를 연직방향으로 표시한다. 모든 필요 자료는 단일 radiosonde, wind profiler 또는 항공기 탑재 관측기로 관측한다. 따라서 종축에는 고도, 횡축에는 대기변수를 취한다. 이러한 탐측도의 예가 단열선도(thermodynamic diagram, 斷熱線圖)이다.

이 단열선도에는 기본적인 변수뿐만 아니라 정역학적 특성과 안정도 특성을 함께 나타낼 수 있다. 종축은 보통 기압을 나타내는데, 이는 기압이 거의 실제 고도를 나타내기 때문이다. 횡축에는 보통 온도를 나타낸다.

종관일기도는 필수적으로 가장 많이 쓰인다. 그 이유는 대기의 운동과 역학이 특정 변수(특히 기압, 온도)의 수평 분포에 크게 좌우되기 때문이며, 또한 대기의 연직구조는 고도가 서로 다른 일련의 일기도(정고도면 일기도나 정압면 일기도)에 의해서 도출될 수 있기 때문이다. 따라서 몇 개 층의 종관일기도로부터 대기의 3차원 구조를 추론해내게 된다.

연직단면도는 종관일기도에 대한 보조형식으로 분석되는 것으로서, 대기의 3차원적 상태를 나타내는 데에 필요한 것이다.

연직단면도는 매일의 일기분석에는 사용하기가 매우 어려웠다. 그 이유는 단면도를 그리는데 매우 많은 시간이 소요되며, 실제적으로, 대기의 연속된 층에 대한 각 일기도를 비교하는 능력과 기술을 터득해야만 연직단면도를 그릴 수 있기 때문이다. 그러나 컴퓨터의 이용으로 연직단면도를 작성하는 어려움이 크게 완화되었다. 이러한 단면도를 그리자면 탐측도에다 또 하나의 공간축을 따라 대기 구조를 나타내는 기술을 습득할 필요가 있다.

2 일기도용 지도

가. 일기도용 지도의 조건

일기도(weather chart, 日氣圖)를 작성하기 위해서는 세계 각지의 기상 관측 자료와 이로부터 도출된 자료를 기입하기 위해 특별히 마련된 지도가 필요하다. 이 지도는 연속된 등치선(isopleth, 等值線)들을 그릴 수 있도록 관심 대륙이나 대양이 분열되지 않은 상태의 것이어야 한다.

그러나 공 모양의 지구 표면을 평면인 종이 위에 옮긴다는 것이 대단히 어려운 문제이다. 지표면의 각 위도의 면적을 실제에 비례하도록 그리려면 방위와 모양이 일그러지고, 방위를 정확하게 표현하려면 위도에 따라 면적이 다르게 그려진다. 이러한 문제를 해결하기 위하여 많은 지리학자들이 연구하여 실제 지구상에서의 방위와 면적, 모양에 오차를 줄인 여러 가지 도법을 고안해냈다.

한편, 가능하면 분석 대상이 되는 육지나 해양이 크게 확대되는 것이 바람직하지만, 지도를 그린 종이의 크기는 취급에 간편해야 한다. 따라서 지도는 전지, 2절지 또는 4절지 등에 나타낼 수 있는 적당한 축척의 것이어야 한다.

나. 일기도용 지도의 투영법

(1) 극평사도법(Polar stereographic projection, 極平射圖法)

북반구 또는 남반구의 위도 60도를 표준위도로 하여 그림 2-1에서처럼 절단했다고 생각하는 가상평면에다 반대쪽 극에 광원(light source)을 놓고 투영시킨 도법이다. 이 투영법으로 만든 지도에는 한쪽 반구 전체를 나타낼 수 있으므로 반구일기도 또는 반구 중의 대륙이나 대양을 나타내는 일기도를 작성하는데 쓰인다. 이 때 축척은 1:1500만, 1:2000만 또는 1:3000만 정도가 적합하다.

표준위도 부근에서는 그 면적이 실제의 축척에 매우 비슷하나 표준위도로부터 멀어질수록 오차가 증가한다. 일기도로 사용 시에는 그 방위에 유의하여야 한다.

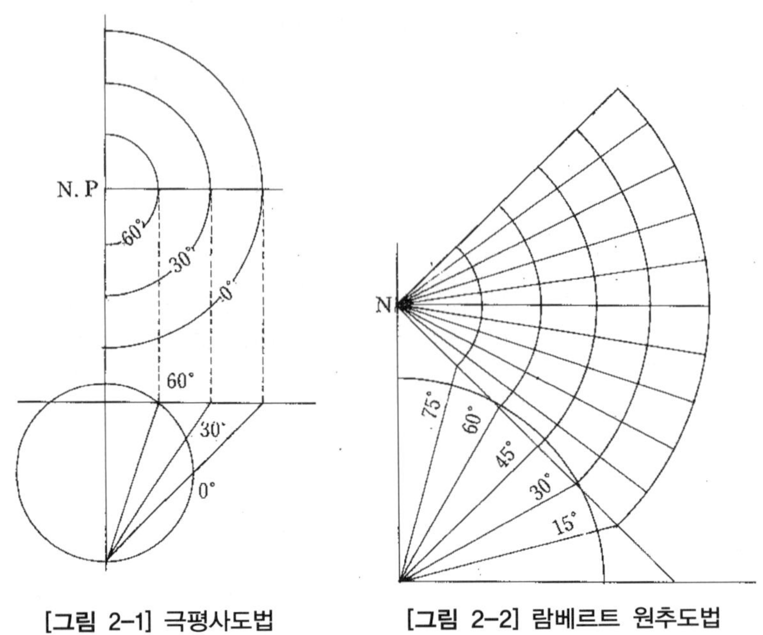

[그림 2-1] 극평사도법　　　　[그림 2-2] 람베르트 원추도법

(2) 람베르트 원추도법(Lambert conformal conic projection, 圓錐圖法)

한쪽 반구의 위도 10°와 40°, 또는 30°와 60°를 표준위도로 하여 절단하는 원추면에 그림 2-2에서처럼 지구 중심에 있는 광원을 투영시켜 만드는 도법이다. 이 지도는 중위도의 한 대륙이나 한 대양 정도의 크기를 나타내는 일기도를 만드는데 적합하다. 이 때 축척은 용도에 따라 다르나 보통 1:750만~1/2000만 정도가 적합하다.

(3) 메르카토르 원통도법(Mercator projection, 圓筒圖法)

그림 2-3에서처럼, 양반구의 회귀선을 표준위도로 하여 이를 절단하도록 씌운 원통면에 지구 중심에 광원을 놓아 투영시키는 도법이다.

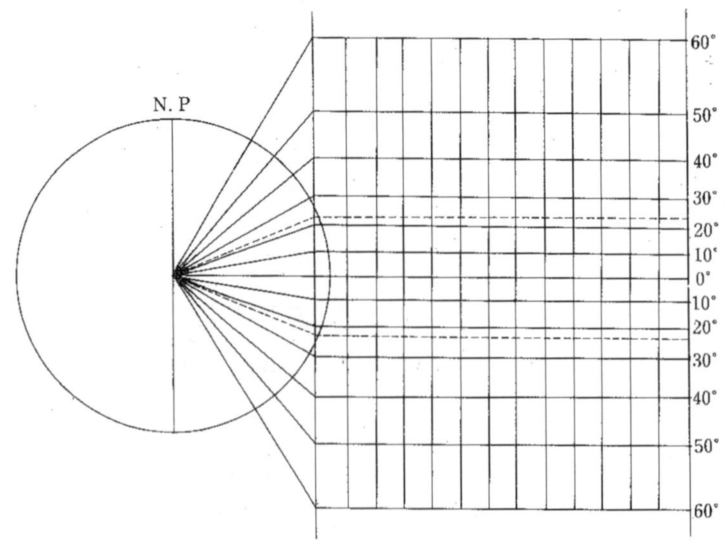

[그림 2-3] 메르카토르 원통도법

극지방의 면적이 실제보다 과대하게 커 보이지만 적도 부근의 지방에서는 비교적 정확하다. 또한 방위가 정확하다는 장점과 지구의 대부분을 나타낼 수 있다는 장점을 가지고 있어서 전구 혹은 적도 부근의 일기도용 지도에 쓰인다. 축척은 1:2000만 혹은 1:6000만이 적합하다.

이들 표준도법에 의한 지도의 거리 오차를 비교한 것이 표 2-1이다.

[표 2-1] 표준도법의 거리 오차 (Gregg and Tannehill에 의함)

위도	Mercator projection (표준위도 : 23.5°)		Lambert conformal conic projection (표준위도 : 30° 와 60°)		Polar stereographic projection (표준위도 : 60°)	
	Sphere	Ellipsoid	Sphere	Ellipsoid	Sphere	Ellipsoid
0°	0.924	0.924	1.283	1.281	1.932	1.860
10°	0.938	0.938	1.149	1.148	1.590	1.586
20°	0.983	0.983	1.058	1.058	1.390	1.388
30°	1.067	1.066	1.000	1.000	1.244	1.243
40°	1.206	1.205	0.970	0.970	1.136	1.136
50°	1.437	1.435	0.968	0.969	1.057	1.057
60°	1.848	1.844	1.000	1.000	1.000	1.000
70°	2.701	2.694	1.084	1.083	0.962	0.962
80°	5.320	5.306	1.293	1.292	0.940	0.940

2.2 지상일기도의 분석

일기도(weather chart, 日氣圖)란 어느 일정 시각에 광범위한 지역 내의 각지에서 같은 요령으로 관측한 일기나 기상요소의 종합적인 분포를 한 장의 지도에 나타낸 것이다.

일기도에는 지상일기도(surface weather chart, 地上日氣圖), 상층일기도(upper air chart, 上層日氣圖), 그리고 이러한 일기도의 보조로 쓰이는 보조일기도(auxiliary weather chart, 補助日氣圖) 등이 있다.

이러한 일기도에는 어떤 시점의 관측자료로 그 시점의 대기상황을 나타낸 실황일기도(actual weather chart, 實況日氣圖)가 있고, 이를 근거하여 이론적으로 미래의 대기상황을 추정하여 나타낸 예상일기도(prognostic weather chart, 豫想日氣圖)가 있다.

1 지상일기도의 특성과 이용

가. 지상일기도의 특성

기본일기도(basic weather chart, 基本日氣圖)에 해당하는 지상일기도는 스케일에 따라 북반구 일기도(축적 1:3000만 등), 아시아일기도(축적 1:2000만 등), 극동일기도(축적 1:1000만 등), 국지일기도(축적 1:100만~1:200만) 등이 있다.

1) 지상일기도(surface chart)에 기록된 관측값은 기상현상, 운량, 운형, 해면기압, 기압변화, 기온, 이슬점, 풍향, 풍속 등인데 기호와 숫자로 기입되어 있다.

2) 고기압, 저기압, 전선, 기압골, 기압마루 등의 위치를 파악하고, 기상현상, 기온, 바람 등의 분포와 이동 등을 파악한다.

지상일기도 분석은 다음과 같은 특징(장점)을 가지고 있다.

1) 관측소의 수가 매우 많아 관측자료의 수가 많다.
2) 많은 기상요소가 기입되어 있다.
3) 관측 자료의 정확도가 높다.
4) 하루 중 관측 횟수가 많아서, 그때마다(예 3시간마다) 일기도를 작성할 수 있다.
5) 구름 상태나 일기로 지상뿐만 아니고 어느 정도의 상층의 상태도 나타낸다.

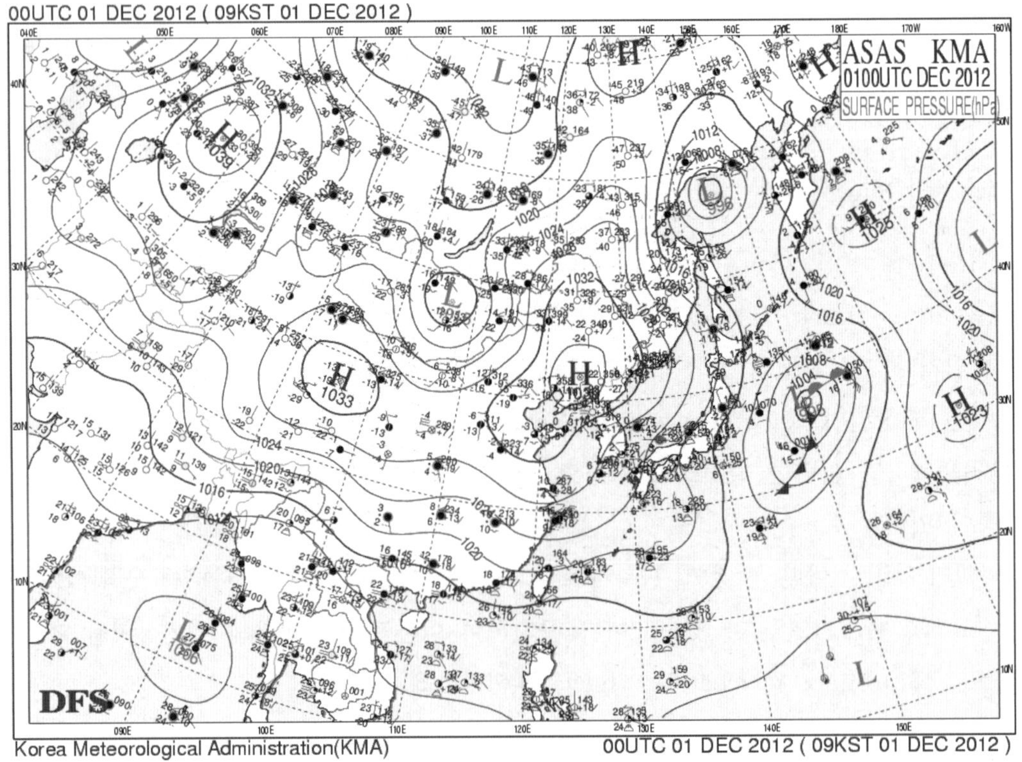

[그림 2-4] 지상실황일기도의 예(2012.12.01 00Z)

지상일기도는 주로 다음과 같은 용도를 가지고 있다.

- 지상에서 관측한 기상요소를 기입하여 분석한 것으로, 고·저기압이나 전선 등의 위치를 파악하고 바람, 기온, 기상현상 등의 분포를 파악한다.
- 국지적인 기상현상을 추적하는 데에 유효하다.
- 관측시각 현재의 날씨분포 파악을 통해 초단기간 또는 단기간의 기상변화를 예측하는 데 이용된다.
- 24시간기압변화도, 1000hPa일기도, 두께선도 등의 작성에 이용된다.

나. 수치분석 실황 자료와 예측 자료

일기예보는 불확실한 미래에 대한 예측을 발표하는 것으로서, 실황일기도, 위성자료, 레이더자료 등을 정확히 파악하는 것과 함께 다양하게 작성된 여러 가지 예보 자료를 이용하는 것이 중요하다.

본질적으로 일기도란 관점에서 보면 그것이 실황이든 예측이든 해당 시점의 기압계 상황 또는 일기상황을 나타내고 있다는 점에서 시간만 다를 뿐 같은 개념의 일기도인 것이다.

다만 실황일기도는 실제 관측으로 확인된 자료로 나타낸 일기도로서 정확도가 높은 것은 사실이지만 관측자료가 충분히 많지 않다든지 또는 관측시의 오차와 오류 때문에, 그리고 관측자료도 충분하며 정확하기도 하지만 이러한 자료를 잘못 해석할 수도 있기 때문에 정확한 분석이 되지 못할 수도 있다.

이에 비해 예상일기도는 어떤 시점의 실제 관측자료에 근거하여 아직 도래하지 않은 시점이지만 그 시간이 도래하면 그렇게 나타날 것으로 기대되는 대기 상황을 그린 것으로서 그 정확도가 다소 떨어질 수 있다.

예측값이 그 시점의 관측값과 같다면 실황과 예측값은 같게 되고, 따라서 그 시점의 예상일기도는 그 시점의 실황일기도와 일치하게 될 것이다. "예측은 목표시간의 실황을 예측하는 것이다." 따라서 일기도를 설명할 때 일기 상황을 나타낸 일기도로서의 실황일기도와 예상일기도에 대한 설명이 같을 수밖에 없다.

현재 기상청은 전지구 수치모델 및 지역수치모델을 이용한 다양한 예보 자료를 생산하고 있다. 이 자료들은 해당 시점의 대기상태를 입체적으로 인식할 수 있게 해주고 있다. 수치예측기술의 발달로 수치예상일기도는 실황일기도와 점차 일치되어가고 있는 중이다(그림 2-5 참조). 그러나 관측 시에 발생하는 오차, 그리고 지역적인 불균형 관측자료를 격자자료화 하는 과정에서 오는 분석오차, 대기 지배방정식들이 가지는 비선형성, 근사화, 격자점 자료를 표현하기 위한 물리과정 등이 가지는 한계성 때문에, 기상현상의 정확한 예측에는 한계가 있을 수밖에 없다.

그러므로 예상도를 이용할 때는 수치예보모델이 가지고 있는 한계를 정확하게 이해하고, 이로부터 작성된 예보 자료의 특성을 완전하게 이해하는 것이 매우 중요하다.

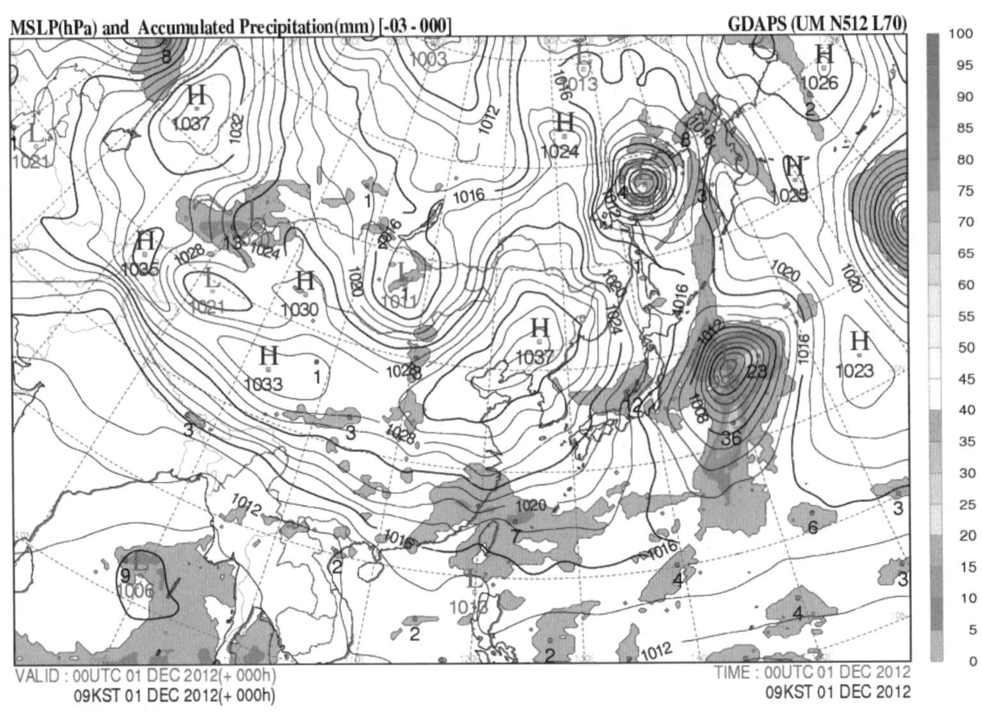

[그림 2-5] 지상 예상일기도로 만든 실황일기도의 예(2012.12.01 00Z)

2 등압선분석과 묘화

등압선(isobar, 等壓線)은 기류의 흐름을 파악하기 위하여, 유선(stream line, 流線) 분석을 대신하여 분석되기 때문에 일기예보에 중요한 역할을 한다.

등압선은 기압이 같은 곳을 연결한 선이다. 그러나 관측소 중에 기압이 꼭 같은 곳은 없는 것이다. 똑 같다면 그것은 근사치로 구했기 때문이다. 따라서 실제로 등압선을 그릴 때에는 주위의 관측값으로 내·외삽하면서 풍향과 풍속을 고려하여 그린다.

지상에서의 등압선분석은, 상층에서와는 달리, 등압선의 방향과 풍향과의 관계, 풍속과 기압경도와의 관계 등이 뚜렷하지 않기 때문에 여러 가지로 세심한 주의가 필요하다.

가. 등압선의 묘화

등압선은 보통 1000hPa을 기준하여 4hPa 간격으로 묘화한다. 전선의 구조나 이동을 명확히 하는 전선해석은 매우 중요한 것으로서 상당한 기술과 상층까지의 풍부한 자료를 필요로 한다.

또 해석의 수단으로서는 현상의 연속성을 중요시하여 우선 외삽법으로 가감한다. 이런 경우 기압경도, 이슬점, 일기 등의 검토는 단면도나 단열선도를 참고하여 수행한다.

혹시 연속성이 없고 외삽법으로도 해결되지 않을 것으로 보이는 경우는 그 요인을 밝혀내도록 힘써야 한다. 그림 2-6은 분석된 지상일기도의 예이다.

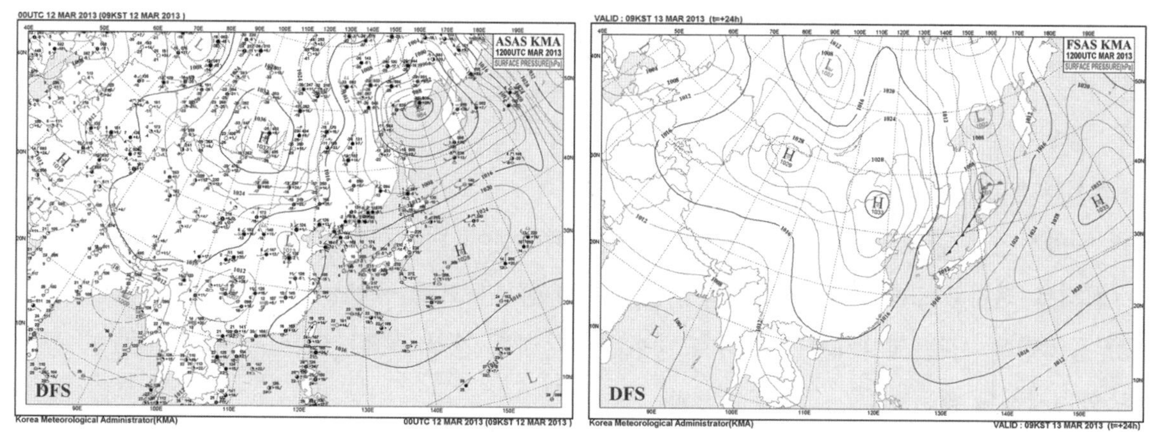

[그림 2-6] 분석된 지상일기도(2013.03.12. 00Z)에 의한 24시간 예상도의 예

등압선의 묘화 요령을 다음과 같이 정리할 수 있다.

(1) 등압선은 1000hPa을 기준으로 하여 4hPa 또는 5hPa 간격으로 검정색(또는 청색) 실선으로 그린다. 그러나 이런 간격의 등압선도 그 간격이 너무 넓어서 기압 분포 해석이 불분명할 경우에는 필요한 곳에 중간 간격의 등압선을 파선으로 그린다.

(2) 한 선으로 표시되는 등압선은 양쪽 끝에 시도를 쓰며, 폐곡선을 이룬 등압선은 기압계 중심 위치의 북쪽 편리한 곳에서 등압선을 끊고 시도를 기입한다. 모든 시도는 정수 단위의 끝 2자를 위도에 평행하게 기입한다.(예 1004hPa → 04). 필요한 곳에 그려진 중간선의 경우도 같은 요령으로 처리되나 중간선은 기입된 시도를 적당한 크기의 원으로 둘러싸서 중간선임을 나타낸다.

(3) 등압선은 분석하기 쉬운 곳, 자료의 신빙성이 큰 곳, 그리고 분석에 관심을 가지고 있는 곳으로부터 그리기 시작하여 주위로 연장시켜 나가면 편리하다.

비교적 분석하기 쉬운 곳은 등압선과 바람이 이루는 규칙이 잘 일치하고 있으며 등압선이 너무 조밀하지 않은 곳, 또는 고・저기압의 중심을 잘 결정할 수 있는 곳이다. 이는 일기도에 기입된 기압값을 검토하면 비교적 쉽게 결정할 수 있다. 고・저기압 중심 둘레의 등압선은 원형이나 타원형인 것이 보통이다.

(4) 혹시 등압선을 그릴 때 풍향이 갑자기 변한다든가 하여 등압선을 그리기가 어려운 장소에 이르면 출발점으로 되돌아 와서 인접한 다음 등압선을 그리는 방법으로 그려나가는 것이 좋다. 육상의 등압선을 그린 후에 자료가 부족한 해양의 섬이나 선박의 관측자료를 이용하여 해상으로 연장시켜나가는 것도 좋은 방법이다.

(5) 육상에서는 신뢰성이 있는 기압을, 선박관측에서는 기압값보다는 상대적으로 바람을 고려해서 등압선을 그리는 것도 좋은 방법이다.

(6) 기압 배치의 변동은 운동학적으로 외삽한 것과 큰 차이가 없다. 따라서 전 시각 일기도의 등압선으로부터 물리적인 분포와 연속성이 있게 분석한다.

(7) 기압계는 갑자기 발생한다든가 갑자기 소멸한다든가 하는 경우가 거의 없이 연속적으로 변한다. 갑작스런 불연속 변화가 나타났을 경우에는 전 시각의 일기도 분석의 잘못 여부를 함께 검토한다.

(8) 등압선을 그릴 때는 수정이 가능하도록 검정색 연필로 그리는 것이 보통이다.

나. 등압선분석 요령

등압선분석 요령을 다음과 같이 정리할 수 있다.

(1) 등압선은 도중에 끊어지지 않는다. 반드시 폐곡선이 되든가, 일기도의 연변에서 끝나게 된다. (실제로 전지구 표면을 대상으로 등압선을 분석한다면 모든 등압선은 폐곡선을 형성한다.)

(2) 등압선은 서로 교차하지 않으며 도중에 두 갈래로 갈라지거나 또는 두 등압선이 한 등압선으로 합쳐지지도 않는다.

(3) 한 개의 등압선을 그릴 때 그 등압선을 경계로 한쪽은 그 등압선 값보다 높은 기압이 분포하며, 다른 한쪽은 그 등압선 값보다 반드시 낮은 기압이 분포하도록 그린다.

(4) 대규모 공기의 운동을 나타내기 위해서는 등압선의 굴곡이 너무 심하지 않게 단순화시켜야 하지만, 그렇다고 기압계의 특성이 무시될 정도로 단순화시켜서는 더욱 안 된다.

(5) 대단히 긴 저압부나 고압부는 보기 힘들다. 따라서 가능하면 같은 값의 두 등압선이 가까이 마주보면서 긴 거리를 평행히 가지 않도록 그린다.

(6) 대칭적인 두 고기압이나 두 저기압 사이에는 같은 값의 두 등압선이 마주 보지만 흐름은 서로 반대 방향이다.(그림 2-7 참조).

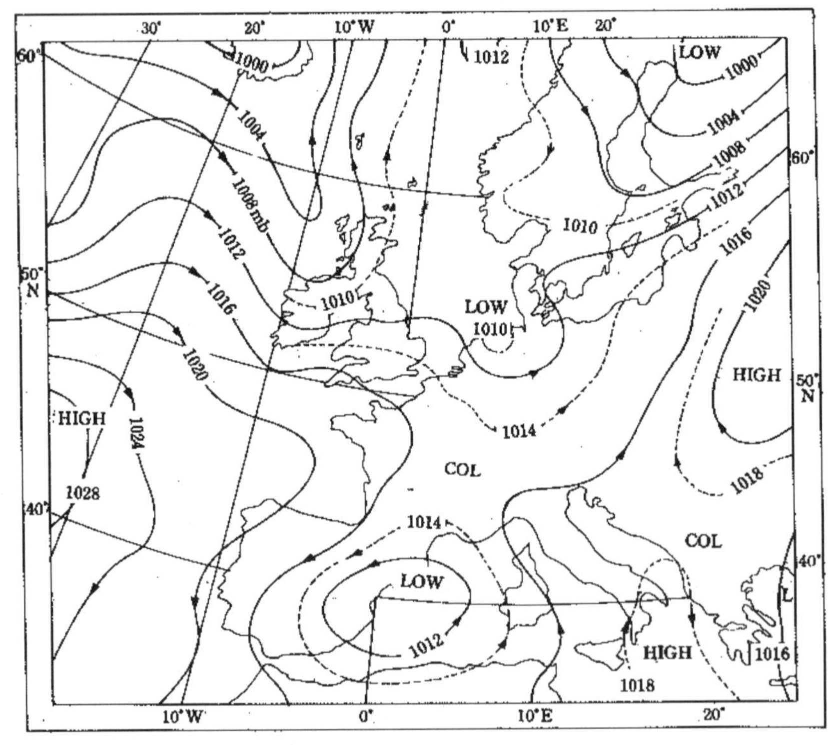

[그림 2-7] 안장부의 등압선의 예

(7) 특별히 풍속 차가 없다면, 등압선 사이의 간격은 가급적 일정하게 그린다. 이 때 등압선의

간격은 풍속에 반비례하도록 편성된다.

(8) 등압선 방향은 대체로 바람 방향과 일치하는데, 바람이 저기압 중심부를 반시계방향(counter clockwise, 反時計方向)으로 돌면서 등압선을 일정한 각으로 횡단하여 저기압 쪽으로 불어드는 것처럼 그린다. 바람이 등압선과 이루는 각도는 지상 마찰이 큰 곳일수록 커지는데, 해상에서는 10~30도 정도, 육상에서는 30~45도 정도이다. 그러나 풍속이 4kts 이하로 약하면 국지적인 영향으로 위와 같은 규칙성이 없어지는 경우도 많다.

(9) 기압장이 변하는 지역에서는 변압풍으로 인하여 기압상승 지역에서는 등압선과 풍향의 교각이 커지고 기압하강 지역에서는 작아진다.

(10) 육지에서의 바람은 그 지역의 고유한 특성이 있는 경우가 많아 기압계에 의한 일반풍을 대표하지 못하는 경우가 있으므로 억지로 등압선을 풍향에 맞출 필요가 없는 경우도 있다.

(11) 섬이나 산맥의 풍상측에서는 고압부가 나타나고, 풍하측에서는 저압부가 나타나서 등압선이 Z자형을 이루는 경우가 있다(그림 2-8 참조).

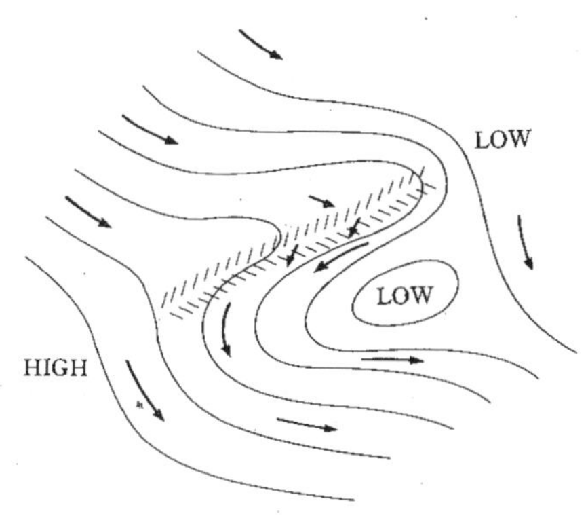

[그림 2-8] 산맥부근에서의 등압선 분포

(12) 해양에서의 기압 관측값은 오차가 큰 경우가 많고, 뇌우가 있는 곳에서도 오차가 큰 경우가 많아 기압값의 신빈성이 적은 경향을 가지므로 유의해야 한다.

(13) 일반적으로 고기압이나 또는 전선을 동반하지 않은 저기압의 중심 부근에서의 등압선은 일반적으로 둥근 편이다.

(14) 등압선은 항상 기압계의 계통적인 배열이 잘 나타나도록 그린다. 즉 기압마루와 기압골은 그 특성에 유의하여 그린다(그림 2-9 참조).

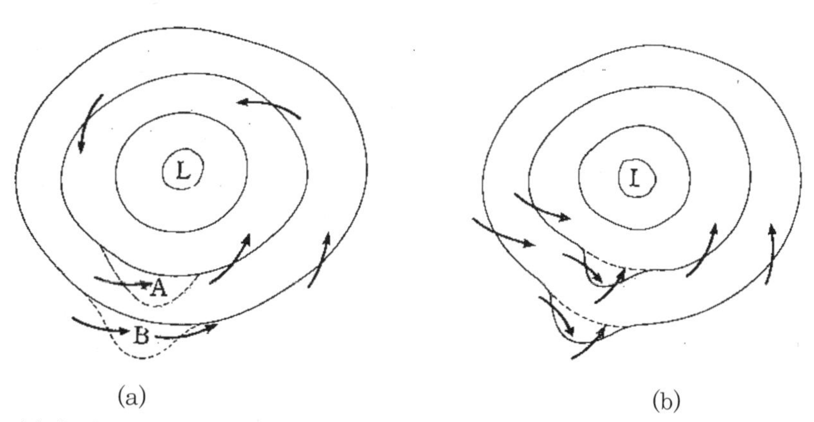

(a)의 경우는 원형 등압선이 적합하나 (b)의 경우는 작은 기압골이 있음.

[그림 2-9] 등압선의 계통적인 배열 예

(15) 전선에서는 등압선이 저기압성으로 심한 굴곡을 이루도록 그린다(그림 2-10 참조).

[그림 2-10] 전선에서 등압선이 심하게 굴곡되는 모양

다. 분석 시의 자료의 검토

일기도의 해석은 일기도의 각 지점에 기입되어 있는 기상자료에 근거하므로 일기도의 각 지점의 위치와 그 위치에 기입되어 있는 각종 데이터가 정확해야 한다.

특히 일기도에 기입된 자료는 '기상관측→ 코딩→ 송신→ 수신→ 디코딩→기입' 이란 여러 절차를 거쳐 처리된 것이다. 따라서 이들 중의 어느 단계에서라도 잘못이 발생되면 일기도에 기입된 자료는 올바른 자료가 되지 못한다.

따라서 기입된 값에는 다음과 같은 오류를 포함할 가능성이 있음을 유의해야 한다.

1) 관측장소에서의 관측값의 대표성과 국지성 관점에서의 문제
2) 관측기기의 오류 문제와 관측과 코딩 때의 오류 문제
3) 해상관측의 경우는 움직이는 선박에서의 부정확 관측 가능성 문제
4) 일기도에 기입될 때까지의 통신 상의 오류 문제
5) 수신 전문의 디코딩 및 기입 상의 오류 문제 등

일기도 분석 전이나 분석 시에 정확하지 못하다고 생각되는 자료가 발견되면 대략 다음과 같이 조치하게 된다.

1) 수신된 기상전문을 다시 살펴본다.
2) 주위의 다른 관측소의 자료와 비교해 본다.
3) 해당 관측소의 전 시각의 관측값과 비교해 본다.
4) 해당 관측소의 다른 기상요소의 관측값을 비교해 본다.
5) 지형이나 일기에 의해 비정상적인 자료가 발생할 가능성이 있는지를 검토한다.
6) 이상의 검토 결과에 따라 자료를 정정하여 사용하든가 또는 버리게 된다.

연습 2-1 연습 1-1에서 기입한 일기도(부록 VIII을 이용할 수도 있음)에 등압선을 묘화하여라.

3 전선 분석

가. 전선의 일반적인 성질

전선분석(front analysis, 前線分析)은 일기도, 단열선도, 연직단면도 등을 종합하여 전선의 위치와 강도, 활성 정도와 일기상태, 이동 방향과 속도, 발생과 소멸 등을 종합적으로 분석하는 것을 말한다.

기상전문가는 지상일기도에 분석된 전선을 볼 때 일기도에 나타나 있지 않은 관측소 주위의 지형의 영향 등에 대해서도 생각하게 된다. 전선에는 강한 것도 있고 약한 것도 있기 때문에 일기도에 표시되어 있는 전선을 어떻게 해석하고, 또 그 전선이 어떠한 속도로 진행하는지를 모르는 채 예보관이 예보를 작성한다면 정확하고 합리적인 예보를 생산할 수가 없게 된다.

전선의 일반적인 성질을 열거하면 다음과 같다.

1) 전선은 대부분 기압이 낮은 뚜렷한 골(trough) 속에 위치한다. 그러나 때로는 뚜렷한 골이 아닌 곳에 위치하는 경우도 있다.

2) 기온이나 이슬점은 전선을 경계로 하여 그 차가 크다.

3) 바람(풍향)은 전선을 경계로 하여 저기압성으로 급변한다.

4) 전선의 종류에 따라 구름 분포의 위치가 다르지만 대체로 전선 부근에서는 전선형 구름이 나타나고, 특징적인 강수 분포를 나타낸다.

5) 이동하고 있는 전선은 전선을 경계로 하여, 전선 전방에는 기압하강, 전선 후방에는 기압상승이 나타난다.

6) 전선의 이동속도는 한기 내에서 부는 바람의 전선에 대한 직각 성분과 같다.

7) 전선을 나타내는 선은 전선 전이구역의 난기 쪽 경계선으로 한다.

8) 상층의 전선은 라디오존데 관측 자료를 단열선도에 기입했을 때 특징적으로 선명하게 나타난다.

나. 전선 위치 결정의 일반사항

전선은 다음과 같은 점에 유의하여 그 위치를 정할 수 있다.

1) 전선은 성질이 서로 다른 두 기단의 경계현상이므로 기온, 이슬점이 불연속을 이루어, 그 등치선이 밀집(불연속)되는 지역이다(그림 2-11 참조).

2) 전선은 갑자기 발생하거나 갑자기 소멸하지는 않으므로 전 시각의 일기도로부터 연속적으로 추적할 수 있다.

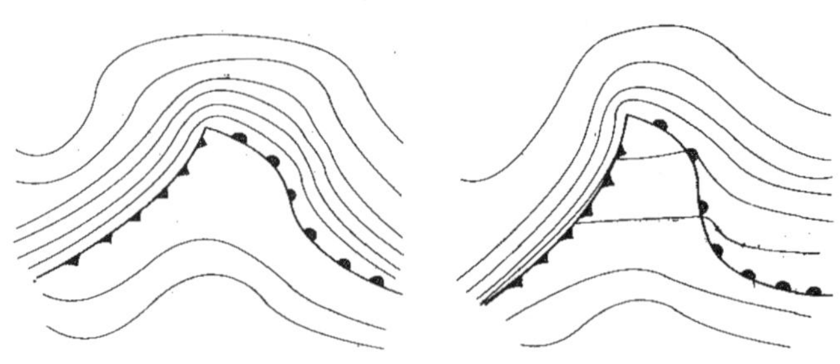

[그림 2-11] 전선 부근의 등온선 분포

3) 다음과 같은 경우에는 전선 부근에서 그 불연속선이 잘 나타나지 않을 수도 있다.
   ① 따뜻하고 안정한 기단 내에서 바람이 약하고 하늘이 맑은 야간에는 지표의 심한 복사냉각으로 온도불연속이 잘 나타나지 않는다.
   ② 분지 모양의 지형에 찬 공기가 안정층을 이루고 있는 경우에는 온난전선이 통과하여도 온난전선의 따뜻한 공기가 지표 부근의 차가운 안정층 위로 지나가기 때문에 온도 변화가 잘 나타나지 않는다.
   ③ 한랭전선에서 차가운 공기 중에서 고도 증가에 따라 풍속이 증가하여 한랭전선면의 바로 아래에서 강한 하강기류가 생겨 단열승온 되는 경우에는 전선 양측에서 기온차가 나타나지 않을 수도 있다.

4) 풍향이 불연속을 이루며 저기압성으로 심하게 굽는 위치가 전선에 해당된다(그림 2-12 참조).

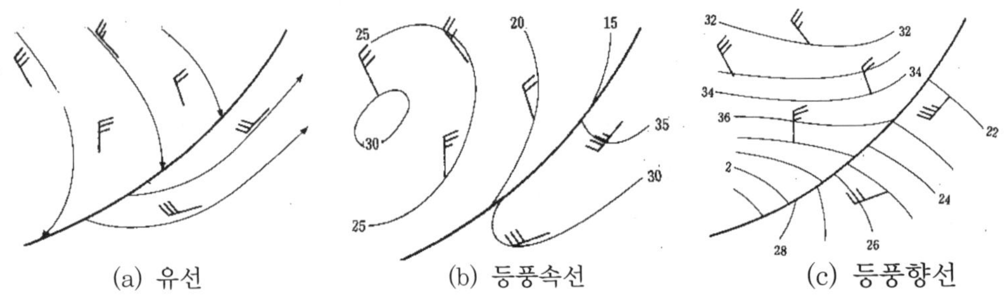

[그림 2-12] 전선 상에서의 이상적인 바람 분포

5) 전선에서는 기압은 연속이지만 기압경도가 불연속을 이루어 등압선이 급격히 굽어지는 곳, 또는 등압선이 평행해도 그 간격이 급격한 변화를 이루는 지역에 위치할 가능성이 크다.

6) 전선에서는 기압변화 경향이 불연속이므로 기압상승 지역과 기압하강 지역의 경계선 부근에 전선이 있을 가능성이 크다(그림 2-13 참조).

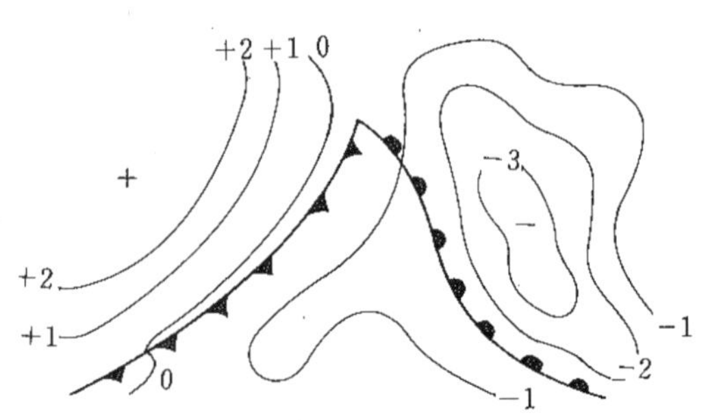

[그림 2-13] 전선 부근의 3시간기압변화 분석

이 때 한랭전선은 변화의 불연속이 뚜렷하나 온난전선의 경우는 그렇지 못한 경우가 많다. 여기서 기압변화량은 3시간의 변화량이다. 이 때 기압의 반일주기변화나 해상관측의 경우 선박의 이동효과를 고려해야 한다.

7) 전선 상에서는 일반적으로 일기가 악화되므로, 강수 등 악기상이 줄지어 나타날 경우에 그곳에 전선이 있을 가능성이 크다. 이 때 전선의 종류에 따라 나타나는 일기 형태가 다르다. 온난전선은 그 전방에서는 넓게 악기상을 보이지만 후방에서는 비교적 호천을 이루는데, 한랭전선에서는 전선 상에서 비교적 좁게 악기상이 나타난다.

8) 단열선도 또는 연직단면도 상에서 기온역전층이 있고 이 역전층에서 고도에 따른 풍향 변화가 반전(backing)인 경우는 한랭전선, 순전(veering)인 경우에는 온난전선이므로, 이로부터 전선의 경사를 참작하여 지상의 전선 위치를 추정할 수 있다. 단, 전선이라 하더라도 저기압의 중심부근에서와 같이 상승기류가 왕성한 곳에서는 전선이 약하여 명확한 역전층이 없는 경우도 있다.

9) 전선에서는 대부분의 기상요소가 불연속을 이루지만, 온난전선은 한랭전선에서와 같은 현저한 불연속 현상을 보이지 않는 경우가 많다. 특히, 온난전선의 경우는 경사가 특히 지면 부근에서 완만하여 지표면으로부터 열, 수증기의 공급을 많이 받고, 강수로 인하여 변질되기 쉽기 때문에 전선이 있는 경우라도 온도와 이슬점의 불연속이 뚜렷하지 않아 일기도에서 그 위치 결정이 어려운 경우가 많다.

10) 전선은 일기도에서 등온선 조밀 지역의 난기쪽 경계로 정의된다. 이곳은 두께선도에서도 두께선 조밀 지역의 난기쪽 경계(또한 이류의 종류가 바뀌는 경계)에 해당한다. 따라서 지상에서 위치가 명확하지 않을 때는 상층일기도나 두께선도 등을 이용하여 그 위치를 조정한다. 그러나, 때로는 여러 가지 이유로 그림 2-14처럼 상하층 간에 크게 다른 경우도 나타난다.

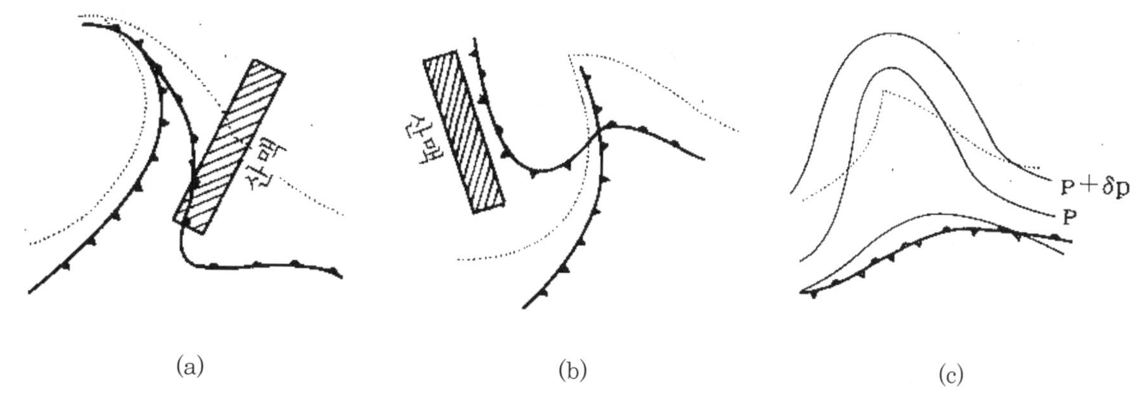

[그림 2-14] 상하층 전선 간에 위치가 비정상인 경우(점선: 상층전선)

11) 한랭전선은 전선면의 경사가 후방으로, 온난전선은 전방으로 기울어져 있다. 이 때 기울기는 지면마찰의 영향으로 한랭전선의 경사는 1/50∼1/100 정도, 온난전선의 경사는 1/100∼1/200 정도가 된다.

상층에서 한랭전선의 위치는 지상 한랭전선의 위치보다 북서쪽에, 상층 온난전선은 지상 온난전선의 위치보다 북동쪽에 위치한다. 이 때 지상 전선과 상층전선의 수평거리는 해당 전선의 기울기에 따라 결정된다. 예를 들면, 1/100 기울기를 가진 한랭전선인 경우 850hPa 일기도에서의 위치는 지상 위치의 북서쪽 약 150km에 위치할 것이다.

12) 지상 전선 분석에는 상층전선의 위치와 등온선의 분포가 중요한 지표가 된다. 지상일기도에서는 복사에 의한 지표의 가열, 냉각 그리고 지표 부근의 난류혼합이나 지상관측소의 고도 등에 의해서 지상기온이 기단을 대표하지 못하는 경우가 많기 때문에 상층의 기온을 참고하여 비교하는 것이 좋다.

다. 전선 종류별 위치 결정

(1) 한랭전선

한랭전선(cold front, 寒冷前線)은 다음과 같은 특성을 가지고 있다(표 2-3 참조).

1) 보통은 저기압 중심으로부터 남서쪽으로 이어진다.

2) 한랭전선 전방에서는 기온이 높지만, 후방 전이역에서는 기온이 급강하하면서 등온선이 조밀(불연속)하게 나타난다.

3) 한랭전선 전방에서는 남서풍이 불고, 후방에서는 보통 북서풍이 강하게 분다.

4) 한랭전선 전방에서는 기압이 하강하고, 후방에서는 기압이 급상승한다.

5) 보통 뇌우나 돌풍 또는 우박 등이 있는 곳에 위치한다.

[표 2-2] 한랭전선 통과시의 전형적인 일기 특성

요 소	한랭전선 접근시	통과시	통과 후
기 압	계속 하강	하강을 멈추고 갑자기 상승 시작	서서히 계속 상승
풍 향	서서히 순전	급속히 순전	순전 후 서서히 반전 혹은 거의 일정
풍 속	증가(점차 돌풍화)	돌풍	돌풍 후 일정한 강풍
온 도	일정(전전성성 강수시는 하강)	빠르게 하강	계속 하강 후 거의 일정
이슬점	거의 일정(전전선성 강수시는 상승)	빠르게 하강	계속 하강 후 거의 일정
상대습도	일정(전전성성 강수시는 상승)	강수와 함께 고습도 유지	강수 종료와 함께 급감소
구름	Ac, As, Sc 후 Cb	Cb(Fs, Fc를 동반), 또는 낮은 Ns	곧 갬, 또는 가끔 단시간 동안 As, Ac, Cu
날 씨	대체로 좋음, 가끔 전방 스콜선에서 뇌우	호우(흔히 뇌우 동반, 가끔우박 동반)	빠르게 갬
시 정	중 정도, 때로는 안개로 악화	강수로 일시 악화 후 곧 회복	계속 좋음

(2) 온난전선

온난전선(warm front, 溫暖前線)은 보통 다음과 같은 특성이 있다(표 2-3 참조).

1) 온난전선은 보통 저기압 중심으로부터 동쪽으로 이어진다.

2) 전선 전방에서는 풍향이 남동풍이고, 후방에서는 보통 남서풍이다.

3) 기온과 이슬점이 급격히 불연속을 이루어 온난전선 전방에서는 낮고 후방에서는 상승한다.

4) 전선 전방에서는 구름이 상층운으로부터 서서히 낮아져서 중층운에서 비가 내리기 시작하고 Ns가 나타나며 비가 지속된다. 지속적인 비가 내리는 곳의 후방에 온난전선이 위치한다.

5) 안개가 광범위로 끼는 경향이 있다.

[표 2-3] 온난전선 통과시의 전형적인 일기 특성

요 소	온난전선 접근시	통과시	통과 이후
기 압	점차 하강	하강 멈춤	거의 일정 또는 서서히 상승
풍 향	거의 일정한 남동풍	급속히 순전	남서풍으로 거의 일정
풍 속	점차 증가	증가 후 감소	감소 후 거의 일정
온 도	일정 또는 약간 상승	급속히 상승	상승 후 거의 일정
이슬점	일정(강수 중에는 상승)	상승	상승 후 일정
상대습도	일정(강수 중 증가)	약간 상승	상승 후 거의 일정
구름	Ci, Cs, As, Ns 순으로 점차 낮아짐	낮은 Ns, Fs	맑거나 St, Sc 조금
날 씨	낮은 As부터 계속 강수	강수 후 점차 그침	갬, 가끔 약한 단속 강수 가능
시 정	좋음(강수 중에는 안개로 악화)	강수로 악화(박무, 안개)	대체로 좋지 않음

(3) 폐색전선

폐색전선(occluded front, 閉塞前線)은 보통 다음과 같은 특성이 있다.

1) 폐색전선은 한랭전선이 온난전선을 추월해 생기므로 대체로 저기압 중심의 남동쪽을 거쳐 남쪽 방향으로 이어져서 소멸기에는 대체로 저기압의 북동쪽으로 이어진다.

2) 폐색전선 전방에서는 보통 남서~남동풍, 후방에서는 북서~서풍이 부는 경우가 많다.

3) 폐색전선을 중심으로 비교적 넓은 범위에 보통 정도의 비가 내린다.

4) 저기압 중심 부근의 폐색전선 후방에는 2차전선(secondary front)이 형성될 가능성이 크다. 그러한 경우는 날씨의 회복이 훨씬 늦어질 수도 있다.

(4) 정체전선

1) 약한 여러 개의 저기압이 동서로 줄지어 있을 때는 보통 정체전선(stationary front, 停滯前線)

으로 연결된다. 따라서 동서로 뻗친 기압골에서는 정체전선이 있는 경우가 많다.

2) 특성이 온난전선의 경우와 매우 비슷하여 북쪽에서는 북동풍, 남쪽에서는 주로 남서풍이 지속적으로 불고, 구름 특성도 온난전선의 경우처럼 한랭기단 상공 쪽으로 멀리 상층운으로부터 전선 가까이에 하층운이 끼며 지속적인 강수가 내린다.

4 지상일기도 해석 표시

가. 기압계 중심 표시

(1) 고・저기압

고・저기압의 중심 위치에 등압선과 같은 색으로 중심표시를 적당한 크기의 ×(또는 직경 3~4mm 정도의 ⊗)로 표시한다. 그리고 기압계의 종류 표시는 중심표시를 중심으로 하여 고기압의 경우는 청색, 저기압의 경우는 적색으로 영자(또는 한글)의 적절한 머리글자를 적어 넣고 그 아래에 같은 색으로 중심기압값을 정수단위로 적는다.

[표 2-4] 열대저기압의 분류와 일기도에서의 표시

한국분류	WMO분류	중심최대풍속	문자기호	기호 (적색)
열대저압부	열대저압부 Tropical Depression	17㎧ 미만 (34kts 미만)	L	L
태풍	열대폭풍 Tropical Storm	17~24㎧ (34~47kts)	TS	
	위험 열대폭풍 Severe Tropical Storm	24~32㎧ (48~63kts)	STS	
	태풍 Typhoon[or Hurricane or (Tropical) Cyclone]	33㎧ 이상 (64kts 이상)	T	

(2) 열대저기압

열대저기압의 경우는 중심표시와 기압계의 종류를 저기압의 경우와 같이 적색으로 표시(표 2-4 참조)하고 그 아래에 중심기압값, 그리고 태풍의 경우는 그 이름과 기타 특성을 기입한다.

나. 전선과 기압골 표시

전선 또는 기압골, 기압마루는 표 2-5와 같이 표시한다.

[표 2-5] 지상일기도에서의 전선, 기압골, 기압마루의 표시

내용	진행 방향**	기호		
		단색	채색	
1. 한랭전선	↑			청색
2. 한랭전선 발생	↑			청색
3. 한랭전선 소멸	↑			청색
4. 온난전선	↑			적색
5. 온난전선 발생	↑			적색
6. 온난전선 소멸	↑			적색
7. 폐색전선	↑			자색
8. 준정체전선	↕			적청 교대
9. 준정체전선 발생	↕			적청 교대
10. 준정체전선 소멸	↕			적청 교대
11. 불안정선				흑색
12. 시어선				흑색
13. 수렴선				주황색
14. 열대 수렴대*				주황색
15. 열대 불연속선				적록 교대
16. 기압골축				흑색
17. 기압마루축				흑색

* 넓이는 수렴대의 넓이에 비례하고, 세로 줄은 활성 구역을 나타낸다.
** 화살표는 실제 일기도에서 표시하지 않는다.

다. 일기 현상 구역 표시

일기도에 일기현상을 표시할 때는 표 2-6에서의 요령으로 해당 구역에 표시한다.(부록Ⅴ 참조). 이 때 현상이 광범위하게 나타나는 구역은 현상 구역 전체를 해당 색으로 표시하고 적당한 크기의 기상현상 기호를 그 구역 내에 적당한 간격으로 표시한다. 해당 기상현상이 나타나는 구역 범위를 해당 색으로 엷은 경계선을 그어 표시할 수도 있다.

[표 2-6] 일기 현상 구역의 표시 방법

내 용		단 색		채 색		
		구역표시	기호	구역표시	기호	색
지속성	drizzle	그늘칠	,	그늘칠	,	녹색
	비	그늘칠	•	그늘칠	•	녹색
	눈	그늘칠	*	그늘칠	*	녹색
단속성	drizzle	빗금칠	,	빗금칠	,	녹색
	비	빗금칠	•	빗금칠	•	녹색
	눈	빗금칠	*	빗금칠	*	녹색
소낙성	비		▽		▽	녹색
	눈		*▽		*▽	녹색
	우 박		△▽		△▽	적색(또는 녹색)
뇌 전	뇌우, 뇌전,		☈, *☈		☈, *☈	적색
	번 개		↯		↯	적색
안 개			≡	그늘칠		황색
풍진, 풍사			$ S̶	그늘칠	$ S̶	갈색

라. 등치선 표시의 우선순위

(1) 한 일기도에 두 가지 이상의 등치선을 그릴 경우의 우선순위는 다음과 같다.

① 등압선(또는 등고선) ② 유선 ③ 등풍속선 ④ 두께선

⑤ 등온선 ⑥ 등습도선 ⑦ 등기압변화선

(2) 등치선을 단색으로 표시할 때의 우선순위는 다음과 같다.

① 실선 ② 파선 ③ 파점선 ④ 점선

(3) 등치선을 색채로 표시할 때의 우선순위는 다음과 같다.

① 검정색(또는 청색) ② 적색 ③ 녹색 ④ 갈색

(4) 등치선의 값은 등치선의 끝에 표시하고, 등치선이 폐곡선을 이루고 있을 때에는 그 윗 부분(북쪽 부분)을 끊고 표시한다. 이 때 등치선의 값은 모두 위도선에 평행하게 기입한다.

연습 2-2 연습 2-1 작품을 이용하여 지상일기도를 완성하여라.

2.3 상층일기도의 분석과 이용

1 상층일기도 분석의 특성

가. 상층 등압면의 특성

세계 각지의 고층기상관측소에서는 매일 00, 12Z에 레윈존데(rawinsonde)를 띄워 상층 대기를 관측한다. 기구(balloon, 氣球)는 일정 속도(보통 5~6 m/s)로 상승하면서 측정한 기상요소를 시시각각 지상으로 송신하면 지상에 있는 수신기에서 신호를 받아 해독한다.

고도는 지상의 기압값을 알고 있으므로, 상층의 기압, 기온, 습도 값에서 정역학 방정식($\triangle p = -\rho g \triangle z$)을 이용해서 계산하거나, GPS 관측을 통해서 얻게 된다.

또 상승 중인 기구의 위치를 지상의 무선방향탐지기로 시시각각 측정해서, 그 위치의 차이로 각 고도의 풍향・풍속을 구한다. 이 레윈존데에 의해, 보통은 높이 약 30km까지의 5가지 기상요소(기압, 기온, 습도, 풍향, 풍속)의 값을 얻을 수가 있다.

상층일기도는 보통 각지의 기상요소 값을 어떤 일정 고도(예를 들면 5km)의 수평면에 대해 관측하여 사용하는 것이 아니고, 어떤 일정 기압면(예를 들면 500hPa면)에 대해 관측하여 사용한다. 기압은 높이 증가에 따라 틀림없이 감소하기 때문이다. 따라서 상층일기도에서는 등압선(isobar) 대신에 등고선(contour)을 그린다.

예를 들면, 그림 2-15에서와 같이 고도 3km (700hPa 등압면 부근의 고도)의 수평면 상에서 기압이 낮은 곳은 틀림없이 700hPa 등압면에서도 고도가 낮다. 또 수평면 상에서 등압선이 밀집해 있는 지역에서는, 등압면에서도 등고선이 밀집해 있다. 그러므로 수평면 상의 등압선과 등압면 상의 등고선과는 1:1로 대응된다.

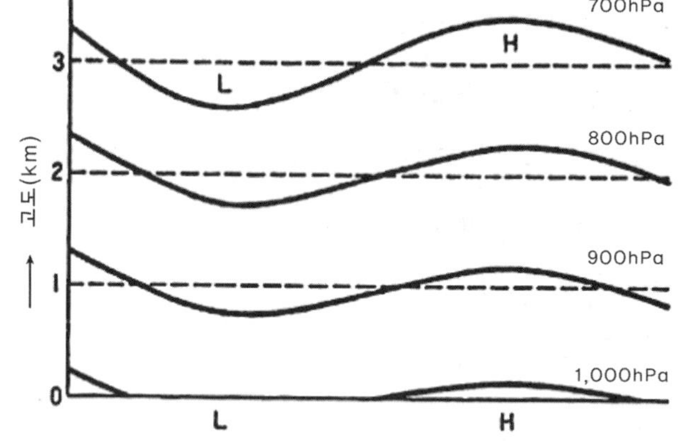

(L과 H는 각각 저기압과 고기압의 중심을 나타낸다.)

[그림 2-15] 수평면 상에 나타낸 등압면

지상 부근인 1000hPa등압면일기도보다 높은 고도의 등압면일기도를 상층일기도(upper air chart)라 한다. 상층일기도는 기압계의 연직구조를 알기 위한 입체분석의 수단으로 작성된다.

또한 상층기압계의 변화는 지상기압계의 변화에 선행되어 일어나는 경우가 많기 때문에 상층일기도는 지상의 일기변화를 예측하는데 이용될 수가 있다.

등압면일기도에는 풍향, 풍속, 기온, 이슬점차, 그리고 고도가 기입된다. 이 자료들은 지상에 위치하고 있는 각 관측소에서 띄운 Rawinsonde 관측, Pibal 관측 또는 항공기 관측에 의해 얻는다.

상층일기도에는 925, 850, 700, 500, 300, 200, 100hPa 등의 각 표준기압면에 대한 등압면

일기도들이 있다. 이들 상층일기도에서 분석하는 내용은 경우에 따라 많은 차이가 있겠으나 정리하면 보통은 표 2-7과 같다.

[표 2-7] 지상 및 상층일기도의 분석 내용

등고면/등압면		분석 요소						
		등압선	등고선	등온선	등이슬점차선 또는 등이슬점선	전선	기압골과 기압마루	등풍속선과 제트류
지상일기도		○				○	△	
상층일기도 (hPa)	925		○	○	○	○	○	
	850		○	○	○	○	○	
	700		○	○	○		○	
	500		○	○			○	△
	300		○	○			△	○
	200		○	○				○
	100		○	○				○

△ : 분석할 경우도 있음

등압면일기도는 보통 다음 순서로 분석한다.

1) 등고선
2) 등온선
3) 상층 전선(특히 850hPa면에서)
4) 고·저기압의 중심 및 기압골과 기압마루
5) 습윤구역
6) 등풍속선과 제트류(제트류가 나타나는 기압면에서)
7) 고·저기압 중심이나 기압골 기압마루의 경로

나. 등고선분석의 이유

지상일기도는 등고도면인 평균해면고도에서의 등압선(isobar)을 분석한다. 그러나 상층일기도에서는 등압선 대신 일정 등압면에서의 등고선(contour)을 분석하게 된다.

상층일기도에서 등압선 대신 일정 등압면에서의 등고선(contour)을 분석하는 이유를 다음과 같이 열거할 수 있다.

① 유체정역학방정식($\Delta p = -\rho g \Delta z$)에서 보면 기압차는 고도차에 비례한다. 따라서 고도가 높다는 것은 기압이 높다는 것과 같은 의미를 가지게 된다.

② 등압면이 등고도면처럼 완전한 수평면은 아니지만 거의 수평을 이루고 있어 큰 차가 없다.

③ 고층관측(rawinsonde 또는 radiosonde 관측)에서 일정 기압면의 고도값을 얻는 것이 일정

고도면의 기압값을 얻는 것보다 용이하다.

④ 단열변화를 가정할 때 등압면에서의 등온선은 등온위선으로 간주할 수 있어서 등압면으로부터 두께선을 쉽게 구할 수 있다.

⑤ 등이슬점선은 등혼합비선으로 간주할 수 있다.

⑥ 같은 위도에서라면, 등고도면에서의 지균풍($V_g = -\frac{1}{\rho f}\frac{\triangle P}{\triangle n}$)은 기압차에 비례할 뿐만 아니라 공기의 밀도에도 반비례하므로 계산이 복잡한데, 등압면에서의 지균풍($V_g = \frac{g}{f}\frac{\Delta Z}{\Delta n}$)은 고도차에만 비례하므로 계산이 용이하다.

⑦ 등압면을 비행하는 항공기는 거의 수평비행을 하게 되는데, 이는 실제 복잡한 조작을 수행해야 하는 수평비행의 경우보다 편리하다.

2 등고선분석과 묘화

가. 등고선분석

어떤 공간에 있는 기압이 같은 고도들을 연결해나가면 하나의 곡면을 얻게 된다. 이 곡면을 등압면(isobaric surface)이라 하는데, 이 등압면의 높낮이는 등고선(contour)을 그려 나타낼 수 있다. 상층의 기압분포 분석은 등압면에 대한 등고선분석으로 수행한다.

상층일기도에서의 등고선분석은 지상일기도의 등압선분석 요령과 매우 비슷하다.

등고선은 보통 60m 간격으로 그린다. 이 간격은 등압선으로 대략 8hPa 간격에 해당된다.

등고선을 그릴 때는 너무 상세한 굴곡에 구애되지 말고 비교적 평활하게 그리는 것이 좋다. 상층풍은 지균풍에 가깝기 때문에 등고선에 대략 평행하게, 그리고 등압면의 저고도를 왼쪽에 두고 분다. 풍속은 그곳의 고도경도에 비례하므로 고도경도가 큰 곳(등고선이 조밀한 곳)에서는 바람이 강하다.

등고선을 그릴 때는, 지상일기도에서 등압선을 그릴 때처럼, 주의해야 할 일이 많다.

상층에서는 저기압 중심이 한기 내에 위치한다. 그렇기 때문에 주위보다 기온이 낮은 저기압(한랭저기압)은 상층으로 올라가면서 저기압이 더 현저하게 강화되고, 반대로 주위보다 기온이 높은 저기압(온난저기압)은 상층으로 올라가면서 약해져서 어느 고도에 이르면 드디어 저기압 중심이 사라져버리게 된다. 따라서 지상일기도에서 차가운 저기압이 있었다면 비록 그 상층에 관측 자료가 없더라도 그곳에는 저기압이 있다고 생각해도 좋다.

반대로 고기압은 그 중심이 주위보다 따뜻할 경우(온난고기압)는 상층으로 올라가면서 고기압이 더 강해지고, 중심이 주위보다 차가운 경우(한랭고기압)는 상층으로 가면서 그 고기압이 약해져서 어느 일정 고도에 이르면 드디어 고기압이 사라지게 된다.

이런 경향은 자료가 적은 상층일기도에서 등고선을 그릴 경우 지상일기도의 분석 결과와 함께 고려해서 결정하게 된다.

등고선을 그릴 경우 지상의 등압선을 그릴 경우와 같은 원칙이 성립됨은 물론이다.

나. 등고선분석 요령

등고선분석의 요령은 지상일기도에서의 등압선분석 요령과 비슷하다. 다만, 상층이기 때문에 다소 차이는 있다.

등고선분석 요령을 열거하면 다음과 같다(p61 등압선분석요령 참조)

1)~8) 지상 등압선분석 요령의 해당번호의 내용과 같다.

9) 상층에서는 바람이 지상의 지역적인 특성의 영향을 받지 않으므로 가급적 등고선과 바람의 평행 관계가 충실히 지켜진다. 때로는 고도 값에 모순이 있는 경우가 있으므로 고도 값보다 바람을 더 중요시해야 할 경우도 있다.

10) 상층 중에서 저고도, 특히 산악지방의 상공에서는 지상 마찰의 영향을 받아 지상에서의 바람 형성과 비슷한 현상이 발생한다. 이러한 곳에서는 지상에서의 영향이 그대로 존속되어 큰 산맥을 경계로 등고선이 'Z'자형을 이루는 경우가 있다.

11) 상층에서도 전선은 바람의 급변으로 나타나지만, 지상에서와 같이 예리하지는 않다. 상공에서는 보통의 경우 기압골로 나타난다.

12) 상층에서는 저기압 중심부의 기온이 주위보다 낮은 한랭저기압의 경우는 상층으로 올라가면서 저기압이 더 뚜렷해지고, 반대로 저기압 중심부의 기온이 주위보다 높은 온난저기압은 상층으로 올라가면서 저기압이 약해져서 드디어 소멸해버리는 경우가 있다. 이러한 추세에 대응하여 등고선을 그리게 된다.

13) 고도가 변화하고 있는 곳에서는, 지상일기도에서의 기압변화와 바람과의 관계와 비슷하게, 고도상승 지역에서는 변압풍으로 인하여 등고선과 풍향의 교각이 커지고 고도하강 지역에서는 그 교각이 작아진다.

다. 등고선 묘화 요령

등고선(contour)의 묘화 요령도 등압선 묘화 요령과 많은 유사점을 가지고 있어서, 등고선을 그릴 경우 지상일기도에서 등압선을 그릴 때와 같은 원칙이 성립됨은 물론이다. 등고선 묘화의 요령은 다음과 같다.

1) 대류권 하층고도에서는 등고선을 30gpm 간격, 중층고도에서는 60gpm 간격, 고층고도에서는 120gpm 간격으로 그린다(표 2-8 참조). 등고선은 각 등압면의 기준고도를 중심으로 검정색(또는 청색) 실선으로 그린다. 등고선 간격이 드물어서 분석이 불분명할 때는 파선으로 중간선을 그릴 수도 있다.

2) 상층에서는 지균풍에 가까운 바람이 불기 때문에 등고선을 바람에 대체로 평행하게 그린다. 풍속은 그곳의 고도경도에 비례하므로 바람이 강한 곳은 등고선을 조밀하게, 바람이 약한 곳에서

는 드물게 그린다.

3) 등압선 묘화의 경우와 같이, 일반적으로 자료가 많은 곳, 또는 자료의 신빙성이 큰 곳부터 묘화하기 시작하여 점차 주위로 연장해나간다.

4) 기압배치의 변동은 운동학적으로 외삽한 것과 큰 차이가 없으므로 전 시각 일기도의 등고선 분포와 물리적으로 연속성이 있도록 분석한다.

5) 자료가 적은 곳에 등고선을 그릴 경우에는 지상일기도의 분석 결과를 고려해서 결정하게 된다.

6) 한 등고선 흐름의 시작에는 해당 등고선 값을 일기도에 기입된 고도값과 같은 요령으로 표시한다. 흐름의 끝에는 정수 단위를 반올림하여 끝수를 0으로 처리한 표준고도로부터 기준고도를 뺀 고도편차값(D-value)을 적는다.

7) 기압계의 중심표시 방법은 지상일기도에서의 방법에 준한다. 기압계의 중심시도는 끝수를 반올림한 전체의 값을 적는다.

8) 기압계가 연속적으로 변화하므로 갑작스러운 발생이나 소멸이 나타났을 경우에는 전 시각의 일기도 분석의 타당성을 함께 검토하여 결정한다.

9) 상층일기도에서도 전선은 바람의 급변으로 나타나는 일이 많다. 전선이 있을 때는 전선으로 분석 묘화한다. 그러나 500hPa 이상의 상층에서는 전선을 판별하기가 곤란하므로 기압골로 분석 묘화한다.

[표 2-8] 상층일기도의 등고선 묘화 기준

등압면 (hPa)	등고선분석 간격* (gpm)	끝수를 반올림한 표준고도	기준고도 (gpm)	D-value (gpm)	표준고도 (gpm)
925	30	810	810	± 0	762
850	30(겨울: 60)	1460	1500	+40	1457
700	60	3010	3000	−10	3012
500	60	5570	5580	+10	5574
300	120	9160	9180	+20	9164
200	120	11780	11760	−20	11784
100	120	16180	16200	+20	16180

* 기상청 기준임

10) 열적인 구조에 따라 키작은 기압계(온난저기압, 한랭고기압)는 상층에 올라가면서 그 기압계의 특성은 점차 약해져서 일정 고도 이상에서는 일반류나 또는 반대 특성의 기압계가 나타나기도 한다. 그러나 키큰 기압계(한랭저기압, 온난고기압)는 상층으로 올라갈수록 해당 기압계의 특성이 더 강해진다(그림 2-16 참조).

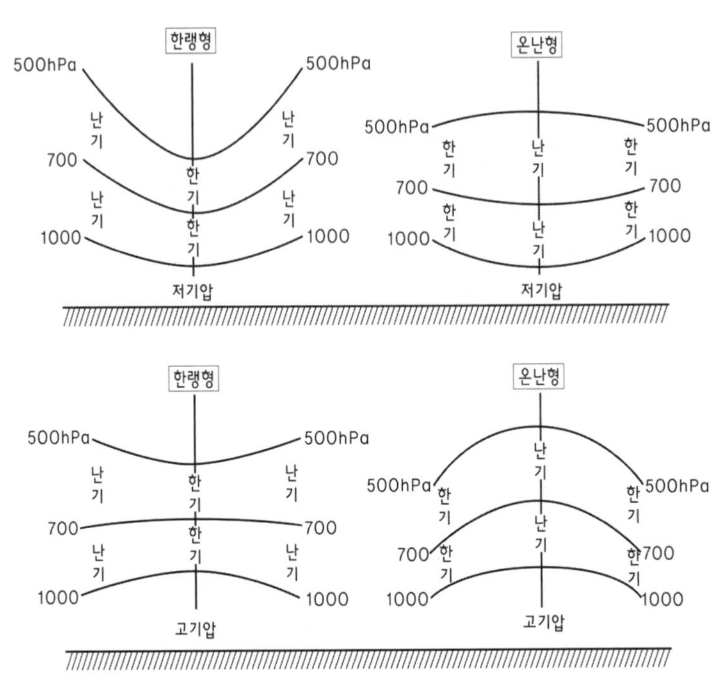

[그림 2-16] 온난기압계와 한랭기압계의 연직 구조

11) 기압계에서 기압장과 온도장이 일치하는 경우에는 그 기압계의 축은 연직이다. 그러나 일치하지 않는 경우 고기압의 경우는 그 축이 따뜻한 쪽으로, 그리고 저기압의 경우는 차가운 쪽으로 기운다.

[표 2-9] 상층의 전선, 기압골, 기압마루의 표시

명칭	이동방향*	단색	채색
1. 한랭전선	↑		― ― ― ― (청색 파선)
2. 온난전선	↑		― ― ― ― (적색 파선)
3. 폐색전선	↑		― ― ― ― (자색 파선)
4. 준정체전선	↕		― ― ― ― (적청교대 파선)
5. 기압골축		또는	(검정 실선) (검정 구불구불선)
6. 기압마루축			(검정색 지그재선)

* 실제 분석에는 이동방향(화살표)은 포함되지 않는다.

또한 중위도에서 발달하면서 이동하고 있는 고・저기압은 기압장과 온도장이 서로 어긋나 있어서 저기압의 경우에는 그 축이 한랭한 쪽으로, 그리고 고기압의 경우에는 그 축이 온난한 쪽으로 기울어져 있다.

12) 500hPa 이상의 고층에서 강풍축은 북쪽 기류와 남쪽 기류가 합류되는 지역에 나타나므로 지상 전선대의 상층에 강풍대가 위치하게 된다.

13) 상층일기도 중에 나타나는 전선, 기압골, 기압마루 등에 대한 표시는 표 2-9와 같다.

연습 2-3 연습 1-2의 작품을 이용하여 지상일기도를 완성하여라.

3 상층기압골과 전선 분석

가. 기압골 분석

기압골(trough)은 풍향이 급격히 변하는 V자 모양의 것과 완만하게 변하는 U자 모양의 것이 있으나 어느 것이든 지상의 전선과는 달라 불연속이 아닌 단순한 기압파동의 골을 나타내므로 기압골을 경계로 하여 등고선을 너무 급하게 굴곡시키지 않는 것이 좋다.

기압골은 다음과 같은 특성을 가진다.

1) 기압골은 중위도지역에서는 보통 서에서 동으로 이동한다.

2) 편서풍 중에서 기압골의 이동속도는 대개 기압파(등고선)와 온도파(등온선)의 관계로 부터 추정될 수 있다. 즉 그림 2-17(a)는 등고선과 등온선의 위상이 같고 기압골은 높은 고도까지 나타나고 있는데. 이 경우를 한랭골(cold trough)이라 한다. 이러한 한랭기압골은 느리고 거의 정체한다. 등온선과 등고선의 위상이 같으면서 등온선의 진폭이 작으면 기압골은 역행한다. (b)의 경우는 등고선의 위상과 등온선의 위상이 180도 어긋나 있다. 이러한 경우를 온난골(warm trough)이라 한다. 이런 기압골은 하층대기에서만 나타나고 상층대기에서는 나타나지 않는데 온난골은 이동이 빠르다.

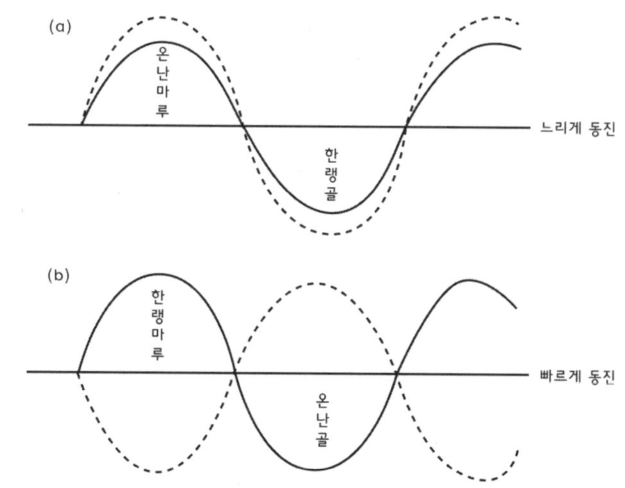

[그림 2-17] 상층 기압파와 온도파의 관계(실선: 등고선, 파선: 등온선)

3) 700hPa고도 정도의 하층대기 중에서는 기압골의 풍하측(동쪽)은 기류의 상승역이고 풍상측(서쪽)은 하강역이다. 따라서 기압골의 전방(동쪽)은 날씨가 나쁘고 기압골이 통과한 후방에서는 날씨가 좋아지는 것이 보통이다.

나. 전선분석

지상일기도에서는 전선을 경계로 바람이 급변하고 등압선이 저기압적으로 심하게 꺾이는 경우가 많다. 상층에서는 전선에서의 등고선의 꺾임(kink)은 상층으로 올라감에 따라 점차 완만해진다. 물론 전선면의 경사가 급한 곳에서는 기압골과 전선의 위치가 일치하는 경향이 있고 심하게 꺾인다. 전선을 분석할 때는 먼저 각 지점의 기온값에 충실하게 그린 등온선 분포를 조사하고, 등온선 간격이 조밀한 곳의 따뜻한 기단쪽 경계에 전선이 위치할 수 있음에 유의해야 한다. 이 경우에 단열선도의 분석을 참조하면 좋다.

다. 상층의 기압골과 기압마루와의 관계

지균풍은 공기가 등속으로 직선운동을 한다는 가정 하에서 성립하는 바람이므로, 지균풍이 불고 있는 경우에는 발산이나 수렴이 없고, 따라서 일기변화도 없다.

그러나 실제의 바람은 지균풍과는 다소 다르다. 그 이유는 마찰에 의해서 생기는 마찰풍 성분, 기압변화에 의해서 생기는 변압풍, 굽어진 곡선흐름일 경우 그에 따른 곡률의 효과가 합성되어 비지균풍(非地均風)이 되기 때문이다. 이러한 비지균풍 성분이 일기변화를 일으키는 원인이 된다.

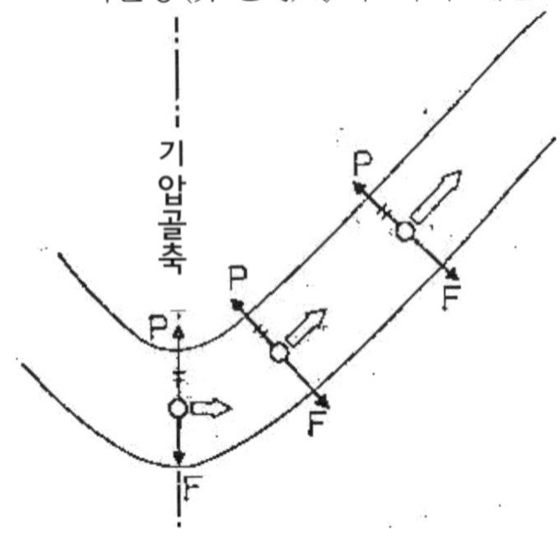

[그림 2-18] 굽고 평행한 등압선에서의 풍속 분포

상층일기도에서 그림 2-18에서와 같이 굴곡되어 있으면서 등고선이 서로 평행한 흐름이 있다면, 이러한 흐름은 북향 가속도를 가지기 때문에 코리올리힘이 기압경도력보다 작아서 지균풍보다 작아지지만, 한편 풍하쪽으로 가면서 곡률이 작아지므로 흐름이 점차 빨라져서 흐름이 드디어 지균풍과 같아진다. 그리고 더 풍하쪽으로 가서 고기압성 곡률을 가진 흐름의 장에서는 초지균풍(超地均風)이 된다. 이와 같이 일반적으로 하류로 가면서 저기압성 곡률이 감소하는 흐름의 장에서는 발산이 일어난다. 이와는 대조적으로, 하류로 가면서 저기압성 곡률이 증가하는 흐름에서는 수렴이 일어난다.

이와 관련하여 지상 전선파의 발생, 고·저기압의 발달 및 그 이동에 대해 작용하는 전체 대류권과 성층권의 중요한 역할을 정리하면 다음과 같다.

1) 전선파나 저기압의 발생과 발달이 가장 쉬운 곳은 상층기압골의 전방, 그리고 기압마루의 후방 지역이다.

2) 500hPa일기도의 등고선의 저기압성 곡률이 하류로 가면서 감소하는 장소에서는 지상기압이 하강한다. 가장 기압이 많이 하강하는 곳은 기압골이나 그보다 약간 하류쪽이다.

3) 상공에서 +의 절대와도, 즉 저기압성와도가 이류해가는 곳의 지상기압은 감소한다. 이는 저기압성 곡률이 가장 큰 기압골의 아래에 집중되고 있는 저기압성와도가 하류로 이류하기 때문이다. 와도이류가 최대인 위치는 기압골이나 약간 하류쪽이다.

4) 저기압의 이동 예상에 가장 잘 이용되는 방법이 외삽법이다. 저기압은 발달과정에 따라서 속

도나 경로가 변하지만, 보통은 500hPa 등고선을 따라 500hPa 풍속의 약 반 정도의 속도로 이동한다. 왜냐하면 지상의 고·저기압이 지향류에 의해 이류하기 때문이다. 지향류(steering current, 指向流)란 지상 기압계를 움직이는 상층의 흐름을 말한다.

5) 지상 저기압의 상류 상공의 500hPa 기압골이 깊거나 깊어지는 중이면 그 지상 저기압은 발달한다. 또 500hPa 기압골의 상류에 온도골이 있으면 기압골은 깊어지고 저기압은 발달한다.

6) 정체전선이나 진행속도가 느린 전선에서는 저기압 형성 초기의 전선파가 생기기 쉬운데, 특히 한랭전선이 감속되고 있는 지역에서 발생하기 쉽다. 또한 그 위에 지상기압의 하강역이 서쪽 또는 북서쪽으로부터 이동해 와서 그 앞부분이 전선에 도달될 때에 저기압파가 발생하기 쉽다.

7) 지상 저기압과 상층기압골 중심을 잇는 축(소용돌이관)이 연직으로 서 있으면 지상 저기압은 약화된다. 그 이유는 저기압의 상공에 상류로부터 수렴장이 도달되기 때문이다.

4 온도와 습도 분석

가. 온도 분석

(1) 등온선 분석

우선 단위 단면적을 가진 2개의 연직 기주를 생각하자. 두 연직 기주의 아랫면과 윗면의 기압값이 서로 같으면 이 연직 기주 내의 질량은 서로 같다. 이와 같은 2개의 기주 중에서 한쪽 기주의 평균기온은 낮고 다른 쪽의 평균기온이 높다면, 기온이 높은 쪽의 기주는 밀도가 작아서 기주가 더 높다. 이런 모양을 그림 2-19에 나타내고 있다. 기온의 수평분포의 차는 등압면의 모양(고도)을 변화시키는 힘이 된다.

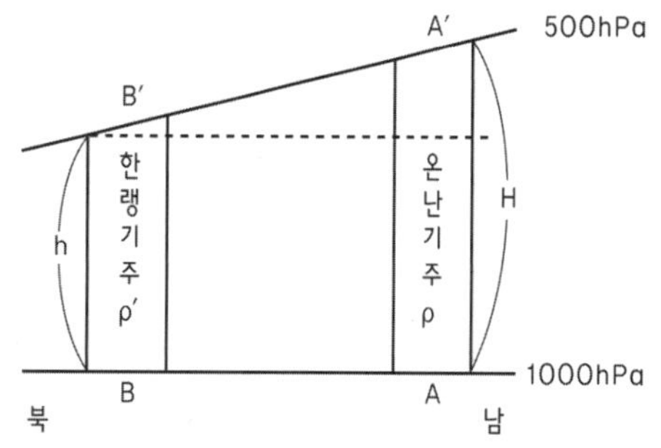

[그림 2-19] 한랭기주와 온난기주의 비교
$(H > h,\ \rho < \rho')$

여기서 말하는 기주의 높이는 두 기압면 사이 기층의 두께이다. 지상에서 상층에 이르는 기온의 수평분포는 각각의 특징을 가진 여러 가지 모양의 고기압이나 저기압을 형성하게 된다.

상층일기도의 온도장을 분석하기 위해서는 등온선(isotherm, 等溫線)을 그린다. 등온선 분석도 등고선분석 요령과 마찬가지로 기온이 같은 곳을 연결한 선이다. 상층의 기온은 관측오차가 적기 때문에 가급적이면 자료에 충실하게 분석한다.

고층관측 자료는 지상관측 자료에 비해 그 수가 매우 적다. 따라서 등온선을 합리적으로 그린다는 것은 매우 어려운 일이다. 때로는 기온 분석에 온도풍을 참고할 수도 있다.

온도풍(thermal wind, 溫度風)이란 어떤 두께의 기층에 대하여 윗면의 바람벡터와 아랫면의 바람벡터의 차를 말한다(그림 2-20).

온도풍은 어떤 기층의 윗면과 아랫면 사이의 평균등온선에 평행하게, 그리고 한기를 왼쪽에 두고 불어간다. 그리고 온도풍의 강도는 그 기층의 평균기온의 수평 온도경도에 비례한다. 따라서 온도풍은 대략 등온선에 평행하고, 온도풍이 큰 곳에서 등온선 간격이 좁아지고 온도풍이 작은 곳에서는 등온선의 간격이 넓어지므로 온도풍을 그릴 수 있으면 등온선을 그리기가 쉽다.

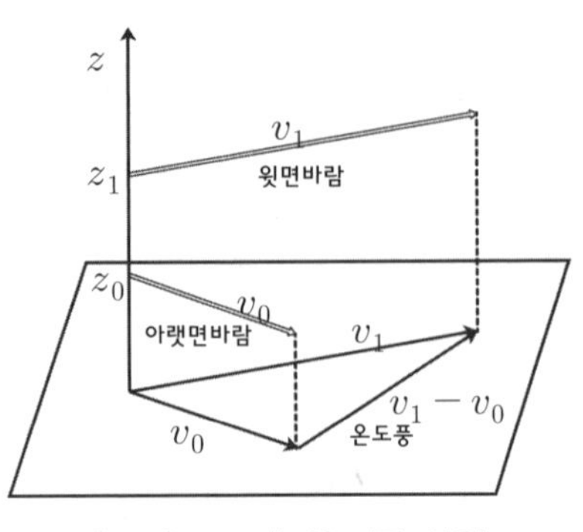

[그림 2-20] 온도풍 설명

상층의 전선 위치와 등온선의 방향은 지상일기도 분석에 중요하게 이용된다. 지상일기도에서는 복사에 의한 지표 가열과 냉각, 그리고 지상 부근의 난류에 의한 혼합, 관측소의 고도 등에 의해서 지상의 기온은 기단의 온도를 대표하지 못하기 때문에 상층의 기온을 참고하여 비교하는 것이 좋다.

(2) 등온선 분석 묘화 요령

등온선 분석 묘화 요령은 다음과 같다.

1) 등온선(isotherm, 等溫線)은 0℃를 기준으로 하여 보통 5℃ 또는 6℃ 간격(때로는 일기도의 축적에 따라 2℃ 또는 3℃ 간격)의 적색 실선으로 그리며, 시도도 적색으로 적는다.

2) 등온선은 도중에 끊어지거나 다른 등온선과 교차하지 않는다.

3) 등온선이 폐곡선을 이루면서 그 중심이 한랭지역이면 청색으로 빗금칠 하고 C (또는 COLD)라 표시하며, 온난지역이면 적색으로 빗금칠 하고 W(또는 WARM)로 표시한다.

4) 해당 등압면 상의 전선은 등온선 간격이 좁은 지역에 위치하는데, 특히 등온선 조밀지역의 난기쪽 경계가 전선 위치여서, 그로부터 한랭공기 쪽으로는 등온선 간격이 조밀하다. 등온선의 간격이 넓은 곳은 동일 기단으로 생각되는 지역이다.

5) 키큰 한랭저기압이나 온난고기압의 주위에서는 풍향과 온도풍의 방향이 거의 같기 때문에 풍속은 높이 증가와 함께 강해진다. 반대로 키작은 온난저기압이나 한랭고기압의 주위에서는 풍향에 대하여 온도풍의 방향이 거의 반대 방향이 되기 때문에 풍속은 높이와 함께 약해진다.

6) 전선대는 열대기단과 한대기단 사이의 전이대로서 등온선 밀집 지역이다. 즉 다른 곳에 비해 동향(東向)의 온도풍이 극히 강하기 때문에 전선대의 상공에는 편서풍의 최대가 나타난다.

7) 상층일기도에서 가장 한랭한 지역은 보통 해당 등압면의 한랭핵저기압(cold core low)의 북서쪽에 위치한다.

8) 북으로부터 오는 기류를 받는 지역은 보통 온도골(thermal trough)이 위치하고, 남쪽으로부터의 기류를 받는 지역은 온도마루(thermal ridge)가 위치한다.

연습 2-4 연습 2-3 작품에 등온선을 묘화하여라.

나. 습도 분석

(1) 등이슬점선 분석

상층일기도에서 기단의 수증기량 분포, 전선 위치와 그 강도를 알기 위해서는 습도를 분석한다.

습도 분석은 등이슬점선 분석과 등이슬점차선(등습수선) 분석에 의한다.

등이슬점선 분석 묘화 요령은 다음과 같다.

1) 등이슬점선(isodrosotherm)은 0℃를 기준으로 보통 5℃ 또는 6℃ 간격의 녹색 실선으로 묘화하고 시도도 녹색으로 쓴다.

2) 등이슬점선은 도중에 끊어지거나 다른 값의 등이슬점선과 교차하지 않는다.

3) 이슬점 값이 대륙성기단에서는 대체로 낮고 해양성기단에서는 높다.

4) 등이슬점선이 전선의 한랭기단 쪽에서 조밀하며, 그 값이 온난기단 쪽에서보다 낮다(그림 2-21 참조).

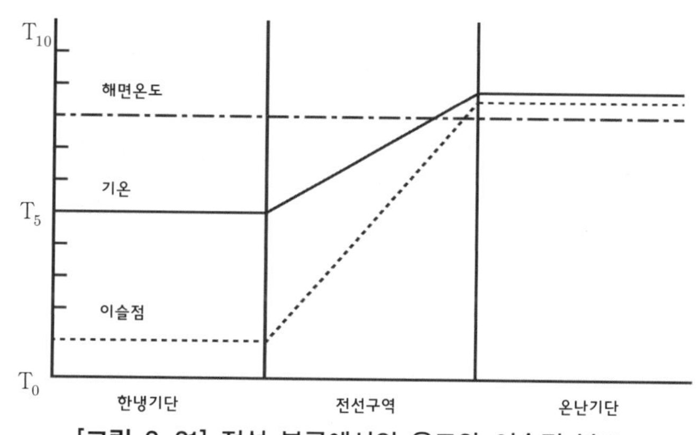

[그림 2-21] 전선 부근에서의 온도와 이슬점 분포

(2) 등이슬점차선 분석

대기 중의 습기의 포화 정도를 알기 위해서는 상층일기도(주로 925, 850, 700hPa)에 기입된 이슬점차(dew-point depression, 습수)를 이용하여 다음과 같은 요령으로 분석 묘화한다.

1) 등이슬점차선(등습수선)은 1℃를 기준으로 매 2℃ 간격의 녹색 실선으로 묘화하고 시도도 녹색으로 쓴다. 보통 이슬점차 10℃까지를 분석한다.

2) 등이슬점차선이 도중에서 갈라지거나 합쳐지거나 끊어지거나 또는 다른 값의 등이슬점차선과 교차하지 않는다.

3) 등이슬점차선이 폐곡선을 이루면서 그 중심 구역이 습윤한 곳이면 녹색으로 그늘칠하고 M(또는 MOIST)으로 표시하며, 건조한 곳이면 갈색으로 그늘칠하고 D(또는 DRY)로 표시한다.

4) 상층 자료의 부족 때문에 등이슬점차선을 지상 또는 상층기압계와 대응시켜 분석하는 것이 보통이다. 일반적으로 저기압, 전선, 기압골, 고기압의 서쪽 부분에서 습윤구역이 나타나고, 고기압의 동쪽 부분에는 건조구역이 나타난다.

5) 우리나라 부근의 등이슬점차선 분석은 편의상 보통 20~55°N과 100~150°E로 둘러 싸이는 구역에서만 분석한다.

5 상층풍과 제트류 분석

가. 지균풍과 경도풍 추정

(1) 지균풍 계산

지균풍(geostrophic wind, 地均風)의 크기를 일반적으로 상층일기도에 인쇄된 지균풍도표를 이용하여 구할 수 있다.

지균풍 계산의 예를 그림 2-22에서 나타내고 있다. 그림 (a)에서 보면 지균풍을 계산하는 점 A에서 풍향은 선 AD이다. 이 선은 점 A를 지나는 가상적인 등고선에 접한다. 이 방향과 자오선과의 각은 각도기로 구할 수 있다. 예에서는 가장 가까운 10°로 어림할 때 300° 정도의 방향이다.

지균풍속을 구하기 위해서는 가장 가까운 등고선 사이의 거리(간격)를 이용한다. 구하려는 점 A는 일반적으로 두 등고선의 정확히 중간에 놓여있지 않다. 여기에 점 A를 지나면서 등고선을 가로지르는 BC를 그릴 수 있다. 그림 (b)는 두 등압선 사이의 측정된 거리(BC)와 그 위도를 가지고 속도(풍속)를 읽을 수 있도록 만든 전형적인 지균풍척이다. 그림 (b)에서의 거리 B'C'는 그림 (a)에서의 거리 BC와 같다.

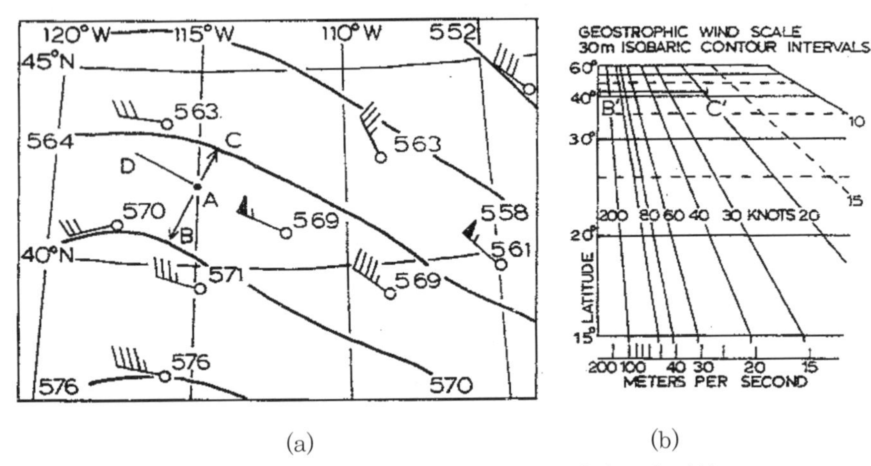

(a) (b)

(a) 고도가 gpm으로 표시된 500hPa 일기도의 일부,
(b) 그림(a)에서 BC를 B'C'로 나타낸 지균풍척의 일부

[그림 2-22] 지균풍척을 이용한 지균풍 계산 예

등고선의 간격은 지균풍척에 지시된 간격으로 다루어야 한다. 예를 들어, 그림 2-22에서 지균풍척은 30gpm의 등고선 간격으로 만들어져 있고, 일기도는 60gpm 간격으로 그려져 있다. 그러므로 풍속을 읽어서 얻는 속도의 두 배가 되어야 한다. 앞의 예에서 19kt의 속도로 읽었을 것으므로, 2배하여 지균풍속으로 38kt(≒20m/s)를 얻는다.

지균풍(V_g)이 식으로는 $V_g = \frac{g}{f} \cdot \frac{\Delta Z}{\Delta n}$으로 표시된다. 여기서 $f(=2\Omega \sin\phi)$는 Coriolis' parameter, Δn은 등압면에서 등고선의 간격, ΔZ는 Δn 간격을 두고 있는 두 등고선 값의 차가 된다.

여기서 f는 위도만의 함수이므로 g를 상수로 간주할 때 ΔZ를 일정(보통 60m)하게 잡으면 지균풍(V_g)은 등고선의 간격에만 반비례한다. 따라서 이 관계를 도표화할 수 있다. 이러한 도표의 한 가지가 그림 2-23의 지균풍척이다.

그림 2-23(a)는 정고도면인 지상일기도에서 그림 2-23(b)는 정압면인 상층일기도에서 사용할 수 있도록 만들어져 있다. 단, 이 그림은 지도의 축적이 1/1500만이므로 만일 축적이 1/2000만의 지도에 적용시키려면 구해진 지균풍에 3/4을 곱해야 한다.

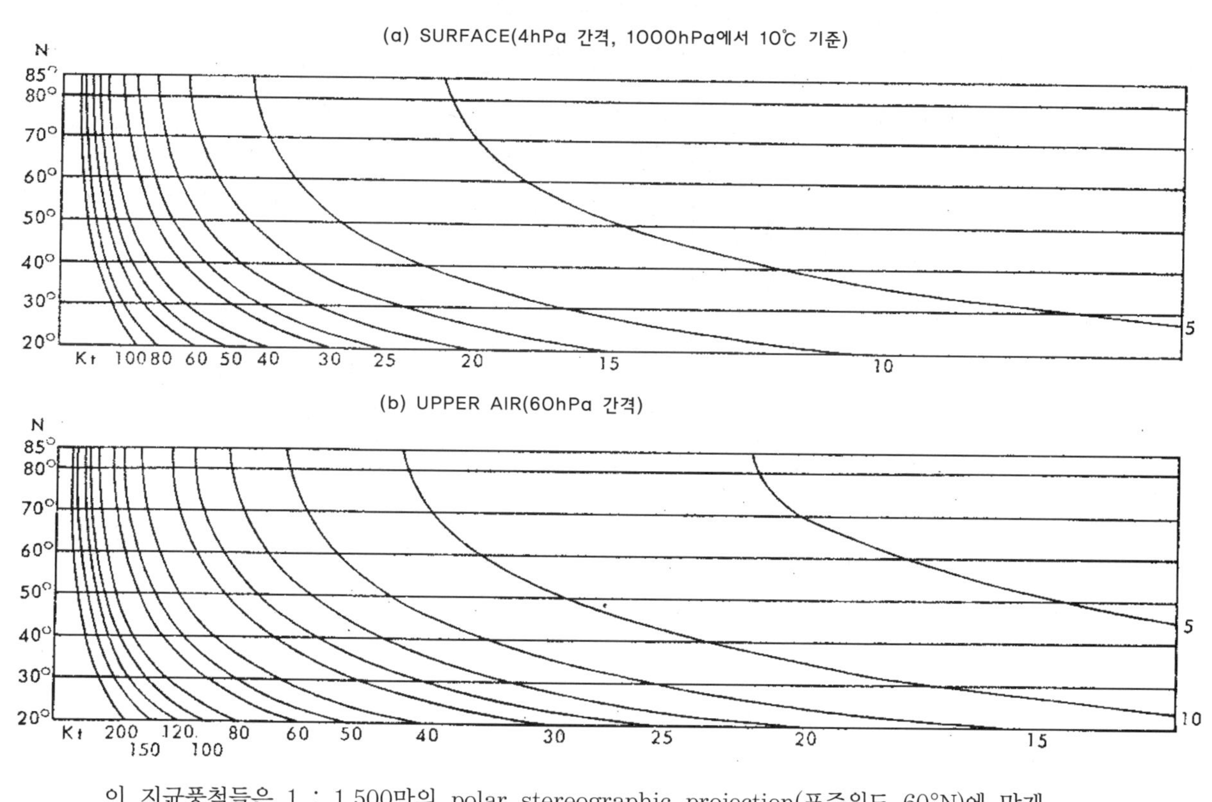

이 지균풍척들은 1 : 1,500만의 polar stereographic projection(표준위도 60°N)에 맞게 제작된 것임.

[그림 2-23] 지균풍척

그러나 더욱 편리한 것이 Bellamy의 지균풍척(그림 2-24)이다. 이 그림은 지균풍(V_g)을 구할 때, ΔZ가 30m(60m 간격의 반)에 대하여 Δn을 그림의 상단의 위도거리, 또는 하단의 km나 해리(nautical mile)로 구하여 수직으로 해당 위도 직선과 만나면 좌측의 knots 단위, 또는 우측의 m/sec, 위도거리/day 또는 Beaufort force로 구하게 되어 있다.

(2) 경도풍 계산

등압면 상에서 등고선의 곡률반경을 r, Coriolis' parameter를 f, 지균풍속을 V_g라고 하면 경도풍(gradient wind, V_G)은 다음과 같이 표시된다.

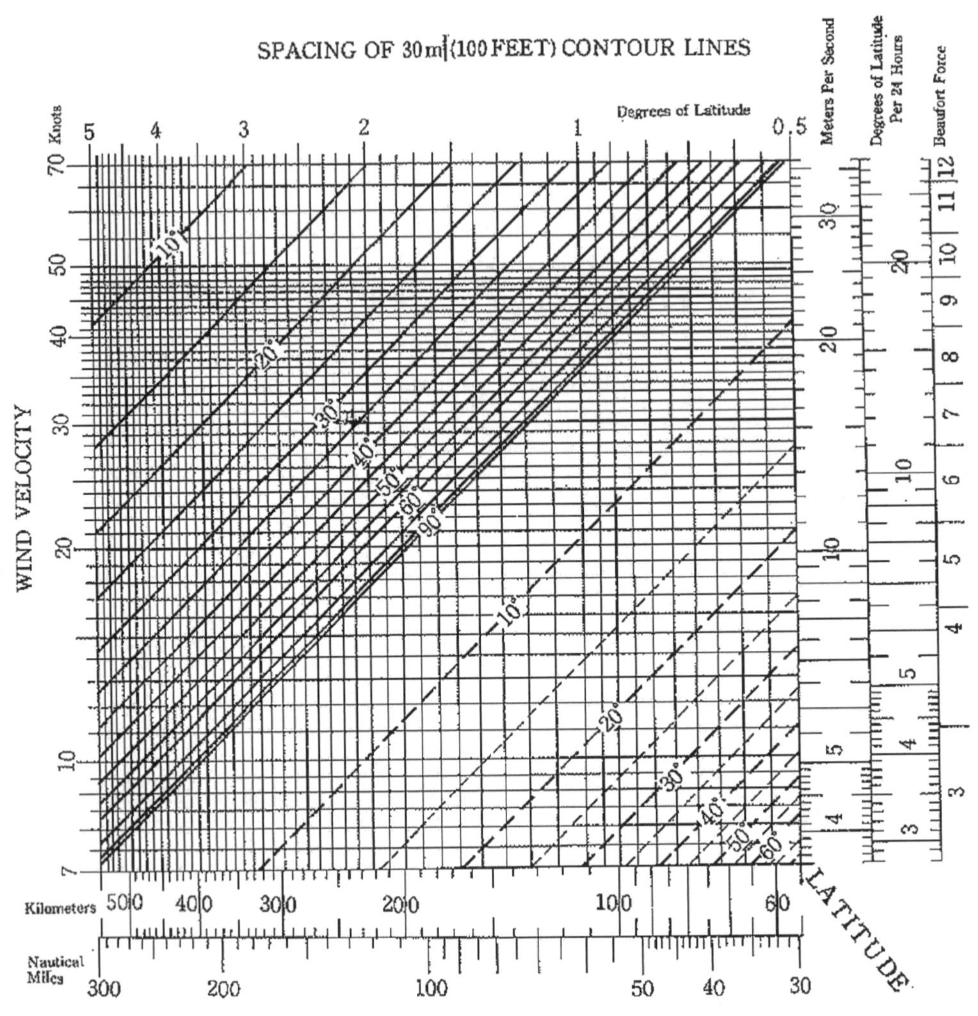

[그림 2-24] Bellamy의 지균풍척

$$V_G = \frac{rf}{2}\left(-1 + \sqrt{1 + \frac{4Vg}{rf}}\right)$$

따라서 r과 f, 그리고 V_g만 구하면 경도풍을 구할 수 있다. 여기서 V_G와 V_g 및 r의 단위를 통일할 필요가 있다. 즉 V_G와 V_g가 Mi/hr이면, r=Mile로, V_G와 V_g가 knots이면, r=해리(nautical mile)로, V_G와 V_g가 km/hr이면, r=km로 나타나게 된다. 단위를 이러한 조합으로 나타내면 경도풍은 다음과 같다.

$$V_G = \frac{3600rf}{2}\left(-1 + \sqrt{1 + \frac{4Vg}{3600rf}}\right)$$

이제 위도와 곡률반경(r)의 관계에서 rf를 구하고, rf가 +인 저기압성곡률과, −인 고기압성곡률에서 V_g와의 관계로 경도풍을 구할 수 있다(V_g는 지균풍척에서 구할 수 있다).

고기압성곡률의 경도풍은 같은 조건의 지균풍보다 크고, 저기압성곡률의 경도풍은 같은 조건의 지균풍보다 작다. 예를 들면, 위도 50도에서 지균풍값이 50kts라면 곡률반경 10°Lat.인 고기압성 곡률에서의 경도풍은 약 75kts이고, 같은 조건에서 저기압성곡률이라면 경도풍은 약 45kts가 된다.

나. 온도풍 계산

(1) 정의

바람시어의 종류가 2가지였던 것처럼, 온도풍도 2가지 방법으로 정의된다. 그 중 하나는 상층 하층 간의 바람벡터의 차 즉 $V_T \equiv V_1 - V_2$ 로 표현된다. 여기서 1, 2는 한 지점에서의 두 고도, 그리고 V_1과 V_2는 각 고도에서의 바람벡터이다. 이 정의에서 고도 1은 2보다 항상 높게 선택된다. 또 하나의 정의는 도함수로 표현한 것으로 $\partial V_g / \partial z$로 표현된다. 모든 결론들은 지균근사 (V ≈Vg)를 만족한다.

온도풍의 해석을 위해 다음 표현들이 사용될 수 있다.

$$V_T = \frac{g}{f} k \times \nabla h$$

여기서 h는 고도1과 고도2 사이의 두께를 나타내고 있다. 실제로 이 식은 온도풍이 두께선으로 계산된 지균풍과 같다는 것을 나타낸다. 그러므로 북반구에서는 온도풍 벡터의 왼쪽은 한랭쪽을, 그리고 오른쪽은 온난쪽을 가리킨다. 비슷하게, 각 등온선의 경우도 각각 한랭쪽과 온난쪽을 나타내고 있다.

(2) 온도풍방정식

위에서 표시된 도함수 형식의 온도풍방정식은, $\frac{\partial V_g}{\partial z} = \frac{g}{fT} k \times \nabla T$ 로 나타낼 수 있다. 그리고 이를 기압좌표계에서 나타내면, $\frac{\partial V_g}{\partial p} = \frac{g}{fp} k \times \nabla T$ 이 된다.

이 표현들의 중요한 특성은 수평 도함수와 연직 도함수가, 다른 변수임에도 불구하고, 상호간에 평가될 수 있다는 것이다. 이러한 특성은 기상역학의 여러 중요한 이론에 사용된다. 온도풍의 몇 가지 응용에 대한 도형적인 예를 다음에 다루게 된다.

(3) 두께 이류(Thickness advection)

어떤 기층의 평균기온($\overline{T}$)은 두께(h)에 비례(마찬가지로 두께는 평균기온에 비례)한다는 것을 다음처럼 나타낸다.

$$\overline{T} = const. \times h$$

여기서 const.는 $(gp)/(R \triangle p)$이다.

온도이류는 두께이류로 대신할 수 있다. 따라서 두께 분포도는 온도 분포도로 볼 수도 있다. 이류를 단지 정성적으로만 본다면, 두께와 온도는 서로 변환이 불필요하다.

두께 이류는, $-V \bullet \nabla h \approx \frac{f}{g} k \bullet (V_1 \times V_2)$로 표현된다. 여기서 V는 그 층의 평균바람이다. 이류의 부호(종류)는 다음에 의해 결정된다.

$$-V \bullet \nabla h \approx \begin{cases} > 0 & \text{warm advection} \\ < 0 & \text{cold advection} \end{cases}$$

여기서 설명하자면, 바람이 고도 증가에 따라 순전할 때는 온난이류, 반대로 고도 증가에 따라 반전할 때는 한랭이류가 있다.

고도 증가에 따라 바람이 회전하는 현상을 나선도(helicity, 螺線度)라 한다. 나선도는, $V \bullet \nabla_3 \times V$ 로 표시된다.

열이류는 나선도에 비례한다. 나선도는 뇌우 발생의 중요한 징조가 된다. 온난이류는 역시 뇌우 발생에 좋은 환경을 제공한다.

온난이류는 보통 하층 대기에서 가장 강하다. 상층은 변화가 없는데도 낮은 층은 따뜻해진다. 하층이 따뜻해지면 대기의 열적 불안정을 심화시킨다. 이것이 대기를 불안정하게 한다.

(4) 고도에 따른 풍향변화의 사례

두 고도에서의 바람과 온도풍의 관계가 그림 2-25에 표현되어 있다. 좌표계에서 두 고도 사이에서의 바람벡터의 차를 점선으로 표시하였다. 즉 아랫고도의 바람벡터의 끝에서부터 윗고도의 바람벡터의 끝까지 벡터 화살을 그린 것이다. 이것이 온도풍이다. 이 온도풍을 등지고 있을 때 오른쪽이 따뜻한 쪽이고, 왼쪽이 차가운 쪽이다. 그림 2-25(a)는 온난이류의 경우이다. 700hPa의 바람은 260°이고 850hPa의 바람은 220°여서 온도풍은 V_2의 끝에서 V_1의 끝으로 불기 때문이다. 바람 벡터의 배열로 보아 바람이 두께선의 온난측으로부터 불어온다는 것은 의미한다. 그림 2-25(b)에서는 한랭이류로서 한랭측으로부터 두께선을 횡단하며 분다.

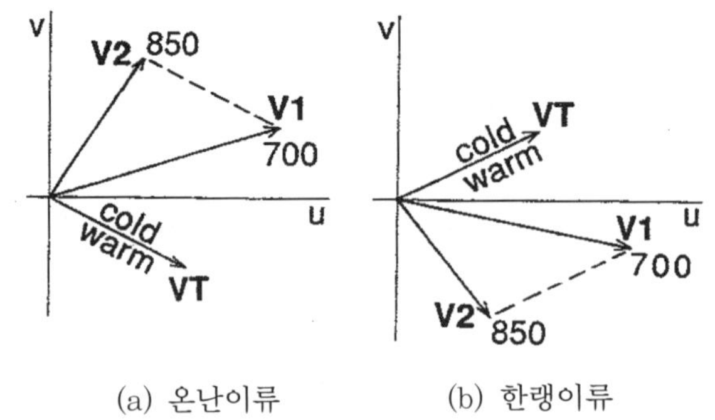

(a) 온난이류　　　(b) 한랭이류

[그림 2-25] 온도풍(V_T)과 두 고도의 바람(700hPa에서 V_1, 850hPa에서 V_2)의 관계

(5) 호도그래프(Hodograph)

한 개의 완전한 고층관측 자료를 좌표축을 바람 성분으로 나타낸 한 좌표에 나타낼 수 있다. 바람을 관측했던 각 고도에 대해서 하층으로부터 차례로 바람벡터의 끝에 점을 찍어 그 점들을 연결한 곡선을 호도그래프(hodograph)라고 한다.

그림 2-26은 호도그래프의 한 예이다. 지표에서의 바람은 220°에서 2.5m/s, 850hPa에서는 50°에서 7.5m/s, 700hPa에서는 340°에서 15m/s, 등등이다. 호도그래프를 해석할 때, 이들 그림이 모두 온도풍에 기초하고 있음에 유의하여야 한다.

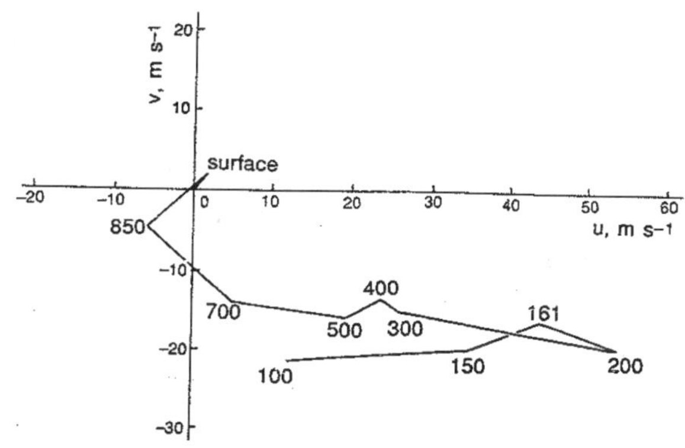

[그림 2-26] 1969년 12월 5일 1200UTC의 미국 헌팅턴에서의 호도그래프(바람고도는 hPa 단위)

호도그래프의 유형에 대해 검토한다.

(a) 호도그래프가 한 점으로 구성 : 이 경우는 바람이 모든 고도에서 같은 경우이다. 이는 등압면 상에 온도경도가 없기 때문에 등온선이 거의 그려지지 않는 순압대기의 경우이다. 온도경도가 없는(▽T=0) 경우는 각 고도 증가에 따라 바람의 변화가 없다는 것을 의미한다.

(b) 호도그래프가 완전한 반대에 가까운 구성 : 이것은 그림 2-26에서 지표와 850hPa 사이처럼 온도이류가 약하거나 없는 경우이다. 이것은 바람이 온도풍에 평행(또한 등온선이 등고선에 평행)하기 때문이다. 그러한 대기는 순압성이므로 고도 증가에 따라 지균풍의 변화를 보면 알 수 있다. 이 경우의 대기를 고전적인 수학적 모델에서는 상당순압(equivalent barotropic)이라고도 한다. 이러한 모델에서는 발산이 0인 고도에서 흐름이 순압모델과 같아지는 것을 의미한다. 이러한 대기에서는 경압 발달(저기압 발생)은 생기지 않는다.

(c) 호도그래프가 완전한 반대 방향과는 다른 구성 : 이것은 온도이류가 탁월한 경우이다. 그림 2-26에서 850과 400hPa 사이에서처럼 강한 한랭이류가 나타날 수 있다. 호도그래프에서 고도 증가에 따라 backing하는 경우 한랭이류가 된다. 그림 2-26의 경우는 탁월한 온도이류를 가진 호도그래프의 예이다. 경압 발달은 현저한 온도이류가 있는 상태에서 발생한다.

(d) 호도그래프가 복잡한 구성의 경우 : 상공에서 한랭이류와 온난이류가 서로 반대로 발생하는 경우도 있다. 이류의 부호(종류)는 위 (c)항에서 설명된 경우처럼 호도그래프 각 부분의 tangent

성분에 달려 있다. 하층에서는 온난이류가 있고 상층에서는 한랭이류가 있는 경우에는 대기가 불안정해지고 뇌우의 가능성이 증가한다.

(6) 온도풍과 등온선의 관계

온도풍의 또 다른 중요한 이용은 관측소에서 멀리 떨어져 있는 다른 관측소의 등온선 방향을 결정할 수 있다는 것이다. 자료가 많지 않은 지역에서 한 관측소 상공의 바람을 이용할 수 있다면 그 지역의 등온선을 신뢰성 있게 그릴 수 있게 된다.

온도풍방정식($V_T \equiv V_1 - V_2 = const \cdot (k \times \nabla \overline{T})$)은 등온선이 온도풍과 평행하다는 것을 나타내고 있다. 즉 온도경도가 온도풍에 직각이다. 그러므로 바람의 연직방향 차는 도식적으로나 수치적으로 얻을 수 있고, 등온선은 온도풍벡터(V_T)와 평행하게 그려지게 된다. 이 규칙은, 넓은 지역에 드문드문 분포된 관측소 부근에서의 등고선이 바람벡터에 평행하게 그려진다는 규칙과 매우 비슷하다.

이류의 개념을 온도풍에 의한 이류로 확장시킬 수 있다. 온도풍은 바람시어이고 등치선의 패턴이 온도풍벡터로 움직일 필요가 없기 때문에 이류의 의미가 어느 정도 다르다. 그러나 부호의 규칙과 설명은 “일반적인” 이류인 바람이나 지균풍 이류와 같다.

다. 제트류 분석

(1) 제트류 부근의 등풍속선 분석

위도 30~50°의 상공 8~18km 고도에는 폭이 좁으면서 극히 강한 편서풍이 불고 있다. 이들 중 50kts 이상의 강한 기류를 제트류(jet stream)라 한다. 이 강한 편서풍은 지구를 거의 둘러싸고 있다.

제트류는 수평적으로 보면 대류권 상층에서 나타나는 폭이 좁은 강한 편서풍과 적도 부근의 상층에 나타나는 편동풍이 있다. 그러나 별도의 언급이 없는 경우에는 편서풍 제트류를 가리킨다.

제트류는 북반구나 남반구를 완전히 둘러싸면서 흐르는 경우도 있지만, 진폭이 커지면 대개는 여러 곳(특히 기압마루 부분)에서 분할된다(그림 2-27 참조). 평균적으로는 길이(파장)가 경도 75° 거리 정도이다. 풍속은 50~200kts 정도이지만 때로는 250kts를 초과하는 경우도 있다. 보통 겨울철에는 풍속이 강하고 여름철에는 약해진다. WMO의 정의에 따르면 제트류는 그 길이가 수 천km가 되어야 한다.

겨울철에 제트류핵(jet core)의 위치는 권계면의 중위도 분기 바로 아래인 250hPa 고도에 있으나(그림 2-28 참조), 강한 저기압이 있는 곳에서는 이 중위도 분기가 300hPa 고도까지 도달하게 되어 제트류도 권계면 아래까지 내려온다. 이와는 대조적으로 여름철에는 권계면 고도가 높아지므로 제트류가 나타나는 고도도 높아지며 강도는 현저하게 약해진다.

일기도 상에서 강풍축을 정하려면 해당 강풍대 중에서 최대풍속 구역의 중심들을 연결한다. 그러나 항공기상을 위해서라면 이에 못 미치는 제트류축이라도 분석하여 일기도 상에 나타낸다. CAT가 나타날 수 있기 때문이다

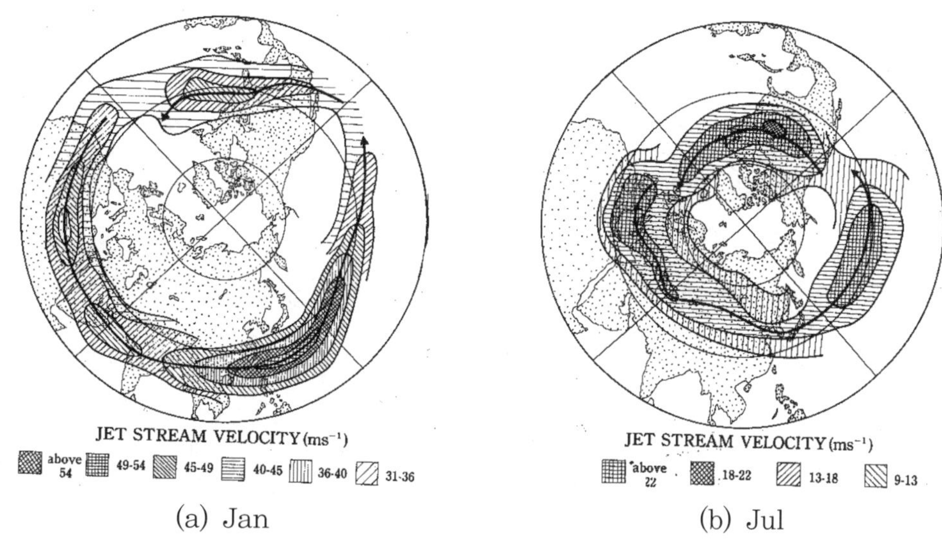

(a) Jan (b) Jul

[그림 2-27] 북반구의 제트류

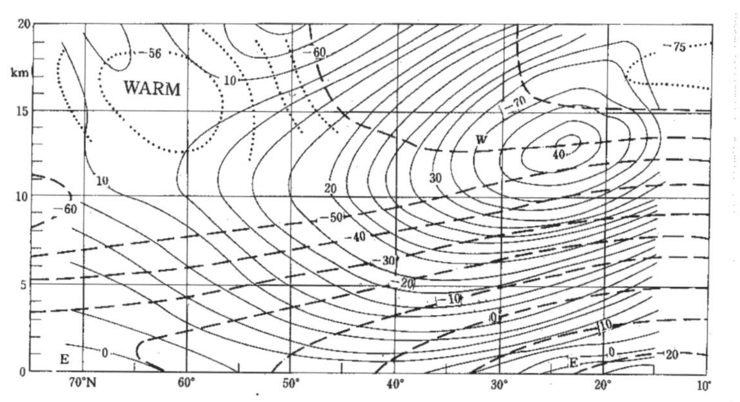

(실선 : 등풍속선(m/sec), 파선과 점선 : 등온선(℃))

[그림 2-28] 대기의 평균 연직 구조와 제트류(겨울)

만일 제트축이 250hPa 고도에 있다면 이 제트축보다 아래인 300hPa일기도와 위인 200hPa일기도에서는 이들 등압면이 권계면과 만나는 선을 경계로 하여 성층권과 대류권이 동시에 한 장의 일기도에 나타나는 것이 보통이다. 이런 경우 권계면 가까이에 강풍축이 위치한다.

권계면은 3차원의 곡면이고, 이 권계면이 이루는 곡면이 정압면에서는 하나의 곡선으로 표시된다. 이 곡선으로 표시된 권계면을 경계로 정압면에서는 저압부 쪽은 성층권에 해당되므로 기온이 등온에 가깝고 고압부 쪽은 대류권이므로 일반적으로는 기온이 가장 낮을 것이다.

그림 2-29는 300hPa일기도와 200hPa일기도의 패턴을 나타내고 있다. 이 그림에서 제트축 아래의 강풍축 북쪽에서는 등온선의 값이 낮아진다. 또 제트축 위에서는 강풍축의 약간 남쪽부터 강풍축 북쪽 수 백마일에 걸쳐서 북쪽으로 갈수록 등온선의 값이 높아진다. 그림에서 구슬선(작은 원을 줄지어 표시한 선)은 200hPa면과 권계면이 만나는 선을 나타내고 있다. 이 선은 온도경도가 역으로 나타나는 곳이고, 이 선을 경계로 하여 성층권과 대류권을 명확하게 구분하게 된다.

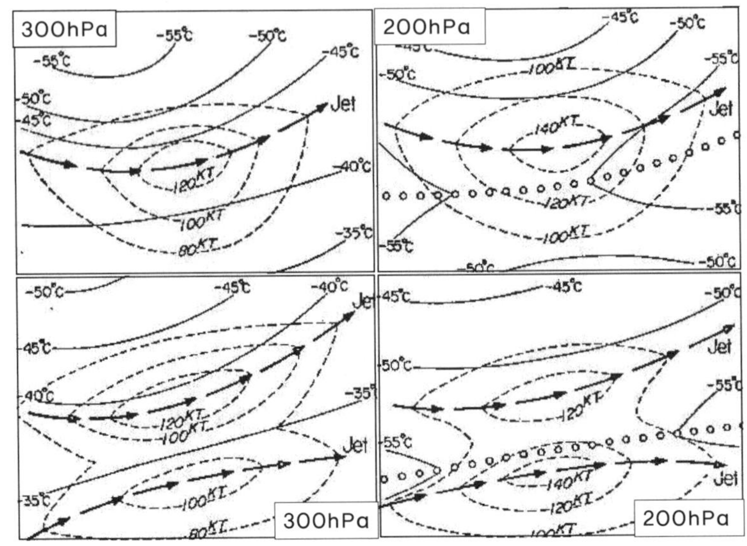

[그림 2-29] 제트축 상층과 하층에서의 일기도 패턴

그림 2-30은 300hPa일기도 상의 기압마루에 해당하는 부분에 나타나는 여러 가지 모양의 온도장과 권계면의 관계를 나타내고 있다. 보통 권계면의 경사는 등압면의 경사보다 급하기 때문에 등압면일기도 상에는 그림과 같이 권계면과의 교선이 나타난다. 이 권계면과의 교선은 등고선의 패턴과 거의 같은 위상이고 형태도 닮았다. 그리고 등온선은 이 권계면 교선에서 예리하게 꺾이면서 한기가 쐐기모양을 나타낸다.

(2) 제트류 분석 묘화 요령

제트류는 500hPa면 이상에서 분석 묘화하는데, 이 때 등풍속선(isotack)과 함께 제트류축을 분석한다. 제트류축을 줄여서 제트축이라고도 한다. 제트류핵(jet core)이란 대기를 연직단면으로 보아 풍속이 최대를 이루는 핵을 말한다. 제트핵이라고도 한다.

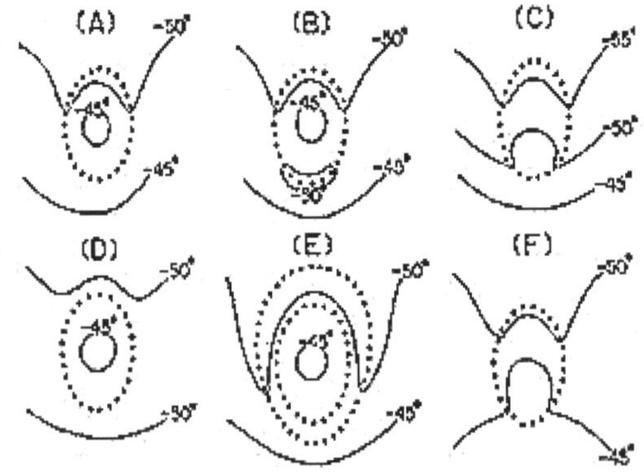

[그림 2-30] 300hPa 일기도에 나타나는 고리모양 권계면과 온도장 모델

등풍속선과 제트축(jet stream axis)의 분석 묘화 요령은 다음과 같다.

1) 어떤 등압면의 각 경도선에서 풍속이 최대를 이루는 지점들을 연결한다.

2) 등풍속선은 제트류 부근에서만 분석한다. 등풍속선은 50kts부터 100kts까지는 25kts 간격, 100kts 이상은 50kts 간격의 파선으로 묘화한다. 색연필로 묘화하는 경우는 녹색 파선으로 한다.

3) 등풍속선은 제트류에 가급적 평행하게 분석하고 제트축과 교차될 때도 될 수 있는 한 교각을 작게 한다.

4) 제트축 북쪽에서는 바람시어가 크기 때문에 등풍속선 간격이 남쪽에서 보다 조밀하다.

5) 제트축은 풍속 50kts의 시작으로부터 최대풍을 지나 풍속 50kts의 끝까지 약 5~10mm 넓이의 적색 띠로 표시하고, 풍하측 끝(또는 일기도 갓 부분)에 화살표를 붙인다(그림 2-31 참조).

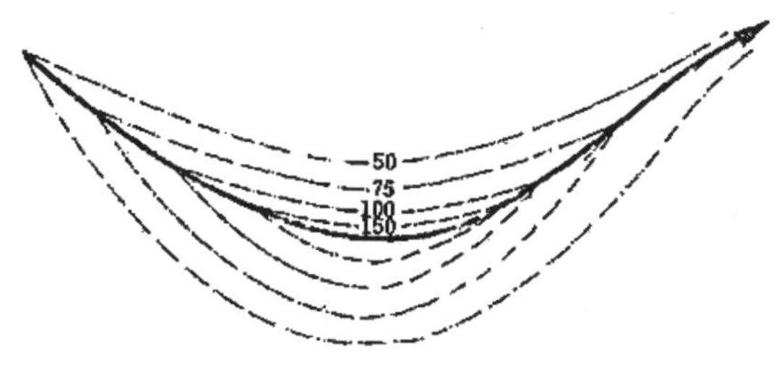

[그림 2-31] 제트류축과 등풍속선 분석 예

6) 등고선이 수렴하는 제트축 입구에서는 아지균풍(subgeostrophic wind)이 되어 제트축이 등고선을 저기압쪽으로 횡단할 수 있고, 등고선이 발산하는 출구에서는 초지균풍(super-geostrophic wind)이 되어 제트축이 등고선을 고기압쪽으로 횡단할 수 있다. 이와 같이 제트류가 등고선을 횡단하면서 불면 풍속이 현저하게 감속되는데, 이러한 감속현상은 고기압쪽으로 횡단할 때가 더 심하다.

7) 제트핵은 보통 500hPa 등압면에서 온도경도가 가장 큰 곳(보통 −17℃~−20℃ 등온선이 위치하는 곳)의 바로 상공에 위치하는 경향이 있다.

등온선 −17℃의 곳은 대략 온위 32℃선이 위치하는 곳으로 cT 기단의 경계에 해당된다. 이곳은 또한 500hPa면에서 약 6100m 고도에 해당되는 곳이기도 하다.

(3) 권계면에서의 연직시어

권계면고도분포도에 바람의 연직시어의 크기를 분석한 일기도를 권계면연직바람시어도라고 한다. 이 일기도에는 각 관측소에서 관측한 권계면 고도와 기온이 기입된다. 권계면 고도는 50hPa 간격으로, 그리고 기온은 5℃ 간격으로 분석 묘화한다. 권계면은 단일면 만이 아니고 때에 따라서는 2중, 3중으로 형성되어 있기 때문에 분석이 대단히 번거롭다.

보통은 권계면 고도가 대류권의 고기압이나 기압마루 상공에서는 높다. 한편 폐색된 지상 저기압의 중심은 낮은 권계면고도 부분과 일치하고, 발달 중인 저기압이라면 낮은 권계면 위치의 약간 앞에 위치한다.

연직 바람시어는 연직시어가 2kt/1,000ft (2kt/300m) 이상인 지역에서 2kt 간격으로 분석한다. 등압면 일기도에는 등고선과 등풍속선이 분석되기 때문에 그 등압면 고도에서 연직방향의 바람시어를 알면 상하 등압면의 풍속을 추정할 수 있다. 이미 앞에서 언급한 것처럼, 바람시어의 최대값은 기온의 남북경도가 큰 부분(즉 전선대 부근)으로서 제트축 근방에서 나타난다.

연습 2-5 연습 2-4의 작품을 이용하여 상층일기도를 완성하여라.

6 상층일기도의 특성과 이용

가. 925hPa면 일기도

(1) 925hPa일기도의 구성

1) 925hPa면뿐만 아니라 모든 상층일기도에 기록된 관측값은 고도, 기온, 이슬점차, 풍향과 풍속이다(그림 2-32 참조).

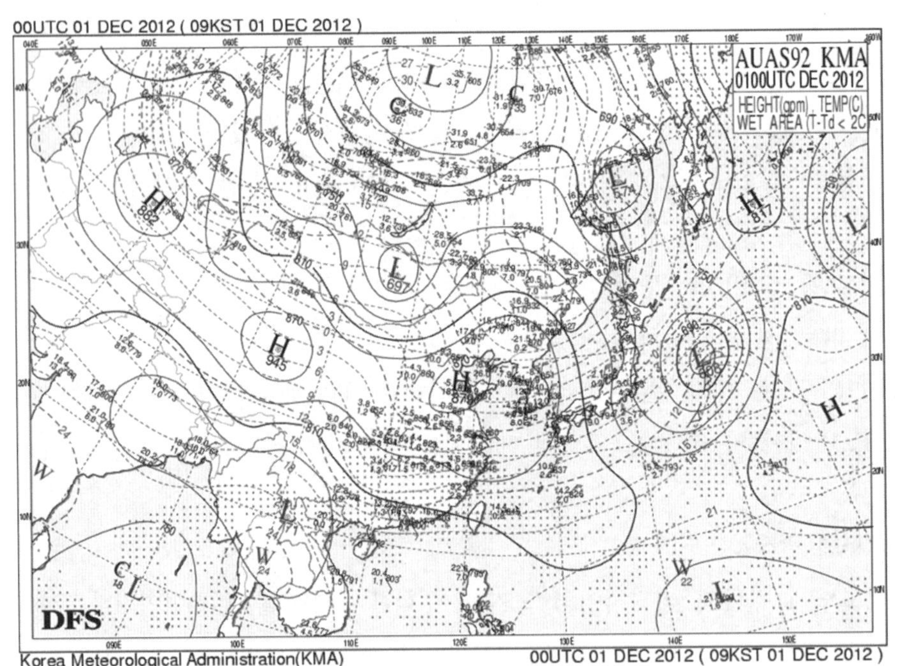

[그림 2-32] 950hPa일기도의 예(2012.12.01 00Z)

2) 등고선을 810gpm 기준으로 하여 30gpm 간격으로 그린다.

3) 등온선은 0℃를 기준으로 하여 3℃ 간격으로 그린다. 한랭구역과 온난구역을 표시한다.

4) 이슬점차가 2℃ 이하인 곳은 습윤구역으로 표시한다.

(2) 925hPa 일기도의 이용

1) 지상과 가장 가까운 정압면일기도로서 지상의 기압계를 거의 그대로 나타내고 있어 지상의 고・저기압, 전선의 위치를 확인할 수 있다.

2) 고도가 지상 810m 정도이므로 높은 곳에 위치하는 관측소의 자료는 사용에 주의가 필요하다.

3) 지상의 고・저기압의 위치를 확인하고, 온도분포를 이용하여 전선의 위치를 분석한다.

4) 겨울철 대륙성 고기압의 확장에 따른 한기의 남하와 관련된 강설현상의 분석에 쓰인다.

5) 겨울철의 최저기온 예보에 활용한다.

6) 역전층의 깊이를 이용하여 안개 예보에 활용한다.

7) 925hPa면 기온이 해상의 해수온도에 비해 낮고, 그 차이가 클수록 현열의 연직 수송에 의해 하층대기가 불안정해지기 쉽다.

8) 등온선이 전선에 직각 방향으로의 조밀 여부로 전선의 강화 여부를 판단할 수 있다.

나. 850hPa면 일기도

(1) 850hPa일기도의 구성

1) 850hPa면은 해발 약 1.5km 상공의 등압면으로서 대류권의 하부에 해당한다.

2) 일기도에 기록된 관측값은 고도, 기온, 이슬점차, 풍향과 풍속이다(그림2-33 참조).

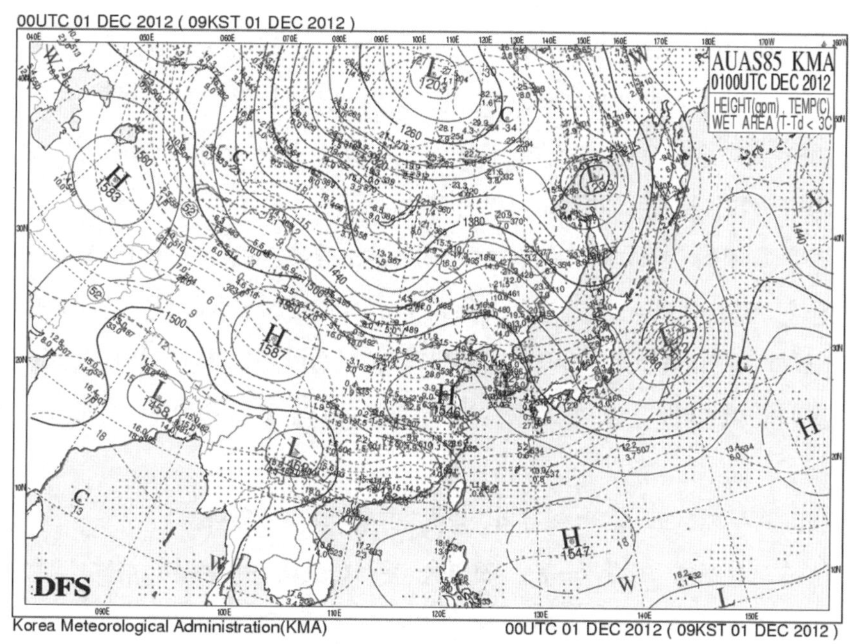

[그림 2-33] 850hPa일기도의 예(2012.12.01 00Z)

3) 등고선은 1500gpm을 기준으로 60gpm(여름철에는 30m) 간격으로 분석한다.

4) 등온선은 0℃를 기준으로 하여 3℃ 간격으로 분석한다.

5) 이슬점차가 3℃ 이하인 습윤구역을 분석한다.

(2) 850hPa일기도의 이용

1) 850hPa면은 대류권의 하부에 위치하므로 지상 기압계의 모양과 매우 비슷하나, 지형의 영향과 복사의 영향이 크게 감소되어 비교적 단순한 형태로 나타난다.

2) 850hPa면에서 나타나는 고기압이나 저기압에 대응하여 지상일기도에 고기압과 저기압이 위치한다. 이때 850hPa면과 지상의 기압계의 위치의 차는 위도거리로 약 2~3° 정도이다.

이러한 성질을 반대로 이용하여 고층자료가 적은 해양이나 산악지역에서는 지상 기압계의 모양을 참작하여 850hPa면 일기도를 분석하기도 한다.

3) 850hPa면은 대체로 기온이 지면의 지형, 복사의 영향을 받지 않으므로 전선분석에 이용된다.

4) 지상 전선은 850hPa면의 등온선이 밀집한 구역에 평행하며, 이 등온선 밀집구역으로부터 남쪽으로 위도거리 2~3° 정도에 위치한다. 850hPa 전선의 한기쪽의 온도경도가 크면 지상 저기압 중심이 깊고 강하다. 시간에 따라 전선의 온도경도가 커지면 전선 상에서 저기압이 발생한다.

5) 850hPa의 기온분포는 하층 대류권의 기온분포를 나타내는 것으로서 전선해석이나 온도이류를 아는데 적절하다.

6) 850hPa면 고도라 하드라도 산이나 고원지대 등의 경사면에서는 일반적으로 하강기류 또는 상승기류가 발생한다. 하강기류는 주위지역보다 기온을 상승시킨다. 상승기류는 기온하강을 일으키고 비구름을 형성하기도 한다.

7) 850hPa 기온분석의 경우는 아시아 일기도의 서쪽 부분인 티벳고원에서는 관측이나 분석의 오차로 인해 분석이 어렵다. 1000~700hPa 두께선도에 기층의 평균풍을 중첩하여 그려보면 이러한 지형적 문제점을 감소시키면서 효과적으로 온도장의 공간적 변화를 파악할 수 있다.

8) 850hPa일기도는 기온을 예보하는데 사용될 수 있다. 즉 강한 난기이류는 지상에서의 기온을 상승시키고, 강한 한기이류는 기온을 하강시킨다.

9) 등온선이 조밀한 곳이 전선대에 해당한다. 또 온도장이 사행하기 시작하면 저기압의 발생이나 발달이 예상된다. 일반적으로 저기압은 온도마루의 바로 상류(즉 기압골 전면) 부근의 온도풍제트(등온선이 조밀한 장소) 밑에서 발생 또는 발달하기 쉽다. 그러나 이와 같은 지역에서 벗어나면 저기압은 발달하기 어렵다. 온도마루 중 온도경도가 거의 없는 곳이나 온도골 안에서는 저기압이 쇠약하기 쉽다.

10) 1000~700hPa 두께선도 상의 이류와 평균기류를 알 수 있다.

11) 하층대기의 습도분포에 의해 하층운 지역을 분석하는데 이용된다. 습수 3℃ 이하인 습윤구역은 하층운 지역과 대체로 일치하고, 강수 가능성과 밀접한 관계를 가진다.

12) 겨울에는 특히 850hPa의 0℃ 등온선이 강수 형태(눈 또는 비)를 결정하는데 중요한 기준역할을 한다. 850hPa에서 기온이 0℃ 이상이라면 눈이 올 가능성은 희박해진다.

13) 850hPa면 일기도는 하층대기의 기류와 평균기류 및 하층제트 분석에 이용된다. 850hPa면에서 국지적으로 50knots 이상의 강풍이 부는 경우가 있다. 이를 하층제트(low-level jet)라 하

는데, 이런 하층제트가 있는 곳에서는 이상현상이 일어나기 쉽다.

다. 700hPa면 일기도

(1) 700hPa일기도의 구성

1) 700hPa면일기도에서의 관측값은 고도, 기온, 이슬점차, 풍향과 풍속 등이다.

2) 등고선은 3000gpm을 기준으로 60gpm 간격으로 분석한다.

3) 등온선을 0℃를 기준으로 하여 5℃ 간격으로 분석한다.

4) 이슬점차가 4℃ 이하인 습윤구역을 분석한다.

(2) 700hPa일기도의 이용

1) 700hPa면은 해발고도 약 3km 상공에 있는 등압면으로서 대류권 하부와 중부의 중간에 위치하여 대류권의 하반부를 대표한다고 볼 수 있다.

2) 700hPa면의 기압계는 지상 기압계와도 밀접한 관계를 가진다.

3) 700hPa면에서는 고기압이나 저기압이 폐곡선을 이루기보다는 기압골이나 기압마루 등의 편서풍파로 나타난다.

4) 지상에 나타난 저기압이 700hPa면에서의 기압골에 대응되면 이 저기압은 보통 키큰 저기압이다. 마찬가지로 지상의 고기압이 700hPa면에서의 기압마루에 대응되면 이 고기압은 키큰 고기압이다.

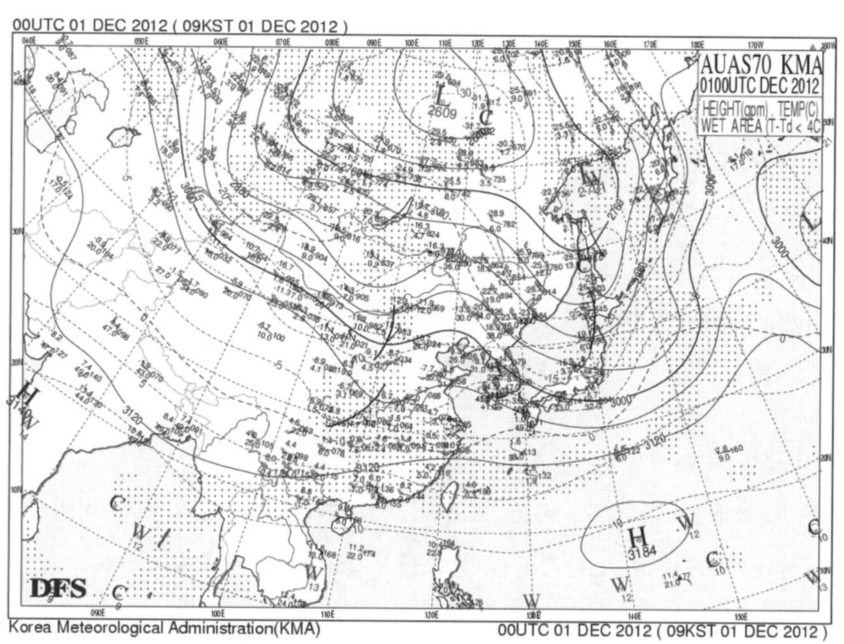

[그림 2-34] 700hPa일기도의 예(2012.12.01 00Z)

5) 700hPa면 기류가 지상의 한랭전선에 직각으로 불면 이 한랭전선은 비활성으로서 전선 부근에서만 악기상이 나타난다.

6) 700hPa면 기류가 지상 한랭전선에 평행으로 불면 이 한랭전선은 활성으로서 구름구역과 강수구역이 전선 후방에서 700hPa 기류가 전선과 평행한 곳까지 넓게 나타난다. 이때는 남서풍이 전선 통과 후 북서풍으로 변할 때까지 악기상이 계속된다.

7) 온난전선에서는 보통 지상 온난전선 위치로부터 700hPa면의 기압마루까지 넓게 구름이 낀다. 특히, 이 기압마루가 예리할수록 더욱 그러하다.

8) 전선 상에 몇 개의 파동이 있을 때는 700hPa면의 가장 강한 와도(즉 700hPa 기압골)와 겹치는 것이 발달한다.

9) 지상의 3시간기압변화 구역은 그 상공 700hPa면의 바람을 따라 풍속에 비례하여 이동한다.

10) 태풍은 700hPa면 고기압의 주변을 따라 이동하는 경우가 많다.

11) 저기압의 발생기에는 700hPa면에서 저기압성 순환이 있을 때 발달한다.

12) 700hPa면의 기압골 전방의 온난기류와 후방의 한랭기류가 현저할 때 그 기압골에 대응되는 지상 저기압이 발달한다.

13) 지상 저기압의 후방에서 700hPa면의 24시간고도변화가 "−"이면 저기압이 발달하기 쉽다.

14) 700hPa면의 습윤구역 이동을 추적하면 강수 예상이 용이하다. 습수 3℃ 이하의 습윤지역은 대체로 하층운, 중층운 지역과 일치한다. 그 분포를 보면 또한 전선분석에 유리하다.

15) 호우와 관련 깊은 700hPa면의 습윤혀 부근에서는 습수의 수평경도가 매우 크다. 이러한 곳에는 국지적인 강풍역인 하층제트가 위치한다.

16) 1000~500hPa 두께선도 상의 이류와 평균기류를 알 수 있다.

17) 700hPa면의 기압골과 기압마루의 이용은 500hPa면의 해당 분석 방법을 준용할 수 있다.

라. 500hPa면 일기도

(1) 500hPa일기도의 구성

1) 일기도에 기입된 관측값은 그림 2-35에 준하여 고도, 기온, 이슬점차, 풍향과 풍속 등이다.

2) 등고선은 5580gpm을 기준으로 60gpm 간격으로 분석한다.

3) 등온선은 0℃를 기준으로 하여 5℃ 간격으로 분석한다.

(2) 500hPa일기도의 이용

1) 500hPa면은 대류권 중층인 5~6km 고도에 해당한다. 500hPa면은 비발산고도로 대기운동의 평균상태를 나타내므로 500hPa일기도는 상층을 대표하는 일기도이다.

2) 지상의 고·저기압, 전선, 태풍, 호우 등과 밀접한 관계를 가지고 있어서 그 응용 범위가 매우 넓다.

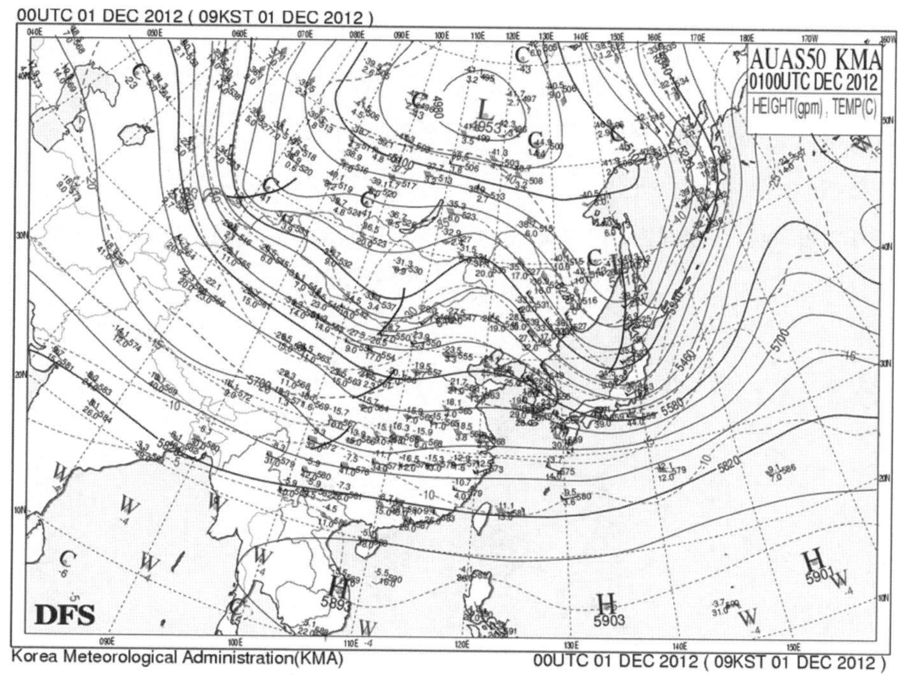

[그림 2-35] 500hPa 일기도의 예(2012.12.01 00Z)

3) 하층 일기도가 나타내는 것과 같은 폐곡선의 고・저기압은 거의 나타나지 않고, 대체로 지상의 고・저기압과 밀접한 관련을 가지는 편서풍 파동으로 나타나므로 여러 종류의 파동이 중첩되어 장파와 단파가 함께 나타난다.

4) 북반구일기도는 500hPa 비발산층인 대류권 중층의 장파와 단파를 분석하고 기압골과 마루, 온도골과 마루의 파악에 유용하며 중장기예보에도 자주 활용된다.

5) 대류권 중층의 기류는 동서성분이 강하므로 고도장에서 회전성분은 뚜렷이 드러나지 않고 골의 형태를 취하거나 시어의 형태를 취한다. 그러나 와도 장에서는 지상과 마찬가지로 회전성분이 분명히 나타나므로 중층에서 구름대와 저압부를 찾는데 와도 분석이 효과적이다.

6) 지상 저기압이 500hPa일기도의 기압골 전방에 있을 때는 발달하며, 기압골의 축이 500hPa면까지 연직일 때가 지상 저기압으로서는 최성기이며, 후방에 있을 때는 약화된다.

7) 500hPa면의 기압골이 발달하면 그에 대응되는 지상 저기압은 발달한다. 역으로, 지상 저기압이 발달하면 500hPa면의 기압골이 발달한다.

8) 지상 전선의 상공에서 500hPa 기압골이 통과할 때 그 지상 전선에서 저기압이 발생할 가능성이 크다.

9) 500hPa면 기압골 아래에 지상 고기압이 있으면 그 고기압은 키작은 고기압이다. 이런 고기압의 영향에서는 일기가 과히 좋지 못하다.

10) 500hPa면 기압골의 전방은 그 상층에서 발산이 있고 하층에서는 수렴이 있어서 상승류가 발생하여 구름이 많고 강수가 있다. 반대로 기압골 후방에서는 상층에 수렴, 하층에 발산이 있어 침강기류가 발생하기 때문에 날씨가 좋다.

11) 등고선과 등온선이 평행하면 기류의 연직운동은 없다(그림 2-36a 참조).

12) 온난기압골은 그 전방에 강한 상승기류가 있고 후방에는 강한 하강기류가 있다(그림 2-36b 참조).

13) 만일 한랭기압골에서 등온선의 진폭이 등고선의 진폭보다 클 경우에는 그 기압골의 전방에 약한 하강기류가 있고 후방에는 약한 상승기류가 있다(그림 2-36c 참조).

14) 만일 한랭기압골에서 등온선의 진폭이 등고선의 진폭보다 작을 경우에는 그 기압골의 전방에 약한 상승기류, 후방에는 약한 하강기류가 있다.(그림 2-36d 참조).

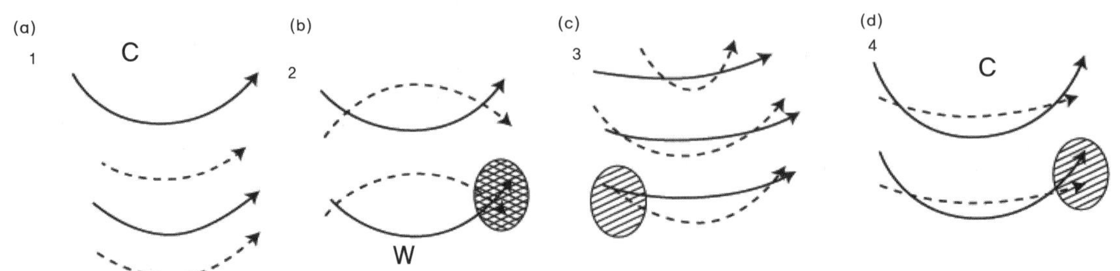

(실선 : 등고선, 점선 : 등온선, 빗금칠 : 강수구역)

[그림 2-36] 500hPa 기압골의 등온선 모양과 강수구역

15) 한랭공기 위에 온난기압골이 도달되면 날씨가 악화되나, 한랭기압골이 도달되면 날씨는 별로 악화되지 않는다. 또 온난공기 위에 한랭기압골이 도달되면 날씨가 악화되지만, 온난기압골이 도달되면 날씨는 별로 악화되지 않는다.

16) 북쪽의 기압골과 남쪽의 기압골이 일치되는 경우는 일반적으로 날씨가 크게 악화된다.

17) 500hPa면 기압마루 전방은 하층의 발산 때문에 하강기류가 있어 날씨가 좋다. 따라서, 하층이 기압마루인 곳에 상층기압골 전방의 난기가 도달되면 한랭한 하층 공기 위를 난기가 활승하게 되므로 날씨가 나쁘다. 이런 경우 전방의 500hPa 기압마루축까지 상층운이 낀다.

18) 분리고기압(cut-off high)은 오랫동안 정체하는 경향이 있어서, 이 분리고기압이 덮고 있는 지역은 적어도 36시간 동안은 날씨가 좋다.

19) 지상의 고기압은 500hPa 풍향을 따라 그 풍속의 약 40% 속도로 이동한다.

20) 태풍은 태풍 자체의 소용돌이를 제외한 주위의 500hPa 기류에 편승하여 이동하는 것이 많다.

21) 500hPa 고도에서 북서기류가 있는 곳은 날씨가 좋다. 이 때 지상 저기압은 약화되며 남동진한다. 그러나 남서기류가 있는 곳은 날씨가 악화되고, 이 때 지상 저기압이 발생하거나 발달한다.

22) 기류가 동서풍이면 지상기압계 중 고·저기압은 순조롭게 동진하여 날씨는 주기적으로 변하며, 전선은 정체하는 경향이 있다.

23) 500hPa일기도 상의 -25℃ 등온선은 대체적으로 한대제트류(polar jet)와 일치하는 경우가 많다. 여름에는 5700m 등고선이 한대제트류에 일치하고, 또한 5820m 등고선이 아열대제트류(subtropical jet)와 일치하는 경우가 많다.

24) 500hPa일기도는 각종 두께선도와 와도도 작성의 기본일기도로 이용된다.

(3) 북반구 500hPa일기도의 특성과 이용

1) 북반구의 고위도 상공에는 한기의 커다란 소용돌이 형태로 몇 개의 저기압이 나타난다.

2) 30°N 이남의 저위도에는 타원 모양의 몇 개의 아열대고기압이 지구를 둘러싸고 나타난다. 그중 북태평양에 있는 것을 북태평양고기압이라 한다.

3) 중위도 30~60°N에는 폭넓은 편서풍 파동이 나타나는데, 남북으로 불규칙하게 사행(meandering, 蛇行)하기도 한다. 이 편서풍 파동은 대체로 아시아대륙의 동쪽 태평양 연안(우리나라 부근)과 북미대륙의 대서양 연안에 폭넓게 골이 위치하는 형태를 이루면서 지구를 둘러싸고 있다. 이러한 큰 파동에 작은 파가 중첩되어 복잡한 파동(흐름)을 형성한다(그림 2-37 참조).

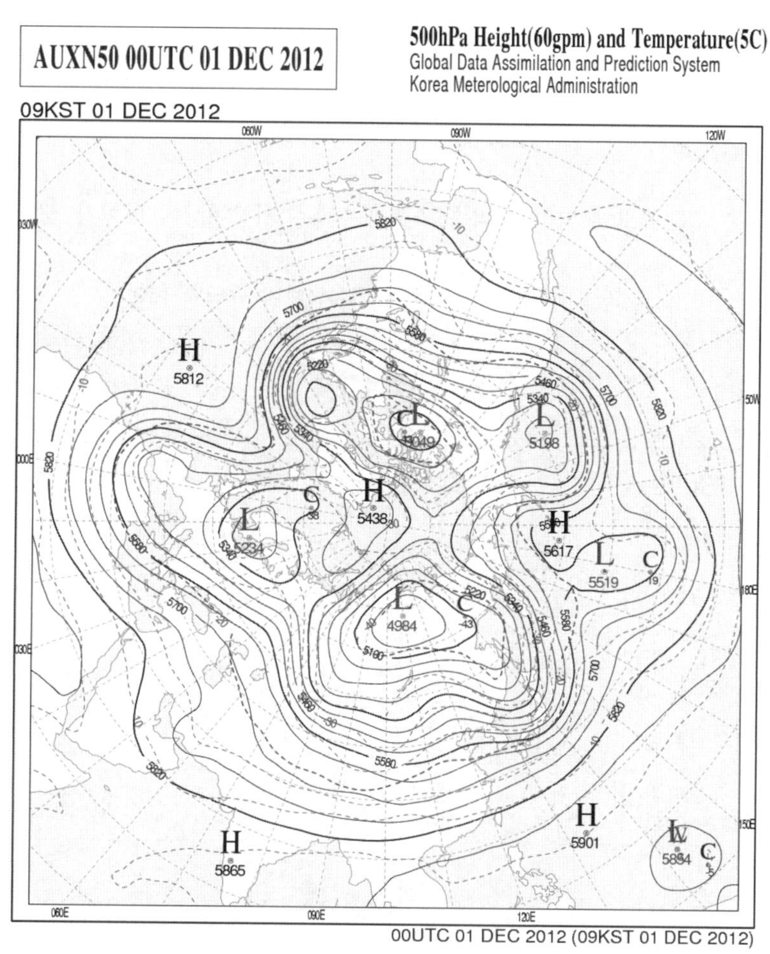

[그림 2-37] 북반구 500hPa일기도의 예(2012.12.01 00Z)

4) 일반적으로 이러한 편서풍대의 파동은 위상, 파장, 진폭에 따라 몇 가지의 규칙적인 싸인파 분석(조화분석, 또는 파수분석)을 할 수 있다(그림 2-38 참조).

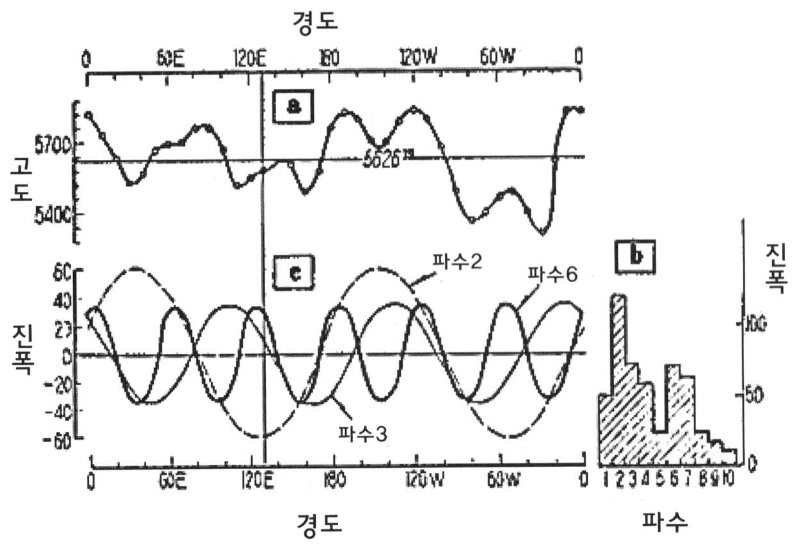

[그림 2-38] 파수분석의 예

5) 편서풍대의 파동은 그 규모에 따라 전파속도나 대응되는 기상현상에 차이가 생긴다(표 2-10 참조).

[표 2-10] 500hPa 고도의 기상요란의 규모와 현상

<table>
<tr><th colspan="3" rowspan="2">파동의 모양</th><th colspan="3" rowspan="2">대응되는 기상현상</th><th colspan="3">전형적인 규모</th><th rowspan="2">파수
(중위도 기준)</th></tr>
<tr><th>파장
(km)</th><th>높이
(km)</th><th>수명</th></tr>
<tr><td rowspan="4">대
규
모</td><td rowspan="2">플라네
타리파
(로스비파)</td><td>초장파</td><td colspan="3">구름 많은 날씨나
맑은 날씨 지속</td><td>약 10,000</td><td>약 10</td><td>약 5주</td><td>1~3</td></tr>
<tr><td>장파</td><td rowspan="2">이동성
고・저기압,
태풍 등</td><td rowspan="3">지속성
강수
현상</td><td rowspan="3">저기압
가족</td><td>5,000</td><td>10</td><td>1주</td><td>4~7</td></tr>
<tr><td rowspan="2">종관규모</td><td>단파</td><td>3,000</td><td>10</td><td>3일</td><td>8~12</td></tr>
<tr><td>중간규모
요란</td><td>전선성 파동</td><td>1,000</td><td>5</td><td>1일</td><td>13~22</td></tr>
<tr><td colspan="2" rowspan="2">중・소규모</td><td>중규모요란</td><td colspan="2">meso고・저기압,
불안정선, 국지풍</td><td rowspan="2">호우・
대설</td><td>500</td><td>5~10</td><td>5시간</td><td>≥ 23</td></tr>
<tr><td>소규모요란
(대류현상)</td><td colspan="2">거대Cu, 돌풍,
대류성강수현상</td><td>50</td><td>5~10</td><td>1시간</td><td></td></tr>
</table>

6) 규모가 큰 것으로 5파수 정도까지의 파는 행성파(planetary wave, 行星波)라 하는데, 움직임이 느리다. 이 행성파가 발달하면서 진폭이 커질 때는 1주일 이상 악천(또는 청천)이 지속되는 경향이 있다. 주간예보나 장기예보에서 특히 중요하게 쓰인다.

7) 한편 6~15파수의 파를 종관규모 요란이라고 하는데, 이 요란들은 파장이 5000~2000km 정도인 파로서 대체로 하루에 약 1000km 정도를 이동한다. 이는 지상일기도에 흔히 나타나는 이동성고기압이나 온대저기압에 대응되는 파동으로서 3~4일 주기의 날씨변화를 나타낸다. 일반적으로 종관규모 요란은 움직임이 느린 행성파의 흐름을 타고 이동한다. 이 때문에 행성파의 동정은 매일의 예보에 매우 중요하다. planetary wave는 규모가 커서 아시아일기도에서는 이 파의 일부

분만 보인다.

마. 300hPa면 일기도

(1) 300hPa일기도의 구성

1) 300hPa면 일기도에 기록된 관측값은 고도, 기온, 이슬점차, 풍향, 풍속 등이다.

2) 등고선은 9180gpm을 기준으로 120gpm 간격으로 분석한다.

3) 등온선은 0℃를 기준으로 하여 5℃ 간격으로 분석한다.

4) 제트류의 축을 분석하고, 등풍속선을 제트축 주위에서 분석한다.

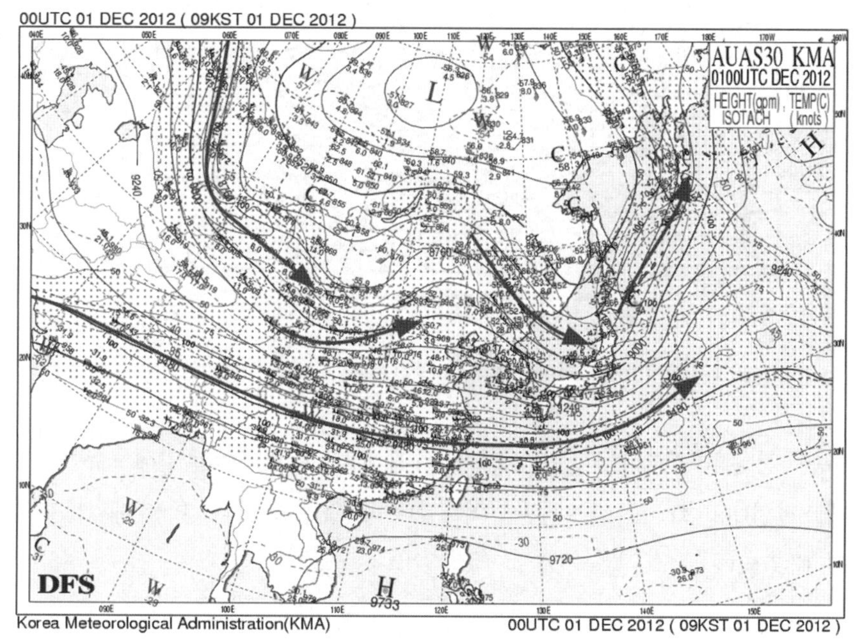

[그림 2-39] 300hPa일기도의 예(2012.12.01 00Z)

(2) 300hPa일기도의 이용

1) 300hPa면은 대류권 상층을 대표하는 고도(지상 약 10km)에 위치한다. 편서풍의 작은 파동은 없어지고 큰 파동만 남는다. 따라서 키큰 온난고기압과 키큰 한랭저기압이나 제트류 분석에 적합하다.

2) 경압성이 강한 고도로서, 대체로 등압면과 등온면이 일치하지 않는 것이 보통이다.

3) 제트축은 등고선에 대체로 평행하며, 등고선을 횡단하는 경우라 해도 2~3개의 등고선(60~180m)을 매우 완만한 각으로 횡단한다.

4) 편서풍대에 일반적으로 2개 이상의 제트류가 나타난다. 한대제트류는 보통 30~50° 지역의 상공 8~18km에 나타나는데, 매일 그 위치가 남북으로 크게 변동된다. 아열대제트류는 저위도인 20~30°의 상공에 위치하는데, 여름에는 위도 40° 부근까지도 북상하지만, 매일 매일의 남북으로의 변동은 작다. 이들 두 제트류는 서로 근접하기도 하고 멀어지기도 하면서 지구 둘레를 흐르고 있다.

5) 강한 제트류는 때로는 120m/s(250kts) 이상의 풍속을 가지기도 한다. 여름에는 제트핵의

고도가 200hPa에 가깝고 겨울에는 300hPa에 가깝다. 이는 대기가 여름에는 두껍고 겨울에는 얇기 때문이다.

6) 300hPa면의 기압골은 대류권 하부에까지 이르는 발달한 기압골이라고 볼 수 있다.

7) 그림 2-40는 남북 연직단면에서의 동서로 흐르는 한대전선제트류의 풍속과 기온의 전형적인 분포이다. 제트핵(그림에서 J)은 대류권 상부에 위치하며 그 아래에는 기온경도가 큰 전선면이 상층으로부터 하층으로 남쪽을 향해 뻗어 지상의 한대전선의 상층부에 달하고 있다.

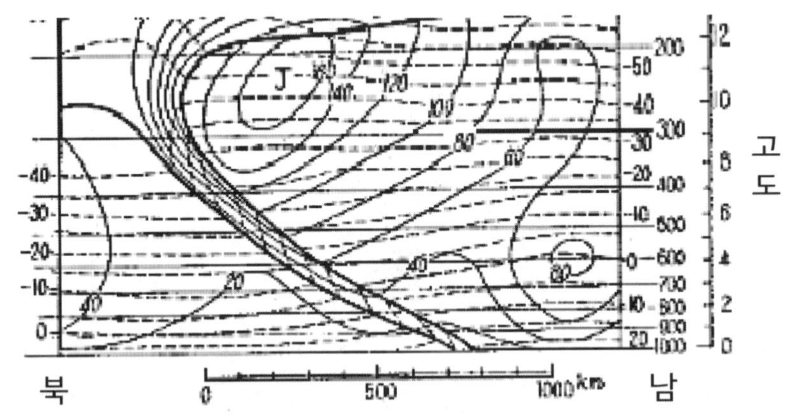

[그림 2-40] 제트축을 남북방향으로 절단한 연직단면도

8) 한대제트류는 지상의 한대전선(polar front)에 대응된다. 아열대제트류는 지상에 도달되지 않는 상층의 제트전선(jet front)과 연관되어 있다. 300hPa면의 아열대제트류의 위치는 대략 -33℃ 등온선에 대응된다.

9) 제트류 입구의 좌측에는 하강기류, 그리고 우측에는 상승기류가 있다. 출구에서는 좌측에 상승기류, 우측에 하강기류가 있다(그림 2-41 참조).

10) 제트류는 온대저기압의 갑작스런 발달이나 이동과 관계가 있다. 지상에 온대저기압이 발생하기 시작할 때는 제트축은 아주 먼 북서쪽에 있는 것이 보통이다. 온대저기압이 북동진하며 발달함과 동시에 제트축은 저기압에 접근한다. 지상 저기압이 폐색되기 시작하는 시점에 제트축은 저기압 중심의 바로 위를 흐르는 것이 보통이다. 머지않아 저기압의 본체는 제트축의 북쪽에 있는 기압골 속으로 들어가 쇠약되며, 전선의 폐색점은 제트축 직하에 위치하게 된다.

11) 상층바람은 중위도 저기압과 뇌우에 대한 현재 기상을 조절하는 역할을 한다. 만약 상층바람이 약하면 강수 시스템이나 뇌우는 상층바람이 강할 때보다 느리게 이동할 것이다. 이런 상층바람에 힘을 공급하는 것이 제트류이다. 제트류가 만들어낸 진공효과(vacuum effect)에 의해 지면 근처의 공기를 끌어 올리는 역할을 하기 때문이다.

12) 제트류가 trough로 유입되면 고도가 낮아지며 trough는 강화된다.

13) 전선발생의 장에 최대 제트류가 겹치면 저기압발생이 이루어진다.

14) 300hPa면의 강한 와도가 지상 전선대 상공에 오면 지상 저기압이 발달한다.

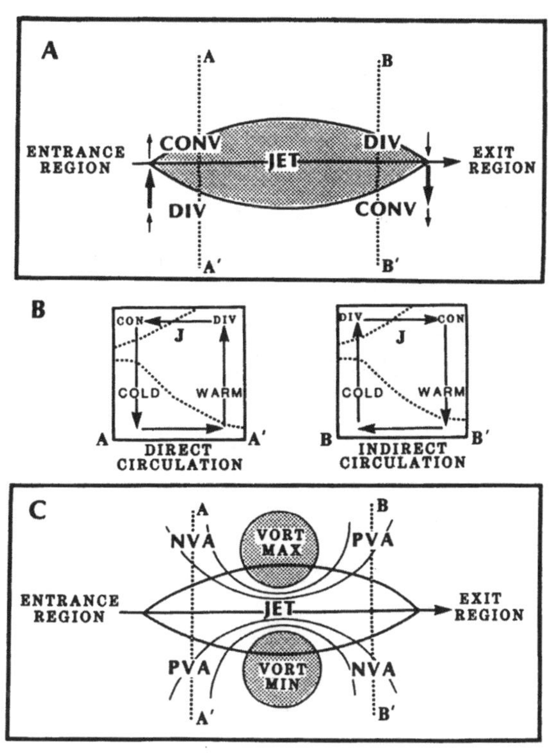

[그림 2-41] 제트기류에 의한 2차순환

바. 200hPa면 일기도

(1) 200hPa일기도의 구성

1) 200hPa면 일기도에 기록된 관측값은 고도, 기온, 이슬점차, 풍향, 풍속 등이다.

2) 등고선은 11760gpm을 기준으로 120gpm 간격으로 분석한다.

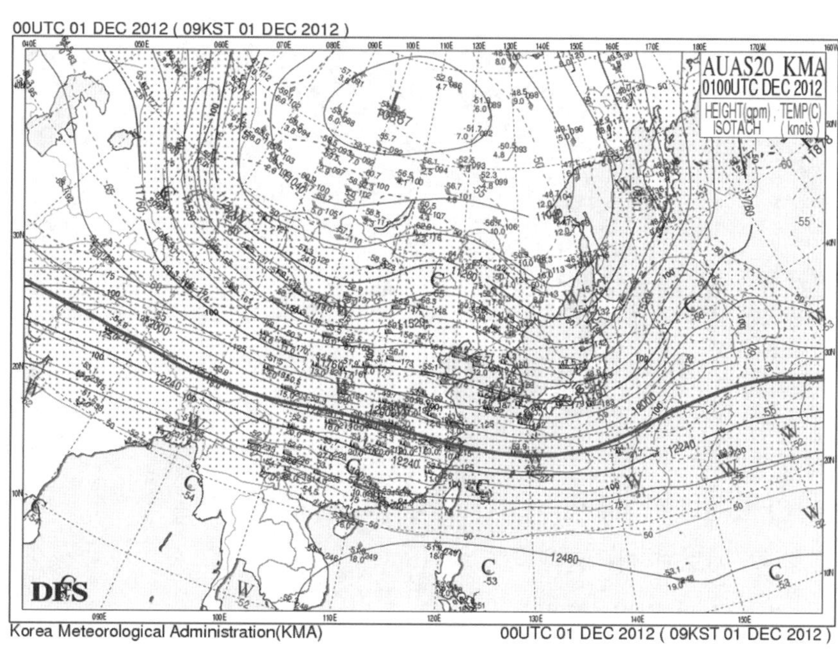

[그림 2-42] 200hPa일기도의 예(2012.12.01 00Z)

3) 등온선은 0℃를 기준으로 하여 5℃ 간격으로 분석한다.

4) 제트류의 축을 그리며 제트축 주위에서 등풍속선을 분석한다.

(2) 200hPa일기도의 이용

1) 대류권 상층 200hPa면의 기류와 기압분포 및 권계면 부근의 상황을 파악하는 데 이용된다.

2) 권운, 난류, 강수 예보에 이용된다.

3) 상층 저기압 이동 예보에 이용된다.

4) 제트항공기를 위한 비행정보에 이용된다.

사. 100hPa면 일기도

(1) 100hPa일기도의 구성

1) 대류권 상층 100hPa면의 기류와 기압 분포 및 권계면 부근의 상황을 파악하는 데 이용된다.

2) 등고선은 16200gpm을 기준으로 120gpm 간격으로 분석한다.

3) 등온선 0℃를 기준으로 하여 5℃ 간격으로 분석한다.

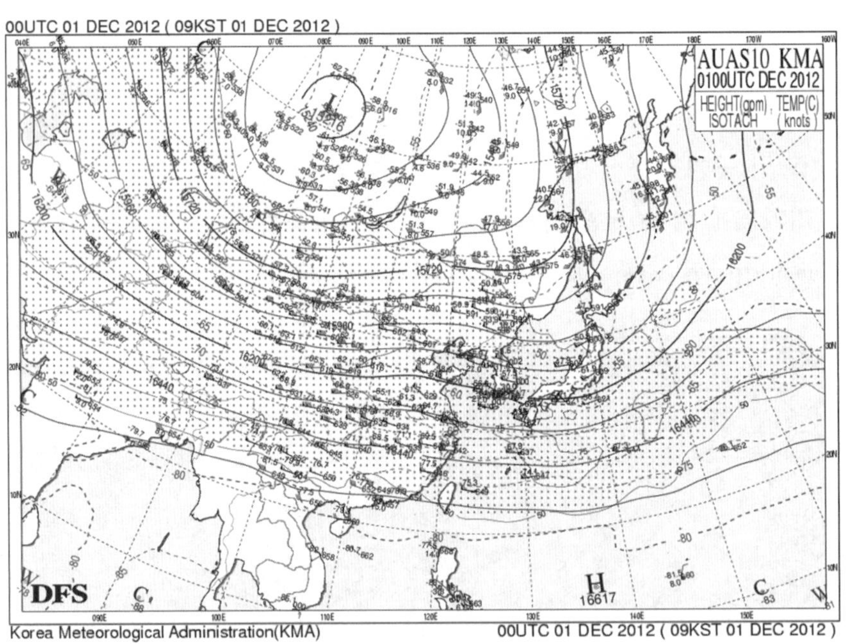

[그림 2-43] 100hPa일기도의 예(2012.12.01 00Z)

(2) 100hPa일기도의 이용

1) 성층권 하부 100hPa면의 기류와 기압분포 파악에 이용된다.

2) 권운, 난류, 강수 예보에 이용된다.

3) 상층 저기압 경로 결정에 이용된다.

4) 제트항공기를 위한 비행정보에 이용된다.

Chapter 03

단열선도의 작성과 이용

대기를 입체적으로 분석 · 파악하여야만 기상분석이 가능하다는 것은 이론의 여지가 없다.

1930년대부터 고층기상관측이 도입됨에 따라 입체적으로 대기를 파악하는 것이 가능하게 되었다.

대기의 연직구조는 보통 열역학적 요소들과 바람으로 묘사된다. 대부분 대기의 연직 관측은 레윈존데(rawinsonde)에 의해 이루어진다. 관측은 기압을 아는 상태에서 고도, 온도, 습도, 바람(풍향, 풍속)의 관측으로 이루어진다. 이러한 관측으로부터 대기안정도, 전선, 기단, 습윤층 그리고 다양한 열역학적 요소들을 알아낼 수 있다.

VAS(VISSR Atmospheric Sounder. VISSR: Visible and Infra-red Spin-Scan Radiometer)와 같은 새로운 관측기가 개발되어 기상위성에서 다양한 스펙트럼 밴드의 복사에너지를 측정하여 대기의 연직구조를 탐측하는 기술이 발전하고 있다. 또한 열역학 프로파일러(thermodynamic profiler)를 지상에 설치하여 VAS와 같이 복사에너지를 측정하여 대기 연직구조를 탐측한다.

VAS는 열역학 profiler보다 대류권 상부에 대해서, 열역학 profiler는 대류권 중층 이하에서 더 상세한 자료들을 탐측하게 된다. 그러나 복사에 기초를 둔 이러한 관측기들은 역전층과 같은 구조에 대해 상세한 정보를 제공하지는 못한다는 단점이 있다. VAS의 가장 큰 장점은 rawinsonde를 운영할 수 없는 넓은 비거주지역을 포함하여 고층관측을 경제적으로 수행할 수 있다는 것이다.

3.1 단열선도의 특성

1 정역학적 평형

대기는 지구의 인력에 의해 지구에 붙들려 있다. 따라서 지표에 접근할수록 대기는 압축되어 밀도가 더 커지고 또 기압도 더 커진다.

그림 3-1과 같이, 대기 중에 단위면적을 밑면으로 하는 연직 기주에서 높이 z와 그보다 $\triangle z$ 만큼 더 높은 $z+\triangle z$ 사이의 직육면체의 체적은 $\triangle z$이므로, 이 직육면체 내의 공기의 밀도를 ρ라고 하면 질량은 $\rho\triangle z$이다. 중력가속도를 g로 표시하면, 이 직육면체에서 밑으로 작용하고 있는 중력은 $g\rho\triangle z$이다. 그런데 직육면체 내의 공기가 밑으로 끌려 내려오지 않는 이유는 높이 z의 수평면에 작용하고 있는 압력이 높이 $z+\triangle z$의 수평면에 작용하고 있는 압력보다 크기 때문이다. 이 압력의 차를 $\triangle p$로 쓴다면 이 $\triangle p$는 "−" 값을 가진다.

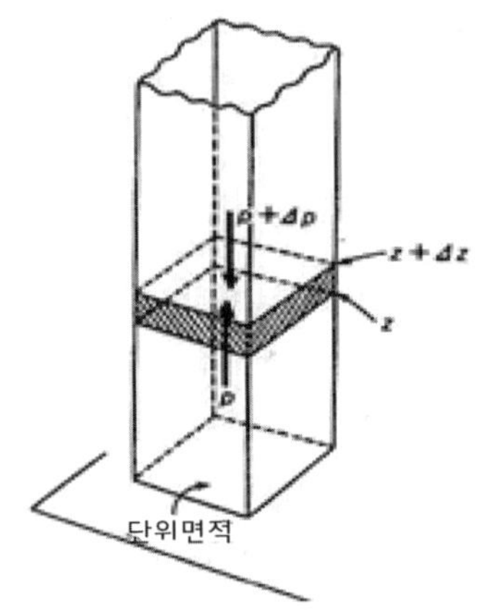

[그림 3-1] 연직방향의 기압경도력

대기는 끊임없이 운동을 하고 있지만, 대부분의 경우 중력에 의한 하향의 힘이 연직방향의 압력경도력과 평형을 이루고 있다. 이런 상태를 '대기가 정역학적 평형상태(hydrostatic equilibrium state)' 에 있다고 한다. 이때 다음 식이 성립한다.

$$\triangle p = -\rho g \triangle z \quad \cdots\cdots (3\text{-}1)$$

이 식을 정역학방정식(靜力學方程式)이라고 한다. 이 식은 '어떤 고도에서의 기압은 그보다 위에 있는 전체 대기의 무게와 같다'는 것을 나타내는 식이다. 이하, 특별히 달리 설명하지 않을 때라면 g는 일정한 값($g = 9.81\text{ms}^{-2}$)을 가지는 것으로 한다.

윗 식(3-1)에 건조공기의 상태방정식($p = \rho RT$)에서의 ρ를 대입하면, 기상학에서 자주 인용되는 다음 식을 얻는다.

$$\frac{\triangle p}{\triangle z} = -\frac{pg}{R_d T} \quad \cdots\cdots (3\text{-}2)$$

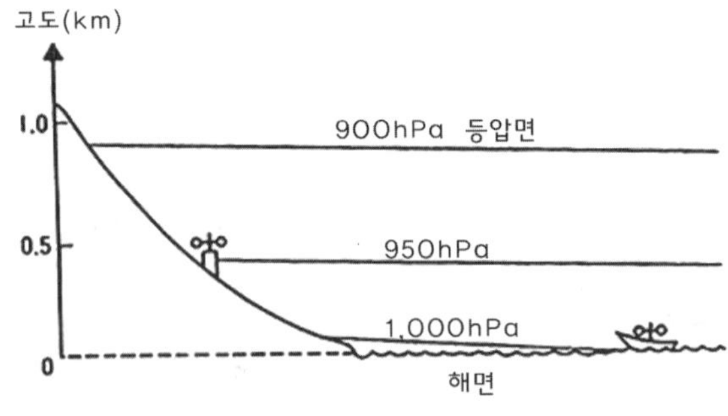

[그림 3-2] 해면보다 높은 곳에 있는 기상관측소에서 관측한 기압의 해면경정

태풍이나 매우 발달한 온대저기압을 제외한다면 보통 온대저기압이나 이동성고기압의 중심기압은 지표면에서의 표준기압(약 1,013hPa)과 20hPa 정도 이내의 차이 밖에 나지 않는다.

해면기압이 표준기압일지라도, 높이 500m 정도만 위로 올라가면 기압은 950hPa로 감소해버린다(그림 3-2 참조). 산악지대에 설치되어 있는 관측소도 있으므로, 만일 각 관측소에서 측정한 기압값을 그대로 일기도에 기입해서 등압선을 그린다면, 이 등압선은 고·저기압의 존재를 나타낼 수 없게 된다. 따라서, 일기도를 그리기 위해서는 측정한 기압을 어떤 기준으로 통일시켜야 한다. 그 기준이 우선 평균해면고도이고, 측정한 기압값을 해면경정(reduction to mean sea level, 海面更正)하게 된다.

문제 3.1 해발 500m의 어떤 관측소에서 기압 940hPa, 기온 15℃를 관측하였다. 이 곳에서의 해면기압을 구하라. 단, 대기의 온도는 100m 당 0.65℃의 비율로 높이에 따라 감소한다고 가정한다.

답 가정에 따라 해면에서의 기온은 18.25℃이므로, 해면에서 높이 500m까지의 대기층의 평균기온은 16.6℃이다.

식 (3-2)에서, 해면과 높이 500m의 기압차($\triangle p$)는,

$$\triangle p = \frac{pg}{R_d T}\triangle z = \frac{940\times10^2\times9.81\times5\times10^2}{287\times289.6} = 5543P_a = 55.43\text{hPa}$$

따라서 해면에서의 기압(p_0)은 995.4hPa이다.

단, 500m까지의 높이를 여러 층으로 나누어 위와 같은 계산을 하면 p_0=996.7hPa을 얻을 수 있고, 미적분을 적용하여 구하면 더 정확한 값으로 p_0=996.2hPa을 얻게 된다.

보통 항공기에서 사용하고 있는 고도계는 기압계이다. 지표면에서의 기압값으로 고도계에 0점을 맞추고 나서, 비행중 기압으로 고도를 알게 된다. 그러기 위해서 대기 중의 표준 온도분포를 결정하면 편리하다. 단, 고도는 해면으로부터 기하학적 고도 z(m) 대신 지오퍼텐셜 고도(geopotential height) Z(grm)를 사용한다. 그리하여 $Z=\frac{1}{9.81}\int_0^z g(z)dz$가 되는데 평균해면에서의 중력가속도($g_0$)는 $9.81ms^{-2}$인데, 예를 들어 10km 상공에서 중력가속도(g)는 $9.78ms^{-2}$여서 g_0와 비교할 때 0.3%(10km에 대해 30m)만 작을 뿐이어서 Z는 z에 매우 가깝다. 따라서 대략의 고도를 사용할 때는 서로 바꾸어 사용하기도 한다.

2 단열선도의 종류

고층관측 자료의 수작업 분석은 전통적으로 열역학선도나 여러 개의 고층관측 자료들을 기입하는 연직 단면을 그려서 분석한다.

현대의 고층관측 분석은 컴퓨터에 의해서 수행되고 있다. 따라서 분석자료가 사용되는 공식들에 익숙할 필요가 있다.

숙련된 기상학자들은 숫자로 코드화된 레윈존데 전문에서 중요한 정보를 찾아낼 수 있다. 그러

한 과정이 컴퓨터 프로그램화 되고 있다.

처음 작성된 열역학선도는 19세기에 열역학 이론의 발전과 함께 시작되었다. 고층관측 방법이 발달하면서 다양한 열역학선도가 만들어졌지만 표준화 작업이 진행되어 현재 사용되고 있는 몇 개의 선도만 남게 되었다.

일반적으로 고층관측 자료를 신속하게 정리·분석하기 위하여 건조단열변화를 나타내는 곡선과 위단열변화를 나타내는 곡선을 그려넣은 단열선도(adiabatic chart)를 이용한다.

좋은 단열선도라면 다음과 같은 조건을 만족하여야 한다.

1) 물리적인 해석의 편리를 위해 주요 등치선은 단열선도 상에서 가능한 한 직선으로 구성되어 있어야 한다.

2) 안정도의 조그마한 차이까지를 구분하기 위해 단열선과 등온선이 만나는 각도가 충분히 커야 한다.

3) 단열선도 상의 어느 곳에서든 열역학적 에너지는 같은 면적으로 표시되어야 한다.

4) 높은 고도까지의 고층기상관측 값을 모두 정리 분석할 수 있을 만큼 범위가 크면서도 단열선도를 취급하기에 편리하여야 한다.

5) 정확한 고도 개념을 위해 대기의 연직분포가 단열선도에서 연직좌표 상에 표시되어야 한다.

이상의 여러 가지 조건을 대체적으로 만족하면서 현재 기상분석에 이용되는 대표적인 몇 가지 단열선도의 특성을 그림으로 비교한 것이 그림 3-3이다. 그리고 그 특성을 표 3-1과 같이 정리할 수 있다.

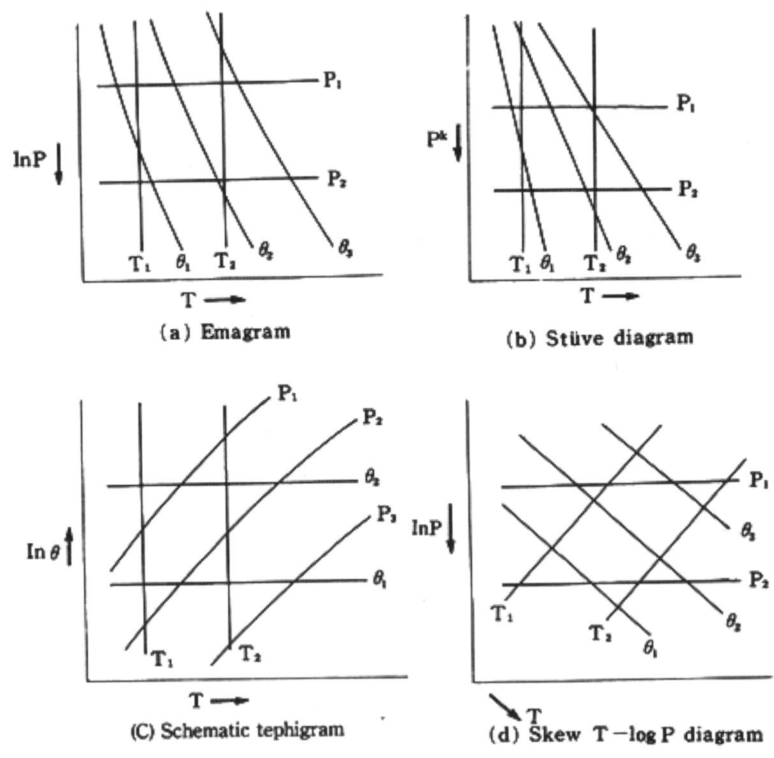

[그림 3-3] 여러 가지 단열선도의 개략적인 모습

[표 3-1] 각 단열선도의 대표적인 특성

종 류	좌 표	면적과 에너지	고도계산	T선과 γ_d선의 교각**
Emagram	$\begin{cases} X=T \\ Y=R\ln P \end{cases}$	비 례	가 능	약 60°
Stüve diagram(Pseudo -adabatic diagram)	$\begin{cases} X=T \\ Y=P^{R/C_P} \end{cases}$	—	불가능	약 54°
Tephigram	$\begin{cases} X=T \\ Y=C_P\ln\theta \end{cases}$	비 례	가 능	약 90°
Skew T-log P diagram*	$\begin{cases} X=\text{Skewed}\,T \\ Y=\ln P \end{cases}$	비 례	가 능	약 90°

* Skewed T : T축을 시계침 회전방향으로 약 45°만큼 회전시킴.

** 교각의 크기는 500hPa 고도의 표준대기 온도(약 −20℃)에서의 각도임.

이들 단열선도 중에서 비교적 위의 조건을 만족하는 것은 Tephigram과 Skew T-Log P Diagram 이다.

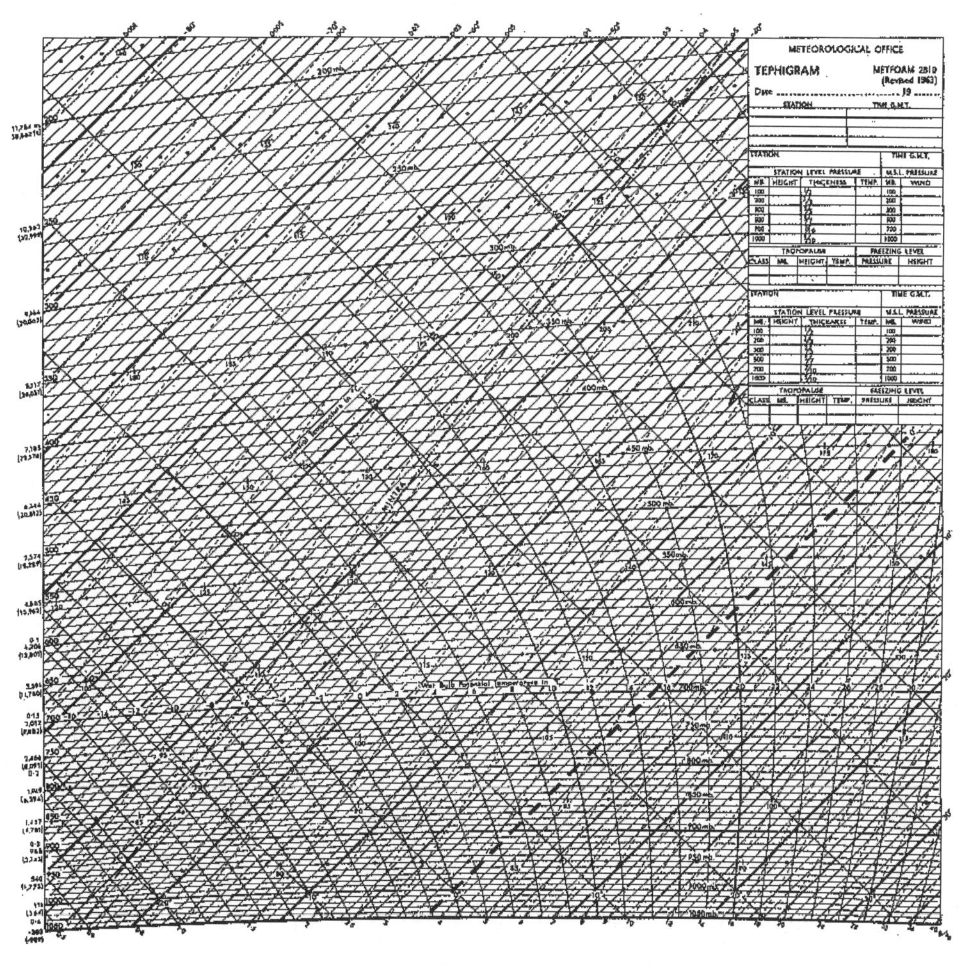

[그림 3-4] Tephiagram

Tephigram에서는 건조단열선이 직선이어서 편리하나, 등압면을 나타내는 선이 곡선(곡면)이어서 불편하지만 실용적으로 사용되는 부분에서는 비교적 직선에 가깝다(그림 3-4 참조).

Skew T-Log P diagram에서는 온도축 방향을 인위적으로 변화시킨 약점은 있지만 등압면을 나타내는 선이 수평 직선을 나타내고 있어 고도를 결정하는데 편리하다. 건조단열선은 약간 곡선이다.

Tephigram이나 Skew T-Log P diagram은 매우 유사하여 부분적으로 볼 때는 양자를 구분하기가 힘들 정도이다.

여기서는 편의상 Skew T-Log P diagram(그림 3-5)을 이용하여 대기의 여러 가지 기상요소를 찾고 대기를 분석하는 방법을 설명한다. 따라서 앞으로는 특정 단열선도의 명칭을 언급하지 않는한 단열선도라 하면 Skew T-Log P diagram을 지칭하는 것으로 한다.

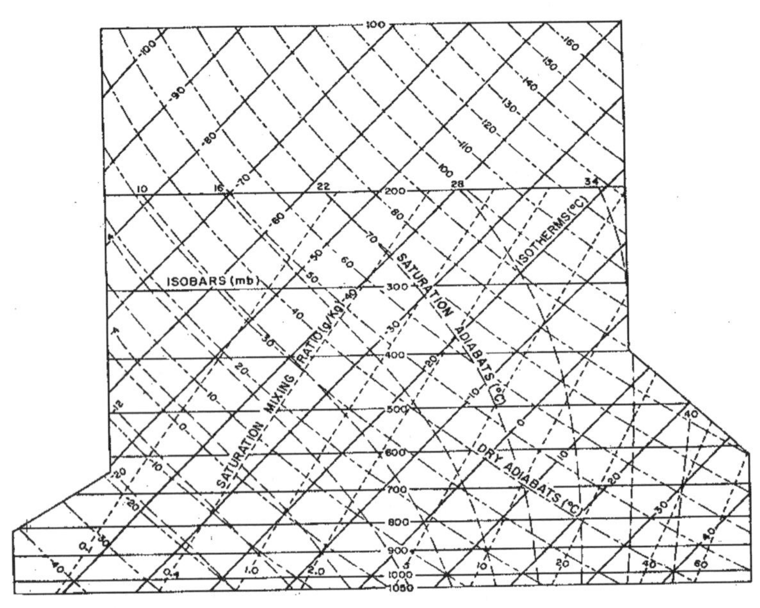

[그림 3-5] Skew T-Log P diagram의 모양

3 Skew T-Log P 선도의 구성

가. 기본 선

(1) 등압선(isobar)

수평방향으로 그려진 직선들로서 보통 1050hPa부터 100hPa까지, 또 400hPa를 100hPa로 시작하여 25hPa까지 겹쳐져 표시하고 있다. 국제민간항공기구(International Civil Aviation Organization, ICAO) 표준대기의 고도값이 해당 등압선의 왼쪽 끝 부분에 meter와 feet 단위로 기입되어 있다. 등압선들의 간격은 logarithmic scale로 표시되어 있어 상층일수록 넓어진다.

(2) 등온선(isotherm)

왼쪽 아래 부분에서 오른쪽 위 부분으로 약 45° 기울게 그려진 직선들로써 간격이 일정하다. 보통은 섭씨온도로 표시되어 있다. 그리고 보통 각 등온선의 하단에 화씨온도가 표시되어 있다.

(3) 건조단열선(dry adiabat)

포화되지 않은 공기가 단열적으로 상승·하강할 때의 온도변화율을 나타내기 위하여 왼쪽 위 부분에서 오른쪽 아래 부분으로 기울어져 있으면서 약간 오목한 곡선들이다.

이 선들은 보통 섭씨온도으로 표시되어 있다(절대온도로 기입된 경우도 있음). 이 선들이 등온위선이기도 하다. 건조단열선들의 간격은 온도(온위)가 높을수록 다소 좁아진다.

(4) 포화단열선(saturation adiabat)

왼쪽 위 부분에서 오른쪽 아래 부분으로 기울면서 약간 볼록한 곡선들로써 보통 섭씨온도로 나타낸다. 이 선들은 상승 중인 포화된 공기덩이의 수증기가 응결하면 즉시 그 공기덩이에서 이탈하는 형식의 위단열적 방법으로 상승할 때의 공기덩이의 온도변화율을 나타낸다. 보통 200hPa 등압면까지만 그려져 있다. 습윤단열선(moist adiabat)이라고도 한다.

(5) 포화혼합비선(saturation mixing ratio line)

왼쪽 아래에서 오른쪽 위로 거의 직선으로 그어진 선들로써 등온선보다 경사가 더 급하게 보인다. 이 선들은 값이 클수록 간격이 조밀해진다. 포화단열선과 마찬가지로 보통 200hPa 등압면까지만 표시되어 있다. 이 선들은 해당 온도에서 물 표면상의 포화혼합비를 나타낸다.

나. 기본선을 위한 이론들

(1) 열역학 제1법칙

어떤 물체에 약간의 열량 $\triangle Q$를 가한 결과, 그 열량이 $\triangle W$만큼의 적은 양의 일을 하고, 또 $\triangle U$만큼의 적은 양의 내부에너지가 증가했다고 한다면 다음 식(열역학 제1법칙(first law of thermodynamics))이 성립한다.

$$\triangle Q = \triangle W + \triangle U \qquad \text{(3-3)}$$

그러나 이것으로는 직접적으로 열역학 제1법칙이 무엇을 의미하고 있는지를 알기 어렵지만, 다음과 같이 하면 공기덩이가 상승할 때 왜 구름이 생기는가를 이해할 수 있게 된다.

일반적으로 단위질량의 물체에 F라는 힘이 작용해서 물체가 그 힘의 방향으로 l이라는 거리만큼 움직였다면, 힘 F가 한 일의 양은 Fl로 표현된다.

또 예를 들어, 공모양의 한 공기덩이를 생각한다. 그 압력을 p, 공기덩이의 표면적을 A라 하면 표면적에 작용하고 있는 힘은 pA이다.

만일 공기덩이의 반경(r)이 적은 양 $\triangle r$만큼 증가했다면, 표면적에 작용하고 있던 힘 pA를 밀고 $\triangle r$만큼 진행했으므로, 수행한 일의 양($\triangle W$)은 $\triangle W = pA\triangle r$이 된다. 그런데 $A\triangle r$은 공기덩이의 체적의 증가이므로 $\triangle V$ 로 바꿀 수 있어서 다음 식으로 표현된다.

$$\triangle W = p\triangle V \quad \text{(3-4)}$$

이 식은 일반적인 것이어서 어떤 물질에 대해서도 체적의 변화에 의한 일의 양을 나타낸다. 따라서 단위질량의 공기덩이를 생각하면, 식(3-4)의 체적 V 대신에 비체적 α를 사용하여, α가 $\triangle\alpha$만큼 증가했을 때의 일로 다음과 같이 표현할 수 있다.

$$\triangle W = p\triangle\alpha \quad \text{(3-5)}$$

이것을 식(3-3)과 연결시키면, 단위체적의 기체에 대하여 다음 식이 성립된다.

$$\triangle Q = \triangle U + p\triangle\alpha \quad \text{(3-6)}$$

내부에너지의 경우에는, 그 기체가 어떤 체적을 가지더라도 그 온도가 같다면 내부에너지도 같다. 따라서 내부에너지의 미소변화에 의해 온도가 $\triangle T$라고 하는 작은 양 만큼 변화했을 때 다음처럼 표시될 수 있다.

$$\triangle U = C_v\triangle T \quad \text{(3-7)}$$

여기서 상수 C_v는 정적비열(specific heat at constant volume, 定積比熱)이다. 그리고 식(3-6)은 다음과 같이 표현된다.

$$\triangle Q = C_v\triangle T + p\triangle\alpha \quad \text{(3-8)}$$

기상관측에서 $\triangle\alpha$는 관측되지 않는다. 여기서 기체의 상태방정식을 $p\alpha = RT$로 표현하여 미분하면,

$$p\triangle\alpha + \alpha\triangle p = R\triangle T \quad \text{(3-9)}$$

이 식의 $p\triangle\alpha$를 식(3-8)에 대입하면 $\triangle Q = (C_v + R)\triangle T - \alpha\triangle p$을 얻게 되고, $C_v + R = C_p$가 되므로 다음 식을 얻게 된다.

$$\triangle Q = C_p\triangle T - \alpha\triangle p \quad \text{(3-10)}$$

C_p는 정압비열(specific heat at constant pressure, 定壓比熱)을 나타낸다. 건조공기에 대해서는 C_v=717JK^{-1}kg^{-1}, C_p=1,004JK^{-1}kg^{-1}여서, $C_p - C_v$ 는 건조공기의 기체상수 R_d (=287JK^{-1}kg^{-1})와 같다.

(2) 건조단열감률

열역학 제1법칙을 나타내는 식(3-10)의 우변 제2항에 p.106의 정역학방정식 식(3-2)를 대입하면, 다음을 얻는다.

$$\triangle Q = C_p \triangle T + g \triangle z \quad \cdots\cdots (3\text{-}11)$$

식(3-11)에서 공기덩이에 열의 출입이 없는 단열변화(adiabatic change, 斷熱變化), 즉 $\triangle Q = 0$의 과정에 대해서는,

$$-\frac{\triangle T}{\triangle z} = \frac{g}{C_p} \equiv \Gamma_d \quad \cdots\cdots (3\text{-}12)$$

즉 공기덩이가 단열적으로 상승하면 기압이 낮아지므로 공기덩이는 팽창하여 외부에 대해 일을 하게 되는데, 이 때 자기 스스로의 내부에너지를 소비하여 온도를 낮추게 된다는 것이다. 이 과정에서 온도가 낮아지는 비율을 건조단열감률(dry adiabatic lapse rate, 乾燥斷熱減率, DALR)이라 하고 기호 Γ_d로 표시한다.

지구대기의 경우 $\Gamma_d = 0.00976°\mathrm{K}m^{-1} = 0.976°\mathrm{K}(100m)^{-1}$이 된다. 즉 단열적으로 100m 상승할 때마다 온도는 0.976°K(약 1°K)가 낮아진다. 단열적으로 하강할 때는 약 $1°\mathrm{K}(100m)^{-1}$의 비율로 온도가 올라간다. 그런데 지구대기의 경우, 대류권 내의 평균기온감률은 약 $0.65°\mathrm{K}(100m)^{-1}$이어서, 100m마다 약 1°K인 Γ_d와는 상당히 다르다. 이는 대류권에서 대류에 의해서 수증기의 응결이 일어날 때 잠열이 방출되는 등 대류권 내의 온도의 고도분포가 복사와 습윤공기의 대류작용으로 변화되기 때문이다.

(3) 포화단열감률

수증기로 포화되어 있는 공기덩이를 단열적으로 상승시켰다고 하자. 단열팽창 때문에 공기덩이의 온도가 내려가지만, 동시에 포화수증기 밀도도 그 내려간 온도에 대응하여 내려가므로 여분의 수증기는 응결(또는 기온이 빙점 이하라면 승화)하면서 잠열이 방출되므로 상승운동에 수반되는 공기덩이의 온도의 하강률이 불포화 공기덩이의 그것보다는 작다.

이와 같이, 포화된 공기덩이가 단열적으로 상승할 때, 고도 증가와 함께 온도가 감소하는 비율을 포화단열감률(saturation adiabatic lapse rate, 飽和斷熱減率, SALR) 또는 습윤단열감률(moist adiabatic lapse rate, 濕潤斷熱減率)이라고 한다. 이 값은 공기덩이의 처음 온도나 압력에 따라 달라진다. 온도가 높을수록 포함할 수 있는 수증기의 양이 커지기 때문에, 높은 온도에서 포화된 공기의 온도가 내려갈 때 응결하는 수증기의 양도 많다. 따라서 온도의 감률은 작아진다. 대체적으로, 대기 하층의 따뜻한 포화 공기덩이가 상승할 경우는 포화단열감률이 $0.4\mathrm{K}(100\mathrm{m})^{-1}$ 정도이지만, 대류권 중층에서의 전형적인 값은 $0.6 \sim 0.7\mathrm{K}(100\mathrm{m})^{-1}$ 이다. 대류권 상층에서는 온도가 낮고 수증기량도 적으므로 포화단열감률이 건조단열감률과 거의 비슷해진다.

정량적으로는, 포화단열감률(Γ_w)은 다음 식으로 표현된다.

$$\Gamma_w = \left[-\frac{\Delta T}{\Delta z} \right]_w = \Gamma_d \frac{1 + \dfrac{Lx_s}{R_d T}}{1 + \dfrac{\epsilon L}{C_p P} \dfrac{\Delta e_s}{\Delta T}} \quad \text{(3-13)}$$

여기서 Γ_d는 건조단열감률(g/C_p)을 나타내고 있다. 비포화 공기덩이가 단열변화할 때는 식 3-15로 정의되는 온위(θ)가 보존되는 것과 마찬가지로 포화된 공기덩이가 단열적으로 상승할 때에는, $\theta_E = \theta \exp(Lx_s / C_p T)$로 정의되는 상당온위($\theta_E$)가 보존된다. 여기서 L은 응결잠열, x_s는 포화혼합비를 나타낸다.

문제 3.2 기압 700hPa, 기온 10℃에서 포화되어 있는 공기의 습윤단열감률을 구하라. 단, C_p= 1,004 $JK^{-1}kg^{-1}$, L= 2.5×10^6 $JK^{-1}kg^{-1}$이다.

답 표에 의하면, 온도 10℃에서 e_s= 12.28hPa, 온도 8℃에서 e_s=10.73hPa이다. 따라서 $\Delta e_s/\Delta T$=0.775hPaK^{-1}이다. 또 온도 10℃, 기압 700hPa일 때의 x_s=10.9×10^{-3} $kg\,kg^{-1}$이다. 이 값을 식(3.52)에 대입하면 Γ_w=0.49Γ_d, 즉 Γ_w=4.8℃km^{-1}이 된다.

나. 보조자료 선

(1) 표준대기곡선(Standard atmospheric curve)

이 곡선은 단열선도 상에 1013.25hPa과 15℃의 교점으로부터 시작하여 ICAO의 표준대기의 상태를 나타내고 있다. 이 곡선은 약 227hPa, −56.5℃까지 기온이 거의 일정한 하강률(0.65℃/100m)을 가지다가 그 이상의 상공에서는 100hPa 고도까지 −56.5℃의 등온층으로 표시되어 있다.

(2) 두께 계산자(Thickness scale)

두께를 계산하려는 두 표준등압면의 중간층에 그려져 있는 눈금이 새겨진 수평선분들이다. 이 선으로 계산할 수 있는 두 표준등압면은 각 계산자의 왼쪽에 기입되어 있다. 예를 들면, 1000hPa 층과 500hPa 층의 두께 계산자는 700hPa 등압선 바로 밑에 그려져 있고, 이 계산자 왼쪽 끝에 1000/500이라고 기입되어 있다. 계산자의 위쪽에는 100 geopotential feet 단위, 아래쪽에는 100 geopotential meter 단위의 값이 표시되어 있다.

(3) 1000hPa 고도 계산자(1000hPa height nomogram)

지상의 기온과 기압을 알면 1000hPa의 지상 또는 지하 고도를 구할 수 있도록 단열선도의 최상단에 온도를 나타내는 수평 직선, 그리고 가장 왼쪽 끝의 안쪽에 기압을 나타내는 수직선, 그 바깥쪽에는 고도를 나타내는 수직선을 1조로 하는 계산자가 그려져 있다(그림 3-6 참조).

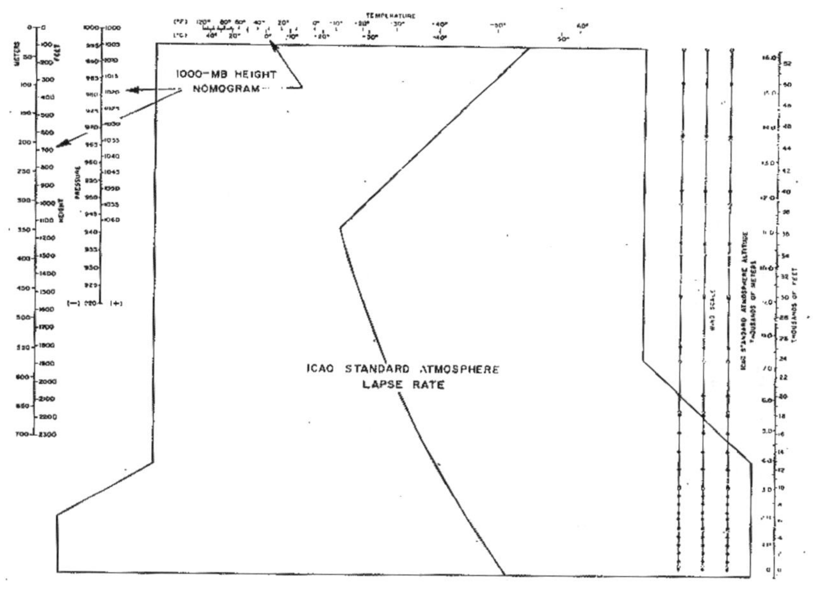

[그림 3-6] Skew T-Log P diagram의 보조자료선

(4) 표준대기 고도(ICAO standard atmospheric altitude)

단열선도의 최우측에 표준대기의 연직고도를 쉽게 알 수 있도록 표시한 연직선으로, 한 쪽에 meter 단위, 다른 한 쪽에 feet 단위의 고도 눈금을 나타내고 있다.

(5) 비행운 분석 곡선(Contrail analysis curve)

제트항공기에 의한 비행운 형성 임계 상대습도를 나타내는 1조(4선)의 선들로써 500~100hPa 사이에 그려져 있다. 100hPa~40hPa 고도에서 사용할 수 있는 1조(4선)의 선들을 파선으로 함께 그려 넣은 것도 있다.

(6) 바람 기입축(Wind scale)

관측 지점의 연직 상공 각 층의 바람을 기입하기 위해 단열선도의 오른쪽에 그려져 있는 세 개의 연직선이다. 이 연직선에 그려진 작은 흰 원 주위에는 표준기압면의 바람을, 검은 원 주위에는 일정 바람 보고 고도의 바람을 기입하게 된다.

(7) 분석란(Skew T-log P analysis column)

대기상태의 분석을 표준화 하기 위하여 단열선도의 왼쪽에 분석란이 인쇄되어 있다.

(8) 지점 기입란(Location)

자료 관측 지점, 시각 및 기입자 성명을 기입하도록 되어 있다. 시각은 보통 UTC로 한다.

(9) 범례(Explanatory notes)

단열선도 상에 나타낸 여러 가지 사항에 대한 간단한 설명이 기술되어 있다.

4 단열선도 기입

가. 단열선도 기입 요령

단열선도 분석은 고층기상실황전문(FM 35 TEMP, FM 36 TEMP SHIP, FM 37 TEMP DROP 및 FM 38 TEMP MOBIL)을 단열선도에 기입하여 분석하게 된다.

먼저 표준등압면 자료 부분인 전문의 Part A와 Part C를 하층에서 상층의 순서로 각 기압고도의 기온값을 찾아 점을 찍고 직경 약 2mm의 작은 원으로 둘러싸며, 기온에서 이슬점차를 뺀 이슬점 값을 찾아 점을 찍고 그 점 주위를 한 변이 약 2mm 되는 작은 정삼각형으로 둘러싸서 눈으로 쉽게 식별할 수 있도록 한다. 100hPa 이상 상층의 점들은 다시 괄호로 묶어서 100hPa 이하의 것들과 구별한다. 그리고 해당 기압고도 값은 전문의 값대로 해당 기압면의 왼쪽 끝에, 100hPa 이상 고도의 것들은 오른쪽 끝에 기입한다.

바람자료는 단열선도의 오른쪽 바람 기입축의 해당 고도에 상층일기도에서의 풍향·풍속 기입 요령으로 기입한다. (100hPa 이상 고도의 것들은 왼쪽 변두리의 적당한 곳에 기입한다)

다음에 전문의 Part B와 Part D를 역시 하층에서 상층의 순서로 Part A와 Part C의 경우와 같은 요령으로 표시한다.

이제까지 표시해 놓은 모든 기온점들을 하층에서 상층의 순서로 실선으로 연결하고, 이슬점점들은 파선으로 연결한다. 만일 다른 습윤곡선(예를 들면, 습구온도 곡선)이 기입된다면 이 점들은 이슬점 곡선의 점들과 구별하기 위하여 앞에서 설명한 온도점과 이슬점점의 표시와 같은 크기의 작은 사각형을 점 주위에 표시한다(어떤 책에서는 온도점을 속을 채운 작은 원, 이슬점점을 속이 빈 작은 원으로, 기타 습윤곡선을 삼각형으로 그리도록 권고한 경우도 있음). 기입된 고도 내에 최대풍 자료와 권계면 자료가 보고되면 단열선도에 기입한다. 권계면의 기압고도는 단열선도의 왼쪽 가장자리까지 등압선에 평행한 수평선을 그어 표시한다.

나. 비정상 자료의 기입 요령

자료를 기입해 넣을 때 자료가 의심스럽거나 일부 관측 자료가 없는 경우는 해당 층의 의심 내용 또는 자료 없음의 이유 등을 지점 기입란 아래의 적당한 곳에 간단하게 기록하여 분석에 참고할 수 있도록 한다.

예를 들면, 615~550hPa 사이의 온도값이 없을 경우에는 자료가 없는 해당 층의 하한에서 상태곡선을 끝내고 그 층의 상한에서 상태곡선을 다시 시작한다. 그리고 해당 층에는 자료가 없음(Missing Data)을 나타내는 기호 'MISDA'를 써넣는다. 온도나 이슬점 자료 중 한 가지만 유효할 경우에는 유효한 자료는 정상적으로 기입하고 자료가 없는 층의 중간에 'MISDA'라 쓰고 그 밑에 MISDA의 원인을 101 다음에 자료없음 이유(표 3-2, RA-Ⅳ Regional Code Table 421 참조) 의 숫자 기호를 쓴다(예 10158).

또한 상층 어느 고도 이상에서는 너무 건조하여 습도(이슬점)가 관측되지 않아 자료가 없는 경우가 많은데, 이때는 습도가 유효한 최상층 고도 바로 위에, 예를 들면 MB ABOVE 혹은 10168 ABOVE라 기록한다. MB란 Motor-boating의 약자이다.

[표 3-2] 자료 없음 이유($A_{df}A_{df}$)의 기호

(RA-Ⅳ Regional Code Table 421에서 발췌)

$A_{df}A_{df}$	내 용	$A_{df}A_{df}$	내 용
40~59	보고가 없거나 불완전한 이유		
40	보고가 완성 안 됨	50	상승이 400hPa 고도를 초과 못함
41	-	51	착빙에 의한 기구 하강
42	지상장비 고장	52	강수에 의한 기구 하강
43	관측 지연	53	대기의 장애현상
44	동력 고장	54	국지적인 장애현상
45	일기 부적당	55	신호 점차 약화 소멸
46	최저운고(지상 500m 미만)	56	신호 약함
47	기구의 가스 누출	57	예방정비 중
48	비양 금지기간	58	비양장비 고장(송신기, 기구, 부속물 등)
49	비상사태	59	위 40~58 이외의 이유
65~69	의심 자료		
65	고도와 온도자료 의심	68	이슬점차 자료가 "motor-boating" 이외의 이유로 없음
66	고도자료 의심		
67	온도자료 의심	69	-

예정된 상태곡선 자료를 입수하지 못한 경우는 지점 기입란을 완결하고 자료송신이 없음의 이유를 나타내는 기호 101$A_{df}A_{df}$를 지점기입란 위에 써 넣는다. 만일 자료 없음의 이유 기호도 못 받은 채 자료수신이 없는 경우에는, 예를 들면 'OOZ MISG'으로 기입한다.

한 장의 단열선도에는 2조의 상태곡선 자료가 기입된다. 또한 연속성을 가늠하기 위하여 전 시각의 상태곡선을 복사하는데 이런 경우에는 3개조의 자료가 기입된다.

1일 2회(00Z와 12Z)관측 자료인 경우에는 한 단열선도에 00Z와 12Z 상태곡선을 기입한다. 이때 00Z 자료 기입시에는 전날 12Z 상태곡선을 복사한다. 이렇게 12시간 간격(또는 6시간 간격)으로 그리면 분석자가 해당 지점의 연속적인 기단변화를 파악하기가 편리하다.

실제로 한 단열선도에 여러 조의 상태곡선을 기입할 때, 전 시각 자료는 흑색(또는 흑청색) 잉크 또는 연필로 복사하며, 그 후 처음 그려지는 상태곡선은 청색연필로, 그 다음에 그려지는 상태곡선은 적색연필로 기입한다. 단열선도 상에 기입되거나 분석되는 자료는 같은 시각의 것이라면 모두 같은 색으로 표시한다.

연습 3.1 부록 VI의 자료에서 백령도(지점번호 47102)의 자료로 단열선도(부록 XIII)를 기입하여라.

3.2 기상요소의 산출

고층관측 자료들을 단열선도 위에 기입하여 다음과 같은 여러 요소들을 이끌어 낼 수 있다.

(a) 기단의 온도

(b) 전선과 대류권계면

(c) 습윤층(구름의 가능성)

(d) 강수의 형태

(e) 대기층의 안정도

(f) 연직 바람 분포

단열선도에 상태곡선(sounding curve, 환경곡선)이 기입되면 기온곡선(temperature curve, T곡선)과 이슬점곡선(dew-point curve, Td곡선), 그리고 연직 바람프로파일을 이용하여 각 기층에서 다음과 같은 여러 가지 유용한 정보들을 추출할 수 있다.

이해를 돕기 위해, 특별히 명시하지 않는 경우의 실제적인 예는 다음 예시를 이용하기로 한다.

예시 700hPa 기압고도에서 기온은 −5℃이고 이슬점은 −12℃이다.

1 온도

가. 기온(Temperature, T)

해당 고도에 기입된 기온 값을 직접 또는 내외삽하여 읽는다.

기온 값은 radiosonde 등으로 직접 관측하여 기상전문에 표시했던 값이다.

나. 이슬점(Dew-point temperature, T_d)

해당 고도에 일정하게 기입된 이슬점 값을 직접 또는 내외삽하여 읽는다. 이 값은 radiosonde 등의 관측으로 얻은 기상전문에서 기온과 이슬점차로 얻은 것이다.

다. 습구온도(Wet-bulb temperature, T_w)

건습구온도계로 불어오는 공기가 습구를 거쳐가는 동안 습구 주위의 거즈(gauze)에서의 증발에 의해 온도가 내려가는데 이때의 온도가 습구온도(T_w)이다. 습구온도에서의 포화혼합비를 w'라 하면 $w < w'$ 이므로 $T_d < T_w < T$ 가 된다. $w' - w$ 때 증발되는 동안 온도가 T에서 T_w로 낮아지므로 증발잠열은 다음과 같다.

$$L(w' - w) = C_p(T - T_w) \quad \cdots\cdots \text{(3-16)}$$

이 습구온도는 기압을 일정한 상태에서 대기의 습도에 대응하는 물의 증발에 의해 단열적으로 냉각된 해당 공기덩이가 나타내게 될 온도로서 등압습구온도라고도 한다. 이 때 증발 잠열은 해당 공기덩이에서 공급된다고 본다. 이 값은 습구온도계에서 읽은 온도와 같다.

해당 공기덩이가 단열적으로 포화될 때까지 냉각된 후 포화단열 과정을 거쳐 본래의 기압으로 단열적으로 승압되어 나타낼 온도가 단열습구온도 또는 위습구온도이다. 단열선도 상에서 도식적으로 구한 습구온도는 위습구온도이다.

구하는 법 주어진 기압고도의 이슬점을 지나는 포화혼합비선과 온도를 지나는 건조단열선의 교점(치올림응결고도, LCL)을 지나는 포화단열선을 따라 본래의 기압고도까지 내려와 만나는 점의 온도값이 습구온도(위습구온도)이다(그림 3-7 참조).

앞의 예에서 700hPa 고도의 습구온도는 −8℃이다.

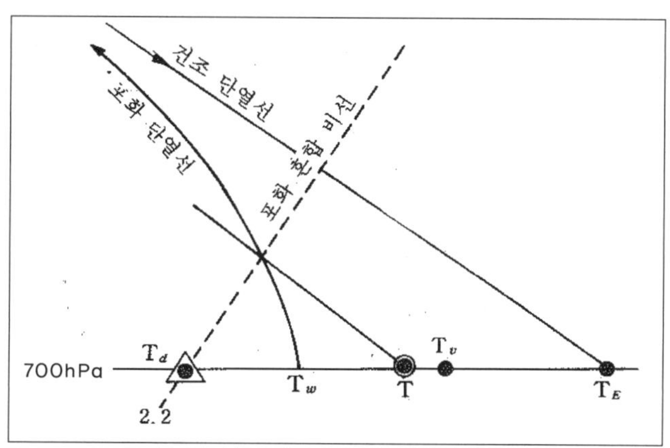

[그림 3-7] 단열선도에서 각종 온도 산출

문제 3.5 수영 풀에서 나왔을 때, 다음 중 어느 경우가 더 서늘하게 느껴질까?

(a) T=40℃로 상대습도=10%　　(b) T=25℃로 상대습도=80%.

답 그림 3-7에 의하면 (a)의 경우의 T_w= 18.5℃, (b)의 경우는 T_w= 22.5℃. 따라서 기온이 40℃이지만 바람이 불고 있어 증발이 잘 되고 있는 (a)의 경우가 더 차갑게 느껴진다.

보통 수영 후 물에서 나오면 선선하게 느껴진다. 피부에 묻은 물이 증발하므로, 피부의 온도가 습구온도까지 내려가기 때문이다.

더울 때에는 땀을 흘리게 되는데 땀이 증발하면 서늘하게 느낀다. 그러나 공기의 습구온도가 체온(약 37℃)보다 높을 경우에는, 땀을 흘려도 차갑게 느끼지 않을 것이다. 다행히도 지구상에서는 습구온도가 37℃ 이상 되는 경우가 좀처럼 드물다. 기온은 40 ℃를 넘어도 보통은 습도가 낮으므로 습구온도는 37℃보다 상당히 낮다.

라. 상당온도(Equivalent temperature, T_E)

주어진 상태의 공기를 단열적으로 상승시키면서 그 공기 중에 포함되어 있는 모든 수증기를 완전히 응결시켜 탈락시킨 후 원래의 기압고도까지 단열적으로 하강시켰을 경우에 나타날 온도이다. 이러한 과정 중에서 수증기가 응결될 때 방출되는 잠열은 공기 중에 남아 있다고 본다. 식으로 표시하면 다음과 같다.

$$T_E = T\ \exp\left\{\frac{Lw_s}{C_p T}\right\}$$

구하는 법 어떤 기압고도에 있는 공기의 이슬점을 지나는 포화혼합비선과 온도를 지나는 건조단열선의 교점(LCL)을 지나는 포화단열선을 따라 건조단열선과 평행이 되는 고도까지 상승시킨(이 고도에 이르면 해당 공기 중의 수증기는 모두 응결・탈락된다고 본다) 후 그곳의 건조단열선을 따라 하강하여 원래의 기압고도의 등압선과 만나는 점의 온도가 상당온도이다.

예에서 700hPa 고도의 상당온도로는 0.5℃를 얻게 된다.

마. 가온도(Virtual temperature, T_v)

일정 기압, 일정 온도의 실제 공기 중에서 수증기를 완전히 뽑아내고 뽑아낸 수증기 체적만큼의 건조공기를 원래의 공기에 채워 넣었다고 가정할 경우에, 기압은 같아지나 밀도가 증가하기 때문에 승온되어, 나타낼 온도이다.

건조공기와 수증기의 혼합기체인 습윤공기의 상태방정식은 $p = R_m \rho T$로 표시된다. 여기서 습윤공기의 기체상수 R_m는 다음과 같이 표현된다.

$$R_m \ = \ R_d \frac{1+\dfrac{w}{\varepsilon}}{1+w} \simeq R_d\left[1+(\frac{1}{\varepsilon}-1)w\right] = R_d(1+0.61w)$$

따라서 습윤공기의 상태방정식은 T_v를 도입하여 겉보기로를 건조대기의 상태방정식과 같은 형태로 표현하면, $p\alpha = R_d T_v$로 된다.

여기서 T_v를 가온도(virtual temperature, 假溫度)라 하는데 다음처럼 표시된다.

$$T_v = (1+0.61w)T \quad \text{(3-14)}$$

1기압 15℃에서 포화혼합비(w_5)는 약 10g/kg(즉 0.01)이다. 지표 대기 중 혼합비(w)는 0.03(즉 30g/kg)을 넣는 일이 별로 없다. 혼합비에 0.03은 기온 30℃의 지표 대기가 포화되었을 때의 값이다. 기온이 높고 습도가 높은 대기라 하더라도 T_v가 T보다 약 1% 정도까지 더 클 수 있을 뿐이다. 따라서 보통은 습윤대기에 대해서도 보통은 간단히 건조대기의 상태방정식을 이용하기도 한다.

가온도는, 고도에 따라 습도의 급변이 없는 경우에는, 온도분포에 비례한다. 따라서 대기 중에서는 특수한 경우가 아니고는 가온도 대신 온도를 쓰는 경우가 많다.

구하는 법 (1) 해당 기압고도의 혼합비(w)를 알 때 가온도(℃단위)가 $T_v = (1+0.61w)T$ 로 표현된다. 따라서 T_d를 지나는 혼합비 w를 kg 단위로 읽어 계산하여 구할 수 있다.

(2) $T_v - T$ 가 1℃ 정도가 되기 위해서는 w가 5.5~6.5g/kg 정도여야 한다. 실제 대기에서 수증기의 양은 0~20g/kg 범위에서 변하므로 다음과 같이 근사식으로 표현할 수 있다.

$$T_v = T + w/6 \quad (\text{단 } w\text{는 g/kg 단위})$$

따라서 T_d를 지나는 포화혼합비값(g/kg)의 1/6을 온도값에 더한 것이 근사적인 가온도값이 된다.

주어진 예에서 700hPa 고도의 가온도(T_v)로는 약 −4.7℃를 얻게 된다.

바. 대류온도(Convective temperature, T_C)

지표부근 공기의 온도가 올라가서 생긴 대류로 비로소 대류운을 형성하기 시작할 지상의 온도를 대류온도라 한다.

구하는 법 대류응결고도(CCL)로부터 건조단열선을 따라 내려와 지상의 기압면과 만나는 점의 온도가 대류온도이다. 하루 중 최고기온이 대류온도 이상으로 상승하면 대류운이 발생하게 된다(그림 3-12 참조).

2 온위

가. 온위(Potential temperature, θ)

공기를 건조단열적으로 1000hPa 기압고도까지 옮겼을 때 나타나는 온도를 해당 공기의 온위(溫位)라 한다.

온위(θ)를 식으로 표현하면 다음과 같다.

$$\theta = T\left(\frac{p_0}{p}\right)^{R/C_p} \quad \cdots\cdots (3\text{-}15)$$

여기서 p_0는 특정한 기압으로서 보통 1,000hPa를 사용한다.

구하는 법 구하고자 하는 기압고도의 온도를 지나는 건조단열선이 1000hPa 등압선과 만나는 점의 온도값이다. 해당 고도의 온도 값을 지난 건조단열선 자체의 값이 이미 온위를 나타내고 있다.

문제 3.3 지금 두 개의 공기덩이를 비교한다. 제1 공기덩이는 지표면에 있으며 온도는 30℃이고, 제2 공기덩이는 고도 10km에 있고 온도는 −50℃이다. 어느 공기덩이가 따뜻할 것인가?

답 지표면에서 30℃였던 제1 공기덩이를 10km 고도까지 단열적으로 상승시키면, 온도는 −68℃가 된다. 따라서 같은 고도에서 비교한다면 제2 공기덩이가 더 따뜻한 것이다. 온도 대신 온위로 비교한다면, 제1 공기덩이의 온위는 303K이고, 제2 공기덩이의 온위는 약 321K이다. 즉 제2의 공기덩이의 온위가 더 높다. 즉 더 따뜻하다.

나. 습구온위(Potential wet−bulb temperature, θ_w)

주어진 습구온도 값을 가진 공기를 포화단열적으로 1000hPa 고도까지 옮겼을 때 나타날 온도이다.

구하는 법 주어진 공기의 습구온도가 구해지면, 이 습구온도로부터 포화단열선을 따라 이동시켜 1000hPa 등압선과 만나는 점의 온도 값이 습구온위가 된다(그림 3−8 참조).
예에서 습구온위(θ_w)는 9.5℃(약 282.5° K)이다.

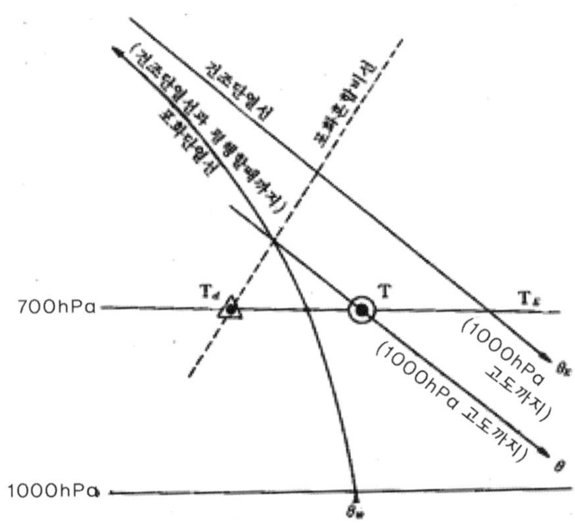

[그림 3−8] 단열선도에서 여러가지 온위를 구하는 방법

다. 상당온위(Equivalent potential temperature, θ_E)

주어진 공기 중에 포함된 수증기가 단열과정을 통해 냉각되는 동안 공기 중에서 완전히 탈락된 후에 건조단열적으로 승온되면서 1000hPa 고도까지 내려온 공기가 나타낼 온도이다. 식으로 표시하면 다음과 같다.

$$\theta_E = \theta \exp\left\{\frac{Lw_s}{C_P T}\right\}$$

구하는 법 주어진 고도의 상당온도에서 계속 건조단열선을 따라 내려와 1000hPa 등압선과 만나는 점의 온도 값이 해당 공기의 상당온위이다.

예에서 상당온위(θ_E)로 30.5℃(303.5°K)를 얻을 수 있다.

3 습도

가. 혼합비(Mixing ratio, w)

실제 대기에 포함된 단위 질량의 건조공기와 공존해 있을 수증기의 질량을 혼합비(混合比)라 한다. 단위는 g/kg이다.

식으로 표시하면 건조공기의 기체상수(R_d)와 수증기의 기체상수(R_w)의 비($\epsilon = R_w / R_d = 0.622$)를 사용하여 다음과 같이 표시한다. 여기서 e는 수증기압이다.

$$w = \frac{\rho_v}{\rho_d} = \varepsilon \frac{e}{p-e} \fallingdotseq \varepsilon \frac{e}{p}$$

구하는 법 구하고자 하는 기층의 이슬점(T_d)를 지나는 포화혼합비선의 값을 읽어 얻는다.

예에서 700hPa의 온도가 −5℃, 이슬점이 −12℃이므로 이슬점(−12℃)를 지나는 포화혼합비의 값이 약 2.2g/kg인데, 이것이 이 공기의 혼합비이다.

공기덩이가 상승하는 경우 상승에 따라 공기덩이의 온도와 압력이 변화한다. 그런데 그 공기덩이의 혼합비는 다음의 조건에서는 변화하지 않기 때문에 기상학에서는 혼합비를 자주 사용한다. 즉 혼합비가 변하지 않는 조건은,

① 공기덩이가 불포화이고, 아직은 그 공기덩이 속의 수증기의 응결이 일어나지 않는다.

② 위쪽에서 빗방울이 떨어지고 있어도 그 빗방울로부터는 증발이 일어나지 않고 있다.

③ 주위의 (다른 혼합비를 가진) 공기와 혼합하지 않는다. 엄밀히 말하면, 한 공기덩이가 주위의 공기와의 혼합을 피할 수가 없다. 그러나 단시간만을 생각한다면 그 영향은 비교적 매우 작다고 본다.

나. 포화혼합비(Saturation mixing ratio, w_s)

어떤 공기가 포화상태에 있을 때의 혼합비를 포화혼합비라 한다. 단위는 혼합비의 경우와 같이 g/kg을 쓴다. 식으로 표시하면 다음과 같다.

$$w_s \fallingdotseq \varepsilon \frac{e_s}{p}$$

여기서 e_s는 포화수증기압이다. e_s는 온도만의 함수이지만, w_s는 온도와 기압의 함수이다.

구하는 법 구하고자 하는 기층의 온도 값을 지나는 포화혼합비선의 값을 읽어 얻는다.
예에서 포화혼합비(w_s)는 약 3.6g/kg이다.

다. 수증기압(Vapour pressure, e)

대기압 중에서 수증기가 기여하고 있는 분압을 수증기압이라 한다. 보통 hPa 단위로 나타낸다.

구하는 법 구하려고 하는 기압고도에서의 T_d값을 지나는 등온선을 따라가 622hPa 등압선과 만나는 점의 포화혼합비 값에 단위로써 hPa를 붙인 것이다.
예에서 수증기압(e)으로 약 2.5hPa이 얻는다.

라. 포화수증기압(Saturation vapour pressure, e_s)

공기가 포화된 경우 전체 대기압 중에서 수증기가 기여한 분압을 포화수증기압이라 한다. 보통 hPa 단위로 표시한다.

구하는 법 구하고자 하는 기압고도의 T값에서 등온선을 따라가 622hPa 등압선과 만나는 점의 포화혼합비선 값에 단위로 hPa을 붙인다.
예에서 포화수증기압(e_s)은 약 4.3hPa이다.

기압은 물의 끓는점을 결정하는 데 관여한다. 물은 그 포화수증기압이 주위의 기압과 같게 되는 온도에서 끓는다. 지표면에서의 표준기압(약 1013hPa)의 경우에 물은 100℃에서 끓는다. 기압이 낮아지는 높은 산에서는 요리를 하는데 압력솥이 필요하게 된다.

문제 3.4 사람의 혈액을 물이라 생각하고, 체온을 37℃로 하면, 자연상태에서 체내의 혈액이 끓는 고도는 몇 km일까?

답 37℃에 대한 포화수증기압은 약 62hPa이다. 따라서 이 62hPa를 기압으로 하는 약 19.4km 고도에서는 자연상태에서 혈액이 끓게 된다.
다음과 같이 아주 간단하게 답을 구할 수도 있다. 대체적으로 고도가 5.5km 증가할 때마다 기압이 약 절반으로 줄어들므로, 지상기압을 1,000hPa이라 하면, 고도 5.5km에서는 기압이 500hPa, 11km에서는 250hPa, 16.5km에서는 125hPa, 그리고 22km에서라면 62.5hPa이 되므로 대략 값으로 22km를 구할 수 있다.

마. 상대습도(Relative humidity, RH)

어떤 체적의 공기가 포함하고 있는 수증기의 양과 그 공기가 포화되었을 때 포함하고 있을 수증기 양의 비를 백분율(%)로 표시한 것이다.

구하는 법 (1) 앞에서 구한 것처럼, 어떤 공기의 혼합비(w)와 포화혼합비(w_s)를 알면 $RH = 100 \times (w/w_s)$로 구할 수 있다.

예에서 w=약 2.2g/kg, w_s=약 3.6g/kg 이므로 RH는 약 58%이다.

(2) 앞에서 구한 e와 e_s를 이용하여 $RH=100\times(e/e_s)$에 적용하여 구할 수도 있다.

예에서 e=2.5hPa, e_s=4.3hPa이므로 RH는 역시 약 58%를 얻을 수 있다.

(3) 단열선도에서 e와 e_s를 이용하여 도식적으로 구할 수도 있다.(그러나 이 방법은 매우 번잡스러워 실용성이 적으므로 생략한다.)

바. 이슬점(Dew point temperature, T_d)

수증기를 포함한 공기 중의 수증기 밀도를 포화수증기 밀도로 하는 온도가 이슬점(T_d)이다. 그리하여 공기의 온도가 이슬점까지 내려가면 공기는 포화되고 이슬이 맺힌다. 이슬점이 높을수록 공기 중의 수증기 양이 많다. 즉 수증기 밀도가 크다. 또 이슬점이 그 공기의 온도에 가까울수록 상대습도가 높다.

구하는 법 1-나 참조(118페이지)

4 두께

가. 두께(Thickness, Th)의 정의

두 등압면의 지오퍼텐셜(geopotential) 고도의 차($Z_2 - Z_1$)를 두께(thickness), 또는 층후(層厚)라고 한다.

이상기체의 상태방정식($p=\rho RT$)과 정역학방정식($\triangle p=-\rho g \triangle Z$)을 이용하면, 두께($\Delta Z$)를 다음 식으로 표시할 수 있다.

$$Th = \Delta Z = \frac{R_d}{g}\overline{T_v}\ln\frac{P_1}{P_2}$$

여기서 R_d는 건조공기의 기체상수 ($287 J kg^{-1} K^{-1}$)이고, g는 중력가속도($9.8 m s^{-2}$), P_1, P_2는 각각 상층 등압면과 하층 등압면의 기압이다. 이 식에서 보면 기압면 P_1과 P_2 사이의 두께는 두 층 간의 평균가온도($\overline{T_v}$)에 비례한다.

가온도(virtual temperature, 假溫度)란 어떤 습윤공기의 밀도와 같은 밀도를 가지는 순수한 건조공기의 온도이다.

습윤공기의 혼합비를 w라고 표시하면 가온도와는 다음과 같은 관계가 있다.

$$T_v = T + \frac{1}{6}w$$

이 식에서 w(g/kg)는 매우 작은 값이어서 가온도가 대략 온도에 비례한다고 말할 수 있으므로 두께는 해당 두 등압면 간의 평균온도에 비례한다고 할 수 있다.

나. 두께 구하는 요령

두께를 구하고자 하는 두 등압면(등압선) 사이의 T_v곡선을 그린 후, T_v곡선을 중심으로 두 등압선과 T_v곡선이 이루는 좌우의 면적이 같도록 그은 제3의 직선이 두 등압선 중간쯤에 그려져 있을 두께 계산척과 만나는 점의 두께 값을 읽어 얻는다(그림 3-9 참조).

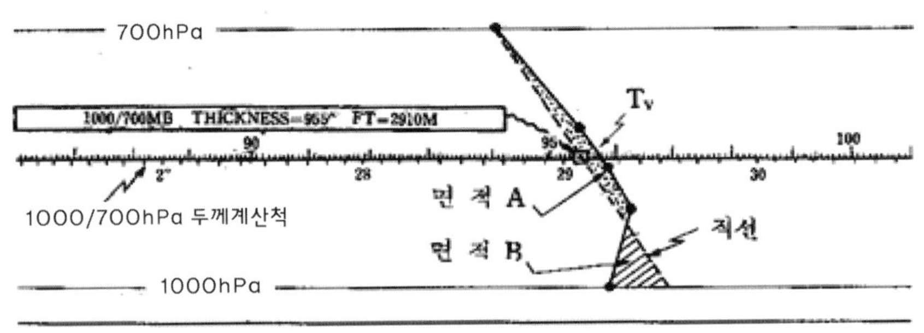

[그림 3-9] 단열선도를 이용한 두께 계산

두께 값을 대략적으로 구하는 경우에는, 두 등압면 사이의 가온도를 모두 구하여 T_v곡선을 고하는 대신 T곡선을 사용하여 위와 같은 방법으로 두께를 구한다.

예에서 700hPa의 온도인 −5℃와 이슬점인 −12℃를 1000~500hPa 기층의 평균값이라고 가정하면, 이들로부터 구한 가온도는 T_v=T+w/6=−5+2.2/6=−4.6(℃)이 되어 두께는 약 5455gpm이 된다. 만일, 가온도 대신 온도(−5℃)를 이용하여 두께를 구했다면 약 5450gpm으로써 약 5gpm의 오차가 발생한다.

5 기압고도

가. 1000hPa 등압면 고도(Level of 1000hPa surface)

지상 또는 해면기압이 꼭 1000hPa가 되는 경우는 극히 드물다. 지면고도에서 기압이 1000hPa보다 높으면 1000hPa면은 지면 상공에, 반대로 지면고도에서 기압이 1000hPa보다 낮은 경우에는 1000hPa면이 지면 하에 있게 된다.

구하는 법 단열선도 상단과 좌단에 있는 1000hPa 고도 계산척을 이용한다. 어떤 고도의 기온을 단열선도 상단에 있는 온도축에, 그리고 그 고도의 기압을 단열선도 좌단의 기압축에 각각 표시하여 이 두 점을 직선으로 연결할 때 그 연장선이 단열선도 최좌단에 있는 고도척과 만나는 점의 값이 1000hPa면의 고도가 된다. 해당 고도의 기압이 1000hPa보다 낮으면 1000hPa 면은 해당 고도 아래인 −값이고, 해당 고도의 기압이 1000hPa보다 높으면 그 고도보다 위인 +값이다.

〈현재 사용 중인 일부의 단열선도(Skew T−log P diagram)에는 인쇄 불비로 1000hPa 등압면 고도를 구하는 계산척이 부분적으로 누락되어 있다〉.

나. 표준대기의 기압고도(Pressure altitude)

어떤 주어진 기압값이 표준대기(standard atmosphere)에서 나타내는 해발고도를 기압고도라 한다.

구하는 법 기압고도는 상태곡선상의 주어진 기압에 대해서는 단열선도 좌단에 매 50hPa 간격으로 기입된 해당 기압의 고도값에서 내・외삽하여 구한다.
예에서 700hPa에 대한 표준대기 기압고도는 3012m이다.

다. 밀도고도(density altitude)

어떤 고도에 위치하고 있는 공기의 밀도가 표준대기에서 나타낼 고도를 밀도고도(密度高度)라 한다. 밀도고도는 항공업무나 비행장 설계문제에 많이 쓰인다.

구하는 법 밀도고도는 밀도고도 도표가 인쇄되어 있는 단열선도에서 앞의 기압고도 구하는 방법과 같은 방법으로 구한다(표준대기 표에서 구할 수 있다).

6 응결고도와 평형고도

가. 치올림응결고도(Lifting condensation level, LCL)

(1) 치올림온도(lifting temperature)

대기에서의 여러 중요한 양들을 치올림온도(lifting temperature)를 기초로 하여 구할 수 있다. 이것은 위단열상승 공기덩이가 나타낼 온도이다. 치올림온도는 초기의 온도와 상대습도 그리고 기압을 알면 비교적 간단한 식으로 구할 수 있다.

대류권의 하층에서 치올림온도를 열역학제1법칙에 기초하여 건조단열과정(dQ=0)이라 가정하면 다음 식이 성립한다(식 3−10 참조).

$$\frac{dT}{dp} = \frac{\alpha}{c_p} = \frac{RT}{c_p p} \quad \cdots\cdots (3\text{-}17)$$

이 방정식의 적분으로 치올림온도를 구한다. 이 적분은 식(3-17)에서 지표기압(p_0)으로부터 LCL의 기압(p_{LCL})까지 수행한다. 이후 다음처럼 기압의 함수로 표현된 공기덩이의 치올림온도 T1이 구해진다.

$$T(p) = T_1(p) = T_{dry}(p) = T_0(\frac{p}{p_0})^{2/7} \quad \text{.............. (3-18)}$$

T_0와 p_0는 상승하는 공기덩이의 초기의 온도와 기압을 나타내는 적분상수이다. 첨자로 쓰인 dry는 상승하는 공기덩이 안에서 수증기의 응결이 일어나지 않는다는 것을 표시하고 있다.

식(3-17)의 해를 위한 경계조건 T_0와 p_0는 보통 지표면에서의 값이다.

식(3-18)로 표시되는 치올림온도는 단열선도에서는 매끈한 수학적 함수로 표시되지만 실제 관측한 기온(T_a)의 분포가 매끈해야 하는 것은 아니다.

(2) 치올림응결고도(Lifting condensation level, LCL)

지상 부근의 공기덩이가 건조단열적으로 치올림하여 포화에 이르는 고도를 치올림응결고도(LCL)라 한다. 지표 부근 공기의 LCL은 보통 CCL보다는 높을 수가 없다. 대기의 상태곡선이 건조단열선과 평행일 때는 LCL은 CCL과 같아진다.

그림 3-10은 환경 온도 $T_a(p)$, 환경 이슬점 $T_d(p)$, 지표면 공기덩이의 계산된 치올림온도 $T_1(p)$을 보여주고 있다. 공기덩이의 치올림온도 T_1은 그림에서 p_0로부터 798hPa에 있는 LCL까지의 T_{dry}(p), 그리고 LCL 이상의 $T_{moist}(p)$로 구성된다.

치올림응결고도(LCL)는 지면의 이슬점을 지나는 포화혼합비선과 치올림온도인 T_1과의 교점이다. 그림에서 지면의 이슬점은 12.6℃이므로, 혼합비는 10.1g kg^{-1}이다(그림에 포화혼합비 10.1선이 그려져 있다).

그림 3-10에서 보여주고 있는 치올림온도 T_1은 어떤 메카니즘에 의해 치올림이 일어날 때 대기에서 나타나는 현상에 대응된다. 치올림은 경사지형(산악지형)에 불려 올라가는 강제치올림, 전선에서의 강제치올림 등에 의해 일어난다.

그림 3-10의 예는 저녁 무렵 대류상승이 있는 뇌우 지역의 사운딩이다. 현재 이곳의 주위에서는 상승기류에 수반되어 강한 하강기류가 나타나고 있다. 이러한 하강기류는 또한 역학적으로 지표의 공기를 자극하여 상승시킨다. 약한 안정도로는 강한 상승을 방해하지는 못할 것이다. 지표로부터 상승하는 공기덩이는 751hPa로부터 254hPa에 이를 때까지 부력을 받게 된다.

지표면 공기덩이의 치올림온도는 실제적인 온도를 나타내지 않기 때문에 주의가 필요하다. 좀 더 실제에 가까운 치올림온도는 지상으로부터 약 1km의 층 속에서의 평균온도와 평균이슬점을 구해 산출한다.

공기덩이의 초기 온도와 이슬점을 어떻게 평가하는가 하는 것은 그렇게 중요한 것은 아니다. 더 중요한 것은 모든 상호비교에서 똑같은 방법을 사용해야 한다는 것이다.

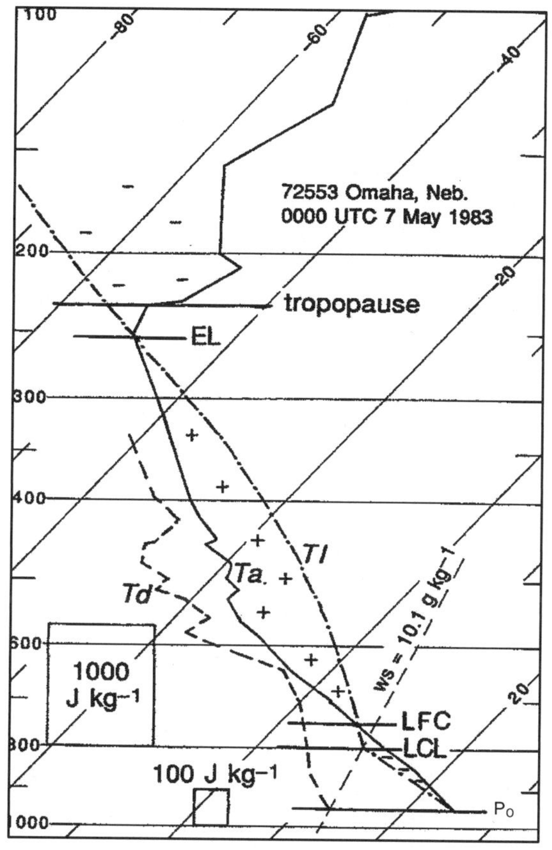

치올림온도 T_1(파점선)은 건조단열선과 포화단열선으로 구성된다. 건조단열선은 954hPa면으로부터 798hPa의 LCL까지의 T_1이다. T_1은 LCL에서부터 성층권까지 포화단열선을 따라 그려진다. 상층에서의 T_1과 Ta의 교차점이 평형고도(EL)이다. 이 그림의 왼쪽 부분의 아래에 있는 정사각형들은 각각 1000J kg^{-1}, 100J kg^{-1}구역에 해당하는 에너지 면적의 크기를 예시하고 있다.

[그림 3-10] 사운딩과 지표면에서 "치올림"한 공기덩이의 치올림온도의 예

(Omaha, Nebraska, 1983. 5. 6 18:00L)

구하는 법 지상의 이슬점을 지나는 포화혼합비선과 온도를 지나는 건조단열선이 만나는 점의 고도가 치올림응결고도(LCL)이다.

나. 대류응결고도(Convective condensation level, CCL)

대체적으로 햇빛이 있는 동안 공기덩이가 지표로부터 가열될 때 나타나는 대류상승이 중요하다. 이러한 사실에서 대류응결고도의 개념이 나온다.

지표 부근의 공기덩이가 지표의 가열로 에너지를 받은 후 단열적으로 상승하여 포화에 이르는 고도를 대류응결고도(CCL)라 한다. 이 고도는 보통 지표가열에 의해 생기는 적운형 구름의 운저고도에 해당한다.

이 고도는 그림 3-11에서와 같이 지표면 이슬점온도(T_d)를 지나는 포화혼합비선이 환경온도곡선과 만나는 고도이다. 그림 3-11의 환경온도곡선에서 CCL점을 지나는 건조단열선의 p_0고도에서의 온도가 대류온도(T_C)이다. 이 온도가 지표의 공기를 상승시켜 처음으로 적운을 발생시키게 되는 온도이다. 즉 지표면에서 공기가 대류온도까지 가열되면, CCL에서 구름이 형성되도록 대류가 이루어질 것이고, 지표의 공기가 이 고도에 이르면, 그 후에는 해당 공기가 자동적으로 계속 상승하게 되므로 이때의 대류응결고도(CCL)는 자유대류고도(LFC)와 일치한다.

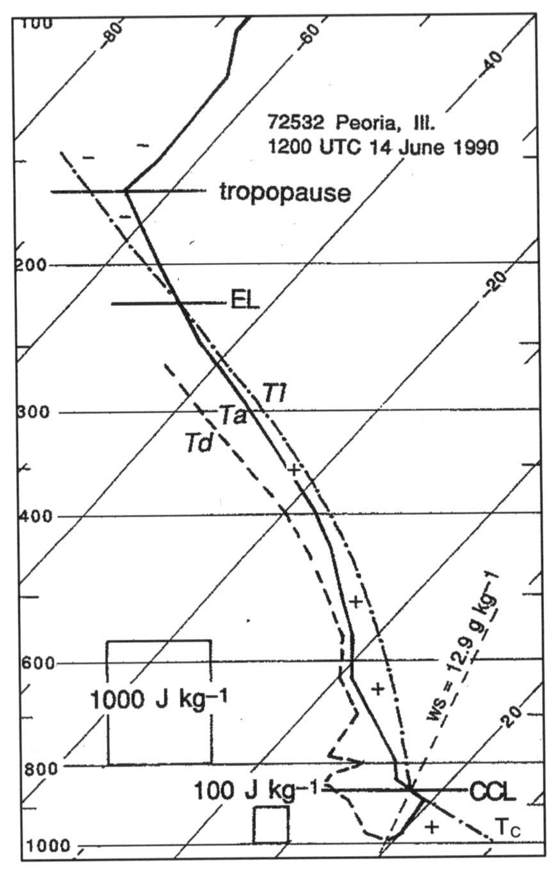

[그림 3-11] 지표면에서 대류온도(Tc)에 도달한 공기덩이의 치올림온도의 예
(Peoria, Illinois, 1990. 6. 13, 0600L)

그림 3-11은 지표에서 992hPa, 19.2℃의 상황을 나타내는 아침의 사운딩이다. 기온의 일변화로 지상의 기온이 29.4℃에 도달하게 된다면 그 시간에 건조대류가 CCL까지 형성될 것이다. 지표면에서 공기덩이의 혼합비는 12.9g kg^{-1}이므로 포화혼합비가 12.9g kg^{-1}가 되는 860hPa 고도에 나타나는 CCL에서 응결이 일어날 것이다. 이 공기덩이는 228hPa에 있는 평형고도(EL)까지 +부력을 가지게 된다.

구하는 법 지상의 이슬점을 지나는 포화혼합비선이 대기의 상태곡선과 만나는 점의 고도가 대류응결고도(CCL)이다. 만일, 지상 부근에서 고도에 따라 습기의 함유량의 차가 심할 때에는 이 지상 부근의 낮은 층의 습도를 평균한 값을 이용하여 대류응결고도를 구한다.

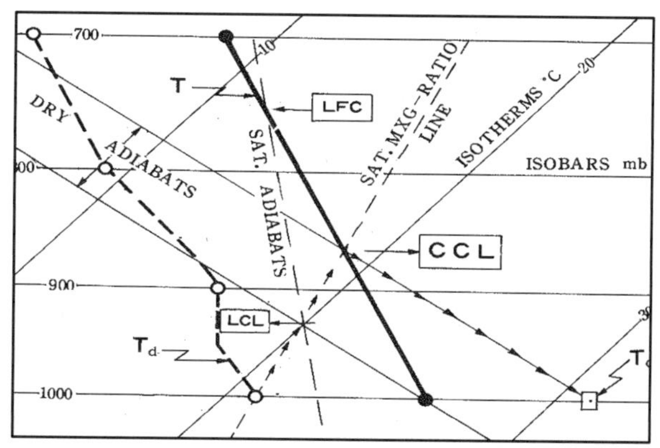

[그림 3-12] LCL, CCL, LFC 및 대류온도(Tc)

다. 자유대류고도(Level of free convection, LFC)

(1) 응결효과(Condensation effect)

식(3-18)에서 함수 $T_1(p)$는 LCL에 이르기까지 의미가 크다. LCL 이상에서는 열량 dq의 미분이 방출된 응결잠열의 미분과 같아야 하므로 다음과 같이 표현된다.

$$dq = -L\,dw_s$$

여기서 L은 수증기의 응결잠열이고 w_s는 포화혼합비이다. 이들을 열역학제1법칙에 적용할 때 습윤단열과정의 식은 다음과 같다.

$$\frac{dT}{dp} = \frac{\alpha}{c_p} = -L\frac{dw_s}{dp} \quad \cdots\cdots \text{(3-19)}$$

이 식은 적분하여 다음 식으로 표현할 수 있다.

$$T(p) = T_1(p) = T_{moist}(p) \quad \cdots\cdots \text{(3-20)}$$

이것은 LCL고도 이상에서의 공기덩이의 치올림온도 T_1을 나타낸다. 곡선을 단열선도에서 편리하게 찾을 수 있기 때문에 일반적으로 식(3-20)의 $T_{moist}(p)$에 대한 정확한 수식에는 별로 관심을 가지지 않는다. 이 곡선에 대한 출발점인 경계조건은 기압 p_{LCL}에서의 치올림온도 T_1이다.

$$T(p_{LCL}) = T_{moist}(p_{LCL})$$

식(3-17)과 식(3-18)의 일반적인 해들의 일련의 그래프는 이미 그려져 있기 때문에 치올림온도의 그래프에서의 값을 구하는 것은 표준 단열선도에서는 쉽다. 이들이 Skew T-log P 선도에서의 건조단열선(dry adiabat)과 습윤단열선(moist adiabat)이다.

(2) 자유대류고도(LFC)

앞의 그림 3-10은 일기분석에 중요한 몇 가지의 개념, 즉 750hPa에 있는 자유대류고도 (LFC)와 255hPa에 있는 평형고도(EL)가 들어 있다. 만약 치올림 공기덩이가 LFC를 넘게 되면 부력을 받기 때문에 에너지가 더해지지 않아도 계속 치올림하게 되어 EL까지 쉽게 상승한다. EL 이상의 고도에서는 치올림 공기덩이가 음의 부력(하강 부력)을 받게 된다.

LFC는 하층대기에서 치올림온도가 환경온도보다 낮을 때에만 의미가 있다. 반대로, 만일 낮은 층에서 치올림온도가 환경온도보다 높으면 대기는 불안정하고, 그리고 LFC는 지상에 위치한다.

공기덩이가 건조단열적으로 치올림하여 포화에 달하는 고도가 LCL이고, 이 LCL에서 포화단열적으로 계속 치올림하여 처음으로 대기의 온도곡선과 만나는 점의 고도를 자유대류고도(level of free convection, LFC)라 한다. 이 LFC 고도 이상에서는 단열적으로 치올림한 공기덩이의 온도가 대기의 온도보다 따뜻해져서 자유롭게 계속 상승하게 된다.

구하는 법 자유대류고도(LFC)는 LCL을 구하여 이 점을 지나는 포화단열선을 따라 올라가서 상태곡선과 처음으로 만나는 점의 고도이다. 만일, 대기 상태곡선이 건조단열선과 평행인 경우는 LFC, LCL 및 CCL은 모두 같은 고도가 된다.

(3) 평형고도(Equilibrium level, EL)

대류응결고도(CCL)나 자유대류고도(LFC) 상부에서 계속 부력을 받아 자유롭게 상승하는 공기덩이가 다시 주위 환경온도와 같아지면서 부력을 상실하기 시작하는 고도를 평형고도(equilibrium level, EL)라고 한다.

구하는 법 지면 가열에 의한 경우는 CCL로부터, 강제치올림의 경우는 LFC로부터 포화단열선을 따라 올라가 처음으로 다시 환경온도곡선과 만나는 점의 고도가 평형고도(EL)이다.

라. 혼합응결고도(mixing condensation level)

구름은 공기가 물리적으로 혼합되는 층에서도 형성될 수 있다. 지표 혼합층은 대체로 약 1km 두께 정도로 비교적 얇다. 지표면에서 $10ms^{-1}$ 이상의 바람이 있을 때는 충분한 혼합이 이루어지는데, 이 지표 혼합층 위에는 역전층이 위치하는 것이 보통이다. 난류는 이 혼합층 전체에서 온위와 혼합비를 일정하게 만든다. 만일 습도가 충분히 높다면 혼합층 중의 윗부분은 기온이 이슬점보다 낮아질 것이다. 따라서 혼합응결고도(mixing condensation level, MCL) 이상에서는 응결이 이루어진다.

그림 3-13에서는 MCL를 구하는 방법을 소개하고 있다. 역전층 아래의 층은 아직 혼합이 되어 있지 않지만, 낮 동안 혼합이 되도록 바람이 충분히 강하게 불 것으로 예상되고 있다면 혼합이 이루어질 때 그 층에서 상하로 온위와 혼합비가 각각 일정해진다. 혼합비가 일정해지기 때문에 이슬점도 또한 층 내에서 일정해진다.

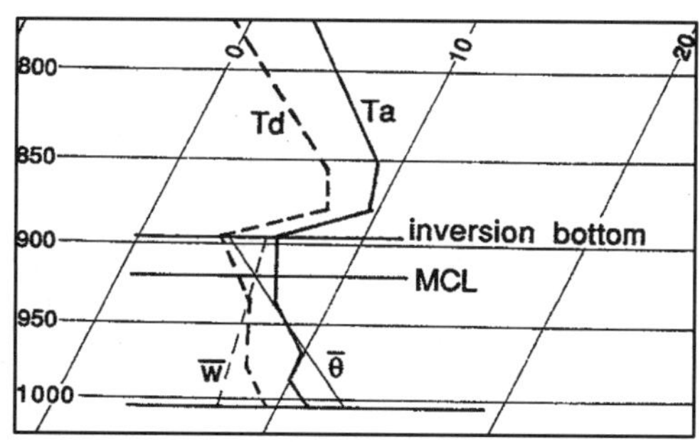

난류역전층 아래에서 환경온도(굵은 실선, Ta)와 환경이슬점(굵은 파선, Td)을 평균한다. 혼합 이후에 온도 분포는 그림에서 가는 직선 실선처럼 건조단열적($\overline{\theta}$)이고, 이슬점 분포는 가는 파선처럼 일정한 포화혼합비선 ($\overline{w}$)을 따른다. $\overline{w}$와 $\overline{\theta}$의 교점이 MCL이다.

[그림 3-13] 난류역전층 아래의 안정하고 습한 기층에서 난류가 있을 경우에 생긴 혼합응결고도(MCL)를 구하는 예

따라서 혼합기층이 충분히 두꺼운 경우는 온도곡선과 이슬점곡선이 혼합기층 내의 일정 고도에서 만난다. 즉 이 교점 이상의 혼합기층내에서는 공기는 포화되어 구름이 형성된다. 이러한 최초의 교점을 혼합응결고도(MCL)라 하며 이 고도가 이 구름의 운저가 된다.

구하는 법 먼저 혼합층의 두께를 결정하여야 한다. 혼합층의 두께는 하층 대기의 예상 풍속, 지형, 지상 장애물, 하층 대기의 온도곡선 등을 고려하여 경험적으로 구한다. 혼합층이 구해지면 이 혼합층의 환경온도곡선을 등면적법을 이용하여(그림 3-14 참조) 상하 면적이 등면적이 되도록 건조단열선에 평행한 직선을 그리고, 또 이 혼합층의 환경이슬점곡선을 역시 상하 등면적이 되도록 포화혼합비선에 평행한 직선을 그린다. 이상의 두 직선이 만나는 점의 고도가 혼합응결고도이다. 물론 이 점이 혼합층 이상에서 만나면 혼합에 의한 응결은 일어날 수가 없다.

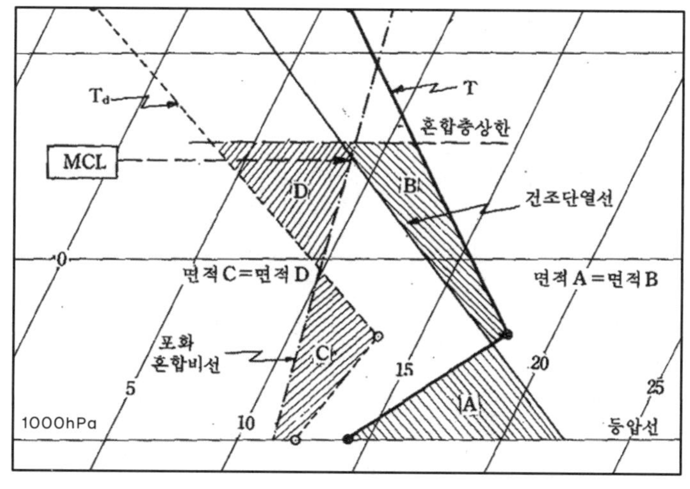

[그림 3-14] 혼합응결고도

실제적인 작업에서는 우선 난류역전층 아래의 층에서 평균온위와 평균혼합비는 도식적으로 구해진다. 이슬점은 혼합비의 역할을 한다. 왜냐하면 이들 두 변수는 대략적으로 서로 비례하기 때문이다. 따라서 이 두 평균값은 단열선도에서 선으로 그려진다. 즉 환경온도는 단열선이고 이슬점은 'w_s=일정'을 따른다. 이 두 선의 교점이 혼합응결고도(MCL)이다.

7 단열선도의 면적과 에너지

대부분의 단열선도상의 면적은 에너지양으로 환산이 가능하다 Skew T-log P diagram 중 DOD WPC 9-16이란 단열선도는 그 단열선도에서 면적 $1cm^2$는 단위질량(1g)당 0.280×10^6erg (또는 0.0280 J)에 해당되는 에너지로 환산된다. 따라서 이 단열선도에 대하여 확대나 축소된 단열선도상의 에너지는 용이하게 DOD WPC 9-16과 비교하여 정할 수 있을 것이다. 예를 들면, 기상청에서 사용 중인 Skew T-log P diagram의 경우는 앞에 언급한 DOD WPC 9-16을 길이를 2/3로 축소시킨 것이므로 이 단열선도상의 $1cm^2$는 1g의 공기에 대하여 0.630×10^6erg(또는 0.0630 J)에 해당하는 에너지로 환산할 수 있다.

CCL이나 LFC 이후의 자유상승은 공기덩이가 부력을 받기 때문이다. 단위질량(1g)의 공기가 받는 부력의 양은 CCL(또는 LFC)로부터 EL까지 CCL(또는 LFC)을 지나는 포화단열선과 환경온도곡선이 이루는 면적에 비례한다. 이 면적은 부력을 얻는 면적으로서 "+" 면적(positive area)이라고 한다(그림 3-15 참조).

CCL(또는 LFC) 아래의 - 면적이 그 위쪽의 + 면적보다 훨씬 적은 경우에는 대기가 불안정하며, 훨씬 클 경우에는 대기가 안정하다고 볼 수 있다.

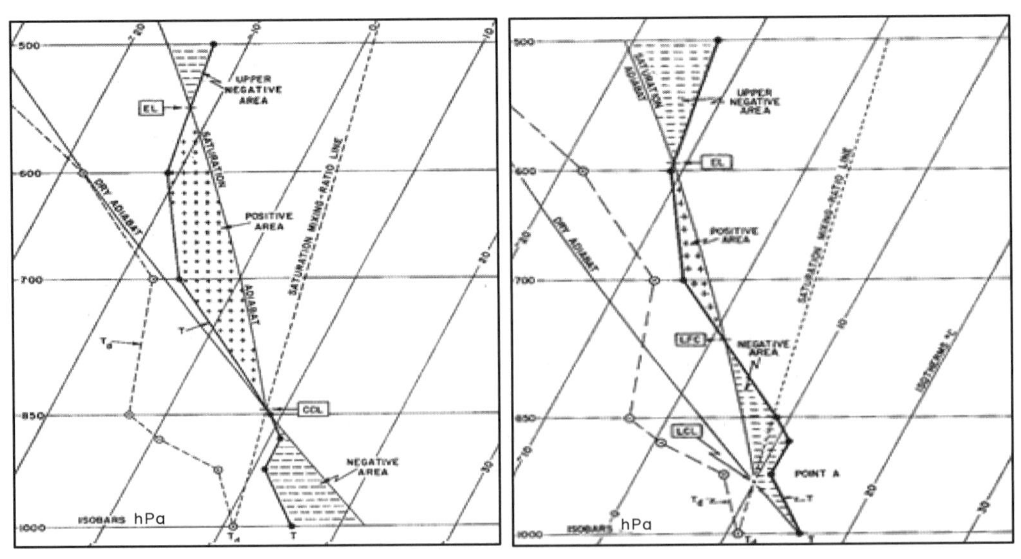

[그림 3-15] 단열선도상의 면적과 에너지

반대로 CCL(또는 LFC)에 이르게 하기 위해서는 공기덩이에 에너지를 공급해야 한다. 이 에너지 양은일사에 의한 경우 CCL을 지나는 건조단열선(이 선은 Tc를 지남)과 환경온도곡선이 이루는 면적, 강제상승의 경우는 LCL을 지나는 건조단열선과 CCL로부터 LFC에 이르는 포화단열선 및 환경온도곡선이 이루는 면적에 비례한다. 이러한 면적은 부력을 얻을 때까지 공급해야 하는 에너지를 나타내는 면적이기 때문에 "−" 면적(negative area)이라 한다.

연습 3.2 연습 3-1에서 기입한 단열선도에서 각종 기상요소를 산출하시오.

3.3 불안정도 분석

1 정적 불안정도

안정도를 결정하고자 하는 기층의 가온도곡선을 그 층의 건조단열선 또는 포화단열선의 경사와 비교하여 안정도를 결정하는 것이 원칙이다. 그러나 대부분의 경우는 가온도곡선 대신 환경온도곡선을 써서 비교하여도 특정한 경우를 제외하고는 오차가 매우 적다. 그 특정한 경우란 고도증가에 따라 이슬점이 급격히 증가 또는 감소하는 경우이다. 이슬점온도가 고도 증기에 따라 급격히 증가하는 경우는 가온도곡선 감률이 환경온도 감률에 비해 커지고, 감소하는 경우에는 가온도곡선 감률이 환경온도 감률에 비해 적어진다.

안정도를 검토하는 경우에는 기층의 환경온도 감률이 균일하고 일정하다고 가정할 수 있어야 한다. 이때의 대기는 지표마찰의 영향이 없으며 대류운의 발달과 같은 급한 연직운동이 아주 없거나 큰 규모이고 매우 느리게 일어나는 경우의 자유대기라고 가정한다. 안정도를 변화시키는 국지적인 변화는 대류권 전체에서 대체로 매우 작은 부분에 불과하다.

어떤 기층의 정적불안정도(static instability)는 보통 해당 기층에서 연직적으로 움직이는 공기덩이에 작용하는 힘으로 판단한다.

공기 기층의 상태를 다음과 같이 분류한다. 9이 정적불안정도를 유체정력학적 불안정도(hydrostatic instability) 또는 연직 불안정도(vertical instability)라고도 한다.

① 안정(stable) : 공기덩이의 연직운동 방향에 대하여 −의 부력이 작용한다.

② 불안정(unstable) : 공기덩이의 연직운동을 돕는 방향으로 부력이 작용한다.

③ 중립(neutral) : 공기덩이의 연직운동에 상관없이 항상 부력이 0이다.

대기의 안정도를 나타낼 때 환경기온감률을 γ, 건조단열감률을 γ_d, 포화단열감률을 γ_s로 표시하여 안정도를 나타내면 편리하다.

이러한 표현의 대기안정도는 다음과 같다.

① 절대안정(absolutely stable) : $\gamma<\gamma_s$ (수증기 함량에 관계없이 안정)

② 절대불안정(absolutely unstable) : $\gamma>\gamma_d$ (수증기 함량에 관계없이 불안정)

③ 조건부불안정(conditionally unstable) : $\gamma_s<\gamma<\gamma_d$ (포화공기에 대해서는 불안정하나 불포화공기에 대해서는 안정)

④ 중립 평형(neutral equilibrium) : $\gamma=\gamma_d$ (건조 중립), $\gamma=\gamma_s$ (포화 중립)

절대불안정을 이루는 환경곡선은 초단열감률(super adiabatic lapse rate)을 나타낸다. 이러한 절대불안정은 햇볕이 강하게 쬐는 경우, 지상으로부터 약 300m 고도까지의 대기 하층에서 일시적으로 나타날 수 있다. 상층에서도 드물지만 예외적으로 나타나는 경우가 있는데, 상승된 기층이 포화되어 갑자기 상승하는 경우, 또는 구름 상한에서 증발하는 경우에 생긴다.

이제 그림 3-16에서 정적불안정도를 분석해 본다.

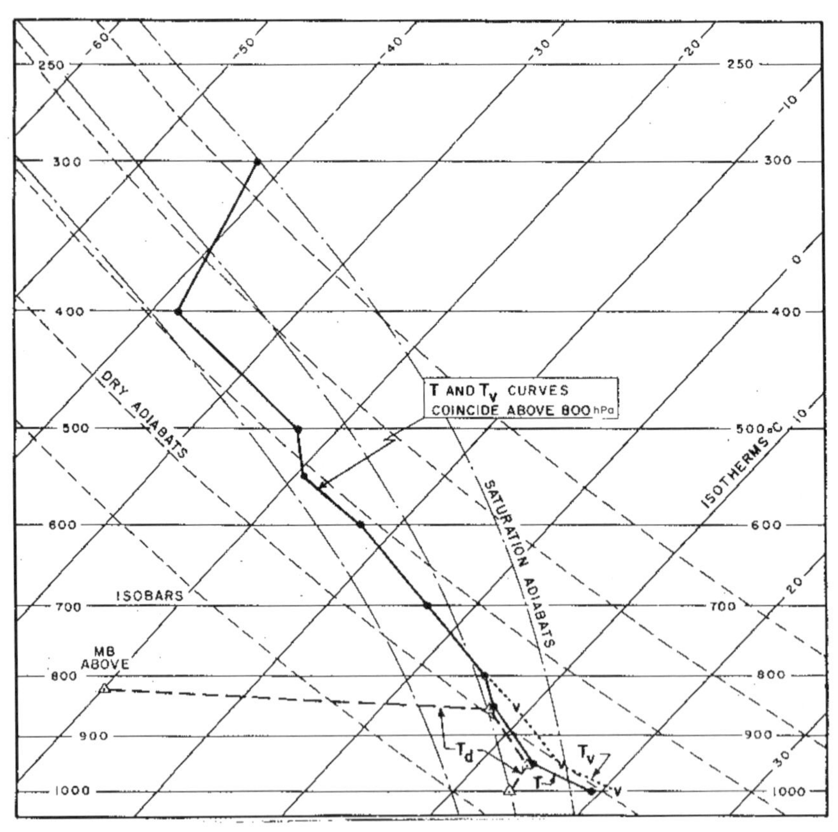

[그림 3-16] 안정도 판별을 위한 사례

1) 1000~950hPa : 이슬점이 거의 일정게 변하므로 가온도곡선을 그려볼 필요가 없을 것이다.

가온도곡선의 감률은 온도곡선의 감률처럼 건조단열감률보다 더 크기 때문에 이 기층은 절대불안정층이다.

2) 950~850hPa : 이슬점이 완만하게 감소하고 있으므로 가온도곡선을 그려볼 필요가 있겠다. 온도곡선의 감률보다는 가온도곡선의 감률이 커졌지만 크게 다르지 않다. 가온도곡선(또는 온도곡선)의 감률이 건조단열감률보다 작으나 포화단열감률보다 크므로 이 층은 조건부불안정 상태이다. 그러나 이 기층이 포화상태이기 때문에 감률이 포화단열선에 비하여 더 크므로 이 기층이 계속 포화되어 있는 한 불안정층이 된다.

3) 850~800hPa : 이슬점이 급감하므로 가온도곡선의 감률이 기온곡선의 감률에 비하여 크므로 가온도곡선은 조건부불안정 상태이다. 그러나 이 기층은 포화되지 않은 상태이기 때문에 안정층이다.

4) 800~600hPa : 대기가 건조하고 온도곡선의 감률이 건조단열감률보다 작기 때문에 안정층이다.

5) 600~550hPa : 온도곡선이 건조단열선과 평행이기 때문에 건조중립이다.

6) 550~500hPa : 온도곡선의 감률이 습윤단열감률보다 작기 때문에 이 기층은 절대안정층이다.

7) 500~400hPa : 대기가 건조하며 온도곡선의 감률이 건조단열감률과 같으므로 이 기층은 건조중립에 해당된다.

8) 400~300hPa : 온도곡선의 감률이 건조단열감률보다 더 적어 절대안정층이다.

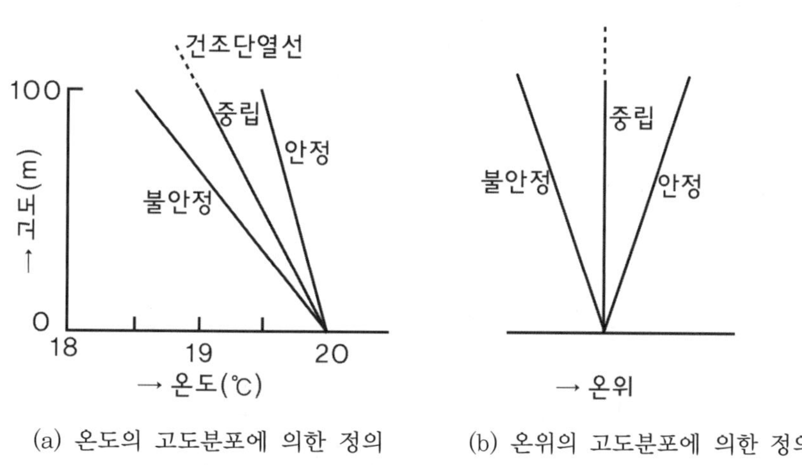

(a) 온도의 고도분포에 의한 정의　　(b) 온위의 고도분포에 의한 정의

[그림 3-17] 건조대기의 정역학적 안정성 정의.

2 잠재 불안정도

만일 부력이 처음에 공기덩이의 상승운동을 방해(– 부력)하였으나 어떤 힘에 의해 그 공기덩이가 계속 상승하여 어떤 고도에 이르면 오히려 그 공기덩이의 상승운동을 돕게(+ 부력)되는 경우가 있는데, 이런 경우 전체 기층의 상태를 잠재불안정(latent instability)이라고 한다. 공기덩이의 부력은 그 공기덩이의 주위에 대한 상대적인 온도에 달려 있다.

중립, 조건부불안정 또는 안정이라 하더라도 기층의 안정도는 온도와 습도의 관계에 따라 결정되어야 한다. 따라서 기층이 대규모적으로 상승되는 경우에는 불안정하게 되는 수가 있어서 이런 불안정화의 잠재성 여부를 판정하여야 하는 경우가 있다.

조건부불안정 상태의 기층이 상승하더라도 불안정화 되지 않는 기온감률을 비잠재불안정(no latent instability)이라 하고, 불안정화 되는 기온감률을 잠재불안정(latent instability)이라 한다.

잠재불안정이라 하더라도 그림 3-18(a)에서처럼 상층과 하층이 모두 −면적만 있는 경우는 비잠재불안정, 하층의 −면적이 상층의 +면적보다 큰 경우는 비교적 안정상태인 위잠재불안정(pseudo-latent instability), 상층의 +양면적이 하층의 −면적보다 큰 경우는 불안정도가 큰 진잠재불안정(real-latent instability)이라고 한다.

위잠재불안정의 경우는 대체로 구름이 약간 형성되는데 그치게 되고, 진잠재불안정의 경우에는 뇌운, 소나기 또는 뇌우가 있게 된다. 위잠재불안정의 경우에도 상층의 +면적이 적지만 그 층이 두꺼우면서 하층에 수렴이 있는 경우에는 악기상을 초래하기도 한다.

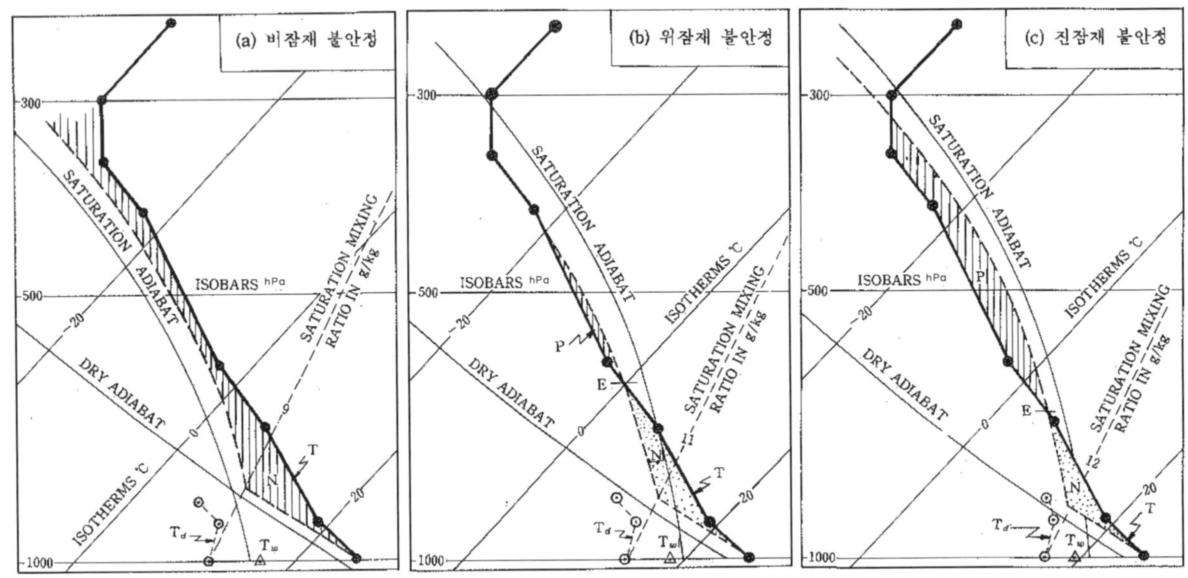

[그림 3-18] 잠재불안정의 세 가지 형태

3 위치불안정도(대류불안정도)

어떤 기층이 상승하게 될 때 기층 중 어느 부분은 빨리 포화되고 어떤 부분은 그렇지 않다. 이때 기층의 대류 가능성에 대한 지표로써 위치불안정도(potential instability)를 분석하게 된다. 위치불안정도를 대류불안정도(convective instability)라고도 한다.

위치불안정도를 판정하기 위하여 우선 그림 3-19에서와 같이 해당 기층의 습구온도곡선을 구한다. 구해진 습구온도감률이 포화단열감률보다 큰 기층은 위치불안정(potentially unstable), 포화단열감률보다 작은 기층은 위치안정(potentially stable)이라 한다.

얇은 위치불안정이 상승하는 경우에는 짙은 층운, 산만한 작은 적운, 높은 층운과 적운의 혼합, 혹은 안정층을 침투하여 높이 솟은 키 큰 적운이 발생하고 강수가 발생할 수도 있다. 기상현상의 강도는 공기덩이가 응결고도 이상으로 상승하는 정도, 습구온도의 감률, 주위 기층의 안정도 및 상승속도에 따라 다른데, 위치안정층의 상승과 위치불안정층의 상승 간에 차이가 크지 않은 경우도 흔하다.

두꺼운 위치불안정층이 상승하는 경우에는 얇은 층의 경우보다는 더 악기상이 나타날 가능성이 있지만 각 층에 대해 각각 검토하여야 한다. 예상되는 상승이 전 기층을 포화시키기에 충분하지 못하면 불안정성의 효과는 매우 적게 나타난다.

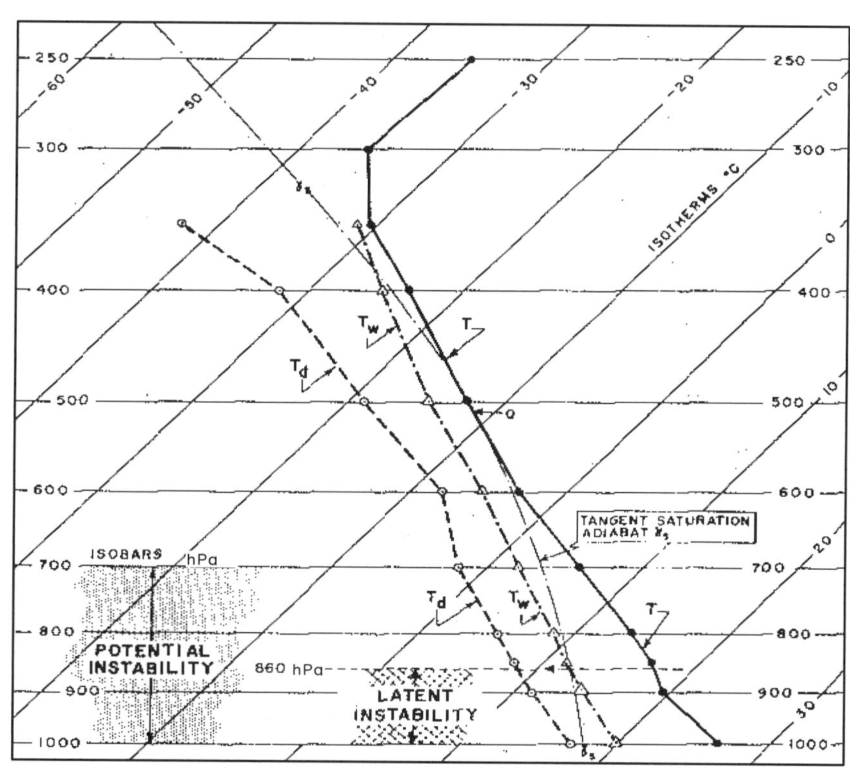

[그림 3-19] 위치불안정도의 판정

4 안정도의 변화

대기가 한 장소에 단열적으로 정지하고 있지 않는한 대기의 기온감률이 변하지 않고 유지되는 경우는 극히 드물다. 대기는 이동하면서 지면에서 열을 받거나 지면으로 열을 빼앗기거나 한다.

또 연직기층의 이동방향과 속도가 모두 같을 수 없기 때문에 시어의 크기에 따라 그 연직기층에 공기가 유입 유출되는 모양이 다르다. 또한 연직기층 중에서도 강수물에서의 증발, 응결 등에 의해서도 대기의 온도분포는 끊임없이 변해간다.

또한, 한 지점에서 상공의 대기를 관찰해도 대기가 정지상태가 아니므로 끊임없이 새로운 대기가 거쳐 지나가면서 시시각각으로 대기는 변화된다. 이 또한 어떤 일정한 방향에서 일정한 속도로 접근하여 거쳐 가는 것이 아니고 각 기층에 따라 접근하는 방향과 속도는 다양하다.

따라서 한 지점에서의 대기의 기온감률이 변화되는 과정을 다음과 같이 정리할 수 있다.

(1) 지표가열과 냉각 : 단파복사인 일사에 의하여 지표가 가열되고 그 지표 위의 공기는 장파복사인 지구복사에 의하여 가열된다. 지표 부근의 공기가 가열되면 대기는 점차 불안정화 된다.

한편 일사가 없는 경우에도 지구복사는 계속되어 지면이 냉각되므로 그 위에 있는 공기가 냉각되어 안정화하고 역전층이 발달하게 된다. 위와 같은 복사에 의해서 뿐만 아니라, 증발, 응결, 지표면에서의 전도 등도 지표 부근 공기의 기온감률에 영향을 준다. 지표가열과 냉각에 의한 지표부근의 기온곡선의 전형적인 변화는 그림 3-20과 같다.

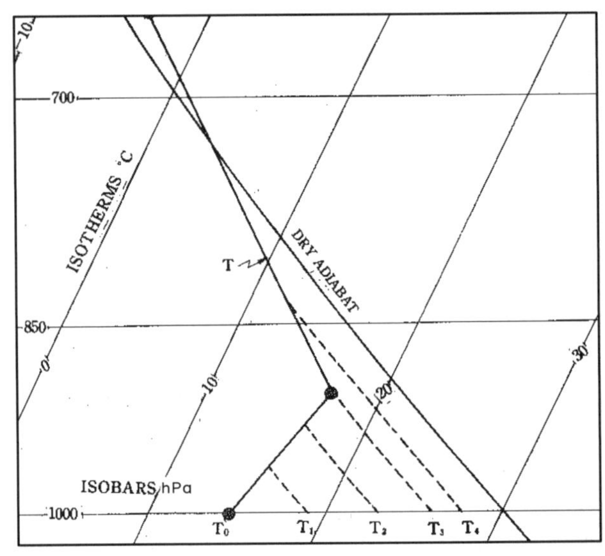

[그림 3-20] 지표가열 · 냉각에 의한 지표부근 기온곡선의 일변화

(2) 이류 : 상하 기층이 서로 다른 종류의 기단인 경우에 상층이 한랭이류이고 하층이 온난이류인 경우는 대기가 점차 불안정하게 되며, 반대로 상층엔 온난이류, 하층엔 한랭이류가 있는 경우에는 기층이 안정하게 된다. 상하 기층에서 같은 종류의 이류라 하더라도 그 이류의 크기가 서로 다른 경우에는 역시 기온감률이 달라져서 안정도가 달라진다.

(3) 연직운동 : 연직운동으로 공기가 침강하거나 상승하면 기층의 두께가 변하면서 기층의 기온감률이 변한다. 일반적으로 기층이 단열적으로 하강하면 안정화 하고, 단열적으로 상승하면 불안정화 한다.

3.4 안정층 분석

1 안정층

대기는 원래 대기를 이루고 있는 공기가 안정한 상태가 되도록 끊임없이 변하고 있으므로 안정한 것이 원칙이라 할 수 있다. 그러나 지역에 따라 또는 계절에 따라 안정도가 변하고 있다. 왜냐하면, 대기는 가열과 냉각이 끊임없이 반복되기 때문이다.

대류권은 대체로 평균기온감률로 분포되어 있지만 부분적으로 보면 안정층과 불안정층이 있다. 대기의 온도분포 단면을 재현한 예를 그림 3-21 및 3-22에서 볼 수 있다.

안정층에는 절대안정층과 조건부안정층이 있으며, 절대안정층을 다시 역전층, 등온층(등온층은 역전층에 포함되기도 함) 및 안정체감층으로 분류할 수 있다.

안정층은 대부분 불연속층을 동반하여 나타나기 때문에 구름, 안개, 시정의 악화 등을 발생시킨다. 안정층 분석은 대기흐름의 종류, 수직·수평 혼합, 열, 수증기, 연무, 운동량의 확산 및 이동 가능성을 판단하는 중요한 의미를 가진다.

안정층 중에서 특히 역전층은 종관적으로 설명 가능한 것이 많다. 그 중에는 전선, 침강현상, 난류혼합과 권계면 같은 특성을 가진 것들이 있다. 그러나 때로는 적당한 해석방법을 알지 못하는 것들도 있다.

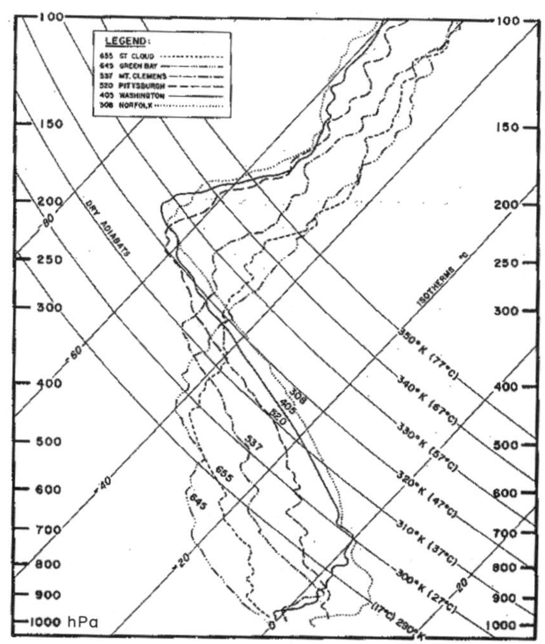

[그림 3-21] 미국 Bismarck와 Cape Hatteras 사이의 각 관측소의 연직 온도 분포 (1956. 3. 29. 15:00Z)

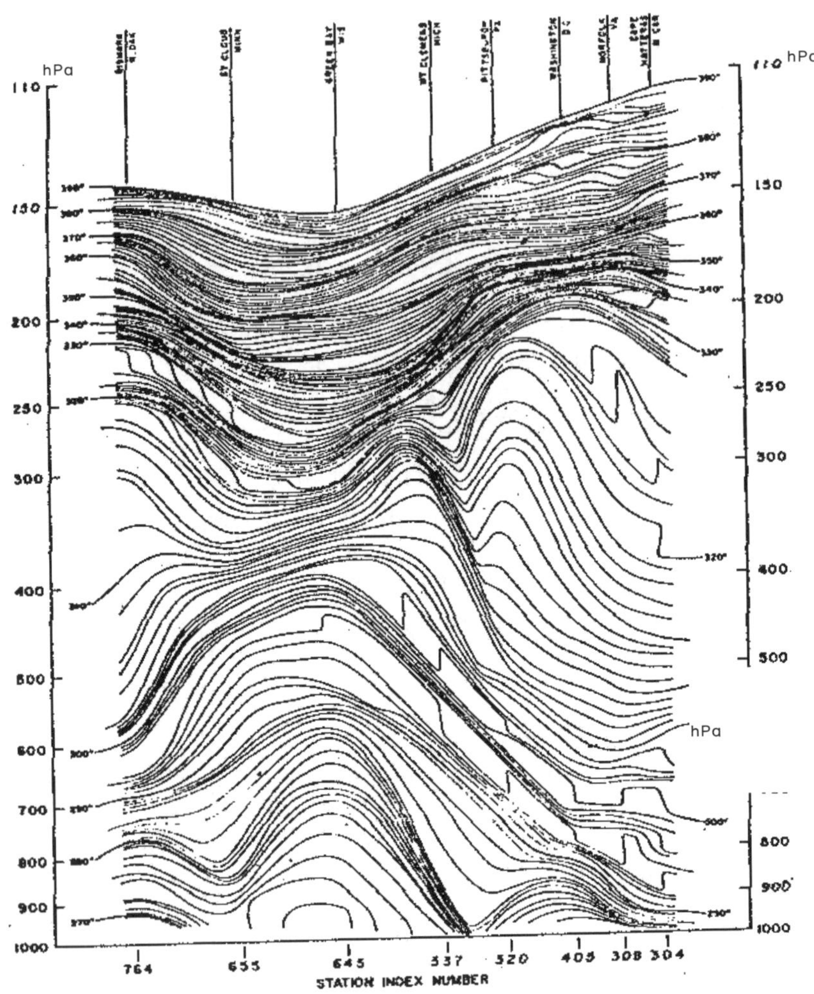

[그림 3-22] 그림 3-21의 등엔트로피(등온위) 연직 단면도

2 대류권 내의 역전층

가. 복사역전(Radiation inversion, 輻射逆轉)

복사역전은 대기의 최하층이 복사냉각된 지표면과 접촉하여 있기 때문에 발생한다. 따라서 역전층의 두께와 그 강도는 풍속, 운량, 지표의 성질, 밤의 길이, 기단과 지표의 처음 온도차에 따라 결정된다. 이들의 특성을 역으로 이용하고, 또 일출 이후의 일사의 특성을 알면 복사역전의 해소 과정을 알 수도 있다.

바람이 없는 날 야간 복사냉각에 의한 전형적인 복사역전을 그림 3-23에서 볼 수 있다. 물론 역전 상태가 아니면서 안정층을 이루는 복사층도 자주 형성된다. 복사역전은 그 역전층의 하한이 지면에 접촉되어 있기 때문에 지면역전(surface inversion) 또는 접지역전(ground inversion)이라고도 한다. 복사역전은 매우 안정하고 기온이 낮으므로 지표 부근에서 습도가 클 때는 안개가 발생하기도 한다.

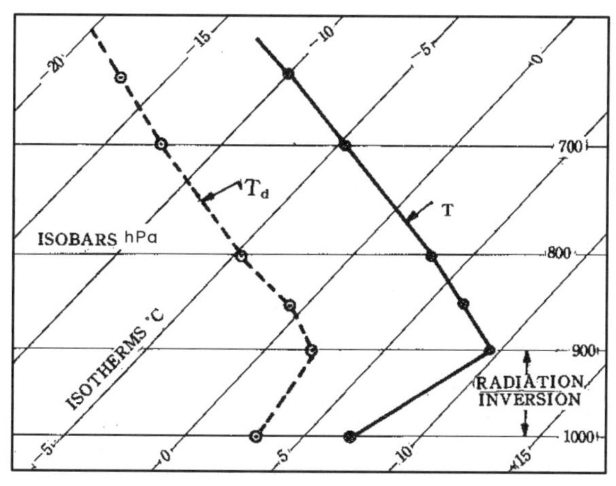

[그림 3-23] 야간 복사역전

나. 침강역전(Subsidence inversion, 沈降逆轉)

발달 중에 있는 모든 고기압은 그 중심부에서 기층이 침강한다. 침강한 기층은 안정해져서 역전층이 발생하기도 한다. 이러한 역전을 침강역전이라 한다. 따라서 침강역전은 고기압과 밀접한 관계를 가진다.

침강역전층에서는 상층으로 가면서 급격하게 습도가 감소된다(그림 3-24 참조). 때로는 그 이상 높은 고도까지도 건조한 경우가 많다. 따라서 침강역전이 있는 기층에서 일기는 맑다. 활강전선(katafront) 형태의 한랭전선에서도 한기의 심한 침강현상으로 침강역전이 발생하여 고기압에서의 침강역전과 혼동을 일으키기도 한다.

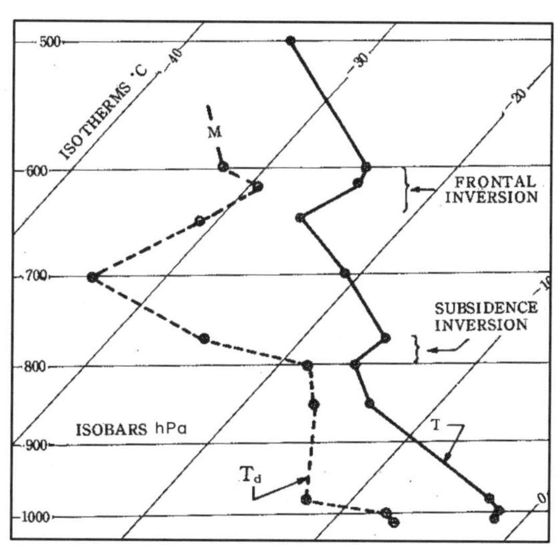

[그림 3-24] 침강역전

아열대고기압 내의 침강역전층은 그 층이 매우 두껍고 지속적이다. 이 고기압의 중심부와 중심부의 서쪽 부분에서는 역전층의 하한 고도가 거의 일정하다. 한랭고기압에서 분리되어 점차 온난화하고 있는 커다란 이동성고기압의 경우는 그 고기압의 동쪽부분이 서쪽부분보다 역전현상이 더 강하고 역전층의 고도도 비교적 낮다.

어떤 한 점에서 그 지점을 통과하는 고기압을 관찰한다면, 역전층이 처음에는 그 하한이 낮았다가 점차 상승되고, 그 고기압 중심이 지나면 역전층 하한이 다시 하강한다. 즉 평면적으로 보면 고기압 주변에서는 역전층의 하한이 지면 가까이까지 하강하나, 중심 부근에서는 그 하한이 비교적 높다. 그러나 이러한 침강역전은 때로는 지면 부근에서 전선성 강수, 난류, 대류, 복사 등으로 지면 부근으로부터 변질되어 확인하기가 어려울 수도 있다.

다. 난류역전(Turbulent inversion, 亂流逆轉)

지면 부근에서 강한 바람 때문에 심한 난류가 생기면 난류혼합층에서 기온곡선은 그 혼합층의 평균온도를 온위로 하여 건조단열적으로 바뀌고, 이슬점곡선은 대체로 평균이슬점을 지나는 포화혼합비선과 일치하게 변한다. 그러면 이러한 혼합층의 윗면에 역전현상이 발생하는데 이것을 난류역전이라 한다.

이러한 난류역전을 그림 3-25에서 볼 수 있다. 난류역전층에서는 상대습도가 혼합층의 하부에서는 낮고 상부에서는 높아지게 된다. 만일 난류가 있기 이전에 대기가 비교적 습윤했다면 그림에서 보는 바와 같이 혼합층 내부에서 포화되고 그 결과로 구름이 발생하게 된다.

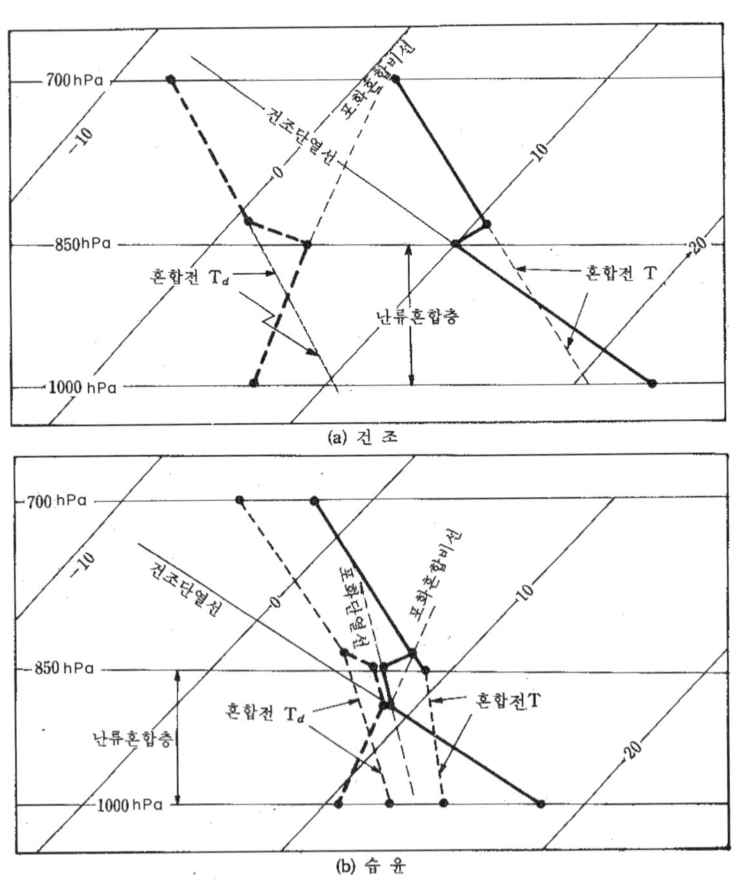

[그림 3-25] 난류역전

두께는 풍속, 지면의 요철의 정도, 하층의 본래의 기온감률(안정도)에 의해 추정한다. 원래의 대기의 기온감률이 과히 안정하지 못했을 경우는 난류혼합이 있어도 뚜렷하게 역전층을 형성시키지 못한 채 높은 고도까지 연장되기도 한다.

지상에서 수렴이나 경사면의 활주상승, 또는 지면 가열 등의 원인도 대류를 증가시키는 역할을 하므로 혼합층이 두꺼워진다. 반대로 지상에서의 발산과 복사냉각은 혼합층을 얇게 한다.

라. 대류역전(Convective inversion, 對流逆轉)

대류권이 안정할 때 지면 가열과 하층의 수렴 등으로 대류가 발생하여 안정한 고도까지 광범하고 지속적인 상승기류가 있으면 이러한 대류층의 꼭대기에는 약한 역전 또는 안전층이 형성된다. 이를 대류역전이라 한다. 이곳이 구름의 상한이 되기도 한다.

이러한 대류역전은 침강효과에 의한 역전과 구분하기가 매우 어렵다. 때로는 이러한 대류역전은 권계면의 하강과 모양이 매우 비슷하여 구별하기가 어렵다.

마. 전선역전(Frontal inversion, 前線逆轉)

전선이란 서로 다른 성질을 가진 두 기단의 경계이다. 이때 기단의 성질은 주로 온도와 습도로 나타내는데, 그 중에도 온도는 기단을 구별하는 기본적인 성질이다.

연직적으로 보아 전선면의 전이층에서는 심한 온도불연속을 이루어서 비교적 얇고 안정한 기층인 역전층을 이루는 것이 특징이다. 이것을 전선역전이라 한다(그림 3-26 참조). 그러나 때로는 다음과 같은 이유로 전선역전을 확인하기가 어려운 때도 있다.

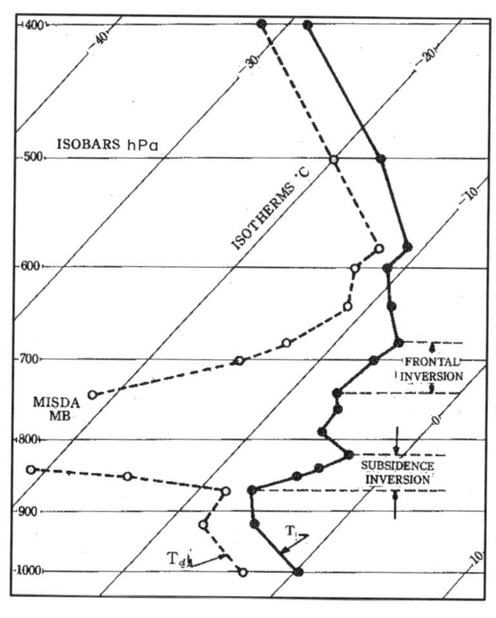

[그림 3-26] 전선역전

1) 기단 내의 침강현상, shear, 난류, 대류 등으로 환경온도곡선이 매우 불규칙하다.

2) 기단 내의 침강, 특히 한랭전선 후방 한랭 기단내의 침강운동으로 원래의 온도차가 교란된다.

3) 전선면의 전이층에서 기단이 혼합되어 그 경계가 불분명해진다.

한편, 전선을 경계로 하여 양쪽 기단의 운동에 따라 활승전선(anafront)과 활강전선(katafront)을 이루게 된다. 이에 따라 나타나는 전형적인 전선역전과 일기의 모양을 그림 3-27과 그림 3-28에서 볼 수 있다.

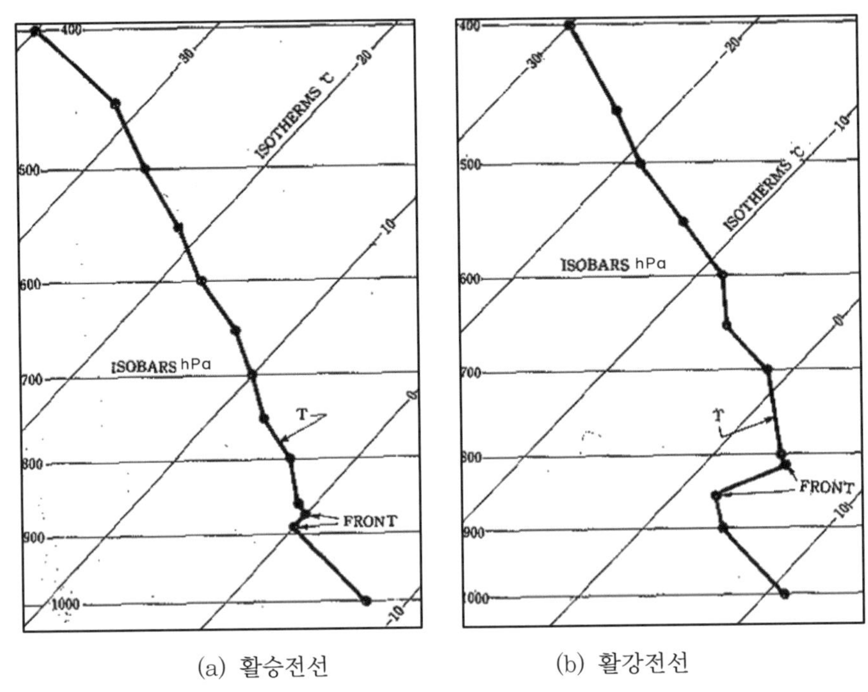

(a) 활승전선　　　　　　　　　　(b) 활강전선

[그림 3-27] 활승전선과 활강전선의 역전층 모양

전선면에서는 습도(w, T_d 또는 T_w)의 역전현상이 뚜렷하다. 그리고 전선상에 구름이 있는 곳에서는 포화상태이거나 포화에 가까운 상태를 나타내고 있지만 구름이 없는 경우에는 습도분석으로 전선의 위치를 알아내기는 힘들다.

또한 다음과 같은 이유로도 전선역전층에서 습도의 역전현상이 나타나지 않는 경우가 많다.

1) radiosonde의 습도 측정이 기술적으로 정확하지 못하다.

2) 전선 경사면에서 공기의 침강으로 온난기단이 건조하여져서 온난공기의 이슬점이 한랭공기의 이슬점보다 낮은 경우가 있다.

3) 한랭공기가 차지하고 있는 지표가 수면일 때 또는 한랭공기 중에 낙하하는 강수가 증발할 때 한랭공기가 다습해지는 경우가 있다.

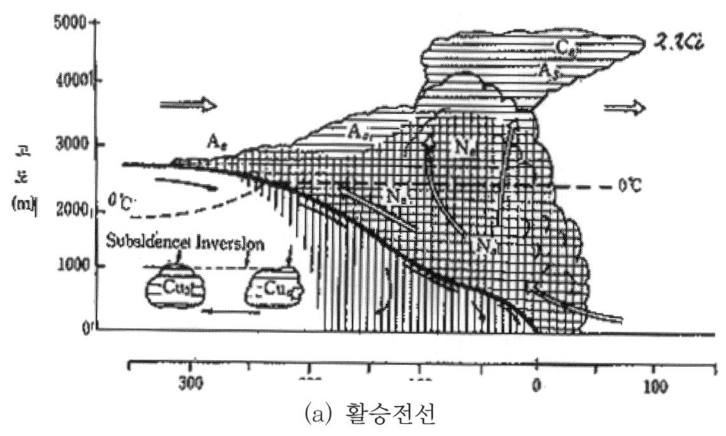

(a) 활승전선

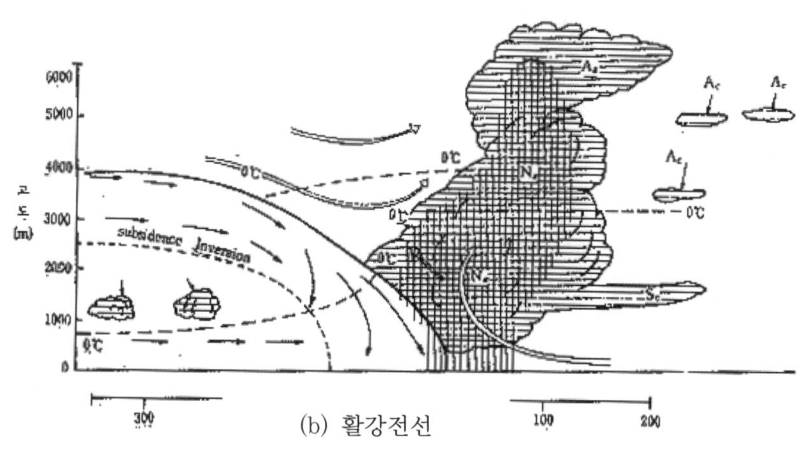

(b) 활강전선

[그림 3-28] 활승전선과 활강전선의 일기

한편, 전선면의 전이층에서 때로는 그림 3-29와 같이 건조혀(dry tongue)라고 하는 건조공기의 침투가 나타나기도 한다. 그 모양은 상층에서 하층으로 내민 혀 모양이다. 이 건조혀는 한랭전선에서보다는 온난전선에서 현저하다. 한랭전선에서는 상공으로부터 아래로 평균 700hPa면까지, 온난전선에서는 800hPa면까지도 파고든다.

전선 중 약 50%가 해당 전선면의 전이층에서 건조혀가 발견되고 있으며, 그렇지 않은 경우는 이러한 건조혀가 전이층의 양쪽 즉 온난공기와 한랭공기에 위치한다. 이러한 건조혀 중에 약 반 정도는 50~60km 거리를 사이에 두고 20℃ 이상의 온도차를 나타내며, 극심한 경우에는 32km 사이에서 22℃의 온도차를 보이기도 한다.

전선면에서 바람의 연직분포는 그림 3-30과 같다. 보통 한랭전선 후방의 한랭공기에서는 북서풍, 한랭전선 전방으로부터 온난전선의 후방에서는 남서풍, 온난전선 전방에서는 남동풍~남서풍이 불고 있다. 한랭전선 중 활성전선은 보통 전선 상에서 온난전선을 거꾸로 돌려놓은 것과 비슷하게 구름분포가 대단히 넓고, 따라서 강수구역도 넓으며 강수가 강하다.

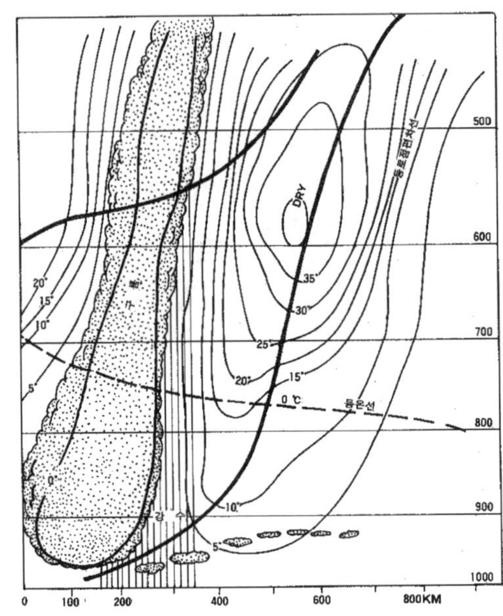

[그림 3-29] 전선면 상에 나타난 건조혀(dry tongue)

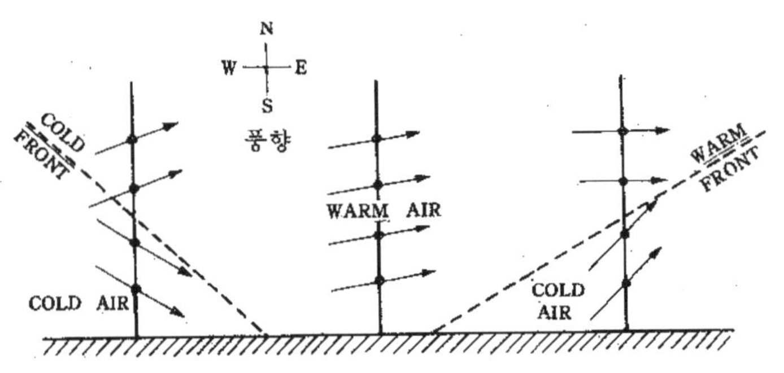

[그림 3-30] 전선부근 바람의 연직분포
(바람벡터는 평면에서의 표시임)

이러한 활승한랭전선에서의 상층풍의 연직변화는 다음과 같이 정리할 수 있다.

1) 연직상방으로 전선면을 통과하면서 바람은 급격히 반전(backing)하여 950~400hPa 사이에서 약 65°나 변한다.

2) 전선과 500hPa면의 바람의 교각은 약 15°로 작다.

3) 고도가 증가하면서 전선에 수직성분의 바람은 약간 감소하고, 전선에 대한 평행성분의 바람은 급히 증가한다.

4) 800hPa 이하에서는 전선에 수직성분의 바람은 전선의 평균 이동속도보다 작다.

5) 950~400hPa 사이의 평균 온도풍은 전선에 거의 평행하다.

한편, 활강한랭전선의 경우는 전선 상의 구름분포가 좁아서 강수도 단시간에 끝나고 전선이 통과한 후 곧 날씨가 회복된다. 이러한 전선에서 상층풍의 연직변화를 다음과 같이 표현할 수 있다.

1) 고도가 증가하면서 바람은 약간 반전한다. 즉 950~400hPa 사이에 약 20° 변한다.

2) 500hPa의 바람이 전선과 만나는 각은 약 42°를 이룬다.

3) 바람의 전선에 대한 수직성분과 수평성분은 모두 고도증가와 함께 증가한다.

4) 아주 낮은 기층을 제외한 모든 고도에서 바람의 전선에 대한 수직성분은 전선의 평균 이동 속도보다 크다.

5) 950~400hPa 사이의 평균 온도풍은 전선과 대략 30°의 각도를 이룬다.

상층풍이 anafront와 katafront의 중간 정도의 특성을 가진 경우도 많은데 이런 경우 바람의 전선에 대한 수직성분은 고도에 따라 거의 일정하다. 한랭전선 전방의 온난구역에서 고도에 따른 풍향변화는 크지 않으나 이 구역의 상층 풍향은 anafront의 경우엔 지상 전선에 대하여 700hPa에서 18도, 500hPa에서 17도 정도이고, katafront의 경우는 700hPa이나 500hPa에서 다 같이 약 35도 정도이다.

3 권계면

가. 권계면의 정의

권계면(tropopause)은 대류권과 성층권의 경계면이다.

권계면의 위치는 대부분 쉽게 식별할 수 있을 만큼 환경기온곡선의 특성이 단순하지만, 때로는 그 위치를 식별하기 어려울 만큼 복잡한 경우도 많다. 이러한 어려움 때문에 WMO에서는 객관적으로 권계면의 위치를 결정할 수 있도록 권계면의 정의를 다음과 같이 설정하고 있다(그림 3-31 참조).

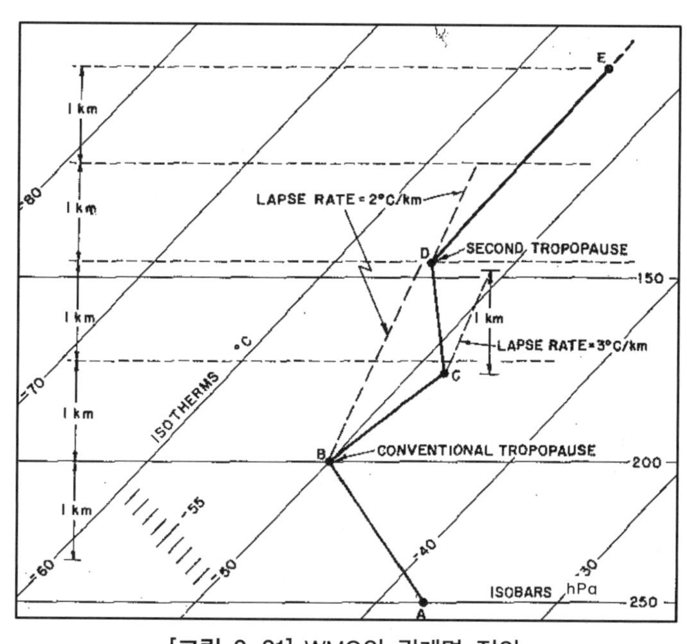

[그림 3-31] WMO의 권계면 정의

(1) 주권계면(predominant tropopause)

① 500hPa면 고도 이상에서 임의의 2km 두께를 잡을 경우, 이 두께에서 처음으로 평균기온감률이 2℃/km 이하가 되는 기층의 하한 고도면, 또는

② 200hPa 이상까지 환경기온곡선을 얻었는데도 위 ①과 같은 조건을 만족하는 층이 500hPa 이상에서는 없고 500hPa 이하에서만 구해졌을 경우 해당 층의 하한고도 면이다.

(2) 제2권계면(secondary tropopause)

주권계면을 구한 후 그보다 상부에서 두께 1km 이상의 기층에서 3℃/km보다 큰 평균기온감률을 가진 기층이 있은 후 다시 주권계면에 준하는 조건을 가진 기층이 있을 때 그 기층의 하한고도이다.

권계면은 대류권 대류운동의 한계이므로 왕성한 대류가 있는냐 혹은 대기가 안정하냐에 따라 다소 권계면 높이가 높아지기도 하며 낮아지기도 한다. 특히, 여름철에는 대류현상이 증가하므로 권계면이 높아지고 겨울철에는 대류현상이 감소하므로 낮아진다.

나. 권계면 분석

한 지점에서 관측한 자료로 권계면을 구분하면 표 3-3과 같다. 각 권계면 형태에 따라 권계면 부근의 공기의 이류를 판단할 수 있다.

[표 3-3] 한 관측소 상공의 온도 분포로 본 권계면의 형태

형 태	온도의 연직 분포	기상 특성
① 표준형 (normal type)		정체성 기상상태
② 치올림형 (lifting type)	cold warm	온난공기의 이류로 안정화 (온난고기압의 발생)
③ 침강형 (subsidence type)	warm cold	한랭공기의 이류로 불안정화 (한랭저기압 발생)

권계면을 분석하는데는 사용되는 권계면도(tropopause chart, 圈界面圖)는 다음과 같은 목적에 이용된다.

1) 권계면의 높이와 위치 분석

2) 연직적인 최대풍속대의 높이와 위치 분석

3) 난류고도, 적운과 적란운의 운정고도, 상층 연무층의 분석 등.

권계면도는 고층기상관측실황전문(FM 35 TEMP 등)에서의 권계면 자료를 상층일기도의 기입요령(단, 고도 대신 기압을 기입)과 같이 기입하여 등압선을 50hPa(3000ft) 간격의 실선으로 그린다.

권계면도를 분석 묘화할 때 다음과 같은 점에 유의한다.

1) 등압선(또는 등고선)은 단절선(break line)에서 불연속적이어서 단절선에서 시작되고 단절선에서 끝난다. (단절선을 그린 다음에 등압선을 묘화하는 것이 용이하다).

2) 등압선이 아주 조밀할 때는 자료를 다시 검토하고, 단절선이 있는가에 유의한다.

3) 권계면이 온도마루에서 높으며 온도골에서는 낮다.

4) 고·저기압은 상층일기도에서와 같은 요령으로 표시한다.

5) 단절선은 등압선보다 굵은 파선을 그려 표시한다.

단절선(斷絕線이)란 권계면 고도가 불연속을 이루는 곳이다. 이는 한 지점에서 주권계면이 그 이웃의 다른 지점의 주권계면과 고도가 달라서 나타나는 불연속이다. 이것이 평면으로 표시될 때는 하나의 선으로 표시된다. 이 단절선을 경계로 하여 현저한 고도차가 생기고 따라서 상당한 온위차(온도차)가 생긴다.

단절선을 발견하는 요령은 다음과 같다.

1) 단절선은 흔히 강한 제트류 부근에 있다.

2) 온위차가 15~20℃ 이상이면 단절선이 있는 것으로 분석한다.

3) 제트류가 강해지면 단절선의 강도가 강해진다. 한편, 제트류가 쇠약하면 단절선이 약해지고 하강한다.

4) 강한 한랭저기압(cold core low)은 단절선으로 둘러싸이는 것이 보통이다.

3.5 불안정지수

두 개의 선택된 임의의 상하 기압면(예 850hPa면과 500hPa면) 사이에서의 T, T_d, T_w, θ, θ_E, θ_w, P, h 등을 차의 형태로 불안정도를 나타내는 경우에 이를 불안정지수(instability index, 不安定指數) 또는 안정지수(stability index)라고 한다.

이러한 불안정지수의 사용에는 다른 주관적 및 객관적 자료와 포괄적인 비교검토가 이루어져야 하며, 또한 한 지점에 대한 불안정지수만으로 결정짓기보다는 넓은 면적에 걸쳐 구한 같은 불안정지수를 기입하여 등치선으로 분석함으로써 신뢰도가 더 높은 결론을 얻을 수 있다. 이러한 경우라 하더라도 특정 지역에서 특정 시기에 적용되는 특정 지수값에 의한 판단기준이 다른 지역, 다른 시기에는 맞지 않는 경우가 있으므로 또 다른 절차를 이용하여 상세히 검토할 필요성이 있다.

대부분의 불안정지수들은 위치불안정(potential instability)의 개념에 근거를 두고 있다. 그러나 상승 뿐만 아니라 가열에 의한 대기의 변화에도 적용할 수 있다. 그 이유는 상당온위나 습구온위의 감률은 환경온도곡선의 부분적인 함수로써 지표 공기덩이의 가열에 대한 불안정도 판단기준의 부분적인 지표가 되기 때문이다.

1 불안정지수의 종류

가. 쇼월터 안정지수(Showalter stability index, SSI)

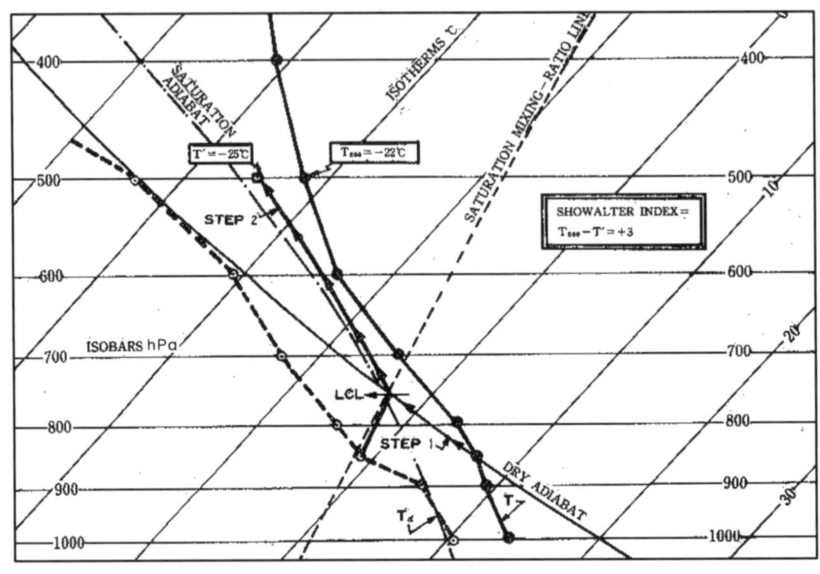

[그림 3-32] Showslter지수를 구하는 요령

쇼월터안정지수(SSI)는 925~700hPa(대표: 850hPa)의 공기덩이를 단열적으로 500hPa 고도까지 상승시켰을 때의 온도와 해당 고도의 환경공기(environmental air)와의 온도차이다. 즉 850hPa면의 치올림응결고도(LCL)에서 포화단열선을 따라 올라가 500hPa면과 만나는 점의 온도 T′를 500hPa면의 환경온도 T에서 뺀 온도값이다(그림 3-32 참조).

850hPa 하층으로 따뜻하고 습한 기류가 있을 때는 SSI 대신 LI를 사용하는 것이 좋다. 여기서 850hPa면이 사용된 이유는 여름철에 태양복사에 의한 지표 근처의 대류 활동이 왕성해져 혼합층의 고도가 850hPa에 이른 것으로 가정했기 때문이다. 즉 지상에서 850hPa면에 갇혀 있는 수증기를 소나기구름의 주 에너지 공급원으로 본 것이다. 한편 500hPa면의 온도차를 안정도의 기준으로 삼는 이유는 이 면이 높이 자랄 수 있는 소나기구름의 발달 정도를 가늠할 수 있는 참고면으로 간주되기 때문이다.

겨울철에는 구름의 운저가 낮고 비구름의 키도 작으므로 925hPa면의 공기덩이를 700hPa면까지 단열적으로 상승시켜 700hPa면의 환경기온과의 차를 이용하여 적용한다.

SSI는 850hPa에서 500hPa 사이에 전선면이 존재하거나 역전층이 존재하는 경우에는 대기불안정의 척도로 적절하지 않게 된다.

지수값에 대한 의미를 부여하면 표 3-4와 같다. SSI 값이 4 이하이면 소나기의 가능성이 있고 −6 이하이면 심한 뇌우가 발생할 수 있다. 단, 이들은 미국에서의 적용방법이므로 우리나라에서는 이것에 대한 새로운 해석이 이루어져야 하겠지만 현재로서는 대체적으로 준용되고 있다. 이러한 조건들은 종관기상 조건을 참고하여 평가하여야 한다.

[표 3-4] 쇼월터안정지수(SSI)의 적용

SSI 값의 범위	현 상
+4 ≦ SSI	대류운은 발생하지 않음.
0 ≤ SSI < +4	소나기와 약간의 뇌우 가능성 있음.
−3 ≤ SSI< 0	뇌우 가능성 급증.
−6 ≤ SSI < −3	위험뇌우 가능.
SSI < −6	토네이도 발생도 가능.

※ 표 4-2와 같음.

나. 치올림안정지수(Lifted stability index, LI)

850hPa면을 지나는 역전층이 있거나 강한 습기의 경도가 있거나 또는 하층에 습윤층이 있는 경우를 위해 SSI를 수정 보완하여 치올림안정지수(LI)가 만들어졌다.

LI는 850hPa면 부근에서 역전층이 있거나 습기가 급격히 감소하고 있는 경우에는 대기의 하부 1km(3000ft)의 평균혼합비와 평균온위를 등면적법으로 구한다. 하층 1km의 평균온위를 구할 때 만일 당일에 대류가 있을 것으로 예상하면 평균온위는 예보된 당일의 오후 최고기온이다. 당일 뚜렷한 지면가열이 예상되지 않을 때에는 1km의 평균혼합비를 사용하는 대신 1km의 평균기온을 사용한다.

이상으로 구한 평균혼합비와 평균온위로 이루어진 치올림응결고도(LCL)에서 포화단열선을 따라 올라가 500hPa면과 만나는 점의 온도 T′를 500hPa면의 실제온도 T에서 뺀 온도값이 치올림지수값이다.

LI는 SSI보다 약간 적은 경향이 있으나 그 특성은 SSI의 경우에 준하여 사용한다(표 3-4 참조). −2~−6인 음의 값이 보통 뇌우 가능영역을 나타낸다.

LI의 수정된 형태가 수정치올림지수(modified lifted index, MLI)이다. 이는 상승하는 공기덩이를 지면으로부터 300hPa 만큼의 두께인 기층에서의 최고 습구온위(θ_w)를 나타내는 고도에서 얻는다.

다. 파부쉬-밀러안정지수(Fawbush-Miller stability index, FMI)

이 FMI는 습윤층을 고려하여 구한 안정지수이다. 여기에서는 습윤층이란 상대습도가 65% 이상인 기층으로 정의한다. 만일, 습윤층 내부에 건조층이 얇게 끼어 있을 경우에는 습기의 정상적인 대류혼합으로 건조층이 해소될 것으로 가정하여 이러한 건조층을 무시한다.

[표 3-5] 파부쉬-밀러안정지수(FMI)의 적용

FMI의 범위	현 상
+1<FMI	안정
−2<FMI< +1	약간 불안정
−6<FMI< −2	중간 불안정
<FMI< −6	심한 불안정

만일 습윤층의 두께가 2km(6000ft) 이상이면 하층 150hPa의 두께만을 이용하여 습윤층의 습구온도곡선을 구한다. 이 습구온도곡선을 등면적법으로 구한 평균값을 지나는 포화단열선을 따라 올라가 500hPa면과 만나는 점의 온도 T′를 500hPa면의 실제온도 T에서 뺀 값이 FMI이다(그림 3-33 참조). 이 FMI를 표 3-5와 같은 범위로 대기의 상태를 판정한다.

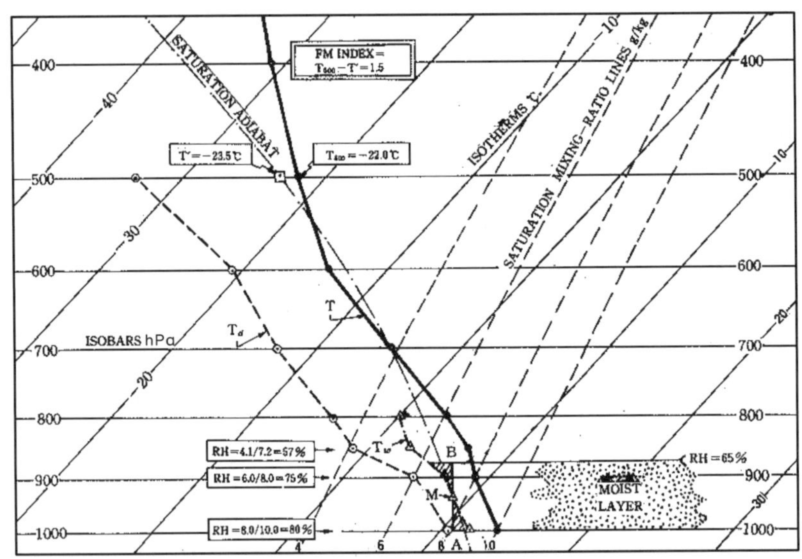

[그림 3-33] Fawbush-Miller 안정지수(FMI)를 구하는 요령

FMI의 결과는 SSI와 비슷하나, 850hPa면 바로 아래에 침강역전이 있어 850hPa면의 습도가 850hPa면 바로 아래의 습도를 대표하지 못할 때는 SSI보다는 FMI가 더 적합한 결론을 얻게 된다. 그러나 SSI의 계산이 훨씬 편리하여 통용성이 크다.

라. 마틴안정지수(Martin stability index, MSI)

낮은 고도에 습윤층이 있는 경우에 이용하기 위하여 또한 마틴안정지수가 고안되었다. 마틴안정지수(MSI)는 500hPa면의 온도를 지나는 포화단열선과, 850~500hPa 기층 중 혼합비가 최대인 기층의 포화혼합비선이 만나는 점에서 건조단열선을 따라 이동시켜 850hPa면과 만나는 점의 온도 T′에서 850hPa면의 실제 온도 T를 빼어 구한다. 단, 이때 하층난류나 침강역전이 있으면 850hPa면 대신에 역전층 밑면의 고도를 기준고도로 택한다. 지수의 적용은 SSI에 준한다.

마. K 지수(K-index, KI)

K-index는 연직기온감률과 대기 하층의 습도, 습도의 연직분포로 나타내는 지수이다. 연직기온감률은 850hPa 및 500hPa의 기온 차를 이용하고, 대기 하층의 습도는 850hPa의 이슬점으로 나타내며, 습도의 연직분포는 700hPa의 T-Td로서 표현한다. 이를 조합하여 KI를 정의하면 다음과 같다. T와 T_d의 기압고도(hPa)는 첨자로 표시되었다. K지수의 단위는 ℃이다.

$$KI = (T_{850} - T_{500}) + T_{d850} + (T_{d700} - T_{700})$$

$$\text{즉 } KI = (T_{850} + T_{d850}) - (T_{700} - T_{d700}) - T_{500}$$

KI는 주로 기단뇌우나 역학과정 없이 형성되는 뇌우예보에 사용된다. K지수의 적용은 표 3-6과 같다.

[표 3-6] K지수(KI)와 뇌우발생 확률(미국의 경우)

KI 값	확률(%)
15 미만	0
15~20 미만	0~20 미만
20~25 미만	20~40 미만
25~30 미만	40~60 미만(소나기 가능)
30~35 미만	60~80 미만(심한 뇌우 가능)
35~40 미만	80~90 미만
40 이상	90 이상

※ 표 4-3과 같음.

KI값이 낮을 때라도 LI가 낮고, 다음에 설명하는 토털지수(TTI)가 매우 높을 때는 위험뇌우의 발생 가능성은 여전히 높다. 이러한 경우는 KI값이 낮음에도 불구하고 대기 중층이 매우 건조하거나 또는 대기 하층이 매우 습윤하기 때문이다.

바. 토털 지수(Total totals index, TTI)

거의 모든 위험뇌우의 경우에 500hPa에서 cooling은 거의 일어나지 않는다. 실제로는 이류나 잠열 방출에 의해 약간 승온될 가능성은 있지만 열과 습기가 기단의 하층에서 유입되기 때문에 대기 중층 및 상층에서 약간의 승온이 대기의 안정도를 증가시키지는 못한다.

위험뇌우가 발생하기 위해서는 기단이 더욱 불안정해지는 가능한 단열변화, 즉 대기 상층의 냉각 또는 하층의 가열이 각각 또는 동시에 나타나야 한다.

토털지수(Total totals index, TTI)(Miller 1967)는 뇌우 발달의 가능성을 나타내는 유용한 인자 이다. 특히 토털지수의 결과와 바람장 및 습도장, 전선 및 PVA지역 등을 함께 고려하면 뇌우 발생지역을 더 정확하게 예측할 수 있다.

TTI는 두 대류인자인 vertical totals(VT= $T_{850} - T_{500}$)와 cross totals(CT = $T_{d850} - T_{500}$)의 합으로 구성 된다.

$$\text{TTI} = \text{VT} + \text{CT} = (T_{850} - T_{500}) + (T_{d850} - T_{500}) = (T_{850} + T_{d850}) - 2T_{500}$$

위험뇌우의 가능성을 예측하기 위해서 첫 번째로 VT가 26 이상, CT가 18 이상, TTI가 44 이상인 지역을 살핀다. 토탈지수는 좋은 결과를 얻고 있다. 적용 개념은 표 3-7과 같다.

[표 3-7] 토털지수(TTI)의 적용

CT	VT	TTI	Severe weather가 나타나는 정도			
			Thunder-storm	Mod. thunderstorm	Sev. thunderstorm	Tornado
18~19	26미만	44~45	isolated	–	–	–
20~21	26	46~47	few	few	–	–
22~23	26	48~49	scattered	few	isolated	–
24~25	26	50~51	–	scattered	few	isolated
26~29	29	52~58	–	scattered ~numerous	few~ scattered	few
30	30이상	60이상	–	numerous	scattered	scattered

주) 위험기상(Severe weather)가 나타나는 정도에 대한 설명 :

Thunderstorm : 최대돌풍 35kt 미만, 우박이 있는 경우는 직경 1/2″ 미만

Mod. thunderstorm : 최대돌풍 35~50kt, 우박이 있는 경우는 직경 1/2~1″

Sev. thunderstorm : 최대돌풍 50kt 이상, 우박 직경 1″ 이상, 또는 국지피해 스톰

Tornado : Tornado 또는 Waterspout

사. SWEAT 지수(SWEAT index, STI)

SWEAT는 Severe WEAther Threat의 약자이다. SWEAT 지수(STI)는 미국에서 경험적으로 구한 지수로서 다음 식으로 표시된다.

$$\mathrm{STI}=20(TTI-49)+12T_{d850}+(V_{500}+2V_{850})+[125\sin(D_{500}-D_{850})+0.2]$$

여기서 T_{d850}은 ℃ 단위이고, V_{500}과 V_{850}은 각각 500hPa 고도와 850hPa 고도의 풍속(kt 단위)이다. D_{500}과 D_{850}은 각각 500hPa 고도와 850hPa 고도의 풍향(degree 단위)이다.

STI는 다음을 적용하여 계산한다.

1) TTI는 토털지수로서, $TTI<49$이면, $TTI-49=0$으로 한다.

2) $T_{d850}<0$이면, $T_{d850}=0$으로 한다.

3) 다음 조건 중 하나 이상이 만족될 때는 $[125\sin(D_{500}-D_{850})+0.2]=0$으로 한다.

① D_{500}이 210°~310°일 때, (즉 남서~북서풍)

② D_{850}이 130°~250°일 때, (즉 남동~남서풍)

③ $D_{500}-D_{850}\leqq 0$일 때,

④ V_{500}와 V_{850}가 각각 15kt보다 작을 때.

STI 지수의 적용은 표 3-8과 같다.

[표 3-8] SWEAT 지수(STI)의 적용

STI 지수 값	현상
250 이상	뇌우 가능
300 이상	위험뇌우 발생 가능
400 이상	Tornado 발생 가능

밝히지 못하는 중요한 문제는 "어느 지수가 가장 좋은가?" 하는 질문에 대한 답이다. 불행히도 어떠한 지수가 다른 지수에 비해 월등한 우월성을 가지는 지수가 존재한다는 확증이 없다. 다만 기상예보관의 경험에 의해 지수를 골라 사용하게 된다.

2 안정도의 통합 표현

대기의 상태를 결정짓는 중요한 여러 가지 양을 T와 Td의 연직분포를 적분하여 구할 수 있다. 연직 적분 과정은 다소 복잡한 컴퓨터 프로그램을 필요로 하지만 단열선도 상에서는 그래픽으로 비교적 쉽게 구할 수 있다. 물론 컴퓨터는 데이터를 빠르게 처리한다는 점에서 장점이 있는 것이 사실이지만, 단열선도에서의 도식 작업은 더 상세한 부분까지 나타내기 때문에, 때로는 컴퓨터에 의한 자동처리과정보다도 더 나은 면이 있다.

가. 대류에너지(Energy of convection, EOC)

대류에너지(EOC)는 종종 대기에서 상승하고 있는 공기덩이를 토대로 평가한다. 안정대기에서 공기덩이를 상승시키는데 필요한 힘을 명시적으로는 고려할 필요가 없다. 이러한 힘은 대기에서 대규모의 상승(전선면에서 활승)에 의하거나, 산 비탈면에서의 물리적인 강제력에 의하거나, 또는 어떤 다른 과정에 의한다. 우리가 고려하는 것은 공기덩이를 상승시키는데 필요한 에너지이다. 안정한 대기에서 공기덩이를 상승시키는 에너지는 −값으로 표현된다. 다른 경우, 대기가 불안정할 때는 에너지가 상승하는 공기에 의해서 방출되고 다른 외부 힘이 필요치 않다. 이 경우에 대류에너지는 + 값을 가진다.

상승하는 단위 질량의 공기덩이의 에너지는 대기의 안정도를 설명하는 여러 가지 양의 기초가 된다. 각각의 경우에, 온도의 차 $T_1(p) - T_a(p)$는 p좌표축을 따라 단계별로 적분되어야 한다.

단열선도에서 치올림온도와 환경온도 사이의 면적은 불안정(또는, −값이라면 안정)의 에너지를 나타낸다. 상승하는 공기덩이 온도가 환경온도보다 더 따뜻한($T_1 > T_a$) 층에서는 불안정 에너지를 보인다. 이는 +값이다. 따라서 T_1와 T_a 사이의 면적이 +구역이다. 그림 3-10의 예에서는 751hPa과 255hPa 사이에서 +구역이 크게 나타난다. 이 층의 꼭대기는 255hPa 고도에 있는 평형고도(EL)이다. 여기서는 상승하는 공기덩이는 온도와 밀도가 환경대기에서와 같아진다.

공기덩이가 환경대기보다 더 차가운 층은 안정 에너지(단열선도에서 – 구역을 나타낸다. 그림 3-10의 예에서는 950hPa과 750hPa 사이, 그리고 225hPa 고도 이상에서 상승 공기덩이에 대해 안정을 보이고 있다. 950hPa부터 750hPa까지의 – 구역은 비교적 작다. 이 경우에는 대류를 시작하는데 어느 정도의 에너지가 필요할 것이라는 것을 보여주고 있다.

불안정도의 에너지 값을 시각적으로 구하기 위해서는 그림 3-10에서 두 개의 사각형이 그려져 있다. 하나는 $1000Jkg^{-1}$의 에너지에 대한 것이고, 다른 하나는 $100Jkg^{-1}$의 에너지에 대한 것이다. 선택된 상승하는 공기덩이의 불안정 에너지(751hPa과 255hPa 사이의 안정구역)는 단열선도에서 $1000Jkg^{-1}$보다 크기 때문에 $1000Jkg^{-1}$을 초과하는 것으로 추정된다.

나. 대류억제(Convective inhibition, CIN)

안정한 대기에서는 공기덩이가 자발적으로는 상승하지 않는다. 부력이 없기 때문이다. 대류억제(convective inhibition, CIN)는 식(3-22)에서처럼 치올림온도와 환경온도의 차를 지표로부터 LFC까지 적분으로 나타낸다

$$CIN = R\int_{p_0}^{p_{LFC}}[T_1(p) - T_a(p)]d\ln p \quad \cdots\cdots (3\text{-}22)$$

이것은 자발적으로 대류를 계속하기 위해서 대기의 안정상태를 극복하는데 필요로 하는 에너지이다. 보통은 p_0에서 적분의 시작이 이루어지지 않는다. 보통 평균온도와 평균기압을 최하층 500m 또는 1000m층에서 구한다. 식(3-22)의 적분을 위해 p_0, $T_1(p_0)$, $T_a(p_0)$을 결정할 때, 이 층에서 평균혼합비를 구하는 것이 또한 실제적이다. 이 혼합비는 LCL을 구하는데 필요하다.

CIN 자체로서는 대류 가능성의 척도가 아니다. 다른 불안정 척도를 필요로 한다. 그러나 강한 대류를 발달시키는 데는 현저한 CIN이 필요하다. 아침 사운딩으로 계산한 CIN 값의 적용은 표 3-9와 같다.

[표 3-9] 대류억제(CIN)의 적용(Duric p86)

아침 사운딩의 CIN 값 (단위: m^2s^{-2})	현 상
10 미만	에너지 분산으로 인해 대류가 많은 작은 대류운 형태로 일찍 시작. 강한 대류는 발달하지 못함
15 이상	대류의 조기 발달을 막는다. 불안정 에너지가 소수의 강한 대류세포에 집중.
50 이상	강한 스콜라인 발달
150 이상	대류를 전반적으로 억제

다. 대류가용위치에너지(Convective available potential energy, CAPE)

식(3-23)에서 적분이 LFC로부터 그 상공에 있는 평형고도 p_E까지 수행될 때 대류가용위치에너지(CAPE)는 다음과 같다.

$$CAPE = R\int_{p_{LFC}}^{p_E} [T(p) - T_a(p)]\, d\ln p \quad \cdots\cdots (3\text{-}23)$$

CAPE를 부력에너지(buoyant energy)라고도 한다. CAPE의 적용은 표 3-10과 같다.

[표 3-10] 대류가용위치에너지(CAPE)의 적용

CAPE 값 (단위: m^2s^{-2})	활성도	현상
1000 이하	약한 활성	강한 대류의 가능성 적음.
1000 ~ 2000	중정도 활성	중정도 대류 발달
2000 이상	강한 활성	강한 스톰 발달 가능

라. 총체-리처드슨 수(Bulk-Richardson number, R_b)

리처드슨 수(R_i)의 식$\left(R_i = g\dfrac{\partial\theta}{\partial z}/\theta\left(\dfrac{\partial v}{\partial z}\right)^2\right)$이 때로는 다음 식에서처럼 대기의 두꺼운 기층에 대해 CAPE와 연직바람시어의 비로 표현될 수 있다. 이것이 총체-리처드슨 수(R_b)이다.

$$R_b = \frac{CAPE}{(1/2)\ U_z^2}$$

여기서 U_z는 대류권 하층(최하층 3km 두께)에 대해, 크기만 고려한 도함수 모양의 평균 연직 바람시어이다. 환경이 이미 불안정하고 뇌우가 있을 가능성이 있을 때 총체-리처드슨 수는 스톰의 유형을 구별하는데 표 3-11처럼 쓰인다.

[표 3-11] 총체-리처드슨 수(R_b)의 적용

R_b값	안정도	현 상
$<$ 10	안정	위험기상 발생하지 않음.
10~20	약한 불안정	뇌우 발생 가능성 있음
20~40	중간 불안정	다세포뇌우보다 거대세포뇌우 발생에 유리
$>$ 50	강한 불안정	거대세포뇌우보다 다세포뇌우 발생에 유리

총체-리처드슨 수(R_b)가 작을 때는 불안정도는 작고 시어가 커서 깊은 대류가 발생하기는 어렵다. 반대로, 총체-리처드슨 수가 클 때는 불안정도가 매우 커서 바람시어를 압도하므로 넓은 영

역에서 다중세포가 발달한다. 총체-리처드슨 수가 중간 정도일 때는 불안정도와 wind shear가 적절하게 커서 충분히 거대세포로 발달할 수 있음을 나타낸다.

그러나 뇌우를 예보하는데, 단지 총체-리처드슨 수만을 사용해서는 안 되고, 다른 인자와 같이 사용하여야 한다는 점에 유의하여야 한다.

마. 가강수량(Precipitable water, PW)

앞에 서술된 대기 안정도 척도들은 대체적으로 대류권 하층에서 일반적으로 나타나는 습윤층의 두께를 고려치 않는 것이 문제이다. 치올림지수(LI)와 대류가용위치에너지(CAPE)는 대기의 최하층의 습도에 영향을 받는다. 만약 습윤층이 500m나 1500m 정도의 두께를 가진다면, 안정도에 영향이 거의 없다. 그러나 충분한 수증기 공급이 이루어진다면 뇌우는 더욱 강력하게 발달한다. 이러한 경우에는, 더 많은 잠열이 방출될 수 있고 더 많은 강수가 생성될 수 있다. 안정도 척도를 보완하기 위한 적절한 양은 가강수량이다.

가강수량(precipitable water, PW)은 지표 $1m^2$의 면적 상공의 기주에 들어 있는 수증기 질량으로 정의되며 다음과 같이 표시된다.

$$PW = \int_0^\infty q\rho\, dz = \frac{1}{g}\int_0^{p_0} q\, dp \quad \text{(3-24)}$$

여기서 q는 비습, ρ 는 습윤공기의 밀도, g는 중력가속도이다. 불행하게도 이 적분을 도식적으로 빠르게 구할 수 있는 방법은 없다. 대신에, q를 연직방향 여러 점에서 구하여 유한차분 방법을 사용한다. 이러한 방법으로 q의 평균값을 구하고, 이것을 써서 식(3-24)의 적분을 수행할 수 있다.

가강수량은 kgm^{-2}로 표시되기 때문에 일반적으로 강수량처럼 mm로 표현된다. 물의 밀도는 정확히 $10^3 kg\,m^{-3}$이다. 물 1kg이 $1m^2$ 위에 펼쳐질 때는 1mm의 층(두께)을 형성한다. 가강수량(PW)의 적용은 표 3-12와 같다.

[표 3-12] 가강수량(PW)의 적용(미국의 예)

PW 값	현 상
25mm 이상	미국 남부와 중부에서는 일반적으로 소나기와 뇌우 발생 가능.
25mm 미만	소나기 발생 가능성이 훨씬 낮아짐.
10mm 미만	콜로라도주, 와이오밍주의 고평원에서는 심한 뇌우 가능

바. 최대상승기류(Maximum updraft, MUD)

적란운에서의 최대 연직운동은 CAPE가 연직운동에너지로 변환된다는 가정 하에 얻게 된다. z좌표계에서는 운동에너지에 대한 표현이 짧아지기 때문에 편리하다. 연직운동에너지(E_{kin})는 CAPE와 같아질 것이므로 다음과 같이 표현된다.

$$E_{kin} \approx \frac{1}{2}w^2 \approx CAPE$$

여기서 w는 z좌표계에서의 연직속도성분이다. 위 방정식을 w에 대해 풀면 다음과 같이 최대값을 나타낸다.

$$w_{max} = (2\,CAPE)^{1/2} \quad \text{(3-25)}$$

이것이 공기덩이를 대류권계면에 가까운 평형고도에 도달하게 되는 연직운동이다. CAPE가 큰 값(예를 들면 2000m^2s^{-2} 정도)일 때는 식(3-25)에서 연직속도(w)가 $60ms^{-1}$ 이상이 된다. 공기덩이의 혼합은 고려되지 않았기 때문에, 앞의 값은 과대평가되어 있을 수 있다. 그러나 이러한 큰 연직운동이 실제적으로 존재한다는 사실은 매우 큰 우박의 낙하속도에 의해 간접적으로 입증된다. 지름이 10cm 정도나 되는 매우 큰 우박들은 약 $45ms^{-1}$의 낙하속도를 가지는데, 이들이 그러한 크기로 성장하도록 약 30분 동안을 구름 속에서 부유해야 한다. 앞서 언급된 그러한 크기 이상의 연직운동은 그러한 우박 성장을 위해서 반드시 필요하다.

적란운의 성장은 대류권계면을 통해 성층권 하부의 안정기층 속에서도 진행되는 것이 관측되기도 한다. 이론적으로는 $50ms^{-1}$의 연직기류라면 대류권계면에 가까운 평형고도의 경우 그 평형고도보다 2km 이상 더 높은 곳까지 침투하고 있다.

사. 돌출뇌우꼭대기(Overshooting thunderstorm tops, OTT)

연직운동에너지는 공기덩이가 성층권의 안정한 하층을 통과하여 상승하는데 사용되기도 한다.

대류권계면 이상에서는 고도 증가에 따라서도 온도가 대체로 일정하다. 평형고도에 도달하는 공기덩이는 최대 연직속도보다 다소 작은 연직운동량을 가진다. 간단하게 하기 위해서, 공기덩이가 식(3-25)로부터 구해지는 최대 연직속도를 가지는 뇌우꼭대기에 도달했다고 가정하면, 매우 강한 뇌우의 경우 이 속도는 $50ms^{-1}$ 정도일 것이다. 계산에 의하면, 이 순환 운동에너지는 성층권으로 충분히 2.5km를 뚫고 들어갈 수 있다. 적란운 꼭대기에서 이러한 크기의 탑구름(turreted cloud)들이 위성 이미지에서 보통 관측되고 가끔 레이더 에코에서도 관측된다.

Chapter 04

보조일기도의 작성과 이용

일기를 분석 판단하거나 예상하는 데는 기류의 분포를 나타내는 기본일기도인 지상일기도와 상층일기도가 물론 매우 중요하지만, 이와 함께 보조일기도의 역할도 매우 크다.

대기의 상·하층 간의 열적 구조와 물리적인 구조를 상세히 파악하고 이들의 변화를 예상하기 위하여 보조일기도가 필요한 것이다.

오늘날에는 컴퓨터의 발달과 컴퓨터 이용기술의 발달로 수치해석 자료, 일기실황 판단 자료, 일기 예측 판단 자료들이 객관적인 방법으로 작성되고 있다. 우리나라의 경우도 기상업무의 국가중심인 기상청에서 이러한 자료들을 매일 생산하고 있다.

본 장에서는 기상청이 생산하고 있는 일기해석 자료들을 중심으로 이들의 해석과 이용 방법을 설명한다.

4.1 두께선도

1 두께선도와 두께이류도의 작성

가. 두께선도 작성

기압이 다른 두 층 간의 연직 거리를 두께(thickness, 층후(層厚)라고 한다.

두께(ΔZ)를 다음 식으로 표시할 수 있다.

$$Th = \Delta Z = \frac{R_d}{g}\overline{T_v}\ln\frac{P_1}{P_2}$$

이 식에서 보면 기압면 P_1과 P_2 사이의 두께는 두 층 간의 평균가온도($\overline{T_v}$)에 비례한다. 가온도(virtual temperature, 假溫度)란 어떤 기압조건에 있는 실제의 공기(습윤공기) 중의 수증기를 모두 같은 체적의 건조공기로 대치했을 때 나타내게 될 온도이다.

대기가 포함하고 있는 수증기의 양이 대단히 작은 값이어서 가온도가 대략 온도에 비례한다고 말할 수 있으므로, 두께선도 역시 대기의 온도에 비례한다고 할 수 있다. 즉 두께는 대략 해당 두 등압면 간의 평균온도에도 비례한다고 할 수 있다.

여름철에는 1000~500hPa 두께선도를, 겨울철에는 1000~700hPa 두께선도를 분석한다.

(1) 두께 값에 의한 작성

각 지점의 실제 라디오존데 자료로부터 두께 값을 계산하여 일기도에 기입하고 등치선을 묘화하는 것이다. 이 절차는 컴퓨터 프로그램에 의해 자동으로 행해질 수 있다.

기상청에서는 그림 4-1과 같은 두께선도를 발표하고 있다.

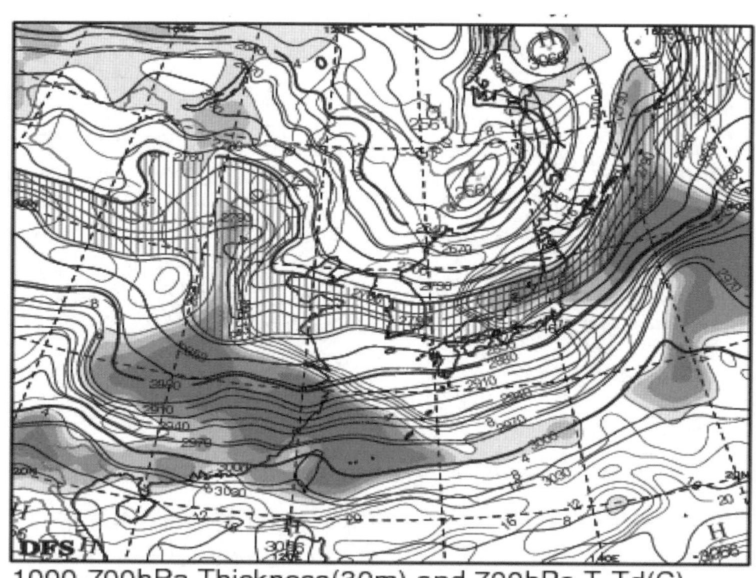

[그림 4-1] 1000~700hPa 두께와 700hPa 이슬점차 분포도의 예(2012. 12. 01 00Z)

(2) 등온선을 이용한 작성

두께는 그 기층의 평균가온도(대략 평균온도)에 비례한다. 두 등압면 중간층의 등온선은 그 기층의 두께에 비례하기 때문에 이 등온선을 두께선으로 대용할 수가 있다. 그러나, 이 경우 두께선의 값을 알기가 어려우며, 또 오차가 발생할 가능성이 크다.

(3) 도식감법에 의한 작성

두께선도를 재래적인 방법인 스칼라장의 도형적 감법으로 작성하는 것도 효과적이다.

그림 4-2에 그려진 두께선들에서처럼 서로 다른 두 세트의 등고선(예 500hPa 등고선과 1000hPa 등고선)이 필요하다. 따라서 500hPa와 1000hPa 사이의 두께선도를 만들기 위해서는 1000hPa일기도가 필요하다.

(가) 1000hPa면 일기도의 작성

지상일기도를 가지고 1000hPa등압면 일기도를 작성할 수 있다. 등고선 값은 등압선 값에 비례하여 지상 부근에서 8hPa 차이의 두께[1]는 약 60gpm에 해당하므로 1000hPa을 기준으로 매

---

1) 정역학방정식을 이용하여 연직으로 8hPa 기압차는 60m의 고도차와 비슷하다는 것을 알 수 있다. 즉 $\Delta p = -\rho g \Delta z$에서 $\rho = 1.3\text{kg m}^{-3}$, $g = 9.8\text{m s}^{-2}$, $1\text{hPa} = 10^2\text{kg m s}^{-2}\text{m}^{-2}$이므로 $\Delta z = \frac{1}{1.3*9.8} \times 8 \times 10^2 = 62.8\text{gpm} \fallingdotseq 60\text{gpm}$이 된다.

8hPa 간격의 등압선을 60m 간격의 등고선으로 간주하여 1008hPa, 1016hPa 등은 60gpm, 120gpm 등으로, 992hPa, 984hPa 등은 −60gpm, −120gpm 등으로 표시하여 1000hPa일기도가 작성된다.

1000hPa등압면일기도 작성에서 등고선 이외의 기타 모든 표현 요령은 지상일기도 작성시의 요령과 같다.

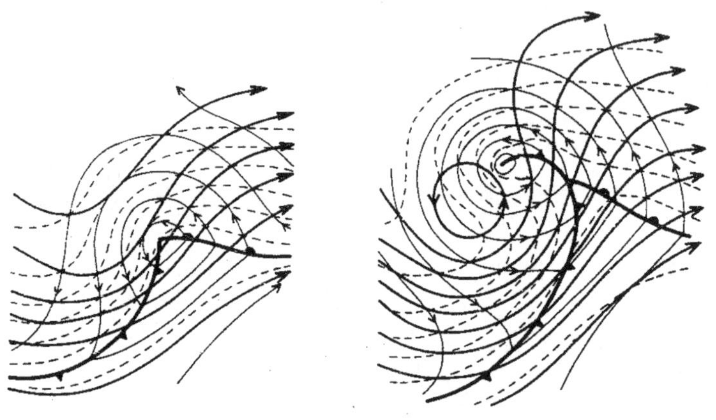

(굵은 실선: 500hPa 등고선, 가는 실선: 1000hPa 등고선)

[그림 4-2] 저기압 발달 두 단계의 저기압 중심 부근에서의 1000/500hPa 두께선(점선) 묘화의 예

㈏ 도식감법

두께선도는 특정 상층 등압면의 등고선 값에서 특정 하층 등압면의 등고선 값을 빼는 도식감법으로 작성할 수 있다. 즉 500hPa면일기도의 등고선에서 1000hPa면일기도의 등고선을 도식적으로 빼면 1000~500hPa 두께선도를 얻을 수 있다. 마찬가지로 300hPa일기도의 등고선에서 700hPa일기도의 등고선을 도식적으로 빼면 700~300hPa 두께선도를 얻을 수 있다.

자료의 시간이 같은 두 일기도를 각각 A도(예 500hPa일기도)와 B도(예 1000hPa일기도)라 하자. A도와 B도를 겹쳐놓고 A도의 등치선 값에서 B도의 등치선 값을 빼는 경우에는 그림 4-3에서 보이는 것과 같이 A도의 한 등치선과 B도의 한 등치선의 교점에서 A도의 해당 등치선을 경계로 값이 낮은 쪽과 B도의 해당 등치선을 경계로 값이 낮은 쪽이 겹쳐지는 구역으로부터 반대로 두 등치선에서 각각 값이 높아지는 것이 겹쳐지는 곳으로 선을 그으면(그림에서 X→Y) 이러한 선이 A도의 한 등치선 값에서 B도의 한 등치선 값을 뺀 값에 해당하는 등치선이 된다.

차에 해당하는 이런 등치선은 A도의 등치선과 B도의 등치선으로 이루어지는 사각형을 계속 대각선으로 통과하게 된다. 이런 방법을 간단히 HHLL법이라고 부를 수 있다. 즉 도식감법은 HHLL방법으로 두 일기도의 차를 구하게 된다.

도식감법은 두께선도, 기압(또는 고도)변화도, 평년편차도, 와도도 작성 등에 이용된다.

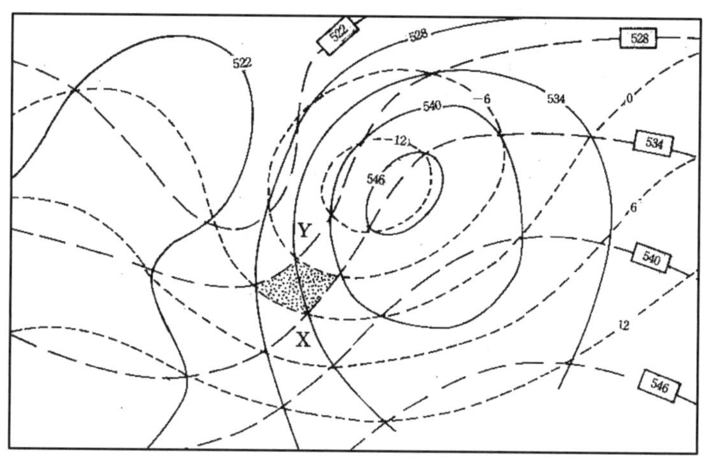

(파선 : 500hPa등고선, 점선 : 1000hPa등고선, 실선 : 두께선)

[그림 4-3] 도식감법의 요령(1000~500hPa 두께선)

도식적인 감법으로 보조일기도를 작성할 때에는 다음과 같은 점에 유의하여야 한다(그림 4-4 참조).

1) 감법으로 처리하려는 두 일기도의 등치선의 각 교점은 그 차를 나타내는 등치선이 한 번씩만 통과한다.

2) 차를 나타내는 등치선은 감법 처리를 하려는 두 일기도의 등치선이 이루는 교점에서 HHLL 법으로 항상 대각선으로 지나도록 그려진다.

3) 차 등치선은 서로 교차하거나 끊어지지 않는다. 합쳐지거나 갈라지지도 않는다.

4) 차를 구하려는 두 일기도의 등치선들이 이루는 사각형에 차 등치선은 한 개씩만 그어진다.

5) 차를 구하려는 두 일기도의 등치선들이 두 번씩 교차하면 그림 4-4의 왼쪽 윗부분의 닫힌 두께선처럼 끝이 뾰족한 타원 모양의 HHLL 법으로 통과한다.

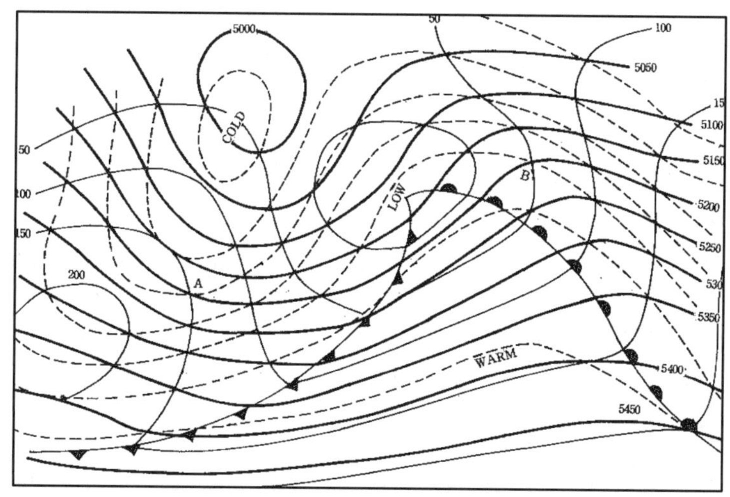

(굵은 실선 : 상층 등고선, 실선 : 하층 등고선, 파선 : 두께선)

[그림 4-4] 전선부근의 두께선 묘화의 예

나. 두께이류도의 작성

두께선도 위에 그 두께선도를 만든 기층의 중간층 등압면일기도(예 1000~500hPa 두께선도인 경우에는 700hPa면일기도)를 겹쳐놓고 중간층 등압면일기도의 기류(혹은 등고선)를 따라 두께선과의 매 교점마다 화살표를 기류의 방향으로 표시한 것이 이류도(advection chart, 移流圖)이다.

중간층의 기류가 두께선을 횡단할 때 두께 값이 큰 쪽에서 작은 쪽으로 가로지르면 온난이류(warm advection, 溫暖移流)라 하고, 반대로 두께 값이 작은 쪽에서 큰 쪽으로 가로지르면 한랭이류(cold advection, 寒冷移流)라 한다. 온난이류는 적색으로, 한랭이류는 청색으로 표시한다.

두께선과 중간층의 기류가 만나는 각이 크면 "이류가 강하다"라고 하며 각이 적을 때는 "이류가 약하다"라고 한다. 이 교각이 더 작아져서 두께선과 중간층의 기류가 평행이면 중립이류(neutral advection, 中立移流)라고 한다.

보통 온난이류와 한랭이류의 경계를 자색으로 표시하거나 또는 경계의 온난이류 쪽을 적색으로, 한랭이류 쪽을 청색으로 하는 복선을 그어 표시하기도 한다.

2 두께선도와 두께이류도의 이용

두께이류도는 대기 중하층의 온도이류를 결정하는데 사용될 수 있다. 지균풍이 두께가 큰 곳에서 작은 곳으로 불 경우는 온난이류, 두께가 작은 곳에서 큰 곳으로 불 경우 한기이류가 된다. 고도 경도가 약하여 지균풍이 약하거나, 두께경도가 약하거나, 지균풍이 두께선에 나란하게 불 때는 중립이류가 된다.

1000~700hPa 두께이류는 바람에 따른 난기나 한기의 이동에서 비롯되는 대기의 기온변화를 나타낸다. 난기이류로 기온이 높아지는 곳에서는 상승기류가 생겨 날씨가 나빠지고, 한기이류로 기온이 낮아지는 곳에서는 하강기류가 생겨 날씨가 좋아진다.

두께선도와 두께이류도는 다음과 같이 이용될 수 있다(특별히 명시가 없는 경우는 1000~500hPa 두께선도의 경우이다).

가. 불연속선의 위치와 강도 분석

두께선도는 중·하층 대기의 기온을 나타내는데 상당 부분 지형의 효과가 생략되기 때문에 다음과 같이 전선분석에 유용하다.

1) 한랭전선(온난전선)은 두께선이 조밀한 곳의 전방(후방)에 위치한다(그림 4-5 참조). 그리고 두께선이 조밀할수록 해당 전선의 강도가 강하다.

2) 폐색전선에서는 두께선이 마루를 이룬다. 이 때 두께선의 마루가 현저할수록 강도가 강하다.

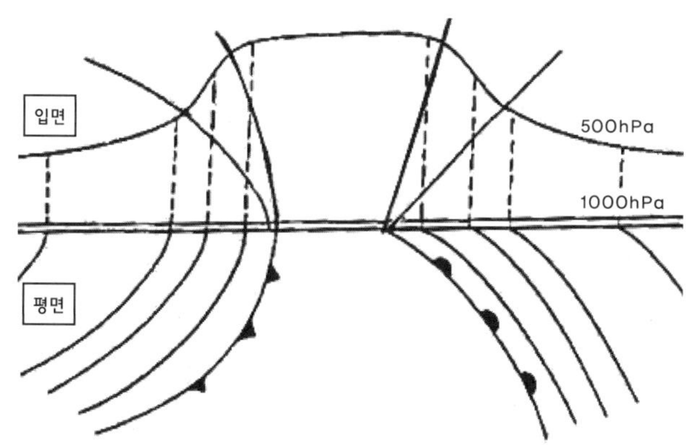

[그림 4-5] 두께선과 전선

나. 지상기압계의 이동과 발달 분석

1) 전선을 동반한 저기압은 보통 한랭기단을 따라 이동하는데, 이 때 특히 1000~700hPa 두께선도의 두께선이 조밀한 쪽으로 이동하는 경향이 있다.

2) 온난핵저기압(warm core low)은 두께선 경도와 이류선(중간층의 기류) 경도의 합성방향으로 이동한다.

3) 난기이류로 기온이 높아지는 곳에서는 상승기류가 생겨서 날씨가 나빠지고, 한기이류로 기온이 낮아지는 곳에서는 하강기류가 생겨서 날씨가 좋아진다.

4) 1000hPa면일기도(또는 지상일기도)의 수렴기류가 두께선을 횡단하면 24시간 내에 전선이 소멸되고, 반대로 발산기류가 두께선을 횡단하면 24시간 내에 전선발생이 가능하다(그림 4-6 참조).

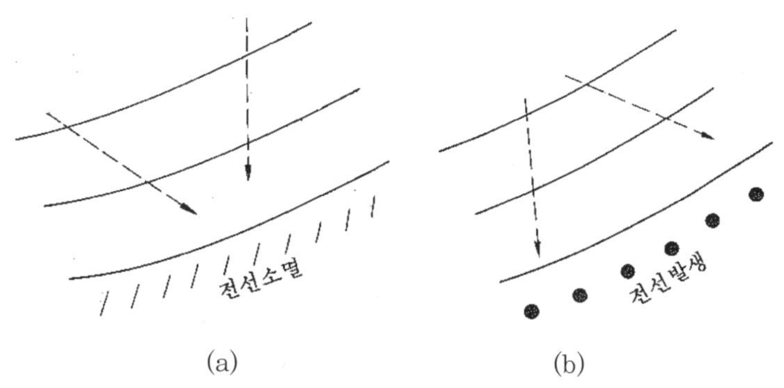

(실선 : 두께선, 파선 : 지상기류)

[그림 4-6] 전선 발생 · 소멸에 대한 두께선과 지상기류의 관계

5) 두께선의 골(온도골)의 전방에서는 상층 발산 · 하층 수렴으로 지상 저기압이 발달하고, 후방에서는 반대로 상층 수렴 · 하층 발산으로 고기압이 발달한다. 반대로 두께선 마루(온도마루)의 전방에서는 상층 수렴 · 하층 발산으로 지상 고기압이 발달하고, 후방에서는 상층 발산 · 하층 수렴으로 지상 저기압이 발달한다. (그림 4-7 참조)

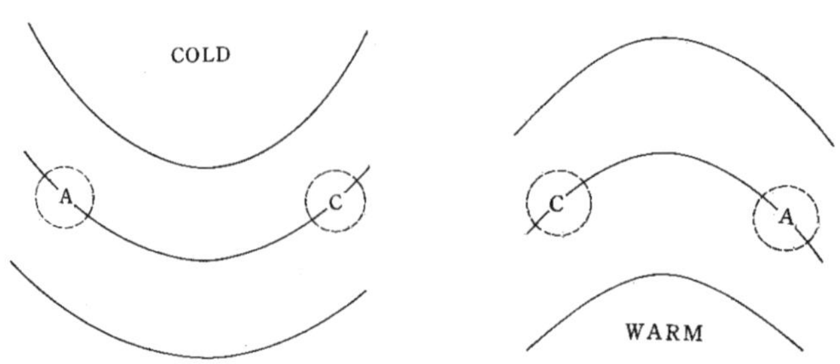

[그림 4-7] 두께선의 모양과 지상기압계의 발달위치

6) 온도골과 온도마루가 연속된 싸인파형 온도패턴(sinusoidal thermal pattern)에서는 위 5)의 두 경우가 각각 성립하고, 특히 이 패턴은 열지향(thermal steering) 현상이 강하여 지상기압계가 이 패턴의 모양을 따라 이동하는 경향이 크다.

7) 저기압성온도퇴화(cyclonic thermal involution)와 고기압성온도퇴화(anticyclonic thermal involution) 패턴은 온도의 싸인파 패턴이 발달하여 폐색되는 과정에 있는 형태로서, 이 패턴들의 골(또는 마루)의 전방(또는 후방)에서의 지상기압계의 발달은 싸인파 패턴의 경우와 비슷하다. 이들 중 저기압성온도퇴화 패턴은 온난핵저기압이 한랭핵저기압으로 바뀌는 경우이므로 thermal steering을 하지 못한다. 그리고 고기압성온도퇴화의 경우는 마루에 해당하는 부분의 지상 고기압은 이동성고기압으로서 온난핵고기압이 되어 이동이 매우 느리다. (그림 4-8 참조)

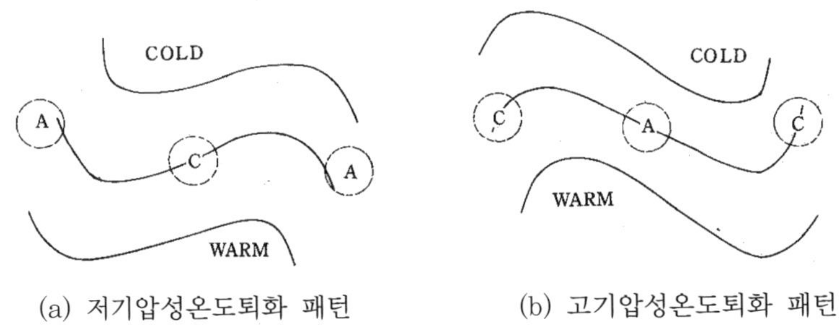

(a) 저기압성온도퇴화 패턴 (b) 고기압성온도퇴화 패턴

[그림 4-8] 온도퇴화 패턴과 지상기압계 발달

8) 분류형온도제트(diffluent thermal jet)는 기류가 발산하므로 두께 값이 감소하는 쪽에서 지상 저기압이 발달하고, 두께 값이 증가하는 쪽에서 지상 고기압이 발달한다. 이 경우 지상기압계의 속도는 느리다. 합류형온도제트(confluent thermal jet)의 경우는 두께 값이 증가하는 쪽에서 지상 저기압이 발달하고, 두께 값이 감소하는 쪽에서 지상 고기압이 발달한다. 역시 이 경우에도 기압계의 이동은 느리다(그림 4-9 참조).

9) 분류형온도마루(diffluent thermal ridge)와 합류형온도마루(confluent thermal ridge)에서는 그림 4-10에서와 같이 온도마루 전 · 후방에서 지상기압계의 발달은 보통의 온도마루의 경우

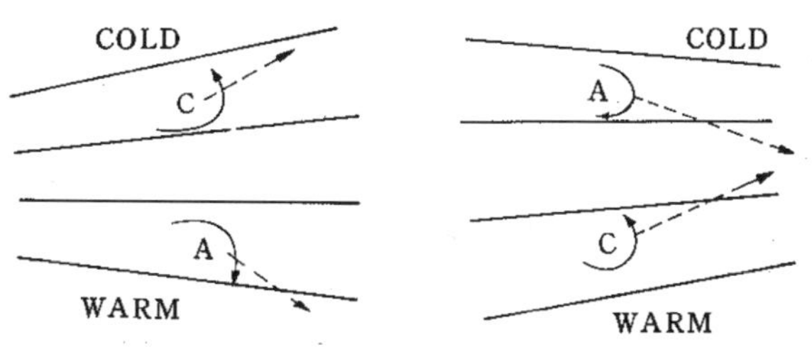

[그림 4-9] 분류·합류형 온도제트와 지상기압계의 발달

와 비슷하나 분류형온도마루 전방의 고기압은 온난공기 쪽으로, 마루 후방의 저기압은 한랭공기 쪽으로 편향하며, 합류형온도마루 전방의 고기압은 한랭공기 쪽으로, 후방의 저기압은 온난공기 쪽으로 편향한다.

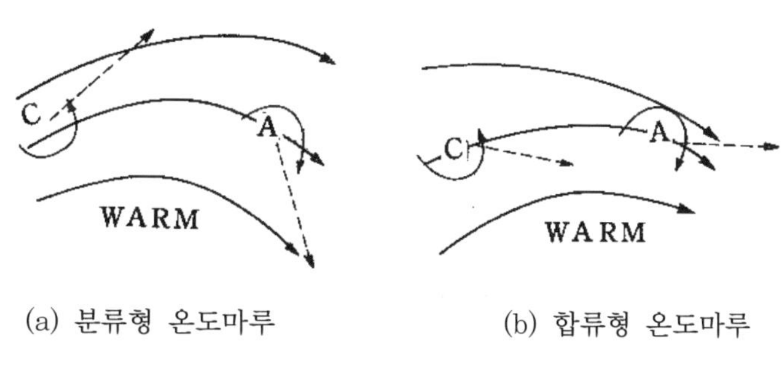

[그림 4-10] 분류 · 합류형 온도마루와 지상기압계의 발달 이동

10) 분류형온도골(diffluent thermal trough)과 합류형온도골(confluent thermal trough)의 경우 상대적으로 지상기압계의 발달은 보통 온도골에서와 비슷하나, 분류형온도골의 경우는 지상 저기압이 온도골을 통과하여 한랭공기 쪽으로 편향하면서 발달하고, 고기압은 온도골을 통과하지 못하나 온난공기 쪽으로 편향하면서 느린 속도로 이동하고 온도골 후방에서 발달한다. 합류형온도골의 경우에는 고기압은 온도골 후방에서 온난공기쪽으로 편향하며 발달하고, 저기압은 반대로 온도골 전방에서 한랭공기 쪽으로 편향하면서 발달한다(그림 4-11 참조).

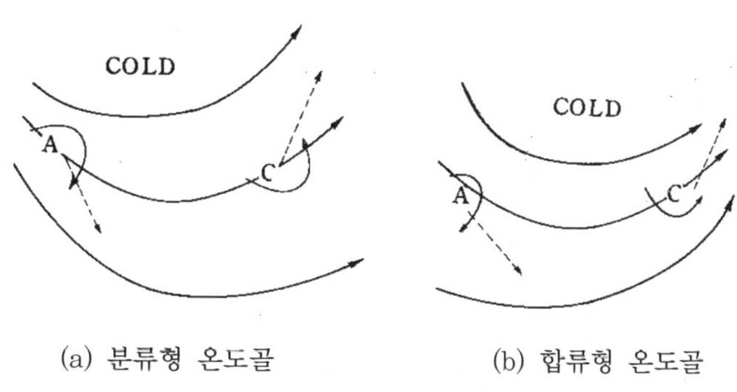

[그림 4-11] 분류 · 합류형 온도골과 지상기압계의 발달 이동

지상에서 저기압이 폐색되는 경우에 온도골은 서서히 이동하나 후퇴하기도 한다. 그러나 저기압은 강한 온도경도 때문에 이동이 빠르다.

다. 대기안정도 변화의 분석

1) 상층은 온난이류이고 하층이 한랭이류인 경우는 대기가 안정화 한다. 이런 경우에는 하강기류가 발달하고, 반대로 상층은 한랭이류인데 하층이 온난이류이면 대기가 점차 불안정하게 되어 상승기류가 발달한다.

2) 상층과 하층에 같은 온난이류가 있는 경우에는 연직적으로 모든 층이 온난하게 되어 안정하고 현 상태를 유지하는 것이 보통이나, 상하층 간의 이류의 강도에 따라 상층의 온난이류가 하층의 온난이류보다 강하면 더욱 안정하게 되고, 하층의 온난이류가 상층의 온난이류보다 더 강하면 대기가 불안정하게 된다. 한랭이류의 경우에는 이와 정 반대 현상이 일어난다.

3 온도풍 계산

대기 중 고도가 다른 상하층의 바람의 벡터차를 온도풍(thermal wind, 溫度風)이라고 한다. 예를 들면, 700hPa고도와 500hPa고도 사이의 온도풍은 500hPa 지균풍벡터와 700hPa 지균풍벡터의 차로 표현된다.

대기 중의 어느 한 점에서의 지균풍은 그 점에서의 기압면의 경사에 좌우된다. 만일, 700hPa면이 남에서 북쪽으로 경사져 있다면 이 700hPa면에서 지균풍은 서에서 동으로 불게 된다. 그리고 지균풍의 세기는 그 경사도에 비례한다.

이 때, 그 상공 500hPa면의 고도도 남쪽에서 북쪽으로 경사져 있다면 지균풍은 역시 서에서 동으로 불게 될 것이다. 이러한 상황은 700hPa로부터 500hPa까지 평균 가온도가 일정하거나 또는 앞서 설명한 것처럼 남쪽보다는 북쪽이 더 차가운 경우이다. 그러나 만일 700hPa면과 500hPa면 사이의 기층이 하층에서와는 반대로 북쪽에서 보다 남쪽에서 더 차다면 500hPa면의 지균풍은 하층 700hPa면의 지균풍과는 반대 방향일 것이다.(그림 4-12 참조).

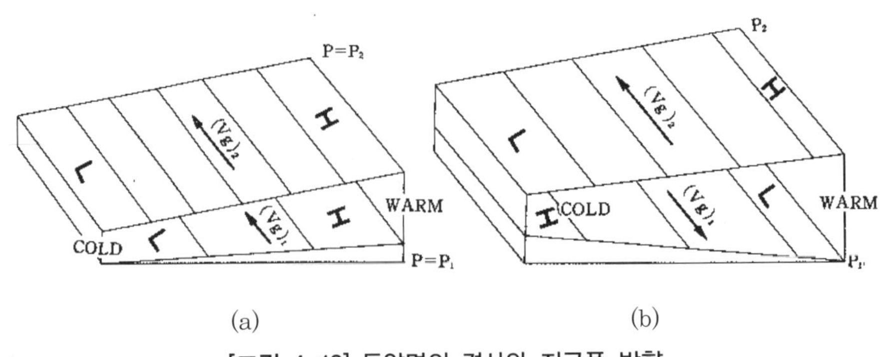

[그림 4-12] 등압면의 경사와 지균풍 방향

기층의 온도 분포(혹은 기층의 두께)에 따라서는 상·하층의 바람이 크게 달라진다. 바람이 달라지게 하는 이러한 힘이 온도풍이다. 그리고, 달라지게 하는 기층의 변화는 온도(정확하게는 가온도)에 관계가 있다. 즉 온도풍은 이러한 가온도의 차이를 측정하는 수단이 된다.

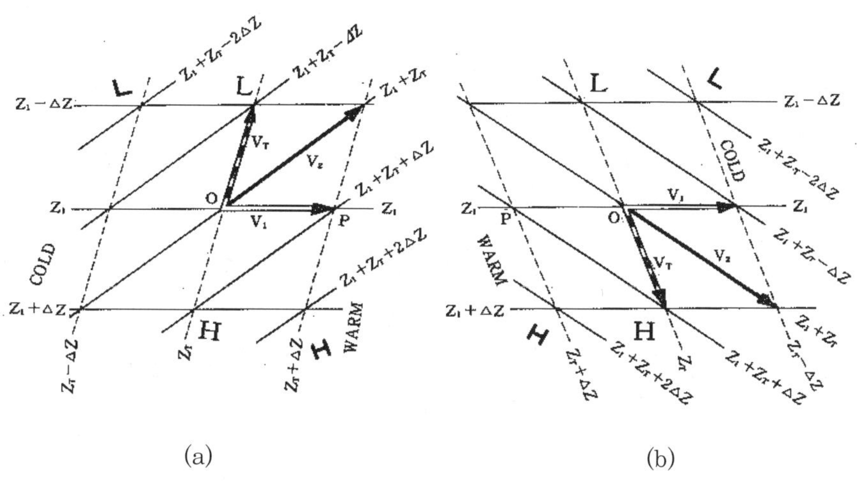

[그림 4-13] 1000~500hPa 두께선과 온도풍

그림 4-13은 1000~500hPa 두께선의 일부를 나타내고 있다. 두께선은 평균가온도가 같은 점들을 연결한 선이 된다. 700hPa면 지균풍과 500hPa면 지균풍이 각각 등고선에 평행하며 그 지균풍속이 등고선의 경도에 비례하듯 온도풍은 두께선에 평행하고 두께선의 경도에 비례한다. 지균풍과 온도풍의 차이를 구체적으로 열거하면 표 4-1과 같다.

[표 4-1] 지균풍과 온도풍의 비교

지 균 풍	온 도 풍
(1) 대기의 한 점에서의 공기의 지균운동이다.	(1) 대기의 상·하층 공기의 지균운동의 차이다.
(2) 등압면에서 고도의 경도 때문에 생긴다.	(2) 두 등압면 간의 평균가온도 차($\overline{T_v}$, 즉 두께 경도) 때문에 생긴다.
(3) 등고선에 평행하고, 저고도를 왼쪽에 두고 불어간다.	(3) 두께선(평균가온도선)에 평행하고, 적은 두께선 값을 왼쪽에 두고 불어간다.
(4) 지균풍속은 고도 경도에 비례한다.	(4) 온도풍의 강도는 두께 경도(평균가온도 경도)에 비례한다.

4.2 와도도

1 와도의 정의

가. 직교좌표계에서의 와도 표현

와도(vorticity, 渦度)는 바람장의 방향변화나 속도변화 또는 이들 두 가지 모두에 의해 발생하는 회전운동의 척도이다. 소용돌이도라고도 한다.

500hPa의 와도는 기압계의 소용돌이의 강도와 해당 기압계의 발달 · 쇠퇴의 지표가 된다.

유체역학에서는 유체 내에 아주 작은 체적을 생각했을 때 순간적인 회전축 주위의 회전각속도(ω, 오메가)의 2배를 와도(vorticity, 渦度)라 하고 기호로는 ζ로 표시한다.

또 와도는 반시계방향의 회전(저기압성 회전)을 +와도라 하고, 시계방향의 회전(고기압성 회전)을 −와도라 한다.

지금 x축을 동향, y축을 북향, z를 연직방향으로 하는 직교좌표에서 속도의 동향성분을 u, 북향성분을 v, 연직성분을 w로 한다. 그리고 이 공기의 단위체적이 그림 4-14(a)에 나타낸 것처럼 단위시간 후에는 각 Ω래디안만큼 회전한다고 하자.

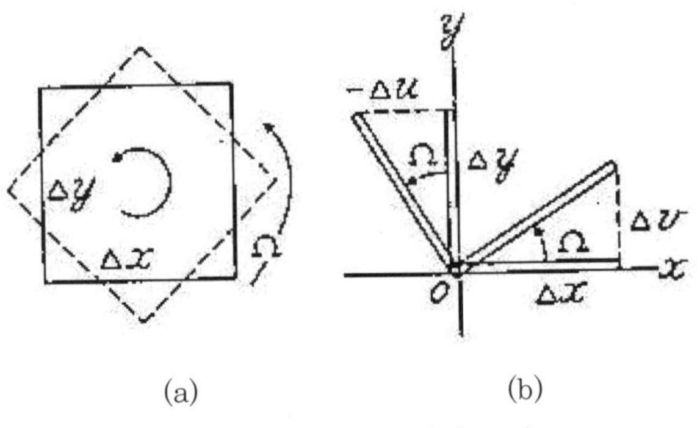

(a) (b)

[그림 4-14] 와도 설명 그림

Note

지면에 대한 상대와도를 직교좌표에서 수학식으로 표시하면 다음과 같다.

$$\vec{\omega} = \nabla \times \vec{V} = \vec{i}\left(\frac{\partial w}{\partial y} - \frac{\partial v}{\partial z}\right) + \vec{j}\left(-\frac{\partial w}{\partial x} + \frac{\partial u}{\partial z}\right) + \vec{k}\left(\frac{\partial v}{\partial x} - \frac{\partial u}{\partial y}\right)$$

이 중에서 기상학에서 중요한 성분은 마지막 항인 연직성분이다. 와도의 연직성분(ζ)은 직교좌표계에서 다음과 같이 표현된다.

$$\zeta = \frac{\partial v}{\partial x} - \frac{\partial u}{\partial y}$$

우선 바람의 북향성분(v)의 시어에 의해서 생기는 회전은 그림 4-14(b)에 나타낸 것과 같이 단위시간 후에는 $\tan\Omega = \Delta v / \Delta x$이다. 이때 극한을 취하면 다음과 같다.

$$\omega = \frac{\partial v}{\partial x} \quad \cdots\cdots (4\text{-}1)$$

이와 같이 동향성분 u의 시어에 의해 생기는 회전은,

$$\omega = -\frac{\partial u}{\partial y} \quad \cdots\cdots (4\text{-}2)$$

이 두 개의 식을 하나로 묶은 것이 와도(vorticity, ζ)로서 보통 다음과 같이 쓴다.

$$\zeta = 2\omega = \frac{\partial v}{\partial x} - \frac{\partial u}{\partial y} \quad \cdots\cdots (4\text{-}3)$$

와도(vorticity)는 다음과 같은 여러 가지 표현으로 정의될 수 있다.

(1) 공기덩이의 임의의 축 주위의 평균 회전각속도의 두 배. 즉 $\zeta = 2\omega$.

(2) 단위 면적당의 공기덩이의 순환. 즉 $\zeta = \int \vec{V} \cdot \overline{ds} / A$.

나. 자연좌표계에서의 표현

이것을 자연좌표계에서의 것으로 표시하면

$$\zeta = -\frac{\partial V}{\partial n} + \frac{V}{R_s}$$

여기서 n은 기류선에 수직방향의 거리이며 R_s는 유선의 곡률반경이다. 따라서 $-\partial V/\partial n$은 기압 감소방향으로 부는 풍속경도에 의한 시어와도(shear vorticity)이고, V/R_s는 유선이 이루는 곡률에 의한 곡률와도(curvature vorticity)이다(그림 4-15 참조). 즉 기류의 회전은 풍속경도가 있거나 기류선이 곡률을 이루고 있을 때 발생한다.

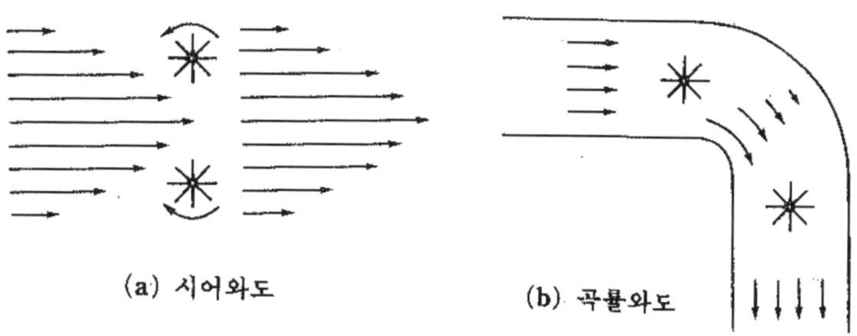

[그림 4-15] 시어와도와 곡률와도

와도의 크기는 등풍속선이 그려진 유선도(또는 상층일기도)에서 구할 수 있다. 즉 그림 4-16에서와 같이 와도는 n축 방향의 바람시어 분포와 s축 방향의 바람시어 분포의 합이다. n축 방향의 회전은 $-\partial V/\partial n$, s축 방향의 회전은 s축에서의 바람인 V와 $\partial\alpha/\partial s$의 곱($V \cdot \partial\alpha/\partial s$)으로 표현되므로 $\partial\alpha/\partial s = 1/R_s$를 적용하면 $V \cdot \dfrac{\partial\alpha}{\partial s} = \dfrac{V}{R_s}$가 된다.

따라서 보통 trough에는 반시계 방향으로 회전하는 저기압성 소용돌이, 그리고 ridge에는 시계 방향으로 회전하는 고기압성 소용돌이가 위치한다.

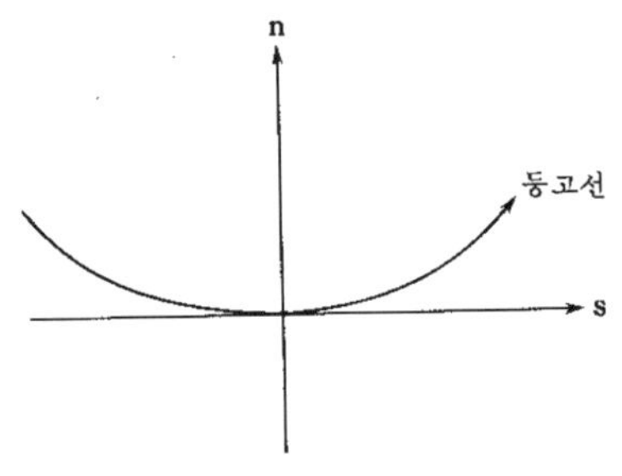

[그림 4-16] 와도의 계산좌표

또한 상층 제트류의 수평시어에 의해서 제트류의 북쪽에는 양의 와도 구역이 되고 남쪽에는 음의 와도 구역이 된다.

실제 대기 중에서 상대와도의 변화는 주로 유선의 곡률에 의하여 일어나므로 곡률시어 V/R_s에 의해 좌우된다. 따라서 ζ_r의 감소는 V/R_s의 감소로 표시되어, 곡률반경 R_s가 점차 양(저기압성)의 곡률로부터 직선을 거쳐 음(고기압성)의 곡률로 변하며, 반대로 ζ_r의 증가는 V/R_s의 증가로 나타나고, 따라서 음(고기압성)의 곡률이라도 직선을 거쳐 양(저기압성)의 곡률로 점차 변한다는 것을 의미한다.

2 상대와도의 이용

상층의 기류는 동서성분이 강하므로 고도장이나 유선에서 회전성분은 뚜렷이 드러나지 않고 골(trough)의 형태를 취하거나 시어(shear)의 형태를 취한다. 그러나 와도장에서는 회전성분이 지상과 마찬가지로 분명히 나타나므로 와도 분포는 상층에서 구름대와 저압부를 찾는데 효과적이다.

와도방정식은 직접적으로 와도이류를 수렴/발산과 관련지을 수 있다. 예를 들면, 보통 PVA(양의 와도이류)나 NVA(음의 와도이류)는 각각 상층의 발산이나 수렴을 나타내기 때문에 연직운동의 위치를 추정하는데 사용된다. 즉 상층의 저기압성 와도역이나 차고 안정한 공기덩이가 하층에 경압성이 있는 지역 상공으로 이동해오면 키큰 저기압이 발달하기 쉽다.

500hPa 예보장에서 예보관이 찾아야 할 첫 번째의 것이 와도이다. 와도는 값에 따라 그 세기

를 알 수 있다. 보통 trough에는 반시계 방향으로 회전하는 저기압성 와도가 위치하며 ridge에는 시계 방향으로의 회전이 있다.

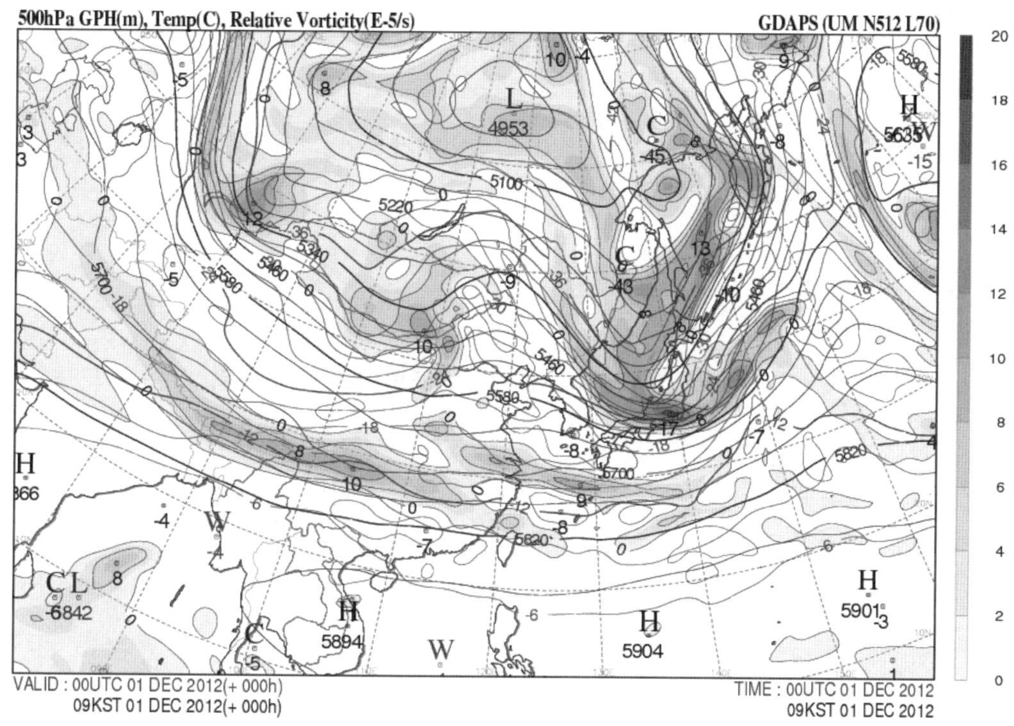

[그림 4-17] 500hPa 고도, 기온 및 상대와도 분포도의 예(2012.12.01 00Z)

와도(ζ)의 정의에 의하면 곡률이 0인 비회전성 운동이라고 생각되는 흐름이라도 바람의 수평시어가 있으면 회전운동을 하게 된다. 유선의 곡률이 클수록, 또 바람의 수평시어가 클수록 와도가 강하여 회전운동은 커진다. 따라서 제트축의 북쪽에서 +와도, 남쪽에서는 −와도가 나타나고, 강풍대의 중심을 따라서는 와도의 0선이 나타난다.

또 제트의 중심은 대개 지면 부근의 전선대와 관련되어 있기 때문에 와도 0선은 거의 전선대와 대응하여 나타나는 경향이 있다.

등고선이 저기압성 곡률을 이루게 되는 trough에서는 +와도, 고기압성 곡률을 이루게 되는 ridge에서는 −와도가 나타난다. 그리고 등고선의 저기압성 곡률이 크고 아주 조밀한 곳, 즉 바람이 강하게 발달하는 trough에서는 +와도가 크다.

그림에서도 알 수 있는 것처럼, 일반적으로 +와도 중심은 그 하부에 지상 저기압을 동반하고, −와도 중심은 그 하부에 고기압을 동반한다. 이때 지상 저기압은 +와도 중심 구역과 하류의 와도 0선 부근(또는 상승류 구역)과의 사이에 위치하는 것이 보통이다. 그리하여, 지상 저기압은 +와도 중심 구역의 평균적인 흐름의 하류에서 와도가 가장 크게 증가할 것으로 보이는 지역으로 이동하기 쉽다. 크게 보면, 와도의 0선 부근으로 이동한다.

또 와도 0선은 제트류에 대응되기 쉬워서, 와도 0선의 남하, 또는 북상은 제트축이나 전선대의 남하 혹은 북상의 판단 기준으로 사용된다.

500hPa 등고선의 사행(蛇行)이 커지면 지상 저기압의 발달이 쉬워서, 일반적으로 그 기압골과 그 하류 기압마루와의 중간 부근에서 저기압이 발생 혹은 발달하기 쉽다. 이 발달은 +와도 이류에 관련되어 나타난다. 즉 500hPa의 와도가 크고 그 경도가 급하고, 또한 바람이 강한 경우에는 지상 저기압이 발달하기 쉽다.

500hPa의 +와도 중심 구역으로 지상 저기압이 들어가게 되면 그 저기압은 쇠약하기 쉽다.

3 절대와도의 이용

절대와도(absolute vorticity, 絕對渦度, ζ_a)는 지구 표면에서 일어나고 있는 와도를 지구 바깥 공간에서 본 것으로서 상대와도에 행성와도인 코리올리파라미터를 더한 것으로 표현된다.

지구는 지축을 중심으로 각속도 Ω로 회전하고 있다. 따라서 위도 ϕ에서는 연직축 둘레에 $2\Omega\sin\phi$의 와도를 가지고 회전한다. 이것을 코리올리파라미터(f)라고 한다. 일반적으로는 지구의 위도 ϕ에서 ζ의 와도를 가지는 공기덩이는 다른 항성에서 본 절대와도(ζ_a)는 다음과 같이 표시된다.

$$\zeta_a = \zeta + f = \zeta + 2\Omega\sin\phi$$

절대와도와 유체의 수평면적(A)의 곱은 보존된다. 이를 식으로 표시하면 다음과 같다.

$$\zeta_a \cdot A = k(\text{상수})$$

이 식을 시간으로 미분($A\frac{d\zeta_a}{dt} + \zeta_a\frac{dA}{dt} = 0$) 후 양변을 $\zeta_a \cdot A$로 나누어 정리하면

$$-\frac{1}{A}\frac{dA}{dt} = \frac{1}{\zeta_a}\frac{d\zeta_a}{dt}$$

여기서 $-\frac{1}{A}\frac{dA}{dt}$는 단위 면적당 시간에 따른 면적의 변화인 발산(divergence)으로서 평면 상에서 다음과 같이 $Div\,V$로 표시할 수 있다. 즉

$$-Div\,V = -\frac{1}{A}\frac{dA}{dt} = \frac{1}{\zeta_a}\frac{d\zeta_a}{dt}$$

이 식은 와도방정식(vorticity equation)으로서 다음과 같은 의미를 가진다.

"발산은 단위시간당 절대와도의 변화량을 절대와도 자신으로 나눈 값과 크기가 같고 부호만 반대가 된다."

따라서 절대와도가 시간에 따라 증가하면 수렴(convergence, $-Div\ V$)이 있고, 시간에 따라 감소하면 발산(divergence, $+Div\ V$)이 있게 된다.

일기도에서는 발산을 직접 계산하기가 매우 어려우므로 절대와도의 시간 변화($d\zeta_a/dt$)를 계산하여 얻는다. 이 절대와도의 시간 변화를 자연좌표계로 표시하면 다음과 같다.

$$\frac{d\zeta_a}{dt}=\frac{\partial\zeta_a}{\partial t}+V\times\frac{\partial\zeta_a}{\partial s}$$

이 식에서 우변의 첫째 항은 절대와도의 국지변화이고, 둘째 항은 절대와도의 이류변화이다. 이류변화는 식에서와 같이 풍속 V와 유선방향의 절대와도경도($\partial\zeta_a/\partial s$)의 곱으로 표시된다.

절대와도 ζ_a가 일정하다면 절대와도의 총변화($\frac{d\zeta_a}{dt}$)는 0이 된다. 따라서 위 식으로부터 다음 식을 얻게 된다.

$$\frac{\partial\zeta_a}{\partial t}=-V\times\frac{\partial\zeta_a}{\partial s}$$

즉 절대와도의 국지변화는 절대와도의 이류로만 결정된다.

대기 중에서 와도장은 대략 표 4-2와 같이 이류한다. 600hPa 고도 아래에서는 풍향을 따라 풍속보다 빠르게 이류한다.

와도장이 해당 고도의 풍속의 100%로 이동하는 약 600hPa층을 비발산고도(non-divergence level, 非發散高度)라 한다. 와도방정식에서 등와도선이 풍속의 100%로 이동한다는 것은 와도변화율($d\zeta_a/dt$)이 0이라는 뜻이다. 따라서 등와도선은 풍속과 같이 움직인다. 이 때 와도값은 물론 불변이다.

표 4-2 와도장의 풍속 대비 이류 속도

기층(hPa)	이류 속도 (풍속 대비 %)
700	120
600	100
500	80
300	50

발산의 연직 구조는 그림 4-18과 같다. 발산의 부호는 연직적으로 한번만 바뀐다. 즉 비발산고도인 600hPa면을 경계로 하여 하층이 발산이면 상층은 수렴으로, 하층이 수렴이면 상층은 발산으로 바뀐다. 약 600hPa 층에서는 질량의 수평적인 유입과 유출은 없다. 이 층에서는 단지 연직 운동만 있다고 본다.

최대 발산층은 대략 300hPa면에 있으므로, 만일 비발산층 상공인 상층대류권의 발산 부호를 결정할 수 있다면 하층대류권의 발산 부호를 정성적으로 결정할 수 있다. 따라서 공기덩이의 연직 운동의 방향도 결정할 수 있게 된다.

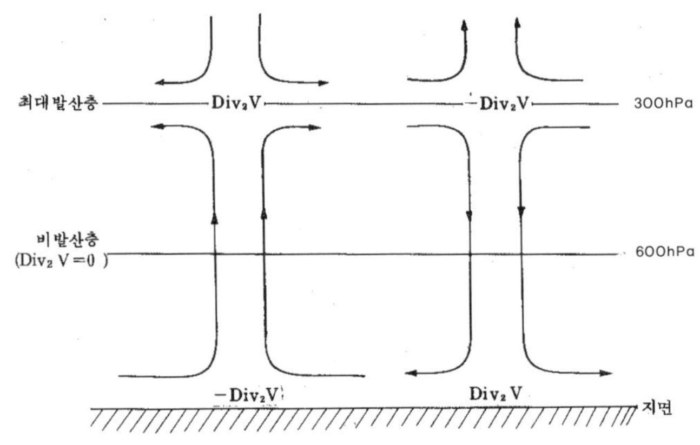

[그림 4-18] 대기의 발산 구조

특정 지점에서 어느 기층의 현재의 절대와도 값보다 더 큰 절대와도 값이 이동해 오면 이 구역을 PVA구역이라 하고, 반대로 현재의 절대와도 값보다 작은 값의 절대와도가 이동해 오는 구역을 NVA구역이라 한다.

비발산고도인 600hPa층보다 높은 상층 대류권에서의 PVA구역에서는 절대와도의 국지변화율 ($\partial\zeta_a/\partial t$)이 음이 되어 발산이 있고, NVA구역에서는 절대와도의 국지변화율이 양이 되어 수렴이 있다. 그러나 반대로 600hPa보다 낮은 하층대류권에서의 PVA구역에서는 $\partial\zeta_a/\partial t$가 양이 되어 수렴이 있고, NVA구역에서는 $\partial\zeta_a/\partial t$가 음이 되어 발산이 일어난다.

절대와도가 보존($\zeta_a = \zeta + f = \kappa$(상수))되면, 북쪽을 향하여 움직이는 공기덩이는 $f(=2\Omega\sin\phi)$가 커지므로 상대와도가 감소하여 유선은 점차 음(고기압성)의 곡률로 변하며, 반대로 남쪽을 향하여 움직이는 공기덩이는 f가 작아지므로 상대와도가 증가하여 유선은 점차 양(저기압성)의 곡률로 변한다(그림 4-19 참조).

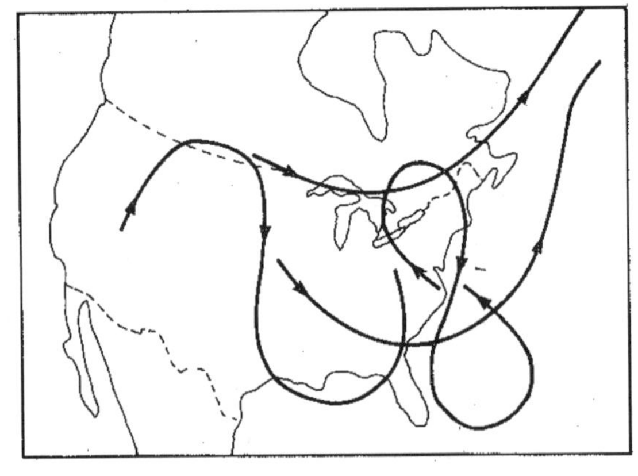

[그림 4-19] 기류의 남북운동과 상대와도변화

비발산고도인 600hPa층의 아래 고도에서는 기류가 북쪽을 향하여 운동할 경우에는 음(고기압성)의 곡률로 굽어져야 한다. 그럼에도 불구하고 만일 북쪽을 향하여 직선운동을 계속 유지한다면 어떤 힘이 절대와도를 계속 증가시킨 결과일 것이다. 그런데 f의 변화를 제외한다면 절대와도를 증가시킬 수 있는 것은 수렴 뿐이므로 기류에 수렴이 일어나고 있는 것임을 알게 된다. 즉 와도방정식에서 ΔP가 증가(수렴)하는 것으로 나타난다. 따라서 이 경우 기류가 음(고기압성)의 곡률이 아니라 양(저기압성)의 곡률로 굽어진다면 수렴과 이에 따른 상승운동은 더 커진다. 만일, 이러한 현상이 우세하면 이러한 곳에서는 광범위한 악기상이 있게 된다.

만일, 북반구 내에서 기류가 남쪽을 향하여 흐르는 경우에도 절대와도는 보존되므로 저기압성으로 굽게 된다. 그러나 이때 만일 기류가 남쪽으로 계속 직선으로 진행하거나 또는 고기압성으로 굽어진다면 절대와도는 상대적으로 감소하여야 한다.

따라서 와도 방정식에서 발산으로 인한 ΔP의 감소가 일어난다. 결과적으로 하강운동이 발생한다. 이와 같이 남쪽으로 흐르는 기류가 직선 또는 고기압성 운동을 할 때는 하강기류의 발생으로 날씨가 보통 좋다.

4 와도에 관한 법칙

Cressman을 비롯하여 여러 학자들이 간추린 와도에 관한 여러 가지 법칙을 다음과 같이 정리할 수 있다.

1) 최대 와도(최대 저기압성와도)는 저기압, 기압골 또는 저기압성 바람시어가 큰 곳(예 제트류 북쪽)에서 나타난다.

2) 최소 와도(최대 고기압성와도)는 고기압, 기압마루 또는 고기압성 바람시어가 큰 곳(예 제트류 남쪽)에서 나타난다.

3) 와도장은 와도 계산에 사용된 상층의 기압계의 구조를 나타낸다. 또한 지상 기압계는 상층 기압계와 관련되어 있으므로 와도를 이용하여 지상 기압계를 예상할 수 있다. 예를 들면, 최대 와도 아래의 지상일기도의 등압선은 저기압성으로 굽는다. 또한 상층일기도에서는 단파가 분명하지 않은 경우가 있으나, 이곳이 와도장에서는 최대 와도 구역으로 나타난다.

4) 해당 고도의 등와도선과 등고선의 위상이 같을 때는 단기예보 기간 중 별다른 변화가 발생하지 않는다. 그러나, 그 위상이 다를 때는 현저한 변화가 발생한다.

5) 등와도선과 등고선이 충분히 큰 각으로 서로 교차되었을 때 등와도선은 500hPa 풍속의 75~80%로 이류된다.

6) 남쪽으로 편향하는 $15\times10^{-5}\text{sec}^{-1}$ 이상의 최대 와도와 관련된 기압골은 더욱 발달하거나 분리된다.

7) 양의 와도이류(PVA)가 있는 곳에서는 등압면의 고도나 지상의 기압이 낮아지며, 음의 와도이류(NVA)가 있는 곳에서는 등압면의 고도나 지상의 기압이 높아진다.

8) 와도를 계산할 등압면의 고도가 높아짐에 따라 와도의 중심값이나 와도경도가 증가되는 것이 보통이다.

9) 지상 저기압이 500hPa면의 양의 와도에 대응되어 있으면 이 저기압은 키가 큰 저기압이다.

10) 지상 저기압이 있고 그 상공에 양의 와도가 있으면 지상으로부터 상층으로 뻗은 축을 생각하여 이러한 것을 와도관(vorticity tube)이라 할 수 있다. 이 와도관이 풍상측으로 기울어져 있으면 저기압이 발달하고, 풍하측으로 기울어져 있으면 저기압은 쇠약해지며, 연직이면 폐색상태로서 변화가 없다.

11) 지상 전선의 풍상측에 양의 와도가 있으면 전선 통과 후에도 날씨가 회복되지 않는다. 그러나 음의 와도가 있는 경우에는 전선 통과 후 날씨가 곧 좋아진다.

4.3 발산도

1 하층 발산도의 이용

하층을 대표하는 기층인 850hPa면의 발산도는 대기의 하층 850hPa면의 수렴 및 발산 영역과 풍속 분포를 나타낸다. 하층 발산도에서 양(+)의 값은 발산(divergence), 음(−)의 값은 수렴(convergence)을 나타낸다(그림 4-20 참조).

대기는 연속적이므로 하층(예 : 850hPa)에서 수렴한 공기는 상층에서 발산하는 것이 일반적이다. 지상 부근에서 수렴기류가 있거나 상층(예 : 200hPa 또는 300hPa)에서 발산기류가 있는 곳에서는 연직 상승류가 생겨 대기가 불안정해져서 비구름이 발달하기 쉽다.

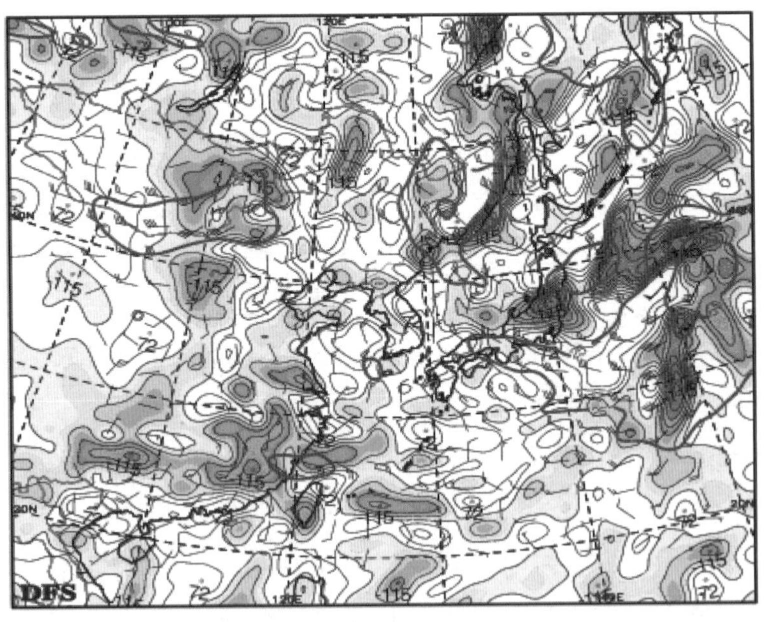

[그림 4-20] 850hPa 수렴(10E-6/s)과 등풍속선(>25kts) 분포도의 예(2012.12.01 00Z)

2 상층 발산도의 이용

상층 발산도는 대류권 상층에 해당하는 300hPa면 또는 200hPa면에 대해 발산(+값)과 수렴(-값) 영역을 표시하고, 풍속 분포를 나타낸다(그림 4-21 참조).

상층의 발산장이 있는 곳에서는 하층의 수렴에 의해 상승기류가 발생하므로 악기상이 발달하기 쉽다.

[그림 4-21] 300hPa 발산(10E-6/s)과 등풍속선(>50kts) 분포도의 예 (2012.12.01 00Z)

상층의 제트류와 관련해서는, jet streak의 입구에서는 가속에 의한 비지균성분인 남풍 성분이 나타나고, 이 결과로 제트축 입구의 북쪽 편에 수렴이 생겨 공기가 쌓이게 되므로 하강운동이 발생하여 그 하층에서는 고기압이 발달하게 되고, 반대로 남쪽은 발산 영역으로서 하층으로부터 상승 운동이 발생하게 되어 그 하층에서는 저기압이 발달하게 된다.

Jet streak의 출구에서는 감속에 의한 비지균성분인 북풍 성분이 나타나고, 이 결과로 제트축의 남쪽에 공기가 쌓이게 되므로 남쪽(오른쪽)에서는 하강운동, 왼쪽에서는 상승운동이 유발된다.

4.4 연직류도

1 연직운동 특성

가. 연직운동 유발 요인

바람분포와 기압분포 사이의 준지균 관계는 기상요소들 사이의 가장 강한 물리적 관계 중의 하나이다. 이 관계는 일기분석에 큰 도움을 주고 있다. 비지균적인 바람은 대기에서의 연직운동, 저기압발생, 그리고 일기시스템들의 이동과 같은 여러 가지 역학 과정에 중요하다.

불행하게도, 기상관측은 비지균풍을 직접적으로 평가하는 데는 적절하지 않기 때문에 관측으로는 지균적인 편차를 평가하기가 어렵다. 이 어려운 문제점을 극복하기 위해서 여러 가지 간접적인 방법, 즉 마찰(마찰풍), 기압변화(변압풍), 흐름의 곡률(경도풍효과), 와도이류, 온도이류 및 제트스트리크와의 관계 등으로 검토하게 된다.

나. 연직운동의 규모

실제 바람(V)과 지균풍(V_g)은 대략적으로 같다($V \approx V_g$)고 표현할 수 있다. 따라서 지균흐름에서는 $V = V_g$ 처럼 등호를 써도 실제적으로는 무방하다.

바람장과 기압장의 관측은 때때로 서로 독립적으로 이루어지기 때문에 이들의 벡터 차($V - V_g$)는 비지균풍(V_a)이 된다. 등고선을 가로지르는 V_a의 성분은 일기도에 자주 나타나는데, 이는 일반적으로 등고선횡단(cross-contour) 성분과 등고선방향(along-contour) 성분으로 나눌 수도 있다.

비지균 상태는 등치선을 횡단하는 바람이 꼭 있어야 하는 것은 아니다. 예를 들면 등압선을 따라 서로 다른 속력으로 바람이 부는 경우도 비지균 상태일 수가 있는 것이다. 그러나 일기도에서는 이를 쉽게 관찰할 수 없다. 이것은 계산을 필요로 한다.

지균류는 수백km 이내의 짧은 파동에 대해서는 일반적으로 안정하다. 이러한 이유로, 유선은 등고선을 따르는 것으로 간주한다.

1000km 이상의 대규모 파동에서는 지균류는 경압적으로 불안정일 수도 있다. 그래서 흐름의 패턴이 천천히 바뀌게 된다. 예를 들면 분리저기압이나 분리고기압이 형성되려면 2~3일이 걸린다. 이러한 불안정한 장파의 세부 사항들이 상당히 지균적인 균형을 유지한다.

많은 대기 현상들이 공기의 상승과 하강에 의해 발생되기 때문에 연직운동(vertical motion)은 대기의 가장 중요한 변수 중 하나이다. 구름은 주로 기류의 연직상승 지역에서 발달한다. 구름은 안정된 층모양으로 발달할 수도 있지만, 기온감률이 주변의 안정도를 초과한다면 대류운이 발달하게 된다.

상승은 하층에서의 수렴에 영향을 받아 지상에서 저기압을 발생시킨다. 저기압 발생은 또한 저기압성와도를 강화시킨다. 상승과 수렴의 또 다른 효과는 전선발생이다. 기류 하강은 지상에서 고기압이 강화되고 전선소멸이 있기 때문에 화창한 날씨를 이루게 한다.

연직운동의 패턴은 다음과 같이 뚜렷하게 소규모와 대규모 두 가지 규모로 나타난다.

(1) 소규모 연직운동

좁은 전선 구름대에서 나타나는 연직운동은 소규모로 나타난다. 소규모 연직운동은 1m~10km 정도의 수평 영역에서 나타나는 상승(연직운동)으로서 난류, 대류, 산악파 등에 의해 발생하는 연직운동이다. 이들은 비행기 탑재 측정장비로 비교적 쉽게 측정되는 현상들이다. 상승속도는 전형적으로 1~10m/s 정도이다.

(2) 대규모 연직운동

대규모의 상승은 편서풍이나 온대저기압의 활성영역에서 나타난다. 대규모 연직운동의 상승속도의 크기는 보통 1~10cm/s 정도이다. 그러나 고층관측에서는 수평풍속 관측의 오차가 1m/sec 정도나 되는 상태여서 이러한 연직운동을 직접 측정할 수는 없다.

그리고 일기도에는 수평으로 대략 100km 이하의 작은 규모로 나타나는 연직운동 패턴은 정상적으로 표현되지 못하는 경향이 있다. 난류와 대류의 세밀한 양에 대한 분석은 종관일기도를 통한 분석 범위를 넘어서는 것이다. 따라서 대류상승은 대략적으로 대류지역으로만 현되며, 또한 통계적으로 표현된다. 그러나 수평으로 대략 100km를 넘는 조금 큰 규모의 대류 구조, 예를 들면 스콜선, 열대저기압 등의 경우에는 종관일기도에서 추적될 수도 있다.

준지균 기류에서 일어나는 대규모 연직운동은 매우 중요한 일기 결정 요소임에도 불구하고 관측을 통해서는 얻을 수가 없다. 이러한 규모의 연직운동을 신뢰할만한 정도로 평가할 수 있는 이론적인 방법을 통해 검토할 필요가 있겠다.

2 연직류의 추정

가. 연속방정식 방법

기류의 연직속도는 연속방정식(continuity equation)의 수평발산을 연직으로 적분하여 얻을 수 있다. 연속방정식은 다음과 같이 쓸 수 있다.

$$\frac{\partial w}{\partial z} = -\left(\frac{\partial u}{\partial x} + \frac{\partial v}{\partial y}\right)$$

이 식을 지면(z=0)으로부터 고도 z=h까지 적분하면 다음과 같다.

$$w(h) - w(0) = -\int_0^h \left(\frac{\partial u}{\partial x} + \frac{\partial v}{\partial y}\right) dz$$
$$= -h\left(\frac{\partial < u >}{\partial x} + \frac{\partial < v >}{\partial y}\right)$$

여기서 〈 〉표는 해당 양의 연직방향의 평균[$\equiv \int_0^h (\ ) dz/(h-0)$]을 나타낸다.

위 식은 대기가 비압축성($d\rho/dt = 0$)이라는 가정 하에 기층의 상한과 하한의 연직속도의 차가 기층의 두께(h)와 그 기층의 평균 수평발산의 곱으로 표시되고 있다.

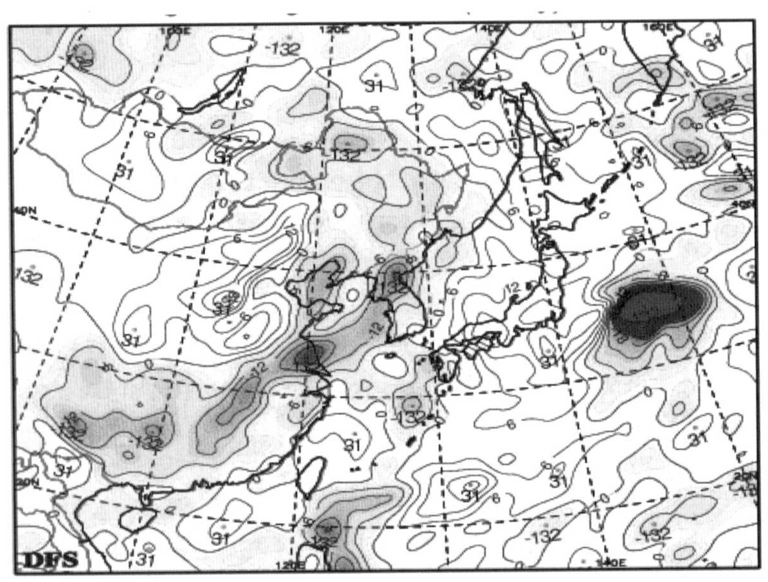

[그림 4-22] 700hPa 고도의 연직류(hPa/h) 분포도의 예(2012.12.29 00Z)

이 식에서 지면 고도에서는 기류의 연직속도 $w(0)$가 0이라고 보면 다음과 같다.

$$w(h) = -h\left(\frac{\partial < u >}{\partial x} + \frac{\partial < v >}{\partial y}\right)$$

한편, 이 식을 기하학적 연직속도가 아니고 기압고도(pressure altitude)로 나타낸 연직속도로 표시하면 다음과 같이 나타낼 수 있다.

$$\omega(p) = \omega(p_0) - \left(\frac{\partial < u >}{\partial x} + \frac{\partial < v >}{\partial y}\right)_p (p_0 - p)$$

여기서 〈 〉 $\equiv \int_{p_0}^{p} (\,) dp/(p - p_0)$를 나타낸다.

만일 위에서와 같이 $\omega(p_0)$가 0이라면 위 식은 다음과 같이 간단히 표시된다.

$$\omega(p) = -\left(\frac{\partial < u >}{\partial x} + \frac{\partial < v >}{\partial y}\right)_p (p_0 - p)$$

기류가 상승을 나타내는 경우는 $\omega(p)$가 − 값이 되고, 하강을 나타내는 경우는 +값이 된다.

이 식에서 공기의 밀도를 $0.8kg\,m^{-3}$, 중력가속도를 $10m\,s^{-2}$라 하면 1cm/s로 상승하는 기류는 기압하강속도가 3hPa/hr에 해당한다. 상승속도는 보통 hPa/hr 단위로 나타내게 된다.

나. 오메가방정식 방법

연직운동의 공간분포를 나타내는 오메가방정식(ω−equation)을 풀어서 연직속도를 구할 수 있다. 오메가방정식에서는 와도의 수평이류 효과, 온도의 수평이류 효과, 비지균풍 효과를 각각 나타내게 된다.

(1) 와도이류에 의한 연직운동

대규모 연직운동은 오메가방정식(omega equation)으로 평가될 수 있다. 오메가방정식은 다음의 형태로 표현된다.

$$\sigma\nabla^2\omega + f^2\omega_{pp} = -2\nabla \cdot \mathbf{Q} \quad \text{(4-4)}$$

매개변수 σ는 열적으로 안정한 대기에서는 + 값을 갖는다. 식(4−4)의 오른쪽 항은 Q 벡터의 발산으로 다음처럼 표현된다.

$$\mathbf{Q} = -\begin{pmatrix} u_x\theta_x + v_x\theta_y \\ u_y\theta_x + v_y\theta_y \end{pmatrix} \quad \text{(4-5)}$$

식(4−4)에 암시되어 있는 것처럼, 연직운동 평가에는 Q를 알면 매우 편리하다. 여기서,

$$\nabla^2\omega \propto -\omega\text{, 또한 } \omega_{pp} \propto -\omega \quad \text{(4-6)}$$

이므로, 식(4−4)는 비례식으로 다음처럼 표현될 수 있다.

$$\omega \propto \nabla \cdot \mathbf{Q} \quad \text{(4-7)}$$

이 비례식에서 만일 Q 또는 div Q 에 대해 안다면 연직운동을 알 수 있게 된다.

다음의 다양한 예에서처럼 일기 상태의 모델을 사용할 수 있다.

(가) Q벡터에 의한 기압골 주변의 연직운동 평가

식(4−5)에서 Q를 정의하는데 대한 중요한 특징은 바람 성분(u_x, u_y, v_x, v_y)의 도함수에 대해 지균근사를 사용하여 신뢰성 있게 평가할 수 있다.

바람의 발산이 바람 자료의 작은 부정확성에도 매우 민감한 영향을 받는데 비해, Q벡터는 그러한 경우에도 큰 오차를 나타내지 않는다는 장점을 가진다.

Q벡터는 한 층의 기압고도 자료만으로 평가되고, 연직 도함수는 없다. 따라서 개인용 컴퓨터를 사용하여 구할 수도 있다. 따라서 많은 기상기관에서 컴퓨터화 되어 있다.

Q벡터는 국지적인 좌표계에서 x축이 등온선을 따른다면 다음처럼 간략화 된다.

$$Q = -\begin{pmatrix} v_x & \theta_y \\ v_y & \theta_y \end{pmatrix} \quad \cdots\cdots (4\text{-}8)$$

연직운동의 가시적 평가를 위해, 식(4-8)은 여러 가지 그림을 이용하여 설명될 수 있다.

그림 4-23은 v_y=0인 경우를 나타내고 있다. 만약 북쪽을 y방향으로 취한다면, 이 그림은 서쪽의 북풍 계열과 동쪽의 남풍 계열 사이에서 시어성 변형을 나타낸다. Q벡터는 한 방향 성분만 갖게 되는데, x축을 따라서 다음과 같다.

$$Q = +\begin{pmatrix} Q_1 \\ 0 \end{pmatrix}, \qquad Q_1 = -v_x \theta_y \quad \cdots\cdots (4\text{-}9)$$

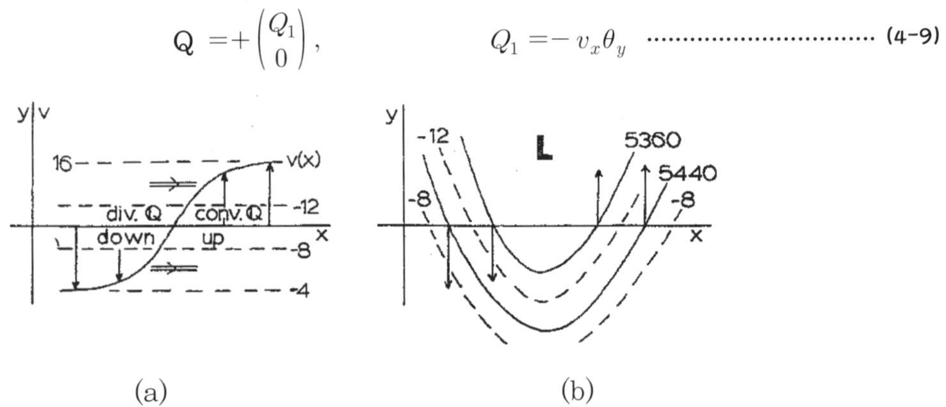

(a) Q벡터(이중화살표)와 Q의 수렴과 발산. (b) 자오선 방향 바람성분과 Q가 같은 분포를 갖는 기압골. (실선: gpm단위의 지오포텐셜 등고선, 파선: ℃단위의 등온선, 화살표: 바람의 자오선 방향 성분).

[그림 4-23] 서쪽에서 북풍, 동쪽에서 남풍인 변형류에서의 연직운동 추정

그림 4-23(a)에서는 Q벡터가 상대적으로 큰 곳에서만 그려져 있고 작은 곳에는 그려져 있지 않다. Q의 강도는 v_x에 비례하므로, 가장 큰 Q는 v_x시어가 가장 큰 영역, 즉 기압골을 따라 나타난다. 또한 $Q_1 > 0$(Q_1은 첫 번째, 즉 x성분임)이므로, Q는 x축을 따라 풍하를 향한다. 그리하여, Q벡터가 다가가는 곳에서는 Q의 수렴이 있고, Q벡터가 멀어져가는 곳에서는 Q의 발산이 있다.

Q의 발산과 수렴에 대한 규칙을 기류 패턴에 적용할 수 있다. 식(4-7) 형태에서 오메가방정식은 Q의 수렴영역에서는 연직상승운동(그림 4-23(a)에서 conv.Q)을 나타내고, Q의 발산영역에서는 연직하강운동(그림 4-23(a)에서 div.Q)을 나타낸다. 그림 4-23(a)에서 나타내고 있는 것처럼, 한쪽은 div.Q (따라서, 하강기류)를 나타내며 또 다른 한쪽은 conv.Q (따라서,

상승기류)를 나타낸다.

그림 4-23(b)는 성분 v가 그림 4-23(a)에서와 같은 분포를 가지고 있는 기압골을 의미한다. 양의 상수인 u가 그림 4-23(a)에서 바람에 더해진다. 그리고 등온선이 유선을 따라 분포한다. 여기서 등고선들은 편서풍대에서의 기압골의 모양을 보여준다. 상수 u의 더함이 Q를 변화시키지 못한다. 왜냐하면 Q는 미분만으로 구성되어 있는데 상수 u의 미분은 0이기 때문이다.

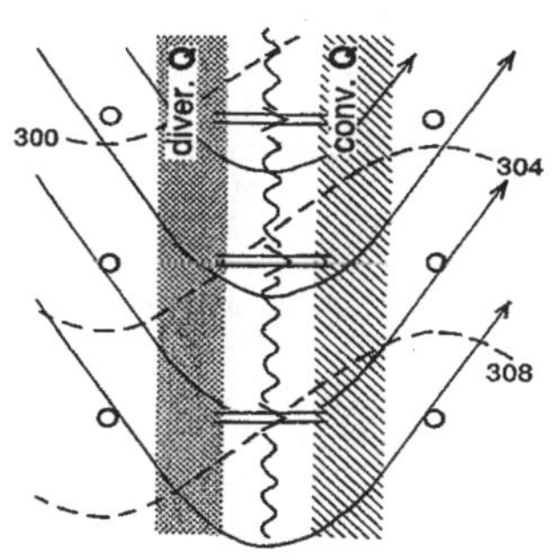

(실선: 유선. 파선: 등엔트로피선(등온위선, K). 이중 화살표: Q벡터. 구불구불선: 기압골축, 작은 원: Q=0인 지역, 빗금칠: Q의 큰 수렴지역. 그늘칠: Q의 큰 발산지역)

[그림 4-24] 편서풍대 기압골 주위에서의 Q의 분포

기압골 주위에서의 상승과 하강이 있으려면 등온선이 등고선과 평행하지 않아야 한다. 그림 4-24는 편서풍대에서 실제로 나타남직한 기압골의 모습이다. 실선으로 표시한 유선에 대해 파선으로 표시한 등엔트로피선은 이 사례가 전형적인 경압파의 특징을 가지고 있음을 나타내고 있다. 단순화 하기 위하여 제트류를 포함시키지 않았다. 그리고 이 예에서는 자오선 방향의 시어는 없는 것으로 가정하였다. 기압골로부터 좀 떨어져 있는 변곡점 부근 지역에서는 유선이 직선을 이루고 있다. 이 지역에서는 바람 시어가 0이기 때문에 Q=0이다. 그림에서 Q=0인 곳을 작은 원들로 표시하고 있다.

그림 4-23과 4-24는 결과적으로 편서풍대에서 기압골 전면에 상승기류가 위치하며, 하강기류는 기압골 후면과 기압능 전면에서 널리 나타난다는 중요한 결론을 보이고 있다.

㈏ 오메가방정식을 이용한 일기도의 해석

1950년대부터 쓰이고 있는 고전적인 오메가방정식은 다음과 같다.

$$\sigma \nabla^2 \omega + f^2 \omega_{pp} = -f \frac{\partial}{\partial p}[-\mathrm{V} \cdot \nabla(\zeta + f)] + h \nabla^2(-\mathrm{V} \cdot \nabla \theta) \quad \cdots\cdots\cdots\cdots \text{(4-10)}$$

안정도 $\sigma = -h(\partial\theta/\partial p)$는 필수적으로 양의 값이다. 이는 모든 결론이 열적안정대기에서 적용된다는 것을 의미한다. 안정도는 모든 준지균적이고 유체역학적인 검토에 필요하다. 방정식(4-10)은 와도방정식과 열역학제1법칙으로부터 유도된 것이다.

식(4-10)은 식(4-6)에서 사용된 근사에 의해 설명될 수 있다. 와도이류 $[-\mathbf{V} \cdot \nabla(\zeta+f)]$는 최대풍 고도 아래에서는 통상적으로 고도증가와 함께 증가한다. 또한, 어떤 변수의 기압에 따른 감소는 해당 변수의 고도에 따른 증가를 의미한다.

만일 식(4-10)의 오른쪽 첫 항이 양이라면, 그것은 해당 지점 상공(예를 들면, 제트류 고도)에서는 양의 와도이류를 의미한다. 반대로, 이 항이 음이라면 음의 와도이류를 의미한다.

앞서 있었던 식(4-4)에서의 $\nabla^2\omega \propto -\omega$에 대한 유사한 논리는 $\nabla^2(-\mathbf{V} \cdot \nabla\theta)$의 현저한 음의 값은 최대 온난이류를 의미한다는 것이 된다. 그러므로 오메가 방정식을 다음처럼 근사적인 정성적 표현으로 나타낼 수 있다.

$$\text{치올림} \propto \text{상층의 와도이류} + \text{온난이류} \quad \cdots\cdots (4\text{-}11)$$

종래의 종관규모 치올림에 대한 대체적인 규칙들이 식(4-11)에 함축되어 있다. 즉 대기에서 치올림은 ① 상층대류권에서의 저기압성와도이류, ② 현저한 온난이류에 관련되어 있다. 즉 하강운동의 경우는 ① 고기압성와도이류와 ② 한랭이류와 관련되어 있다.

위의 ①, ②의 관점에서 사용된 간략화는 몇 가지 제한사항이 따른다. 실제로 온난이류 자체만으로는 기여에 제한이 있다.

저기압성와도이류가 온난이류와 함께 나타날 때만 신뢰성이 있는 치올림이기 때문에 위에서 말한 법칙은 효용성이 한정될 수밖에 없다. 고전적인 식(4-10)과는 대조적으로, Q벡터 식(4-5)에 근거한 연직운동의 추정에 관한 법칙은 더 짧고 변수가 적어 더 안전하다.

식(4-4)와 식(4-10)의 수학식은 오른쪽 항들이 강제함수로 구성되어 있다. 이런 이유로 "와도이류는 연직운동을 강제한다." 또는 비슷하게 "열이류는 연직운동을 강제한다."라고 할 수 있다. 자연에서는 다른 변수들을 실제로 강제할 만큼 와도이류에 대한 강제력은 없다는 사실을 이해할 필요가 있다. 이들 모든 변수들은 서로 종속되고 강제(forcing)는 단지 수학적 형태일 뿐이다. 이런 의미에서, 가끔은 식(4-10)에서 오른쪽의 다른 항을 생략하고 열이류 만을 사용하여 오메가방정식을 계산한다. 그러나 열이류에 의해 강제되는 오메가방정식의 일부가 연직운동을 발생시킨다는 것을 의미하지는 않는다. 이류는 단지 연직운동을 진단적으로 보여줄 뿐이다.

편서풍대에서는 기압골의 풍하지역에서 양 와도이류와 양 기온이류가 현저하게 동시적으로 발생한다. 이것은 상층 기압골의 풍하의 활성지역에서 상승이 우세하다는 것을 의미한다. 같은 법칙으로, 하강운동은 기압골의 풍상지역에서 나타난다. 그래서 기상학자들은 현재일기도와 예상일기도에서 상층 기압골의 위치에 대해 많은 관심을 기울인다. 그러므로 일기도에서 기압골과 풍하 방향의 기압마루 사이의 활성지역을 식별하는 것은 매우 중요하다.

상부 대류권에서의 기압골에 대한 관심이 때로는 잘못 해석되기도 한다. 기압골 자체는 상승이나 하강의 중심이 아니다. 현저한 연직운동은 기압골과 기압마루 사이의 변곡점 부근에서 주로 발생한다.

비슷한 원리로, "기압골(trough)이 어떤 형태의 날씨를 유발한다."라고 말하는 것은 정확한 표현이 아니다. "기압골(trough)은 기압골이 접근하는 대기 중에서 현저하게 상승 한다."라고 해야 좀 더 적합한 표현이 된다.

그림 4-25은 와도이류와 온도이류를 나타내고 있다. 그림 4-25(a)의 300hPa 일기도에는 미국의 중부에 저기압이 위치한다. 이 저기압은 Missouri주에서 Texas주까지 이르는 기압골을 동반하고 있다. 이 기압골과 5대호 위쪽의 기압마루 사이에서 양의 와도이류가 나타난다. 와도이류의 정성적인 특성을 알기 위해서 실제로 와도 등치선을 필요로 하지는 않는다. 와도는 기압골로부터 추정되는 것이기 때문이다. 그런데 그림 4-25(a)에서는 절대지균와도의 등치선이 그려져 있다. 그러므로 와도이류의 추정은 와도와 등고선들의 특성적인 교차(절대지균와도의 지균이류)로 추정할 수 있다. 와도이류를 보면 이 영역에서 상승을 기대할 수 있다.

한편, 한랭전선이 같은 영역으로 진행하고 있으며, 그 후면, 특히 하층 대류권의 후면에서는 현저한 한랭이류가 있다. 온도이류는 그림 4-25(b)에서 두께선과 1000hPa 등고선의 교차점으로 추정할 수 있다. 그러므로, 한랭전선 동쪽 지역과 지상의 온대저기압의 북동지역에서 5대호 상공의 기압골까지 상층의 와도이류와 현저한 온난이류가 일치하고 있다. 그림 4-25(b)에서 넓게 분포한 강수는 연직운동의 추정이 타당하다는 것을 증명하고 있다.

Louisiana주 상공으로부터 Tennessee주까지 이어지는 한랭전선 후면의 상층에 양의 와도이류, 그리고 하층에는 한랭이류가 위치한다. 따라서 이 지역에서 상승이 있을 것인지 또는 하강이 있을 것인지를 확실하게 결론짓기가 어렵다. 아마도 강수가 없는 것으로 보아 하강이 있을 것으로 추정된다.

그림 4-25(a)에서 상층의 저기압은 Missouri주로부터 Texas주까지 대략 북에서 남으로 연결되는 기압골에 대하여 대체로 대칭적이다. 이 대칭과는 대조적으로, 날씨 현상은 이 상층 저기압의 서쪽과 동쪽에서 서로 다르다. 동쪽에서는 뇌우와 비가 있고, 서쪽에서는 고기압으로 날씨가 맑다. 이것은 전형적인 현상이다.

고전적 오메가방정식(4-10)은, 수학적으로 다듬어져서, 오른편의 항들을 일부 소거하는데 성공하였다. 약간의 근사를 사용하여, 식(4-10)의 오른편의 일관된 형태가 온도풍에 의한 절대와도이류임을 알게 되었다. 그 결과, 오메가방정식을 다음과 같은 실용적인 형태(오메가방정식의 Trenberth의 형태라 함)로 나타낼 수 있었다.

$$w \propto -\frac{\partial V}{\partial z} \cdot \nabla(\zeta + f) \quad \cdots\cdots \text{(4-12)}$$

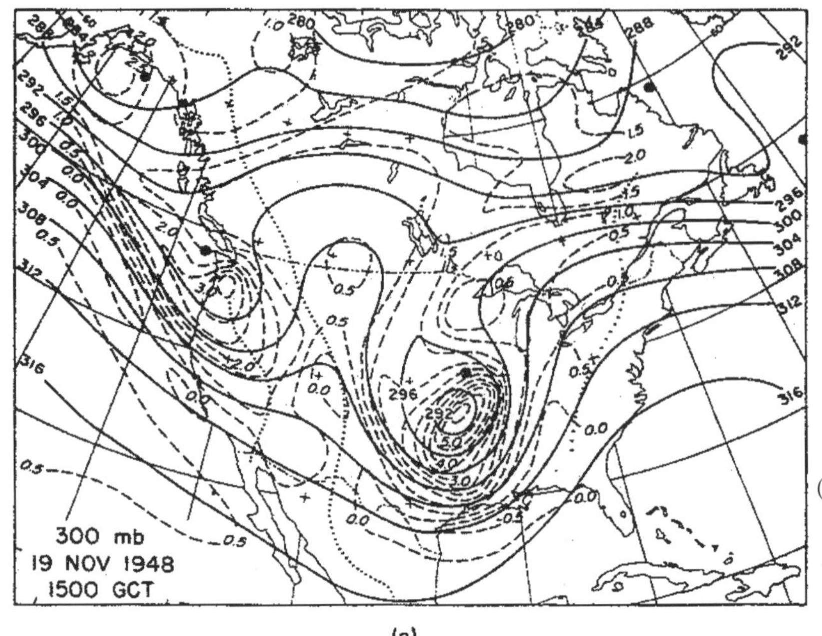

(a)

(a) 300hPa 등고선(400ft 간격)과 절대지균와도(파선, $10^{-4}s^{-1}$단위)의 분포(굵은 점: 저기압 중심).

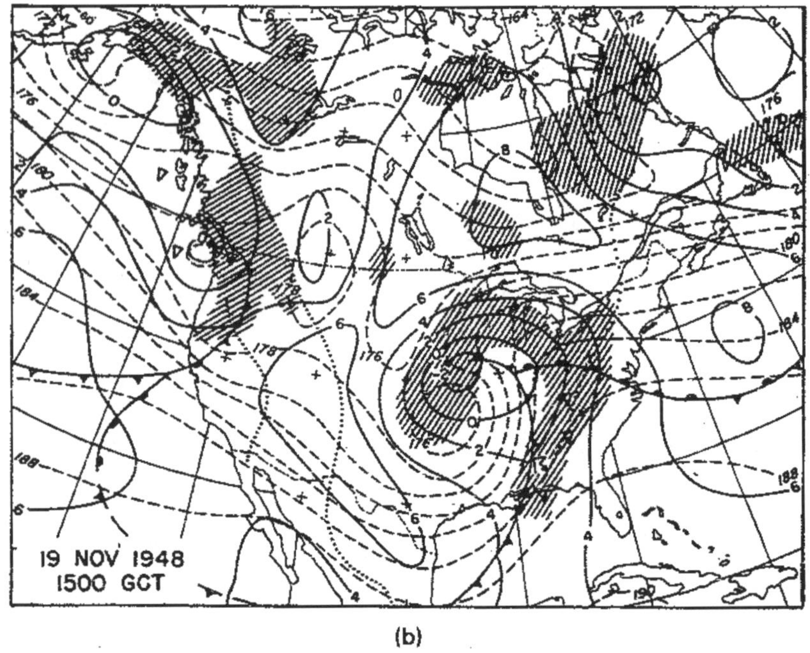

(b)

(b) 1000hPa 등고선(실선, 200ft 간격)과 500/1000hPa 두께선(파선, 200ft 간격)의 분포(빗금칠: 강수지역, 점선: 중요한 산맥지역, 지상전선이 그려져 있음).

[그림 4-25] 와도이류와 온도이류를 나타내는 일기도의 예(1948. 11. 17 15:00UTC).

이 비례식은, 만약 이 이류를 바람(V) 대신 온도풍($\partial V/\partial z$)을 사용하여 계산한다면, 상승이 저기압성와도이류 지역에 위치한다는 것을 나타내고 있다. 예를 들어 500~1000hPa 두께처럼 다소 두꺼운 공기층에 대해서는, 식(4-12)가 의미하는 법칙은 와도이류에 대해 언급된 식(4-11)의 부분과 많이 다르지 않다. 즉 등두께선은 보통 상부 대류권의 등고선과 비슷하다. 그림 4-25의 예는 전형적인 경우를 나타낸다. 그림 4-25(b)에서 등두께선이 그림 4-25(a)에서의 300hPa 등고선과 비슷하다는 것을 알 수 있다.

나. 온도이류에 의한 연직운동

온도이류가 있는 균형된 흐름은 연직운동을 동반한다. 그림 4-26은 직선 등온선을 횡단하는 제트류를 나타내고 있다. 이 경우 Q벡터는 양쪽에서 제트핵을 향한다. 이와 같은 균형된 제트핵의 흐름에서 상승기류가 나타나게 된다. 즉 온난이류가 상승에 기여한다. 역도 성립된다. 즉 안정된 흐름에서 한랭이류는 기류의 하강에 기여한다.

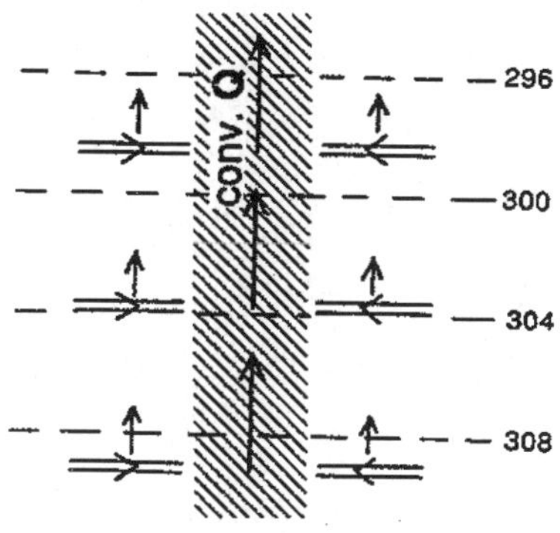

(화살표: 바람벡터, 이중선 화살표: Q벡터, 긴 화살표와 빗금칠 부분: 제트축과 Q의 강한 수렴대)

[그림 4-26] 일기도에서 등온위선(K 단위)을 가로지르는 제트류의 모습

이류에 의한 기온 상승은 기류가 상승할 때 나타나는 단열냉각에 의하여 정확하게 평형을 유지한다. 이런 방법으로, 흐름은 불변일 수가 있다. 만약 이 두 과정(이류와 단열냉각) 중에서 어느 한쪽이 우세하다면 불변성이 깨지려 할 것이다.

3 연직속도의 이용

연직속도도(vertical velocity chart, 鉛直速度圖, 오메가차트(ω-chart)라고도 함)에서는 상승기류를 음(-)의 값으로, 하강기류를 양(+)의 값으로 나타낸다. 일반적으로 상승류가 있는 곳에서는 일기는 나빠지고, 하강류가 있는 곳에서는 일기가 좋아진다. 특히 상승류가 있는 곳에서는 대기가 불안정해져서 상승 중에 수증기가 포화되어 응결하고 비구름이 생기기 쉽다.

종관규모인 저기압과 전선에서 때때로 10 cm/s 이상의 상승속도를 발생시킨다. 만약 충분한 시간동안 6 cm/s의 상승기류가 발생하고 있다면 사실 공기덩이는 한 시간 동안 연직으로 216 m를 이동하게 된다. 몇 시간 동안이라면 공기덩이는 연직으로 1 km를 상승할 수도 있다. 따라서 만약 습도가 충분하다면, 6 cm/s의 상승속도는 매우 강한 강수를 발생시킬 수도 있다.

오메가방정식(ω-equation)에 의하면, 예를 들면 깊은 기압골이 접근해오는 영역(따라서, PVA가 현저한 영역)에서는 상층으로 갈수록, 상승류가 크다. 또한 기압골의 전면과 같이 난기의 수평이류가 현저한 영역에서도 상승류가 크다.

하층에서 난기이류, 수렴, 양의 와도이류, 제트류의 수렴, 지형에 의한 상승 등이 있다면 상당한 연직상승운동이 일어난다. 반면 하층에서의 한기이류, 발산, 음의 와도이류, 제트류의 발산, 지형에 의한 침강 등은 연직 하강운동을 일으킨다.

이러한 중요한 연직운동이 700hPa면에 잘 반영된다(그림 4-27 참조).

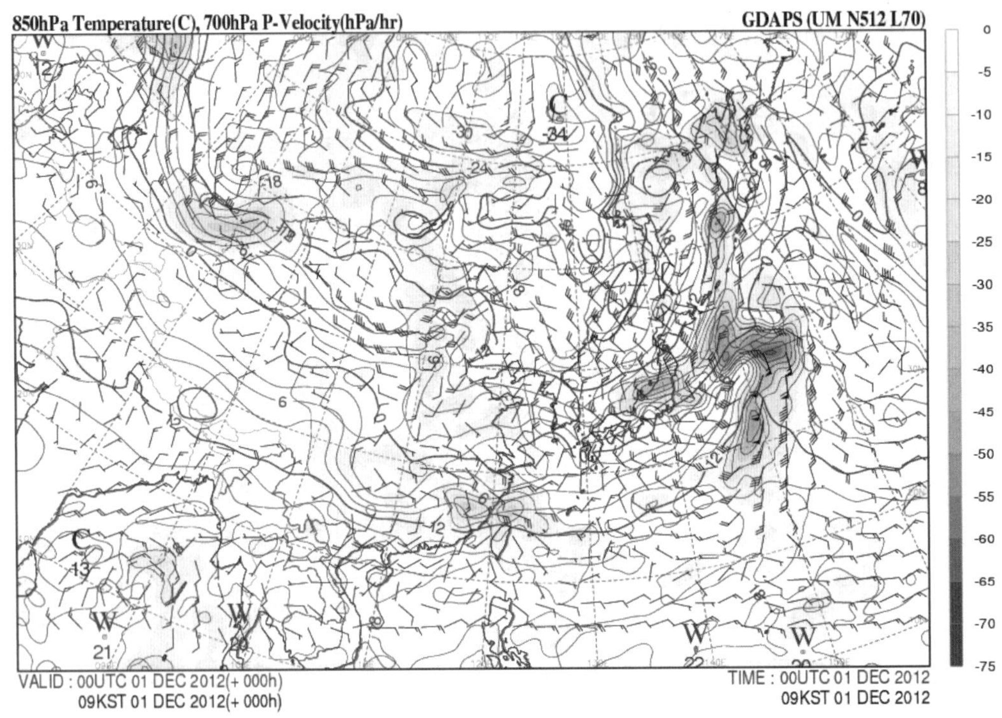

[그림 4-27] 850hPa 기온(℃)과 700hPa 상승류(hPa/h) 분포도의 예(2012.12.01 00Z)

보통 연직속도는 700hPa면에서의 연직기압속도(vertical pressure velocity, 0.1hPa/hr 단위)로 나타내고 있다. 연직속도도의 등연직속도선(isanabat)은 난후기는 1hPa/hr 간격으로, 한후기에는 2hPa/hr 간격으로 그린다. 700hPa연직속도도는 중하층 대기의 연직 바람성분을 나타낸다. 상승류가 있는 곳에서는 수증기가 포화되어 응결하고 대기가 불안정해져서 비구름이 생기기 쉽다. 보통 지상의 고기압의 위치는 하강역($\omega > 0$) 중심의 서쪽, 저기압의 위치는 상승역($\omega < 0$) 중심의 서쪽이다.

또한, 일반적으로는, 지상 저기압의 발생기, 발달기 및 폐색기와 양의 와도 중심역 및 상승류의 중심역과의 관계를 모형적으로 나타낸 것이 그림 4-28이다. 저기압의 발달 정도는 대개 상승류의 강도에 비례한다.

연직속도(ω)의 분포를 실제의 일기로 번역할 경우에는 850hPa면의 예상 온도장이나 700hPa면의 예상 이슬점차 분포 및 500hPa면의 예상 등고선 패턴을 연관시켜 주의 깊게 이용해야 한다.

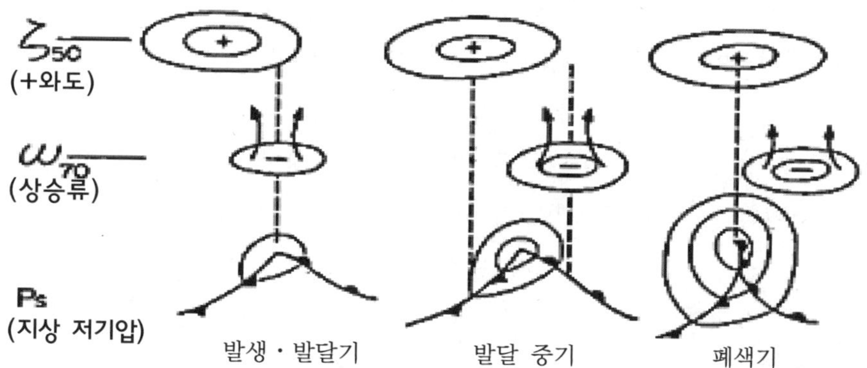

[그림 4-28] 발달 과정의 지상저기압과 500hPa 와도, 700hPa 상승류의 관계를 나타내는 모식도

4 연직류에 관한 법칙

(1) 기압골의 전방에는 상승류가 있고 후방에는 하강류가 있다. 즉 PVA 전방에는 상승류가 생기고, NVA 전방에서는 하강기류가 생긴다. 그리고 상승·하강기류의 강도는 그 곳의 와도 경도에 비례한다.

(2) 키작은 고기압의 상공에 양의 와도가 겹치면, 상승류는 상하층의 와도이류의 차와 두께이류에 따라 결정되므로 그 차의 효과로 상승류가 발생한다. 이러한 고기압의 전방에서는 수렴이 발생하여 이 고기압은 이동하지 않는다.

(3) 키큰 고기압의 경우는 고기압 전방에 하강류, 후방에 상승류가 있다. 또한 이 고기압의 전방에는 발산이 생기고 고기압이 이동한다.

4.5 유선도

1 유선의 정의

가. 유선

유체의 각 점에서의 흐름에 대해 접선이 되도록 그린 선을 유선(stream line, 流線)이라고 한다. 일기도 상에서는 임의의 점에서 풍향을 따라 선을 그렸을 때 이것이 유선이 된다.

이러한 개념에 대조적으로, 만일 공기가 시간을 따라 실제로 움직여 통과하는 길을 유적선(trajectory, 流跡線)이라 한다. 공기의 흐름이 변화되지 않고 일정하게 유지된다면 유선과 유적선은 일치하게 되지만, 그렇지 않은 경우에는 유적선은 시간에 무관하나 유선은 시간에 따라 변한다.

일기도의 등압선(또는 등고선)의 모양은 유선을 나타낸다고 볼 수 있는데 어떤 공기덩이의 유적선을 보려면 해당 공기덩이의 행방을 일기도 상의 바람을 이용하여 그림 4-29에서 보이는 예에서와 같이 시간에 따라 추적하여야 한다.

일기도 분석에서 고기압, 저기압, 기압마루, 기압골 등의 모양이 나타나는 것처럼 유선분석에서도 특유의 모양이 나타나고, 이들은 일기도의 고·저기압 등의 특성에 대응된다.

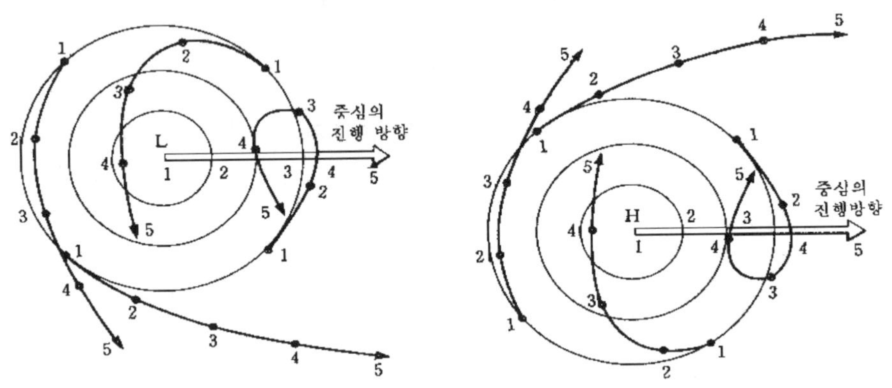

[그림 4-29] 기압계의 이동(이중화살표)과 유적선(번호 붙인 굵은 실선들)

나. 유선 패턴

(1) 열대기류

열대지방에서는 일기예보를 위해 유선분석을 하고 있다. 그 이유는 열대지방은 기압경도가 비교적 완만하여 기류분석을 위해 등압선분석이 어렵기 때문이다.

위도 약 20°N로부터 20°S 사이의 해상에서는 대체적로 큰 강의 물줄기와 같이 대규모의 공기가 동으로부터 서쪽으로 흐르고 있는데, 굴곡이 완만하고 비교적 평행한 이러한 대규모적인 유선을 열대기류(tropical air current, 熱帶氣流)라고 한다(그림 4-30 참조).

열대기류는 북반구의 아열대고압대에서 시작되어 적도수렴대로 부는 북동무역풍과 남반구의 아열대고압대에서 시작되어 적도수렴대로 불어드는 남동무역풍이다.

(2) 점근선

기류가 흐르면서 어떤 특정 유선으로부터 발산하거나, 특정 유선으로 수렴하는 경우에 이들 유선을 점근선(asymptote, 漸近線)이라고 한다. 이들 중에서 특히 발산하는 경우의 점근선을 양점근선(positive asymptote), 수렴하는 경우의 점근선을 음점근선(negative asymptote)이라 한다(그림 4-30 참조).

(3) 파동

기류가 파 모양으로 흐르는 경우에는 이를 파동(wave, 波動)이라고 한다. 등압선(또는 등고선)이 연속해서 기압마루와 기압골을 이루는 것과 같이, 고기압적 유선과 저기압적 유선이 교대로 나타나는 기류이다.(그림 4-30 참조).

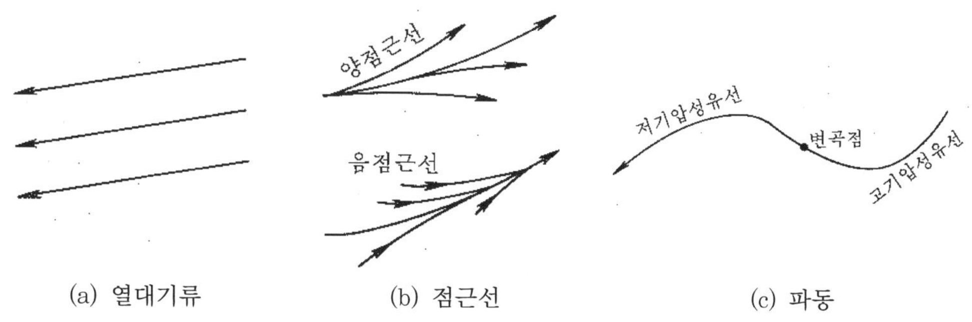

[그림 4-30] 간단한 형태의 유선 모양

(4) 특이점

특이점(singular point, 特異點)은 한 점에서 두 개 이상의 유선을 그릴 수 있거나, 그 점을 중심으로 폐곡선 형태의 유선을 그릴 수 있는 경우이다. 특이점에서는 두 개 이상의 풍향이 그려질 수 있는 것 같이 보이나 실제로는 이곳에서는 풍속이 0이다.

이러한 특이점에는 첨점, 소용돌이, 중립점들이 있다(그림 4-31 참조).

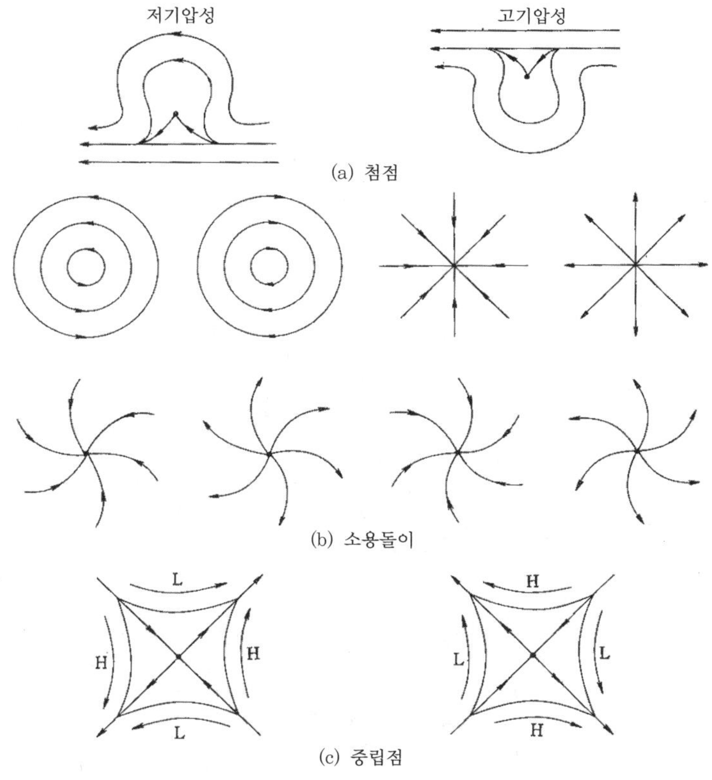

[그림 4-31] 유선에서 나타나는 여러 모양의 특이점

(가) **첨점(cusp, 尖点)** : 파동으로부터 소용돌이가 발생하는 과정 중에 잠시 나타나는 그림 4-31(a)에 보이는 모양의 유선 패턴을 말한다.

(나) **소용돌이(vortex)** : 유체가 한 점을 중심으로 회전하여 유선이 폐곡선을 이루는 모양이다.

이러한 소용돌이에 발산과 수렴이 겹쳐 나타나면 각각 조합에 따라 고·저기압성 발산·수렴이 이루어진다.

㈐ **중립점(neutral point, 中立点)** : 두개의 점근선(양점근선과 음점근선)이 근거리에서 반대 방향으로 교차되는 것처럼 보이는 점이다. 이 경우는 마주 보는 두 개의 저기압과 두 개의 고기압 사이에 안장부(saddle, 鞍裝部)가 생긴다.

2 유선도의 작성

가. 유선분석의 대상

유선분석(streamline analysis, 流線分析)이란 일기도에 유선을 그려 기류의 분포상태 즉 바람장을 명백히 하는 분석을 말한다.

지상풍은 지형의 영향을 심하게 받아 복잡하게 변형되므로 유선 분포를 분석하기가 매우 어렵다. 그러나 상층등압면은 자유대기로서 기류의 흐름이 비교적 단순하므로 유선을 분석할 수 있다. 지상의 복잡한 기류가 직접 일기에 영향을 미치므로, 때로는 지상에서도 국지적으로 유선분석을 시행하는 경우가 있다.

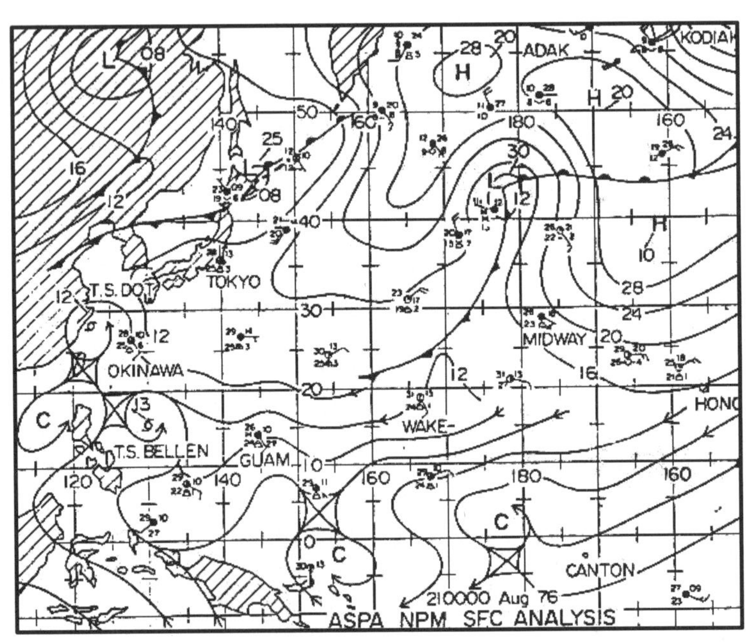

(20N을 경계로 하여 북쪽에서는 등압선으로, 적도쪽은 유선으로 분석됨)

[그림 4-32] 지상 유선분석의 예(Pearl Harbor기상대에서 분석한 1976. 08. 21 00Z 지상일기도)

중위도 이상의 고위도지방에서는 지상기압(또는 고도)의 수평 변화가 커서 분석에 힘드는 유선분석 대신 등압선분석을 하지만, 기압(또는 고도)의 수평 변화가 매우 적은 적도를 중심으로 저위도지방에서는 등압선분석 대신 유선분석으로 기류의 흐름을 파악하여 날씨의 변화를 예측한다.

나. 유선분석 방법

(1) 직접법

유선을 분석하는 방법은 직접적인 방법과 등풍향선법이 있다.

직접법(free hand method, 直接法)은 눈짐작으로 내·외삽하여 유선 패턴을 그리는 방법이다. 이 방법으로 유선을 그릴 때에는 유선을 풍향에 정확히 접하도록 그리게 된다. 우선 관측 자료가 많은 곳부터 시작하여 점차 주위로 연장하는 형식으로 분석하며, 유선의 굴곡이 심하지 않은 곳부터 분석한다.

모든 바람이 유선에 접선으로 그려지고, 유선이 급격한 굴곡을 이루지 않으며, 또한 유선의 패턴에 잘 맞으면 잘된 분석이다.

(2) 등풍향선법

등풍향선법(isogon method, 等風向線法) 유선분석을 위해서는 먼저 풍향이 같은 지점을 연결한 선인 등풍향선(isogon)을 그린다. 등풍향선은 특이점에서 시작되어 다른 특이점에서 끝나거나 아니면 폐곡선을 이룬다. 따라서 등풍향선이 서로 교차하는 것처럼 보이는 특이점에서 양편의 등풍속선의 풍향은 서로 반대가 된다. 등풍향선은 매 10° 단위로 분석할 수 있으나 매 30° 간격으로 그리는 것이 보통이다(그림 4-33 참조).

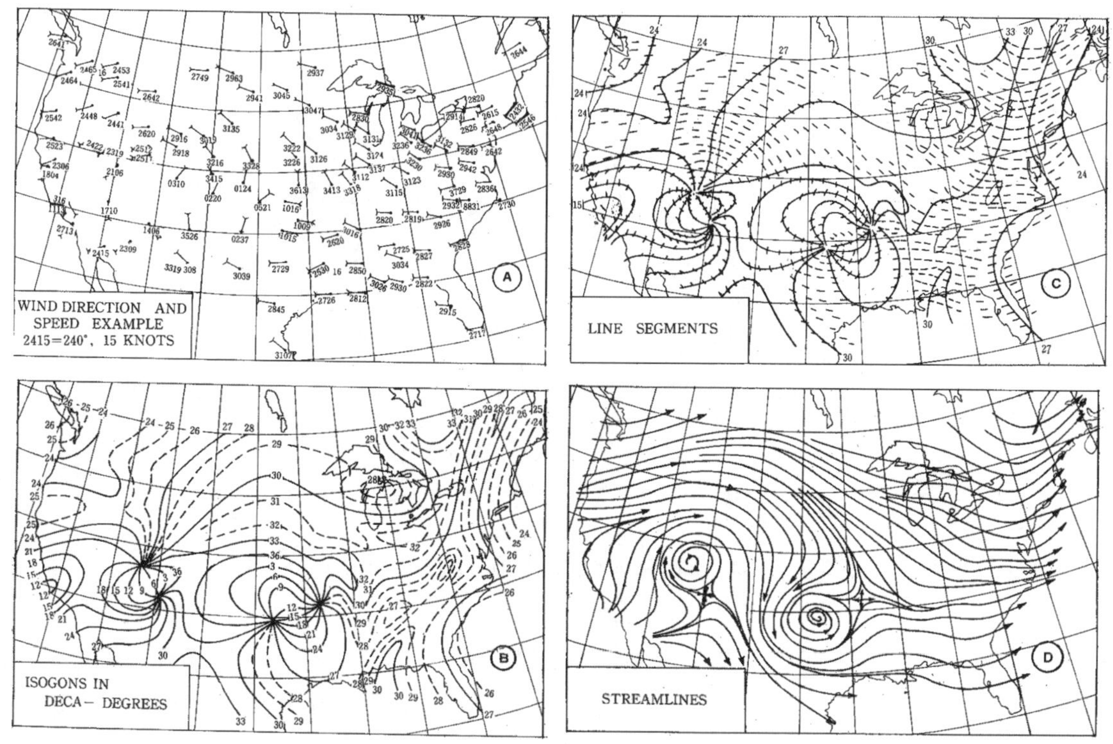

[그림 4-33] 등풍향선법에 의한 유선분석의 예

등풍향선이 완성되면 분도기와 삼각자를 이용하여 등풍향선 상에, 적당한 등간격으로 풍향과 나란히 짧은 선분(line segment, 線分)을 그린다. 각 등풍향선 상에서 짧은 선분을 모두 그린 후에 이 선분들을 실제의 풍향으로 간주하여 이 선분에 접선 방향으로 유선을 그려 나간다. 보조선으로 유선의 변곡점을 연결하는 변곡선을 그려 변곡선을 지날 때는 유선이 변곡선과 직각을 이루도록 그리면 좀 더 정확한 유선이 그려진다.

등풍향선법은 직접법보다 유선분석을 정확하게 할 수는 있으나 분석시간이 많이 걸리는 것이 결점이 있다. 따라서 등풍향선법은 주로 연구를 목적으로 하는 경우에만 쓰인다.

3 유선도의 이용

바람은 크게 회전성분(rotational component)과 발산성분(divergent component)으로 나눌 수 있는데, 이 중 발산성분의 크기는 보통 회전성분의 약 10% 정도이다. 그러나 발산성분의 영향 때문에 유선들은 저기압 중심에서는 한 곳으로 모이고 고기압 중심 부근에서는 한 곳으로부터 흩어진다. 또한 전선대에서는 전선대에 수직한 방향으로 모였다가 전선대에 거의 평행하게 흩어진다.

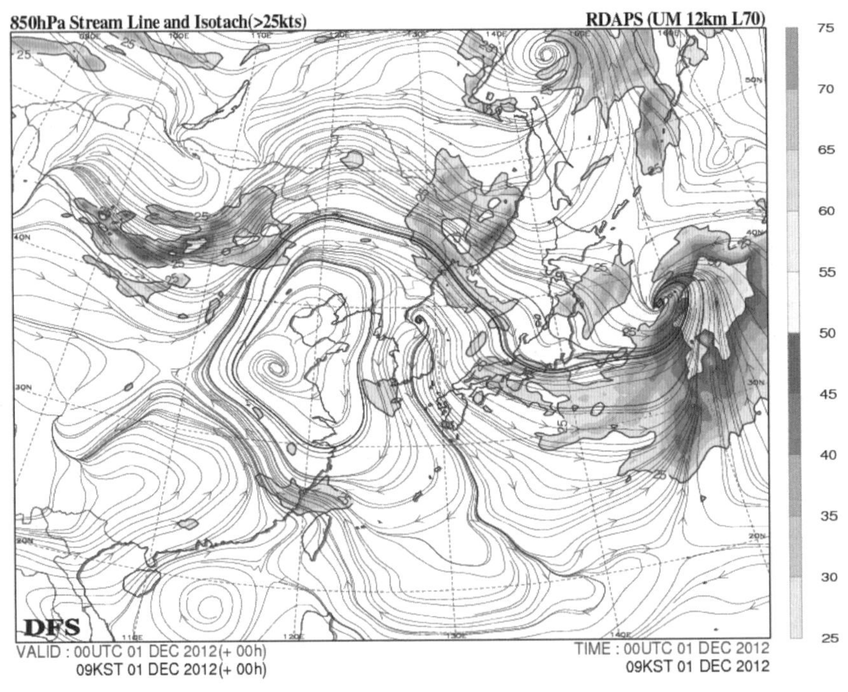

[그림 4-34] 850hPa 유선도의 예(2012. 12. 01. 00Z)

관측된 바람은 크게 지균성분과 비지균성분으로 분리될 수 있다. 지균풍은 중위도 상층 등압면에서 대체로 등고선에 평행히 불고, 그 크기는 등고선의 밀도에 비례한다. 등압면에서 지균풍은 쉽게 추정될 수 있다. 유선을 분석하면 비지균풍을 시각적으로 짐작할 수 있게 된다.

하층대기의 바람이 강한 곳에서는 하층제트와 관련되어 위험기상이 나타나기 쉽다.

4.6 24시간기상요소변화도

1 지상 24시간기압변화도

기압계의 이동과 발달을 예상하는 데 기압변화의 경향을 사용하면 편리하다.

지상종관기상실황전문(FM 12 SYNOP 및 FM 13 SHIP)에서 보고되는 3시간기압변화경향과 그 변화량을 이용하여 3시간 동안의 기압변화를 분석할 수도 있으나 보통은 24시간기압변화도를 작성하여 이용한다.

24시간기압변화도($\Delta p24$)는 현재의 지상일기도의 등압선에서 24시간 전 지상일기도의 등압선을 도식감법하여 작성한다. 이 때 기압변화가 0인 선은 자색, 기압상승은 청색, 기압하강은 적색 실선으로 그린다. 그리고 기압상승 중심에는 청색으로 "+"를, 기압하강 중심에는 적색으로 "−"를 표시한다.

24시간기압변화도의 이용은 다음과 같다.

(1) 기준시각의 기압을 p_0라 할 때, 기준 시각으로부터 전 Δt 시간 동안의 기압변화량 Δp를 안다면 일차적인 근사치로서 기준 시각으로부터 Δt시간 후의 기압 p_t는 $p_t = p_0 + \Delta p$가 된다. 이것을 이용하여 기압계의 이동을 예상할 수 있게 된다.

(2) 고기압은 기압상승 중심 쪽으로, 저기압은 기압하강 중심 쪽으로 이동한다.

(3) 지상기압계의 24시간기압변화의 중심은 500hPa면 등고선을 따라 그 풍속의 약 50% 속도로 이동한다.

(4) 등압선의 패턴과 기압변화 패턴과의 관계에 따라 그 변화 모양을 그림 4-35와 같이 표시할 수 있다.

2 500hPa 24시간고도변화도

500hPa 고도는 대류권의 중간층으로서 비발산고도여서, 대류권 중층의 장파와 단파를 분석하고 기압골과 기압마루의 파악에 유익하여 중장기예보에 자주 활용된다.

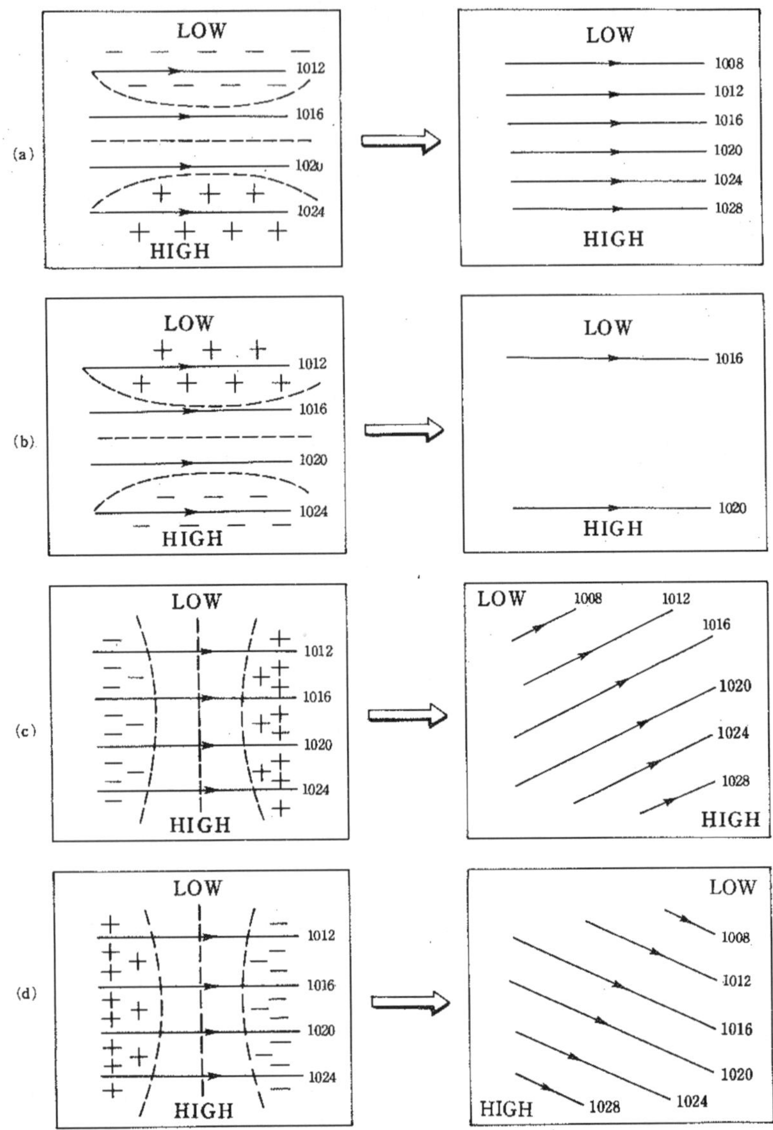

[그림 4-35] 기압변화에 의한 등고선 패턴의 변화

특정 등압면을 택하여 현재의 상층의 해당 등압면일기도의 등고선에서 전 해당 등압면 일기도의 24시간 전 등고선을 도식감법으로 얻은 것이 24시간고도변화도(⊿h24)이다.

지상 24시간기압변화도(⊿p24)의 경우에서와 같이, 고도변화가 0인 등치선은 자색, 고도상승은 청색, 고도하강은 적색 실선으로 그린다. 또 고도상승의 중심에는 청색으로 "+"를, 고도하강에는 적색으로 "−"를 표시한다(그림 4-36 참조).

500hPa 24시간고도변화도($\Delta h24_{500}$)는 대기 중층에서 기압계의 이동과 발달이나 쇠약과정을 파악하는 데 다음과 같이 활용된다.

1) ⊿h24의 중심들은 장파를 따라 해당 지역의 500hPa 평균풍속의 약 1/3속도로 이동한다.

2) 지상에서의 24시간기압상승 중심은 24시간 동안에 보통 500hPa일기도의 24시간고도변화도의 고도하강중심까지 이동하고, 지상에서의 24시간기압하강 중심은 고도상승중심까지 이동한다.

3) 지상 전선은 24시간 동안에 보통 500hPa면의 ⊿h24의 기압마루 위치까지 전진한다.

4) ⊿h24의 변화중심들 간의 거리는 일정하게 유지된다.

5) 장파에 동반된 파군의 위치, 세기, 발달 정도를 파악하는데 유용하게 쓰인다.

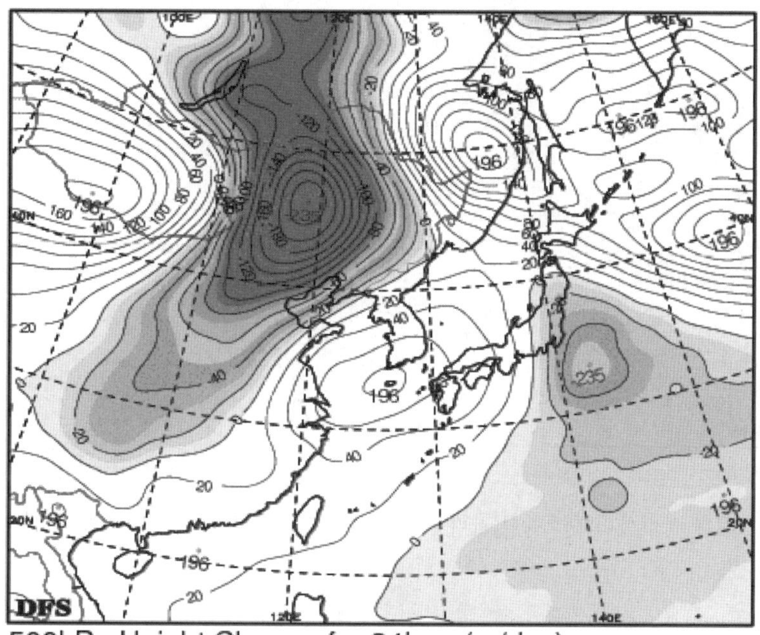

[그림 4-36] 500hPa 24시간고도변화도의 예(2012.12.29 00Z)

Note

북반구 500hPa 반순평균고도장과 고도편차

500hPa의 각 반순(5일) 평균고도장과 예년값과의 편차도를 작성할 수 있다. 이 편차도는 저기압 진로의 대략적인 위치와 고도장의 이상 패턴을 진단하는데 쓰인다. 평균고도장의 제트류를 따라서 단파골과 마루의 파동들이 줄지어 이동하고, 경압적인 환경을 만나면 이것들은 발달한다. 평균고도장을 정체파(stationary wave)로 본다면 경압파들은 전이파(transitional wave)로 볼 수 있다.

3 850hPa 24시간기온변화도

850hPa면의 기온을 24시간 전과 비교한 변화도이다. 850hPa면의 온도가 24시간 전보다 증가하면 양(+), 감소하면 음(-)으로 표시된다. 온도 감소 중심지역을 빗금칠한다(그림 4-37참조). 전선대의 발달과 쇠약, 한랭역과 온난역의 진행과정을 파악하는데 이용된다.

기온변화에 영향을 미치는 요인은, 온도이류(한기이류와 난기이류), 잠열 방출 및 흡수, 공기의 연직운동(단열 상승과 단열 하강) 등이다.

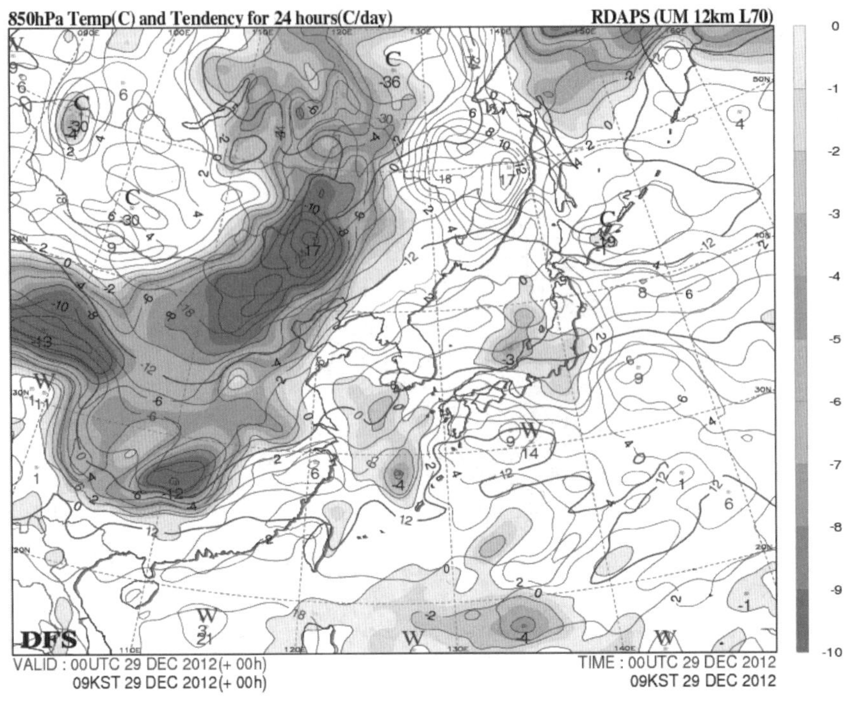

[그림 4-37] 850hPa 기온과 24시간기온변화도의 예(2012.12.29 00Z)

4.7 수분 분석도

1 850hPa 이슬점 분포도

열역학적 뇌우가 발생하기 위해서는 반드시 지상으로부터 700hPa면 사이의 대기의 하층에 수분이 많이 들어 있어야 한다.

미국의 경우 이슬점 13℃선이 뇌우를 지탱하는 충분한 수분을 가지는 임계값으로 보고, 일반적으로 지상의 이슬점이 13℃보다 작을 때는 뇌우가 발생하지 않는 것으로 보고 있다.

뇌우는 건조지역이나 한랭전선 후면에서는 일반적으로 잘 생성되지 않고, 주로 중위도 저기압의 난기역에 강한 하층 불안정이 있을 때 발생한다.

일반적으로 남서류가 우리나라로 유입될 때, 지상이나 850hPa의 이슬점 분포를 알면 우리나라로 유입되는 수증기의 정도를 파악할 수 있다. 850hPa에서 이슬점이 20℃ 이상이면 악기상의 가능성을 살펴보아야 한다.

이슬점은 기온예보에도 활용될 수 있다. 순압대기에서는 다음날 최저기온이 맑고 풍속이 약할 때의 저녁 이슬점에 가깝게 된다. 특히 이슬점이 15℃ 이상일 경우에는 이 예측이 잘 적용된다. 이런 때는 지면으로부터의 증발 냉각으로 오후에 나타나는 일최고기온 상승이 제한될 수도 있다.

이슬점이 상대적으로 특히 높은 지역을 습윤혀(moist tongue, (濕舌))라고 한다. 이러한 습윤혀는 종종 상당온위가 높은 지역과 일치한다. 이 습윤혀는 보통 넓은 지역을 차지하지만, 좁은 지역에 한정될 수도 있다. 지표경계층이 고온다습하면 열역학적 불안정도를 강화시킨다. 습윤혀 지역에 강한 풍속이 동반될 경우에는 발달된 뇌우에 풍향 및 풍속시어를 발생시켜 뇌우를 더욱 발달시키는 원인이 된다. 그리하여 이 지역 내에 뇌우가 특히 강하게 발달한다.

2 850hPa 수분플럭스 분포도

850hPa면의 각 격자점에서 수분플럭스(moisture flux)를 화살표로 나타낼 때는 플럭스의 크기는 화살표의 길이에 비례한다. 단위는 보통 $10^{-2}gm^{-2}s^{-1}$ 이다. 수렴강도가 강할수록 위험기상이 나타날 확률이 높다.

수분플럭스는 벡터의 크기보다는 그 수렴량이 중요하다. 수분의 유입량이 많고 유출량이 적은 곳에서는 습기가 수렴되어 비구름이 발달하기 쉽다. 특히 강한 수분플럭스가 난기이류를 동반할 때는 예측모델이 예상 못한 큰 강수를 유발할 수도 있다.

수분수렴(moisture convergence)은 고정된 어떤 지점에서의 수분플럭스의 순 수렴을 의미한다. 대기 하층의 수렴은 이슬점을 증가시키고 상당온위를 증가시켜 강한 강수를 유발한다.

수분이류는 수분을 어떤 지점으로 계속하여 이동시키기 때문에 열역학적 다이어그램으로 계산된 가강수량보다 훨씬 많은 강수량을 유발할 수 있다. 수분이류는 일반적으로 수렴을 일으키는 하층경계층이나 한랭전선을 따라 분포한다. 또한 중위도저기압의 난역에 위치해 있는 따뜻한 수면으로부터 수분을 이동시킬 때 수분이류가 특히 크다.

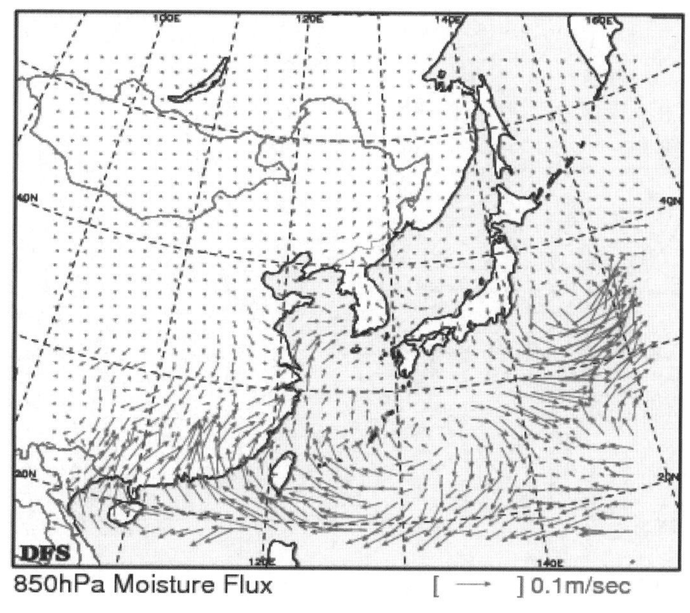

[그림 4-38] 850hPa 수분플럭스 분포도의 예(2012. 12. 29. 00Z)

3 700hPa 습수 분포도

700hPa의 습수(dew point depression, 濕數) 분포는 하층대기의 습한 정도, 즉 수증기량의 분포를 나타내는데 이용된다. 8580hPa면이나 700hPa면에서 습수가 일반적으로 4℃ 이하, 500hPa에서 6℃ 이하이면 해당 기층의 공기 속에 수증기가 거의 포화되어 있다고 볼 수 있다. 이때 지형이나 역학적 원인에 의해 공기가 상승하면 구름이 발생하게 되는 것으로 볼 수 있다.

700hPa 습수는 700hPa층의 온도골 부근에서 큰 값(건조)이고, 온도마루 부근에서는 작은 값(습윤)인 경우가 많다. 700hPa면의 온도나 습수의 분포는, 앞서 다룬 상승류(ω)의 분포나 등고선의 분포와 겹쳐서 사용한다. 강수 예상 시에는 상승류역 내에서 습수 값이 0~1, 큰 경우라 하더라도 3 이내일 때는 강수를 예상하게 된다.

4 가강수량 분포도

대기의 안정도를 나타내는 지수들은 일반적으로 대기 하층의 습윤층의 두께를 무시하기 때문에 원천적인 오류를 포함하기도 한다. 따라서 습윤층의 두께가 500m 이상으로 두꺼울 경우에도 불안정 지수는 동일한 값을 가지게 되지만 뇌우는 훨씬 활발하게 발달된다. 이런 불안정 지수를 보완해 줄 적당한 양이 가강수량(precipitable water, PW)이다(p.159 3.5 참조). 가강수량은 지표면 1m²당의 기주 내의 수증기의 질량으로 정의된다.

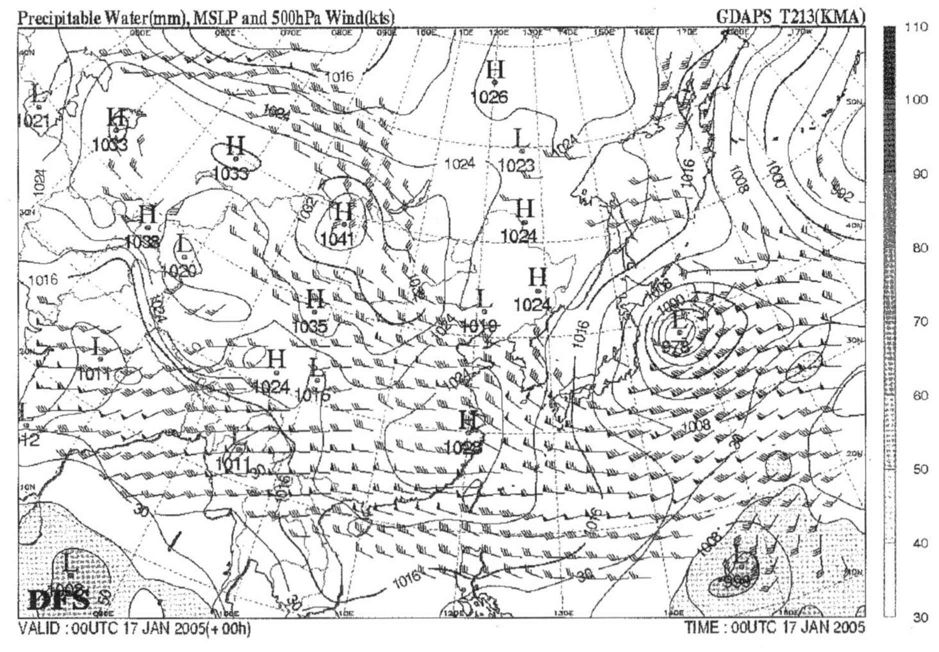

[그림 4-39] 해면기압, 가강수량 및 500hPa 바람 분포도의 예(2005.01.17 00Z)

미국 중남부에서는 가강수량이 25mm 이상일 경우 소나기와 뇌우가 발생할 확률이 매우 높고, 이 값이 높아질수록 소나기 확률은 높아진다. 그러나 콜로라도와 와이오밍의 고원지대에서는 10mm 이하의 작은 값에서도 심한 뇌우가 발생하고 있다.

4.8 연직 불안정지수 분포도

1 쇼월터안정지수(SSI) 분포도

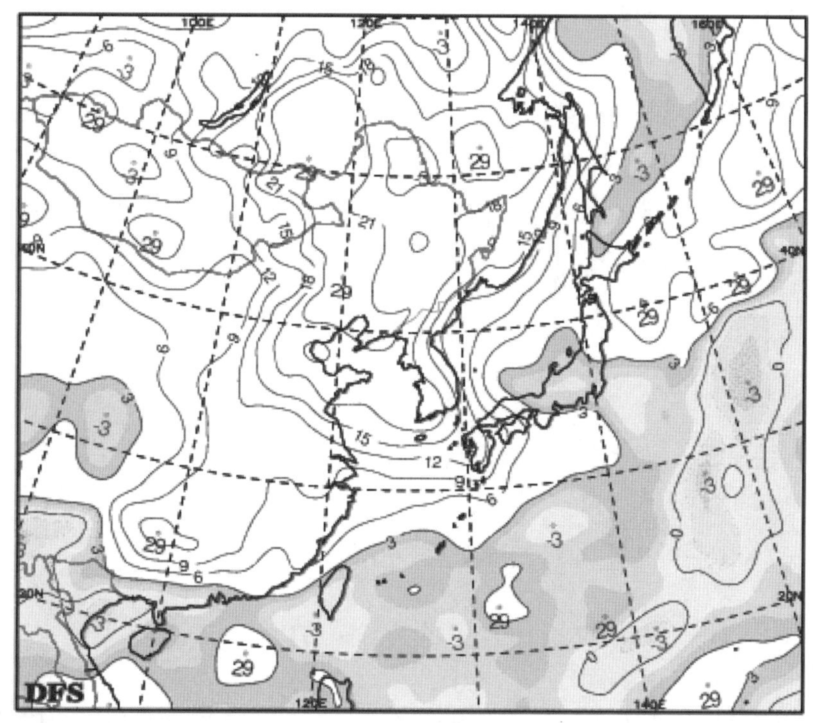

[그림 4-40] 925-700hPa Showalter stability index 분포도의 예(2012.12.01 00Z)

쇼월터안정지수(Showalter stability index, SSI)의 적용은 표 4-2와 같다. 850hPa까지의 하층에 따뜻하고 습한 기류가 있을 때는 SSI 대신 LI를 사용하는 것이 좋다.

SSI는 특정시각에 각 고층기상관측소에서 관측한 고층기상실황전문을 이용하여 각각 구하여 일기도에 기입한 후 그 분포를 분석한다(그림 4-40 참조). 이때 등치선은 2 또는 3 간격으로 묘화하며, 채색으로 등치선을 구별할 때는 보통 8 이상은 청색, 6은 녹색, 4 이하는 적색으로 그리며, 그 중 0~-4구역은 적색 빗금칠, -4 이하 구역은 적색 그늘칠을 하여 위험가상발생 가능성을 경고한다.

[표 4-2] 쇼월터 안정지수(SSI)의 적용

SSI값의 범위	예측 내용
4 ≤ SSI	대류운이 발생하지 않음
0 ≤ SSI ≤ 4	소나기와 약간의 뇌우 가능
−3 ≤ SSI ≤ 0	뇌우가능성 급증
−6 ≤ SSI ≤ −3	위험 뇌우 가능
SSI ≤ −6	토네이도 발생도 가능

※ 표 3-4와 같음

2 치올림안정지수(LI) 분포도

지면에 역전층이 있거나, 하층에 습윤층이 있거나, 또는 하층의 두 층 사이에 습기의 강한 경도가 있는 경우에는 단열선도에서 대기 하층 1km 정도에서 평균혼합비를 구한 후 이 혼합비를 이용하여 그 날 예보된 일최고기온으로 LCL를 구하여 SSI와 같은 방법으로 치올림안정지수(lifting stability index, LI)를 구하여 그 분포도를 만든다. 적용은 대체로 SSI의 기준을 이용한다(표 4-2 참조).

3 K지수(KI) 분포도

K지수(K-index, KI)는 다음과 같이 정의된다.

$$KI = (T_{850} - T_{500}) + T_{d850} + (T_{d700} - T_{700})$$

여름철 대류성 구름의 발달에 중요한 3가지 환경 요소는 중층과 하층의 대기안정도, 수증기량, 및 수증기의 포화 정도이다.

K-Index는 소나기 여부의 예보에 좋은 지수이다. 그러나 KI가 소나기의 강도를 결정하지는 못한다.

KI에 대한 미국의 뇌우발생 확률 적용은 표 4-3과 같다.

[표 4-3] K지수(KI)와 뇌우발생 확률(미국의 경우)

KI 값	확률(%)
15 미만	0
15~20미만	0~20미만
20~25미만	20~40미만
25~30미만	40~60미만(소나기 가능)
30~35미만	60~80미만(심한 뇌우 가능)
35~40미만	80~90미만
40~45미만	90 이상

※ 표 3-6과 같음

4 토털지수(TTI) 분포도

토털지수(Total totals index, TTI)는 다음 식으로 정의된다.

$$TTI = (T_{850} - T_{500}) + (T_{d850} - T_{500})$$

TTI는 기온감률과 하층 수증기를 결합한 지수로서 대류의 가능성을 평가한다. TTI의 적용은 표 4-4와 같다.

[표 4-4] 토털지수(TTI)의 적용(표 3-7 참조)

TTI	예측 내용
44<=TTI<50	뇌우발생 가능
50<=TTI<55	우박과 토네이도를 동반한 심한 뇌우발생 가능
55<=TTI	토네이도가 집단으로 발생 가능

※ 표 3-7 참조

5 대류억제(CIN)와 대류가용위치에너지(CAPE) 분포도

지표 부근의 대기가 안정할 경우 지표면 위의 공기가 LFC(자유대류고도)까지 단열 상승할 때의 단열선과 환경곡선이 이루는 면적의 적분값이 대류억제(CIN)이다.

CIN 자체가 직접 대류가능성을 나타내는 지표는 아니므로 대류가능성은 다른 안정지수들과 함께 고려해야 한다. 대체로 적용은 표 4-5와 같다.

대류가용위치에너지(CAPE)는 LFC에서 EL(평형고도)까지 포화단열선과 환경곡선이 이루는 면적을 적분한 값이다. 이를 부력에너지라고도 한다. 양의 CAPE는 상승운동의 가능성을 의미하고, 값이 클수록 강한 대류가 일어난다. CAPE의 적용은 표 4-6과 같다.

[표 4-5] 대류억제(CIN)의 크기에 따른 적용(표 3-9 참조)

CIN 값(m^2s^{-2})	적 용
10 이하	초기에 많은 수의 작은 대류운 형성 가능
15 이상	초기 대류운 발달 방해로 적은 수의 대류세포에 집중됨
50 정도	강한 스콜라인 발생
150 정도	전반적으로 대류가 억제될 수 있음

[표 4-6] 대류가용위치에너지(CAPE)의 적용(표 3-10 참조)

CAPE 값(Jkg^{-1})	적용
1,000 미만	약한 대류
1,000~2,500	중간 대류
2,500 이상	강한 대류 가능

거대세포(super cell)이 생기는 전형적인 CAPE값은 약 2000, CIN 값은 20 정도이다. 이때 고도 1~3km 사이에서 중정도의 연직바람시어(약 $5\times10^{-3}s^{-1}$)가 있을 때 거대세포 형성이 가능하고, 강한 시어($10^{-2}s^{-1}$이상)가 있을 때는 스콜선(squall line)의 발생이 가능하다.

4.9 등온위면 분석

1 등온위 단면도

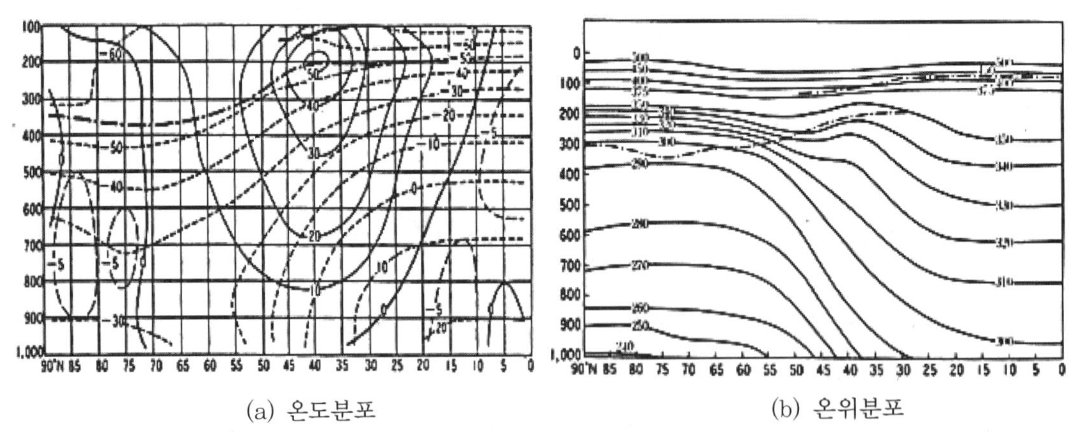

(a) 온도분포 (b) 온위분포

(파선: 등고선(℃), a실선: 동서방향 등풍속선(ms^{-1}단위, +값이 서풍),
b실선: 등온위선(K), 파점선: 대류권계면)

[그림 4-41] 북반구에서 80°W로 자르는 남북연직단면의 1월 온도와 온위 분포

그림 4-41은 남북연직단면 내의 온도와 온위의 분포이다. 온도가 가장 높은 곳은 열대지방의 하층대기이고 가장 온도가 낮은 곳도 열대지방의 대류권계면 부근이다. 한편 온위가 가장 낮은 곳은 극지방의 하층대기이다. 어느 위도에서든 온위는 고도증가에 따라 증가한다. 등온위선은 특히 대류권계면 부근에 밀집해 있다. 이것은 대기의 정역학적 안정도에 큰 의미를 가진다.

또 40°N 부근에서 등온선, 등온위선이 모두 급격히 기울어져 있어서 온도와 온위의 남북방향 경도가 크다. 그리고 이 위도에서 남북방향의 풍속이 크다는 것을 알 수 있다.

2 등온위 분포도

어느 일정 기압면(예를 들면 500hPa면)의 상층일기도를 작성하는 것과 같이, 일정 온위면(예를 들면 305°K 온위면)상에 이 고도의 바람, 기온, 습도 등을 기입하여 분석하는 것을 등온위면분석(isentropic analysis, 等溫位面分析)이라고 한다. 그림 4-42는 305°K 등온위면분석의 한 예이다.

만일 대기의 운동이 완전히 단열적이라면 각 공기덩이의 온위는 변하지 않는다. 따라서 그림 4-42에서 온위 305°K의 공기덩이는 단열변화를 하는 경우에 이 등온위면 상을 바람과 함께 움직이게 되며 이 등온위면을 떠날 수가 없다. 따라서 등온위면 분석은 공기덩이의 움직임을 나타내게 된다. 그림의 중앙부분에 한랭전선이 북북동으로부터 남남서로 위치해 있다(그림에서 파선). 이 전선으로부터 북서쪽으로 감에 따라 등온위면의 고도가 높아지고 있다. 이는 전선의 북서쪽에 한랭돔이 위치하는 것을 반영한다. 특히 주의해야 할 것은, 등고선이 3,500m에서 4,500m로 증가하는 곳에서는 바람이 등고선을 가로질러 고도가 높은 쪽으로부터 낮은 쪽을 향해 불고 있다. 이것은 공기덩이가 305°K 등온위면을 따라서 불어 내려오고 있기 때문에 이 지역에서는 하강기류가 있다는 것을 나타낸다.

일반적으로 상승기류가 있는 곳에서는 구름이 발생해서 일기가 나쁘고, 하강기류가 있는 곳에서는 구름이 사라져 일기는 좋다. 그런데 온대저기압이나 이동성고기압에 각각 수반되는 상승·하강운동은 그 속도가 작으므로 레윈존데로 직접 측정할 수는 없다. 따라서 현재는 여러 가지 간접적인 방법으로 연직속도를 추정하고 있는데, 등온위 해석이 그 중의 한 가지 방법이다.

그러나 등온위 해석은 대기가 단열적으로 운동하고 있다는 가정이 성립될 때에만 유효하므로 충분히 주의해야 한다. 예를 들면, 실제 지표면 부근의 대기는 난류에 의해 공기의 혼합이 현저하고, 구름이 발생하고 있는 지역에서는 수증기의 응결에 따라 잠열 방출이나 운립과 우립에서의 증발도 있기 때문에 단열변화라고 가정하기가 어려운 경우가 많다. 이 외에도 대류권의 대기는 끊임없이 복사로 열을 잃어버리지만 이러한 복사는 비교적 느린 과정이므로 연직운동이 비교적 강한 경우라면 등온위 해석은 대체로 유효하다.

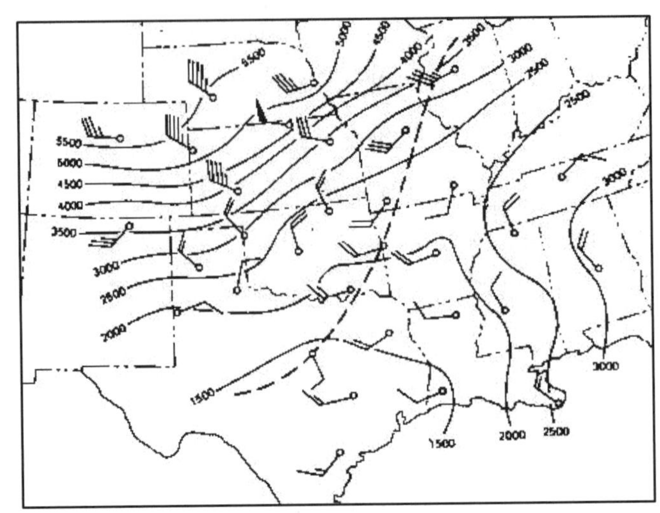

(짧은 깃가지: $2.5ms^{-1}$, 긴 깃가지: $5ms^{-1}$, 검게 칠한 삼각깃: $25ms^{-1}$,
파선: 지표면에서의 한랭전선의 위치, 고도는 m단위임)

[그림 4-42] 미국(중서부)에서 305°K 등온위면의 고도분포도(1979. 4. 26. 02Z(20LST)).

3 상당온위 분포도

상당온위(equivalent potential temperature, θ_e)는 공기덩이가 자신이 가지고 있는 습기를 모두 응결하여 방출시키면서 그 결과로 나온 잠열이 대기를 데우는 데 사용되었을 때 그 공기덩이가 가지게 되는 온위를 말한다.

상당온위는 잠열과 현열을 모두 고려한 공기의 성질로서 구름의 발달과 관련된 습윤단열과정에서도 보존되므로 여름철 기단을 추적하는 데 효과적이다. 보통 850hPa면 온위분포도는 다음과 같이 이용된다.

1) 850hPa온위분포도의 상당온위선이 촘촘하고 혀모양인 곳에 악기상이 나타나기 쉽다.

2) 기온은 현열만을 고려하지만, 상당온위는 수증기와 관련된 잠열을 함께 고려하기 때문에 북쪽지역보다는 수증기가 비교적 많은 남쪽지역의 전선대(기단의 경계)의 역할을 잘 나타내는 특징이 있다.

3) 위성사진이나 지상일기도의 하늘상태 분포와 상당온위를 분석하면 남쪽의 전선대와 남쪽 기단의 경계를 파악하는 데 쓰이기도 한다. 따라서 여름철 mT기단의 경계를 결정하는데 도움이 된다.

일기예보의 원리

기상학이란 학문은 인간이 일기의 변화를 예측하고자 하는 욕망으로부터 시작되었다고 볼 수 있다.

일기의 예측을 위해서는 어떤 시점에서 대기의 상태를 알아야 하고, 다음에는 대기상태의 변화를 지배하는 물리법칙을 알 필요성이 있다.

여기서는 대기의 운동원리와 일기예측의 원리, 그리고 그에 따르는 문제점, 예보를 다루는 요령과 절차를 설명한다.

5.1 대기 운동

1 겉보기 힘

가. 저기압 내의 상승속도

기상학 특유의 것으로서, 온대저기압이나 고기압에 수반하여 부는 3차원의 바람에서는 연직속도(w)는 수평속도(u나 v)에 비교하면 1/100~1/200 정도로 작다. 이것은 당연한 것으로서 연직방향의 운동은 10km 정도지만 수평방향의 운동은 수백km에서 수천km나 된다. 즉 대단히 얇은 공기층에서 일어나는 운동이므로, 연직방향의 속도는 수평방향의 속도에 비해 작기 마련이다.

양적으로 말하면, 온대저기압에 수반되는 바람의 수평성분은 10~20$\mathrm{ms^{-1}}$ 정도인데 비하면 저기압 중심 부근에서의 상승류의 크기는 1~10$\mathrm{cms^{-1}}$ 정도이다. 따라서, 상승속도는 보통의 풍속계나 레윈존데로는 측정하지 못한다. 그러나 이 작은 상승속도가 있으므로 저기압에서 비가 내리는 것이다.

문제 5.1 **바람의 크기**

위도 30°에서 서풍이 10$\mathrm{ms^{-1}}$로 불고 있을 때, 이 풍속은 그 지점 자체가 관성계에 대해서 움직이고 있는 속도의 몇 %인가?

답 관성계에서 위도 30도의 지구표면이 움직이고 있는 속도($R\Omega\cos30$)는 $6.37\times10^6\times7.29\times10^{-5}\times0.866\mathrm{ms^{-1}}=402\mathrm{ms^{-1}}$이다. 따라서 답은 약 2.5%이다. 이와 같이 기상학에서는 지구대기의 바닥을 이루고 있는 고체지구가 움직이는 속도의 10% 정도의 상대속도를 문제로 해서 취급하고 있는 것이다.

중력(gravitational force, 重力, g)은, 다음과 같은 두 힘, 즉 (a) 지구의 질량중심으로 향하는 만유인력(g^*), (b) 지구의 자전축에서 바깥쪽으로 향하는 겉보기 힘, 즉 원심력($\Omega^2 R cos\phi$)이다.

원심력의 크기는 극에서는 0으로 최소이고 적도에서는 최대로서 $\Omega^2 R$이다. 그래서 적도에서 원심력의 크기는 지구인력의 0.35%밖에 되지 않는다. 그래도 등중력포텐셜면(모든 곳에서 중력에 직각인 방향을 가지는 면)은 그림 5-1에서의 파선과 같이 작용하여, 결과적으로 지구는 장반경이 약 6,378km, 단반경이 6,357km인 회전타원체를 이루고 있다. 그러나 엄밀히 말한다면, 평균해면은 여러 가지 이유로 정확한 회전타원체는 아니다.

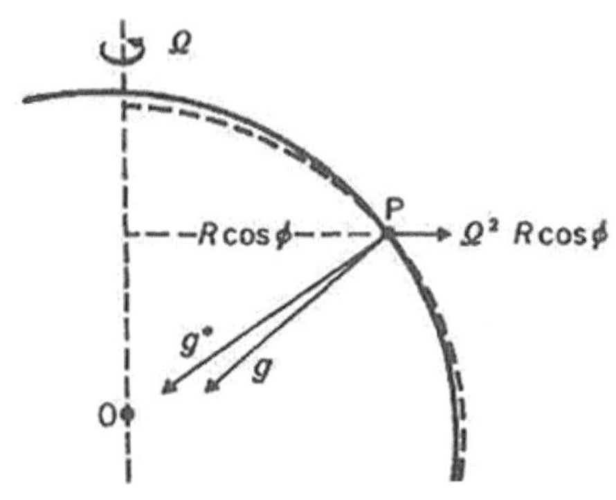

[그림 5-1] 지구인력(g^*)과 원심력($\Omega^2 R cos\phi$)의 합력으로서의 중력(g)

지구 표면에 상대적인 속도를 u라 할 때 코리올리힘(Coriolis'force)은 $2\Omega u$로 표현되고, 지구의 자전축에 대해서 바깥쪽으로 작용한다.

코리올리힘을 그림 5-2와 같이, 연직방향과 수평방향의 성분으로 분해하면, 연직성분은 $2\Omega u cos\phi$, 수평성분은 $2\Omega u sin\phi$이다. 여기서 편서풍의 큰 값이 될 수 있는 $u=100ms^{-1}$를 취해도 코리올리힘 $2\Omega u$는 크기가 $0.015ms^{-2}$이다. 이는 중력가속도 $g=9.81ms^{-2}$의 0.15% 정도로서 작은 값이므로 중력가속도에 크게 영향을 주지 않는다. 대기의 운동을 논할 때에는 코리올리힘의 연직성분은 무시하고 수평성분만을 생각해도 좋다. 북반구에서는 동쪽으로의 수평 흐름에 대해서는 코리올리힘이 남쪽방향으로 작용하고, 그 크기가 $2\Omega u sin\phi$이다.

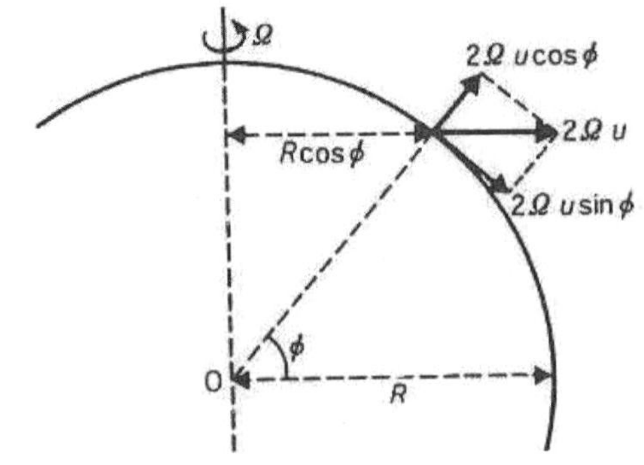

[그림 5-2] 동서방향 풍속 u에 작용하는 코리올리힘

코리올리힘은 남북방향으로 운동하는 공기덩이에 대해서도 작용한다. 지금 북극에서 남쪽을 향해서 물체를 발사했다고 하자(그림 5-3).

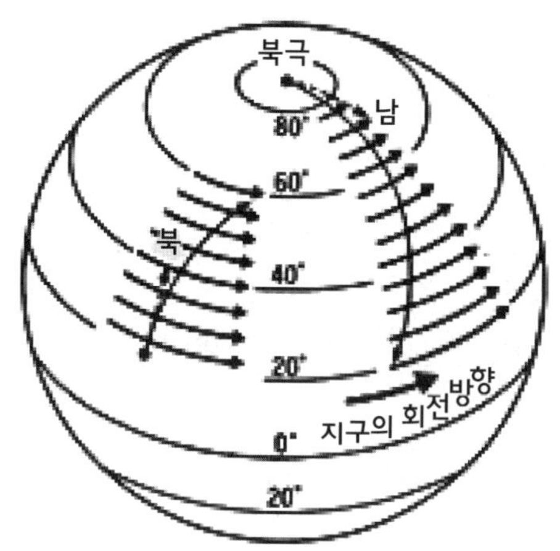

[그림 5-3] 남북방향으로 움직이는 물체에 작용하는 코리올리힘

지구에서 멀리 떨어진 별(관성계)에서 보면, 운동의 제 1법칙에 따라서, 그 물체는 최초에 주어진 방향으로 똑바로 날아간다. 그러나 물체가 날아가고 있는 사이에도 지구는 자전하고 있으므로, 물체가 도착한 지점은 처음의 목표지점에서 서쪽으로 옮겨간다.

지구 밖에서 보면, 이것은 지구가 자전하고 있기 때문에 서쪽으로 옮겨갔다는 것을 곧 알 수 있다. 그러나 지구표면에서 지구와 함께 회전하고 있는 사람으로서는, 그 물체에 어떤 힘이 작용한 결과 진행방향을 오른쪽으로 치우치게 한 것으로 보인다. 이 힘이 코리올리힘의 동서성분이다.

시각 t에 위도 ϕ에서 동서방향의 속도 u를 가지고 있던 공기덩이가 작은 시간 $\triangle t$ 후에 위도 $\phi+\triangle\phi$로 이동하여, 그 결과 u가 $u+\triangle u$로 변화했다고 하자. 이 때, 동서방향에는 아무런 힘도 작용하고 있지 않다고 한다면, 각운동량보존법칙에 의해서 다음식이 성립한다.

$$Rcos\phi(\Omega Rcos\phi+u) = Rcos(\phi+\triangle\phi)[\Omega Rcos(\phi+\triangle\phi)+(u+\triangle u)]$$

여기서 $\cos(\phi+\triangle\phi) \approx \cos\phi-\triangle\phi\sin\phi$ 라고 하는 근사값을 이용하고, $(\triangle\phi)^2$과$(\triangle\phi)(\triangle u)$는 2차의 미소량이므로 무시하기로 한다면, 위 식은 다음과 같이 정리된다.

$$-2\Omega R\triangle\phi\cos\phi\sin\phi + \triangle ucos\phi - u\triangle\phi\sin\phi = 0$$

남북방향의 속도(v)는 $v = R\triangle\phi/\triangle t$로 주어진다. 위 식을 $\triangle t$로 나누어 정리하면,

$$\frac{\triangle u}{\triangle t} = 2\Omega vsin\phi + \frac{uvsin\phi}{R\cos\phi} \quad \text{(5-1)}$$

우변 제 2항은 Ω를 포함하지 않으므로, 지구자전의 영향이 아니고, 지구가 공모양이라는 기하

학적인 조건에서 나온 항이다. 또 양적으로 보면, $u = 10\,\mathrm{ms}^{-1}$일 때에는 우변 제 2항은 제 1항에 비해서 2자리 수나 작다. 따라서 이를 무시하면, 다음 식이 성립한다.

$$\frac{\Delta u}{\Delta t} = 2\Omega v \sin\phi \quad \cdots\cdots (5\text{-}2)$$

이것이 코리올리힘의 성분으로 $v>0$ (즉 남풍)일 때 북반구(즉 $\Omega>0$)에서는 동쪽 방향의 힘, 즉 역시 진행방향을 오른쪽으로 치우치게 하는 힘이다.

코리올리힘의 성질을 다음과 같이 요약할 수 있다.

(1) 위도 ϕ에서 수평속도 u로 움직이고 있는 공기덩이는 코리올리힘을 받는다. 이 힘의 수평성분의 크기는 $2\Omega v sin\phi$이다.

(2) 코리올리힘이 작용하는 방향은 수평속도 벡터에 직각이고, 북반구에서는 오른쪽으로, 남반구에서는 왼쪽으로 향한다. 따라서 코리올리힘은 운동의 방향을 변화시킬 수는 있지만, 속도를 변화시킬 수는 없다. 이런 의미에서 코리올리힘을 편향력(deviation force, 偏向力)이라고도 한다.

공기덩이가 상하방향으로 움직이고 있을 경우에도 코리올리힘이 작용하므로 수평성분도 있을 것이다. 그러나 적란운 등의 경우를 제외하면 기류 속도의 연직성분은 수평성분에 비교해서 매우 작으므로, 연직방향의 운동에 동반되는 코리올리힘은 무시해도 좋다.

2 기압장과 바람

바람은 기압이 높은 곳에서 낮은 곳으로 분다. 마치 계곡의 물이 고지대로부터 저지대로 흘러내리는 것과 같다. 그런데 코리올리힘 때문에 바람이 등압선에 직각으로 불지 않고, 결과적으로는 등압선에 거의 평행하게 불고 있다.

공기의 밀도를 ρ로 하면, 단위질량의 공기덩이에 작용하는 기압경도력(pressure gradient force, 氣壓傾度力)은 다음과 같다.

$$\text{기압경도력} = -\frac{1}{\rho}\frac{\Delta p}{\Delta n} \quad \cdots\cdots (5\text{-}3)$$

"−"부호는 힘이 고압부에서 저압부로 향하고 있음을 나타낸다.

기압은 언제나 고도 증가에 따라 감소하고 있다. 따라서 연직방향으로도 밑에서부터 위로 기압의 차에 의한 힘이 작용하고 있으나 이 연직방향의 기압경도력은 중력과 평형을 이루고 있기 때문에 연직운동에는 거의 관계하지 않는다. 따라서 특별한 단서가 없는한 기압경도력이라고 하면, 수평면에서의 기압경도력을 의미한다.

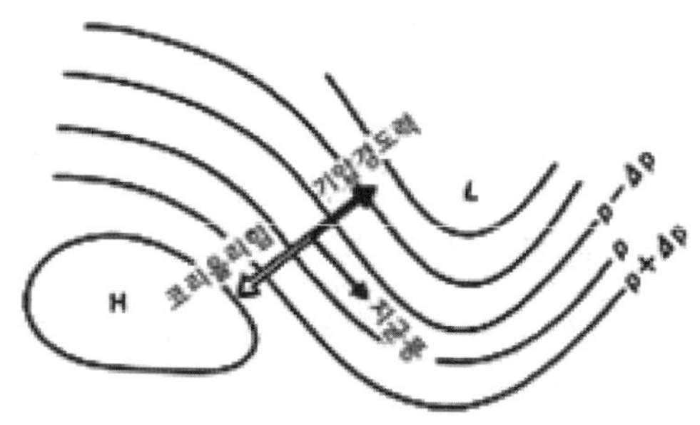

[그림 5-4] 지균풍에 작용하는 힘

그림 5-4에서 보면, 등압선에 평행하게 부는 바람의 속도를 V라 하면, 단위질량의 공기덩어리에 작용하는 코리올리힘은 $2\Omega V sin\phi$이다. 그리고 보통 지상에서 고도 약 1km 이상의 자유대기에서의 운동을 다루는 경우는 마찰력의 영향은 무시해도 좋다.

등압선에 직각인 방향에 대해서 운동의 제2법칙을 적용하면 다음과 같다.

등압선에 직각 방향의 가속도=단위질량 당 코리올리힘+단위질량 당 기압경도력

$$= -2\Omega V sin\phi - \frac{1}{\rho}\frac{\triangle p}{\triangle n} \quad \cdots\cdots (5\text{-}4)$$

중・고위도의 일기도에서 표현되는 대기 운동에서는 좌변의 가속도 항의 크기는, 우변의 어느 항보다도 한 자리수가 작다. 따라서 가속도를 무시하면 근사적으로 다음 식이 성립된다.

$$V_g = -\frac{1}{2\rho\Omega\sin\phi}\frac{\triangle p}{\triangle n} \quad \cdots\cdots (5\text{-}5)$$

즉 바람은 등압선에 평행하게, 북반구에서는 왼쪽(남반구에서는 오른쪽)에 저압부를 두고 분다. 그 속도는 식(5-5)로 주어진다. 이와 같은 바람을 지균풍(geostrophic wind, 地均風,, V_g)이라고 한다.

문제 5.2 **지균풍의 크기**

위도 37°의 어떤 지역에서 4hPa 간격으로 그린 등압선의 간격이 (a) 200km인 경우와 (b) 400km인 경우에 각각 지균풍속을 계산하라. 단 공기의 밀도는 1kg m^{-3}으로 한다.

답 4hPa=400Pa, $\Omega = 7.29\times10^{-5}\text{s}^{-1}$이므로 (a) V=22.8$ms^{-1}$,(b) V=11.4$ms^{-1}$, 즉 등압선의 간격에 반비례하여 간격이 좁을수록 지균풍속은 커진다.

대기의 운동을 이해하려고 할 때에 중요한 것은, 대기에는 여러 가지 서로 다른 수평규모와 시간규모를 가지는 운동이 있다는 것이다. 예를 들면, 맑은 날 작은 적운의 수평규모는 100m~1km

정도이고, 거대뇌우는 10km 정도, 태풍의 강풍역의 직경은 200km 정도, 일기도 상에서 온대저기압의 닫힌 등압선의 크기는 1,000km의 차원이다. 계절풍의 수평방향의 크기는 수 천km 이다.

한 개의 적운이 발생해서 소멸할 때까지의 시간규모는 30분 정도이고, 거대뇌우의 시간규모는 보통 수 시간이다. 태풍의 수명은 1주일 정도이다. 일기의 변화가 빠를 때에는 온대저기압이 2~3일에 걸쳐 어떤 지점을 통과해 간다. 한편 계절풍계 등은 반년이라는 긴 시간규모로 변해간다. 그래서 관측으로 알려져 있는 대기의 운동과 이것에 수반되어 일어나는 일기현상에 대해서 그 특징적인 수평규모와 시간규모를 그림 5-5와 같이 정의할 수 있다.

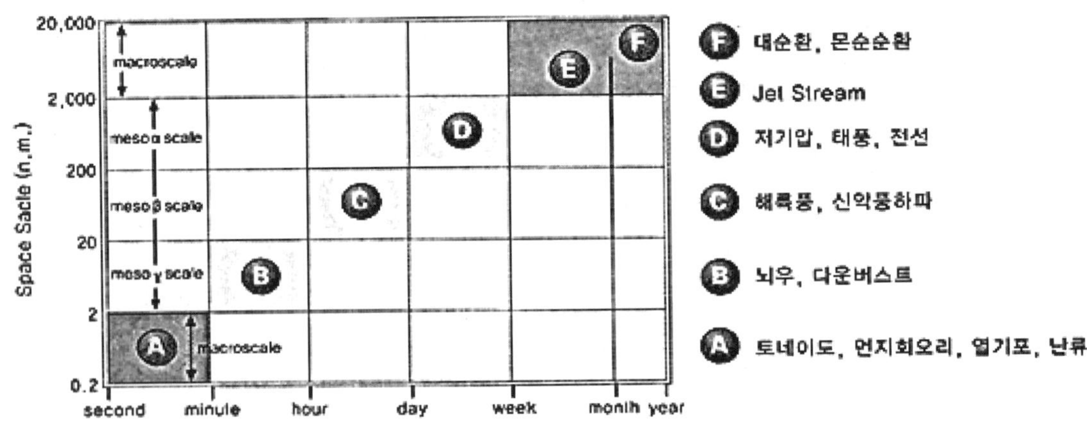

[그림 5-5] 여러 가지 기상현상의 수평규모와 시간규모.

수평규모는 (a) 적운이나 뇌우와 같이 독립된 현상의 수평적인 크기, (b) 온대저기압이나 이동성고기압과 같은 현상이 서로 줄지어 있는 경우에는 인접한 것끼리의 거리, (c) 편서풍 파동 등에서는 파장으로 정의할 수가 있다.

시간규모는 (a) 발생에서 소멸까지의 수명, (b) 반복해서 발생하는 경우와 강약의 변화인 경우에는 그 주기, (c) 형태나 강도를 그다지 변화시키지 않고 이동하고 있는 현상에 대해서는 그 현상이 어떤 한 지점을 통과하는데 소요되는 전체 시간으로 정의할 수가 있을 것이다.

수평규모와 시간규모는 거의 비례한다. 즉 수평규모가 큰 것일수록 시간규모도 길다. 일기도에서 볼 수 있는 운동은 대체로 수평규모가 1,000km 이상, 시간규모가 10^5초(약 1일) 이상인 대규모 운동이 주를 이룬다.

이러한 대규모 운동의 수평규모는 $L \approx 10^6$m, 시간규모는 $T \approx 10^5$s이므로, 여기서 대표적인 온대저기압에 수반되는 바람의 대표적인 속도 $V = L/T \approx 10ms^{-1}$이 되어 모순이 없다. 또한 온대저기압이 이동하는 속도도 이 정도이다.

이때 식(5-4)에서 가속도의 크기와 코리올리힘의 크기의 비는 다음과 같이 표시된다.

$$R_0 = \frac{\text{가속도}}{\text{코리올리 힘}} = \frac{V/T}{2\Omega V sin\phi} = \frac{V}{2L\Omega \sin\phi} \quad \cdots\cdots (5\text{-}6)$$

여기서 무차원인 R_0로 표시된 양을 로스비수(Rossby number)라고 한다. $\sin\phi$가 1 정도이고 대규모의 운동에 대해서 해당 수치를 넣으면 $R_0 \approx 0.1$이 된다. 즉 대규모의 운동에서는 가속도가 코리올리힘보다 한 차원이 낮다. 그러므로 식(5-4)에서 코리올리힘은 기압경도력 이외에는 평형을 이룰 항이 없으므로, 지균풍의 관계가 근사적으로 성립하는 것이다. 결국 실제 바람이 지균풍에 가깝다는 것은, 그 운동의 로스비수가 그보다 한 차원 더 작은 경우에 한해서 적용되는 것이다.

적도 근처에서는 $\sin\phi$가 0에 가까워지므로 $L \approx 10^6$m, $V \approx 10\text{ms}^{-1}$이라 해도 $R_0 \leq 10^{-1}$이라고 하는 조건을 만족시키지 못하여, 적도 부근에서 부는 바람은 지균풍이 아니다. 또한 중・고위도에서 L이 100km 정도로 작게 되면 실제로 부는 바람은 지균풍에서 상당히 벗어난다.

발달된 열대저기압에서 부는 바람의 경우와 같이, 공기덩이가 직선운동이 아니고 곡선운동을 하고 있을 때는, 구심가속도를 가지기 때문에 겉보기의 원심력이 도입되어 지균풍의 관계식(5-5)는 변형되지 않으면 안 된다.

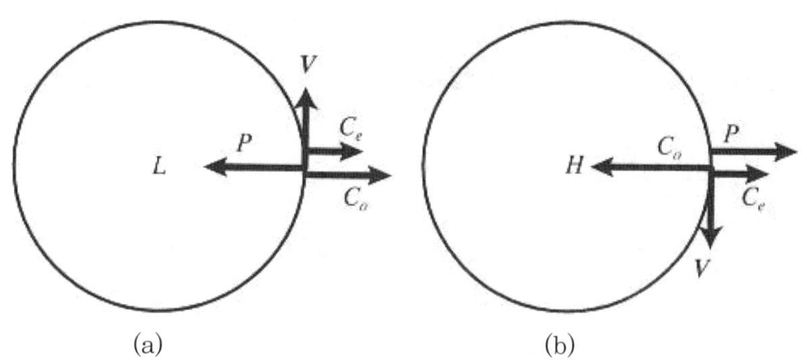

(P: 기압경도력, C_e: 원심력, C_o: 편향력)

[그림 5-6] 북반구에서 저기압(a) 및 고기압(b)에 작용하는 힘의 균형

그림 5-6(a)는 북반구의 저기압에 해당하여 공기덩이가 반시계방향으로 반경 r의 원을 그리며 운동하고 있다. 그림 5-6(b)는 북반구의 고기압으로서 공기덩이는 시계방향으로 회전하고, 기압경도력과 원심력이 원의 중심에서 바깥쪽 방향으로, 그리고 코리올리힘은 안쪽 방향으로 작용하고 있다.

공기덩이의 속도를 V_G로 하면, 그림 5-6의 고기압・저기압의 경우 힘의 평형은 다음과 같이 표현할 수 있다.

$$\frac{V_G^2}{r} + fV_G = P_n \quad \cdots\cdots (5\text{-}7)$$

여기서 $f = 2\Omega\sin\phi$, $P_n = \frac{1}{\rho}\frac{\Delta p}{\Delta n}$이다.

저기압의 경우는 $V_G > 0$, $P_n > 0$이고, 고기압의 경우는 $V_G<0$, $P_n< 0$로 생각하면 된다. 식(5-7)로 표현되는 바람을 경도풍(gradient wind, 傾度風, V_G)이라 한다.

등압선이 직선이 아닌 경우에는 지균풍으로 표시하는 것보다는 원심력의 효과를 고려하여 경도풍(V_G)으로 표현하는 것이 지균풍(V_g)보다도 좋은 근사값을 나타낸다. 기압경도가 같다면, 저기압성의 바람에서는 경도풍은 지균풍보다 약하고, 고기압성의 바람에서는 경도풍이 지균풍보다 강하다. 식(5-7)의 근을 구하면 다음과 같다.

$$V_G = \frac{1}{2} - fr \pm (f^2r^2 + 4rP_n)^{1/2} \quad \cdots\cdots (5\text{-}8)$$

V_G는 실수(實數)이어야 하므로, 고기압성 바람의 경우에는 $-P_n<f^2r/4$의 경우에만 해(解)가 존재한다.

따라서 r이 작은 곳, 즉 고기압의 중심 부근에서는 기압경도도 작지 않으면 안 된다. 실제로 고기압의 중심 부근에서는 기압경도가 완만하다. 그런데 저기압성의 바람의 경우에는 기압경도의 크기에 대한 제한이 없다. 실제적으로 저기압의 중심 부근에서는 큰 기압경도가 존재할 수 있다.

식(5-8)에서 r을 어떤 값으로 고정시키고, V와 P_n의 관계를 그림으로 나타낸 것이 그림 5-7이다. 이 그림의 A-O-B의 범위가 보통의 경도풍에 상당한다.

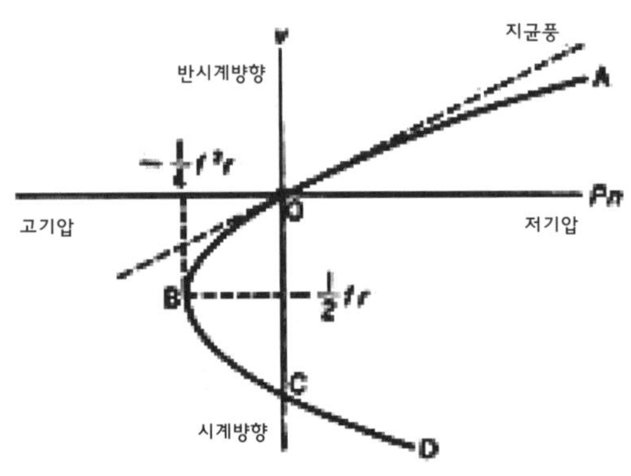

[그림 5-7] 경도풍속과 수평 기압경도력의 관계

위에서 설명한 것과 같이 A-O의 범위에서는 경도풍이 지균풍보다 약하고 O-B의 범위에서는 경도풍이 지균풍보다 강하다. 그림의 B-C-D의 범위는 이상경도풍(異常傾度風)으로서, 이러한 것이 관측되는 일은 드물다. 특히 C-D의 범위에서는 북반구에서 저기압 주위에서 시계방향의 바람이 분다고 하는 이상한 상태가 된다.

점 C는 기압경도가 없을 때에 공기덩이가 시계방향으로 회전하고 있는 것을 나타내고 있다. 이러한 운동은 실제 해양에서 잘 관측되고 있는 운동으로서 해양에서의 관성진동(inertial oscillation, 慣性振動)이 그것이다.

문제 5.3 지균풍과 경도풍의 차이

(a) 위도 20°N의 위치에서 발달된 태풍의 중심으로부터 50km 떨어져 있는 어떤 지점에서 중심을 향하는 기압경도는 100km 당 50hPa였다. 공기 밀도를 1.25kgm^{-3}이라 할 때, 지균풍 및 경도풍을 구하라.

(b) 또 위도 40°N에서 온대저기압의 중심으로부터, 1,000km 떨어져 있는 지점에서의 기압경도가 100km당 3hPa였다. 지균풍 및 경도풍을 각각 계산하라.

답 (a) 위 태풍의 경우에 지균풍 V_G는 식(5-5)에 의해서,

$$V_g = \frac{50 \times 10^2 \text{kgm}^{-1}\text{s}^{-2}}{1.25\text{kgm}^{-3} \times 2 \times (7.3 \times 10^{-5})\text{s}^{-1}\sin 20^\circ \times 10^5\text{m}} = 801\text{ms}^{-1}$$

태풍의 경우에 경도풍 V_g는 식(5-8)에 의해서,

$$V = \frac{1}{2}(-2.50 \pm 89.74)\text{ms}^{-1} = 43.6\text{ms}^{-1} \text{ 또는 } -46.1\text{ms}^{-1}$$

여기서, 앞의 것은 보통 경도풍이고, 뒤의 것은 그림 5-7의 CD의 범위에 있는 이상경도풍(異常傾度風)에 해당한다. 이 문제에서는 태풍의 중심 부근에서는 곡륙반경이 작아서 지균풍속과 경도풍속의 강도가 대단히 다르다는 점에 유의해야 한다.

(b) 위 온대저기압의 경우에 지균풍속은 25.6ms^{-1}, 경도풍속은 20.9ms^{-1}이다. 이와 같이 원운동의 곡률반경이 클 경우(즉 곡률이 작을 경우)에는 지균풍속과 경도풍속에는 큰 차이가 크지 않다.

문제 5.4 선형풍

위도 30의 어떤 지점에서 일어난 회오리바람의 중심에서부터 100m 떨어진 곳에서 공기가 50ms^{-1}의 속도로 회전하고 있었다고 하자. 단위질량(kg)의 공기덩이에 작용하는 원심력과 코리올리힘을 구하여라.

답 원심력(V^2/r)은, 원심력$= \frac{V}{r} = \frac{(50)^2 kg\, m^2 s^{-2}}{10^2 m} = 25N$

코리올리힘은, 코리올리힘$=2\Omega\sin 30^\circ = 0.0036N$, 즉 이 경우 코리올리힘은 원심력보다 훨씬 작다. 만일 회오리바람이 정상상태에 있는 것으로 하여 마찰력을 무시한다면 기압경도력은 원심력과 평형을 이루고 있는 것이 된다. 이와 같은 경우의 바람을 선형풍(cyclostrophic wind, 旋衡風)이라 한다.

3 온도장과 온도풍 영향

북반구의 겨울철에 평균온도의 남북경도는 40°N 부근에서 최대이고, 제트류의 강도도 이 위도 주위의 대류권계면 바로 아래에서 최대이다.

일반적으로 대류권 내의 등압면상에서는 극 쪽의 기온이 적도 쪽의 기온보다 낮다. 따라서 극 쪽의 공기의 밀도가 적도 쪽의 밀도보다 크다. 그림 5-8에서 보는 것처럼, 1000hPa면을 수평이라고 가정할 때 정역학방정식이 의미하는 바에 따라 900hPa의 등압면은 적도 쪽보다 극 쪽이 낮

다. 이하 800hPa, 700hPa .... 등의 등압면을 차례로 생각해 가면, 등압면의 경사는 적도 쪽에서 극 쪽으로 점점 커져 간다. 등압면의 경사가 크다는 것은 어느 한 수평 단면에서 보면, 남북방향의 기압경도가 크다는 것을 의미하며, 또한 등압면상에 그린 등고선의 남북방향의 고도경도가 크다는 것을 의미한다.

이것을 지균풍 관계에서 보면, 고도를 따라 동쪽 방향의 풍속이 증가하고 있음을 나타낸다. 이와 같이 온도의 수평경도가 있기 때문에 지균풍이 고도와 함께 변화하고 있는 관계가 온도풍(thermal wind, 溫度風) 관계이다. 북반구에서는 지균풍속이 고온 부분을 오른쪽에 두고 높이에 따라 강해진다. 대류권 내에서는 남북방향의 기압경도(고도경도)가 중위도에 집중하고 있으므로 중위도의 상공에서 편서풍이 최대가 된다.

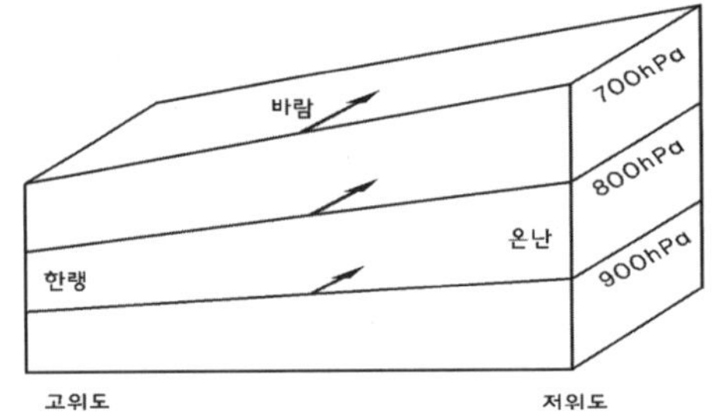

[그림 5-8] 남북방향의 온도경도에 의해 고도 증가에 따라 동쪽으로의 지균풍속 증가를 보이는 모식도

4 마찰의 영향

지상에서는 바람이 별로 불고 있지 않을 때에라도, 높은 빌딩이나 타워에 올라가면 의외로 강한 경우가 있다. 대기는 점성(viscosity, 粘性)을 가지고 있어서 높이에 관계없이 대기의 기압경도력이 일정하여 상층에는 바람이 불고 있어도 지면에 가까워짐에 따라 지면과의 마찰(friction, 摩擦) 때문에 바람이 약해진다. 이러한 마찰 효과는 풍속 변화와 함께 풍향도 변화시킨다.

흐름이 정상상태인 경우, 북반구에서는 지면 부근의 대기가 3가지 힘(기압경도력, 코리올리힘, 마찰력)이 그림 5-9에서와 같이 평형을 이루고 있다. 마찰력이 클수록 바람은 저압부로 흘러들면서 등압선과 이루는 각(α)이 커진다.

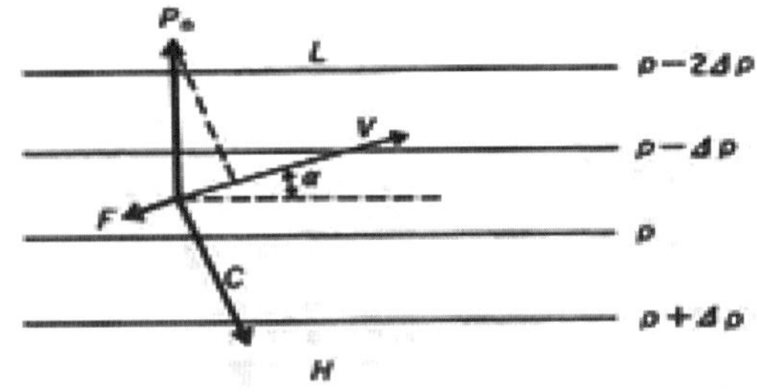

(P_n: 수평기압경도력, C: 코리올리힘, F: 마찰력)

[그림 5-9] 지면 부근에서 대기의 힘의 평형(북반구의 경우)

그림 5-10과 같이, 등압선이 원형인 저기압 또는 고기압이 있다고 하자. 만일 마찰이 없다면 공기는 수평면 내에서 계속 원운동을 할 것이다. 그러나 실제는, 마찰의 영향으로, 공기가 등압선을 가로질러 저기압을 향해서 수렴한다. 수렴한 공기는 상승하게 되므로 저기압 중심부근은 구름이 생기기 쉬워 일기가 나빠진다. 반대로 고기압의 중심 부근에서 지면마찰이 있는 대기 하층에서 공기가 발산하여 상공으로부터 하강기류가 생기고, 이때 구름이 소멸되어 일기가 좋아진다.

[그림 5-10] 지면 부근의 고 · 저기압 중심 부근에서 부는 바람

5.2 대규모 대기운동

1 지구 대기대순환

일반적으로 넓은 해역에서는 극히 적은 수의 섬에 위치한 고층기상관측 자료를 제외하고는, 상층의 기상자료를 얻기가 어렵다. 그런데 구름이 구름고도의 바람을 따라 흘러간다고 가정하여, 구름의 움직임으로부터 구름 높이에서의 풍향 풍속을 어느 정도 정확하게 추정할 수가 있다. 이런 이유로 정지기상위성 자료는 매우 유익하다.

그림 5-11(a)는 대류권 하층의 작은 적운들을 추적해서 만든 하층 바람 분포이고 그림 5-11(b)는 키큰 적란운의 운정으로부터 흘러나가는 권운의 움직임을 추적하여 만든 상층 바람 분포이다. 그림 5-11(a)에서는 대서양 중앙부 약 10°N의 북쪽 부분에서는 바람이 북동으로부터 불어오고 있다. 이 부분이 무역풍대(trade-wind belt)이다. 그리고 남반구로부터 적도를 넘어오는 흐름이 10°N 부근에서 이 무역풍과 만난다. 이곳이 열대수렴대(intertropical convergence zone, 熱帶收斂帶, ITCZ)이다. 이곳에서 수렴한 공기는 상승하면서 적란운을 많이 발생시킨다. 이 ITCZ에서 상승한 공기가 상공으로 올라가 권계면 부근에 도달하면 그림 (b)에서와 같이 다시 남북 양방향으로 흘러나간다.

열대수렴대는 태평양에도 나타난다. 이것은 그림 5-12에서와 같이 5~10°N에서 동서 방향으로 길게 연강수량의 극대가 나타나는 것으로도 알 수 있다. 그러나 이들보다 고위도로 올라가면 상황은 상당히 달라진다.

그림 5-13은 동지와 하지 부근에 각각 세계 각지에서 관측된 바람을 동서성분과 남북성분으로 나누어 위도권을 따라 평균한 바람 분포이다. 이 그림에서 보면, 열대지방에는 해들리세포(Hadley cell)가, 그리고 극지방에서는 극세포(차가운 공기가 하강해서 지표면을 따라 적도로 향하는 극지방 순환)가 있다. 그런데 해들리세포와 극세포 순환에 끼어서 또 하나의 순환이 나타나는데, 대략 30° Lat. 부근에서 하강하고, 50~60° Lat. 부근에서 상승하는 페렐세포(Ferrel cell)이다. 이렇게 해서 대류권의 남북연직단면 내에는 3개의 순환세포가 형성된다.

또 대류권에서 편서풍이 극대가 되는 곳은 중위도 상층이다. 대류권의 중위도대 하층에서 탁월한 바람은 북서풍이 아니고 남서풍이다.

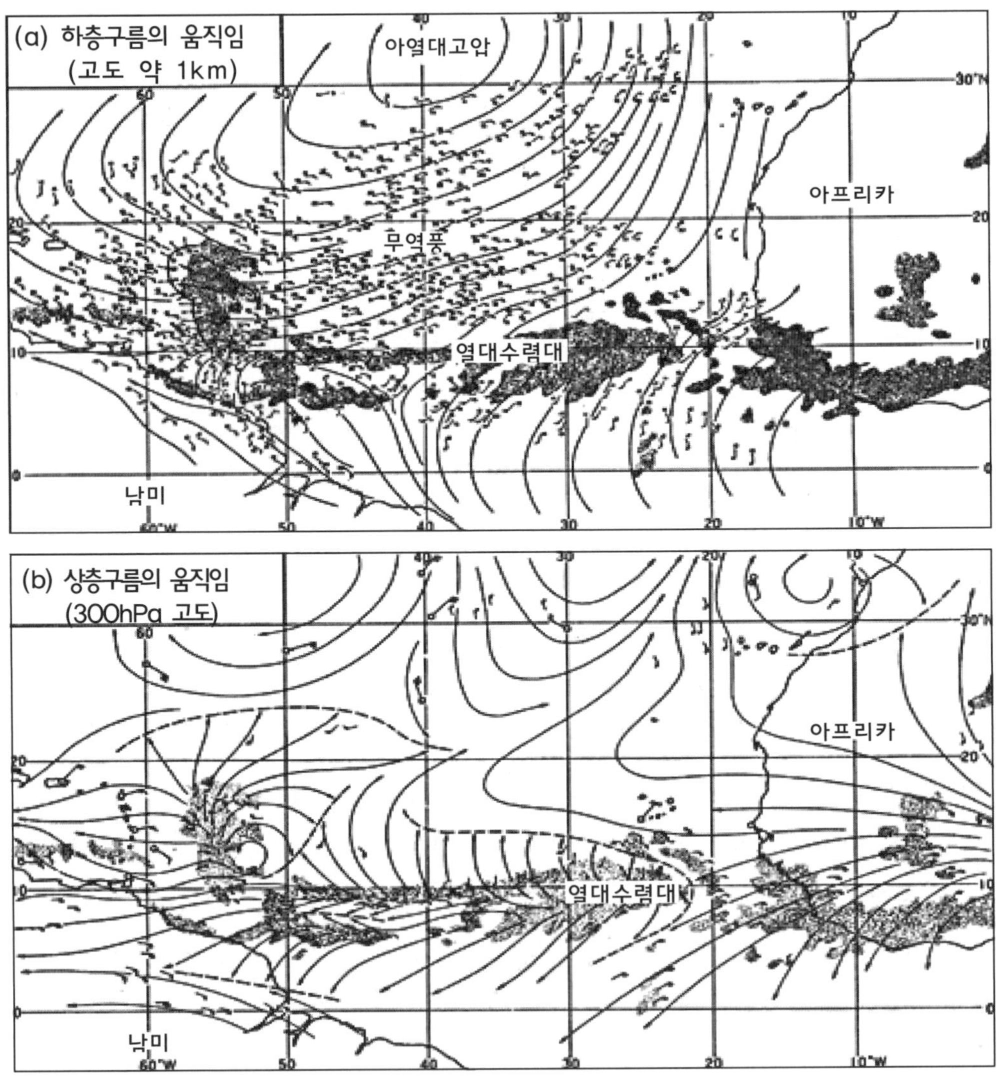

[그림 5-11] 열대 대서양의 바람 분포의 예

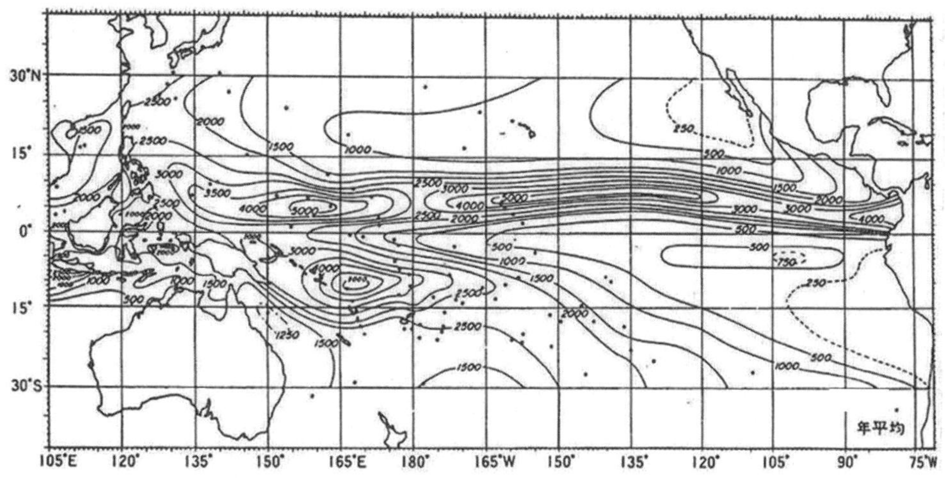

[그림 5-12] 열대 태평양의 연평균 강수량 분포(mm)

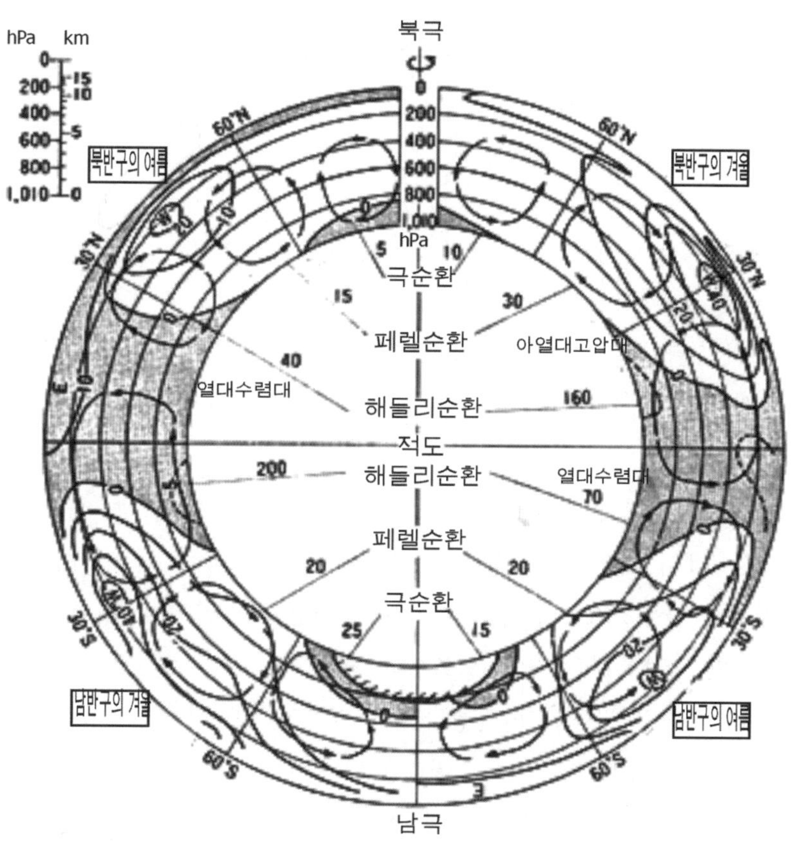

(화살표: 3순환세포의 흐름, 실선: 동서 지균풍의 등풍속선(m/s), 그늘칠: 동풍 영역)

[그림 5-13] 하지와 동지의 남북연직단면의 평균 순환

문제 5.5 남북연직단면 내에 남북순환이 있다고 가정하자. 각운동량보존 식을 이용해서, 적도 지상에 정지하고 있던 공기가 60° Lat.까지 이동했을 때 나타날 풍속을 구하라.

답 일반적으로 적도에서 u_1이라고 하는 속도로 움직이고 있던 공기가 각 운동량을 계속 보존하면서 위도 ϕ까지 이동해서 속도가 u_2가 되었다고 하자. 이때 지구의 반경을 R이라 하면 자전축으로부터 공기덩이까지의 거리는 $Rcos\phi$가 된다. 각운동량이 보존되므로 다음과 같이 표현된다.

$$(R\Omega + u_1)R = (R\Omega\cos\phi + u_2)Rcos\phi$$

이 식에서 u_2를 구하면,

$$u_2 = \frac{1}{\cos\phi}(R\Omega + u_1) - R\Omega\cos\phi$$

지금 문제에서, $u_1=0$, $\phi=60°$이므로, $u_2=696ms^{-1}$을 얻게 된다.

그러나 이상의 결과를 그림 5-13에서 나타낸 실측 값과 비교해 보면 극히 비현실적인 값인 것을 알 수 있다. 순환이 적도로부터 60° Lat.까지 직접 이동할 수 없는 구조인데도 불구하고 무리한 가정을 도입했기 때문이다.

만일 적도로부터 25~30° Lat.까지 이동하는 것으로 계산하면, u_2는 $92\sim134ms^{-1}$ 가 된다. 좀더 현실적인 값이 된다.

2 지구의 평균장

그림 5-14는 1월과 7월의 해면의 평균기압분포와 평균기류분포이다. 우선 남북 양반구 모두 20~30°의 위도대에 위치한 기압이 높은 띠모양의 부분을 아열대고압대(subtropical high pressure belt, 亞熱帶高壓帶)라 한다.

띠모양이라고 하지만 완전히 지구를 둘러싸고 있지는 못하고 실제로는 해륙분포나 그것에 수반된 계절풍 때문에 곳곳에서 끊어진다. 그림 5-14(a)의 북태평양에 있는 아열대고압대의 서쪽 끝 부분이 여름철 아시아의 극동일기도에 잘 나타나는 북태평양고기압이다.

그림 5-13에서 보면, 상층에서 적도 쪽으로부터 중위도로 향하는 흐름과 고위도 쪽으로부터 중위도로 향하는 흐름이 수렴하여 공기가 침강하면서 고기압대를 만들고 있는 곳이 아열대고압대이다. 이곳에서는 하늘은 맑고 비가 적다. 육지라면 사막이 된다. 사하라사막, 아라비아사막이 그 예이다. 바다라면 바람이 잠잠한 해역이 된다. 위도 30° 부근 해역을 아열대무풍대(subtropical calm, 亞熱帶無風帶) 또는 말위도(horse latitude)라고 한다.

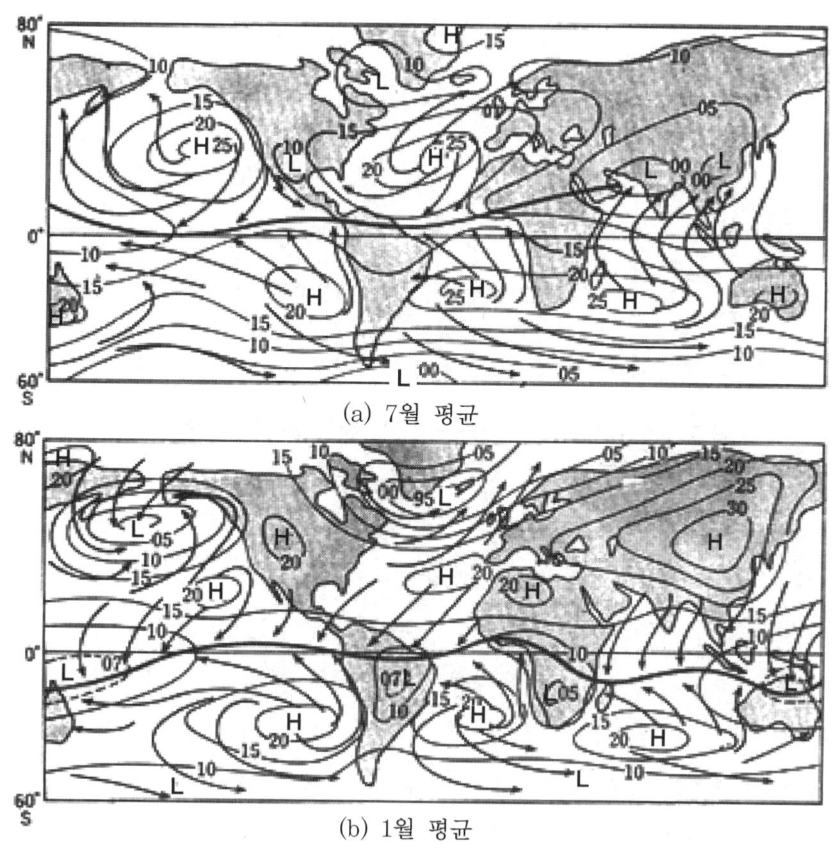

(a) 7월 평균

(b) 1월 평균

(등압선 값: 정수단위의 끝 2자, 굵은 실선: 열대수렴대의 위치)

[그림 5-14] 전세계 월평균 해면기압 분포와 지표바람 분포

그림 5-15에서 보는 바와 같이, 아열대고압대에서는 평균해서 1년에 1,000mm 이상의 물이 증발하지만, 강수량은 그것의 60% 정도인 600mm 밖에는 되지 않는다. 반대로 열대수렴대에서는 대류활동이 활발하기 때문에 강수량이 증발량보다 훨씬 많다.

위도 40~50° 부근에서 연평균 강수량의 제2 극대가 나타나는데, 이것은 주로 온대저기압에 의해 내리는 강수이고, 여기에서도 강수량이 증발량보다 많다. 따라서 그림 5-15에서의 파선과 같이, 아열대고압대에서 여분으로 대기 중에 모인 수증기의 일부는 열대수렴대로 수송되어 적란운을 형성하고 비를 내리게 되고, 다른 일부는 중위도대를 향해서 흘러가서 주로 온대저기압에 수반되는 비가 된다.

남북 양반구의 아열대고압대 사이인 적도 부근에는 저압대가 위치한다. 이것을 적도저압대(equatorial low pressure belt, 赤道低壓帶)라고 한다. 북반구 아열대고압대에서 적도저압대로 흘러드는 기류는 코리올리힘의 영향으로 북동무역풍이 되고, 남반구 아열대고압대에서 적도저압대로 흘러드는 기류는 남동무역풍이 된다. 이 무역풍들은 지구상에서는 가장 온화하게, 그리고 변화가 적고 끈질기게 부는 바람이다.

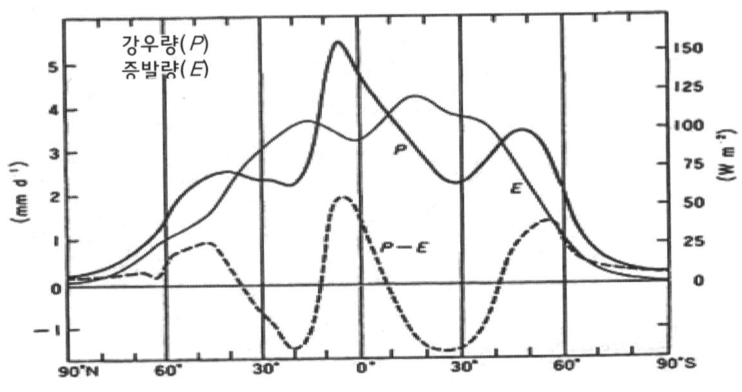

[그림 5-15] 위도에 따른 연평균 강수량과 증발량의 분포

아열대고압대보다 위도가 높은 지역은 상당한 고위도에 이르기까지 편서풍대이다. 그러나 이동성 고기압이나 저기압의 통과가 심해서, 지표의 풍향이 기압계의 통과에 따라 크게 변한다. 또 대륙과 해양의 분포에 따라 그림 5-14와 같이, 계절에 따라 계절풍의 방향이 크게 달라진다. 여름에는 바람이 대양으로부터 대륙으로, 겨울에는 대륙으로부터 대양으로 불어, 우리나라의 경우는 편서풍대에 위치해 있으면서도 편서풍대에 있다는 실감이 별로 나지 않을 정도이다. 그러나 남반구에서는 그림 5-14(a)에서와 같이, 아열대고압대의 남쪽에 남극대륙 둘러싸는 편서풍이 강하게 불고 있다.

또 그림 5-14의 1월과 7월의 바람을 비교해보면, 1월에는 아열대고압대 이외는, 시베리아대륙이나 북미대륙의 강한 고기압, 알류샨열도나 아이슬란드의 강한 저기압 등이 북반구의 겨울풍계를 지배하고 있다. 특히 시베리아고기압은 가장 강하여, 이로부터 불어나오는 겨울 계절풍이 한국은 물론이고 동아시아나 남아시아에 찬 공기를 몰아간다. 1월의 열대수렴대는 아시아계절풍대에 의해 남쪽으로 밀려 호주 주변까지 달하기도 한다. 7월이 되면 계절풍에 수반되는 기압배치와 풍향이 역전되어 인도-중국대륙은 저압부가 되고 이 저압부를 향해서 아열대고압대로부터 계절풍이 불어든다. 5~6월은 동남아시아와 남부 중국에서, 그리고 6~7월은 중부 중국, 한국, 일본에서 우기가 된다(그림 5-16 참조).

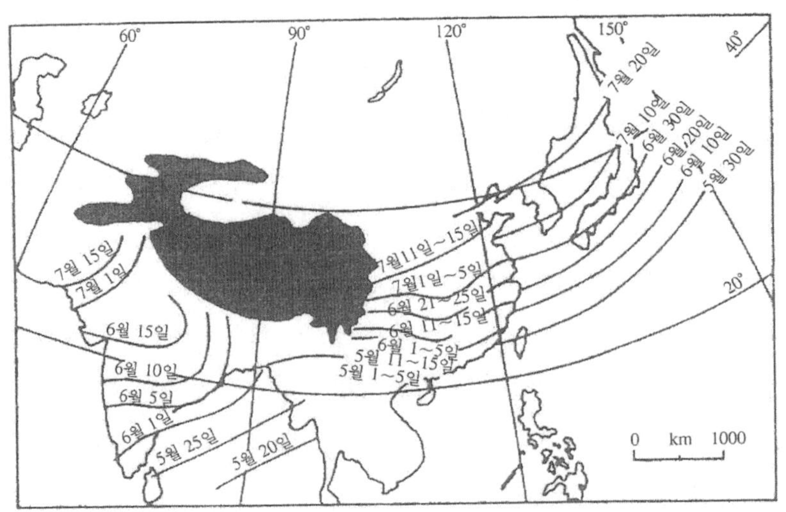

[그림 5-16] 동남아시아 몬순 진행도

상층풍의 분포 모양은 지상풍의 그것보다는 단순하다. 그림 5-17은 500hPa면의 월평균 등고선 분포를 나타내고 있다. 500hPa등압면은 대류권의 거의 중간에 위치하고 있어서 대류권 전체 풍계를 나타내는 대표적인 면으로 볼 수 있다. 그림에서 특히 1월에는 20° N에서 극까지 거의 전역에서 편서풍이 불고 있다.

그림 5-18에서 보는 것처럼 제트류가 어느 지역에서나 같은 강도인 것은 아니다. 아시아 동해안과 북미대륙의 동해안 상공에서는 제트류가 특히 강하다. 여름철에는 겨울철보다 제트류의 위치가 북쪽으로 이동하고 강도가 훨씬 약해지고 폭도 좁아진다.

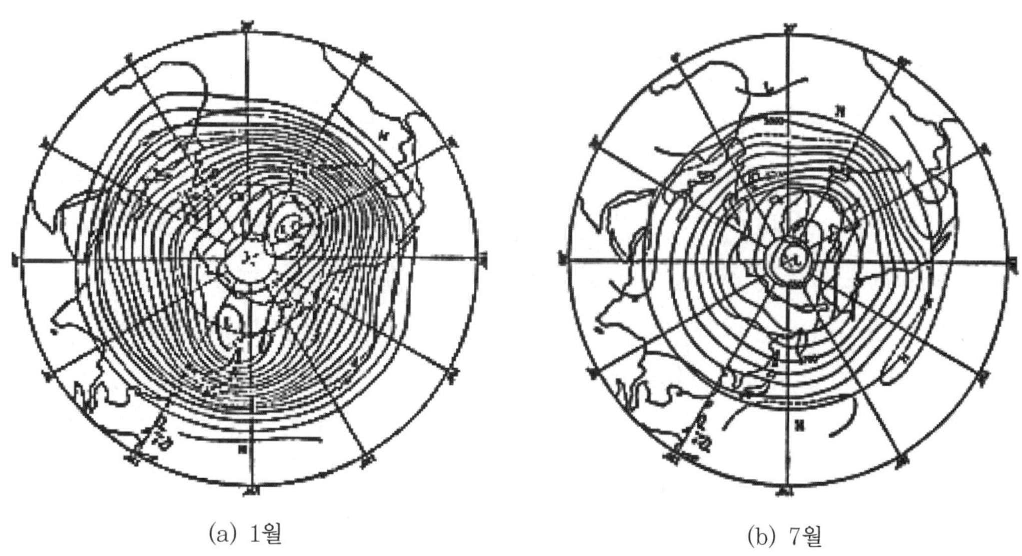

(a) 1월 (b) 7월

[그림 5-17] 북반구 500hPa 평균 등고선(단위: 10gpm)

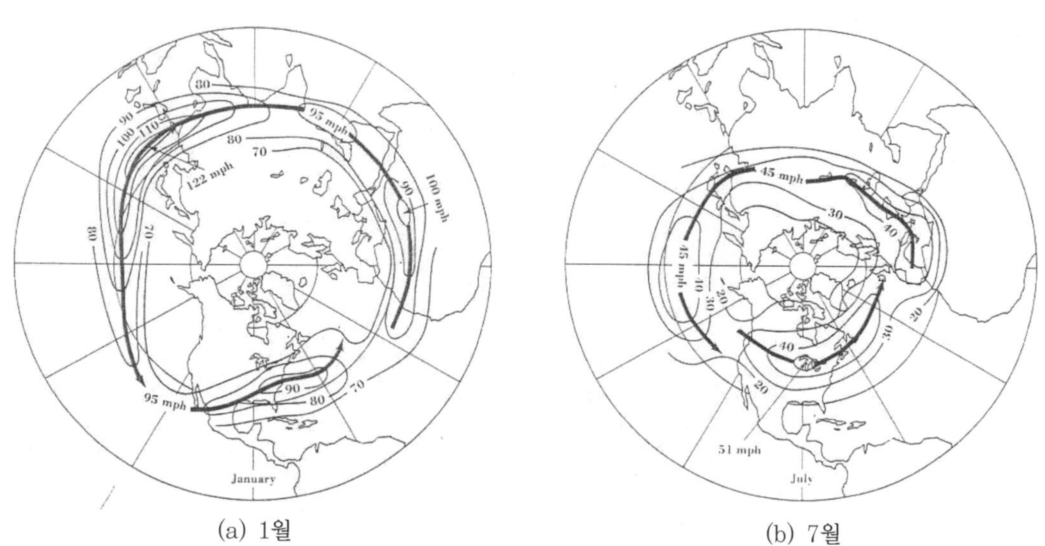

(a) 1월 (b) 7월

[그림 5-18] 북반구 월평균 제트류의 강도(단위: mph)

3 편서풍대의 파동과 온대저기압

매일의 상층일기도를 보면, 그림 5-17에서 보는 것과 같은 1개월에 걸친 평균등고선 분포와는 달라서, 흐름이 위도권과 평행하지 않고 동서방향으로 파장이 수천 km인 파(wave)가 남북으로 크게 파동치고 있다. 게다가 파의 모양이 시간에 따라 변하면서, 대체로 서쪽으로부터 동쪽으로 서서히 이동하고 있다.

그림 5-19는 200hPa면 높이(약 12km 상공)에서 바람에 따라 부유하도록 띄운 기구를 추적한 궤적이다. 기구는 남반구의 뉴질랜드를 출발하여, 기구가 편서풍을 타고 남과 북으로 크게 사행(meandering, 蛇行)하면서, 약 10일 동안에 지구를 일주하고 있다.

상층일기도는 1개월을 평균하면 그림 5-17에서처럼 사행은 서로 상쇄되어 등고선은 평탄하게, 그리고 극을 중심으로 동심원에가까운 형태가 된다.

그런 중에도 1개월 평균한 흐름을 자세히 보면, 흐림이 꼭 위도권에 평행하지는 않다. 아시아 동해안과 북미 동해안, 그리고 동부 유럽 상공에 기압골이 위치하는 형태로 사행하고 있다. 이것은 제트류가 아시아와 북미 동해안에서 특히 강한 것과 관계가 깊다.

월평균일기도에서 나타나는 이와 같은 기압골이나 기압마루는 지구표면이 균일하지 않기 때문에 일어나는 현상이다. 즉 히말라야산맥이나 로키산맥 등이 제트류를 사행시킨다. 또 대륙과 해양에서는 지표면과 대기의 열교환의 정도가 다르기 때문에, 월평균 기압분포가 극을 중심으로 하는 동심원을 이루지는 못하는 이유이기도 하다.

편서풍 파동에는 여러 파장의 파가 복합되어 있다. 파장이 1만km 이상이나 되는 초장파(ultra long wave)가 있는데, 이를 로스비파(Rossby wave), 또는 행성파(planetary wave)라고 한다. 그러나 매일의 일기 변화에 직접 관련하고 있는 것은 파장이 수 천km 정도의 파동이다. 이러한 파동은 편서풍이 불안정하게 되어서 일어나고, 그러한 파동의 진폭이 시간에 따라 점점 발달해가는 것이다.

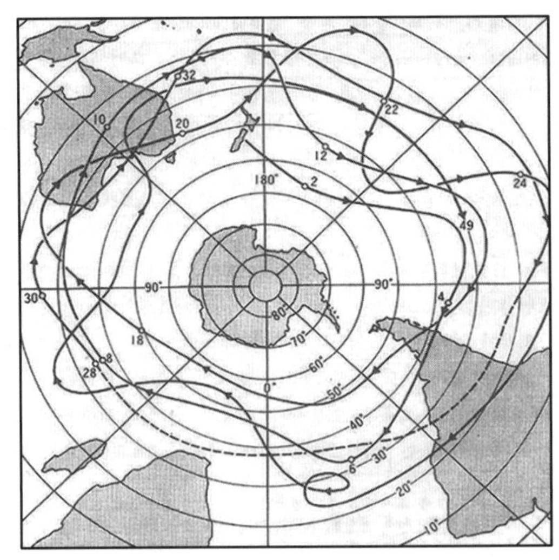

(숫자: 기구 비양한 날 이후의 날자)

[그림 5-19] 200hPa 고도에 부유시킨 기구의 이동 궤적(1966년 3월 30일 시작)

지상일기도에서 보는 온대저기압의 발생과 발달은 이러한 편서풍대에 나타나는 파의 발달을 반영하는 것으로 볼 수 있다. 이러한 파동은 일기예보에서 매우 중요하다.

그림 5-20에서와 같이, 회전방향이 반대인 원형의 소용돌이가 동서로 나란히 위치해 있다고 가정하자. 이 경우 하나는 저기압, 하나는 고기압일 수 있다. 그리고 소용돌이의 상층에 평행한 흐름이 있다고 하면, 결과적으로 흐름은 오른쪽의 그림과 같이 파를 이루게 된다. 결과적으로 북반구 지상에서 고기압성 또는 저기압성의 회전이 있을 때 대류권 상층에서는 편서풍 흐름이 사행하고 있다고 해석 할 수 있다. 반대로, 상층에 파동이 있으면 지상일기도에는 닫친 등압선이 나타나게 된다고 생각할 수 있다.

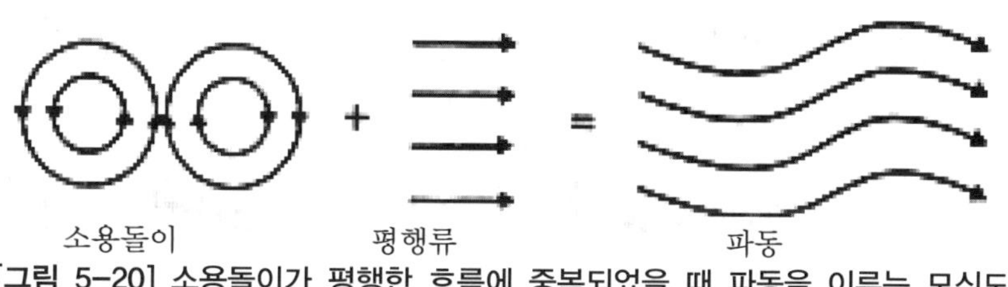

[그림 5-20] 소용돌이가 평행한 흐름에 중복되었을 때 파동을 이루는 모식도.

한편, 그림 5-21은 앞에서 다룬 편서풍대 상층의 파의 발달과 그에 따른 지상의 고·저기압의 입체적인 구조를 모식적으로 나타내고 있다.

왼쪽 그림 5-21(a)는 파 발달의 초기단계로서, 500hPa에서는 편서풍이 이미 파동을 이루기 시작하여 기압골과 기압마루가 나타났다. 앞에서 설명한대로 기압골 부분에 저기압성 소용돌이, 기압마루 부분에 고기압성의 소용돌이가 있다고 생각해도 좋다. 중위도대의 500hPa에서는, 기후학적으로, 항상 고위도 쪽이 기압도 낮고 온도도 낮다. 따라서 기압골의 동쪽에는 남쪽으로부터의 온난이류가 있고, 서쪽에는 북쪽으로부터의 한랭이류가 있다. 지상에서는 약하지만 온대저기압이 발생하고 이 온대저기압의 중심은 500hPa 기압골의 약간 동쪽에 위치한다.

그림 5-21(b)는 온대저기압 발달기의 구조이다. 발생기에 있던 저기압성 소용돌이와 고기압성 소용돌이는 편서풍을 타고 동으로 이동하면서 소용돌이의 강도가 증가하고 있다. 따라서 파의 진폭(또는 사행의 정도)도 증가하고 있다. 기압골의 서쪽(풍상측)에서는 북서풍이 강해져서 한랭이류가 증가하고, 기압골의 동쪽(풍하측)에서는 온난이류가 증가하고 있다. 이 모식도에 표시한 등고선과 등온선의 상대적인 위치는 500hPa에서도 실제로 볼 수 있다. 지상에서는 온대저기압이 발달하며 한랭전선과 온난전선이 뚜렷하게 나타나게 된다. 이 두 전선의 사이(남쪽 부분)의 온도가 높은 부분을 온난역(warm sector, 溫暖域)이라 한다.

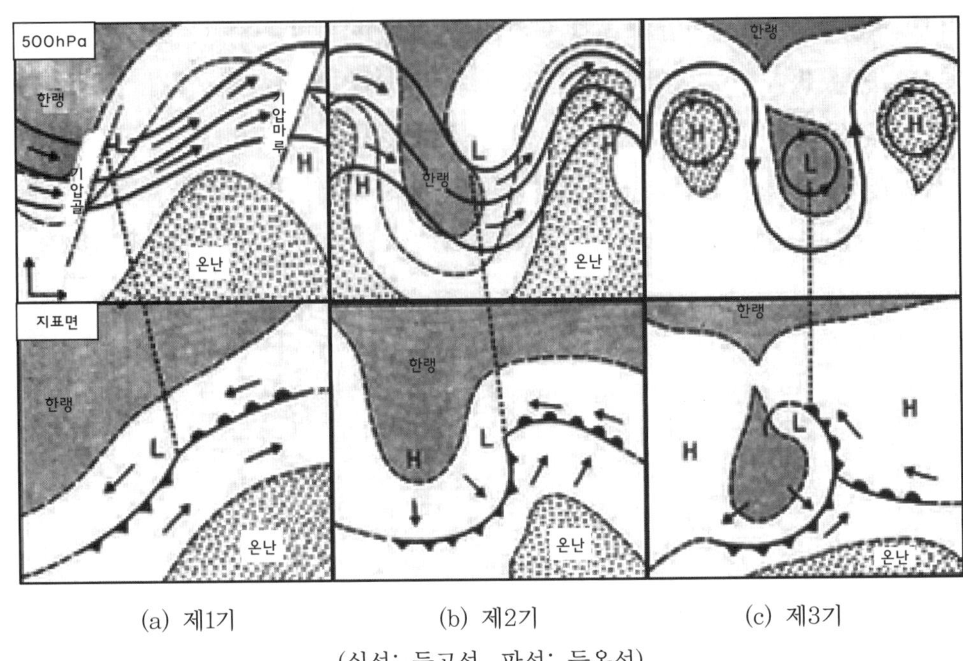

(a) 제1기 (b) 제2기 (c) 제3기

(실선: 등고선, 파선: 등온선)

[그림 5-21] 500hPa일기도와 지상일기도의 관계에서 나타나는 온대저기압의 발달 모식도

지상에서 온대저기압의 중심은 여전히 상층일기도의 기압골 동쪽에 위치한다. 결국 지상 저기압의 중심과 상층기압골을 연결한 선인 기압골축은 서쪽으로 기울어져 있다(그림 5-22 참조). 이러한 현상으로, 그림 5-21에서 보는 바와 같이, 기압골의 서쪽은 동쪽에 비해서 온도가 낮아 공기의 밀도가 커서 두 개의 등압면의 고도차(두께)는 상대적으로 작아진다. 그러므로 각 고도에서 기압이 극소인 점을 연결한 기압골축은 고도에 따라 서쪽으로 기울어지게 되는 것이다.

참고로 그림 5-22에서 볼 때 중요한 것은 기압골축의 동쪽(즉 지상에 있는 저기압 중심의 동쪽)에서는 상승기류가 있고, 기압골축의 서쪽에서는 하강기류가 있다는 것이다. 그러므로 상층의 기압골이 접근하면 일기는 나빠지고, 통과하면 일기가 회복되는 것이다.

그림 5-21(c)는 온대저기압의 발달이 끝나고 쇠약 단계의 모양이다. 상층에서는 북쪽으로부터의 찬공기(늘어진 부분)의 공급이 끊기고 차가운 공기가 덩어리를 이루며 저압부를 형성한다. 이 상태의 상층저기압을 분리한랭저기압(cut-off cold low, 分離寒冷低氣壓)이라 한다.

모든 기압골이 이런 종류의 한랭저기압을 만드는 것은 아니지만 분리한랭저기압이 형성되는 경우에는 상층에는 밀도가 큰 공기의 이류가 있으므로 대기의 성층은 더 불안정하게 되어, 뇌우가 발생하기 쉬운 기상상황이 된다. 이 단계에서는 지상의 저기압은 폐색전선을 동반해서 그림 5-23에서와 같이 나선모양의 구름이 생기는 경우가 많다. 이러한 나선모양의 구름은 그림 5-24에서와 같이, 중층 또는 상층 바람이 구름 모양을 감아 놓은 것처럼 변형시키기 때문이다. 또 이때 기압골축은 거의 연직으로 서며, 저기압의 이동속도는 느려진다. 이는 저기압성의 회전 소용돌이를 이동하게 하는 편서풍이 약해졌기 때문이다.

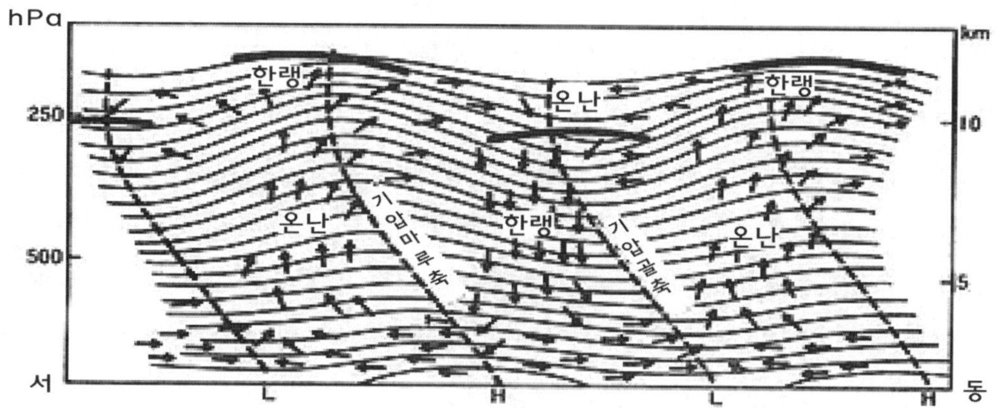

(실선: 등압면(등압면의 경사가 5배로 과장되어 있음), 파선: 기압골·기압마루의 축, 굵은 실선: 대류권계면, 화살표: 단면상의 기류운동)

[그림 5-22] 발달하고 있는 편서풍 파동의 동서 연직단면구조의 모식도

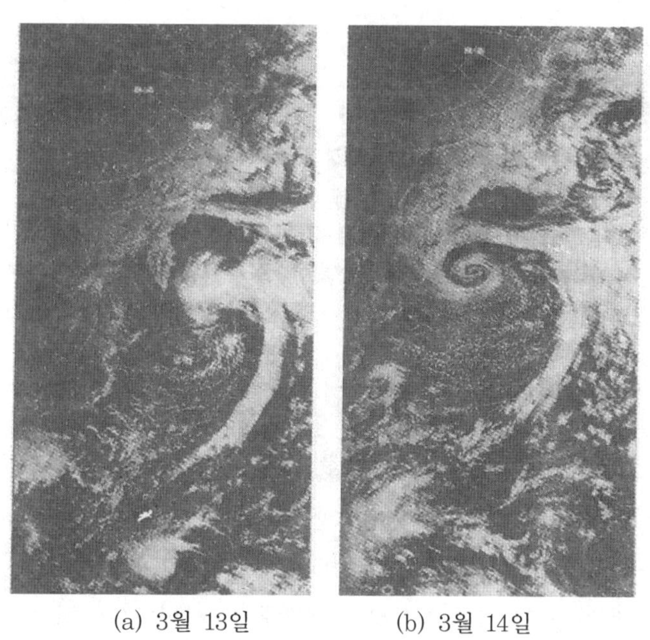

(a) 3월 13일　　　　(b) 3월 14일

[그림 5-23] 에 북태평양 상의 폐색전선에 수반된 나선형 구름의 예(1974년 3월 13~14일)

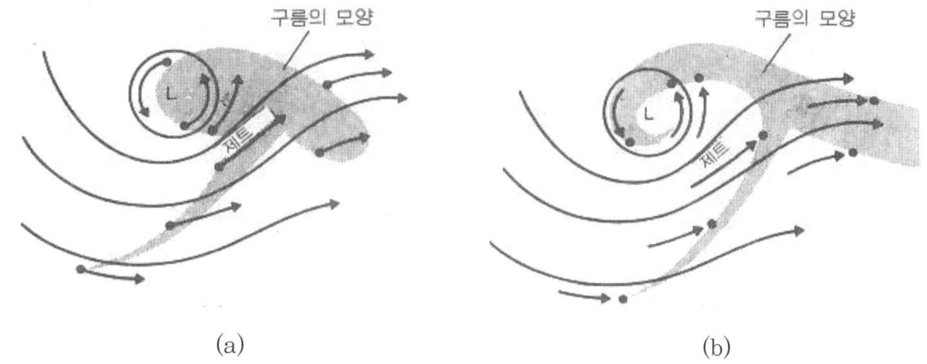

(a)　　　　(b)

[그림 5-24] 온대저기압 중심을 회전하는 기류의 나선형 구름 형성 모식도

4 경압불안정과 전선발생

가. 경압불안정

앞에서 설명한 구조를 가지는 편서풍대의 파동을 경압파(baroclinic wave, 傾壓波)라 한다. 이는 경압불안정(baroclinic instability, 傾壓不安定) 대기 중에서 시간에 따라 진폭이 증대하는 파동을 의미한다. 대기 중에서 등압면과 등밀도면을 그렸을 때, 그림 5-25(a)에서처럼 등압선(isobar)과 등밀도선(isopycnic line)이 서로 교차하면 그 대기를 경압대기(baroclinic atmosphere, 傾壓大氣)라고 한다.

대기의 압력, 밀도, 온도는 기체의 상태방정식으로 서로 관련되어 있으므로, 경압대기는 등압면과 등온면이 교차되는 대기라고도 할 수 있다(그림 5-25(b) 참조).

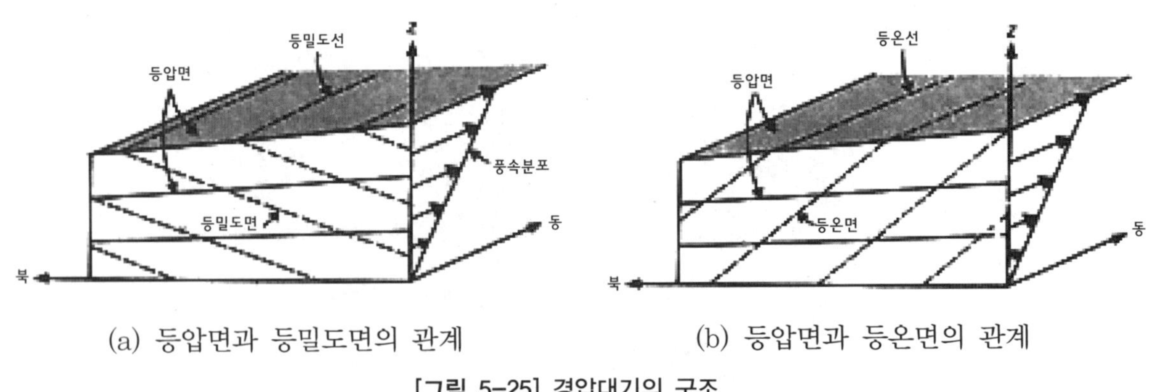

(a) 등압면과 등밀도면의 관계 (b) 등압면과 등온면의 관계

[그림 5-25] 경압대기의 구조

다시 말하면, 어떤 등압면 상에서 온도 분포를 분석할 때, 등온선이 등압선과 평행하지 않고 교차하면 그러한 대기는 경압대기이다.

상층일기도에는 등온선이 그려져 있으므로, 경압성이 당연한 것으로 보일지도 모르지만, 만일 지구가 회전하지 않는다고 가정하고 또한 점성의 영향을 무시한다면, 정상적으로 그림 5-25와 같은 상태가 유지될 수 없고 그림 5-26에서와 같이 등압면과 등밀도면이 평행하게 될 것이다. 그림 5-26에서와 같은 상태의 대기를 순압대기(barotropic atmosphere, 順壓大氣)라고 한다. 실제로, 지구대기는 회전하고 있으므로 코리올리힘이 작용하고, 따라서 그림 5-25(a)와 (b)의 오른쪽에 각각 그려진 풍속의 고도분포가 밀도분포와 온도풍의 관계로 균형을 이루고 있는 것이다.

편서풍이 고도에 따라 너무 급격히 증가하면, 불안정상태로 변하여 동서로 수천 km의 파장을 가지는 파동을 일으킨다. 동쪽으로 향하는 지균풍속이 고도에 따라 증가하는 비율은 남북방향의 수평온도경도에 비례한다. 온도풍의 관계가 성립하기 때문이다.

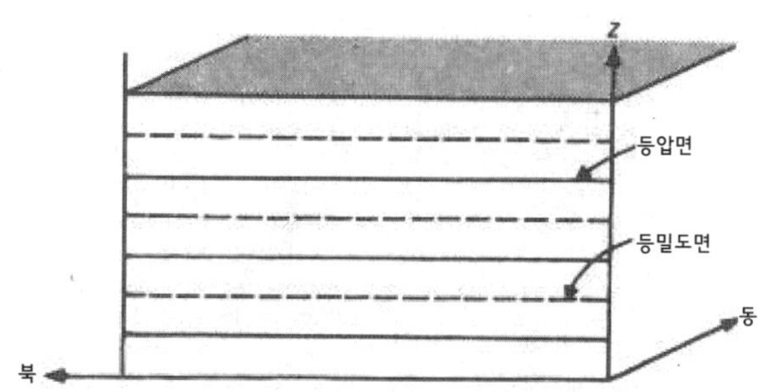

[그림 5-26] 순압대기의 구조(등압면과 등밀도면이 서로 평행)

제트류의 저위도쪽 대기에서는 태양복사에너지의 흡수가 지구복사에너지의 방출보다 더 크므로 대기의 온도는 상승한다. 반대로 고위도쪽에서는 반대의 이유로 대기의 온도는 내려간다. 결국 남북방향의 온도경도는 증가한다. 이 온도경도의 증가가 어느 한도를 넘으면, 대기는 그 상태를 더 이상 견디지 못하고 남북의 온도경도를 해소시키려고 파동을 일으킨다. 따라서 그림 5-21에서와 같이, 파동에서 나타나는 기압골의 동쪽에서는 고온의 공기가 북쪽으로 흐르고, 기압골의 서쪽에서는 저온의 공기가 남쪽으로 흘러서 남북의 온도경도를 약화시켜, 불안정한 상태를 해소시키는 작용을 하는 것이다.

여기서 그림 5-22로 보인 경압불안정도의 구조가 큰 의미를 나타낸다. 지상에서는 기압골의 동쪽에서는 따뜻한 공기가 상승하며, 기압골의 서쪽에서는 차가운 공기가 하강한다. 이것은 전체의 위치에너지를 감소시키는 현상이다. 위치에너지가 감소한 만큼 운동에너지는 증가한다. 즉 온대저기압에 수반되어 부는 바람이 강해지는 것이다. 이 점이 온대저기압과 태풍이 결정적으로 다른 점이다. 태풍의 운동에너지원은 수증기의 응결에 수반되어 방출되는 잠열인 것이다.

나. 전선의 발생

서로 성질이 다른 두 개의 기단의 경계면이 전선면(frontal surface, 前線面)이고, 전선면이 지표면과 만나서 이루어지는 선이 지상의 전선(front, 前線)이다. 물론 선이나 면이라 해도 기하학적인 의미의 선이나 면이 아니고, 한 기단에서 다른 기단으로의 급격한 전이대(transition zone, 轉移帶)를 형성한다.

기후학적으로 보면, 전선이 자주 위치하는 전선대가 있는데, 북반구 겨울철의 주요 전선대를 그림 5-27에 보이고 있다. 태평양에서는 대륙성한대기단(cP)과 해양성열대기단(mT)의 경계에 해당하는 한대전선대(寒帶前線帶)가 2개 나타난다. 그 중에서는 아시아대륙 동쪽 해상의 것이 더 강하다. 북극전선대(北極前線帶)는 북극기단(A)과 해양성한대기단(mP)의 경계에 위치한다.

여름철은 원래 남북방향의 기온경도가 약하므로, 어느 정도 지속적인 전선대를 보이고 있는 곳은 극지역 부근이다.

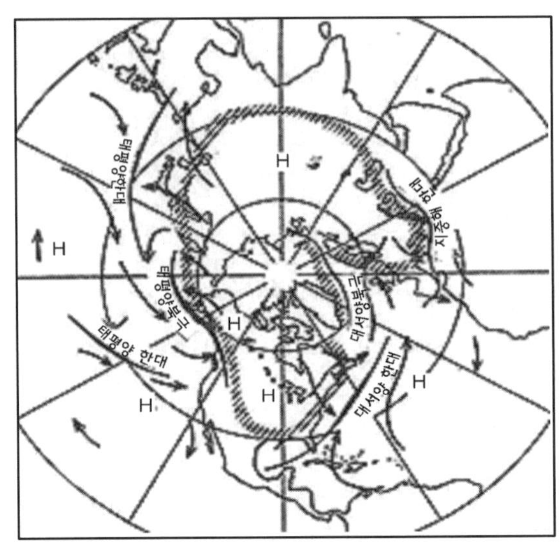

[그림 5-27] 북반구 겨울철의 주된 전선대

경압불안정파는 열을 적도쪽으로부터 극쪽으로 수송하여 남북의 온도경도를 약화시키는 작용을 한다. 1년을 통해서 계속 편서풍대에 불안정파의 활동이 있는데, 겨울철에는 그 강도가 더 강하고 여름철에는 조금 약해진다.

저위도대와 고위도대의 복사과정에 의한 열의 출입의 차는 경압불안정파에 의한 온도경도를 계속 해소하려 한다. 그러나 복사과정은 느린 과정이므로 복원이 급속히 이루어지지는 않는다. 그런데도 대부분 경압불안정파에 동반되어 발달하는 온대저기압에서는 1~2일 정도의 비교적 단기간에 100km 정도의 폭을 사이에 두고 강한 온도경도가 생겨 한랭전선과 온난전선을 만들게 된다.

특히 한랭전선이 통과할 때 돌풍이 불고 뇌우가 있는 경우가 있다. 전선은 활성현상으로서, 단지 기단의 경계면일 뿐만 아니라, 그 경계면에 전선을 강화시키는 과정이 있는데 이를 전선발생(frontogenesis, 前線發生)이라 한다. 반대로, 전선의 온도경도를 약화시키는 과정도 있는데, 이를 전선소멸(frontolysis, 前線消滅)이라고 한다. 이 2가지 과정 모두가 온도 분포와 기류의 상호관계에 의해 결정된다.

전선발생은 그림 5-28에 의해 설명될 수 있다. 우선 온도분포가 그림에서 x방향(동서방향)으로 균일하다고 하자. 그림 (a)에 표시된 변형장(deformation field, 變形場)에서 흐름은 y축을 따라 흘러들어와 x축을 따라 흘러 나간다. 이 흐름을 타고 북쪽으로부터는 한기가, 남쪽으로부터는 난기가 x축에 접근한다. 따라서 x축을 따라 등온선이 밀집하게 되어 온도경도가 커지게 되므로 전선발생이 된다. 그림 (b)의 경우는, 흐름이 남북방향을 향하고 있지만, A점의 동쪽에서는 남풍, 서쪽에서는 북풍으로서 온도차가 강화되어 전선발생이 된다.

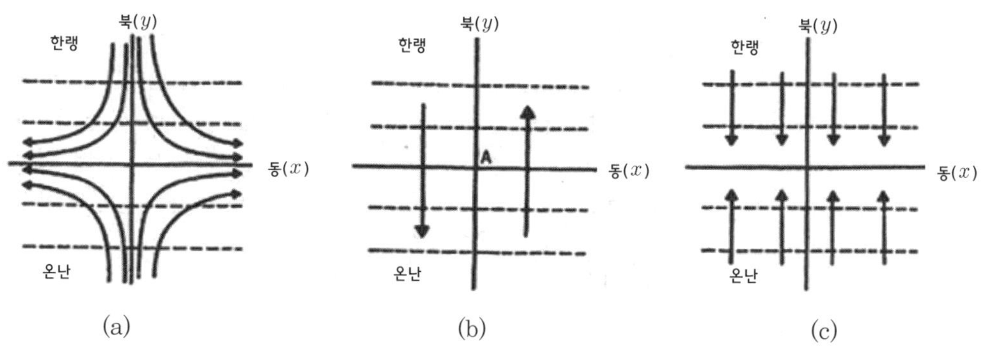

[그림 5-28] 전선을 강화하는 기류와 온도장의 관계(파선: 등온선, 파선: 기류선)

그림 5-28(a)와 (b)는 모두 가상적인 공기의 흐름과 온도장이지만, 조금 더 실제에 가깝게 표시하면 그림 5-29와 같다. 이것은 경압불안정파로 계속 발달하고 있는 온대저기압에 수반된 온도장과 공기 흐름이다. 그림 5-29에서 A점을 중심으로 해서 흐름의 변형장이 있다. 이러한 모양이 하층대기에서 온난전선을 계속 발달시키고 있다. 결국 B점을 중심으로 북서쪽으로부터 강한 찬바람이, 그리고 B점의 남동쪽에서는 약하지만 따뜻한 바람이 불어들어 B점 부근에서 온도 차이를 강화시키고 있다.

그러나 온대저기압에 수반된 한랭전선이나 온난전선의 발달에는 그림 5-28(a)와 (b)의 경우에 못지 않게, (c)와 같은 상황도 중요하다. 등온선을 x축을 중심으로 집중시킨다는 의미로는 그림 (c)의 경우가 그림(a)의 상황과 비슷한 것같이 보이지만 본질적인 차이는 (a)에서는 수평수렴이 없지만 (c)에서는 수평수렴이 있다는 것이다. 이러한 수평수렴의 예가 그림 5-30에서 설명하는 전선의 경우이다.

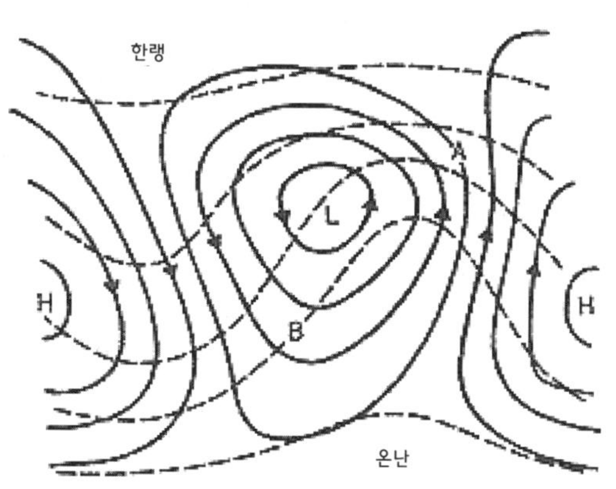

(실선: 기류선, 파선: 등온선)

[그림 5-29] 발달을 계속하고 있는 온대저기압의 지표면 부근의 온도와 기류 분포

그림 5-30은 계속 발달하고 있는 한랭전선으로서, 대기 하층에서 전선을 따라 공기가 수렴하고 있고, 이 수평수렴이 한랭전선에서 온도경도를 강화한다. 동시에 전선 남쪽의 난기가 조건부불안정 상태인 경우에 상승기류가 되어 난기는 포화에 달하는 고도까지 치올림되고 강한 대류활동이 발달하는 경우가 많다.

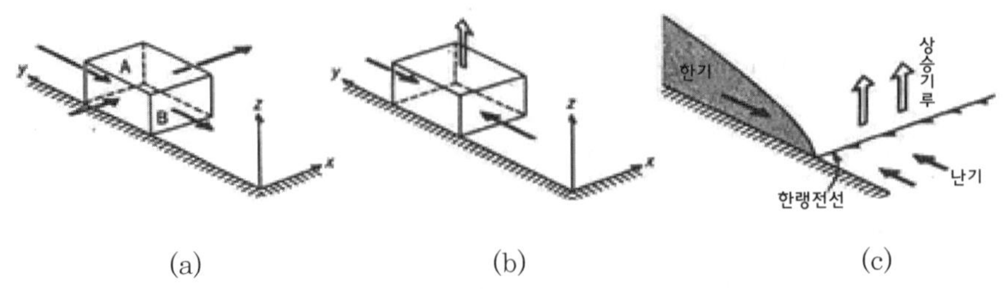

[그림 5-30] 한랭전선에서의 수평수렴과 상승운동

그림 5-31은 미국 중서부에서 발달한 한랭전선의 예를 나타내고 있다. 텍사스주 남부의 기온은 20℃나 되는데, 콜로라도주의 산악지대에서는 기온이 -3℃이다. 전선의 후면에는 북쪽으로부터 한기가 강하게 남쪽으로 밀려들고 있다. 이 한랭 강풍은 남쪽으로부터 불어오는 온난 바람과 충돌해서 온도의 강한 수평경도가 발생하고, 그 때문에 한랭전선에서 많은 적란운이 발생하고 있다. 이 그림에서 멕시코만 연안에도 비구름이 있지만 이것은 한랭전선과는 직접적인 관계가 없는 현상으로 보인다.

한랭전선에 거의 직각방향의 연직단면도를 보인 그림 5-32에서는 지표 한랭전선의 뒤쪽으로 경사진 한랭전선면이 보인다. 하층으로부터 한랭전선을 따라 난기의 상승이 있고, 한랭전선의 뒤쪽에는 한기의 침강이 있다. 실제로 한기는 계속 침강하여 지표면을 따라 퍼져나가고 있다. 그림 5-32에서 주목할 점은 하층대기(이 경우는 약 800hPa 이하의 층)에서 지표 한랭전선 전방에서는 강한 남풍이 불어오고 후방에서는 강한 북풍(하층제트)이 불고 있다는 것이다. 이 하층의 강풍은 전선발생 과정에 동반되어 일어나는 현상이다. 또 한랭전선을 경계로 하여 풍향이 급변하고 있다. 그림 5-31에 보이는 멕시코만 연안의 비구름 지역에 대응하여, 그림 5-32의 오른쪽 끝에는 상승기류 영역이 보인다. 이 상승기류와 한랭전선의 상승기류 지역 사이에 하강기류의 지역이 있고, 거기에는 구름이 끼지 않았다.

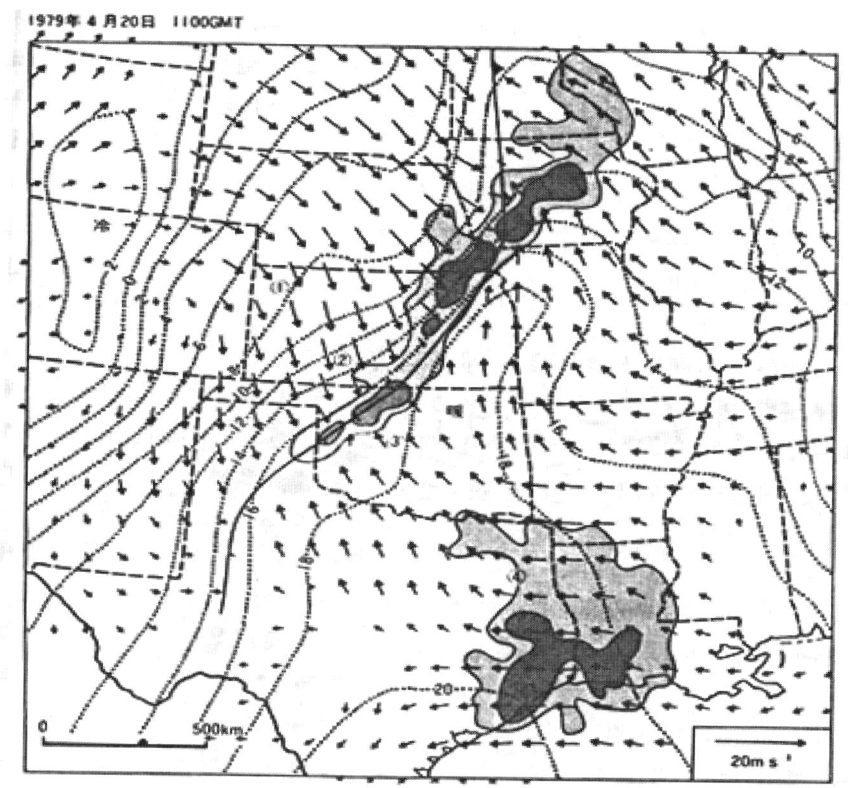

(점선: 2℃ 간격의 등온선, 그늘칠: 레이더에코)

[그림 5-31] 1979년 4월 20일 12:00Z의 미국 중서부 지방의 지상 바람과 기온 분포와 한랭전선의 위치

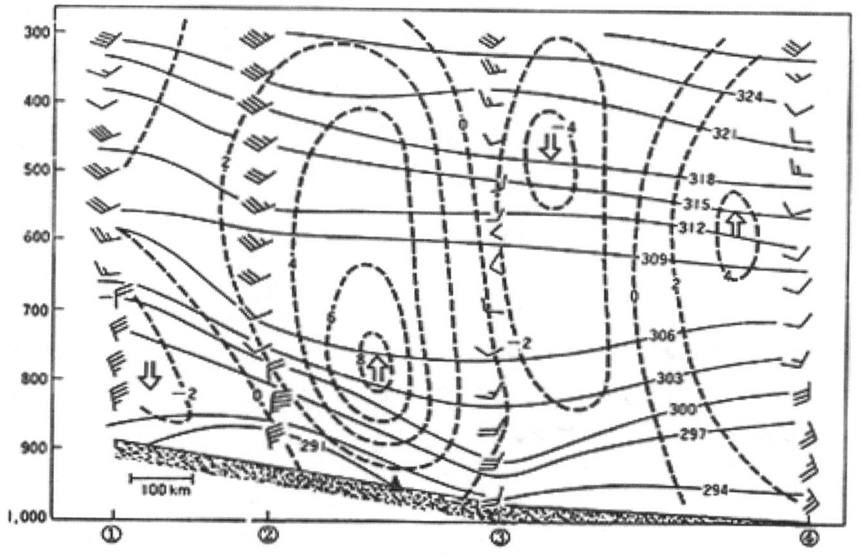

(실선: 온위(K). 파선: 상승속도(cm/s), 2중화살: 상승-하강운동, 검은 삼각점: 한랭전선 위치)

[그림 5-32] 그림 5-31에 표시된 한랭전선에 직각인 4개의 관측점(①, ②, ③, ④)을 지나는 연직단면의 온위, 상승속도 및 바람 분포

5.3 일기예보의 방법

1 예보법의 변천

지구상에서 매일 시행되고 있는 기상관측의 수는 매우 많지만 이들은 육지관측소의 관측이 대부분이며 해상관측소 또는 대양의 섬에 위치한 육지관측소의 관측은 매우 적다. 그리고 육지관측소의 관측이라 하더라도 대부분 대기 최하층인 지표 부근의 관측이다. 고층관측도 육지 상공에 대한 관측은 비교적 그 수가 많으나 해상 상공의 관측은 그 수가 극히 적은 상태이다.

따라서 현존하는 일기의 모양을 입체적으로 완전히 파악하기에는 아직도 갈 길이 먼 상태에 있다. 이러한 사실 하나만으로도 모든 상태의 대기에 대하여 적정한 예보를 한다는 것은 매우 힘든 일이다.

여기에 더하여 대기상태의 변화에 대한 물리법칙을 수학식으로 나타내기가 지극이 어려우며, 혹 나타낼 수 있다 하더라도 매우 복잡해진다. 더구나 이러한 수식의 정확한 해(solution, 解)를 구한다는 것은 변수와 변수 사이의 상호작용 때문에 매우 어려워, 최신의 기술과 장비를 가지고도 불가능한 것이 보통이다. 따라서 이러한 수학식을 풀기 위해서는 이들 수학방정식을 단순화시켜야 하는데, 단순화하면 그만큼 실제 대기의 상황과는 거리가 생긴다는 필연적인 상황이 된다.

한편, 기상학자가 직면하는 난제 중의 또 한가지는 "일기예보 내용을 간단명료한 용어로 발표하여야 한다"는 사실이다.

예보 이용자는 예상 대기의 여러 가지 가능성에 대한 상세한 설명을 들으려 하지 않고, 또 설명을 필요로 하는 불분명해 보이는 예보를 들으려 하지 않는다. 간단하게 단정적으로 표현해줄 것을 바란다. 과학적으로 타당한 상세한 예보라 하더라도 예보를 받아들이는 사람의 생각을 혼란시키게 된다면 그러한 예보는 실제적으로 가치가 감소할 수밖에 없다.

"예보는 간단명료해야 한다"는 말은 예보의 정확성에 대한 예보관의 신념이 간단명료해야 한다는 것을 의미하는 것은 물론 아니다. 그럼에도 불구하고 예보 자체는 "일기가 어떻게 된다"는 단정적인 발표일 수가 없다. 그러나 이러한 예보는 "예보관의 의견으로는 일기가 어떠할 가능성이 가장 크다"라는 개념으로 이해되어야 하는 것이다.

관천망기(觀天望氣)를 탈피한 진정한 의미의 일기예보(weather forecast)는 1820년 영국의 브란데스(Brandes)로부터 시작된 종관일기도의 작성과 1850~1860년경부터 시작된 영・불의 기상정보 수집과 이를 이용한 폭풍경보시스템 구성을 그 효시로 볼 수 있다.

고・저기압의 구조를 포함하여 대기를 점차 이해하게 됨에 따라 일기예보도 발전하게 되었다. 예를 들면, 1850년에는 바이스발롯(Buys-Ballot)에 의하여 등압선과 바람과의 관계가 정리되었고, 1887년 아버크롬비(Abercromby)에 의하여 등압선의 모양과 일기와의 관계가 정리되었다. 또한 1927년에는 베르게론(Bergeron)이 기단론을 제창하여 수렴과 발산에 의한 일기예보의 가능성이 열렸다. 이러한 발견을 토대로 전선분석이 시행되었고, 1940년에는 크로모프(Chromov)나페터슨(Petterssen)에 의해 일기분석 예보법이 발전하여 등기압변화선 또는 전선분석을 통하여 기압계의 이동, 기류의 발산·수렴 등이 분석되었다.

이러한 단기예보와는 별도로 장기예보 분야도 발달하면서 1936년 바우어(Baur)에 의해 기압이나 기온 통계를 기초로 하고 약간의 물리적인 고찰도 가미하여 10일간의 예보가 시행되었다.

1950년경까지의 일기예보는 기압, 기온, 바람 등의 분포를 기초로 하여 주로 운동학적 외삽법으로 장래의 기압 분포를 예측하고, 그러한 예상 일기분포에서 출현하게 될 일기를 표시하는 방법을 채택하고 있다. 이러한 종합 판단 방법은 현재까지 대체적으로 크게 변하지 않고 있다.

한편, 1904년에 노르웨이의 비아크네스(V. Bjerknes)가 수치예보의 가능성을 처음으로 제시한 후 18년 후인 1922년에 영국의 리처드슨(L. F. Richardson)이 최초로 수치적인 방법을 써서 예보를 시도하여 그 결과를 발표하였다. 그의 시도는 전자계산조직(컴퓨터)이 발명되기 훨씬 전이었으므로 24시간 예보를 위해 6~7년에 걸쳐 계산을 시행해야 했다. 이 시도가 이론적으로는 매우 의미 있는 것이었으나 성공할 수는 없는 시도였다. 중요한 이유 중의 하나는 아직 상층기상관측 자료가 많지 않았던 때문이기도 하였다. 즉 1930년대에 처음으로 항공기에 의한 관측이 시작되었고, 1940년대가 되어서야 radiosonde관측이 본격적으로 시행되기 시작했던 것이다.

그러나 이러한 수치예보법이 그 후 많은 좋은 결과를 얻어 미국에서는 1955년부터 실무에 이용되는 등 실용화 되었고, 이 수치예보 방법은 중위도에 위치한 많은 국가에서는 이미 신뢰도가 매우 큰 것으로 평가되면서 이제는 현대 예보법의 기본을 이루게 되었다.

그러나 아직도 수치예보에 의한 예측된 기압, 기온 등의 패턴으로부터 어떤 한 지점에 출현할 일기를 구체적으로 예측하는 데는 아직 미해결로 남아있는 부분도 많이 있다.

현재까지는 중소규모 기상현상을 예보하는 데는 아직도 여러 가지 자료를 종합하여 결국은 상당 부분을 예보관이 판단하여야 하지만, 예보관에 의한 판단을 필요로 하는 부분도 점차 감소하고 있는 중이다.

2 예보에 대한 주관적 접근

가. 모델을 활용한 예측

일기예보에 대한 실제적인 접근은 복잡한 이론적인 수학식을 푸는 것이 아니고, 대기의 자연적인 변화를 예측하는 것이라고 할 수도 있다. 여러 가지 일기상황에 대해 주의깊게 살펴보면 어떤 주어진 일기상황으로부터 그 일기상황이 앞으로 어떻게 변할 것인가 하는 예보의 단서를 얻게 된다. 이것은 앞으로의 일기변화를 예보하는 데는 일기에 대한 과거의 경험을 사용하고 있다는 것을 의미한다. 그러나 이 방법은 문제 해결의 단서만을 제공할 뿐이지 예보문제 자체를 해결해주지는 못한다.

과거 일기상황 중에는 그 특정 일기상황이 어떻게 발전되어 왔는지를 알 수 없는 것들이 대부분이다. 한편, 혹 우리가 그 발전과정을 모두 정확하게 기억하고 있다고 하더라도 실제적으로 일어날 상황을 모두 예상할 수는 없는 것이다.

예보관은 과거의 모든 일기를 자세히 기억한다는 것은 불가능하기 때문에 중요하지 않은 지엽적인 사항은 제거하고 예보관 자신의 기억력을 정리하여 중요한 기본적인 예보 상황이 좀 더 생생하게 도출될 수 있게 하여야 한다.

만일 일기(weather)가 무작위로 변한다면 예보는 전연 불가능하다. 그러나 긴 기간에 걸친 일련의 일기도를 검토해보면 일기는 어떤 법칙성을 나타내고 있음을 알 수 있다.

변화의 과정을 보면 대부분의 경우 한 일기도에서 다음 일기도로 약간씩만 변해간다. 예를 들면, 한대전선 상에서 발생하는 전선성 저기압의 생애에 대한 일련의 발전단계를 보면, 개개의 저기압은 각각 나름대로의 특이한 성격을 가지고 있지만 그들 모두가 어떤 공통적인 특성을 가지고 있어서 전형적인 모델로 표시될 수 있다.

이제까지 이런 모델은 모든 일기가 몇 가지의 전형적인 등압선 패턴 즉 저기압, 고기압, 기압골, 기압마루, 안장부 등에 대한 것들이었다. 오늘날까지도 이러한 기압계와 일기의 관계는 많은 기상학 책에 기록되어 있다. 이러한 모델은 또 다른 모델과 관련되어 있어서 그들과 함께 종합적으로 응용되어야 한다.

이런 모델은 특별히 비정상적인 모양을 배제한다는 의미가 아니고, 다만 어떤 한 모델이 모든 경우에 다 성공적으로 적용되는 것은 아니란 뜻이다. 유능한 예보관은 여러 가지 많은 모델에 익숙해야 하고, 그것을 적절하게 사용할 수 있는 능력이 있어야 한다.

지난 세기 초에 크게 유행했었던 모델이면서 지금은 예보관들 사이에서만 매우 조심스럽게 사용되고 있는 모델로써 특정 날자와 관계되는 기상요소의 특이성(singularities, 特異性)이란 것이 있다. 세계의 어떤 지역에서의 어떤 기상현상(예: 인도에서 몬순의 시작)처럼 매년 거의 같은 시기에 일어나기도 한다. 이러한 현상은 중위도 지역에서는 현저하지 않다. 그럼에도 불구하고 나라에 따라서는 그 나라의 민속이 이러한 특이일로 구성되어 있다. 우리나라의 경우에도 여름과 겨울의 절기(solar term, 節氣)의 기온이 그러한 예라고 할 수 있다.

일반적으로 오랫동안 그러한 기후조건이 현저했던 기간 동안이라 하더라도 그러한 현상이 매년 똑같은 날짜에 일어났던 것도 아니다. 경우에 따라서는 매년 있었던 것도 아니지만 대략 같은 시기에 그러한 형태의 일기가 있을 경향이 있다는 것은 사실이다. 그러나 분명히 인식하여야 할 것은 우리의 기후가 꾸준히 변하고 있으며, 또 과거에 대체로 유효하게 적용되었던 특이일이 앞으로도 지속될 것이라는 보장은 없다는 점이다.

나. 내·외삽법에 의한 예측

매우 효과적으로 널리 사용되는 예보기술 중의 하나로서 현재까지의 일기의 변화 경향을 미래를 향하여 외삽하는 방법이다.

연속된 일련의 시리즈의 일기도를 주의 깊게 분석하면 기압계의 중심, 전선, 기압골, 기압마루와 같은 중요한 모양의 속도와 가속도를 알 수 있다. 그러면 앞으로도 그러한 변화가 비슷한 모양으로 계속 일어날 것을 가정하여 앞으로 연장할 수 있다. 이러한 연장은, 절대적으로 옳다고는 할 수 없지만, 12시간까지의 초단기~단기예보에는 매우 훌륭한 방법임이 사실이다.

그러나 분명한 것은 현재까지의 경향을 외삽하는 방법으로는 기압계의 전혀 새로운 갑작스런 발달을 예측할 수는 없다는 것이다. 24시간 이상의 예보에서는 단순한 외삽법에 의한 예측의 신뢰성이 크지 못하다.

오늘날에는 24시간 이상 기간의 예보는 보통 컴퓨터로 수치예측을 한다. 컴퓨터에 의한 일기도가 지원된다면 외삽법보다는 현재의 일기조건과 계산된 미래의 일기조건과의 과정을 내 · 외삽법으로 처리하게 된다. 이러한 내외삽법도 완전히 직선적이어서는 안 된다. 진행경향을 유의하여야 한다.

다. 유사법에 의한 예측

어떤 특정 기압패턴과 일기상황이 나타났을 때 그 이후의 일기상황의 진전을 예보하는 방법 중의 한 가지로서 그 특정 기압패턴과 일기상황의 진행 경과와 비슷한 상황을 과거 상황 중에서 찾아내어 그 상황 전개를 참고하여 예측하는 것이 유사법에 의한 예측이다.

그러나 종관 패턴은 그 모양이 다양하기 때문에 현재의 상황을 과거의 상황과 정확하게 비교한다는 것은 거의 불가능한 일이다. 특히, 이 비교가 3차원의 것이라면 더욱 그러하다. 대략적인 유사성만 찾는다 해도 수십 년간의 자료가 필요하다. 또 일기도 분류시스템도 매우 복잡하기 때문에 너무 많은 노력이 소요된다. 실제로 이런 방법은 컴퓨터의 도움 없이는 불가능하다.

더 나은 기술이 없기 때문에, 현재로서는 이 유사법에 의한 예측이 대부분의 월간예보(장기예보)의 기초가 되기도 한다. 이 방법이 만족할 만한 것이 못 된다는 것을 알면서도 계속 이용되고 있는 실정이다. 중요한 것은 등압선이나 등온선의 기하학적인 패턴을 서로 대조해 보는 것 뿐만 아니고, 일기의 장기간의 특성에 영향을 크게 미치는 모양도 대조하는 것인데, 대부분의 경우 이것을 인식하기가 어렵다는데 문제가 있다.

라. 기후학 자료에 의한 예측

기후학(climatology, 氣候學)이란 어떤 일정 기간의 평균 일기조건과 이 평균 일기조건으로부터 매일 매일의 실제의 일기 변화에 대한 학문이라고 할 수 있다. 기후학은 두 가지 큰 주제를 가지고 있는데, 하나는 통계학적인 것이고, 다른 하나는 물리학적인 것이다.

통계학적인 기후학은 기후의 여러 가지 양태를 통계적인 방법으로 요약한 것이다. 그리하여 이를 이용하여 기상현상의 발생빈도, 평균값, 평균값 주위의 산포도, 평균값으로부터의 편차 등을 비교하여 예측하는 것이다. 매일 매일의 예보에서는 이런 정보가 별로 사용되지 않지만, 예보를 구성하기 위한 배경으로서 예보관에게는 필수적인 정보이다.

예를 들면, 폭우시의 배수시설을 계획하고 있는 기술자는 50년 정도 주기의 큰 폭우에 대한 기상통계를 묻게 될 것이고, 이에 대한 대답으로 예보관은 통계 자료에 입각하여 분명하게 대답해야 할 것이다. 따라서 이러한 통계적인 일은 종합적으로 수행되는 것이 매우 중요하지만, 그보다도 더 중요한 점은 전체적으로 통계학의 결과에 대해 물리학적으로 적절하게 이해되어야 한다는 점이다. 이것이 물리학적인 기후학의 주제가 되는 것이다.

마. 국지예측 기술

일기는 그 현상에 따라서는 가까운 거리에서도 현상의 차이가 매우 큰 경우가 많다. 특히, 안개의 경우가 좋은 예이다.

안개는 때로 어떤 지역에서는 짙게 끼어 있으나 바로 그 인접 지역에서는 안개가 없이 매우 좋은 시정인 경우가 많다. 일반적으로 말한다면, 내륙지방에서 복사안개 형성의 조건은 밤에 운량이 적고 바람이 약하며 지상 약 100m 이내에 습윤공기가 있을 때이다. 그러나 이러한 일반조건이 광범위하게 같다 하더라도 그 광범위한 지역 전체에 안개가 끼는 것은 물론 아니다. 안개 예측을 위해서는 해당 장소의 지세에 익숙해야 하고 실제 나타난 풍속과 습도 등에 대한 좀 더 상세한 지식이 필요하게 된다.

구름, 바람, 습도 등에 기초하여 안개를 예보하는 국지예측 기술이 여러 곳에서 이용되고 있다. 또한 비슷한 방법으로 국지 특성에 따라 특히 중요한 여러 가지 다른 일기 모양을 예보하기도 한다. 이러한 것들 중에는 서리 발생, 풍향별 소나기의 발생, 뇌우 발생 또는 강풍 발생 예보들을 들 수 있다.

이러한 지식을 얻자면 국지 일기의 장기간의 기록 또는 장기간의 개인적인 경험이 필요하다. 때로는 특정 지역에 대해서는 그 지역에서 활동하는 주민들이 그 지역을 잘 알지 못하는 예보관보다도 단기예보를 더 잘 맞출 수도 있다는 것이다.

전문적인 예보관이 해야 할 중요한 일 중의 하나는 상세한 지도를 조사해서라도 그가 예보하게 될 지역의 지형에 대해 가능한한 속히 익숙해지는 것이 필요하다. 오래된 예보관서는 일반적으로 국지적인 일기의 특성을 기록한 노트와 도표들을 가지고 있는 것이 정상적이다.

3 예보에 대한 객관적 접근

가. 수치예보의 개념

오래 전부터 물리학자들 사이에서는 일기예보란 것이 아직도 지구상에서 해결되지 못한 가장 주요한 과제 중의 하나로서 알려져 왔다.

일기예보의 발달이 이렇게 늦어지는 중요한 이유 중의 하나는 기본적으로 관측 자료가 너무나 적다는 것이다. 그러나 이 점은 계속 개선되어 왔기 때문에 이제는 과학자들이 대기 중의 일기시스템의 형성과 변화를 지배하는 물리법칙을 알아내고 응용하는 극히 어려운 문제의 해결을 위해 노력할 수 있게 되었다.

예보에 대한 주관적인 접근은 지난 백여 년 동안에 크게 달라지지는 않았지만 그런대로 점차 발전해 왔다. 그러나 이러한 주관적 접근 방법은 자연스럽게 경험적이고 정성적인 성격이 강했다. 대체로 1940년대 초까지는 주관적인 예보가 유일한 방법이었으나 세월이 지남에 따라 이것만으로는 예보 결과를 현저하게 개선할 수 없다는 것을 알게 되었다.

과학자들은 기본적으로 정성적이 아닌 정량적인 개념으로 일기를 예측하고자 하는 욕망이 일었다. 오랫동안 이런 욕망은 꿈에 불과했지만 이 꿈이 1922년 영국의 리처드슨(L. F. Richardson)에 의해 아주 훌륭하게 그러나 매우 어렵게 현실화되기 시작한 이후 계산된 예보에 대해 관심이 높아졌다. 이러한 계산된 예보 방법은 컴퓨터가 실용화됨으로써 드디어 각광을 받기에 이르렀다. 컴퓨터가 객관적인 수치예보의 난점을 해결할 수 있었기 때문이다.

이런 계산된 예보에 사용되는 일반적인 방법을 설명하기 위하여 “상층의 바람 예보”를 예로 하여 생각해 보자.

상층바람을 예측하기 위해서는 우선 어떤 종류의 근사가정(近似假定)을 사용할 필요가 있다. 먼저 실제풍이 지균풍과 같을 것이라고 가정한다. 우리는 지균풍속이 해당 고도의 등고선 경도와 관계가 있다는 것을 알기 때문에 이 문제는 24시간 후의 300hPa 등고선 패턴을 예보하는 문제가 된다. 그리하여 각 격자점(grid point, 格子點)에서 300hPa면의 고도를 계산한 후 이 계산된 고도를 이용하여 등고선을 그리게 된다. 이 방법은 각 격자점을 택하여 현재의 고도를 알고 시간이 경과에 따른 고도의 변화율을 계산하는 단순한 방정식으로 예상 고도를 계산하는 것이다.

그러나 변화율은 수시로 변하므로 이 예보에서 24시간이란 긴 시간을 한 단계로 취급하여 계산할 수는 없다. 따라서 계산 시에는 24시간을 작은 시간 간격으로 나누고 그 작은 시각 간격 동안에는 고도의 변화율이 변하지 않는 것으로 가정한다. 예를 들어 시간 단계를 10분으로 하면, 24시간 예보의 경우에는 144단계의 각각에 대한 예보를 하는 것으로 구성된다고 보아도 좋다. 이러한 예보방법에서는 바로 앞 단계에서 얻은 예보자료는 바로 다음 단계를 위한 초기조건(initial condition, 初期條件)이 되는 것이다.

격자점을 사용한다는 것은 수백 지점에 대한 예보를 발표한다는 의미이기 때문에 순수한 인간의 힘만으로는 불가능하다. 또 만일 이러한 예보 작업이 단시간 내에 완료되어야 한다면 빠른 계산능력이 절대적으로 필요하다. 이런 계산은 컴퓨터만이 가능하다. 현대 일기예보에서 컴퓨터의 역할은 거의 절대적이다.

이상에서 언급한 예보 즉 많은 격자점에 대해 예상 값을 구하기 위해 여러 개의 방정식을 풀어야 하는 예측을 수치일기예측(numerical weather prediction, 數値日氣豫測) 줄여서 수치예측이라고 한다.

이 수치예측법의 성공 여부는 원래의 방정식을 합리적으로 단순화하는 데에도 달려 있다. 앞의 설명에서 방정식을 단순화하는 작업으로 실제풍을 지균풍으로 대치했다는 사실이 그 예이다. 많은 경우 이렇게 단순화하여 얻은 결과도 매우 좋은 예보가 될 수 있다. 그러나 이러한 단순화가 때로는 너무 단순화시킨 상태가 되어서 계산되어 나온 예측 상황이 실제 상황과 너무 달라져서 예측이 크게 빗나가기도 한다.

나. 수치예보에 대한 컴퓨터의 역할

예보관은 수치예보법의 현재 기술과 제약성을 잘 인식하는 것이 중요하다. 수치예보 기술은 현재 등고선이나 두께선 등 등치선의 패턴 변화를 예보하는 것을 넘어서 이러한 패턴 변화들로부터 간접적으로 전선대의 위치에 대한 결론을 얻어내기도 하고, 강수, 운형, 일조, 서리, 안개 등의 비교적 상세한 예보까지도 가능케 되었다. 그러나 아직도 국지 변화에 대한 상세 예보는 결국 인간 예보관이 제공하여야 한다. 컴퓨터가 제공한 골격에 예보관이 이러한 상세한 예보 내용을 입혀야 하는 것이다.

이미 등고선 패턴 예보에서는 계산된 예보가 인간이 주관적으로 작성하던 것을 대치하게 되었다는 것이 사실이다. 그러나 이것은 예보관의 수가 그만큼 많아졌다는 효과를 의미하는 것이 아니라, 이제까지는 시간이 모자라서 무시되었던 다른 종류의 분석과 예보를 수행할 수 있는 여력이 생겼다는 것을 의미한다고 보아야 할 것이다. 새로운 계산 기술과 종래적인 의미의 예보관의 전문적인 기술이 둘 다 필요하다는 것은 말할 나위도 없다.

컴퓨터는 예보관이 정성적으로 수행할 수밖에 없었던 일들을 정량적으로 수행해주는 기계에 불과하다. 컴퓨터는 대기에 대해서, 또는 대기 중에서 일어나는 물리법칙에 대해서는 아무 것도 아는 바가 없다. 다만 과학자가 이 컴퓨터로 어떤 문제를 어떤 방법과 절차로 해결하도록 만든 프로그램화 원리에 따라 방정식을 풀 수 있을 뿐이다. 컴퓨터가 예보를 계산해내도록 하기 위해 사용된 모델대기는 연구자인 인간의 두뇌에서 나온 것이다. 따라서 계산된 예보의 개발이 진전되려면 대기에 대한 인간의 지식이 향상되지 않으면 안 된다.

실제로는, 어떠한 대기모델이라도 실제 대기의 근사값에 불과하다. 이 모델은 틀림없이 어떤 다른 상황의 대기에는 잘 맞지 않을 수도 있다. 예를 들면, 간단한 모델에서는 온도풍의 방향이 고도 증가에 따라서도 일정하다는 가정을 도입한다. 이것은 항상 성립하는 것은 아니다. 또는 해상에서 한랭기단이 온난기단화 되는 것을 표현하는 모델방정식이 모든 조건, 모든 해역 또는 모든 계절에 동등하게 합리적일 수는 없다는 것이다.

이러한 사항들을 끊임없이 수정 보완하고 모델대기를 몇 번이고 컴퓨터로 계산하여 시험해보는 과정을 통해서 연구자가 수치예보의 정확성을 개선해나가고 있는 것이다.

한편, 다른 한쪽의 발전은 좀 더 큰 컴퓨터를 개발하는 일이다. 수치예보를 계산하는 입장에서 보면 대기는 연속적인 3차원 매체가 아니고 단지 몇 개의 지정된 고도에서 규칙적으로 배열된 유한개(有限個)의 격자점이며, 또한 매우 확실한 경계를 가진 것이기도 하다. 큰 컴퓨터는 분석과 예보를 매우 상세하게 할 수 있고, 또 예보 범위를 크게 할 경우에 대기의 인위적인 경계의 영향을 줄일 수도 있게 된다.

다. 관측자료와 그 처리

모든 예보는 객관적인 계산에 의한 것이든 또는 주관적인 방법에 의한 것이든 그 예보의 성공여부가 기본적으로 관측자료의 양과 질에 크게 의존된다.

그런데 컴퓨터는 여기서 큰 문제점에 봉착하게 된다. 컴퓨터는 인간이 아니기에 오류가 있는 관측값을 인식해내지 못하기 때문이다. 컴퓨터가 옳고 그른 값을 구별하도록 하자면 매우 상세한 규칙을 미리 약속해두지 않으면 안 된다. 그러나 문제는 컴퓨터가 모든 오류는 거부하면서도 또한 어쩌다 발생되는 실제로 옳은 값이고 매우 중요한 어떤 극값을 받아들이도록 규칙을 만든다는 것은 매우 어려운 일이다. 인간 예보관이라면 이러한 비정상적인 자료(예를 들면, 약 10hPa 오차가 있는 선박 관측 기압)를 버릴 것인가 받아들일 것인가를 결정하는 것은 어려운 일이 아니다. 어떤 입장에서 보면 이런 값은 버리거나 수정해야만 한다. 그러나 다른 입장에서 보면, 이 자료를 버린다거나 수정한다는 것은 현명하지 못하다. 이런 경우에 컴퓨터에게는 자료를 버리도록 한 번 규칙을 적용해 놓았다면 컴퓨터는 이런 경우를 만날 때마다 생각할 필요도 없이 버릴 수밖에 없게 된다.

같은 종류의 어려움이 분석기술 상에도 일어난다. 예보관은 분석 시에 어떤 요소의 분포상의 작은 어떤 불규칙성은 무시할 것인지 또는 이 중요한 소규모 현상을 강조하여 관측 값을 정확하게 그릴 것인지를 즉각적으로 알게 된다. 그러나 컴퓨터는 항상 평활하게 분석하도록 프로그램 되지 않으면 안 된다. 이것은 컴퓨터에서 거의 모든 경우에 채택하고 있는 방법이다. 따라서 분석에서 극값까지 항상 평활되므로 가장 심각한 악기상 시스템의 전조가 될 수 있는 독립된 소규모의 요란에 대해서 적절하게 강조할 수가 없게 된다는 약점을 가지게 된다.

또한 대기 중에서 일어난 실제 상황에 대한 우리들의 지식은 현재로서는 아직도 매우 불충분하다. 지구의 많은 부분, 특히 해양 상에서는 기상관측소가 매우 드물다. 이러한 갭은 어떤 형태의 예보 방법이든 예보에 심각한 장애가 된다. 따라서 많은 학자들이 육지, 해상, 또 공중에서 관측할 수 있는 자동관측기계를 개발하기 위해 많은 노력을 기울여왔다.

습기 함량이나 공기의 연직속도와 같은 기본적인 양들의 3차원적 분포에 대해 우리의 지식이 늘어나고, 이러한 양을 예보방정식에 포함시키는 복잡성을 해결해야만 수치예보 방법이 진전될 수 있는 것이다.

우선 첫 단계는 전선성강수 예보와 같이 상당한 두께의 대기를 통해 일어나는 물리적 변화로 나타나는 대규모 현상을 예보하는 것이다. 이것은 현존하는 관측망에 의해 적절하게 관측될 수 있으며 계산에 의해 예보가 가능한 단계에 이르고 있다.

그러나 소규모 일기현상(예, 안개)이나 연직적으로 제한이 있는 현상은 수치적인 방법으로 상세하게 예보하기에는 아직도 어려움이 남아 있다.

라. 수치예보 결과자료 해석 시의 고려사항

(1) 관측오차

기상관측요소로는 기온, 기압, 바람 등이 있는데, 이들은 기본적으로 관측의 불확정성, 관측기기의 오차 등에 의하여 초기자료에 오류를 포함한다.

(2) 규모의 불일치

지배방정식 자체가 특정 규모에 대하여 만들어져 있으나, 실제대기에서는 해당 규모 이외의 현상들도 나타날 수 있는데, 이러한 현상들은 초기자료에서 잡음(noise)으로 작용하게 된다. 또한 실제대기에서는 소규모 현상이 나타나지만 수치예보모델의 지배방정식은 그러한 소규모 현상을 재현해낼 수 없는 경우에 오차가 생기게 된다.

(3) 계산오차

컴퓨터가 수치를 나타낼 수 있는 정밀도의 한계 때문에 발생하는 오차로서, 현대의 고정밀도 컴퓨터에서는 무시할 만한 수준이지만 극소값에서 극대값으로 빠르게 변화하는 변수의 계산에서 오차를 발생시킬 수 있다(예 수증기의 상태변화 계산시 자연로그, 지수함수 등의 계산 등).

(4) 수치의 안정성

대기는 연속적인 유체의 흐름인데도 불구하고 지정된 격자점에 대하여 수치적으로 계산하게 됨으로서 대기를 불연속적인 격자점의 조합으로 재구성하게 된다. 이때 수치적 계산에 의하여 나타나는 계산 안정성 문제와 같은 또 다른 문제가 나타난다.

이러한 여러 가지 요인에 의하여 수치예보의 예상도는 실제와는 다른 예측을 제공하기 때문에 수치예상도를 전적으로 믿는다는 것은 아주 위험한 결과를 낳게 된다.

5.4 예보기간별 예보의 특성

1 초단기예보

가. 초단기예보의 정의

12시간까지의 예보를 초단기예보(very short-range forecast, VSRF)라고 정의한다. 그 중에서도 특히 2~3시간까지의 예보를 실시간예보(real time forecast, 實時間豫報) 또는 실황예보(nowcasting, 實況豫報)라고 정의하고 있다.

초단기예보는 용어 자체가 의미하는 것처럼, 예를 들면 현상 발생 24시간 전이라면 발생할 현상의 가능성은 예측할 수 있지만 구체적으로 발생(변화) 시간과 강도에 대해서는 예측이 어려운 경우, 앞의 가능성 예측 이후 시간이 경과한 이후 수 시간 전에 발전될 기상현상에 대해 구체적으로 예측하는 것이다. 이는 종관시스템으로는 설명할 수 없는 중규모현상(예를 들면 뇌우, 돌풍, 우박, 돌발홍수, 토네이도 등)에 대한 예보라고 할 수 있다. 초단기예보를 단시간예보(短時間豫報)라고도 한다.

수 시간 이내의 이러한 악기상을 예측하는 것은 바로 인간의 생명과 재산을 보호하는 적극적인 일이기 때문에 기상재해를 조기에 예측하기 위해 전 세계적으로 시스템과 모델의 개발에 노력을 기울이고 있다.

나. 초단기예보의 기상학적 근거

초단기예보는 주로 중규모 현상에 대한 예보이다.

그림 5-33은 대기현상을 시·공간적인 구조로 분류하고 있다. 중규모(meso-scale)는 수km로부터 2000km까지의 공간규모와 1시간 반으로부터 6~12시간까지의 규모를 가진다. 실제적으로, 이 정의에 의하면 적운과 한대전선 저기압도 중규모에 속한다.

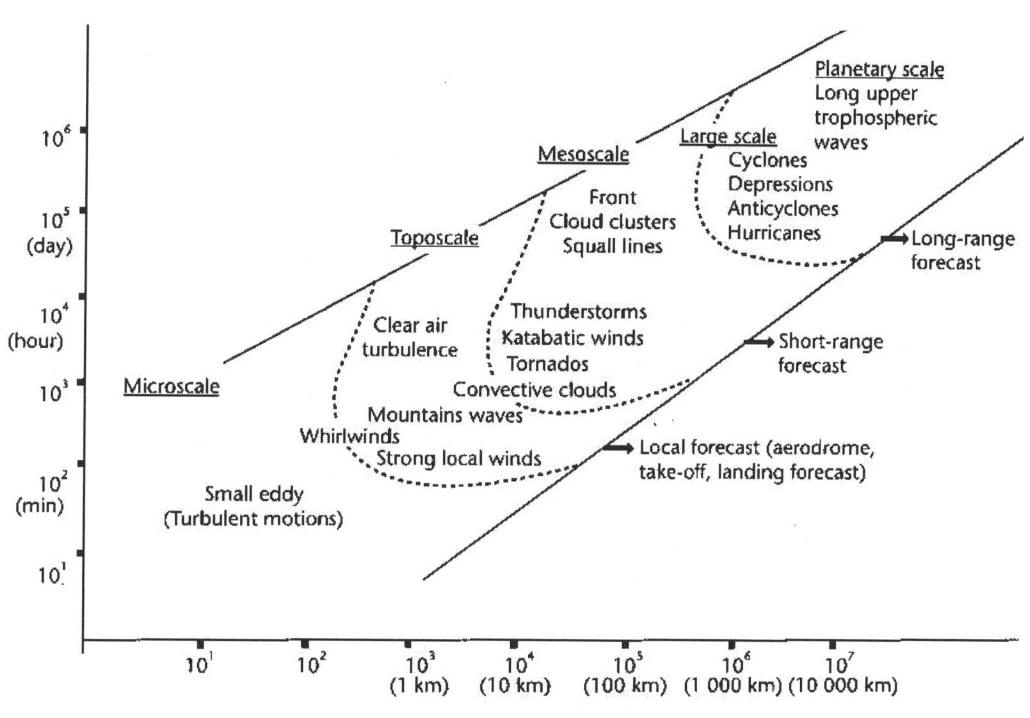

[그림 5-33] 대기현상 시스템의 시간과 공간규모

역학적 관점에서 중규모란 수평규모가 정역학평형을 만족하는 정도의 규모이지만, 지균적인 평형은 만족하지 않는 규모라고 정의할 수 있다. 이러한 관점에서 중규모는 100~1000km 정도라고 할 수 있다.

중규모는 다시 α, β, γ의 3등급으로 분류된다(표 5-1 참조).

[표 5-1] 중규모 현상의 크기

분류	크기	주된 현상
meso-α	200~2000km	열대저기압, 한대전선저기압 등
meso-β	20~200km	정역학평형/비지균성 규모인 해륙풍, 산곡풍, 정역학적 산악파 등
meso-γ	2~20km	지형유발 대류운동, 내부 중력파 등

[표 5-2] 예보시스템의 비교(Beran and MacDonald, 1982)

	단기 및 장기 (Short range~long range)	초단기 (Very short range)
성격		
예보 선행시간	8~12시간 이상	12시간까지
규모	Synoptic scale	Meso-scale
취급 범위	Global or continental	Regional or local
일기정보의 성격	General	Site-specific
관측		
관측 간격	3~12시간	1시간 미만
관측소 간격	수백 km	수십 km
관측자료의 양	~10^6bits/h	~10^8bits/h
자료처리		
자료의 흐름	Slow (수십 분 ~ 수 시간)	Rapid (수 초 ~ 수 분)
예보 방법	Numerical model, statistical interpretation	Single-cell or system extrapolation, mesoscale models, statistical interpretation
전파	Slow and non-selective, passive	Rapid, selective, both passive and active,

중규모계(meso-system)를 논의하기 위해서는 그들의 발생 요인을 다음과 같은 세 가지로 구분한다.

1) 종관계에 의한 원인 : 전선의 강수대, 스콜선, MCC 등
2) 지형에 의한 원인 : 해륙풍, 산곡풍, 산악파 등
3) 국지불안정에 의한 원인 : 대류세포, 태풍, 경계층 대류 등

대부분의 대기순환 구조에는 다양한 강도로 작용하는 여러 가지 규모들 사이의 비선형적 작용이 있다. 예를 들면, 지형은 종관계에 영향을 주고, 종관계의 변화는 중규모계의 발달에 영향을 준다. 그러나 중규모계의 관점으로 보면 지형 및 해수면온도 같은 요인은 시·공간규모가 정해져

있다. 종관계(synoptic system)는 서서히 변하지만 때로는 중규모계의 발생에 결정적인 역할을 담당한다. 중규모계 발생의 강제력의 원인을 구별하려는 것은 직접적으로 중규모 예측성 문제에 관계가 있기 때문이다.

수학적인 관점에서, 일기예측의 첫 번째 문제는 초기값 문제와 경계값 문제이다. 이는 대기의 초기상태를 완전하게 알아야 한다는 것이다. 예측의 오차는 대기 상태를 표현하고 있는 초기값의 정확성에 의해 결정된다. 이것은 초기장이 미래의 대기상태를 결정하는 것이다. 대규모 흐름과 지역적인 강제력이 적절히 주어진다면 이로 인한 대기의 흐름을 예측할 수 있다는 것이다.

또 하나의 문제는 수치예보 방법을 초단기예보에 적용할 수 있는가 하는 것이다. 궁극적으로 예보선행시간이 2~3시간에 불과한데 자료를 모으고 계산하는 시간을 고려하면 초단기예보에 수치예보 방법을 적용한다는 것은 거의 불가능하다.

따라서 수치예보 방법을 이용하는 가능한 방법은 단순 외삽 또는 준비된 수작업이다. 또 다른 좋은 방법 중의 하나는 기후자료를 근거로 지형과의 관련성을 적용하여 기상현상을 예측할 수 있다는 것이다.

중규모현상의 생애는 매우 짧기 때문에 그들에 대한 예측력은 제한될 수밖에 없다. 예를 들면, 대류계의 생애는 고작 1~3시간, 공간규모는 10~20km이다. 이러한 환경에서 중규모 현상에 대한 초단기예보를 위해서는 관측, 자료처리, 예측 및 발표 등에 특별한 체계가 필요하게 된다.

이제 어떤 최하 말단 예보관서에서 근무 중인 어떤 예보관이 상부 예보관서로부터 "광범위한 규모의 일기변화가 예상된다."는 정보를 받았다고 가정하자.

그러면 6시간 또는 12시간까지의 초단기예보만 다루는 이 예보관이 작성하는 예보를 두 부분으로 나누어 생각할 수 있다. 하나는 현재일기시스템의 이동을 예상하는 일이고, 다른 하나는 현존 시스템의 새로운 상황으로의 발전을 예상하는 일이다.

초단기예보에서 일기시스템의 이동에 대한 기본적인 기술은 외삽법이다. 일기시스템의 과거 이동을 주의 깊게 분석하면 다음 12시간 동안의 전선, 기압계, 제트류 등의 이동과 변화를 예상할 수 있다. 이때는 과거와 현재의 위치를 정확하게 분석하는 것이 필수사항이다.

때로는 예상되는 일기가 나타나는 모양은 맞지만 실제적으로 나타나는 시간이 빗나가는 경우가 있다. 현재 상황의 외삽은 아무리 정확히 시행한다 해도 12시간 예보에서까지 완전하게 시간을 일치시키기는 매우 어렵다.

현재의 이동(운동)에 대한 수정, 예를 들어 "전선성 저기압이 폐색된 후의 이동은 왼쪽으로 치우친다"는 등의 현저한 종관모델의 특성을 이용한다든지, 또는 "키낮은 저기압이 두께선을 따라 이동한다"는 등의 역학적 개념을 이용한다든지 하여 예보관이 일반적으로 수정할 수 있다. 이러한 수정은 주관적일 수밖에 없고 예보관이 이런 방법을 사용할 것인가 하는 것은 상부 예보관서로부터 받은 자료, 특히 수치예상도를 참작하여 예보관 자신의 지식을 이용하여 결정하게 된다.

일기시스템의 강화와 쇠약을 포함한 대부분의 변화는 컴퓨터에 의해서도 예보된다. 그러나 기단

내에서 지표가열과 냉각에 의한 변화에 대해서는 예보관이 신중하게 충분히 대처하지 않으면 안 된다.

마지막으로, 예보관은 자기의 예보가 해당 지역의 해당 계절에 나타날 정상적인 기후 조건에 비추어 보았을 때 합리적인가를 검토하여야 한다.

이상의 예보절차를 다음과 같이 정리할 수 있을 것이다.

1) 현존 기압계의 이동과 변화경향을 외삽하거나 또는 현존하는 실제상황과 수치예보 기술로 예보된 것 사이를 내삽한다.

2) 지면가열 또는 냉각 효과를 추정한다.

3) 종관모델의 정상적인 습성과 비교한다.

4) 역학적인 변화와 지향효과(steering effect)를 추정한다.

5) 기후학적으로 정상적인 조건과 비교 검토한다.

2 단기예보

하루~수 일 정도의 장래에 대한 예보를 단기예보(short-range forecast, 短期豫報)라고 한다. 단기예보는 대규모 기상요란에 관한 정보와 지식을 토대로 시행하는 기상예측이다. 매일예보(daily forecast, 每日豫報) 또는 일일예보(日日豫報)라고도 한다.

단기예보에서 가장 관심을 가지게 되는 것은 상층의 장파, 고・저기압, 전선계 등 대규모 기상요란의 움직임이다.

오늘날에는 이런 대규모 기상요란의 행동을 지배하는 물리법칙을 어느 정도 자세하게 이해하고 있고, 그것을 수학적으로 표현할 수도 있다. 이러한 물리법칙에 의해서 대기상태의 변화를 알기 위해서는 먼저 관측에 의해 그것들이 현재 어떤 상태에 있는가를 알아야 한다.

이러한 움직임을 알기 위해 세계 각국의 기상기관은 WMO를 통해 세계 공통적인 지상관측, 고층관측을 실시해서 공통적인 형식으로 그 데이터를 서로 교환하고 있는 것이다(제 1장 참조). 이러한 데이터의 양은 방대한 것이어서 모든 데이터 처리는 대규모 컴퓨터에 맡겨지고 있다.

다음에는 이러한 많은 데이터에 의한 해석과 예보가 실시된다. 이 해석과 예보에는 크게 주관적인 방법과 객관적인 방법으로 나누어 생각할 수 있다.

가. 주관적 접근

관측된 자료에 의해 먼저 일기도를 작성하고, 작성된 일기도를 통해 실황을 분석하고, 그 시간적 변화를 예측하여 일기예보를 하는 방식이다. 이 경우에는 여러 가지 기상학적인 물리법칙을 기초지식으로 하는 여러 경험적 지식들이 예보관의 머릿속에 기억되어 있어야 하는 것이다.

중위도지방에서 단기예보는 24시간 후 또는 48시간 후의 예상된 지상 전선과 등압선 등의 예상위치를 나타낸 예상일기도(prognostic weather chart, 豫想日氣圖)에 기초한다. 상세한 예상일기도를 도출해내는 것은 전형적인 종관모델에 대한 예보관의 지식과 경험에 크게 좌우된다.

컴퓨터를 활용한 수치예보 방법이 신뢰도가 커가면서 이제까지의 주관적인 방법을 점차 대체해 나가고 있다.

종래의 주관적 방법은 예보관이 눈코 뜰 사이 없이 빡빡하게 짜여진 업무에서 헤어날 수 없게 만들었다는 것이 특징이라 할 수 있다. 예보관들은 예상일기도를 가능한한 빨리 만들어내는 것이 급선무였으므로 다른 일에 공을 들일 수가 없었던 것이 사실이다.

지상예상일기도를 만들 때에 가장 많이 쓰이는 방법은 현재의 전선과 기압계를 외삽법으로 이동시켜 미래의 위치를 정하는 방법이다. 단순한 외삽법으로는 물론 장시간을 예상할 수가 없다. 그러나 현재 상태가 정확하게 분석만 된다면 그 직후의 변화경향은 현재의 변화경향이 대체로 그대로 유지된다고 보아도 어느 정도 타당하다. 현 기압계의 이동과 강도의 변화는 일기시스템의 특성과 현 기압변화 패턴의 의미를 참작하여 추정할 수 있다.

어떤 새로운 특성의 발생도 정상적인 모델의 특성(예를 들면, 긴 한랭전선 상의 새로운 2차저기압 발생)에 대한 지식, 또는 일반적인 역학적 아이디어의 검토에 의해 어떤 발달 구역의 존재 가능성을 예보할 수 있다. 예보관이 지상기압계에 새로운 모양의 발달을 추정할 때에 상층일기도를 검토하는 것은 중요한 일이다. 왜냐하면 지상의 기압변화는 대기의 모든 층에서 일어나는 운동의 결과로 나타나는 것이기 때문이다.

흔히 지상기압계의 현저한 발달이 상층대류권에서 일어나는 공기의 이동과 역학적 변화의 결과로 나타나기도 한다. 이러한 지역은 바람이 매우 강하고 운동이 활성인 곳이다. 따라서 300hPa 정도의 높이에서 특히 제트류와 함께 강풍이 부는 경우에는 매우 주의 깊게 검토할 필요가 있다. 공기덩이가 제트류의 입구에서 현저하게 가속되고 출구에서는 감속된다. 이러한 곳에서는 3차원적인 대기의 안정도가 균형을 잃게 된다. 결과적으로 어떤 곳엔 공기가 덜어지고, 어떤 곳에선 공기가 쌓이게 된다. 이러한 불균형이 재빨리 효과적으로 해소되지 못하면 이러한 상층 공기의 이동이 지상의 기압변화를 유발하게 된다.

그러나 비록 예보관이 일반적으로 이러한 역학과정을 이해한다 하더라도 이러한 효과의 크기에 대한 정량적인 값을 알기는 어렵다. 예보관은 다만 이러한 현상을 그의 경험상 가장 합리적이라고 생각되는 자신의 방법으로 처리하게 된다. 마찬가지로 기류에 대한 산맥의 효과, 그리고 강한 가열과 냉각효과에 대해서도 참작한다.

예보관은 합리적 가능성을 넘지 않도록 하기 위하여 해당 계절의 기후학적 평균과 극치를 검토한다. 장차 도달됨직한 상태로 개개의 기압계를 이동시키고 발전시켜 점차로 예상도를 구성해간다.

마지막 단계에서는 개개의 이동과 발전을 엮어서 전체를 하나로 집적시켜야 한다. 즉 한 개의 저기압은 일기도 상의 다른 패턴을 무시한 채 그 이동을 예상할 수는 없으므로, 이 저기압의 이동과 발전에 대한 예보조차도 그 주위의 다른 기압계에 일어날 변화를 참작하지 않으면 안 된다. 따라서 여러 기압계로 구성된 최종 예상도를 만들기 위해서는 개개의 기압계의 이동을 조정해야 한다.

이상적으로는 지상예상도의 작성은 같은 시각의 상층예상도의 작성과 분리시켜 생각할 수 없다. 즉 지상 공기와 상층 공기의 변화는 조화를 이루고 있다. 이런 작업을 수행할 때 예보관은 어떤 경우에는 약간의 객관적 경험법칙을 적용할 수 있으나, 작성된 예상도는 전체적으로 보면 모든 상황에 대한 예보관의 주관적이고 정성적인 평가의 결과라고 할 수 있다.

나. 객관적 접근

(1) 수치예보

객관적인 방법의 예상도는 손으로도 그릴 수 있겠지만 객관적 방법을 실제적으로 운용하자면 컴퓨터에 의지하게 된다. 컴퓨터는 주어진 자료를 주어진 명령에 따라 매우 객관적으로 계산하여 일정한 정량적인 예보를 만들어낸다. 이렇게 계산된 예보의 질은 한편으로는 초기자료의 질, 다른 한편으로는 연구 과학자가 얼마나 실제대기와 그 특성을 재현할 수 있도록 프로그램 하였는가에 달려 있다.

수치예보의 수단은 다음처럼 요약된다. 어느 시각의 기상요소(예를 들면, 오늘 9시에 관측한 바람, 온도, 기압, 습도 등)들을 모두 알았다고 하자. 대기상태의 변화는 물리학과 화학의 법칙에 따른다. 그 법칙은 대부분이 수식으로 표현될 수 있어서, 운동방정식, 질량보존방정식, 열역학방정식, 수분량이나 상변화 방정식, 대기 중의 복사과정 방정식, 여러 가지의 화학변화 방정식 등으로 이루어져 있다. 이 식들은, 현재의 대기상태가 3차원 공간좌표의 함수로서 알려지면, 그 상태가 앞으로 짧은 시간에 얼마만큼 변할까를 알려준다. 그런데 이론식의 많은 부분이 편미분방정식의 형태이므로 이미 관측된 기상자료를 그대로 사용해서 계산하는 것은 그리 좋지 않아 다음 설명처럼 변경하여 생각한다.

우선 대기를 연직방향으로 몇 개의 수평면(또는 등압면)으로 구분한다. 예를 들면, 높이 1km 간격의 수평면을 생각할 수도 있다. 다음에 각각의 수평면 상에 일정한 간격(예를 들면, 150km 간격)으로 가로 세로의 수평선을 그려서 세분한다. 이 규칙적으로 배열된 교점을 격자점(grid point, 格子點)이라고 한다. 실제의 기상관측소는 규칙적인 격자점에 위치하고 있는 것이 아니므로 각 격자점 주위에 있는 기상관측소에서의 기상요소의 관측 값들을 이용해서 격자점에서의 해당 기상요소들의 값들을 결정하게 된다. 이렇게 해서 본래는 공간좌표의 연속함수였던 대기의 상태를, 몇 개의 수평면 상의 많은 격자점에서의 값으로 표현하는 것이다. 다음은 각 변화 이론식 속의 미분(微分)을 차분(差分)으로 바꾼다. 예를 들면 00:00Z 현재의 상태에서 출발해서 미소시간 $\triangle t$(예를 들면 5분) 후의 상태를 각 격자점에서 계산한다. 결과적으로 00:05Z의 대기의 상태가 알려지게 된다. 이러한 계산을 반복해가면 일정 시간(예를 들면, 24시간) 후의 격자점의 값을 계산할 수 있다. 즉 격자점 값으로 대표되는 대기의 장래의 상황이 곧 예보가 되는 것이다.

이 경우에, 가령 격자점의 간격을 150km로 정하여 격자점망(그물망)을 만든다면, 이보다 작은 수평규모의 현상은, 이 수치예보의 그물망에는 걸려들지 않을 수도 있다. 즉 뇌우나 소나기 등 작은 현상들은 포착되지 않을 수도 있다는 것이다. 또 지형이 복잡하거나 국지적인 기상상황이 복잡한 상황은 예보로 표현되지 않을 수도 있다. 그 때문에, 예를 들면 이러한 큰 간격의 격자점의 수치예보를 참고하여, 한층 자세한 국지예보를 하는 작업이 필요하다.

또, 다른 문제들도 있다. 예를 들면, 격자간격 150km로 둘러싸인 면적 속에서 격렬한 대류성 강수가 있다면 다량의 잠열이 방출되고, 이것이 온대저기압의 발생에 큰 영향을 주게 된다. 즉 수치예보의 그물망에서 빠져버린 국지적인 현상이 그보다 대규모인 대기의 운동에 영향을 미치는 경우가 있다. 이런 종류의 문제를 해결하기 위해서는 격자점에서 표현되는 기상요소의 값을 사용하여 격자간격보다 작은 규모로 일어나는 현상의 영향을 수치예보 속에 잘 짜 넣지 않으면 안 된다. 즉 파라미터화를 해야 한다. 또 수치계산에 따르는 오차를 가능한 작게 하고 수치계산을 가능한한 신속히 행할 수 있도록 응용수학적인 조치도 필요하다.

현재로는, 이와 같이 이론적인 식을 기초로 해서 규칙적으로 일기예보를 하는 일이 보편화 되어 있다. 이와 같은 성과는, (a) 일기의 변화를 지배하는 대기의 행동이 어느 정도 이론적으로 상세하게 이해되었고, (b) 레윈존데, 기상위성, 기상레이더 기타 대기의 상태에 대한 관측기술 및 통신기술이 발달하여 세계적인 기상자료를 단시간에 이용할 수 있게 되었고, (c) 계산기가 발달하여 단시간에 막대한 양의 자료해석과 수치계산이 가능하게 된 점 등이 합해져서 이루어진 것이다.

수치예보의 목적은 현재 상태에 대한 지식으로 대기 순환의 미래 상태를 예측하는 데 있다. 이런 목적을 달성하기 위해서는 다음 조건을 필요로 한다.

1) 일기장(日氣場)의 초기조건(initial condition, 初期條件),

2) 일기장과 관계되는 한 세트의 예보방정식(豫報方程式),

3) 일기장의 미래의 분포를 적시에 얻기 위한 수치계산(적분)을 시행할 수 있는 슈퍼컴퓨터(supercomputer)

간단한 수치예보모델이라 하더라도 수치해(numerical solution, 數値解)를 얻기 위하여 필요로 하는 엄청난 양의 계산과 논리적 연산 때문에 컴퓨터는 필수적이다. 수치계산 기술은 지배방정식이 극히 비선형이어서 분석적으로는 해(解)를 찾아낼 수 없기 때문에 필요한 것이다. 실제적으로는 수치적인 예보지만 수치예보라고 부르지 않는 예보도 있다. 시계열 이론을 적용한 통계적 예보가 그것이다.

적지 않은 사람들이 수치예보(NWP) 대신 역학일기예측(dynamic weather prediction, 力學日氣豫測)이란 용어를 쓰기도 하는데, 이는 기상학에서 쓰는 예측방정식이 대기의 열역학방정식과 유체역학방정식이므로 오히려 이 용어가 합리적일 수도 있다.

수치예보의 결과는 보통 상층의 지오포텐셜고도(geopotential height) 패턴과 지상의 기압 패턴, 유속(수평속도, 연직속도), 수증기 및 강수량 등의 예상 분포를 객관적으로 얻게 되는 것이다.

(2) 수치실험

객관적인 예측에 관련하여 수치실험(numerical experiment, 數値實驗) 또는 모델연구(modeling study)를 하는데, 이는 물리학이나 화학에서 행하는 실험과는 달리, 계산기로 행하는 실험이다.

예를 들면, 만일 해안지대에서 발달하는 해륙풍의 실태와 그 과정을 알고 싶다면, 우선 주변 해역을 포함한 실험 대상지역에 조밀한 지상관측 및 고층관측 망을 설치하여 해륙풍을 실측할 필요가 있다. 그러나 해륙풍은 발달정도가 기상상태에 따라 상당히 다르다. 이때의 기상상태란 예를 들면 일사 강도나 시간 또는 해안지대에서 일반풍의 풍향 등이다. 이런 실험을 수행하는 데는 상당히 장기간에 걸쳐 관측이 필요하다.

결국 수치실험은 야외에서의 실측 자료를 가지고 수행하게 된다. 이 방법은 원리적으로는 수치예보와 같다. 우선 관측과 함께 해륙풍의 행동을 지배한다고 생각되는 이론식을 세운다. 보통 연립편미분방정식(聯立偏微分方程式)의 형태를 취하는데 이것을 수치모델(numerical model)이라고 한다. 그리고 이 수치모델을 차분방정식(差分方程式)의 형태로 고쳐 어떤 초기상태(예를 들면, 해뜨기 직전의 상태)로부터 수치적으로 적분해서 그 결과를 실측과 비교한다. 비교한 결과가 실측과 일치하면 그 해륙풍모델은 실제의 해륙풍을 잘 모의(재현)했다고 할 수 있다. 이런 점에서 수치실험을 수치모의(numerical simulation, 數値模擬)라고 한다.

사물의 행동을 알기 위해서 물리학이나 화학에서는 매개변수(parameter)를 변화시켜 실험하는 것은 당연하다. 실제 자연을 상대로 하는 대기과학 실험에서는 그러한 인위적인 변화는 쉬운 일이 아니다. 따라서 수치실험이 대기과학 분야에서는 유력한 연구수단이 된다. 예를 들어, 흐린 날의 해륙풍의 발달을 알고 싶다면 모델 속에 일사량을 그에 상응하도록 변화시켜 수치계산을 다시 한 번 수행하게 된다. 다른 해안지대의 해륙풍을 알고 싶다면, 모델 속에 해안선의 형태나 지형을 그 지역에 대응하는 것으로 변화시켜서 수행하면 된다.

해면에 넓게 기름이 흘러 해면으로부터의 증발이 억제된다면, 태풍의 발달이 어느 정도 약해질 것인가를 알고 싶다면, 태풍발달의 모델에 해면의 조건을 변화시켜 계산하게 된다.

어떤 현상이 몇 가지의 원인으로 일어나고 있을 때, 그 원인의 상대적인 중요성을 조사하는 데에는, 그 현상을 잘 재현시킬 수 있는 모델을 만들어서, 그 원인을 하나씩 모델로부터 소거(消去)해서 어떠한 현상이 일어나는가를 조사한다. 이렇게 하여 복잡한 현상을 일으키는 원리를 아는 단서를 얻을 수 있다. 이러한 이점이 있기 때문에 대기과학에서는 크게는 지구를 둘러싼 바람의 연구로부터 작게는 구름 속의 빗방울의 성장에 관한 연구에 이르기까지 수치실험이 널리 이용되고 있다. 단, 수치실험의 결과는 실측과 비교 검증되지 않으면 안 된다. 가령 거대뇌우를 계산기로 시뮬레이션해서 그 결과를 기초로 하여 거대뇌우 속에서는 이러이러한 과정이 일어나고 있다고 말해도 수치실험의 결과가 실제의 것과 일치하지 않는다면 거대뇌우모델 내에서 만의 논의에 그치고 실제와는 상관이 없는 것이 되어 버리고 만다.

이러한 과정의 수치실험을 통해 만들어진 모델에 의해 수치예보가 이루어지는 것이다.

3 중 · 장기예보

가. 현재의 입장

사회의 여러 분야로부터 중 · 장기예보(medium · long-range forecast, 中 · 長期豫報)의 요청이 크게 증가하고 있다. 이러한 요청은 대략 1주 앞까지의 매우 구체적인 매일의 예보(중기예보)로부터 한 달, 또는 한 계절, 심지어는 1년 앞의 대체적인 일기 특성(장기예보)에 대한 요구까지 다양하다.

현재도 또한 앞으로도 이러한 예보에 대한 요구는 1차산업이든 2차산업이든 산업 활동이 이루어지는 곳을 중심으로 어디서나 발생한다. 그 대표적인 것이 농업분야 등이다. 가깝게는 영농인 자신의 작업계획에 이용하기 위하여 구체화된 중기예보를 필요로 한다. 그러나 매일의 작업계획보다는 1주 단위의 계획을 작성하는 것이 더 필요한 경우가 많다.

앞으로 1주간의 일기예보는 영농자의 노동과 장비를 가장 효율적이고 경제적으로 사용하는데 필요하다. 이것은 영농인 뿐만 아니라 다른 옥외 작업자들 즉 건축, 토목에 종사하는 사람들에게도 마찬가지로 적용된다.

1년 앞까지의 장기예보는 어떤 프로젝트의 계획 단계에 매우 중요하며, 마찬가지로 실제로 건설 작업이 진행될 때는 1주 앞의 중기예보가 매우 중요하다. 가스사업자와 전기사업자는 이미 중기예보의 고정 고객이다. 그들의 사업 영역에서 갑작스런 수요에 대비하여야 하기 때문에 특히 상세한 기온예보를 중요시하고 있다.

이상은 중기 및 장기예보의 수요의 몇 가지 예에 불과하다. 그 중 확실한 것은 이러한 중기 및 장기예보 수요가 이미 크게 증가하였고, 해가 갈수록 수요는 더 커질 것이 확실하다는 것이다. 이러한 예보가 여러 가지 사업체에 상당한 경제적 이익을 안겨주게 될 것은 틀림없다.

그렇다고 현재 이런 수요처에서 요구하고 있는 예보를 충분히 지원할 수 있다는 의미는 물론 아니다. 현재로서는 비교적 근사 처리한 대기모델을 컴퓨터로 처리하여 대체로 수 일 앞까지의 예보가 가능하다. 이 모델들은 1～2일예보(단기예보)에는 매우 적합하지만 이 기간을 넘으면 오차가 생기고 예보기간이 길어질수록 오차가 더 누적된다. 모델에 의한 이러한 예보결과가 1주일까지는 성공적일 수도 있다. 그러나 그 모델은 중요하게 취급해야 할 물리학적 요인들을 모두 포함하고 있지는 않기 때문에, 예보기간이 길어질 때에 우리가 기대하고 있는 것처럼 항상 신뢰할 수 있는 것은 아니다.

장기예보 중에 우리가 정기적으로 발표하는 것은 월간예보(monthly forecast, 月間豫報)이다. 1개월 단위로 예보를 발표하는 이유는 이것이 가장 필요해서라기보다는 거의 모든 기후 데이터가 이미 월별로 작성되어 있기 때문이라고 할 수 있다.

현재로서는 월간예보가 기본적으로 유사법(analogue method, 類似法)으로 수행된다. 즉 각 월의 마지막 또는 각 순(旬)의 마지막에 북반구의 월평균 온도패턴과 월평균 기압패턴을 작성하고 또 이들의 평년편차도(anomaly chart, 平年偏差圖)를 작성하여 과거에 이와 비슷한 모양이었던 해의 패턴을 찾아 그 바로 다음 한 달에 어떤 변화가 있었던가를 검토하여 적용하는 방법으로 예보하기도 한다.

유사법과 함께 지난 한 달을 평년평균 분포와 비교한 평년편차도를 검토하면 평년과 다른 형태가 나타나는 원인과 조건을 발견할 수 있게 되고, 이들이 예보에 어떤 영향을 줄 것인가를 추정하게 된다. 예를 들면, 봄에 시베리아 북부지방에 얼음과 눈이 예년보다 늦게까지 녹지 않았다면 그 영향이 한 달 이상 넓은 범위의 일기에 영향을 미칠 것이다. 이런 구역에서는 얼음과 눈이 녹기까지는 오랫동안 햇빛을 흡수하여야 할 것이다. 이러한 사항들을 고려하여 장기예보를 시도한다.

이와 같은 사항이 장기예보를 위한 이상적인 방법으로 평가될 수는 없지만 현재의 형편으로서는 최선의 것이어서, 여러 가지 산업에 도움을 줄 수 있을 정도로 꽤 좋은 결과를 얻고 있다.

장기예보에서 나타낼 수 있는 정보의 형태는 단기예보에서 나타낼 수 있는 정보의 형태보다는 훨씬 대략적인 것이 될 수밖에 없다. 예를 들면, 장기예보에서 "19일은 비가 오겠지만 20일부터 24일까지는 맑겠다"라는 식의 구체적인 예보를 한다는 것은 불가능에 가까운 일이다. 경우에 따라서는 해당 월의 일기의 특성이 발표될 수 있다. 보통은 기온과 강수가 장기예보에서 예보할 수 있는 주된 요소들이다.

유사법에 의하여 어떤 특정 월의 유사년을 찾을 수 없을 때는 어려움이 있으나, 몇 개의 좋은 유사년이 발견될 경우에는 지역에 따라 해당 월의 처음부터 마지막까지 신뢰할 만한 예보를 상세히 발표할 수도 있다.

나. 발전 전망

앞에서 장기예보의 현재 위치를 간단히 소개했지만, 오늘날까지 이러한 일기예보 분야에서 성공적인 발전은 매우 미약하다. 그러나 과학자들이 이러한 예보에 개재된 문제에 대해 연구할 수 있었던 기간이 매우 짧았기 때문에 이는 당연한 귀결일 수밖에 없다.

과학이란 것은 연구를 위한 데이터가 갖추어질 때까지는 발전할 수가 없는 것이다. 장기예보도 전체의 대기를 취급할 수 있게 되며, 그것도 오랫동안 연구를 거쳐야만 좋은 결과를 얻을 수 있는 것이다.

장기예보에 대한 연구는 당연히 전체 대기에 대하여 정확한 많은 정규관측을 필요로 한다. 그러나 겨우 1950년대 중반에서야 가장 기초적인 관측이 시작될 수 있었기 때문에 대기에 대해 우리가 가지고 있는 지식은 아직도 부족하다. 따라서 장기예보의 발달이 늦어질 수밖에 없었다.

단기간의 예보에서는 대기 전체에 대한 지식을 필요로 하지는 않는다. 즉 단기예보의 경우에는 여러 가지 대담한 가정을 도입하거나 또는 정상적인 매일의 대기 활동 중에 현저하지 않고 그 반응이 매우 늦은 여러 물리학적인 과정을 무시해도 충분히 사용가능한 결과를 얻을 수 있다. 그러나 기간이 한 달 이상으로 길어지면 이러한 가정을 도입한 대기는 실제의 대기와는 전혀 달라질 수 있다.

매우 천천히 진행되거나 또는 매우 단기간의 것으로서 하찮게 보이는 물리학 과정이라도 장기간 누적되면 그 효과는 커지기 마련이다. 이러한 현상들이 일반적인 일기 특성에 영향을 주는 지배적인 과정으로 발전되기도 한다. 문제는 하찮게 보이는 이러한 현상들이 있는 것도 알고, 그들이 결국은 중요한 현상이 될 수 있다는 것을 안다 해도 그것들을 측정하거나 연구하는 것은 쉬운 일이 아니라는 것이다. 왜냐하면 이런 것들은 그 효과를 밝혀내기가 매우 어렵고, 또한 우리가 매일 매일 겪는 거칠고 변화 많은 일기현상에 감추어져 있기 때문이다.

단기예보를 위한 현재의 대기모델은 여러 면에서 매우 좋은 결과를 주고 있지만, 이러한 모델로 장기예보를 시도하기에는 아직도 너무 조잡하고 비현실적이다. 그러나 결국 장기예보는 기상학의 발달과 컴퓨터기술의 발달에 따라 점진적으로 발전이 이루어질 것이다.

대기가 가지는 에너지는 태양으로부터의 복사 흡수의 형태로 계속적으로 보충되고 있다. 그래서 하루 정도의 기간 동안에는 근사대기모델의 습성도 실제대기와 큰 차이가 나타나지 않는다. 경우에 따라서는 3～4일 동안은 이러한 모델이 예보의 수단으로서 충분히 실제와 비슷하다. 그러나 기간이 더 길어지면 오차가 너무 커져서 이 방법은 쓸모가 없어진다.

3～4일을 초과하는 기간에 대한 예보에 적합한 모델이려면 가능한한 실제와 매우 같을 필요가 있다. 다시 말하면 이러한 모델은 습도를 포함해야 하고 또 모든 복사, 증발, 응결 및 강수과정을 포함할 수 있어야 한다. 그리고 연직적인 전체 대기(즉 지면마찰층, 대류권, 권계면 및 성층권과 같은 여러 기층)를 실제와 같이 표현할 수 있어야 한다. 그러자면 대기모델을 적어도 30층 이상으로 구성해야 한다. 그리고 단기예보 때에 도입되었던 근사(近似)를 더 정교하게 하여야 한다. 그렇게 하자면 더 많은 데이터를 필요로 하게 되는 것은 당연하다.

더욱이, 이러한 모델이 모델대기의 에너지를 계속적으로 보충할 수 있도록 대기 중의 수증기와 오존에 의한 복사의 흡수를 재현할 수 있어야 한다. 그리고 그 모델은 지표의 영향, 즉 중요한 해류, 육지 및 산맥의 영향 등을 재현하여야 한다. 결국은 이러한 일은 세월이 경과함에 따라 머지않아 이루어질 것이다. 그때야말로 기상학적인 관점에서 장기예보가 오늘날의 것보다는 훨씬 과학적이고 또 만족할 만한 것에 가까워질 것이다.

한편 이와는 별도로, 예보를 실현하는 기술적인 문제가 아직도 남아 있다. 장기예보 문제는 매우 거창한 것이기 때문에 용량이 훨씬 큰 컴퓨터가 필요하다. 그것은 모델에 필요한 데이터의 양이 엄청나게 많아지기도 하려니와 또한 계산 절차가 엄청나게 불어나기 때문이다.

오늘날의 24시간 예보는 연속된 예보단계가 보통 매 10분마다 계산되어 마지막 결과를 얻기까지 한 격자점에서 144단계를 계산한다. 그러나 장기예보 모델이 크게 개선되어 정교하게 되면 예보시간 단계는 5분 이하로 단축되고, 결국 24시간 예보만 하더라도 최소한 288단계의 계산이 필요하고, 한 달 예보라면 한 격자점에서 무려 9,000단계의 계산이 요구된다. 아울러 대기층을 여러 개로 나누고, 또 지배방정식이 여러 개로 구성되어 있으면 계산량은 기하급수적으로 늘어난다. 이런 예보는 오늘날의 슈퍼컴퓨터라 하더라도 예보기간이 경과되기 훨씬 앞서 예보를 만들어낸다는 것은 매우 어려운 일이다. 이러한 예보를 현실화하여 실용화하자면 실제대기가 예보시간에 이르기 훨씬 이전에 컴퓨터가 해답을 만들어낼 수 있어야 한다. 이런 컴퓨터가 실용화되어야만 비로소 장기예보가 실현될 수 있게 된다.

5.5 예보관의 업무 자세

좋은(정확한) 예보를 위해서는 초기자료, 슈퍼컴퓨터, 수치예보모델, 예보관이 일련의 연관성을 가지게 된다.

1 예보관의 일반적인 역할

기상청(2007)의 연구 "수치예보모델의 성능이 일기예보의 정확도에 얼마나 영향을 미치는가?"에 의하면 일기예보의 정확도에 수치예보모델의 성능이 40%, 초기(관측)자료의 양과 질이 32%, 예보관의 역량이 28%로 각각 기여하고 있다.

이렇듯 수치예보모델의 성능은 일기예보의 정확도에 미치는 영향력이 매우 크다. 따라서 예보정확도의 향상을 위해서는 무엇보다도 수치예보모델의 성능을 향상시키는 노력이 우선되어야 한다.

그러면 "수치예보모델이 계속 발전 한다면 예보관이 없이도 자동으로 객관적 예보가 실현될 수 있을까?"라는 질문이 성립할 수 있을 것이다. 그러나 당연히 대답은 '그렇지 못하다'는 것이다. 그 이유는 앞으로 과학기술이 아무리 발전해도 100% 완벽한 수치예보모델의 출현은 불가능하기 때문이다.

대기과학의 발달에 한계가 있을 수밖에 없고, 충분하고 정확한 초기값(관측값)을 얻는데 제한이 있을 것이기 때문이다. 따라서 수치예보모델의 성능, 관측자료의 양과 질, 예보관 역량 모두가 조화를 이루어 발전해야만 예보정확도가 향상될 수 있는 것이다.

특히 아직 '완전하지 못한 수치예보모델'에 의한 결과를 바탕으로 만들어진 가이던스를 따라 일기예보를 최종적으로 결정하는 예보관의 중요성은 일기예보가 존재하는 한 계속해서 강조될 수밖에 없을 것이다.

예보관(weather forecaster, 豫報官)은 매일 매일의 일기도를 작성하며, 그 일기도와 모든 가능한 접근 방법을 동원하여 일기를 분석하고 예보를 작성한다. 작성하는 예보는 가능한 한 명확하고 단순해야 한다. 그렇다고 일기상황 자체가 단순하다거나 또는 여기에 이용되는 예보기술이 모든 경우에 성공적으로 적용되고 있다는 의미는 물론 아니다.

실제적으로 예보관들은 개성이 각각 다르고, 일기상황도 그 변화가 다양하므로, 여기에서 언급하는 내용은 각 예보관이 상황을 다루는 직선적인 예시에 불과하다는 점에 유념해야 한다.

우선 근무를 위해 출근하는 예보관이 근무장에 들어가기 전에 먼저 해야 할 일은 하늘을 통찰력 있는 눈으로 바라보는 일이다. 이것은 예보관에겐 제 2의 천성(天性)에 해당한다고 할 정도의 것이어야 한다.

유능한 예보관이라면 그는 반드시 유능한 관측자여야 한다. 특히 해당지역의 국지적인 특이현상이 일기예보의 중요한 일부가 되는 곳에서는 더욱 그러하다. 이때 물론 예보관은 정규관측 절차와 같은 관측종목 전체에 대해 공식적인 절차를 밟을 필요는 없다. 예보관은 항상 일기에 대해 특별한 관심을 가지도록 자신을 훈련시킬 필요가 있다.

이제 근무장에 들어서면서 자기관측기(self-recording observation device, 自記觀測器)와 함께 기상레이더 자료, 기상위성 자료 등을 일별(一瞥)하여 해당 관측소에 나타난 일기의 실상에 대한 합리적인 이해가 필요하다.

다음에 예보관의 관심은 일기도로 옮겨간다. 예보관은 그때부터 일기 상황을 분석하기 시작한다. 우선 전 시간에 분석된 일기도들을 보고, 넓은 지역의 일기에 영향을 주는 주된 패턴을 평가한다. 이들은 지상 고·저기압, 상층 기압골·기압마루 또는 제트류와 같이 매우 지속성이 크고 완만한 속도를 가지고 있는 것들이다. 이런 것들 주위에 비교적 규모가 작고 이동성이 큰 일기시스템이 이끌려 움직인다.

예보관이 그의 의자에 깊숙이 들어앉기 전에, 그리고 일기의 독특한 국지적인 상세한 내용에 관심을 집중하기 전에 이러한 종관 상황을 검토하는 것도 좋다. 이런 대국적인 관점은 지상일기도 분석뿐만 아니고 상층일기도와 두께선도 등 보조일기도에 대해서도 적용된다.

이렇게 하여 예보관은 그의 마음속에 현재 나타나고 있는 대기의 대규모 3차원 구조의 중요한 부분에 대한 영상을 정리하게 된다. 이러한 대국적인 관점으로부터 예보관은 그 자신이 예보하게 될 기간 동안 해당 지역에 영향을 미칠 중요한 시스템을 분리해내게 된다. 이 단계에 이르면 예보관은 일기의 진행 상황을 파악했다고 볼 수 있다.

때로는 예보관이 그의 주의력을 전선의 이동과 2차 저기압의 급속한 이동에 집중시켜야 할 경우도 있고, 예보기간에 별로 변화가 없는 기단의 지표가열과 냉각 효과를 추정하는데 집중시켜야 할 경우도 있을 것이다.

예보관은 주요한 상황을 크게 또 넓게 보아 단순화시켜야 한다. 그 이유는 예보관의 한정된 시간과 능력을 정말 중요하고 필요한 상황에만 집중시켜야 하기 때문이다.

분석의 일반적인 마지막 단계로서 예보관은 자기 예보지역에서 보고된 일기와 예보기간에 자기 예보지역에 이동해 올 종관상황이 위치하고 있는 지역으로부터 보고된 일기를 상세하게 검토하여야 한다.

예보관은 기본적으로 일기도에 기입된 관측자료에 관심을 가지게 되지만, 그렇다고 일기도에 기입되지 못한 자료나 또는 그가 얻을 수 있는 어떤 다른 자료를 검토해보는 것을 소홀히 해서는 안 된다.

다시 한 번 반복하지만, 일기분석은 3차원 내지 4차원 성질을 가지고 있어서 지상관측 뿐만 아니라 상층 바람과 기온 등도 함께 검토하여야 한다. 예보관은 현재일기의 특성 분석으로부터 가까운 장래에 일기가 어떻게 발달할 것인가, 그리고 중요한 물리적 과정을 어떻게 평가할 것인가 하는 일기의 특성 분석과 적용 가능한 중규모 모델과 종관모델에 의해 미래의 일기를 예보한다. 이러한 절차는 수치예보 결과가 입수되는 경우에도 예외가 될 수는 없는 것이다.

예보관이 해당 근무(일근 또는 야근)에 임할 때의 절차를 대략 다음과 같이 정리할 수 있다.

1) 일기에 대한 개인적인 관측

2) 지상과 상층의 종관일기도 분석(수집) 평가

① 장기적 안목에서의 분석 : 광범위한 지역을 대상으로 주된 대규모 종관패턴에 대한 일반적인 평가.

② 단기적 안목에서의 분석 : 해당 예보관의 예보 담당기간 동안 나타날 중·소규모패턴에 대한 상세한 분석.

3) 예보의 작성

① 현존하는 상황과 앞으로 전개될 상황에 대한 예상도를 작성하거나 작성된 예상도의 수집 검토

② 예상도를 평가하여 일기 용어로 번역

2 예보관의 기본 마인드

예보관(weather forecaster)이 기본적으로 가져야 할 마인드를 열거한다.

1) 대기의 큰 흐름을 보아야 한다.

대기의 큰 흐름으로 보면 대기현상은 중위도의 경우 어느 한 곳에서 갑자기 발생한 것이 아니라 서쪽 어느 곳에서 점차 형성되어 흘러 온 것임을 유의해야 한다. 어느 국지예보구역의 예보를 생산할 때에도 일반 광역예보구역을 검토해야 한다. 즉 우리나라 전체, 나아가 동아시아, 북반구 전체에 대한 대기의 흐름이 파악되어 있어야 한다.

2) 예보의 연속성을 중요시하고 예보의 경향을 맞추어야 한다.

예보의 연속성을 고려하는 것이 매우 중요하다. 앞서 생산된 예보를 반드시 수정할 필요가 있을 때는 물론 수정해야 한다. 그러나 그런 경우라 하드라도 최대한 연속성을 살리는 것이 중요하다.

한 번만 틀리면 되는 것을 두 번 틀리는 경우가 있다.

또한 예보의 큰 흐름, 즉 경향을 맞추는 것이 중요하다.

3) 예보에 대한 고집은 불필요하다.

예보에 대해 자기의 의견을 제시하고 예보에 대한 견해를 밝히는 것은 매우 중요하다. 그러나 자신이 미처 생각하지 못한 내용이 나왔을 때 이를 과감히 수용하는 자세가 필요하다. 100% 정확한 예보발표는 누구에게나 불가능하다. 따라서 다수의 의견이 나왔을 때 불필요한 고집은 과감히 버리고, 또한 일단 자신의 의견과는 다른 예보로 결정되었을 때에라도 대외 홍보는 한 목소리여야 한다.

누구든지 모든 것을 다 알 수 없기 때문에 모르는 것이 결코 부끄러운 것이 아니다. 모르는 것은 모른다고 하는 자신감을 갖도록 하며, 관련 지식을 쌓기 위한 노력을 게을리 하지 않아야 한다. 대가(大家)들이란 자신이 무엇을 모르는가를 진실로 아는 사람들이라 할 수 있다.

4) 그때그때의 현안이 무엇인지를 항상 염두에 두어야 한다.

우리나라는 뚜렷한 4계절이 있어 각 계절에 따른 기상특성이 있다. 여름에는 집중호우 그리고 태풍, 겨울에는 대설이 있고, 봄에는 황사에 대한 관심이 높고, 가을에는 서리에 대한 관심이 높다는 등의 것이다. 또 계절과 관계없이 사회적 주요 이벤트(예 올림픽, 월드컵대회, 대통령선거 혹은 취임식, 명절, 국내 주요행사 등)에 따라 국민들이 갖는 기상에 대한 관심사는 매우 다양하므로 그때그때의 현안에 대한 확실한 파악이 예보 생산에 큰 도움이 된다. 특히 예보관은 예보 생산은 물론이고, 그 외에도 다양한 이용자들에게 기상정보를 제공해야 하는데 무엇이 가장 중요한 정보인가를 사전에 파악함으로써 적절히 대처할 수 있게 된다.

5) 예보생산을 위한 모든 tool을 파악한다.

최근 기상청의 종합기상정보시스템에는 많은 수치모델들이 있다. 적어도 예보관은 어떠한 모델 결과들이 있는지를 알아야 한다.

물론 모델 결과를 보기 이전에 일기도를 분석하여 예상도를 나름대로 예상해보아야 한다. 모델의 결과들은 사람이 힘들게 작업해야 할 운동방정식, 열역학방정식, 연속방정식 등 대기의 수치방정식들을 컴퓨터로 풀어 얻은 것들이다. 최근 모델 성능과 컴퓨터 성능이 향상되면서 모델의 결과가 사람의 생각을 능가한다고 볼 수 있다. 따라서 일단 기본적인 일기도들을 검토하여 예상도를 그려낸 뒤에 모델 결과와 비교 검토하여 예보를 생산하게 된다.

6) 예보 평가에 너무 관심을 두지 않고 소신 예보를 생산한다.

예보관의 임무는 정확한 일기예보와 특보의 발표를 통해 기상재해로부터 국민의 생명과 재산을 보호하는 것이라 할 수 있다.

통계적으로 보면 강수일보다는 무강수일이 훨씬 많으므로, 경우에 따라서는 강수 가능성이 있다

하드라도 강수예보를 하지 않는 것이 사후평가에서 더 높은 점수를 받는 방법일 수가 있다. 그러나 이러한 경우라면 다음 근무자의 근무를 곤란하게 하는 큰 요인이 될 뿐만 아니라 예보관의 업무능력 발전에도 큰 저해 요인이 된다. 예보관은 항상 판단에 따라 기상예보 및 특보 업무를 소신껏 수행하여야 한다.

7) 예보에 대한 knowhow를 많이 보유하도록 노력한다.

예보관은 예보업무를 수행해나가면서 기관에서 공식적으로 사용하는 tool 이외에도 스스로 연구를 통해 예보기술 혹은 예보업무 수행방법에 대한 knowhow를 개발해 나가는 것이 바람직하다. 이러한 knowhow가 생기면 이를 잘 정리하는 관습이 필요하다. 그리고 이러한 knowhow를 예보관들 사이에 공유할 수 있도록 노력해야 한다.

3 기상예보와 특보의 생산

가. 예보 생산

(1) 실황 파악

예보 생산의 첫 단계는 실황 파악이다. 지상기상관측, 고층기상관측, 위성관측, 레이더관측 등의 관측자료에 의한 실황 파악을 통해 대기의 전반적인 흐름이 머릿속에 정리되어야 한다. 현재 우리나라에 영향을 주고 있거나 영향을 줄 것으로 예상되는 기압계가 위치한 지역의 기상실황과 우리나라의 각 지역별 기상실황을 정리하여 기상의 변화를 파악해야 한다.

실황에 대한 철저한 파악만으로도 적어도 두 세 시간 정도의 초단기예보가 가능하며 적어도 기상예보를 잘 못 판단하는 경우를 막아줄 수 있다.

(2) 대기의 3차원적 흐름 파악

현재의 기상상황을 파악하고, 이것이 적어도 동아시아 규모로 어떤 상황인지를 파악하고 있어야 한다. 그래야만 대외적으로 해당 예보의 이유를 체계적으로 설명할 수가 있게 된다.

또 계절에 따른 기후적 특성을 염두에 두어야 한다. 예를 들어 3월 중순 쯤에 시베리아고기압이 발달해 내려올 때, 이 고기압의 규모만 보고 겨울처럼 예보한다면 대륙성한대기단이라 하드라도 이 고기압을 너무 과대평가하여 예보가 빗나갈 가능성이 생긴다.

(3) 지역별 국지기후 특성 파악

전국 규모의 광역예보를 생산한 후 국지예보를 작성하기 위해서는 해당 지역이 가지고 있는 국지기후 특성 파악이 필요하다.

지형이나 환경 등 국지적 요인에 크게 영향을 받는 기온, 강수량, 시정(안개), 바람 등의 기상요소에 대해 각 지역별로 local study에 의해 해당 지역 예보법을 보유하고 있어야 하며, 이는 특히 이들 요소에 대한 양적예보 생산에 중요하게 활용된다.

나. 주요 위험기상 예보 생산

(1) 집중호우

기류 수렴지역(하층제트), 대기불안정도, 계절 특성, 국지기후 특성, 지형조건에 유의한다.

(2) 태풍

우리나라 부근에 오기까지는 위치, 이동경로, 강도에 대한 감시가 중요하므로 우리나라의 태풍 모델 결과를 중심으로 JMA, 미공군, 중국 자료를 비교 검증한다.

태풍특보 경계구역 도달 이후에는 해수면온도, 지상기압 하강구역, 북태평양고기압의 발달과 수축, 500hPa 기압골의 위치와 이동 방향 등을 유의하여 분석한다.

(3) 폭풍

대륙성한대기단(고기압)이 확장할 때의 기압경도력, 등압선/등고선 형태와 방향, 기압골 접근 시의 남서기류 유입, 한기의 남하 정도를 분석하고 남동 기류 유입 때의 파도(너울) 분석에도 유의한다.

(4) 대설

저기압, 기압골 통과 때의 난기 유입, 대륙성한대기단(고기압) 확장 때 서해안 대설, 서풍 유입 때 서울 경기도 대설, 북동기류에 의한 동해안 및 강원 산간 대설에 유의한다.

(5) 안개

무풍 때의 복사무, 온난한 남서류 유입 때 해안의 이류안개에 유의한다. 동풍 기류나 강한 북서기류는 안개 소산 요인이 된다.

(6) 황사

중국대륙의 황사 발원지에서 황사의 발생 유무, 일기도 패턴(바람)이 황사를 우리나라로 이동시킬 수 있는가의 여부, 위성영상의 황사 범위 및 대기 중의 황사량 관측, 수치예보일기도/황사실황일기도와 황사추적도 분석에 유의한다.

(7) 기온

계절 특성, 하늘상태, 바람 유무, 850hPa 등온선 패턴에 유의한다.

다. 기상청의 특보 발표기준

[표 5-3] 기상청의 특보 발표기준[1](2012년 6월 현재)

종류	주의보	경보
강풍[2]	〈육상에서〉, 평지는, 풍속 14m/s 이상, 또는 순간풍속 20m/s 이상. 산지는, 풍속 17m/s 이상, 또는 순간풍속 25m/s 이상.	〈육상에서〉, 평지는 풍속 21m/s 이상, 또는 순간풍속 26m/s 이상. 산지는, 풍속 24m/s 이상, 또는 순간풍속 30m/s 이상.
풍랑[2]	〈해상에서〉, 풍속 14m/s 이상이 3시간 이상 지속, 또는 유의파고 3m 이상.	〈해상에서〉, 풍속 21m/s 이상이 3시간 이상 지속, 또는 유의파고 5m 이상.
호우	6시간강우량 70mm 이상, 또는 12시간강우량 110mm 이상.	6시간강우량 110mm 이상, 또는 12시간강우량 180mm 이상.
대설	평지나 산지의 구분 없이, 24시간신적설 5cm 이상.	평지는, 24시간신적설, 20cm 이상. 산지는 30cm 이상.
건조	실효습도 35% 이하가 2일 이상 계속.	실효습도 25% 이하가 2일 이상 계속.
폭풍해일	〈지진 이외의 현상으로〉, 해안에서 해일파고가 지역별기준값[3] 이상.	〈지진 이외의 현상으로〉, 해안에서 해일파고가 지역별기준값[3] 이상.
지진해일	〈지진으로〉, 해안에서 해일파고가 0.5m 이상.	〈지진으로〉, 해안에서 해일파고가 1.0m 이상.
한파	〈10~4월에〉, 기온이 전날 아침의 최저기온보다 10℃ 이상 하강하여 평년일최저기온보다 3℃ 이상 저온, 또는 일최저기온 -12℃ 이하가 2일 이상 지속, 또는 급격한 저온으로 피해가 중대.	〈10~4월에〉, 기온이 전날 아침의 최저기온보다 15℃ 이상 하강하여 평년일최저기온보다 3℃ 이상 저온, 또는 일최저기온 -15℃ 이하가 2일 이상 지속, 또는 급격한 저온으로 피해가 광범위 지역에 중대.
태풍	〈태풍으로〉, 강풍, 풍랑, 호우, 폭풍해일의 주의보 기준.	〈태풍으로〉, 다음 중 하나에 해당 1) 강풍경보 기준 또는 풍랑경보 기준 2) 총강수량 200mm 이상 3) 폭풍해일경보 기준.
황사	〈황사로〉, 1시간평균 미세먼지(PM10)농도 400 $\mu g/m^3$ 이상이 2시간 이상 지속.	〈황사로〉, 1시간평균 미세먼지(PM10)농도 800 $\mu g/m^3$ 이상이 2시간 이상 지속
폭염	〈6~9월에〉, 일최고기온 33℃ 이상이 2일 이상 지속.	〈6~9월에〉, 일최고기온 35℃ 이상이 2일 이상 지속.
오존[4]	(지표 대기 중에〉, 1시간평균 오존농도 0.12ppm 이상.	〈지표 대기 중에〉, 1시간평균 오존농도 0.3ppm 이상. 단, 0.5ppm 이상이면 중대 경보 발표기준.

주 : 1) 이해를 돕기 위해 일부 보완 또는 간략화 함.
2) 풍속, 순간풍속, 유의파고: 매시간동안 각각 측정될 수 있는, 6번의 10분평균풍속값 중, 무수한 순간풍속값 중, 6번의 유의파고 중 최대값으로 정의되어야 할 것임.
3) 폭풍해일의 경우 풍랑(또는 지진해일)과 비교해보면 주의보는 "해일파고가 (평균만조해면으로부터) 3m 이상", 경보는 "해일파고가 (평균만조해면으로부터) 5m 이상"으로 이해될 수 있을 것임.
4) 환경부(지자체)에서 발표함.

4 기상분석시스템(FAS) 활용

가. FAS의 개요

예보관이 예보를 결정하기 위하여 사용하는 자료는 기본적으로 국내 기상관측망으로부터 관측된 자료와 세계기상통신망을 통하여 수집된 자료로서 매우 다양하다. 이 자료들은 수치예보모델, 경험모델 등을 이용하여 최대한 빠른 시간 안에 가공되어 예보관에게 전달된다. 예보관은 이들 원자료나 가공된 자료를 이용한 기상분석을 근거로 현재의 기상상황을 감시하고 미래의 일기를 예측함으로서 발생될 돌발 위험기상 등 국민의 관심사가 되는 여러 가지 기상현상에 대한 정보를 제공하게 된다.

이러한 과정에서 예보관이 이용하는 자료는 수 백 가지가 되는데, 이러한 자료의 홍수 속에서 신속・정확하게 일기현상을 분석 판단하여 예보를 생산해내는 것은 매우 어려운 일이 아닐 수 없다.

이러한 정보의 홍수 속에서 예보관이 최대한 편리하게 기상자료를 살펴보고 분석할 수 있는 강력한 도구로 개발된 것이 기상분석시스템(Forecaster's analysis system, FAS)이다. FAS는 기상청에서 기상분석 소프트웨어와 이를 운영하는 컴퓨터, 그리고 통신망이 하나로 연결된 시스템이다. 궁극적으로 예보실에 종이 일기도 대신 모니터에 표출된 영상을 이용하여 기상감시를 비롯한 예보작업이 이루어질 수 있다.

FAS는 대체로 자료처리서버, 보조서버 및 표출PC로 구성된다.

자료처리서버는 기상청의 종합기상정보시스템(COMIS)으로부터 입수된 자료가 실시간으로 기상청 산하 각 기관에 설치되어 있는 FAS의 서버에 전송되어 표준자료형식인 netCDF로 변환하는 작업과 자료의 입력 상태를 확인하여 FAS 시스템에 통지하는 프로그램 등이 작동되는 과정을 담당한다.

보조서버는 자료처리서버와 같은 구성을 가지면서 필요시에 자료처리서버의 백업 역할을 담당한다. 평시에는 표출PC의 저장소로 활용된다.

표출PC는 자료처리서버와 보조서버에서 실시간 처리된 자료를 사용하여 FAS의 여러 가지 도구를 사용하여 사용자가 직접 조작을 통해 필요한 자료를 표출하고 분석하는데 이용된다.

나. FAS에서 표출되는 자료

1) 관측자료: 지상자료(SYNOP), 고층자료(TEMP), 항공자료(METAR), 위성자료(MTSAT, NOAA, METEO+MTSAT, QuikSCAT, NOAA SST), 낙뢰관측자료, 자동기상관측(AWS)자료, 레이더자료, 부이자료, 항공자료(ACARS) 등(표 5-4 참조)

2) 수치모델자료: 전구모델자료(GDAPS, ECMWF, UM, JMA), 지역모델자료(RDAPS10km, RDAPS30km), KWRF자료, 해양모델자료(ReWAM, ReWW3), 황사모델자료(ADAM) 등

3) 분석자료: GDAPS, RDAPS(10km, 30km), KLAPS, MSAS 지상분석 및 QC, 지상일기도 및 상층일기도, AWS 분석장 등

[표 5-4] 기상청 기상분석시스템(FAS)의 처리자료 목록

자료명			제공 주기	제공시각 (기준시로부터)	설명	비고
관측 자료	지상	SYNOP, METAR, BUOY	1시간	30분후	GTS망을 통해 수집되는 지상관측자료(지상, 항공, 부이)	
		AWS	1분	실시간	기상청 망을 통해 수집되는 자동기상관측장비의 관측자료	
		낙뢰	수시	낙뢰발생시	기상청 망을 통해 수집되는 자동낙뢰관측장비의 관측자료	
	고층	TEMP	6시간	1시간 후	GTS망을 통해 수집되는 라디오존데 관측자료	
		ACARS	1시간	1시간 20분 후	미국 GSD로부터 수집되는 민간항공기 관측자료와 PIBAL관측자료	
		Windprofiler	10분	실시간	기상청 망을 통해 수집되는 PIBAL 관측자료	
원격 탐사 자료	레이더		10분	실시간	국내 레이더관측소(14소) 자료 및 합성영상	
	위성	METEO +MTSAT	1 시간	25분 후	METEO 위성(인도양 상공)와 MTSAT 위성의 합성 영상	
		MTSAT	30분	30분 후	MTSAT 자료	
		QSCAT	일 4~5회	5~6시간 후	QuikSCAT에서 관측된 해상풍 자료	
		NOAA SST	1 일	1일 후	NOAA에서 관측된 지난 7일간의 평균 해수면온도	
		NOAA	일 4~5회	실시간	NOAA 자료	
수치 분석 자료	KLAPS		1시간	20분 후	국지규모 분석 시스템(5km해상도)의 자료	
	RDAPS		1시간	1시간 후	RDAPS(10km 모델) 분석장	
	GDAPS		6시간	3시간 후	GDAPS T426 분석장	
	일기 분석	3시간지상	3시간	2시간 후	GDAPS 분석장	
		지상일기도	12시간	3시간 후	"	
		고층일기도	12시간	3시간 후	"	
		MSAS	1시간	실시간	AWS 자료 분석장 (중규모 분석 시스템 이용)	
수치 예보 자료	지역 모델	RDAPS10	12시간	4시간 30분 후	10km해상도 RDAPS 예측장	13시 40분
		RDAPS30	12시간	4시간 30분 후	30km해상도 RDAPS 예측장	13시 30분
		KWRF	12시간	5시간 후	10km해상도 KWRF 예측장	
	전구 모델	GDAPS	12시간	5시간 후	GDAPS T426 예측장(240시간예보)	14시
		ECMWF	12시간	8시간 30분 후	ECMWF 전지구모델 예측자료	
		JMA	12시간	5시간 30분 후	일본기상청 전지구모델 예측자료	
	응용 모델	해양모델 (ReWAM)	12시간	4시간 30분 후	지역규모 해양모델 예측자료(해상풍, 파고 등)	13시 30분
		황사모델 (ADAM)	12시간	4시간 30분 후	황사모델 예측자료(황사농도 및 이동방향)	13시 30분

다. FAS의 기상분석 절차

여기에 제시된 FAS의 기상분석 절차는 FAS를 이용하여 어떻게 예보하는지를 설명하기 위하여 기상청에서 만든 것이다. 따라서 예보관이 행하는 기상분석은 이러한 절차를 따르지 않을 경우도 많다.

여기에서 제시하는 절차는, 현재의 대기 상태를 파악하는 방법, 주시해야 할 중요한 현상을 찾는 방법, 그 현상의 변화추이를 추적 분석하여 예보하는 방법에 대한 예시이다.

(1) 실황분석

실황분석은 상번하는 예보관이 근무를 시작하면서 현재의 대기상태를 파악하기 위하여 행하는 분석이다. 실제로는 하번(下番)하는 예보관으로부터 대부분의 정보를 전해 듣기 때문에 여기서 설명하는 것보다는 간단할 수도 있다.

일반적으로 일기도를 살펴서 현재의 대기상태를 파악하는 단계로서, 실제 예보 근무에 들어가면 끊임없이 실황을 감시하며 일기도를 다시 세밀히 분석하게 된다.

㈎ 전지구모델의 분석

대기의 거시적인 움직임을 파악하고 대기가 변화되어 갈 방향과 시간을 추정하기 위하여 전지구모델의 분석장을 파악할 필요가 있다. 대부분의 경우 북반구 전체를 조망하여 장파의 움직임을 살펴보고 장파에 동반되는 단파의 움직임을 추적하게 된다. 또한 전 지구적인 열에너지의 교환과정을 분석하여 기압계의 발달, 기온의 변화 등을 추정하는 근거로 삼는다.

주로 300hPa 제트류, 500hPa 등고선과 등온선을 이용하여 장파와 온도이류 등을 분석한다. 지상기압계를 500hPa의 등고선 분포도에 중첩시켜 장파의 이류에 따른 지상기압계의 대체적인 이동을 파악하게 된다.

㈏ 지역모델의 분석

전지구모델보다 해상도가 높고 물리과정이 더 상세한 지역모델을 이용하여 국지적인 기압계의 발달 여부, 강수 분포 등을 추적한다. 대기운동 변화의 근원이 되는 지형 효과가 잘 반영되기 때문에 실제 기상현상을 잘 파악할 수 있게 된다.

㈐ 관측자료의 분석

실제 관측자료(SYNOP, TEMP, METAR 등)를 관찰하여 현재 혹은 과거의 대기가 어떤 상태였고 어떻게 변화하였는지를 파악할 수 있다. 모델 분석이 일기도를 분석하는 것이라고 하면, 관측자료 분석은 관측전문을 직접 기입하며 각 지점의 일기를 파악하는 것이라고 할 수 있다. SYNOP, TEMP를 모델 분석자료와 중첩하여 사용하면 훌륭한 분석이 될 수 있다. FAS에서는 전지구의 모든 관측지점의 TEMP 자료를 활용하며 모든 지점에 대한 단열선도를 보여주기 때문에 대기의 3차원적 분석이 가능하다.

국내의 AWS 자료에 의해서는 시·공간적으로 더욱 조밀하게 기상현상을 파악할 수 있으므로 예보구역 내의 상세한 날씨변화 파악에 도움이 되는데, 다만 AWS 자료는 관측 간격이 매우 조밀하여 모델 분석 자료와 중첩하여 분석하기는 어렵다.

㈑ **원격탐사자료 분석**

원격탐사(기상위성, 기상레이더) 자료를 이용하여 실시간으로 나타나는 대기현상을 추적할 수 있다. 대부분의 종관관측 자료는 해당 자료가 수집되어 예보관에게 제공되기까지는 몇 시간이 걸리는데 비하여 원격탐사 자료는 거의 실시간으로 제공된다는 장점이 있어서 실시간 기상현상 추적에 유리하다.

FAS에서는 서로 가까운 시각의 수치분석 자료와 원격탐사 자료를 겹쳐서 분석할 수 있기 때문에 일기도 상에서 실제 기상현상의 이동을 시각적으로 볼 수 있다.

표 5-5. 기상청의 기상분석시스템(FAS)을 이용한 분석 가능 내용

- 대규모 순환계 파악(전지구모델)
  - 500hPa 고도 : 파동분석
  - 500hPa 기온 : 북반구 에너지 평형
  - 기압골분석, 와도분석
  - 300, 200hPa 바람, 고도 : 제트분석 (간접순환 파악)
  - 지상, 850hPa 기압(고도), 바람, 온도 : 기압분포, 온도이류
  - 앞으로의 변화 예상 (예보분석)
- 일기실황 파악
  - 지상전문(SYNOP) : 실제 날씨(기압분포와 중첩하여 실황파악), 날씨변화경향(대기운동, 구름 등의 변화)
  - 고층전문(TEMP) : 지점별 대기상태, 상하층 바람변화(온도풍, 이류), 대기 연직상태 파악(단열선도)
- 3차원 대기운동 상태파악
  - RDAPS(기본자료) : 전선분석, 상층고도변화(trough 분석), 상층온도분포(전선분석), 위성/레이더와 비교분석(위험기상, 이류)
  - RDAPS(보조자료) : 수렴, 발산, 온도이류 등
  - RDAPS(연직분석 자료) : 단면구조, 사운딩 구조, 시계열 분석 등

(2) 기상현상분석

강수(호우), 바람(강풍), 태풍 등은 주목할 만한 기상현상이다. 이러한 기상현상이 어떠한 역학적 구조를 가지고 있는지, 어떻게 운동하고 있는지를 이해하여야 해당 현상의 장래를 예측할 수 있다. 기상실황 분석을 통하여 현재 예보구역에 나타났거나 혹은 장래에 나타날 것으로 예측되는

기상현상을 발견한다면 그 기상현상이 어떠한 현상이며 발달 혹은 쇠퇴할 것인지, 어디로 어떤 속도로 이동할 것인지를 파악하여야 한다. FAS는 이러한 기상현상 분석을 위한 강력한 도구이다(표 5-5 참조). 이러한 분석을 위한 분석방법으로 다음 기술들이 쓰일 수 있다.

- 동영상(동화)을 통한 현상의 추적
- 단면도를 통한 3차원 구조 파악
- 상하층 겹침을 통한 연직 입체구조 파악
- 서로 다른 변수의 겹침을 이용한 상관관계 분석

이러한 기상현상 분석은 대부분의 경우 다음에 설명될 예보분석 과정과 동시에 이루어지기도 한다.

(3) 예보분석

예보분석은 대상 예보시간에 대하여 구체적인 일기를 기술하여야 한다.

만일 기상현상분석에 의하여 포착된 기상현상이 특정 예보시간에 예보구역에 영향을 미치게 된다면 어떠한 날씨로 표현될 것인지를 분석해내게 된다. 이를 위하여 그 기상현상의 자세한 운동모습을 기술하는 과정이 필요하다.

일반적인 예보로서의 수치예보는 2차원 평면에 바람, 기온, 강수량 등의 날씨를 표현하지만 예보관은 궁극적으로는 이 날씨를 결정하여 예보문으로 표현하여야 한다.

(4) 실황감시

실황감시는 기상분석이라고 하기는 곤란하다. 그러나 예보관의 업무로서는 필수적이다. 특히 위험기상이 도래하였을 때에는 현재 나타나고 있는 날씨를 지배하고 있는 기상현상의 구조가 어떠한 것인지, 또 어떤 날씨를 보여줄 것인지를 FAS를 통해 끊임없이 분석하고 감시하여 필요시에 즉각적으로 예보에 반영하게 된다.

Chapter 06

초단기 예측

예보관에게 요구되는 일 중에서 가장 중요하면서도 어려운 일은 뇌우, 호우, 우박, 강풍 등과 같은 위험기상의 출현 여부, 시간, 강도를 예측하는 일이다.

대기불안정에 의해 생기는 이러한 현상들은 일반적으로 대기가 잠재적으로 불안정을 보이는 넓은 지역 중 어느 일부 지역에서 발생하기 때문에 이를 정확히 예측하는 것은 매우 어려운 일이다. 이러한 기상현상들은 그 생애가 짧아 빠르게 발달하고 소멸도 빠르다. 따라서 이러한 단시간예측의 기상현상들에 대한 구체적인 발생지역과 발생시간 예측은 초단기 예측의 범주에 들어간다.

이러한 현상들에 대한 예보를 위해서는 관측 원시자료 및 유도변수 등 많은 종류의 인자를 종합할 필요가 있다.

6.1 뇌우의 일반 특성

1 뇌우의 특성

뇌우(thunderstorm, 雷雨)는 일반적으로 대류에 의해 발생되기 때문에 대류성스톰(convective storm)이라고도 한다. 대류에 의한 이런 종류의 작은 규모의 스톰들은 일상적인 기상관측으로는 충분히 관측되지 않는다. 하지만 이러한 스톰들은 날씨에 영향을 미칠 뿐만 아니라 그로 인해 대규모 현상이 변화될 수 있기 때문에 예보관들은 기본적으로 이러한 작은 규모의 스톰들의 가능성을 염두에 두어야 한다.

뇌우는 어떤 뇌우든 위험기상을 초래하기 마련이다. 이들 뇌우는 때로는 25m/s 이상의 바람, 돌발 홍수, 직경 2cm 이상의 우박, 또는 토네이도 등을 초래할 수도 있다. 따라서 비록 그 규모가 중규모대류시스템(meso-scale convective system, MCS)보다 작은 것이라 하드라도 기상분석에서 이들을 과소평가해서는 안 된다. 또한, 작은 스톰도 MCS로 발전할 가능성이 있는 것으로 보아야 한다.

비록 일반적인 크기의 일기도 상에서는 세부적인 내용까지 다 알 수는 없다 하더라도 국지 스톰에 관한 것은 일기분석에서 매우 중요하다. 그리고 비교적 작은 국지 스톰에 대한 물리적 성질을 알게 되면 좀 더 큰 스톰에 대해서도 적절히 이해할 수 있게 된다. MCS는 단세포뇌우, 거대세포뇌우, 다세포뇌우와 같은 스톰들을 아우르는 용어이다.

열대지방에서는 다른 종류의 스톰들이 발생하기도 하지만 열대지방에서 발생하고 있는 단세포스톰과 스콜선은 중위도지방의 것들과 매우 유사하다. 열대지방에서는 거대세포뇌우는 발생하지 않는다.

일기도 상의 뇌우 표시가 그 뇌우의 종류까지 말해주지는 않는다.

뇌우 부근의 바람은 스톰 내 · 외의 다양한 흐름 때문에 복잡하게 보인다. 스톰의 한 가지 공통적인 특징은 뇌우에 의한 바람이 지균풍과는 큰 차이를 보인다는 것이다. 전형적인 뇌우는 1시간에서 6시간 정도 지속되는데 이 시간 길이는 지균평형이 확립되기에는 너무 짧은 시간이기 때문이다. 더 크고 더 오래 지속되는 뇌우라 할지라도 구성하고 있는 대류세포의 지속시간이 짧다. MCS의 모든 세포, 심지어 며칠 동안이나 지속되는 스콜선조차도 지균균형을 이루기에는 지속시간이 너무 짧다.

뇌우는 현저한 일변화를 나타낸다. 대륙 대부분의 장소에서는 늦은 오후나 저녁이 뇌우발생의 최적기이다. 이는 지표로부터의 가열이 중요하다는 것을 말해준다. 대류는 지표가 가장 따뜻할 때 발생하기 쉽지만, 잠열이 대류의 주 에너지원이 될 때는 좀더 늦어지기도 한다. 때로는 심한 스톰이 한밤에 나타나기도 하는데, 이는 남쪽에서 오는 하층제트가 스톰의 발달에 작용하기 때문일 수 있다.

먼바다에서는 대류와 뇌우가 야간에 발생한다. 이는 야간에는 수온이 연안바다나 육지에서보다 상대적으로 높아지기 때문이다.

2 뇌우의 분류

가. 기단뇌우

기단뇌우(airmass thunderstorm, 氣團雷雨)는 상대적으로 mT기단인 보통 아열대고기압에서 잘 발생하며, 상층의 요란과는 관계가 없다. 이 뇌우는 강하지 않은 보통 뇌우에 가장 가깝다.

기단뇌우세포는 하층가열과 약한 하층수렴에 의해 발생된다. 그들은 일중 최대 가열 시에 발생한다. 이동성이 약하고 습도가 높아 국지적으로 호우를 유발하기도 한다. 뇌우의 생애는 보통 1시간 이하로 짧다.

드물기는 하지만, 상층 단파골이 접근하거나 또는 하층에서 또 다른 상승과정이 추가되는 경우에는 위험기상으로 발전할 수도 있다.

나. 전선뇌우

전선뇌우(frontal thunderstorm, 前線雷雨)는 전선면 상에서 나타나는 종관규모의 강제상승이 원인이 되어 발생하기 때문에 일반적으로 기단뇌우보다 강한 편이다. 이들은 강제상승이 배경이어서 1~3시간 정도 지속된다. 이 뇌우는 보통 띠모양으로 형성되거나 시스템의 난역의 스콜선에서 형성되는 등 변동성이 매우 크다.

전선뇌우세포는 전선의 이동과 상층의 바람을 따라 보통 500hPa 흐름의 약 50% 또는 700hPa 흐름의 70% 정도의 속도로 이동한다. 전선뇌우는 일중 지면가열이 가장 클 때 더 발달될 수는 있으나 전선면에서의 역학적 상승이 배경이기 때문에 하루 중 언제라도 발생될 수 있다.

전선뇌우는 전선 종류에 따라 한랭전선뇌우, 온난전선뇌우, 정체전선뇌우로 분류할 수 있다.

(1) 한랭전선뇌우

한랭전선 상의 불안정한 공기가 전선면을 타고 상승할 때 발생하는 뇌우이다. 이때 뇌우는 각각의 뇌우세포가 주로 전선면에서 전선과 평행하게 띠모양으로 나타나며, 다세포 구조를 이룬다. 위험기상현상의 강도는 기단의 안정도, 전선의 강도, 상층의 역학 배경의 강도 등에 따라 결정된다. 이 뇌우는 활성한랭전선 또는 비활성한랭전선에 모두 발생하며, 비활성한랭전선의 경우는 스콜선에 동반되어 나타난다.

(2) 온난전선뇌우와 정체전선뇌우

온난전선면이나 정체전선면 상의 기층불안정이 관련되어 발생하는 뇌우이다. 이러한 상황은 일반적으로 850hPa 최대풍이 지상전선을 가로지를 때, 그리고 상층 단파골이 접근할 때 형성된다. 이 뇌우는 지상전선의 한기 쪽에서 띠모양 또는 무리모양으로 나타난다. 그들은 종종 층운과 이에 의한 강수와 겹쳐서 나타나기도 하여, 레이더관측으로는 감쇠현상 때문에 어디에서 강한 활동성 스톰이 나타나는지 확인하기 어려울 때가 있다.

다. 스콜선 뇌우

스콜선(squall line)은 종종 불안정하고 습한 공기가 있는 비활성 한랭전선면 전방으로 돌출해 나간 한랭공기에 의해 전선과 평행하게 형성된다. 일반적으로 상승은 스콜선에서부터 시작되고 바람시어에 의해 기울게 된다. 건조한 중층의 공기가 스콜선의 후방으로 들어와서 풍하측으로 뇌우를 계속 발생시키게 된다. 즉 스콜선 전방에서 불어드는 기류가 하층에서 수렴을 일으키고, 결국에는 상승류를 발생시킨다.

이 스콜선은 유출기류(outflow)의 공간을 향해 따뜻한 남서류가 계속 수렴하면서 새로운 세포를 만들어가며 이동한다. 이러한 세포들은 남쪽 끝 부분에서 연속하여 발생하게 되고, 스콜선 시스템 자체는 시간에 따라 북동방향으로, 따라서 에코 자체는 동쪽으로 한랭전선보다 빠르게 이동해간다.

이 스콜선이 한랭전선으로부터 멀리 진행되어 불안정한 대기 범위를 벗어나면 약화되어 소멸하게 된다. 소멸하는 스콜선은 종종 준정체전선과 유사한 특징(한쪽에는 냉각된 차가운 기단, 그리고 다른 쪽에는 mT 기단이 위치)을 나타낸다.

스콜선 통과는 종종 전선통과와 혼동될 정도이지만, 전선통과와는 달리 스콜선 상의 비에 의해 냉각된 공기는 통과 후에는 다시 빠르게 회복되어 mT의 특성으로 회복된다.

라. 건조선 뇌우

건조선(dry line, 乾燥線)은 배경에 상층제트류가 없기 때문에 위전선(pseudo-front, 僞前線)이지만, 두 기단(cT와 mT)의 차이에서 비롯된다. 건조선 뇌우는 습도경도가 큰 지역을 따라 하층수렴이 있는 경우에 발생한다.

발달시기에는 건조선에서의 수평 이슬점경도가 보통 15℃/2km 정도이다. 건조선은 하루 중 최고 가열이 일어날 때 발달한다. 이러한 뇌우는 일중 동쪽으로 이동하고 밤에는 서쪽으로 물러난다. 봄과 초여름에 활동성이 강하다.

드물지만, 건조선에서 강한 뇌우와 다세포뇌우가 발달하기도 한다. 이 중 가장 강한 뇌우는 건조선을 따라 상층요란이 접근하거나, 해륙풍이나 유출경계선이 중첩될 때 발생한다. 큰 우박, 강풍, 강하고 오래 지속되는 토네이도 등은 앞의 2가지 이상의 효과가 중첩될 때 나타난다. 건조선에서의 위험뇌우는 주로 늦은 오후로부터 이른 밤에 걸쳐 나타난다.

마. 산경사면 뇌우

수평류가 산경사면에서 강제상승될 때, 그 상승되는 공기가 대류불안정이면 뇌우가 발생할 수 있다. 수평 바람장과 함께 적절한 대기불안정이 있으면 넓은 범위에서 이러한 뇌우가 발달될 수 있는 것이다. 산경사면 뇌우는 주로 산경사면의 풍상측에서 발생한다.

산악지역에서 산경사면의 강제상승으로 설명될 수 없는 뇌우도 있는데, 그중에는 산곡풍의 형성과 같은 차등가열 때문에 발생하는 뇌우도 있다.

3 단세포 뇌우의 일생

국지뇌우의 경우 뇌우의 일생은 적운단계–성숙단계–소멸단계의 3단계로 인식된다.

가. 적운단계

적운단계(cumulus stage, 積雲段階)는 구름이 상승류에 의해 발생하기 시작한 이후 약 15분 동안이다. 이 단계는 밀도차와 하층수렴·상층발산의 역학 배경에 의한 상승류로만 구성되어 있는 단계로서 구름은 웅대적운(cumulus congestus, 雄大積雲) 형태까지이다(그림 6–1 참조).

적운단계에서는 모든 구름방울들이 매우 작고 균일하다. 이 구름방울들은 매우 작아서 상승기류에 의해 위로 불려 올라갈 수 있다. 이 단계에는 강수가 없으며, 전하분리 현상이 심하지 않다. 개개의 대류세포들은 직경이 약 3~5km이다. 연직속도는 10m/s에 이를 수 있다.

상층에서 강수입자가 형성되지만 강한 상승류에 의해 낙하하지는 못한다. 레이더 에코로 처음 탐지되는 부분은 중층과 상층 부근인데, 이것은 초기 구름형성으로부터 10분 정도의 시간이면 가능하다.

상층에서 형성된 강수입자가 중력에 의해 상승류를 이기고 지면에까지 도달하면 제 2단계인 성숙단계로 접어든 것으로 간주하게 된다.

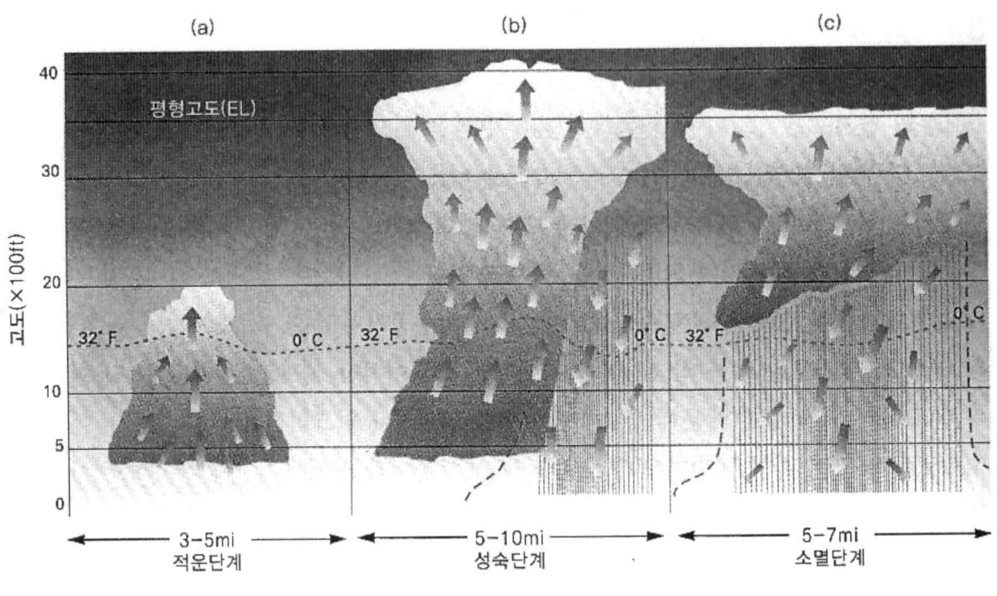

[그림 6-1] 뇌우의 생애 모식도

나. 성숙단계

성숙단계(mature stage, 成熟段階)는 가장 격렬한 기류가 있는 단계로서 구름 내에 상승류와 강수에 동반되는 하강류가 공존하는 단계이다.

구름 정상은 대기 온도 -20~-40℃인 높이까지 도달한다. 이 영역에서는 일부 구름물방울들이 얼어 얼음입자가 된다. 이렇게 형성된 얼음입자들은 물방울들보다 훨씬 빨리 성장한다. 얼음과 물에 대한 포화수증기압의 차이 때문에 보통 물방울이 증발하고 얼음입자(결정)는 커지게 되기 때문이다. 이 과정을 베르셰론-핀트아이젠 과정(Bergeron-Findeisen process)이라고 한다.

얼음입자가 커지면 상승기류를 이기고 낙하한다. 이때 강수현상과 더불어 강수를 가진 공기가 다른 주위 공기보다 더 차갑고 밀도가 커서 강수는 하강기류 형성의 주요 원인이 된다. 이 단계에서 강수는 하강기류를 통과하여 지면에 도달된다. 이때 구름 꼭대기에 모루구름(anvil cloud)이 나타날 수 있다. 이런 구름을 복슬적란운(cumulonimbus capillatus)이라 한다.

대류세포 한 개의 직경은 대략 10km 정도가 된다. 우박이 형성될 동안 우박의 낙하 속도를 대기 중에서 우박입자의 낙하속도에 의해 추정하면 50m/s가 넘는다.

(1) 강수와 하강류

하강류는 여러 과정의 복합적인 결과인데, 주로 낙하 중인 강수입자에 의한 끌림과 강수입자의 증발에 의한 냉각에 의해 생기는 밀도차 때문이다. 따라서 강수역은 강한 하강류역과 거의 일치한다(그림 6-1(b) 참조).

(2) 뇌전(Lightning)

강수과정 동안에 전기적인 충전(charge)이 증가한다. 왕성한 상승류 때무에 낙하하지 못하고 있는 빙정(ice crystal)이나 싸락눈(snow pellet)과 상승류 사이에는 상대 운동이 커서, 이러한 상승류가 대규모 전하 분리를 유도한다. 대기에 충전할 수 있는 전하차가 한계 이상으로 커지면 방전(discharge)이 발생한다. 방전은 구름-지면 사이, 구름-구름 사이, 또는 구름-대기 사이에서 일어난다.

(3) 우박

우박(hail)은 대류운 내의 빙결고도 근처의 상승류와 하강류 사이의 shear zone에서 형성된다. 우박의 크기는 0.5~15cm이상(1/4~5" 이상)까지 다양하다.

우박은 초기에는 빙결고도 이상에서 빙정(ice crystal)으로 형성된다. 이 빙정이 빙결고도 이하로 떨어지면 물방울을 흡착하며 녹는다. 다시 빙결고도 이상으로 불려 올라가면 얼음입자를 흡착하며 얼기 때문에, 우박은 양파 모양의 내부구조를 가지게 된다.

상층에서는 우박입자가 매우 많이 발견되지만 지면에 도달하기 전에 대부분 녹게 된다. 지상에 도달하는 우박의 크기는 우박을 떠있게 하는 상승류의 강도와 빙결고도로부터 지면까지의 거리, 즉 떨어지면서 녹는 시간의 크기에 의해 결정된다.

(4) 하강류와 돌풍의 크기

하강류(downdraft)는 지상에 강한 돌풍을 일으킨다. 차가운 하강류가 퍼져나가는 경계를 유출경계(outflow boundary) 또는 돌풍전선(gust-front, 突風前線)이라 한다. 위험한 바람시어가 돌풍전선 부근에 나타난다. 돌풍이 때로는 50 knots 이상 되는 경우도 있다.

하강류에 의한 지상바람의 강도는 강수와 건조공기의 흡입에 의해 영향을 받는다. 즉, 강한 강수는 공기의 마찰에 의해 하강류를 강화시키고, 또 건조공기의 흡입은 구름의 증발 냉각을 유발하여 대기와 구름 내부의 밀도차를 증가시켜 구름 내부의 차가운 공기가 가라앉게 되어 하강류를 강화시킨다.

상승류를 이기고 떨어지는 강수가 상승류를 약화시키고, 따라서 상승류에 의해 부유하고 있었던 강수입자가 차례로 떨어지기 시작하고, 그 결과 하강류가 더욱 강화된다. 상승류가 약화되면 습기의 유입도 약화된다.

유출되는 차가운 공기는 매우 안정하다. 이 안정한 공기는 상승류의 왼쪽 부분(예를 들면, 동쪽에서 서쪽으로 상승하고 있을 때라면 남쪽부분)으로 계속 파고들고, 결국에는 모든 대류층이 안정화 된다. 상승류가 사라졌을 때부터는 뇌우의 마지막 단계인 소멸단계로 접어든다.

다. 소멸단계

상승류가 모두 사라지면 습기의 유입이 끊어지고, 강수과정도 끝나게 되어 소멸단계(dissipating stage, 消滅段階)가 시작된다.

강수과정이 끝나 하강하는 강수입자가 없으면 하강류 역시 약해지기 시작하며, 약한 강수만 계속되다가 구름도 점차 소멸해 간다. 소나기가 그친 후에 남은 적란운이 지상 1~3km 정도의 하층에서는 층적운으로, 대류권계면 가까이에서는 적란운성 권운으로 퍼져 나가면서 점차 엷어져서 결국에는 사라지게 되며(그림 6-1(c) 참조), 유출기류에 의해 차가운 중규모 고기압만 남는다.

하강류에 의한 이러한 중규모 고기압은 하강류의 하부에 위치하게 되며, 이는 구름의 증발/승화에 의해 냉각된 공기가 하강하면서 지상 부근에 거품고기압(bubble high)이 형성된다. 유출되는 차가운 공기는 지면으로 내려오면서 모든 방향으로 확산되어 나간다.

뇌우세포의 평균 생애는 약 60분이다. 그러나 또 다른 뇌우세포를 계속 발생시키면서 수 시간 지속될 수도 있다.

뇌우의 일생은 자주 관찰되어 왔다. 그러나 관측에는 여러 가지 차이가 있었다. 예를 들면, 빙결온도 이상의 온난 구름에서도, 빙정화 현상 없이, 소나기가 발달하기도 한다. 이러한 현상은 열대지역에서 자주 일어난다. 이런 경우는 구름 물방울입자의 크기에 따른 포화수증기압의 차와 큰 물방울이 작은 물방울과의 충돌에 의한 성장으로 비가 생성되는 것이다. 또한 모든 웅대적운(cumulus congestus)이 반드시 적란운으로 발달하는 것도 아니다. 다른 변환이 일어날 수도 있다.

뇌우의 전형적인 생애에 대한 인식은 구름에 대한 인식을 조직화 하고, 또한 일기의 성공적인 물리적 분석과 예측에 결정적인 도움을 준다.

6.2 위험뇌우의 특성

1 위험뇌우의 정의

뇌우(스톰)의 종류는 크기에 따라서도 달라지지만 그 내부 기류의 역학에 의해서도 달라진다. 때로는 스톰이 한 형태에서 다른 형태로 변화하며, 또한 몇 가지 개별적인 형태의 스톰들의 조합으로 구성되기도 한다.

뇌우(스톰)를 구조의 형태에 따라 다음과 같이 분류할 수 있다.

① 단세포 국지뇌우(single-cell local thunderstorm)

② 다세포뇌우 또는 뇌우무리(multi-cell thunderstorm, or thunderstorm cluster)

③ 거대세포뇌우(super-cell thunderstorm)

④ 스콜선(squall line)

⑤ 중규모대류복합체(meso-scale convective complex, MCC)

⑥ 열대저기압(tropical cyclone)

⑦ 극저기압(polar low)

이들 중 위험뇌우(severe thunderstorm, 危險雷雨)라면 거대세포뇌우, 스콜선, 중규모대류복합체(MCC)를 말한다. 그리고 경우에 따라서는 다세포뇌우까지 포함시킨다. 이 위험뇌우들을 중규모대류시스템(meso-scale convective system, MCS)이라 할 수 있다.

위험뇌우는 보통 뇌우에 비해 불안정도가 더 크다. 즉 상승류가 낙하하는 강수입자를 이기고 계속 상승류의 핵심부로 유지된다. 그리고 위험뇌우 발생에 필수적 조건인 대기 중층(뇌우의 높이에 따라 다르지만 보통은 700~500hPa 정도)에 강한 바람이 나타난다. 이러한 강한 바람은 상승류에서 형성되는 강수입자를 앞부분으로 이동시켜 상승류 앞부분에 하강류역을 형성시킨다. 이는 건조한 대기 중층의 바람이 상승하는 공기와의 밀도차를 증가시킴으로써 상승류를 역학적으로 강화시키게 됨을 의미한다.

뇌우의 진행방향에 대하여 보통 오른쪽 하층에 나타나는 하층수렴에 의해서 습하고 따뜻한 공기가 뇌우 속으로 계속 유입하면서 상승류가 발달한다. 이 상승류는 특히 대기 중층에서 강화되므로 이 강화된 상승류에 의해 대기 중층에 많은 강수입자가 몰리게 된다. 그래서 레이더관측에서는 이곳이 종종 넓고 강한 에코로 나타난다.

그런데 상승류가 강수입자를 높은 고도까지 수송하게 되므로, 상승류가 최대인 위치에서는 오히려 레이더에코가 매우 약하거나 나타나지 않아 에코동굴(vault)을 형성한다. 결국 강수입자는 상승류의 윗부분인 상층에 몰리게 된다. 이때 상승류가 우박입자 정도를 지탱할 수 있을 정도로 강하면 위험뇌우로 분류된다. 어떤 에코이든 에코동굴을 가지고 있는 뇌우는 매우 위험한 뇌우에 속한다.

큰 우박입자가 상승류 지역 가까운 풍하측에 낙하하게 되는데, 작은 우박입자일수록 상층 바람을 타고 더 먼 풍하측으로 운반된다. 유출류의 남쪽지역, 즉 유입류의 강한 수렴이 생기는 지역에서는 새로운 세포가 형성된다. 새로 형성되는 이러한 세포들은 약해지면서 풍하측으로 이동하는 오래된 세포들은 대신하게 된다.

2 다세포뇌우

가. 다세포뇌우의 형성

한 대류운에 둘 이상의 상승류가 존재하게 될 때, 이를 다세포뇌우(multi-cell thunderstorm)라 한다. 그림 6-2는 다세포뇌우의 연직단면도이다. 이 그림 6-2에서 보면 4개(n-2~n+1)의 세포가 나타나고 있다. 그림에서 n-2세포는 하강류가 지배하면서 소멸단계에 접어들고 있다. n-1세포는 상승류에서 강수입자가 형성되기 시작하는 단계이고, n세포와 n+1세포는 아직 발달하는 적운단계이다.

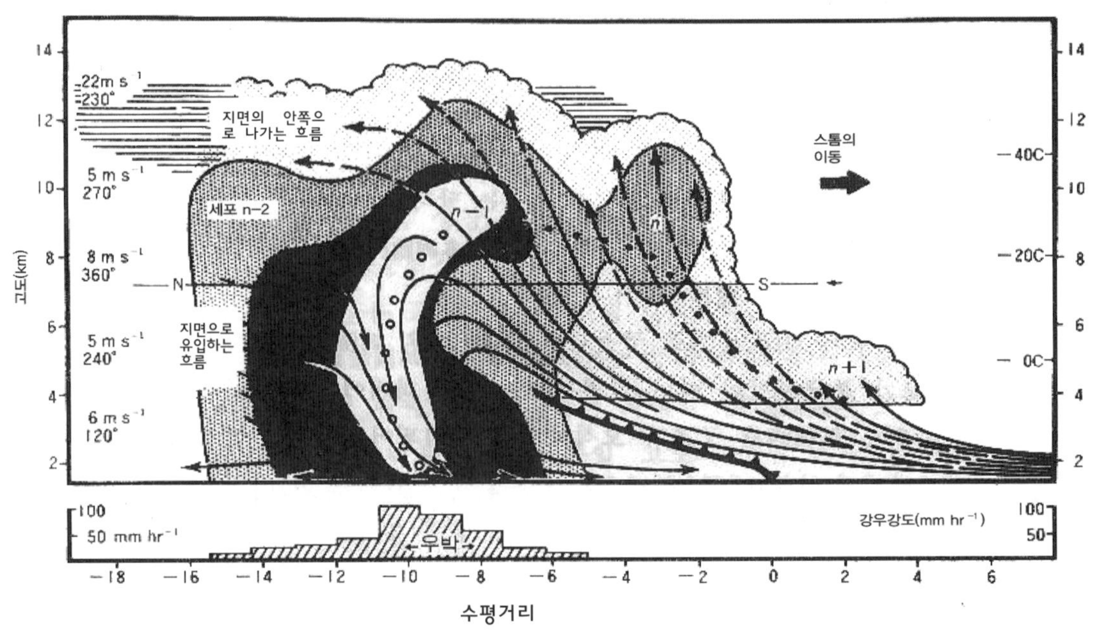

(실선: 이동 중의 뇌우에 상대적인 기류, 파선: 기류가 3차원이므로 지면에 직각방향의 기류, 흰 원들: 운저에서 생성된 입자가 성장하고 우박이 되어 낙하할 때까지의 궤적, 엷은 칠부분: 구름의 윤곽, 3부분으로 짙게 칠한 부분들: 레이더 강도가 각각 35, 45, 50dB, 좌종축에 표시한 풍속과 풍향은 이동하고 있는 스톰에 상대적인 일반장)

[그림 6-2] 미국 코로라도주에서 관측된 다세포뇌우의 진행방향을 따라 자른 연직단면 구조(1973.07.09)

수 분 후에는 그림의 n-1세포의 강한 강수가 지상에 도달하게 되고 상승류가 약화된다. 이때 n세포의 꼭대기는 평형상태를 지나 감속되고 있으며, 상층에서 발산하게 된다. 이러한 발산은 상승류와 결합되어 에코동굴을 형성한다. n+1세포는 계속 발달하고, 그 전면에 적운(n+2)이 발생한다.

다시 수분 후에는 n세포는 완전 소멸하고, n+1세포가 성숙단계에 접어든다. n+1세포의 강한 에코는 점차 강수가 지면으로 내려옴에 따라 하강하기 시작한다. n+2세포는 레이더 에코에서 점점 강하게 나타나기 시작한다. 아울러 새로운 적운 세포(n+3)가 형성된다.

다세포뇌우의 유입류 부근에는 새로운 세포가 구성되면서 실제로 세포는 대기 중층의 바람에 따라 이동하는데 뇌우가 대기 중층 바람의 오른쪽으로 치우쳐 이동하는 것처럼 보이게 된다. 이러한 겉보기 움직임을 불연속전파(discrete propagation)라 한다.

새로 발생하는 세포들은 오래된 세포들의 남쪽 부근에서 발달하고 북동쪽으로 이동하면서 소멸하기 때문에 결과적으로는 선뇌우(line thunderstorm)는 대기 중층 바람과는 달리 동쪽으로 이동하는 것처럼 보인다.

나. 다세포뇌우의 구조

(1) 다세포뇌우의 구성

대체로 뇌우세포들은 좀처럼 서로 독립적으로 나타나지는 않는다. 대부분 여러 개의 뇌우세포들이 물리적으로 연결되어 다세포스톰(multi-cell storm) 또는 중규모대류시스템(mesoscale convective system, MCS)을 형성한다. 무리 형태의 뇌우들은, 예를 들면 전선, 건조선들과 같은 공동 자극에 의해 발달하기도 하고, 이웃하고 있는 적란운으로부터의 한랭 유출류에 의해 발달할 수도 있다. 성숙기의 뇌우세포로부터 퍼져나가는 유출류는 보통 다른 세포들이 형성되기 위한 충분한 자극을 제공한다. 이런 때 지표 부근의 유출류는 주변의 다습한 공기 아래를 쐐기모양으로 파고들어 새로운 상승기류를 유발시킨다.

큰 다세포스톰들은 보통 중규모대류복합체(mesoscale convective complex, MCC) 또는 스콜선(squall line)으로 나타난다. 이들 속에는 흔히 거대세포들이 들어 있다. 이러한 MCS들은 중규모β규모~중규모α규모이다. 더 큰 MCS들은 그 크기로 보면 온대저기압급이 된다.

중규모대류복합체(MCC)와 스콜선의 가장 큰 차이는 그 모양(shape)에 있다. MCC는 좀 더 뭉쳐있는데 비해 스콜선은 한 줄로 늘어서 있다. 이 차이는 스톰 환경에서의 역학 효과의 결과이다. 한 줄로 늘어서 있는 스콜선은 흔히 하층 제트류에 의해서 형성된다. 또한 한대제트류와 같은 현저한 상층 바람도 스콜선 형성에 기여한다. 상층 제트류는 하강기류를 옆으로 이동시킨다. 그래서 하강기류는 상승기류를 방해하지 않는다.

대류권 중층 이하의 바람시어가 뇌우무리 내에서 뇌우들이 중규모대류복합체(MCC)나 스콜선으로 정리될 것인지, 또는 단순한 무리 형태에 머물 것인지를 결정하게 된다. 상승기류와 하강기류가 지향(steering)하면서 분리가 일어나게 되는데, 만일 분리가 일어나면 대류세포의 상승기류는 단일세포스톰의 것보다 오래 지속될 수 있다. 만일 1km 고도와 6km 고도 사이에서 연직바람시어가 $3\times10^{-3}s^{-1}$을 넘으면 다세포스톰이 더 큰 다세포스톰(MCC) 또는 스콜선이나 거대세포로 발달될 수 있다. 이 스톰들은 보통 수평적으로 중규모β규모인 30~300km까지 발달한다.

주위환경의 연직시어가 $2\times10^{-3}s^{-1}$ 미만일 때는 다세포뇌우들이 위험기상으로 발달하지도 않고, MCC나 스콜선으로 조직화 되지도 않는다. 이러한 뇌우들은 단순한 무리 형태로 유지될 수는 있다.

(2) 거대세포가 분열되어 생기는 다세포뇌우

다세포스톰들은 때때로 거대세포가 몇 개씩의 세포로 분열되어 형성되기도 한다. 분열 형성된 일부 이러한 세포들 중 한 세포는 원래의 세포 이동방향의 오른쪽으로, 다른 한 세포는 왼쪽으로 이동한다. 분열은 대류세포 영역의 대기 중층에서 강한 수평 소용돌이관(vortex tube)의 기울어짐 때문이다.

그림 6-3은 수평 소용돌이의 변형을 나타내고 있다. 소용돌이(vortex)는 하층의 유입류와 상층의 유출류 사이의 매끈한 파이프(A->B)로 표시되어 있다. 하층의 유입류는 두 개의 띠모양 유선(C와 D)으로 나타냈다. 두 개의 연직적인 소용돌이 E와 F는 이전의 수평 소용돌이의 상승 때문에 상승 부위의 각 측면에 하나씩 형성된다. 세포들의 회전이 반대방향으로 편향된 각 세포에서 유입류를 일으키기 때문에 두 개의 새로운 연직 세포들은 벌어지는 방향으로 이동을 계속한다. 따라서 각 세포에서 상승기류는 서로 다른 방향, 즉 각각의 유입류 쪽으로 이동한다. 이것이 각 세포가 서로 다른 방향으로의 이동하는 이유이다. 후에는 이 새로운 세포들이 다시 분열될 수도 있다.

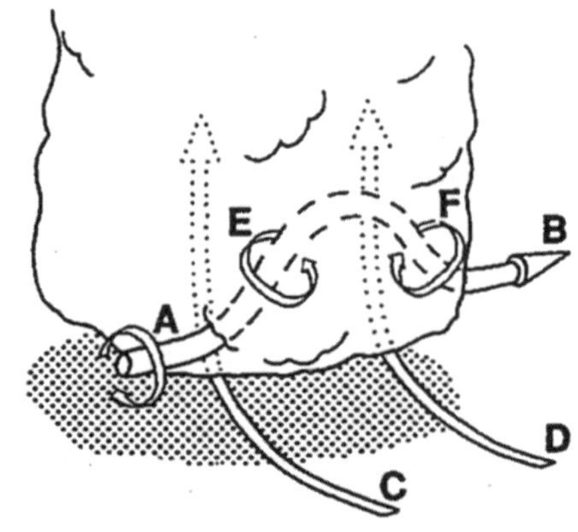

(새로운 회전 뇌우세포들이 소용돌이 C와 D로부터 형성된다)

[그림 6-3] 수평 와도벡터(AB)의 변형에 의한 두 연직 소용돌이의 형성

(3) 창끝에코

어떤 스톰들은 주된 구름의 풍하측 다중세포들이 빠르게 발달하기도 한다. 빠르게 발달하는 레이더 에코는 창끝(spearhead) 모양을 나타내므로 창끝에코(spearhead echo)라고 한다(그림 6-4 참조).

창끝에코에서의 하강기류는 풍속이 빠른 높은 대류권으로부터 상승공기가 그림 6-4에 나타낸 것처럼, 대류권계면 부근의 구름순환으로 들어간다. 창끝에코의 빠른 확장은 강풍 발생의 전조가 된다. 이 에코는 상층 대류권 공기로부터의 빠른 하강기류 때문에 빠르게 이동한다.

창끝에코의 "창(spear)" 자체는 큰 에코 덩어리에서 발달하여 창끝(spearhead) 시스템보다 더 빨리 이동하므로, 앞서 생긴 세포들은 이미 동쪽으로 이동했다(그림 6-5 참조).

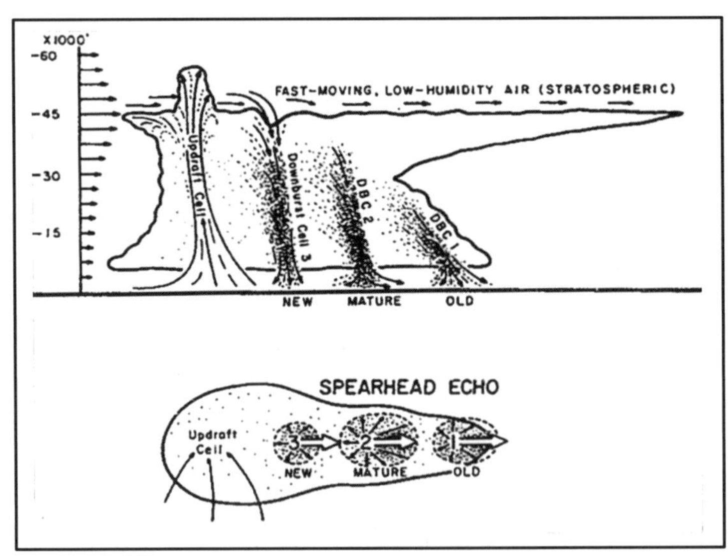

(정상 부근에서 건조공기가 구름으로 유입하여 하강기류를 만든다)

[그림 6-4] 창끝에코(spearhead echo)가 형성되는 스톰과 레이더 상에 나타나는 창끝에코의 모양

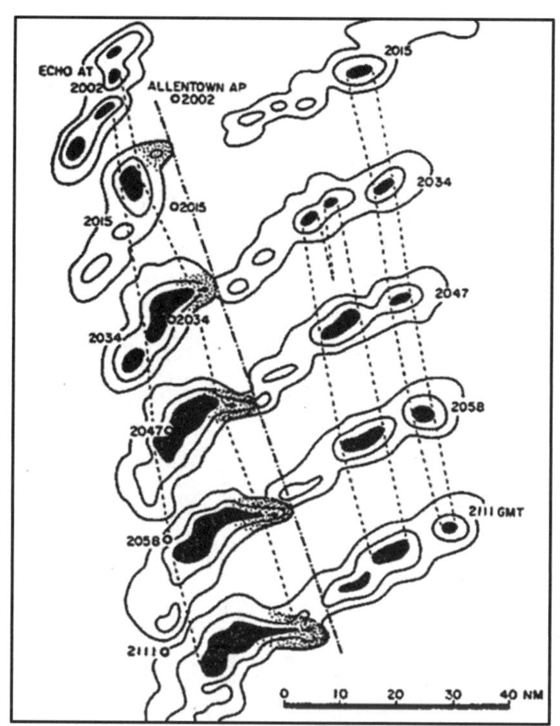

(개개의 패턴들이 발달하며 현저하게 동쪽으로 이동했다. 그림에서 시계열 형태로 그릴 때 에코가 서로 겹쳐지는 것을 피하기 위해, 에코가 남쪽으로 이동하는 것처럼 나타냈다.)

[그림 6-5] 1975년 6월 24일 미국 Pennsylvania주 Allentown 부근에서 관측된 창끝에코의 변화 모양

다세포뇌우가 위험뇌우의 가장 일반적인 형태이기는 하지만, 일반적으로 가장 심한 현상은 아니다. 더 심한 위험기상을 유발하는 것이 다음에 설명되는 거대세포뇌우이다.

3 거대세포뇌우

가. 거대세포뇌우의 발달환경

거대세포뇌우(supercell thunderstorm, 巨大細胞雷雨)들은 전형적으로 2~4시간 정도로 오래 지속된다. 이들은 외형적으로 거의 선형풍 평형처럼 준정체적 패턴을 가진다. 거대세포는 연직기류가 강하다. 그리고 유입류와 유출류는 회전하는 패턴을 이룬다. 이 대류세포의 시간규모와 공간규모, 그리고 스톰의 강도가 크기 때문에 거대세포(supercell)라고 하는 것이다.

상대적으로 오래 지속되는 거대세포의 지름은 보통 20~50km 정도로 국지뇌우보다 상당히 더 크다. 거대세포뇌우에서는 일반적으로 파괴적인 강풍, 우박, 토네이도가 나타나고, 돌발홍수의 원인이 된다. 거대세포의 주된 특징이 레이더에 의해 잘 관측된다. 수치모델에 의한 성공적인 재현으로 거대세포에 대한 역학적 이해가 크게 향상되었다.

거대세포뇌우는 잠재불안정 대기에서 발달한다. 거대세포의 전형적인 CAPE는 2000 m^2s^{-1}, CIN은 20m^2s^{-1} 정도이다. 일반적으로 거대세포가 발달하려면, 고도 1~3km 사이에서 연직바람시어가 중간 강도인 $5\times10^{-3}s^{-1}$ 정도가 되어야 한다. 연직바람시어가 $10^{-2}s^{-1}$보다 더 강해지면 회전평형의 균형이 깨지는 것으로 보인다. 이러한 정도의 강한 시어는 스콜선 형성 때에 더 잘 나타난다.

거대세포에서는 흔히 50m s^{-1} 이상의 비교적 빠른 상층제트류와 관련해서 나타난다. 이러한 상층제트는 구름꼭대기고도에서의 유출을 돕는다.

하층에서 거대세포로 유입되는 기류는 주변 지역의 가용 공기보다 온도가 몇 도 정도 더 낮아 비교적 불안정도가 작아지므로 스콜선까지 발달시키기에는 충분하지 않다. 만일 더 강한 불안정도일 때라면, 중규모대류시스템(MCS)으로서의 다세포를 형성한다.

또한 연직바람시어는 상승기류와 하강기류가 나란히 발달하는 환경을 이루는데, 이는 거대세포 순환 발달에 유리하다. 방향성 시어를 가진 바람장에서 거대세포뇌우 발생기의 뇌우 순환 메카니즘을 그림 6-6으로 나타내고 있다. 이 그림 (a)에 표시된 평면화살표는 3차원적인 바람 분포를 나타내고 있다. 이러한 바람의 연직분포는 큰 열이류를 나타내는 큰 helicity를 이룬다. 이 시점에서, 중간 고도의 유입류는 아직 발달하지 않고 유입류가 하부 대류권에서 구름의 한쪽 측면에서 나타난다. 하강기류가 유입류의 측면에서 발달하는데, 이 하강기류가 곧바로 유입류로 빨려들지는 않는다. 하강기류는 중간고도 주위의 흐름에 의해 측면으로 옮겨진다. 스톰이 성장할 때 이런 방식으로 스톰 순환이 시작되고, 그 후 중간고도의 유입류를 얻게 되면 사실상의 거대세포가 형성된다.

상층의 유출류는 대류권계면 근처에서 나타난다. 그림 6-6(a)에서 대류권의 중간 부근의 파이프화살표는 3차원 와도 벡터($\nabla_3\times V_3$)를 나타낸다. 이 벡터는 주로 수평적이다. 파이프화살표에 "rolling"을 나타내는 작은 회전화살표를 표시하고 있다. 이 예에서 와도 벡터는 현저하게 평균풍 성분을 가진다. 이는 큰 helicity와 온도이류를 나타낸다.

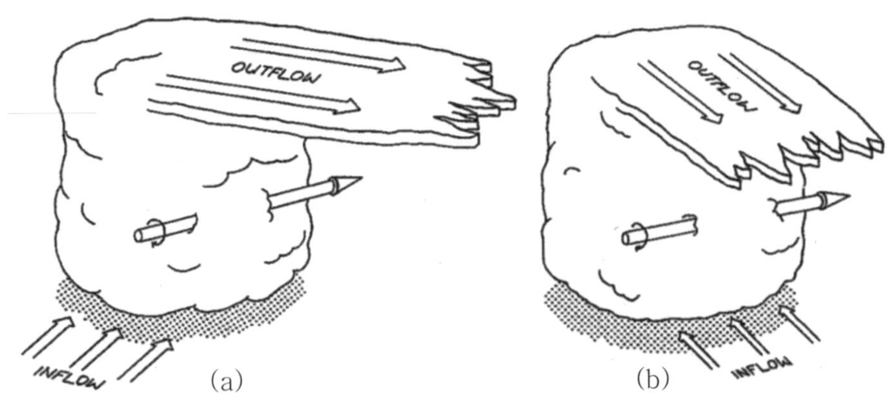

(a) 상대helicity가 큰 경우: 모든 고도에서 바람의 와도벡터가 크다. (b) 상대helicity가 작은 경우: 하층과 상층 고도에서는 바람의 와도벡터가 나타나지 않는다.(평면 화살표: 주된 기류, 파이프 화살표: 와도벡터)

[그림 6-6] 시어가 있는 바람장에 생긴 적란운

비교를 위해 다른 경우를 그림 6-6(b)로 표시하였다. 이는 큰 시어환경에서의 유사한 구름이지만, 방향성 시어는 없다. 이 경우도 와도 벡터는 역시 수평적이다. 그것의 회전은 작은 회전화살표로 나타내고 있다. 밑부분과 꼭대기의 풍속은 강하지만 평균풍은 작다. 평균풍의 방향은 권계면 바람의 방향일 수도 있고, 하층 바람의 방향일 수도 있다. 어떤 경우이든, 평균풍은 와도 벡터에 수직이고, 따라서 helicity는 0이다. 이런 경우 거대세포들의 발달은 억제된다.

거대세포에서는 상승기류와 하강기류가 준정체상태(quasi-stationary state)에서 몇 시간 동안 공존한다. 불안정 에너지는 지속적으로 스톰의 회전으로 변환된다. 또한 스톰의 회전을 유지시키는데 운동량보존이 기여한다. 이것은 거대세포가 가장 강한 뇌우 형태로 강화되는 이유에 해당한다.

거대세포의 구조를 그림으로 나타낸 것이 그림 6-7과 그림 6-8이다. 온난습윤한 기류가 아열대무역풍역전(trade-wind inversion) 아래에서 단일 세포로 구성된 국지뇌우에 흘러든다. 이런 기류는 구름의 주된 상승기류로 이어진다. 이 상승기류는 회전하는 구름의 영향으로 회전하고, 또한 기주가 연직으로 신장되면서 회전이 빨라진다. 상승기류는 주위의 연직바람시어 때문에 상부 대류권에서는 풍하측으로 기운다. 이 기울어진 상승기류는 대류권계면까지 상승하여 모루구름을 통과하여 유출된다. 이 유출류는 주위의 상층고도의 기류와 결합하게 된다.

응결과 강수가 상승기류에서 발생 성장하여 상승기류에서 이탈하여 하강기류로 떨어진다. 이 강수물들은 하강기류를 타고 지표면으로 떨어질 수 있다.

대체로 하강기류는 대류권 중층의 건조한 공기 주위의 연직바람시어와 일치하는 하층 유입류의 오른쪽에서 적란운에 유입된다. 중층의 유입류는 기울어진 채 계속 상승하는 기류로부터 강수물을 공급받아 하강기류가 되는데, 이 하강기류는 이후 하강하는 동안의 단열승온보다 강수물의 융해와 증발로 더 냉각되어 하강기류를 강화시키게 된다. 더구나, 이 하강기류는 낙하하는 강수물의 하중으로 밀도가 커져서 하강기류에 음의 부력을 증가시켜 하향 가속으로 한랭 스콜을 일으킨다.

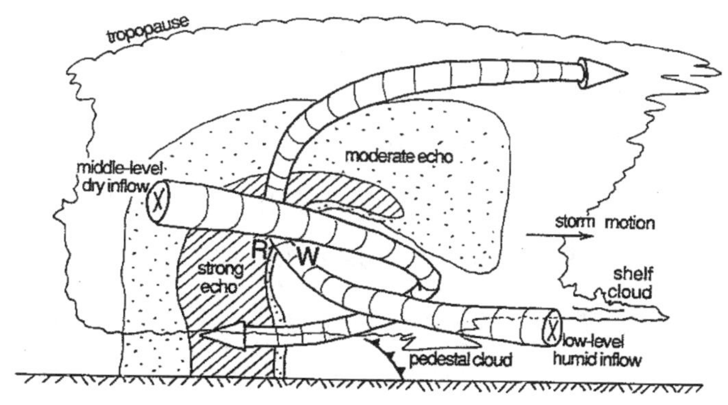

(구름의 꼭대기는 대체적으로 고도 15km 정도인 대류권계면에 달한다. 둥근 화살표는 주된 기류를 표시한다. 입체적인 특성을 나타내기 위해 화살표에 띠를 표시하고 원근법으로 표현했으며, 전선표시는 전선면을 나타낸다.

[그림 6-7] 거대세포 모델의 측면 모식도

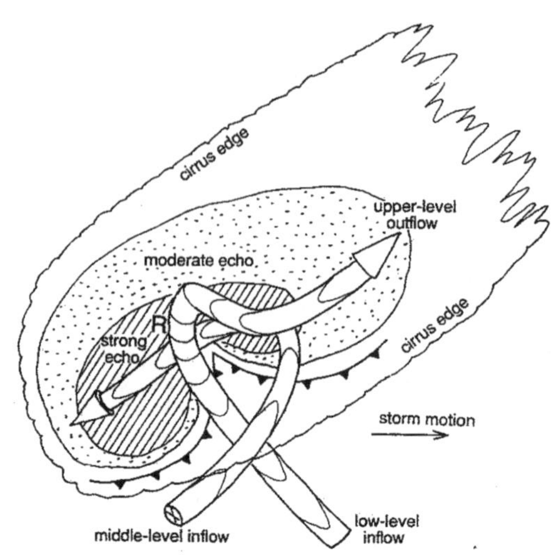

(주된 기류는 둥근 화살표로 나타내고, 공간 표현을 위해 화살표에 수평등고선을 그렸다. 유출류의 경계(전선 표시)는 지표면의 것이다)

[그림 6-8] 거대세포 모델의 평면 모식도.

대기가 매우 불안정하고 상층풍이 순전하면서 높이에 따라 풍속이 증가하고 있다면, 거대세포의 상승류가 계속 강화되고, 이에 따라 강한 하층 바람이 오른쪽 측면으로 유입되어 storm 안으로 많은 수증기가 공급된다. 이때 강한 한대전선제트가 마치 배출과정처럼 상승류를 더 강화시킨다.

이때 만일 하층에서 대기가 연직시어에 따르는 수평 roll을 가지게 된다면, 이 수평 roll은 상승류 지역으로 들어갈 수 있다. 이때 연직 tilting이 일어나고, 이는 상승류의 저기압성 회전성분으로 나타난다(수평도가 연직와도로 전이). 저기압성 회전에 따라 상승류는 더욱 강화되어, 마치 물의 흐름에 노출되어 있는 바위처럼, 대기 중층의 바람에 대한 저지작용(blocking)을 하게 된다. 즉 강한 상승이 주변 흐름에 대해 장애물 역할을 하는 것이다.

나. 거대세포뇌우의 강수

거대세포의 주된 상승기류에서는 수증기가 응결하여 구름방울을 이루면서 상공으로 이동한다. 이때는 구름방울의 크기가 작아서 레이더에서 에코가 약하게 나타나는데, 이 약한 에코영역을 “에코동굴(echo vault)”이라고도 한다(그림 6-11에서 W영역). 이 에코동굴의 크기는 보통 수평으로 5~10km, 연직으로 3~6km 정도의 규모이고, 항공기 관측에 의하면 운저 아래에서의 상승기류는 약 $10ms^{-1}$ 정도인데, 우박덩이의 크기와 CAPE의 변환에 의한 연직 운동에너지를 감안할 때 구름 내에서의 상승기류는 훨씬 더 강할 것으로 판단하고 있다.

직경 5cm 정도의 우박덩이는 약 $30ms^{-1}$의 종단속도로 낙하하는데, 항공기는 그러한 상승기류를 직접적으로 관측하는 위험을 감내할 수가 없다. 그러한 큰 상승기류는 모든 빗방울과 얼음입자들을 에코동굴(echo vault)로부터 쓸어 가버린다. 이런 이유로도 이곳에서 에코가 약하게 나타날 수밖에 없는 것이다.

지표면으로부터 보면, 에코동굴의 밑바닥은 그 주위에 매끄러운 벽구름(wall cloud)으로 둘려싸인 평평한 운저나, 또는 빠르게 움직이는 조각구름(scud cloud)들로 구성되어 있다. 벽구름을 받침구름(pedestal cloud)라고도 하는데, 이는 상승기류의 시작고도가 보통 주위의 다른 구름들의 운저보다 낮기 때문이다.

거대세포 내의 빗방울, 우박, 기타의 강수물들은 주로 에코동굴의 밖에서 성장한다. 왜냐 하면 에코동굴 바깥에서는 상승기류가 더 약하기 때문이다. 빗방울은 구름방울보다 레이더 빔을 더 많이 분산하므로 에코동굴 주위의 빗방울 구역의 에코는 강하다. 빗방울은 상공에서 순환하는 상승기류로부터 하강기류(그림 6-7과 그림 6-8에서 R영역)로 떨어진다.

우박은 왕성한 상승기류 부분으로 떨어진 다음, 그 구름의 정상 부근으로 재순환되면서 성장할 수 있다. 거대세포의 상승기류 중 일부는 우박덩이는 떠받쳐 상승시킬 정도로 충분히 강하기 때문에 다른 구름들보다 큰 우박이 형성될 수 있다. 우박덩이가 상승기류의 정상에서 빠져나올 때는, 경우에 따라서는 같은 상승기류의 낮은 부분으로 떨어질 수도 있다. 이 경우 우박덩이는 재순환하며 성장할 수 있게 된다. 우박덩이는 이러한 재순환으로 우박덩이가 구름의 다양한 부위를 돌아다니는 동안 투명한 얼음층과 불투명한 얼음층이 교대로 형성된다.

거대세포에서의 강수는 레이더 영상에 나타나는 에코동굴 영역 주변의 강한 갈고리에코(hook echo, 그림 6-7의 빗금부분)에서 가장 강하다. 이곳은 강수가 지표에 도달할 수 있는 하강기류 구역이다. 이 갈고리에코는 저기압성으로 회전하는 뇌우저기압(thunderstorm cyclone, 雷雨低氣壓) 또는 중규모저기압(meso-low, 中規模低氣壓)이다. 뇌우저기압의 회전은 상승기류의 낮은 부분에서의 수렴에 의해 강화된다. 예외적으로 고기압성 회전을 가지는 스톰도 있을 수 있다.

거대세포 아래에서 나타나는 돌풍전선(gust front)은 흔히 온대저기압에 나타나는 한대전선(polar front)의 특성과 비슷하다. 그러나 돌풍전선은 기상관측소의 자기관측기에 의해서도 검출되고, 또 야외에 있는 사람에 의해서도 쉽게 인지될 수는 있지만, 보통의 표준일기도에는 좀처럼 나타나지 않는다. 만일 뇌우의 유출류가 종관일기도에서 감지될 수 있었다면 이는 보통 다세포스톰에서 생긴 것이다.

거대세포뇌우와 원래의 온난공기의 대부분은 상승기류를 형성하여 뇌우 정상부의 모루구름인 권운을 통하여 구름을 벗어난다. 이 모루구름은 얇은 판모양을 이루며 풍하측 멀리까지 퍼져서 그 길이가 100km 이상이 될 수도 있다. 보통 모루구름의 꼭대기는 중위도 대류권계면과 일치한다. 이 대류권계면의 높이가 거대세포 상공에서는 현저히 상승하여 15km 고도에 이르기도 한다.

거대세포는 그림 6-8에서 그림의 상방을 북으로 볼 때 남서방향인 풍상측에서 구름을 바라볼 때는 모루구름이 보이지 않아 대머리적란운(cumulonimbus calvus)으로 보인다. 다른 쪽에서 바라본다면 모루구름이 분명하게 보일 것이다. 위성사진에서 뇌우구름을 볼 때 가장 큰 특징은 모루구름이다. 상승기류와 돌풍전선이 차지하는 지역은 모루구름이 차지하는 지역보다 훨씬 작다.

또한 뇌우 아래에서는 두루마리구름(roll cloud) 또는 아치구름(arch cloud)을 동반하는 수평회전 소용돌이가 관측되기도 한다. 이 소용돌이(vortex)는 적란운 아래에서 한랭한 유출류 꼭대기에서 나타난다. 그 안에서 응결이 일어나기 때문에 소용돌이가 가시적이다. 이 소용돌이는 강한 뇌우를 의미한다. 수평 회전 소용돌이는 그림 6-9의 E부분에 해당된다.

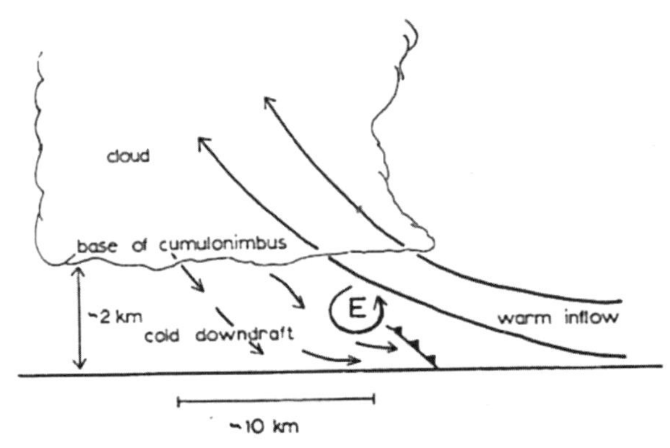

(유입류와 유출류 사이의 소용돌이(E)에 두루마리구름(roll cloud)이 나타난다.)

[그림 6-9] 적란운 아래의 기류

다. 거대세포뇌우의 이동

적란운에서의 상승기류는 보통 유입류의 방향에 나타난다. 이것이 스톰의 이동을 주위기류로부터 편향시킨다. Storm이 주위기류에 대하여 오른쪽으로 편향되어 이동하는 현상을 매그너스효과(Magnus effect)라고 한다. 저기압성 회전 상승류 주변에서는 기류가 상승류의 왼쪽에서는 수렴에 의해 기압 증가, 오른쪽에서는 발산에 의해 기압 감소를 유발한다. 따라서 상승류가 점차 오른쪽으로 치우치며 이동하게 되는 것이다. 스톰 경로의 이러한 편향이 주위기류로부터 60° 정도까지도 편향될 수 있다.

거대세포는 보통 에코동굴이 앞 오른쪽에 위치하는 상태로 이동한다. 즉 만일 거대세포가 동쪽으로 이동한다면 에코동굴은 남동쪽에 위치하며, 한대제트류 고도인 대류권 상층에서는 기류가 남서풍이 된다. 결국 이러한 스톰은 대류권 상층 기류의 오른쪽으로 치우쳐 이동한다. 이러한 뇌우를 오른쪽이동뇌우(right-moving thunderstorm)라 한다. 한편 드믄 경우이지만, 왼쪽이동뇌우(left-moving thunderstorm)와 그에 따른 위치(앞쪽 왼편)의 에코동굴(vault)이 관측되기도 한다. 이러한 경우는 저기압성 회전 스톰보다는 약하다.

강한 상승류의 중심지역은 강수입자를 더욱 상공으로 수송하므로 overshooting에 의해 구름이 연직방향으로 성장하는 구조를 만들고, 대기 중층 강수역을 스톰의 이동방향으로 전진시키게 된다. 이것이 에코동굴(vault)을 이루게 되는 것이다.

에코동굴이 나타나게 되면 우박은 최대 크기에 달한다. 그리고 상승류 중심의 하부에서 깔때기 구름들이 종종 나타나기도 한다.

4 스콜선

가. 스콜선의 검출

스콜선(squall line)은 보통 이웃해 있는 대류세포들의 유출 경계면이 하나의 긴 선을 이루는 현상이다. 때로는 고립스톰(isolated storm)들이 줄지어 선 경우에도 세포들 간에 간격이 비교적 작다면 스콜선이라 할 수 있다. 대류세포들이 하나의 선으로 늘어선 형태는 다세포 뇌우에서도 자주 나타난다. 목측관측에서는 대류 스톰들과 스콜선을 좀처럼 구별할 수가 없다.

레이더는 스콜선을 관측하는 주요한 도구이다. 큰 스콜선들은 일기도에서도 나타나는데, 이는 대부분의 스콜선들이 불연속적인 바람시어선 그리고 기압골과 관련되어 나타나기 때문이다.

스콜선에서 잘 나타나는 적란운 꼭대기의 오버슈팅을 탐지하는 데는 위성영상이 효과적이다. 스콜선 세포에서의 상승기류는 보통 구름 상공의 평평한 모루구름 부분을 뚫고 위로 솟구친다. 적절한 해상도(1km 또는 2km 픽셀)의 위성이미지에서 상승기류로 인해 솟아오른 봉우리들을 볼 수 있다. 이런 구름 봉우리들은 가시영상에서 일몰시에 모루구름 위에 긴 그림자들을 드리우기 때문에 분명하게 보인다. 이런 구름 봉우리들은 구름 아래에 있을 위험기상의 위치를 암시해준다.

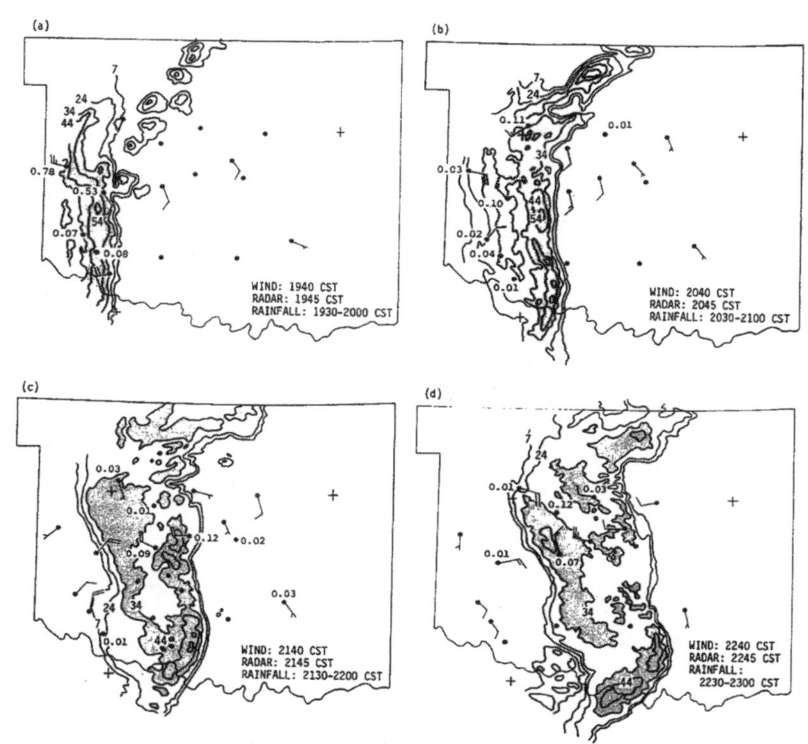

(등치선들은 7, 24, 34, 44, 54dBZ 순(34dBZ 이상은 그늘칠). 30분간의 강수율(inch 단위)과 바람(kt 단위)을 표시하고 있다).

[그림 6-10] 1976. 5. 22 미국 Oklahoma주에서 스콜선을 관측한 1시간 간격의 레이더에코

스콜선은 저기압에서 나타나는 강수대와 비슷하다. 스콜선과 강수대를 구분하는 일반적인 특징

은 뇌우의 존재 여부이다. 일반 강수대는 전기적 현상이 현저하게 나타나지 않지만, 스콜선에서는 반드시 전기적 현상과 뇌우가 현저하게 나타난다. 레이더에코의 강도는 일반 강수대에서는 일반적으로 30dBZ를 넘지 않지만 스콜선의 뇌우에서는 보통 40dBZ를 넘는다.

스콜선을 나타내는 레이더에코를 그림 6-10에서 예시하고 있다. 이 그림 지역은 미국 Oklahoma주이다. 이 그림에서 19:40CST(중부표준시)에 이미 54dBZ 이상의 에코를 가지고 있는 조직화된 선 모양 뇌우가 나타나 있다. 이 스콜선은 남북으로 뻗어 있으며 동쪽으로 이동하고 있다. 북쪽에 위치한 닫힌 세포 중심들은 남쪽에 있는 연속선으로부터 분리되어 있다. 그림 6-10(b)에서 보면 20:40CST까지 띠 모양으로 연속적인 레이더에코가 이 지역을 횡단하고 있다. 레이더에코에 나타난 것처럼 스콜선 자체가 강수 구역이다.

나. 스콜선의 발달 환경

스콜선(squall line)은 온대저기압의 한랭전선 전방 70km 이내의 온난역에서 형성된다. 일단 스콜선이 생기면, 이 스콜선은 그보다 뒤에 있는 한랭전선보다 빨리 이동하여 한랭전선으로부터 멀리 이동할 수 있다. 간혹 전선이 스콜선보다 빨리 이동하기도 하는데, 이때는 스콜선과 전선이 합쳐질 수도 있다.

중위도에서 스콜선이 서쪽에서 바람을 따라 동쪽으로 이동한다. 열대스콜선(tropical squall line)은 보통 열대편동풍을 따라 동쪽에서 풍하측인 서쪽으로 이동한다. 이러한 열대스콜선이 북미에서는 여름에 35° N 부근에서까지 관측된다.

때로는 스콜선이 온대저기압에서 길게 늘어선 콤마구름의 남서쪽 끝 부근에 위치하기도 한다. 대류의 버스트 지점은 보통 스콜선의 남쪽 말단 부분이다. 그러나 모든 버스트 지점이 스콜선으로 이어지는 것은 아니다.

스콜선이 컨베이어벨트 구름대 전체를 점유하는 것도 아니다. 또한 모든 대류선들이 스콜선으로 발달하는 것도 아니다. 스콜선 중의 강한 레이더에코는 보통 대류의 버스트 지점 근처인 콤마구름의 남쪽 말단 부분에 국한된다. 콤마구름의 나머지 부분은 스콜선의 적란운 세포가 합쳐져 퍼진 모루구름으로 구성되기도 한다. 위성영상에서는 대류운 또는 강수대의 일반적인 선들도 스콜선과 비슷하게 보일 수 있다.

저기압에서 나타나는 큰 콤마구름에서 대류의 다중버스트 지점이 있을 수 있다. 심지어는 스콜선의 버스트 지점을 포함하여 여러 가지 버스트 지점들이 또 다른 적란운에 의한 권운에 가려질 수도 있다.

스콜선 형성의 환경은 잠재불안정, 그리고 CAPE가 $2000m^2s^{-1}$ 정도, 대류권 최하층 2km 내에서 연직바람시어가 $1\sim2\times10^{-2}s^{-1}$ 정도, 2.5cm 이상의 현저한 가강수량 등을 포함한다. 이러한 조건들은 다른 형태의 스톰들이 형성되기 위한 조건과 크게 다르지 않다.

다. 스콜선의 분류

스콜선을 발달 모양에 따라 분류하면 다음과 같다(그림 6-11 참조).

1) 점선발달스콜선(broken line squall line) : 개개의 세포들이 선을 따라 발달하기 시작하고, 후에 연속적인 모양으로 연결되는 형태의 스콜선.

2) 후방발달스콜선(back building squall line) : 대류버스트 지점에서 구름플륨 발달과 비슷한 형태의 스콜선.

3) 헤쳐모인스콜선(broken areal squall line) : 상당히 불규칙하게 흩어져 있는 대류세포들이 점차 선을 형성하게 되는 형태의 스콜선.

4) 숨어생긴스콜선(embedded areal squall line) : 층모양 강수가 점차 스콜선 모양으로 변해 가는 형태의 스콜선.

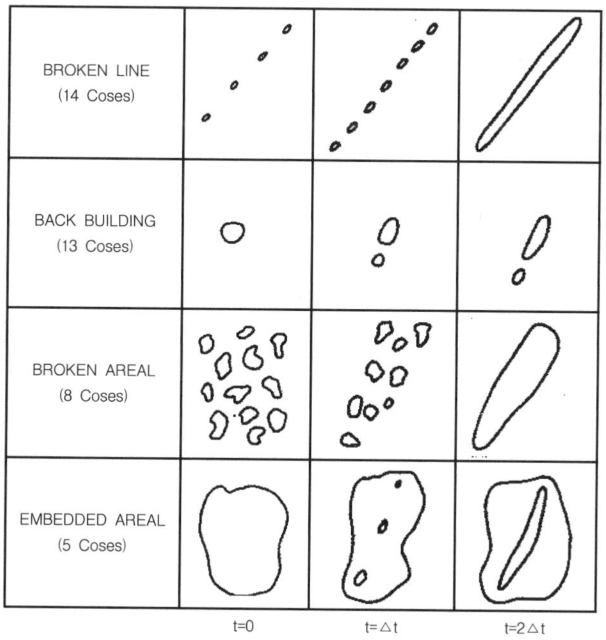

	t=0	t=△t	t=2△t
BROKEN LINE (14 Coses)			
BACK BUILDING (13 Coses)			
BROKEN AREAL (8 Coses)			
EMBEDDED AREAL (5 Coses)			

(괄호 안의 숫자는 연구기간 동안의 발생 통계임)

[그림 6-11] 스콜선의 주요한 네 가지 형태

이상의 분류는 구름 형성 모양이 다를 경우에는 그 형성 메카니즘이 또한 다르다는 것을 의미한다. 이렇게 대기에서 다양한 규모로 관측되고 있지만 한 가지 특성, 즉 대류선들을 형성하는 자연적인 경향은 같다는 공통점을 가지고 있다. 대류선들은 역시 강수대가 된다.

스콜선에서 개개의 대류세포들은 보통 $2\times10^{-2}s^{-1}$ 정도의 강한 연직시어가 있을 때는 회전(rotation)이 발달하지 않는다. 강한 시어는 회전이 없이 깊은 대류의 발달에 더 효과적이다. 시어는 하강기류에 영향을 미쳐 상승기류에 방해되는 것을 피하게 한다. 그러므로 이런 스콜선에서의 대류세포들은 보통의 다세포스톰들보다 현저하게 더 오래(2~4시간 정도) 지속된다.

방향성 바람시어(directional wind shear)와 그에 관련된 온도이류(thermal advection)와 helicity는 대류세포들이 깊고 또 오래 지속되는 발달에 꼭 필요한 것은 아닌 것으로 보인다. 방향성 시어는 거대세포 형성에 도움이 된다.

라. 스콜선의 전형적인 특성

스콜선은 여러 특성을 가지고 있는데, 스콜선의 가장 공통적인 특성들은 다음과 같다(그림 6-10 참조).

1) 스콜선은 길이는 그 폭에 비해 훨씬 길다. 전형적인 길이는 500km 정도, 그리고 폭은 100km 정도이다.

2) 약 5km 폭의 좁고 강한 에코선이 스콜선의 앞 첨단(그림 6-10에서 스콜선의 동쪽 가장자리)을 따라 위치한다. 위험기상이 이러한 강한 에코에서 잘 나타난다.

3) 스콜선의 중앙 부분과 서쪽 부분에 연속적인 층운형 강수 지역이 폭 넓게 위치한다.

4) 스콜선의 앞 첨단을 따라 유출 경계면이 위치한다. 그림 6-10에서 에코의 동쪽 가장자리에서 7dBZ와 24dBZ의 등치선들의 밀집 상황이 유출류 경계의 위치를 나타낸다.

5) 스콜선의 생애는 보통 10시간 정도이다. 그러나 그 중 어떤 것은 2시간에 불과하기도 하고, 어떤 것은 4일을 지속하기도 한다.

지상일기도에서 보면, 스콜선에서 여러 대류세포들의 유출류 경계가 늘어선 모양은 한랭전선에서의 경우와 매우 비슷하다. 스콜선과 한랭전선에 나타나는 공통적인 현상은 온도 불연속, 기압장에서의 기압골, 급격한 바람변화 그리고 활발한 구름 형성이다. 그러나 상층에서는 스콜선과 전선이 다르다. 한랭전선의 경우는 제트류와 구조적으로 연결되어 있지만 스콜선의 경우는 그렇지 않다.

마. 스콜선의 구조

그림 6-12는 스콜선 단면의 여러가지 특성들을 보여주고 있다. 스콜선의 구름시스템은 앞부분에는 적란운, 그리고 뒷분분에는 주로 고층운과 난층운이다.

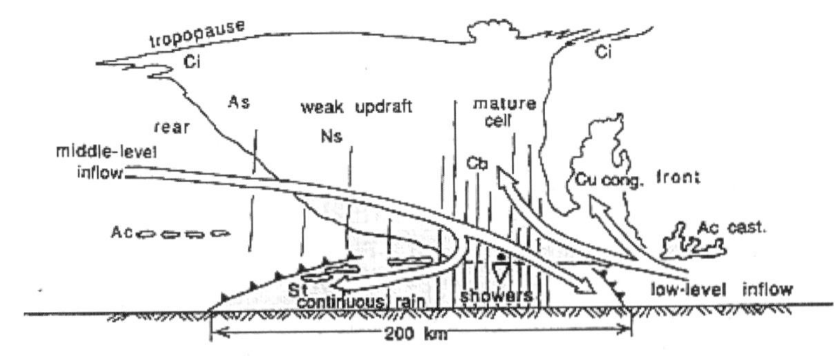

(연직선: 선이 밀집될수록 더 강한 강수를 나타냄. 유입류: 하층에서는 전면부분, 중층에서는 후면에서 일어남. 한기 유출류: 구름 아래 한랭전선으로 표시되어 있는 부분에서 이루어짐. 상승기류: 모루구름에서 구름꼭대기를 이탈하며, 때로는 구름꼭대기 위에 돌출된 돌기를 만듦)

[그림 6-12] 스콜선의 연직 단면도

적란운 부분은 다른 대류스톰과 비슷하게 상승기류와 하강기류가 있다. 하강기류의 대부분은 스콜선 후면의 대류권 중층에서 시작된다. 하강기류는 유출 경계에서 스콜을 형성한다. 하강기류는 상승기류를 방해하지 않아 대류세포들은 오래 지속될 수 있다. 상승기류는 하강기류 위로 비스듬히 상승하지만 성숙한 세포는 연직으로 상승한다.

강수는 상승기류에서 형성되지만 하강기류를 통과하여 지면에 떨어진다. 상승기류는 종종 스콜선의 구름꼭대기 부분에 오버슛되어 스콜선 상공에서 대류권계면이 위로 솟아 봉우리를 이루기도 하는데, 이는 거대세포 상공에서 솟아오른 구름봉우리와 유사하다. 위성 이미지에서 보면 대류권계면에서 구름꼭대기가 스콜선 상공의 층운형 구름 위치에서 가장 높게 나타나기도 한다. 이 경우는 적란운 탑의 꼭대기보다도 더 높을 수도 있다.

스콜선에서의 중층 유입류는 유출류 경계와 전체 구름 시스템의 전방 운동량(forward momentum)에 기여한다. 이 전방 운동량은, 창끝에코(spearhead echo)의 발달과정과 비슷하지만 창끝에코의 발달과정과의 현저한 차이점은 스콜선의 초기 세포가 가장 먼 남단, 즉 버스트 지점에 나타난다는 점이다.

스콜선의 특성은 스콜선의 뒷부분에 다소 넓은 층운형(예 As, Ns) 강수지역이 있다는 것이다. 이것은 34dBZ를 넘는 구름 구역이 스콜선의 서쪽 부분에 넓게 점유하고 있다(그림 6-10 참조).

바. 후방발달스콜선의 이동

후방발달 스콜선(back-building squall line)의 형성은 다소 오래된 소멸기의 세포 근처에서의 성장 자극 때문이다. 이는 그림 6-2(p.285)에서 설명한 다세포스톰의 성장의 경우와 매우 비슷하다. 다른 점은, 하층제트가 있으며 강한 연직바람시어가 있을 때, 하층 유입류 쪽에 새로운 세포가 형성되는 경향이 있다는 점이다. 따라서 초기의 세포가 온난습윤 공기의 유입에 노출되어 있기 때문에, 이 초기의 세포 구름이 새로운 세포 성장을 성공적으로 촉진한다. 이 메카니즘이 대류버스트 지점과 대략 일치하는 지점에서의 발달을 지원한다. 대류버스트 지점은 주위의 바람보다 훨씬 속도가 느리다.

그림 6-13은 뇌우의 선이 형성되는 모습을 나타내고 있다. 후방발달스콜선의 남쪽은 대류버스트 지점이다. 구름은 이 지점으로부터 확장된다. 대류버스트 지점은 전형적으로 상층기류가 하층기류에 대해 현저한 차를 이루며 동쪽으로 천천히 이동한다. 스콜선 전체는 혜성꼬리가 머리를 따라가는 것처럼 버스트 지점을 따라간다.

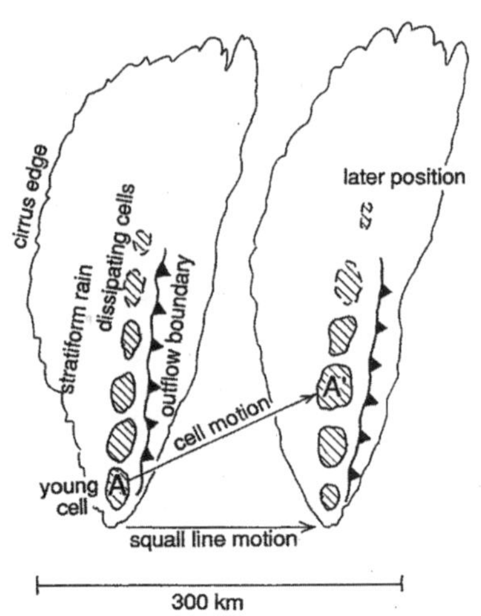

(세포A가 세포A′ 위치로 움직이는 동안 새로운 세포들이 스콜선의 남쪽 끝에서 생겨난다. 그리하여 세포 시스템 자체와 각각의 세포들의 이동방향이 서로 다르다)

[그림 6-13] 스콜선과 스콜선 내부 세포의 이동

사. 거대세포와의 비교

지상의 관측자는 스콜선과 거대세포 사이에 다른 점을 거의 느낄 수가 없다. 그러나 레이더 영상을 보면 구조적인 차이점이 크게 나타난다.

거대세포는 회전한다. 그래서 선형평형(cyclostrophic balance)처럼 안정한 순환 상태로 간주한다. 거대세포의 회전 패턴은 특유의 갈고리에코(hook echo)를 만들어낸다. 그런데 스콜선에서의 대류세포(적란운)는 회전하지 않는다. 대신에 스콜선의 대류세포는 레이더영상에 긴 에코선을 나타낸다. 스콜선에서 세포들은 대류버스트 지점 근처에서 불연속적으로 차례로 발달한다. 새로운 세포들은 성숙기에 들어서면 구름꼭대기 위의 대류권계면에서 돌출돌기를 형성하게 되다.

스콜선의 대류세포들은 보통은 회전하지 않지만, 그 중 어떤 세포들은 연직축에 대해 회전을 하게 되어 스콜선 내에서 거대세포가 되기도 한다. 이런 스콜선은 거대세포와 매우 유사한 위험기상(큰 우박, 재해성 강풍 등)을 초래한다. 스콜선에서는 거대세포의 경우에 비해 토네이도가 덜 나타난다.

5 중규모대류복합체

가. 중규모대류복합체의 일반 특성

위성영상에서 다세포스톰들이 때로는 밀집한 타원 모양으로 보인다. 만일 이런 지역들이 거의 원형이면 그들은 다음 조건들을 전형적으로 만족시키는 중규모대류복합체(mesoscale convective complex, 中規模對流複合體, MCC)일 것이다.

스콜선에 대한 묘사는 주로 레이더에코에 근거하고 있는 반면, MCC에 대한 설명은 위성사진에 근거하고 있다. 즉, 위성사진에서 보면 MCC는 대체로 다음처럼 보인다.

1) 약 10^5km^2(=300km×300km) 이상 넓이를 점유하며, 구름꼭대기가 연속적으로 -32℃ 이하의 온도를 가진다.

2) 그 중 구름꼭대기가 -52℃ 이하의 한랭한 부분이 5×10^4km^2 이상의 넓이를 점유한다.

3) 구름영상의 장축에 대한 단축의 비율이 0.7 이상으로 거의 원형에 가까운 모양을 보인다.

위성영상에서 MCC가 타원형이어서 위의 조건들을 만족시키지 않는 경우도 있다. 또한 그 생애 중에 어느 정도 커지거나 작아질 수도 있다. 그러나 이런 스톰들도 역시 실제적인 목적 때문에 MCC로 본다. 따라서 위에 열거한 MCC에 대한 정의들은 단지 참고 지침으로 간주되어야 할 것이다.

위에서 서술된 내용의 요점은, 스콜선은 기다란 모양인데 비해 MCC는 좀 더 타원형이라는 것이다. 이러한 중규모대류시스템(MCS)들은 서로 물리적인 특성이 다르다. 그러나 다른 범주의 중규모스톰들과 마찬가지로, 스콜선과 MCC 사이의 구분도 역시 항상 분명한 것은 아니다. 때로는 둘이 같은 모양을 가지기도 하고, 스콜선이 MCC의 타원 구역 안에서 발달하기도 한다.

MCC의 특징도 다른 범주의 중규모스톰들의 특징과 같이 명확히 구분되는 것이 아니다. MCC 안에 대체로 거대세포가 있다. 그래서 MCC에는 통상적으로 위험기상이 나타난다. MCC의 매우 넓은 부분이 층운형 강수 영역으로 덮여 있는데, 이것도 역시 스콜선에서의 경우와 비슷한 점이다. 그림 6-14에서 그러한 예를 보이고 있다.

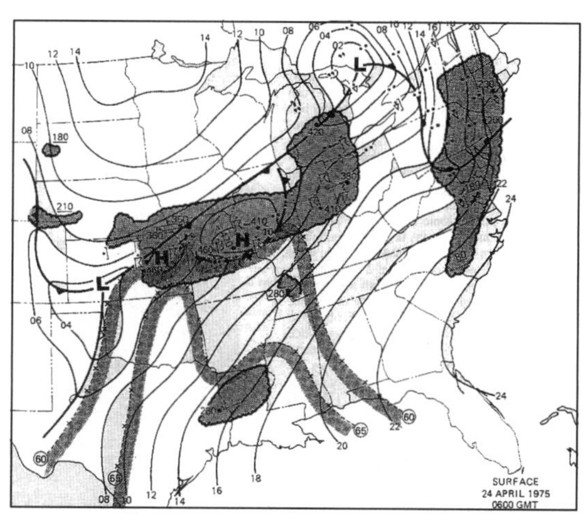

(중규모고기압이 Kansas주와 Missouri주에 위치한다. 그늘칠: 강수 구역)

[그림 6-14] 미국 중부지방에 두 MCC가 나타나 있는 지상일기도

나. 중규모대류복합체의 환경

MCC의 발생 환경은 잠재불안정과 상승운동이다. 이와 같은 환경은 다른 대류스톰에서도 마찬가지이다. 한대제트류의 활성화 영역은 이러한 상승과 불안정성의 강화가 일어나기에 적합한 장소이다. 통상적으로 MCC의 형성에는 $0.005\sim0.01hPa/s$ 의 상승이 전형적이다.

하층 대류권에서의 온난이류도 MCC 형성에 유리하다. 온난이류 과정은 보통 열이류와 함께 수증기이류가 따르게 된다. 주로 대류권의 최하층 약 2km 두께에서 일어나는 이러한 두 가지 이류는 잠재불안정에 기여한다.

MCC의 큰 특성으로 각 MCC에 스톰으로부터의 유출류의 꼭대기 고도가 되는 모루권운 고도(약 200hPa 고도)에 강한 수평 발산이 있다. 이 상층 발산은 열대저기압에서도 비슷하게 나타난다. 이는 MCC도 열대저기압처럼 어느 정도 회전한다는 증거가 된다. 육지에서는 지면의 마찰 때문에 회전이 약할 뿐이다. 해양에서의 MCC들은 열대저기압으로 변환되기도 한다.

대류권 중층 이하에서는 MCC에서의 상승 공기가 주위 공기보다 따뜻하다. 보통 MCC의 상층 대류권은 주위보다 어느 정도 차갑다. 이 점은 열대저기압에서도 비슷하게 닮았다. 열대해양에서의 어떤 MCC들은 열대저기압으로 발달하기도 한다.

MCC는 세계 여러 지역에서 선별적으로 나타난다. 북미에서는 MCC가 발생하기 좋은 장소가 대평원(Great Plains)이다. 북미의 동해안이나 서해안 지역에서는 MCC가 매우 드물다. MCC들이 남미에서도 많이 나타난다. 그러므로 이러한 스톰들은 다른 대륙에서도 마찬가지로 형성될 수 있다. 발생 빈도도 역시 매우 다양하다. 해양에서는 MCC 관측이 매우 적다. 따라서 해안 지역에 속하는 우리나라의 경우도 MCC 관측이 매우 드물다.

대륙성 MCC들은 편서풍 또는 편동풍의 큰 산맥의 풍하에서 생성되기 쉽다. 북미의 고원지대와 남미의 Argentina의 평지들은 둘 다 편서풍지대이며 높은 산맥의 풍하측이다. 이 평지들은 MCC가 발생하기 좋은 장소들이다.

콜롬비아의 산맥 풍하측도 적합 장소인데, 여기서는 열대편동풍이 Andes산맥으로부터 하강하는 곳이다.

다. 중규모 고기압

MCC 내의 세포에서의 하강기류는 지표면 부근에 한랭공기 pool을 형성한다. 이 pool은 무게 때문에 고기압을 형성한다. 이러한 고기압이 중규모 고기압(meso-high)인데, 규모가 클 때는 100~ 500km 정도가 되어 일기도 상에 나타날 수도 있다.

이러한 meso-high는 특히 스톰을 동반한다. 이 meso-high는 MCC 주변에서 gust front를 이루며 퍼진다. 이러한 중규모 고기압은 스콜선과 MCC와 함께 관측되기도 한다(그림 6-14 참조).

Meso-high는 해당되는 고기압성 순환이 없기 때문에 전형적인 고기압은 아니다. 바람과 기압의 관계가 매우 비지균적이다. 이런 환경에서는 가속이 매우 크다. 바람은 보통 meso-high의 중심으로부터 불어 나간다.

비슷한 meso-high가 보통 스콜선에서도 나타난다. 스콜선의 meso-high는 스콜선을 닮아 길게 나타난다. gust front가 통과할 때의 작은 스톰들도 meso-high를 발달시킨다. 이들 작은 스톰들은 보통 관측소와 관측소 사이에 위치할 수 있기 때문에, 이들은 일기도 상의 등압선의 위치에 영향을 주지 못하는 경우가 많다. 따라서, 때로는 이웃 관측소들의 관측과는 부조화가 나타나기도 한다.

라. MCC에 의한 강수

중규모대류복합체(MCC) 한 개의 지속시간은 12시간 정도이다. 미국의 경우 MCC는 보통 로키 산맥이나 그에 가까운 평원의 상공에서 형성되는 국지 스톰들의 그룹으로 형성된다. 이 국지 스톰들은 오후에 발달한다. 그리고 보통 국지 스톰들이 약화되는 저녁동안에 발달을 시작하기도 한다. MCC는 자정 무렵에 최대 크기로 발달하고 일출 전후에 소산된다. 드문 경우지만, MCC의 잔여 구름대가 다음날 저녁까지 남아 있어서, 야간에 또 다른 MCC를 형성하기도 한다. 이는 스톰 주위에서 하층대기에 고온다습한 이류가 강화되는 경우이다. 하층의 바람(때로는 하층제트)은 야간에 강화되는 경향을 가진다. 그래서 이류를 강화한다. 하층에서의 열이류의 증가는 열적 불안정도(또는 잠재 불안정도)를 강화하여 대류를 발달시킨다. MCC의 야간 발달 때문에, 기후학적으로 보면, 북미의 대평원(Great Plains) 상공에는 뇌우의 최대치가 자정 이후에 생긴다.

MCC와 관련된 위험기상은 전형적으로 MCC가 형성되기 이전에 발생한다. 연구에 의하면, 12개의 MCC와 관련된 가장 큰 우박과 강풍이 모두 MCC가 형성되기 이전에 나타났다. 모든 tornado와 funnel cloud들 역시 MCC가 형성되기 이전에 나타난다. 단지 몇몇 경우에서만 MCC 내에서 강풍, 우박, 폭우가 발생하고 있다. 이러한 사실은, 앞으로 MCC를 생성시킬 작은 국지 스톰들이 MCC들보다 규모는 작지만 더 격렬하다는 사실을 나타낸다.

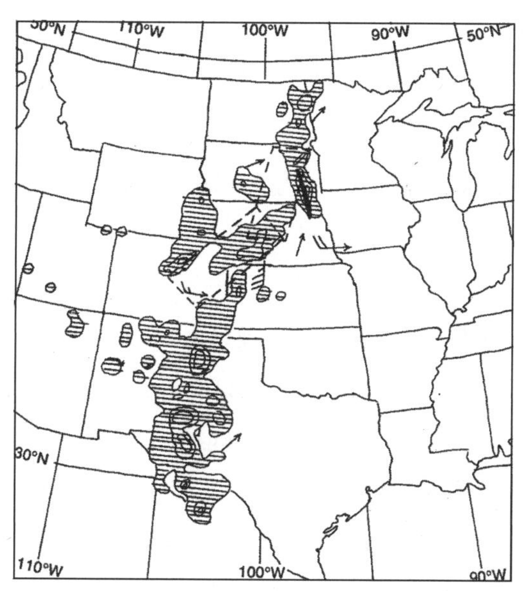

[그림 6-15] 미국 서부Texas주로부터 North Dakota주까지의 컨베이어벨트를 따라 형성된 에코(1988. 5. 19. 19:35LST).

MCC는 광범위한 지역에 비를 내리므로, 이동하는 다른 스톰들보다 홍수 발생 가능성은 높다. MCC가 아주 느리게 이동하거나 혹은 정체되어 있을 때 중요한 홍수 사례들이 발생했다.

MCC가 평균보다 더 느린 속도(대략 $5ms^{-1}$ 정도)로 이동한다면 돌발홍수(flash flood)의 위험은 급격하게 증가한다. 이런 경우는 비가 모두 한 지역에 모이게 되기 때문이다.

6.3 위험뇌우의 발달환경과 예측

1 위험뇌우의 발달 환경

어떤 주어진 상황에서 몇 개의 뇌우예보인자 중 어떤 것을 중요시해야 하는가를 결정하기 위해서는 많은 지상과 상층 자료의 각 인자를 시·공간에 투영하여 개별적으로 또는 선별적으로 고려하여야 한다. 어떤 인자들을 상대적으로 중요하게 생각해야 하는가를 결정하는 것은 매우 어려운 일이다. 왜냐하면 그들은 상호 보완적이기 때문이다.

많은 위험기상 사례를 연구한 결과 대략 14개 인자가 중요한 역할을 한다는 것을 알게 되었다. 이러한 인자들을 서로 재결합하여 각 인자의 이용을 다음처럼 정리할 수 있다.

가. 불안정도와 하층 습기

위험뇌우(severe thunderstorm)가 발달하기 위해서는, 필수적으로 기온이 높고 기온의 연직 구조가 잠재불안정이어야 한다. 이러한 기온분포는 습기를 머금을 수 있는 능력을 크게 하고, 또한 빙결고도(wet-bulb-zero, WBZ)를 높게 하기 때문이다.

대류권 하부에서의 온난이류는 대기의 열적 불안정도를 증대시키고, 주변 대기에 잠재 불안정도를 증가시켜서, 거대세포 발달에 적합한 방향성 바람시어를 생성하는 등 뇌우의 형성에 기여한다.

온난이류는 등고선과 등온선의 패턴, 또는 연직 방향성 바람시어로 판단한다. 온난이류는 또한 기류의 helicity나 relative helicity에 의해서 알 수 있다. Q벡터는 온난이류와 주변 대기 상승의 관계를 온도이류의 차로 나타나게 된다.

뇌우발생에 많은 양의 습기는 필수적이다. 대부분의 위험뇌우 발생에는 하층에 습윤혀가 필요하다. 가장 강한 뇌우는 상대적으로 습기가 많거나, 또는 건조공기가 습한 공기를 파고들 때 발생한다. 모든 강한 뇌우는 상층에 위치한 불포화 공기가 강한 하강류를 발생시켜 폭발적인 상하 위치교환이 일어날 때 발생한다.

뇌우를 유발시키는 데는, 반드시 습기의 양이 매우 많아야 하는 것은 아니지만, 상대적으로 하층에 따뜻하고 습한 공기가 많을수록 뇌우의 발달 가능성은 더 커진다.

위험기상을 일으키는 하층의 수증기이류를 평가하는데는 1km(3,000ft) 고도의 습도장에서 평균 이슬점을 분석하는 것이 좋다. 수증기를 평가할 때는 하층이나 850hPa의 것이 비슷하다면 850hPa의 것을 사용할 수도 있다.

연속된 sounding 시간 사이의 하층 습기의 모양과 그 변화는 기압 및 하층운을 토대로 추정할 수 있다.

나. 850hPa 기온마루의 습도마루 접근

위험기상을 발생시킬 수 있는 850hPa면의 주요 특징은 850hPa 최대 기온마루가 습도마루의 풍상측(서쪽이나 남서쪽)에 위치하고 있는 경우이다. 이러한 패턴은 하층에서 온난건조 공기가 바로 옆에 위치하고 있는 습윤지역으로 이류하고 있음을 의미한다. 기온마루가 이류하여 습도마루에 도달할 때는 토네이도 발생조건이 되기도 한다. 기온마루가 습도마루의 풍하측(동쪽)에 위치하면 위험기상 발생이 약하다.

여름철에는 하층 난기이류가 상승류를 유발하는 주요한 인자이다. 따라서 난기이류의 큰 변화가 나타나는 지역이 매우 중요하다. 하층 기온마루는 종종 매우 큰 기온감률을 가지고 있으나 습도는 적다. 반면에 풍하측에 있는 하층 습도마루는 종종 상당한 조건부불안정을 나타내고 있다. 따라서 두 지역이 겹쳐지면, 대류의 잠재력이 커진다. 매우 큰 기온감률 지역을 진단하는 데는 토털지수(total totals index)가 쓰인다.

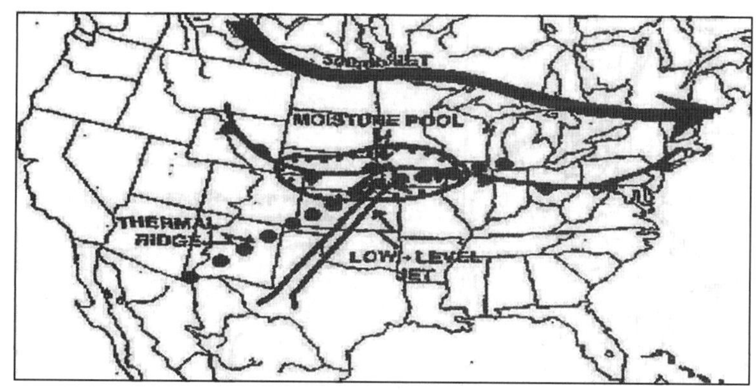

[그림 6-16] 하층제트와 습기pool 형성의 예

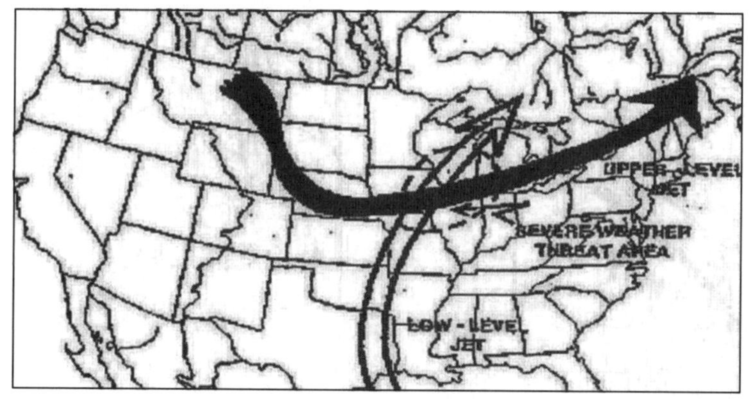

[그림 6-17] 하층제트와 상층제트의 상호작용

다. 상승운동

하층가열, 하층수렴, 산경사면 활승 등의 상승운동은 뇌우발생을 위한 방아쇠(trigger) 역할을 한다.

일반적으로 상승류가 클수록 위험뇌우로 발달할 수 있는 기회가 급증한다. 강한 뇌우는 처음부터 갑자기 발달하는 것이 아니다. 뇌우의 발생초기에는 지상으로부터의 상승과정이 필요하다. 이러한 상승과정은 전선, 산경사면 활승, 건조선, 해륙풍, 돌풍전선(gust front), 스콜선 교차(스콜선과 온난전선의 교차, 돌풍전선과 해풍전선의 교차, 온난전선을 따라 이동하는 중규모저기압) 등에 의한다.

뇌우가 발생하는 날의 대기는 "조건부불안정" 상태이다. 이러한 상태에서 공기덩이 중의 수증기가 응결되기 위해서는 공기가 치올림응결고도(LCL) 또는 대류응결고도(CCL)까지 상승되어야 한다.

만일, 지면가열에 의해 공기덩이가 상승한다면, 자유대류고도(LFC)는 CCL과 같을 것이지만, 지면가열에 의한 것이 아니라면 전선면 상승, 산경사면 상승 등으로 계속 강제 상승에 의해 LFC까지 도달하여야 자유대류가 발생하게 된다.

경험적으로는, LFC가 600hPa 이하여야 토네이도가 발생하기 쉽다. 실제적으로 토네이도의 80%는 LFC가 640~850hPa 사이일 때 발생하였다. LFC가 높아도 하층의 습도이류나 한랭이류와 같이 LFC를 낮출 수 있는 메커니즘이 있을 때는 토네이도의 발생이 가능했다.

라. 500hPa의 강한 PVA구역

강한 플러스와도이류(PVA)는 강한 상승류를 발생시킨다. 여기서 PVA(positive vorticity advection)와 상층발산은 뇌우를 발생시키는 역할보다는 대류를 더욱 강화하고 유지시켜주는 역할을 하기 때문이다. 중~강한 PVA는 대부분 현저한 위험기상과 밀접하게 관련되어 있다.

한편 너무 강한 PVA는 뇌우와 겹쳐져서 종관규모의 Ns구름을 형성할 수도 있다. 이는 온난이류(특히 온난전선과 연관된 온난이류)가 있을 때는 상승운동이 빠르게 증가하여 기온감률을 포화시키기 때문이다. 강한 PVA와 건조혀가 겹쳐 작용할 때는 위험뇌우를 발달시킬 가능성이 크게 증가한다.

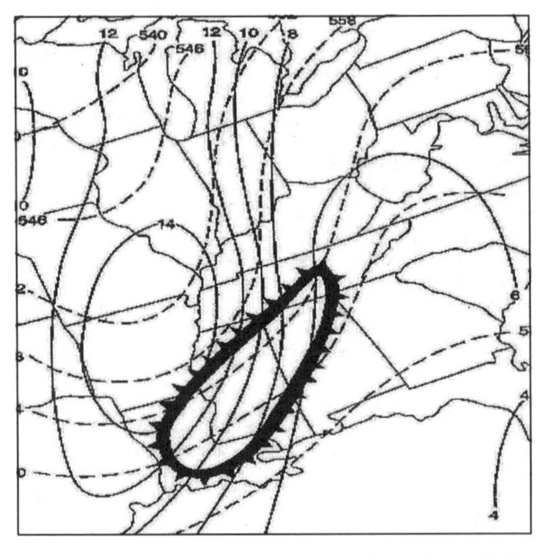

(가시달린 굵은 타원부분에서는 매우 강한 PVA를 보이고 있다)

[그림 6-18] 500hPa 등고선(파선)과 와도선(실선) 분포도

그림 6-29는 500hPa 와도장을 나타내고 있다. 이 그림에서 500hPa 등고선이 와도선과 큰 각도로 만나고 있기 때문에 매시 변화율은 매우 크다. 이곳이 매우 강한 PVA구역이다. 이러한 지역에서는 심한 위험기상이 발생할 가능성이 매우 높지만, 최종 결정을 위해서는 다른 인자들도 고려하여 결정한다.

실제로 와도의 값이 중요하기는 하지만, 위험뇌우의 형성 여부 결정에는 와도장의 이류를 나타내는 cross flow가 더 중요하다.

마. 에너지 면적

하층에서 습기가 증가(즉, 습기이류)되면 LCL, CCL이 낮아지고, 결과적으로 LFC도 낮아진다. 이것은 플러스 에너지면적(positive energy area, PEA)을 증가시켜 플러스 부력을 증가시킨다.

상승하는 공기가 LFC에 도달하면, 공기는 평형고도(equilibrium level, EL)까지 상승한다. 이 EL이 PEA의 top에 해당된다. EL은 대류운의 구름꼭대기 또는 적란운 anvil의 고도와 대체로 일치한다. 그러나 때로는 구름꼭대기가 EL보다 조금 더 올라가는 경향을 보이기도 하는데, 이러한 현상은 위험뇌우의 특징이기도 하다.

상승류의 강도는 PEA가 클수록 강하다. 실제적인 부력은 잠재적인 PEA의 1/2 정도여서, 이론적으로는 적란운으로 발달할 수 있는 대기상태이면서도 탑적운(TCU) 정도로만 발달할 수도 있다. 만일 대기 상층이 매우 건조하다면 상승하는 공기 내의 구름입자가 증발하여 공기가 더 냉각된다. 이 경우에는 상승하는 공기가 부력을 잃고 다시 가라앉게 된다. 이러한 과정 때문에 때로는 초기 대류는 소멸해버리고, 그 후에 발생한 대류가 발달하기도 한다.

바. 상·하층제트류 관련의 활성영역

중위도지방의 뇌우는 대부분 상층 기압골 풍하 영역에서 발달한다. 이러한 영역에서는 대규모 상승작용으로 잠재불안정도가 증가되기 때문이다.

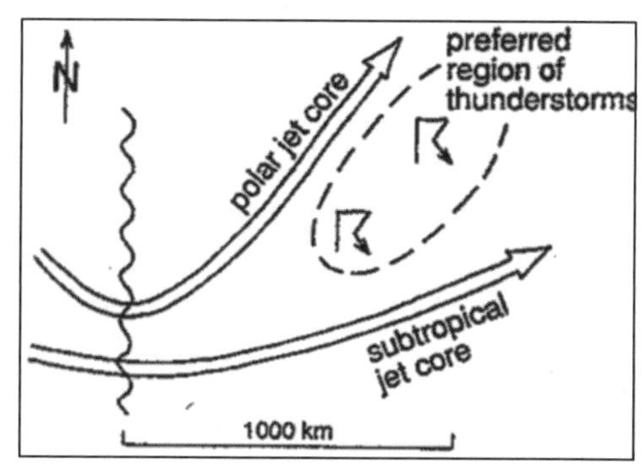

[그림 6-19] 위험뇌우의 활성영역이 되는 한대제트와 아열대제트의 분류 지역

상층대류권의 두 제트류 사이의 활성영역은 다른 지역보다 열적으로 불안정도가 크다. 특히 위험뇌우가 잘 나타나는 위치는 한대제트와 아열대제트가 서로 멀어지면서 발산하는 지역이다. 와도이류도 그러한 지역에서 강화된다. 이는 분류형(分流型) 기압골에서의 와도가 다른 곳에서의 와도보다 강하기 때문이다(그림 6-19 참조).

스톰의 활성영역이 항상 남서기류가 있는 곳은 아니다. 다른 방향의 기류도 뇌우를 유발시킬 수가 있다. 만일 그 안에 기압골의 활성영역이 있다면 때로는 북서기류에서도 위험뇌우가 발생할 수도 있다.

뇌우 형성에 좋은 또 다른 일반적인 패턴은 불안정 에너지를 증가시키는 고온다습한 공기를 몰고 오는 남으로부터의 하층제트의 존재이다. 따뜻한 컨베이어벨트에서의 구름군이 보통

적란운군으로 성장한다. 하층제트류는 그 활성영역에서 규칙적으로 발달한다.

일반적으로 중위도의 심한 스톰지역에서는 중위도권계면이 높아진다. 거대세포나 스콜선 상공에서는 권계면이 140hPa(또는 15km) 고도까지 높아지기도 한다.

2 위험뇌우의 예측

가. 예측인자

(1) 제트류에 관련된 발산

돌발적인 뇌우군은 저기압 발생지역에서 발달하는데, 이는 상층제트와 하층제트의 출현과 관계가 깊다. Jet streak의 4분면은 각각 상층의 발산과 수렴을 나타내기 때문에 지상으로부터 상층까지의 2차 순환이 나타난다. 특히 하층제트와 상층제트의 상호작용은 위험뇌우의 발달로 연결된다.

중상층의 분류(分流) 지역은 위험뇌우 발달이 용이한 지역이다. 특히 중상층 분류지역의 상층으로 잠재와도(potential vorticity)의 중심이 접근하고 있을 때, 이 분류지역은 뇌우 발달의 가능성이 높아진다.

(2) 하층제트

하층제트는 대기 하층 850~700hPa 부근에 나타나는 강풍대로서 20m/s 이상의 풍속이 관측되기도 한다. 하층제트는 수증기의 수송 및 수평 발산과 상승역을 만드는 데에 중요한 역할을 한다. 이런 하층제트는 하층대기가 급격히 불안정해지거나 대류 활동이 왕성해질 때 발생하기 쉽다. 하층제트는 그 위치의 변동이 크다.

온난다습한 공기가 하층 850hPa면에서 이류해 오면, 대기 자체는 매우 불안정해져서 뇌우가 발생하기 쉽다. 특히 상층에 한랭건조한 공기가 위치하고 있을 때 하층제트가 온난전선을 횡단하면 매우 활발한 대류현상이 발생하여 심한 위험기상이 나타날 가능성이 커진다.

(3) 700hPa 건조공기 유입

700hPa면에서 건조공기 유입은 스톰 발달의 뚜렷한 징후가 된다. 어느 정도가 건조한 것인지는 상황마다 다르지만, 현업에서는 보통 상대습도 50% 이하, 이슬점온도 0℃ 이하 또는 습수 6℃ 이상이면 건조한 것으로 간주한다. 그러나 700hPa 공기의 건조 여부를 각 경우마다 결정하여야 하는데, 경험상으로는 상하층의 상대습도 차를 30% 이상으로 한다. 일반적으로 건조공기와 습윤공기의 정도차가 크면 클수록 활동성이 증대된다. 하층과 700hPa 사이에서 바람이 veering으로 온난이류이면 스톰 발생의 가장 이상적인 조건이 된다. 건조공기가

습윤공기 쪽으로 유입되는 경계지역은 대류불안정이 커진다.

(4) 적정 고도의 WBZ

습구결빙고도(WBZ)는 Skew T-log P선도에서 T_w선이 0℃선을 지나는 고도이다.

미국의 경우, 우박피해의 84%가 WBZ가 1.5~3.4km(5,000~11,000ft)일 때 발생했다. 특히 2.5cm(1/2인치) 이상의 큰 우박은 WBZ가 2.5km(8,000ft) 정도에서 발생했으며, 1.5km보다 낮거나 3.4km보다 높은 경우에는 피해 발생 횟수와 우박의 크기가 급격하게 감소했고, 뇌우가 발생했을 경우에라도 돌풍현상이 거의 발생하지 않았다. 뇌우돌풍도 역시 WBZ가 1.5~3.4 km일 때 지상에 도달할 수 있다.

(5) 지상의 기온, 이슬점 상승과 기압 하강

3시간 간격으로 관측했을 때, 이슬점 최대상승지역, 기온 최대상승지역 등은 대기의 안정도가 매우 낮아지는 지역이다. 기압 최대하강지역은 지상 수렴이 가장 빠르게 발달할 수 있는 지역이다.

(6) 중층까지의 바람시어

위험뇌우를 발달시키는 환경 중에는 중층대기까지의 바람장에서 연직으로 풍향과 풍속 시어가 있어서, 상하층 간의 풍향이 30도 이상 veering하면 위험뇌우 발생이 우려된다. 두 풍향의 교차가 크면 클수록 위험뇌우의 활동성은 커진다. 상층제트와 하층제트가 교차할 때에도 위험뇌우가 발달한다.

상하층 간의 풍향이 30도 이내로 veering하드라도 풍속의 차이가 30% 이상이면 위험뇌우가 가능해진다. 풍향이 veering하고 풍속시어가 크면 클수록 위험뇌우 발달이 용이해진다.

하층으로부터 상층으로 풍향이 veering 하면서 풍속이 증가하면 증가할수록 심한 위험뇌우 발달 가능성이 더 커진다.

나. 위험기상 예보도구

위험기상이 접근하고 있을 때 예보관들이 적용 가능한 적절한 예보기술 중 가장 보편적인 것이 Skew T-log P선도 분석이다.

(1) 호도그래프 분석

호도그래프(hodograph)는 한 지점의 연직바람을 vector로 나타내 풍속과 풍향의 시어를 나타낸 것이다. 이때 각 고도의 풍향과 풍속을 vector로 한 점에 표시하고, vector의 각 끝 지점을 고도 순으로 연결하여, 그림 6-20과 같이 호도그래프를 완성한다. 이런 호도그래프로부터 상층 바람의 특성을 알 수 있다(그림 6-21 참조).

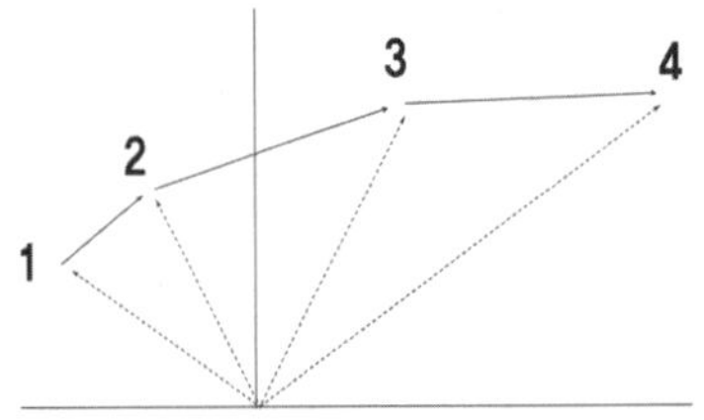

[그림 6-20] 각 층 사이의 시어를 나타내고 있는 호도그래프의 예

위험기상이 예상될 때 호도그래프는 그 뇌우가 어떤 형태인지를 알아내는 자료일 뿐이고, 그 자체가 위험기상의 잠재력을 나타내는 것은 아니라는 점에 유의해야 한다.

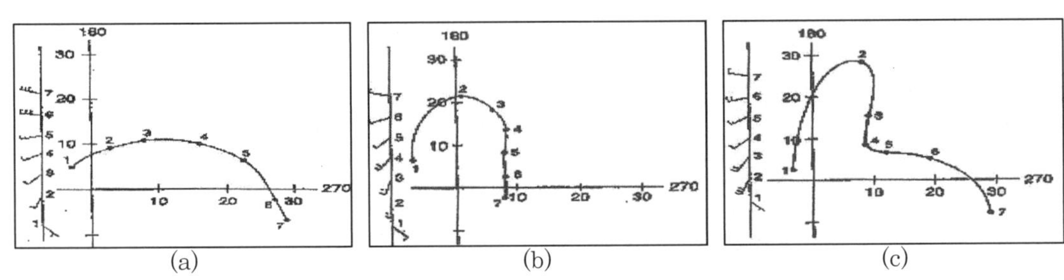

(a) 풍속증가형, (b) 풍속감소형, (c) 하층제트형

[그림 6-21] 고도에 따른 풍속 변화 호도그래프

㈎ 위험기상을 나타내는 호도그래프의 모양

1) 직선형 호도그래프(straight-line hodograph) : 대기 하층에 매우 강한 풍향시어가 나타나고 풍속시어도 매우 큰 경우이다(그림 6-22 참조).

일반적으로 대기 하층에서는 풍향시어는 크지만 풍속시어는 상대적으로 작은 것이 보통이다. 그런데 풍향시어와 풍속시어가 모두 크다는 것은 주로 다세포뇌우의 전형적인 형태이다. 이때 특히 풍속시어가 크면 클수록 위험기상이 나타날 가능성이 높아진다. 시어는 대류를 유지하는 메커니즘 중의 하나이다.

2) 곡선형 호도그래프(curved hodograph) : 하층에서 강한 풍향시어와 함께 강한 풍속시어가 있는 호도그래프로서, 위험뇌우와 관련된 또 하나의 중요한 호도그래프 형태이다(그림 6-23 참조).

거대세포가 발생하기 위해서는 강한 풍속시어와 풍향시어가 필요하다. 보통 거대세포뇌우의 호도그래프는 3km 고도까지 바람이 최소한 70도 이상 veering해야 한다. 이 층에서 평균적으로 풍속시어가 20~30kts, 풍향시어가 90도 정도이다. 3~10km 고도에서는 직선형 호도그래프가 지배적이며 바람시어는 급격히 증가하여 60kts 이상이 된다.

스톰이 분리될 때는 호도그래프가 직선이고 강한 바람시어가 있다. 스톰은 분리되면서 하나는 오른쪽으로 치우쳐서 진행하고, 다른 하나는 왼쪽으로 치우쳐서 진행한다. 분리되는 스톰의 경우, 하층 호도그래프의 곡선이 veering하는 경우에는 오른쪽이동스톰이 발달하게 되고, backing하는 경우에는 왼쪽이동스톰이 발달하게 된다.

하층에서 바람시어가 작은 경우에는 스톰의 발달도 어렵고, 분리된 스톰이 유지되지도 못한다.

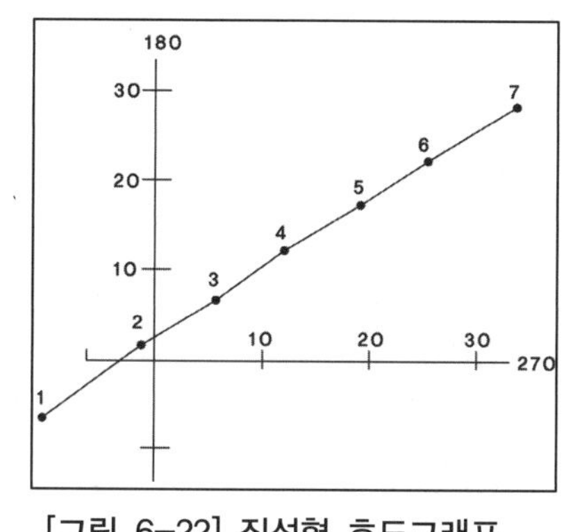

[그림 6-22] 직선형 호도그래프

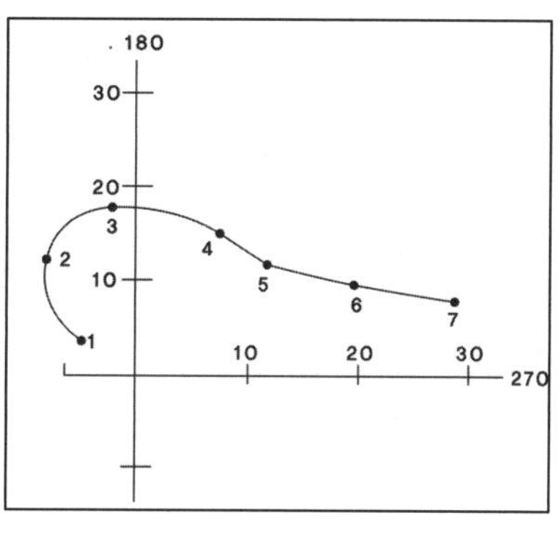

[그림 6-23] 곡선형 호도그래프

3) 비조직형 호도그래프(unorganized hodograph) : 위험기상과 관련이 있는 호도그래프이지만 상대적으로 약한 풍속이 무질서하게 분포하고 있는 모습을 보여준다. 이런 경우 단세포(single cell)의 발달을 예상할 수 있다(그림 6-24 참조).

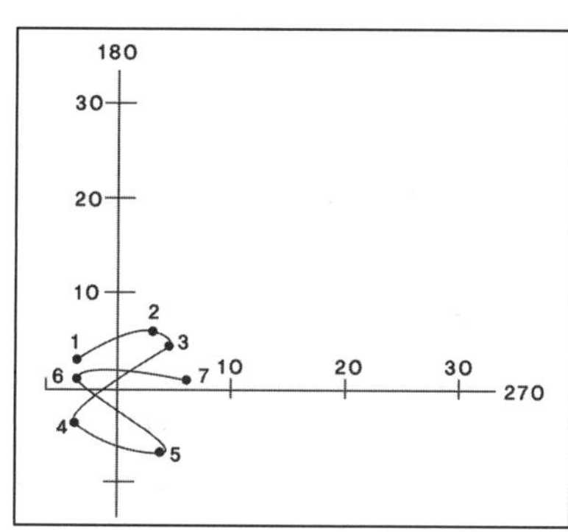

[그림 6-24] 비조직형 호도그래프

(나) 호도그래프를 이용한 storm 이동 분석

일반적으로 스톰의 이동방향은 700hPa 바람을 이용하거나, 지상에서 6km까지의 평균 바람장을 이용한다. 호도그래프 상에서는 스톰의 이동을 vector로 구할 수 있다. 현재의 이론을 바탕으로 보면, 스톰은 평균바람장의 75% 속도, 그리고 30도 오른쪽 방향으로 이동하는 것으로 알려져 있다.

그림 6-25에서는 호도그래프가 하층에서 남동풍이 불다가 시계방향으로 회전하여 4km 고도 부근부터는 남서풍이 불고 있다. 그리고 그림에서 평균바람과 스톰의 이동방향을 표시하고 있다. 다세포의 경우에는 각 세포는 평균바람 방향으로, 그리고 전체 스톰의 진행은 평균바람의 오른쪽 30도 방향으로 이동한다.

그림 6-26의 예에서는 평균바람과 각 세포의 이동은 북동 방향이고, storm의 이동은 동북동 방향이다.

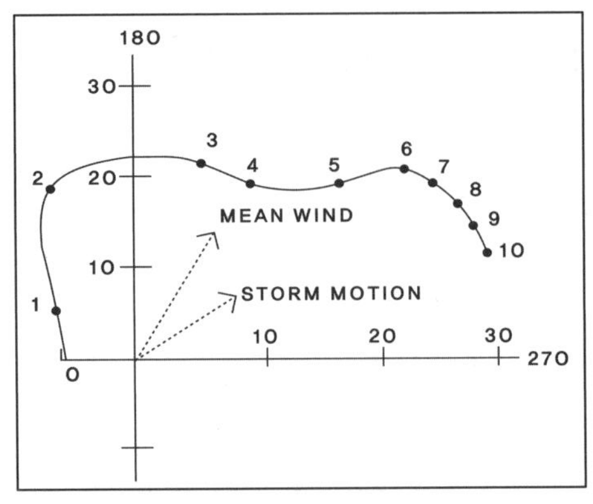

[그림 6-25] 평균풍과 스톰의 이동벡터를 나타내는 호도그래프

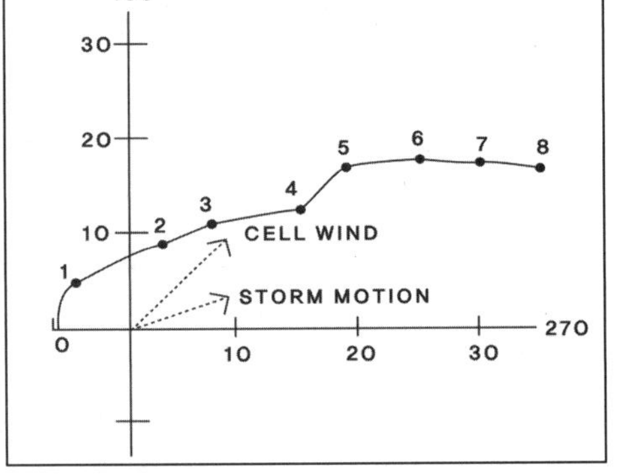

[그림 6-26] 각 세포들의 이동과 스톰의 이동벡터를 나타내는 호도그래프

Storm의 이동을 나타내는 vector는 매우 많은 변수들이 작용하기 때문에, 자료가 새로이 바뀔 때마다 호도그래프를 새로 작성하여 판정해야 한다. 가장 빨리 얻을 수 있는 자료는 wind profiler 자료지만, sonde나 PIBAL 자료도 유효하고, 레이더나 지상관측자료 등도 유용하게 사용될 수 있다.

발달하는 뇌우는 하층에 유입류가 있다. 강한 유입류는 스톰의 상승류를 유발하고, 필연적으로 스톰이 기울게 된다. 스톰이 위험기상으로 발달하기 위해서는 상승류의 회전이 필요하다.

스톰의 유입류는 하층 3km까지에서 매우 중요하다. 그것은 그림 6-26에서처럼 스톰의 이동은 처음 3km까지의 vector의 끝 부분을 연결하여 쉽게 구할 수 있다. 이 그림에서 나타낸 vector들은 storm의 이동 방향에 대해 하층의 상대적인 유입류를 나타낸다. 이때 vector의 크기가 유입류의 크기를 나타낸다. 강한 시어가 있는 곳에서 20kts 이하의 약한 유입류는 주로 다세포뇌우를, 그리고 그보다 강한 유입류는 거대세포뇌우를 발달시킨다.

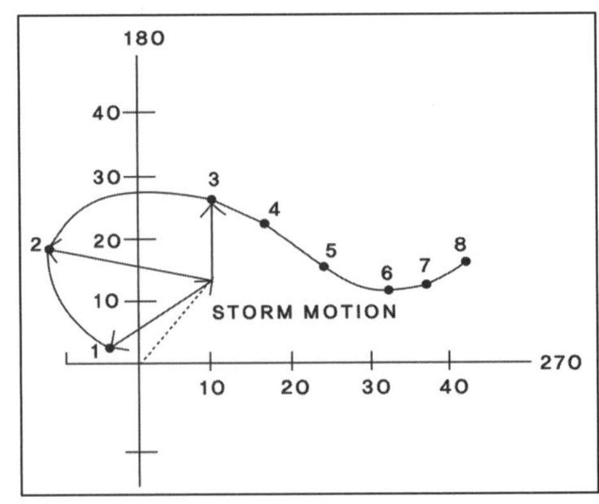

[그림 6-27] 유입류 벡터를 나타내는 호도그래프

(2) 헬리시티 분석

호도그래프로부터 얻게 되는 또 하나의 유용한 정보가 헬리시티(helicity)이다. Helicity 값은 호도그래프에서 1km로부터 3km까지의 유입류 vector로 둘러싸인 영역(예 그림 6-28에서 그늘칠한 영역)의 면적(단위: m^2/s^2)으로 정의된다. Helicity는 스톰의 유입류의 상대적인 연직시어이다. 따라서 스톰 상승류의 회전잠재력을 의미하게 된다.

Helicity가 와도의 수평성분과 관계가 있는데 상승류에 의해 휘어진다면 중규모 저기압에 관련된 연직와도 성분으로 나타날 수 있다.

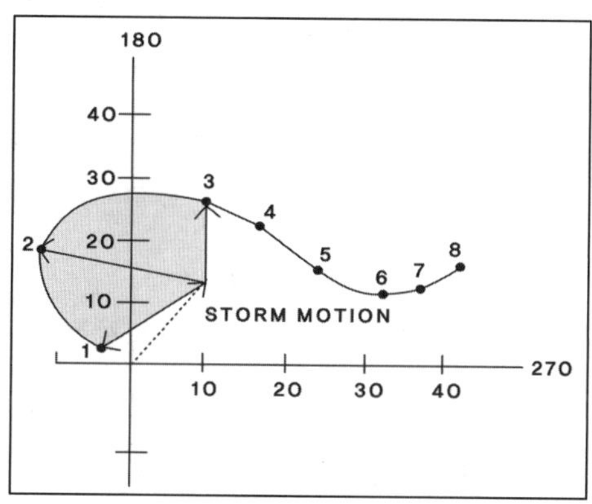

[그림 6-28] 호도그래프에서 helicity의 결정

Helicity 값이 양(+)이면 바람이 veering하면서 스톰이 평균장에 대해 오른쪽으로 이동하는 경우이고, 음(−)이면 바람이 backing하면서 스톰이 평균장에 대해 왼쪽으로 이동하는 경우를 나타낸다. 표 6-2는 helicity 값의 적용 범위를 나타내고 있다.

[표 6-2] Tornado 발생 예측시의 Helicity 값의 적용범위

	약(Weak)	강(Strong)	매우 강(Violent)
Helicity 값의 범위(단위: m^2/s^2) (중위수)	150~299 (278)	300~499 (330)	450 (531)

미국에서는, 풍향 반전(backing), 따라서 왼쪽으로 이동하는 스톰에서 종종 악명 높은 우박 사건이 발생했다.

Helicity를 이용할 때는, 이 값이 자주 바뀔 수 있다는 점에 명심해야 하고, 값의 작은 차이도 무시해서는 안 된다. 1~2시간이면 매우 강한 값까지 갑자기 커질 수도 있기 때문이다. 따라서 호도그래프와 스톰의 이동벡터를 자주 갱신하여 분석해야 한다.

(3) Q-벡터

Q-vector는 대기의 상승운동을 측정하는 수단의 하나로서 상승운동에 기여하는 요소들로 구성

하여 결정된다.

오메가방정식에 따르면, 종관규모에서 대기의 상승운동을 결정하는 2가지 핵심 요소는 온도이류와 발산이다. 발산은 연직 차등 와도이류에 의해서도 발달한다.

대기의 상승운동은 위험기상을 유발한다. 상승운동은 하층에서 온난이류가 있을 때와 "+"와도이류가 높이에 따라 증가할 때 나타난다. 역으로, 하강운동은 하층에서 한랭이류가 있을 때와 "−"와도이류가 높이에 따라 증가할 때 나타난다.

역사적으로 종관기상분석자들은 종관규모의 상승운동을 알아보기 위하여 고도 증가에 따른 +와도이류의 증가 여부, 그리고 하층에서의 온난이류의 여부를 주관적으로 추정하여 왔다.

어떤 분석자들은 '하층에서는 온도이류가 작다'고 가정하고, 단순히 500hPa면 와도이류만을 분석하여 높이에 따른 차등 와도이류를 추정한다. 또한 어떤 분석자들은 '여름철에는 보통 와도이류가 작다'고 가정하여 와도이류보다는 하층에서의 온난이류를 중점적으로 분석하여 상승운동을 추정한다.

그러나 주로 이용되는 이들 2가지 요소(기온이류 및 연직차등 와도이류)가 대기에서 서로 반대 위상을 갖는 경우도 종종 있다. 이러한 경우, 예보관이 종관규모의 상승운동을 결정할 때 어떤 요소에 더 중점을 둘 것인가에 대한 결정이 매우 어렵게 된다. 예를 들면, 연직으로 +와도이류가 증가하고, 하층에서는 한랭이류가 나타날 때라면, 전자에 의해서는 상승운동이, 후자에 의해서는 하강운동이 유발되기 때문이다. 이러한 문제점을 해결할 수 있도록 고안된 것이 바로 Q-vector이다.

따라서, Q벡터는 강제력에 의해 종관규모의 상승운동이 유발될 수 있는 모든 항(예를 들면 하층가열, 850hPa 수렴, 700hPa 기온이류, 300hPa 발산 등)으로 구성되어 있기 때문에 모든 층을 다 분석하지 않더라도 위험기상 유발 가능 지역을 쉽게 판단할 수 있는 장점을 가지고 있다.

(4) 불안정지수 분석

Sounding의 전체적인 안정도를 때로는 하나의 인자로 표현한다. 일반적으로 이러한 인자들은 기온, 이슬점온도, 습구온도, 온위, 가온도, 혼합비, 기압 고도 등의 조합으로 구성된다.

뇌우의 가능성을 위한 조건은 다음과 같다(이와 같은 조건들은 종관상태 및 다른 자료를 동시에 고려해야 한다).

1) 대기 하층의 충분한 가열.

2) 대기 중층에서 공기덩이가 빙정고도(일반적으로 −1℃의 고도)까지 상승. 이는 빙정이 강수를 시작하는 방아쇠 역할을 하기 때문이다.

3) 대기 하층의 충분한 습기 공급. 이는 뇌우 발달에 가장 중요한 인자이다.

4) 적절한 계절 조건. 이는 보통 계절이 바뀌는 시점에 해당한다.

5) 만일 대기 하층에 역전층이 있다면 이 역전층이 너무 강하지 않을 것.

6) 낮 동안에 대기 하층에 뚜렷한 역전층 존재. 이는 대류에너지를 증가시키는 역할을 한다.

검토할 수 있는 불안정지수에는 다음과 같은 것들이 있다(p.151 이후 참조).

1) 쇼월터지수(Showalter Index, SSI)
2) 치올림지수(Lifted Index, LI)
3) K지수(K-Index, KI)
4) 스웨트지수(SWEAT Index, SWEAT)
5) 토털지수(Total Totals Index, TTI)

불안정지수의 적용시의 유의사항을 열거하면 다음과 같다.

- 대기 안정도의 변화는 주로 하층의 습도이류와 기온이류에 의해 영향을 받는다.
- SSI는 850hPa와 500hPa의 기온과 이슬점에 근거하여 구한다. 지상을 기초로 산출한 LI는 1km(3,000ft) 미만의 평균 습도장과 그날 오후 최고기온과 500hPa 기온과 비교하여 결정된다. TTI는 500hPa 기온, 그리고 850hPa 기온과 이슬점에 근거하여 구한다. 각종 불안정지수들은 잠재불안정의 크기 정도를 나타낸다. 이들 중 SSI, LI, TTI가 대략 유효한데, 이들은 각각 장단점을 가지고 있다.
- SSI와 TTI의 주요한 약점은 이들이 850hPa의 습도를 이용해야 하는데, 충분한 습도를 가진 하층이 배제되는 경우에는 이들 지수는 대표성을 잃게 된다. 이러한 때 지상에 근거한 LI가 하층 습도를 잘 표현해주게 된다. 그러나 이 경우는 지상부근의 sounding을 상세하게 기입해야 한다는 어려움이 따른다. 이 3개의 index들은 기단이 따뜻하며 습할 때는 비슷한 결과를 보여주지만, 상층공기가 더욱 냉각되거나 건조해질 때의 잠재불안정은 TTI가 더 잘 묘사해준다.
- 주요 불안정 지역에서 SSI와 LI가 모두 불안정으로 나타날 때는 위험기상의 출현 가능성이 매우 높다. 그러나 이러한 불안정 지역 중에서도 하층가열과 습도보다는 때로는 상층공기가 매우 냉각되어 나타날 수도 있는데, 이러한 지역에서는 TTI가 뇌우의 발생과 강도를 예측하는 데에 더 도움이 된다.

6.4 집중호우의 특성과 예측

1 호우의 일반적인 특징

가. 중규모 요란으로서의 호우

실제로 호우는 좁은 지역에 집중되고 있다. 일본에서 유명한 1957년 7월 25~27일의 규수호우의 강우량 분포를 나타낸 것이 그림 6-29인데, 일강우량으로 보면 수 백mm, 시간강우량으로는

100mm 이상의 대우가 겨우 100km^2 정도의 넓이에 집중되고 있다.

「만약 호우가 있다면 좁은 범위에 한정된다.」라는 추론이 사실로서 확인된다. 이를 다른 말로 표현한다면 「넓은 범위의 호우는 있을 수 없다」고 할 수 있겠다.

대기 중의 대표적인 종관규모 현상인 편서풍대의 파동이나 저기압은 그 규모가 수천 km이고, 그것에 따르는 수렴、발산량은 10^{-5}~10^{-6}/sec, 즉 기주의 밑면적이 24시간(하루) 정도의 시간차원에 1/2로 줄어드는 정도의 수렴이다.

이런 대규모 요란에 의해 넓은 범위에 강수가 내리지만 그 양은 1시간당 수 mm 정도에 지나지 않아서, 호우의 직접적인 설명은 될 수가 없다.

한편 적운이나 적란운은 그 규모가 10km 정도이고 큰 상승속도를 가진다. 이와 같은 현상을 적운규모 또는 미규모(micro-scale) 요란이라 한다. 그러나 이러한 요란은 그 원동력이 부력으로서 단 한 번의 기주의 전도(顚倒)로는 단시간의 강한 강우를 설명할 수는 있어도 호우로서의 넓이와 그 계속시간에 관해서는 설명이 되지 않는다.

호우는 수 십~100km 규모의 현상이고, 또 2~3시간의 생애를 갖는다. 그에 따르는 수렴은, 실제의 바람의 관측 그리고 강우량 관측의 정도에서도 10^{-4}/sec, 즉 기주의 밑면적이 1시간 정도의 차원에 반 정도로 축소되는 수렴을 나타내게 된다.

호우는 여러 가지 관점에서 대규모 요란과 미규모 요란의 중간에 해당하는 현상으로서 호우를 중규모 요란(mesoscale disturbance)이라 한다. 호우 규모가 중규모(meso-scale)라는 인식은 대단히 중요하다.

나. 호우의 과정

지면으로부터 높이가 1,000m이고 밑면적이 1cm^{2}의 기주를 생각해보자. 이 기주의 공기의 중량은 약 120g 정도이다. 기온 28℃에서 이 기주와 같은 공기 1kg은 최대 약 25g의 수증기를 포함하게 된다. 만약 이 공기가 습윤단열적으로 10,000m까지 상승한다면, 그 때는 포함할 수 있는 수증기는 약 5g 정도로 줄어든다. 그러므로 이 기주가 지상으로부터 10,000m까지 상승한다면 그 기주에서 응결할 수 있는 수증기는 [(25g−5g)/kg]×0.12kg=2.4g 정도가 된다. 응결한 물이 강수로 낙하하면 면적 1cm^{2}에 대해서 2.4g, 즉 24mm의 강수가 된다. 여기서는 상승속도를 아직 언급하지 않았고, 다만 하층으로부터 1,000m의 기주가 한번 상승하면 24mm의 비가 내리고, 따라서 그 분량만큼 하층에 있었던 수증기가 소비된다는 것을 설명한 것이다.

한편, 대기 중의 수증기의 거의 대부분은 해면 또는 지면에서의 증발로 보급된 것이다. 증발량은 장소, 시간, 조건에 따라 달라지는 것이지만, 난후기의 우리나라 부근의 조건에서는 많을 경우라도 1일에 7mm 정도를 넘지 못할 것이다. 따라서 기주 1회 상승에 의해서 소비된 24mm의 강수에 해당하는 대기 중의 수증기량이 자체 지역의 증발에 의해서만 채워진다고 가정한다면, 다시 회복되는 데는 최소한 3일이 소요된다.

이러한 계산에서는 상승속도의 크기에는 관계가 없었다. 적정한 상승운동만 있으면 3일간에 24mm의 강수가 있다는 것이 된다. 사실 7월의 한반도 전역에는 250mm 정도의 월강수량이 있는 것으로도 이 계산이 신빙성이 있음을 인정할 수 있다.

위의 이야기는 기주가 수평방향으로 움직이지 않는 것을 가정한 것이다. 수평운동이 있어도 그것이 넓은 범위에 걸친 일정한 운동이라면 단위면적당으로 검토하면 결론은 같다.

이상의 고찰에 의하면, 강수가 넓은 범위에 걸쳐 일정하다면, 약 3일간에 24mm 정도 이상의 강수는 어렵다는 것이다. 물론 상승류가 강하면 1시간에 24mm의 강수가 있을 수도 있지만, 이러한 경우는 후속의 강수가 계속되지 않기 때문에 그 뒤의 2일 그리고 23시간 동안은 비가 오지 않아야 한다는 결론이 된다. 대기의 수평운동이 일정하다면 강수의 분포도 일정하여 3일간에 24mm 이상의 호우는 정상적인 상승운동으로는 설명될 수 없다.

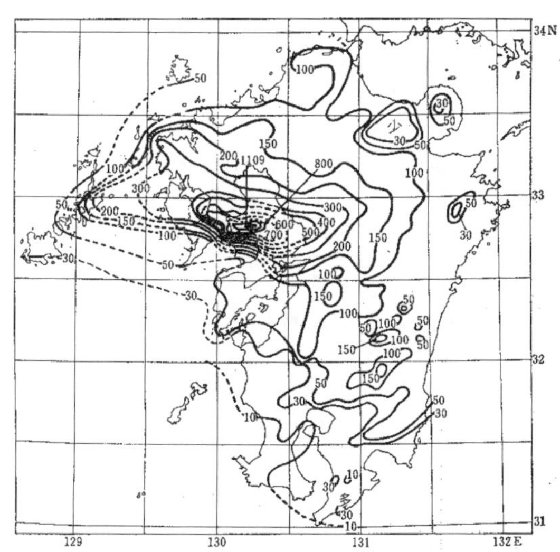

[그림 6-29] 일본 규슈에서의 호우시의 일강우량 분포(1957년 7월 25일)

여기서, 상승하는 기주의 높이를 10,000m로 정해도 상관은 없지만, 그 기주가 하늘로 올라가면 그 올라간 공간을 메우는 공기가 필요하기 때문에 주위에서의 유입이 없으면 그 장소에서 기주가 다시 하강할 수밖에 없을 것이다.

이러한 의미에서 대략적으로 1,000m 기주의 상승에 의해서 발생되는 강수를 여기서는 대표적인 값으로 취급한다. 즉, 전 기주의 한번의 전도(顚倒)는 제일 아래 1,000m의 기주가 꼭대기까지 상승하고, 대신 2,000~10,000m의 기주가 아래로 내려오는 것으로 표현한다. 이때 내려오는 기주는 가지고 있는 수증기량을 변화시키지 않고 그대로 내려온다고 생각한다.

설명이 복잡했지만, 어떻든 한번 기주가 상승하면 20~30mm의 강수가 내리며, 따라서 기주에 포함된 그만큼의 수증기가 감소한다. 이 감소분이 지면에서의 증발에 의해서 회복하는데 3일간이 걸린다는 것이 설명의 요점이다.

만약 1시간에 100mm의 강수가 있었다면, 그 장소에서의 물의 증발에 의한 수증기로의 회복으로는 시간 길이가 맞지 않기 때문에 아무래도 주위로부터 습기를 가진 다른 기주가 보급(수렴)되지 않고는 강수가 계속될 수 없다. 이 경우 1시간에 100mm란 강수는 기주 4회 상승분의 분량에 상당하는 것이므로 밑면적이 4단위를 차지하고 있던 기주의 공기가 1단위의 면적으로 수렴했을 것으로 생각할 수 있다(그림 6-30 참조).

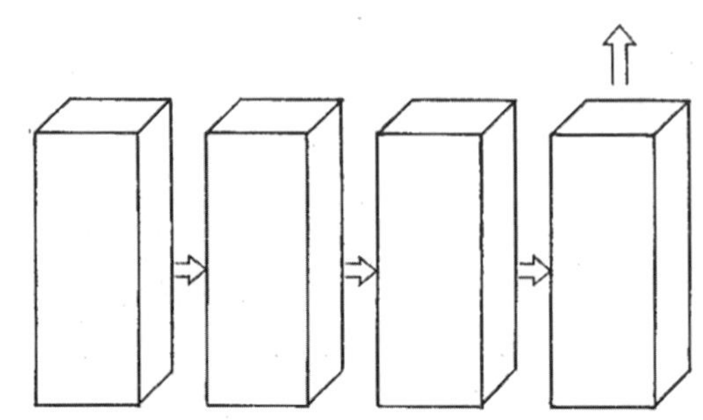

(주위에서 강우역으로 기주가 차례로 보충되고 있다)

[그림 6-30] 호우를 위한 수증기의 보충 모식도

4단위의 밑면적이 1단위로 줄어드는 시간이 1시간(3,600초)이므로, 발산은 정의에 따라 계산하면 $3/4 \times 1/3600 \approx 2 \times 10^{-4}$sec 정도가 된다. 10^{-4}sec의 수렴량은 또 다른 표현으로는 가로 세로 각각 100km의 대우역이 사방에서 상대적으로 수 m/s의 속도로 수렴하고 있는 상태이다. 그리고 이러한 수렴은 실제로 대기에서 관측되고 있는 사실이기도 하다.

한편, 만일 1시간에 100mm의 대우가 1,000km^2의 큰 영역에서 일어났다고 가정하면, 이 경우도 역시 10^{-4}sec의 수렴이 필요한데, 이는 이 영역 사방에서 상대적으로 수 m/s 정도가 아니라, 수 십m/s라는 강풍이 불지 않으면 안 된다는 것을 의미한다. 이러한 상황은 실제 대기에서는 절대로 일어나지 않는다. 즉 강수에 어울리는 바람장을 생각할 때, 100km^2의 호우는 있을 수 있어도 1,000km^2의 호우는 있을 수 없는 것이다.

1,000km 정도 규모의 요란인 저기압이 가지는 실제적인 발산ㆍ수렴의 크기는 $10^{-5} \sim 10^{-6}$/sec 정도이므로, 이러한 요란에 의해서는 1,000km^2 규모 전체 면적에 1시간당 100mm 정도의 대우는 일어날 수가 없다는 것을 의미한다.

그러면 적운ㆍ적란운 정도의 규모를 가진 호우는 가능한 것인가를 검토해보자.

적란운의 규모가 10km 정도라 하면 그 상승류가 집중하고 있는 범위는 수 km에 불과하다. 밑면적 수 km^2의 기주가 차례로 흘러들어 어느 곳에서 차례로 상승하는 것이다.

그러나, 관측사실에 의하면, 호우는 통상 수 십 km^2의 넓이를 가지고 있으며, 또 2~3시간 정도의 생애를 갖는 것으로 알려져 있어, 이것은 분명히 단일 적운이나 적란운에서의 강수로서는 설명될 수가 없는 것이다.

다. 호우의 생애

규모로 보면 대규모 요란인 온대저기압의 발생에서 소멸까지의 과정은 수 일~10일의 시간규모이다. 태풍의 생애도 역시 이 정도이다. 한편 미규모(micro-scale) 현상에 해당하는 적운이나 적란운은 그 생애가 수 시간 정도이다. 2~3분 사이에 소나기구름이 출현하는 것도 아니고, 뇌우가 하루 종일 지속되는 것도 아니다.

그럼에도 불구하고, 뇌우가 비교적 장시간 계속되는 경우가 있는데, 이는 동일 뇌운이 계속해서 유지되고 있는 것이 아니라 여러 뇌운이 계속해서 발달하고 소멸되기 때문이다.

호우의 생애 중 호우 강수량의 최대값은 1시간당으로는 100~150mm인 것에 비해 일강우량의 최대값으로는 500~800mm 정도이다. 최강의 호우가 똑같은 강도로 몇 시간이고 계속되는 것이 아니다. 호우의 생애는 대규모 요란(저기압)의 그것보다는 본질적으로 짧고, 적운대류의 그것보다는 훨씬 긴 것이다. 즉, 호우 현상은 고유의 생애를 가지고 있는 것이다.

호우의 생애를 보이는 구체적인 관측 예를 보인 것이 그림 6-31이다. 이 그림에 의하면, 호우가 일정하게 계속된 것이 아니라, 3~4시간 정도의 주기적인 강약 변동이 있었다. 보통의 경우, 한 번의 강수는 보통 2~4시간의 생애를 갖는 것으로 알려져 있다.

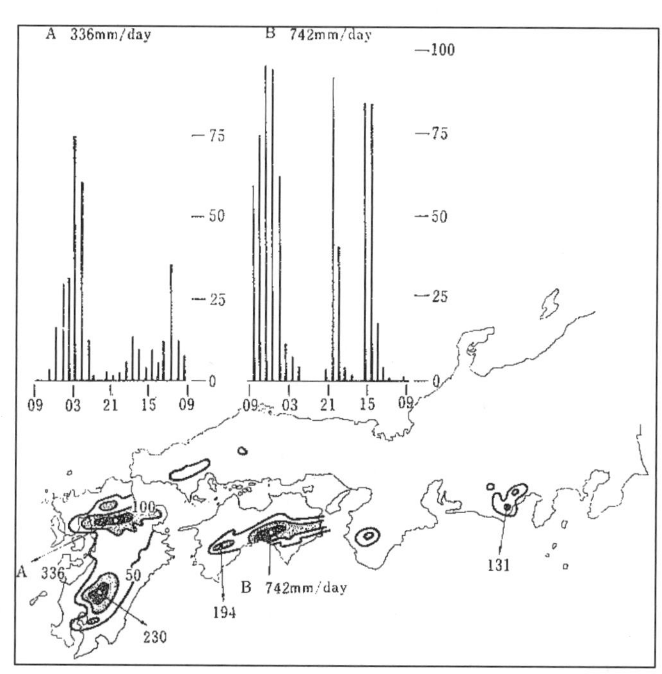

[그림 6-31] 1972. 7. 4~5 일본 남부지방의 호우의 분포와 지점별(A, B지점) 시간강우량의 변화

그러면, 호우가 가지는 3시간 내외의 생애는 어떠한 메카니즘에 의해 정해지는 것일까?

앞에서 설명한 바와 같이, 1회 기주(氣柱)의 전도(顚倒)로 생기는 강우량은 25mm 정도이다. 소모된 이 정도의 수증기량이 증발로 복원되려면 3일이나 걸린다. 따라서 1시간에 100mm의 강우가 있으려면 주위로부터 1시간에 4개의 기주가 계속해서 유입되어야만 이 강우를 설명할 수 있다. 이 비율을 생각하면 시간당 100mm의 비가 2시간 계속되기 위해서는 8개의 기주, 3시간 계속되기 위해서는 12개의 기주가 각각 주위에서 유입되어야 한다.

호우가 내리는 일반적인 면적은 $100km^2$이므로, 기주(氣柱)의 단면적도 $100km^2$이다. 이 면적에 해당하는 강수량을 유지하려면, 1시간에 $(200km)^2$, 2시간에 $(280km)^2$, 3시간에 $(350km)^2$의 면적에서 집중된 수렴이 일어나야 한다(그림 6-32 참조). 실제 문제에서 호우 주위의 공기가 호우 지역으로 수렴한다 해도 거리에 제한이 있어서, 400~500km나 떨어져 있는 먼 곳으로부터의 수렴을 기대할 수는 없다. 즉 $100km^2$ 영역에 시간당 100mm의 호우가 3시간 계속되려면 그 주위 $(350km)^2$ 영역의 수증기를 모두 소모한 후 호우는 끝나는 것으로 생각해야 할 것이다.

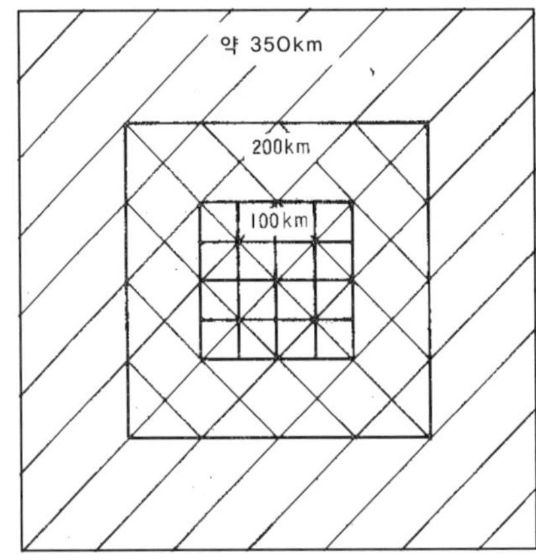

($100km^2$의 전형적인 호우가 1시간~3시간 동안 유지되기 위해서는 각각 해당 넓이의 기주가 중심을 향해 수렴되어야 한다).

[그림 6-32] 기주의 수렴을 설명하기 위한 도형

이상의 예는 호우의 생애가 대기 중의 수증기의 수렴 한계에 따라 결정된다는 것이다. 물론, 주위로부터 수렴되는 방법은 여러 가지 상황에 따라 달라서 수증기의 대단히 큰 흐름이 있는 경우와 그렇지 않은 경우에 대해 호우의 생애는 당연히 달라질 것이다.

라. 적란운 집합체에서의 호우

매 정시마다 강수량을 측량한다면 1시간의 총 강수량은 알 수 있지만, 1시간 내에 발생했던 변동에 대해서는 알 수가 없다.

1시간 길이보다 더 짧은 기간에 대한 강수 상황에 대한 관측기록의 예를 그림 6-33에 나타내고 있다. 이 그림에 의하면 전체 강우시간 중 2~3시간에 강수의 피크가 있다. 이것은 앞에서 언급된 중규모 현상의 생애에 해당하는 변동이다. 이 큰 변화를 상세히 관찰하면 수 분~10분 정도의 단주기의 변동을 볼 수 있다. 이러한 단주기의 강우는 개개의 적운이나 적란운에 의한 강우에 의한 것으로 생각된다. 따라서 이 그림에서 보면, 호우 현상이란 발달한 적운대류의 집합체에 의한 것이라는 것을 알 수 있다.

사실 이러한 현상은 적운대류에 의해서 나타나지만, 개개의 적운대류는 앞에서 설명한 것처럼 어떤 다른 메카니즘이 작용하지 않는 한 장시간 지속되지는 못한다. 수많은 적운대류에 의해 뇌우 현상이 장시간 지속되기 위해서 필요한 조건은 강한 수렴이다.

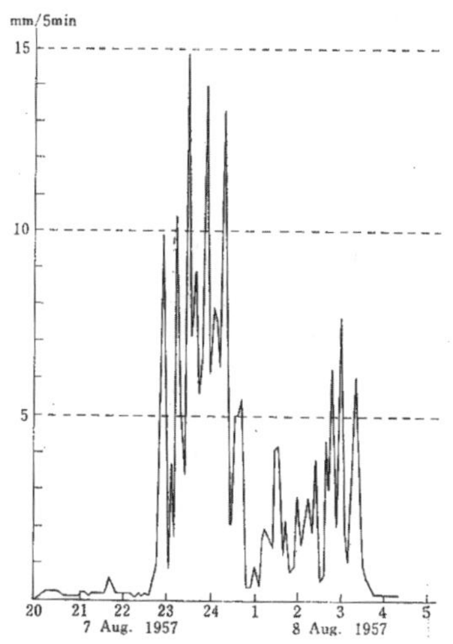

[그림 6-33] 1957. 8. 7~8 일본의 타지켄(多治見)의 호우 기록

호우는 100km^2 정도의 넓이에 나타나는 발달한 적운의 집합체에 의해 발생한다. 더우기 적운의 발달을 유지하는 것은 강한 중규모 수렴(10^{-4}/sec)이다. 그리고 그 주위의 장소에서 공급할 수 있는 수증기량의 한계로 2~3시간이라는 생애 정도로 제한된다.

호우는 특히 재해를 일으킨다는 점에서 사회적 문제가 되는 것이다. 호우의 정의는 나라마다 차이가 있다. 일반적으로는 연강우량의 10%에 해당하는 비가 24시간 사이에 오면 재해가 발생한다고 보고 있다.

2 호우 초단기예측

가. 호우세포의 규모

호우의 단기예보가 포텐셜예보의 성격을 가진 것에 비해서, 단시간예보는 실황예보 성격이 강하다. 먼저 습윤혀, 하층제트, 저기압, 중규모 요란의 동향, 고층관측의 실황해석 등 포텐셜예보 전체의 기상상황이 이해된 다음에는 AWS 우량분포, 레이더 관측에 의한 실황을 이용한 예보가 중요하다.

대규모 현상에 대해서는, 물리적인 지식이 향상되어 있기 때문에 역학적 이론적인 수치예보가 가능하지만, 아직도 호우에 관한 지식은 충분치 않아 실황예보에 덧붙여야 할 초단기예보는 레이더에코의 특징이나 강우량분포의 특징 등의 경험에 의한 예보관의 주관적 판단에 의존하는 경향이 크다.

호우예보의 정확도를 높이기 위해서는 다음 사항이 적용되어야 할 것이다. 즉,

① 대규모장에서의 호우에 대한 포텐셜예보 기술.

② 신속・정확한 실황예보

③ 그리고, ①과 ② 사이를 메우는 초단기예보 방법이 필요하다.

현재의 학문과 기술로 보아, ①과 ②는 비교적 쉽게 달성되지만, ③의 문제는 가능한 방법부터 적용해나가면서 호우의 기초적 연구를 계속 발전시켜야 한다.

일기도상 각 지점들에 10분우량 분포도를 연속적으로 만들면 10분우량 극대역의 이동을 추적할 수 있을 것이다.

이 작업이 가능하려면 관측지점 사이의 공간거리가 호우세포의 규모보다는 작아야 한다. 호우세포의 직경에 비해 관측지점 사이의 간격이 더 멀다면 올바른 등치선 해석이 불가능할 것이다. 그런데 현재로서는 관측망이 10분우량을 관측하기에 충분치 않다. 따라서 충분한 관측이 없는 경우에는 미세구조보다는 전체로서의 호우성에 주목해야 한다.

이러한 해석의 예가 그림 6-34이다. 기초적인 10분우량 데이터로 약 25km^{2}의 영역 내의 20분우량의 평균값을 산출하여 호우역의 이동을 추적한 것이다. 이 연구는 적운규모 호우의 미세구조를 의식적으로 제거하고 집단으로서의 성질과 행동만을 추출한 것이다. 그림에서 보면 중규모 호우역 안에 적운규모인 미세구조가 있음을 알 수 있다.

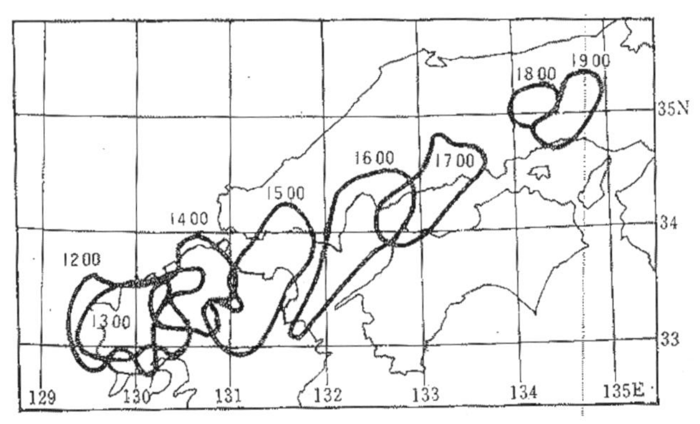

[그림 6-34] 1967. 7월 일본남부의 호우시의 중규모 호우역의 이동

중규모 강우역의 이동과 그 구성요소인 개개의 적운규모 우역의 이동이 반드시 일치하는 것은 아니다. 즉 계속해서 적운규모 강우역이 발생 이동하면서, 어떤 특정한 지역에서 최대강도에 달했다고 하면, 호우세포는 이동하고 있음에도 불구하고 전체 우역은 마치 특정 장소에 정체하고 있는 것처럼 보일 수도 있을 것이다. 이와 같이 요란의 이동속도(위상속도)와 그 구성요소의 속도가 다른 것은 모든 요란에서 일반적으로 나타나는 현상이다.

나. 호우와 중규모 저기압

중규모 우량분포, 바람분포, 기압분포 등을 조사하는 것을 일반적으로 중규모 해석(meso-scale

analysis, 中規模解析)이라 하고, 이를 위해 만들어지는 일기도를 중규모 일기도(meso-scale chart, 中規模日氣圖)라고 한다.

중규모 해석을 목적으로 하는 경우에는 물론 더 조밀한 관측망의 데이터들을 필요로 한다. 또한 일기도용 지도도 소축적의 지도를 사용한다.

보통의 일기도 해석의 대상은 고·저기압, 상층의 파동, 제트류, 전선 따위의 대규모 요란이다. 따라서 중규모 요란은 일기도 해석의 대상이 되지 않는다. 일기도 해석을 위해서는 사용하는 일기도의 사이즈도 100km가 1cm 정도(1000만분의 1)로 축소되는 대축적 일기도이다. 고층관측도 보통 12시간 간격으로 시행되고, 관측점의 간격은 200~500km, 주요한 지상관측은 3시간 간격으로 시행되고, 관측점 간의 거리는 100km 정도이므로 데이터 자체가 이미 중규모 요란을 분석할 수 있는 상황은 아니다.

또한 일기도 해석, 즉 대규모 해석에서는 보통 4hPa 간격이나 2hPa 간격의 등압선을 그리는데, 같은 데이터에서 그것을 0.2hPa 간격으로 그렸다고 해서 중규모 요란이 검출되는 것은 물론 아니다. 기본적으로 중요한 것은 대규모 해석은 대규모 해석대로, 중규모 해석은 중규모 해석대로의 관점에서 현상을 이해해야 한다는 것이다.

예를 들면, 대규모 요란에 따르는 지상기압의 범위는 980~1030hPa 정도이고, 파장은 수 천 km이다. 여기서 중위도대에서의 기압의 일변화나 해면경정에 따르는 오차는 기압의 범위에 비하면 충분히 무시될 수 있다. 그리고 개개의 관측점에서 볼 수 있는 1hPa 정도의 차이는 무시하고 평활한 저기압을 묘화함으로서 대규모 요란의 모습을 잘 나타낼 수 있다.

중규모요란은 대규모 요란에 겹쳐져 나타나며, 기압의 변동폭은 겨우 수 hPa에 불과하므로 해면경정시에 발생할 수 있는 오차도 고려하지 않으면 안 될 형편이다. 따라서 관측값을 가지고 기계적으로 충실하게 등압선을 가늘게 긋는 것만으로는 중규모 요란을 추출할 수가 없는 것이다.

중규모 분석을 위해서는 우선 관측된 기압 자료에서, 중규모 요란에 관계되는 부분을 추출할 필요가 있다. 이 추출방법에는 몇 가지가 있지만, 가장 단순한 예를 가지고 설명한다(그림 6-35 참조).

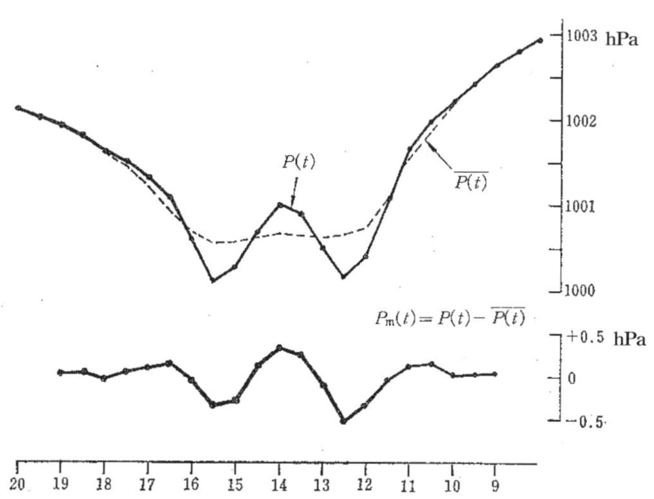

[그림 6-35] 관측된 기압변화에서 중규모 요란에 의한 기압변화를 추출하는 요령

그림 6-35에서 $P(t)$는 어느 관측소에서 측정한 기압의 30분간 변화를 나타낸 것이라고 하자. 이 그림에서 큰 mode의 변동은 대규모 요란에 관계되는 것인데, 거기에 작은 mode의 중규모 요란의 파동이 겹쳐져 있다. 이 데이터로부터 5개 항의 이동평균을 구하였다.

$$\overline{P(t)} = [P(t+1.0) + P(t+0.5) + P(t) + P(t-0.5) + P(t-1.0)]/5$$

$\overline{P(t)}$는 큰 모오드의 변동을 잘 표현하고 있는 이동평균값이다. 그리고 관측값과 이동평균값과의 차, $P_m(t) = P(t) - \overline{P(t)}$를 나타내고 있다.

$P_m(t)$는 중규모 변동을 표현하고 있다. $P(t)$의 변동폭은 수 천km에 대하여 수 천hPa인데 비해서, $P_m(t)$의 변동폭은 100km에 대하여 수 hPa이다. 이와 같은 특정한 주기의 기상현상을 관측값으로부터 추출하는 작업을 필터링(filtering)이라고 한다. 수많은 관측지점에서 얻은 기압값을 filtering해서 각 관측지점에 대하여 $P_m(t)$를 구해 일기도 상에서 등치선을 그리면 중규모 기압장을 해석할 수 있게 된다.

바람을 해석할 경우에도 우선 풍향 · 풍속의 관측값을 u와 v의 성분으로 분석한 후에 $u_m(t)$, $v_m(t)$를 구하고, 거기서부터는 기압의 해석과 같은 순서를 밟는다.

호우에 대해서는 앞의 예시에서의 강우역 해석 예를 그림 6-36으로 제시하였다. 매우 복잡하게 보이지만, 이동하는 호우역에 대응하는 중규모 저기압과 중규모 수렴역을 관찰할 수 있다. 이 그림에서 기압편차는 0.2hPa 간격, 발산은 0.5×10^{-4}/sec 간격으로 그려져 있다.

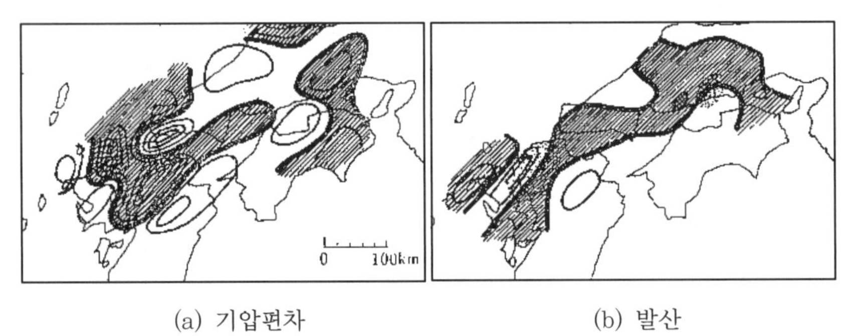

(a) 기압편차 (b) 발산

[그림 6-36] 호우에 대한 중규모 일기도에서의 해석 예(일본의 1967년 7월의 호우)

중규모 저기압에서 기압의 변동폭은 수 hPa에 불과하지만, 기압경도로 보면 대규모 요란에서의 기압변동폭과 대체로 같은 크기이다. 또 중요한 바람장 요소인 수렴은 대규모 요란에 비해 더 큰 10^{-4}/sec를 보이고 있다. 이것은 대기에서 강수를 초래할 수 있는 수렴량이 된다.

중규모 현상으로서의 호우역에는 중규모 저기압의 수렴역이 따른다. 즉 실제적인 중규모 요란이 존재하는 것이다.

다. 중규모 요란으로서의 호우 특징

중규모 요란이라고 해서 그 특징적 성격이 반드시 서로 같은 것은 아니다. 예를 들면 대륙의 동안지역에 위치하고 있는 우리나라의 집중호우와 대륙의 중앙인 미국 중부의 집중호우는 서로 상당히 다른 외형을 가지고 있다.

미국 중부의 스톰은 로키산맥 동쪽의 광대하고 건조한 중부 대평원에서 주로 봄(3~6월)에 나타난다. 어떤 경우에는 이들 스톰에 동반해서 tornado가 발생한다. 이 스톰의 두드러진 특징은 격심한 상승기류에서 다량의 강수물이 생겨서 낙하하면서, 이 낙하하는 힘에 끌려서 하강류(downdraft)가 생기고, 이 때 주위에 있는 건조 공기와의 혼합이 일어나면서 낙하하고 있는 수적으로부터의 증발에 의해 하강류가 냉각되므로, 주위에 비해 냉각된 downdraft가 퇴적되는 영역에서 중규모 고기압이 발생한다. 그리하여 그 전면에서 이 고기압으로부터 흘러나오는 기류와 주위 공기와의 사이에 불연속 shear-line이 형성된다.

우리나라의 뇌우에서도 역시 이러한 정도는 아니지만 유사한 현상이 있을 것으로 보인다.

그러나, 우리나라 장마기의 호우는 중규모 고기압보다는 중규모 저기압 발생이 뚜렷하다. 이런 중규모 저기압에 의한 호우는 뇌우와 함께 우박이 같이 내리는 일은 없다. 또한 downdraft도 강도가 세차지는 않은 것이 보통이다.

한반도와 같이 여름철 주로 해양성 기단의 영향을 받는 지역에서는 공기가 포화에 가깝고 강수입자로부터의 증발도 적어서 차가운 고기압이 강수역에 출현하기가 매우 어렵다. 혹 나타난다고 해도 그것은 강수에 따르는 부산물로 생각할 수 있을 것이다. 더 중요한 현상은 큰 수렴장을 동반하는 중규모 저기압이다.

호우에는 두 가지 유형이 있는데, 하나는 집중호우역 주변에도 강우역이 상당히 넓게 전개되어 있는 「대우역(大雨域) 내의 집중호우」(그림 6-37 참조)이고, 또 다른 하나는 매우 좁은 범위에 집중호우가 있고 그 주변에는 거의 비가 내리지 않는 「고립형 집중호우」(그림 6-38 참조)이다.

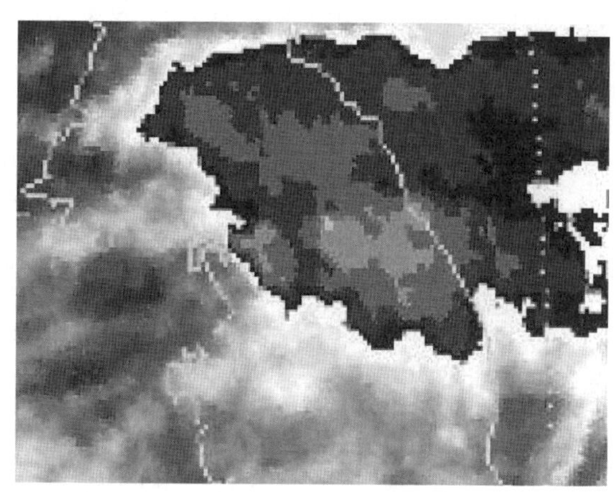

(a) 적외강조영상

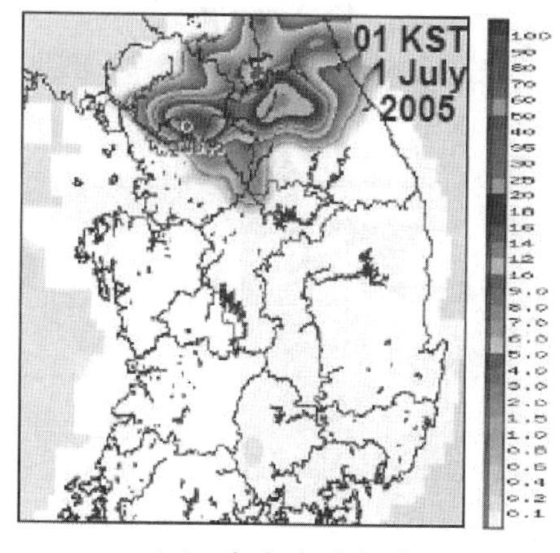

(b) 시간당강수량

[그림 6-37] 대우역 내 집중호우의 예 (2005.07.01 01:00 LST)

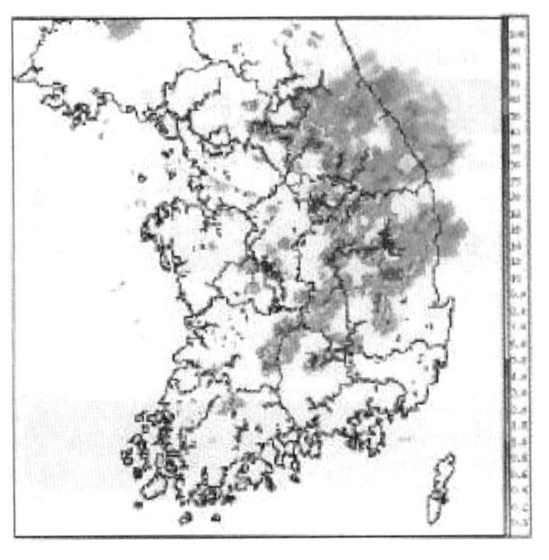

(a) 합성레이더영상 (b) 시간당강수량

[그림 6-38] 고립형 집중호우의 예 (2007.06.27 17:00 LST)

3 호우에 대한 지형의 영향

가. 지세의 영향

(1) 지형에 의한 상승효과

1시간강우량보다는 1일강우량 쪽이 강한 지역성을 보인다. 또 이러한 큰 1일강우량 기록은 주로 태풍에 의해 초래되고 있다. 이는 지형과 강수량과의 밀접한 관계를 암시하고 있다.

일본의 경우를 통해 지형과 대우의 관계를 고찰한다.

일본의 경우, 기초적 자료로서 각각 7월의 월평균강수량, 1일강우량 1~20위의 발생역, 1시간강우량 1~20위의 발생역을 나타낸 것이 그림 6-39이다. 이 3개의 그림 모두가 일본의 남서부 해안지대에서 대우가 발생하고 있음을 나타내고 있다. 우선 이들 그림에서 보면, 이 계절의 주풍향은 남서풍이어서, 다습한 기류에 면한 경사면에서 대우가 발생하고 있다.

(a) 평균 1회강우량 300mm 이상의 지역

(b) 1일강우량 순위 20위까지의 발생지역과 횟수

(c) 1시간강우량 순위 20위까지의 발생지역과 횟수

[그림 6-39] 일본 7월의 기간별 강우량 분포

일본 남서부에 대우가 많다는 사실은 이미 지형과의 관계를 암시하고 있다. 앞서 언급된 것처럼 강수를 기본적으로 지배하고 있는 요소 중의 하나는 공기 중의 수증기이다. 이 수증기량은 기온이 높을수록 누진적으로 증가한다. 일본의 남부지역은 북동 지역보다 고온이어서 많은 강수가 기대된다.

실제로 7월에 대해 고도 약 1,000m인 900hPa면에서의 혼합비의 월평균값의 지리적 분포를 나타낸 것이 그림 6-40인데, 대우의 분포인 그림 6-39와 매우 유사하다는 것을 알 수 있다. 이는 일본의 남부 태평양연안 지역의 강수량은 지형 요인과 함께 기온과 수증기량의 분포가 크게 영향을 주고 있음을 나타내고 있는 것이다.

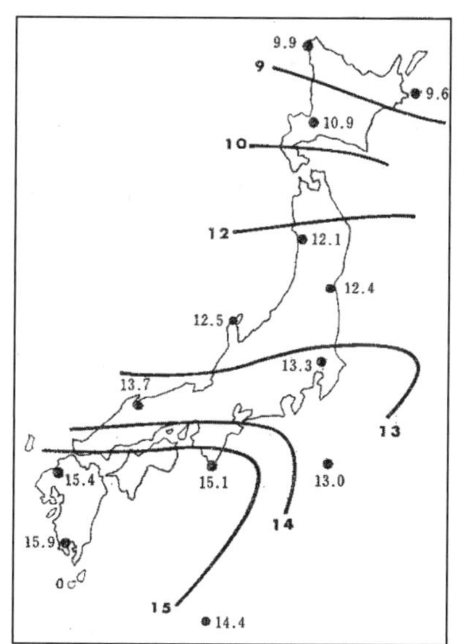

[그림 6-40] 일본 1972년 7월의 900hPa면의 혼합비(g/kg) 분포

지형효과를 논하기 위해서는 먼저 대기 중 수증기량의 차이를 제거할 필요가 있다. 그 결과 지형과 강수 사이에는 밀접한 관계가 있음을 알 수 있다. 다만, 자연현상에서는 여러 가지 인자가 복잡하게 얽혀 있기 때문에, 어떤 기상현상을 한 개만의 인자가 지배하는 경우는 거의 없다는 것에 유의할 필요가 있다.

지금 그림 6-41에서 보이는 단면을 가진 산맥의 경사에 바람이 불어들고 있다고 가정하자. 바람은 사면을 따라 산마루를 향해 올라갈 것이다. 풍속을 U, 사면의 경사를 H/D라 하면 바람의 상승속도는 당연히 W=UH/D이다.

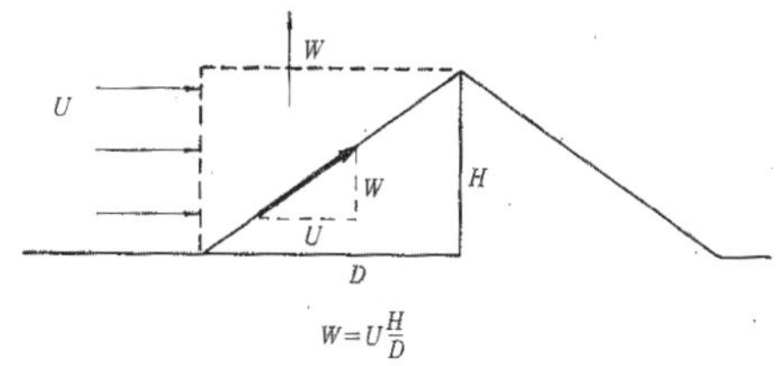

(산의 경사가 H/D인 산맥으로 풍속 U의 바람이 불면 w=UH/D의 상승기류가 발생한다)

[그림 6-41] 지형성 상승의 개념도

공기의 연속방정식은 다음처럼 표시된다.

$$\partial u/\partial x + \partial v/\partial y + \partial w/\partial z = 0$$

그림 6-41에서 산맥이 y 방향으로는 무한히 길게 연속되고 v는 작은 값이므로 제 2항은 무시된다. u는 거리 D에 대해서 U이다. 따라서 w=UH/D로서 앞의 결과에서와 같아진다. 그러므로 지형성 상승이란 지형이 흐름을 막아 생기는 수렴에 의한 상승라고 해도 같은 내용이 된다. 지형을 알고 거기서 부는 지상풍의 분포를 알면 지형성 상승이 계산될 수 있다.

한편, 대기 중의 수증기량은 고층관측에 의해 측정되므로, 구해진 상승류로 인하여 어느 정도의 강수가 있을 것인지도 컴퓨터에 의해서 신속하게 계산될 수 있다.

그러나 여기서 설명한 지형효과로 작은 영역에서 단시간에 집중되는 호우를 모두 설명할 수 있는 것은 아니다. 왜냐하면 이러한 과정은 지형에 직접적으로 대응하는 기계적인 메카니즘 만을 고려하고, 그 이상의 집중성에 대한 메카니즘은 고려하고 있지 않기 때문이다.

한편, 기류가 산지를 우회하는 효과나 양쪽이 산지로 둘러싸인 골짜기 지형에 대한 기류의 수렴에 대해서도 고려하지 않으면 안 된다.

지형성 강수로 생각할 수 있는 또 하나의 효과는 육지와 해면의 마찰력 차이에 의해 생기는 해안에서의 수렴이다. 이러한 수렴이 단독으로 호우를 발생시킨다고 생각하기는 어렵지만, 다른 요인과 함께 영향을 미치는 것은 확실하다.

(2) 지형에 의한 강우세포의 강화

태풍과 같이 강풍이 세차게 부는 경우에는, 경사면에서의 대우가 지형성 강우의 계산값과 비교적 잘 일치한다. 이러한 사실과 함께 나타나는 대기 중에서의 지형에 의한 실제적인 강수 강화 과정을 검토한다.

태풍에 의한 대우라 해도 역시 개개의 적운규모의 강수 세포가 계속해서 흘러들든가 또는 나선 모양의 강수대의 연속적인 통과에 의해 발생하는 것이다.

산악지대에서는 강수 세포가 지형성 상승류에 의해 강화되는 경향이 있다. 태풍의 경우 고온다습한 강풍이 광범위하게 나타나고, 그 지속시간도 길기 때문에 지형성 상승이 있는 경우에는 대단히 많은 양의 비가 내리는 것도 당연하다.

또한 한반도와 같은 온대에 진입한 태풍의 경우에는 태풍이 온대저기압화, 또는 전선을 형성하는 등의 경우에는 현저한 중규모적인 집중호우를 일으키는 경우가 자주 발생한다.

(3) 호우는 어디에서도 일어날 수 있다.

대우의 지형효과는 앞에서 설명한 것과 같은 역학적인 것만이 아니고, 예를 들면 지형의 강수과정에 대한 구름물리학적인 영향도 있을 것이다.

평균적 의미나 기후학적 의미에서 본 큰 강수량은 지형과 꽤 밀접한 관계가 있다. 호우는 강수량의 절대값만으로 정의되는 것이 아니고, 오히려 그곳의 연간 총강수량에 대비시킨 단시간의 강수량 집중도에 따라 정의되기도 한다. 이 정의에 따르면 예를 들어 제주도의 200mm의 비나 중부지방의 100mm의 비도 「대우(大雨)」로서는 동격이 될 수 있다. 이렇게 그 지역의 평균우량에 대해 집중의 특이성으로 정의한 대우는 한반도 남·북 어디에서도 발생할 수가 있는 것이다.

나. 해양의 영향

호우의 수증기 근원을 추적해보면 주로 해면에서의 증발이다. 그러므로 해양이 대단히 큰 영향을 미치는 것이 사실이다. 그러나 너무 직접적인 관계를 주장하는 것은 곤란하다.

장마기의 호우는 아열대 해역으로부터 고온다습한 해양성기단이 남풍으로 한반도에 흘러들어 대우를 유발하기도 한다. 한반도의 먼 남쪽에는 따뜻한 쿠로시오가 흐르고 있지만 기단이 해면보다는 고온이다. 아열대와 열대의 해역에서 수증기를 많이 흡수하고 따뜻해진 기단이 한반도 근해에서는 더 이상의 열이나 수증기를 공급받지 못할 것이다. 그림 6-42는 동중국해 남부의 따뜻한 구로시오 해역과 북부의 찬 해역에서의 대기온도의 연직분포를 나타낸 것이다. 차가운 해역에서는 기단이 하층으로부터 냉각되어 안정화 되어 있으나, 해면이 따뜻한 구로시오 해역에서는 기단이 비교적 불안정화 되어 있다.

그러므로 한반도 장마기에 한랭 수면 상에서는 호우가 억제되지만 온난 수면 상에서는 열적으로 호우가 유발될 가능성이 크다.

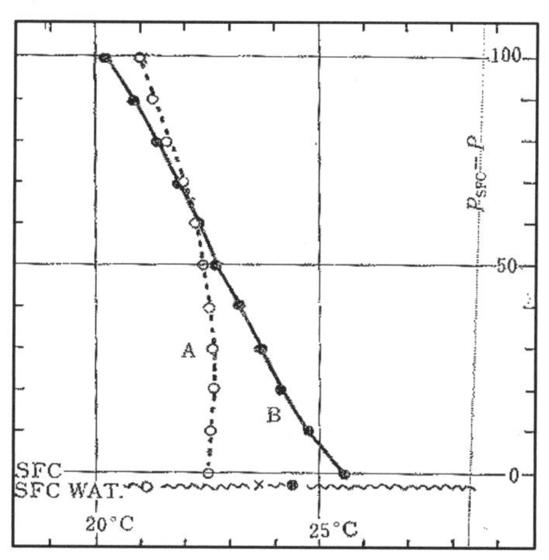

(고도를 나타내는 종축은 해면기압과의 차로 나타내고 있다)

[그림 6-42] 동중국해의 한랭 해면(A)과 온난한 구로시오 해면(B) 상공의 연직기온분포

그러나 기본적으로 해양은 대단히 광대한 해역에서 형성된 고온다습한 기단이 수렴될 때 호우를 일으키는 것이다. 이에 비교하면 국지적인 온도차는 부차적인 것에 불과하다. 겨울철 해안의 강설은 분명히 고온인 해면이 중요한 역할을 하고 있다. 한편, 해륙풍과 같이, 온도의 수평경도도 대기를 순환시키는 간접적인 효과를 나타내기도 한다.

Chapter 07

단기 예측

우리는 일기의 분석(analysis)과 묘화(drawing)를 혼동하는 경향이 있다. 선을 그리고 명암을 나타내는 묘화는 비지능적인 컴퓨터가 수행할 수 있는 기계적인 작업이다. 그러나 분석은 대기에서 물리적인 과정을 인식하는 것이다. 훈련된 기상학자인 예보관은 분석 과정에서 컴퓨터보다 훨씬 훌륭한 분석을 할 수 있어야 한다.

7.1 기단과 날씨

기단의 개념은 지역과 시간을 넘어서 날씨의 차이점을 설명하고 기술하는데 매우 효과적이다.

1 관련 용어의 정의

가. 한대기단과 열대기단

논리적으로 전선의 존재가 기단 개념을 도출해내는 데 도움을 준다.

한대전선은 수천 km에 걸쳐 뻗어 있다. 한대전선을 경계로 한대기단과 열대기단이 위치하게 된다. 이는 이들 기단이 각각 한대지방과 열대지방에 소속된 기단이 아니라는 의미를 강조하고 있다. 보통 이 기단들은 모두 중위도지방에 위치한다.

한대전선이 발견됨으로서, 위에 언급한 한대기단(polar air) 내에서 제2의 불연속이 발견되어 북극전선(arctic front)과 별도의 한대기단(polar air)이 인식되었다. 북극전선은 넓고 얇게 분포된 극지방의 야간 역전현상이다. 이것은 한대제트류(polar jet stream) 고도까지는 이르지 않는다.

나. 중위도기단

중위도에 나타나고 있는 열대기단은 '중위도기단'으로 불릴 수 있을 정도로 흔히 열대지방을 벗어난 곳에서 관측된다. 한대제트, 아열대제트, 아열대전선 등에 대해서도 마찬가지의 개념이다. 여기서 열대기단과 중위도기단의 구분이 가능해진다.

아열대전선 분석에서 한가지 어려운 점은, 아열대전선이 지표면까지 다다르지 않는다는 것이다. 따라서 지표면에서 중위도기단과 열대기단을 정확히 구분하는 것은 거의 불가능하다. 이러한 구분은 아열대전선이 확인될 수 있는 상공에서만 가능하다. 그럼에도 불구하고 온대저기압의 warm sector에 위치하고 있는 기단을 열대기단이라고 하는 것이 보통이다.

다. 중규모 전선

규모가 10~1000km에 이르는 전선들도 일기도에서 분석될 때가 많다. 중규모 전선과 거대규모 전선 모두 다 종종 뇌우를 형성한다. 또한 두 전선의 교차점은 새로운 뇌우를 발달시키는데 특별히 유리하다.

중규모 과정에 대한 분석이 어렵다는 것은, 약 일주일 동안 지속될 수 있는 한대전선과는 달리, 단지 몇 시간만 지속되기 때문이다.

뇌우, 해륙풍 등은 6시간 이상 지속되는 경우가 드물기 때문에 두 개의 연속되는 종관일기도에 모두 나타날 수는 없다. 이러한 이유로 그들을 인식하고 연구하는데 어려움이 따른다. 다행히 위성 이미지가 뇌우나 구름과 관련된 현상들을 직접 관측할 수 있어서 이런 어려움을 크게 완화시켜주고 있다.

라. 기단의 변질

기단은 공기가 지리적으로 한 영역에서 약 1주일 이상 머물 때 형성된다. 공기는 지표면으로부터 그 기단의 특성(열과 수증기)을 얻게 된다. 한 기단의 물리적인 특성은 다른 기단이 차지하고 있던 지역으로 이동하면서 그 아래 지표면으로부터 새 특성을 얻게 되면서 천천히 변해간다.

기단의 교환은 열대지방에서 극지방까지 열과 수증기를 수송한다. 위도 사이의 기단의 변화는 열에너지를 활동적인 운동에너지로 변화시키는 중요한 고리이다. 기단의 변화는 대기대순환을 일으키는 열역학 과정의 한 부분이다.

기단의 변화는, 때로는 기단 구별을 어렵게 만든다. 예를 들면, 한대기단이 열대기단으로 변해가는 과정에서 어느 시기에 “열대기단”으로 부를 수 있는가를 결정하는 것은 매우 어려운 일이다. 한 가지 방법은 어느 정도 해당 기단의 특별한 징후가 보일 때는 기단의 특성을 사용하는 것이 바람직하다.

기단의 최선의 구별은 그들 사이에서 전선이 있을 때이다. 한대전선을 사이에 두고 극쪽의 기단은 한대기단이고, 적도쪽의 기단은 중위도기단이거나 열대기단이다. 일반적으로는, 전선에 의해 나눠지 않으면 기단 구분을 하지 않아야 한다.

전선이 사라질 때는 한 기단이 다른 기단으로의 변신을 시작하는 분명한 징조도 없이 기단의 전이가 점차 이루어진다.

2 기단 분류

가. 물리적 분류

기단의 물리적 분류에는 온난, 한랭, 안정, 불안정, 습윤, 건조와 같은 용어가 쓰이게 된다. 이러한 용어가 직접적인 기상관측에 의한다는 측면에서는 객관적이지만, 물리적 특성들은 모두 중간값으로 가정되므로 분류가 매우 어렵다.

"한랭(cold)", "온난(warm)"이라는 표현은 기단 특성을 그 아래의 지표면과 비교되는 표현으로 사용되기도 하고, 전선의 "한랭쪽" 또는 "온난쪽"이란 표현으로도 사용된다. 기단분류에 "서늘한(cool)"이라는 단어는 없다. 물론 날씨가 서늘(cool)하다고 표현할 수는 있겠으나 그것은 예보관의 주관적인 판단이지 기단의 분류로 사용되는 것은 아니다.

보통 cold는 기단이 불안정하다는 것을 의미하며, warm은 기단이 안정하다는 것을 의미하기도 한다.

나. 지리적 분류

일기도 작업에서, 기단이 밑에 깔린 지표면의 물리적인 특성을 닮아간다고 생각한다. 이러한 물리적인 특성은 지리적인 위치에 관련된다. 따라서 지리적 분류는 일반적인 명칭을 사용하게 된다. 대륙성(continental), 해양성(maritime), 그리고 태평양, 대서양, 시베리아, 캐나다, 북극과 같은 특별한 지역 이름을 사용한다.

지리적 분류는 때로는 애매한 부분도 있다. 예를 들면, "대륙성" 또는 "해양성"이라는 용어는 (a) 건조하거나 습한 기단을 나타낼 때나, 또는 (b) 기단의 습도가 이미 변했을지라도 기단의 발원지를 나타내기 위해 사용된다.

위 (a)의 관점에서는, 해양성기단은 습윤기단과 같다. 그러나 때로는 산맥을 통과함으로서 기단이 수증기를 이미 잃어버린 후에도 하루나 이틀 정도는 계속 같은 명칭을 사용한다. (b)의 관점에서는 대륙성기단이라는 용어가 기단의 습도보다는 발원지를 나타낸다. 예를 들면, 육지로부터 태평양으로 이동하는 기단을 얼마나 오랫동안 시베리아기단으로 호칭할 것인지에 대한 약속은 없다. 약속이 있다면 시베리아기단의 발원지인 육지 날씨의 특성을 가지고 있는 한 같은 호칭을 사용하게 된다는 것이다.

다. 구조적 분류

구조적 분류는 전선의 존재와 온대저기압의 순환에 근거하고 있다. 이 분류에서는 기단을 한대기단(polar air mass), 중위도기단(mid-latitude air mass), 열대기단(tropical air mass)으로 분류한다.

이 기단들은 한대전선과 아열대전선의 위치에 따라 상대적인 위치에 놓인다. 북극전선(arctic front)과 열대전선(tropical front)은 해당 계절에 자주 나타나는 현상이므로, 북극기단과 열대기단을 인식할 수 있다. 그러나 공식적으로는 이들이 한대기단과 열대기단으로부터 더 세분화된 것으로 본다.

구조적 분류는 물리적 분류와 지리적 분류를 무시하지는 않는다. 기단에 구조적으로 이름을 붙이고, 또 물리적이고 지리적인 특징을 부여한다.

통상적으로 기단(air mass)에서 단어 mass를 생략하고 air만을 쓰기도 한다.

기단 분류가 항상 가능한 것은 아니다. 기단 사이에서 전선이 사라졌을 때는 기단의 명백한 구분도 사라진다. 이런 현상은 아열대전선의 경우에서는 더 심하다. 아열대전선은 보통 대류권의 중층 이하에는 다다르지 않으므로 중위도기단이 지표면 부근에서는 열대기단과의 구별이 쉽지 않다. 지표면에서 중위도기단과 열대기단의 구별은 매우 먼 거리를 두고 있을 때에만 가능하다.

3 대규모 일기패턴 분석

지상일기도(surface chart)란 이 일기도가 상공 측정을 위한 장비 없이 지표면에서 시행한 관측만을 담고 있음을 의미한다.

가. 날씨 기호

지상일기도는 일기도 중에서 통상적으로 가장 많은 정보를 담고 있다. 지상관측지점의 수는 고층관측지점의 수보다 훨씬 많다. 지상관측은 고층관측보다 더 많은 기상 요소들을 포함하고 있기도 하다.

지상일기도의 일기시스템은 국제 기호를 사용하여 나타낸다. 어떤 지역이 기호나 그늘칠로 덮여 있을 때 그 기호와 그늘칠은 물리적인 과정이 발생한 기단이나 지리적 지역을 나타낸다. 그 기호들이 해당 일기현상이 관측된 지점에만 표시되는 것은 아니다. 즉, 같은 일기 유형이 존재하는 모든 지역을 포함한다고 보아야 한다.

일기도를 분석할 때는 이웃 관측소에서 관측된 일기와 비교하여 일기시스템의 범위를 결정하게 된다. 이러한 과정에서, 대기 과정들의 전형적인 특성을 아는 것이 매우 중요하다.

일기분석에서는 일기 형태가 나타나는 구역을 찾는다. 기입된 자료만을 기계적으로 강조해서는 안 된다. 만일 분석과정이 기입된 기호들의 강조만으로 이루어진다면, 예보업무는 미숙련자를 고용하여 그들에게 최소한의 보수로 녹색과 적색 연필을 주고 일기도만을 그리게 할 수도 있을 것이다. 불행하게도, 기상인들 중 일부는 그렇게 일을 하고 있는 경우가 있다.

위성영상과 레이더에코 분포도는 지상일기도 분석을 보완하는 매우 효율적인 정보이다. 따라서 가능하다면 언제나 이들을 사용해야 한다. 구름구역과 강수구역의 구획은 위성영상과 레이더에코의 도움으로 가능하다.

나. 분석 절차

분석의 단계를 설명한다(다음의 분석 단계는 Bergeron이 개발하고 F. Defant와 H. T. Moerth(1978), 그리고 D. Djuric(1994)이 보완한 것이다).

분석(analysis, 分析)은 대기에서 물리과정을 검출하고 설명하는 것이다. 아래에 분석의 9단계를 설명한다. 그러나 그 순서가 고정되어 있는 것이 아니다. 예를 들면 등압선 또는 녹색 그늘칠

중 어떤 것을 먼저 수행해야 할런지에 대해서는 확실하게 정할 수가 없기 때문이다.

또한 한 일기도의 분석이 다 마쳐질 때까지 그것에만 몰두하는 것은 바람직하지 않다. 다른 고도의 일기도, 다른 유용한 데이터(고층관측 자료, 관측소 보고, 위성영상 등)를 분석과정에 참고하여야 한다. 기입 일기도에서 사용되는 기호들은 사람들 사이에서 소통을 원활하게 하기 위해 표준기호를 사용해야 한다.

(1) 제1단계 : 기단의 열적 안정도 확인

안정기단(stable air mass)은 그 밑에 깔린 지표면보다 따뜻하고 불안정기단(unstable air mass)은 지표면보다 차갑다.

불안정은 소나기나 Cu, Cu cong, Cb와 같은 구름이나 천둥과 번개 등의 특징이 나타난다. 소나기가 내리는 지역이 검출될 때, 소나기 기호가 일률적으로 적용되어야 한다. 기호들은 기입된 자료들을 가리지 않도록 관측소 사이의 빈 공간에 그려 넣어야 한다. 분석에서는 각개 관측소에 대한 자료를 보는 것이 아니고 기상현상 지역을 보는 것이어야 한다. 관측소 자료를 사용하는 것은 이들 지역을 쉽게 찾아내는 수단이기 때문이다. 이러한 과정에서 뇌우 관측자료는 천둥(thunder)은 대류성 강수에서만 발생하기 때문에 소나기가 그 지역에 존재한다는 것을 의미하는 것이다. 결과적으로, 뇌우 지역은 뇌우 기호에 더하여 소나기 기호를 일정하게 분포시켜야 한다.

때로는 관측에서 강수형태에 대해 확신을 못하기 때문에 소나기는 지속적인 비로 보고되기도 한다. 보고가 소나기일지 혹은 지속적인 비일지 의심이 들 때는 구름으로 판단하게 된다. 만일 비가 틔인 구름과 함께 보고되면 소나기이거나 단속적인 비일 것이다. 기호)·(와 (·)로 기입되는 관측소 부근의 소나기는 가장 신뢰할만한 소나기 보고이다. 무지개도 또한 훌륭한 소나기의 지표이지만 불행하게도 무지개 현상은 기상코드로 표시되지 않는다.

또한 번개(lightning)는 소나기임을 나타낸다. 낮이라면 번개를 부근의 소나기로 해석할 수도 있겠으나, 밤에는 번개가 300km 정도의 먼 곳에서도 보이므로 밤에는 번개가 반드시 부근의 소나기를 나타낸다고 생각할 필요는 없다. 경우에 따라서는 낮에도 번개가 멀리까지 보이지만, 천둥의 경우는 보통 관측소로부터 15km 이상의 거리에선 들을 수 없다.

안개는 안정기단을 의미하며, 황색 그늘칠을 하게 된다. 그러나 관측자들은 종종 소나기와 함께 안개를 보고하기도 한다. 이러한 형태의 안개는 젖은 땅 위나 소나기나 빗방울이 증발되었다가 응결된 것이다. 이러한 안개는 일기도에 표시되어서는 안 된다. 이런 때는 소나기 기호로 충분하다.

이슬비(drizzle)는 안정기단의 대표적인 현상이다. 이슬비는 구름이나 심한 안개에서 물방울입자들이 커졌을 때 생기는 강수이다. 따라서 어떤 지역에서 이슬비를 나타내는 최선의 지표는 안개이다. 안개가 심해져서 내리거나 또는 층운이 낮아져서 내리는 이슬비를 특히 는개(안개비)라고 한다.

관측자들은 약한 비와 이슬비를 잘 구별하지 못하는 경우가 있다. 시정이 좋은 상태로 내리는 이슬비는 약한 비일 확률이 높다. 예보관들은 주변의 다른 관측소에서의 관측과 비교할 수 있으므로 안개와 이슬비가 있는 지역에서의 약한 비 보고는 이슬비로 이해될 수 있을 것이다. 한편 드믄 경우이지만, 이슬비 보고는 약한 비나 소나기를 의미할 수도 있다.

복수의 일기유형이 관측될 때, 국제일기코드의 ww 부분에는 가장 높은 신뢰를 큰 숫자의 현상에 둔다. 코드번호는 이러한 관점을 염두에 두고 세심하게 배열되어 있는 것이다. 예를 들면, 비와 안개가 관측될 때라면 지상일기도에 비가 더 중요한 요소로 표시되어야 한다.

(2) 제2단계 : 기단의 물리적 특성 확인

기단의 발원은 전선이 지상일기도에서 나타나기 전에 결정된다. 기후학적으로도 기단의 물리적 특성(온난-한랭, 습윤-건조, 안정-불안정 등)에 대해, 그리고 기단의 지리적 근원에 대해 많은 정보를 얻게 된다. 기단의 기호들은 거의 확실한 발원지에서만 일기도에 기록한다. 기단의 최종 기호는 전선이 인식된 이후에 붙이게 된다.

상층일기도가 분석되면, 대기의 구조에 따라 기단에 대해 대략적인 개념을 가지게 된다. 제트류와 권계면 고도는 대류권 상부에서의 기단에 관한 훌륭한 지표가 된다.

(3) 제3단계 : 지속적인 강수지역 분석

소나기 지역은 위의 제1단계에서 인식되었다. 연속강수는 층구름과 관련되어 있다. 연속 구름 지역은 녹색 실선으로 윤곽을 그리고 녹색으로 그늘칠(흑백으로는 교차빗금칠)을 하게 된다. 그늘칠은 기입된 다른 자료를 판독할 수 없을 정도로 어둡게 칠해서는 안 된다.

때로는 관측지점으로부터의 보고가 연속강수를 나타내지 않을 수도 있다. 비가 약하다면 관측자는 단속적인 비나 이슬비로 보고할 수도 있기 때문이다. 모든 경우에, 주변 관측소의 기단 특성을 고려하고 관측보고의 비교를 통해 판단한다.

열대저기압이나 온대저기압에서는 강수대가 잘 나타난다. 그러므로 강수지역의 모양은 보통 전선을 따라 길거나 또는 컨베이어벨트를 따라 길게 나타난다. 따라서 강수대의 경우, 관측이 드물다 하드라도 긴 강수지역이 바람직하다.

(4) 분석의 제4단계 : 기압변화의 검출

고위도에서 고·저기압의 이동은 등기압변화선(isallobar)으로 추적할 수 있다. 고기압은 기압상승 지역으로, 저기압은 기압하강 지역으로 이동한다. 그리고 기압상승 혹은 기압하강이 강할수록 이동이 빠르다.

기압변화량은 0.1hPa/3h 단위로 보고된다. 등기압변화선은 2hPa/3h보다 큰(혹은 −2hPa/3h보다 작은) 값의 지역에서만 그린다. 등기압변화선은 ±0hPa/3h선을 중심으로 하여 보통 2hPa/3h 단위로 그린다. 기압무변화선은 +2와 −2 등기압변화선 사이에 그려진다.

등기압변화선은 파선으로 그린다. 기압하강은 적색, 기압상승은 청색이다. 무변화선은 자색(또는 흑색)이다. 기압하강의 중심은 적색 글자로 F를 쓰고, 중심에는 정확한 관측이 없드라도 추정된 값을 정수 단위로 반올림한 hPa단위의 숫자를 F에 붙여 표시한다. 예를 들면, F4라고 쓰면 4hPa/3h의 기압하강을 나타낸다. 비슷한 방법으로 기압상승지역에서 청색으로 R3이라 쓰면

3hPa/3h 기압상승을 나타낸다.

(5) 제5단계 : 기압계 패턴 위치 분석

지상일기도에 대한 대부분의 작업은 등압선을 그리는 데 할애된다. 만일 등압선 그리기의 속도가 중요하다면 컴퓨터가 사용될 것이다. 보통은 묘화용 연필(검정색)이 사용된다. 왜냐하면 이 연필자국은 쉽게 지울 수 있기 때문이다. 등압선은 1000hPa을 기준으로 하여 5, 4 또는 2hPa 간격으로 그린다. 풍향과 풍속은 등압선 분석과 함께 관찰되어야 한다. 그 이유는 바람은 지균풍으로나 또는 마찰풍으로 균형이 되어야 하기 때문이다. 지표면 상에서 풍속은 지면마찰 때문에 지균풍속의 약 50%~90% 정도이다. 풍향은 등압선의 고기압쪽으로부터 흘러나오는 등압선 횡단 기류를 나타낸다. 해양에서의 바람은 육지에서보다 지균풍에 더 가깝다. 그러나 뇌우 부근의 한랭유출기류는 지균풍과는 큰 편차가 발생하기도 한다.

(6) 제6단계 : 전선의 확인

종관규모에서는 전선이 기단 사이에서 전선발생(frontogenesis)이 있을 때 나타난다. 전선소멸(frontolysis)이 나타날 때 전선은 소멸한다. 그러므로 때로는 기단 사이에 전선이 없을 수도 있다.

지표면에서 한대전선의 위치에 대한 첫 추정은 보통 500hPa(때로는 700hPa)과 1000hPa 사이의 두께선도에서 시행된다. 두께선도에서 전선대의 적도쪽(온난공기쪽) 경계에 전선을 그린다. 이에 대해서는 뒤에서 좀 더 상세하게 다루게 될 것이다.

지상일기도 뿐만 아니라 925hPa일기도, 850hPa일기도, 그리고 가능한 경우에 더 상층일기도도 전선의 위치 추적에 사용된다. 한대전선이 850hPa 일기도에서 검출된다면 지상일기도에서도 검출되어야 한다. 작은 규모의 불연속(스콜선, 산 계곡에서의 한랭공기의 쌓임 등)들은 보통 상층일기도에는 나타나지 않는다.

전선은 온도차(밀도차)에 의해 검출된다. 그러나 이러한 온도차가 국지적인 구름이나 가열 때문에 나타나지 않을 수도 있다. 만일, 전선을 가로질러 온도차가 나타나지 않는다면, 그것은 그 차가 지표면 부근의 대기에서만 나타나지 않기 때문일 수가 있다. 이러한 경우에는 전선분석에 기압골과 바람시어가 참고자료가 된다. 전선 상에서는 불연속 바람시어가 항상 저기압성이다. 때로는 이슬점차가 온도차보다 전선을 더 명확하게 나타낼 수가 있다. 실제로 고기압성 불연속은 매우 불안정하다. 따라서 대기에서 오래 지속되지 못한다.

전선을 찾는 데 도움을 주는 또 다른 좋은 과정은 이전 일기도로부터의 연속성이다. 일기도를 그리기 전에 볼펜을 사용하여 가늘게 현재 일기도의 데이터를 손상시키지 않으면서 6시간 전(가능하다면 3시간 전)의 일기도에 나타나 있는 전선을 옮겨 그려놓는 것도 좋은 방법이다.

(7) 제7단계: 전선 유형의 결정

이전 일기도가 없을 때, 또는 이전 일기도에서 전선이 적절하게 그려지지 않았을 때, 전선의 이동을 분석하는 것은 쉽지 않다. 그러한 경우에는 전선에서의 지균풍의 방향을 이용한다.

만일 지균풍(등압선) 들이 한랭한 쪽으로부터 불어들고 있으면 한랭전선이며, 온난한 쪽으로부터 불어들고 있으면 온난전선이다.

등압선의 안장부(col)는 한랭전선으로부터 온난전선으로 전이되는 곳이다. 드물기는 하지만, 전선이 등압선과 교차하지도 않고, 전선이 지난 6시간 동안 움직이지도 않았다면 정체전선으로 분석된다.

폐색전선은 입체적으로 지상전선과 상층전선으로 구성된다. 상층전선은 밀도가 큰(한랭한) 지상의 공기를 타고 떠오른다. 일기도에서 대응되는 한 쌍의 지상전선과 상층전선을 찾는 것은 어려운 일이다. 이러한 이유 때문에 보통 지상이든 상층이든, 전선의 위치에 한 개의 폐색전선만을 그리게 된다. 그리고 이것만으로도 충분하다고 생각된다.

전선의 유형을 결정짓는 중요한 요소는 전선을 가로질러 나타나는 온도차이다. 때로는 따뜻한 아열대지방을 진행하는 한랭공기가 국지적인 온도상승으로 온도차가 나타나지 않을 수도 있다. 예를 들면, 오후에 한랭전선 후방에 강한 햇빛이 비치고 있는데 반해 이 전선의 따뜻한 쪽에서는 흐리고 심지어 비까지 내릴 경우가 특히 그러한 경우이다. 이런 경우에, 때에 따라서는 이 한랭전선의 앞에서보다 뒷부분이 더 따뜻할 수도 있다. 그럼에도 불구하고 그것이 한랭전선이라면 다른 기상요소와 상층일기도에서 그것이 여전히 한랭전선의 특성을 나타내고 있을 것이다.

기단은 전선의 배치에 의해 확인된다. 지상일기도에서 북극기단과 한대기단은 보통 북극전선에 의해 구별되기 때문에 쉽게 구분된다. 한대기단과 중위도기단은 쉽게 구별될 수 있지만, 아열대전선은 지표에 나타나지 않기 때문에 중위도기단과 열대기단은 쉽게 구별되지 않는다. 적도기단은 몬순전선(혹은 열대전선(intertropical front))의 적도 쪽에 위치할 수 있다.

각 기단은 부호로 표시된다. 북극기단은 A, 한대기단은 P, 중위도기단은 ML, 열대기단은 T, 그리고 적도기단은 E이다. 작은 첨자 c와 m으로 각각 대륙기단과 해양기단을 의미하게 된다.

(8) 제8단계 : 중요 기류의 분석

기류는 일기시스템의 발달에 중요하다. 따라서 빠르게 이동하는 주요한 유선들을 나타내는 것이 효과적이다. 한기범람(polar outbreak)과 하층제트류는 보통 지상일기도에서 확인되어야 하는 가장 자주 나타나는 중요한 기류이다. 기류를 나타낼 때 색갈이 사용되는데, 한랭기류는 청색, 온난기류는 적색으로 나타낸다. 채색은 기입된 데이터들이 오손되지 않는 범위 내에서 명백하게 표시한다.

(9) 제9단계 : 분석의 마무리

모든 일기요소에 대한 분석은 각각 필요에 따라 시행되었다. 전선은 최종적으로 해당 위치에 색으로 그려진다. 전선에서 등압선의 꺾임(kink)이 조정되고, 등압선의 간격과 방향이 조정되고, 강한 기류는 채색되고 강조된다. 마지막으로, 일기요소에 대한 그늘칠이 조정되는 등의 절차를 거쳐 일기도 분석이 마무리된다.

4 중규모 분석

대규모 현상의 분석에서도 중규모 과정이 검출될 때는 분석에 첨가해야 한다. 일기와 일기변화는 흔히 중규모 과정에 의해 지배된다. 가장 강한 스톰은 중규모 현상이다. 그리고 당연히 일기도에서 이러한 현상에 대해 관심을 두어야 한다.

대부분의 중규모 과정은 기류를 가로질러 나타나는 전선에 관련되어 있다. 따라서 중규모 현상에 대한 실제적인 업무는 다양한 전선을 분석하고 확인하는 데 집중된다.

중규모 과정은 공간규모와 시간규모가 작기 때문에 분석에 어려움이 따른다. 중규모 과정은 보고되는 관측소들의 중간이나 보고되는 시간들의 중간에 발생할 수도 있다. 그러나 이러한 어려움이 있다 하드라도 그러한 사항이 철저한 분석을 할 수 없다는 핑계거리가 되어서는 안 된다. 만일 대규모 상황에서 중규모 현상이 생기기 좋은 상황이라면, 특별관측도 시도해야 한다. 레이더 관측망이 중규모 스톰을 검출하는데 큰 도움이 되고 있다(기상레이더의 이용에 대해서는 이 책에서 다루지 않는다).

중규모 분석은 다음과 같은 두 개의 범주들을 서로 구별할 수 있을 때 편리해진다.

(a) 해풍전선, 국지가열, 산맥에 의한 기류 편향 등과 같은 지리적 영향에 의한 중규모 과정이나, 지리적 원인으로 생기는 과정들은 유사한 조건 하에서 반복되므로 그것들을 반복적으로 인식하는 것이 가능하다.

(b) 뇌우 및 그와 관련되는 현상들이나, 온대저기압에서 형성되는 건조선들처럼 지리적 영향 이외의 중규모 과정.

일기도 상에서 대규모 과정과 중규모 과정을 구분하기 위하여 다음과 같이 구분하여 표시하는 것을 추천하고 있다(그림 7-1 참조).

① 지리적으로 중규모 불연속에 의한 중규모 전선은, 관례적인 전선의 도돌이(삼각과 반원 도돌이)의 1/2정도 크기의 도돌이를 그리고, 그 사이사이에 전선에 수직인 단선(tick, 짧은선)을 한 개씩으로 표시한다.

② 뇌우나 다른 대기 과정에 의한 중규모 전선은, 관례적인 전선의 도돌이(삼각과 반원 도돌이)의 1/2정도 크기의 도돌이를 그리고, 그 사이사이에 전선에 수직인 단선을 두 개씩으로 표시한다.

일기 과정의 규모의 다양성이 그림 7-1에 나타나 있다. 한대전선이 미국 북부 Indiana에서 Maine까지 대각선으로 뻗어 있고, 한랭전선과 온난전선이 WMO 표준기호로 그려져 있다.

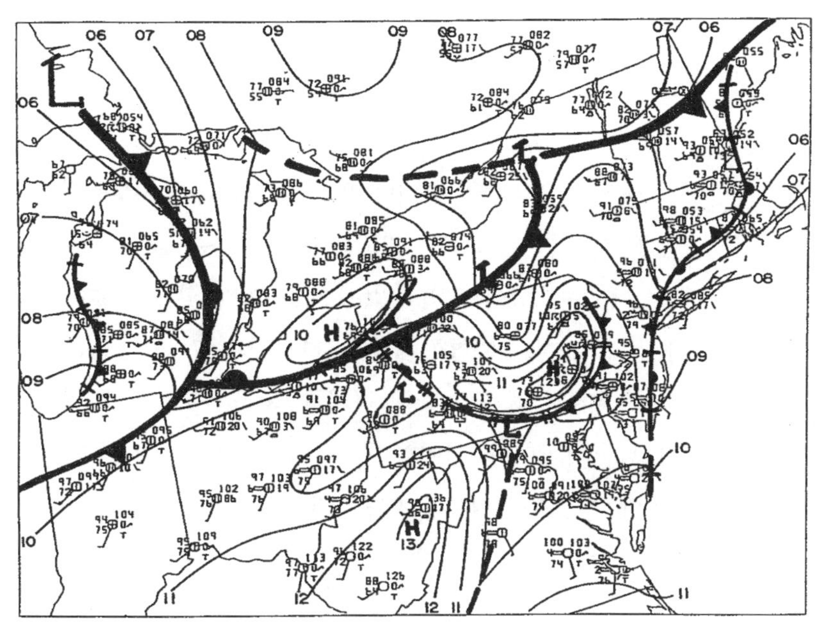

(등압선은 1hPa간격으로 분석되고, 한대전선은 통상적인 표준기호로 분석되어 있다)

[그림 7-1] 미국 북동부 일기도의 예(1980.7.16 2100UTC)

지리적인 현상으로서 대서양 연안을 따라 발생한 해풍전선이 정체전선으로 표시되어 있다. 이것이 앞의 (a)타입의 중규모 현상임을 나타내기 위해 도돌이 사이에는 1개씩의 단선(tick)이 그려져 있다. 비슷한 해풍(호풍)전선이 Michigan호의 동안을 따라서도 나타나 있다.

뇌우로부터의 발산기류가 2개의 중규모 고기압(meso-high)으로부터 불어나오고 있다. 하나는 Erie호 위에 있고, 다른 하나는 Pennsylvania 위에 있다. 서부 Pennsylvania와 한대전선의 교차는 그 위에서 새로운 뇌우가 몇 시간 내에 발생하기 때문에 중요했다. 깊은 기압골이 권고된 파동선(wavy line)으로부터 분산(variance) 지점에 파선(dashed line)으로 그려진다. 분석의 속도가 중요할 경우에는 파선을 그릴 수도 있다. 기압골에 파동선을 그리는 것은 파선을 그리는 것보다 더딜 수 있다.

7.2 저기압과 고기압

불안정한 유체의 흐름은 소용돌이를 만드는 것이 보통이다. 대기 중에서도 소용돌이가 나타나는데, 그 직경이 수백 km 이상이 되어 저기압(cyclone)이나 고기압(anticyclone)으로 묘화된다. 이러한 소용돌이가 중위도에서는 편서풍파의 경압불안정의 결과로 나타나고, 열대지방에서는 온난습윤 공기의 상승이 있는 지역에서 수렴의 결과로 나타날 수 있다. 일기의 발전은 대부분 이러한 소용돌이 때문이라고 할 수 있다.

1 기압계의 구조

가. 연직 구조

저기압(cyclone)은 지상에서 해면기압이 낮은 곳이나 또는 등압면에서 지오포텐셜 고도가 낮은 곳이다. 그러나 고·저기압을 규정하는데 기압분포(또는 고도분포) 만으로는 충분치 않다. 기압장(또는 고도장)에서 중심부가 낮고 저기압성 순환이 있어야 저기압(cyclone)이라 할 수 있다. 마찬가지로, 기압(또는 고도)이 주변보다 중심부가 높고, 또한 고기압성 순환을 가져야만 고기압(anticyclone)인 것이다.

고기압과 저기압의 초보적인 분류는 온도분포에 근거를 둔다. 고기압과 저기압의 중심은 각각 그 상공의 상부 대류권에 역시 고기압이나 저기압인 또 다른 중심을 가진다. 지상의 고·저기압 중심이 그 위의 대류권 상부에서 고기압일 때 이를 각각 온난저기압(warm low), 온난고기압(warm high)이라 한다. 이것은 주변보다 더 따뜻한 중심 지역에서 두께가 더 두껍기 때문이다.

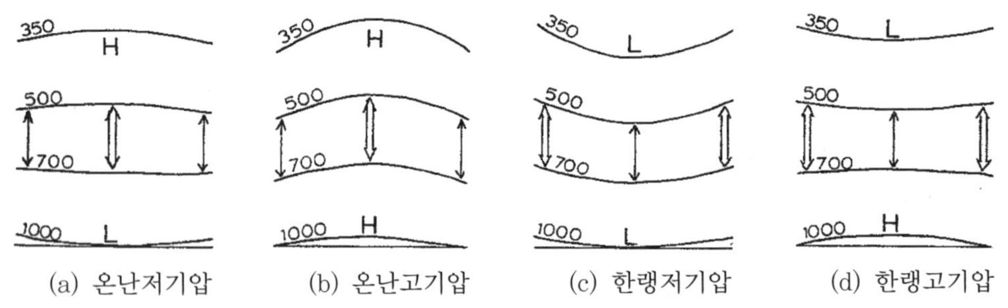

(맨 아래 수평선은 해면고도이다. 1000, 700, 500, 350hPa 등압면은 과장되게 그려져 있다. 양방향 화살표는 등압면 사이의 두께를 나타내는데, 2중화살표는 더 두껍다는 것을 나타낸다. 상층에서 온난 중심은 H로, 한랭 중심은 L로 나타내고 있다).

[그림 7-2] 연직단면으로 본 고기압과 저기압의 기본적인 열적 구조

마찬가지로 지상의 고·저기압의 중심이 그 위의 대류권 상부에서 저기압일 때는 각각 한랭저기압(cold low), 한랭고기압(cold high)라 한다. 그리하여 초보적인 분류에 의해 그림 7-2에서처럼 온난저기압, 온난고기압, 한랭저기압, 한랭고기압으로 4가지 기압체계가 이루어진다.

나. 열저기압

열대저기압이나 한대저기압과 같은 온난저기압은 수평적으로는 비교적 작다. 이런 형태의 저기압은 섬과 반도 상에서는 낮 동안 일사에 의한 가열로 국지 순환이 나타난다.

육지에서의 온난저기압은 보통 강한 저기압으로는 발달하지 않는데, 그 순환은 일반적으로 연직 성분과 방사성 성분만 현저하다. 가장 큰 온난저기압은 온난계절에 대륙의 일부(예 인도~남부시베리아)에서 나타난다.

한대저기압은 열대저기압만큼 크고 그리고 역시 그들의 환경보다 현저하게 더 따뜻하다.

다. 역학고기압

가장 큰 온난고기압은 적도의 편동풍과 중위도의 편서풍 사이에서 형성되는 아열대고기압(subtropical anticyclone)이다. 이 고기압은 키가 매우 커서 보통 지표면으로부터 성층권까지 달하고 그리고 넓어서 전형적으로 보통 수 천km 폭에 이른다. 이러한 온난고기압들은 그들의 지속적인 존재가 열적으로 설명될 수 없기 때문에, 역학고기압(dynamic anticyclone)이라고 한다. 일반적으로 고기압은 마찰과 비지균적 요소 때문에 등압선을 가로지르는 기류가 나타나므로 고기압성 순환을 가지지 못한 모든 온난고기압은 급속하게 약화된다. 그러나 아열대고기압은 편동풍과 편서풍 사이의 준지균적 평형을 이루는 고기압이다. 거대한 아열대고기압은 때로는 작용중심을 이룬다.

라. 분리 중심

또 다른 온난고기압은 제트류가 멀리 북쪽(남반구에서는 남쪽)으로 고기압성 분리 루프를 형성하여 온난분리고기압(warm cut-off high)이 발생한다. 같은 제트류에서의 또 다른 루프가 남쪽으로(남반구에서는 북쪽으로) 형성되는데, 이것이 한랭분리저기압(cold cut-off low)이다. 이러한 분리 소용돌이들은 종종 편서풍의 "정상적인" 대상류를 저지(blocking)한다. 제트류의 루프에서의 저기압과 고기압의 형성은 기본적으로 대상 제트류의 운동에너지를 소비시킨다.

마. 비대칭 중심

고기압과 저기압의 또 다른 분류 형태가 앞의 그림 7-2의 4가지 기본적인 분류 사이의 전이 형태로 나타난다. 중심 기압장(고기압 또는 저기압)의 한 쪽이 한랭하고 또 다른 쪽은 온난하면 중심이 기울게 된다. 중심의 한랭 쪽에서는 두께가 얇아서 그 상공에서는 지오포텐셜 고도가 더 낮아지고, 온난 쪽에서는 두께가 더 두꺼워서 그 상공에서는 지오포텐셜 고도가 더 높게 나타난다. 결과적으로 저기압이 비대칭이 되어 등압면이 고도 증가에 따라 한랭 쪽으로 기울게 된다. 그리하여 비대칭 고기압은 온난 쪽으로, 그리고 비대칭 저기압은 한랭 쪽으로 기울게 된다. 이러한 현상을 그림 7-3에 나타내고 있다. 저기압이나 고기압은 그 기울기가 눈에 띄도록 나타난다.

대칭을 이루는 중심에서와 같이, 상층고기압 또는 상층저기압이 반드시 폐곡 중심일 필요는 없다. 그것들은 환경의 지오포텐셜고도장에서 기압골(trough)이나 기압마루(ridge)일 수도 있다.

전이 중심은 대칭 중심보다 일기의 발전을 물리적으로 설명하는데 실제적으로 훨씬 더 중요하다. 전이 중심을 가진 기압계는 보통 이동하며 일기 변화를 일으킨다.

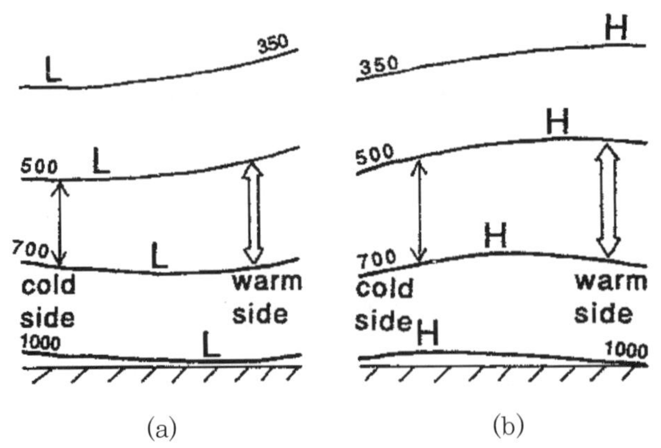

(표시방법은 그림 7-2에서와 같다. (a)저기압의 축은 한랭 쪽으로 기울고, (b) 고기압의 축은 온난 쪽으로 기운다).

[그림 7-3] 비대칭 중심의 열적 구조.

2 온대저기압의 특성

온대저기압(extratropical cyclone)은 전형적으로 폭이 1000km이고, 수 일 동안 지속되고, 폭넓게 중위도의 날씨변화를 지배한다.

온대저기압에서의 바람은 열대저기압의 바람처럼 강하지는 못하지만 종종 피해를 일으키고, 강수는 홍수를 유발하기도 하며 어떤 지역에서는 눈이 위험할 정도의 양으로 쌓일 수도 있다. 저기압에서 뇌우가 발생하고, 그 중 어떤 뇌우는 격렬해질 수 있다.

가. 온대저기압의 구조

온대저기압(extratropical cyclone)은 편서풍의 경압불안정(baroclinic instability)의 결과로 발생하며 또한 한대전선은 경압성이 가장 큰 지역에 위치하므로, 저기압에는 보통 한대전선이 동반된다.

지표면의 한대전선은 종종 그림 7-4에서처럼 저기압모델(cyclone model)의 특성적인 모양을 나타낸다. 이 저기압모델은 원래 노르웨이학파(Norwegian School)에 의해서 제안된 것이다.

한대전선에서 한랭전선은 보통 저기압의 서~남쪽 부분에 위치하고, 온난전선은 남동~동쪽 부분에 위치한다. 한대전선은 저기압의 영역을 한랭영역과 온난영역으로 나눈다. 지표면에서 온난영역은 한랭영역보다 작다. 그러나 온난영역은 저기압의 중앙부에서 중요한 부분을 차지하고 있으며, 보통 이 영역이 상층부에 갈수록 더 넓어진다.

발달한 저기압 지역에서는 공기의 현저한 상승이 나타난다. 결과적으로, 구름과 강수가 발달되고 따라서 전선이 더 강화된다. 상승은 온난공기 중에서 발달한다.

발달하는 온대저기압은 그 자체가 온난한지 또는 한랭한지를 구별할 수가 없다. 왜냐하면, 한대전선은 저기압의 대략 중앙부에 위치하기 때문이다. 상층기압마루는 보통 지상저기압의 북동쪽에 위치하며, 상층기압골은 남서쪽에 위치한다. 이는 그림 7-4에서와 같이 전선저기압(frontal cyclone)이 온난역과 한랭역 사이에서 전이역 형태를 나타내고 있다. 이러한 전이역 형태는 흔하게 발생한다.

그림 7-4에서처럼, 전선의 모양은 전선파(frontal wave)를 이룬다. 전선파를 포함하는 저기압을 파동저기압(wave cyclone, 波動低氣壓)이라고 한다.

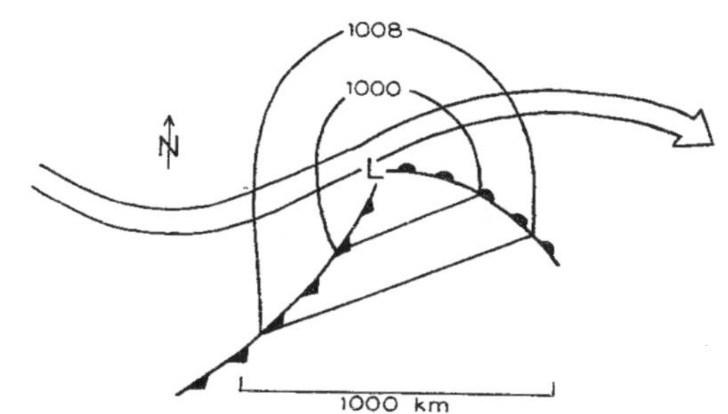

[그림 7-4] 저기압 모델에서의 한대전선과 등압선 모양.

나. 저기압에서의 구름분포

중위도에서 저기압이 발달할 때 그림 7-5에서 보이는 것처럼 커다란 쉼표구름(comma cloud)이 그림에서의 ABCDE로 연결되는 휘어진 형태로 나타난다. 저기압으로부터의 유출에 의한 구름(F 부근)이 뚜렷할 때 쉼표구름은 망치머리 모양을 이룬다. 지표면에서의 저기압 중심은 그림에서의 L에 위치한다.

온난습윤한 공기가 남쪽으로부터 저기압으로 유입된다. 구름 발달은 E지점 부근에서 시작된다. 이곳(E지점)을 대류버스트지점(burst point of convection)이라 한다. 대류구름선과 스콜선이 이러한 지점으로부터 발달한다. 이것들이 온난역에서 나타나는 넓은 구름대이다. 구름들이 EDC선을 따라 풍하측으로 발달한다.

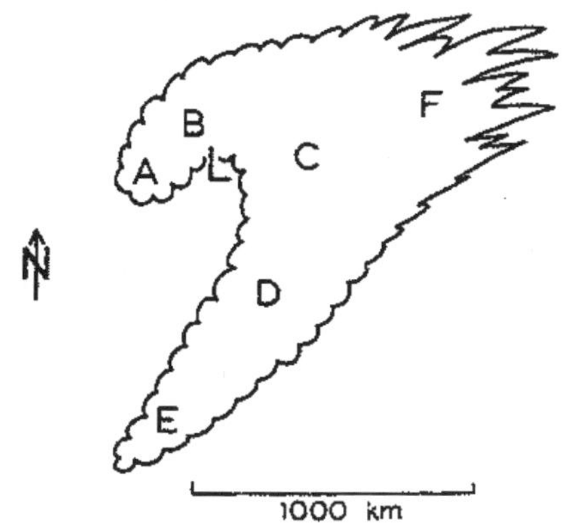

(쉼표모양은 ABCDE이다. 고기압성으로 펴져나가는 기류가 F에서 나타난다)

[그림 7-5] 중위도저기압에서의 쉼표구름

C지점 부근의 구름 고도인 대류권 중간층에서의 바람은 두 갈래로 갈라진다. 하나는 저기압 중심 주위로 향하고(CBA), 다른 하나는 F쪽으로 유출되다. 저기압에서 유출되는 F부근의 구름에서는 공기가 하강하기 시작하며, 하강하는 구름의 단열승온으로 증발하기 때문에 구름이 확산되고 조각난 모습을 보인다.

대류구름들은 대류버스트지점(E)에서 강력하게 발달하며, 일정한 플룸(plume)처럼 저기압 주위로 이동한다. 그 버스트지점 자체는 풍속보다 느리게 움직인다. 이곳에서 형성되는 구름은 바람과 함께 이동하지만, 새로운 구름이 준정체성으로 거의 같은 지점에서 계속 형성된다. 저기압 전체로서는 상층기류의 방향으로 이동하지만, 버스트지점의 이동은 상층흐름 속도보다는 훨씬 느리다. 버스트지점이 때로는 여러 개로 나타나기도 한다.

저기압의 온난역에는 특히 대류버스트지점이 여러 개로 나타나곤 한다. 어떤 버스트지점과 연관된 구름이 버스트지점으로부터 풍하로 발달한다. 이러한 풍하의 버스트지점들이 때로는 풍상의 버스트지점에서 발생되어 발달한 권운 캐노피에 가려져 보이지 않을 수도 있다. 이러한 경우에는 스콜선이 비록 강할지라도 권운 캐노피 아래에 숨겨져 위성영상에서 보이지 않을 수도 있다.

위 그림에서 EDCF 순서로 흐르는 기류는 컨베이어벨트(conveyor belt)를 이룬다. 대부분의 습윤공기는 컨베이어벨트를 따라 저기압으로 유입된다. 이 기류는 구름과 강수에 수증기를 공급하고 응결잠열을 방출한다. 컨베이어벨트는 온난전선 위치인 C지점으로부터 상승한다. 이 컨베이어벨트는 대류권계면에 가까운 F점까지 상승하여 저기압으로부터 유출된다. 저기압 중심 주변으로 굽어지는 AB 구름 부분은 쉼표구름의 망치머리(comma head)에 해당한다.

하층제트(low-level jet)는 온난영역의 컨베이어벨트 부분(EDC)에 집중되어 나타난다. 이것은 연직으로는 약 2km 정도로 뻗어 있으며 보통 30m/s까지의 풍속을 가지는 제트류이다. 저기압에 동반되는 하층제트는 보통 넓이가 500km, 길이가 1000~3000km, 수명이 2~4일 정도가 된다.

컨베이어벨트의 하층제트 부분은 보통 저기압의 온난영역에서 아열대무역풍역전층 아래로만 제한된다. 이 역전층 위는 습기가 매우 적고, 잠재불안정이 형성되는 곳이기도 하다. 저기압 구역 내에서 대규모 상승 때문에 습윤층 꼭대기의 역전층이 종종 치올림응결고도를 넘어 상승하게 된다. 그러면 강한 대류구름들이 습윤한 하층제트로부터 발달한다. 저기압 내의 대부분의 구름은 모두 적란운으로 이루어져 있다. 이 적란운은 특히 온난역에서 발달한다.

띠 모양의 구름대는 주로 유선을 따라 나타난다. 위성영상에서 구름대가 뻗은 모양은 구름의 이동 방향을 탐지하는 데 도움이 된다. 대부분 저기압의 온난역에서의 구름띠는 대류버스트지점으로부터 발산한다.

모든 쉼표구름이 온대저기압만큼 큰 것은 아니다. 작은 쉼표구름이 종종 한대저기압이나 한대기압골에서 나타나기도 한다.

그림 7-5의 쉼표구름 모델에서 주된 변화는 A와 F지점에서 퍼져나가는 줄기의 세기가 변하는

것이다. 상층 고도의 기류 모양에 따라서, AB 줄기 부분에서 약간의 낮은 구름만 있을 때는 컨베이어벨트가 EDCF선을 따라 저기압을 통과하기도 한다. 또 다른 어떤 경우에는 순환이 쉼표구름 EDCBA를 따라서 나타나고, 이때 F에서의 유출은 중요하지 않다. 대부분의 경우에는 두개의 출구 줄기가 나타난다.

다. 저기압 내의 구름의 예

그림 7-6은 전형적인 저기압의 구름 분포 형태를 나타내고 있다. 그림 (a)의 영상 사진에서 지리적 위치와 주요 특징들을 고려하여 그림 (b)로 다시 표현하였다. 글자들은 그림 7-5에서 모델로 나타낸 지점들에 표시하고 있는 것과 같다. 컨베이어벨트의 2개의 주요 줄기는 거의 같은 시간의 500hPa 일기도인 그림 7-7에서 나타내고 있는 구름 시스템의 주된 두 출구가 화살표로 표시되어 있다.

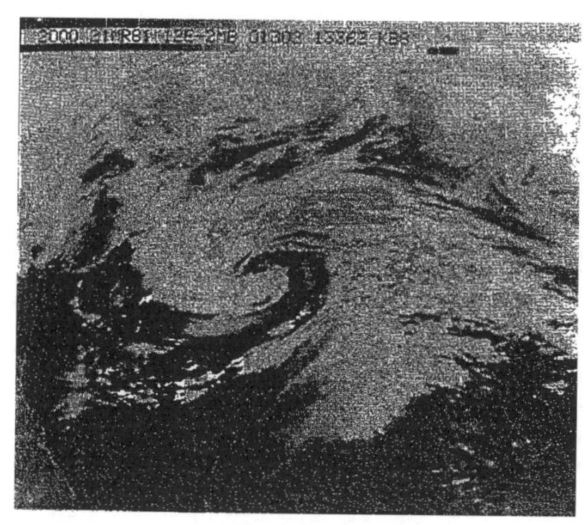

(a)기상위성 적외영상 (b)구름의 포락선 모습

[그림 7-6] 미국 중부의 GOES-E 위성의 구름모습(1981. 3. 21 2000UTC)

그림 7-6의 쉼표구름에서는 몇 가지의 특징이 보인다. E지점 부근의 구름들을 보면 대류버스트지점이 여러 개이다. 구름 풀룸이 발생되는 E 지점의 서쪽과 남쪽에 몇 개의 버스트지점이 있다. 무수한 작은 구름무리들이 여러 부분에 존재하고 있어서 때로는 기본 쉼표구름 형태가 산만하게 보이기도 한다.

많은 저기압들에서, 쉼표구름의 북쪽부분(그림 7-5와 7-6의 BA 부분)은 구름덩어리들이 온난역의 구름들로부터 연속되지 않고, 주된 유출 구름(CF)의 아래 그리고 온난전선 아래의 한랭기류에서 형성되는 층구름(고적운과 층적운)들이다. 이 한랭기류는 저기압의 한랭역에서 나타나는 또 다른 하층제트로서 하층에 집중되는 한랭컨베이어벨트를 이루고 있다.

한랭컨베이어벨트(BA 부분)의 구름을 이루는 수분은 주로 CF의 온난컨베이어벨트에서의 구름에서 떨어진 비가 증발되어 생긴 것이다. B와 A 지점 부근에는 저기압 중심 부근으로부터의 상승기류가 존재하여 구름이 발달된 것이다.

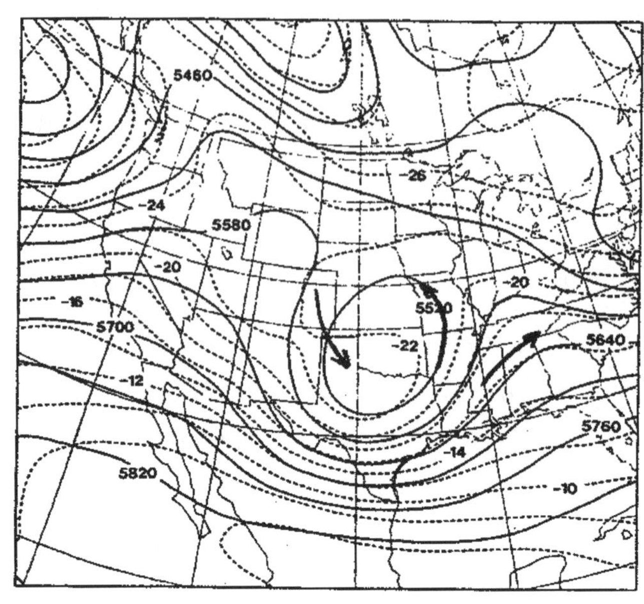

(로라도-텍사스, 아칸소-미조우리, 미시시피-알라바마에 있는 화살표는 그림 7-6에 서의 화살표와 같은 위치이다).

[그림 7-7] 미국 중부의 500hPa 등고선(gpm)과 온도(℃) (1981. 3. 22 0000UTC)

라. 저기압의 개념모델

그림 7-8은 저기압의 개념모델을 나타내고 있다. 이 그림에서 지상저기압은 L로, 지상전선은 통상적인 부호로, 온난컨베이어벨트는 그 위에 기압고도(hPa 단위)를 붙인 폭이 넓은 화살표로 나타내고 있다. 이곳에서는 주된 방출이 컨베이어벨트를 따라 나타나고 있다. 전형적인 구름의 범위는 포락선으로 구획되어 있다. 포락선으로 표시된 구름의 북동쪽에서는 포락선이 갈라진 뾰족한 모습으로 나타내고 있다.

남쪽의 구름 덩어리 형태는 두 개의 대류버스트지점이 있는 것으로 표시되어 있다. 여기서 주로 구름을 발산시킨다. 이 지점들은 온대저기압에서는 매우 전형적으로 나타나는 현상들이다. 때로는 이들이 스콜라인의 시작점이거나 또는 온난역에서의 넓은 구름대의 시작점이 된다.

또한 그림 7-8에서는 한랭컨베이어벨트가 흑색 화살표(JCBAF)로 표시되어 있다. 이 한랭컨베이어벨트는 실제로는 대략 온난컨베이어벨트만큼 넓은 것이다(그림에서는 알아보기 쉽도록 일부러 좁게 그렸다). 한랭컨베이어벨트를 따라 기압고도(hPa 단위)가 표시되어 있다. B와 A 부근 구름의 습기 대부분은 온난컨베이어벨트 아래쪽 온난전선의 앞 부분으로 떨어지는 비의 증발에 의해 생긴 것이다. 온난컨베이어벨트와 한랭컨베이어벨트의 구분은 구름 정상의 고도 차이로 판별할 수 있다.

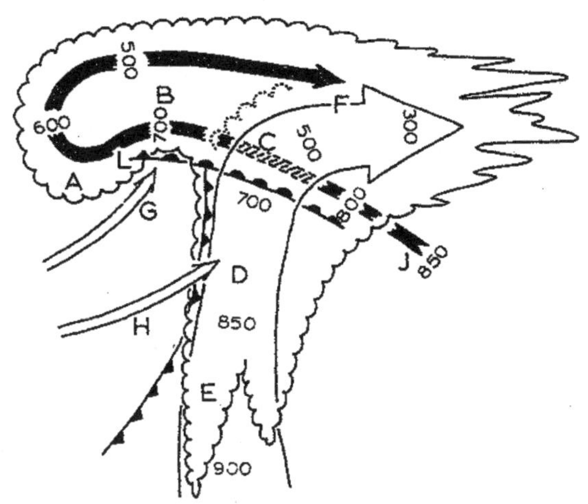

(L: 지상저기압 중심, 흰넓은 화살표: 온난컨베이어벨트(EDCF), 검은 화살표(실제로는 온난컨베이어벨트처럼 넓다): 한랭컨베이어벨트(JCBAF), 흰 화살표: 건조한 한대 편서풍류(G와 H), 포락선: 구름의 범위)

[그림 7-8] 온대저기압 개념모델

그림 7-8에서 대부분의 한랭공기는 서쪽으로부터의 화살표 G와 H 주위 공간을 점유하는 넓은 기류를 이루며 저기압으로 들어간다. 이 기류는 전체 대류권을 점유할 만큼 키가 매우 크다. 서쪽으로부터 들어오는 한랭공기는 D지점 상공의 온난컨베이어벨트 상의 공기보다 더 차갑지는 않다. 한랭공기는 저기압으로 들어가기 전에 현저히 침강한다. 따라서 만일 온도만을 본다면, 500hPa면에서는 한랭전선을 찾는 것이 어렵게 된다. D 부근에서 한랭전선의 위치를 정할 때는 습구온위 또는 이슬점차 등 습도차에 의해 정하는 것이 더 수월할 때가 많다. H와 D 사이의 전선의 형태는 분리 구조(돌출 구조)를 나타낼 수 있다. 이런 이유로, H에서의 화살표는 지상 한랭전선 위로 연장되도록 그렸다. 상층고도의 한랭전선은 온난컨베이어벨트의 상공으로 돌출할 수도 있다.

G와 H에서 나타나는 한랭공기의 하강은 대류권계면의 침강과 접힘에 관련되어 있다(7-4절 참조). 지상저기압 남서쪽 영역의 상층에서 띠 모양의 매우 건조한 성층권 공기가 나타날 수 있는데 이는 대류권계면이 500hPa면까지 침강하는 현상으로 발생된다.

서풍기류인 G와 H로부터의 건조한 공기가 저기압 중심 부근에서 상승될 수 있는데, 이 경우 그 안에서는 구름이 형성되지 않을 수도 있다. 공기가 매우 건조할 때는 공기가 포화에 달하려면 1~2km를 상승해야 하기 때문이다.

마. 저기압 내의 강우대

온대저기압에 수반되는 구름이나 비는 저기압 구조, 저기압 발달단계, 대기의 성층상태, 대기 중의 수증기량 등에 따라 여러 가지 형태로 나타난다.

그림 7-9는 주로 미국 북서부의 워싱턴주에서 관측된 성숙기의 대표적인 온대저기압에 수반된 구름과 비의 분포를 보이고 있다. 이 그림은 가장 현저한 전선 일기패턴과 강우대 사이의 관계를

나타낸다. 온난전선이나 한랭전선들은 전선을 따라 기본적으로 넓은 지역에 약한 상승기류가 있고, 층모양의 구름과 강수가 있다. 그러나 그 중에서도 비교적 강수가 강한 곳이 있어서 강수띠를 형성한다. 이 외에도 저기압의 난역과 한랭전선의 배후에도 강수띠가 나타날 수 있는데, 이들은 소나기나 뇌우의 성질을 가지기도 한다. 강우대는 대부분 전선과 평행하게 배열된다.

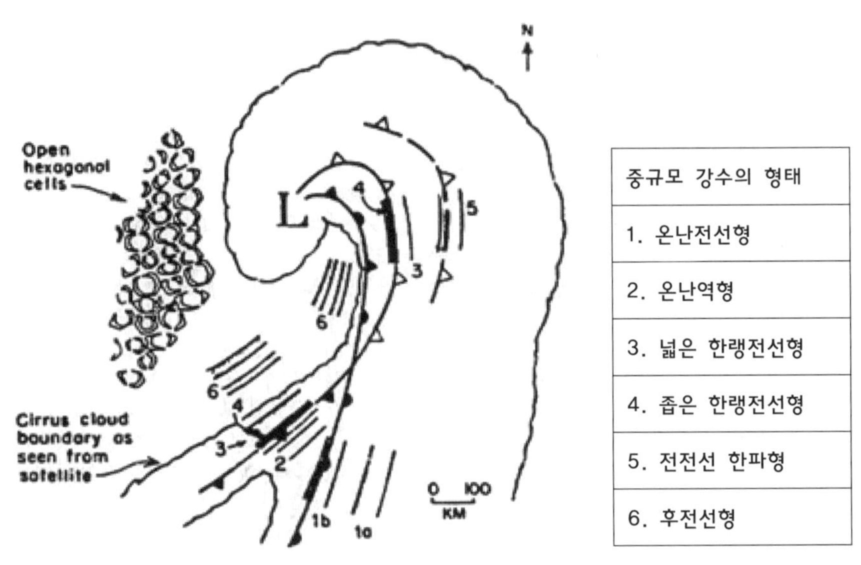

[그림 7-9] 온대저기압에서의 강우대 분포(1981년 Hobbs에 의함)

한랭전선에 나타나는 강수띠는 넓은 한랭전선띠(wide cold frontal band)와 좁은 한랭전선띠(narrow cold frontal band)로 구별할 수가 있다. 넓은 한랭전선띠는 온난전선의 강수띠와 구조는 거의 같고 방향만 다르다. 두 경우, 모두 고도 3~6km 사이의 바람시어 벡터에 평행하다. 넓은 강우대(그림에서 1, 2, 3, 5)는 폭이 약 50km이고, 길이는 수 백km 정도에 이르기도 한다. 좁은 한랭전선 강우대는 폭이 5km 정도의 적란운의 선이다.

모델에서와 같은 강우대가 모든 저기압에서 나타나는 것은 아니다. 저기압은 매우 다양하여 비가 많이 내리는 것도 있고 적게 내리는 것도 있다. 만일 비가 내린다면 그것은 아마도 그림 7-9에서와 같은 모양의 강우대에서 발생하고 있을 것이다.

또한 저기압의 전선 구조가 일정하지도 않다. 그림 7-8과 7-9에서의 모델 모양은 저기압들마다 조금씩 다를 수 있다. 그림 7-8에서 나타낸 모델은 그 온난역이 크고 강한 하층제트를 포함하는 젊은 저기압에 속한다. 다음 단계에서는 저기압이 깊어지고 또 더 고위도로 이동할 때 그림 7-9에서의 형태로 발전하게 된다. 그러면 구름덩어리는 중심 주위에서 나선을 그리게 되고, 그림 7-5와 그림 7-8에서 나타내는 출구 F는 거의 나타나지 않는다. 이때 저기압의 지표면에서의 온난역은 축소된다.

온난전선에 수반되는 강수대의 구조를 나타낸 것이 그림 7-10이다. 이 경우 강수대에서 내리는 비는 모두 층모양 구름에서 내리는 비이다. 여기서 2가지 특징적인 구조가 나타난다. 하나는 국지적으로 하층에서 강한 상승기류가 있다는 것이며, 다른 하나는 층모양 구름에서 내리는 비에 필수적인 빙정이 상층의 작은 대류세포 내에서 생성되고 있다는 것이다. 이 빙정은 천천히 낙하하는 사이에 수증기의 승화나 과냉각수적의 부착으로 얼음입자들이 서로 결집하여 결빙고도에 접근할 때쯤에는 크게 성장한다. 결빙고도를 통과해서 수적이 된 후에는 낙하속도가 급격히 증가하면서 구름입자와의 충돌병합으로 계속 성장한다.

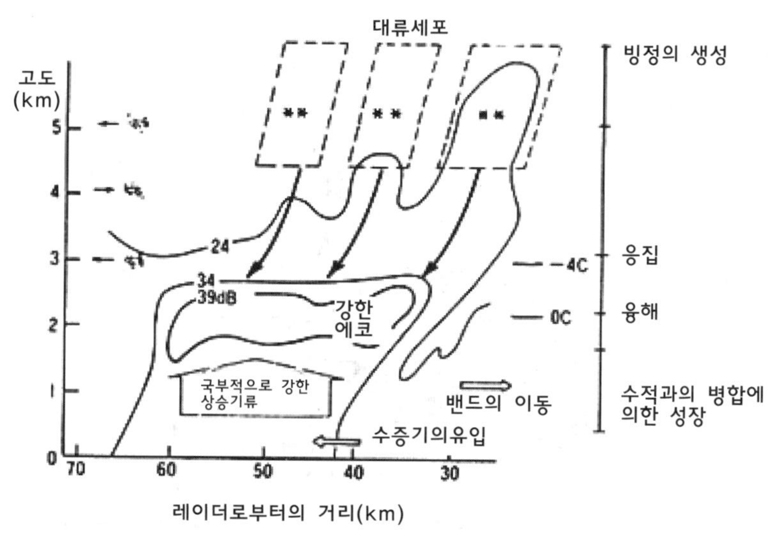

(실선: 레이더에코 강도의 등치선(dB), 굵은 화살표: 얼음입자의 추정 궤적)

[그림 7-10] 미국 워싱턴주 태평양 연안에 접근 중인 온난전선(단면)에 수반된 강수밴드의 구조 (1977. 12. 13 기상용 항공기관측)

한랭전선의 좁은 강수대에서 내리는 강수의 구조는 넓은 강수대에서 내리는 강수의 구조와는 확실히 다르다. 강수대의 폭은 좁지만 한랭전선의 선단부를 따라 키큰 대류세포가 줄지어 나타나며 강한 강수를 동반한다.

사실 그림 7-9에 표시된 강수대의 강수강도는 5~10mm/h 정도이다. 이는 우리나라 장마기의 저기압에 수반되는 강수 강도와 비교하면 훨씬 적다. 또 온난전선의 강수대는 온난전선에 평행하게 배열되어 있지도 않다. 일반 온대저기압과 달장마전선에 동반된 온대저기압은 구조도 서로 다른 점이 많고, 강수를 유발하는 구름의 구조도 그 주위의 기상상황에 크게 영향 받는다.

바. 대류 세포

그림 7-9에서 보면 온대저기압의 또 다른 특징으로 서쪽 한랭역에서 대류운의 열린세포(open cell)가 발달하는 것을 볼 수 있다. 한랭공기가 하부의 지표(특히 해면)로부터 가열될 때 대류세포(convective cell)인 적운과 적란운이 자란다. 이들은 열린세포로서, 이들의 돌출부는 이웃 세포까지 도달한다. 구름들이 분명한 다각형 공간들로 구성되어 있음이 보인다. 이러한 적란운의 정상부 고도는 보통 3-6km 정도로서 대류권계면까지는 도달하지 못하고 있다. 한대공기에서의 이런 모

양의 세포 패턴은 위성영상으로 알려지게 되었다.

경우는 다르지만, 어느 정도 비슷한 대류 패턴으로 닫힌세포(closed cell)라는 것이 있다. 이들은 비활성 지역에서 층운이 상부에서 한랭해질 때 나타난다. 이것은 하부로부터 가열되어 나타나는 열린 세포의 경우와는 정반대이다.

사. 건조선

때로는 저기압발생 조건의 하나로서 건조와 습윤의 대조(contrast)를 들 수 있다. 즉 대륙에서 발생하는 건조한 서풍 기류와 해양에서 발생하는 습윤한 남풍 기류 사이에서 저기압이 발생하기도 한다. 이것이 건조선(dryline, 乾燥線)이다. 이 건조선의 통과가 날씨의 성격을 바꾸고, 그리고 이 건조선에서 뇌우가 자주 발달하기 때문에 중규모 일기분석에서 매우 중요한 현상 중의 하나이다.

건조선의 예를 나타낸 것이 그림 7-11이다. 미국의 Colorado 남동쪽에 있는 저기압과 멕시코에 있는 저기압 사이의 기압골은 산악형 기압골이다. 이는 산으로부터 하강하는 서풍 기류의 단열승온 때문에 형성된 것이다. 기압골의 동쪽과 남동쪽에 습윤한 남풍 기류가 형성되어 있다. 이 습윤 기류의 서쪽(Colorado에 위치한 저기압의 경계 부분)에 건조선이 있다. 이 사례에서 보면, 습윤공기는 그 이슬점이 습윤공기로서의 전형적인 값인 18℃(65℉) 이상을 보이고 있다. 그보다 서쪽에 있는 건조공기의 이슬점은 8℃(46℉) 미만으로 상대적으로 매우 건조하다.

때로는, 산맥을 향해 편서풍이 불 때, 건조선이 산맥의 풍하(동쪽)에 출현하는 산맥 풍하기압골(lee trough)과 대체로 일치한다. 이렇게 건조선이 풍하기압골과 일치할 때는 건조선을 찾아내기가 비교적 쉽다.

습윤기류는 보통 얇다. 그 상한(두께)은 1km 정도에 가깝다. 이는 대체로 하층제트 컨베이어벨트의 낮은 부분에 해당한다.

건조선을 가로질러 나타나는 온도 대조는 일정하지는 않다. 어떤 때는 한 쪽이 더 따뜻하고, 어떤 경우는 다른 쪽이 더 따뜻하기도 하다. 일반적으로는 낮에는 건조한 쪽이 더 따뜻하고, 밤에는 습윤한 쪽이 더 따뜻하다. 이는 건조공기에서 온도의 일변화가 더 크기 때문이다.

지형적인 저기압의 4분원(남서쪽)에는, 저기압모델에서와는 달리, 한랭전선이 위치하지 않는 것이 보통이다(그림 7-11 참조). 그림에서 건조선의 위치가 저기압모델에서의 한랭전선위치와 비슷하다. 그리하여, 예보관이 때로는 건조선을 전선으로 혼동할 수도 있다.

다른 사례에서 보면, 건조선을 따라 뇌우가 발생하기도 한다. 그때는 건조선이 스콜선 안에 포함되어 있어서 더 이상 스콜선과 구별할 수가 없게 된다.

건조선은 북미의 대평원(High Plains, 로키산맥 동부의 평원)에서 가장 현저하게 나타난다. 이곳은 지형성 저기압이 빈번히 형성되는 로키산맥의 풍하 지역이다. 건조선은 이들의 온난역에서 발달한다.

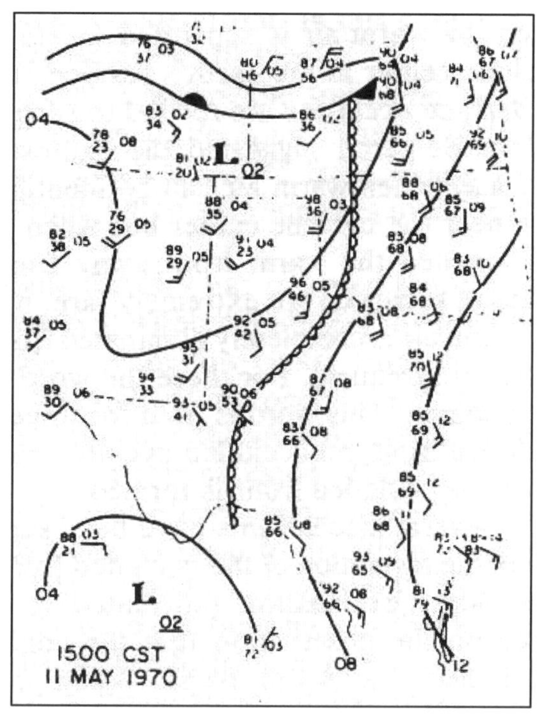

[그림 7-11] 미국 중부 지역의 지상 건조선 분석의 예 (1970. 05. 11 1500CST)

건조선은 또한 다른 위치의 저기압에서도 형성된다. 이러한 저기압들은 보통은 지형성저기압보다 더 빨리 이동한다. 이동하는 저기압에서는 건조선이 오래 지속되지 않는데, 이는 한랭전선에 의해 곧 따라잡히기 때문이다. 즉 지형성저기압이 형성된 이후 며칠을 이동하는 과정 중에 건조선을 잃게 된다.

아. 폐색

저기압의 생애 후반에는 저기압의 대부분 지역을 한랭공기가 차지하게 되어 한랭저기압(cold cyclone)이 형성된다. 이를 또한 폐색저기압(occluded cyclone)이라고도 한다. 이는 저기압 중심의 지표면으로부터 온난역이 폐색되기 때문이다.

폐색전선(occluded front, 閉塞前線)의 생성과정에 대해서는 몇 가지 설명 방법이 제시되어 있다. 가장 오래된 설명은, 한랭전선이 온난전선보다 더 빨리 진행한다는 관측 사실에 근거하고 있다. 한랭전선이 온난전선에 도달할 때 폐색전선이 형성되는 것이다. 그림 7-12는 폐색전선의 과정을 설명하고 있다. 이 그림에서는 그림의 상부와 하부가 쌍을 이루고 있고, 연직단면에서는 저기압에서의 대류권계면과 전선면을 보여주고 있다. 가운데 줄은 지상일기도에서 진화하는 저기압과 폐색과정을 일련의 연속된 그림으로 나타내고 있다. 폐색전선의 모양은 저기압의 발달과 강한 연관성을 가지고 있다.

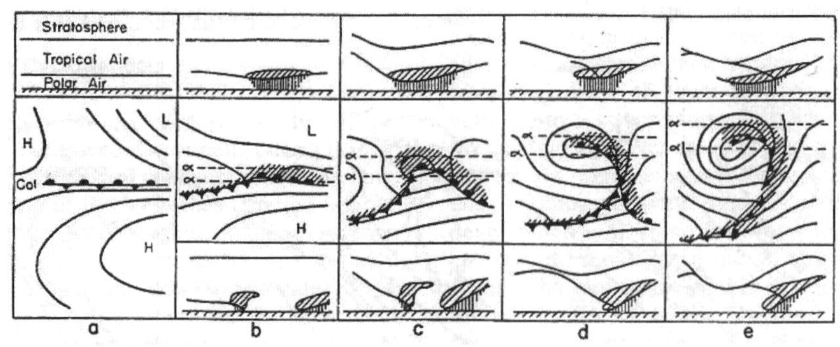

(각 그림의 수평 규모는 약 2000km이다. 윗줄과 아랫줄의 단면도는 중간줄의 평면도에서의 α선 각각에 대한 단면도임, 약 2일간에 걸친 과정임).

[그림 7-12] 전선저기압의 생애

대규모 온대저기압은 폐색저기압(occluded cyclone)이다. 이들은 폐색전선을 포함하고, 또 온난 공기를 지상저기압 중심으로부터 들어올려 제거한다.

강한 저기압에서는 저기압 중심이 보통 한랭전선과 온난전선으로부터 분리되는 현상이 나타난다. 그래서 폐색전선이 저기압 중심과 전선파 사이에 기압골로 나타나게 된다. 이 경우, 저기압 모델은 그림 7-13처럼 이루어진다. 그림에서 전선과 폐색전선이 만나는 점(T)이 삼중점(triple point)이다. 이 삼중점에서 만나는 3개의 전선은 한랭전선, 온난전선 그리고 폐색전선이다. 삼중점에서 보통 새로운 저기압이 발달하게 된다.

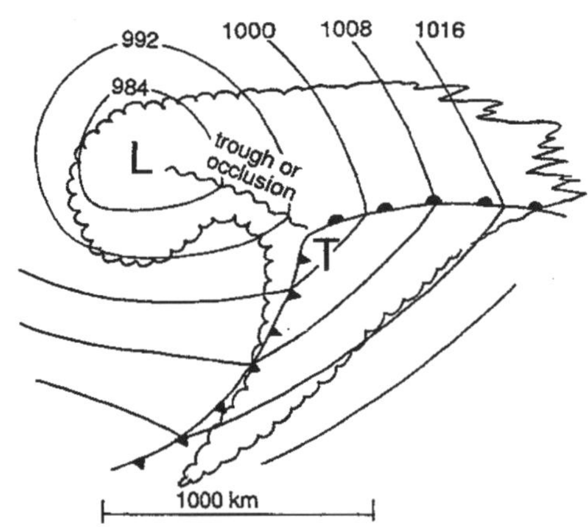

(구름의 범위는 포락선으로 표시되었다. 저기압 중심(L)과 전선 사이의 기압골은 폐색전선으로 간주될 수 있다. 한대전선과 폐색전선이 삼중점에서 만난다).

[그림 7-13] 폐색저기압에서의 등압선과 한대전선

위성영상을 관찰하면, 폐색저기압이 전선으로부터 저기압 중심의 분리 없이도 형성될 수 있는데, 이런 현상이 순간폐색(instant occlusion, 瞬間閉塞)의 경우이다.

이는 한대기단 중의 기압골(혹은 작은 저기압)에서 쉼표모양구름이 형성되고, 이 기압골(쉼표모양구름) 시스템이 때로는 한대전선을 따라 늘어선 구름덩어리에 접근하여, 쉼표모양구름과 전선구름이 결합하여, 순간적으로 합쳐져 그림 7-13에서의 모양으로 발전한다. 순간폐색의 형성 과정을 나타낸 것이 그림 7-14이다.

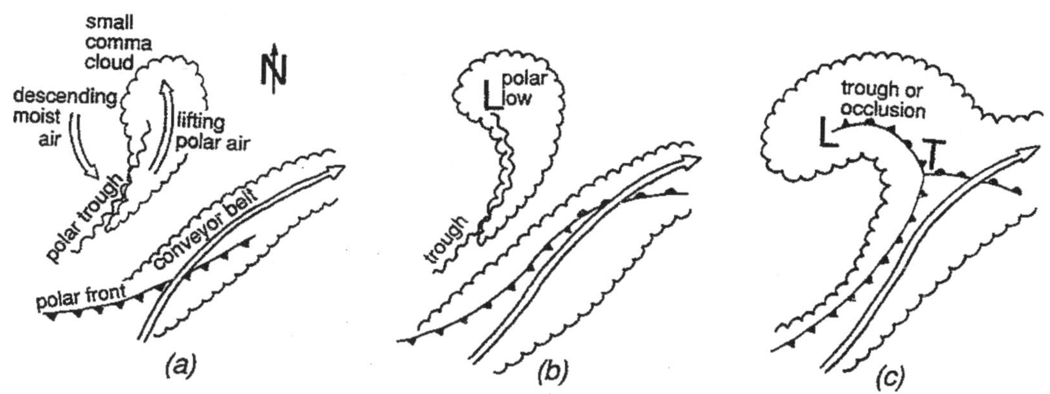

(한랭공기 중에서 나타나는 쉼표모양구름과 한대전선을 따라 나타나는 구름덩어리의 합류로 폐색저기압이 형성됨)

[그림 7-14] 순간폐색(instant occlusion)의 생성 과정의 모식도

3 온대저기압 발생

가. 저기압의 발생환경

중위도에서 나타나는 종관규모 저기압들의 발달은 편서풍대의 경압불안정(baroclinic instability)의 결과이다. 커다란 불안정파는 소용돌이(vortex)가 되는 것이다. 이것이 파동의 발달과정이다.

편서풍대에서의 경압불안정은 남쪽 기단과 북쪽 기단 사이에서의 큰 온도 대조로 나타난다. 이러한 온도 대조는 전선층에서 가장 강하다. 이는 큰 연직바람시어, 또는 큰 온도풍이 있음을 암시한다. 그래서 저기압은 대개 전선과 연관되고, 그래서 연직시어가 제트류에서 가장 강하다. 따라서 저기압 발달은 역시 제트류와 연관되어 있는 것이다.

저기압발생(frontogenesis)의 환경조건 중에는 치올림과 컨베이어벨트의 형성이 포함된다. 치올림(lifting)은 보통 편서풍 활성지역에서 이루어진다. 한대제트 또는 아열대제트가 활발하면 기압골과 그 풍하의 기압마루 사이 지역에서 치올림이 일어난다. 또한 이 지역은 저기압 형성 이전에 컨베이어벨트가 하층제트로 발달하는 위치이다. 이 하층제트에 의해 이동해 온 수증기에 의해 치올림이 시작되는 곳에서 구름이 성장한다. 활성 지역에서 구름의 수렴에 의해 형성되는 높고 짙은 구름의 출현은 저기압발생의 징조이다. 이 구름의 꼭대기는 컨베이어벨트를 따라 뻗어서 잎새 모양을 나타낸다. 이를 경압잎새구름(baroclinic leaf cloud)이라고 한다. 이 경압잎새구름의 전형적인 크기는 $500 \times 200\text{km}^2$의 2배 이내이다. 경압잎새구름이 저기압 주변의 순환에 의해 변형될 때 쉼표모양구름(comma cloud)이 된다. 대기가 충분히 불안정할 때는 경압잎새구름은 스콜선을 구성할 수도 있다.

나. 저기압발생의 유형

저기압발생이 기대되는 주위의 여러 가지 환경조건의 지표들에 따라 저기압발생을 보통 3가지 유형으로 나눈다. 이들은 (a)전선파동의 증폭, (b)상부 대류권의 요란, (c)지형적인 요란이다. 그러나 이 분류를 너무 엄격히 적용해서는 안 된다. 왜냐하면 많은 저기압들이 복합적인 특성을 가지고 있기 때문이다. 그러나 발생과정의 물리적 해설에는 앞의 분류방법을 고려하는 것이 바람직하다.

(1) 전선파동에 의한 저기압발생(A형 발생)

A형 저기압발생은 현저한 활성지역이 없으면서, 위도권을 따르는 한대제트 아래에서 발생하는 경우이다.

A형 저기압발생의 초기단계에는 기압강하 지역에 온난이류가 나타난다. 온난이류지역의 몇 백 km 풍상측에 한랭이류가 위치한다. 저기압은 한랭이류지역에서 상층기압골이 발달할 때에만 강한 스톰으로 발달한다. 그 때, 상층기압마루가 온난이류지역 위에서 계속적인 발달을 유도하는 활성지역을 이루면서 형성된다.

이상의 3가지 모습(기압마루, 지상저기압, 기압골)은 순서를 유지하면서, 제트류를 따라 이동한다. 이 저기압의 이동은 느려서 제트류 풍속의 1/2 미만이다. 이 시스템의 이동은 저기압의 발달에 따라 더 느려진다. 발달하는 저기압에서 한대제트의 핵과 등압선과 전선의 배열은 그림 7-4의 경우와 유사하다.

기단의 차등가열은 경압성을 강화하고, 또한 전선파동을 더 증폭시킨다. A형 저기압발생은 대륙에서는 그렇게 강력하지는 않다. 그러나 해양에서 나타나는 거대한 해류 부근의 열적 대조는 A형 저기압의 발달에 좋은 조건이 된다. 대기 조건이 바람직하고 해면에서 열적 대조가 클 때, 전선파동의 증폭은 기압이 24시간에 50hPa 정도까지 매우 빠르게 깊어질 수도 있다. 이러한 특수한 경우의 저기압은 풍속과 기압경도가 태풍을 닮는다. 그리고 이런 저기압은 그 격렬성 때문에 폭탄저기압(bomb cyclone)이라는 이름을 얻었다.

(2) 대류권 요란에 의한 저기압발생(B형 발생)

B형 저기압발생은 보통 A형보다 빠르게 진행된다. B형에서는 상층 파동이 와도이류와 함께 이미 존재한다. 강한 상층 와도이류는 대규모 상승과 저기압발생이 진행되고 있다는 신호이다. 상부 대류권에서의 파동에 의한 저기압 발달은 전형적으로 강한 상층 와도이류가 하부 대류권의 강한 경압지역을 압도할 때 발생한다. 대부분의 경압지역은 보통 한대전선처럼 인식된다. 상공의 최대 와도이류 지점은 편서풍대의 상층기압골의 풍하의 활성지역이다.

특히 강한 발달은 상층기압골이 분류(分流, diffluence)될 때, 즉 등고선이 기압골로부터 풍하쪽으로 분류될 때 발생한다. 분류는 저기압발생 지역에서 운동에너지의 순 유입이 있음을 의미한다. 분류하는 상층기류는 jet streak로부터의 출구를 의미하는데, 이곳은 간접적인 열적 순환이 강한 구역이다.

A형과 B형의 저기압은 비슷한 점이 많다. A형 저기압은 보통 B형에서처럼 제트류에서 기압골과 기압마루를 나타내는 마지막 단계에서는 특히 비슷하다. A형과 B형의 겉으로 보이는 가장 큰 차이점은 한대제트의 초기모양에 있다. A형은 거의 직선형태의 제트류를 가진다. 이곳에서는 와도이류가 약하다. 이에 대해 B형은 저기압 지역에서 현저한 와도이류와 함께 한대제트에서 잘 발달된 파동을 나타낸다.

(3) 지형적 요란에 의한 저기압발생(C형 발생)

C형 저기압발생도 또한 A형이나 B형과 비슷한 점을 많이 가지고 있다. 그러나 C형은 지형적 강제라는 물리적 관계로 지형성저기압으로 분류된다. 이 저기압의 가장 두드러진 특징은 구름이 나타나기 이전에 저기압이 형성된다는 점이다. 이는 산맥의 기계적 영향 때문이다. 이 저기압의 경우 잠열방출에 의한 열은 중요한 요인은 아니다. 많은 C형 저기압들은 큰 산맥의 풍하측에서 발생한다. 북반구에서 산악저기압 발생은 티벧고원의 동쪽과 남쪽, 알프스산맥의 남쪽(Genoa cyclone), 북미 로키산맥 동쪽(Colorado cyclone), 태평양연안산맥(Coastal Range)의 동쪽(Alberta cyclone) 등에서 빈번하게 보인다.

제노아저기압(Genoa cyclone)의 발생은 대류권 하층에서 한랭공기가 산맥 뒤 지역으로 들어가는 것을 막는 장벽효과(barrier effect)로 설명될 수 있다. 한기범람(cold outbreak) 상공의 상층 기압골은 산맥에 의해 가로막히지 않고 산맥의 풍하측에 활성지역을 형성한다. 찬 공기가 산맥에 의해 저지되기 때문이다. 이러한 이유 때문에 저기압이 산맥 풍하의 비교적 좁은 지역에서 잘 발생한다.

다. 하층제트

하층제트(low-level jet, LLJ)는 온대저기압의 현열과 잠열 공급 메커니즘의 중요 부분이다. 이렇게 공급된 열은 중위도 스톰의 발달, 즉 저기압과 대류의 발달에 사용되기 때문에 중요하다. LLJ는 모든 현저한 온대저기압에서 발달한다.

온대저기압 모델이 소개되었던 초기에는, 상층 바람자료가 관측되지 못하였기 때문에, LLJ가 빠져 있다. Newton에 의한 온대저기압 모델(1967년)에서 LLJ가 알려졌다. 그러나 최근의 사례에서는 Newton 모델의 경우보다는 LLJ의 핵이 한랭전선으로부터 더 멀리 위치할 수도 있다는 것이 알려졌다.

LLJ는 그 폭이 500~1000km, 길이가 1000~2000km, 고도는 약 2km 정도이다. LLJ의 최대풍속은 약 35m/s(65kt) 정도이고 지상 약 1km 상공에서 나타난다. 따라서 850hPa의 표준고도에서는 최대풍속이 거의 나타나지 않는다. 최대풍고도에서는 자주 아열대 무역풍역전이 나타난다.

LLJ는 일출 전에 가장 발달하는데 대기 최하층 1~2km에서 현저한 최대를 나타내게 된다. 그러나 오후에는 반드시 최하층 1~2km에서 현저한 최대를 나타내는 것은 아니다. 그 이유는 대류권의 중하부에서 일반적으로 남풍기류로 전환되기 때문이다.

4 온난 전이고기압

그림 7-15와 그림 7-16에서는 몇 개의 고기압이 나타나 있다. 그림 7-15의 북쪽 부분에는 편서기류도 보인다. 같은 시간의 그림 7-16에서는 주로 고기압대의 북쪽에서 몇 개의 기압골에 한대전선이 위치하고 있다. 대서양 상의 커다란 고기압은 300hPa에서 중심 주위의 등고선이 닫힌 형태는 아니지만 그곳에 고기압 중심이 있는 것으로 보아 온난고기압이다. 왜냐 하면 대서양 상의 이 고기압으로부터의 기압마루(그림 7-15에서의 지그잭선)는 남서쪽으로 연장되어 카리브해에서 대략 15° N을 따라 띠모양을 이루고 있다. 따라서 대서양의 이 기압마루와 고기압은 아열대고기압대라 할 수 있다.

또한 그림 7-16에서 미국 Florida 부근과 지중해의 아드리아해에 중심을 둔 지상고기압은 아열대고압대에 속한다. 이 고압대에 관련된 지상의 고기압은 보통 상층에서보다 더 북쪽에 위치한다. 각 지상고기압에 대응되는 상층의 고기압이나 기압마루는 지상 것들의 남쪽에 나타나 있다. 이러한 모든 고기압은 편서풍대와 적도동풍대 사이에서 나타나는 온난하고 또 활동적인 고기압이다.

그림 7-16에서 북미의 5대호 남쪽에 중심하고 있는 고기압은 전이고기압이다. 이 고기압의 동쪽 부분(북미의 동해안 지역)은 상층 편서풍 기압골의 아래에 위치하고 있다(그림 7-15 참조). 그리고 이 고기압의 서쪽 부분(5대호와 미시시피 계곡)은 몇 개의 기압마루가 가지를 이루어 300hPa 고기압 아래에 위치한다. 따라서 동쪽 부분은 한랭고기압이며, 서쪽 부분은 온난고기압으로 분류할 수 있다. 그러한 고기압들은 대개 한대기단 속에서 지상에 형성된다. 이러한 고기압 주변에서 한대전선은 대서양으로부터 미국의 남부로 그려진다.

지상 기압장에는 예리한 기압골이 존재하고, 이 전선을 가로질러 5~10℃의 기온차가 나타난다. 이 부분의 전선이 한대제트류 기압골의 풍하로서 상승과 전선발생 활성지역의 하부에 해당된다. 또 다른 부분의 전선은 미국의 동부지역인데 이곳은 전선이 거의 사라졌다. 이곳은 한대제트류의 비활성지역으로서 기압골의 풍상이어서, 이곳은 침강과 전선소멸 지역이다. 이 전선의 극쪽에서는 이슬점이 19~20℃이고, 적도쪽에서는 19~21℃이다. 이슬점차가 현저하지 못하기 때문에 이 전선 발견이 어렵다. 이런 경우에는 약하기는 하지만 바람시어와 이전 시간의 일기도에서의 위치를 고려하여 전선을 찾게 된다.

미국 동부에 위치한 고기압은, 공간적으로 뿐만 아니라 시간적으로도, 전이 특징을 가지고 있다. 이 고기압의 기단은 그림 7-16의 일기도 시간의 며칠 전에는 분명히 한대기단이었다. 이 한대기단이 온난하고 일부 습한(젖은) 대륙을 통과하면서, 결과적으로 가열되고 이슬점이 높아졌다.

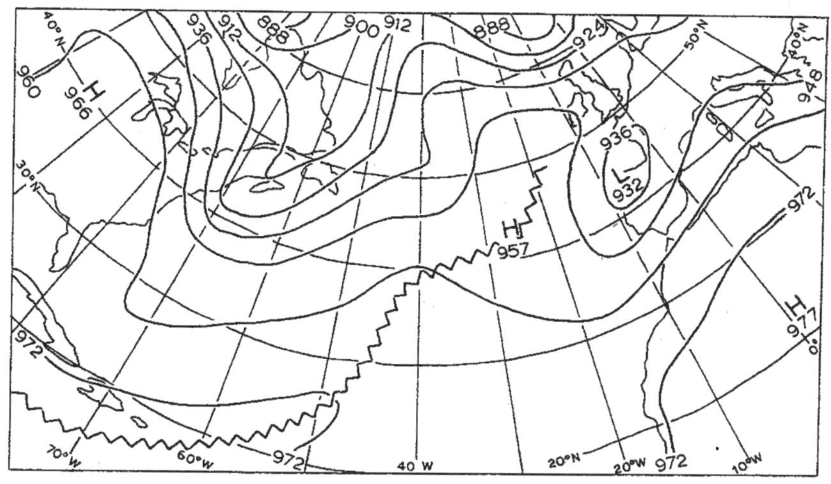

[그림 7-15] 전이고기압이 나타나 있는 300hPa 일기도(1983.6.26 00:00UTC)

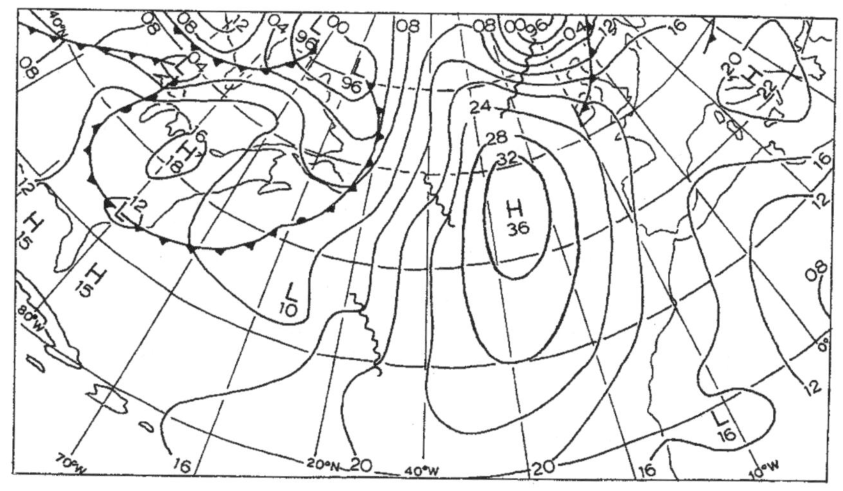

(대서양 상의 고기압은 그림 7-15의 300hPa에서의 기압마루 아래에 있으므로 온난고기압, 미국 오대호 부근의 고기압은 300hPa에서 기압골과 기압마루 사이에 위치하므로 전이고기압이다).

[그림 7-16] 전이고기압이 나타나 있는 지상일기도(1983.6.26 00:00UTC)

또 다른 과정이 전이고기압의 서쪽 끝에 있는 온난전선 구역에서 고기압의 변형(transformation)에 기여하고 있다. 그 지역에서 대류권 중층과 하층에는 온난이류가 나타나고 있다. 이는 지상일기도에서 온난전선을 전진시킨다. 때로는 상층 공기가 침강하는 겨울에 지표 기층이 하루나 이틀 동안 차가운 상태를 유지할 수 있을 것이나, 결국 빨리 승온될 수 있을 것이고, 일기도 상의 온난전선은 풍하측(보통은 북동쪽)으로 불규칙적으로 이동할 필요가 있게 된다.

또 다른 경우, 온난전선을 검출하기가 어려울 때는 일기도에서 온난전선의 검출이 생략될 수 있다. 예를 들면, 그림 7-16에서 대서양 상의 커다란 온난고기압의 서쪽 부분에 온난전선이 생략되었다. 대신, 한랭전선이 서서히 접근하고 있다. 그 고기압에 있는 남풍 기류에는 두 개의 기압골이 있다. 이들 각각은 온난전선이 될 가능성이 있을 것으로 생각된다. 그러나 아직은 확실한 단서가 없으므로 온난전선 그리기를 생략하는 것이 바람직하다.

그림 7-16에서 대서양 상의 고기압은 여전히 어느 정도 전이 성질을 가지고 있지만, 북미 동부의 고기압보다는 더 온난고기압으로 바뀌었다. 300hPa 기류는 이 고기압 상공(유럽의 기압골과 상류의 기압마루 사이의 구역)에서 활성을 보이지 않는다. 고기압 주변의 한랭전선은 이미 소멸되었다. 고기압 중심은 이제 남쪽으로 기울게 되고, 상층 부분은 이미 아프리카 상공에 위치한다. 이것은 이제 아열대고압대에 있는 온난고기압이라고 결론지을 수 있을 것이다.

7.3 태풍

1. 태풍의 발생과 구조

가. 태풍의 발생

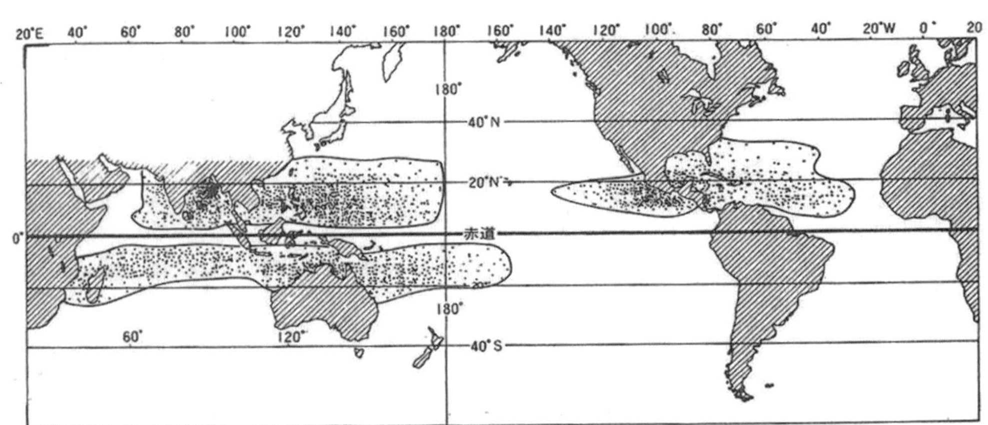

[그림 7-17] 1958~77년(20년간)의 열대저기압이 발생한 지점

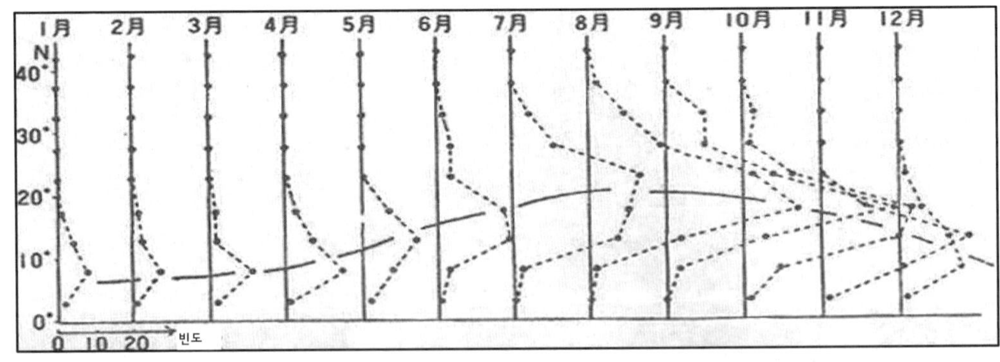

[그림 7-18] 태풍 발생회수와 발생 위도의 계절변화(1951~77년(27년간)의 통계)

열대 해역의 대류권 하층 및 중층에서 서쪽으로 전파되는 파장 3,000~4,000km 정도의 파동을 편동풍파(easterly wave, 偏東風波)라고 한다. 태풍이 발생하는 해역에서 구름무리의 생성이 편동풍파와 관련되어 있는 것은 알려져 있다. 다만 어떠한 기상상태일 때에 이 구름무리가 태풍으

로 발달하는가에 대해서는 아직까지는 명확하지 않다.

통계적으로는 태풍의 발생에 대하여 상당한 정도로 조사되어 있다. 세계적으로 보면, 북태평양 서부 이외에도 강한 열대저기압이 발생한다(그림 7-17). 평균하면 최대풍속 20~25m/s을 가지는 열대저기압은 연간 80개 정도가 발생하고, 그 중 1/2~1/3은 최대풍속 33m/s을 넘는 태풍 강도로 발달한다. 열대저기압이 많이 발생하는 곳은 북태평양 서부, 북대서양 서부, 북태평양 동부, 북인도양, 남인도양, 오스트레일리아의 동쪽(남태평양 서부)이다. 남대서양과 남태평양 동부에서는 전혀 발생하지 않고 있다. 또 적도를 중심으로 남북 4~5° 사이의 영역에서도 발생하지 않는다.

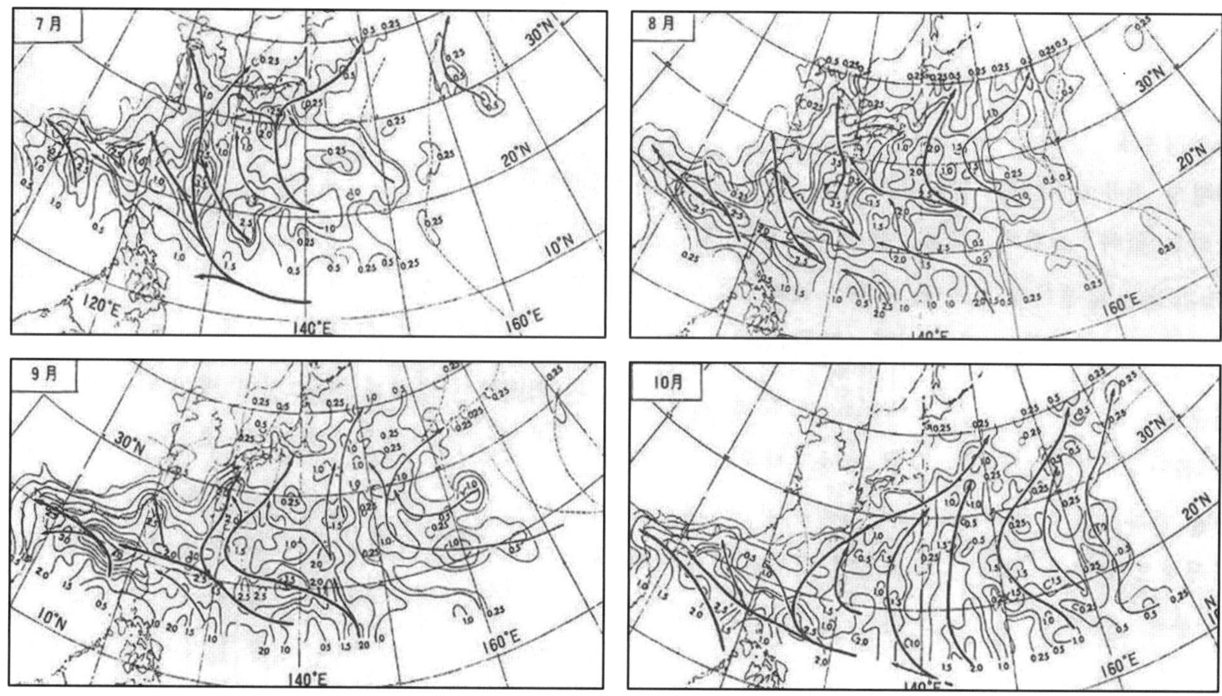

[그림 7-19] 태풍의 월별 평균진로

열대저기압은 북태평양 서부에서는 1년 중 언제든지 발생하지만, 태풍의 발생회수는 여름과 가을에 많다. 여름에는 20°N에 가까운 위도에서 발생하지만 겨울에는 적도에 가깝게 발생하는 경향이 있다. 한국 부근을 통과하는 태풍은 그림 7-19에서와 같이 7월과 8월에 가장 많다. 대체적으로 태풍은 태평양에 위치하는 아열대고기압의 서쪽을 대류권 중층 일반장의 바람을 따라 흘러간다고 볼 수 있다.

태풍의 평균 이동속도는 20km/h 정도이지만 전향할 때는 늦어지고, 전향 후는 급속히 속도가 증가하여 40km/h, 때로는 80km/h 이상에 달하기도 한다. 개개의 태풍의 이동속도는 각 태풍에 따라 다르며 계절에 따라서도 다르다. 위도별 통계는 표 7-1과 같다.

표 7-1 태풍의 위도별 이동속도(km/h)

위도(°N)	10	15	20	25	30	35	40	45
평균속도	22	19	17	19	26	34	42	52
최대속도	31	32	35	45	51	61	73	87

나. 태풍의 구조

태풍은 열대에서 발생하는 거대한 공기의 소용돌이라고 할 수 있다. 태풍의 중심부근에는 나선모양 또는 원모양의 흰 구름시스템이 보인다(그림 7-20).

태풍 루사(Rusa, 0215호 태풍)는 2002년 8월 23일 괌섬 동북동 1800km 해상(16.5°N, 130.0°E)에서 발생하였다. 그 후로 북서로 진행해서, 8월 26일 15시에는 TY급으로 발달한 후 일본 남쪽 해상을 거쳐 느리게 북상하여 35°N를 지나서 전향하여 제주도 서귀포 동쪽 해상으로 진출(8월 31일 10:30 고산에서 최대순간풍속 56.7m/s 기록)하여 8월 31일 15시경 전남 고흥반도 해안으로 상륙(상륙시 중심기압 960hPa, 최대풍속 36m/s)하였고, 9월 1일 한반도를 관통하여 15시경 속초 부근의 동해 북부해상으로 진행하였다.

[그림 7-20] 우리나라 남해안으로부터 동해 중부 해안으로 통과하면서 우리나라에 큰 피해를 준 태풍 루사의 2002.8.30의 위성영상(중심기압 약 950hPa)

구름영상을 자세하게 보면, 이 구름대는 폭이 수십 km의 많은 구름밴드로 이루어진다. 한편, 위성영상에서 이 구름의 북쪽 및 바깥쪽에 희게 보이는 가느다란 나선모양의 구름줄 무늬가 보인다. 이 구름은 태풍의 상층에 나타나는 권운으로서 시계방향으로 회전하면서 공기가 유출하고 있는 것을 나타내고 있다.

성숙기에 있는 태풍의 구조는 비교적 간단하다. 열대지방에서는 중위도대에서와는 달리, 온도나 수증기가 수평면(또는 등압면) 상에서 거의 균일하게 분포되어 있고 남북방향의 경도도 작다. 따라서 태풍에는 한랭전선이나 온난전선이 없고, 태풍의 중심에 대해 거의 축대칭의 구조를 이루고 있다.

태풍에서의 바람 분포가 하층에서는 저기압성으로 회전하면서 중심으로 수렴하고, 상층에서는 고기압성으로 회전하면서 중심으로부터 외부로 발산한다.

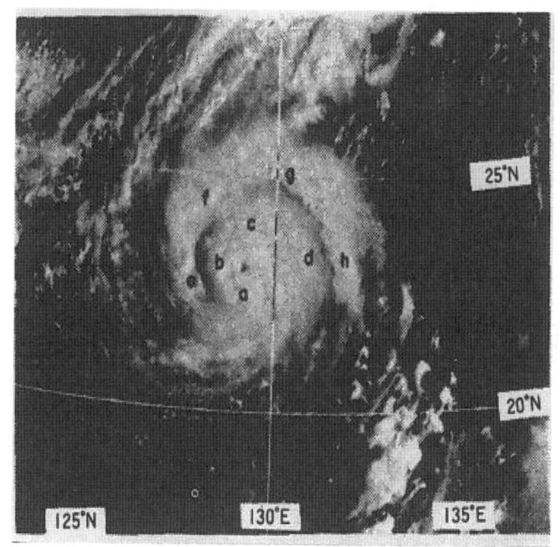

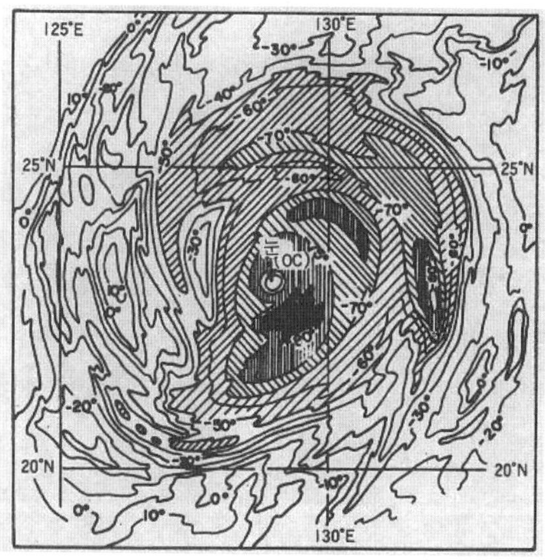

[그림 7-21] 태풍 7916호(1979년 9월 26일 9시)의 가시영상과 온도분포

그림 7-21은 태풍 7916호의 9월 28일(중심기압 918hPa)의 가시영상과 온도분포를 보이고 있다. 우선 가시영상으로 보았을 때, 그림에서 태풍눈(eye)이 뚜렷하게 발달되어 있다. 이 눈을 중심으로, 중심부에서는 희며 농도가 짙은 구름이 둥글게 둘러싸여 있다.

태풍눈 속에서 본 이 구름은 눈 주위에 높이 연직으로 우뚝 솟은 절벽과 같이 보이므로 벽구름(wall cloud)이라고 한다. 벽구름의 바깥쪽에는 a-b-c를 잇는, 또한 e-f-g-h를 잇는 나선모양의 구름밴드가 보인다. 나선모양이라고는 하지만 이 경우에는 오히려 원형에 가깝다. 인공위성에서 관측한 온도는, 태풍눈에서는 약 0℃인데, 눈의 벽구름은 -75℃로 저온이다. 거의 같은 시각에 태풍중심에 도달한 기상용 항공기 관측에서도 직경 8~10km의 눈과 눈 주위에 두꺼운 벽구름이 있는 것이 보고되고 있다. 눈 속에는 약간의 낮은 구름이 산재해 있을 뿐이다. 벽구름의 상층의 온도는 대류권계면(고도 약 16km)의 온도와 거의 일치하고 있다. 즉 벽구름의 운정은 대류권계면까지 도달하고 있는 것이다.

태풍에서의 바람 분포는, 그림 7-22에서와 같이 하층에서는 저기압성으로 회전하면서 중심으로 수렴하고, 상층에서는 고기압성으로 회전하면서 중심으로부터 외부로 발산한다.

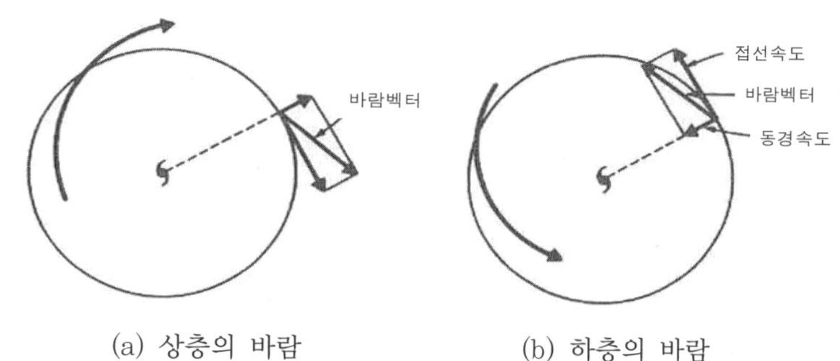

[그림 7-22] 태풍에서의 바람을 두 성분으로 분해한 접선속도와 동경속도

그림 7-23은 태풍에서 접선속도(tangential velocity)를 중심으로부터의 거리와 기압고도의 함수로서 표시하고 있다. 반시계방향의 접선속도는 행성경계층의 상단 고도(약 900m)에서 최대가 되며, 중심에 접근함에 따라 눈벽까지는 접선속도가 커진다. 태풍눈에서는 태풍중심으로 접근하면 속도는 약해진다. 대류권 상층에서는 태풍 중심으로부터 매우 먼 위치까지는 접선속도가 시계방향을 보이고 있다.

그림 7-24는 허리케인에서의 평균 동경속도의 분포를 나타내고 있다. 중심을 향하는 속도를 "-" 부호로 한다. 특징은 ① "-"의 동경속도는 행성경계층 속에서 최대가 나타난다. 경계층 위의 자유대기 중에서의 동경속도는 접선속도에 비하면 대단히 작다. ② 경계층 상공(자유대기)에서는 약하지만 대류권 거의 전역에 걸쳐 중심을 향하는 "-"의 동경속도가 분포하고 있다. ③ 대류권 상층에서는 공기가 태풍의 중심으로부터 밖으로 흘러 나가고(+동경속도) 있다. 다만, 태풍 내부의 풍속분포가 반드시 그림 7-23과 그림 7-24에 표시된 것과 세부적인 점까지는 일치하는 것은 아니다.

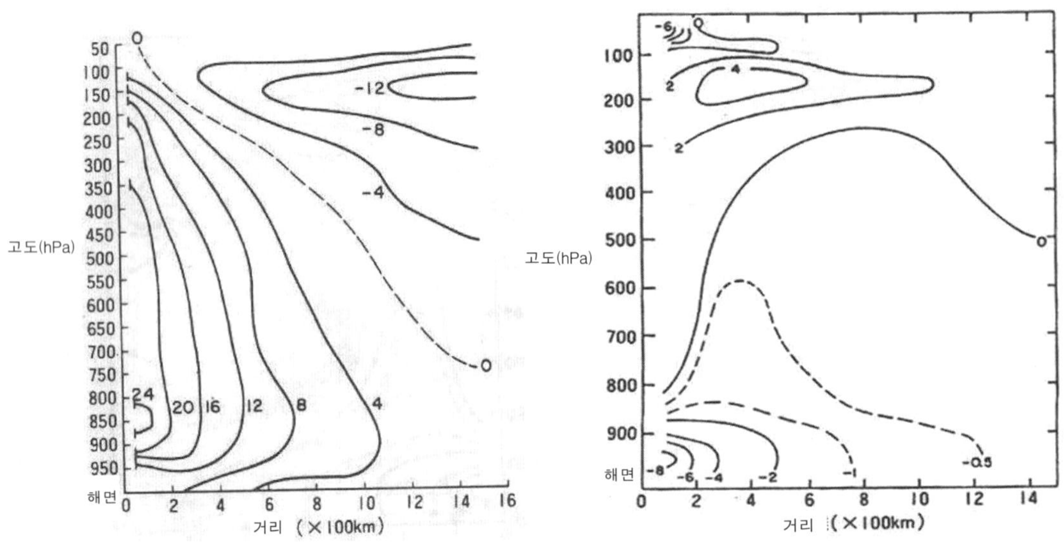

[그림 7-23] 태풍의 연직단면 내에서 평균 접선속도 분포(단위: m/s)

[그림 7-24] 대서양 태풍(허리케인)의 연직단면 내에서 평균 동경속도 분포(단위: m/s)

그림 7-25는 7916호 태풍에 대한 예인데, 풍속이 중심에서 약하고 중심으로부터 어느 만큼의 거리에 풍속의 최대가 나타나고 있다.

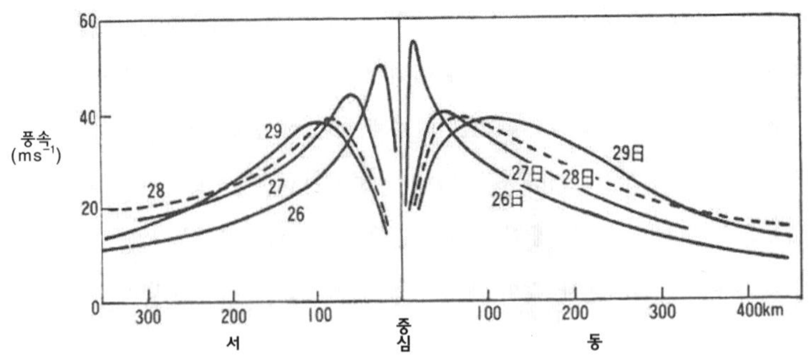

[그림 7-25] 1979년 9월 26~29일 각 날짜의 9시의 항공기 관측에 의한 태풍 7916호의 700hPa 고도의 풍속 분포

그림 7-23과 그림 7-24에 표시된 바람 분포에 대응해서, 처음 경계층 내에 있던 공기입자의 궤적을 그리면 그림 7-26과 같이 하층에서는 공기입자가 반시계방향으로 회전하면서 사방에서 태풍의 중심으로 접근하여, 집중적으로 벽구름이 있는 좁은 영역에서 회전하면서 상승하며 벽구름을 형성한다. 약 1~2일 사이에 경계층 내에 있던 공기입자는 대류권 상부에 달한다. 그 곳에서 해당 공기입자는 회전 방향이 시계방향으로 바뀌면서 발산하여 태풍으로부터 탈출한다. (단, 이 공기입자의 궤적을 계산할 때에는 태풍눈 속의 하강기류는 무시했다).

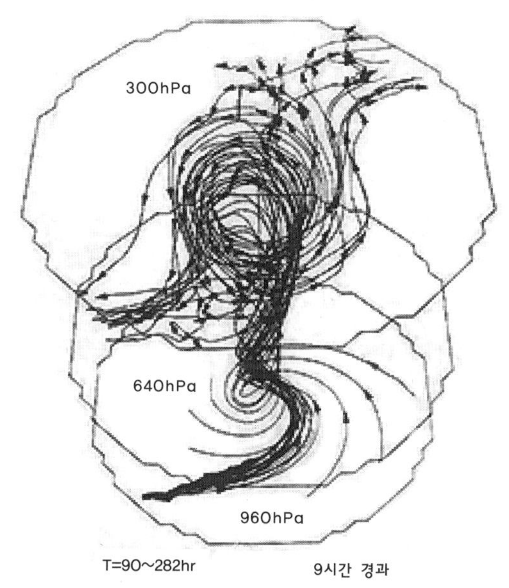

[그림 7-26] 수치모델로 계산한 태풍 발달과정의 192시간(8일간)에 걸친 공기입자의 궤적

이런 현상은 어느 태풍에서나 공통된 사항이다. 이 범위 내에서 공기는 거의 강체회전(剛體回轉)에 가깝다. 즉, 접선속도는 태풍의 중심으로부터의 거리에 비례해서 커지고 있다. 또 그림에서와 같이 바람의 분포는 반드시 태풍의 중심에 대해서 정확하게 대칭인 것은 아니다. 이 예에서 태풍 7916호(그림7-25)의 경우 최대풍속은 9월 26일에 56m/s에 달하고, 이후 27일에서 30일까지는 거의 40m/s이었다. 그러나 최대풍속은 26일에 나타났는데 위치는 태풍의 중심으로부터 13~18km였지만, 점차로 중심에서 멀어져 29일에는 중심으로부터 100km 떨어진 곳에 나타난다. 결국 태풍 전체의 운동에너지로 보면 29일에 최대가 되었던 것이다.

그림 7-27은 태풍 속의 기온분포를 나타내고 있다. 단, 태풍에서의 기온분포를 강조하기 위해서 각 고도에서 항공기로 관측한 기온과 해당 고도에서의 기후학적인 평균기온과의 차를 나타내고 있다. 태풍의 중심부근에서는 주위의 공기보다도 기온이 높다. 태풍의 하층 및 중층에서 중심부근의 기압이 주위의 기압보다 낮은데, 이는 정역학평형의 관계로 보아 당연하다. 태풍의 중심 부근에서 기온이 높은 것은 태풍의 발달에 매우 중요하다.

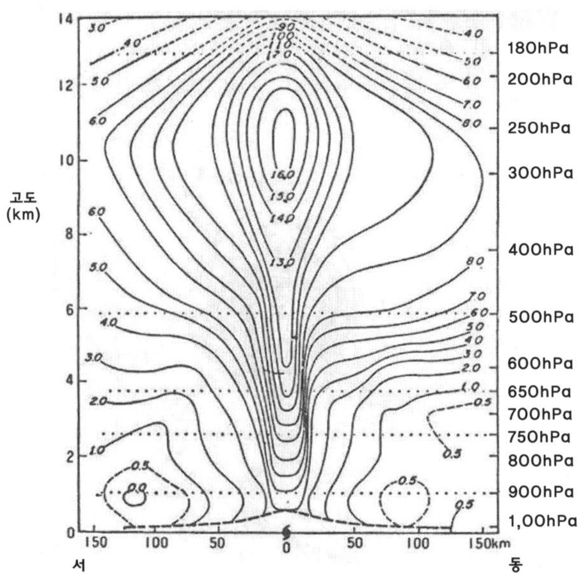

(횡 점선: 항공기 관측 비행고도, 180hPa 이상의 고도의 파선은 추정에 의함)

[그림 7-27] 1964년 10월 1일 항공기 관측에 의한 허리케인 힐다(Hilda)의 연직단면의 기후 평균기온에 대한 기온차

2 태풍의 진로 예측

태풍의 진로는 역학적인 방법으로 상당한 수준으로 예상할 수 있다. 그러나 태풍의 강도 예측과 해안 상륙시 일어나는 파도와 고조 해일의 예측은 아직도 개선해야 할 여지가 많다.

초단기적으로는 태풍진로 예측에 기압변화추적법이 매우 유효하다. 일기도에 3시간 등기압변화선을 그려 기압의 최대 하강역을 추적하는 방법이다. 태풍은 보통 이 하강역을 향하여 진행한다. 등기압변화선 추적에 의한 태풍 진로의 예상은 간편하면서도 유용한 방법이다. 그림 7-28은 태풍 부근의 등기압변화선을 분석한 것이다. 태풍은 일반적으로 등기압변화선의 골 방향과 그 시각의 일반류 방향과의 중간으로 진행하는 경향이 있지만 골이 길면 등기압변화선의 골 방향이 태풍의 진로와 일치하는 경향이 있고 태풍의 이동속도가 빨라지는 경향을 보이므로 현재의 속도보다 가속될 것인지 또는 감속될 것인지의 여부를 판정하는데에도 도움이 된다.

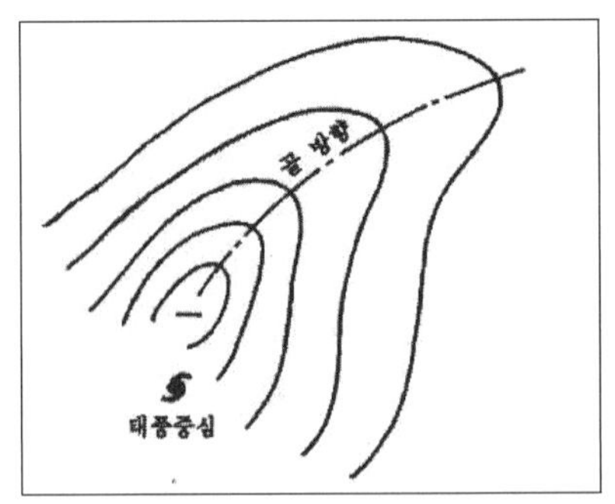

[그림 7-28] 3시간 등기압변화선 패턴과 태풍의 진로

가. 태풍 수치예보

태풍의 핵심부는 수 백 km 내외여서 종관관측망으로는 그 구조가 잘 파악되지 않는다. 그리고 중심 부근에 나타나는 격렬한 적란운무리의 운동과 종관규모의 운동과는 긴밀한 비선형모형이어서 기존 수치모형과는 주로 격자체계의 분해능, 초기자료의 구성, 적란운 모수화 과정 등에서 차이가 생긴다.

태풍 수치예보에서 중요한 것은 적정한 초기자료를 얻는 일이다. 태풍과 그 주위의 기온, 습도, 바람장을 잘 분석하여 초기자료로 활용하게 된다.

태풍 핵심부는 Rossby 변형 반경이 작고, 관성불안정도(inertia stability)가 크고, 정역학방정식이 만족되지 않아서 종관적인 균형조건을 만족하고 있지 않다. 또한 지표 혼합층에서는 잠열 및 현열 교환이 왕성하게 일어나므로 해수온도, 약층의 두께, 그리고 해면의 파랑 상태에도 민감하게 반응한다.

현재까지는 태풍 주위의 추가적인 관측에 의한 객관분석을 통해 만들어진 초기자료를 현업수치예보에 이용하기는 아직도 어려운 상태이다. 따라서 보통 위성관측이나 종관관측으로 추정한 태풍 중심기압과 함께 전 시간 이동속도를 이용하여 태풍의 기온, 습도, 바람의 3차원 구조를 결정하고, 이를 초기자료에 추가하는 모조과정(bogusing process)을 거쳐서 초기자료를 결정하게 된다.

태풍이 전향하기 전에는 베타표류(β-drift)에 의해서 북서방향으로 진행하게 되지만, 중위도 편서풍대에 가까워지면서 지향고도(steering level)의 바람을 타게 된다.

나. 전통적 방법

(1) 연속법

우리나라는 지리적 위치로 볼 때 태풍이 발달된 이후의 것이 통과하게 된다. 따라서 태풍의 진로 예측이 태풍예보의 주를 이루게 된다. 태풍예보의 약 70%는 지난 24~36시간의 이동을 외삽해 결정해도 좋은 성과를 얻을 수 있다. 나머지 30%만이 예보에 적용한 예보법 자체와 예보자의 자질에 달려있다고 할 수 있다.

연속법(continuity method, 連續法)은 태풍의 과거 이동을 지배했던 영향(법칙)이 앞으로도 어느 일정기간 동안 지속된다는 가정 하에 태풍의 지난 12~24시간의 운동을 그대로 외삽하는 것이다. 이 방법은 태풍의 단기간의 예상에는 대단히 좋은 방법이지만, 특히 태풍이 전향(recurvature, 轉向)할 때에는 적용하기가 어렵다.

(2) 지향류법

북태평양 고기압의 북서 부분의 연변에서는 지향고도(steering level, 指向高度)의 고도변화가 비록 적을지라도 태풍의 진행 방향과 속도에 다음과 같은 큰 변화를 준다.

1) 전향점 부근에 500hPa의 기압골이 서쪽에서 접근해오면 태풍은 기압골을 따라 지향류(steering flow) 방향의 변화와 함께 우측으로 전향한다.

2) 500hPa의 기압마루가 서쪽에서 접근해오거나 또는 기압골이 이미 동진해 갔을 때는 지향류 방향의 변화에 따라 태풍은 좌측(반시계 방향)으로 전향한다.

3) 지향고도로서는 500hPa와 700hPa 고도를 사용하지만 때로는 300hPa도 사용된다. 500hPa 고도는 비발산고도이므로 중요시되고, 700hPa 고도는 비행관측 자료가 비교적 풍부하여 분석이 정확하므로 중요시된다. 300hPa 고도는 태풍이 매우 발달한 경우에만 사용한다.

(3) 혼합법

여러 지향고도(steering level)를 적용하여 각기 다른 태풍진로를 얻었을 경우에는 다음과 같은 식을 적용하여 태풍 이동을 예상할 수 있다.

24시간 후 태풍 위치 = 0.25×(1000hPa steering)+0.45×(700hPa steering)
+0.30×(500hPa steering)

(4) 기후법

태풍은 1년 중 같은 시기에 같은 장소를 지났던 과거의 모든 태풍의 평균방향과 평균속도로 이동한다고 보는 것이다. 이 방법은 태풍에 대한 기후자료를 필요로 하며 벡터평균도(vector mean chart)도 이 목적에 사용될 수 있다.

한편, 기후법에 연속법을 같은 비중으로 적용하여 각각의 벡터를 1/2로 하여 그 끝점을 연결한 직선의 중앙점을 태풍의 예상위치로 하는 방법도 있다. 그러나 전향시에는 적용이 어렵다는 점은 연속법에서의 경우와 같다.

Note

Cook의 태풍예측법

국채표(전 중앙관상대장)는 1965년에 1958년부터 5년간의 한반도와 인근 지역 안으로 들어온 중심최대 풍속 35kts 이상이었던 315개의 태풍을 평가하여 태풍예보법을 만들었다.

이는 한반도에 영향을 미칠 가능성이 있는 태풍의 진로와 중심기압을 예상하기 위하여 지상일기도와 관련시켜 구한 6개로 구성된 예보 회귀방정식에 태풍중심을 중심으로 하여 5° Lat 간격의 경위도로 구성된 63개의 격자점의 기압, 12시간 전의 태풍위치와 중심기압 등 71개 요소의 값을 적용하여 12~24시간 태풍의 이동과 중심기압의 변화를 예측할 수 있었다.

이 예측법 연구에서의 테스트 결과에 의하면 예보의 적중률은 다음 표와 같았다.

예측 내용	12시간 예측	24시간 예측
위치(오차 ±3% 이내)	97%	73%
중심기압(발달 쇠약 여부)	80%	70%

(5) Chin의 방법

Chin(1970)은 태풍이 10~30° N, 105~125° E 범위 내에 있을 때 태풍의 진행방향이 태풍중심에서 일정 거리에 있는 조종점(control point)의 상층 500hPa 고도의 풍향과 높은 상관관계가 있다고 보고, 이 방법을 홍콩지역으로 접근하는 태풍에 적용하여 예보법을 만들었다. 그러나 이 방법은 지역성이 강하여 타 지역에서는 적용하기 어렵다. 적용방법은 다음과 같다.

1) 500hPa 일기도에서 지난 24시간 동안의 태풍 이동을 정확히 분석하여 현재의 중심(T_0)까지 지난 24시간의 이동 벡터를 긋는다.

2) 현재의 태풍 중심에서 이 직선으로부터 우측 직각으로 직선을 긋고 태풍 중심으로부터 우측으로 5° Lat가 되는 거리의 점을 조종점(control point)으로 정한다(그림 7-29 참조).

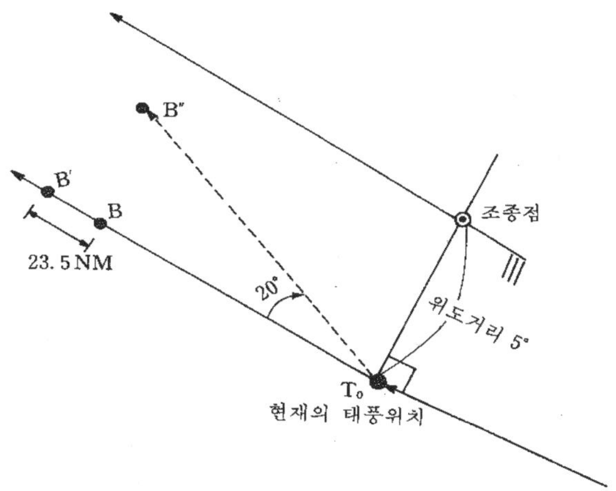

[그림 7-29] Chin의 방법에 의한 태풍진로 예측 작업

3) 조종점에서의 유선을 정확하게 분석하여 조종점에서 이 유선에 접선을 긋는다. 현재의 태풍 중심(T_0)으로부터 이 접선에 평행 직선을 긋고, 다시 이 직선의 우측 20° 방향을 태풍의 예상 진행방향으로 한다.

4) 지행속도는 연속법과 기후법을 혼합하여 구한 24시간 예상 진행거리 또는 기후도에서의 24시간 예상 진행거리를 24시간 후의 태풍의 예상위치로 한다.

다. 태풍의 이동에 관한 경험칙

(1) 진행 방향

1) 저위도의 무역풍대에서는 서북서~북서진하며, 중위도와 고위도에서는 상층의 편서풍을 타고 북동진한다.

2) 북태평양 고기압을 우측으로 보면서 그 가장자리를 따라 시계방향으로 진행하며, 이 고기압의 서쪽으로 뻗은 기압마루 상에서 전향한다. 전향점의 위치는 북태평양고기압의 성쇠와 밀접한 관계를 가진다.

3) 태풍은 기압이 가장 심하게 하강하는 지역을 따라 진행하는 경향이 있으므로 등기압변화선

을 분석하여 진로를 예상한다. 단, 전향점 부근에서는 잘 적용되지 않는다.

4) 태풍의 진행 전방에 위치한 전선대나 기압골을 타고 진행하는 경향이 크다.

5) 저기압 상호간에는 흡인하는 경향이 있어서 태풍은 전방에 있는 저기압 방향으로 진행한다.

6) 태풍은 강한 강수역을 따라 진행하는 경향이 있다. 따라서 태풍 진행 전면에서 강수가 계속 내리는 것은 태풍 접근의 전조이다.

7) 타원형 태풍은 등압선 장축의 방향으로 진행하는 경향이 있다.

8) 태풍은 육상보다 해상을 택하여 이동하는 경향이 있다.

9) 대륙에서 태풍의 전면에 고기압이 위치하면 태풍의 속도는 늦어지고 큰 각도로 전향하는 경우가 많다.

(2) 진행 속도

가) 태풍이 전향할 때는 진행속도가 대단히 느리다.

나) 태풍은 중위도에서 전향하면 가속된다.

다) 고기압을 향하여 이동할 때는 이동이 느리고, 저기압이나 기압골 또는 전선을 향하여 이동할 때는 이동이 빠르다.

마) 이동이 빠를수록 태풍은 그 등압선이 길쭉한 타원형으로 변한다.

바) 태풍이 육지에 상륙하면 급속히 약해진다.

7.4 전선

전선(front)은 대기의 경압대(baroclinic zone, 傾壓帶)에서 형성되는 불연속선이다. 전선에서는 다양한 불안정들이 나타나고, 이러한 불안정으로 인한 상승운동 때문에 기상현상들이 가장 활발하다.

1 전선발생

전선(front, 前線)은 발생하는 과정이 일반적으로 구름, 비, 돌풍, 기타 국지 일기 변화들이다. 따라서 전선발생(frontogenesis, 前線發生)을 알 수 있다면 날씨의 변화도 알 수 있게 된다. 전선에 대한 확인은 보통 일기가 변화를 일으키는 과정에 대한 확인이 된다. 전선발생의 반대 과정인 전선소멸(frontolysis, 前線消滅)은 일기의 활성이 소멸되는 것이므로 관심을 크게 끌지 못하는 것이 사실이다.

전선발생은 수평 온도경도 강화에 기여하는 흐름의 변형, 수렴, 또는 차등가열 등의 특징으로 구성된다. 연속 흐름장에서 전선발생은 다음과 같이 표현될 수 있다.

$$3\frac{d}{dt}\frac{\partial\theta}{\partial y}=-\frac{\partial v}{\partial y}\frac{\partial\theta}{\partial y}-\frac{\partial w}{\partial y}\frac{\partial\theta}{\partial p}+\frac{\partial}{\partial y}\frac{d\theta}{dt} \quad \text{(7-1)}$$

여기서 θ는 온위(potential temperature, 溫位), y는 등온위선에 수직방향, v는 바람의 y성분, 그리고 w는 연직 성분을 나타낸다. 전미분 $d\theta/dt$는 공기의 가열을 나타낸다. 식(7-1)에서 오른쪽 3개 항은 전선발생에 기여하는 3가지 중요 과정으로서 각각 수평흐름의 형태, 안정층의 경사도, 차등가열을 나타낸다. 이러한 과정들을 그림 7-30을 예로 설명한다.

가. 합류

그림 7-30은 전형적인 합류(confluence, 合流)를 나타내고 있다. 수렴장의 경우 x축을 따르는 기류는 가속된다. 식(7-1)의 첫째항 $-(\partial v/\partial y)(\partial\theta/\partial y)$는 전선발생을 나타낸다. 이 예에서 $(\partial v/\partial y)<0$, $(\partial\theta/\partial y)<0$인 이 첫째항은 이미 $\partial\theta/\partial y$의 마이너스 값이 더 마이너스 값으로 커지도록, 즉 구배 $|\partial\theta/\partial y|$가 강화(전선발생)로 작용한다. 등온위선은 기류에 대략 평행이 되도록 늘어선다. 이에 대한 수직 바람성분 v가 온난공기와 한랭공기를 서로 근접시킨다. 그리하여, 온위경도($|\nabla\theta|=|\partial\theta/\partial y|$)는 증가한다. 이것이 전선발생이다. 이 예에서, $\partial v/\partial y$항은 변형(deformation) 역할을 한다. 이 항은 y방향으로 v가 줄어듦을 의미한다. 합류는 전선발생을, 그리고 분류(diffluence, 分流)는 전선소멸을 유발한다.

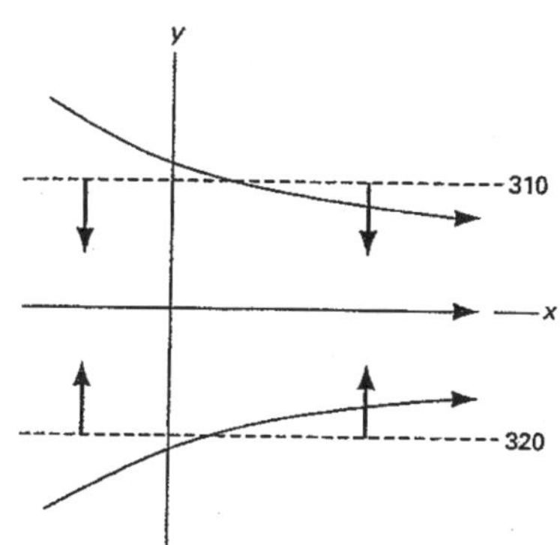

(긴 곡선 화살표: 유선, 파선: 등온위선(˚K),
짧은 화살표: 기류의 등온위선에 수직성분)

[그림 7-30] 합류점에서의 전선발생의 개념도

나. 뒤집힘

식(7-1)의 두 번째 항인 $-(\partial w/\partial y)(\partial\theta/\partial p)$는 등온위선의 뒤집힘(overturning)으로서 전선발생에 기여한다. 이 과정을 그림 7-31로 나타내고 있다. 그림에서 (a)는 500km 거리 안에서

300hPa 등압면이 하나의 등온위선과 교차한다. 연직운동은 벡터 $\omega\vec{k}$로 표시된다. 온위 θ는 단열과정에서 보존되기 때문에, 등온위선은 흐름에 따라 회전하여 경사도가 커지게 되므로(그림 (b)), 500km 거리 안에 300hPa 등압면이 3개의 등온위선과 교차하게 되었다. 이것은 $-(\partial w/\partial y)$〉0와 같이 뒤집히는 경우에 수평 기온경도의 증가를 나타낸다.

뒤집힘에 의한 전선발생은 권계면에서 가장 현저하게 나타난다. 상층제트 부근에서 종종 연직순환이 발달한다. 이런 경우 권계면 일부가 수 km씩 하강하고, 그에 따라 전선대가 형성된다.

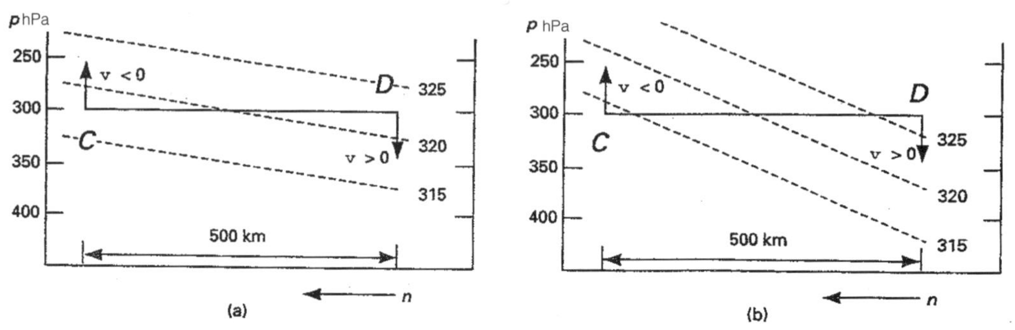

(a) 점 C와 D 사이에서 300hPa 등압선이 1개의 등온위선과 교차.
(b) (a)로부터 일정 시간이 경과한 후, 300hPa 등압면이 3개의 등온위선과 교차. 즉 수평 온위경도가 강화.

[그림 7-31] 등온위선(파선, K)의 뒤집힘에 의한 전선발생을 보이는 연직단면

다. 차등가열

식(7-1)의 오른쪽 제3항인 $(\partial/\partial y)(d\theta/dt)$는 공기의 차등가열로 인해 기온차 발생(즉, 전선발생)을 나타낸다. 이러한 경우들은 지표가 열에 대한 반응이 서로 다를 때 발생되는 것이다.

겨울에는 눈표면과 주위의 해양이나 호수 사이에 온도차가 크다. 이러한 지역에서는 하층으로부터의 차등가열에 의해 국지적으로 전선이 발생할 수 있다. 차등가열은 낮에 구름이 덮힌 지역과 덮히지 않은 지역 간에도 발생될 수가 있다.

라. 변형

수평기류 또는 등압기류에 의한 전선발생은 팽창축과 등온선 방향과의 관계로 일반화시킬 수 있다. 그림 7-32는 등온선과 쌍곡선 흐름의 관계를 나타내고 있다.

그림 7-32(a)에서 등온선이 발산축 cc'의 연장선과의 각(β)이 45° 보다 작다. 따라서 등온선은 서로 가까워지면서 전선발생이 이루어진다. 그림 7-32(b)는 등온선과 45° 보다 큰 각을 이룬다. 이 경우에 등온선들은 기류에 의해 더 분리되므로 전선소멸이 된다.

전선은 보통 제트류의 마루와 그로부터 풍하로 제일 가까운 골 사이의 비활성지역에 나타나는 발산역(즉, 고기압 발달영역)에서 소멸한다.

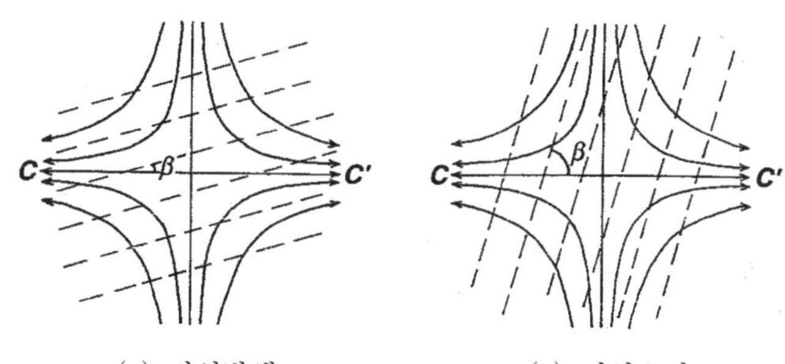

(a) 전선발생 (b) 전선소멸

(각도 β 는 등온선과 팽창축 사이의 각으로서, 45도 미만일 때는 전선발생, 45도를 초과할 때는 전선소멸이 된다)

[그림 7-32] 전선 발생과 소멸 시의 유선

마. 불연속의 형성

$\partial v/\partial y$가 현저한 과정에서 나타나는 온도경도($|\nabla\theta|$ 또는 $|\nabla\theta|^2$)의 강화는 보통 대규모 기압계에서 전선발생을 나타낸다. 이 과정은 1000km 이상의 거리와 2~5일 정도의 시간규모에서 효과적이다. 이 판단은 필수로 지균적이어서 기류는 등고선을 따라 흐르는 것으로 간주한다.

그러나 이 과정은 전형적인 규모의 예리한 기압골이 하루 미만의 기간에 형성된다는 것과는 거리가 있다. 더구나 설명된 합류 과정도 완벽하게 불연속 형태를 나타내지 못한다. 따라서 기류 분리(separation of flow)와 함께 완벽한 불연속을 설명하는 데는 부가적인 메커니즘이 필요하다.

기상역학의 이론적인 결론을 증명 없이 인용하는 것이지만, 경압대(baroclinic zone)는 적절한 비지균기류(ageostrophic flow)가 출현하면 붕괴되어 불연속이 된다. 수렴기류를 고려한다면 이 과정은 물리적으로 타당하다.

전선을 사이에 두고 맞은편의 공기덩이는 다른 지역에서 발원하였기 때문에 다른 열역학적 특성을 가지는 것이 보통이어서 전선 통과에 의한 갑작스런 기상변화가 발생할 수 있는 것이다.

2 마르굴레스방정식

준정체성 전선면의 물리적 조건은 전선경사, 바람, 온도 분포의 관계를 나타내는 마르굴레스방정식(Margules equation)에 의해 설명된다.

기상역학은 마르굴레스방정식의 실제적인 몇 가지 형태를 제시하고 있다. 그 중의 한 형태는 온도나 밀도의 예리한(완벽한) 불연속을 나타내고 있다. 또 다른 한 형태는 단지 온도경도가 한 선을 가로지르는 불연속적인 변화(1차원적 불연속)를 나타낸다.

밀도차가 있는 유체 사이에 기울어진 접촉면(interface)이 어떻게 위치하고, 그리고 또 어떻게 수평을 이루지 않는지를 물리적으로 이해하는 것은 쉬운 일이 아니다. 불연속 경사면은 기류를 지균근사로 적절하게 설명하게 되는 정체상태(stationary state)의 회전체인 행성에서 존재할 수 있는 것이다. 경사진 준정체전선면에서의 상황은 Margules equation으로 표현된다. 다음 식은 Margules equation의 한 형태이다.

$$s = B\frac{(\frac{\partial z}{\partial x})_w - (\frac{\partial z}{\partial x})_c}{T_w - T_c} \quad \cdots\cdots (7\text{-}2)$$

여기서 s는 등압면에 대한 전선면의 기울기, B는 양의 상수, 첨자 w는 전선의 온난쪽, c는 한랭쪽을 나타낸다. 수평좌표축 x는 전선에 대해 직각이다. 경사 s는 기울어진 전선면의 아래 쪽에 차가운 공기가 위치할 때(안정할 때) 양의 값이다. 고도함수 $(\partial z/\partial x)_w$와 $(\partial z/\partial x)_c$는 전선 양측에서 나타나는 전선에 평행한 지균풍을 나타낸다. 지균평형이 정체상태로 유지될 수 있으므로 경사 $(\partial z/\partial x)_w$와 $(\partial z/\partial x)_c$도 또한 정체상태를 유지할 수 있다.

위의 마르굴레스방정식(식 7-2)는 전선 경사를 분명하게 표현하고 있지만, 이 방정식을 전선 경사의 평가에 실제로 사용할 수는 없다. 오른쪽 항의 값을 측정하는 데 부정확성이 너무 커서 그 결과를 받아들이기가 어렵기 때문이다. 따라서 마르굴레스방정식의 용도는 다만 분석 방법에 물리적인 정당성이 인정된다는 상징성에 있다. 마르굴레스방정식에 의해 설명되는 환경을 이해할 때 대기 과정에 대한 바른 물리적 개념을 개발할 수 있는 것이다.

앞의 마르굴레스방정식은 $T_w \neq T_c$인 때, 이상적인 예리한 온도불연속을 적절히 표현할 수 있다. 마르굴레스방정식으로부터 얻을 수 있는 주된 결론은 다음과 같다.

① 전선에서 급격한 온도변화와 일치하는 기압장(또는 고도장)에는 예리한 기압골(sharp trough)이 위치한다. 예리한 기압골이란 표현은 등압선(등고선)이 전선 상에서 실제적으로 'kink'됨을 의미한다.

② 등고선에 따르는 바람시어 상의 불연속 킹크는 언제나 저기압성이다. 등고선에서의 '고기압성 킹크(또한 고기압성 바람시어)'는 불안정한 것이어서 지속될 수 없다.

③ 전선은 그 전선면에서 온도차가 작을수록 전선면의 기울기가 더 급하다(크다).

④ 최대 저기압성 바람시어는 전선층(frontal layer)에서 나타난다. 이 바람시어는 항상 저기압성이다.

⑤ 전선에서 연직방향으로 열적인 차이가 없는 경우에는 전선층에 강한 바람시어가 나타나는 것이 특징이다.

'무한히 얇은' 전선면이 장기적으로 존재할 수 없는 이유는 난류가 전선면 주위의 공기를 혼합하기 때문이다. 얇은 전선에서의 큰 안정도는 초기적으로는 혼합을 방해한다. 그리고 대치하고 있는 두 기단은 서로 그 경계에서 미끄러진다. 이때 마찰이 없어서 전선 양쪽에서 기단 간의 온도차가 강화된다. 같은 방법으로, 전선을 가로질러 바람 차가 증가한다. 시간이 어느 정도 흐른 후 바람

차는 안정기류에서 역학적으로 허용된 것보다 더 커진다.

불안정도는 리처드슨수(Richadson number, $R_{i=} = \frac{g\,\partial\theta/\partial z}{\theta\,(\partial V/\partial z)^2}$)가 임계값인 약 0.21 이하로 감소될 때 불안정화 되어 난류가 생기고, 기단들은 일정한 전이층(즉, 전선층)이 생기기까지 혼합된다. 전형적인 대기조건에서 전선층의 두께는 보통 500m 정도이다. 만일 어떤 주어진 바람시어와 주어진 안정도에서 이보다 더 얇은 전선층이 나타난다면 그곳에서는 난류혼합이 발생하고 그 결과로 층이 두꺼워지게 된다.

때로는 전선층을 두 기단 사이의 '전이역(transition zone)'이라고 정의한다. 보통은 전선대(frontal zone)를 지상전선과 상층전선을 포함한 제트류 아래의 경압구역에 대해 사용하지만, 때로는 '전선대(frontal zone)'를 전선층(frontal layer)과 같은 용어로 사용하기도 한다.

일기도 상에서는 완벽한 불연속의 개념이 사용된다. 일기도에서 전이구역을 한 개의 선으로 나타내는 것이 2개의 선으로 나타내는 것보다 쉽다. 또한 축적율이 큰 일기도에서 한 개의 선 만으로도 훌륭한 근사적인 표현이 된다.

3 전선대의 온도구조

가. 전선대의 평면 모형

두께선도에서 전선대(frontal zone)는 두께선이 확실하게 밀집한 지역이다. 이 영역은 그림 7-33에서 보인 것처럼 경압성이 크다. 이 영역은 보통 등고선을 가로지르며 길게 뻗쳐 있다. 왜냐하면 대기에서 지균균형이 등고선과 등온선을 대체로 서로 평형하게 유지하기 때문이다.

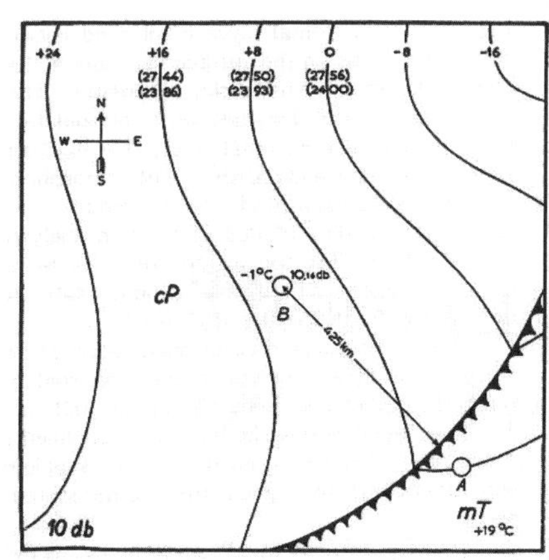

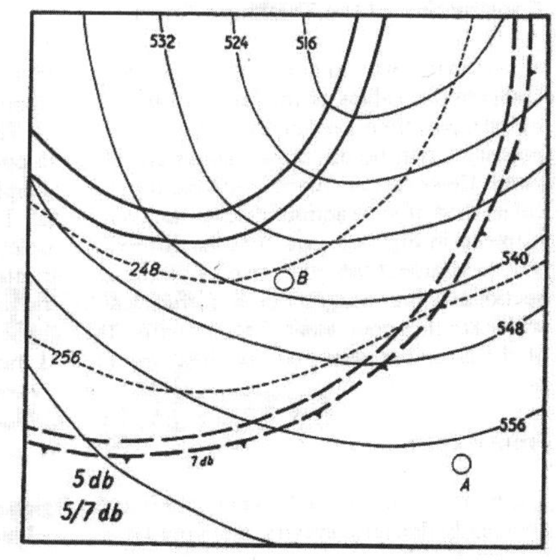

(a) 1000hPa면의 등고선과 전선 (b) 500hPa면의 등고선과 전선

(가는 실선: 등고선, 굵은 2중실선: 500hPa면의 전선, 굵은 2중실선: 700hPa면의 전선, 점선: 두께선)

[그림 7-33] 1000hPa면과 500hPa면에서의 두께와 전선의 위치

전선대의 한랭쪽 가장자리(cold edge)는 대략 500hPa 전선의 위치, 그리고 온난쪽 가장자리(warm edge)는 지상전선의 위치이다. 지상전선과 500hPa면의 전선 사이의 지역이 전선대이다. 그림 7-33에서 500hPa면의 전선은 2중 실선으로 표시되어 있다. 500hPa와 1000hPa의 한랭한 공기는 전선의 북서쪽에 위치해 있고, 남동쪽에 위치한 A관측소는 온난공기 속에 위치하고 있다.

나. 전선층 단면의 두께 모델

그림 7-34는 그림 7-33에 대응되는 연직단면도에서의 전선의 예이다. 이 부분은 그림 7-33(b)의 NW로부터 SE로의 직선BA의 단면이다. 이 그림에서 전선층은 보통 지상(실제적으로는 1000hPa면 고도)의 전선 위치와 500hPa면의 전선 위치 사이의 경사진 부분에 위치한다.

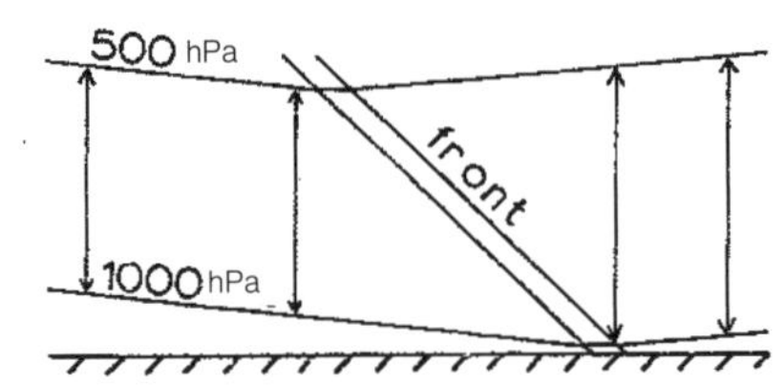

(가는 실선: 등압선, 양방향 화살표: 두께).

[그림 7-34] 전선의 도형적인 연직 구조.

이 모델에서 두께는 몇 개의 양방향 화살표로 강조된 것처럼 전선층으로부터 떨어진 층 부분에서는 두께가 수평적으로 거의 일정하다. 물론, 실제 대기는 이 모델보다 더 복잡하지만 일기도 분석에서 이와 같은 모양이 자주 나타난다. 그림 7-33과 그림 7-34에서 전선대(frontal zone)는 그림에서 500hPa의 전선 위치로부터 1000hPa에서의 전선의 위치까지이다.

대기 중에서는 여기서 언급된 것보다 더 복잡한 경우들이 발생할 수 있다. 즉, 전선층이 상층에까지 도달하지 못할 수도 있고, 지표까지 도달하지 않을 수도 있으며, 혹은 다중 전선이 있을 수도 있다. 어떠한 경우이든, 분석을 단지 한 개의 일기도에만 한정시켜서는 안 된다. 일기시스템을 적정하게 진단하기 위해서는 두께선도(thickness chart)로도 역시 보완되어야 한다.

보통은 전선과 한대제트류가 구조적으로 연관되어 있어서 전선대는 한대전선을 따라 뻗어 있다. 이러한 부분은 전형적으로 길이가 1000~3000km 정도이다. 강한 전선 부분은 두께선이 더 조밀하게 표시된다. 전선대는 지표 한랭전선 주위에서 매우 뚜렷하다.

전선대의 약한 부분(두께 경도가 작은 부분)은 온대저기압의 풍하쪽인 온난전선대에 위치한다. 그러한 지역에서 온난전선은 뚜렷하지 않다. 전선의 더 정확한 위치는 더 자세한 일기도(지상일기도)나 위성사진 등에 의해 결정될 수 있다.

다. 전선 위치 결정의 예

그림 7-35와 그림 7-36은 한대전선과 1000-500hPa 두께의 상관성을 나타내고 있다. 그림 7-35에서 주된 전선대는 두께선이 밀집한 지역으로 표시된다. 세 개의 전선대가 굵은 파선으로 표시되어 있다. 그 하나는 태평양 상에, 다른 하나는 네바다주와 동부 텍사스주 사이에, 또 다른 하나는 동부 캐나다에 위치한다.

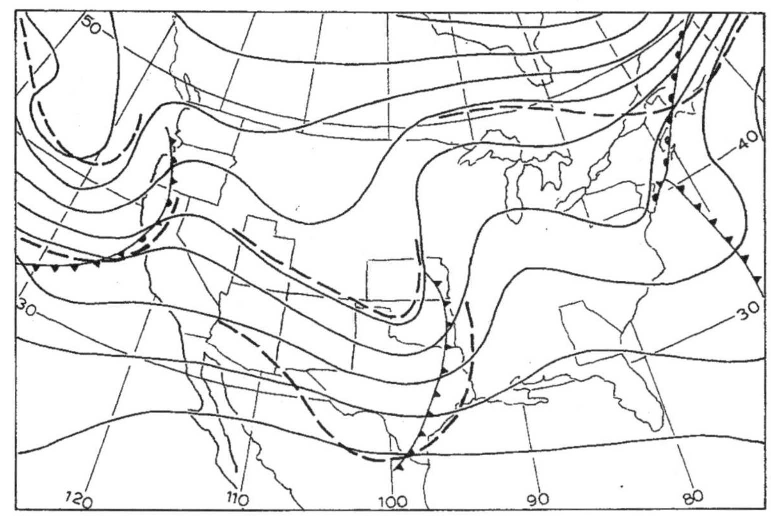

(전선대를 굵은 파선으로, 지상전선을 통상적인 방법으로 표시)

[그림 7-35] 60dam 간격의 1000-500hPa 두께선도(1984. 2. 16 0000UTC)

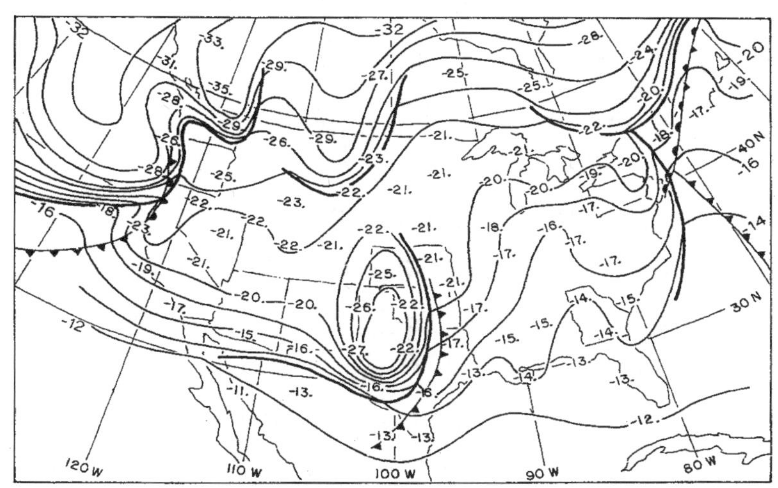

(관측지점은 온도 값의 소수점에 위치)

[그림 7-36] 500hPa면의 온도분포(℃)(1984. 2. 16 0000UTC).

우선, 네바다주와 텍사스주 사이의 전선대를 보면, 그림 7-33에서 보인 단순한 법칙에 따라, 그림 7-35의 지상(1000hPa면)의 전선은 멕시코 국경선 부근과 텍사스 해안선을 따라 위치한다. 500hPa면의 전선은 유타주 중심부에서 오클라호마주에 이르는 선 부근에 있다. 다른 지상일기도에서는 지상의 한랭전선이 텍사스주의 동부와 남부에 나타난다. 멕시코 국경을 따라 형성된 전선 부분은 이 지역에서 하층 기류의 발산에 의해 소멸되었다. 그 전선의 마지막 위치 선정은 두께선도 하나만으로는 수행할 수 없다. 두께는 전선대에 대해 대규모의 윤곽만을 제시하기 때문이다. 전선의 위치에 관한 상세한 정보는 이용할 수 있는 모든 관측 자료를 나타내고 있는 일기도를 통해서 결정하게 된다.

500hPa면에서의 전선 위치는 이 면의 등온선을 이용하여 결정할 수 있다. 그림 7-36은 그림 7-35의 두께선도와 같은 시각의 500hPa 등온선을 나타내고 있다. 전선층의 남쪽 가장자리가 되는 500hPa 전선은 서부 텍사스주로부터 남부 뉴멕시코주에 위치할 가능성이 있다. 이 전선층의 북쪽 가장자리는 그림 7-35에서 전선대의 북쪽 가장자리에서 그리 멀지 않은 뉴멕시코주의 북쪽 경계 부근에 위치한다.

온난전선이 한랭전선 전방에서 두께선을 횡단하여 남풍이 불고 있는 텍사스주와 루이지애나주의 해안을 따라 위치할 것으로 보인다. 그러나 이 온난전선은 지표에서 뚜렷하지 않아서 확실하게 결정할 수가 없기 때문에 표시하지 않았다.

유사한 상황이 서쪽 태평양 연안 상의 전선대에서도 나타나고 있다. 이 지역은 그림 7-35에서 보인 것처럼 두께선이 다시 분류(分流)되고 또 저기압성으로 굽어 있다. 지상전선과 상층전선의 위치는 텍사스주에서와 비슷한 모양으로 나타나고, 지상 온난전선도 결정되지 못해 역시 그려지지 않았다. 그림 7-35와 그림 7-36의 예에서와 같이, 지상 온난전선은 대부분 너무 약해서 일기도에 그려지지 않는 경우가 많다.

오레곤주와 와싱턴주 지역의 전선 위치는 난역 쪽으로의 경사 때문에 마르굴레스방정식(Margules' equation)을 위반하는 것으로 보일 수도 있으나, 이는 위반된 것이 아닐 수 있다. 왜냐 하면 지상전선이 폐색전선일 수도 있고, 상층 한랭전선이 지상전선에 앞서서 진행하는 분리전선(split front)일 수도 있기 때문이다.

분석의 불확실성은 그림 7-35에서 캐나다 동부에 있는 전선 주위에서도 나타난다. 이곳의 전선대에서도 지상의 전선 위치가 명확하지 않다. 전선대의 중요한 경압부분이 지상전선의 난역에 있는 메인주와 노바스코시아주의 해안을 따라 위치한다.

동부해안 밖의 대서양 상에 있을 전선(그림 7-35와 그림 7-36 참조)은 두께선도에서 전선대가 명백히 확인되지 않는다. 뉴저지주로부터 조지아주까지의 동부 해안 주위의 지역들을 뒤덮고 있는 이 전선 후방의 한대공기는 별로 차갑지 않다. 그리고 이 한대전선은 아래로부터의 가열과 침강에 의한 단열승온으로 변화되어 있다. 이 한대공기와 중위도 내지 열대의 공기의 온도차는 작다. 또한 한대기단의 남부 끝부분은 소멸되어 있다. 한대전선은 미국의 북부 국경 부근에 재발생되고 있다. 한대전선의 몇몇 부분(5대호의 북부와 미국 북서부의 두 부분)은 500hPa 온도분포를 나타내고 있는 그림 7-36에서 검출이 가능하다.

라. 전선의 루핑(Looping of the front)

만일 어떤 사람이 극으로부터 적도까지 움직인다면 한대전선을 한번 이상 만나게 될 것이다. 앞의 그림 7-36에서 보면 적어도 그러한 예가 2개 나타날 수 있다. Montana에서 Texas 해안까지 하나의 선을 그리면 이 선은 두 지점에서 한대전선과 만나게 된다. 한대전선의 이러한 중복 출현은 전선의 고리모양(looping)과 분리소용돌이(cut-off vortex)의 형성 결과이다.

한대전선의 고리모양화를 일반화하면 그림 7-37에서처럼 될 것이다. 이러한 예는 분리저기압(cut-off low)이 형성되는 동안 나타나는 상층 대류권에서의 한대제트와 전선의 행태이다. 보통 이 모델에서는 제트핵과 전선이 보통은 떨어져 있는데, 서로 근접하게 되는 300hPa 고도에서 전형적으로 나타난 모양이다. 차이는 있지만 전선과 제트류 사이의 관계에서 유사한 그림이 다른 고도에서도 나타날 수 있다. 예를 들면 500hPa에서 전선과 제트핵은 지리적으로 거의 같은 자리에 위치하게 된다.

그림 7-37(a)는 경압적으로 불안정한 파폭의 증가를 나타내고 있다. 그림 7-37(b)에서는 전선파가 더 깊어지고 한랭공기 일부가 분리된다. 이때 전선은 이미 분리되었지만 제트류는 아직 진폭이 큰 파의 형태를 유지하고 있다. 고리모양전선의 북쪽의 파선(dashed line)은 더 이상 전선이 아니다. 이는 양쪽의 공기 흐름을 분리하는 시어선(shear line)이 된다. 이러한 시어선은 항상 저기압성 시어를 나타낸다. 왜냐하면 고기압성 시어선은 불안정하여 회전하는 행성의 유체에서는 오래 지속될 수 없기 때문이다.

분리현상은 그림 7-37(c)에서 완성된다. 대기 흐름에서 준지균적 균형에 의해 고리에서는 등압면의 지오포텐셜이 낮다. 종종 분리저기압에서는 전선이 사라진다. 고리에서 한랭공기가 침강함에 따라 단열적으로 승온되어, 전선을 횡단하여 나타나는 온도차가 감소하기 때문이다. 소멸하는 한대전선은 그림 7-37(c)에서 고리의 북서쪽 부분에 점선으로 표시되어 있다.

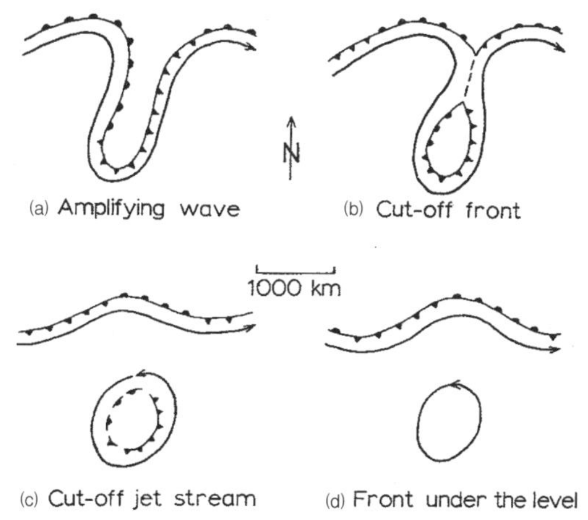

(실선은 제트핵, 제트고도에서의 전선은 통상적인 방법으로 표시됨)

[그림 7-37] 상층 대류권에서 한대전선 분리의 4단계

분리저기압의 마지막 단계는 그림 7-37(d)에서와 같이 고리에서 한랭기단이 동일 기압면 아래로 가라앉는다. 이제 고리는 주위 공기보다 더 이상 차갑지도 않다. 일반적으로 이러한 고리 상공에서는 대류권계면의 고도가 낮다. 고리가 약해짐에 따라 대류권계면은 점차 일반적인 중위도에서의 고도인 11km 부근으로 복귀한다.

그림 7-35와 그림 7-36에서의 한대전선의 분리된 부분과 그림 7-37에서의 고리의 발달은 기단 변질의 중요한 메커니즘이다. 북쪽의 주된 한대기단으로부터 대규모의 한랭한 한대공기가 남쪽으로 이동하여 한대기단으로부터 분리된다. 분리된 공기 덩어리는 주위 중위도 또는 적도의 공기와 구별되지 않을 때까지 천천히 승온된다. 승온은 지표로부터의 가열과 침강에 의한 단열적인 승온에 의해 진행된다.

4 전선과 제트류의 관계

가. 연직단면에서의 전선대의 온도 불연속

대류권에서 경압구역은 보통 상층 대류권의 제트류와 전선에 연관되어 나타난다. 전선과 제트류와의 연관성은 온도풍 평형이 성립하는 강한 경향성 때문이다. 이 평형은 다음과 같은 식으로 표현될 수 있다.

$$\frac{\partial u_g}{\partial z} = -\frac{g}{fT}\frac{\partial T}{\partial y}$$

바람(또는 지균풍)을 따라 형성된 좌표계에서는, u_g는 지균풍속이고, $v_g=0$이다. 이 식은 경압구역에서 고도에 따른 풍속변화(일반적으로 증가)를 나타내고, 또한 더 이상 온도차가 발생하지 않는 고도까지 고도에 따른 바람의 증가를 나타낸다. 그 이상의 고도에서는 온도경도도 반대로 되어 바람이 감소하므로 $\partial T/\partial y$의 부호도 최대풍고도 이상에서는 바뀐다.

제트류와 온도경도의 관계를 그림 7-38에 잘 나타내고 있다. 등온선의 경사가 이상화 되어 있고 전선대의 주된 특징만 표시되어 있다. 이곳은 한기단과 난기단이 나란히 나타나 열적 대조를 이루는 지역이다. (여기서 한・난 용어는 수평방향 비교에만 사용된다).

한기와 난기의 위치는 제트핵 고도를 중심으로 위와 아래에서 반대로 나타난다. 즉 온도경도가 반대 방향이어서 등온선의 경사가 반대이다. 등온선은 $(\partial u/\partial z)=0$과 $(\partial T/\partial y)=0$이 되는 최대풍고도에서 제트류를 가로지를 때 기울어지지 않는다. 이 수평 등온선은 보통 하나의 중간 값에 해당하기 때문에 일기도에서는 거의 묘화되지 않는다. 다만, 그림 7-38에서 나타나 있는 수평 등온선은 단면도에서 일부러 −50℃를 선정하여 그린 한 세트의 등온선의 일부이다.

연직단면에서 등압선과 등온선의 교차에 의해 이루어진 사각형들을 열역학솔레노이드(thermodynamic solenoid)라고 한다. 열역학솔레노이드는 대기의 경압성의 지표(指標)로 쓰일 수 있다. 열역학솔레노이드의 존재는, 비록 공기가 항상 그러한 가속에 따라 움직이는 것은 아니지만, 뒤집히는 순환의 가속이 있을 수도 있다.

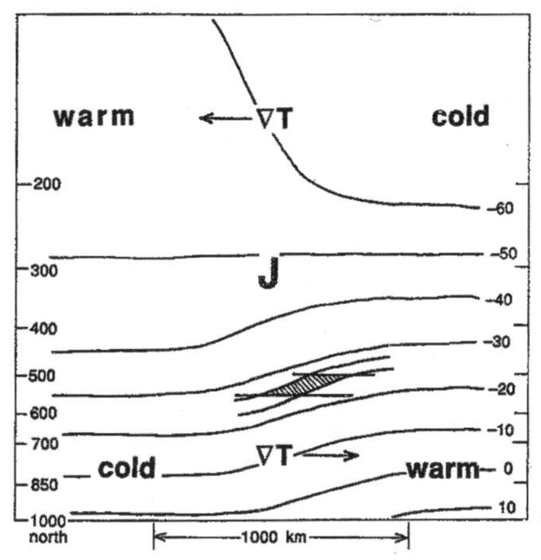

(열역학적 솔레노이드(빗금칠 부분)는 각각 인접한 두 등온선과 두 등압선으로 구획된다. 벡터는 ∇T의 수평 성분이다).

[그림 7-38] 제트핵(J 표시 부분) 부근의 등온선(℃)의 연직 분포.

솔레노이드에 대한 앞의 설명은 등압면이나 등고면 일기도가 아닌 연직단면에서만 적용이 되는 것이다. 등압면일기도에서 등온선과 등고선의 교차가 있다면 경압성에 더하여 온도이류가 있게 된다.

그림 7-38에서 보면 대류권과 성층권을 구별할 수 있다. 북쪽에서는 대류권이 약 400hPa 고도보다 아래에 있고, 남쪽에서는 200hPa 고도 부근까지 이른다. 남쪽(적도쪽)의 대류권은 온난지역으로서 강한 대류가 있기 때문이다. 남쪽 대류권에서는 북쪽 대류권에서보다 여러 개의 현저한 수평 등온선이 나타나 있다. 그 위의 구역은 등온선 간격이 매우 넓은 성층권이다. 제트 부근의 권계면 고도에서의 급격한 온도 변화는 대규모 편서풍 기류에서의 합류(合流)에 의해 발달된다. 경압성도 또한 합류로 인해 발달된다.

경압전선대(baroclinic frontal zone)에서의 등온선은 그림 7-38에서 나타내는 형식으로 계속 유지되기는 매우 어렵다. 제트류 부근에서의 전선발생 과정은 보통 그림 7-39에서와 유사한 과정이다. 이 그림은 대체로 대류권을 관통하며, 보통 한대전선에서 관측되는 몇몇 서로 다른 모양으로 기울어지는 전선층을 보인다. 그림에서 권계면과 전선층은 굵은 선으로 표시되어 있다. 등온선들은 마르굴레스방정식에서의 조건처럼 꺾여('킹크'되어) 있다. 전선층은, 온도풍방정식에서 요구되는 조건과 같이 최대풍고도에서 연직이다. 이 연직인 전선 또한 마르굴레스방정식을 만족한다. 이 방정식은 전선을 가로질러 열적인 대조가 사라지면, $s \to \infty$, 즉 전선기울기가 연직임을 나타낸다(식 7-2 참조). 연직인 전선에 대해 층(layer)이란 표현을 사용하는 것이 적절하지는 않지만 현재로선 수용되는 용어이다. 연직인 전선에서는 수평적으로 열적인 대조가 없으므로 강한 바람시어(항상 저기압성)가 연직인 전선층의 주된 특성이다. 제트 고도에서 연직인 전선의 경우 전선의 적도쪽에는 대류권, 그리고 극쪽에는 한대 성층권이 위치하게 된다.

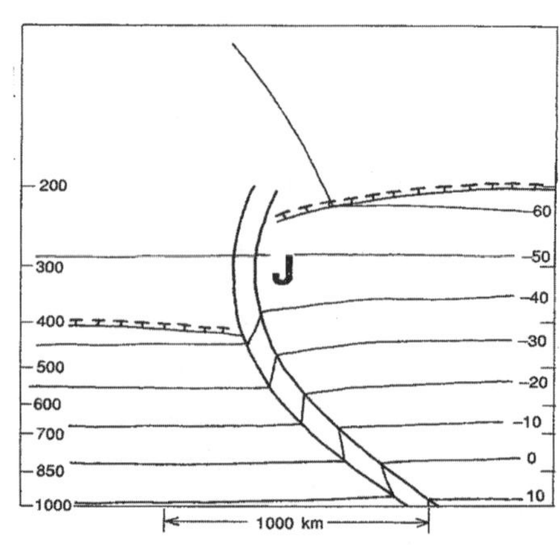

(전선은 굵은 실선, 권계면은 T를 붙인 실선, 등온선은 가는 실선)

[그림 7-39] 그림 7-38로부터 권계면, 등온선을 교정한 전선 모델

대류권에서 경사진 전선층은 그 전선층 내에서 기울기가 가파른, 또는 심지어 역전된 등온선이 나타날 정도로 기온의 큰 정적 안정도를 이루기도 한다. 성층권에서는 등온선이 연직이거나, 또는 기온이 고도증가에 따라 하강하는데 매우 작은 기온감률이므로 등온선이 매우 드물기 때문에 높은 안정도를 보이고 있는 것이 특징이다. 제트류 구역에서는 권계면이 일반적으로 강하게 일그러지거나 불연속을 이룬다.

그림 7-39의 모델은 그림 7-38로부터 권계면이 불연속이라는 가정 하에 그려진 것이다. 이 그림에 의해 제트류 부근의 권계면의 몇 가지 특성을 설명한다.

등온선을 가진 보통 형식의 전선-제트시스템 모델은 대체로 그림 7-40처럼 요약된다. $T_w = T_c$의 경우에 대한 식(7-2)에서의 요구처럼, 300hPa 고도 부근의 연직 전선층에서는 열적 대조를 대신하여 바람시어가 나타난다. 이러한 특성은 용어로서의 전선대와 전선층의 차이에서 생겨난 것이다. 전선대(frontal zone)는 제트류와 대류권의 대부분의 경압성 부분을 포함하는 넓은 구역인데 비하여, 전선층(frontal layer)은 전형적으로 제트류에 동반되는 소규모이면서도 눈에 잘 띄는 경사진 안정층을 의미한다.

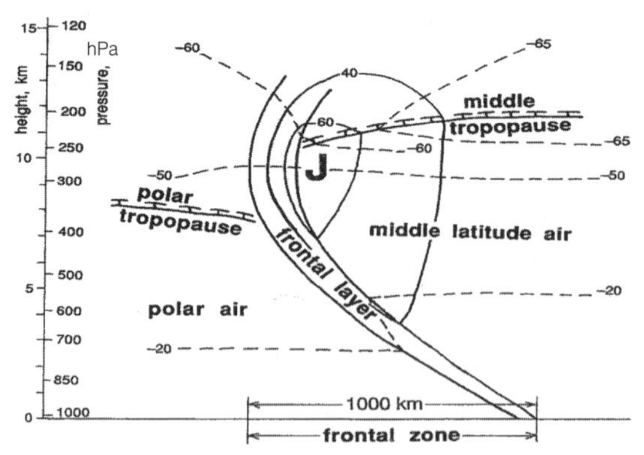

(등풍속선은 실선(m/s), 등온선은 파선(℃), 권계면단절은 연직 전선층과 연관됨)

[그림 7-40] 등풍속선과 등온선으로 표시한 연직 한대제트류와 한대전선 모델

나. 연직단면에서의 등온위선의 불연속

그림 7-41(a)과 그림 7-41(b)에서는 그림 7-38과 그림 7-39의 예시를 등온위선을 사용해 다시 표현하고 있다. 이는 그림 7-38에서의 기온과 기압을 근거로 한 것이다. 안정층, 특히 성층권에서는 등온위선이 밀집되는 특징이 나타난다. 대류권에서 등온위선이 드물게 배치되어 있는 것은 안정도가 낮다는 것을 의미하고 있다.

그림 7-41(a)에서 제트류 아래의 기울어진 등온위선은 그곳에 전선이 있을 수 있음을 나타낸다. 이 그림에서의 등온위선들은 T와 θ의 연직함수의 부호가 반대(즉, 보통 T는 고도와 함께 감소하고, θ는 고도와 함께 증가)이므로 그림 7-38에 나타난 등온선들과는 반대쪽으로 기울어진다. 그림 7-41(b)에 나타난 전선과 권계면은 그림 7-39에서와 거의 비슷한 위치이다. 다만 차이점은 전선 꼭대기 부분에서의 권계면의 형태이다. 깔대기처럼 나타나는 전선층으로 성층권의 등온위선이 성층권으로부터 대류권으로의 공기의 유입을 암시하고 있다. 단열적인 상태에서 공기는 등온위선을 따라 운동한다. 따라서 성층권의 공기가 두 개의 권계면 사이의 깔대기 모양의 갈라진 틈에 있는 전선층에 유입되고 있다고 결론지을 수 있다. 이러한 이유로, 이 그림에서 전선의 상층부는 성층권을 향해 열려 있고, 성층권 공기가 유입된다.

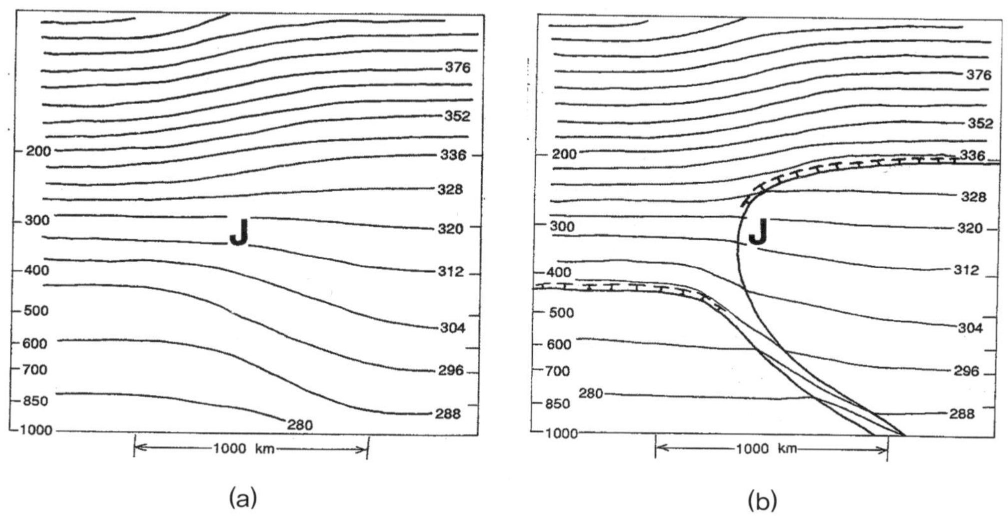

[그림 7-41] (a) 그림 7-38에서의 온도와 기압으로 계산한 등온위선(K) 및 (b) (a)의 등온위선을 보정하여 나타낸 전선과 권계면 모델

전선모델이 적용되면, 그림 7-41(b)에서처럼 전선층에서의 등온위선은 조밀하게 그려진다. 이는 전선층이 이를 둘러싸고 있는 주위 공기들보다 더 안정하다는 것을 강조하고 있는 것이다. 꼭대기로부터 전선층으로 연장된 조밀한 등온위선은 안정한 성층권 대기가 전선층으로 연장되고 있음을 나타내고 있는 것이다.

5 권계면접힘과 전선

제트스트리크의 입구 주위에서 발달하는 연직운동으로 제트류의 적도쪽에서는 공기가 상승되면서 권계면이 높아지고, 제트류의 극쪽에서는 공기가 하강되면서 성층권 공기를 아래쪽으로 이동시키므로 극쪽의 권계면은 낮아진다. 그리하여 권계면접힘(tropopause folding)이 그림 7-42에서처럼 나타난다. 이는 제트스트리크의 입구 부근의 직접 순환을 나타내는 또다른 표현인 것이다. 그림 7-42의 S에서 낮아진 성층권 공기는 아직까지는 안정하고, 따라서 전선층을 형성하기 시작한다. 비록 확실하지는 않지만, 이러한 전선층 형성이 그림 7-42에서의 2중 파선을 따라, 지표면 전체로 발달하는 것이 가능할 수도 있을 것이다.

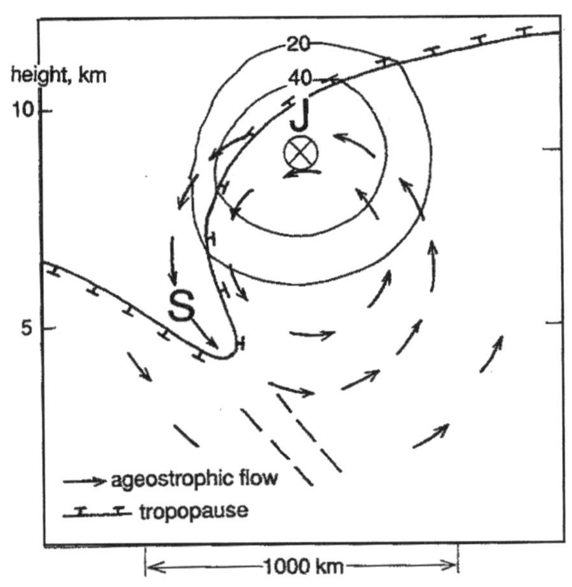

(성층권 공기가 S에서 하강한다. 권계면에 표시된 T기호들은 운동방향으로 붙여져 있다)

[그림 7-42] 제트스트리크 입구 주위의 비지균순환에 의한 권계면접힘

한대제트류는 그림 7-39, 7-40, 7-41(b)에서와 같이 중위도 기단 속에 들어있다. 풍속은 핵에서 85m/s를 초과한다. 등온위선 분포에서 보면 한대제트 아래에 강한 전선층이 있음을 나타낸다. 300K와 310K 사이의 등온위선을 보면 대기 중에서 성층권 공기가 조밀한 등온위선을 따라 전선층으로 하강하고 있는 것을 나타낸다. 성층권 공기가 그림 7-42에서처럼 아래쪽으로 이동한다는 것은 오존농도 측정에 의해서도 입증된다.

상층전선은 상층전선의 발달과 하강에 의해 지상전선에 연결되는 것으로 볼 수 있다. 상층 고도의 권계면접힘은 대부분 제트류의 북서 부분에서 형성된다. 이곳은 제트 고도에서 수렴이 있는 곳이고, 지면 부근(비활성 지역)에서는 발산이 있게 된다. 상층전선은 점차 대류권으로 더 깊게 침투하고, 풍하의 상층기압골을 향해 수송된다. 그 전선은 상층기압골의 풍하쪽 활성지역에서 지면에 도달하고, 그곳 활성지역에서 온대저기압이 발달하여 위치하게 되는 것이다.

상층의 전선발생은 자주 일어나는 과정은 아니다. 다만 제트 부근에서 적절한 하향 순환이 있을 때에만 일어난다. 또한 이와 어느 정도 비슷하기는 하지만, 순환이 반대여서 결과적으로 전선을 소멸시키는 상황도 발생한다.

제트스트리크의 출구에서는 제트류의 양쪽 권계면 고도를 균등히 하려는 간접 순환이 일어난다. 그러나 수평기류의 대규모 변형이 권계면의 균등화를 저해하고, 그리고 틈이 발생한 고도의 권계면은 매우 안정한 상태로 유지되는 것으로 보인다. 제트 출구에서의 간접 순환은 전선에 또 다른 영향을 미쳐서 자주 전선을 분열시킨다.

6 전선의 형태

가. 한대전선과 아열대전선

대기순환 패턴에서는 가장 큰 전선이 한대전선(polar front)이다. 한대전선은 한대제트류와 권계면 틈(접힘)에 관련되어 있다. 한대전선이 한대제트와 관련되어 있는 것과 마찬가지로 아열대전선(subtropical front)은 아열대제트와 관련되어 있는데, 이 전선은 상층 대류권으로 한정되어 있다. 한대전선과 아열대전선은 매우 중요하므로 앞으로 상세히 다루게 될 것이다.

제트류와 구조적으로 관련이 없이도 일정한 일기현상을 나타내는 전선으로는 열대전선(intertropical front), 북극전선, 해풍전선, 뇌우전선과 같은 다양한 중규모 현상들이 있다.

나. 열대전선

남・북반구로부터의 무역풍이 마주치는 적도 부근에서는 구름의 띠가 규칙적으로 나타난다. 이곳을 열대수렴대(Inter-Tropical Convergence Zone, ITCZ)라 한다. 경우에 따라서는 열대수렴대가 좁아질 수도 있는데, 특히 적도에서 멀어질 때 그러한 현상이 일어난다. 그래서 ITCZ는 적도 공기가 움직이는 앞 가장자리를 따라 나타나는 전선이라고 할 수도 있다.

다. 북극전선

북극전선(arctic front)은 보통은 한대기단의 낮은 부분을 덮고 있는 광범위한 기온역전으로 나타난다.

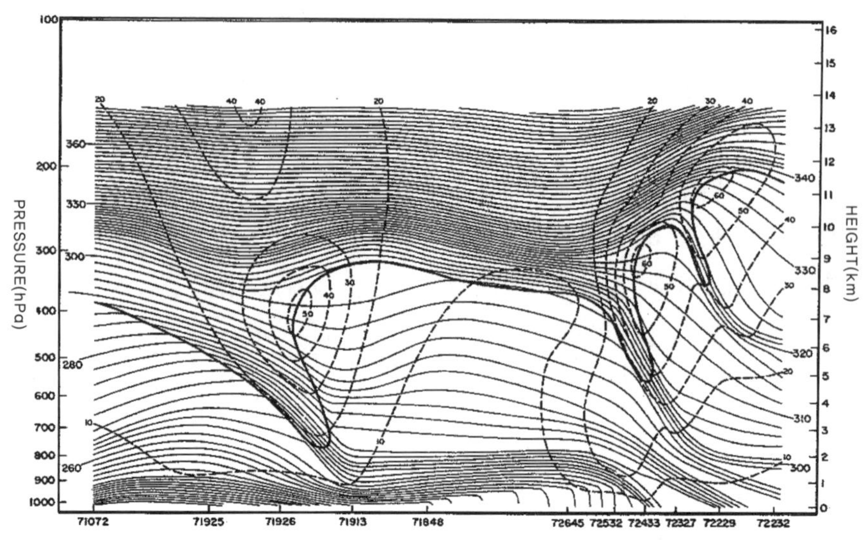

(훌륭한 권계면 지표인 100×10^{-7} 등포텐셜와도선($KhPa^{-1}s^{-1}$, 굵은 실선),
온위(K, 가는 실선)와 풍속(m/s, 파선))

[그림 7-43] 캐나다의 Resolute(71072)와 미국 루이지애나주의 Boothville(72232) 사이 연직단면의 온위와 풍속분포(1979. 3. 6 12UTC)

북극전선은 때로는 한대제트류 중의 극을 향한 강한 저기압성 소용돌이와 관련되어 있다. 북극기단 영역에서의 이러한 소용돌이는 또 다른 권계면접힘(또는 권계면틈)을 발달시킨다. 이 접힘은 한대제트와 아열대제트에서의 것과 비슷하다. 지상의 북극전선도 보통 지상 1~2km 이상의 고도까지는 연장된다. 이런 경우 제트류는 또한 그림 7-38과 7-41에서 보인 한대전선 모델에서처럼 이론을 만족시키는 온도풍이 나타난다. 북극전선과 함께하는 중요한 부분이 북극제트류(arctic jet stream)이다.

제트류의 고리(loop)를 나타내는 키큰 북극전선의 예를 그림 7-43으로 보이고 있다. 그림에서 남쪽 부분에 나타난 한대제트와 아열대제트의 각 권계면 틈이 서로 가깝다. 제트류와 관련된 제3의 틈이 남부 캐나다의 관측소(71926) 상공에 보인다. 이것은 보통 잘 발달된 북극전선에서의 권계면접힘을 나타낸다. 이는 역시 전선층을 따라 성층권 공기가 하강하고 있음을 암시한다. 이 북극제트류는 상층일기도에서 한대기단에서의 폐곡선 저기압으로 나타날 수 있다.

라. 중규모 전선

어떤 전선들은 길이가 100km 정도의 소규모로 나타나는데, 이러한 전선들은 뇌우 부근의 발산류의 경계, 또는 산악이나 수면 부근에 나타나는 다양한 불연속들이다. 해풍(또는 호풍)의 선단에 나타나는 불연속으로서 해풍전선(sea breeze front)도 있다.

7 한대전선

가. 한대전선의 일기

한대전선(polar front)은 보통 한대제트류 아래에 있는 경압성 지역과 연관되어 나타나는 전이층인데 기울어져 있으면서 폭이 좁다. 이 전이층은 이론적으로는 폭이 0~수 100km가 된다. 좁은 전이층의 경우는 전선의 한쪽 면으로부터 다른 쪽 면까지 변수들이 급변(불연속)을 이룬다. 이러한 예리한 전선 통과는 실제로 인식하기가 비교적 쉽다.

전선대는 보통 일기도에서 가장 경압성이 큰 지역에 나타난다. 이 지역은 강한 온도경도가 있어서 등온선이 매우 조밀하게 분포되는 특징이 있다.

결과적으로, 한대제트류가 항상 한대전선에 동반되어 나타난다. 따라서 한대전선은 비록 제트류의 직하로부터 1000km 이상 떨어져 있을지라도 항상 한대제트류와 연관되어 나타난 것으로 볼 수 있다.

전선의 첫 번째 특징은 일기요소의 불연속이다. 가장 중요한 불연속은 바람의 저기압성 변화와 온도와 습도의 급변이다. 그리고 흔히 강수가 동반된다. 구름과 강수는 지상에서 전선에 가까운 온난공기에서 발생한다. 그러나 강수의 실제적인 분포는 매우 다양하다.

나. 불연속 해석의 한계성

일기도에서는 크고 작은 많은 현상들이 전선으로 잘못 해석될 수도 있다. 따라서 관측된 모든 불연속과 모든 경압성 지역이 한대전선으로 해석되지 않도록 신중하게 검토해야 한다. 대기에 대한 완전한 구조적 분석만이 이러한 불연속 중에서 전선을 올바르게 해석할 수 있다.

한대전선 분석에서 종종 만나는 어려움은 전선이 매우 불명확하다는 것이다. 한대전선이 온도대조 없이 단지 약한 시어선일 수도 있다. 이런 경우에도 후에 전선이 강화될 수도 있고, 이 한대전선을 따라 대류 또는 심지어 저기압발달이 시작될 수도 있다.

어떤 전선에서는 한랭공기 쪽(한랭역)이 맑아 강한 햇빛이 있고, 온난공기 쪽(온난역)에서는 낮고 짙은 구름이 있어서 온도차가 반대로 나타날 수도 있다.

때로는 한대전선이 열대지방으로 깊게 침입(때로는 약 10° N에까지 도달)하는데, 그런 전선은 보통 고위도에서의 전선보다 덜 뚜렷하다. 이런 경우 실제적으로 시어선이 된다. 매우 드문 경우지만, 어떤 한대전선은 적도를 넘어 몹시추운날씨(freezing weather)를 이루기도 한다.

다. 한대전선의 연직구조

한대전선(polar front)은 환경에 따라 다양한 모양을 나타내기 때문에, 지상의 한랭전선이 상층전선 그리고 제트류와 연관되어 나타나는 모양과 위치에 따라 다양한 모델이 제안되어 있다. 이러한 전선모델을 세 개의 주된 범주로 분류할 수 있다.

그림 7-44에서 각 모델은 그 북쪽(왼편)에 한대기단, 남쪽(오른편)에 중위도기단 또는 열대기단

이 차지하고 있다. 먼저, 그림 7-44(a)에서는 지상전선이 한대제트류로부터 멀리 열대기단 쪽으로 진행한다. 만일 중부대류권에 어떤 전선이 있다면, 그것은 지상전선으로부터는 분리되어 제트류 부근에 위치한다. 이러한 형태의 전선은 느리게 이동하며 침강하는 한대기단이 지표면에서 퍼져나갈 때 발생한다. 그림 7-44(b)는 "고전적"인 키큰 모델(tall model)을 나타낸다. 한대전선은 권계면에서 지표면까지 연속적으로 매우 가파르게 기울어져 있는 것을 보게 된다.

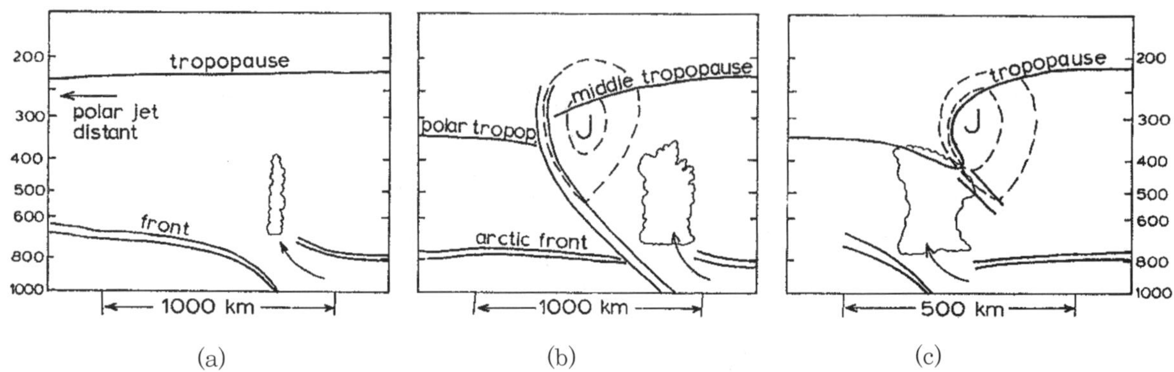

(a) (b) (c)

(a) 한대제트류로부터 멀리 떨어져 있는 얕은 전선(shallow front),
(b) 지표면으로부터 성층권 하부까지 뻗은 키큰 전선(tall front),
(c) 전선의 상층 부분이 분열되어 지상전선보다 빠르게 이동하는 분열전선(split front).

[그림 7-44] 한대전선의 3가지 모델의 연직단면도

그림 7-44(c)는 연직으로 상층부의 전선이 분열되면서 지상전선의 앞으로 빨리 이동하는 경우를 나타내고 있다. 이러한 상태에서는 지상 한대전선의 앞쪽에 나타나는 상공의 차가운 공기 때문에 정역학적 안정도(hydrostatic stability)가 감소진다. 그림 7-44(c)에서의 모델은 때로는 분열전선(split front)처럼 보인다.

라. 제트류 파동과 지상의 전선

한대전선의 모양은 연직운동, 전선발생 및 소멸의 조건에 크게 좌우된다. 이러한 과정은 한대제트에 나타나는 파동 위치에 따라 다르다.

그림 7-45는 지상에 전형적인 한대전선을 동반하고 있는 중위도 편서풍대 기압골을 나타내고 있다. 그림에서 상층의 한대전선은, 여기서는 표시하지 않았지만, 보통 제트핵에 가까우면서 제트핵으로부터 극쪽으로 200~400km 떨어져 권계면에까지 이르고 있다. 그림 7-45에서의 A, B, C 직선들에 대한 단면들이 앞의 그림 7-44의 각 모델로 표현된 부분들과 일치한다. 침강과 고기압 발생은 기압골이 넓게 펼쳐진 풍상측(A부분)에서 나타나는데, 이 지역에서 그림 7-44(a)의 모델이 전형적이다. 기압골의 다른 쪽에 해당하는 기압골의 풍하(B부분)에서는, 그림 7-44(b)처럼, 가파른(steep) 전선이 일반적이다. 빠른 편서풍 지역에서는 때때로 상층제트와 상층전선이 지상전선을 추월하는데, 그러한 모습의 모델이 그림 7-44(c)이다.

전선소멸과 고기압발생은 전형적으로 그림 7-45의 D부근 지역의 지상에서 나타난다. 이런 지역에서는 지상전선이 소멸하고, 따라서 기단 간의 특성 대조가 사라진다. 때때로 지상고기압에서도 기압골이 나타난다. 그러나 기단 간의 전이는 나타나지 않는 것으로 보인다. 전선의 대조도 나타나지 않는다. 이런 지역에서도 상층전선은 현저할 수도 있다.

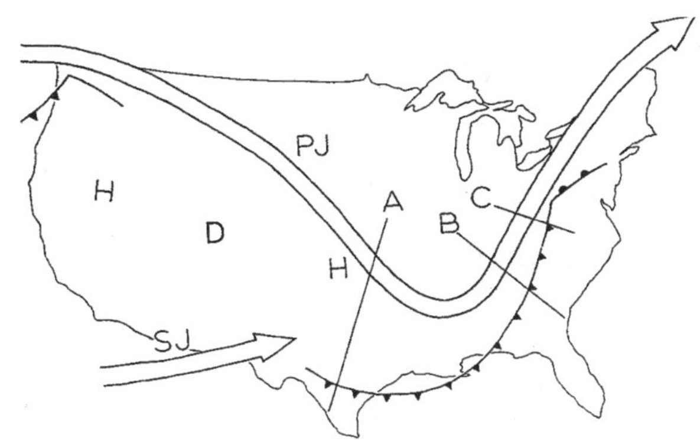

(그림 7-44에서의 한대전선 각 모델이 단면 A, B, C에서 각 종류별로 나타난다).

[그림 7-45] 기압골을 이룬 한대제트

등압면일기도의 검토만으로는 한대전선의 모양을 결정하기가 어렵다. 제트류에서 파동이 비슷한 경우에도 권계면과 전선의 모양이 다르게 나타날 수 있다. 따라서 여러 모델을 이해하고 관측 사실에 적합한 적절한 모델이 사용되어야 한다. 또한 아직 문헌에서 설명되지 않은 패턴에 대해서도 유의해야 한다. 그러나 문헌 상의 모델을 중요시하는 이유는 자연에서 발생하는 변종을 인식하자는 데 있다. 대기 중에는 많은 현상이 아직 설명되지 않은 채로 남아 있다는 사실을 인정해야 할 것이다.

8 일기도에서의 전선 패턴분석

가. 등온선

등압면일기도에서 전선 검출은 주로 등온선의 조밀 여부에 의해 이루어진다. 일기도에서 전선을 검출할 때, 분석자는 등온선을 가급적 모델을 닮도록 조정하게 된다. 물론 데이터를 무시하는 일은 없어야 한다. 데이터가 전연 해석되지 못할 경우라면 무시할 수밖에 없을 것이지만, 그러한 경우에는 무시된 사항을 그 일기도에 표시하여야 한다. 무시된 사항에 대해 더 나은 해석이 발견되고, 또 겉으로 보기에 부정확하다고 본 데이터가 귀중한 정보를 제공할 가능성도 있기 때문이다.

일반적으로 등압면일기도와 연직단면 상에 등온선이나 등온위선이 그려져 있을 때는 한대전선을 용이하게 분석할 수 있다.

등온선의 첫 번째 스케치는 손으로나 컴퓨터로 수행하게 된다. 다음 단계는 눈에 의한 검사와 손에 의한 작업으로 수행된다. 왜냐하면 개념모델과 유사하게 만들어져야 판단이 용이하기 때문이다. 컴퓨터가 그린 일기도들은 보통 불연속을 잘 나타내지 못한다. 따라서 전선에 대해 강조할 필요가 있는 곳에는 손으로 수정하여야 한다. 불행하게도 컴퓨터 생산물을 다시 만드는 것이 항상 가능한 것은 아니어서, 일기도 해석은 적어도 다음에 언급된 순서를 따르게 된다.

등온선은 때로는 간격을 반으로 나누는 것이 편리할 때가 있으므로, 매 4℃나 또는 2^n℃ 간격으로 그리는 것이 편리하다(WMO는 5, 2.5, 그리고 1℃ 간격의 묘화를 권고하고 있음). 표준 등온선만으로는 중요한 세부 사항을 모두 표현하지 못할 때는 중간선을 그린다. 중간선이 그려질 때는, 경도(傾度)의 추정에 혼동되지 않도록, 선의 종류를 다르게(㉮ 파선(dashed line)이나 가는 실선 등) 표시하여야 한다. 등온선을 손으로 분석할 경우에는 중간선은 적색이 표준색이다. 단색(흑백) 일기도에서는 등온선은 파선으로 표시하는 것이 대세이다.

나. 전선 묘화 스타일

상층일기도에서 전선을 그리는 데는 2가지 형식이 있다. 하나는 등온선이 조밀한 지역의 따뜻한 쪽 가장자리에 선을 그어 표시하는 방법이고, 다른 하나는 등온선이 조밀한 지역의 양쪽에 각각 선을 그어 표시하는 방법이다.

전선의 표준 색깔은 전선의 운동(진행방향)에 관계없이 청색이 표준이다. 단색(흑백) 일기도에서는 상층전선을 굵은 실선으로 그린다.

그림 7-46(a)는 전선이 있는지의 여부가 아직 분명하지 않은 채로 예비적으로 스케치한 등온선 분석이다. 어느 정도 경험을 가진 분석자는 이러한 분석 단계에서 이미 단파 모양이 나타나도록 등온선을 적정하게 그릴 수 있을 것이다.

일기도의 서쪽과 북동쪽 부분의 조밀한 등온선들은 그곳에 전선이 있을 가능성을 나타내고 있다. 전선이 그림 7-46(b)에서 나타낸 위치에 있는 것으로 결정되면 등온선은 전선을 강조하는 형식으로 조정되어야 한다.

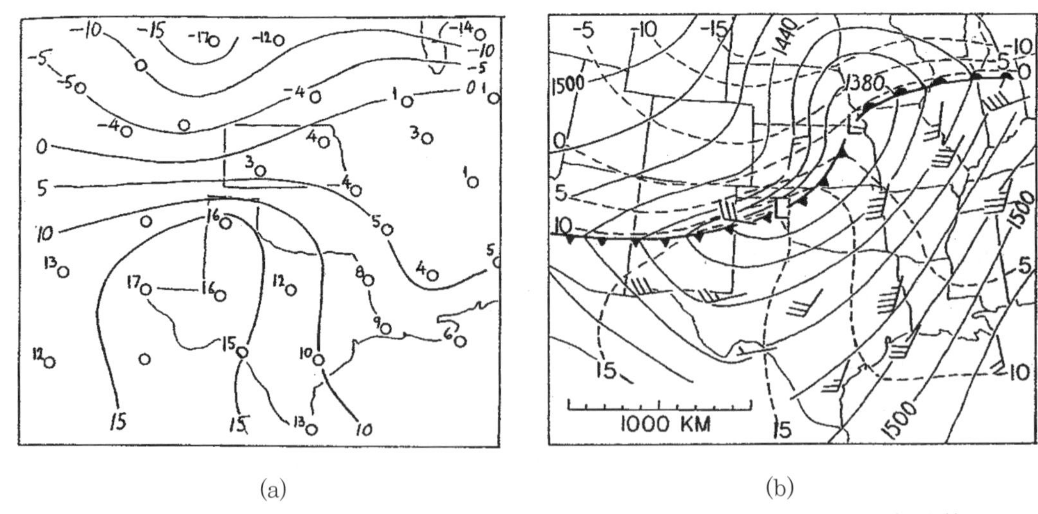

(a) (b)

(a) 등온선 스케치, (b) 완성된 등온선 분석(등온선: 파선(℃), 등고선: 실선(gpm))

[그림 7-46] 850hPa의 등온선(℃) 분석의 예(1976. 2. 6 00UTC)

조밀한 등온선들의 따뜻한 쪽 가장자리를 따라 전선을 그린다. 그 온도경도는 전선으로부터 차가운 공기 쪽을 향해서 점차 감소한다. 이는 전선의 한랭 쪽에서 등온선의 간격이 점차로 증가하는 것으로 나타난다. 이러한 등온선의 모양들은 하층대기, 즉 지상, 925hPa 및 850hPa에서 자주 나타난다.

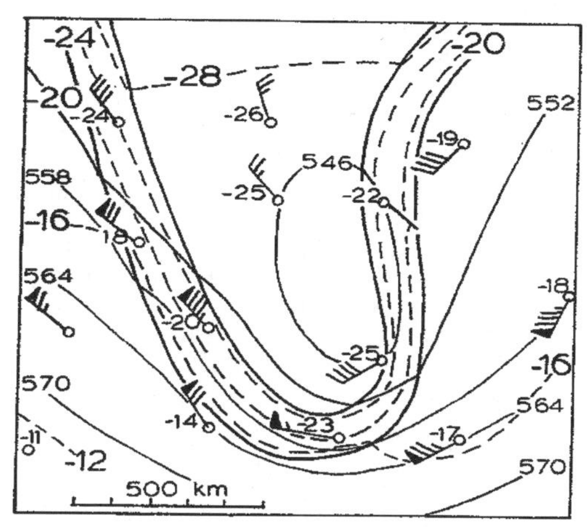

(등고선: 가는 실선(gp dam), 등온선: 파선(℃))

[그림 7-47] 미국 중부의 500hPa에서 전선층을 2개의 굵은 실선으로 묶은 한대전선의 예 (1967. 1. 27 00UTC)

정압면일기도에서 전선을 나타낼 때는 전선의 전선층의 양쪽(한 쪽은 전선)에 각각 굵은 실선으로 표시한 전선층에서 등온선 간격이 조밀하도록 나타낼 수 있다. 그림 7-47에서 500hPa 일기도에서의 전선을 이러한 방법으로 표현하고 있다. 전선을 그릴 때 분석자는 한랭쪽의 전선층 경계가 있어서 이들 두 개의 선으로 나타낸 전선층에 등온선이 밀집되도록 등온선이 조정될 수 있어야 한다.

현재로서는 컴퓨터에 의한 일기도가 대체로 불연속을 잘 나타내지 못한다. 앞으로 언젠가는 그래픽디스플레이나 수치디스플레이를 이용한 전선 검출이 가능할 것으로 기대하고 있다.

9 한대전선의 연직단면

가. 연직단면의 효용성

대기의 연직단면에서는 경압성이 보통 쉽게 검출되기 때문에 전선대를 가로지르는 단면을 선택하여 전선을 비롯하여 여러 가지 현상을 발견해내게 된다. 또한 일기도에서 등치선(isopleth)들을 분석한다. 만일 등치선을 색깔로 표현한다면 등온선은 적색, 등풍속선은 녹색이다.

그림 7-48에서는 기본적인 연직성분 분석에 대한 기술을 보여준다. 세로축에는 100hPa까지의 고도가 기압의 로그(대수)눈금으로 표시되어 있다. 등온선은 8℃ 간격의 파선, 등풍속선은 40kt 간격의 실선으로 그려져 있다. 그림 7-48(a)에서는 등치선들이 개념모델을 고려하지 않고 관측자

료만으로 그려져 있다. 그러나 그림 7-48(b)는 개념모델의 의미를 최대한 활용하여 관측자료를 고려하여 분석한 것이다.

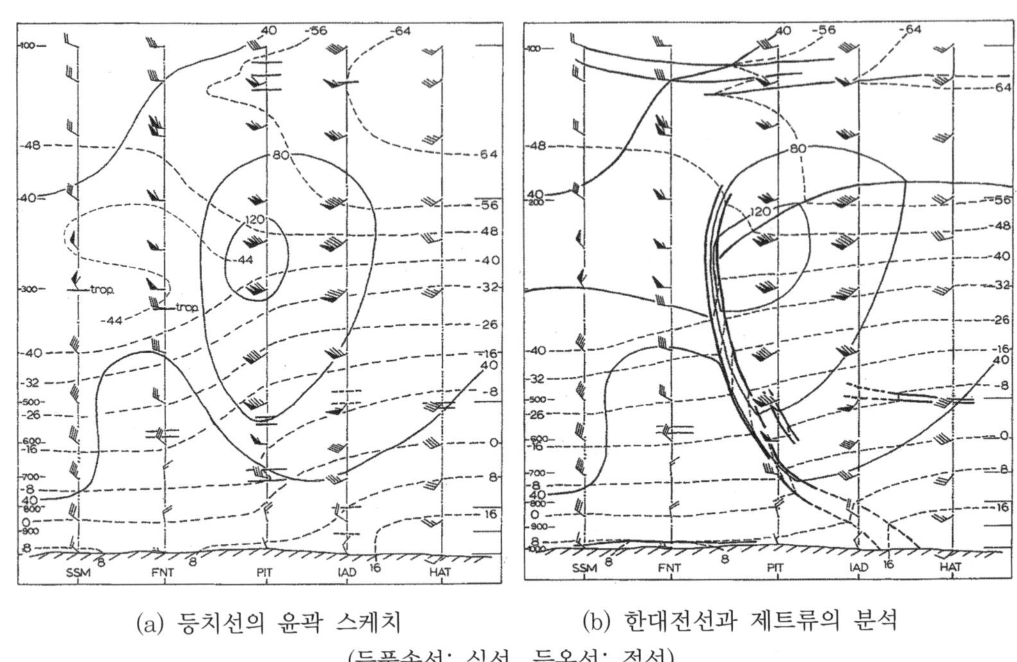

(a) 등치선의 윤곽 스케치 (b) 한대전선과 제트류의 분석

(등풍속선: 실선, 등온선: 점선).

[그림 7-48] 대기의 연직단면도 분석 예(1986. 8. 28 12UTC)

나. 대류권과 성층권

그림 7-48(a)에 그려진 등치선으로 보면, 두 개의 중요한 영역인 대류권과 성층권이 구별된다. 대류권에서의 등온선들은 제법 수평적이고 비교적 밀집되어 있고 또한 '사다리'처럼 일정한 간격을 유지하고 있다. 대류권이 SSM지점 상공에서는 대략 400hPa까지로, HAT지점 상공에서는 대략 200hPa까지로 볼 수 있다. 성층권에서는 등온선이 대류권에서보다 훨씬 불규칙하고 간격이 넓고 산만한 것이 특징이다. 어떤 등온선은 대류권으로부터 성층권으로 꺾여 분포되어 있다.

PIT지점과 FNT지점 사이에서 -48℃ 등온선은 대류권과 성층권 사이에서 전이를 나타낸다. 이 등온선은, 그림 7-48(b)에서 보는 것처럼, 대류권계면 고도에서 꺾여야 한다. 권계면을 가로지르는 기타 등온선들도 이와 비슷하게 나타난다.

권계면의 높이는 PIT지점 상공과 FNT지점 상공에서는 큰 차이가 있다. 이 차이는 이 사례에서 PIT지점 상공에서 나타나는 최대풍속 가까이에서 생긴다. 앞서 다룬 모델 모두가 권계면과 제트류에서 똑 같이 단절(break)을 나타내고 있었다. 이것은, 그림 7-48(b)에서 보여주고 있는 바와 같이, 권계면에서의 단절이 정상적임을 의미한다.

그림 7-48(a)에서 -40℃ 등온선과 -48℃ 등온선이 대략 265hPa 고도를 기준으로 상하로 대칭을 이루고 있다. 이 고도는 최대풍이 나타나는 고도이다. 중간 등온선(-44℃)은 그 고도에서 대략 수평이 되므로 최대풍고도에는 어떤 열적 대조도 나타내지 않는다.

그림 7-48에서 보면 200hPa에 가까운 고도에 있는 권계면은 중위도권계면(middle tropopause)

이라는 것을 알 수 있다. 따라서 그 아래에 있는 기단은 중위도기단이다. 360hPa 고도 가까이에 위치한 권계면은 한대권계면(polar tropopause)이고, 그 아래에 있는 기단은 한대기단이다.

350과 300hPa 사이의 기층은 비교적 안정하므로, SSM지점 상공에서는 권계면이 350hPa에 위치하는 것이 가능하다. 이곳에서는 등온선 간격이 넓다. 이 경우 현저한 최저기온이 그곳에 위치하기 때문에 300hPa 고도가 권계면으로 분석된다.

SSM지점 상공의 300과 250hPa 사이의 안정층은, '권계면고도(tropopause level)'와 다른 개념으로 '권계면층(tropopause layer)'이 된다. 권계면층은 그 꼭대기는 표시하지 않고 밑면만을 표시한다. 권계면은 그것이 고도이든 층이든 간에 단지 하나의 선으로만 나타낸다.

그림 7-48의 중위도권계면은 -48℃와 -56℃ 등온선이 위로 꺾이는 고도에 표시될 수 있다. 이는 대류권과 성층권의 서로 다른 열적 특성이 만나는 고도이다. 등온선들은 대류권에서는 '사다리'처럼 거의 수평적이지만, 성층권에서는 가파르게 기울고 또한 간격이 넓다. -48℃와 -56℃의 두 등온선은 대류권과 성층권 사이의 권계면에서 급격한 전이를 나타내면서 꺾이고 있다.

다. 전선층과 역전층

그림 7-48(a)에서는 등온선이 대류권 두 곳에서 심하게 기울어져 있다. 한 곳은 PIT지점 상공으로부터 FNT지점 상공 사이에서 300hPa 고도로부터 600hPa 고도까지, 또 한 곳은 PIT지점 상공으로부터 IAD지점 상공 사이의 600hPa 고도로부터 지표면까지이다. 제트류 아래에서는 등온선이 기울어지기 때문에 이곳에 한대전선이 있음을 알 수 있다. PIT지점 상공 610hPa면에서는 기온역전(전선역전)을 나타낸다. 또한 IAD지점과 HAT지점 사이는 온도차와 바람시어를 이용하면 지상전선을 찾아낼 수도 있다. 이상으로 지금까지 세 위치에서 각각 한대전선을 부분적으로 찾아냈다. 이 모든 상황을 종합하면 그림 7-48(b)에서처럼 전선을 그릴 수 있게 된다.

그림 7-48(b)에서는 전선층 이외에도 몇 곳에서 역전층이 더 나타난다. 만일 역전층이 두 지점 이상의 상공에서 나타난다면 그들은 같은 역전층의 일부로 생각하여 그들을 연결할 수도 있다. 전선층 이외의 이러한 역전층들은 대부분 수평을 이루고 있다. HAT지점 상공과 IAD지점 상공의 500hPa 고도 부근에 있는 역전층이 그런 경우이다.

겨울철에 규칙적으로 나타나는 북극전선(arctic front)도 낮은 고도에 나타나며 보통 수평을 이루고 있다.

PIT지점 상공 약 540hPa 고도에 있는 역전층은 또다른 전선층에 가깝다. 이런 이유로 그 역전은 예외적으로 전선에 평행하게 기울도록 그릴 수 있다.

전선, 권계면 그리고 역전층을 그릴 때, 등치선들은 이론적으로 기대되는 모양을 나타내도록 조정하게 된다. 등온선과 등풍속선은 온도경도 불연속면에서 꺾인다. 대류권에서 한대전선의 일부가 아닌 여러 종류의 역전층들이 있다.

FNT지점과 SSM지점 위의 얇은 지면역전은 일반적으로 아침의 사운딩에서 자주 나타나는 야간 복사역전층이다.

라. 제트류와 연직 전선층

그림 7-48에서 등풍속선은 전선과 제트류에서의 모델과 비슷한 형태를 나타낸다. 제트류는 전형적으로 중위도기단 중의 권계면단절 가까이에 위치한다. 가장 강한 바람시어는 전선층 안에 위치한다. 전선층이 확인되면, 그림 7-48(a)에 그려진 등풍속선들은 전선층에서 강한 시어가 표현되도록 다시 강조하여 그림 7-48(b)에서처럼 그려지게 된다. 전선층에서의 바람시어는 마르굴레스방정식에서의 표현대로 저기압성이다.

전선층은 최대풍고도(제트고도)에서 연직으로 서 있다. 권계면에서와 전선층에서는 바람이 불연속이다. 그러므로 등풍속선들은 열적 불연속선에서 꺾이게 된다.

최대풍고도에서는 전선층을 가로지르는 열적 대조가 나타나지 않는다. 그 대신, 최대풍고도에서의 전선층의 특성으로서는 강한 저기압성 바람시어가 있다. 등온선들은 최대풍고도 위에서보다는 최대풍고도 아래에서 전선을 가로지르면서 꺾인다. 이는 전선층을 가로질러 나타나는 열적 대조가 제트핵의 위쪽과 아래쪽에서 기호가 서로 반대로 된다는 것을 의미한다.

그림 7-48(b)에서와 같은 분석은 개념모델을 인식하고 있어야만 완성할 수 있다. 이 그림에서는 성층권, 대류권, 권계면, 기단, 한대전선, 여러 가지 역전 등을 나타내고 있다. 이 그림에서 한대전선이 아닌 역전들은 이름이 없다. 이러한 역전들이 때로는 여러 곳에서 나타난다. 이들 '이름 없는' 역전들은 보통 전선역전보다는 덜 현저하다.

그림 7-48에서 나타낸 것처럼, 실제적인 분석을 위해서는 많은 기술적인 어려움이 따른다. 컴퓨터가 그린 등치선들은 그림 7-48(a)에서의 스케치와 비슷하다. 모니터에서 수정한다는 것은 현실적으로 매우 어렵다. 따라서 기상학자들은 실제적으로 그림 7-48(a)에서처럼 평활한 등치선을 사용할 수밖에 없고, 또 이러한 평활한 선들에 기초하여 모든 모델들에 대해 추론하지 않으면 안된다. 컴퓨터에 의해 생산된 단면도가 종이에 인쇄되어 있을 때는 적절한 수정을 필요로 한다.

10 한대전선의 분열

가. 분열전선 모델

편서풍대에서 한대전선의 중 · 상층 대류권 부분이 때로는 지상전선보다 더 빠르게 진행하여 상층 한대전선이 지상의 한대전선을 추월하는 경우의 전선을 분열전선이라 한다. 그림 7-49는 그러한 분열전선(split front)의 동서 연직단면을 나타내고 있다.

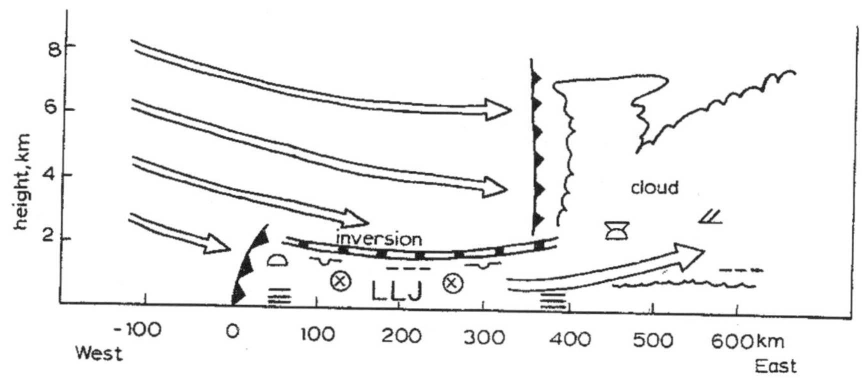

(2중 화살표: 주된 기류, ⊗표시: 뒤에서 본 기류 화살표, 외곽선: 구름지역)

[그림 7-49] 분열 한랭전선의 연직단면도

그림에서 한랭공기의 서풍 기류들이 강하다. 온난공기의 유선은 오른쪽 전선 아래에 있는데, 이것은 컨베이어벨트(conveyer belt)이다. 컨베이어벨트에서의 온난공기는 보통 하층제트(LLJ)의 형태로 남쪽으로부터 북쪽으로 흐른다. 컨베이어벨트는 온난공기와 수증기를 수송한다.

그림 7-49에서 LLJ 영역은 온난한 열대기단 또는 중위도기단이다. 안개와 하층대류, 때로는 소나기가 이 기단에서 나타난다. 보통 남풍 LLJ의 상한에서 역전층이 발생한다. 이 역전층은 구름의 연직 발달을 제한한다.

서쪽에서 불어 오는 한랭공기는 한대전선 부근에 오기 전에 침강하기 때문에 건조하다. 이때 한랭공기가 침강으로 단열승온되어 역전층 아래에 있는 온난공기보다 더 따뜻할 수도 있다. 이러한 안정층의 형성은 역전층을 유지시킨다. 역전층 위에 건조공기, 그 아래에 습윤공기가 위치하는 구도는 이 역전층이 침강역전임을 나타낸다. 이 역전층에서는 아래에 습한 공기, 위에 건조공기가 위치하기 때문에 잠재적으로 불안정할 수도 있다. 이런 경우 뇌우가 발생하기도 한다.

상층의 이러한 한랭전선과 지상의 한랭전선의 결합을 폐색전선으로 해석해서는 안 된다. 왜냐하면 이 시스템은 한랭전선과 온난전선의 결합으로 발전된 것이 아니기 때문이다. 그림 7-49에서의 두 전선은 모두 한랭전선으로서 두 기단(즉 컨베이어벨트를 이루는 온난기단과 한대편서풍의 한랭기단 또는 건조기단)만 있는 것이다.

이러한 한랭전선을 가로지르는 온도차는, 한랭공기 중에서의 침강 때문에, 지상이나 상공에서 모두 작다. 때로는 한랭공기 중에서 일중 햇볕에 의해 지표가 가열되고, 그리고 온난공기 중에서는 컨베이어벨트 내의 구름 아래에서 태양에 의한 지표 가열이 없게 되어 지상전선의 온난공기 쪽의 지상에서보다 한랭공기 쪽의 지상에서 오히려 온도가 높을 수도 있다. 따라서 “cold”과 “warm”의 의미는 구조적 감각으로 사용되는 것일 뿐이어서, “cold”는 일반적으로 한대전선의 극쪽에 위치하는데, 때로는 국지적으로 이 공기가 주위의 남쪽의 온난공기보다 더 온난할 수도 있다. 마찬가지로, 전선의 한대공기가 열대공기에 대해 앞섰을 때는, 심지어 두 기단이 온도로는 구분이 되지 않는다. 이러한 경우는 한대공기가 국지적으로 열대공기보다 더 온난할지라도 “한랭전선(cold front)”으로 본다.

습구온위는 기단을 식별하는 실제적인 도구인데, 이 습구온위는 위단열과정(pseudo-adiabatic process)에서 보존된다. 전선을 검출할 때, 그림 7-49에서 나타낸 것처럼, 보통은 습구온위를 사용하면 기온을 사용하는 것보다 전선 검출이 더 쉽다.

보통 마르굴레스 방정식에서 고려되는 정체평형과는 매우 다른 상황이기 때문에, 여기서 설명되고 있는 전선의 모양과 기울기에 대해 마르굴레스 방정식을 가지고 결론을 도출할 수는 없다. 편서풍이 25m/s를 초과하고, 그리고 이동속도가 빠른 전선일 경우, 가속이 정체전선의 기울기를 크게 변화시킬 수 있다. 그런데 이들 전선에 대한 상세한 정보가 부족하다. 더 나은 정보가 없다면 그림 7-49에서의 전선들은 보통 연직으로 그려지게 된다.

나. 분열전선의 예

그림 7-50로부터 7-52까지는 분열한랭전선을 설명하고 있다. 그림 7-50(500hPa일기도)은 미국 Wyoming으로부터 Great Lakes까지의 경압지역과 한대제트의 낮은 부분을 나타내고 있다. 등온선이 밀집된 것으로 보아 한대전선이 Kansas주 상공에 있다. 전선이 북동쪽으로 연장되지만, Illinois주와 Wisconsin주 상공에는 이 전선에 등온선이 몇 개 남지 않았다. 그 등온선들은 다른 불연속이 OMA지점(네브라스카주 Omaha)의 동쪽과 DAY지점(Ohio주 Dayton)의 북동쪽에 존재할 수 있다는 것을 시사하고 있다.

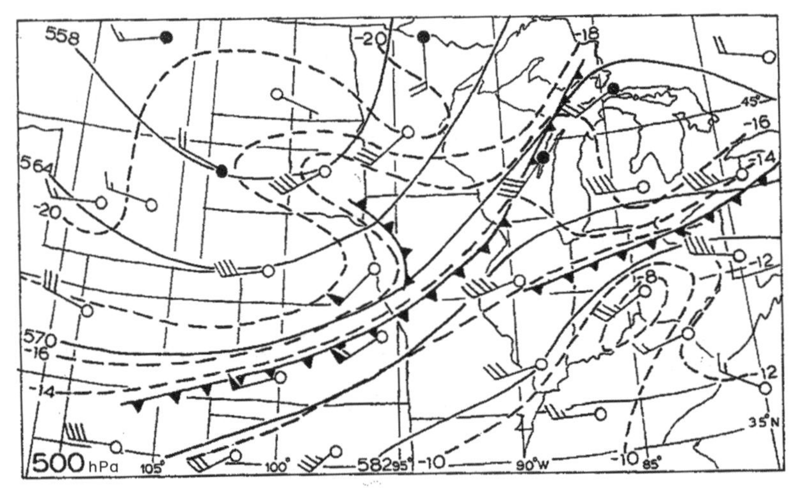

(지오퍼텐셜고도(gpdam, 실선)와 기온(℃, 파선)

[그림 7-50] 등온선들이 다중전선 구조를 보이고 있는 500hPa일기도 (1983. 10. 16 00UTC)

그림 7-51(850hPa일기도)와 그림 7-52(지상일기도)는 Nebraska주와 South Dakota주 상공의 편서풍 기류로부터 분명하게 분리되는 Iowa주 상공의 습한 남편풍 기류를 보이고 있다. 한랭전선은 서쪽으로부터 다가와서 막 OMA지점을 통과했다. 이 전선과, 분열모델이 아닌 다른 모델로 설명되는 것과는 차이가 분명하다. 즉 상층의 한랭전선은 850hPa와 지상의 전선보다 훨씬 동

쪽에 위치한다. Iowa주와 Wisconsin주 상공에서의 중복(겹침)은 아직은 더 강화된다. STC지점(Minnesota주 St. Cloud)은 850hPa에서와 지표면에서 온난역에 있고 500hPa에서는 한랭역에 있다는 것이 거의 확실하다.

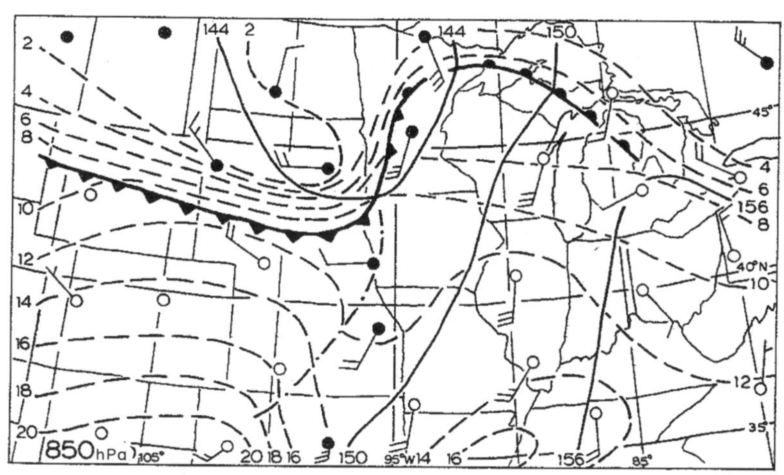

(지오퍼텐셜고도: 실선(gpdam), 기온: 파선(℃),
한대전선이 500hPa 고도의 북쪽에 위치하고 있다).

[그림 7-51] 한대전선이 분열전선인 850hPa일기도(1983. 10. 16 00UTC)

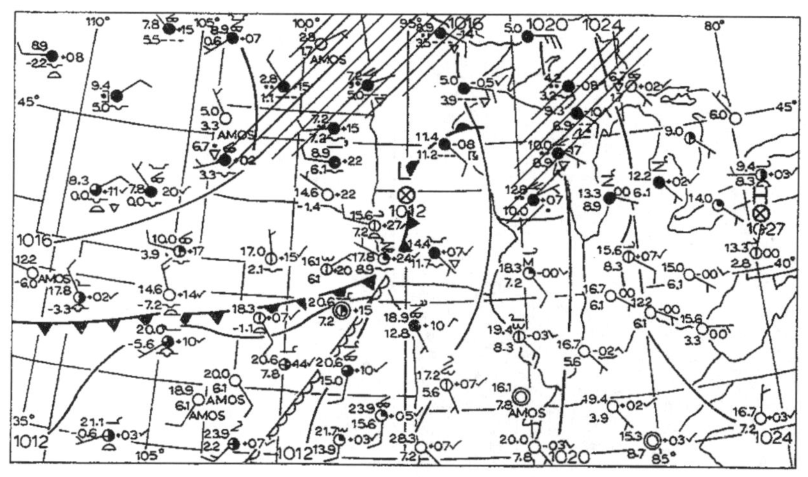

[그림 7-52] 500hPa의 한랭전선에 가까운 온난 컨베이어벨트에 비구름이 나타나 있는 지상일기도(1983. 10. 16 00UTC)

11 달장마전선 현상

가. 달장마전선의 위성영상

집중호우는 주로 장마철에 발생하고 있다. 우리나라의 장마철은 대체로 6월 하순으로부터 7월 중순까지의 한 달이다. 이 기간의 집중호우를 이해하려면 단지 중규모 현상으로서의 호우뿐만 아니라, 한대전선에 관한 여러 가지 현상을 종합적으로 인식할 필요가 있다.

동아시아에서 장마철(rainy season)은 늦봄으로부터 초여름에 걸쳐 진행된다. 5월경에 중국대륙의 남부에 동서로 뻗어 있던 한대전선(polar front)에서의 강우대는 계절 진행과 더불어 강화되면서 서서히 북상하여 6월 초순경에는 일본열도에, 그리고 6월 하순에는 한반도에 영향을 미친다.

그림 7-53에서는 구름역이 중국대륙으로부터 동으로 띠모양으로 뻗어 일본열도 상공을 거쳐 고위도 북태평양에 도달하고 있다. 이것이 거시적으로 동아시아 초여름의 한대전선대의 모습이다. 이 한대전선은 크게 보면 오호츠크해고기압과 북태평양고기압과의 사이에 이루어진 전선으로서 위성영상에서 외관이 겨울철의 한대전선과 비슷하지만, 여름철에는 남북의 기온차가 작아서 전형적인 겨울철의 한대전선과는 상당히 다른 구조를 나타내고 있다.

그림 7-53을 좀 더 자세히 보면, 위성영상에서 오른쪽 끝과 왼쪽 끝에 보이는 큰 구름의 소용돌이는 파장이 수천 km에 달하는 대규모 저기압과 관련된 구름이다. 구름구역의 남쪽은 구름이 없는 부분으로 태평양고기압에 덮인 영역이다. 또 멀리 남쪽에는 열대저기압에 의한 구름이 보인다.

더 세밀하게 보면, 한대전선대는 구름구역이 한결같은 것이 아니고, 수 백~1,000km의 간격을 두고 짙은 구름덩어리가 나타나고 있는 것을 보게 된다. 이들은 한대전선대에서 발달하는 비교적 작은 저기압으로서 「중간규모 요란」이다. 이들은 "중규모 요란"보다는 훨씬 크다. 중규모 요란은 그림 7-53과 같은 영상에서는 볼 수 없지만 레이더영상으로는 쉽게 관찰할 수가 있다.

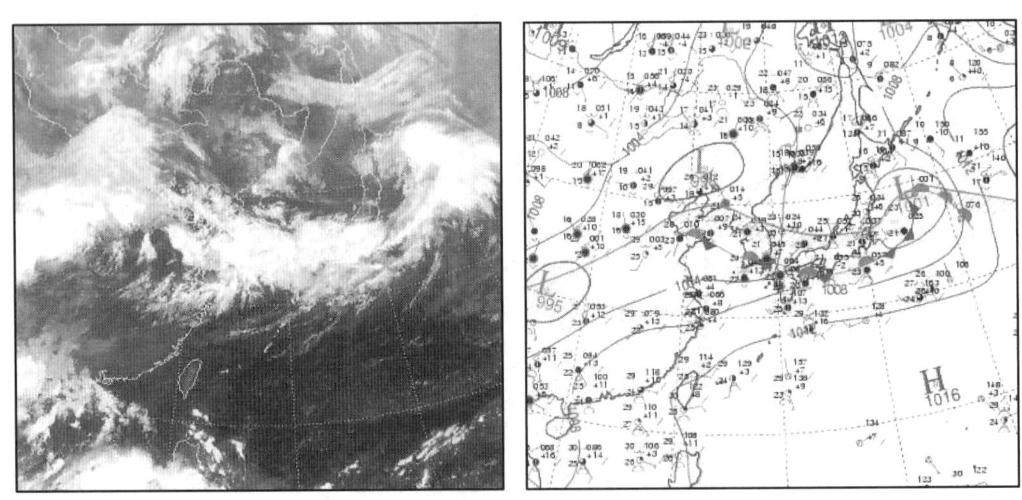

[그림 7-53] 초여름 달장마전선이 위치한 지상일기도와 기상위성영상

겨울에는 한대전선대의 북쪽과 남쪽에 온도차가 매우 큰 기단이 각각 위치하지만, 장마기에는 그 기온차가 크지 않은 것이 보통이다. 오히려 특징적인 것은 기온 대비보다는 습도 대비이다. 그림 7-54에서 (a)는 장마기 중 1주간의 850hPa면의 기온과 수증기량에 의해 기단을 분류한 것이다. 그리고 (b)는 기상위성 구름영상에서 구한 평균운량 분포를 보이고 있다. 이 그림에서는 한대전선대의 북쪽에 한대기단, 남쪽에는 몬순기단과 열대기단이 각각 위치한다.

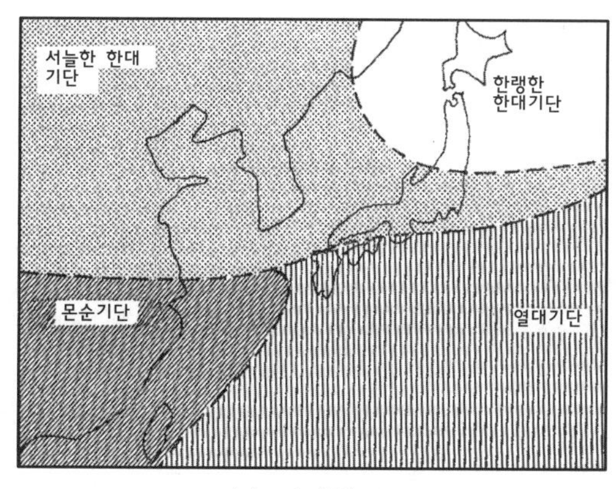

(a) 기단분포

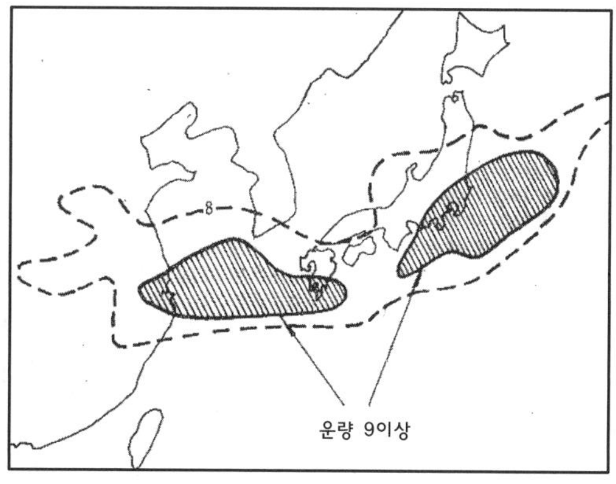

(b) 운량분포

[그림 7-58] 장마기 초기 극동지방의 기단(1969. 7. 3~10)

이 그림을 자세히 보면, 일본의 북부와 중부를 경계로 동과 서에서는 바이우전선의 성격이 상당히 달라져 있다. 즉 북동쪽의 기단은 꽤 저온이다. 따라서 전선대에서의 기온 대비가 제법 커서 한대전선으로서의 성격도 분명하게 나타난다. 한편, 바이우전선대(한대전선대)의 북쪽인 일본의 중서부에서는 기단이 별로 저온이 아니어서 전선대를 중심으로 남북 기온차는 작지만, 그 대신 남쪽의 열대기단은 고온이면서 많은 수증기를 포함하고 있어서 전선대를 경계로 수증기의 대비가 현저하다. 일본의 남서부에서는 고온다습하고 대류성 강수가 나타나고 있다.

결론적으로, 우리나라에 호우를 유발하는 초여름의 한대전선대는 남서아시아로부터 확장되어 오는 남서 몬순풍계(또는 몬순기단)의 북쪽 가장자리에 형성되는 거대한 강수대 또는 구름역을 동반한다. 이 기간의 한대전선을 중국에서는 메이유전선(Meiyu front, 梅雨前線), 일본에서는 바이우전선(Baiu front, 梅雨前線)이라 하고, 우리나라에서는 '달장마전선(Daljangma front)'이라고 할 수 있겠다.

Note

달장마(Daljangma)

우리나라의 장마철은 대체로 6월 하순부터 7월 하순까지 한 달 정도이다.

우리나라 황사철은 봄인데 황사가 가을에 나타날 수도 있다. 황사가 봄에 나타나도, 가을에 나타나도 모두 황사다. 마찬가지로 장마철에 내리는 장마와 여름이나 가을에 나타나는 장마가 모두 장마라고 일컬어질 수 있다.

그런데, 이제까지 우리는 '장마'는 장마철(6월~7월)에 나타나는 것만으로 한정해 왔다. 그래서 장마철이 아닌 때에 나타난 장마는 '장마'가 아닌 것으로 정의하려 하고 있다. 장마를 일본의 바이우(Baiu)나 중국의 메이유(Meiyu)처럼 고유명사로 잘못 사용하고 있기 때문이다.

중국과 일본에서 사용하고 있는 매우(梅雨)는 "매실이 익어갈 무렵 내리는 비"라는 의미를 담고 있다. 매실이 익어갈 때는 1년 중에 정해져 있는 시기이다. 그 시기의 비가 아니면 매우(梅雨)일 수가 없다. 그래서 다른 계절의 매우(梅雨)는 성립할 수가 없다.

우리나라의 '장마'는 시기적으로 매우보다 조금 늦어서 '매실이 익어갈 때'와는 관계를 지을 수 없기 때문에 중국이나 일본에서처럼 매우(梅雨)라는 용어를 사용하지도 않았고, 또 그렇게 사용할 수도 없었다.

그럼에도 불구하고 '장마'라는 보통명사를 고유명사인 매우(바이우/메이유)에 대응되는 명칭으로 사용하기 시작한 지가 70년이 되어오고 있다.

국어사전에 명시되어 있는 것처럼, 장마는 보통명사로서 '지속적으로 내리는 많은 비'로서 1년 중 어느 때든 내릴 수 있는 것이다. 장마가 '매실이 익어갈 때에 나타나는 지속적으로 내리는 많은 비'인 매우처럼 정의가 될 수가 없기 때문에 사용에 계속적으로 불편을 느끼고 있는 중이다.

이쯤에서, 우리는 '장마'에 대응되는 고유명사로서의 다른 이름을 도입하여 다른 계절에도 나타날 수 있는 보통명사인 장마와 구별해야 할 것이다. 이는 '장마'를 예보하느냐 않느냐 하는 문제와는 별개의 문제이다. 보통명사로서의 장마와는 구별되는, 그리고 이제껏 매우(梅雨)에 대응시켜 사용해왔던 고유명사로서의 '장마(Changma)'의 전통(?)을 살릴 수 있는 '달장마(Daljangma)'를 대안으로 제안한다. '달장마'는 '달장 장마'의 줄임말이다. 달장은 '한 달 정도'라는 뜻을 가지고 있어서 '달장마'는 '한 달 정도의 장마'라는 의미를 가진다. 달장마 기간은 우리나라에서 장마철에 해당되는 기간이 된다. 이제 '장마'를 국어사전에서 말하는 의미의 장마로 돌려주게 되는 의연함도 누릴 수 있게 된다.

나. 습윤혀와 호우

그림 7-55는 우리나라 주변의 장마철의 900hPa면(약 1,000m 고도)과 600hPa면(약 4,000m 고도)의 혼합비 분포를 보이고 있다. 600hPa면의 혼합비 분포에서는 한대전선의 남서쪽으로부터 뻗은 큰 혼합비의 혀모양 영역을 볼 수 있다.

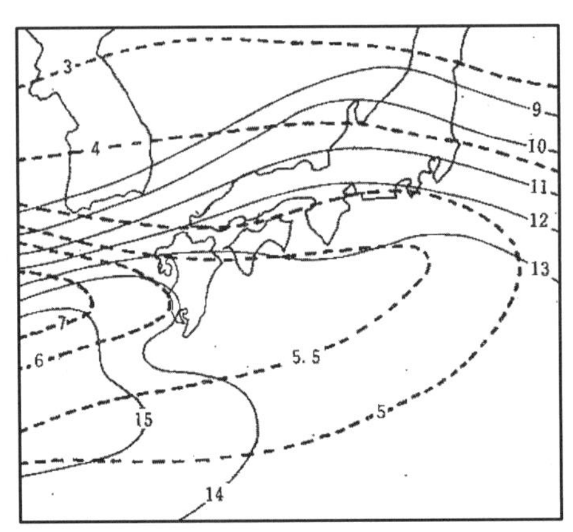

(실선: 900hPa면 자료, 파선: 600hPa면 자료)

[그림 7-55] 한국과 일본 지역의 대기 중하층의 혼합비 분포의 예(1969. 7. 3~10)

이와 같은 수증기(혼합비) 분포는 한반도 주변의 장마기에 호우가 발생할 때에는 거의 예외 없이 나타나는 현상이다. 다습한 기류가 혀모양으로 뻗어 있어서 이것을 습윤혀(moisture tongue)라고 한다. 습윤혀가 뚜렷하게 나타나는 일기도는 특히 700hPa일기도인데, 경우에 따라서는 850hPa일기도나 500hPa일기도에서도 확인할 수 있다. 따라서 700hPa 또는 850hPa일기도 상에서 볼 수 있는 습윤혀에서의 풍향이 호우 발생에 연관이 크다. 이때 습윤혀에서의 수증기량(혼합비)과 플럭스의 크기가 중요하다.

수증기는 바람을 따라 이동하기 때문에 풍속을 v라 하면, 수증기 플럭스는 vq가 된다. 플럭스에는 방향도 있으므로 일기도 상에 나타난 방향으로 vq의 길이를 가진 벡터화살표로 기입해주면 수증기 흐름을 잘 알 수 있게 되는데 이러한 수증기의 흐름이 습윤혀를 따라 마치 강물처럼 수증기가 남서아시아에서 극동을 향해서 흘러들어오는 것을 볼 수 있다. 이러한 의미에서 습윤혀에 의해 옮겨지는 수증기가 한반도에 호우를 유발한다고 생각할 수 있다. 이 수증기의 유입을 거슬러 올라가면 인도양으로부터의 수증기가 우리나라 호우의 뿌리라고 생각할 수도 있을 것이다.

그림 7-56은 지면~500hPa 기층에서의 수증기의 흐름을 보이고 있다. 확실히 긴 화살표가 전선대나 습윤혀를 따라 늘어서 있다. 화살표의 크기는 중국대륙에서 동중국해로, 그리고 일본 남서부를 향해서 커지고 있다. 만약 서쪽으로부터 상층에서 전선을 따라 흘러드는 수증기가 호우의 원인이라면 호우역에서 강수로 소모시킨 수증기만큼, 풍하(동쪽)를 향해서 흐르는 수증기의 분량이 감소될 것이다. 그러나 실제로는 강수가 있으면서 오히려 풍하로의 수증기 흐름의 양이 커지고 있다. 이러한 사실은 서쪽으로부터 유입되는 수증기에 의해 호우가 발생한다기보다는 남쪽에 위치하고 있는 태평양으로부터의 수증기 유입이 더 큰 비중을 차지하고 있기 때문이다.

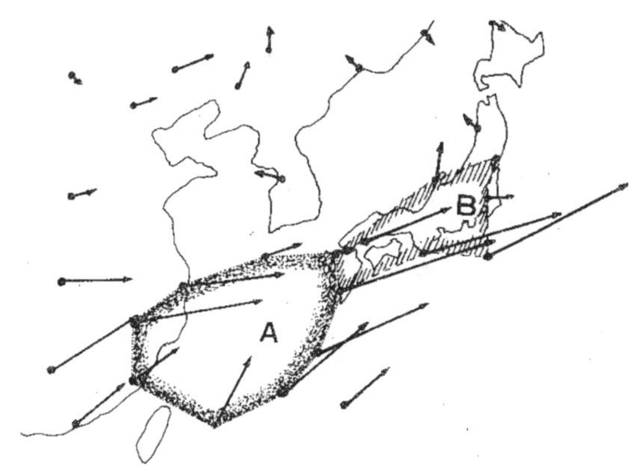

(A는 동중국해역, B는 일본열도역)

[그림 7-56] 극동지역 장마기의 1000~500hPa 기층과 수증기 흐름의 예(1969. 7. 3~10)

마찬가지로 한반도의 호우도 전선을 따라서 서쪽에서 흘러드는 수증기에 의해서 발생되는 것이 아니고, 전선대를 향해 남쪽으로부터 유입되는 수증기가 호우를 발생시키는 것으로 보아야 한다.

그림 7-55에서 보면 일본열도의 남쪽 해양 상의 광대한 영역은 모두 900hPa면의 혼합비가 12g/kg 이상인 다습 기층을 이루고 있다. 이 다습한 기층은 전선대를 제외하고는 그다지 두껍지 않은데도 광대한 해양 상에서 1일 수mm 정도씩의 증발에 의해 계속 채워진 수증기 탱크가 한반도의 바로 남쪽에 준비되어 있다는 사실이다.

이러한 조건 하에서 전선을 따라 북태평양 고기압의 서쪽 끝을 돌아 흐르는 기류가 남풍으로 유입되면서 다량의 수증기가 수렴한다. 뿐만 아니라, 여기서는 여러 가지 요란으로 나타나는 상승류에 의해 하층의 수증기가 상층으로 이동하기 때문에, 그림 7-55에서도 나타나는 것처럼 대류권 중층에서 전선대를 따라 가늘고 긴 습윤혀가 형성된다. 이런 의미에서 호우와 습윤혀는 원인과 결과라기보다는 양쪽 모두가 동시적으로 발생하는 현상으로 보아야 할 것이다. 따라서 수증기 근원을, 서쪽으로 길게 연장되어 있는 구름벨트나 습윤혀를 따라 매우 먼 서쪽인 인도양에서 찾는 것은 별 의미가 없다. 수증기는 한반도 부근에서 충분히 준비되는 것이다. 그렇다고 해서, 습윤혀가 호우와 관계없다는 것은 물론 아니다.

습윤혀는 하층의 습윤기단의 수렴을 일으키는 중요한 현상이다. 따라서 호우 예상을 위해 상층 일기도 상에 보이는 습윤혀의 동향에 세심한 검토가 필요하다. 그리고 호우역의 큰 수렴을 역(逆)으로 보면 그 부근에서 발산역이 있는 것이기도 하다. 발산역에서는 공기의 질량보존에 따라 하강류가 생겨서 상층의 건조한 공기가 하층까지 내려오게 된다. 이와 같은 이유로 호우발생 시에는 종종 습윤혀 바로 옆에 현저한 건조역이 생성되는 일이 있다(그림 7-57 참조).

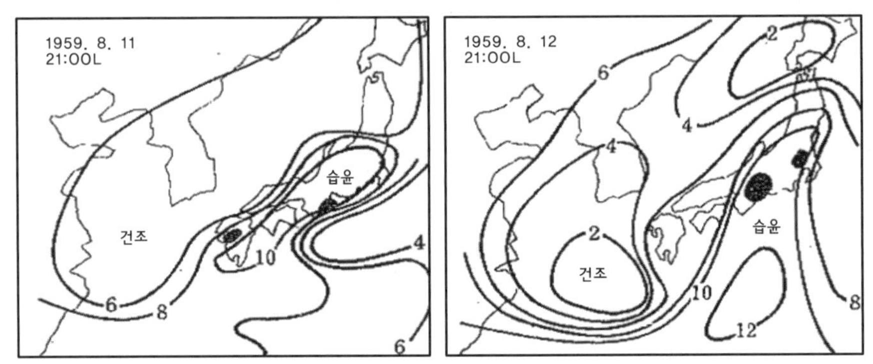

(실선: 700hPa 혼합비, 검은 부분: 12시간강수량 50mm 이상)

[그림 7-57] 습윤혀의 호우역과 부근에 상대적으로 건조역이 나타난 예(1959. 8. 11~12),

다. 하층제트

전선을 사이에 두고 남쪽에 난기, 북쪽에 한기가 있으면, 상층에서는 기압경도가 강해져 그곳에 제트류가 위치하게 된다. 이때 제트핵의 높이는 10km 정도이다. 이 상층 제트류와는 별도로 가끔 전선대의 하층에도 강풍역(하층제트)이 출현한다. 특히 호우발생 시에는 보통 이 하층제트가 나타난다.

우리나라의 달장마기의 하층제트는 그 출현이 호우의 발생과 매우 밀접한 관계를 가진다. 그리고 출현고도가 4,000~10,000m여서 하층에서만 나타나는 것은 아니다.

상층 제트류는 지상전선대의 상공을 달리고 있는데 비해 하층제트는 전선대의 약간 남쪽에 나타난다.

그림 7-58은 130° E의 단면도 상의 풍속 분포를 나타내고 있다. 연직으로 본 하층제트의 중심은 대략 700hPa면에 위치한다. 한반도의 달장마기에 나타나는 대부분의 호우역은 상층제트류 중심축의 남쪽에 위치한다.

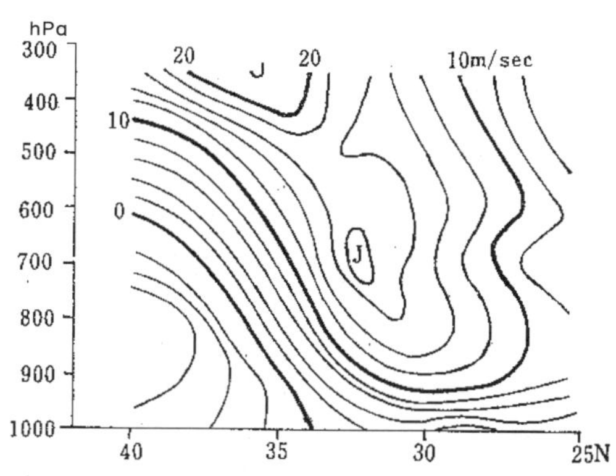

[그림 7-58] 130° E를 따르는 연직단면에서의 서풍 성분 분포(1969. 7. 3~10)

또 그림 7-59에서 보면 호우는 거의 대부분 하층제트의 직하 또는 가까운 북쪽에서 발생하고 있으며, 하층제트 중심축에서 남쪽으로 200km 이상 떨어진 지역에서의 발생빈도는 대단히 낮았다.

하층제트의 출현이 반드시 호우발생에 선행되는 것은 아니다. 그러나 호우량과 하층제트 출현 6시간 후의 풍속과의 관련성이 매우 크다. 따라서 호우가 시작되고, 그것에 이어서 하층제트가 발달하거나, 또는 동시에 발달하는 것으로 이해할 수 있다. 따라서 습윤혀나 하층제트의 동향을 상층일기도에서 주의 깊게 감시하는 것은 호우발생 또는 호우의 경과 예측에 기본적인 사항이다.

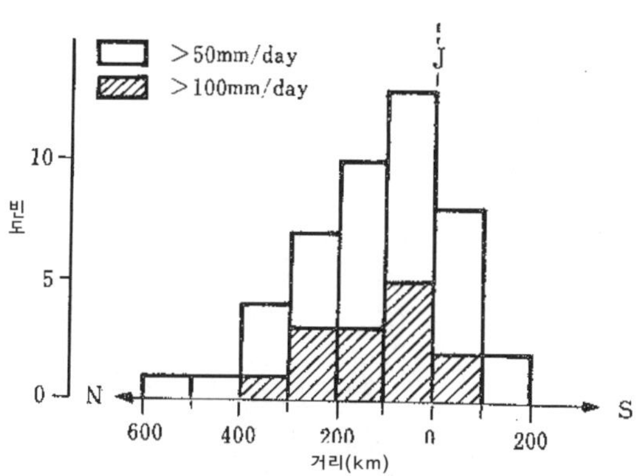

[그림 7-59] 일본 바이우 기간 중 하층제트에 대한 호우 발생의 상대적인 위치(규슈 부근, 1968년)

또한 하층제트는 지형의 영향을 크게 받게 된다. 그림 7-60는 동중국해에서 잘 발달된 하층제트의 풍속 연직분포를 나타낸 것이다. 풍속은 700hPa 고도까지는 고도에 따라 거의 직선적으로 증가하여 700hPa에서 극대에 달하고, 그 이상 400hPa 고도까지는 풍속이 연직방향으로 거의 일정했다.

하층제트핵 고도에서는 실제풍속이 지균풍속보다 수m/s나 더 강했다. 모든 호우가 정도의 차이는 있으나 이는 공통적으로 발견되는 현상이다. 따라서 달장마기의 호우 시에 나타나는 하층제트는 기압경도력과 균형을 이루는 지균풍적인 강풍은 아닌 것이다.

그림 7-60에서 중・상층에 보이는 일정한 풍속분포는 어떤 혼합작용이 있음을 암시한다. 대기

중의 혼합작용이 하층에서는 난류에 의해 이루어지지만 호우역에서 생기는 강한 대류(적운 운동)는 하층에서 약한 풍속을 가지고 있는 공기를 상승시키며, 또한 하강하는 많은 빗방울 때문에 발생하는 하강기류가 상층의 공기를 하층으로 끌어 내리기 때문에 발생한다. 즉, 대류의 혼합작용에 의해서 두꺼운 기층에 걸쳐 풍속의 평균화가 이루어지는 것이다.

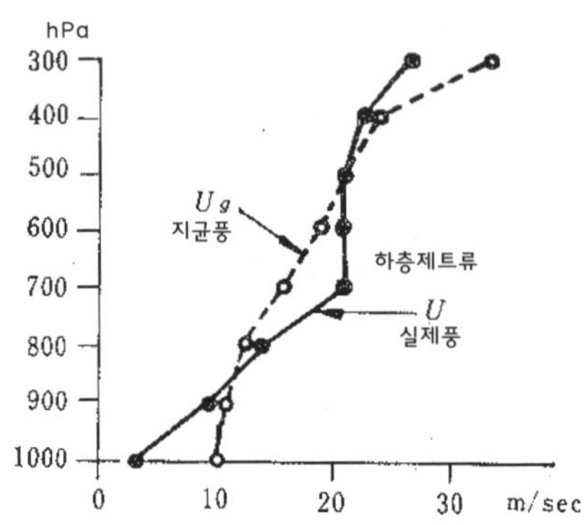

[그림 7-60] 동중국해에서 측정한 하층제트 풍속의 연직분포(1970. 7. 7)

하층제트 형성의 메카니즘은, ① 하층제트가 호우역으로 발달하고, ② 호우보다 약간 늦게 최대 풍속에 도달하며, ③ 연직방향으로 똑같은 풍속분포가 나타난다는 것이다.

실제풍이 지균풍과 달라지기 때문에 생기는 기압과 바람의 불균형에 의해 그림 7-61에서와 같이 하층제트의 남쪽에서는 하강류가 생기기 때문에, 하층제트의 남쪽에서는 북쪽보다 호우가 발생하기 어렵다.

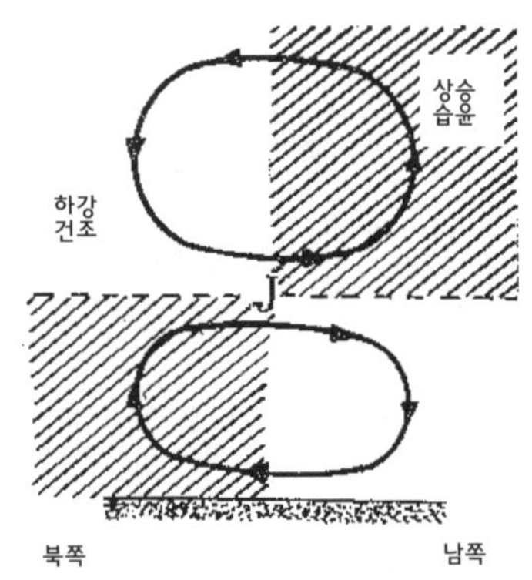

(빗금칠: 습윤기단, 화살표: 기류의 방향)

[그림 7-61] 하층제트핵 주위의 풍속과 기압장의 불균형에서 발생한 연직순환 모델

라. 달장마전선계의 중규모 대류계

여기서 일본 규슈(九州)지방에 내린 호우의 예를 들어 구름무리에 대해 분석한다. 그림 7-62에서 보면, 1982년 7월 23일에는 B지점을 중심으로 일강수량이 400mm를 넘는 집중호우가 있어 300명 가까운 사망자가 발생했다. 다음날 24일에는 규슈 중앙부에 역시 일강수량 400mm 이상의 호우가 있었다. 그리고 25일에는 규슈 남부 여러 곳에서 일강수량 200mm 이상의 강수가 있었다. 이는 그림 7-62(a)에서의 B지점에 집중호우를 내린 비구름이 2일에 걸쳐서 그대로 규슈 남부로 이동한 것은 아닌 것임을 알 수 있다.

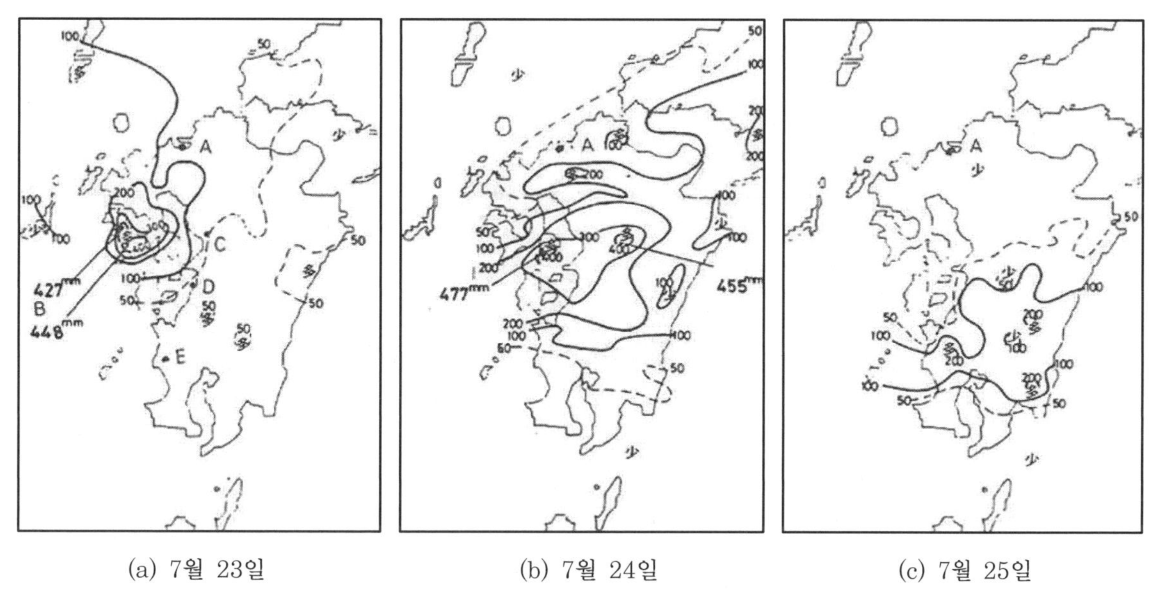

(a) 7월 23일 (b) 7월 24일 (c) 7월 25일

[그림 7-62] 일본 규슈(九州) 지방의 일강수량 분포도(1982. 7. 23~25)

위성영상을 연속적으로 관찰하면, B지역에서는 집중호우가 23일 19시경부터 시작되어 이후 3시간 동안 300mm를 넘겼다. 이와는 별도로, C지역에 내린 비는 주로 24일에 계속적으로 내려서 일강수량으로 보면 큰 비가 내린 결과가 된 것이 특징이다. 이 상황은 D지역이나 E지역에 있어서도 비슷하다. 이것은 동중국해에서 발생한 구름무리가 차례로 동진해서 규슈지방을 통과하면서 비를 내렸기 때문이다.

우선 B지점이 호우일 때의 지상일기도 그림 7-64(a)를 보면, 규슈의 북서쪽인 한반도 남해안에 약한 저기압이 있고, 그로부터 거의 동서로 전선이 위치한다. 이 전선에 동반되는 수평온도경도는 보통의 한랭전선의 경우보다는 약하다. 이 전선이 달장마전선이다. 이 달장마전선을 동반한 저기압의 중심은 500hPa일기도에서는 닫힌 등압선이 나타나지 않을 정도의 키낮은 저기압이다. B지점 부근의 호우는 이 저기압의 남동쪽의 온난전선에 해당하는 위치에서 내리고 있다. 같은 시각 유선 분포를 나타낸 그림 7-65에서는 온난전선이 규슈 북부 서해안에 거의 북서로부터 남동으로 걸쳐 있고, 그 남쪽에서는 남~남서풍이 강하게 불고, 북쪽에서는 남동풍이 주로 불고 격렬한 적운이 발생하고 있다.

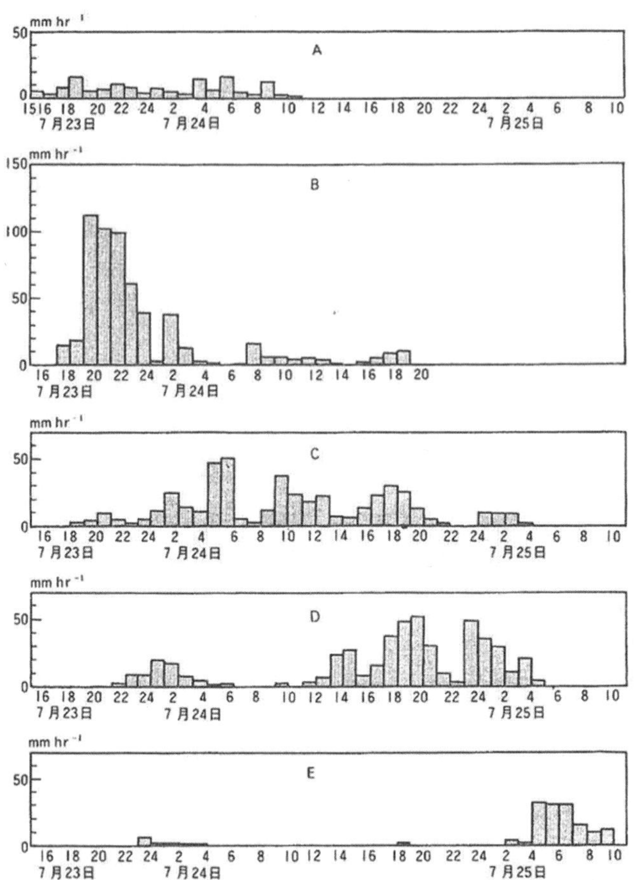

[그림 7-63] 그림 7-66(a)에 표시된 A, B, C, D, E 각 지점에서의 1982년 7월23~25의 매시강수량(mm/h)

이 저기압은, 그림 7-64에서 보면, 중국대륙에서 발생하여 동진 중에 있다. 이 저기압이 동진하면서 지상저기압의 중심에서 남서로 뻗친 한랭전선과 그 부근에서 키큰 구름무리가 계속 발생하여 동쪽으로 이동하고 있다. 어떤 것은 발생 후 수 시간 정도에 소멸하지만, 어떤 것은 12시간 이상이나 지속되어 일본 규슈에 상륙하고 있다. 위성영상에서 한반도 남쪽에 흰 점처럼 독립해 있던 구름무리는 19시경 발생한 것으로, 같은 시각에 다른 구름무리가 B점 지역에 호우를 내리게 하는 동안에 흰 점모양의 위성영상이 점차 발달하면서 동진하여, B지역에 제2의 최대 강수량을 나타내고 있다. 한랭전선의 동진과 함께 구름무리가 발생하는 위치도 전체적으로 동으로 이동하고 있다.

이들 구름대의 이동방향은 700hPa에서의 일반풍향에 가깝다. 구름대 속에서 운정고도가 10km를 넘는 대류세포가 여러 개 나타나고 있다. 이 구름대가 통과할 때, 그 지역은 최대 강도의 강수가 나타난다.

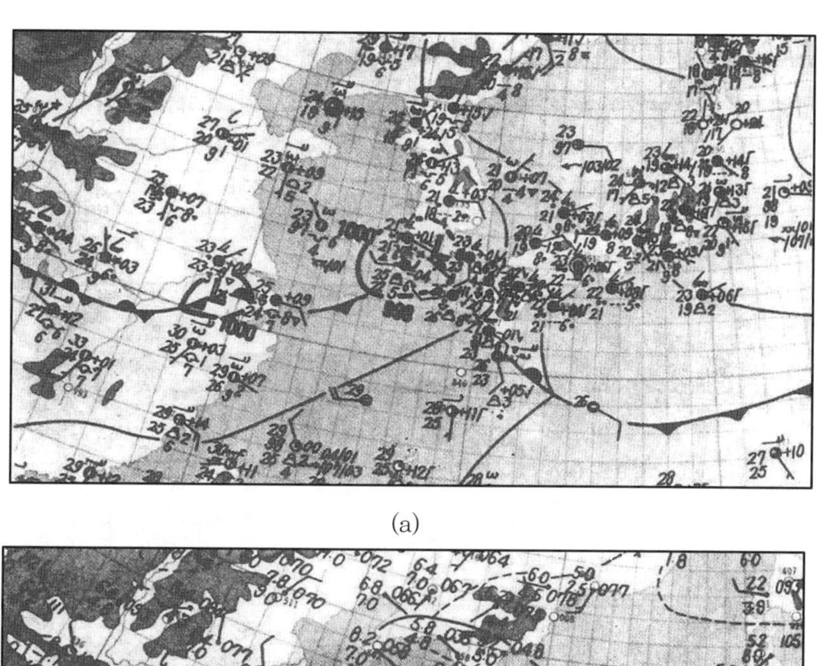

(a)

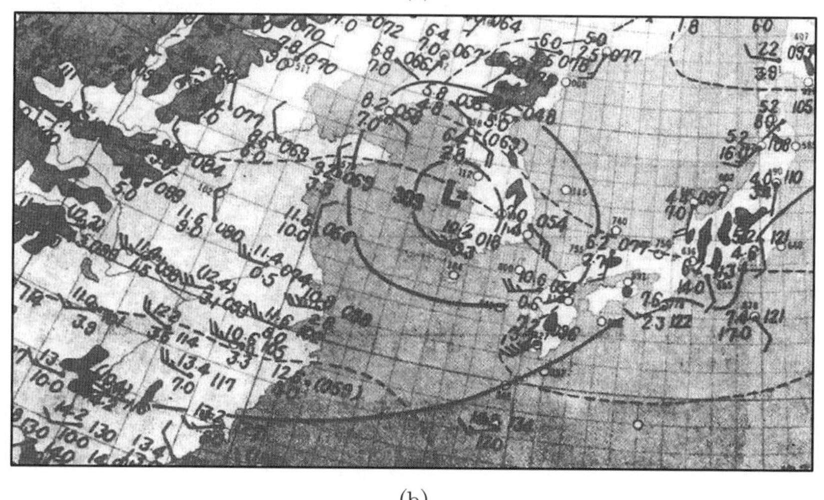

(b)

[그림 7-64] 그림 7-62(a)의 B지역에 호우가 진행 중인 지상일기도와 700hPa일기도 (1982. 7. 23. 21:00LST)

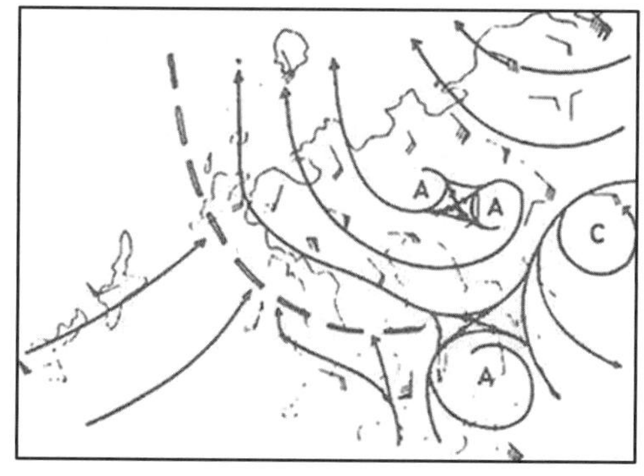

(A: 고기압성순환 중심, C: 저기압성순환 중심)

[그림 7-65] 일본 규슈(九州) 북서부의 호우 발생 시의 지상유선도(1982. 7. 23 21시)

달장마 뿐만 아니라, 일반적으로 규슈를 포함한 서쪽 일본에서 이러한 장마기에 내리는 큰 비는, 수평규모가 서로 다른 몇 개의 현상들이 서로 엉켜서 나타나는 것이다. 우선 전 지구적인 규모로서는, 봄에서 여름으로 계절이 바뀜에 따라 대류권 상부의 제트류의 위치가 점차 북으로 이동하고, 이와 함께 지상 한대전선의 위치도 북상한다.

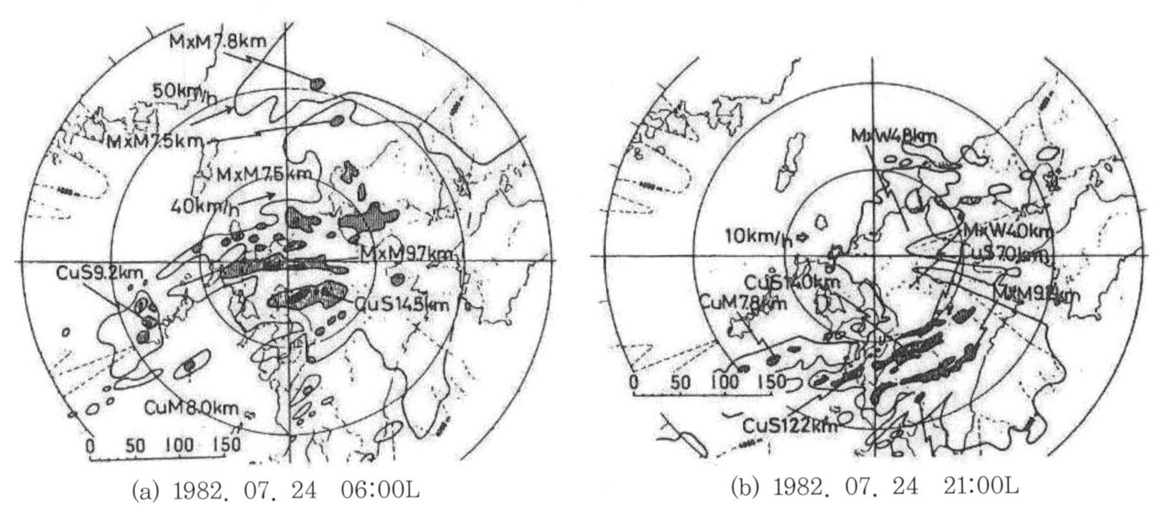

(a) 1982. 07. 24 06:00L (b) 1982. 07. 24 21:00L

(굵은 실선: 에코 전체 윤곽, 엷은 그늘칠: 보통 에코, 짙은 그늘칠: 강한 에코, Cu: 주된 대류성구름에코, Mx: 대류성구름과 층상구름의 혼재 에코, 구름 옆 숫자: 운정고도, 화살표: 세포의 이동, 가는 파선 부분: 장애물 때문에 관측이 안 된 지역).

[그림 7-66] 일본 규슈에서 관측한 레이더에코 분포도(비구름에 의한 감쇠 보정은 하지 않음)

이 한대전선은 아열대고기압의 북단에 위치하여, 중국대륙 남쪽에서 한반도 남해안을 지나 일본섬 남쪽 해양 상으로 뻗쳐 있다. 이 전선의 서쪽 끝은 동남아시아의 몬순지역에 도달해 있다. 강한 대류가 일어나기 위해서는 대기가 조건부 불안정이어야 한다. 이 불안정한 성층은 한대전선의 남쪽에서의 풍계와 수증기에 의해 만들어진다.

다음에, 이 한대전선을 따라 약한 작은 저기압이 대략 2,000km 정도의 간격으로 발생한다. 이 저기압들은 주로 대류권 중층 500hPa 고도 이하의 현상으로서, 이 저기압에 나타나는 온난전선이나 한랭전선을 따라 직경이 200km 정도의 구름무리가 몇 개 발생한다. 개개의 구름무리는 한 개 또는 여러 개의 강우대로 이루어져 있다. 개개의 강우대에는 직경이 10km 정도의 발달한 대류세포가 분포한다. 이러한 현상이 중국의 메이유, 일본의 바이우, 한국의 달장마 기간에 일어나는 대체적인 현상이다.

그 외에도, 이 시기에 태풍이 북상해 오면 한대전선을 따라 큰 비가 내리게 된다.

마. 달장마전선 내의 호우에코

달장마전선은 남서기류로 불어오는 고온다습한 기단의 북쪽 가장자리로서, 동서로 뻗은 거대한 강수대 형태를 나타낸다. 이 강수대 위의 대류권 중층에는 습윤혀(moisture tongue)가 위치한다. 호우를 일으키는 이 습윤혀는 남쪽에서 흘러드는 태평양기단으로부터 수증기가 보급되어 상당 기간 유지된다.

달장마전선 상에는 수 천km 크기의 대규모 저기압이 존재한다. 이와 같은 저기압의 접근에 의해 장마기의 전형적인 호우가 발생한다.

이러한 저기압은 규모가 커서 넓은 범위에 걸쳐 비가 내리는 것처럼 보이지만, 저기압에서의 수렴의 강도는 대우가 나타나기에는 한 차원 낮다. 그러나 상세하게 우량을 분석해보면, 이와 같은 큰 저기압의 중심부의 극히 좁은 일부 범위에 집중해서 강한 강수가 나타나는 것을 볼 수 있다. 물론, 이 강수분포의 모양은 각각의 저기압에 따라 반드시 같은 것은 아니다.

그림 7-67은 2009년 7월 7일 09시의 지상일기도와 위성영상이다. 영상의 중앙에 보이는 큰 구름 소용돌이가 저기압의 구름이다. 또 남서로 뻗은 구름띠는 달장마전선에 수반되는 구름이다. 이 구름 소용돌이로 보이는 저기압은 지상일기도와 상층일기도(예컨대500hPa 일기도) 상에서도 한랭저기압이다.

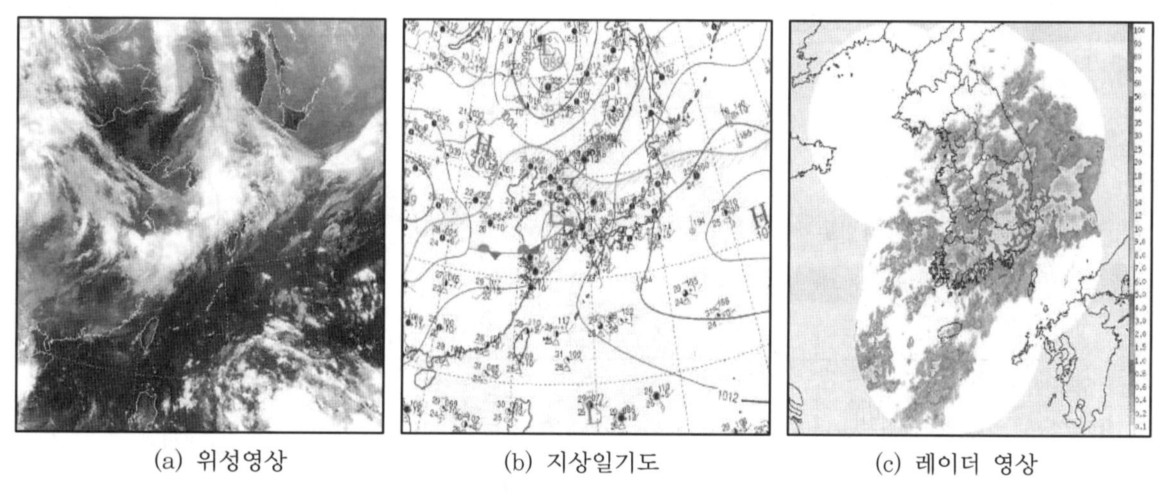

(a) 위성영상 (b) 지상일기도 (c) 레이더 영상

[그림 7-67] 달장마전선대 상의 대규모 저기압의 예 (2009.7.7 09:00I)

이와 같은 저기압에서는 일반적으로 그 중심 부근, 그리고 따뜻한 공기와 마주치는 전선 부분에서 대우가 내린다.

그림 7-68은 앞의 그림에서와 유사한 2007년 달장마전선 상의 강수계의 사례이다. 이 그림에서 저기압 중심 전후에서 시간당 30mm 정도의 대우가 내리는 몇 개의 에코밴드가 위치한다.

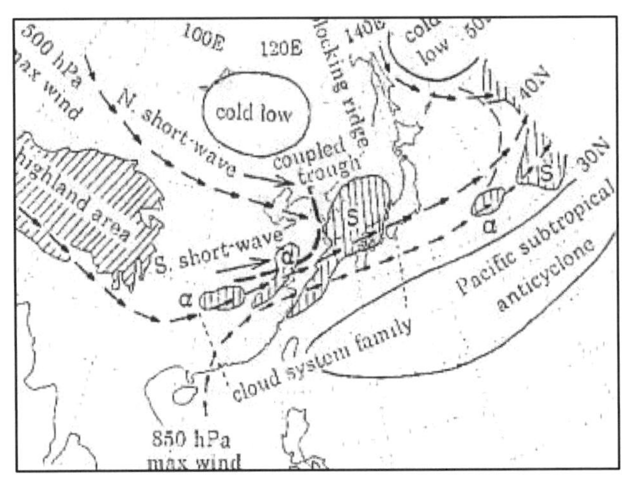

[한반도의 서쪽에서 시작하는 500hPa고도의 최대풍(북쪽 및 서쪽으로부터의 화살표)과
850hPa고도의 최대풍(남서쪽으로부터의 화살표)의 수렴이 보인다].

[그림 7-68] 달장마전선대에서 발달하는 아종관규모 강수계(S)와 메조-α 강수계(α)의 다중규모 구조 모식도

위성영상에서 보면 달장마전선에서의 강우대는 구름이 균일한 밴드를 이루고 있는 것이 아니라 그 안에 몇 개의 구별되는 구름 시스템이 있다. 이들은 전선대에서 발생하는 여러 가지 요란에 의해 생기는 구름 덩어리들이다.

일기도 상에서는 전선이 한 개의 선으로 그려지겠지만, 일기도를 그릴 때 전선을 폭을 가지지 않는 한 개의 선으로 나타내는 것은 일기도를 그릴 때의 하나의 약속에 지나지 않는다. 그 선 안에는 규모가 서로 다른 선모양의 여러 줄의 레이더에코가 내재되어 있다(그림 7-69).

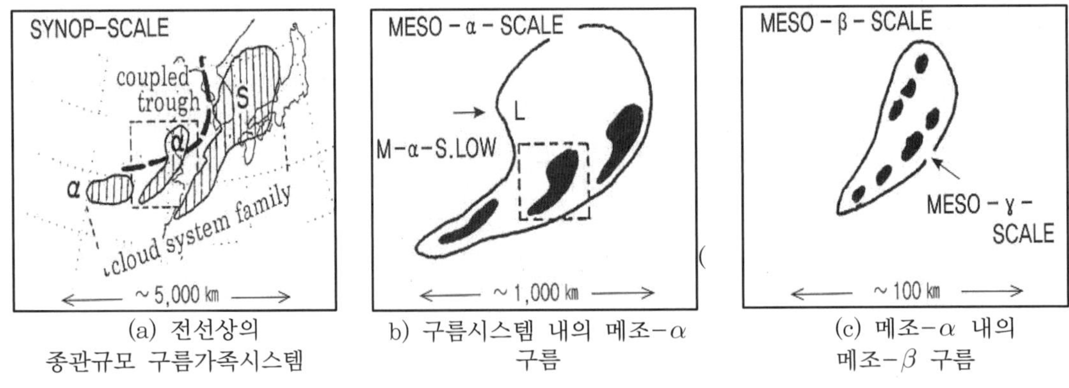

(a) 전선상의 종관규모 구름가족시스템　b) 구름시스템 내의 메조-α 구름　(c) 메조-α 내의 메조-β 구름

[그림 7-69] 그림 7-68에서의 달장마전선대에서 발달하는 강수계의 다중구조 설명도

달장마전선에는 대규모 저기압이 발달할 뿐만 아니라, 전선대를 따라 수백~1,000km 정도의 간격으로 짙은 구름덩이를 동반한 중간규모 저기압도 발달한다. 이러한 저기압은 주로 에코무리로 나타난다.

에코무리는 달장마전선에서 대규모 저기압에만 나타나는 것이 아니다. 아직 저기압이 먼 곳에 있는데도 의외로 빨리 대우가 시작되는 경우에는 이와 같은 선행 에코무리에 의한 경우도 있는 것이다. 이러한 에코무리의 간격은 500~1,000km 정도로 매우 작아서, 이것이 계속해서 통과할 때라면, 대략 10~24시간 정도의 주기로 대우가 나타나는 일도 종종 있다.

이러한 에코무리는 때로는 달장마전선 상의 중간규모 저기압으로써 지상일기도상에서 명확하게 저기압으로 나타나는 경우도 있고, 그 존재가 저기압으로는 나타나지 않는 경우도 있다.

보통 일기도에서 등압선에 의한 기압분포는 큰 요란만 표현된다. 그리고 일반적으로 기압변화량(진폭)이 작아서 작은 기압계에 의한 기압변화는 큰 저기압에 따르는 기압변화에 묻혀버리기 때문에 잘 인식되지 못한다. 그러나 변화량이 작더라도 만약 그것이 이동하고 있는 저기압이라면 각 관측점의 기압의 시간변화를 조사하므로서 그 과정을 검출할 수 있다.

이러한 요란이 달장마전선에서 발달하는 이유는 온도차가 있는 남북의 대기 중에서는 경압불안정파가 발달하는데, 일반적인 대기 상태에서는 수 천km 파장의 파동이 가장 빠르게 발달한다. 이러한 파동의 성질은 대기의 안정도에 따라서 다르다.

대기상태가 중립에 접근하면 짧은 파장의 요란(즉, 중간규모 저기압)이 큰 요란(큰 저기압)보다 빨리 발달한다. 달장마전선대에서는 적운의 활동에 의해 기압은 거의 중립이기 때문에 비교적 짧은 파장의 요란이 발달한다.

달장마전선에 동반된 습윤혀나 하층제트와 중간규모 요란은 달장마전선에서 언제나 같은 모양이 되는 것은 아니다. 중간규모 저기압 부근에서는 적운 활동도 활발한데, 그런 곳에서는 당연히 하층의 수증기가 상층으로 옮겨지고, 연직혼합에 의해 하층풍이 강화되어 습윤혀와 하층제트도 더 현저해진다. 이런 의미에서는 달장마전선 자체가 중간규모 저기압이나 저기압 등 요란의 연속으로 이루어져 있다고 볼 수 있다.

이상과 같이 달장마전선 상의 호우가 대규모 저기압 뿐만 아니라 중간규모 저기압과 관련해서도 발생한다. 호우가 본질적으로 중규모 현상이고 중간규모 요란(저기압)의 통과에 따르는 강수현상 역시 중규모적인 집중을 보이고 있다. 따라서 중간규모 요란 부근에서 몇 개의 중규모 호우가 일어나고 있는 것이다.

7.5 상층대류권과 제트류 분석

날씨의 과정은 결정적으로 제트류의 구조와 역학에 따른다. 날씨 과정의 적절한 해석을 위해서는 날씨 분석자가 반드시 제트류의 구조와 역학에 익숙해야 한다. 여기서는 대기의 주요 온도구조를 제트류와 관련하여 설명한다.

1 사운딩자료의 연직단면

가. 기단

사운딩에 의해 두꺼운 기단의 온도 비교가 가능하다. 그림 7-70은 3가지 주요 기단(한대, 중위도, 열대)의 사운딩 모델의 개략적인 모양을 나타낸다.

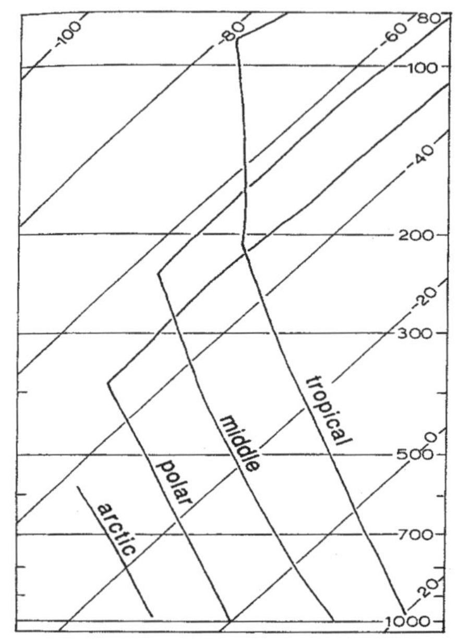

[그림 7-70] Skew T-log P diagram에 표현된 각 기단의 전형적인 사운딩

대류권에서 한대기단은 차고 열대기단은 따뜻하다. 이러한 사실이 성층권에서는 반대로 나타나서 한대 성층권이 기온이 높고 열대 성층권의 기온이 낮다.

대류권계면의 고도 역시 기단의 특성을 나타낸다. 통상적으로 한대기단의 대류권계면이 350hPa면과 가까워 가장 낮고, 중위도기단의 권계면은 200~250hPa면 부근에 나타나고, 열대기단의 권계면은 100hPa면 부근으로 가장 높다. 열대기단에서는 보통 200hPa면 부근에서 2차 대류권계면(secondary tropical tropopause)이 나타나기도 한다.

북극기단은 일반적으로 대류권계면까지 높지 못하고, 낮은 역전층 아래로 한정되어 얇기(지표로부터 1~3km까지) 때문에 대기 중에서 많은 공간을 차지하지 못한다. 그러나 이 기단은 매 겨울마다 지상의 넓은 지역을 차지한다.

기단 종류는 관측된 사운딩을 모델에 따라 비교하여 구별하게 된다. 만일 사운딩 관측이 전선을 침투하여 통과하면 그 그래프는 전선층을 경계로 한 모델로부터 도약하여 다른 모델을 나타내 될 것이다. 사운딩의 분석은 간단하지 않다. 또한 일상적인 분석업무에서는 많은 중간적인 경우와 예외가 나타나 분석이 어렵게 된다.

사운딩을 표준대기(standard atmosphere)의 것과 비교하는 것은 의미 있는 일이다. 표준대기에서는 대류권계면이 226hPa 고도에 나타난다. 사운딩이 측정되어 있지 않았거나, 정밀도가 크게 요구되지 않을 때는 표준대기가 대기의 열적 상태의 적절한 근사값이 된다.

표준대기의 사운딩은 평균적인 사운딩이라기보다는 전형적인 사운딩을 나타내고 있는 것이다. 평균 사운딩이라면 '꺾임(kink)'은 나타나지 않는다.

나. 사운딩에서의 기단 분석

그림 7-71의 사운딩은 기단을 비교한 사례들이다. 그림 (a)의 대기에서 165hPa 고도 이하에서는 표준대기보다 따뜻하다. 대류권계면은 107hPa 고도에 위치하고 있다. 이 2가지 특성고도는 이곳이 열대기단임을 나타내고 있다. 그러나 지상으로부터 약 860hPa까지의 층은 열대기단에서보다는 차갑다. 다른 단열선도와 비교해보면 840hPa와 860hPa 사이의 역전이 한대전선으로 분석된다. 실제적으로 이 전선은 해당 관측소를 2일 전에 통과했다. 605hPa 고도 부근의 역전은 고기압 내에서 나타나는 전형적인 침강역전이다.

615hPa와 650hPa 사이의 층은 단열과정이며 노점은 'w_s=일정'인 등혼합비선을 따른다. 이는 610hPa과 615hPa 사이의 역전이 그 아래의 단열층에서 나타나는 강한 난류에 의해 발생하였음을 의미한다. 난류 혼합으로 615hPa 고도로부터 650hPa 고도 사이의 단열층에서 온위와 혼합비가 일정해졌다. 이는 또한 615hPa에서의 기온 감소와 610hPa과 615hPa 사이의 침강역전을 강화시켰다.

그림 (b)의 사운딩은 700hPa 고도 이상의 온도가 그림 (a)와 (c)에서보다 훨씬 더 표준대기에 가깝다. 이 부분의 사운딩은 중위도기단임을 나타내고 있다. 중위도 대류권계면은 이 기단에서의 전형적인 고도인 261hPa에 위치하고 있다.

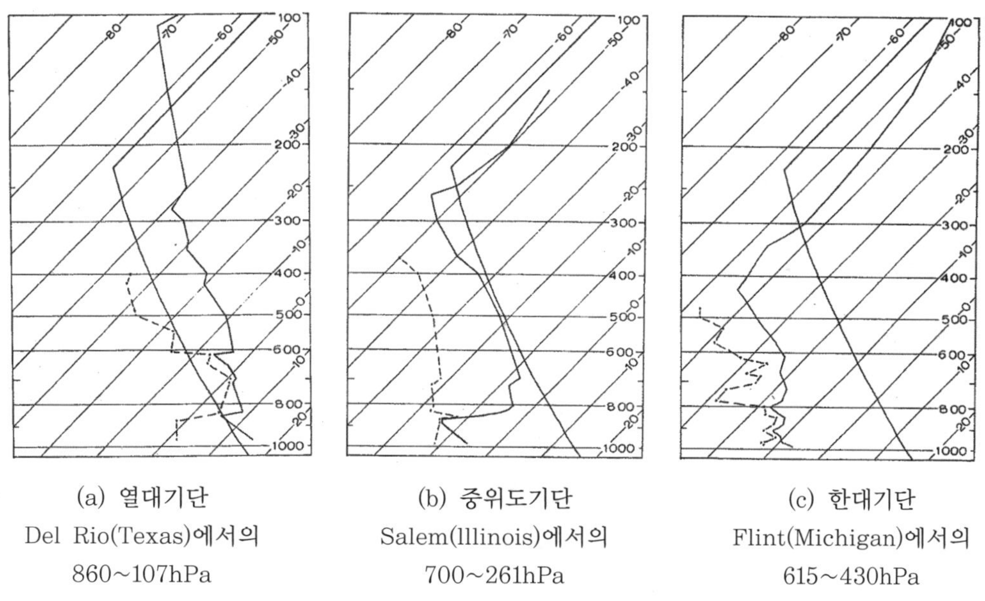

(a) 열대기단
Del Rio(Texas)에서의
860~107hPa

(b) 중위도기단
Salem(Illinois)에서의
700~261hPa

(c) 한대기단
Flint(Michigan)에서의
615~430hPa

[그림 7-71] Skew T-log P diagram 상의 사운딩에 의한 기단분류의 예(1983. 01. 17 00UTC)

그림 (c)는 430hPa 고도에 한대대류권계면이 있다. 대체적으로 대류권은 표준대기보다 더 차갑고 성층권은 표준대기보다 더 따뜻하다. 이것은 한대기단의 특성이다. 이 사운딩에서 430hPa과 600hPa 사이 기층에서 나타나는 한대기단 온도곡선의 계속보다 더 낮은 800hPa 이하에 북극기단이 나타나고 있음을 확인할 수 있다.

사운딩이 때로는 상공으로 서로 다른 몇 개의 기단을 통과하면서 관측되기도 한다. 이때 서로 다른 기단들 사이에서 전선역전이나 전선안정층이 관측된다. 실제로 그림 7-71의 사운딩들은 모두 두 개 이상의 기단을 나타내고 있으며, 기단 사이에 전선이 위치하고 있다.

그림 7-71(a)에서 나타난 840~860hPa의 역전은 한대전선으로 추정된다. 이 역전층 내에서 온도와 노점이 모두 고도에 따라 증가하여 전선의 특성을 나타내고 있다. 그러나 지표면 부근에서는 기온이 그림 7-70의 모델에서 나타내고 있는 표준대기에 가깝다. 또한 Del Rio에서의 지상의 바람은 이미 남풍이다. 이는 이미 남으로부터 되돌아오고 있는 한대기단으로서 지표면으로부터 가열되어 전형적인 중위도기단으로 변질된 것으로 보인다.

그림 7-71(b)의 Salem에서의 사운딩은 2개의 전선, 즉 700~725hPa에서 약한 한대전선, 그리고 810~870hPa에서 현저한 북극전선을 나타내고 있다. 이 북극전선은 상공의 한대기단이 습도가 낮은 것으로 보아 전형적인 형태는 아니다. 이 낮은 습도는 이 지역이 상층기압골의 상류에 위치하기 때문에 침강에 의한 것으로 설명될 수 있다. 이곳은 편서풍대의 비활성 지역이다.

그림 7-71(c)의 Flint에서의 사운딩은 여러 개의 북극전선이 나타나고 있다. 615~670hPa의 안정층, 그리고 780-800hPa과 880-915hPa의 역전층은 각각 북극전선으로 설명될 수 있다. 북극기단 상층부의 이러한 다중 역전층은 일반적인 현상이다. 이는 또 이러한 역전층을 북극전선으로 해석하기에는 부적절할 수도 있다. 이때 한 가지 실제적인 방법은 가장 높은 역전을 북극전선으로 보는 것이다. 더 낮은 역전들은 북극기단 내에서 나타나는 복사역전이나 상승된 복사역전으로 볼 수 있기 때문이다.

드문 경우이지만, 어떤 사운딩은 대류권계면이 나타나지 않는 경우도 있다. 이러한 현상은, 사운딩이 극권계면과 중위도권계면 사이의 단절(break)에 나타나는 한대전선층의 연직 부분을 통해 상승하는 경우이거나, 또는 한대지방 야간의 추운 날씨에서 전체 대류권이 사라지고 고도에 따라 증가하는 성층권의 기온이 지표면으로부터 시작되는 경우이다.

다. 연직단면에서의 전선 분석

연직단면을 그리는 기술은 다른 차트를 그릴 때 사용되는 기술과 비슷하다. 먼저, 등치선을 스칼라 변수로 그린다. 이 첫 번째 단계는 컴퓨터로도 할 수 있다. 다음 단계는 모델을 인식하면서 스케치한다. 마지막 단계는 등치선과 모델을 서로 비교하여 조정하게 된다. 이 마지막 단계의 분석에서는 모델과 데이터를 모두 만족시키게 된다.

연직단면에서 공통으로 선택되는 등치선은 등온선과 등풍속선, 혹은 등온위선과 등풍속선 등이다.

그림 7-72는 기온과 바람의 연직분포이다.

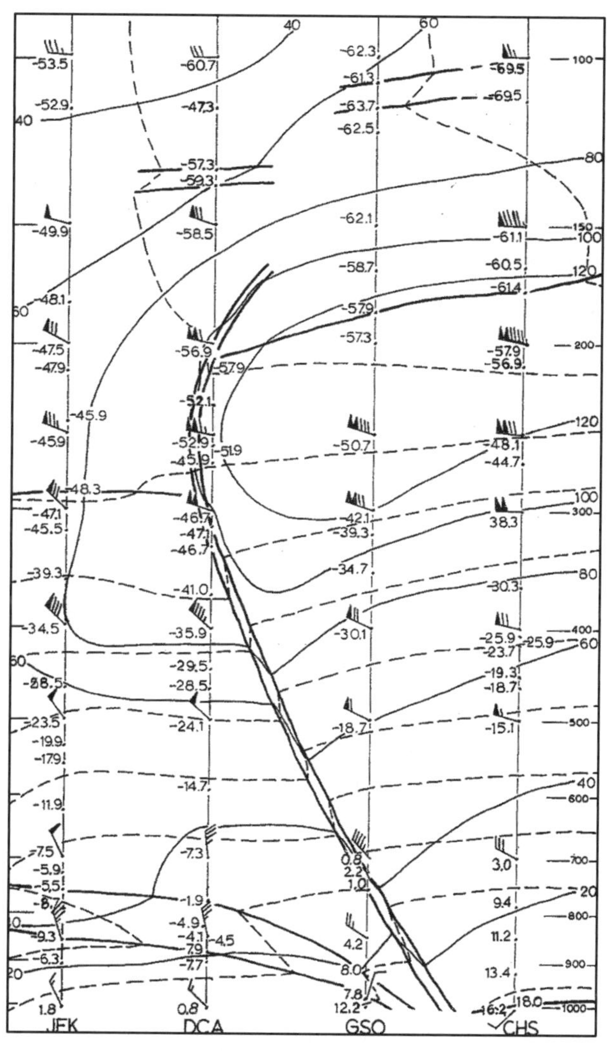

(파선: 등온선(℃), 실선: 등풍속선(knots))

[그림 7-72] JFK(New York, City)로부터 CHS(Charleston, South Carolina)까지의 북동-남서 연직단면의 온도와 풍속 분포(1973.01.21 00UTC)

인근 지점 상공의 같은 고도에서 역전이 나타난다면, 이들은 보통 서로 연결될 것이다. 그림 7-72에서 북쪽 3개 관측소에서 800~950hPa에 역전층이 나타나 있다. 이 역전은 북극전선으로 해석된다. 한대전선은 JFK(New York, City)와 DCA(Washington, D.C.) 사이의 대류권계면 고도에서의 급격한 변화, 그리고 DCA와 GSO(Goldsboro, North Carolina) 사이의 350~650hPa의 기온 대비에 의해 분석될 수 있다. 또한 DCA(312~323hPa)와 GSO(726~758hPa)에서의 역전은 전선 모델의 구성 방식으로 연결될 수 있다. 전선 부근의 최대풍은 DCA 상공에서 250hPa 고도에 위치한다. 이것은 이 고도에서 전선층이 연직으로 서있다는 것을 의미한다.

다른 위치에서의 여러 역전층과 안정층은 알려진 모델과 같지는 않다. 이 층들은 특별한 명칭이 주어지지 않았지만, 보통 전선으로서 명확하게 굵은 선으로 표시되어 있다. 이 층들은 훗날의 일기 발달에 중요한 역할을 수행하게 될 수도 있다.

DCA, GSO, CHS(Charleston, South Carolina) 상공의 대류권계면은 전형적인 중위도 대류권계면으로서 200hPa 고도에 가깝다. GSO 상공 103hPa에서의 역전과 CHS 상공 102hPa에서의 안정층은 열대대류권계면의 먼거리융기(distant protrution)일 수 있다. 100kt 이상의 강풍 구역이 중위도기단에 위치한다. 이는 한대제트류에서의 전형적인 위치이다. 최대풍의 고도는 한대제트에서 보통 나타나는 고도인 250hPa 부근이다. 이 구역은 편서풍대의 기압마루(ridge)에 위치한다. 기압마루 내에서는 한대제트가 기압골에서보다 더 높은 고도에 위치하는 경향이 있다. 한편 한대제트류핵의 더 보편적인 고도는 300hPa 부근이다.

라. 연직단면에서의 등온위선 분석

그림 7-73은 연직단면에서의 온위와 풍속 분포이다. 등풍속선은 단면에 대해 직각방향의 지균풍속 성분을 나타낸다. 등치선들은 관측지점 사이의 다항식(polinomial)을 내삽하는 방법으로 자동적으로 그릴 수 있다.

기본적인 모델은 안정층에서는 등온위선이 조밀하다. 그림 7-73의 성층권에서는 역시 등온위선이 조밀하다. 그리고 그림에서 일부 안정층(역전)은 전선을 나타낸다. 그림의 서쪽 반에서 OAK(Oakland, California)의 지면 부근과 LND(Lander, Wyoming)의 400hPa 고도 사이의 등온위선이 조밀한 부분은 한대전선을 나타낸다. 이 서쪽지역에 나타난 한대전선은 동쪽지역의 LBF(North Patte, Nebraska)의 360hPa 고도와 OMA(Omaha, Nebraska)의 900hPa 고도 부근 사이보다는 전형적으로 덜 가파르다. 이러한 전선 경사의 차이는 제트류의 활성지역과 비활성지역에서의 상승과 침강의 차이와 관련되어 있다.

그림 7-73에서 가파른 동쪽의 전선층은 분리될 징조를 나타내고 있다. 이 지역에 2개의 강화된 안정이 나타나 있다. 하나는 Omaha 바로 서쪽 상공의 800～900hPa 고도의 4개의 등온위선 부분이고, 다른 하나는 OMA의 500hPa와 LBF의 300hPa 사이의 300K 등온위선 부분이다. 편서풍대의 한랭전선은 흔히 이러한 형태를 보인다.

한대전선의 2개 층은 그림 7-44(c)로 표현된 형태이다. 경압대의 윗부분은 지면 부근보다 더 빠르게 진행하여 동쪽으로 움직이면서 분리되는 구조를 보인다. 이러한 상황에서 상층의 한랭전선은 지면 한랭전선의 앞으로 움직인다.

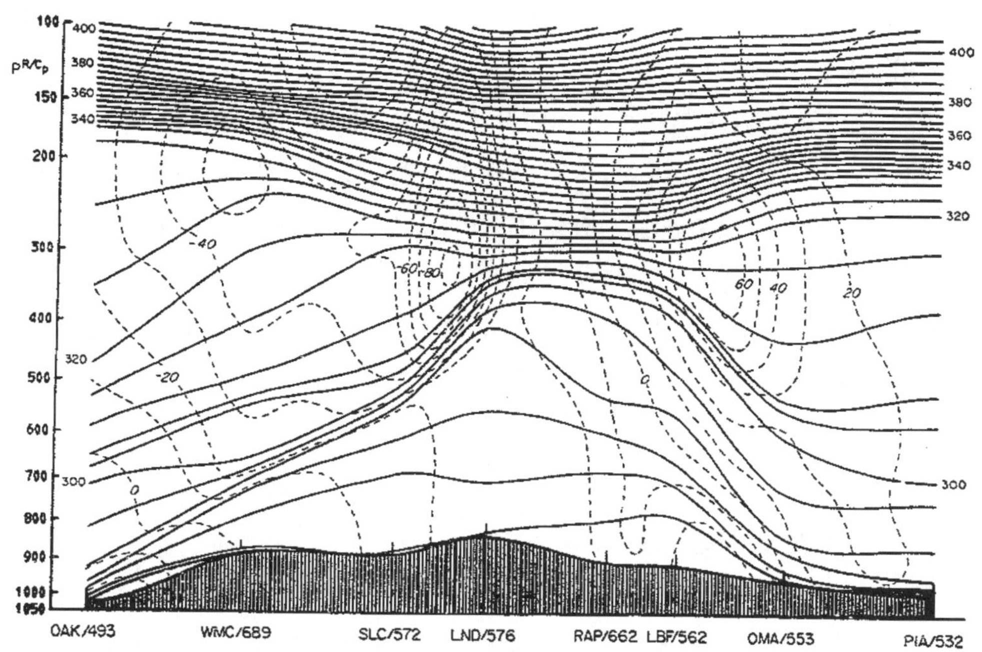

(실선: 등온위선(℃), 점선: 등풍속선(지균풍의 단면에 직각인 성분, m/s))

[그림 7-73] OAK(Oakland, California)로부터 PIA(Peoria, Illinois)까지의 대략 동-서의 연직 단면의 온위와 풍속 분포(1963. 12. 7 12UTC)

그림 7-73의 등풍속선은 단면의 서쪽 지역에서는 마이너스 값(북풍 성분)이다. SLC(Salt Lake, Utah)와 LND 사이의 북풍 제트류는 단면의 남쪽 루프를 만들고, LBF와 OMA 사이에서 남풍으로 되돌아간다. 편서풍에서의 기압골은 두 최대풍 사이에 위치한다. 여기서 대류권계면 고도는 LND와 RAP(Rapid City, South Dakota) 사이에서 낮다. 제트류의 루프에서 한대 대류권계면은 360hPa 부근이다. 더 높은 중위도 대류권계면은 한대제트류의 루프 바깥쪽에 위치한다.

2 제트류와 전선

가. 제트류의 규모

한대제트류는 보통 여러 표준기압고도에 걸쳐 나타날 정도로 연직 범위가 크다. 따라서 한대제트의 최대풍은 보통 300hPa 고도 부근에서 나타나지만, 이 제트의 위치는 500hPa에서도, 또한 200hPa에서도 인식될 수가 있다.

그러나 아열대제트류는 매우 얇아서 두께가 때로는 3km 이하가 될 때도 있다. 따라서 아열대제트는 200hPa일기도에서도, 또한 300hPa일기도에서도 나타나지 않을 수도 있다. 만일 아열대제트류가 표준고도에서 나타난다면, 250hPa나 200hPa 일기도에서 그 위치가 나타남직 하다.

한대제트와 아열대제트 둘 다 전지구를 둘러싸고 있지만 풍속이 강해지는 부분과 약해지는 부분이 있다. 통상적으로 제트류에서 강약은 1000~5000km의 간격으로 나타난다. 강해진 제트 부분이 제트스트리크(jet streak)이다.

제트류의 폭이나 연직 범위를 결정하는 자연적인 표식은 없다. 제트류의 규모는 편의상 제트핵 최대 풍속과 그 풍속의 1/2로 감소하는 지점들 사이의 폭으로 정의하거나, 또는 제트핵 최대 풍속과 그로부터 풍속이 50kt로 감소하는 지점들 사이의 폭으로 정의한다. 이 정의는 또한 연직 방향으로도 적용된다. 두 제트류가 서로 가까이 있을 때는 폭에 관한 이러한 결정이 잘못될 수도 있다. 다른 제트류 쪽에서 풍속이 다시 증가하기 전에 풍속이 반 또는 50kt로 감소되지 않을 수도 있기 때문이다. 이러한 경우 제트류 사이의 최소풍속 구역을 두 제트류 사이의 공식적인 경계로 한다.

나. 300hPa에서의 한대제트와 전선

그림 7-74는 300hPa일기도에서 나타남직한 한대제트류 모델이다. 이 그림은 한대제트에서 지점 A와 E 사이에 한 개의 제트스트리크를 나타낸다. 이 지점 A와 E는 제트핵을 따라 풍속이 최소인 곳이다. 이 제트스트리크의 상류측(B 부근)이 입구(entrance)이고 하류측(D 부근)이 출구(exit)이다. 최대풍속은 C지점에서 나타난다.

제트스트리크 전체에서 최대풍을 해석할 때는, 풍속이 표준고도 중 다른 고도에서 더 클 수도 있기 때문에 주의해야 한다.

그림 7-74와 그림 7-75는 등고선을 생략하였기 때문에 비교적 단순하다. 등고선은 대략적으로 제트핵과 평행하게 정렬된다. 등고선이 제트핵으로부터 편향되는 경우를 아래의 몇 가지 사례에서 나타낸다.

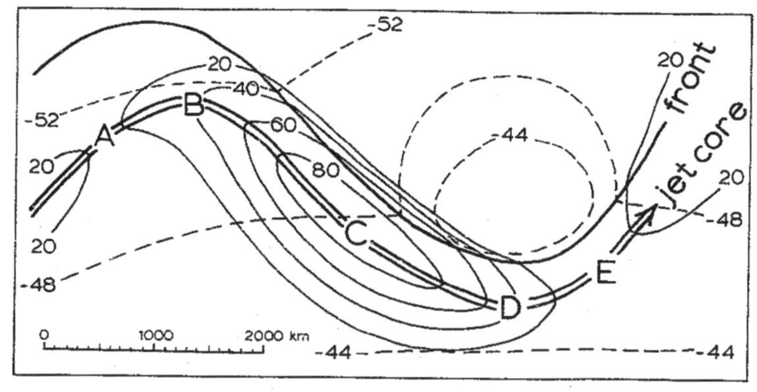

(겹화살표: 제트핵, 실선: 등풍속선(m/s), 파선: 등온선(℃), 굵은 실선: 한대전선)

[그림 7-74] 300hPa에서의 한대제트류 모델

제트류 분석에서 등풍속선을 매 20m/s(40kt) 간격으로 그리면 보통은 충분하다. 등풍속선이 가장 크게 굽는 곳은 제트류핵 부분이다. 전선은 불연속이기 때문에 전선 상에서 등풍속선이나 다른 등치선들이 꺾이게 된다.

등풍속선의 조밀도는 제트류의 극쪽에서 커질 수 있다. 이는 저기압성 시어의 크기에 역학적 제한이 없기 때문이다. 가장 강한(그리고 언제나 저기압성) 바람시어는 전선층이 연직인 곳에 나타난다. 제트핵으로부터 극쪽의 강한 저기압성 바람시어는 한대전선의 위치 추정에 좋은 단서가 된다. 전선층이 연직일 때 바람시어는 열적 대조가 큰 곳에서 생긴다.

제트류의 적도쪽에 나타나는 고기압성 시어는 코리올리 파라미터의 절대값 이하로 제한된다. 관측적인 사실도 이를 인정하고 있다.

그림 7-74에서 −48℃ 등온선은 300hPa 고도의 전선에서 열적 대조가 약하다. 이 등온선은 전선 양쪽의 온도가 비슷하기 때문에 전선을 가로지른다. 등온선이 드물게 분포하는 것으로 표현된 약한 온도구배는 연직으로 선 한대전선 부근에서 전형적으로 나타나는 모양이다. 전선의 극쪽은 한대성층권이다. −44℃가 넘는 온난중심은 더 높은 성층권 기층으로부터 공기의 침강에 의해 단열적으로 승온되기 때문이다. 제트류의 저기압성 루프에서는 한대성층권이 가장 낮은 고도까지 도달한다. 이런 경우, 대류권계면은 500~600hPa에서 관측될 수도 있다.

다. 200hPa에서의 한대전선과 전선

제트의 극쪽에는 한대전선층이 거의 연직이라고 할 만큼 매우 가파르게 위치한다. 전선을 가로질러 나타나는 열적 대비는 보통 매우 약하여, 등온선 분석으로는 전선을 찾아내기가 힘든다. 때로는 온도 대비가 반대로 나타나 극쪽이 적도쪽보다 더 따뜻한 경우도 나타날 수 있다. 이러한 모양이 보통은 골에서 나타나는데, 이때 대류권계면이 가장 낮게 하강한다.

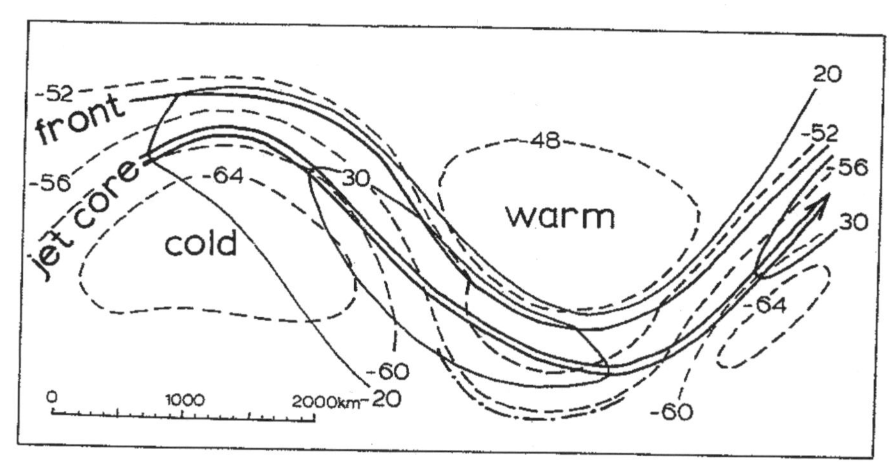

(겹화살표: 제트핵, 실선: 등풍속선(m/s), 파선: 등온선(℃), 굵은 실선: 한대전선, 파점선: 200hPa 고도와 중위도 대류권계면의 교차).

[그림 7-75] 200hPa에서의 한대제트류 모델

그림 7-75에서 보면 등온선이 200hPa에서 한대기단과 중위도기단 사이에서, 그리고 성층권 기층 주변에서 역(逆) 온도경도(북쪽이 고온)를 나타낸다. 이 그림은 그림 7-74에서와 같이, 중위

도에서 한 개의 jet streak를 나타내고 있다. 풍속은 300hPa에서보다 작다.

전선은 강한 저기압성시어 영역에 위치한다. 한대전선이 비록 구조적으로 기온이 전선의 극쪽에서 더 높을지라도, 300hPa에서의 등온선에서보다 좀 더 쉽게 찾아낼 수 있다. 이것은 한대 성층권에서 고도에 따른 온도 감소가 정상적으로 안 일어나기 때문이다. 200hPa 고도는 한대 성층권에 깊이 들어가 있다. 반면에 같은 200hPa 고도가 중위도 성층권에서는 거의 밑바닥에 가깝다. 기온이 대류권에서는 고도에 따라 감소하기 때문에 높은 대류권일수록 기온이 더 낮아진다. 그러므로 보통 200hPa 고도에서 온난 공기는 한대전선의 극쪽에 위치한다.

성층권에서, 한대전선의 적도쪽은 조밀한 등온선으로 표현되는 강한 경압성이 나타난다. 조밀한 등온선으로 판단하면, 그림 7-75에서 제트핵의 남쪽에 그려진 굵은 파점선처럼, 전선은 제트핵의 반대편(북쪽)에 위치할 수도 있다. 이러한 불연속선이 나타날 때 이 불연속선은 중위도권계면과 등압면(일기도의 고도)의 교차일 수도 있다. 이 선의 남쪽은 중위도기단으로 구성된 대류권이며 북쪽은 성층권이다. 이 교차는 등온선이 밀집된 한대전선처럼 보인다. 만일 이러한 상황이 검출되면, 이 불연속선도 일기도 상에서, 전선과 마찬가지로, 청색선으로 그려져야 한다.

200hPa 부근의 전선 경사는 보통 500hPa에서의 경사에 반대이다. 그 이유는 전선을 가로지르는 온도차가 반대이기 때문이다. 그러므로, 보통 200hPa에서의 전선은 300hPa에서의 전선보다 적도쪽에 나타나는 것이 원칙이다.

라. 온난 분리고기압

한대제트와 한대전선은 보통 서로 가깝고 나란하다. 이들 두 기압계의 가장 현저한 체계적인 분리는 폐색저기압(occluded cyclone)에서 일어난다. 폐색저기압에서는 그림 7-76에서와 같이 제트류가 저기압의 상층 온난역을 가로지르고, 또 전선이 먼 북쪽을 루프한다. 그림 7-76(a)에서 보면, 지상의 한대전선 상에 파동저기압이 위치한다. 그 상공 500hPa에서의 전선 위치는 제트핵에 매우 가깝게 위치한다.

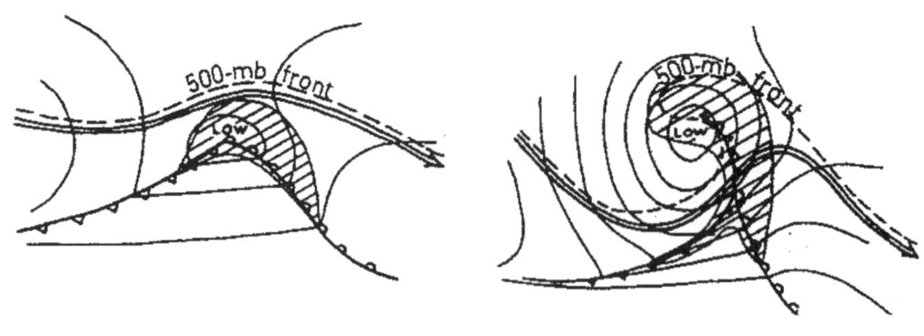

(a) 파동저기압 (b) 폐색저기압

(빗금부분: 강수역, 파선: 500hPa 전선, 겹화살표: 제트류)

[그림 7-76] 한대전선과 한대제트류의 관계

그림 7-76(b)는 그림 (a) 이후 약 하루 정도 지나면서 전선파의 진폭이 크게 증가하고 저기압

이 폐색된 상황을 나타낸다. 이제 지상 한랭전선은 지상 온난전선에 도달했고, 또 온난역이 지상의 저기압 중심으로부터 사라졌다. 그러나, 500~300hPa의 상층에서는 온난역이 넓어질 수도 있다. 500hPa의 전선은 주로 폐색저기압의 북동쪽 절반을 아우르면서 이 온난역 주위에 루프를 이룬다. 이 단계에서 제트류는 통상적으로 폐색저기압의 북동쪽의 고기압성 루프를 분리하는 것처럼 온난역을 가로지른다.

또한 그림 7-76는 온난공기의 변화를 설명하기도 한다. 온난공기는 지상저기압의 온난역에서 상승하며 북쪽으로 이동한다. 온난역의 이러한 북쪽방향 이동은 기압마루나 온난고기압과 동시에 일어난다. 제트류가 북쪽으로 돌출하는 이 온난역의 남쪽에 형성될 때 새로운 한대전선이 제트류 부근에서 발생하게 된다.

온난 분리고기압의 발달은 분리저기압의 발달과 비슷하나 위치는 반대이다. 분리고기압은 복사에 의해 서서히 식는다. 그리고 약 1주 사이에 그 안의 공기는 새로운 한대공기로 변하게 된다.

마. 200hPa에서의 아열대제트

그림 7-77은 전형적인 아열대제트류를 나타내고 있다. 스트리크의 가지치기(branching)는 한대제트에서보다 아열대제트에서 더 빈번하게 나타난다.

그림 7-77의 북동쪽 부분에서 굴곡된 등풍속선이 가지를 나타낸다. 이러한 가지는 제트핵의 북동쪽 뿐만 아니고, 다른 쪽이나 혹은 제트스트리크의 입구 부근에서 나타날 수도 있다.

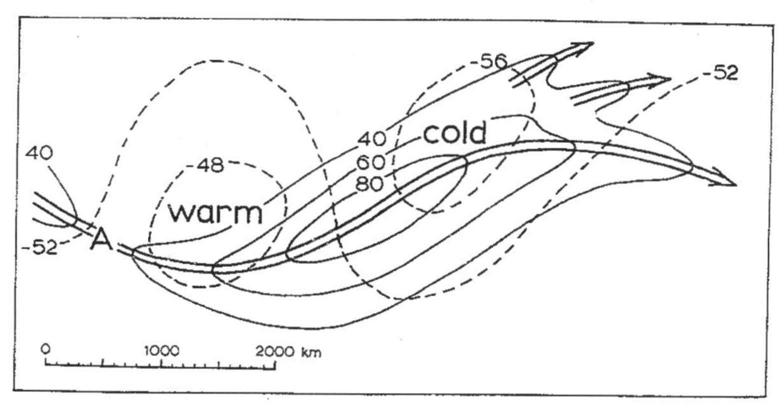

(겹화살표: 제트핵, 실선: 등풍속선(m/s), 파선: 등온선(℃), 제트의 가지가 streak의 출구 끝에 나타나 있다).

[그림 7-77] 200hPa에서의 아열대제트류 모델

제트핵을 따라 나타나는 최소풍(A 부분)은 물론 반드시 제트류에서의 최소풍이 아닐 수도 있다. 제트류는 이 그림의 고도(200hPa) 아래에 나타날 수도 있기 때문이다. 아열대제트류는 얇기 때문에 일기도를 그린 표준고도에서 나타날 수도 있지만, 또한 나타나지 않을 수도 있는 것이다.

극쪽에서의 저기압성 바람시어는 코리올리 파라미터의 2~3배의 큰 값에 이를 수 있다. 대조적으로, 적도 쪽의 절대시어(absolute shear)는 코리올리 파라미터 값을 넘지 않는다.

아열대제트류 가까이에서의 기온분포는 일정한 패턴을 나타내지 않는다. 일반적으로, 이 제트류의 마루 부근은 차고 골 부근은 따뜻하다. 아열대전선 주위의 기온 대비가 보통 200hPa에서는 작다. 그리고 이 고도에서 전선은 매우 가파르거나 연직이다. 등온선 간격이 드물기 때문에 그림 7-77에서 제트류는 전선을 동반하지 않는다. 만약 전선이 인식된다면 그 전선이 일기도에 그려지겠지만, 통상적인 일기분석에서는 아열대전선이 그려지지 않는다. 그러나 뒤에 언급될 예에서는 정압면 일기도 상에서 아열대전선을 인식하는 여러 가지 경험적인 사례가 제시된다.

3 한대제트와 아열대제트

가. 300~200hPa의 한대전선의 위치

그림 7-78부터 그림 7-81까지는 북미 상공의 상층 대류권에 두 개의 제트류가 나타나 있다. 그림 7-78과 그림 7-80에서 등풍속선은 비교적 좁고 긴 강풍역을 나타낸다. 제트류의 핵은 2중선으로 표시되어 있다. 등고선들은 바람 벡터와 평행이기 때문에 그리지 않았다. 혼잡을 피하기 위해, 등온선은 그림 7-79와 그림 7-81에만 그렸다.

대류권계면 고도가 그림 7-78에 그려져 있다. 대류권계면 기압값은 관측소에서 보고된 대로 기입되어 있다. 이 그림에서 한대전선 전선층은 2중선 형태의 굵은 파선으로 그렸다.

그림 7-78로부터 그림 7-81까지에서 한대전선은 바람시어, 한대제트류의 위치, 그리고 대류권계면의 고도를 이용하여 분석되었다. 그림 7-79에서 전선을 가로지르는 여러 개의 등온선에 의해 표시되고 있는 것처럼, 300hPa에서는 기온이 전선을 가로지를 때 약간의 굴곡만을 보인다. 이는 등온선이 전선을 가로지를 때, 공식적으로는 기온이 양쪽에서 비슷하다는 것을 나타내고 있다. 등온선들은, 전선층 양쪽에서, Margules방정식에 따라 전선에서 꺾이게 된다. 관측에 의하면, 적어도 등온선 상에서의 꺾임의 존재를 부정하지는 않는다. 꺾임은 제트류의 저기압성 굴곡 내의 온난중심 부근에서 가장 강하다.

한대전선의 극쪽에서 가장 따뜻한 곳(−44℃ 이상)은, 한대제트가 가장 남쪽에 위치하게 되는 trough에 위치한다. 이와 같은 trough에서는 대류권계면도 가장 낮다(즉, 그곳의 기압은 가장 높게 나타난다). 여기서 안정한 성층권 공기가 침강했고, 또 단열승온을 통해 기온이 상승했다. 가장 따뜻한 성층권 주위의 전선 루프의 전선층 내에서 전선을 가로질러 온도차가 반대로 나타난다(즉 극쪽이 적도쪽보다 더 따뜻하다).

이곳의 온도차의 역전은, Margules방정식에서 요구되는 바에 따라, 전선 경사의 역전과 관련이 있다. 결과적으로, 전선은 300hPa 고도와 200hPa 고도 사이에서는 적도쪽으로 기울어진다. 이 원리는 그림 7-78로부터 그림 7-81까지에서 전선의 위치를 결정하는데 도움이 되고 있다.

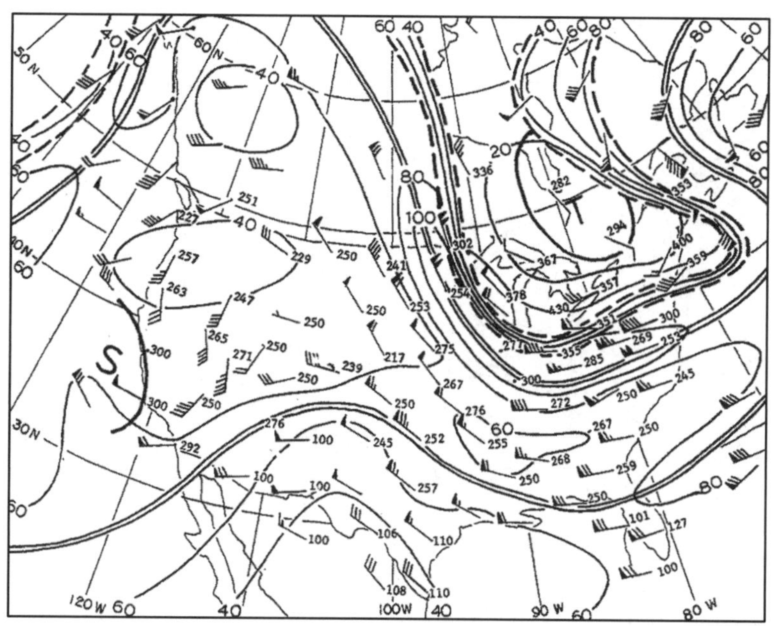

(2중 실선: 제트핵, 굵은 2중 파선: 한대전선층, 굵은 실선: 대류권계면, 실선: 등풍속선)

[그림 7-78] 300hPa의 바람(kt)과 권계면 고도(hPa) (1983.01.17. 00UTC)

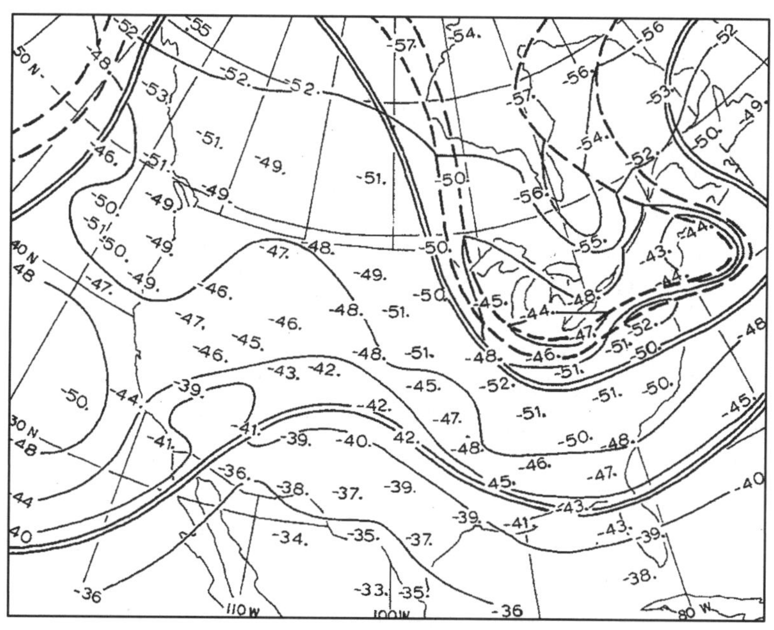

(2중 실선: 제트핵, 굵은 2중 파선: 한대전선층, 실선: 등온선, 관측소는 소수점자리에 위치함)

[그림 7-79] 300hPa의 기온(℃) (1983.01.17. 00UTC)

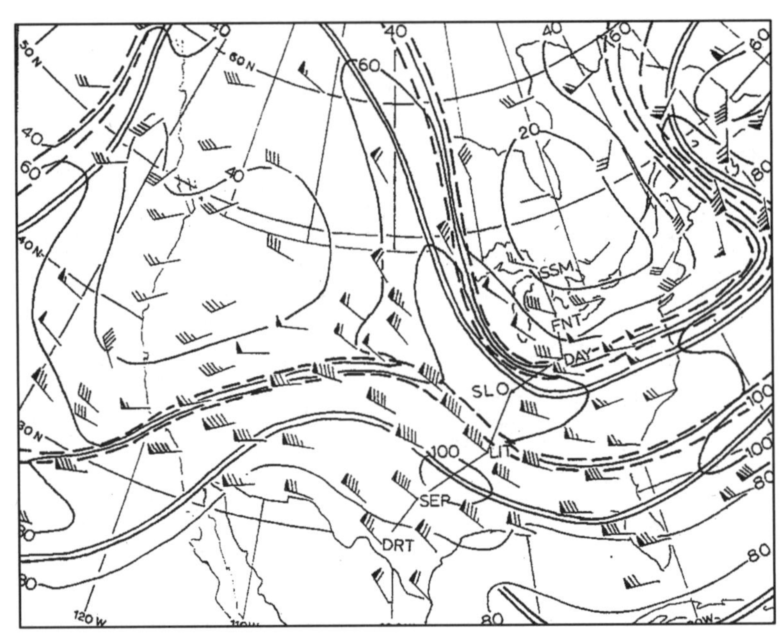

(2중 실선: 제트핵, 굵은 2중 파선: 한대전선층, 굵은 실선: 대류권계면, 실선: 등풍속선)

[그림 7-80] 200hPa에서의 바람(kt)(1983.01.17. 00UTC)

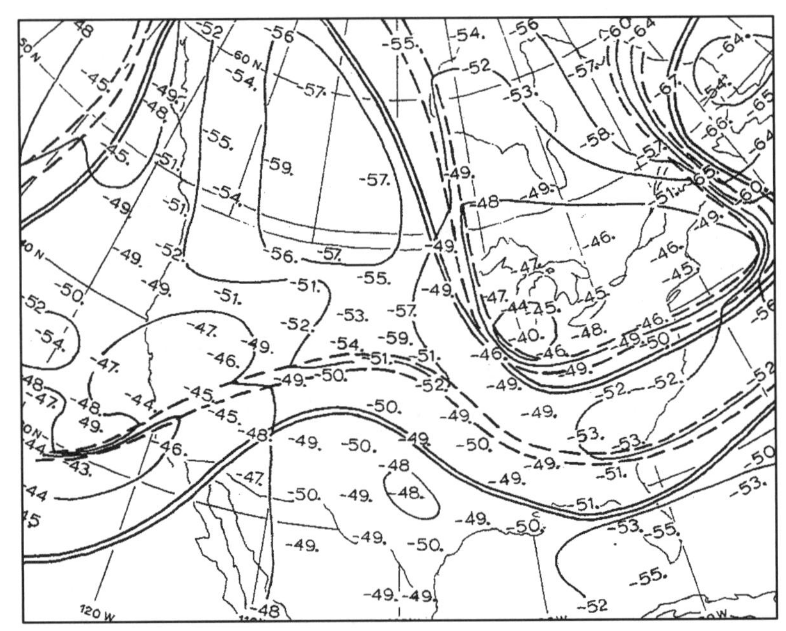

(2중 실선: 제트핵, 굵은 2중 파선: 한대전선층, 실선: 등온선, 관측소는 소수점자리에 위치함)

[그림 7-81] 200hPa에서의 기온(℃)(1983.01.17. 00UTC)

나. 대류권과 성층권

300hPa에서 한대전선의 극쪽 대부분의 지역은 성층권 공기가 점유하고 있다(그림 7-78 참조). 그러나, 캐나다의 Ontario-Quebec 경계 부근의 지역의 대류권계면은 높아서 300hPa보다 낮은

기압을 나타낸다. 300hPa 고도에서 대류권 공기가 차지하고 있는 지역은 굵은 선으로 둘러쳤고 T자를 표시했다. 이 지역은 아직 대류권 상부로서 그 위쪽에 있는 성층권보다 더 한랭하다. 그림 7-79에서 보면 이곳에 기온이 -55℃과 -56℃인 두 관측지점이 있다. 그런데 한대전선의 극쪽에 있는 이 고도의 다른 관측지점들은 성층권으로서 -43~-48℃의 높은 기온을 보이고 있다.

그림 7-79의 300hPa 한대전선의 적도쪽 중위도기단에서는 대류권이 높아 대부분 220~260hPa 고도에 중위도 대류권계면이 위치하고 있다. 그러나, 성층권의 일부가 두 제트 사이에 위치할 수 있다. California에 있는 두 관측소는 대류권계면을 300hPa으로 보고하고 있다. 결과적으로, 이들 두 지점을 포함하여 서쪽에는 통상적으로 대류권에서 저기압성와도 상공에 나타나는 낮은 권계면(즉, 높은 기압)이 위치한다. California 해안 부근인 이 지역에는, 그림 7-78에서의 바람 관측에서 나타나는 것처럼, 대류권 저기압이 위치한다. 이 루프에서 300hPa의 기온은 루프 바깥(그림 7-79에서 -44℃와 -50℃의 관측값)보다 낮다. 이것은 한대기단으로서 그 속에서 남하하는 분리저기압(cut-off high)의 잔해이다. 일기도 시간(17일 00UTC)에는 300hPa에 오직 낮은 대류권계면만 남아 있다. 한대전선이 300hPa 밑으로 가라앉았다. 바람장에서의 소용돌이(vortex)는 또한 한대제트류 상의 루프의 잔해로 설명될 수 있다.

다. 아열대제트와 아열대전선

그림 7-78에서 60kt 등풍속선들 사이에서 아열대제트류를 볼 수 있다. 위도 약 30°에서 60kt를 넘는 아열대제트류의 연속 띠가 지구 주위에 연속된다고 볼 수 있다.

그림 7-80에서는 80kt 이상의 풍속을 가진 강하고도 연속적 아열대제트류를 볼 수 있다. 전형적으로, 200hPa에 나타나는 아열대제트는 같은 고도에서의 한대제트보다 더 강하다.

그림 7-78과 그림 7-80에서 보면 200hPa 고도에서는 한대제트에서의 풍속이 아열대제트에서의 풍속보다 작다. 또 다른 최대풍이 멕시코만을 거쳐 쿠바 상공에 나타나 있다. 이것은 SEP(Stephenvill, Texas) 부근의 주된 아열대제트핵으로부터의 가지이다. 이러한 가지에 대해서는 그림 7-77에서 도식적으로 설명되어 있다. 멕시코만 상공의 최대풍은 너무 얇아서 300hPa 고도를 그린 그림 7-78에서는 나타나지 않았다.

만약 열적 대비가 없게 되는 정확한 최대풍고도만 아니라면, 등온선이 200hPa의 아열대전선의 위치를 나타낼 수 있을 것이다. 아열대전선은 저기압성 바람시어가 가장 강한 아열대제트류의 바로 북쪽 지역에 위치한다. 이곳이 저기압성 바람시어가 가장 강한 곳이다. 그림 7-79에서처럼 아열대제트의 북쪽의 등온선들이 아열대전선의 전선층에 위치한다. -44℃의 등온선이 그들 중의 하나이다. 그러나 이곳은 전선을 안정적으로 추정하기 위한 열적 대비가 충분하지 않다. 그래서 그림 7-78과 그림 7-79에서는 아열대전선을 그리지 않았다.

이들과는 달리, 그림 7-81는 보통 이상의 분명한 아열대전선을 예시하고 있다. 따라서 그림 7-80과 그림 7-81에서 이 아열대전선을 잘 나타내고 있다.

바람시어만으로 아열대전선을 찾아내는 것은 어렵다. 모든 제트류의 극쪽에는 저기압성 바람시어가 나타나는데, 문제는 전선을 의미하는 최대 시어를 찾는 것이다. 관측소 자료만으로는 그러한 자세한 바람장을 알 수 없다. 그러므로, 아열대전선을 분석하려면, 바람시어 이외에 더 많은 요소를 알아야 한다.

그림 7-81에서처럼, 아열대제트의 극 쪽에서는 여러 개의 등온선이 아열대제트에 평행하게 그려진다. 이는 대략 강한 아열대전선이 예상되는 위치이다. 이 등온선들은 전선층 내에 그려진다. 등온선만으로는 역시 전선의 위치를 결정하기에 충분하지 못하지만, 열적 대비와 바람시어를 결합하면 전선의 존재를 판단하는 충분한 근거가 된다. 아울러, 만약 대류권계면에서 전형적인 단절(break)을 찾아낸다면, 전선의 위치를 확신하는데 충분한 보완자료가 된다.

어떤 지역에서는 바람시어가 있는 경우에도 등온선들이 아열대전선을 잘 나타내지 못한다. 이렇게 전선을 가로지르는 현저한 온도차가 없는 지역이 그림 7-81에서 미국 중부 쪽에 보인다. 이 지역에서 여러 관측소들의 기온이 −49℃를 보이고 있다. 이곳은 Margules방정식에 따라 전선이 연직이고 또 열적 차이가 없는 지역에 해당하는 것이다.

그림 7-80과 그림 7-81의 200hPa의 제트핵은 그림 7-78의 300hPa에서와 같은 위치에 있다. 제트핵이 이 고도들 사이에서 경사져 있다는 근거는 없다. 이는 일반적인 규칙은 아니다. 최대풍은 300hPa와 200hPa에서 서로 다른 지역에 위치해 있을 수도 있다. 그러나, 어떤 특별한 변수가 없는한 제트핵의 지리적 위치는 이들 두 고도에서 같다고 추정하는 것이 합리적이다.

그림 7-80의 200hPa에서의 등풍속선들은 한대제트에서의 바람이 어느 곳에서는 너무 느려서 제트를 다른 일기도의 것과 비교하지 않고는 확인할 수 없는 경우도 있다. 캐나다로부터 멀리 떨어져 있는 태평양 상공의 한대제트는 300hPa 고도와의 비교에 의해서만 분석이 비로소 가능하다. 한대제트와 대조적으로, 아열대제트는 300hPa에서보다는 200hPa에서 찾아보기가 더 용이하다. 또한 그림 7-80에서 보면, 80kt가 넘는 풍속을 가진 아열대제트류가 잘 정의되고 있다.

7.6 기압계 패턴 예측

예상일기도(prognostic chart) 작성은 매우 어려운 일이다. 따라서 예상일기도를 그리는 방법도 다양하고, 그러한 방법들이 모두 나름대로의 장단점을 가지고 있다. 여기서는 현업적으로 수작업에 이용이 가능한 범위 내에서 기압계의 발생, 이동, 발달 및 소멸 과정 등 예상일기도를 작성하는 방법과 형태를 알아본다.

1 상층 500hPa 패턴 예측

가. 500hPa 일기도에 의한 연속법

500hPa 일기도에서 등고선 요소인 기압골과 기압마루는 500hPa 자신의 패턴 변화를 예보하는 주요한 수단이 된다. 특히 Defant의 방법이 그 대표적인 예이다.

Defant의 운동학적 방법에 의하면 500hPa면 기압계의 변화와 이동은 규칙적이어서 그림 7-82이나 그림 7-83에서와 같이 과거의 변화와 이동 특성이 당분간 변함없이 유지된다는 가정 하에 기압계를 연속적으로 변화시키거나 이동시켜 예상도를 작성한다. 이러한 방법은 과거 4단계의 실제 기압계의 변화를 미루어 앞으로 두 단계(24시간 또는 48시간)의 기압계 변화를 예상할 수 있는 것으로 본다.

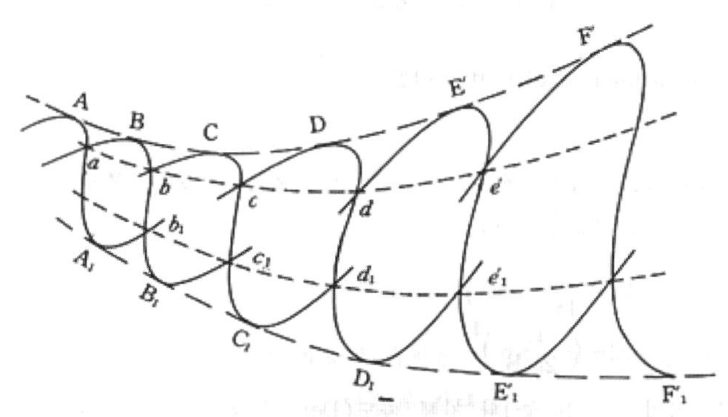

[그림 7-82] 등고선의 변화 예상

예를 들면, 투명 아세테이트지 위에 그림 7-90에서와 같이 4단계의 등고선을 연속적으로 그리고, A로부터 D까지 포락선(envelope, 包絡線)을 그린 후 그 경향을 따라 연장하여, BC : CD=CD : DE′가 되도록 E′를 정하고, 또 A_1부터 D_1까지 포락선을 그리고 이를 계속 연장시켜 B_1C_1 : C_1D_1=C_1D_1 : D_1E_1′가 되도록 E_1′를 정하여 앞으로의 한 단계의 예상 등고선 모양을 그릴 수 있다. 그림에서 e′ 또는 e_1′에 대하여서도 요령은 마찬가지이다.

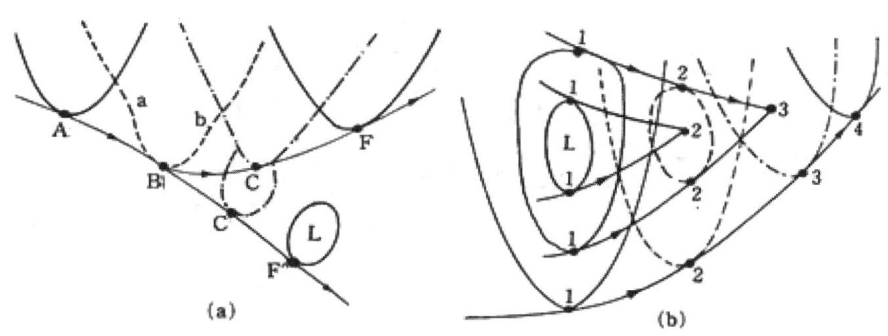

[그림 7-83] 닫힌 등고선 중심 발달의 예상

그림에서 a부터 d까지와 b_1부터 d_1까지의 선들을 조정선(control line)이라고 한다.

상층 기압골이 점차 발달하여 분리저기압(cut-off low, 分離低氣壓)이 발생되는 과정 또는 원 모양의 등고선을 가진 저기압이 점차 열려진 기압마루로 변화해가는 과정을 연속법으로 추정해가는 절차가 그림 7-83이다.

나. Rossby의 장파방정식법

(1) 장파방정식

Rossby에 의하면 장파의 이동 속도는 다음과 같이 주어진다.

$$C = U - \frac{\beta L^2}{4\pi^2} \quad \cdots\cdots (7\text{-}2)$$

여기서 C : 장파의 이동속도, ψ : 위도, U : 평균 대상 풍속, L : 파장, β : Coriolis' parameter의 위도변화(2Ωcos/E)이다.

위 식(7-2)에서 파동이 전진도 후진도 하지 않는 경우(C=0)는 정체파가 된다. 이 경우에 정체 파장을 L_S라 하면,

$$U = \frac{\beta L_S^2}{4\pi^2}, \quad L_S = 2\pi\sqrt{\frac{U}{\beta}}$$

이 식을 앞 식의 U에 대입하면 다음과 같다.

$$C = \frac{\beta}{4\pi^2}\left(L_S^2 - L^2\right) \quad \cdots\cdots (7\text{-.}3)$$

Rossby는 위의 식을 다음과 같은 가정 하에 개발하였다.

① 대기 중에서 지상부터 대기의 상한까지 풍향과 풍속이 일정하다.

② 기류 중에 시어가 없다.

③ 기류의 모양은 사인곡선(sine curve) 형태이고 진폭이 작다.

④ 주어진 공기덩이의 절대와도는 시간에 따라 변하지 않는다.

(2) Rossby 장파계산도표

Rossby 장파방정식은 계산이 복잡하므로 그림 7-84와 같은 계산도표(nomogram)를 이용하여 그 파속을 쉽게 구할 수 있다.

이 노모그램의 적용 절차는 다음과 같다.

① 정체파장 L_s를 구하여, 하단 L_s 눈금에서 찾고, 이로부터 해당 L곡선까지 수직선을 긋는다.

② 이 교점으로부터 왼쪽으로 꺾어 해당 위도선과 만날 때까지 수평선을 긋는다.

③ 다시 아래쪽으로 꺾어 하단의 C 눈금 값을 읽으면 이 값이 파의 진행속도(Deg. Long. /day)이다.

그림 7-84에서 예를 들면 L_s=60° Long., L=40° Long., 위도 50° N이면 파의 속도(C)는 약 4.5° Long/day이다.

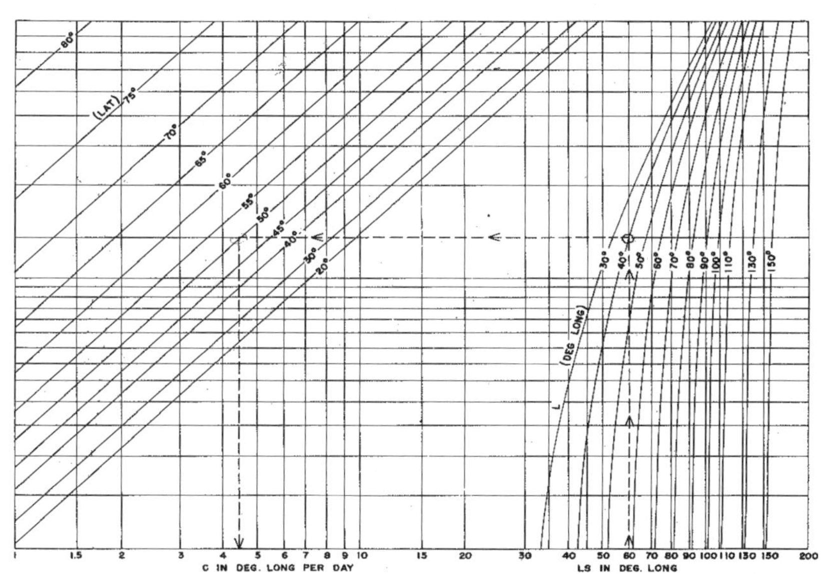

[그림 7-84] Rossby 장파방정식의 해를 구하는 nomogram

(3) 기압골과 기압마루의 이동

Rossby는 다음과 같은 비교적 간단한 절차로 기압골과 능의 이동을 알아내는 방법도 제시하였다. 즉,

① 이동을 알고자 하는 기압골과 풍상측 장파 기압골 사이의 500hPa 기류 패턴의 중심 위도를 가까운 5° 단위로 선정한다.

② 이 중심 위도에서 북쪽 10° Lat.선, 풍상측 기압골의 서쪽 10° Lat.선, 풍상측 기압골의 서쪽 10° Long.으로부터 이동을 알고자 하는 기압골의 동쪽 10° Long.까지에서 경도 10° Long.로부터 이동을 알고자 하는 기압골의 동쪽 10° Long.까지에서 경도 10° 간격으로 남북간의 등고선 고도차를 구한다. 이 등고선 고도차의 평균값이 동서지수(zonal index, 東西指數)이다. 동서지수를 띠지수라고도 한다.

③ 선정된 중심 위도를 횡축으로 하고 계산된 동서지수를 종축으로 하여 그린 그림 7-85에서 정체파장 L_s를 구하고 기압골의 동서변위(zonal displacement, 東西變位)를 구한다. 또한 같은 중심 위도에서 실제 파장 L에 적합한 동서변위를 읽는다. 이들 두 동서변위의 차가 이동을 알고자 하는 기압골의 24시간 동안의 동서변위가 된다.

④ 이때 $L_s>L$이면 전진하고, $L_s<L$이면 후진한다.

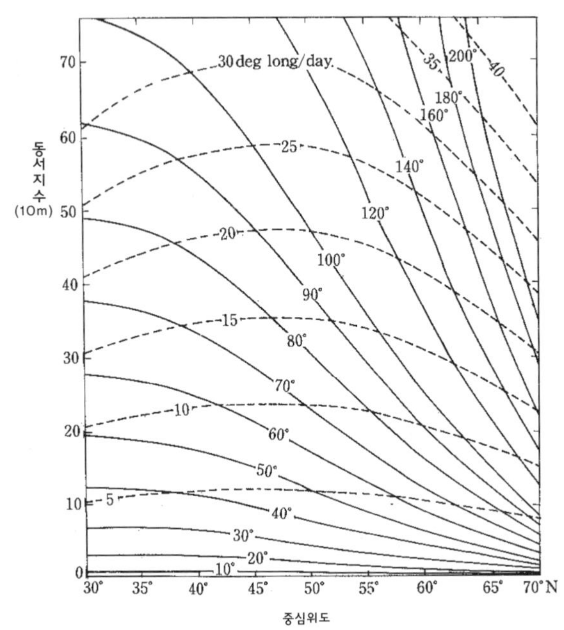

(실선: 정체파의 등파장선(Deg.· Long.), 파선: 기압골의 동서변위(Deg.· Long.))

[그림 7-85] 정체파장 계산도표

다. 기압계 중심 주위의 바람 이용법(Meker법)

500hPa일기도 12시간예상의 경우에 500hPa 고도의 저기압 또는 기압골 중심의 동, 서, 그리고 남쪽의 최대풍으로 해당 기압계의 이동 속도를 추정하는 방법이다.

그림 7-86에서와 같이 저기압 또는 기압골 중심의 동, 서 및 남쪽의 최대풍을 각각 $\overrightarrow{W_E}$, $\overrightarrow{W_W}$, $\overrightarrow{W_S}$(kts)라 하고 기압계의 이동속도를 $\overrightarrow{U}$(deg. Lat./12hr)라 하자.

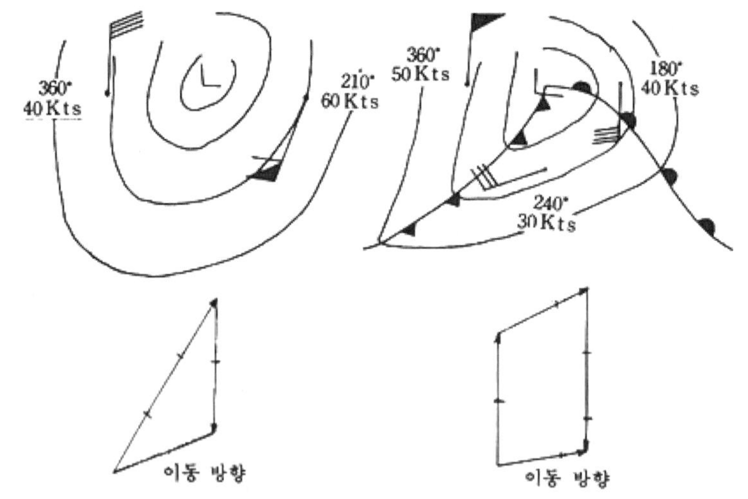

(a) 저기압에 기압골 1개의 경우　　(b) 저기압에 기압골 2개의 경우

[그림 7-86] Meker법에 의한 기압계 이동의 추정

저기압 한 개에 기압골이 한 개인 경우(그림 (a))는 동, 서쪽의 최대풍만을 이용하여 다음과 같이 계산한다.

$$\vec{U} = \frac{1}{20}\left(\overrightarrow{W_E} + \overrightarrow{W_S}\right) \quad \cdots\cdots (7\text{-}4)$$

예를 들면, 그림 (a)에서와 같이 벡터로 계산한 결과 $\vec{U}$는 약 70° 방향으로 1.6 Deg. Lat./12hr 정도로 이동한다고 볼 수 있다.

한 개의 저기압에 기압골이 두 개인 경우는 다음처럼 계산한다.

$$\vec{U} = \frac{1}{20}\left(\overrightarrow{W_E} + \overrightarrow{W_S} + \overrightarrow{W_W}\right) \quad \cdots\cdots (7\text{-}5)$$

예를 들면, 그림 (b)에서와 같이 80° 방향으로 약 1.4 Deg.Lat./12hr로 이동한다는 계산이 나온다.

라. 지향류 이용법(Steering법)

500hPa 등고선 시스템을 300hPa 기류의 약 50% 정도, 또는 200hPa 기류의 30% 속도로 해당 기류 방향으로 이동시키는 방법이다. 중심시도의 발달 혹은 쇠약은 어느 정도 주관적으로 결정하여 500hPa 예상도를 작성한다.

마. 24시간 500hPa 고도변화 이용법

24시간변화도는 예보를 위해 개발된 가장 오래되고 가장 널리 쓰이는 보조 일기도이다. 이러한 변화도에서 변화 중심의 이동과 상층 등고선의 관계에 대한 여러 가지 법칙이 이용되고 있다.

500hPa 고도변화(ΔH)의 중심과 지상기압변화(ΔP)의 중심은 500hPa 기류를 따라 500hPa 풍속의 50% 정도의 속도로 진행한다고 본다.

따라서 변화의 중심을 500hPa 바람의 50% 정도의 속도로 이동시킨 후 현재의 일기도에 가법(加法)을 적용하여 합성으로 예상일기도를 작성한다.

2 지상기압패턴 예측

가. 주관적인 방법

지상 예상일기도 작성에는 경험적으로 유용한 여러 가지 방법이 있지만 여기서는 현업적으로 적용 가능한 것을 소개한다.

24시간 지상기압변화도의 변화 중심의 연속성은 앞으로 24시간 지상기압계의 이동이나 강도 변화를 예상하는 좋은 지침이 될 수 있다. 24시간 지상기압변화 중심은 최근의 500hPa 등고선을 따라 500hPa 기류의 50% 정도의 속도로 이동한다.

지상기압계의 이동이 일관되게 나타나는 경우에는 장기예보보다는 초단기예보와 단기예보에 적합하다.

예상일기도는 각개 시스템의 상대적인 타당성뿐만 아니라 전체적인 패턴의 타당성을 재평가하여야 한다. 이러한 패턴 참작은 자료가 제한되어 있거나 어떤 요인 때문에 타당성이 약하거나 틀린다고 생각되는 곳에서 타당성 있는 예상 기압장을 구성하는데 특히 필요하다. 물론 패턴 예보의 성공 여부는 각 예보자의 경험이 크게 작용하고 있다.

나. 상층 및 두께 패턴을 이용한 예상

(1) 500hPa 등고선 패턴 이용

지상의 기압골이나 저기압은 대부분 상층저기압의 동쪽 또는 북동쪽에 위치한다. 그러나 최성기에는 하층과 상층의 중심이 일치하는 것이 보통이다.

전형적인 한랭핵저기압(cold-cored depression)에서는 순환이 상층으로 가면서 강화(키큰 저기압)되지만, 태풍이나 오래된 폐색저기압과 같은 온난핵저기압(warm-cored depression)은 상층으로 가면서 순환이 약화(키낮은 저기압)된다.

이러한 법칙의 예외로는 겨울철 대륙의 지상 고기압의 상공에 나타나는 한랭소용돌이와 지상에는 기압골뿐이지만 상공에는 분리저기압이 있다.

지상의 고기압이나 기압마루는 상층 고기압의 아래나 그 동쪽에 위치한다.

지상에서 동서류(zonal flow)이면서 발달초기의 파동은 상층기류에는 아직 나타나지 않는다.

발달 중인 지상파동의 경우, 1차적으로는 보통 지상패턴의 바로 뒤에 500hPa 일기도의 약한 기압골이 위치하고, 지상패턴의 바로 전방에는 약한 기압마루가 위치한다.

(2) 1000~500hPa 두께선 패턴 이용

㈎ 전선성 저기압

전선과 관련되어 형성되는 저기압의 발달과정과 1000~500hPa 두께패턴은 그림 7-87과 같이 온난역에 두께마루가 나타난다.

㈏ 고기압

지상 고기압과 관련되어 이루어진 1000~500hPa 두께패턴 중 전형적인 것은 그림 7-88과 같이 Z자형을 나타낸다.

㈐ 두께선도에서의 지상기압계 발달 패턴

Sutcliffe는 지상에서 기압계의 발달이 상대발산과 관계가 있다고 보고, 상대발산 $div\,V'(= div\,V_{500} - div\,V_{1000})$의 부호로 그 발달 여부를 표시하였다.

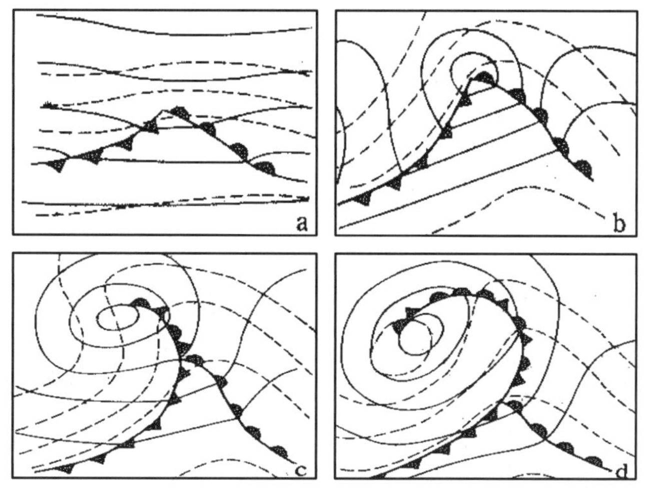

(실선 : 등압선, 파선 : 1000~500hPa 두께선)

[그림 7-87] 발달 단계별 저기압 상공에서의 1000~500hPa 두께 패턴

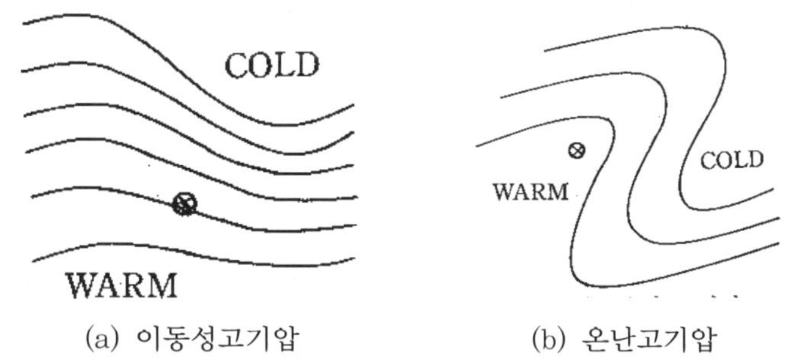

(a) 이동성고기압 (b) 온난고기압

[그림 7-88] 지상고기압 중심위치(⊗표)와 1000~500hPa 두께 패턴

상대발산은 다음 식으로 표현된다.

$$-f\,div\,V^{'} = V^{'}\frac{\partial f}{\partial s} + 2\,V^{'}\frac{\partial \zeta_0}{\partial s} + V^{'}\frac{\partial \zeta^{'}}{\partial s} \quad \cdots\cdots (7\text{-}6)$$

이 식의 오른쪽 제1항은 위도 항, 제2항은 열적 지향(steering) 항, 제3항은 열적 발달 항이 된다. 이 식에서 오른쪽은 저기압 발달에 대해서는 "−"값을 나타내고, 고기압 발달에 대해서는 "+"값을 나타낸다.

1000~500hPa두께선도에서는 그림 7-89에서와 같이 온도풍 기류의 방향으로 표시된 와도변화에 해당 기압계의 주 발달 구역이 위치한다.

상대발산방정식과 그림 7-89를 연관하여 보면 다음과 같은 결론을 얻게 된다.

1) 온도풍속 $V^{'}$는 각 항에 모두 들어 있으므로 온도장이 강할수록(즉, 온도경도가 클수록)발달 정도도 더 강하다.

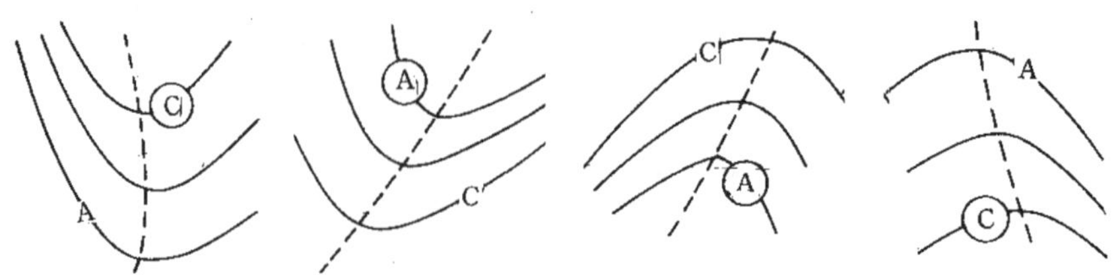

(C: 저기압 발달, A: 고기압 발달, ○: 주 발달 구역)

[그림 7-89] 1000~500hPa 두께 패턴과 지상기압계의 발달

2) 위도 항은 북향 운동에서는 고기압발달(A)에 공헌하며, 남향 운동에서는 저기압발달(C)에 공헌한다.

3) 지향(steering) 항은 지상기압계가 두께선을 따라 이류하게 한다. 지향은 두께선이 직선이고 간격이 밀집돼 있을 때 가장 효과적이며 크다. 만일 두께선이 곡선이거나 그 경도가 약하면 지향 항은 발달 항에 비하여 작아 무시된다.

4) 발달 항은 위 그림에서 특히 원으로 둘러싸인 C와 A에서 가장 효과적이다.

다. 제트류에 의한 예측

(1) 제트류 부근의 바람시어와 순환

(가) 연직시어

제트핵(jet core)을 중심으로 상하 거리별로 나타나는 바람의 연직시어의 크기와 극값을 보인 것이 그림 7-90이다.

이 그림에서 예를 들면, 제트핵으로부터 1km 상층이나 하층에서 5kts/100m의 시어가 나타나는 확률은 4% 정도이고, 이곳에서 최대 시어는 약 11kts/100m이다.

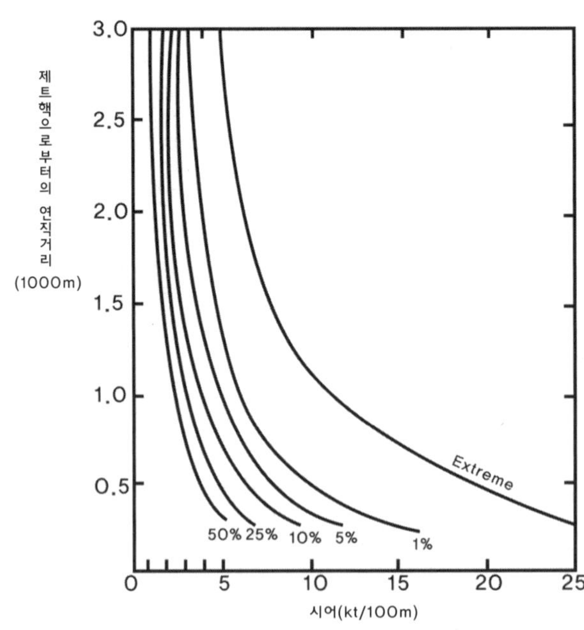

[그림 7-90] 제트핵으로부터 연직거리별 연직시어의 크기와 극값(extreme)

(나) 수평시어

제트축(jet axis)이나 제트핵(jet core)에서의 최대풍속이 100kt 이상일 때 이들의 남쪽과 북쪽에서 축이나 핵으로부터의 거리별 풍속의 최대풍속에 대한 상대 크기(%)는 표 7-1과 같다.

[표 7-1] 제트축(또는 핵)으로부터의 수평거리별 최대풍속에 대한 상대 크기(%)

	거리 (km)	풍속(%)
북쪽	150	57
	100	72
	50	89
축 또는 핵	0	100
남쪽	50	89
	100	77
	150	70

제트축의 북쪽에서 나타나는 저기압성 시어를 그림 7-91로 나타낼 수 있다. 또한 제트축의 남쪽에서 나타나는 고기압성 시어는 표 7-2로 주어지는 파라미터를 초과할 수 없다. 이 경우 매우 드문 예이지만 제트축의 남쪽 3~5° Lat의 거리에서는 파라미터를 초과할 수도 있다.

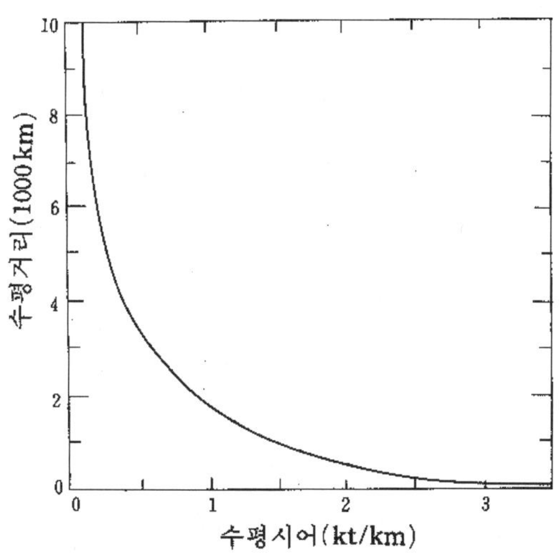

[그림 7-91] 수평 저기압성 시어의 극값

[표 7-2] 코리올리 파라미터의 위도 변화

위 도	30	35	40	45	50	55	60	65
Coriolis 파라미터 (kts/100km)	47	54	61	67	72	77	81	85

(2) 제트류에 관계된 발산

구름 등의 악기상은 지상기류의 수렴과 상승운동의 결과이다. 지상에서 이러한 운동을 일으키는 기압하강은 주로 비발산고도 이상인 상층에서의 발산이 하층의 수렴을 보상하고도 남기 때문에 생긴다.

실제적으로 일기도 상에서는 발산을 직접 측정하기는 불가능하므로 대신 발산과 관계있는 와도 변화를 측정하여 구하게 된다. 이 와도 변화는 제트류 부근에서 심하므로 제트류의 분석으로 발산을 찾아낸다.

만일, 코리올리 파라미터(Coriolis' parameter, f)의 변화가 상대와도(ζ_r)의 변화에 비하여 작으면, 상대와도는 절대와도와 같다고 보고, ζ_r의 변화만을 결정하여 발산을 측정할 수 있다. 이러한 가정이 최대 제트류 부근에서는 훌륭하게 성립한다. 따라서 최대 제트류 주위의 발산을 정성적으로 측정하려면 다음의 상대와도를 검토한다.

$$\zeta_r = -\frac{\partial V}{\partial n} + \frac{V}{R}$$

여기서 $-\frac{\partial V}{\partial n}$는 시어와도이고 $\frac{V}{R}$는 곡률와도이다.

(가) 골에서 바람이 최대인 제트류에서의 발산

골에서 풍속이 최대인 제트류에서는 제트류축을 횡축으로 하고 제트류 최대 지점을 통과하는 경도선을 n축으로 하는 좌표계를 설정하여 각 상한별로 발산의 분포를 검토한다(그림 7-92(a) 참조).

① 제 I상한 : 곡률와도$\left(\frac{V}{R}\right)$는 골에서 가장 크고 하류로 갈수록 작아지고, 시어와도$\left(-\frac{\partial V}{\partial n}\right)$도 역시 골에서 크고 하류에서는 작아진다. 따라서 제 I상한에서는 상대와도가 하류로 가면서 작아진다. 와도방정식에 의하면 움직이는 공기덩이의 와도가 감소하면 발산이 있다. 따라서 제트류 주위의 제 I상한에서는 발산이 우세하게 된다. 이에 따라 하층 대류권에서는 기류가 수렴하여 연직상승류가 있게 된다. 이때 상층 제트류의 제 I상한의 발산이 하층의 수렴을 보상하고도 남기 때문에 이 구역은 연직기류의 질량이 감소되어 지상기압이 낮아져서 저기압 발생 경향이 나타난다.

② 제 II상한 : $\frac{V}{R}$와 $-\frac{\partial V}{\partial n}$가 하류(골의 중심)로 가면서 모두 증가하고 있다. 따라서 와도가 하류로 가면서 증가하여 수렴이 있게 된다. 이러한 상황에서 하층 대류권에서 발산이 생기지만, 상층의 수렴이 하층의 발산을 보상하고도 남게 되어 연직기류 내의 질량이 증가하여 지상기압이 높아지면서 고기압 발생 경향을 나타내게 된다.

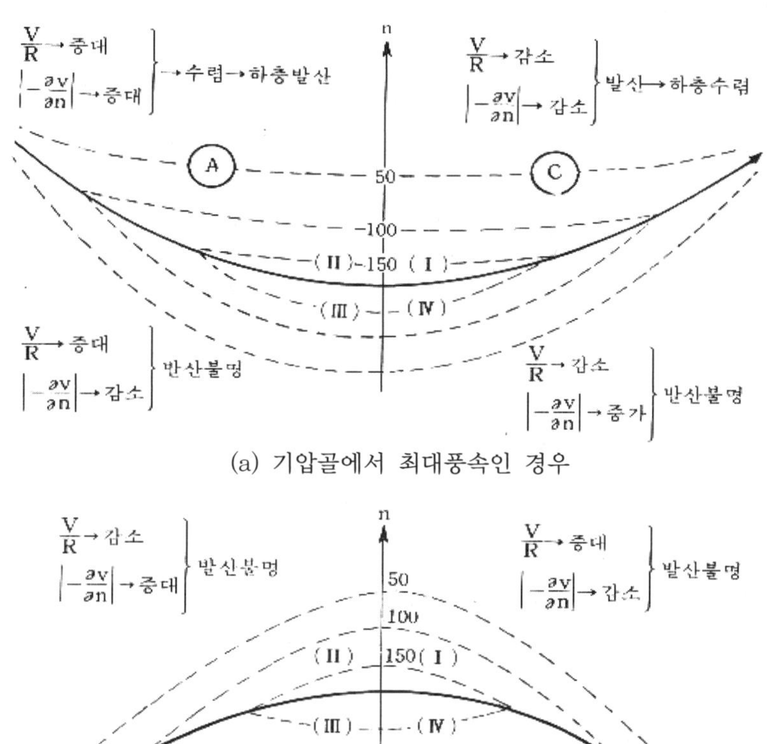

(a) 기압골에서 최대풍속인 경우

(b) 기압마루에서 최대풍속인 경우

[그림 7–92] 제트류와 발산

③ 제 III상한 : 하류(골의 중심)로 가면서 $\dfrac{V}{R}$는 증가하나 $-\dfrac{\partial V}{\partial n}$는 감소하고 있어 이곳에서는 와도 변화와 발산을 정성적으로 결정할 수 없다.

④ 제 IV상한 : 하류로 가면서 $\dfrac{V}{R}$가 감소하나 $-\dfrac{\partial V}{\partial n}$는 증가하고 있다. 그러므로 제 IV상한에서도 와도의 변화와 발산을 정성적으로 결정할 수 없다.

(나) 마루에서 바람이 최대인 제트류에서의 발산

제트류의 골에서 풍속이 최대인 경우와 매우 비슷하게 설명될 수 있다(그림 7–92(b) 참조).

① 제 I상한 : 하류로 감에 따라 $\dfrac{V}{R}$가 증가하나 $-\dfrac{\partial V}{\partial n}$는 감소하여 정성적으로 발산을 알아낼 수가 없다.

② 제 II상한 : 하류(마루의 중심)로 가면서 $\dfrac{V}{R}$는 감소하나 $-\dfrac{\partial V}{\partial n}$는 증가하므로 역시 발산과

수렴을 정성적으로 판단할 수 없다.

③ 제 III상한 : 하류(마루의 중심)로 가면서 $\frac{V}{R}$가 감소하고 $-\frac{\partial V}{\partial n}$도 감소하므로 발산이 있고, 이에 따라 하층 대류권에서는 상승기류가 있어 저기압이 발달하는 경향이 있다.

④ 제 IV상한 : 하류로 가면서 $\frac{V}{R}$가 증가하며 $-\frac{\partial V}{\partial n}$도 역시 증가하여 수렴이 있다. 이에 따라 하층 대류권의 발산을 유발하여 지상 부근에서 고기압 발달의 경향이 있다.

이상을 요약하면, 구름과 강수(저기압 발달)는, 비발산고도 이상의 상층 대류권에서 와도가 제트류를 따라 하류로 가면서 작아지는 구역(즉, "+"와도이류 구역)에서 나타나며, 좋은 날씨는 와도가 하류로 가면서 커지는 구역(즉, "−"와도이류 구역)에서 우세하게 나타난다.

(다) 제트류가 위도에 평행(직선)인 경우의 발산

제트류가 그림 7-93처럼 직선(위도에 평행)을 이루고 있을 때 제트류축과 최대풍 지점을 지나는 경도선인 n축이 이루는 좌표계에서 각 상한을 나누면, 와도방정식 중 곡률와도 $\frac{V}{R}$는 0이므로 $-\frac{\partial V}{\partial n}$만 검토하게 된다.

① 제 I상한 : 하류로 가면서 시어와도$\left(-\frac{\partial V}{\partial n}\right)$가 감소하므로 발산이 있고, 이에 대응되는 하층 대류권에서는 수렴현상을 유발하여 저기압발생 또는 저기압 강화구역이 된다.

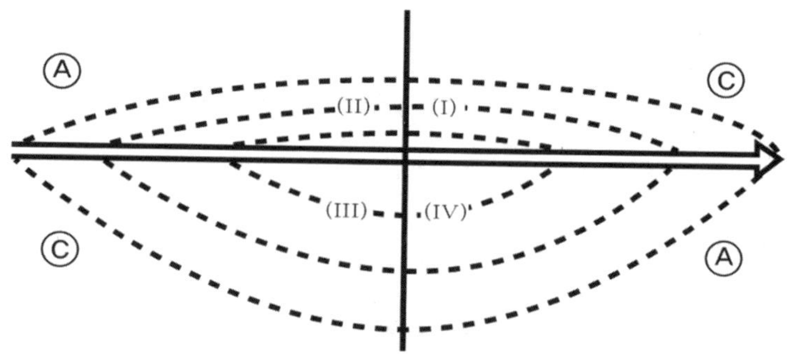

[그림 7-93] 위도에 평행인 제트류와 발산

② 제 II상한 : $-\frac{\partial V}{\partial n}$이 하류(최대풍 중심)쪽으로 가면서 증가하여 수렴이 있고, 이 수렴이 하층 대류권에서 발산을 유발하여 고기압 발생 또는 강화를 나타낸다.

③ 제 III상한 : $-\frac{\partial V}{\partial n}$가 하류(최대풍 중심) 쪽으로 가면서 감소하여 발산이 있게 되고, 이 발산으로 하층 대류권의 수렴이 유발되고 저기압 발생 또는 강화가 일어난다.

④ 제 IV상한 : $-\frac{\partial V}{\partial n}$가 하류로 가면서 증가하여 수렴이 나타나고, 이 수렴으로 하층 대류권에서의 발산이 일어나며 결과적으로 고기압 발생 또는 강화가 유발된다.

㈑ **제트류에 의한 간접순환**

제트류에 의한 간접적인 순환은 다음과 같은 특성을 가지고 있다.

① 최대풍고도에서는 그림 7-94에서처럼 최대 수렴 또는 발산이 있고 연직운동은 최소(=0)가 된다.

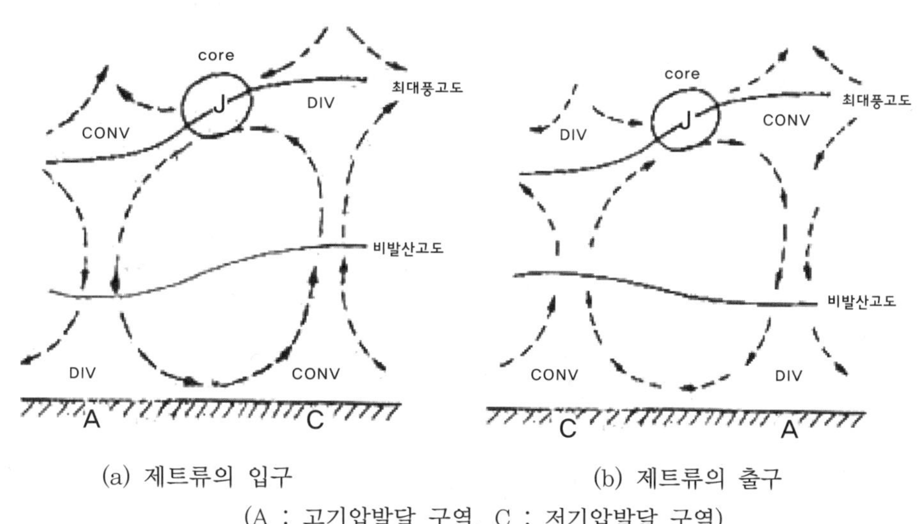

(a) 제트류의 입구 (b) 제트류의 출구

(A : 고기압발달 구역, C : 저기압발달 구역)

[그림 7-94] 제트류를 풍하측으로 바라본 단면상 간접순환

② 비발산고도에는 최대 연직운동이 있다.

③ 제트류 고도에서는 등고선 횡단기류가 제트류 입구에서는 비지균 효과로 북쪽의 저기압 쪽으로 횡단하며, 제트류 출구에서는 남쪽의 고기압 쪽으로 횡단한다.

④ 그림에서 A와 C는 지상에서 각각 고기압과 저기압의 발생구역 및 발달구역이 된다.

(3) 분리 고 · 저기압

상층 300hPa 고도에서 닫힌 등고선을 가진 고기압이 발생되려면 보통 남으로부터 북쪽으로 부는 제트류가 있어야 하고, 상층 기압골이나 저기압의 전방에서 시간 경과에 따라 풍향이 반전(backing)하여야 한다.

일단 이러한 분리고기압(cut-off high)이 발생되면 이 고기압이 처음에는 평균적으로 대체로 동북동 방향으로 이동하나 그 경로는 시간 경과에 따라 점차 순전(veering)한다. 이동속도는 보통 350~550km/day 정도이지만, 이런 고기압 3개 중 1개는 남동쪽의 제트류와 관련되어 있어서 거의 정체한다.

등고선이 닫힌 모든 고기압 중에서 50%는 3일 이상을 유지하지 못한다. 그러나 25%는 5~10

일 동안도 지속된다.

300hPa 고도에서 분리저기압(cut-off low)이 발생하려면 진폭이 적어도 10° Lat. 이상 되는 기압골과 연관된 북쪽으로부터의 제트류가 있어야 한다. 이런 경우라도 제트류가 20~30kts 정도로 약한 경우는 거의 발생이 불가능하다.

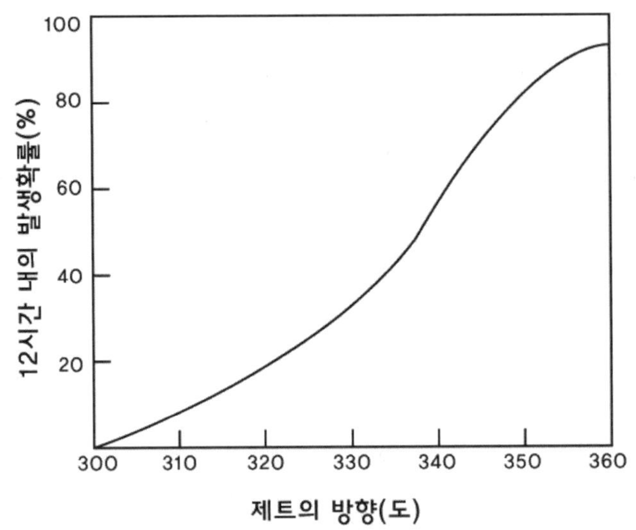

[그림 7-95] 제트가 불어오는 방향에 따른 분리저기압 형성 확률

분리저기압의 형성 확률은 그림 7-95에서 나타낸 것처럼 제트류의 방향에 따라 다르다.

300hPa 고도의 저기압 전체의 약 50%는 발생 후 첫 24시간 동안은 남동쪽으로 이동하며, 전체의 85%는 그 이동속도가 10~20kts 정도이다.

(4) 지상전선, 등고선, 두께선과 제트류의 상대적인 위치

지상전선에 대한 제트류의 상대적인 위치는 다음과 같이 요약할 수 있다.

① 제트류는 그림 7-76에서처럼 보통 지상전선의 온난역 첨단부의 상공을 이 첨단부에 가까운 온난역에서의 등압선에 대략 평행하게 흐른다.

② 온난전선 제트는 보통 온난전선 전방에 있는 지상 기압마루의 약 200km를 통과하여 흐른다. 온난전선의 진행속도가 느리면 거리가 더 멀어질 수도 있다.

③ 온난전선으로부터 제트류까지의 수평거리는 온난역 첨단부로부터 온난전선을 따라 약 7° Lat. 거리에 대응되는 곳까지는 대략 일정하다.

④ 온난전선으로부터 제트류까지의 거리는 고기압 쪽으로 가면서 계속 멀어지는 경향이 있다.

⑤ 한랭전선 제트는 온난역 첨단부에 이를 때까지 한랭전선 후방으로부터 매 1000km 진행에 대하여 250km 정도의 비율로 한랭전선에 점차 접근한다.

한편, 등고선에 대하여는 고기압 쪽으로 굴곡되어 있다. 즉, 제트의 입구에서는 저기압 쪽으로

약간 횡단하는 경향이 있고, 출구에서는 고기압 쪽으로 약간 횡단하는 경향이 있다(그림 7-96 참조). 이러한 횡단은 비지균효과 때문이다.

(실선: 등고선, 파선: 등풍속선, 굵은 화살: 제트축

[그림 7-96] 등고선에 대한 제트축의 위치

그리고, 300hPa일기도에서의 제트류 축은 1000~500hPa 두께의 경도가 가장 큰 곳으로부터 한랭한 쪽 약 1000km에 위치한다.

라. 권계면에 의한 예측

(1) 권계면의 위치

(가) 권계면 모델

적도로부터 극까지의 권계면의 분포를 나타낸 모델이 그림 7-97이다. 이 그림에서는 대략적인 평균위치와 고도만을 나타내고 있다. 권계면 단절(tropopause break)에서는 제트류가 흐르고 있다. 이 모델에서는 단절이 2개만 있으나 더 많이 나타나기도 한다. 각 권계면의 특성은 표 7-3과 같다.

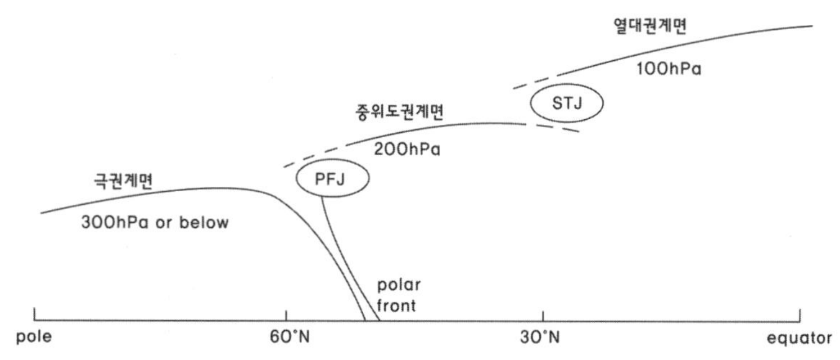

(PFJ : 한대전선 제트류, STJ : 아열대 제트류)

[그림 7-97] 적도로부터 극 사이의 권계면 분포

[표 7-3] 권계면의 특성

권계면	지리적 위치	온위(°K)	고도(hPa)	온도(℃)
극권계면	47° N 이북	약 310±10	300	−55±5
중위도권계면	35~47° N	340±10	200	−60±5
열대권계면	40° N 이남	390±10	100	−70±5

(나) **권계면의 온위와 기압의 시간변화**

권계면은 24시간 동안 관측오차의 한계 이내에서 그 온위가 보존된다. 권계면단절(tropopause break)에서 조금 먼 지역에서는 권계면 고도의 시간변화가 2hPa/hr를 초과하는 경우는 매우 드물다.

권계면의 온위는 권계면단절에서는 보통 불연속이며, 어떤 지점 상공의 권계면 층의 시간변화는 보통 10~12hPa/hr이다.

(2) 권계면과 지상기압 변화

권계면저기압(tropopause low)이라고도 하는 권계면깔대기(tropopause funnel)는 수평적으로 보면 비교적 규모가 작다. 따라서 이들의 존재가 꼭 특정 일기도 상에서 언제나 나타나는 것은 아니다. 모든 권계면깔대기 중심의 위치는 연속성으로 추적하는 것이 보통이다. 이러한 중심의 위치는 그 중심을 둘러싸고 있는 관측소에서 온도풍을 계산하여 구한다. 300hPa 고도 이하까지 온난중심과 일직선을 이룬다.

그리고 300hPa 고도 이상으로 솟은 권계면고기압(tropopause high)인 권계면돔(tropopause dome)은 500~300hPa 두께선 패턴의 온난중심과 일직선을 이룬다. 따라서 고층기상관측소의 위치를 통해 해당 기층에 대한 온도풍에 수직으로 그린 선들은 권계면 중심(tropopause center) 위치 가까이에서 서로 만난다.

성층권 공기가 하강하는 경우에 단열승온에 의한 권계면깔대기의 발달은 최대풍고도에서 강한 발산을 동반하게 된다. 따라서 이것이 지상저기압을 상당히 발달시키는 것이 보통이다.

3 지상저기압과 전선의 발달과 이동

가. 저기압의 발달 예상

(1) George-Wolff법

지상기압계의 강도 변화를 예보하는데 사용되는 객관적 예보법이 많지만 여기서는 강한 저기압이 빈번히 지나는 극동지역에 적용할 수 있는 객관적인 방법을 소개한다.

George-Wolff법은 원래는 북대서양의 겨울철 저기압의 24시간 강도 변화를 예보하는 방법이었으나, 극동지역에서도 24~36시간 예보에 이용할 수 있다.

이 방법을 적용하려면 우선 지상저기압이 500hPa 기압골과 기압마루 사이에서 열린 등고선(open contour) 기류의 아래에 위치하면 이 지상저기압은 발달한다. 반대로 닫힌 등고선(closed contour) 기류의 아래에 위치하면 그 저기압의 강도는 불변이거나 약화된다.

이상의 판단에서 저기압이 발달하는 것으로 판정되면 다음 2가지를 500hPa 일기도에서 측정한다(그림 7-98 참조).

우선, 지상저기압 중심(SL)의 상공 500hPa 등고선에 수직인 방향으로 직선을 그어 지상저기압을 중심으로 양쪽에 각각 450NM 거리(위도거리 7.5°)를 택했을 때 이 직선 900NM 사이의 500hPa 고도차(ΔH)를 구하는데, 이때 닫힌 등고선이 있는 경우에는 그림 (a)의 예에서처럼 닫힌 등고선의 최외각의 값만 사용한다. 그림에서는 ΔH가 300m(=5460−5160)이다.

다음, 해당 저기압 상공의 기온과 그 저기압 북서 상한에서 900NM거리(위도거리 15°)까지의 범위에서 최저온도와의 차(ΔT)를 얻는다. 그림 7−98(b)에서는 17℃를 얻었다.

이상에서 얻은 ΔH와 ΔT를 가지고 그림 7−98(c)에서 최빈 혹은 최대의 발달 정도를 수치로 얻을 수 있다. 예에서 최대 발달은 32hPa 정도, 최빈 발달은 18hPa 정도를 얻을 수 있다.

이 방법은 겨울철 저기압에 잘 적용되지만 때로는 다른 계절에도 적용된다. 그 이유는 강한 열린 등고선 아래의 저기압은 어느 계절이나 강화되며, 닫힌 등고선 아래의 저기압은 약화되기 때문이다. 그러나 겨울철 이외의 계절에는 대부분 크게 발달하거나 크게 쇠약하지는 않는다.

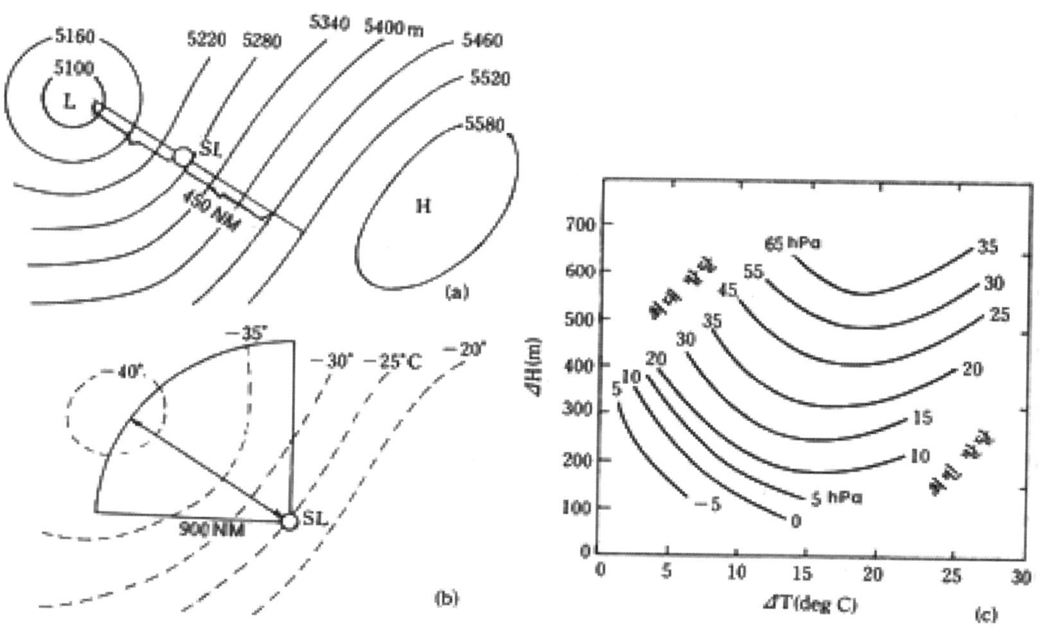

[그림 7−98] George−Wolff법에 의한 24시간 후의 저기압 중심의 변화 예상

(2) 종관기후학적 방법

저기압의 발달과 쇠약 예보에 종관기후학을 이용할 때는 기후학적으로 가장 빈번히 나타나는 중심기압을 지상저기압의 현재와 예상위치에 대하여 결정한다. 이 두 점의 기후학적인 값의 차를 현재의 지상저기압의 중심기압 값에 가감하여 예보기간 끝 시각의 중심기압으로 예상한다.

나. 저기압의 이동

(1) 난역저기압의 이동

일차적인 근사치로서 온난역(warm sector)을 가진 저기압의 이동 방향과 속도는 그 온난역에서의 지균풍의 풍향 및 풍속과 같다. 또한, 1000~500hPa 두께장을 이용하여 저기압중심에서

300NM 이내의 평균 온도풍을 결정하고, 또 그 저기압을 그 중심으로부터 두께선의 방향으로 평균 온도풍속의 80%의 속도로 이동시키면 좀 더 정확한 예상값을 얻을 수 있다.

이 방법의 확률 오차는 24시간 동안 풍속의 경우는 5knot 미만이며, 풍향의 경우는 10° 미만이다. 온도장에서 온도골이 심하게 나타나면 이 법칙의 신뢰성은 감소한다.

저기압이 왼쪽으로 편향되면서 속도가 줄어들면 급속히 발달하는 것이 보통이다. 그러나 이것은 신뢰할 만한 예보칙은 못된다.

(2) 폐색 및 쇠약 저기압의 이동

온대저기압이 폐색될 때는 폐색이 진행되면서 저기압중심 부근의 온도경도는 약화되고, 이동 속도는 감소된다. 이 저기압중심의 이동경로는 보통 왼쪽으로 편향된다. 한편 그 저기압중심 부근의 온도경도가 작으면 그 저기압 주위의 가장 강한 상층 기류의 방향으로 느리게 이동한다.

다. 이류와 지상전선의 안정도 결정

온도풍을 호도그래프(hodograph)를 이용하여 분석할 때는 그림 7-99에서처럼 원점(o)을 향해 실제 바람vector를 그어 두 층 사이의 상층풍 vector의 꼬리에서 하층풍 vector의 꼬리로 제 3의 vector로 그려 온도풍(thermal wind)의 방향과 크기를 나타낸다.

그림 7-100에서 $\overrightarrow{AO}$는 850hPa 바람, $\overrightarrow{BO}$는 700hPa 바람, $\overrightarrow{EO}$는 200hPa 바람 등으로 표현되었다. 그러면 850~700hPa 층의 온도풍은 $\overrightarrow{BA}$로 표시된다. 이 기층에서 찬 공기는 관측소 O의 NNE에, 따뜻한 공기는 SSW에 있게 된다. 실제 바람은 고도 증가에 따라 반전(backing)하고 있다. 따라서 이 관측소 상공에는 찬 공기가 밀려온다. 즉, 바람이 고도 증가에 따라 반전하면 한랭이류(cold advection)가 일어난다.

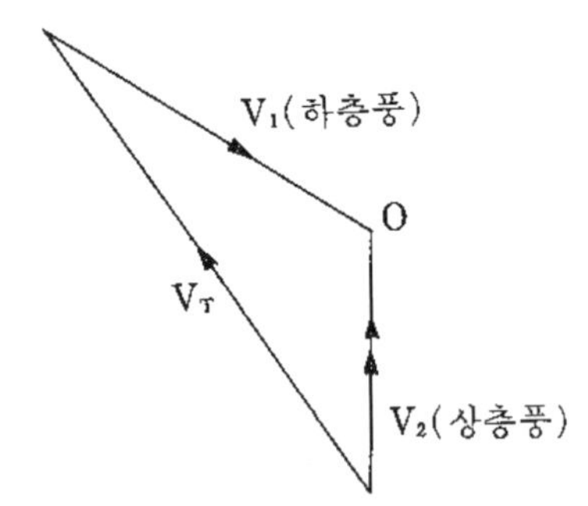

[그림 7-99] 두 층 간의 온도풍(V_T) 결정 hodograph

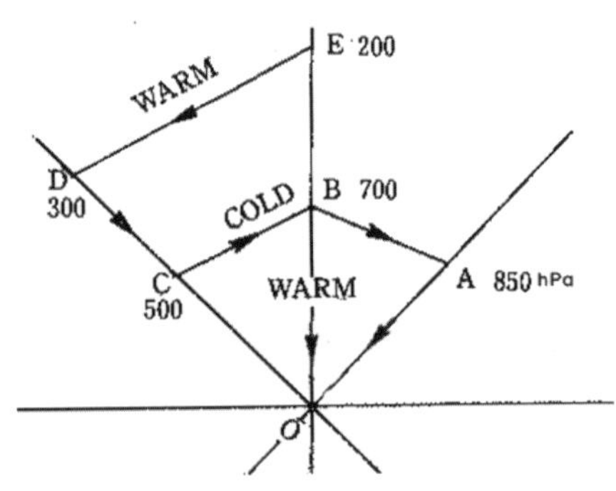

[그림 7-100] 이류의 종류를 예시하는 hodograph

마찬가지로, 만일 바람이 고도 증가에 따라 순전(veering)하면 앞 그림에서의 300~200hPa 기층에서처럼 온난이류(warm advection)가 일어난다. 그리고 그림의 500~300hPa 기층에서처럼 풍향이 고도 증가에 따라 변함이 없으면 온난이류도 한랭이류도 아닌 중립이류(neutral advection)이다.

만일, 한랭이류가 온난이류 위에 겹치면 기단은 더 불안정하게 되고, 반대로 온난이류가 한랭이류 위에 겹치면 기단이 더 안정하게 된다.

라. 전선의 이동 속도

(1) 전선의 진행과 활승 정도

전선은 그 종류에 따라 진행속도가 다르다. 일반적으로 한랭전선의 속도는 빠르고, 온난전선의 속도는 느리다. 전선의 종류와 그 속도를 다음과 같이 구할 수 있다(그림 7-101 참조).

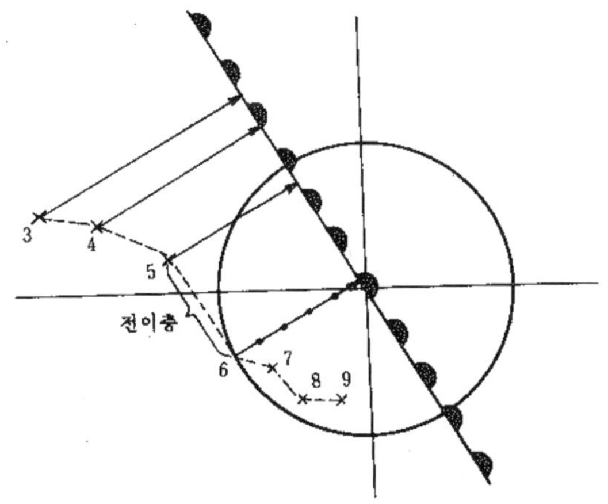

(실선 : 각 층의 전선속도, 9, 8 등 : 900, 800hPa 등)

[그림 7-101] 전선의 활성과 이동속도 추정을 위한 hodograph

1) hodograph 상에 지상전선의 주행방향을 그린다.

2) 단열선도에서 전선면의 고도를 결정한다. 전이구역(transition zone)에서 온도풍의 풍향은 대략 전선에 평행이다.

3) 고도별 풍속의 전선에 대한 수직성분을 구한다.

4) 지상에서의 전선 이동속도는 전이층 바로 아래의 한랭공기 중에서 전선에 수직인 속도이다.

5) 온난공기 중에서의 전선에 수직인 풍속 성분이 고도 증가에 따라 증가하면, 온난전선인 경우는 활승전선(anafront, 滑昇前線)이고, 한랭전선인 경우에는 활강전선(katafront, 滑降前線)이다.

6) 만일 전선에 수직인 바람 성분이 고도 증가에 따라 감소하면, 온난전선의 경우는 활강전선(katafront)이고 한랭전선의 경우는 활승전선(anafront)이다.

(2) 온난전선과 온난형 폐색전선의 이동속도

온난전선(온난형 폐색전선 포함)의 이동속도는 다음과 같이 추정한다.

1) 육지에서는 지균풍속의 전선에 대한 수직성분의 약 2/3의 속도이다.

2) 해상에서는 지균풍속의 전선에 대한 수직성분의 약 5/6, 또는 전선 전방 75~100NM에서 측정한 지균풍속의 속도이다.

이상 1), 2)는 한랭공기의 비지균효과를 고려하지 않은 것이다. 곡률효과와 기압변화효과에 대해서 대략적인 양적 보정을 할 수 있다.

3) 전선면 직하 한랭공기 중의 마찰층 상부(즉, 대략 900hPa 고도) 풍속의 전선에 대한 수직성분 속도로 이동한다. 이 방법은 함축성 있게 비지균 효과를 고려한 것이다.

(3) 한랭전선과 한랭형 폐색전선의 이동 속도

한랭전선(한랭형 폐색전선 포함)은 지균풍의 전선에 대한 수직 성분 속도에 곡률과 기압변화에 대해 보정하여야 한다. 이러한 보정은 특히 전선을 횡단하여 강한 기압변화 경도가 있을 때는 꼭 필요하다.

한편, 전선이 특성적으로 하강 스콜(descending squall)에서 지상까지 연장 하강하는 특성을 가진 상층전선(시기적으로는 특히 여름 뜨거운 기간의 끝 부분에 나날 수 있는 상층전선)일 때는 초지균 운동이 일어날 수도 있다.

마. 전선 상의 파동 발생

(1) 온난전선과 온난형 폐색전선 상의 부저기압

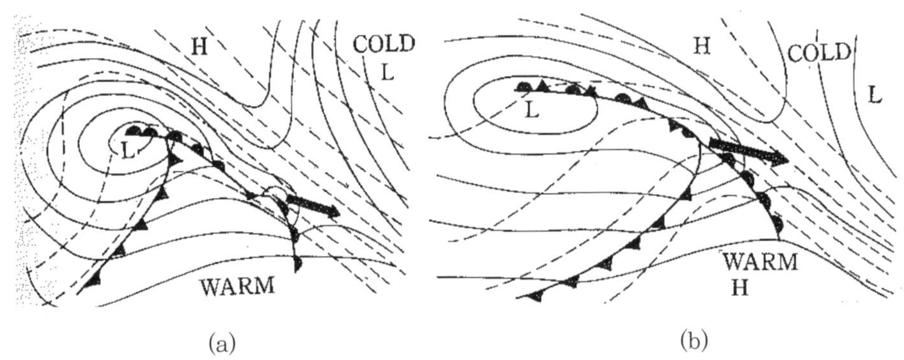

(실선 : 등압선, 파선 : 등두께선)

[그림 7-102] 온난전선 상의 파동 상의 삼중점의 특성

온난전선 상에서 생기는 파동과 온난형 폐색전선의 삼중점(triple point, 三重點)의 특성을 열거하면 다음과 같다(그림 7-102 참조).

1) 위의 그림 7-102에서 중요한 것은 강한 합류형온도마루(confluent thermal ridge)이다. 3중점이 형성되려면 주저기압의 이동속도가 느려져야 하고, 이 주저기압 전방에서 보통

40~80knot의 강한 온도풍이 있어야 한다.

2) 이러한 두께선도에서 강한 합류형온도마루 패턴이 처음 발생한 후 약 24시간 뒤에 삼중점이 생긴다.

3) 삼중점이 한 번 생기면 위의 (a), (b) 두 형태 모두 주저기압으로부터 분리되어 보통 30~50knot 속도로 빨리 이동해 간다. 이런 경우를 유리저기압(break-away low, 遊離低氣壓)이라 한다.

4) 이런 유리저기압의 이동방향은 발생 이전 강한 온도경도를 이루고 있었을 당시의 온도풍 방향(등두께선 방향)으로부터, 삼중점 저기압의 경우는 약 30°, 온난전선 파동의 경우는 약 10° 정도 한랭한 쪽으로 편향한다.

5) 온난전선파(warm-front wave)의 발달은, 300hPa일기도로부터 알아낼 수도 있는데, 온난전선이 300hPa일기도의 기압마루 전방 제트류 입구의 오른쪽 부근에 도달되면 발생되기 쉽다. 이 온난전선파의 이동은 300hPa면 고도의 기류 방향에서 약 15° 정도 한랭공기 쪽으로 편향하며, 해당지점 300hPa 고도 풍속의 1/2속도를 가진다.

(2) 한랭전선 상의 파동

한랭전선 상에서 발생하는 파동은 다음과 같은 특성을 가진다.

1) 한랭전선이 1000NM 이상으로 길며, 이 한랭전선을 따라 1000~500hPa 온도풍이 25knot 이상으로 강할 때 이 한랭전선 상에서 파동이 발생하기 쉽다.

2) 이러한 한랭전선파(cold-front wave)는 활승전선(anafront)에서는 형성되기 쉽지만, 활강전선(katafront)에서는 형성되기 어렵다.

3) 이런 파동은 해당 전선에서 지형적인 왜곡이 일어나는 곳, 또는 그 전선 상에서 이웃 기압계 주위의 기류에 의해 부푼 것처럼 되는 곳, 또는 Sutcliffe의 발달 항(p.423 참조)이 최대일 때 발달하기 쉽다.

4) 이러한 파동의 속도는 온난공기의 지균풍속(온도풍속이 아님)의 80% 정도이다.

(3) 한랭형 폐색전선 상의 부저기압

한랭형 폐색전선(cold occlusion)의 삼중점에서 발생하는 부저기압(secondary low)의 발생과 그 특성은 다음과 같다.

1) 폐색점 전방에 현저한 온도분류(thermal diffluence, 溫度分流) 패턴이 발생되면 그로부터 보통 24시간 이후에 부저기압이 발생된다.

2) 한 번 부저기압이 발생되면 그 이동은 부저기압 주위의 상세한 두께 패턴의 특성을 따른다. 즉, 만일, 온도분류가 그림 7-103에서처럼 넓게 보아 대칭적이면서 부저기압은 가장 강한 온도풍 방향으로 10~20knot 속도로 이동하는 것이 보통이다. 그러나 대칭이 아닐 때에는 온도경도가 왼쪽 분류와 오른쪽 분류 중 강한 쪽으로 편향되고, 이동속도는 대칭적일 때보다는 좀 더 빠르다.

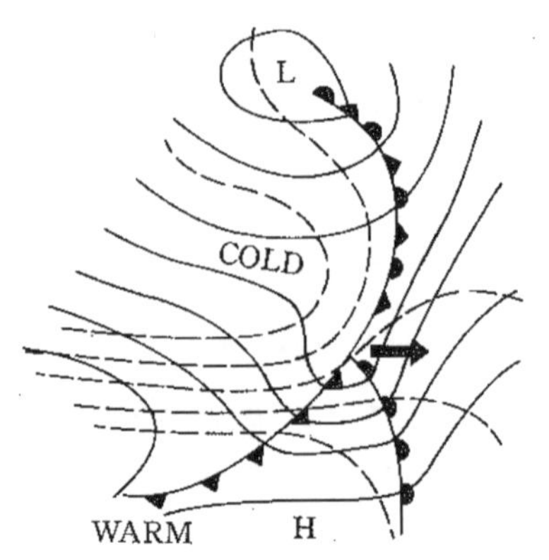

(실선 : 등압선, 파선 : 두께선)

[그림 7-103] 한랭형 폐색전선 상의 부저기압 형성

4 지상고기압의 발달과 이동

가. 고기압의 발생

고기압 발달에는 세 가지 중요한 유형이 있는데 이들은 ① 분류형 온도능, ② 합류형 온도골, ③ 앞 두 가지의 결합형 등이다.

남으로부터 북으로의 제트류가 발달되면서 고기압발생이 시작(그림 7-104 참조)되어 제트류 골의 전방(동쪽)에 생기는 분류형기압마루(diffluent ridge)의 앞에 위치한 제트류 출구의 오른쪽에서 고기압이 발달한다. 이것이 때로는 저지고기압(blocking high, 沮止高氣壓,)으로 발달한다. 이러한 고기압의 발달은 또한 발달한 저기압이 제트류의 왼쪽(서쪽)에서 정체되는 것을 의미하기도 한다.

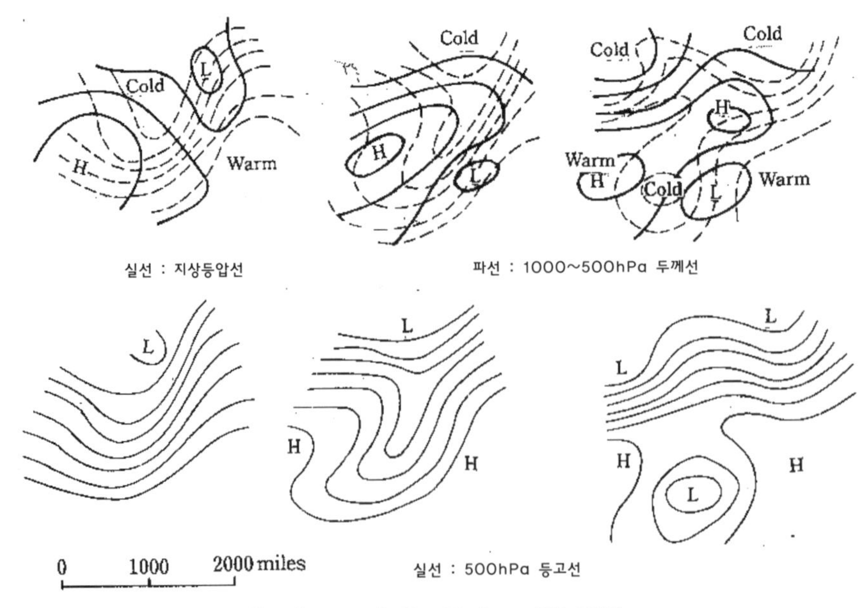

[그림 7-104] 온도골과 고기압 발생

보통 이러한 고기압발생은 상층기압골축이 북동–남서 방향으로 기울어짐으로써 시작된다. 이때 고기압 발생을 위해서는 기압골 후방에서 합류 특성이 증가한다. 이때 약 1hPa/hr 정도의 지상기압 급상승으로 현저한 지상 기압마루 또는 이동성 고기압이 서쪽으로부터 동~북동으로 상층기압골의 목(neck)을 가로질러 발생한다.

이때 지상저기압은 보통 상층기압골의 동쪽 측면에서, 위에서 언급된 기압마루 또는 고기압의 남쪽으로 분리된다.

50° N의 북쪽에서 온도패턴의 형태가 그림 7–105에서처럼 되어 있고, 분류와 합류 현상과 함께 온도마루와 온도골의 축이 예리하고, 이류가 이러한 패턴을 당분간 유지시킬 수 있을 때에는 그림에서 A로 표시한 구역에서 고기압이 발생하기 시작한다.

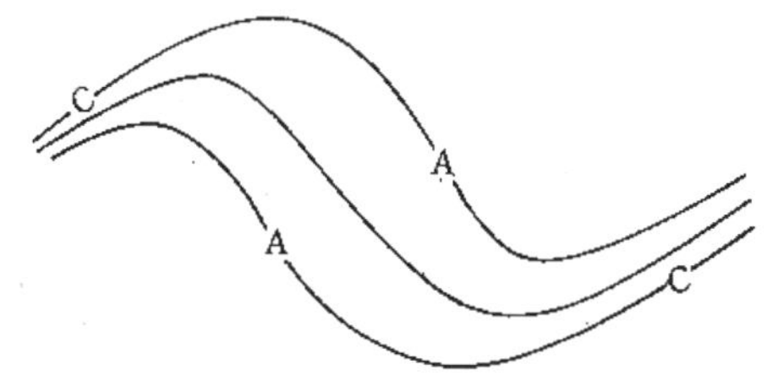

[그림 7–105] 두께 패턴과 고기압 발생

온도제트(thermal jet)가 남쪽으로부터 불어오고(즉, 두께선이 조밀하고 남북 방향을 이룸) A~A에서 두께선이 남북 방향을 이룰 때 고기압 발달이 가장 미약하다. 결과적으로 온도제트가 순전(順轉)일 때 고기압 발생효과가 감소한다. 따라서 이런 경우 지상고기압은 그 강도가 다소 쇠약하거나 또는 그 강도가 겨우 유지된다.

나. 고기압의 이동

이동성 한랭고기압은 그 중심부 상공에 두께경도가 강한 것이 특징이다. 즉, 경압성이다. 이런 고기압은 대략 전방에 위치한 온도골의 축에 대하여 수직방향(고기압 중심부 상공에서 두께선에 평행이 아님)으로 고기압 중심부 상공 온도풍속의 약 50%의 속도로 이동한다. 두께 패턴이 왜곡되어 있을 때에는 고기압은 그 이동이 늦어지고 보통 오른쪽(저위도 쪽)으로 편향하는 경향이 있다.

온난고기압은 그 중심부 상공에서 두께경도가 약하고(즉 준 순압이고) 이동이 느린 것이 특징이다. 이러한 고기압의 이동방향은 온도마루축 자체와 고기압중심 후방의 온도골축에서 온도풍이 가장 강한 부분을 연결한 선의 중간점 방향이다.

다. 고기압의 소멸

고기압은 보통 접근하는 상층기압골 때문에 소멸된다. 그림 7–106은 풍상측 온도골이 지상고기압 중심 쪽으로 이동하고 있는 상황이다. 그늘칠한 부분은 최대 기압하강 중심이어서 지상저기압 발생구역이 되며 지상고기압 중심은 보통이 그림에서의 화살표 방향으로 15~20knot의 속도로 이동하나 때로는 후퇴하거나 더 빨리 이동하며기도 한다.

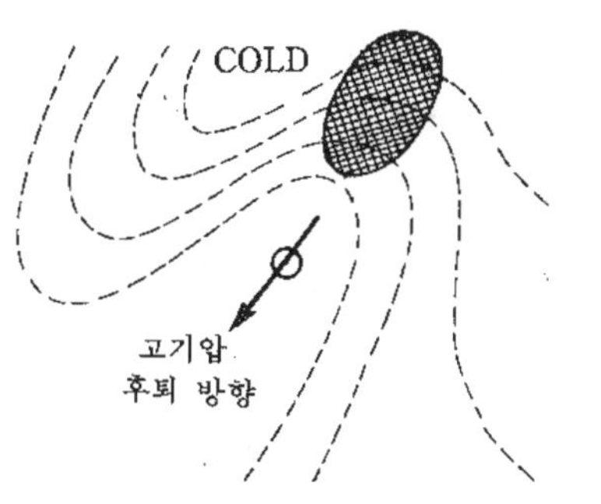

[그림 7–106] 고기압 소멸과 관계되는 두께 패턴

Chapter 08

수치예보의 이해

현대에는 대기과학의 발달과 컴퓨터의 계속적인 발달로 실황일기 자료들과 일기예측 자료들이 객관적인 방법으로 작성되고 있다.

수치예측기술의 발달로 예측능력은 꾸준히 향상되고 있지만, 관측에서 발생하는 오차, 지역적인 불균형 관측 자료를 격자자료화 하는 과정에서 발생하는 오차, 대기 지배방정식들이 가지는 비선형성에 의한 근사화, 격자점자료를 표현하기 위한 물리과정 등에서 생기는 오차 등으로 기상현상의 정확한 예측에는 한계가 있을 수밖에 없다. 이러한 수치예보모델이 가지고 있는 한계를 정확하게 이해하고, 수치예보모델에 의해 작성된 예보 자료의 특성을 잘 이해하는 것이 정확한 예보를 생산의 첫걸음이다.

8.1 수치예보의 필요성

1. 수치예보의 개요

예보를 위하여 다루어야 할 관측자료의 양이 획기적으로 늘어나고, 대기과학 이론의 복잡 · 정교화에 따라 기존의 날씨예측 방법으로는 다량으로 새롭게 생산되고 있는 정보를 모두 사용할 수는 없게 되었다.

예보관이 머릿속으로 생각할 수 있는 이론적 한계는 준지균계(準地均系) 정도인 것이다. 그러나 대기현상은 복잡하고 비정역학적이고 비선형적인 부분이 많아서 예보관이 생각을 정리하기에는 너무나 복잡하다.

복잡한 이론과 방대한 관측자료를 효과적으로 활용하기 위한 최선의 방법이 수치예보(numerical weather prediction, 數值豫報)이다. 수치예보는 대용량의 슈퍼컴퓨터를 이용하므로, 인간의 사고체계(思考體系)로는 계산이 불가능한 복잡한 대기현상도 대기의 운동과 현상을 지배하는 방정식들의 집합체인 수치예보모델을 이용하여 해석할 수 있으며, 동시에 방대한 관측자료의 처리가 가능하게 된다.

그림 8-1은 미국기상청에서 산출한 수치모델의 강수에 대한 예측성능(threat score)을 보여주고 있다. 이 그림에서 자료의 통계기간 중 지역모델의 예측성능보다는 예보관의 예보성능이 항상 매년 거의 고르게 약 0.05 정도 높았다. 이는 예보관이 수치모델 결과를 수정하여 이룬 성능의 개선이었다. 한편 수치예보는 1994년에 0.16에서 2003년에 0.24로 10년 사이에 그 성능이 약 0.08이나 개선되었다.

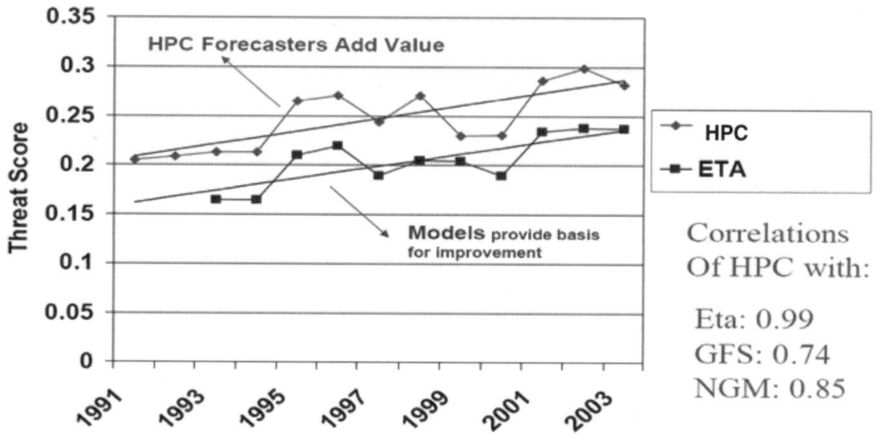

(흐린 실선: 미국기상청 지역모델(ETA), 진한 실선: 예보관의 예측정확도(HPC), GFS: 전지구모델, NGM: 1980년대에 사용했던 전지구모델)

[그림 8-1] 미국기상청 수치예보모델의 1일강수량 예측의 정확도

그림에서 1991년부터 2003년까지 미국기상청 지역예보모델의 강수예측 성능과 예보관의 강수예측 성능이 동일한 위상으로 꾸준히 증가하였고, 양측의 예측 성능의 상관관계가 0.99나 되었다. 이는 예보관이 지역모델의 강수예측을 많이 참고하고 있다는 증거가 될 수 있다.

또한 자료 통계기간 중의 이러한 강수예측 성능의 향상은 대부분 지역수치모델의 성능 개선 때문인 것으로 볼 수 있다. 즉, 수치예측을 해석하는 예보관의 지식은 시간에 따라 크게 변화하지 않지만 수치예보의 성능은 시간에 따라 계속 개선되어 왔다.

따라서, 장기적인 예보관의 예보성능 개선을 위해서는, 우선은 수치예보모델 성능을 계속적으로 향상시켜야 할 것이고, 아울러 예보관의 능력개선을 위해서는 새롭게 개선되는 수치모델 결과의 해석에 집중하여 그 해석능력을 최대한 증진하는 것이 바람직하다.

2 수치예보의 한계성

가. 기술적인 한계성

대기는 우선 예보모델을 운용할 초기조건을 완벽하게 작성할 수 없다는 것이 수치예보 한계성의 주된 원인이다. 이것은 필요한 관측이 이루어지지 못하고 있다는 것과 함께, 관측에는 항상 오차가 따른다는 것, 그리고 아직은 자료동화 방법이 완전하지 못하다는 것이다.

또한, 예보모델이 완벽하지 않기 때문에 모델대기와 실제대기에 차이(오차)가 생길 수밖에 없다. 그리고 컴퓨터의 능력도 유한하기 때문에 무제한으로 분해능을 크게(격자점을 좁게) 할 수도 없고, 모수화 역시 아직 완전하지 못하다.

따라서 예보에는 반드시 크고 작은 오차가 포함되며, 이 예보오차는 일반적으로 예보시간의 증가와 함께 커질 수밖에 없다.

나. 본질적인 한계성

수치예보는 결정론적인 예보방정식을 사용하고 있다. 결정론이라는 것은 어떤 시각의 대기상태를 완전하게 알면, 이후 미래의 대기상태도 영구적으로 알 수 있다는 논리이다. 그런데 이것은 원리적인 이론일 뿐 실제로는 그렇지 않다. 또한 예보방정식에는 이류 항이라는 비선형 항이 포함되어 있어서 문제를 더욱 복잡하게 한다. 즉, 비선형 역학계에서는 지극히 간단한 방정식이라도 초기조건이 서로 미세하게 다른 2개의 조건이 시간의 경과에 따라 완전하게 다른 예보로 변한다. 극단적으로 말하자면, 나비가 날갯짓을 하는 것만으로도 수치예보가 원래보다 달라질 가능성이 생긴다는 것이다. 이를 "나비효과(butterfly effect)"라고 부른다.

예를 들어 Y라는 변수가 $Y_{S+1} = aY_S - {Y_S}^2$라는 식에 따라 Y_S에서 Y_{S+1}로 변화한다고 하자. 여기서 첨자 S는 시간스텝을 나타낸다. 초기값 Y_0를 부여하면 Y_S는 이 방정식에 따라서 결정론적으로 결정된다. "a=3.75라는 모델에 Y_0=1.5라는 초기값을 부여한다면 해(解)는 그림 8-2에서의 실선과 같이 된다. 여기에서 Y_0를 0.001만큼 바꾸었을 경우(초기값에 미세한 오차를 준 경우)의 해를 파선으로, a를 0.001만큼 바꾸었을 경우(모델에 미세한 차이를 준 경우)의 해를 점파선으로 나타냈다. 이들의 경우 11스텝까지는 3개의 해들이 서로 구별이 되지 않았다. 그러나 이후 미세한 차이가 나타나기 시작하여 18스텝부터는 그 차이가 눈에 띄게 커졌고, 20스텝이 지나면 3개의 해는 전혀 다른 행동을 보이게 된다. 이와 같이 비선형계에서는 종종 카오스적인 행동을 보이게 되기 때문이다.

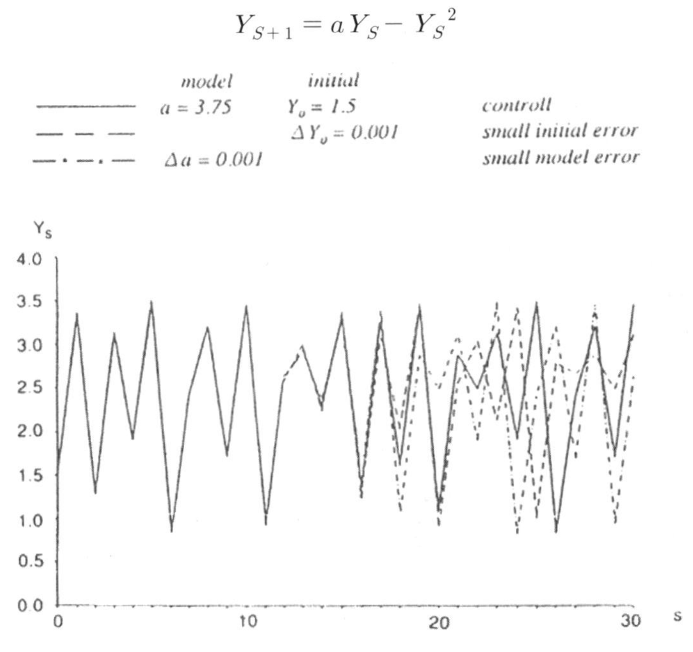

[그림 8-2] 간단한 1차원의 비선형시스템에서의 해(解)에 대한 예시

지구나 달과 같은 천체의 운동에서는 몇 천년 앞의 위치도 예측할 수 있고, 일식이나 월식은 초 단위로 예측이 가능하다. 그러면, 천체의 운동은 어떤 점이 대기의 운동과 다른 것인가?

천체의 움직임은 2개의 천체가 서로 영향을 미치는 움직임까지는 분석적으로 풀 수 있다. 그러나 3개 이상의 천체가 서로 영향을 미칠 때는 분석적으로는 풀 수가 없는 3체 문제가 된다. 따라서 일식이나 월식을 예측하기 위해서는 최소한 태양과 지구와 달이라는 3개의 천체를 고려해야 하기 때문에 분석적으로는 풀 수가 없다. 대기의 운동도 마찬가지로 분석적으로는 풀 수가 없다.

그러나 일식이나 월식이 정밀도 있게 예측되는 이유는, 카오스 상태에 이르기까지는 수 백만년의 시간이 걸린다는 점에 있는 것이다. 이것이 천체의 운동과 대기의 운동과의 커다란 차이점이다.

8.2 수치예보모델의 구성

1 수치예보방정식

가. 원시방정식

수치예보란 유체인 대기의 운동과 현상을 지배하는 역학・열역학적 물리법칙에 기반을 두고 있는 방정식들로 구성된 수치모델을 사용하여 자료동화 방법으로 생산되는 대기의 초기상태(현재)를 적용하여 대기의 미래 상태를 예보하는 것이라 할 수 있다.

수학적으로 수치예보모델(NWP model)은 간단하게 $F(A) = \triangle A / \triangle t$ 로 표현될 수 있다. 여기서, ΔA는 공간의 특정 지점에서의 예보변수의 변화이고, $\triangle t$는 시간의 변화 즉 예보하려는 미래까지의 시간 길이를 나타낸다. $F(A)$는 $\triangle t$시간 동안 A값의 변화(ΔA)에 의해 결정될 수 있는 결과를 나타낸다.

수치예보에서 기상학적 변수의 미래값은 초기값과 이에 더해지는 물리적 강제력을 찾음으로써 얻을 수 있다. 이 때 물리적 강제력은 예보기간에 대한 변수에 작용한다. 즉,

$$A^{FORECAST} = A^{INITIAL} + F(A)\triangle t$$

여기서 $F(A)$는 발생할 수 있는 모든 종류의 강제력의 결합을 나타낸다.

수치예보모델에서 사용되는 예보방정식에는 원시방정식(primitive equation, 原始方程式)이라는 것이 있다. 이는 대기에서 발생할 수 있는 기본 과정을 모사(模寫)한다. 원시방정식은 대기 과정을 지배하는 실제 물리법칙의 가장 간단한 버전이다.

원시방정식은 복잡하기 때문에 완전한 분석해(solution, 分析解)를 계산하기보다는 수학적인 근사(approximation)를 사용해서 수치적으로 얻어내게 된다. 이때, 이들 근사 때문에 오차(error)가 발생하게 된다. 또한 관측자료가 불충분하여 대기의 초기상태를 정확하게 안다 하더라도 수치예보모델방정식의 컴퓨터로의 전환과정 때문에 모든 분해능에 대해서 모든 정보를 포함할 수는 없다. 그러므로 대기 장(field)에 대한 일부 정보는 생략되거나 잘못 표현될 수밖에 없게 된다.

예보를 산출할 수 있기 위해서는 한 조(set)의 방정식이 닫힌 시스템이고 완전해야 한다. 이는 각각의 방정식을 적정한 순서에 따라서 풂으로써 모든 항의 값이 구해질(예측될) 수 있다는 것을 의미한다.

원시방정식의 모든 방정식은 동일한 기본예보변수(u, v, ω, T, q, z)를 사용한다. 그리고 F_x, F_y, H, E, P와 같은 항들은 6개의 기본예보변수의 항으로 표현된다. 또 원시방정식의 해를 구하기 위해서는 모델영역에 대해서 초기조건을 규정할 수 있어야 하고, 모델영역의 경계에서 모든 예보변수에 대한 적정한 경계조건을 얻을 수 있어야 한다.

원시방정식을 나타내면 표 8-1과 같다.

[표 8-1] 수치예보를 위한 1 set의 정수계 원시방정식

$$\frac{\partial u}{\partial t} = -u\frac{\partial u}{\partial t} - v\frac{\partial u}{\partial y} - \omega\frac{\partial u}{\partial p} + fv - g\frac{\partial z}{\partial x} + F_x \quad \cdots\cdots (8\text{-}1)$$

$$\frac{\partial v}{\partial t} = -u\frac{\partial v}{\partial t} - v\frac{\partial v}{\partial y} - \omega\frac{\partial v}{\partial p} - fu - g\frac{\partial z}{\partial y} + F_y \quad \cdots\cdots (8\text{-}2)$$

$$\frac{\partial u}{\partial x} + \frac{\partial v}{\partial y} + \frac{\partial \omega}{\partial p} = 0 \quad \cdots\cdots (8\text{-}3)$$

$$\frac{\partial T}{\partial t} = -u\frac{\partial T}{\partial x} - v\frac{\partial T}{\partial y} - \omega\left(\frac{\partial T}{\partial y} - \frac{RT}{C_p P}\right) + \frac{H}{C_p} \quad \cdots\cdots (8\text{-}4)$$

$$\frac{\partial q}{\partial t} = -u\frac{\partial q}{\partial x} - v\frac{\partial q}{\partial y} - \omega\frac{\partial q}{\partial p} + E - P \quad \cdots\cdots (8\text{-}5)$$

$$\frac{\partial z}{\partial p} = -\frac{RT}{\rho g} \quad \cdots\cdots (8\text{-}6)$$

표 8-1의 원시방정식은 각각 다음과 같은 의미를 가진다.

(1) 운동방정식 (식(8-1)과 식(8-2) : 뉴턴운동법칙

대기의 동서방향과 남북방향의 운동방정식은 수평이류, 연직이류, 지균평형으로부터의 벗어남, 난류혼합과 지면마찰 등을 나타내는 항들로 구성되어 있다.

(2) 연속방정식 (식(8-3) : 질량보존법칙

연속방정식은 부력효과를 고려하지 않고 수평 바람장으로부터 진단적으로 계산된다. 발산은 모델 층의 하부로부터 상부까지의 연직운동의 변화에 관련한다. 수평수렴 구역은 고도에 따라 상승

운동이 증가하거나 하강운동이 약화되는 구역과 일치한다. 정수계 모델에서는 연직운동을 계산하기 위해서, 이 방정식을 직접적으로 사용하지 않고, 연직운동과 연직가속도 모두를 결정하기 위한 수평발산과 부력을 결합하여 사용한다.

(3) 열역학방정식 (식(8–4) : 열역학제1법칙

온도의 시간변화율은 온도의 바람에 의한 수평이류, 연직이류, 연직운동에 따른 공기의 체적변화, 복사, 혼합, 응결(대류효과) 등의 과정에 의해 결정된다.

운동방정식과 연속방정식으로부터 결정된 연직속도는 응결열과 냉각의 양과 대류의 방아쇠 인자에서 습기의 역할 때문에 습기방정식에도 영향을 준다.

(4) 습기방정식 (식(8–5) : 물의 보존법칙

습기의 시간변화율은 습기의 수평 및 연직이류, 수적의 증발, 빙정의 승화·응결(강수) 등의 과정에 의해 결정된다. 모델은 응결과정과 관련된 강수과정을 위해서 복잡한 공식들을 사용한다. 습기보존의 의미를 보면 모델에서의 강수는 모델대기에서 습기의 양이 줄어든다는 것을 의미한다. 결과적으로 모델이 강수예보를 부정확하게 했을 때는 풍하측의 습기의 양에 영향을 주게 된다는 것이다. 연속방정식으로부터 결정된 연직속도는 매우 중요하다. 온도방정식과 지면으로부터 기대할 수 있는 증발량과의 사이에는 상호 관련성이 있다.

(5) 상태방정식 (식(8–6) : 보일–샤를의 법칙

정역학방정식은 예보모델 내에서 안정도와 관련이 있고, 운동방정식에서 지균균형을 결정하기 위한 고도장을 계산하는데 사용된다. 이와 같은 진단방정식은 모델 층에서의 평균 온도를 상하층 기압면 사이의 고도차와 결합시킨다. 온도방정식으로부터 얻게 되는 온도는 고도를 계산하기 위해 운동방정식에 사용된다.

(6) 물리 과정들

예보방정식에서 경험적인 F_x, F_y, H, E, P는 모델에서 경험적인 근사를 통해 표현된 물리과정을 사용한다.

운동방정식(8–1)과 (8–2)에서 F_x와 F_y는 지면끌림을 통해 바람을 변화시키는 "마찰"항으로서 다른 과정(예를 들면, 난류 에디에 의한 운동량의 수평 및 연직 수송인 확산과정) 등과 결합된다. 마찰은 식생 형태(예 나무, 잔디 등), 지면 형태(예 눈, 물 등), 지면 온도 등에 의해서 영향을 받는다.

기온방정식에서 H (비단열 가열)은 다음으로 표현된다.

$$H = H_L + H_C + H_R + H_S$$

여기서 H_L은 포화되고 안정화된 공기의 대규모 상승으로 인한 잠열 또는 낙하하는 강수의 증발과 지면에서 수적의 증발에 의한 냉각, H_C는 대류에서 발생하는 응결에 의한 잠열, H_R은 복사가열을 각각 나타낸다. 이들은 주로 대기복사에 대한 지면복사 가열과 적외복사에 대한 대기 습윤층 내에서의 복사 가열이다. H_S는 지면으로부터 또는 지면으로의 현열 플럭스를 나타낸다.

강수율(P)은 다음과 같이 표현되다.

$$P = P_L + P_C$$

여기서 P_L(층운형 강수)과 P_C(대류형 강수)는 각각 H_L과 H_C와 밀접한 관계가 있다. 이에 대한 계산은 모델에서 구름 예보와 적운 모수화 과정 또는 미세물리 과정과 밀접한 관계가 있다.

E(증발)는 지면으로부터의 증발 또는 지상으로 낙하하는 강수물의 증발을 나타낸다.

다. 수치모델의 기본 구조

수치예보모델이란 대기의 운동과 현상을 지배하는 역학・열역학적 물리법칙에 기반을 두고 있는 방정식계를 풀어 자료동화로부터 구한 대기의 초기상태로부터 미래의 대기상태를 예측하는 소프트웨어이다.

대기는 기본적으로 연속성을 가진 유체이지만 수치모델에서는 이 연속적인 대기의 시・공간을 아래 그림 8-6과 같은 유한 개의 시・공간 격자로 분할하여, 각 격자에서의 방정식의 해, 즉 바람, 기온, 습도 등의 분포를 해석적 방법이 아닌 수치적 방법(numerical method)을 이용하여 구해낸다.

많은 선형・비선형 항들을 포함하고 있는 원시방정식계의 해를 구하는 것은 해석학적으로, 그리고 계산적으로도 매우 복잡하기 때문에 일반적으로 수치모델에서도 근사(approximation) 방법을 사용하여 방정식을 단순화하는 과정을 거치게 된다. 그 대표적인 것이 대기운동의 수평규모가 연직규모보다 훨씬 크다는 것을 가정하는 정역학근사(hydrostatic approximation)이다. 이 근사를 사용하게 되면 연직방향의 운동량 방정식으로부터 연직속도장에 대한 진단방정식인 정역학방정식을 얻게 된다.

수치모델에서 모델대기를 그림 8-3에서처럼 유한 개의 격자로 분할하여, 각 격자에서의 방정식의 수치해(數値解)를 구하는 데에는 다양한 방법이 있다. 이는 변수의 시・공간적 이산화와 관련된다. 즉, 모델의 예단변수가 시・공간 상의 유한 개의 격자에서 정의되는 유한차분법(finite difference method)을 채택하는 수치모델의 경우에는 기본방정식 내의 시간 미분항, 혹은 공간 미분항의 유한차분 형태의 값을 효율적으로 계산하기 위하여 다양한 형태의 격자구성이 개발되어 왔다.

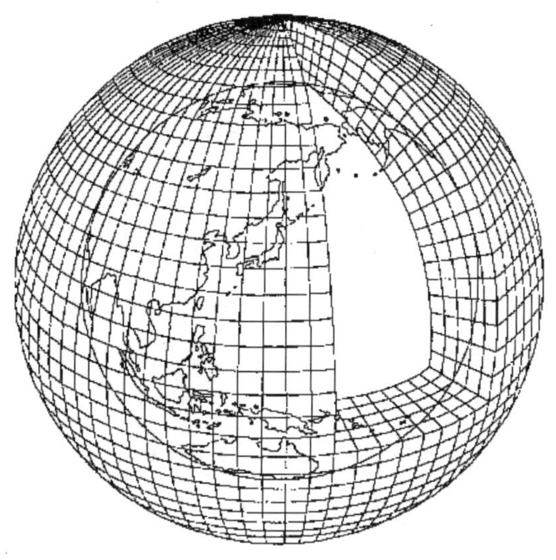

[그림 8-3] 수치모델의 격자체계 모식도

이 방법들은 지배방정식의 예단변수들을 격자 내에서 엇갈리게 배치함으로써 계산량을 줄이고 더 정확한 근사해(近似解)를 구하고자 하는 의도에서 개발되었다. 그림 8-4와 그림 8-5는 대표적인 수평 및 연직 격자구조를 나타내고 있다.

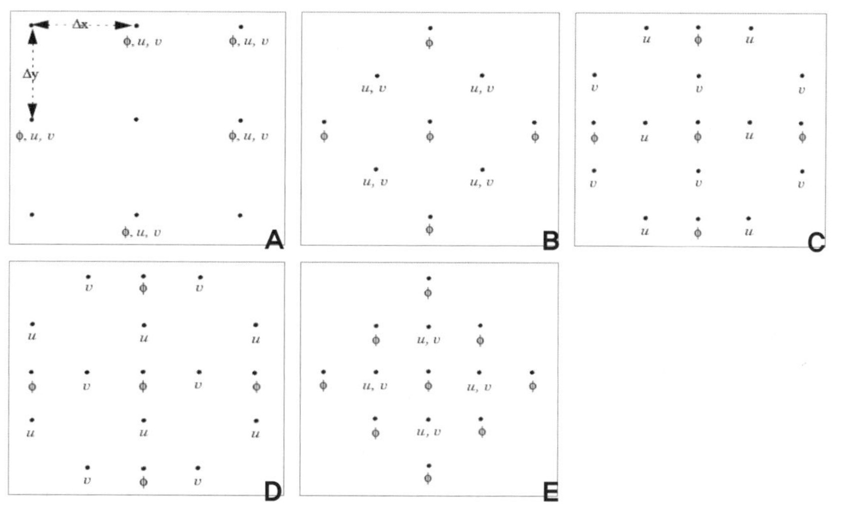

(왼쪽 위부터 차례로 Arakawa A~E grid)

[그림 8-4] 수치모델의 수평 엇갈림격자의 예

[그림 8-5] 수치모델의 연직 엇갈림격자의 예

라. 수치모델의 역학과정

수치모델에서는 지배방정식의 각 항을 수치적으로 계산할 수 있는 형태로 변형하여 각 방정식의 예단변수(prognostic variable)의 시간변화를 구하게 된다. 이 과정에서 방정식의 항들을 크게 역학과정(dynamics)항과 물리과정(physics)항으로 구분할 수 있다.

역학과정이란 이류, 기압경도력, 코리올리힘, 단열압축·가열, 질량보존 법칙, 정역학 평형 등 수치모델의 각 격자에서 정량화할 수 있는 시간변화량 혹은 평형상태를 계산하는 과정을 말한다. 수치모델의 예단변수와 변수의 공간적 이산화(discretization, 離散化)와 시간적분 방법이 결정되면 이 역학과정은 계산될 수 있다.

수치모델의 역학과정 중 대표적인 과정으로서 이류과정이 있다. 수치모델은 이 이류과정의 계산 방식에 따라서 오일러(Eulerian) 방식의 수치모델과 반라그랑지(semi-Lagrangian) 방식의 수치모델로 분류할 수 있다. 비교적 최근에 수치모델에 도입된 반라그랑지 방식은 오일러 방식에 비하여 시간적분 간격을 더 길게 취할 수 있는 장점을 가진다. 따라서 반라그랑지 방식의 수치모델은 오일러 방식의 수치모델에 비하여 더 빨리 예측결과를 얻을 수 있으며, 반라그랑지 방식을 사용함으로써 생기는 여분의 계산 자원을 수치모델의 해상도 증가, 물리과정 모수화의 정교화, 혹은 자료동화과정의 고도화 등에 활용할 수 있다. 이러한 장점 때문에 최근의 전지구모델에 반라그랑지 방식을 많이 사용하고 있다.

좀더 넓은 의미의 역학과정은 위에서 기술한 기본적인 역학과정 이외에도 수치모델의 초기화과정, 각 물리과정 계산 순서의 제어 및 적분시간의 제어, 그리고 수치모델이 구동되는 전산시스템의 특성에 따른 최적화 과정 등을 포함하기도 한다. 따라서 역학과정은 수치모델의 골격이 되므로 역학프레임(dynamic flame) 또는 역학코어(dynamic core)라고도 한다.

마. 수치모델의 물리과정

대기의 운동은 그림 8-6에서와 같이 미세난류 규모의 운동으로부터 행성파 규모의 파동운동까지 넓은 시·공간적 스펙트럼을 가진다. 대기의 물리과정이란 그림 8-7에서 암시하는 바와 같이 수치모델이 명시적으로 표현해낼 수 있는 시·공간 분해능보다도 작은 규모의 대기현상들에 대해서 그 효과를 계산하는 부분을 의미한다.

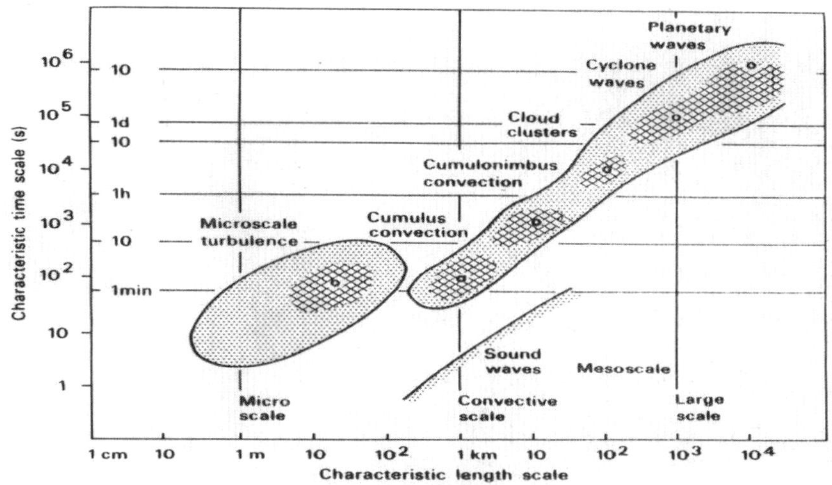

[그림 8-6] 대기운동의 대표적인 시공간 규모 분류

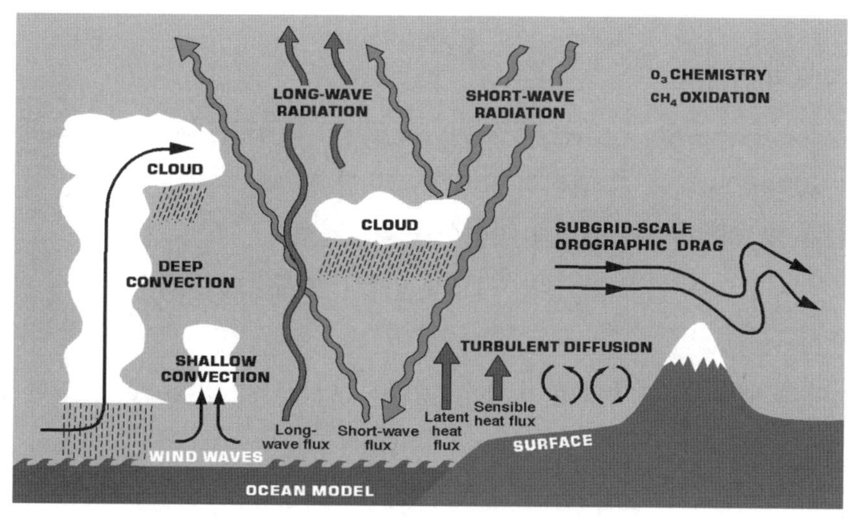

[그림 8-7] 대기의 물리과정에 대한 모식도

예를 들면, 적운대류(cumulus convection)의 일반적인 규모는 1km 내외이기 때문에 수 십km 이상의 분해능을 가진 수치모델에서는 그 효과를 명시적으로 계산할 수가 없다. 따라서 이러한 물리과정에 의한 예단변수의 시·공간 변화량을 계산하기 위해서는 모수화(parameterization)방법을 사용하게 된다. 모수화에 대하여는 다음에 별도로 다룬다.

2 모수화

가. 자연에 존재하는 물리과정

수치예보모델은 하나의 모델 격자상자 내부에서 발생하는 모든 작은 일기현상이나 그 과정들(예 지면부근에서의 대기의 복잡한 흐름, 장애물 부근의 난류 등)까지를 해결해낼 수가 없다. 수치예보모델은 이러한 경우 바람 예보방정식에서 마찰력(F)이라는 항을 만들어 하층 흐름에서의 지면효과를 고려하게 된다. 이와 같이 직접 예보방정식으로 예보하지 않고 그들의 효과를 고려하는 방법을 모수화(parameterization, 母數化)라고 한다.

모수화 되는 물리과정의 종류는 다양하여 대기에 의한 복사와 흡수, 에어러솔에 의한 산란, 구름에 의한 복사와 흡수, 응결과정, 눈녹음, 눈/얼음/물 덮힘, 눈, 난류, 지형, 비, 빗방울 증발에 의한 냉각, 식생, 토양 성질, 지면 거칠기, 잠열 플럭스, 증발, 지면에 의한 복사와 흡수 등 여러 가지다. 모수화 방법은 지상 일기예보 요소에 가장 크게 영향을 미친다.

모수화 방법을 사용할 때 모수화의 영향을 다음처럼 평가할 수 있다.

1) 모수화 방법 사이에 상호작용이 생기는데, 여기서 각 모수화 방법은 자체 오차와 가정(㉍ 토양 모델과 복사 방법이 경계층의 가열에 미치는 영향)을 포함한다.

2) 모수화의 복잡성과 상호 관련성이 높을수록 특정 과정을 추적하기가 어려워진다.

나. 아격자 규모의 모수화

모수화는 명시적으로 포함할 수 없는 과정들에 대해 그 효과를 내재적으로 포함하는 방법이다. 즉 과정 자체를 고려하기보다는 그 과정의 효과를 고려한다.

따라서 모수화가 필요한 이유를 다음과 같이 정리할 수 있다.

① 모수화 과정은 규모가 아주 작거나 또는 복잡해서 명시적으로 다루기에는 컴퓨터의 성능이 부족한 경우.

② 이들 과정이 모델방정식에서 표현될 만큼 충분히 이해되어 있지 않고, 또한 적절한 자료도 없기 때문.

③ 이들의 존재가 모델에서 분해가능한 예보변수에 크게 영향을 미치기 때문.

한편, 큰 격자규모의 변수에 대한 이들의 영향을 고려하는 아격자규모 과정을 모수화해야 할 필요성은 다음과 같다.

① 대류 과정(convective process) : 중규모 격자상자 사이에서 발생할 수 있는 대류에 의한 열과 습기의 연직 재분배에 중요하다.

② 미세물리 과정 (microphysical process) : 구름미세물리 과정에서 수적의 응결과 성장은 모델격자 내에서 발생한다. 따라서 이 과정은 규모가 너무 작아서 고분해능을 가진 모델에서조차 명시적으로 모델화 되기가 어렵다.

보통 모수화는 물리적(㉍ 복사과정), 통계적(㉍ 상대습도로부터 운량 유추)인 기법에 기초하고 있으며, 예보방정식에 있는 변수로부터 일정한 가정을 사용해서 이들 과정에 대한 정보를 유도하게 된다. 모수 내의 가정들과 예보변수 사이의 연결을 의미하는 closure가 필요하다.

수치모델의 예측성능은 주로 수치모델에 입력되는 초기자료의 품질(즉, 자료동화 과정의 성능),

수치모델의 분해능, 그리고 물리과정 모수화의 성능에 따라 결정된다. 이 중에서도 수치모델이 모의하는 모델대기가 실제대기와 다른 계통오차(systematic error)의 주요 원인은 물리과정의 모수화에 있기 때문에 좀더 정밀한 모수화 방안의 개발과 적용이 수치모델의 예측성능을 높이는데 매우 중요한 부분이다. 특히, 물리과정의 모수화는 그 방안에 따라 각기 다른 모수값을 사용하고, 서로 다른 물리과정 간의 되먹임 작용이 복잡하게 얽혀 일어나기 때문에, 수치모델이 모의하고자 하는 지역의 지형적 특성에 맞도록 모수화 과정을 최적화 하고 조절하는 것이 필수적이다.

수치모델에서 모수화 하는 대표적인 대기물리 과정으로는 ① 강수과정(적운대류 및 대규모 응결에 의한 강수과정), ② 미세물리 과정, ③ 행성경계층 과정, ④ 복사과정, ⑤ 중력파 항력 과정 등이 있다.

3 좌표계

모델의 연직구조는 모델의 형태와 수평구조, 그리고 모델의 행태를 정의하는 데 매우 중요하다.

수치모델에서 연직좌표계는 다음을 만족하는 구조이어야 한다.

첫째, 좌표계는 고도에 따라 균일한 행동을 보여야 한다. 즉, 고도에 따라 연속적으로 감소(예 기압좌표계)하거나, 또는 연속적으로 증가(예 온위좌표계)해야 한다.

둘째, 중요한 역학적인 과정(예 지형에 따른 단열과 비단열 운동 및 흐름)을 정확하게 취급하고, 보존적인 대기의 성질을 만족해야 한다.

셋째, 평평한 지형이든 혹은 경사진 지형이든 기압경도력을 정확하게 계산할 수 있어야 한다.

모든 현업 모델의 연직구조는, 수평구조(격자점이나 스펙트럼 구조)와는 달리, 불연속(discrete) 구조를 가진다.

가. 시그마 연직좌표계

모든 수치예보에서 기본이 되는 운동방정식의 가장 간단한 형태의 좌표계는 기압좌표계이다. 그러나 기압좌표계는 불행하게도 예보방정식을 풀기에는 적합하지 않다. 왜냐하면 기압좌표계는 고도좌표계와 마찬가지로 산을 가로지르게 될 때는 예보 영역의 일부에서 좌표계가 없어지는 불연속을 이루기 때문이다. 이와 같은 예보의 불연속면에 대한 문제를 해결하기 위해 지형(지면)을 따라가는 좌표계인 시그마좌표계가 개발되었다. 시그마좌표계는 $\sigma = p/p_s$라는 간단한 형태를 사용한다. 여기서 p_s는 지면기압(surface pressure)이다. 고도가 가장 낮은 지구표면($\sigma = 1$)은 실제 지형을 따라간다. 하층에서는 평활화된 지형으로서 다소 굴곡이 생긴다. 시그마모델에서 사용된 지형의 기울기는 언제나 어느 정도 평활화되어 있다. 윗층의 다른 시그마층들은 점차 평활화 되어 결국 정상부($\sigma = 0$)에 가까워지면서 수평면을 이루게 된다.

[그림 8-8] 시그마 연직좌표계 설명도($\sigma = p/p_s$)

시그마좌표계의 장점으로는, 기압과 관련이 있기 때문에 운동방정식을 복잡하게 만들지 않고서도 하층 경계층을 기술하기 쉽고, 자연스럽게 기울어진 지형을 따른다는 것이다(그림 8-8 참조).

한편, 단점도 많다. 첫째, 기압좌표계에서는 기압경도력 계산이 매우 간단하지만, 시그마좌표계에서는 시그마면이 경사져 있을 때 높이에 따른 오차가 유발된다. 이 오차는 급격한 산악지역 경사면에서 더 커진다. 이러한 영향은 바람장에서 오차를 발생시키는데, 특히 경사면을 하강하는 기류(downslope flow)에서, 그리고 기압경도력이 큰 지역에서 심하다.

둘째, 시그마좌표계에서는 산악의 급격한 경사가 평활화 되기 때문에 실제의 지면 고도를 표현하지 못한다. 이는 결국 산악 부근에서 지상기압을 잘못 표현하게 되고, 나아가 온도나 습기 분포의 표현에 영향을 준다.

셋째, 산악지역이 해안선을 따라 분포한 지역에서의 시그마 형태의 평활화는 모델에서 육지 지점이 해안선 밖 해상에 위치하게 되어 해륙풍 등의 국지순환 표현에 큰 오차를 유발한다.

넷째, 산맥 풍하측에서 발생하는 기상현상을 다룰 때, 한랭공기를 차단하는 경우에는, 한랭공기 위에서 발생한 역전층이 급격하게 경사진 시그마 면을 따라 수평 온도경도력을 변형시킨다. 그 결과 모델이 한랭공기를 시그마면을 따르는 수평이류를 통해 멀리 이동시키게 된다. 마찬가지로 과도한 하층 경사면의 흐름이 "소용돌이관 신장(dilatation)"을 과장해서 표현하게 되어, 풍하측에서의 저기압 발생이 너무 빈번하게 표현된다.

나. 에타 연직좌표계

에타 연직좌표계는 시그마좌표계에서 기압경도력을 계산할 때 발생하는 오차를 줄이기 위해서, 지상기압을 기준면으로 사용하는 시그마좌표계와는 달리, $\eta_s = \dfrac{p_r(z_s) - p_t}{p_r(z_0) - p_t}$ 을 사용한다. 여기서 p_t는 모델 정상부에서의 기압, $p_r(z_0)$은 표준대기 해면기압(1013hPa), $p_r(z_s)$은 표준대기 고도 z_s에서의 기압이다.

시그마모델에서는 모든 격자상자가 모두 지표면 위에 있는 것으로 간주했으나, 에타모델에서는 지상기압이 표준해면기압보다 클 때는 모델의 격자의 일부가 지하에 위치하게 된다. 따라서 지표 부근에서의 흐름을 표현하기 위해서는 특별한 조치(수치적 공식)를 필요로 한다. 급한 경사지형에서 시그마좌표계는 기울어져 있지만, 에타좌표계에서는 계단처럼 각 격자상자 안에 모델대기의 하단이 위치하게 된다. 그래서 에타좌표계를 계단 연직좌표계라고도 한다(그림 8-9 참조).

에타좌표계에서는 기압경도력을 계산할 때 거의 모든 오차를 제거할 수 있지만, 한 격자 사이에서도 큰 고도 차이가 나타난다. 그러므로 급격한 경사면에서 강한 연직운동을 생성할 수 있고, 산맥이 안정한 공기를 가둘 수 있는 블로킹효과를 더 정확하게 표현한다. 이 좌표계의 모델지형은 실제지형보다 훨씬 조잡하지만 지형적인 경도는 시그마모델에서보다 덜 평활화 된다.

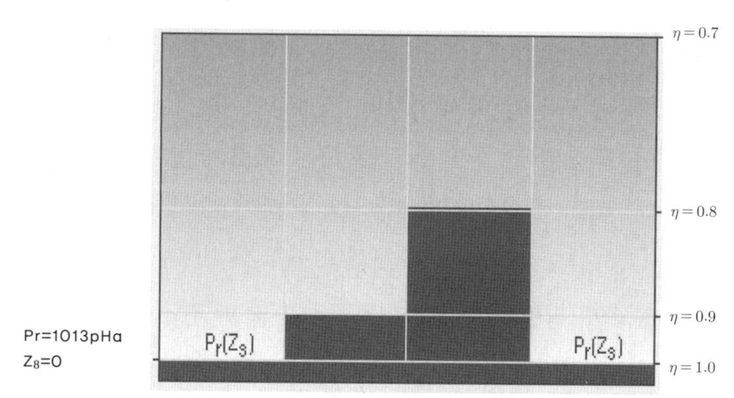

(P_r: 모델면 Z_s에서의 기준 표준대기압, Z_s: 모델면의 고도, η: Eta면)

[그림 8-9] 계단형 연직좌표계 설명도

에타좌표계의 장점은 다음과 같다.

1) 에타모델에서는 기압경도력을 계산하기 위해 연직 내삽을 수행한다. (시그마모델에는 연직 내삽 수행이 불필요).

(이는 기압경도력 계산에서 오차를 줄이고, 또한 급격한 경사를 가진 산악지역에서 온도, 바람, 습기에 대한 예보를 개선하게 된다).

2) 지면 부근에 대한 수치공식이 복잡하기는 하지만, 지형이 급한 경사를 가진 지역에서의 하층 수렴이 실제대기 상태에 훨씬 가깝게 표현된다. (이러한 개선된 하층 수렴 예보는 결국 해당 지역에서의 강수예보를 향상시키게 된다).

3) 한랭공기 범람, 장애물 효과, 산맥 풍하 저기압발생 등의 예보를 향상시킨다.

한편, 다음과 같은 단점도 있다.

1) 에타좌표계의 계단형 성질은 전체 모델 영역에서 경계층에 있는 상세 연직구조를 나타내기가 어렵다(층의 깊이가 보통 해면고도로부터 위로 이동할 때 증가하기 때문에 높이 솟은 지형에 대해서는 경계층 과정을 표현하기가 어렵다).

2) 점진적으로 증가하는 지형을 정확하게 표현하지 못한다. 모든 지형은 계단 형태로 표현되기 때문에 먼 거리에 뻗어 있는 점진적인 경사는 계단의 수가 적게 표현될 수밖에 없다(이와 같은 현상은 연직과 수평분해능이 증가하면서 부분적으로 상쇄될 수 있다).

3) 급격한 경사면의 바람을 예보하는 데 어려움이 있다(보통은 산맥의 풍하측 면에서의 바람에 보는 약한 바람이 유도된다).

4) 계곡을 표현할 때는 몇 개의 격자로 넓어지게 된다(따라서 발산과정을 계산하기 위해서는 격자점 수가 부족하게 된다).

5) 계단의 모서리에서 폭발적인 파를 생성할 수 있다. 특히 모델의 수평분해능이 10㎞ 미만이라면 이 특성이 중요해진다.

다. 온위 연직좌표계

자유대기에서의 흐름은 등온위과정이 우세하지만 경계층에서는 비단열과정이 우세하며, 등온위면이 지면을 가로지를 수 있기 때문에, 온위를 이용하는 좌표계만으로는 현업 수치예보모델 시스템을 설계할 수가 없게 된다. 따라서 온위좌표계는 많은 하이브리드(hybrid) 연직좌표계의 일부로 사용되고 있다.

온위 연직좌표계는 일기현상의 진단적 연구를 위해서도 많은 장점이 있지만, 좌표계로서도 다음과 같은 장점이 있다(그림 8-10 참조).

1) 온위 연직좌표계는 전선, 대류권계면 등 경압지역 부근에서 세밀한 연직 분해능을 나타낼 수 있다(안정한 층에서는 온위가 고도증가에 따라 급격하게 증가한다. 전선이나 경압지역에서 분해능을 향상시키면 수평 및 연직 바람시어와 제트에 대해 더 정확한 모사를 할 수가 있다).

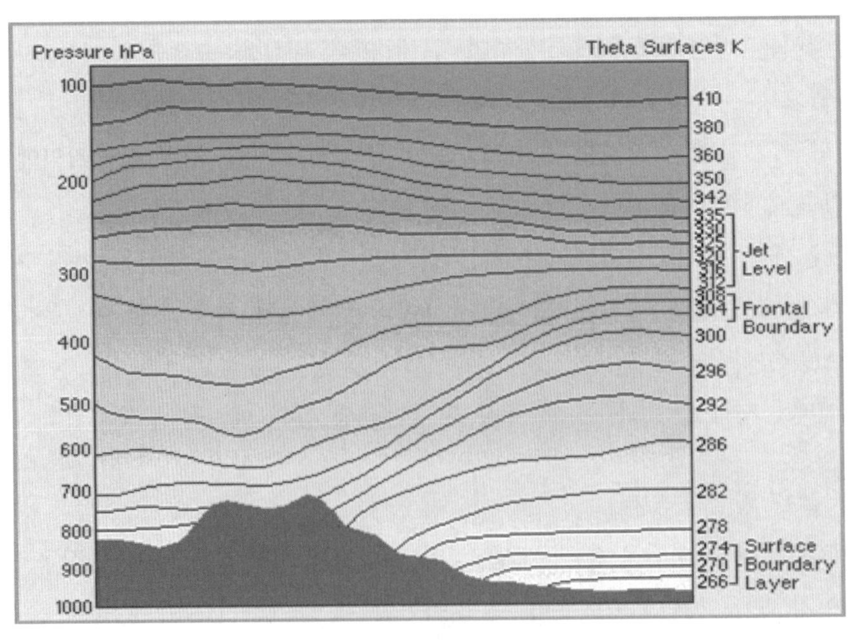

[그림 8-10] 등온위 연직좌표계 설명도

2) 단열운동에서는 공기가 등온위면을 따라 흐르고, 내재적으로는 수평 및 연직 변위를 포함하게 된다. 자유대기에서의 대부분의 3차원 흐름은 등온위모델의 2차원 흐름으로 계산될 수 있기 때문에 적은 수의 연직차분만 필요하고 이류 계산에도 오차가 적어진다. (따라서 수증기와 같은 물리량의 이류를 매우 정확하게 모사할 수 있다. 왜냐하면 자유대기에서 공기는 상하층 간에 혼합되지 않기 때문이다).

3) 등온위 모델에서 연직운동은 단열운동과 비단열 강제력에 의해서 발생한다. 온위좌표계는 "자연좌표시스템"이기 때문에 단열 흐름이 그대로 좌표계 면을 따르므로 단열 연직운동은 예보방정식의 수평성분 내에 포함되므로, 온위예보방정식의 연직성분이 있다면 이는 전적으로 비단열 과정에 관련된다. 이와 같은 단열·비단열 성분과 관련된 총 연직운동을 보유하므로 모델 예보결과를 해석할 때 훨씬 더 직접적인 인과관계를 제공하게 된다.

4) 온위 연직좌표계 모델은 (예를 들면 포텐셜와도(potential vorticity, PV)의 경우) 중요한 역학적인 성질을 보존한다. (PV를 보존하기 위한 등온위모델의 성능은 다른 좌표계보다 탁월하다. 왜냐하면 PV가 자유대기에서는 단열 흐름으로 거의 보존되고, PV의 변화는 주로 비단열 가열·냉각과 관련이 있기 때문이다).

그러나 온위 연직좌표계가, 한편으로는 다음과 같은 단점도 나타내고 있다.

1) 경계층 내에서의 흐름은 강하게 비단열적인 성질을 가지기 때문에 등온위면이 지면을 가로지르는 단점이 있다. 등온위면이 지면을 가로지르게 되면, 이 면은 지표면을 가로질러 위 아래로 움직일 수 있기 때문에, 모든 시간과 모든 위치에서 적용되지는 못한다. 따라서 보통 지상 부근에서는 온위좌표계를 시그마좌표계와 결합하지 않으면 안 된다.

2) 고도에 따라 균일한 행동을 보이지 않는다는 단점이 있다. 특히 과단열 층은 대기의 어느 곳에서나 발생(특히 경계층에서 가열에 의해 잘 발생)할 수 있지만, 일단 이런 현상이 생기면 등온위면은 한 지점 위의 연직프로파일에서 두 번 이상 발생할 수도 있다. 따라서 수치적인 적용이 불안정한 층을 발생시킬 수 있고, 이에 따라 많은 일기현상을 예보하는 모델의 능력을 제한할 수 있다.

3) 단열층에 준하는 기층에서의 연직 분해능이 성글다. 즉, 단열 지역에서 온위좌표계가 사용될 때는 연직분해능이 감소하게 되어 연직혼합을 결정할 때 문제를 발생시킬 수 있다.

라. 하이브리드 연직좌표계

하이브리드 연직좌표계는 최근에 개발되었고, 재정비를 통해서 현재 현업모델에서 사용되고 있다.

현재 현업용으로는 하이브리드 시그마-기압좌표계, 또는 하이브리드 온위-시그마좌표계를 주로 사용하고 있다(그림 8-11 참조). 이들은 지상 부근에서는 시그마면, 그리고 모델 정상부에서는 기압면 또는 온위면을 사용하는 것이다.

이와 같은 시스템은 시그마의 지형을 따라가는 잇점과 온위면의 적응 성질에 기인한 중요한 경압지역에 연직 분해능을 증가시킬 수 있다는 잇점을 가진다. 경계 시그마층은 일변화를 가지는 경계층과정을 모델화 하기 위해서 충분히 깊어야만 한다. 시그마층이 너무 얕으면, 여전히 과단열층이 형성될 수 있고, 시그마층 위의 경계층 부분에서 적절하게 취급될 수 없다.

하이브리드 연직좌표계의 장점을 다음과 같이 열거할 수 있다.

1) 지면을 가로지르는 온위면의 문제를 제거할 수 있다.

2) 경계층 내에서 지면 가열과 역학적인 혼합을 잘 표현할 수 있다.

3) 지면 물리과정의 상호작용을 가능하게 한다(예 지면 증발과 눈덮힘 취급 등).

4) 자유대기에서의 온위의 장점을 취할 수 있다. 즉, 시그마모델의 경우보다 온위 상승(온난 이류)에 의한 강수 시작시간 예측을 개선할 수 있다.

한편, 다음과 같은 단점도 있다.

1) 하이브리드 연직좌표계에서는 순수 온위모델에서처럼 경계층에서의 단열 흐름을 쉽게 보유할 수 없다. 예를 들면, 얕은 전선 위에서의 흐름이 있을 때라면, 시그마좌표계는 연직이류에 연직차분을 사용한다. 전선 위에서의 흐름을 모의하기 위해서 이와 같은 문제는 온위층에 있는 전선위를 타고 올라가는 습기에 대해서도 적용하게 된다.

2) 시그마층의 깊이가 PBL의 실제 깊이와 연결되지 않고, 접합면에서 양 좌표계를 혼합하는 어려움이 있다. 그래서 PBL과 자유대기와의 접합층 부근의 과정은 최적의 좌표계를 가지고도 묘사되지 않을 수 있다는 것 등이다.

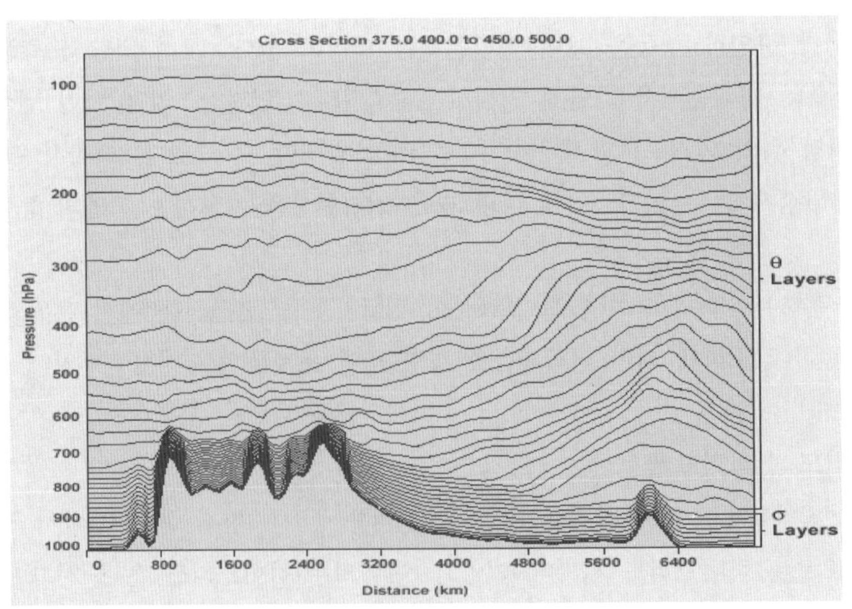

[그림 8-11] 하이브리드 등온위-시그마 연직좌표계 설명도

8.3 수치예보모델 풀기

1 수치예보의 과정

가. 예측 과정

날씨에 대한 수치예측(數値豫測)은 자료동화기법을 이용하여 현재 대기의 상태를 정확하게 파악하는 과정(過程)과 공기의 흐름을 결정하는 힘들을 파악하여 컴퓨터로 계산 가능한 수학식으로 표현하는 수치모델링 과정을 포함한다.

이때 수치예보라는 용어에는 수치예측에 통보의 의미가 추가되므로, 수치적으로 컴퓨터에서 나온 미래의 대기를 예보관이 활용할 수 있는 가이던스나 그래픽 형태로 변경하는 후처리 과정까지를 포함한다.

수치예보의 구성은 관측자료를 입수하는 전처리과정(관측자료 입수와 해독), 분석일기도 생성과 수치모델에 입력되는 초기자료를 생산하는 자료동화과정(관측자료 품질검사와 객관분석), 현재의 날씨로부터 미래의 날씨를 예측하는 수치모델과정(역학과 물리모델화), 예보관이 활용할 정보 생산을 위한 후처리과정(그래픽과 가이던스 작성)으로 나뉘게 된다(그림 8-12 참조).

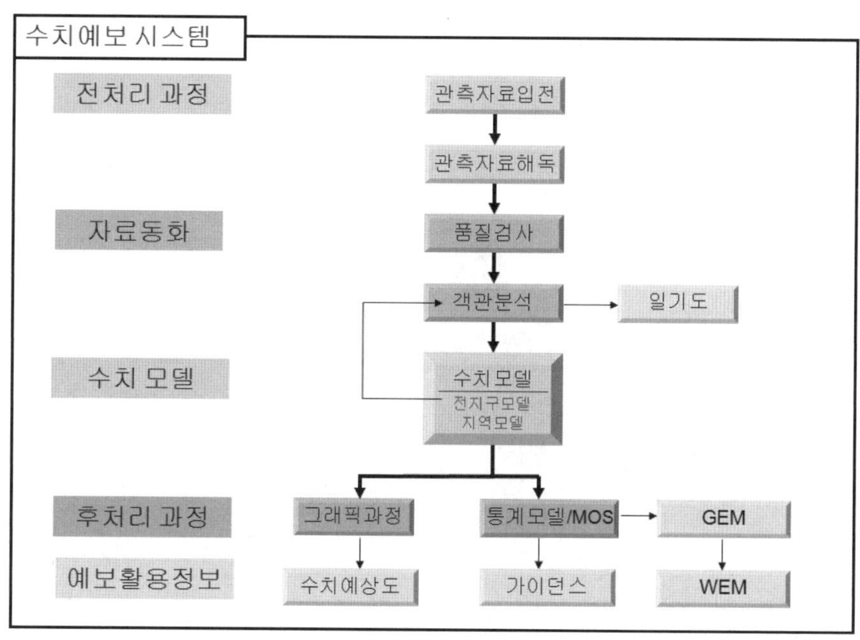

[그림 8-12] 수치예보의 과정을 나타내는 모식도

이러한 수치예보 과정을 구현하기 위해서는 대기의 상태와 변화를 물리량으로 표현하는 것이 필요하다. 예를 들어 대기의 상태는 바람, 기온, 습도 등의 물리량으로 표현될 수 있다. 그리고 이들 물리량의 시간변화는 물리법칙에 의하여 지배된다. 결국, 수치예보란 물리량으로 표현되는 대기의 상태를 물리법칙으로 시간변화시켜 미래 대기의 물리적인 상태를 예측하는 것이다.

나. 초기값 문제

수치예보는 초기(初期) 값 문제가 매우 중요하다. 날씨는 하나의 균형을 이루고 있는 상태라고 하기보다는 복잡하게 변화하고 있는 과정이기 때문에 초기값에 의해 미래의 날씨가 결정된다.

초기값 문제를 해결하기 위해서는 어떤 초기 시점의 대기상태를 정확하게 나타내는 초기조건(初期條件)이 절대적으로 필요하다. 이러한 초기조건은 대기의 관측에 의해 구성할 수밖에 없으나, 대기의 관측은 시·공간적으로 불규칙하고, 해양의 경우는 관측이 육지의 경우에 비해 매우 부족하다. 이와 같이 불규칙적이고 부족한 관측값을 가지고 적합한 초기값을 만들지 않으면 안 된다. 이를 위해서 객관분석과 품질검사를 포함하는 자료동화과정이 필요한 것이다.

다. 지배방정식 풀기 위한 조치

개념적으로는 초기조건을 알고 초기조건이 시간에 따라 어떻게 변화하는지를 알면 미래에 대한 예측이 가능하다. 그러나 대기의 운동은 그렇게 간단하지 않다. 이것은 수치예보에서 사용하는 대기의 지배방정식이 비선형이기 때문이기도 하다. 비선형이란, 예보하는 변수(또는 그 미분)끼리의 곱셈을 포함하는 항이 포함되어 있다는 것을 말한다. 이러한 비선형성을 해결하기 위하여 컴퓨터를 이용하는 수치해석(數値解析) 방법을 사용하게 된다. 또한 대기의 예측을 위해서는 방대한 양의 계산이 필요하게 되므로 대용량의 전산기는 필수적이다.

모델대기는 수치예보모델을 구성하는 대기의 법칙에 따라 달라진다. 모델대기와 모델이 취급하고 있는 여러가지 과정을 그림 8-13에서 나타내고 있다.

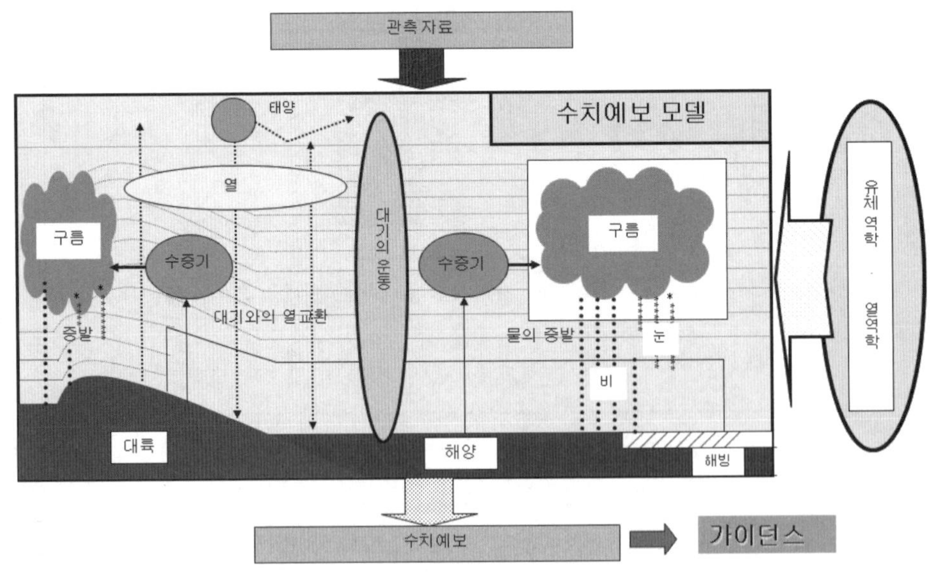

[그림 8-13] 수치예보에 포함되는 과정

모델대기를 구축하기 위해서는 다음과 같은 조치(도구)가 필요하다.

(1) 이산화(discretization, 離散化)

대기는 물과 같이 공간적으로 연속적인 유체이다. 따라서 유한한 메모리를 가진 계산기 속에서 대기를 표현하기 위해서는 대기를 일정 간격의 유한 개의 수치집합으로 나타낼 수밖에 없는데, 이를 이산화라고 한다. 공간의 이산화로는 격자점 방법과 스펙트럼 방법이 자주 이용된다.

격자점 방법은 수평 및 연직방향으로 배치된 규칙적인 일정 간격의 점(格子點)에서의 값으로 대기의 상태를 표현하는 것이며, 스펙트럼 방법은 삼각함수 등 조화함수의 중복으로 대기를 표현하는 방법이다. 이 두 방법은 모두 유한 개의 값을 취하는 방법에 따라 모델의 공간분해능이 결정된다.

또한 시간 이산화의 경우에는 짧은 시간마다 시간적분을 반복하여 목적하는 미래 시각의 대기 상태를 구한다.

(2) 모수화(parameterization, 母數化)

모수화는 모델대기의 시·공간 분해능보다 작은 현상을 표현하는 방법이다.

모델의 시·공간 분해능보다 작은 현상을 “아격자규모(sub-grid scale, 亞格子規模)” 현상이라고 한다(그림 8-14). 예를 들어 현재의 RDAPS 격자간격은 12km인데 대기 속에서 이보다 더 작은 규모의 현상(난류, 소나기 등)과 그 요인(지형, 지표면 상태 등)이 수없이 많다. 격자점의 값으로는 이와 같은 작은 현상을 모두 표현할 수가 없다.

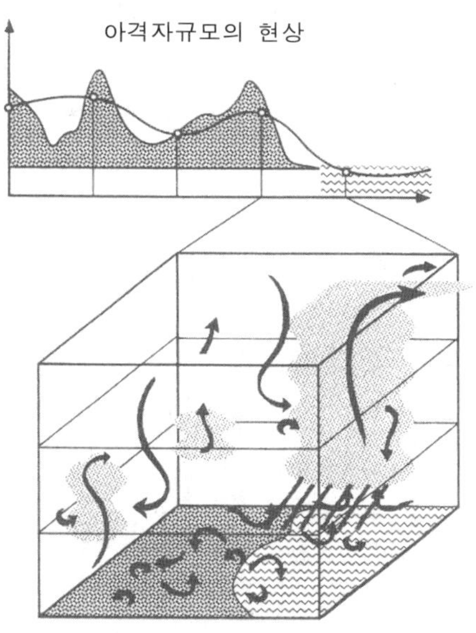

(수치모델에서 격자(최소 해상도 단위)의 영역 속에는 격자보다 더 작은 아격자규모의 현상들이 있다. 이들이 해당 영역의 대기현상에 영향을 미친다면 그 효과를 격자규모의 물리량으로 나타내는 모수화가 필요하다).

[그림 8-14] 모수화의 필요성에 대한 설명

참고로 격자점의 물리량이라는 것은 그 격자점에서의 대기상태라기보다는 그 격자점을 둘러싼 주변 대기의 평균적인 상태라고 해석할 수 있는 것이다.

그런데 아격자규모의 현상이 모델대기로 표현하고 싶은 현상에 어떤 작용을 미치고 있다면 이를 무시할 수도 없다. 따라서 아격자규모 현상이 모델대기에 미치는 효과를 격자점의 물리량으로 평가하게 된다. 이를 모수화라고 한다.

모수화의 방법에는 임의성이 있고, 그 방법에 따라 모델대기에 미치는 영향이 달라지기 때문에 모수화의 정확성은 예보의 정밀도를 크게 좌우한다.

라. 슈퍼컴퓨터

모델의 수치적분은 반복계산에 의해 수행할 수밖에 없다. 즉, 어떤 시각에 모든 격자점의 값으로부터 근사계산(차분계산)을 통해 짧은 시간(예 1분, 3분, 10분 등) 후의 모든 격자점의 값을 구한 다음, 이 구해진 값을 초기값으로 하여 그 다음의 짧은 시간 후의 모든 격자점의 값을 구하는 식의 과정을 반복하여, 목적하는 시간(예 24시간, 48시간 등) 후의 대기상태를 구하는 것이다.

이와 같이 수치예보는 단순한 반복계산으로 볼 수 있으나, 모델대기의 격자점이 많기 때문에 그 계산량은 막대한 양이 된다.

예를 들어 전지구예보모델을 위해서는 1024×769×70≒5500만 개의 격자점이 생긴다. 이 정도의 격자 간격에 대해 안정적인 계산을 위해서는 10분마다의 계산이 필요한데, 이렇게 계산한다면 1일예보를 위해서는 1개의 예보변수만으로도 한 격자점당 144(24×60/10)회를 계산해야 한다. 따라서 계산량이 막대하다는 것을 알 수가 있다. 이와 같은 막대한 양의 수치계산을 위해서는 슈퍼컴퓨터가 필요하다.

2 예보방정식 풀기

가. 격자점모델의 방정식 풀기의 특징

수치모델은 두 개의 기본적인 모델 형식(격자점모델 또는 스펙트럼모델) 중의 하나를 사용해서 예보방정식을 푼다.

격자점모델은 규칙적으로 배열된 격자점에 대해 예보방정식을 푼다. 이 모델에서 예보변수는 일련의 격자점에서 규정되고, 미분은 유한차분법으로 근사해서 풀게 된다. 유한차분법은 종류에 따라 모델에서 수행하는 계산 시간간격에 영향을 미치고, 또한 계산오차에 영향을 미치게 된다.

실제대기에서는 기압, 기온, 바람, 습기 등이 공간적으로 연속적이고 평활화 되어 있지만, 격자점모델에서는 이들 변수의 계산을 고정된 격자점에 대해 수행하게 되므로 공간적으로 연결되지 않는다.

격자점에서의 값은 실제적으로는 격자상자에 대한 공간평균값인 것이다.

그림 8-15에서 표현하는 것처럼, 격자점모델은 대기를 3차원 격자상자로 나타내고, 기온(T), 기압(p), 습기(q)는 상자의 중심(상자 내의 평균 상태)에 위치 하지만, 바람 성분은 상자 겉면에 위치한다. 보통 상자 안에서의 평균 열역학 성질은 상자의 중심에 대해 표현되고, 바람은 주로 상자 안팎의 플럭스와 관련이 있어서 상자 겉면에 위치한다. 따라서 바람의 경우는 한 상자의 중심과 이웃 상자와의 사이의 평균 바람성분을 나타낸다. 마찬가지로 연직운동(w)도 상자의 윗면과 아래 면에서 나타난다. 차격자라고 하는 상자 안과 주위에 변수를 배열시키는 방법은 미분방정식을 계산할 때 편리하다.

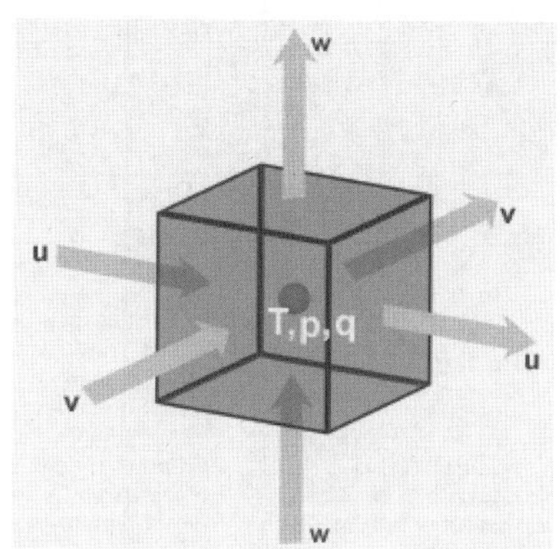

[그림 8-15] 격자모델 방정식의 계산과정에 대한 모사

나. 스펙트럼모델의 방정식 풀기의 특징

스펙트럼모델도 원시방정식에 근거하고 있지만, 이들의 수학적인 공식과 수치적인 해(解)는 일부 예보변수에 대해서는 표현이 격자점모델에서와는 매우 다르다.

스펙트럼모델은 전지구모델의 경우에 분해능과 계산속도가 증가되면서 개발된 것이다. 이 모델은 모든 위치에서 예보변수와 이들의 미분을 규정하기 위해서 서로 다른 파장과 진폭을 가지는 연속적인 파의 결합을 이용한다. 즉 스펙트럼모델은 서로 다른 파장을 가지는 파의 유한 시리즈로서 기상학 변수의 공간적인 변화를 나타낸다.

스펙트럼모델은 파를 따라 분리된 점이라기보다는 연속적인 파(예 sin과 cos의 결합)로서 예보변수의 일부를 표현하기 때문에, 격자점모델에서 사용된 유한차분법의 경우보다는 예보시간간격도 훨씬 크게 늘릴 수 있고, 예보방정식을 푸는 데 더 정확한 수치기법을 사용할 수 있다.

스펙트럼모델은 기압경도력과 코리올리힘 항을 포함하는 선형적인 성분에는 파수 표현을 통해 예보변수와 미분에 대한 정보를 얻는다. 즉, 수평경도력은 정확하게 유한차분 관련 오차 없이 파 표현으로 계산된다. 그러나 강수량, 복사과정, 연직이류, 바람이류 항 등은 격자점에서 계산해야만 한다. 물리적 과정에서 발생한 예보변수의 시간 경향에 대한 격자점에서의 계산은 절단오차(truncation error)가 발생하고, 이 오차는 변환과정에서 시간 경향이 파 표현으로 변환되고 잡음이 유입될 때 제거되지 않는다. 스펙트럼모델의 모델방정식 계산과정은 격자점 체계에서 계산되는 과정과 스펙트럼 공간에서 계산되는 과정으로 나뉠 수 있다(그림 8-16 참조).

연직이류는 유한차분으로 계산되어 절단오차를 유발시킨다. 바람이류와 같은 수평이류도 격자점에서 계산되지만, 특별한 수학적인 성질을 통해 이들 오차의 유입을 피할 수 있다. 스펙트럼모델에서 사용된 계산기법이 정확할수록 작은 규모의 잡음을 발생시키지 않기 때문에 긴 시간에 대해 예보할 수 있다. 따라서 이 모델은 주로 지역으로는 전구예보에, 시간으로는 중기예보에 사용되고 있다.

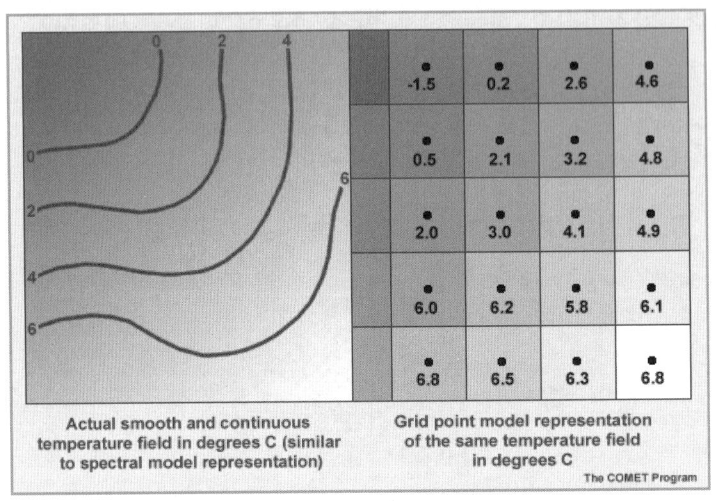

[그림 8-16] 모델 방정식의 온도장 표현 방법 차이에 대한 모사

격자점모델에서의 절단오차는 모델 예보방정식의 미분을 계산하기 위해 사용된 유한차분 근사에서 발생하지만, 스펙트럼모델에서는 파로부터 직접 수평 미분을 구하기 때문에 오차가 거의 발생하지 않지만, 그러나 여전히 스펙트럼모델에서도 오차는 발생한다. 스펙트럼모델에서 절단오차의 크기는 모델에서 표현된 가장 작은 파의 규모와 관련이 있다.

즉 격자점모델은 모든 규모를 포함하려고 하지만 단지 몇 개의 격자점만을 가로지르는 파를 다룰 때에는 취약점이 있는 반면, 스펙트럼모델은 완전하게 분해할 수 있는 파의 모든 것을 나타낼 수는 있지만 작은 규모의 파에 대해서는 정보를 포함하지 않는다는 취약점이 있다. 즉 모델에서 파의 수가 작을 경우(예 T80)에는 대기에서 관측된 큰 현상들은 잘 표현될 수 있지만 작은 규모의 현상들은 예보모델에서 모두 제거될 것이다. 그러므로 제한된 파수를 가진 스펙트럼모델은 초기에 작은 규모의 현상이 급격히 발달하면서 규모가 커지는 상황에서는 실제와는 아주 다른 결과를 얻게 되는 결점도 나타나게 된다.

3 자료동화

가. 자료동화의 정의

수치예보모델의 결과는 항상 오차를 포함할 수밖에 없으며 예보시간이 증가함에 따라 오차는 점점 커지게 되어 있다. 모델이 가지는 이러한 오차를 줄이기 위해서는 우선 현재 우리가 얻을 수 있는 가장 정확한 기상정보인 관측자료를 모델예측장에 반영하여 모델의 잘못된 결과를 주기적으로 보정해주어야 한다. 이 때 관측자료의 잘못에 의한 모델의 잘못된 결과를 보정해주는 과정, 또는 관측자료와 모델예측장을 적절히 섞어 좀 더 정확한 모델 입력장을 만들어주는 과정을 자료동화(data assimilation, 資料同化)라고 한다.

자료동화의 기본식을 다음과 같이 표현할 수 있다.

모델입력장=전시간 모델예측장+가중치×(전시간 모델예측장−관측자료)

만일 모델이 완벽하여 관측자료와 똑같은 값을 예보할 수 있었다면, 오른쪽 두번째 항은 0이 되므로 전시간 모델예측장이 그대로 다음시간 예보의 입력자료가 될 수 있다. 그러나, 일반적으로 모델예측장은 관측자료와 차이가 있기 마련이며, 이러한 차이는 다음시간 예보가 진행되기 전에 보정되어야 하는 것이 바람직하다. 전시간 모델예측장과 관측자료의 차이가 크고 가중치가 클수록 보정되는 폭이 커진다.

보통 가중치는 관측오차와 모델오차의 비율로 주어진다. 관측도 100% 완벽한 것은 아니기 때문에 오차가 있게 마련이다. 또한 모델의 입장에서는 관측이 일종의 요란으로서 모델이 본래 가지고 있는 역학적 균형을 깨뜨릴 수도 있기 때문에, 균형을 깨뜨리는 정도를 오차에 반영할 수 있다. 관측오차가 크면 가중치는 작아져 관측에 의한 보정이 적어지고, 모델오차가 크면 가중치가 커져 관측에 의한 보정이 커지도록 되어 있다.

위 식에 의하면, 자료동화가 단순한 작업인 것으로 보이지만, 실제의 적용에는 복잡한 과정이 따른다. 우선 모델예측장은 격자점에서 정의되는데, 관측자료는 불규칙하게 분포되어 있기 때문에 예측장과 관측자료의 차이를 구할 때나, 관측지점에서 구해진 차이를 격자자료에 반영시킬 때 격자점과 관측지점 사이에 공간변환이 이루어져야 한다. 특별히 관측변수와 모델변수의 종류가 다른 경우에는 양방향 변수변환도 고려해야 한다. 이러한 변환들을 처리하는 방법과 그 밖에 관측자료와 모델결과를 동화할 때 발생하는 여러가지 문제들을 해결하는 방법에 따라, 자료동화 기법을 최적내삽법, 변분법 등으로 구분하게 된다.

현재까지 알려진 최고의 자료동화 기법 중의 하나는 4차원변분법으로서, 선진국(한국 포함)들은 대부분 이 기술을 사용하고 있다.

기상청에서 수치예보시스템의 수행을 위해서 하루에 약 2000만 개의 관측자료를 수집하는데, 자료 처리와 품질 검사과정을 거쳐 약 36만 개의 자료를 수치예보시스템에 활용하고 있다.

새로운 관측자료의 추가는 자료동화 과정을 통해 생성되는 분석장의 품질에 직접적인 영향을 미치게 되며, 이는 수치예보 자료의 정확성에 민감하게 나타난다. 새로운 자료를 추가하기 위해서는 자료동화 과정에서 각 자료에 대한 품질검사와 관측연산자 개발이 필요하며, 모든 관측자료와 배경장과의 차에 대한 최소화 과정을 변경시켜야 한다.

나. 배경장과 분석장

앞의 모델입력장 식에서 전시간 모델예측장을 배경장(또는 제1추정치)이라고 한다. 모델이 필요로 하는 입력자료는 반드시 모델격자 상의 값이어야 하기 때문에 불규칙하게 분포하고 있는 관측값을 규칙적인 모델격자 상의 값으로 바꾸어주게 된다.

다행히 어떤 모델격자 주변에 관측자료가 충분히 있다면, 그 관측자료들을 평균하거나 내삽하여 격자점의 값을 계산해낼 수 있지만, 모델격자 주변에 관측자료가 없다면 격자점 값을 만들어내기가 매우 어려울 것이다. 결국 관측자료 만으로는 모델격자점 자료를 모두 만들어낸다는 것은 불가능하다.

그래서 생각해낸 것이 현재의 대기상태를 나타내는 어느 정도 타당한 격자자료가 있다면 그 자료를 사용하는 방법으로 모델 초기장을 만드는 것이다. 이때 어느 정도 타당한 격자자료라면 어느 정도 현재의 대기상태를 설명할 수 있어야 하며, 혹시 관측자료가 없는 곳에서라면, 그 격자자료를 그대로 모델에 사용해도 별 무리가 없을 정도의 정확도를 가지고 있어야 한다. 이러한 격자자료는 관측자료로 들어가게 될 일종의 배경이 되는 자료라는 의미에서 배경장(background)이라고 한다. 통상적으로는 모델의 최근 예측 결과는 현재의 대기상태와 가장 가깝다고 볼 수 있기 때문에 배경장으로 활용하게 된다.

그리고 모델입력장은 배경장과 관측자료로 자료동화기법을 통해 분석한 결과라는 의미에서 분석장이라고도 한다. 이 분석장은 결국 자료동화의 최종 결과물이다. 예보관에게 제공되는 분석일기도(分析日氣圖)는 자료동화를 통해 산출된 분석장을 일기도로 표현한 것이다.

다. 자료동화의 구성

자료동화는 관측자료, 관측오차, 배경장, 배경오차라는 4요소로 구성된다. 관측자료와 관측오차는 관측의 영역에 속하고 배경장과 배경오차는 모델의 영역에 속한다.

자료동화의 각 과정들을 나타내면 그림 8-17과 같다.

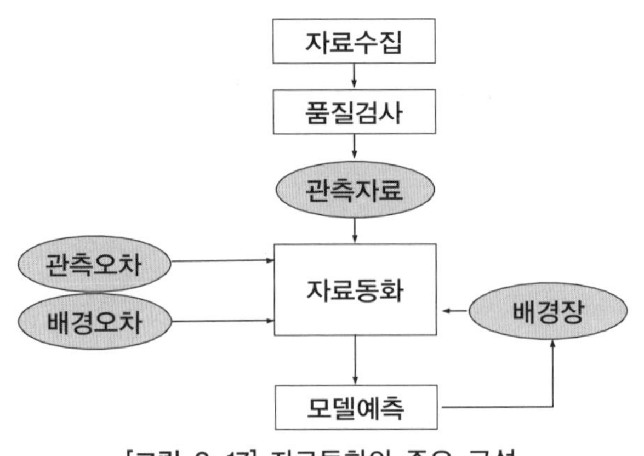

[그림 8-17] 자료동화의 주요 구성

자료동화에서 배경오차는 모델이 과거에 예측했던 결과들을 모아 통계적으로 계산한다. 일단 배경오차가 통계적으로 결정되면 이 배경오차도 배경장이 실시간으로 갱신되는 것과는 달리, 해당 모델이 계속 사용되고 있는 기간 중에는 자주 갱신되는 것은 아니다. 그러나 최근에는 변화하는 대기의 오차를 실시간으로 반영하는 기법들이 일부 현업에서 사용되고 있다. 기상청도 2013년부터 이 기법을 사용하고 있다.

일반적으로는 관측자료가 많을수록 더 정확한 분석장을 생산할 수 있지만, 관측자료의 오차가 크거나 관측지점 분포의 불균형이 심하면 자료동화한 결과가 더 나빠질 수도 있다. 따라서 자료동화 작업에 앞서 관측자료의 품질을 잘 관리하는 것이 중요하다.

배경장도 자료동화의 성능을 결정하는데 중요한 역할을 한다. 모델이 생산한 배경장의 오차가 너무 크면 관측자료를 동화해도 오차가 완전히 개선될 수는 없다. 또한 배경장과 너무 큰 차이를 보이는 관측자료는 품질검사 과정에서 제거되기 때문에 배경장의 오차가 지나치게 클 경우에는 자료동화로는 아예 관측자료를 활용할 수 없는 경우도 있다. 따라서 배경장을 생산하는 모델의 예측성능이 어느 정도는 인정되어야 정확한 자료동화가 가능하게 된다.

배경오차의 정도에 따라 자료동화의 재료인 배경장과 관측자료를 어떤 비율로 섞을지를 결정하게 된다. 배경오차가 크다면 관측자료의 비율을 높여야 하고, 배경오차가 매우 작다면 배경장이 그만큼 정확하다는 뜻이므로 배경장의 비율을 높일 수 있다.

자료동화를 통해 좋은 모델 초기장을 만들기 위해서는 위의 4요소(관측자료, 관측오차, 배경장, 배경오차)가 각각 정확해야 하고, 이에 더해 이들 4요소를 섞는 자료동화기술이 정확하여야 한다.

4 자료동화 전처리 과정

가. 관측자료 수집과 해독

전 세계에서 관측된 기상관측자료는 세계기상통신망(GTS)이나 인터넷(ftp)을 통해 수집 된다. 그림 8-18은 기상청에서 현재 운영 중인 수치예보모델에서 사용하고 있는 관측자료의 종류와 관측분포를 보이고 있다.

지상관측, 고층관측 등의 종관기상관측과 기상위성관측, 기상레이더관측 해양부이관측, 항공관측, 윈드프로화일러관측 등 많은 관측자료들이 사용되고 있는데, 상대적으로 신뢰도가 높은 종관기상관측 자료가 전체 관측의 20%이고, 나머지 80%는 기상위성관측 자료가 차지하고 있다.

관측자료는 자료의 종류나 입수경로에 따라 다양한 형식으로 코드화 되어 있다. 코드화된 관측자료를 풀어 자료동화 과정에서 요구되는 하나의 통일된 형식으로 변환하는 과정을 자료해독과정이라 한다. 이 과정의 구축을 위해서는 관측자료의 종류와 형식에 대한 광범위한 이해와 입력할 자료동화시스템의 자료 입력형식을 정확히 파악하는 것이 필요하다.

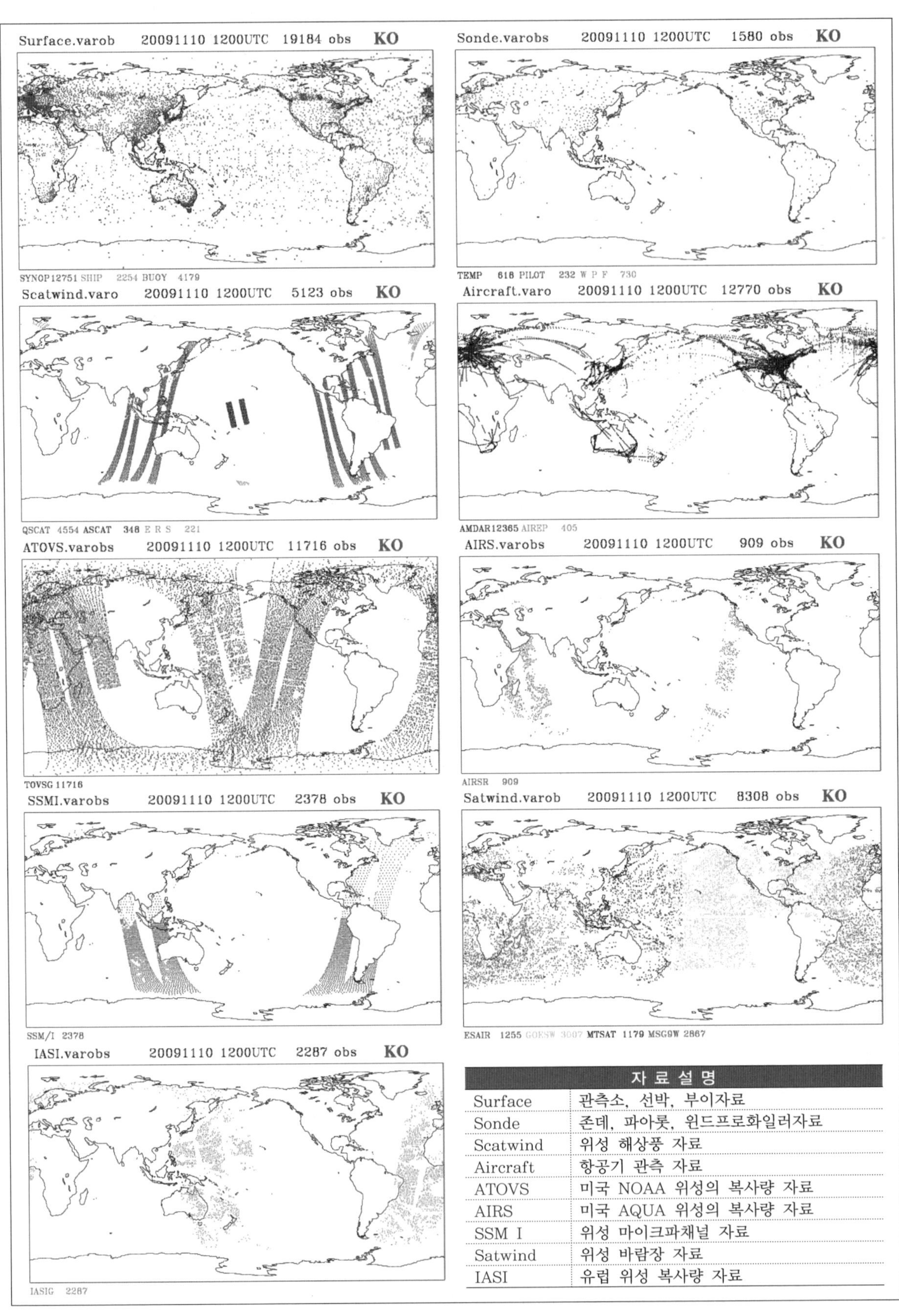

자료설명	
Surface	관측소, 선박, 부이자료
Sonde	존데, 파아롯, 윈드프로화일러자료
Scatwind	위성 해상풍 자료
Aircraft	항공기 관측 자료
ATOVS	미국 NOAA 위성의 복사량 자료
AIRS	미국 AQUA 위성의 복사량 자료
SSM I	위성 마이크파채널 자료
Satwind	위성 바람장 자료
IASI	유럽 위성 복사량 자료

[그림 8-18] 기상청 통합모델을 위해 수집되는 관측자료의 종류와 분포

나. 품질검사

모델의 예측결과는 초기 입력장에 의해 좌우된다. 품질검사과정의 중요한 부분은 다음과 같다.

1) 기입오류 체크 : 관측자료 기입 상의 오류 여부를 조사하고, 문제가 큰 자료를 제거한다.

2) 중복여부 체크 : 관측자료가 중복된 경우에 한 자료만 사용할 수 있게 한다.

3) 극값 체크 : 어떤 관측 값이 기후학적인 극값을 벗어나면 제거한다.

4) 주변값과의 비교 : 주변의 관측자료와 비교해서 극단적으로 지나친 값을 갖는 것은 아닌지 점검한다.

5) 연직균형 체크 : 연직적인 균형에 맞는 자료인지를 점검한다.

6) 관측증분 체크 : 관측값과 배경값의 차이인 관측증분이 배경장과 일정 수준을 넘어 너무 큰 차이가 있다면 관측값의 신뢰도가 떨어지므로 걸러낸다.

7) 솎아내기(thinning) : 일정 지역에 너무 많은 관측 자료가 몰려 있는 경우, 그 자료들을 모두 활용하면 모델예측장의 역학적 균형을 심하게 깨뜨릴 가능성이 있으므로, 적정 간격을 가지도록 솎아내기를 한다.

다. 태풍보거싱

태풍의 위치 및 강도에 대한 정보는 특히 중요하기 때문에 정확한 분석이 필요하다. 따라서 자료동화를 통해 배경장과 관측자료를 섞기 전에 태풍정보를 이용해 배경장을 보정하거나 관측자료를 강화시킴으로써 좀 더 정확한 자료가 모델에 입력되도록 할 필요가 있다.

그림 8-19는 태풍보거싱(배경장보거싱) 수행 전후의 태풍 위치와 강도의 차이를 보여준다. 태풍보거싱이란 태풍실황정보가 모델 초기장에 정확히 반영될 수 있도록 자료동화를 수행하기에 앞서 태풍관측정보를 토대로 자료동화에 사용될 배경장이나 관측값 자체를 보정하는 작업을 말한다.

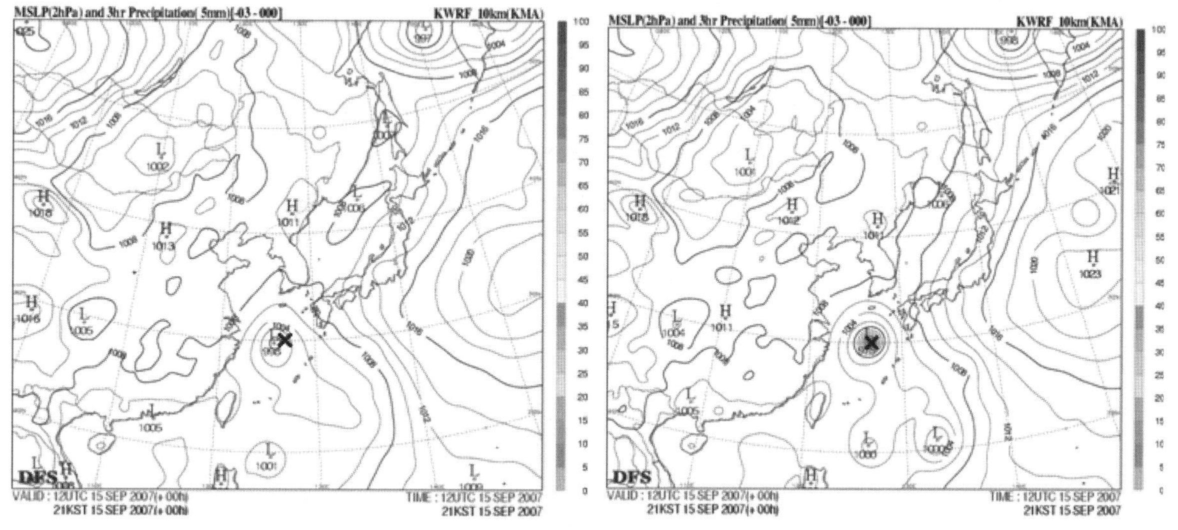

[그림 8-19] 태풍보거싱 전후의 모델 입력장(초기장) 비교의 예

그림에서 × 지점은 실제 태풍위치. 태풍보거싱 전(좌측)에는 태풍위치나 강도가 실황과 차이를 보였지만, 태풍보거싱 후(우측)에는 태풍의 위치가 실황과 일치하였고 태풍의 강도도 강해졌음을 알 수 있다.

일반적으로 태풍보거싱을 거친 후의 모델입력장이 태풍의 위치와 강도를 더 정확히 모의하게 된다.

5 수평분해능

분해능(resolution, 分解能)이란, 격자모델에서는 격자간격, 그리고 스펙트럼모델에서는 파수를 나타낸다. 모델에 의해서 정확하게 표현될 수 있는 가장 작은 유효한 현상의 크기는 격자 분해능의 약 8~10배이다. 수평분해능은 현상을 모의하는 모델의 능력을 결정하는 데 중요한 역할을 하지만, 연직분해능, 연직좌표계, 물리과정 등에도 중요한 영향을 미친다.

격자모델에서 수평분해능은 인접 격자점 사이의 평균 거리로 정의된다. 모델의 분해능이 크다 작다 하는 것으로 모델을 구분하는 것은 적합하지 않다. 왜냐하면 이는 상대적인 표현이고, 그 기준은 계속 변할 수 있기 때문이다. 격자간격, 즉, 수평분해능은 모델지형 표현, 방정식 계산에서의 절단오차, 컴퓨터 자원, 현상을 모의하는 모델의 능력 등에 직·간접적으로 영향을 미친다.

한편, 스팩트럼 모델에서는 수평분해능을 T80, T106, T5213 등으로 표현한다. T는 삼각절단법(triangular truncation)을 의미하데, 이는 스펙트럼모델에서 사용된 차이의 특정한 형태를 나타낸다. 그리고 숫자는 자료를 표현하기 위해 사용된 파의 수를 의미한다. 스펙트럼모델은 정확하게 파의 최대 수에 이르는 자료를 나타내지만 정확한 정보는 작은 파에 포함되어 있다. 이러한 파의 파장은 360도/N으로 표현되는데, N은 파의 수이다. 비선형 역학과정과 물리과정이 한 격자에서 계산되고 스펙트럼모델에서 그 효과를 합치기 위해서 스펙트럼 형태로 변환되는 복잡성이 발생한다. 이와 같은 과정에서 오차가 도입된다.

스펙트럼모델과 격자점모델은 서로 다른 방법으로 정보를 표현하므로 어떤 스펙트럼모델의 분해능을 정확하게 격자간격으로 표현하기는 어렵다. 그러나 다음과 같은 가장 간단한 방법을 사용하여 근사적으로 표현할 때가 많다. 즉 격자점 3개가 일련의 연속적인 파의 각각에 포함되어 있는 정보를 얻어내기에 충분하다고 가정할 때, T80의 격자점 간격($\triangle x$)은 대략 160km ($\triangle x \approx 360^\circ/3N \approx 360^\circ/(3\times 80) \approx 1.5^\circ \approx 160\text{km}$)가 된다.

6 모델 영역과 경계조건

가. 모델 영역

수치예보를 위하여 운영되는 수치모델은 그 목적에 따라 여러 가지가 있으나, 그 중 기본이 되는 것은 전구수치예보모델(이하 전지구모델)과 지역수치예보모델(이하 지역모델)이다(그림 8-20 참조).

일반적으로 전지구모델은 전 지구 영역을 대상으로 약 +4~+10일 정도의 예측을 수행하여 단기·중기 예측자료와 지역·응용모델의 초기자료와 경계자료를 생산하며, 지역모델은 전구 영역 중 특정 영역을 대상으로 전지구모델로부터 측면 경계자료(lateral boundary condition)를 받아 +1~+3일 정도의 예측자료와 그보다 더 작은 지역모델이나 응용모델들의 초기자료와 경계자료를 생산한다.

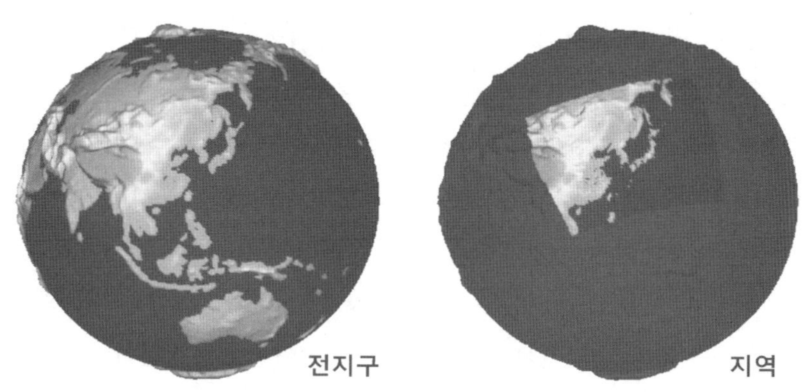

[그림 8-20] 예측영역에 따른 전지구모델과 지역모델의 구분

(1) 전지구모델

㈎ **전지구모델의 기능**

수치예보에서 전지구모델은 단기예보와 중기예보를 목적으로 운영된다. 일례로, 기상청의 전지구모델(global data assimilation and prediction system, GDAPS)는 현재 +12일까지의 예상일기도를 생산한다.

또한 전지구모델은 다른 수치모델에 비하여 넓은 영역에 대한 긴 기간의 예측을 수행하기 때문에 지역모델, 해양모델, 황사모델, 태풍모델 등에 초기자료와 경계자료를 제공하는 역할을 한다. 따라서 일반적으로 전지구모델은 다른 모델이 수행되기 이전 가장 이른 시간에 예측을 시작하여 각종 출력자료를 생산하는 기본 수치모델이 된다.

전지구모델은 단기·중기 수치예보 이외에 계절예보와 기후변화 시뮬레이션 등 장기예측에도 활용된다.

이 경우, 장기예측모델은 전구수치예보모델과 동일한 형태의 수치모델이기는 하지만, 짧은 기간에 지나가는 종관규모의 일기시스템보다는 더 규모가 크고 긴 기간에 걸쳐 느리게 변화하는 기후시스템을 모의하는데 그 목적이 있기 때문에, 대기대순환모델(general circulation model, GCM)이라고 한다. 이 분야에서의 전지구모델은 대기 에너지수지 및 조성물질의 장기 변동성을 모의하거나, 해양·해빙모델들과의 접합(coupling)을 통하여 수개월~수년 혹은 수십~수백 년의 기후변화를 모의하는데 이용된다.

일반 예측모델과 기후분야에 사용되는 대기대순환모델인 기후모델의 가장 큰 차이는 전자가 실제 대기를 가능한 한 정확하게 모사하는데 그 목적이 있는데 비하여, 후자는 주어진 강제력의 변화에 대한 민감도를 정확하게 모의하는 데 있다는 것이다.

㈏ **전지구모델의 구성체계**

전지구모델은 용어의 의미대로, 전 지구 영역을 대상으로 하기 때문에 연직적으로는 지면경계조건과 상부경계조건이 주어지지만, 수평적으로 측면경계자료를 필요로 하지 않는 장점이 있다. 지면경계조건으로는 지표의 반사도, 해륙구분 및 지형, 토양의 특성과 토양수분, 식생구분 등이 있다. 이들은 태양복사에너지의 반사, 지면에서의 현열 혹은 잠열의 교환 등에 영향을 주게 된다.

수치모델 상단에서의 적절한 경계조건은 모델대기 전체의 질량을 보존하는 역할을 수행하며, 동시에 모델대기 내에서 연직으로 전파되는 행성파 에너지 혹은 중력파 에너지가 상단에서 반사되어 모델 내부로 되돌아오지 않게 하는 역할도 수행한다. 일반적으로는 모델 상단에서 연직속도를 0으로 주게 되는데, 연직 전파되는 파동에너지의 반사를 제거하기 위하여 상층에 인위적 수평확산을 가하거나(스폰지층) 레일리 마찰 항을 이용하여 운동량을 강제적으로 소산시키게 된다.

전지구모델이 가지는 문제점 중의 하나는 양 반구에 극이 있다는 것이다. 유한차분법을 사용하는 수치모델의 경우 평균풍속, 수평격자 간격, 그리고 시간적분 간격의 조합에 따라 그 계산안정도가 결정된다. 이를 통칭 CFL(Courant-Friedrich-Lewy) 안정도 조건이라고 하는데, 이 안정도 조건에 위배되는 경우에는 계산불안정이 발생하여 예단변수의 값이 급격히 증폭되고, 결국 예측수행이 실패하게 된다. 전지구모델에서는 극으로 갈수록 수평격자의 간격이 코사인 함수의 형태로 좁아지기 때문에 특별한 처방을 하지 않으면 고위도지역에서 CFL 조건에 위배되는 현상이 발생하며, 따라서 극을 중심으로 일부 범위에서 강제적인 추가 확산을 적용함으로써 안정화 하는 등의 처방을 하게 된다. 또한 다른 위도와는 달리 극점은 모든 경도(longitude)에서 변수의 값이 동일한 특이점이기 때문에 각종 항의 계산 시에도 별도로 계산을 수행하여야 한다.

일반적으로 수치모델의 수평분해능이 증가하면 안정도 조건의 만족을 위하여 시간적분 간격도 함께 줄어들어야 한다. 따라서 수평분해능을 동서와 남북 및 고도 방향으로 각각 2배로 증가시키는 경우 수치예측에 소요되는 전산자원의 양은 8배가 된다. 최근에는 컴퓨터 기술의 발달에 따라 가용한 전산자원의 양이 기하급수적으로 증가하면서 전지구모델의 수평분해능과 연직층의 수가 모두 증가하는 추세이다. 그리고 계산자원의 효율화와 수치모델의 안정화를 위해 반라그랑지 이류방식 등 여러 방법들이 적용되고 있다. (예 ECMWF에서는 2000년도에 오일러 방식으로부터 반라그랑지 방식으로 변환시키면서, 이 모델의 수평분해능과 연직층을 약 62km, 60층으로 사용했었으나, 2013년 현재 약 16km, 91층으로 증가시킴).

이와 함께 최근에는 전통적인 전지구모델이 가지는 극지역에서의 문제점을 해결하고, 병렬컴퓨터의 보급에 따라 계산의 확장성이 높아지면서, 전지구모델과 지역모델의 통합모델도 구축할 수 있도록 고안된 다양한 형태의 격자체계들이 고안되고 있다.

그림 8-21은 대표적인 전지구모델의 역학구조를 나타내고 있다. 가장 왼쪽의 것은 전통적인 위·경도 격자이고, 다른 것들은 모두 격자가 삼각형, 육각형 등 여러 방식을 사용하여 특이점이 존

재하지 않도록 구성하고 있다.

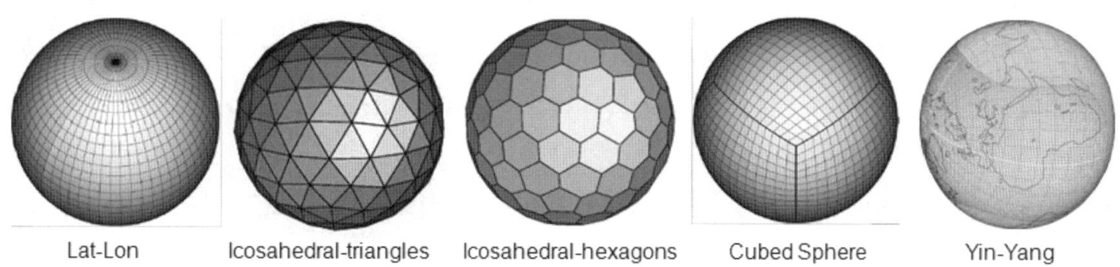

[그림 8-21] 미래지향적 전지구모델의 격자구조의 예

(2) 지역 모델

(가) 지역 모델의 기능

지역모델은 전 지구 영역 중 관심 있는 특정 지역에 대한 예측을 수행하기 위한 목적으로 개발되는 수치모델로서 단기간인 +1~+3일 정도의 기간에 대한 예측정보를 제공한다.

지역모델은 전지구모델에 비하여 상대적으로 작은 영역에 대한 계산을 수행하므로 이에 따른 여분의 계산자원을 분해능의 증가에 활용할 수 있는 장점을 가진다. 따라서 일반적으로 지역모델은 전지구모델에 비해 고분해능으로 구성되며, 고분해능화는 전산기술의 발달에 따라 점점 가속되고 있다.

(나) 지역 모델의 구성체계

지역모델은 전지구모델에 비하여 상대적으로 조밀한 수평분해능(수~수 십km)을 가지므로 수평운동규모와 연직운동규모의 비가 크지 않아 정역학 근사가 적절하지 않을 수도 있다. 따라서 비정역학 방정식을 지배방정식으로 채용하는 것이 일반적이다.

공간적으로 지역모델은 동서남북 사방으로 한정된 영역에서의 예측만을 수행하기 때문에 전지구모델에 비하여 계산량이 적지만, 사방 경계에서의 이류항의 계산 등을 위하여 측면경계자료라는 추가적인 입력자료가 필요하게 된다. 이 경계자료는 전지구모델이나 큰 영역에서 수행되는 다른 지역모델에서 얻게 된다.

지역모델의 분해능과 예측영역은 운영목적에 따라 결정되는데, 최근에는 전산자원 및 물리과정 모수화 기술의 고도화, 그리고 활용가능한 관측자료의 증가에 따라 기상청은 현재 1.5km까지의 분해능을 가지는 고분해능 지역모델을 운영하고 있다.

지역모델의 고분해능화에 따라 이전에는 모델의 격자규모 상에서 명시적으로 모의할 수 없어 모수화 방식에 의존하던 작은 규모의 대기현상들이 격자규모의 영역에 포함되는 경우가 많아졌으며, 이와 함께 더 세밀한 규모로 짧은 시간 내에 발달하는 대기현상들을 모의해야 할 필요성도 증가하기 때문에 물리과정의 모수화 또한 이에 맞추어 고도화 되어가고 있다.

(3) 통합모델

최근 세계적인 수치모델 개발의 추세는 하나의 모델로 단기·중기뿐만 아니라 계절예측 분야나 기후예측 분야까지 아우를 수 있는 통합모델(unified model)을 만드는 것이다. 더불어 대기와 해양, 생물권, 암석권, 빙권 등이 모두 연계되는 지구시스템모델(earth system model)의 개발도 활발하게 추진되고 있다.

기상청에서 운용 중인 모델의 종류와 영역 그리고 해당도는 그림 8-22와 같다. 하나의 모델로 전지구, 지역, 국지 영역에 대한 수치모의를 모두 수행할 수 있도록 설계되어 있다.

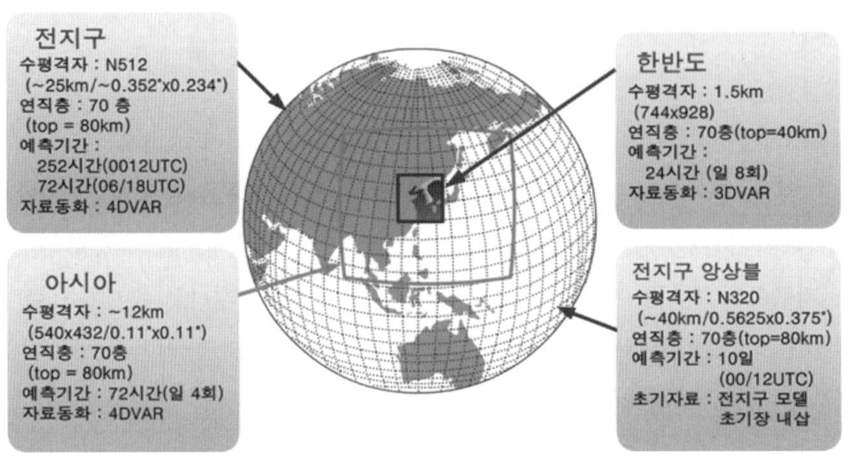

[그림 8-23] 기상청에서 운용 중인 모델의 종류와 영역 그리고 해상도

통합모델은 그 역학과정과 물리과정, 모수화 방안의 선진성에 힘입어 수치모델 자체의 예측성능과 예측의 일관성도 우수하며, 위성관측자료 등 다양한 종관·비종관관측 자료를 활용하여 고품질의 초기입력자료를 생산할 수 있는 4차원 변분자료동화를 기반으로 하는 전처리체계가 장착되어 있다는 추가적인 장점도 가지고 있다.

기상청은 통합모델을 도입하여 2013년 현재 전구와 동아시아 지역에 대한 단기·중기 예측을 시행하고 있다(표 8-2 참조).

[표 8-2] 기상청에서 운영하고 있는 통합모델의 구성체계

	전지구 통합모델	지역 통합모델	국지모델
지배방정식	Complete equation(Non-hydrostatic, 비정역학 방정식계)		
수평 분해능	25km(N512) (0.352도×0.234도)	12km (0.11도×0.11도)	1.5km (0.0135×0.0135도)
연직층수/상단고도	70층/80km	70층/80km	70층/39km
예측기간	12일	3일(72시간)	36시간
시간적분간격	15분	240초	50초
초기자료/자료동화	4DVAR	4DVAR	3DVAR
예측빈도	일 4회(00,06,12,18 UTC)/ 6시간 간격 순환예측	일 4회(00,06,12,18 UTC)/ 6시간 간격 순환예측	8시간 간격 순환예측

표 8-2는 2013년 현재 기상청이 운영하고 있는 전구·통합모델과 지역통합모델의 기본 구성체계이다. 전구통합모델은 4차원 변분자료동화과정에서 생산되는 초기입력자료를 이용하여 25km의 해상도로 12일 예측을 수행하며, 지역통합모델은 동아시아 영역에 대해서 12km의 해상도로 87시간 예측을 수행하고 있다.

나. 경계 조건

(1) 측면 경계조건

제한구역모델의 예보성능은 측면경계조건에 크게 영향을 받는다. 제한지역모델(limited area model)에서 차분법을 사용했을 때 모델의 이상적인 경계면 자료는 실제의 관측자료가 좋겠지만, 일기예보에서의 최상의 것은 다른 예보모델에서 생성한 자료이다. 이때 더 큰 다른 예보모델에서 생성한 자료가 가지는 모델의 예보오차는 제한지역모델 영역 내부로 움직이고 때로는 증폭되기도 한다. 이러한 측면경계조건은 주로 현상의 위치와 진화 속도에 영향을 준다.

큰 모델영역으로부터 얻은 경계조건이 일방적으로 그보다 작은 모델영역에만 영향을 주게 되면 일방상호경계조건, 쌍방으로 서로 영향을 주게 되면 쌍방상호경계조건이라 한다.

쌍방 영향의 경우는 컴퓨터의 용량과 속도의 제한 때문에 현업 사용에는 어려움이 있다. 그럼에도 불구하고 고분해능 격자에서 생산된 상세규모의 과정이 상세격자에 있는 더 큰 규모의 흐름에 영향을 미친다는 이점이 있다. 예를 들어 상세격자에서 분해된 대규모 대류시스템은 상층기압골을 증폭시킬 수 있고, 또 격자의 성긴 분해능의 서풍대에서 파의 진행을 느리게 작용할 수도 있다.

(2) 상한 경계조건

전지구모델을 포함한 모든 수치예보모델은 상한(upper limit)과 하한(low limit)의 경계조건이 필요하다. 모델 상한은 권계면 위에 위치한다. 이때 예보변수가 예보기간을 통해서 규정된 상한을 얼마나 변화시킬 것인가에 대한 가정이 만들어져야 한다.

대부분은 딱딱한 상한 경계조건을 사용한다. 이것은 연직운동이 모델 꼭대기를 통과할 수 없다는 것을 의미한다.

상한경계가 딱딱하다면, 중력파가 모델 꼭대기에서 반사되어 들어와 문제가 발생한다. 이를 적절히 처리하지 않으면 이 반사되는 중력파는 전체 모델 깊이에 영향을 미쳐서 연직운동과 강수예보에 크게 영향을 미치는 어려움이 따르게 된다. 그래서 예보될 일기현상이 모델 상한보다 훨씬 클 때는 모델 상한에 "흡수층"이나 "댐핑층"을 추가하게 되는데, 이는 가장 높은 모델 층에 대한 예보가 비현실적이기 때문이다.

(3) 하한 경계조건

지구 표면의 상태를 나타내는 하한 경계조건의 정확도는 모델에서 사용한 특정한 지면의 물리

과정과 매개변수화 뿐만 아니라 눈 덮힘, 토양 온도, 습기, 토양 종류, 식생 정보 등에 좌우된다.

지상에서의 연직운동은 모델의 지형을 따르는 흐름에 의한 upslope/downslope 성분을 제외하고는 0으로 고정된다. 수평 바람은 지면보다도 더 낮은 층에 대한 평균으로 예보된다. 지상 부근의 바람은 경험적으로 결정된다. 대부분의 모델은 에너지 균형 원리를 사용해서 지면 부근의 상태를 예보하기 때문에 지형, 알베도, 해수면 온도, 식생 분포 등은 적절하게 취급하지 못하면 오차가 도입되는 것은 필연적이다.

최근의 현업 모델들은, 가능한한 정확한 예보를 위해서, 대기-토양 모델, 대기-해양 모델 등의 다양한 지면 과정들을 포함시키고 있다.

다. 지형 문제

수치예보모델에서 지형은 보통 평활되어 있다. 이러한 평활은 주로 모델의 분해능과 지형 자료의 특성에 따라 결정된다. 작은 규모의 기상현상에 의해 영향을 받는 지역에서는 지형의 평활은 오차의 주요한 원인이다.

지형 자료를 모델 지형으로 변환해 모델의 각 격자점의 지형 값으로 표현하는 데는 몇 가지 방법이 있다.

평균지형은 모델격자상자 안에 있는 지형 자료의 평균을 사용한다. 이는 주로 지형의 정상부를 깎아내리기 때문에, 격자 상자가 크면 클수록 산맥을 가로지르는 흐름에 대한 블로킹 효과를 크게 줄이게 된다.

포락(envelope) 지형은 지형 위에 펼쳐진 이불과 같다. 즉 고원을 표현하면서도 뾰족한 정상을 부드럽게 커버한다. 이는 지형 블로킹과 풍하면의 저기압 발생을 잘 모의할 수 있지만 계곡은 제대로 표현되지 않는다. ECMWF 모델에서는 이 방법을 사용하고 있다.

실루엣(silhouette) 지형은 격자상자 안에 있는 크고 높은 지형만을 평균한다. NCEP 모델은 이 방법을 사용하고 있다.

그림 8-11은 모델에서 지형에 대한 표현이 얼마나 중요한가를 나타내고 있다. 이 그림에서 보면 평활된 지형에서는 모델이 실제적인 물리과정을 기술할 수 없으므로 풍하측 바람, 두루마리구름(rotor), 강수, 그늘 등이 모의되지 않는다. 결과적으로 평활화된 지형에서는 풍상측의 구름과 강수는 넓게 표현된다.

모델이 지형을 제대로 기술하지 못한다면 지형에 영향 받는 기상현상을 모델이 예보할 수 없다.

그러면 왜 상세한 실제와 같은 지형을 가지는 고분해능 모델을 사용하지 않는가? 그 이유는, 몇 개의 격자점만을 가지는 규모에서는 파가 잘 표현되지도 않고, 또한 예보가 잘 되지도 않기 때문이다. 모델에서의 에너지가 몇 개의 격자점에만 누적되어 계산 방법의 한계로 모델은 폭발하고, 예측을 성공적으로 수행할 수 없게 될 것이다. 따라서 지형은 불필요한 작은 규모의 파를 만드는 것을 방지하기 위해 평활되어야 한다.

8.4 수치예보결과의 응용

1 앙상블예측 시스템

가. 앙상블 수치예보의 개념

수치예보 모델이 성능도 향상되고 또 점점 정교해지고 있다. 그럼에도 불구하고, 수치예보는 앞에서 설명된 것처럼, 대기 자체의 비선형적 특성과 초기조건 및 수치모델의 불완전성 때문에 근본적인 한계를 가지고 있다. 수치예보모델의 오차는 시 · 공간적으로 차이는 있지만 일반적으로 예보기간이 길어지면 오차가 현저하게 증가하여 불확실성이 커지게 된다.

따라서, 단일 수치예보모델의 결과가 가지는 예측성의 근본적인 한계를 보완하기 위해 선진국에서 1990년대부터 이용하기 시작한 것이 앙상블수치예보(앙상블예보)이다.

앙상블예보(ensemble forecast)는 초기조건과 모델물리과정이 서로 다르게 만들어진 다수(보통 10~50개)의 수치예보모델의 예측결과들을 복합적으로 조합하여 확률적으로 미래의 대기상태를 예측하는 시스템이다(그림 8-23 참조).

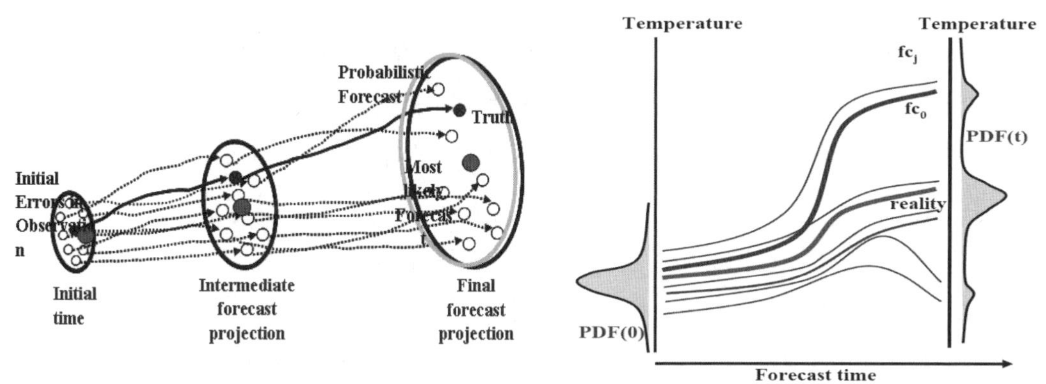

(초기에는 모델들의 예측결과들 사이에 차이가 매우 적었었지만
시간이 진행되면서 그 차이가 점차 커져가고 있다).

[그림 8-23] 앙상블예보의 모식도

앙상블예보의 방법에는 여러 상이한 수치예측모델을 이용하여 앙상블을 구축하는 다중모델앙상블(multi-model ensemble), 그리고 동일 수치예측모델에 상이한 초기장을 적용하여 여러 개의 멤버를 구성하는 단일모델앙상블(uni-model ensemble)이 있다.

단일모델 예측의 경우 전지구모델은 5일 이후에 대한 예측은 신뢰도가 현저하게 떨어지는데, 앙상블예측은 대체로 긴 시간동안 예측성이 유지된다. 그리하여 앙상블예보는 중기예보에도 이용된다.

그림 8-24는 세계 8개 선진국의 전구 앙상블예측시스템의 컨트롤예보와 평균예보의 예보오차의 시간변화를 나타낸 것이다. 예측 초기인 +3일까지는 컨트롤예보와 평균예보가 유사한 예보오차를 보이나, 이후 점차 예보오차가 벌어진다. 세계 1위 성능을 보이는 ECMWF의 경우에는 예측 +11일

의 500hPa 포텐셜고도의 예보오차가 30m 정도이다. 이는 약 25%의 오차 감소에 해당한다.

앙상블예측이 가지는 장점은 긴 선행시간에 대한 예측성의 유지(향상)와 함께 예측의 불확실성(또는 신뢰도)에 대한 정보도 같이 제공하고 있다는 것이다. 따라서 예보관, 재해관련 정책자, 기업 등이 이 불확실성에 대한 정보를 가지고 자신의 상황에 적합하게 사용할 수가 있다.

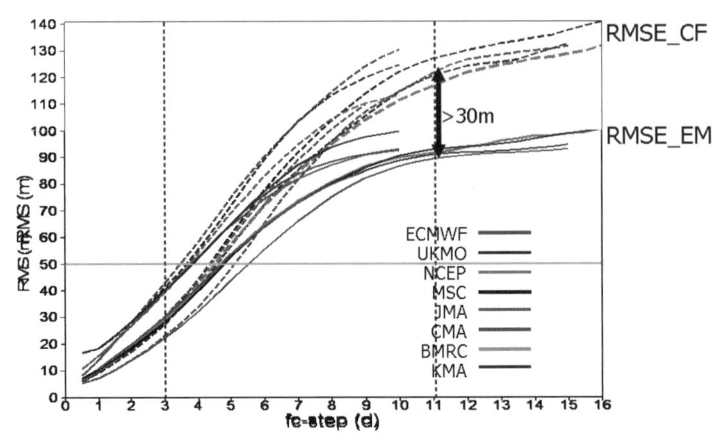

[그림 8-24] 동일 해상도의 앙상블컨트롤과 앙상블평균의 예보오차의 비교

앙상블예보는 또한 가장 가능성 있는 한 개의 예측이 아니라 앙상블이 표현해내는 범위 내에서 가능한 모든 예측시나리오를 제공하기 때문에, 예측기간 동안에 재해기상의 발생 가능성과, 어느 극한의 재해기상이 발생 가능한지에 대한 정보를 얻을 수 있다. 비록 재해기상의 발생가능성이 적더라도 그로 인해 발생하는 피해의 정도가 심각한 기상현상에 대한 사전대비를 위한 정보를 제공하게 되는 것이다.

전지구모델 하나를 계산하는데도 엄청난 계산량이 요구되는데, 동시에 수 십 개의 모델을 수행하여야 하는 앙상블예측시스템은 슈퍼컴퓨터를 독자적으로 사용해야 하는 계산량을 가진다.

앙상블예보에서는 수치예보에서 일반적으로 사용하는 용어 외에도 앙상블예보에서 고유하게 사용하는 다음과 같은 용어들이 있다.

- 앙상블예측(ensemble forecast) : 동일 예보시점에서의 서로 다른 예측장들의 총체적 집합.
- 멤버(member) : 앙상블예보에서 사용된 각각의 예측장들.
- 섭동(perturbation) : 초기조건 또는 모델물리과정의 불완전성을 반영하는 모델분석장 또는 정상적인 물리과정의 변화를 계산한 후 그 위에 추가로 부가하는 작은 값들.
- 컨트롤(control) : 초기 분석장에 섭동을 주지 않은 예측장.
- 앙상블평균(ensemble mean) : 전체 앙상블 멤버의 평균.
- 스프레드(spread, or uncertainty) : 앙상블평균에 대한 각 멤버의 표준편차.

앙상블예측은 초기조건 및 모델이 가지는 오차를 고려하므로, 원칙적으로 앙상블예측 시스템이 완벽하다면 모델의 오차와 앙상블 스프레드가 일치해야 한다. 따라서 앙상블예측시스템의 에러와 스프레드가 일치할수록 앙상블시스템이 우수한 것으로 평가된다.

최근의 앙상블은 모델물리과정에서의 오차도 고려하여 점차 error-spread 관계가 많이 개선되었다.

그림 8-25에서 ECMWF앙상블(빨간색)이 가장 좋은 error-spread 관계를 보이고 있으며, JMA앙상블(초록색)은 over-spread를 보이고 있다.

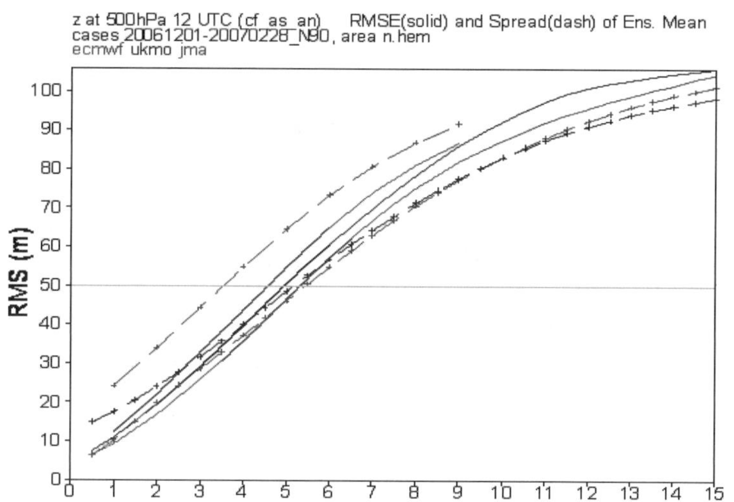

[그림 8-25] 3개(ECMWF, UKMO, JMA)의 앙상블예측시스템의 RMSE(실선)와 스프레드(파선)의 예

나. 앙상블예측시스템 결과 자료의 활용

(1) 계급별 확률

6시간누적강수량을 4개의 계급으로 나누어 앙상블 멤버(여기서는 34개)의 예보가 각 계급에 해당하는 확률을 정량적으로 계산하여 확률분포를 구한다. 격자마다 각 계급(1, 5, 10, 50mm/6시간) 각각에 해당하는 강수량을 예측한 앙상블 멤버의 수(M)에 대해 확률(P)은 P=(M/34)×100가 된다.

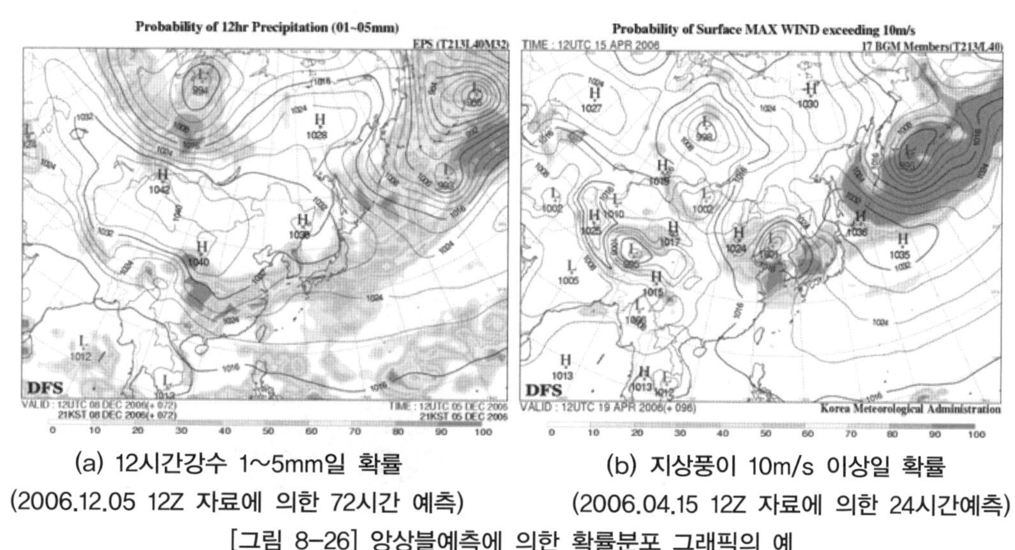

(a) 12시간강수 1~5mm일 확률
(2006.12.05 12Z 자료에 의한 72시간 예측)

(b) 지상풍이 10m/s 이상일 확률
(2006.04.15 12Z 자료에 의한 24시간예측)

[그림 8-26] 앙상블예측에 의한 확률분포 그래픽의 예

그림 8-26은 일반적으로 강수확률을 먼저 확인하기 위한 예측이다. 강수 가능성이 있을 경우

어느 정도의 강수강도일 것인지에 대해서는 강수 계급이 더 높은 구간에 대한 강수확률 분포를 확인하게 된다.

(2) 스프레드

앙상블 멤버 32개와 Control 멤버 2개에 대해 구한 앙상블평균 등고선과 그 평균에 대한 멤버들의 표준편차를 스프레드로 나타낸 것이 그림 8-27이다. 스프레드가 큰 지역은 예측 불확실성이 크고, 스프레드가 적은 지역은 예측 불확실성(엄밀하게 말하면 앙상블 멤버 간에 예측의 차이)이 적음을 의미한다.

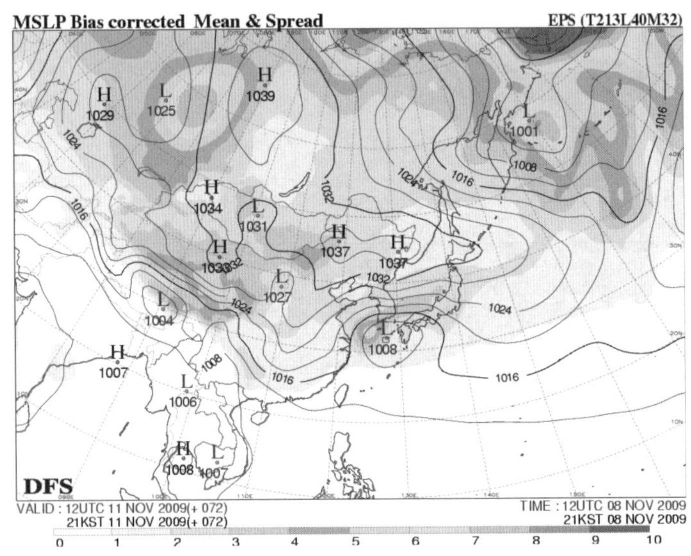

[그림 8-27] 앙상블평균 해면기압의 분포(실선)와 스프레드(그늘칠) 그래픽의 예

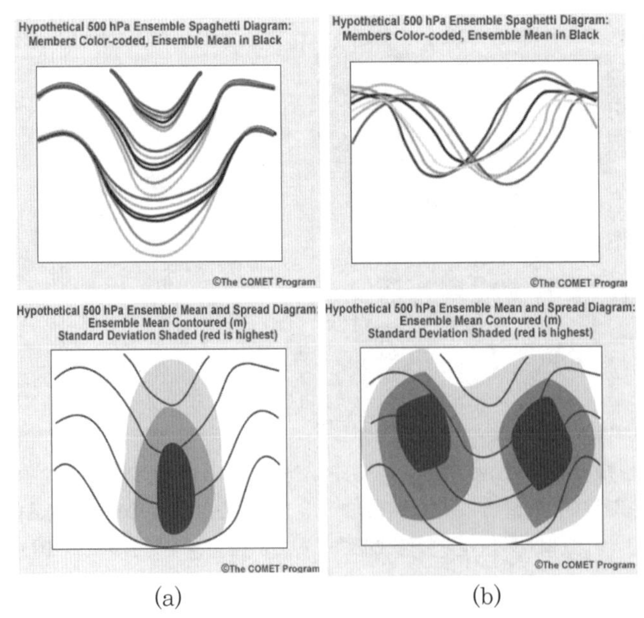

[그림 8-28] 기압골 주변의 스프레드에 따른 불확실성 해석 예

앞의 그림 8-27에서 스프레드의 적용을 예시한 것이 그림 8-28이다. 그림 (a)들은 기압골축에서 스프레드가 크므로 기압골 강도 예측에 대한 불확실성이 크고, 그림 (b)들은 기압골축 양쪽에 스프레드가 크므로 기압계의 강도와 이동속도 예측에서 불확실성이 있다는 것을 나타내고 있다.

(3) 스파게티

앙상블 멤버의 예측결과를 하나의 지도에 나타내면 매우 복잡하다. 이를 스파게티(spaghetti)라 부른다. 그림 8-29는, 모든 앙상블 멤버의 500hPa 포텐셜고도를 하나의 지도에 그리면 매우 복잡하므로, 2개의 등고선만을 선택하여 나타낸 것이다. 그림에서 멤버들의 등고선 간격이 좁은 지역(스프레드 작음)은 일반적으로 예측성 높고, 간격이 넓은 지역(스프레드 큼)은 예측성 낮다. 하지만 멤버 간의 스프레드의 정도가 정확히 일치하지는 않으므로 앙상블 스프레드를 함께 표출한다.

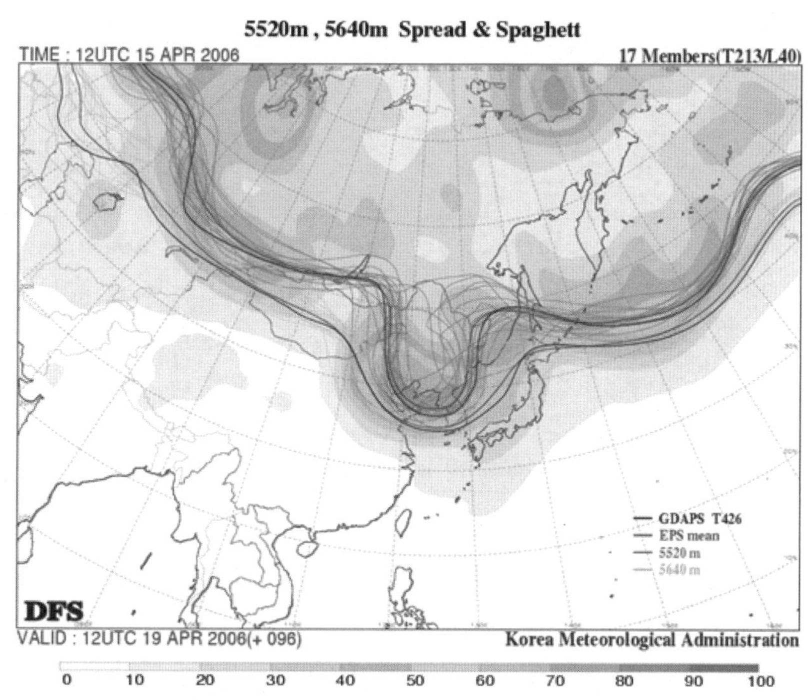

[그림 8-29] 기상청 앙상블 예측시스템에서 예보한 500hPa 고도장 스파게티의 예

(4) 스탬프맵

앙상블예보는 평균장과 편차장을 제공하는 것도 중요하지만 모든 멤버의 시나리오(scenario)를 함께 표출하여 예보에 활용하는 것도 중요하다.

스탬프맵(stamp map)은 멤버들을 우표처럼 붙여 한 지면(紙面)에 표출한다. 스탬프맵은 모든 앙상블 멤버의 시나리오를 제공하여 멤버들 중 극한 상태(extreme) 예측 시나리오의 가능성을 검토할 수 있다. 그리고, 앙상블 평균장, 편차장 및 스파게티도 참고 자료로 표출할 수 있다는 장점이 있다.

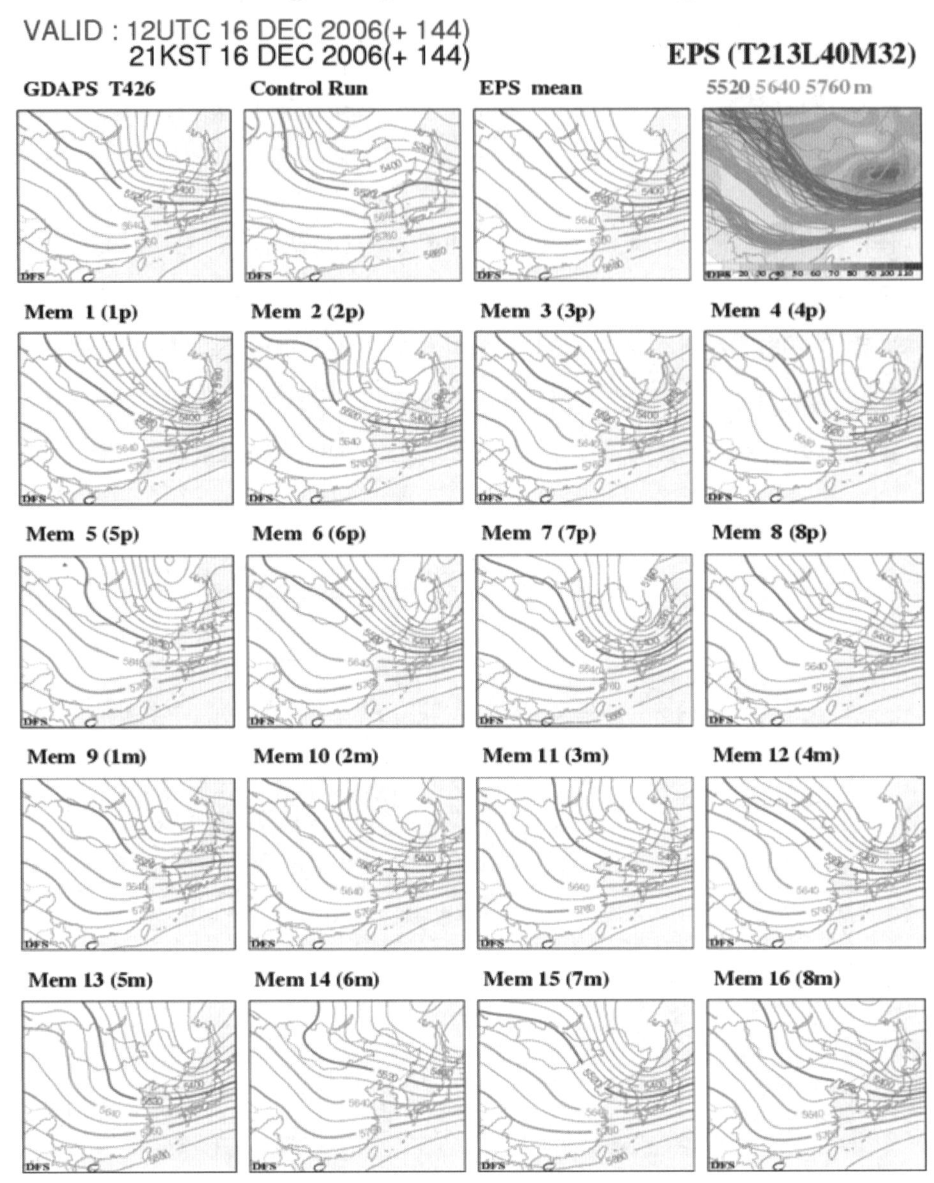

[그림 8-30] 500hPa 고도장의 Stamp map의 예

그림 8-30은 악기상 사례에 대한 ECMWF 앙상블 중 멤버들의 5.5일 후의 해면기압을 예측한 것이다. 왼쪽 위의 그림은 해당시각의 분석장이다. 비슷한 초기장에서 시작하였으나, 서로 약간 다른 예측결과를 보이고 있다. 일부 멤버들은 강한 저기압의 발생을 실제와 유사한 위치에 유사한 강도로 예측하고 있다. 이와 같은 저기압 발생가능성이 강한 정보는 앙상블평균에서는 얻지 못할 가능성이 크다.

(5) 확률시계열도

그림 8-31은 앙상블의 확률예측의 변화를 6시간 간격으로 나타낸 서울 확률시계열도

(EPSgram)의 예이다. 확률시계열도는 모델격자 값을 관측지점으로 내삽하는 것이 아니라, 관측점에서 가장 가까운 격자점 값을 그대로 사용한다. 따라서 EPSgram을 해석할 때는 모델격자점이 관측지점으로부터 어떤 위치에 놓여있는지를 고려하여 예측결과를 해석하여야 한다. 따라서 해안선과의 거리, 지형고도 등의 차이로 실제 관측지점과 모델격자점의 특성에 차이가 날수도 있다는 것을 고려하여야 한다.

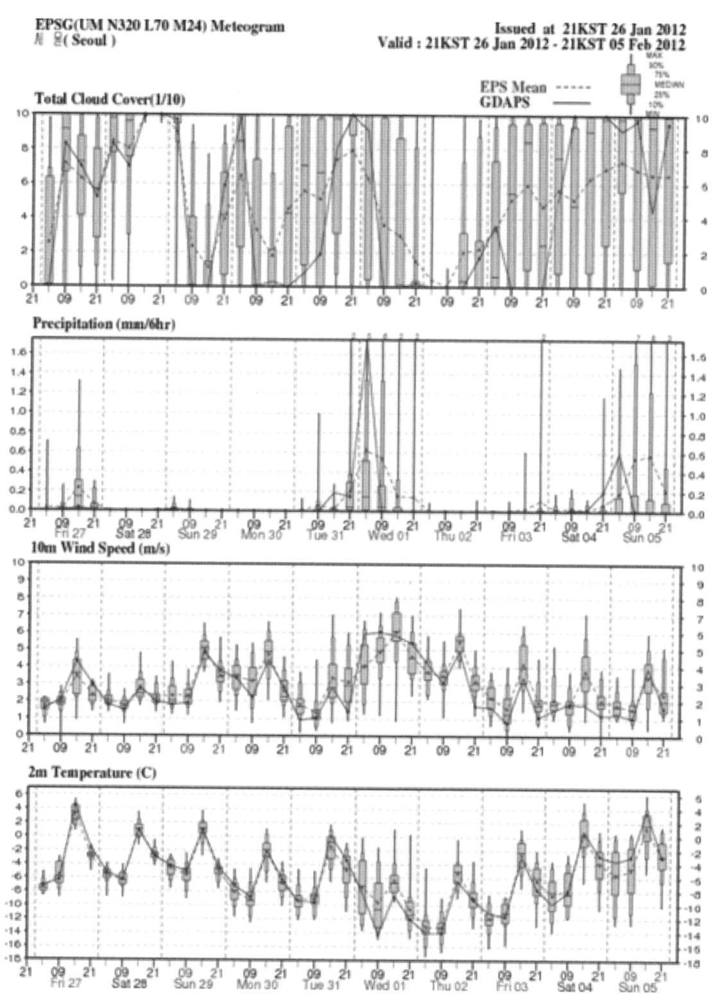

[그림 8-31] 서울 시계열도의 EPSgram(강수량, 지상기온, 지상바람, 강풍)의 예

다. 앙상블예측의 예보활용 가이드

WMO 앙상블예측시스템 전문가회의(2009년)에서 발표된 '앙상블예측의 예보활용 가이드' 중의 일부를 발췌한 것이다.

(1) 일반적 고려사항

1) 앙상블 성능은 근간이 되는 모델의 성능에 달려 있다. 모델이 표현 못하는 현상은 앙상블도 표현 못한다. 또한 해당 모델이 가지는 계통오차를 똑같이 가지게 된다.

2) 앙상블은 모델격자가 분해하는 변수의 불확실성을 가장 잘 표현한다. 따라서 아 격자규모의 불확실성에 대한 영향은 상층이 지상에서보다는 좀 더 개선되어 표현된다.

3) 앙상블예보를 이용하여 결정을 내릴 때는 불확실성과 비용/손실을 고려하여 결정하여야 한다.

4) 앙상블예보는 전달을 위한 효과적인 표현 방법을 이용함이 바람직하다.

5) 대기현상의 규모, 시간, 장소에 따라 예측성이 다름을 고려해야 한다.

6) 각 앙상블 생산 자료의 의미, 그리고 모델과 앙상블의 임계값, 날씨계급, 계절에 따른 적절한 검증 등의 강점과 약점에 대한 정보를 알고 있어야 한다. 또한 이런 정보들은 예보관들이 쉽게 사용할 수 있는 장소에 사용 가능한 text로 비치되어야 한다.

7) 강수, 운량 등 모델에서 직접 예측하지 않는 변수들의 이용에 주의해야 한다.

8) 일기요소뿐만 아니라 상층대기의 구조도 참고해야 한다. 이들은 재해기상이 발달하는 환경/전조이다.

9) 특정 현상의 발생 여부를 결정할 때는 사용자의 비용/손실을 고려할 필요가 있다.

10) 모든 경우 예보의 불확실성에 대한 정보가 제공되어야 한다.

(2) 확률적으로 예보하는 경우

1) 검정과 편차보정(bias correction, 偏差補正)된 앙상블예측은 직접 예보가 가능하다. 이 경우는 예보의 자동생산이 가능하다.

2) 그러나, 예보가 자동생산되는 경우라도, 위험기상 가능성이 예측되면 예보관이 작성한 해설과 경고를 첨부하여 이용자의 최종 결정에 도움이 되어야 한다.

(3) 결정론적으로 예보하는 경우(→ 예보관이 최종 결정)

앙상블예측 자료를 이용하여 결정론적으로 예보를 하는 경우는 예보관이 최종 결정하는 경우이므로, 예보의 신뢰도에 대한 정보를 제공해야 한다. 같은 예보에서도 변수에 따라 신뢰도가 다를 것이므로 각 변수마다 개별적으로 신뢰도를 제공한다. 이는 예측성(앙상블의 스프레드)의 정도에 따라 스프레드가 작은 경우와 큰 경우, 2가지에 대해 설명한다.

1) 앙상블 스프레드가 작아 예측성이 높은 경우.

- 상세한 예측정보 제공도 무난.
- 컨트롤, 고해상도 모델, 앙상블평균 또는 중앙값을 가이드로 이용.
- 모델 변수 간에도 스프레드가 다를 수 있으므로, 한 변수에서 스프레드가 작다고 모든 예보의 신뢰도를 보장하지는 않음. 종관규모 예측성이 좋다는 것이 지면변수(온도와 적운 강수 등) 예측성도 좋다는 것을 의미하지는 않음. 이 경우 모델이 분해하지 못하는 변수들의 불확실성을 여전히 고려해야 함.

2) 앙상블 스프레드가 커 예측성이 낮은 경우.

• 앙상블 멤버 중 가장 대표적인 멤버를 가이드로 이용. 이 경우 가장 대표적인 멤버가 모든 변수에 대해 가장 가능성 있는 값을 제공하지는 않음에 유의해야 함.
• 너무 상세한 예보 제공을 피하는 것이 바람직.
• 예보의 불확실성이 있음을 알리고, 예보 업데이트에 주의를 기울일 것을 권장.
• 앙상블 멤버 중 extreme과 고해상도 컨트롤의 결과를 고려.
• 가장 가능성 있는 시나리오뿐만 아니라, 최악 시나리오에 대해서도 분명하게 정보를 전달, 이에 대비할 것을 촉구.
• 가능한 종관장의 변화 및 이의 영향을 주의 깊게 추적.
• 다양한 모델들의 경향을 고려하여, 어떤 고해상도 모델이 특정 재해기상 사례를 좀 더 잘 표현할 수도 있는지에 유의.

(4) 초단기예측의 경우

1) 최신 관측자료를 추적하고 있는 가능한 시나리오나 멤버 선택이 가능할 수도 있다. 예를 들면, 빠르게 발달하는 저기압은 초기에 관측과 가장 유사한 위치를 예측한 멤버가 앞으로도 가장 잘 예측할 것으로 볼 수 있다. 단 초단기예보에만 적용 가능하다.

2) 향후의 시스템 발달은 풍상측 기상상태에 의해 영향을 받음에 유의한다. 따라서 약 24시간 이후까지 이 방법에 의해 멤버를 선택하는 것은 현명하지 않다.

(5) 재해기상 예측에 대한 특별한 고려 사항

1) 재해는 다양한 시·공간 규모에서 발생한다. 따라서 각 재해기상은 예측성이 각각 다르다는 것을 고려해야 한다. 예를 들면 뇌우는 3일 전에 예측할 수는 없다.

2) 앙상블은 재해기상을 예측할 수 있는 강력한 도구이지만 모델 자체는 예측(분해)할 수 있는 재해기상만 예측한다.

3) 때로는 재해기상의 전조들에 대한 정보 제공이 가능하다.

4) 수치예보는 격자보다 작은 규모의 현상을 명시적으로 분해하는 것에는 한계가 있기 때문에, 앙상블에서도 이와 같은 현상에 대해서는 과소 모의하게 된다.

5) 저해상도인 전구앙상블은 재해기상을 상세하게 예측하지 못한다.

6) 고해상도인 지역앙상블은 전구앙상블에 비해 극한기상(extreme events)에 대한 표현 가능성이 더 크다.

7) 대부분의 극한기상 예측은 앙상블 분포의 끝쪽에 나타난다. 따라서 재해 유발 가능한 기상현상에 대해서는 발생 가능성이 낮아도 주의를 요한다. 예를 들어, 10% 또는 20% 이하의 가능성을 무시하는 것은 앙상블이 포착한 재해기상을 놓치게 될 가능성이 있다.

8) 위치나 시간에 오차가 있겠으나 재해기상 자체는 실질적으로는 정확하게 예보될 수 있다.

9) 선행시간이 증가할수록 앙상블 신뢰도는 감소한다. 물론 최근 예측이 더 신뢰성 있다. 그러

나, 재해기상은 발생이 드물어 충분한 스프레드를 줄 수 없으므로 이전 시각의 예측이 여전히 유용한 정보로서의 가치가 크다.

2 초단기예측시스템

가. 초단기예측의 정의

국지적인 위험기상(예를 들면 집중호우, 태풍, 돌풍 등)은 단시간에 걸쳐 발생하므로 기존의 역학모델에 기반을 둔 수치예보모델 만으로 예측능력을 향상시키는 데는 한계가 있다. 왜냐하면 6시간 이후의 기상현상을 예측하는 데에 중점을 둔 이러한 수치모델들은 종관기상관측에 의존하는데, 3시간 이내의 예측에서는 수치모델의 고유 특성인 강수 생산지체(주어진 초기조건으로부터 수치모델에 의한 강수예측을 생산하는 데 소요되는 시간) 현상인 스핀업(spin-up) 등의 예측 불확실성이 내재되어 있기 때문이다. 따라서 초단기예측을 위해서는 이러한 제한을 보완할 수 있는 상세한 지형특성과 다양한 관측자료 동화기술을 잘 반영하는 수치예보시스템이 필요하다.

초단기예측(very short-range forecast, VSRF)은 실황으로부터 0~6시간 동안의, 수~수십km 규모의 기상현상 예측에 관심을 두고 있다. 시간·공간 규모의 정의는 기관이나 사용자에 따라 다소 차이가 있을 수 있다. 예를 들면 실황관측 이후 0~3시간의 예측을 실황예측(nowcasting, 實況豫測)이라고도 한다.

나. 초단기예측의 방법

이제까지의 초단기예측 방법은 기존의 역학모델을 보완하는 방법, 그리고 관측자료에 기반을 둔 방법이었다. 따라서 주로 현재상태가 단시간 동안에는 변하지 않고 지속된다고 가정하는 지속법이나 시간에 대해 외삽하는 방법을 사용해왔다. 이러한 방법들은 대부분 기상현상의 생성, 성장, 소멸 등을 고려하지 못하므로 예측한계가 3시간을 넘지 못한다. 초단기예측은 주로 고해상도의 레이더 에코 관측과 이로부터 추출된 강수율(강수강도), 또는 모델 예측을 관측된 에코나 강수율로 보정하여 사용하였다.

우리나라의 경우, 집중호우 시스템의 생명 주기가 수 시간 이내이므로 이와 같은 방법으로 예측하는 데는 한계가 있을 수밖에 없다. 따라서 관측자료에 기반을 둔 초단기예측은 주로 레이더, 위성 등 원격탐사자료와 단시간에 발생하는 집중호우에 대한 신속한 대응을 위해서 전국에 자동지상기상관측망을 설치하여 운영하고 있다. 합성된 레이더 에코로부터 강수량을 추정하고, 이를 자동지상기상관측소를 포함한 조밀한 기상관측소의 강수측정치와 비교 수정하여 정확하게 실시간 강수분석을 수행한다.

오늘날에는 컴퓨터의 계산 능력이 급속하게 발전하여, 강수시스템의 성장 혹은 소멸을 설명할 수 있는 역학모델이 초단기예측시스템에 도입되고 있다. 그러나 역학모델은 예보자료를 생산하는 데 관측자료 수집과 경계자료 생산 등에 시간이 소요되므로, 위의 2가지 방법의 장점을 통합하는

hybrid 방법이 채택되고 있다.

또한 초단기예측에도 불확실성이 많이 포함되므로 예측결과뿐만 아니라 결과의 불확실성도 함께 예보하는 앙상블 기법들이 이용되고 있다.

초단기예측의 주 대상은 지역적으로 발생하여 큰 피해를 초래하는 위험기상시스템이다. 이들은 불확실성이 큰 기상현상에 속한다. 이러한 현상의 예측은 해당 지역의 기상/기후 현상을 숙지하고 있는 예보관들의 경험과 노하우가 크게 기여할 수 있는 부분이다. 따라서 예보관들의 개별적인 경험과 노하우를 객관화 · 정량화할 필요가 있다.

다. 한국의 초단기예측시스템

(1) VSRF

기상청의 초단기예측시스템으로는 외삽법을 이용하는 초단기예보(KMA VSRF), Maple, 역학모델을 이용하는 초단기분석모델, 기상청 제한구역예측시스템(KLAPS) 등이 있다.

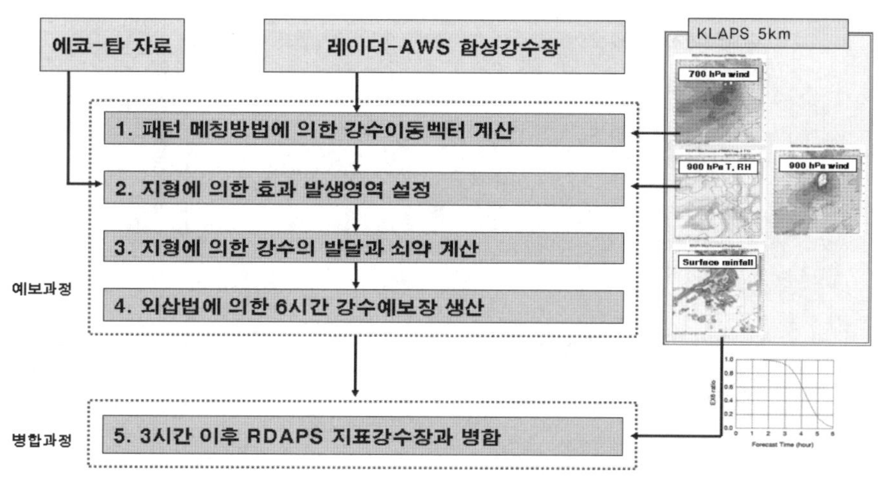

[그림 8-32] KMA VSRF의 강수예측 과정

VSRF는 기상청의 레이더에코 합성자료와 전국의 AWS 강수자료를 이용한 강수분석 과정과 중규모 모델인 KLAPS에서 생산된 자료로 5km 해상도로 예측을 수행하는 단시간강수예보모델이다. 1시간까지는 10분 간격, 이후 6시간까지는 1시간 간격으로 예측한다. 그림 8-32는 KMA VSRF의 예측과정을 나타내고 있다.

VSRF는 지상관측이 없는 해상에서는 주로 레이더 반사도를 강수량으로 전환하는 것이기 때문에 강수시스템이 서해으로부터 유입되는 경우에는 예측값을 해석하는 데 세심한 주의가 필요하다.

(2) Maple

캐나다(맥길대학)로부터 도입하여 개선한 시스템으로서, 10분 혹은 20분 간격의 레이더 강수자료 2~3개를 이용하여 스톰세포을 정의하고, 이를 라그랑지 방법으로 추적한다. 이 방법은 wavelet 방법을 이용하여 스톰을 규모별로 분류하고, 각 규모에 따라 생명주기를 적용한다. 또한 변분법을 이용하여 에코를 추적할 수 있으며, conditional ranked probability score를 적용하여 확률 예측을 수행한다. Maple에서 강수시스템의 이동속도는 분석장의 속도를 그대로 유지하므로 예측시간이 길어지면 바람장이 실제와 달라 왜곡되는 현상이 발생하는 약점이 있다.

(3) 기상청 제한구역예보시스템

기상청 제한구역예보시스템(KLAPS)는 미국기상청 예보연구소(FSL)가 개발한 시스템을 개선한 것이다. 분석과 예측을 함께 수행할 수 있는 시스템이면서, 예측 모델은 사용자의 필요에 따라 변경할 수도 있다.

KLAPS의 격자간격은 VSRF와 마찬가지로 5km이다. 분석은 1시간 간격으로 시행되고, 현재 시간에 대한 감시와 이전 시간까지의 분석장을 이용하여 예측한다.

그림 8-33은 KLAPS로 6시간 예측된 1시간 누적 강수를 나타낸다. 이는 전구 혹은 지역모델보다 해상도가 높아 좀 더 상세한 예측이 가능하다.

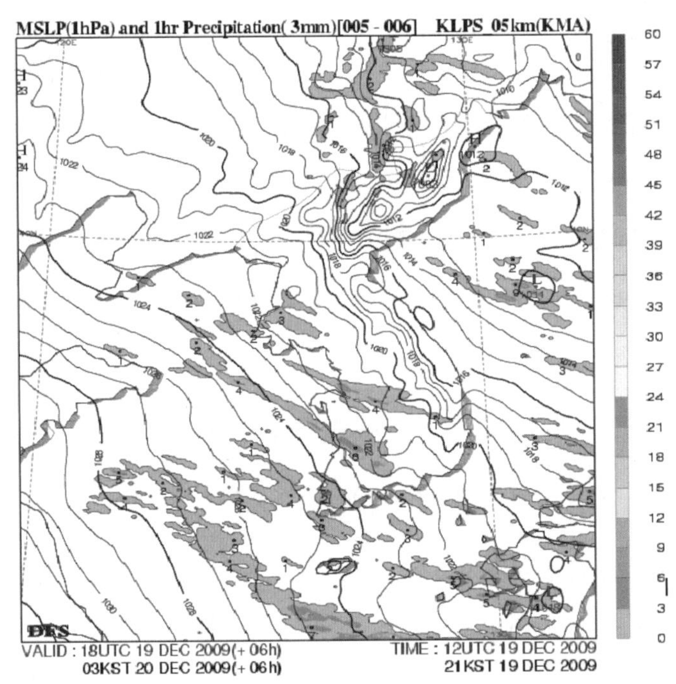

[그림 8-33] 기상청 제한구역예측시스템(KLAPS)의 6시간예측의 예

3 동네예보시스템

가. 동네예보의 개념

동네예보는 다음과 같은 개념을 가지고 있다.

1) 동네예보는 세부 행정단위인 읍 · 면 · 동 단위의 상세하고 빠른 예보이다.

동네예보는 전국을 5km×5km 간격의 그물망(읍 · 면 · 동 단위 37,697개의 격자점)으로 나누어 3시간 마다 12종의 예보요소에 대하여 48시간까지의 예측을 시간별로 그래픽, 문자, 음성 또는 원시자료(문·숫자 형식)로 발표한다.

2) 동네예보는 예보관이 판단한 예보를 정량적으로 명확하게 나타낸다.

동네예보에서는 예보관이 비가 내릴 지역을 5km 단위의 격자마다 3시간 간격으로 명확히 하고 있는 예보이다.

3) 동네예보는 모든 예보요소가 정량화되어 있어 가공성이 높다.

동네예보는 원시자료를 컴퓨터에서 쉽게 인식할 수 있는 표준파일(GRIB)로 제공하므로 가공성이 높아 기상정보의 경제자원화가 가능하다.

동네예보에서 제공하는 예보요소는 기온, 습도, 강수, 바람, 하늘상태, 유의파고 등이 포함된다. 예보요소별 정의는 표 8-2와 같다.

[표 8-2] 동네예보의 예보요소와 그 정의

예보요소	기준시간	정 의	단위
기온	정시	정시 전 1분 동안의 평균 기온	℃
일최저기온	발생시	일중 03~09시 동안의 최저기온	℃
일최고기온	발생시	일중 10~18시 동안의 최고기온	℃
상대습도	정시	정시 상대습도	%
풍향	정시	정시 전 10분 동안의 평균 풍향	8방위
풍속	정시	정시 전 10분 동안의 평균 풍속	m/s
하늘상태	정시	정시 4단계로 구분한 전운량. [0~2: 맑음, 3~5: 구름조금, 6~8: 구름많음, 9~10: 흐림]	4단계
강수확률	3시간	정시 전 3시간 동안의 누적강수량이 0.1mm 이상일 확률	%
강수형태	3시간	정시 전 3시간 동안 내린 강수를 3형태로 표현. [강수없음: 0.1mm 미만, 비눈: 비/눈이 섞여 내리거나 비→눈 또는 눈→비으로 내림].	3형태
강수량	6시간	11/06/12/18시의 전 6시간/유효시간 동안의 강수량	mm
신적설	6시간	11/06/12/18시의 전 6시간/유효시간 동안의 신적설량.	cm
파고	정시	유의파고	m

4) 동네예보는 인터넷 기반 예보이다.

동네예보는 기상청 대표홈페이지를 통하여 사용자가 원하는 예보를 제공한다.

동네예보는 1일 5,800만 건(일간신문 19만 면에 해당)의 예보를 생산한다. 따라서 방대한 정보 중 사용자가 원하는 정보만 효율적으로 수집할 수 있도록 인터넷과 같은 쌍방향 통신을 활용하게 된다.

나. 동네예보 생산 과정

수치예보모델은 역학 및 물리방정식으로 이루어져 있어 기온, 바람 등과 같은 기본적인 일기요소만을 예측한다. 그러나 동네예보는 강수형태 등 수치예보모델이 제공하지 않는 일기요소까지 발표해야 하므로 예보관은 수치예보자료를 토대로하여 강수확률, 하늘상태 등과 같은 동네예보요소를 생산해야 하며, 동네예보는 3시간 마다 12종의 예보를 3시간 단위로 48시간까지 발표해야 하므로, 예보관이 제한된 시간 안에 이러한 모든 예보를 생산하는 것을 돕기 위해 동네예보시스템이 만들어졌다.

동네예보시스템은 동네예보모델 등을 이용하여 수치예보자료를 객관적으로 해석한 초기자료를 기상예보관에게 제공되면, 이 자료를 조정하여 발표하는 예보체계로 운영된다.

수치예보자료를 객관적으로 해석하기 위하여 PPM모델(perfect prog method model)과 MOS 모델(model output statistics model)을 이용한다.

PPM모델은 과거로부터 축적된 기상관측자료와 예보요소 사이의 관계식을 산출하여, 수치예보자료에 이 관계식을 적용하는 방법이다. 이때 수치예보모델은 완벽한 것으로 가정하게 된다. PPM모델은 개발과 적용이 간편하지만 수치예보모델의 체계적 오차가 있는 경우에는 예측능력은 그만큼 떨어진다.

MOS모델은 수치예보모델의 계통오차와 위상오차를 설명하고, 수치예보모델이 생산하지 못하는 예보요소와 격자점이 아닌 특정 지점에 대한 예보요소도 생산할 수 있다. MOS기법은 수치예보모델의 발전에 따라 지속적으로 개발되어 왔다. MOS는 수치예보모델의 체계적인 오차는 제거될 수 있으나, MOS 개발 및 적용에는 고정된 수치예보모델을 이용해야 하는 등의 제약이 따른다.

한편 칼만필터(KF)는 PPM과 MOS의 중간 형태이다. 다만 기상이 급변할 경우에는 예측능력이 떨어진다는 약점이 있다.

MOS는 PPM이나 KF에 비해 수치예보모델의 체계적 오차를 고려할 수 있는 이점이 있으나, 개발기간 및 통계모델로 예보가이던스를 제공하기 어려운 예보요소가 있다. 이러한 문제점을 해결하기 위하여 MOS로 작성되지 못하는 경우는 PPM이나 수치예보자료를 사용하여 작성된다. 강수량 등의 예보요소 산출은 수치예보자료를 사용한다.

동네예보는 그림 8-34에서와 같이 객관예보 후 예보관의 최종 판단으로 생산된다. 먼저 전 세계로부터 수집된 관측자료를 이용한 수치예보모델이 한반도 부근의 수치예보자료를 생산하고, 동네예보모델은 수치예보자료의 예보 특성을 분석하여 지역별 상세한 예보가이던스를 생산한다.

예보관은 동네예보모델로 생산된 이 예보가이던스에 따라 다양한 분석자료를 참고하여 예보가이던스를 수정·조정하여 동네예보를 생산하고, 다양한 예보 사용자의 여러 가지 목적에 쓰일 수 있도록 가공하여 시간별로 그래픽, 문자, 통보문, 131전화 메시지, 원시자료 등의 형태로 발표한다.

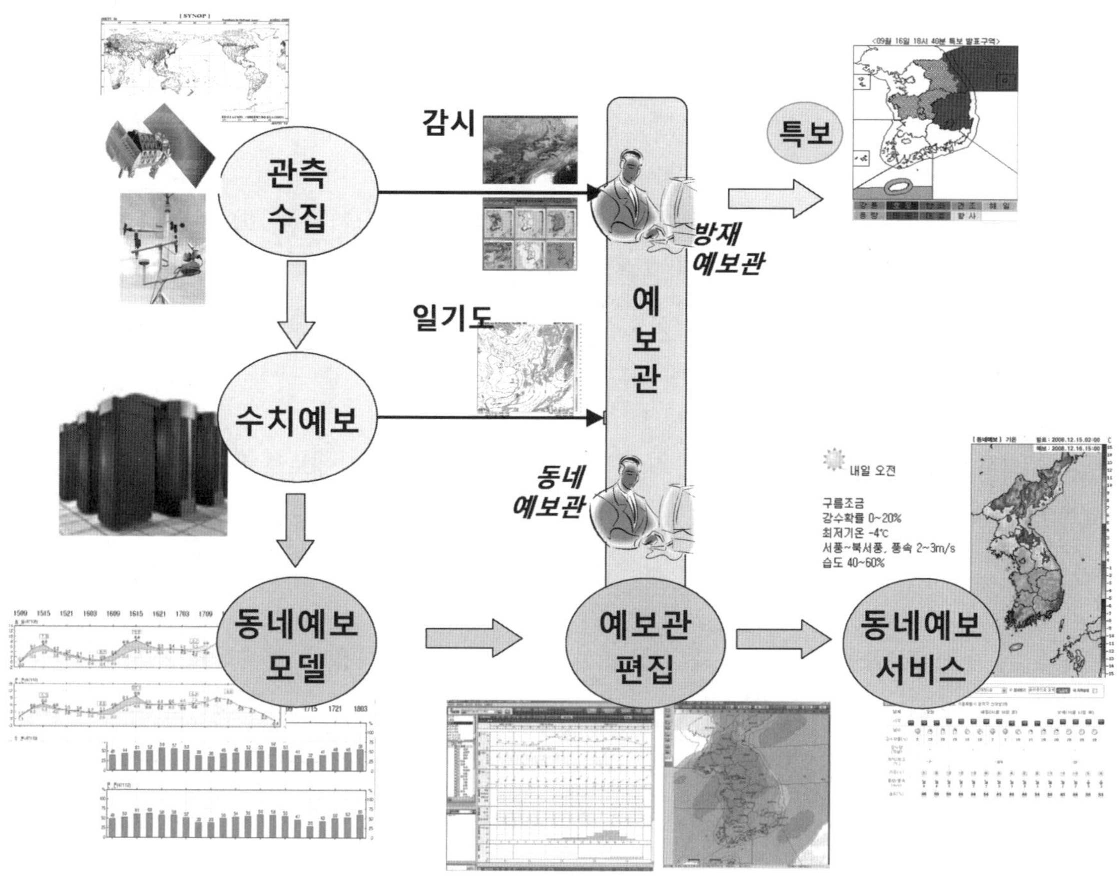

[그림 8-34] 동네예보 생산 과정

다. 동네예보모델의 PPM

(1) 3시간기온

3시간기온은 수치예보모델의 2m기온을 동네예보시스템 지형고도로부터 기온감률을 적용하여 산출한다.

수치예보모델의 2m기온은 수치예보모델의 하층대기 자료를 상사이론에 적용하여 산출된다. 일반적으로 수치예보모델의 최하층 고도는, 연직층이 30개로 이루어진 경우, 50m 정도이며, 이 층의 중간고도에서 산출되는 기온은 2m기온과는 차이가 있다. 이러한 점을 고려하여 수치예보모델에서 산출되는 2m기온을 3시간 기온, 최고/최저기온 산출에 사용한다.

수치예보모델은 수치연산의 한계로 상대적으로 저해상도의 격자(RDAPS의 경우 12km) 체계로 이루어져 있어 동네예보시스템 격자체계의 해상도인 5km를 만족하지 못한다. 즉 수치예보모델에서 산출되는 2m 기온은 평활화된 수치예보모델 지형고도의 2m 높이에서 정의되고 동네예보의 기온은 이보다 더 상세한 지형고도에서 정의된다. 그러므로 동네예보의 기온은 수치예보모델의 2m 기온을 두 예보시스템 간의 기온이 정의되는 고도차를 고려한 기온감률로 보정하여 산출한다. 기온감률은 0.0067℃/m를 적용한다.

해상지역에 대해서는 지상기온이 겨울철 해상에서 지나치게 따뜻하게 모의될 가능성이 있으므로, 모델에서 모의된 지상기온 대신 850hPa(1500m 고도)로부터 기온감률 0.5℃/100m를 적용하여 구한다.

(2) 일최고기온/최저기온

일최고기온/최저기온은 3시간기온을 이용하여 산출한다. 일최고기온은 10시부터 18시까지의 3시간기온 중 가장 높은 값으로, 일최저기온은 03시부터 09시까지의 3시간기온 중 가장 낮은 값으로 정의한다.

(3) 바람

바람은, 기온예측에서의 3시간기온 예측의 경우와 비슷하게, 수치예보모델로 산출되는 10m바람 자료를 그대로 사용한다. 바람은 동서(U), 남북(V)성분으로 구분하여 생산한다.

(4) 상대습도

상대습도는 수치예보모델에서 산출되는 혼합비, 기온, 기압을 이용한 경험식으로 산출한다.

모델에서 대기 하층의 상대습도가 지상의 상대습도를 대표한다고 본다. 실제로 모델 최하층의 혼합비가 대기 하층에서 일정하다. 기온에 따라 포화수증기압이 달라지므로 혼합비를 고정시키고 수치예보모델의 지형고도와 동네예보시스템의 지형고도의 차이에 따라 지상기압과 기온을 이용하여 상대습도를 결정하게 된다.

(5) 강수확률

강수확률은 수치예보모델에서 제공되는 것이 아니고, MOS모델로 지원된다. 그러나 MOS모델의 정상적인 운영 실패 등의 특이사항을 고려하여 다음과 같은 강수량 문턱값을 이용하여 강수확률을 산출한다. 여기에서 사용된 강수량 문턱값 및 증가율은 경험 많은 예보관의 의견을 반영한 것이다. 다음에는 알고리즘을 이용하여 수치예보모델 강수량 대비 강수확률을 구한다(그림 8-35 참조).

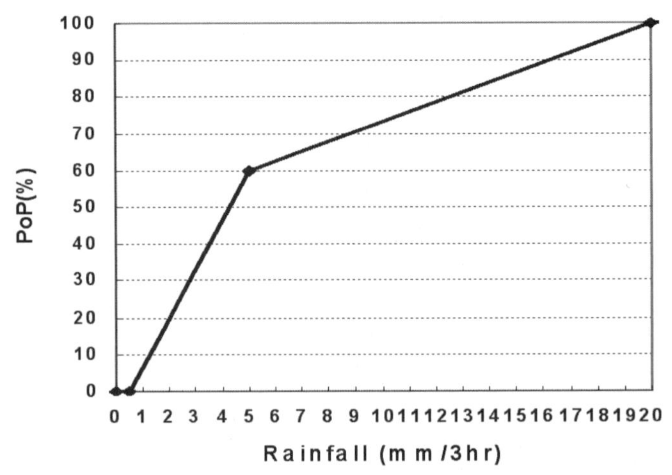

[그림 8-35] 수치예보모델 강수량을 이용한 강수확률

(6) 강수형태

강수형태 알고리즘은 일본기상청의 Matsuo 방안과 미공군 방안 등이 있다. Matsuo 방안은 그림 8-36과 같은 판정그래프로 강수형태를 예보하는데, 지상기온 0℃ 이하에서는 눈으로 판정하고, 지상기온 0~4℃에서는 상대습도와 기온에 따라 눈, 진눈깨비 또는 비로 판정하는데, 상대습도가 낮을 때는 눈으로 판정한다.

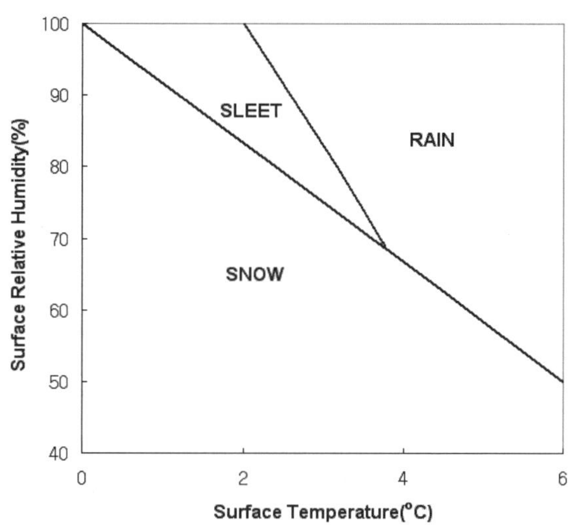

[그림 8-36] 강수형태 판정 알고리즘(Matsuo 방안)

일반적으로 수치예보모델은 지상 부근의 물리과정의 한계로 지상 기상요소보다 상층 기상요소의 예측능력이 높다. 기상청에서는 PPM모델에서 850hPa 상대습도를 적용하여 지상 상대습도를 구한다.

(7) 하늘상태

하늘상태(전운량) 판정알고리즘은 수치예보모델의 850hPa와 700hPa의 습수를 이용한 NWP 방안, 대기 상, 중, 하층의 최대 상대습도를 이용한 미공군 방안, 기온과 습수를 이용한 Arabey 방안, 그리고 Arabey 방안을 수정 보완한 KMA 방안 등이 있다.

NWP 방안은 수치예보시스템의 Meteogram에서 표출되는 예보가이던스로 예보관의 장기간의 예보경험을 정량화한 것으로서 850hPa과 700hPa의 습수가 작으면 구름이 형성되고, 습수가 크면 구름이 소멸된다는 간단한 원리를 이용한다. 전운량은 구름의 두께보다는 구름의 수평적인 분포에 의해 결정되므로 850hPa과 700hPa의 습수 중 작은 값을 이용한다. 판정에는 습수를 2℃미만(흐림), 4℃미만(구름많음), 6℃미만(구름조금), 그리고 6℃ 이상(맑음)으로 나눈다.

NWP 방안은 상대습도 관련 기상요소만을 이용하여 하늘상태를 판정하게 된다. 따라서, 기온이 높을 때는 습수가 작아도 구름이 생기기 어렵고, 반대로 기온이 낮을 때는 습수가 큰 경우라도 구름이 쉽게 생기는 현상을 적절히 반영하기 힘들다. 이러한 한계를 극복하기 위하여 Arabey 방안에서는 기온과 상대습도를 동시에 고려한다. KMA 방안에서는 Arabey 방안의 기온구간에 대하여 습수를 0.1℃씩 변경하여 bias를 작게 하였다(그림 8-37 참조).

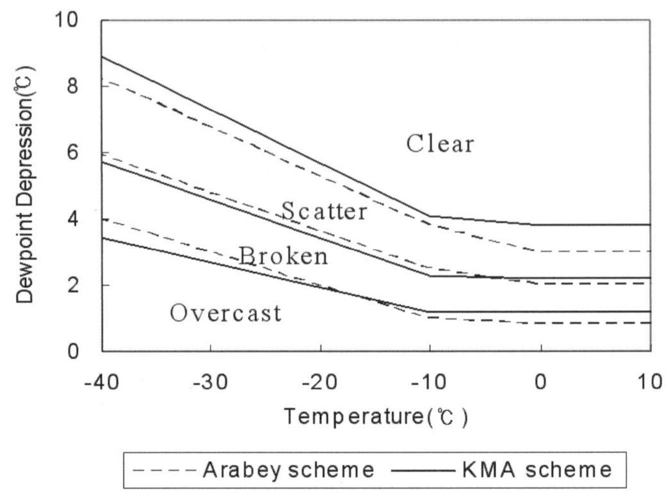

[그림 8-37] 하늘상태(전운량) 판정 알고리즘

(8) 누적강수량

수치예보모델의 강수는 격자규모 강수량과 아격자규모 강수량으로 구분할 수 있는데, 격자규모 강수량과 아격자규모 강수량을 합한 것이다. PPM모델에서는 3시간 누적강수량을 사용한다.

(9) 적설

각 3시간 간격의 강수형태에서 눈으로 판정되는 경우에 12시간 강설량을 적설 정보로 대치 발표한다.

적설량을 구하는 일반적인 방법은 12시간 동안의 강수량을 누적하고 그 강수량을 10배하여 표시한다. 적설량은 상대습도에 따라 차이가 커서, 같은 양의 강수량에 대해서도 습설(濕雪)인 경우는 건설(乾雪)의 경우보다 적설량이 작다는 점도 고려한다.

6시간 강설량은 MOS 등 다른 방법으로 제공한다.

(10) 유의파고

유의파고(有意波高, 일본에서는 有義波高로 쓰고 있음)는 해양모델의 예측자료를 진단하여 이용한다. 유의파고는 해상에만 지원되는 예보요소이므로 land-sea mask file을 이용하여 해상영역에만 제공한다. 해상영역에서 해양모델과 동네예보모델에서의 land-sea mask 정의가 불일치할 경우는 동네예보모델에서 정의한 것을 우선하고 있다.

라. 동네예보모델의 MOS

수치예보 자료 중 850hPa(해발 1,500m) 기온을 이용한 지상 기온예보 방법을 예로 들어 설명하면, 수치예상일기도에서 예보지점의 850hPa 기온을 읽고, 그 기온 값에서 대기의 기온감률(약 6.7℃/km)을 고려하여 지상기온을 산출하게 된다. 보통 850hPa 기온에 5~10℃를 더해 주게 되는데, 이 값은 날씨상태, 지형분포, 수치예보모델의 특성에 따라 다르게 적용한다. 이러한 과정을 통계분석 등을 이용하여 객관화하여, 객관적인 예보가이던스를 생산하는 예보기술이 MOS이다. MOS는 수치예보모델의 국지예보에 대한 한계를 극복하기 위하여 개발된 모델이다.

앞의 예를 MOS에 적용하면, 먼저 수치예상일기도의 850hPa 기온, 습도 등과 예보지점의 기온과의 관계를 통계분석하여 방정식(여기에서는 850hPa 기온 + x℃)을 산출하고, 이를 수치예보에 적용하여 기온을 예보하게 된다.

먼저, MOS는 수치예보모델이 예측하는 예보요소에 크게 상관없이 관측요소를 직접 예측하는 예측모델이다. 수치예보모델은 기온, 바람 등과 같은 대기역학방정식의 변수만 예측하지만, MOS는 수치예보의 예보변수를 분석하여 하늘상태와 같은 목측관측 요소도 예측할 수 있다. 특히 MOS는 강수확률과 같이 확률정보까지도 생산할 수 있다.

둘째, MOS는 예보하는 위치의 관측자료를 직접 사용하므로 지역적 특성을 직접 MOS에 반영할 수 있다. 분지, 작은 호수와 같은 지형이나, 또는 토지이용도가 같은 지역적인 특성이 관측위치의 특수한 기후형성에 영향을 주는데, 이러한 영향은 해당 지역의 관측자료와 수치예보자료의 통계분석을 통하여 MOS에 쉽게 반영할 수 있다.

세째로, MOS는 수치예보모델의 계통적 오차를 제거할 수 있다. 수치예보모델이 예측하는 대기하층의 예보값은 수치예보모델의 해상도, 토지이용도, 물리과정에 절대적으로 영향을 받고 있으나, 이러한 과정은 인간이 이해하고 수치적으로 연산이 가능하다. 따라서 수치예보는 수치예보모델만의 고유한 특성이 있으며, 이러한 특성은 계통적 오차를 유발한다. 이같이 수치예보모델은 예보시간에 따라 bias를 보이지만 MOS는 이러한 bias가 거의 완벽하게 제거될 수 있다.

MOS의 가장 큰 단점은 수치예보모델에 절대적으로 의존한다는 것이다. MOS에 적용한 통계는 수치예보모델과 관측 사이의 통계로서 MOS가 개발된 후 수치예보모델이 변경되면 기존의 MOS는 그만큼 제약이 따르게 된다. 즉 수치예보모델이 변경되면 그에 따른 MOS 예보 정확도가 하락할 수 있다. MOS의 이러한 단점에도 불구하고 국지예보 정확도가 높다는 장점 때문에 MOS는 동네예보에서 중요한 역할을 하고 있다.

기상요소의 객관적 예측

오늘날까지 발표된 기상요소의 객관적 예측방법은 무수히 많을 것이다. 그러나 그들은 제각기 국지적인 특성을 가지고 있어서 그중 이론적인 배경을 가지고 있으면서 검정을 거쳐 예측자들이 보편적으로 즐겨 쓰는 방법들은 극히 제한된 숫자일 것으로 생각된다.

본 장에서는 각 기상요소 예측에 사용되는 많은 방법 중에서 상당히 보편성을 가진 예측방법들 중에서 우리나라에서도 적용할 가치가 충분히 있다고 생각되는 것 중에서 제한적으로 예시한다.

9.1 기온예측

1 일중 기온상승

가. 맑은 날의 기온상승

(1) Gold-Jefferson법

어떤 날 새벽(아침)에 지표 부근의 연직 기온분포가 그림 9-1(a)에서의 곡선 PQRS로 나타나 있다고 할 때, 특정 시각의 지상기온을 Gold-Jefferson법으로 예측하고자 한다.

이 방법은 어떤 시각에 나타날 예상 지상기온을 그림 9-1에서처럼 건조단열선(DB), 지상등압선(PE), 해당 온도곡선(PQR) 사이의 면적을 구하여 표 9-1에서 해당되는 적절한 에너지값(면적)을 적용하여 지상기온 예상값 D를 구할 수 있게 된다.

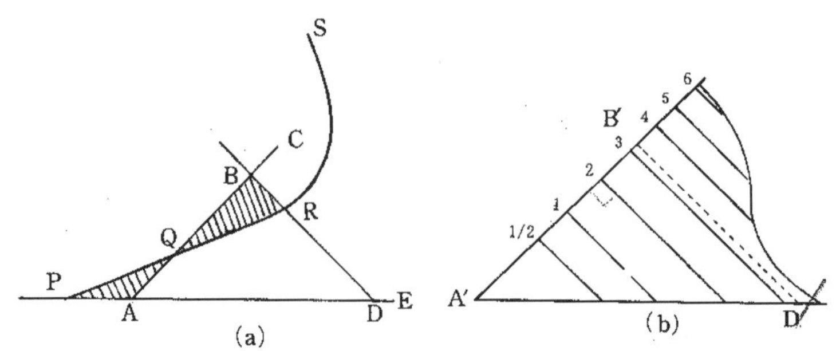

[그림 9-1] 단열선도 상의 면적 평가(표 9-1 관련)

이때 특정 시각의 지상기온 예상값 D를 찾기 위한 면적은 미리 그림 9-1(b)와 같이 ∠A′B′D′를 직각으로 하고 B′D′를 건조단열선, A′D′를 등압선으로 하는 직삼각형 상에 해당 면적(실제와 같은 기하학적 면적)을 표시한 투명한 Acetate overlay를 만들어 사용할 수 있다. 이때 실제의 온도곡선은 일정한 기하학적 형태가 아니므로 그림 9-1(a)에서와 같이 ⊿PAQ와 ⊿QBR이 같은 면적이 되도록 Acetate overlay를 좌우로 조정하여 결정한다.

온도곡선의 상부는 지역에 따라 크게 다르지 않으나 지면 부근은 지역에 따라 크게 달라지므로 해당 지역의 최저기온과 기압을 이용하여 지면 부근의 온도곡선을 수정한 후에 적용하여야 한다.

[표 9-1] 지방표준시까지의 하층 가열 태양에너지*에 비례하는 단열선도 상의 면적(cm^2)

단열선도 종류	Local time	J	F	M	A	M	J	J	A	S	O	N	D
DOD 9-16	08:00	0.0	<0.1	0.4	1.2	2.3	2.9	2.4	1.5	1.2	0.4	<0.1	0.0
	10:00	0.4	1.0	1.8	2.7	3.8	4.7	3.9	3.2	2.0	1.5	0.8	0.3
	12:00	1.1	1.5	3.3	4.6	5.7	7.1	5.9	4.7	3.5	2.8	1.6	0.9
기상청 (소형)	08:00	0.0	0.0	0.2	0.6	1.2	1.5	1.2	0.8	0.6	0.2	0.0	0.0
	10:00	0.2	0.5	0.9	1.9	1.9	2.4	2.0	1.6	1.0	0.8	0.4	0.2
	12:00	0.6	0.8	1.7	2.3	2.9	3.6	3.0	2.4	1.8	1.4	0.8	0.5

* 위도 35° 부근에서 맑은 날에 적용

(2) Johnston법

야간에 등온(또는 역전) 상태인 온도곡선이 일출 후 일사 때문에 시간 경과에 따라 단열변화 상태로 변하는 기층의 두께(hPa)를 표 9-2에 나타내고 있다. 이 표에서 구한 기층의 두께(hPa)를 ⊿p라 하면 그림 9-2에서와 같이 면적 PEQ와 면적 RFS의 합이 면적 QR과 같도록 등온선에 평행한 직선 EF를 그려 지상기온(T_F)을 예측할 수 있다.

찰흙(점토) 등과 같이 습한 흙으로 덮힌 지역의 경우에는 태양에너지가 일출 후 수 시간동안 하층 대기를 가열시키지 못하기 때문에 표 9-2에서 A선의 왼쪽 부분에서는 표의 값을 2/3로, 그리고 A와 B선 사이에서는 값을 4/5로 줄여 사용한다.

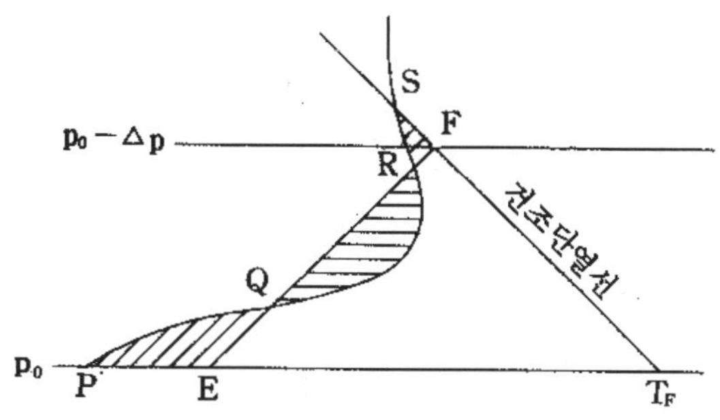

[그림 9-2] Johnston법에 의한 일출 후 경과 시간의 기온 예측 (표 9-2 관련)

[표 9-2] 야간역전층이 일출 후의 시간동안 단열변화 상태로 되는 기층두께(hPa) (영국 남부)

월	일출 후 경과시간									최대
	1	2	3	4	5	6	7	8	9	
				A		B				
Jan.	16	29	41	50	58	–	–	–	–	61
Feb.	18	33	46	57	65	73	–	–	–	81
Mar.	20	37	52	63	73	82	90	–	–	97
Apr.	22	40	56	69	80	89	98	106	–	115
May	A 23	42	59	71	83	93	102	110	118	127
June	23	42	60	73	84	94	103	112	119	130
July	23	42	59	73	84	94	103	111	118	125
Aug.	22	41	57	70	81	91	99	108	115	119
Sept.	21	38	54	66	76	85	93	100	–	104
Oct.	A 19	35	49	60	69	77	85	–	–	87
Nov.	17	31	43	53	61	–	–	–	–	61
Dec.	15	28	40	49	–	–	–	–	–	53
				A B						

*지표가 점토 같은 습한 지역에서는 A 왼쪽 값의 경우(×2/3), AB 사이 값의 경우(×4/5)를 적용함.

나. 하늘이 맑고 안개 낀 날의 기온상승

안개 없고 하늘 맑은 날 일출 후의 기온상승곡선과 비교하여 하늘 맑고 안개 낀 날의 기온을 다음과 같이 예측할 수 있다.

1) 안개 없고 하늘 맑은 날 일출 후의 기온상승곡선을 그린다. 이러한 기온상승곡선을 Johnston법의 표 9-2를 이용하여 그림 9-3에서의 실선과 같이 구할 수 있다.

2) 여기서 지연인자 f(=AC/AB=DF/DE)를 적용한다. 짙은 St 또는 두꺼운 안개에서는 f=0.25, 엷은 St 또는 낮은 안개에서는 f=0.35을 사용한다.

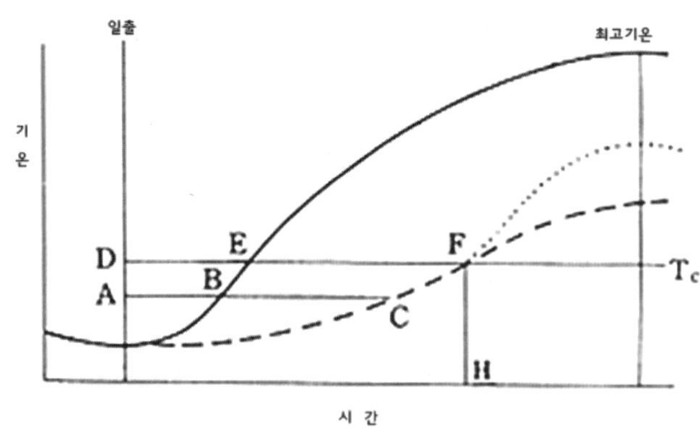

(실선: 맑은 날 기온곡선, 파선: 안개 낀 날 기온곡선,
점선: 안개소산온도(T_c)에 달하여 안개가 걷힌 시각(H) 이후의 기온곡선)

[그림 9-3] 하늘 맑고 안개 낀 날의 기온 예상곡선

3) 일출 후 3시간 미만에 기온관측을 시행한 경우에는 f를 $f=(t_1-t_0)/(t_2-t_0)$로 하여 정할 수 있다. 여기서 t_0는 일출시각, t_2는 안개가 끼어 있을 때 실제 기온을 관측한 시각이며, t_1은 날씨가 맑았었다면 t_2에 관측한 기온에 도달되었으리라고 생각되는 시각이다.

4) 기온예상곡선이 안개소산온도(T_c)에 도달되면, 기온곡선은 급격히 상승하여, 그림에서 점선으로 나타낸 것처럼, 맑은 날의 기온곡선에 접근하게 된다.

2 야간의 기온하강

가. 최저기온

(1) Craddock–Pritchard 법

밤 동안 안개가 끼지 않을 것으로 예상될 경우, 다음과 같이 아침 최저기온을 예상한다.

$$T_{\min}=X+K$$

여기서 $X=0.316\,T_{12}+0.548\,T_{d12}-1.24$ 인데, T_{12}, T_{d12}는 각각 12:00L의 기온(℃)과 이슬점(℃)이다. K는 날씨에 따라 표 9–3과 같다.

[표 9–3] Craddock–Pritchard 법의 K값(℃) (영국의 경우)

평균지균풍속* (knots)	평균운량(oktas)			
	0~2	3~4	5~6	7~8
0~12	—2.2	-1.7	-0.6	0
13~25	—1.1	0	+0.6	+1.1
26~38	—0.6	0	+0.6	+1.1
39~51	+1.1	+1.7	+2.8	–

* 평균은 전날 18:00L과 당일 00:00 및 06:00L 관측값의 평균임.

이 방법은 영국의 16개 관측소 자료를 바탕으로 개발된 것이기 때문에 타 지역에 적용하려면 최소한 K값을 보정하여야 할 것이다. 또, 만일 지면에 눈이 덮여 있을 경우에는 최저기온이 이 방법으로 구한 값보다 더 하강하는 것이 보통이다.

(2) Boyden법

Boyden은 영국 런던 부근 Kew의 자료를 이용하여 야간에 안개가 끼지 않은 경우에 다음날 아침 최저기온을 다음과 같이 구할 수 있었다.

$$T_{\min}=\frac{1}{2}(T_w+T_d)-K$$

여기서 T_w, T_d는 각각 T_{max}시의 습구온도(℃)와 이슬점(℃), K는 상수(표 9-4 참조)이다.

이 경우에도 지면에 눈이 덮여 있을 경우에는 이 방법으로 구한 값보다 최저기온이 더 하강하는 것이 보통이다.

[표 9-4] Boyden법의 K값*(℃)

풍 속 (kts)	하층운량(okatas)		
	<2	2~6	>6
0	+2	+1	−0.5
1~2	+1.5	+0.5	−0.5
3~5	+1	0	−1
6	+0.5	−0.5	−1
7	−0.5	−1	−1
8	−1.5	−1.5	−1

* 영국 Kew지점에 적용.

나. 맑은 날 야간의 기온하강

(1) Saunders 법

T_{max}시의 기단이 다음 날 아침까지 계속 영향을 미칠 것으로 예상될 때, 기온하강률의 불연속이 나타나는 시각의 기온(T_r)을 다음과 같이 구한다.

$$T_r = \frac{1}{2}(T_{max} + T_d) - K$$

여기서 T_{max}는 최고기온(℃), T_d는 T_{max}시의 이슬점(℃)이다. K는 상수인데, 영국 Northolt에서 그 값은 900hPa 고도 이내에 기온역전이 없으면 0.3℃, 기온역전이 있으면 2.2℃였다.

불연속이 나타나는 시각의 기온(T_r)을 가지고 T_{min}을 표 9-5에서의 절차로 구할 수 있다.

[표 9-5] Saunder 법에서 T_{min}을 예상하는 절차

계 절	예상 평균 지균풍속(kts)	T_{min} 예상법의 절차
난후기 (3월 하순~ 10월 상순)	0~12 13~18	5월 5일~8월 10일은 그림 9-4(a)로 구해진 T_{min}을 그림 9-5에 의해 보정한다(강수 있을 경우는 예외).
	19 이상	$T_{min} = T_r - \Delta T$, 단 ΔT는 그림 9-6에서 구한다.
한후기 (10월 상순 ~3월 하순)	0~16 17~21	그림 9-4(b)를 이용한다.
	22 이상	난후기 19kts 이상의 경우와 같다.

* $T_r = (1/2)(T_{max} + T_d) - K$, K: 900hPa고도 안에 기온역전 있으면 2.2℃, 없으면 0.3℃

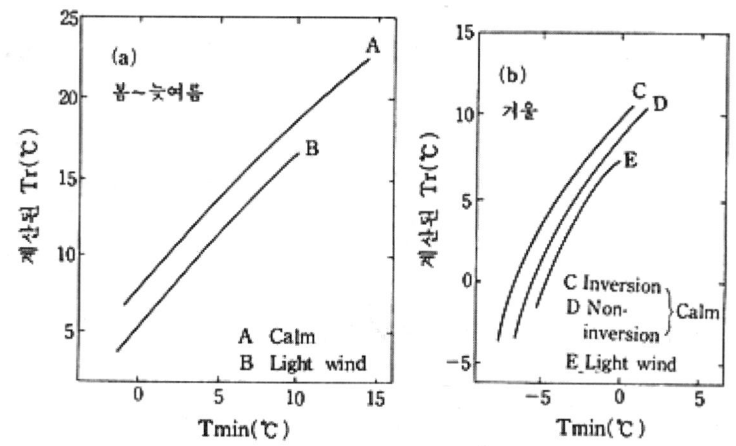

(평균지균풍속 A: 0~12kts, B: 13~18kts, C,D: 0~16kts, E: 17~21kts)

[그림 9-4] Saunder 법에서 T_r과 T_{min}의 관계

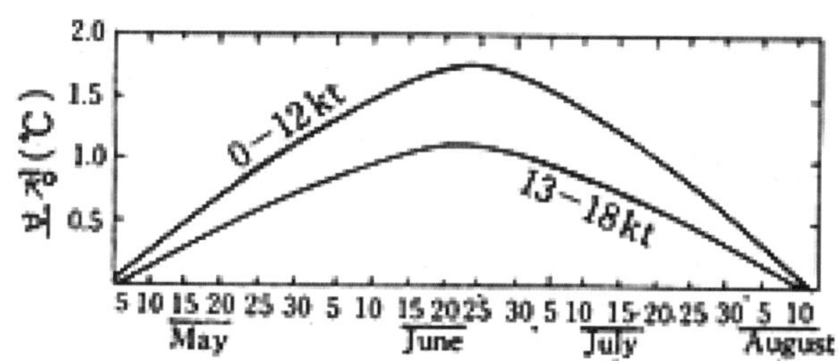

[그림 9-5] 그림 9-4(a)를 이용할 때의 T_{min}의 보정

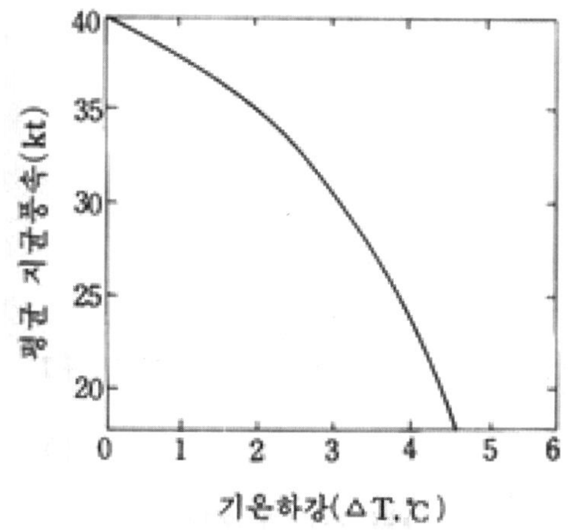

[그림 9-6] 강한 평균 지균풍(난후기: 19kts이상, 한후기: 22kts이상)의 기온하강 보정

이 Saunder법을 적용할 때 다음을 유의해야 한다.

① 지표 토양이 습하여 기온하강률 불연속 시각이 일찍 발생하면 그림 9-5에 의한 보정을 부분적으로 생략한다.

② 이 방법은 영국 Northolt에서 개발되었지만 점토질 지면을 가진 다른 곳에서도 적용할 수 있다.

③ 해안지방에서는 T_r을 구할 때, T_{max}를 T_s(해수면온도)로 대치하여 구한다.

기온하강률의 불연속시각은 표 9-6과 같다. 만일 지표 토양이 습하면 늦봄부터 이른 여름까지는 불연속시각이 1시간 빠르고, 늦여름에는 반시간 빠르다.

[표 9-6] 기온하강률의 불연속이 나타나는 시각(Local time)

월	1	2	3	4	5	6	7	8	9	10	11	12
평균시각 (영국 Northolt 지점)	1645	1800	1930	2045	2100	2115	2115	2045	1930	1745	1700	1630
매월초의 시각 (영국 남부지방)	1645	1745	1845	2015	2100	2130	2145	2130	2030	1900	1745	1700

(2) Barthram 법

이 방법은 앞의 Saunders 법을 기초로 하여 영국 남부 내륙지방에 적용될 수 있도록 한 것이다.

1) $T_r = \frac{1}{2}(T_{max} + T_d) - K$

여기서 K는 850hPa 고도 미만에 기온역전층이 있으면 2℃, 없으면 1℃를 사용한다. 매월 초에 T_r이 나타나는 시각은 표 9-6을 적용한다.

2) 기온하강률의 불연속이 나타나는 시각의 기온(T_r)과 야간의 예상 평균 지상풍속으로부터 그림 9-7에서 T_{min}을 구할 수 있다.

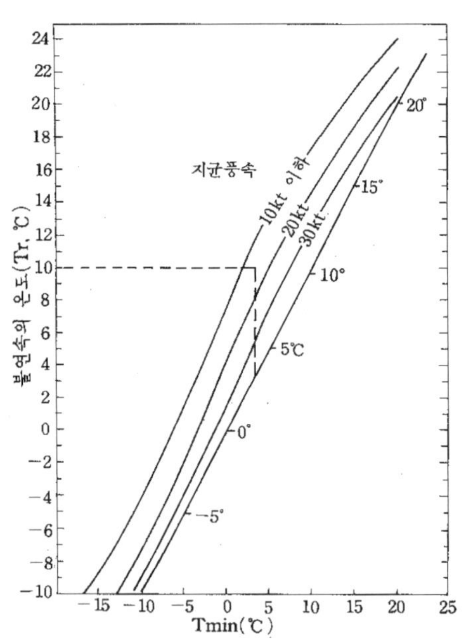

[그림 9-7] T_r로부터 T_{min} 예상곡선

3) T_{max}, T_r 및 T_{min}을 알면 자유로운 스케치에 의해 냉각곡선(cooling curve)을 그릴 수 있

다. T_{min}은 일출 경에 나타나고 T_r은 곡선의 변곡점에서의 기온이다.

4) 관측소에 따라서는 K값을 조정하고 그림 9-7을 수정하여야 하며, T_r도 일몰시각에 따라, 관측소의 위치에 따라, 지표면 성질에 따라 달라질 수 있다.

5) 냉각곡선이 그려지면 온도가 안개점(fog point)에 이르는 시각에 안개가 형성된다. 예상된 냉각곡선을 실제로 매 시각 관측된 기온으로 보정해나가는 것이 좋다. 서리 발생시각도 예상할 수 있다.

6) 안개가 형성된 후에도 기온이 계속 하강하면 그림 9-8을 이용하여 안개점 도달 이후 수정된 냉각곡선을 얻는다. 이것은 특히 안개점이 0℃보다 훨씬 높더라도 서리가 내릴 것으로 판단될 때는 매우 중요하다.

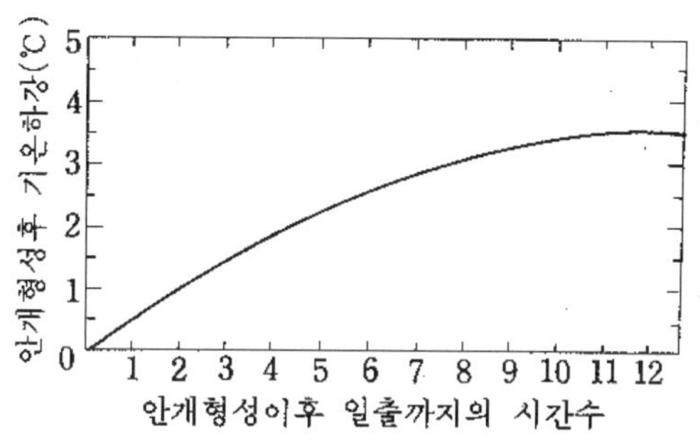

[그림 9-8] 복사안개 형성 이후의 기온하강 예상곡선

다. 구름 낀 날 야간의 기온하강

야간에 구름 낀 날의 아침 최저기온(T_{min})을 다음 식으로 표시할 수 있다.

$$T_{min} = T_{min(c)} + \mathrm{K}$$

여기서 $T_{min(c)}$은 맑은 날인 경우의 아침 최저기온(Saunders 법 참조), K는 운량별 냉각률(상수)이다. Summersby는 K를 표 9-7과 같이 나타냈다. 한편 Mizon은 그림 9-9로 나타내고 있다.

[표 9-7] Summersby 법의 K값(운량별 냉각률)

운량(oktas)	0	1	2	3	4	5	6	7	8
K(℃)	0	0	0.5	1	2	2.5	3.5	5	8

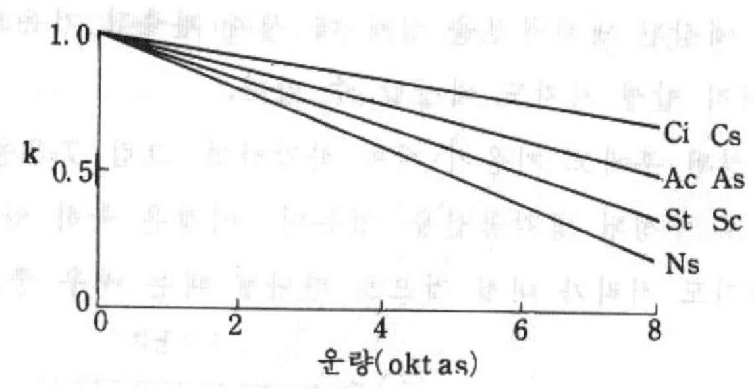

[그림 9-9] Mizon 법에서의 K값(운량 운량별 냉각률)

라. 초상최저온도 예상

(1) 안개가 끼지 않은 날의 초상최저온도 예상

안개가 끼지 않은 날 초상최저기온(T_g)을 다음 식으로 표시할 수 있다.

$$T_g = T_{\min} - K$$

Craddock-Pritchard는 여기서 $T_{\min}$을 Craddock-Pritchard 법에서의 예상 최저기온(℃)으로 하고, K를 표 9-8로 제시하고 있다.

한편 Saunders는 여기서 $T_{\min}$은 예상 최저기온(℃)으로 하고, K를 표 9-9로 제시하고 있다.

[표 9-8] Craddock-Pritchard의 K값(℃)*

평균* 지균풍속 (kts)	평균* 전운량(oktas)			
	0~2	2~4	4~6	6~8
0~12	4	5	4	4
13~25	5	4	3	2
26~38	3.5	3	2.5	2.5
39~52	2.5	2.5	2.5	3

* 영국에 적용되며, 전날 18:00L, 당일의 00:00, 06:00L값의 평균

[표 9-9] Saunders의 K값(℃)*

난후기		한후기		
야간의 평균 지균풍속 (kts)	K(℃)	야간의 평균 지균풍속 (kts)	$T_{\min}$(℃)	K(℃)
0~12	4.5	0~16	2 ~ −0.5	2
			−1 ~ −3.5	4
13~24	6		−4 ~ −6	5
			−6.5 ~ −9	6
		17~24		6
24 이상	4	24 이상		4

* 영국 Northolt 지점에 적용됨

(2) Faust의 영하 초상온도(지면 서리) 예상

야간에 운량이 2 oktas 미만이고 풍속이 4kts 미만일 것으로 예상됐을 때 14:00L의 T와 T_d를 가지고 계산한 $T+\frac{1}{2}T_d$가 17.2℃ 미만이면 야간에 지면서리(ground frost)가 발생한다.

때로는 $T+\frac{1}{2}T_d$가 19℃ 정도로 높아도 지면서리가 발생하므로 앞의 결정치보다 약간 높은 값으로 판단할 수도 있다.

마. 도로면의 빙점 이하 최저온도 예상

각종 도로의 노면 구성 물질은 거의 비슷하다. 영국 Watnall의 콘크리트 노면에서 얻은 노면최저온도($T_{\min(R)}$, ℃) 예측식은 다음과 같다.

$$T_{\min(R)} = T_{\min} - 0.28t + 2.9$$

여기서 $T_{\min}$은 일최저기온(℃), t는 일몰부터 일출까지의 시간(h)이다.

일최저기온과 노면최저온도의 차는 밤의 길이에 따라 달라져서, 각 월 중간의 평균 $T_{\min} - T_{\min(R)}$의 값은 표 9-10과 같다.

[표 9-10] 최저기온(Tmin)과 콘크리트노면 최저온도(Tmin(R))의 차(℃)

월	10	11	12	1	2	3	4
$T_{\min} - T_{\min(R)}$	0.5	1.5	2	2	1.5	1	0

* 영국 Watnall에서 구한 값임. 각 월 값의 표준편차는 0.9℃.

또한 영국의 Newark에서의 연구에 의하면, 아침에 콘크리트 슬래브 표면온도가 영하로 내려갈 것인지는 18:00L의 콘크리트 슬래브의 표면온도와 야간의 하늘상태에 따라 표 9-11처럼 결정되었다.

[표 9-11] 콘크리트슬래브 표면이 영하온도가 되기 위한 전날 18:00L의 해당 표면의 임계온도(℃)*.

야간 하늘 상태	월				
	11	12	1	1	2
맑음(0~2 oktas)	5.5	4	3	5	8.5
부분 흐림(3~6 oktas)	4	3	2.5	4	6.5
흐림(7~8 oktas))	2	1	1	2	4

* 영국 Newark에서의 연구

3 해상 기온 예측

Frost는 한랭공기가 온난 해상을 최소한 60NM(위도거리 1도)을 이류한 후의 온도(T, ℃)와 혼합비(r, g/kg)를 다음과 같이 구할 수 있었다.

$$T = T_0 + 0.6(T_s - T_0)$$

$$r = r_0 + 0.6(r_s - r_0)$$

여기서 T_0, r_0는 각각 온난 해상을 들어서기 직전의 기온(℃)과 혼합비((g/kg), T_s, r_s는 각각 온난 해상을 최소한 60NM을 이류한 후의 해면온도(℃)와 그 해면온도에서의 포화혼합비(g/kg)이다.

이 식은 해상을 불어가는 공기의 궤적을 추적하여 적용하여야 하며 $r_{0,}$ r_s는 단열선도에서 구한다.

한편, Lamb and Frost는 해상 풍속이 20knot 미만일 때 기온과 해면온도의 차($T-T_s$), 그리고 해면부근의 혼합비와 해면온도의 포화혼합비의 차($r-r_s$)를 구하는 식을 다음과 같이 표시하고 있다.

$$T-T_s=(T_0-T_s)\cdot f(d)$$

$$r-r_s=(r_0-r_s)\cdot f(d)$$

각각의 기호는 앞에서와 같다. 다만, $f(d)$는 해상의 취주거리(fetch, d)에 대한 함수로서 표 9-12와 같다. 한랭한 해면은 온난한 해면의 경우보다 기온에 급격한 영향을 미친다.

[표 9-12] 취주거리(d)에 대한 함수($f(d)$)

d(km)	100	200	300	400	500	600	700	800	900	1000
$f(d)$	0.175	0.152	0.141	0.133	0.127	0.123	0.119	0.116	0.113	0.110

4 강수에 의한 기온하강 예측

가. 강수에 의한 기온 하강

강우 시의 증발에 의해 공기가 냉각되어 최저기온이 나타날 때는 습구온도 자체가 최저기온이 된다. 기온이 습구온도 값에 가까워지는 시각은 강한 강우의 시작으로부터 30분 후이며, 강도가 약한 경우는 강우 시작으로부터 1~2시간 후이다.

Lamb에 의하면 ① 장시간의 전선성 강설에서도 지상 습구온도가 2.5℃를 넘는 경우, ② 중정도 또는 강한 불안정성 강설이 넓은 범위에 내리면서도 지상 습구온도가 3.5℃를 넘는 경우에는 강설이 있어도 지상기온이 0℃ 이하로는 하강하지 않는다.

나. 비전선성 뇌우의 하강기류의 온도

Fawbush and Milier에 의하면, 지상까지 도달되는 비전선성 뇌우에서의 강한 하강기류(down draught)의 온도는 단열선도에서 습구온도곡선과 0℃등온선의 교점에서 포화단열적으로 지상까지 내려왔을 때의 온도에 매우 가깝다.

9.2 바람예측

1 지균풍과 경도풍 예측

가. 지균풍과 비지균 효과

정상적인 지균풍(geostrophic wind, 地均風, 일본어로는 地衡風)은 다음과 같은 조건에서 분다.

① 등압선(등고선)이 직선이며 서로 평행하고, 또한 시간에 따른 변화가 없을 때,

② 연직운동이 없을 때,

③ 마찰과 같은 외부의 힘이 없을 때,

정고도면일기도(예 지상일기도)에서 사용되는 지균풍척(geostrophic wind scale, 地均風尺)은 공기 밀도가 일정할 때에만 사용될 수 있다. 따라서 정상적인 경우보다 공기 밀도가 크게 달라질 때(예 극히 낮은 온도나 극히 높은 온도, 극히 강한 고기압이나 극히 강한 저기압)에는 공기 밀도가 5% 이상까지도 차이가 발생하므로 사용에 불편이 따른다. 지균풍과의 사이에 vector 차가 생기는 비지균풍(ageostrghic wind, 非地均風)은 다음과 같은 다섯 가지의 서로 다른 항의 합으로 표현된다.

① 비지균가속 : 비지균가속에 대한 설명은 매우 어렵다. 그런데 그 효과는 대부분의 경우에 무시될 수 있을 만큼 적다. 설명은 생략한다.

② 마찰 : 마찰은 지상풍(surface wind)에 대해서는 중요하지만 상층풍에 대해서는 무시될 수 있을 만큼 적다. 마찰 효과는 통계적인 관계를 이용하여 지상풍 예측에 이용된다.

③ 연직운동 : 연직운동은 지표부근이나 최대풍고도 부근에서는 무시된다. 그러나 제트핵의 상 · 하부의 강한 연직시어가 있는 곳에서는 5knot 정도의 연직속도가 나타나기도 한다. 바람벡터가 제트류 입구 상 · 하에서는 제트핵을 향하고, 제트류 출구 상 · 하에서는 핵에서 멀어지는 방향으로 이루어진다. 따라서 이 항은 제트축을 중심으로 하여 한기 쪽에서는 아래에 설명될 이류항의 등고선 횡단 성분에 반대 방향으로 작용하고, 난기 쪽에서는 등고선 횡단 성분과 같은 방향으로 작용한다.

④ 기압장의 시간변화(기압변화) : 이 항은 지면 부근에서 강한 기압경향의 경도가 있을 때에는 중요하다. 이 항은 흔히 10knot를 초과하여, 때에 따라서는 40knot까지도 달하게 된다. 이 항의 크기(변압풍, isallobaric wind)는 매 3시간기압변화선을 1hPa 간격으로 그려 구한 지균풍속의 약 80%(50~55° Lat.에서)에 이른다. 그리고 이 비율은 적도 쪽으로 가면서 점차 더 커진다. 벡터는 기압변화선을 횡단하여 "—"경향중심 쪽으로 향한다. 변압풍 성분은 강풍이 불 때의 상층기류와 패턴이 급하게 움직일 때의 상층기류에서는 중요하다. 그러나 이러한 성분을 상층일기도에서 실제로 계산한다는 것은 매우 어려운 것이 사실이다.

⑤ 풍하방향의 기압장변화(이류) : 이 항은 보통 두 가지 성분으로 생각한다. 하나는 등압선(등고선) 방향 성분이고, 또 하나는 등압선(등고선) 횡단 성분이다.

등압선 방향 성분은 지균풍 수정 성분이다. 이것은 모든 고도에서 중요하다. 특히 상층에서 등고선이 고기압성 곡률이고 등고선 경도가 강할 때에는 50knot나 되는 경우도 있다.

등압선 횡단 성분(그림 9-10에서의 V_d)은 풍속에 비례하므로 지면 부근에서는 작지만 상층에서는 커진다. 제트류 출구와 같이 지균풍이 감소하고 있는 곳(그림 9-10(a) 참조)에서는 실제풍이 그곳의 지균풍보다 크고 고기압쪽으로 편향이 되는데 이를 초지균풍(super geostrophic wind)이라 한다. 제트류 입구처럼 지균풍이 증가하고 있는 곳(그림 9-10(b))에서는 실제풍이 그곳의 지균풍보다 작으며 저기압 쪽으로 편향되고 있는 경우로써 이를 아지균풍(sub-geostrophic wind)이라 한다. 표 9-13에서는 제트축 방향과의 편향각(α)에 대한 tan α를 나타내고 있다. α값은 풍하 방향의 V_g의 변화율에 따라 변하지만 V_g값 자체에 대해서는 독립이다.

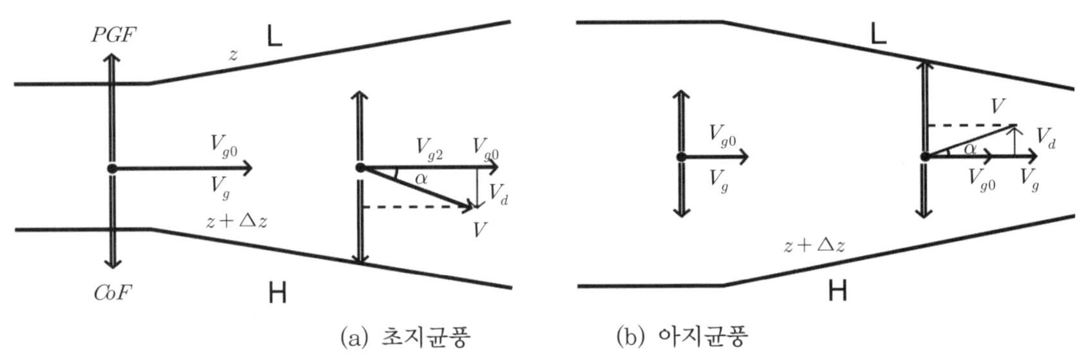

(a) 초지균풍 (b) 아지균풍

[그림 9-10] 초지균풍과 아지균풍의 도식 표현

[표 9-13] 40kt 간격 등풍속선 분석에서 등풍속선 간격별 제트축과의 편향각(α)과 tan α 값

위도	매 40kt 간격 등풍속선 사이의 거리(NM)									
	120NM		180NM		240NM		300NM		360NM	
	α(도)	tan α	α(도)	tan α	α(도)	tan α	α(도)	tan α	α(도)	tan α
50° N	40	0.85	29	0.55	23	0.40	18	0.30	15	0.25
60° N	37	0.75	26	0.50	20	0.35	17	0.30	14	0.25

나. 경도풍 보정

지균풍과 비교할 때, 경도풍(gradient wind, 傾度風)은 다음과 같은 보정이 필요하다.

① 등압선(등고선) 시스템이 정지 상태일 경우, 경도풍을 얻기 위해서는 지균풍속에 표 9-14에서와 같은 보정값을 적용한다.

[표 9-14] 등압선(등고선) 시스템이 정지 상태일 때 지균풍에 대한 경도풍 보정

위 도	등압선(등고선)의 곡률반경(NM)									
70°	160	330	490	650	820	1220	1630	2040	2450	3260
60°	180	350	530	710	880	1330	1770	2210	2650	3540
50°	200	400	600	800	1000	1500	2000	2500	3000	4000
40°	240	480	720	960	1190	1790	2380	2980	3580	4760
30°	310	610	920	1230	1530	2300	3060	3830	4600	6130
지균풍속(kts)	저기압성 곡률의 경우(지균풍속에서 뺌, kts)									
20	5	0	0	0	0	0	0	0	0	0
40	10	5	5	5	5	0	0	0	0	0
60	20	15	10	10	5	5	5	5	5	0
80	30	20	15	15	10	10	5	5	5	5
100	40	30	25	20	15	15	10	10	5	5
120	55	40	30	25	25	15	15	10	10	10
124	65	50	40	35	30	25	20	20	15	10
160	80	60	50	45	35	30	25	20	15	15
180	95	70	60	50	45	35	30	25	20	15
200	105	85	70	60	55	40	35	30	25	20
지균풍속(kts)	고기압성 곡률의 경우(지균풍속에 더함, kts)									
20	20	5	0	0	0	0	0	0	0	0
40	—	35	10	5	5	5	0	0	0	0
60	—	—	55	20	15	10	5	5	5	0
80	—	—	—	70	30	15	10	10	5	5
100	—	—	—	—	90	25	15	15	10	5
120	—	—	—	—	—	45	25	20	15	10
140	—	—	—	—	—	80	40	30	20	15
160	—	—	—	—	—	—	60	40	30	20
180	—	—	—	—	—	—	95	55	40	25
200	—	—	—	—	—	—	180	75	55	35

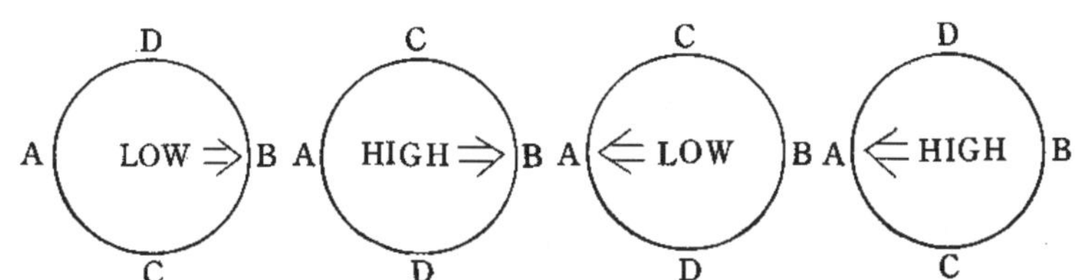

(화살표 : 이동방향, A, B위치 : 보정표대로 적용, C위치 : 보정표보다 적게 보정, D위치 : 보정표보다 많이 보정)

[그림 9-11] 고·저기압 중심에서의 상대적인 위치별 경도풍 보정의 적용

② 만일 등압선(등고선) 시스템이 움직일 경우라면, 경도풍을 위한 보정값은 표 9-14에서의 값을 그림 9-11에서와 같이 적용하게 된다. 기압계의 이동속도가 빠를수록 기압계의 이동방향과 같은 방향의 바람이 부는 C점에서는 기압계가 정지 시의 보정값(표 9-14의 값)보다 훨

씬 적어지게 된다. 만일 기압계의 이동속도가 C점에서의 지균풍속과 같으면 C점은 정지하게 되므로 C점에서의 보정값은 0이 된다.

③ 고기압성 곡률에서의 이론적인 최대 경도풍은 지균풍의 2배나 된다.

④ 마찰층 바로 위인 약 900hPa 고도의 실제풍은 지상일기도에서 등압선 곡률에 의한 경도풍 보정을 하지 않은 지균풍에 가깝다. 단, 곡률반경이 작고 저기압성일 때는 그렇지 않다. 예를 들면, 곡률반경이 500NM일 때는 경도풍 보정값의 1/3만을 적용하고, 250NM일 때는 경도풍 보정값의 1/2을 적용하게 된다.

⑤ 200hPa일기도에서의 실제풍은 등고선 시스템의 이동에 대해서는 보정하지 않는다. 여기서는 등고선 곡률로 계산한 경도풍 값과 매우 유사하다.

2 지상풍 예측

가. 지면 특성과 지상풍

(1) 지상풍의 일반적 성질

지상풍속(V_0)과 지균풍고도가 되는 900hPa 풍속(V_9)의 비(V_0/V_9), 그 교각(α)은 대체적으로 표 9-15에서와 같은 관계를 가진다. 어디든 이와 비슷한 환경에서는 비슷한 수치를 얻을 수 있어서, 이러한 관계를 예측에 이용할 수 있다.

좀 더 상세하게는 사운딩의 기온곡선과 900hPa 고도 풍속과의 관계를 표 9-16에서와 같이 얻을 수 있다.

[표 9-15] 지상풍속과 900hPa 풍속의 비(V_0/V_9)와 그 교각(α)

	지명	V_0/V_9	α(도)
대양(북대서양)	OWS I	0.82	7
	OWS J	0.77	9
육지(영국)	Heathrow	0.41	20
	Leuchars	0.38	19

(2) 대양 상의 지상풍 예상

대양 상의 지상풍은 다음 절차에 의하여 구할 수 있다.

① 900hPa 고도의 바람은 해상의 등압선 패턴에서 해면에 마찰이 없다고 가정할 경우에 불게 될 바람과 같다. 따라서 900hPa 고도의 바람은 지균 관계에서 얻는다.

② 해면으로부터 900hPa 고도까지의 적절한 온도곡선을 구하여 안정도를 평가한다.

③ 지상풍은 표 9-16을 이용하여 900hPa 풍속(V_9)을 ∠α만큼 반전(backing)시키고, 표에서

의 V_0/V_9의 관계로부터 지상풍을 얻을 수 있다.

[표 9-16] 북대서양에서 구한 안정도별 지상풍속과 900hPa 풍속의 비 (V_0/V_9) 및 교각(α).

온도곡선 형태	900hPa 풍속(kts)									
	10~19		20~29		30~39		40~49		≥50	
	V_0/V_9	α°	V_0/V_9	α°	V_0/V_9	α°	V_0/V_9	α°	V_0/V_9	α°
초 단 열	0.95	0	0.90	0	0.85	0	0.80	0	0.90	0
조건부 불안정	0.90	5	0.85	5	0.80	5	0.75	5	0.75	5
조건부 안정	0.85	10	0.75	10	0.70	15	0.65	10	0.65	10
안 정	0.80	15	0.70	20	0.65	20	0.60	20	0.60	20
등 온	0.75	15	0.70	20	0.65	20	0.60	20	0.55	20
역 전	V_0/V_9= 평균 0.75, α = 평균 25°									

(3) 평탄한 육상의 지상풍 예상

육상관측소에서의 지상풍을 예상하는 일반적인 방법은 없다고 하여야 옳을 것이다. 왜냐하면, 지형효과에 의하여 기온감률에 따라 900hPa 풍속 효과에 따라, 지역에 따라, 풍향에 따라 달라지기 때문이다.

매우 평탄한 지형에서는 표 9-17이 지상풍을 예측하는 지침이 될 수 있다. 그러나 매우 평탄한 지형이라 하드라도 지형효과가 때로는 매우 크다는 것을 염두에 두어야 한다.

[표 9-17] 평탄지형의 지상풍속과 900hPa풍속의 비(V_0/V_9) 및 교각(α) (런던 Heathrow 비행장)

	온도곡선 형태	900hPa 풍속(kts)									
		10~19		20~29		30~39		40~49		≥50	
		V_0/V_9	α°	V_0/V_9	α°	V_0/V_9	α°	V_0/V_9	α°	V_0/V_9	α°
낮	초단열~조건부불안정	0.65	5	0.55	5	0.50	10	0.50	10	0.35*	15*
	조건부불안정	0.50	20	0.45	20	0.45	20	0.45	20	0.45	15
	안 정	0.45	35	0.45	30	0.40	25	0.30	20	0.40*	25*
	등온~역전	0.35	45	0.40	35	0.35	35	0.40*	30*	0.40*	30*
밤	초단열~조건부불안정	0.25*	20*	0.35	25	0.30*	35*	0.40*	15*	0.40*	25*
	조건부불안정	0.35	25	0.35	30	0.35	25	0.35	20	0.35	15
	안 정	0.30	35	0.30	35	0.30	30	0.35	30	0.35*	15*
	등온~역전	0.30	45	0.25	40	0.25	35	0.30*	30*	관측 없음	

* : 10개 미만 관측값으로 구한 결과임.

나. 지상풍의 연직 분포

(1) 강풍시 지상풍의 연직 분포

보통 풍속을 고도의 함수로 표시했을 때는 엄밀히 말하자면 특정 장소, 특정 기온감률에서만 성립한다. 그러나 강풍의 경우는 좀 달라서, 대체로 일정한 법칙성을 가진다. 왜냐 하면 하층에서 완전한 혼합이 일어나기 때문에 기온감률이 단열적(중립)이 되기 때문이다.

따라서 경계층(boundary layer)에서 대기가 중립일 때 풍속(V)의 연직변화는 다음 식으로 나타낼 수 있다.

$$V = kZ^p$$

여기서 Z는 지상으로부터 고도(ft), k는 상수, 그리고 P는 지형의 거칠기에 관계되는 상수이다. 이 식에서 P의 값은 표 9-18과 같다. 그리고 그림 9-12는 이들의 관계를 나타낸 그림이다. 이 그림은 단지 낮은 기층이 강풍 때문에 중립 안정도를 이루고 있으며, 또한 매우 평탄한 지면 상공의 기류에 적용된다.

평지이지만 언덕 부근에서는 이러한 관계와는 매우 다른 결과를 얻을 수도 있다.

[표 9-18] 대기경계층에서 바람의 연직분포식($V = kZ^p$)에서 지표상태별 P의 값

지 표 상 태	P 값
매우 평탄(늪지, 해안평야)	0.11~0.13
평야(독립된 나무나 낮은 장애물 있음)	0.15~0.17
교외 및 평탄한 삼림	0.20
도시	0.25* 이상

* 0.4 이상으로 보는 견해도 있음.

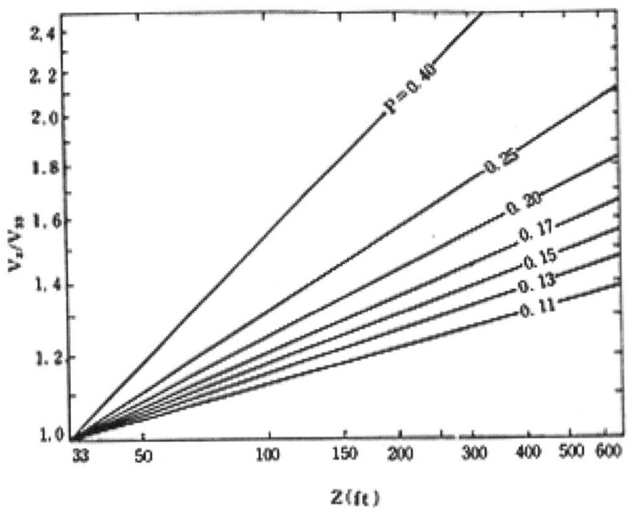

[그림 9-12] 온도곡선이 단열조건(중립)일 때 지상 33ft(10m) 풍속에 대한 지상 Z(ft) 풍속의 비(V_Z/V_{33})

(2) 기온감률 변화와 지상풍의 연직 분포

Frost(1947)에 의해 영국 Cardington지방의 나무가 드물게 서 있는 매우 평탄한 평야에서 구한 지상 33ft(10m) 풍속에 대한 지상 Z ft 풍속의 비(V_Z/V_{33})를 나타낸 것이 그림 9-13이다. 지표 조건이 다른 환경에서의 바람에 대해서는 또 다른 그림이 그려질 것이다.

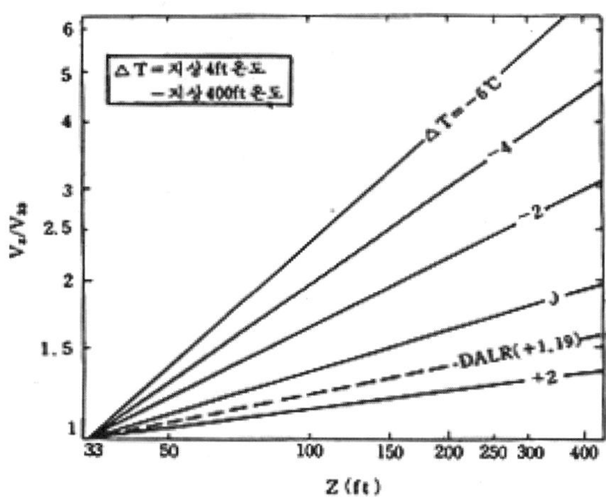

[그림 9-13] 안정도별 지상 33ft바람에 대한 지상 Zft바람의 비(V_Z/V_{33})
(영국 Cardington)

3 돌풍 예측

가. 지면 부근의 돌풍

강풍이 불 때는 평균풍속에 대한 최대돌풍(maximun gust)의 비가 주로 지면의 거칠기에 관계가 된다. Shellard에 의하면, 풍속계고도에서 평균풍속에 대한 최대돌풍의 비는 표 9-19에서와 같이 1.4~2.3 정도이다. 이 표에서는 계곡지형의 영향은 대상에 포함시키지 않았다.

[표 9-19] 강풍이 불 때 각 지형별 최대돌풍/평균풍속 비율

지 형	실측 비율	평균 비율
대양	1.3	1.3
평지에 솟은 독립된 언덕	1.4~1.5	1.4
평평한 시골 들판	1.4~1.8	1.6
나무, 가옥 등이 있는 농장 지역	1.2~2.0	1.7
삼림, 마을 등 기복 있는 교외 지역	1.7~2.1	1.9
큰 도시의 중심지역	1.9~2.3	2.1

나. 비전선성 뇌우에 의한 최대돌풍

Fawbush and Miller(미국)에 의하면, 비전선성 뇌우에 의한 최대돌풍을 다음과 같은 절차에 의하여 예상할 수 있다.

1) 단열선도에서 해당 기단의 대표적인 습구온도곡선(0℃ 부근의 습구온도곡선만으로도 충분)을 그린다.

2) 습구온도곡선과 0℃ 등온선의 교점으로부터 포화단열선의 지상온도를 구하면 이 온도가 뇌우로부터 하강하는 공기가 지상에 도달되었을 때의 예상 지상기온이 된다.

3) 뇌우 직전에 관측된 지상기온과 뇌우로부터 하강하는 공기의 예상 지상기온의 차(뇌우의 하강기류에 의한 기온하강)를 가지고 그림 9-14에서 뇌우에 의한 최대풍속을 구할 수 있다. 이 방법은 매우 좋은 결과를 얻게 된다.

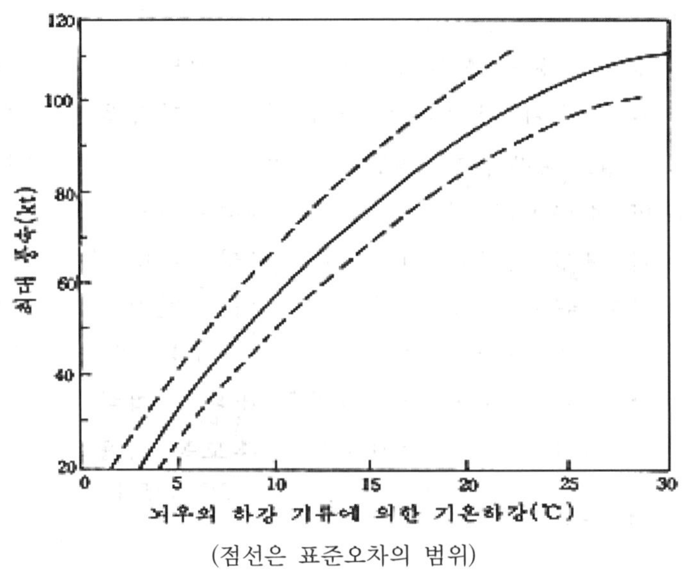

(점선은 표준오차의 범위)

[그림 9-14] 비전선성 뇌우에서의 최대돌풍 예상 (미국)

다. 돌풍의 연직 분포

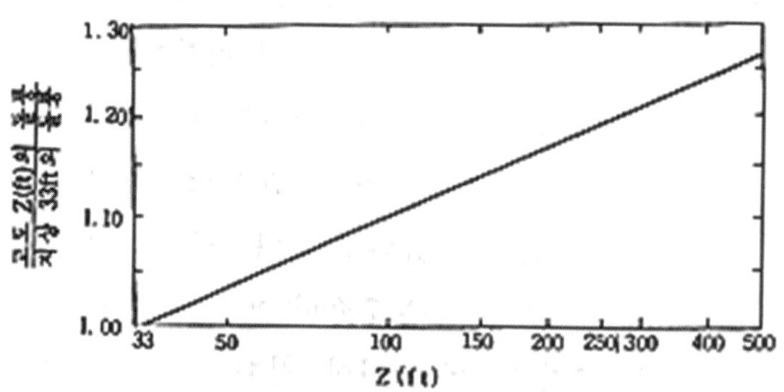

[그림 9-15] 돌풍의 연직분포 (호주 Victoria주 Sale)

Deacon(1955)은 호주의 Victoria주 Sale에서 돌풍의 연직분포를 그림 9-15처럼 얻었다. 관측소 환경은 나무가 드문드문 서 있는 기복이 있는 초원이고, 지상 10m의 평균풍속은 17kt이었다.

라. 역전층에 관련된 돌풍

뇌우에 동반되는 돌풍(gust)은 보통 유출경계에서 downburst, microburst 등으로 나타난다. 뇌우에 의해 지상에서 나타나는 대부분의 위험기상은 WBZ(wet-bulb freezing) 고도가 10,500ft(3200m) 이하인 경우이다. 특히 WBZ 고도가 지상에서 7,000~9,000ft(2100~2700m)일 때 가장 파괴적인 지상바람이 나타날 수 있다.

뇌우에서 나타나는 최대돌풍을 예측하는 방법에는 2가지가 있는데, 그 중의 하나가 역전층 여부와 관련된 돌풍 추정으로서, 절차는 다음과 같다.

1) 하층 800hPa 이하에 역전층이 있는 경우 : 해당 역전층 중의 가장 따뜻한 온도로부터 습윤단열적으로 600hPa까지 상승시켰을 때의 기온(T')과 600hPa 고도의 환경기온(T)과의 차이(T_1, ℃)를 구한다.

2) 역전층이 없거나, 대류에 의해 역전층이 사라지거나 또는 역전층이 800hPa 고도 이상에 위치하는 경우 : 당일 예측된 일최고기온으로부터 출발하여 습윤단열적으로 600hPa까지 상승시켰을 때의 기온(T_1, ℃)을 구한다. (이 경우에는 T_1값이 크게 되어 결과적으로 더 강한 gust가 예측될 것임).

2) T_1을 가지고 최대돌풍(maximum gust) V를 경험식 $V=13(\sqrt{T_1})$ 을 적용하여 구한다.

마. 강한 스콜선의 통과, 또는 여러 뇌우 시의 돌풍

강한 스콜선의 통과, 또는 여러 개의 뇌우가 예상될 때 나타나는 최대돌풍은 다음과 같이 예상한다.

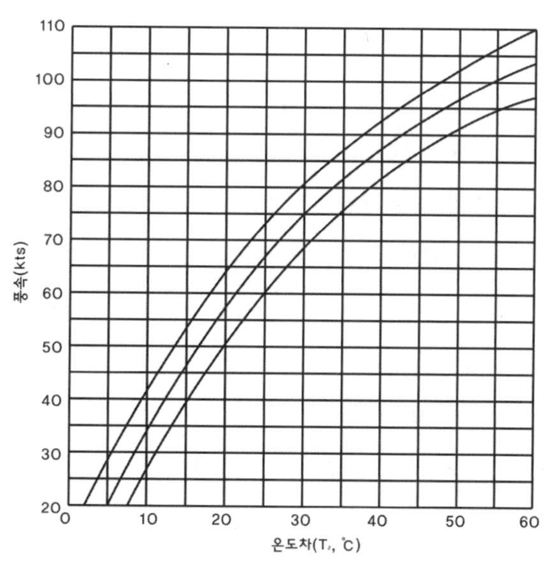

[그림 9-16] T_2에 의한 돌풍 예측 그래프 (본문 참조)

Sounding의 WBZ(wet-bulb freezing)에서 습윤단열적으로 내려온 지상고도의 기온(down rush temperature) T′와 실측 지상기온(또는 예상 최고기온) T의 차(T_2=T−T′)를 구하여, 이 T_2 값으로 그림 9-16에서 최대돌풍 풍속을 예상한다.

이 방법은 반드시 뇌우가 그 지점을 통과하고 또 적당한 호우가 발생할 때에 적용하게 된다. Sounding의 형태가 하층에서는 건조하고 중층 이상에서는 습하고 한랭하여 역삼각형 형태를 나타낼 경우에는 사용할 수 없다.

9.3 구름예측

1 대류구름 예측

가. 대류구름의 구름높이

그림 9-17에서처럼 지상의 일최고기온과 그때의 이슬점으로부터 구한 대류응결고도(B′)가 대류 발생 전의 사운딩이나 또는 그 오른쪽(고온 쪽)에 있으면 대류구름이 형성되며, B′점의 고도가 대류 구름의 구름높이(cloud height)가 되지만, 사운딩의 왼쪽(저온 쪽)에 있으면 대류구름이 형성되지 않는다.

Petterssen 등에 의하면, 영국에서 4월~9월에는 강수가 없는 대류구름의 구름높이는 지상기온과 이슬점으로 구한 응결고도보다 25hPa(약 200m) 정도 낮았다.

나. 대류구름의 운정 높이

(1) 공기덩이법(parcel method)으로 대류운의 구름꼭대기의 높이를 구할 수 있다. 이 방법에 따르면 구름꼭대기가 그림 9-17에서 E로 예상되는데 대개의 경우 상승되는 공기가 부력이 그치는 고도를 넘기 때문에 구름꼭대기는 E점보다는 더 높다. 등압선 DD'를 그어 면적 EDD'가 면적 BB'E와 같도록 택하면 이 등압면 DD' 의 고도가 대류구름 구름꼭대기의 절대상한고도가 된다.

이 공기덩이법에서는 상승하는 공기덩이는 보상하강기류를 유발하지 않고, 따라서 주위 공기의 단열승온을 일으키지 않는다고 가정한다.

(2) 슬라이스법(slice method)에 의하면 대류운의 구름꼭대기는 사운딩이 포화단열선의 기울기와 같아지는 고도인 그림 9-17에서의 CC' 또는 그보다 약간 높은 고도일 것으로 본다. 슬라이스법은 공기덩이법과는 달리 상승기류가 보상하강기류를 유발하여 주위 공기의 단열승온이 일어난다고 본다.

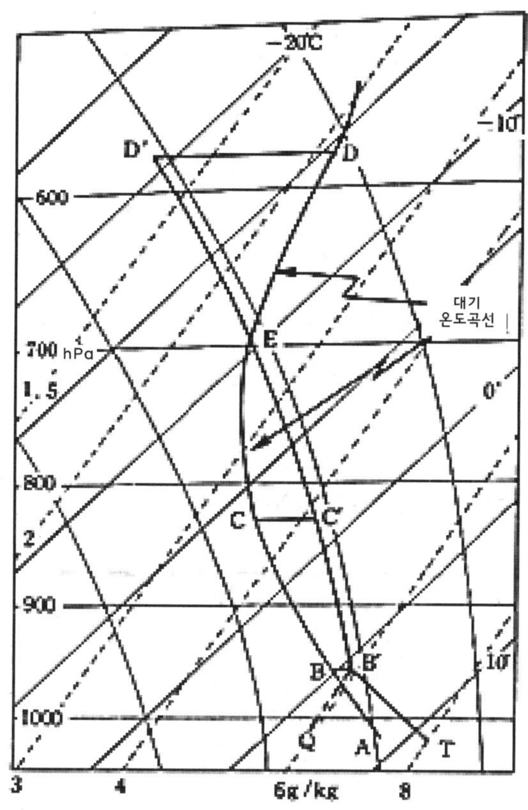

(T : 일중 가열에 의한 일최고기온, Q : 최고기온 시의 지상 이슬점)

[그림 9-17] 단열선도에서 대류구름의 밑면과 꼭대기 높이의 예상 (테피그램으로 분석된 것임)

(3) 지상 이슬점은 약간의 일변화를 한다. 대류가 일어날 때의 지상 이슬점 값은 자정(子正)의 사운딩에서 지면으로부터 50~100hPa 두께 상공의 이슬점을 지상까지 외삽하여 예상한다.

(4) 공기덩이법(또는 슬라이스법)으로 구한 대류구름의 구름꼭대기 높이는 관측한 높이와 반드시 일치하지는 않는다. 그러나 대체로 대류구름의 꼭대기는 그림 9-17의 CC'와 E 사이에 이른다. 큰 뇌운과 종관규모의 큰 폭풍우에서는 구름꼭대기가 그림 9-17의 DD'에 이르기도 한다. 또 큰 폭풍우의 구름꼭대기가 권계면 이상 6,000m나 높이 솟는 사례도 보고되어 있다.

2 층운 예측

가. 야간 냉각에 의한 층운 형성온도

Saunders에 의하면, 야간 복사냉각에 의해 공기가 층운 형성 온도에 도달하면 층운이 형성되는데, 층운 형성 온도를 다음과 같이 예상한다.

1) Briggs 방법(9.4절 참조)으로 안개점(T_f)을 구한다.

2) 지상난류층 두께를 다음과 같이 구한다.

① 오후에 “이상적 마찰층(ideal friction layer)”의 종류에 따라 야간의 지상난류층 두께를 그림 9-18에서처럼 예상한다.

② 이때 만일 “이상적 마찰층” 을 인식하지 못하는 경우에는, 하층운이나 강수 때문에 정상적으로 가열이 되지 않아 야간에 난류층 두께가 제한되므로, 지상난류층이 그림 9-18에 의해 얻게 된 두께의 50% 정도인 것으로 본다.

3) 단열선도에서 T_f로부터의 포화혼합비선과 지상난류층 상한고도의 교점을 지나는 건조단열선이 지상 기압면과 만나는 지상 온도가 층운 형성 온도이다.

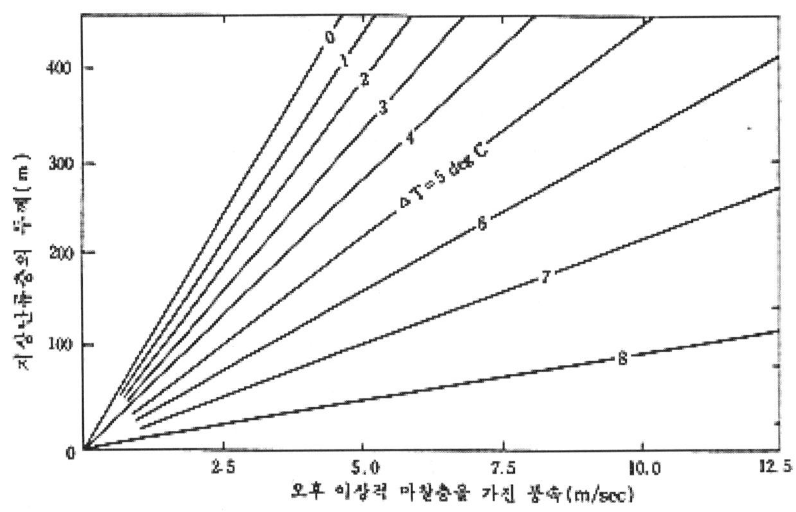

(a) 해면처럼 평탄(z_0=0.65cm)한 지표

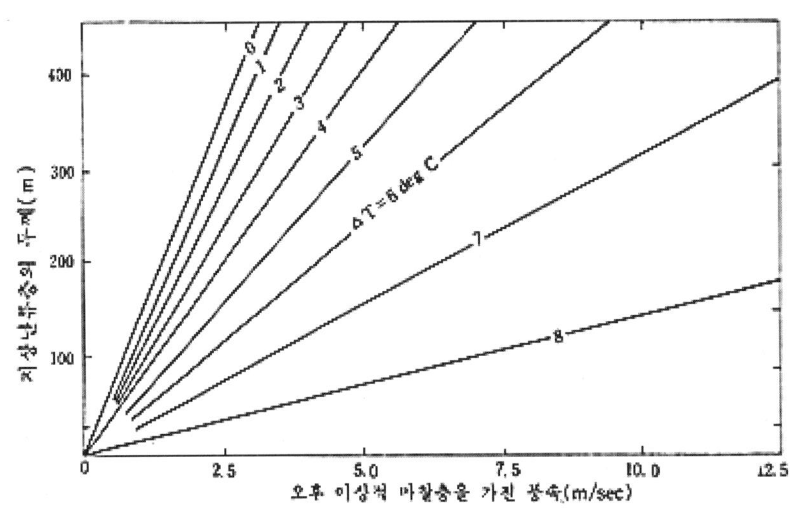

(b) 도시처럼 거친(z_0=7cm) 지표

(⊿T : 오후 이상적 마찰층 형성 시와의 기온 차)

[그림 9-18] 야간 지상난류층 두께 예상

4) 지상온도가 오후 "이상적 마찰층" 이 나타날 시각의 지상온도에서 약 9℃ 이상 하강하면 오후의 풍속에 관계없이 층운이 지상에 형성된다. 즉 안개가 낀다.

이 방법은 영국에서 뿐만 아니라 미국의 몇 비행장에 대해서도 적합하게 적용되었다.

나. 층운 소산

(1) 일사에 의한 층운의 소산

지상온도가 층운의 구름꼭대기온도를 지나는 건조단열선을 따라 지상까지 내려와 얻은 지상기온값까지 상승하면 층운이 소멸된다고 본다. 이러한 지상기온에 도달되는 시각은 맑은 날의 기온상승을 예상하는 Gold-Jefferson 방법(9.1절 참조)으로 예상할 수 있다.

(2) 대류에 의한 층적운의 소산

Kraus에 의하면 구름꼭대기에서의 기압(P_1)과 실험식 $P_c(hPa) = P + a(P_0 - 1000)$ 으로 구해지는 기압(P_c)을 비교하여 층적운 소산 여부를 결정할 수 있었다. 실험식에서 P_0는 지상기압(hPa)이고, P와 a는 상수로서 구름꼭대기 온도와 구름층 상면과 하면의 온도차를 가지고 표 9-20에서 구한다.

[표 9-20] Kraus 방법에 의한 층적운 소산 기압(P_c) 예상식의 상수 P와 a 산출

구름꼭대기 온도 (℃)		구름층을 포함하는 역전층의 상•하 온도차(℃)									
		10		8		6		4		2	
		P	a	P	a	P	a	P	a	P	a
수적운	20	833	0.80	861	0.83	891	0.87	924	0.90	960	0.95
	10	803	1.75	834	0.79	869	0.82	906	0.87	951	0.93
	0	755	0.67	789	0.71	830	0.76	877	0.82	932	0.90
	−10	680	0.56	719	0.60	765	0.66	823	0.73	898	0.84
빙정운	0	779	0.71	812	0.75	850	0.7	891	0.85	941	0.91
	−10	702	0.59	739	0.63	786	0.69	839	0.76	908	0.85
	−20	586	0.45	628	0.49	679	0.54	747	0.62	841	0.74
	−30	451	0.30	489	0.34	540	0.38	613	0.45	728	0.58

1) 구름꼭대기에서의 기압(P_1)이 P_c보다 적으면 층적운(Sc) 층은 그 상부의 공기와 대류혼합에 의해서는 소산되지 않는다.

2) 만일, 구름꼭대기의 기압(P_1)이 P_c보다 더 크면 Sc 구름이 소산될 수 있다. 그런 경우라도 반드시 소산되는 것은 아니다.

(3) 육지 층적운의 야간 소산

James에 의하면, 운정으로부터 상공 50hPa층에서 최대 이슬점차(℃)가 표 9-21에서 얻어지는

Dc값보다 크면 육지의 층적운(Sc)은 야간에 소산된다.

[표 9-21] James 방법에 의한 육지 층적운의 야간 소산 예측을 위한 Dc 값(℃)

구름층 두께 (hPa)	구름밑면 하부 50hPa층 상하의 혼합비 차(g/kg)*					
	0.25	0.5	0.75	1.0	1.25	1.5
10	–	–	1	3	6	8.5
20	0	2.5	5	8	10	13
30	4	7	9	12	14.5	17
40	9	11	14	16	19	21
50	13	15	18	20.5	23	26
60	17	20	22	25	27	30
70	21	24	26.5	29	32	34

* 구름밑면 하부 50hPa층 내에서는 습도감률이 일정한 것으로 가정함.

이 방법은 다음과 같은 조건에서 적용한다.

① Sc의 상층에 건조형 역전층(고도증가에 따라 온도는 증가, 습도는 감소)이 위치하고 있다.

② Sc 지역에서 약 700km 이내에는 지상전선이 없다.

③ 구름밑면은 바다로부터의 어떠한 대류에 의해서 생긴 응결고도보다 높다. (이것은 오직 육지의 Sc에만 적용된다는 위미)

④ Sc가 수백 ㎢에 조밀하게 덮여있고, 적어도 연속 2시간 동안 운량이 6/8을 초과하여 덮여있다. (만일, 구름이 적어도 2시간 동안 2/8 이하로 뚫리면 소산된 것으로 간주한다).

매일의 예측에서 이 예측이 틀릴 때가 있는데, 그 이유는 구름층 두께의 추정이 부정확했고, 또 radiosonde 관측 상의 문제로 기온역전과 습도감률을 확실히 알지 못했기 때문인 것으로 보인다.

3 권운 예측

가. 권운 형성

(1) 6~9시간 후 권운 발생

James는 다음과 같은 13개 설문 중 5개 이상에서 긍정적일 때 4 oktas 이상의 권운이 발생한다고 하였다. 설문 중 Dppp는 기압고도 PPP에서의 이슬점차이다.

① $D_{500} \leq 10$℃?

② $D_{450} \leq 10$℃?

③ $D_{400} \leq 10$℃?

④ 500hPa와 300hPa 사이의 평균기온감률 > 포화단열감률?

⑤ 400hPa 바람이 SW~NW?

⑥ 500hPa부터 300hPa까지의 풍향변화가 20°를 넘고 또 순전(順轉)?

⑦ 1000hPa와 500hPa 사이의 온도풍 > 20kts?

⑧ 예측지역이 1000~500hPa 두께 마루에 있는가?

⑨ 예측지역이 1000~500hPa 두께 패턴의 고기압성 곡률에 있는가?

⑩ 예측지역이 1000~500hPa 두께 패턴에서 깊은 골 또는 cold pool에 있는가?

⑪ 예측지역이 300hPa 등고선 패턴에서 마루 또는 마루의 바로 후방에 있는가?

⑫ 예측지역이 300hPa 제트축을 중심으로 고기압 쪽 300NM(약 550km) 이내에 있는가?

⑬ 예측지역이 지상 온난전선 또는 폐색전선의 전방 300NM(500km) 부근에 있는가?

(2) 24~36시간 후 권운 발생

James는 다음과 같은 6개 설문 중 적어도 2개 이상에서 긍정적일 때 4 oktas 이상의 권운이 발생한다고 보았다. 설문은 다음과 같다.

① 현재 500hPa 이상의 고도에서 예측기간동안 예측지역 상공에 있을 공기의 이슬점차가 10℃ 이하?(이 경우는 500hPa 예상도를 이용하여 상류로 소급 추적하여 계산한다).

② 예측지역이 지상 온난전선 또는 폐색전선의 전방 300NM(550km) 부근에 있는가?(이 경우는 지상예상도를 사용한다).

③ 예측지역이 300hPa 제트축을 중심으로 고기압 쪽 300NM (550hPa) 이내에 있는가?

④ 예측지역이 300hPa 등고선의 마루 또는 마루의 바로 후방에 있는가?

⑤ 예측지역이 등온선의 마루에 있는가?(이 경우는 1000~500hPa 두께선도를 사용한다).

⑥ 500hPa와 300hPa 사이의 바람이 20° 이상 순전?

(3) 6~12시간 전 예상

Singleton과 Wales-Smith는 앞의 James방법을 단순화하고 또 높은 고도의 운량을 예상하였다. 다음 각 설문에 대하여 부정=0, 불확실 0.5, 긍정=1로 평가한 평가의 합계를 가지고 다음과 같이 운량을 예상한다.

평가의 합계	0	0.5	1	1.5	2	2.5	3
예상운량(oktas)	0	1	2	3	4	5	6~7

설문은 다음과 같다.

① 예측지역이 200hPa 등고선 패턴의 기압마루 또는 마루의 바로 후방에 있는가?

② 예측지역이 200hPa 제트축을 중심으로 고기압 쪽에 있으며, 그 제트축으로부터 300NM(550km)

이내에 있는가?

③ 예측지역이 지상 온난전선 또는 폐색전선 전방 300NM(550km) 부근에 있는가?

단, 이 방법은 대류운등으로 발생한 권운의 예측에는 적용할 수 없다. 그리고, 평가의 합계가 2인 경우는 운량이 4 oktas 이상일 것인지의 여부를 설문 ①과 ②를 적용하여 재차 확인한다.

나. 대류구름에 의한 권운

Gayikian은 다음과 같은 경우에 대류운에 의한 권운이 형성된다고 보았다.

① 뇌우구역으로부터 풍하측 지역 상공 300~200hPa 고도에서 등고선이 직선 또는 고기압성이면 다음 날 권운이 기압마루의 전방에 출현한다.

② 뇌우구역으로부터 풍하측 지역 상공 300~200hPa 고도에서 등고선이 저기압성 곡률을 이루고 있으면 권운의 출현여부를 판단하기는 곤란하나, 만일 이곳에서 기류가 약하면 출현할 가능성이 높아진다.

다. 제트류에 의한 권운

Sawyer와 Ilett는 제트류와 권운과의 관계를 이용하여 다음과 같이 권운을 예측할 수 있었다.

① 권운은 제트류 진행방향의 왼쪽보다는 오른쪽에서 더 잘 나타나고, 또 더 짙게 나타난다.

② 전선성 권운과 층모양 권운, 그리고 그 중간 형태의 구름은 제트류의 오른쪽에서 많이 나타나고, 모루권운(anvil cirrus)과 Cu에서 퍼져 나온 고적운(Ac)은 제트류의 왼쪽에서 많이 나타난다.

③ 전선성 권운에 분명한 경계가 생겼을 때는 제트축이 보통 그 경계에 접근되어 있다.

한편, Frost는 비행조종사가 보는 관점에서 다음과 같이 표현하고 있다.

① 권운의 주된 부분은 긴 섬유줄무늬(tufted streak)와 복잡한 시어선을 가진 깃털권운(cirrus streamer)으로 구성된다.

② 구름대는 보통 제트류를 따라 늘어서는데, 때에 따라서는 교차줄무늬(cross striation)로, 때로는 매우 길게 늘어선 깃털섬유권운(tufted cirrus)으로 나타난다.

라. 권운의 구름밑면과 구름꼭대기

(1) Murgatroyd–Goldsmith 방법

Murgatroyd와 Goldsmith(1956)는 기상연구 비행을 실시한 후 표 9-22와 같은 결과를 얻었다.

이 표에서는 ① 35,000ft 이상의 권계면에서는 표에서의 평균 고도의 오차가 때로는 5,000ft 이상인 경우도 있으며, ② 두께가 12,000ft나 되는 권운도 관측된 사실이 있었다는 점에 유의할 필요가 있다.

[표 9-22] 권계면 고도와 관련된 권운의 운저와 운정

권계면고도		권운 밑면높이		권운 꼭대기높이	
ft	m	ft	m	ft	m
25,000	3,800	21,000	3,200	25,000	3,800
30,000	4,500	25,000	3,800	30,000	4,500
35,000	5,300	28,000	4,200	34,000	5,100
40,000	6,000	29,000	4,400	36,000	5,400
45,000	6,800	30,000	4,500	38,000	5,700

* 3.28ft=1m

(2) Gayikian 방법

Gayikian(1955)에 의하면, 권운의 형성과 그 밀도는 그림 9-19에서와 같이 적절한 고도에서의 풍속 변화와 밀접한 관련이 있다. 즉, 권운은 풍속이 고도에 따라 급격하게 증가하고 있는, 그림 (a)와 같은 기층에서 잘 형성되고 또한 밀도도 짙다. 그림 (b)와 같은 경우의 기층에서는 권운이 발생되기는 하지만, 그 밀도가 엷고 여러 구름층이 연결된 것처럼 보여 두꺼워 보인다.

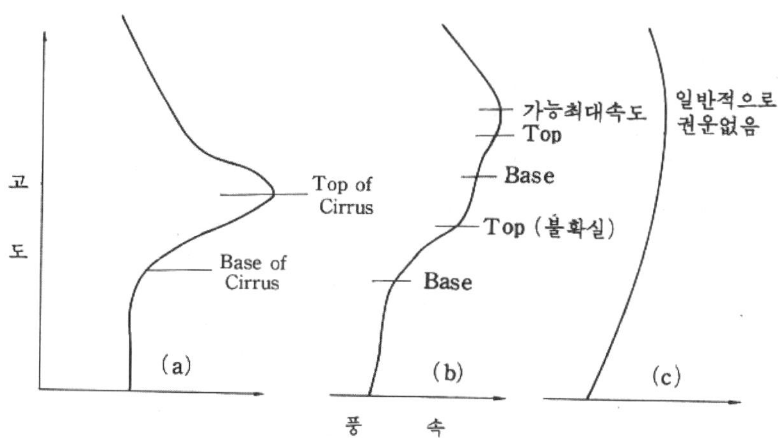

[그림 9-19] 풍속의 연직분포와 권운층과의 관계

4 연속 강수로 인한 운저 하강

Goldman(1951)에 의하면 연속 강수에 의한 구름밑면 하강은 다음과 같은 특성이 있다.

① 기온감률이 양(+)으로부터 약한 양(+)이나 음(−)으로 변화되는 경계면이 구름밑면고도가 된다.

② 습구차나 이슬점차가 최소인 고도가 구름밑면고도가 된다.

③ 비가 충분히 오랫동안 내리는 경우에는 시일링(ceiling)이 2,000ft(약 700m) 미만에 형성되

고, 그 중 800ft(270m) 미만의 것이 가장 빈번하다.

④ 연속적인 강우 중에는 보통은 바로 위에 있는 온도불연속 고도나 최대습도 고도에 시일링이 형성된 후에라야 그 다음 하층의 온도불연속 고도나 최대습도 고도로 시일링이 낮아진다.

⑤ 시일링은 현재의 시일링보다 더 낮은 구름층이 출현하여 그 구름밑면 운량이 증가하여 충분한 새로운 시일링이 되기까지는 현재의 시일링이 일정하게 유지된다.

5 강풍에 의한 해상의 구름줄 형성

주로 겨울철에 시베리아 대륙으로부터 한랭공기가 아시아대륙 연안을 떠나 비교적 온도가 높은 해상으로 불어들면 하층이 가열되어 대기 성층이 불안정해지면서 대류가 시작된다. 충분히 대기가 불안정해지면 해면으로부터 높이에 따라 풍속이 증가하는 분포를 가진 기류이면서 해면으로부터는 열과 함께 수증기가 공급되므로 기류를 따라 대류에 의해 적운의 구름줄(cloud street)이 생겨 비나 눈이 내린다(그림 9-20 참조). 이러한 구름줄이 육지에 상륙할 때, 그리고 특히 산맥을 타고 상승할 때는 많은 눈이나 비를 내리게 한다.

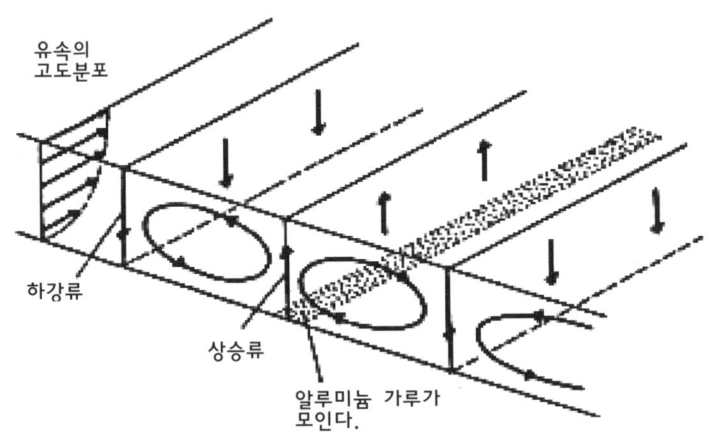

(알루미늄 가루를 섞은 알코올을 평평한 그릇에 1mm 정도의 두께로 채운 후 그릇을 약간 기울여, 알코올이 천천히 흐르게 하면 알코올의 흐름 속에서 흐름에 직각 방향으로 대류가 일어나 알루미늄 가루가 흐름 방향을 따라 길게 줄무늬모양을 형성한다. 실제의 유체입자는 대류에 의해 가로 방향으로 회전운동을 하면서 하류로 흘러간다. 산악파에서 생기는 두루마리구름은 이 구름줄을 가로질러 형성된다).

[그림 9-20] 고도에 따라 증가하는 바람에 의해 생기는 두루마리구름 형성 실험의 예

겨울철에 우리나라 남부 서해안이나 울릉도, 제주도에 눈이 많이 내리는 까닭은 이 때문이다(그림 9-21 참조).

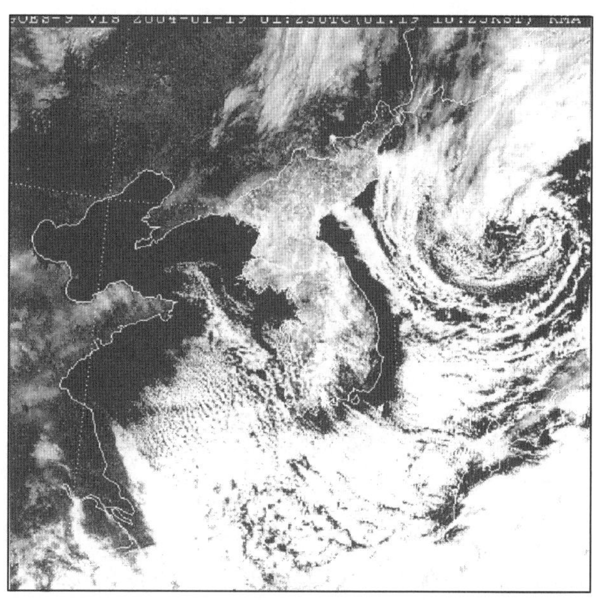

[그림 9-21] 시베리아의 강한 한랭기류가 황해 및 동해에서 두루마리대류에 의해 흐름 방향으로 줄지어 선 구름줄의 예 (2004.1.19)

6 해륙풍의 대류운 형성

맑은 날 하루 중 오후에는 해양에서 육지를 향해서 부는 해풍(sea breeze, 海風) 때문에 육상에는 수평수렴이 있고, 대기의 성층이 불안정해지므로 상승기류가 나타난다. 대기 중에 수증기가 많이 포함되어 있을 경우에는, 이 상승기류에 의해 대류운이 발달한다. 이때 상승기류는 비교적 좁은 지역에 집중되어 있고, 그것이 해상에서 느리고 폭넓은 하강기류로 보상되는 것이 특징이다. 지구경계층 상부에서는 반대로 육지에서 해양을 향해서 바람이 불어, 그림 9-22에서와 같은 순환이 일어난다.

야간에는 반대로 하층에서는 육지에서 해양을 향해서 육풍(land breeze, 陸風)이 분다.

해륙풍(land and sea breeze)의 강도는 지형이나 일사량의 강도 등에 따라 크게 달라진다. 해륙풍에 수반되는 상승기류의 강도는 대규모장의 기류에 큰 영향을 받는다. 예를 들어 그림 9-22에서, 일반장의 기류가 육지에서 해양을 향하여 불고 있는 상황에서 국지풍으로서의 해풍이 발달했다고 가정하자. 해풍은 일반장을 거슬러 육지로 불어 들어가는 형태이므로, 육상에서의 수평수렴과 상승기류는 강해진다.

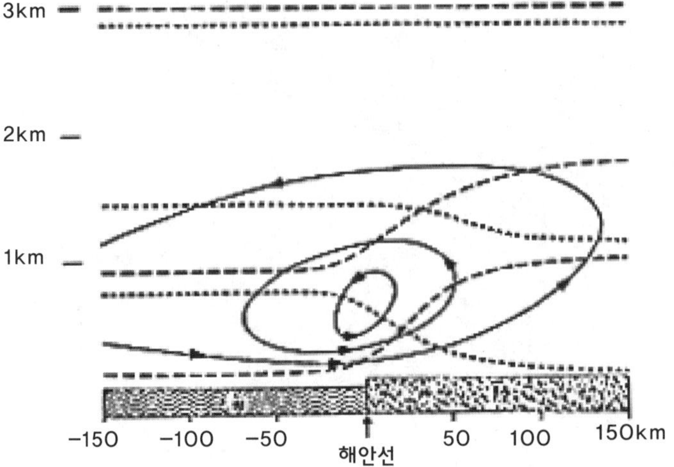

(실선: 연직단면 내의 유선, 파선: 등온선, 점선: 등압선)

[그림 9-22] 해안에서 오후에 발달하는 해풍의 모식도

그림 9-23은 미국 플로리다반도에서 발달하는 해륙풍을 수치모델로 조사한 것이다. 그림에서 지구경계층 상공의 일반장에서는 지균풍이 남동풍 6m/s으로 불고 있다. 일반장의 바람이 없다면 플로리다반도의 동해안(대서양쪽 연안)과 서해안(멕시코만쪽 연안)에서 해풍에 의해 같은 정도의 수렴이 생길 것이지만, 이 경우에는 동해안에서 해풍이 일반류를 따라 육지 깊숙이 흘러든다. 한편 서해안에서는 해풍이 일반장의 바람과 충돌해서 강한 수렴선이 형성된다. 해풍에 수반되는 수렴선에서 상승기류가 강하여 대류세포가 발달한다.

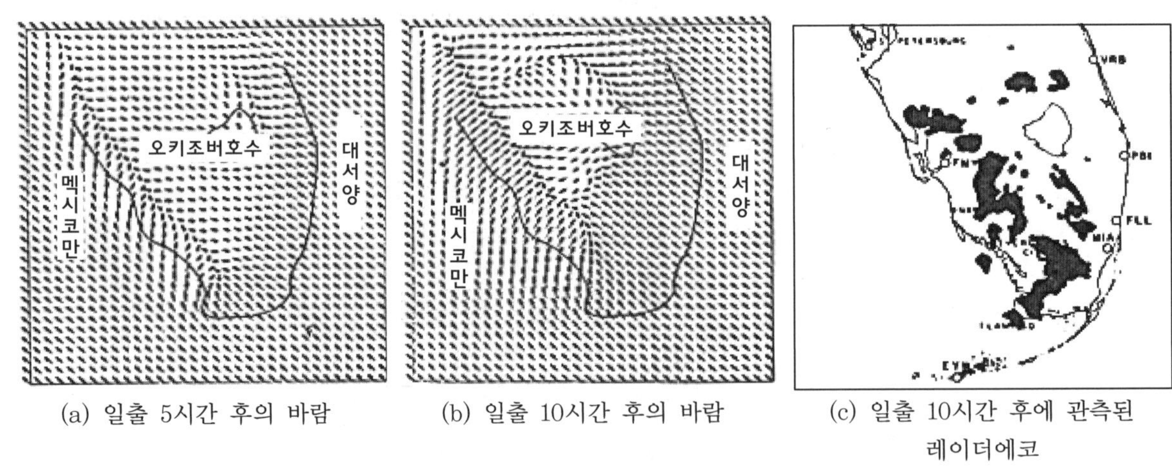

(a) 일출 5시간 후의 바람 (b) 일출 10시간 후의 바람 (c) 일출 10시간 후에 관측된 레이더에코

(일반장은 영역 전체에 남동풍이 6 m/s로 불고 있음. 레이더관측: 1971.06.29)

[그림 9-23] 11km 격자 수치실험에서 미국 플로리다반도의 지상 500m 상공의 해풍의 발달과 실측 구름분포

9.4 안개예측

1 안개 발생 예측

가. 안개점 예상

(1) Briggs의 방법

Briggs는 안개점을 다음 요령으로 예상하였다. 안개점(fog-point)이란 국지적인 대기오염의 영향을 받지 않는 곳에서 안개가 보통 형성되는 기온을 말한다. T_f를 안개점, θ_{dppp}를 기압면 ppp의 이슬점온위(potential dew-point temperature, θ_d), γ_0를 기압면 ppp 이하에서의 평균기온감률이라 할 때 다음처럼 안개점을 구할 수 있다.

① $\gamma_0 \geqq 0.7℃/100m$ 이면, $T_f = \theta_{d900}$

② $\gamma_0 < 0.7℃/100m$ 인 안정층이 ppp > 850hPa까지 도달하면, $T_f = \theta_{dppp}$

③ 지상부터 상부로 대기가 안정이면, T_f = 지상 이슬점

④ $0.7℃/100m \geqq \gamma_0 \geqq 0.6℃/100m$ 이면, $T_f = \theta_{dppp}$

⑤ 수증기 함량이 지상으로부터 상부로 가면서 증가하면, T_f =지상 이슬점

단, 오후나 저녁에 비가 오는 경우나, 또한 구해진 T_f의 값이 0℃에 가깝거나 0℃보다 낮은 경우에는 이러한 방법으로 구한 T_f가 오차가 크다. 전자는 실제보다 너무 낮게, 후자는 보통 실제보다 너무 높게 표현된다.

(2) Saunders 방법

안개점(fog-point)은 안개가 끼기 시작하는 온도로서, 상대습도 95% 이상이 되는 상태로 정의한다.

Saunders 방법에서는 15:00L 부근의 단열선도를 이용한다. 따라서 09:00L 단열선도에서의 온도와 이슬점을 15:00L의 것으로 수정한다. 안개점(T_f)을 구하는 방법을 단열선도의 모양에 따라 다음과 같이 권장한다(그림 9-24 참조).

① Type Ⅰ(지상으로부터 고도 증가에 따라 이슬점감률이 거의 일정하고, 지상 이슬점은 상부의 이슬점 곡선의 하향 연장선 상이나 또는 그 오른쪽에 있음) : LCL 고도의 등압선과 이슬점 곡선의 교점(B)에서 포화혼합비선을 따라 지상까지 내려왔을 때의 온도값이 T_f이다.

② Type Ⅱ(지상 이슬점을 지나는 포화혼합비선과, 지상기온(T')을 지나는 건조단열선이 만나는 고도(A) 이내에서 이슬점 감률이 커지고, 지상 이슬점은 상부 이슬점 곡선의 하향 연장선 왼쪽에 있음) : LCL 고도의 등압선과 지상부근 이슬점곡선의 연장선과의 교점(B)에서 포화

혼합비선을 따라 지상까지 내려왔을 때의 온도값이 T_f이다.

③ TypeⅢa(최저층의 기온감률이 건조단열감률보다 적고, 지상 이슬점은 TypeⅡ에서와 같이 상부 이슬점곡선의 하향 연장선의 왼쪽에 있음) : LCL 고도의 등압선과 이슬점곡선의 교점에서 포화혼합비선을 따라 지상까지 내려왔을 때의 온도값이 T_f이다.

④ TypeⅢb(최저층의 기온감률이 건조단열감률보다 크며, 지상 이슬점은 TypeⅢa와 같이 상부의 이슬점곡선의 하향 연장선의 왼쪽에 있음. 또한 침강역전이 지상에서 불과 20~30hPa의 고도까지 낮아져 있음) : 지상의 이슬점을 T_f로 한다.

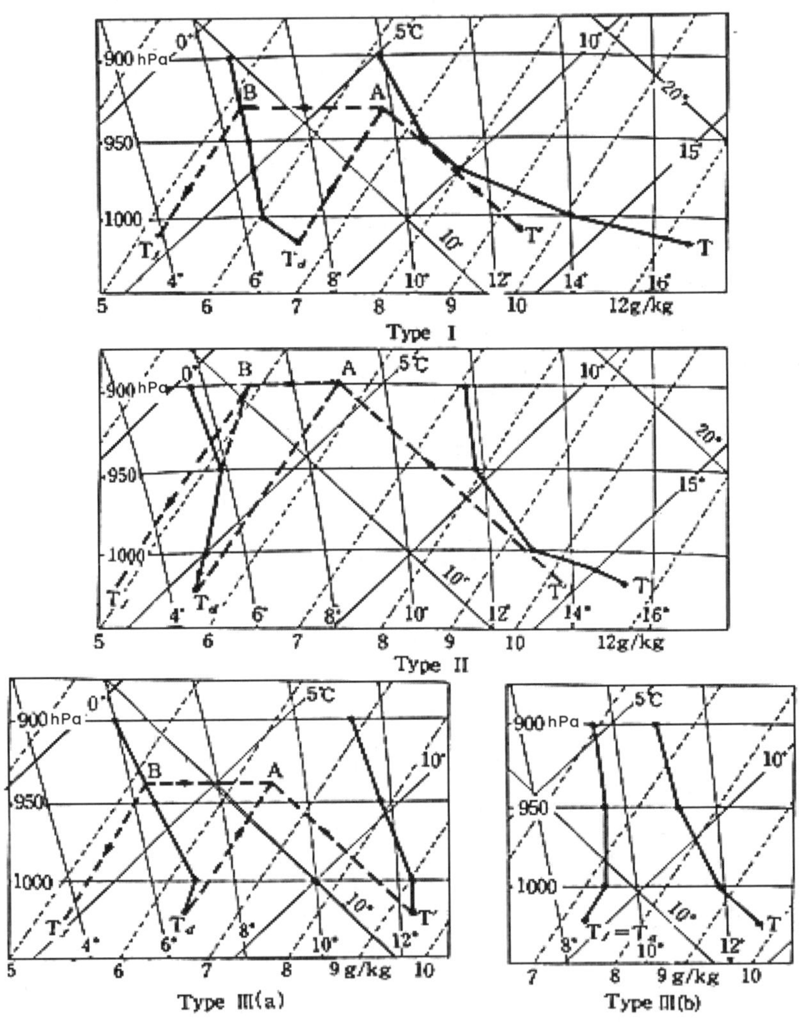

(지상 기온과 이슬점은 15:00L 값으로 수정한다. 굵은 파선은 T_f를 구하기 위해 그려짐)

[그림 9-24] 09:00L 단열선도에서의 안개점 예상(본문 참조)

(3) Swinbank 방법

㈎ 안개 발생 여부

Swinbank는 영국의 남동지방에서 그림 9-25를 적용하고 있다. 그림에서 $\Delta x/\Delta p$는 오후의 수증기감률(hydrolapse, mg/kg/hPa)로서 기온역전층 하한(역전층이 없는 경우는 800hPa 고도)까지 적용한다. T−D는 18:00L의 예상 이슬점차(℃), G와 V는 각각 18:00~07:00L의 예상 지균풍속(kts)과 예상 풍속(kts), $(\overline{G-V})^2$에 대해서는 해당 지방 여러 관측소의 평균값(kts²)을 구하여 적용한다.

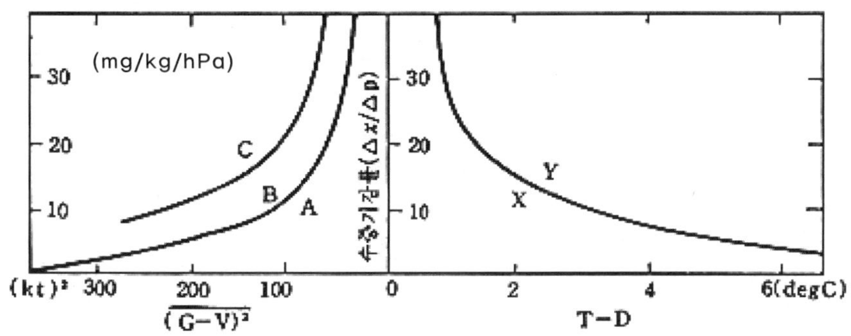

[그림 9-25] 영국 남동부의 10~11월 안개 예측(본문 참고)

그림 9-25에 의하여 안개의 형성 여부를 다음과 같이 판단한다.

- C와 Y영역 : 안개 전연 불가능
- B와 Y영역 : 국지적인 안개도 불가능
- A와 Y영역, C와 X영역 : 부분안개(patch형 안개)가 있을 수 있음.
- B와 X영역 : 국지적인 안개도 불가능
- A와 X영역 : 안개 형성 가능(50%는 광역 안개) (mg/kg/hPa)

㈏ 안개 발생 여부와 안개 발생 시각

Swinbank는 영국의 Lincolnshire와 Yorkshire에 대해서 안개 발생 여부와 안개 발생 시각을 그림 9-26에서와 같이 구하고 있다.

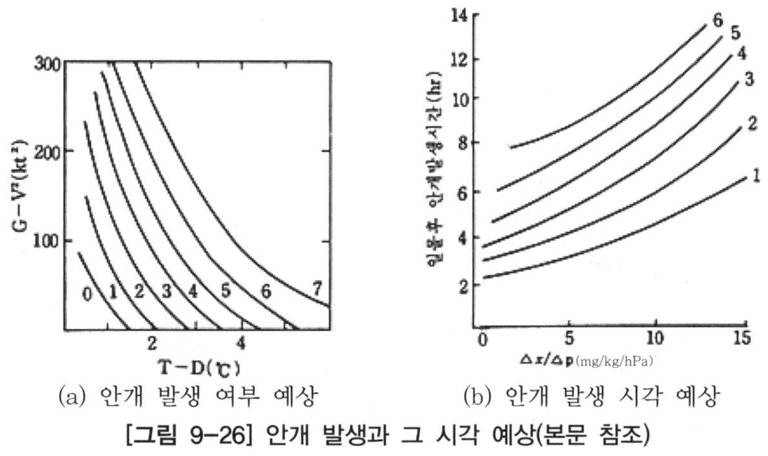

(a) 안개 발생 여부 예상　　(b) 안개 발생 시각 예상

[그림 9-26] 안개 발생과 그 시각 예상(본문 참조)
(영국 Lincolnshire와 Yorkshire 지방)

그림 (a)에서 0~2영역은 광역안개, 3~6영역은 부분안개(patch fog)가 끼며, 7영역은 안개가 끼지 않는다고 판단한다. 그림 (b)에서는 이들 각 판단 영역에서 안개층 내의 수증기감률(⊿x/⊿p)에 따라 반 이상의 관측소에 해당 안개 종류가 끼게 될 일몰로부터의 경과 평균시간을 예측한다.

나. 안개 두께 예상

Heffer는 영국 Balthum에서의 자료에 의해 그림 9-27과 같이 안개의 두께를 예상할 수 있었다.

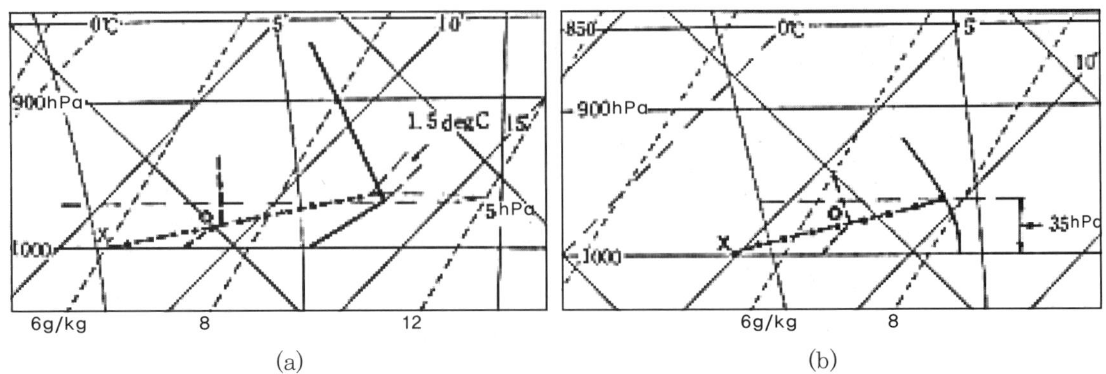

(a) (b)

(X : 지상의 예상 최저기온, O : 안개의 두께, 실선 : 온도곡선, 파선 : 이슬점곡선)

[그림 9-27] 자정의 사운딩을 이용한 안개 두께 예상(영국 Balthum 지방)

1) 자정의 사운딩에서 이미 역전돌출(inversion nose)이 생겼으면 이 돌출로부터 1.5℃ 낮은 등온선과 5hPa 높은 등압선의 교점을 구한다.

2) 이 교점과 지상의 예상 최저기온(X)을 연결한 직선이 이슬점곡선과 만나는 점의 고도(O)가 새벽 안개의 예상 두께이다(그림 9-27(a) 참조)

3) 만일, 역전돌출이 아직 생기지 않았으면 지상 35hPa 두께 상층면의 온도와 지상 예상 최저기온을 연결한 직선이 이슬점곡선과 만나는 점의 고도(O)가 안개의 예상 두께이다(그림 (b) 참조).

2 안개 소산 예측

가. 일사에 의한 안개 소산

영국 Barthum은 Kennington에서의 자료에 의해 다음 요령으로 일사에 의한 안개소산을 예측할 수 있었다(그림 9-28 참조).

1) 먼저 안개의 두께 예상을 위해서는 안개낀 자정(24:00L)의 사운딩이 가장 적합하다. 그러나 이로부터 새벽에 이르기까지 안개 두께가 5~15hPa 두께만큼 더 두꺼워질 수 있다.

2) 안개 두께의 상한 온도에서의 포화단열선이 지상과 만나는 온도(그림에서 T_2)가 안개 소산 온도이다.

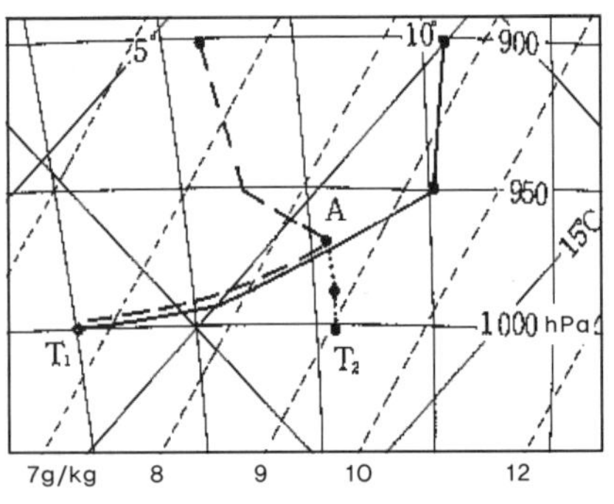

[그림 9-28] 안개 낀 밤의 사운딩으로부터 안개소산온도 예측

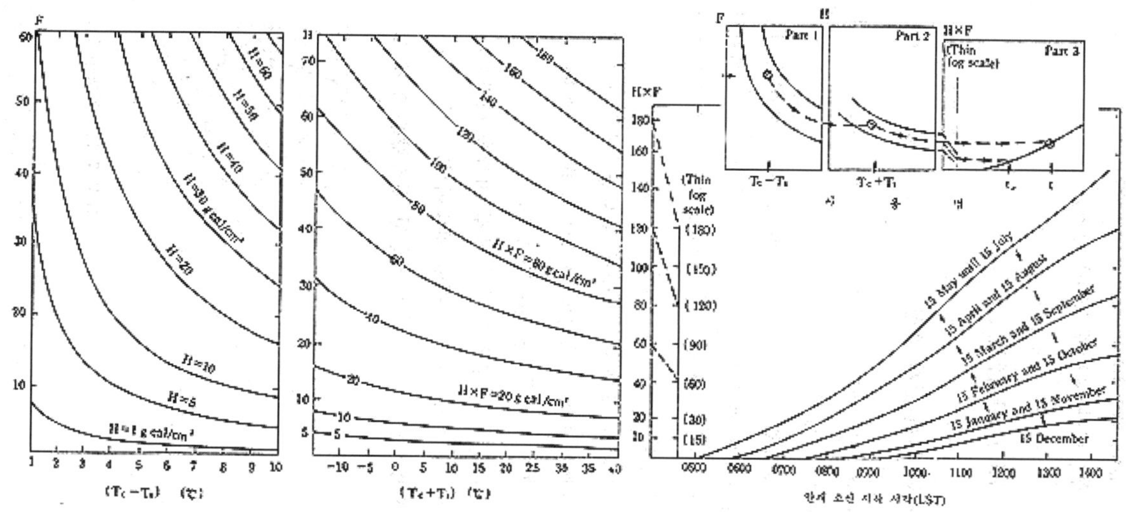

(Tc : 안개소산온도, T_1 : 아침최저기온, F : 안개층의 두께, t, t_a : 각각 안개 및 실안개(시정 600m 이상)의 소산시각, H : 안개소산을 위해 안개층과 같은 두께만큼의 건조공기층을 가열시키는데 필요한 일사량(gcal/㎠)

[그림 9-29] 일사에 의한 안개소산 시각 예상 노모그램(영국 남부)

3) 새벽 최저기온(T_1)을 구하여 그림 9-29의 방법으로 안개의 소산 시간을 예상한다. 단, Part 3에서 실안개란 시정이 600m 이상인 안개이다. 이 방법을 위한 이용 가능한 일사량은 영국 남부의 것이다. 우리나라의 경우에는 그림 9-29로 예상한 안개의 소산 시각보다 더 빨리 소산된다고 보아야 할 것이다.

나. 구름으로 인한 안개 소산

구름이 몰려와서 지상의 안개를 소산시키는 경우가 있다. 이러한 안개 소산은 구름밑면이 낮고 지표온도(초상온도)가 지상기온보다 훨씬 높을 때 일어난다. Saunders가 영국 Exter 비행장의 자료로 구한 안개소산에 걸리는 시간은 표 9-23과 같다. 안개소산은 지상기온이 낮을수록 늦다.

[표 9-23] 구름이 몰려온 후 안개소산까지 걸리는 시간 (영국 Exter 비행장, Saunders에 의함)

처음 초상온도(℃)	구름이 몰려온 후 안개소산까지의 평균시간(h)	사례의 수
0 이하	3.1	10
0~2	2.2	10
3~5	1.1	5
6~8	1.5	10
9~10	0.9	5
11~13	0.5	3

9.5 강수예측

1 일반 원칙

가. 역학적 상승

강수가 있기 위해서는 충분한 공기의 상승과 충분한 습기가 필수적이다. 전선성이든 비전선성이든 대규모의 역학적 상승이 있는 곳은 대체로 상층일기도나 두께선도에서의 저기압 발달 구역과 일치한다. 이러한 역학적 상승・하강은 대류성 강수에 영향을 미치게 된다.

만일, 대류권의 상・하부에서의 기류가 모두 저기압성와도를 나타내면 소나기가 내릴 기회가 커진다. 반대로 대류권의 상・하부에서 모두 고기압성와도이면 소나기가 내릴 기회는 적어진다.

만일, 기단 중에서 소나기가 발달할 것으로 기대될 때에는 상층 기압골이 다가가는 바로 전방 구역에서 자극을 받게 되지만, 상층 기압골축이 통과된 후에는 지상 기류의 변화가 없이도 소나기의 빈도와 강도가 현저하게 감소되는 것이 보통이다. 이러한 역학적 상승을 판단할 때는 고도선도(상층일기도)와 두께선도를 이용한다.

나. 습기

수증기량의 연직 분포에 대한 구체적인 자료는 단열선도에서 얻을 수 있다. 단열선도의 내용을 이용하여 어떤 특정 기선(base line, 基線)을 따라 연직습도분석단면도를 그릴 수 있다.

700hPa일기도에서의 수증기량 패턴이 반드시 700hPa 고도 부근의 수증기량을 대표한다고 볼 수는 없지만, 700hPa이슬점차도는 중층운 고도의 가용 수증기량을 나타낸다고 본다. 이 이슬점차도에서 습윤공기 구역은 700hPa 바람을 따라 움직인다. 그러나 패턴 자체는 연직운동에 의하여 계속 변화할 것이다. 습윤구역은 상승운동이 있을 때는 계속 유지되지만 하강운동이 있을 때에는 건조해진다.

700hPa 기류가 습윤공기 구역을 강한 역학적 상승구역으로 이류시키고 있으면 강수를 발생시키거나 강수 강도를 강화시킨다. 강수는 큰 대륙 쪽에서 오는 공기에서보다 해양 쪽에서 오는 공기 중에서 더 자주 나타난다.

다. 현존 강수

강수가 현존하는 구역은 지상일기도와 레이더관측에서 찾을 수 있고, 구름분석(nephanalysis)에서도 그 분포를 알 수 있다. 그 이상적인 분포 모양은 그림 9-30을 참조하여 다음과 같이 설명할 수 있다.

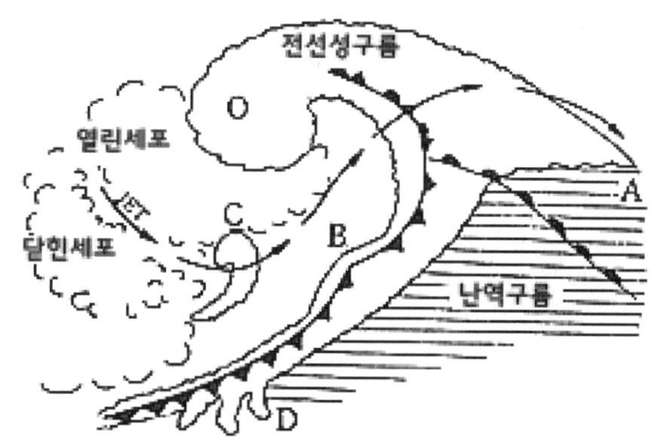

[그림 9-30] 전선부근의 이상적인 주요 구름패턴 분포

1) 그림에서 온난전선성 구름이 앞쪽(한랭공기 쪽)으로 부풀어오른 모양(A)은 보통 전선을 횡단하는 제트축의 영향을 나타낸다. 온난전선의 실제 위치는 구름분석에서는 거의 찾기가 어렵다. 그러나 이 온난전선의 발달로 온난전선의 훨씬 앞에서까지 강수가 있는 것을 볼 수 있다. 나선구름(spiral cloud)의 중심부(O)가 보통 저기압의 중심 위치이다.

2) 그림에서 한랭공기 중에서 한랭전선을 따라 전선성 구름이 나타나는 곳(B)은 한랭전선 파동(cold-front wave)이 형성되고 있음을 나타낸다.

3) 한랭전선 후방의 한랭공기에서 콤마(comma) 모양의 구름덩어리(C)가 상층기압골 가까이에 발생될 때는 보통 2차로 최대 저기압성와도가 발달되고 있음을 나타낸다. 이 지역에서는 소나기가 연속성 강수구역으로 합쳐지게 된다.

4) 온난공기 중에서의 Cu 띠(D)가 나타나 있는 것은 해당 전선이 활성인 것을 나타낸다.

5) 열린 구름세포(open cell)는 대류가 왕성하여 소나기가 있음을 의미한다. 닫힌 구름세포(clossed cell)는 대류활동이 어느 정도 제한되어 소나기까지는 발달되지 못하고 있음을 나타낸다.

2 전선성 강수 예측

가. 전선성 강수의 예상

(1) 두께선 패턴 이용

두께선도는 지상분석을 검토하고 전선 발생과 소멸을 확인하는데 이용된다. 전선 발생은 보통 활발한 난기의 상승과 관계가 있다. 이런 곳에서는 지상일기도 상에서 이상적인 전선 특성이 나타나기 이전부터 강수가 있게 된다.

(2) 500hPa 등고선 이용

전 24시간 동안 지상과 상층 공기의 이동속도를 비교하는데는 보통 지상일기도와 함께 500hPa(또는 300hPa)의 등고선이 이용된다. 전선은 역학적 상승지역과 관련이 깊어지면 강화된다. 즉,

상층기압골이 지상전선에 도달한다든지, 전선 파동이 제트류 입구의 오른쪽 지역에 도달한다든지, 혹은 제트류 출구의 왼쪽 지역에 도달하든지 하는 경우에는 그 전선이 강화된다. 또한 그 역(逆)도 성립한다.

상층 기류패턴과의 관련을 평가할 때는 패턴 자체의 발달과 함께 이류를 고려한다. 즉, 기압골의 남북방향 발달, 제트류의 파동화 등을 함께 고려하여야 한다.

(3) 단열선도와 700hPa 이슬점차도 이용

수증기량의 공급과 유지 여부를 조사하는 데에는 단열선도와 700hPa 이슬점차도가 이용된다. 때로는 높은 습구온위는 수증기량이 많다는 것을 나타내는 정보인데, 특히 태풍의 전방에서 습구온위가 높을 때에는 수증기량이 많다는 좋은 정보가 된다.

(4) 지상일기도, 구름분석 및 레이더 보고 이용

강수의 최근 패턴을 알기 위해서는 지상일기도, 구름분석, 레이더관측 등을 이용한다.

특히 발전적인 변화를 알기 위해서라면 앞서 언급된 내용들, 즉 두께선도, 500hPa 등고선, 단열선도 등을 함께 적용하게 된다.

(5) 호도그라프 이용

전선에서 한랭공기에 대한 온난공기의 상대적인 운동을 추정하고, 해당 전선의 활성 여부를 확인하기 위하여 hodograph를 이용한다(6.3 참조).

(6) 지형효과에 대한 배려

지형효과와 함께 위치불안정의 방출에 대한 가능성을 고려한다. 예로서 영국의 평지에서 전선성 강우의 평균 강수율은 1~2mm/hr 정도이지만, 고지대에서는 강수율이 2~4배나 더 많아진다.

지형효과는 대단히 커서 다음과 같은 경우에 특히 지형적 강수를 유발한다.

1) 강풍이 산맥에 직각으로 불 때
2) 습윤대기가 두꺼울 때
3) 대기의 안정도가 거의 중립일 때
4) 500hPa까지 바람시어가 고도에 따라 증가할 때

나. 온난전선의 강수

(1) 온난전선 강수의 강수량

전선의 활성에 대한 연구에 의하면, 해당 기단의 온도, 습도의 특성과 단순한 종관적인 안정도에 의하여 강수량을 추정하기는 매우 어렵다. 따라서 온난전선에 의한 강수량은 다음과 같은 일반적인 사항을 이용하여 추정할 수 있다.

1) 다습한 난기가 800hPa 이상까지 계속 상승하면 많은 강수가 예상된다.

2) 950hPa 이하에서는 다습한 공기가 계속 상승하지만 그 이상에서 건조한 난기가 계속 상승하면 약한 비가 조금 내릴 뿐이다. 그것도 때로는 풍상측 해안 부근에서만 내린다.

3) 온난역에서 하층 대류권의 일반적인 풍향이 180~220°(남~남서)이면 비교적 많은 비가 예상된다.

4) 700hPa 기류가 230° 이상으로 서풍이면 비가 적을 것으로 예상된다.

5) 기압경향 특히 온난역에서의 기압경향이 계속 "-"값이고, 또한 점차 "-"로 커지면 강수 기간, 강수량 및 강수 강도가 증가한다.

6) 온난전선파(warm-front wave)가 발달하면 강수의 국지적인 강화가 현저해진다.

(2) 온난전선 강수의 중규모 변화

보통 온난전선 상에서 강수강도는 장소와 시간에 따라 변한다. 단기간 동안에는 보통 10mm/h의 비율로 내리지만, 국지적으로는 더 강한 강수 세포(cell)가 나타나기도 한다. 이러한 강수세포는 보통 수명이 6~12시간이다. 따라서 이들의 존재를 일찍 확인할 수만 있으면 이를 추적하여 강한 강수를 예측할 수 있다. 이 강우세포들은 보통 온난전선 파동처럼 보이며, 저기압 중심으로부터 전선을 따라 움직여간다. 이러한 세포들의 이동을 700hPa 기류에서 대체적으로 알아낼 수 있다.

다. 한랭전선의 강수

(1) 한랭 활승전선과 활강전선

한랭전선 중의 활승전선(anafront)과 활강전선(katafront)은 특성이 서로 다르다. 이들을 비교하면 표 9-24와 같다.

[표 9-24] 한랭전선의 활승전선과 활강전선의 비교

		활승전선(anafront)	활강전선(katafront)
파동 발생		가능	불가능
활성도		강함	약함
전선 상의 강수		매우 강함	약함~무강수
전선 후면의 강수	강수 범위	지상전선 후방 약 100NM (거의 상층운 경계)까지	지상전선에 매우 가까운 후방까지
	강도	약~중정도 강수	매우 약한 강수

(2) 한랭전선 강수의 중규모 변화

한랭전선 상의 강수량은 장소와 시간에 따라 극단적으로 변화가 크다는 것이 특징이다. 수 분 동안에 20mm/h의 강수율은 흔히 나타난다. 물론 그 안에 들어있는 대류세포(convective cell)에서는 더 강한 강수가 내린다. 이런 세포는 레이더에 잘 포착된다.

또한 한랭활승전선(cold-anafront) 상에서 나타나는 강수의 국지적인 강화구역은 구름분석이나 중규모 경향장에서 흔히 나타나는 작은 파동에 의한다. 이러한 강화구역은 정상적인 한랭전선파(cold-front wave)와 같은 특성을 가지고 있으며, 이들은 전선을 따라 저기압 중심 쪽으로 이동한다. 이들의 이동은 보통 700hPa 기류에서 잘 나타난다.

3 대류성 강수 예측

가. 대류성 강수 예상

(1) 대류성 강수의 발생

대류성 강수는 다음과 같은 경우에 발생 가능성, 빈도, 강도가 증가한다.

① 역학적 상승이 있을 때

② 적당한 수증기가 있을 때

③ 열린 구름세포 구조가 발생할 때

④ 불안정지수가 높을 때

⑤ 구름꼭대기가 저온 고도까지 이르렀을 때

⑥ 두꺼운 대류층이 발생했을 때

⑦ 연직 바람시어가 작을 때

⑧ 구름밑면 온도가 고온일 때

(2) 대류성 강수의 수명과 이동

대류세포의 생애는 보통은 약 1시간 이내이므로 개개의 세포는 레이더로 추적하는 것이 상책이다. 이 기간 동안 기단뇌우의 이동은 700hPa 바람에 의해 추적할 수 있다. 그러나 이 방법도 강한 뇌우의 경우에는 적용할 수 없다. 외삽법으로 추적하는 경우에 1시간을 넘는 추적의 경우는 의미가 없어진다.

(3) 연직 바람시어 효과

산발적인 약한 소나기는 지상에서부터 운정까지의 평균 연직바람시어가 대략 1kt/100m 이상일 때에만 발생한다. 단, 이러한 발생조건은 기단 소나기에만 적용할 수가 있고, 역학적인 상승에 의한 소나기에는 적용하지 못한다. 더구나 위험국지풍풍우(severe local storm)에 적용해서는 안 된다.

(4) 국지 지형효과

대류성 강수에 대한 지형효과는 다음과 같이 설명할 수 있다.

① 남향 경사면 상공이나, 또는 그 풍하의 가까운 곳에서는 소나기가 발달하기 쉽다.

② 해풍전선에서 습윤공기의 상승이 있을 때에는 소나기가 발달할 수도 있다. 만일, 두 해풍전선이 서로 접근하면 그 수렴지역에서 소나기의 발생 가능성이 증가한다.

③ 중~강한 기류가 산악이 많은 곳을 횡단할 때는 정체파 조건이 발달하여 풍하측이 되는 지역에서는 소나기가 없으나 지속적으로 풍상측이 되는 지역에서는 소나기가 빈번하다.

나. 대류구름의 운정과 강수

(1) 운정온도와 강수

Bergeron–Findeisen 과정에 의한 운정고도와 소나기의 관계는 표 9–25와 같이 정리될 수 있다.

[표 9–25] 운정온도와 소나기

운정온도(℃)	소나기 가능성
0~—12	약간 가능
—12~—40	가능
—40 이하	거의 확실

(2) 대류구름 두께와 강수

대류성 구름의 두께와 강수 형태의 관계는 다음과 같이 설명될 수 있다.

① 공기덩이법으로 계산한 구름층이 150hPa 두께 이하의 매우 얇은 대류구름에서의 소나기는 흔하지 않다. 그러나 오전 중 풍상측 해안 부근에서라면 소나기가 있을 수도 있다.

② 오전에 소나기가 있은 당일 오후에는 대규모 구름이 형성되어도 소나기는 내리지 않는 것이 보통이다.

다. 뇌우

(1) 일반 사항

대류는 지면가열, 수렴 또는 강제상승에 의해 발생한다. 특히 전선과 기압골의 경우에는 위치불안정(대류불안정)의 가능성을 다음과 같이 고려한다.

1) 대류구름의 두께와 천둥(thunder)의 관계는 표 9–26과 같다. 이 표를 적용하여 예측할 때는 주관적으로 침강에 의한 온도변화와 이류에 의한 온도변화 여부를 판정하여 보완한다.

[표 9–26] 대류구름의 두께와 천둥의 관계

대류구름의 두께	천둥의 강도
운정고도가 4000m 미만	천둥 거의 불발생
대류 두께가 400~500hPa	천둥 발생 가능
대류 두께가 500hPa 이상	소나기 중 50% 이상 천둥 동반

2) 일반적으로 뇌우(thunderstorm)의 발달을 위해서는 상당한 두께의 공기가 습윤하여야 한다. 건조한 공기의 상승만으로는 산발적인 뇌우만 가능할 수 있다. 적절한 수증기가 있으면 어느 정도의 두께일 때 약간만 불안정해도 뇌우가 발생한다.

3) 주관적인 판정과 함께 불안정지수를 이용하는 것이 바람직하다.

(2) 불안정 지수

(가) Boyden 지수

Boyden index(I_B)는 $I_B = (h_{10-7} - T_7) - 200$ 로 표시할 수 있다. 여기서, h_{10-7}은 1000~700hPa의 두께(10m 단위), T_7는 700hPa 온도(℃)이다.

I_B를 다음과 같이 적용할 수 있다.

① 불안정의 임계값은 94.95이다.

② 등지수선은 700hPa 바람에 의해 이류된다.

③ 특히 전선이나 기압골의 경우에도 잘 적용된다.

(나) Rackliff지수

Rackliff index(I_R)는 $I_R = \theta_{w9} - T_5$로 표현된다. 여기서 θ_{w9}는 900hPa의 습구온위(℃), T_5는 500hPa 온도(℃)이다.

이 I_R지수의 불안정의 임계값은 29/30이다. 이 지수는 기단 뇌우의 경우에 적용 효과가 좋다.

(다) Jefferson지수

Jefferson index(I_J)는 $I_J = (1.6\theta_{w9} - T_5 - \frac{1}{2}D_7) - 8$과 같이 표현된다. 여기서 θ_{w9}는 900hPa의 습구온위(℃), T_5는 500hPa 온도(℃), D_7는 700hPa의 이슬점차(℃)이다.

I_J는 다음과 같이 적용된다.

① 불안정의 임계값은 26/28이다.

② 기단뇌우에 잘 적용된다.

③ 900hPa 습구온위(θ_{w9}) 대신 850hPa 습구온위(θ_{w8})도 쓸 수 있다. 특히 850~900hPa에 기온역전이 없으면 결과는 거의 같다.

* 다른 불안정지수는 3.5, 4.8절을 참조할 것.

바. 강한 국지뇌우

(1) 강한 국지뇌우의 발생조건

"강한 국지뇌우(severe local thunderstorm)"란 함축성 있는 용어여서, 여기서는 '스스로 뇌우를 유지시키는 강한 대류구름시스템'을 일컫는 것으로 한다.

강한 국지뇌우는 보통 특별한 환경에서만 발달하며, 한 번 발달하면 보통의 다른 대류뇌우와는 매우 다른 특성을 가지는데, 그 차이점을 열거하면 다음과 같다.

1) 하층에 따뜻하고 습한 공기가 공급될 때 지상 습구온위가 높다. 강한 국지뇌우 발달을 위한 이상적인 습구온위 값은 약 20℃이다.

2) 불안정층이 특히 두껍다.

3) 부력이 크다. 즉 대류권 중층 이상에서 습구온위가 포화습구온위보다 훨씬 커야 한다.

4) 대류층 전체에서 고도에 따른 바람시어가 이상적으로 순전(veering)이다. 강한 국지뇌우 시에는 대류권 전체가 대류층이 된다. 그리고 지상과 500hPa 고도와의 바람시어는 보통 30~60kts 범위이다.

5) 결정적인 발생요인은 일중 지면가열, 하층수렴 또는 지형적 상승이다. 주 기압골 전방의 남편풍에서는 대부분 이와 같은 발생조건이 형성된다.

강한 국지뇌우의 특성을 다음과 같이 열거할 수 있다.

1) 강하지 않은 보통의 소나기와 뇌우는 각 대류세포가 세 단계, 즉 ① 발달단계(상승기류만 있음, Cu단계임), ② 성숙단계(상승 · 하강기류 공존), ③ 소산단계(하강기류만 있음)를 거치는 것이 보통이다.

이때 보통 뇌우의 성숙단계가 보통 15~30분 동안 계속되는 것에 반하여, 강한 국지뇌우로 발달할 때는 성숙단계가 수 시간까지 지속될 수도 있다.

2) 보통의 정상적인 대류시스템은 대략 대류권 중층의 바람에 따라 이동하는데, 강한 국지뇌우는 강한 국지뇌우로 발달하는 강한 성숙단계에 대류권 중층 바람의 우측 약 20° 로 이동하며 해당 바람보다 속도가 늦어지거나, 또는 좌측 약 20° 로 이동하며 해당 바람보다 속도가 빨라진다. 즉, 발달하는 성숙단계의 뇌우의 진행은 이류에 의한 것이 아니다. 북반구에서는 강한 국지뇌우 중 좌측이동뇌우보다는 우측이동뇌우가 더 보편적이다.

3) 강한 국지뇌우에서는 우박, 호우 및 천둥번개가 있으며, 때에 따라 토네이도(tornado)가 발생할 수 있다.

4) 레이더관측에 의하면 우측이동뇌우의 정상적인 발달단계와 성숙단계의 특성은 표 9-27과 같다.

[표 9-27] 강한 우측이동뇌우의 발달단계별 특성

기류 발달단계	강수의 입체 분포
① 전반적 상승단계	거대세포(super cell)를 가진 레이더에코가 있음.
② 탑승(entranment)효과 무시 단계 - 강한 상승 : - 회전 상승 :	레이더에코의 꼭대기가 공기덩이이론으로 구한 고도에 도달(권계면 위 1~2km). - RHI Scope 상에 강한 상승을 상징하는 둥근 모양의 운정이 나타남. - PPI Scope 상에 회전 상승을 상징하는 갈고리 모양의 구름이 나타남.
③ 상승이 바람의 우측으로 이동하는 단계	강수에코가 뇌우의 좌측에 있음.
④ 하강기류 발달단계	강수 중의 증발로 기온이 낮아져 뇌우 왼쪽면의 강수역에서 지상까지 도달되는 강한 하강기류 유발.
⑤ 상승기류와 하강기류가 준 정상상태로 공존하는 단계	준 정상적인 입체 레이더에코 형성.

4 강수 형태 예측

가. 온도와 강수 형태

지상기온에 따라 강수 형태를 표 9-28과 같이 예상할 수 있다. 또 지상 습구온도에 따라 지상에 눈이 내릴 한계값은 표 9-29와 같다.

[표 9-28] 지상기온과 강수형태 예상

지상기온	1.2℃	4.0℃ 이상
강수 중 눈이 내릴 확률	50%	거의 0%

[표 9-29] 지면에 눈이 내릴 한계 지상 습구온도

강 수 형 태	눈이 내릴 지상 습구온도	눈 안 내릴 지상습구온도
지속성인 전선성 강수	<2.0℃	2.5℃<
넓은 구역에 내리는 중~강한 불안정성 강수	<3.0℃	3.5℃<

또한 빙결고도의 높이에 따라 강수형태가 결정되기도 하는데, 빙결고도별 강설 확률은 표 9-30과 같다. 또 습구빙결고도와 가능한 강수형태는 표 9-31과 같다.

[표 9-30] 빙결고도와 강설 확률

지면~빙결고도의 두께	12hPa	25hPa	35hPa	45hPa	61hPa
강수 중 눈이 내릴 확률	90%	70%	50%	30%	10%

[표 9-31] 습구빙결고도와 강수 형테

습구빙결고도(ft)	강수 형태
3,000 이상	비(눈은 극히 드물다)
2,000~3,000	대부분 비(눈은 드물다)
1,000~2,000	강우가 강설로 바뀔 가능성 있다
1,000 미만	대부분 눈이 내리다 가끔 약한 단속적 비가 내린다.

나. 기층 두께와 강수 형태

1,000~500hPa 두께와 강수 형태의 관계는 표 9-32와 같다. 또한 1,000~700hPa 두께와 강수형태의 관계는 표 9-33과 같다. 이러한 자료가 강수형태 예측에 대한 기준이 될 수가 있다.

[표 9-32] 1,000~500hPa 두께와 강수 형태(북서 유럽 지역)

구　　역	강설확률 50%의 임계두께(m)
평　균	5,270(최대 5,460~최소 5,210)
적설지역	5,360
적설지역의 풍상측 끝	5,280
표면수온 약 10℃ 해상 또는 풍상측 해안	5,230

[표 9-33] 1,000~700hPa 두께와 강수 형태

강　수　형　태	두께(m)
거의 비 (눈은 극히 드물다)	2,850 이상
보통은 비 (눈은 드물다)	2,820~2,850
눈과 비 확률 비슷(진눈개비 가능)	2,780
거의 눈 (비는 극히 드물다)	2,760 이하

Boyden(1964)에 의하면 강설확률 추정을 위해 1,000~850hPa 보정 두께(h_B)는,

$$h_B = h_{10-8} + (\frac{P_0 - 1000}{4} - \frac{Z_S}{30})$$

여기서 h_{10-8}는 1,000~850hPa 두께(gpm), P_0는 평균해면기압(hPa), Z_S는 관측소의 해면고도(gpm)이다.

이 보정 두께 값 h_B로 강수 중 눈이 내릴 확률을 표 9-34와 같이 적용하였다.

[표 9-34] Boyden 방법으로 보정된 1,000~850hPa 두께와 강설 확률

1,000~850hPa 보정두께(h_B, gpm)	1,281	1,290	1,293	1,298	1,303
강수 중 강설 확률	90%	70%	50%	30%	0%

5 우박 예측

가. 우박 발생

우박(hail, 雨雹)은 강한 상승류가 있는 성숙단계의 뇌우에서 발생할 수 있다. 경험상으로 보면, 단열선도 상에서 공기덩이법에 의해 구한 운정이 4,500m (15,000ft) 이상이고, 또한 공기덩이가 상승하면서 CCL을 지나는 포화단열선의 온도로부터 사운딩 온도의 차가 해당 구름층의 대부분에서 5℃ 이상이면 우박이 발생할 확률이 높다. 상승류가 크면 클수록 우박이 발생할 가능성은 더

커진다.

우박이 지상에 도달할 것인지의 여부는 CCL, EL, 빙결고도 등에 의해 결정되는 다음과 같이 정의되는 구름두께비(Cloud-depth ratio)의 함수로 표현될 수 있다.

구름두께비=(CCL부터 빙결고도의 높이)/(CCL부터 EL까지의 높이)

예를 들어 CCL이 760hPa, 빙결고도가 620hPa, EL이 220hPa이라면, 구름두께비(cloud-depth ratio)는 (620-760)/(220-760)로서 0.26이 된다. 이 값을 그림 9-31에 대입하여 우박이 발생할 가능성을 예측한다. 이 예의 경우는 빙결고도가 620hPa이므로 우박이 가능한 것으로 판정된다. 구름두께비는 m(또는 ft)에 의해 구할 수도 있다.

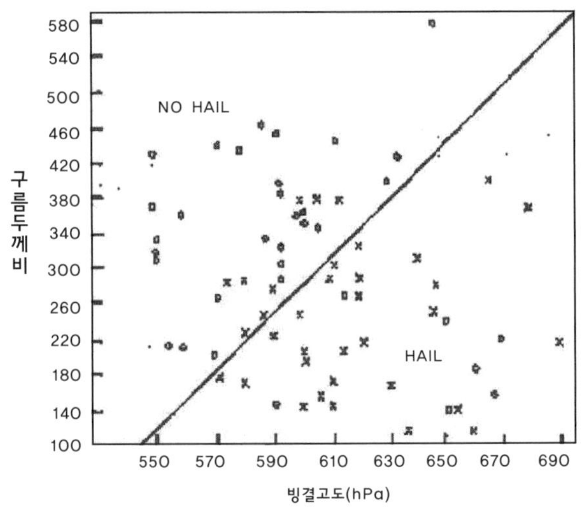

[그림 9-31] 우박 발생 여부 Scatter diagram

나. 우박의 크기

지상에 큰 우박이 떨어지는 것은 앞에서 설명한 바와 같이, WBZ(습구온도 0℃) 고도와 관련이 깊은데, 최적고도는 지상 8,000ft(약 2,400m)이다. WBZ가 10,500ft(약 3,200m) 이상이면 큰 우박의 지상 낙하는 급격하게 감소한다.

우박의 크기 예측을 위한 절차는 다음과 같다(그림 9-32 참조).

1) 기입된 단열선도에서 대류응결고도 CCL(A점)을 구하고, CCL로부터 환경기온이 -5℃ 되는 고도(B점)까지 습윤단열선을 따라 올라가서의 온도(B′)를 얻는다.

2) B′와 환경온도(B)와의 온도차(BB′)를 구한다. 이 BB′가 양삼각형 기저선(Base of positive triangle)이다. 이 예에서는 BB′가 7℃이다.

3) 환경온도인 B로부터 건조단열선을 따라 CCL까지 하강했을 때 나타나는 길이(HH′) 양 끝의 온도차(℃)를 구한다. HH′가 양삼각형 고도(Altitude of positive triangle)이다. 이 예의 경우는 16-(-5)=21℃이다.

4) BB′와 HH′를 가지고 그림 9-33을 이용하여 우박의 크기(직경, inch 단위)를 구한다. 이 예에서는 우박의 크기가 약 1 inch 정도가 될 것으로 예측할 수 있다.

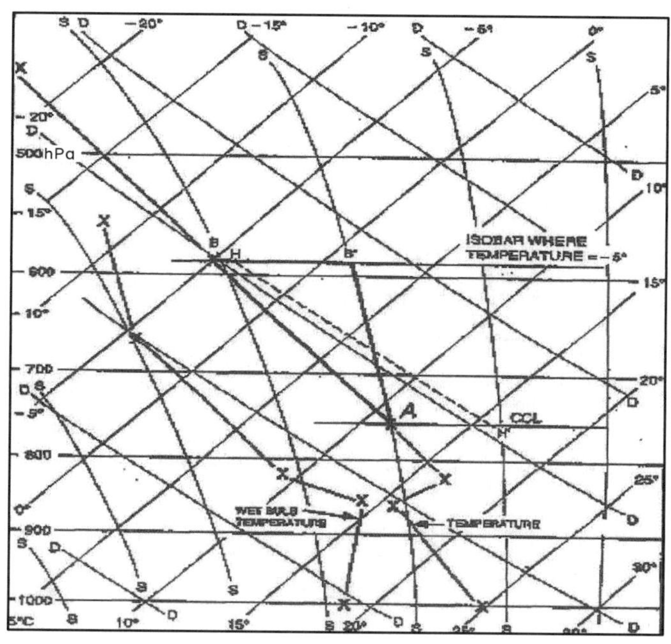

[그림 9-32] 우박의 크기 예측을 위한 단열선도 사용 예

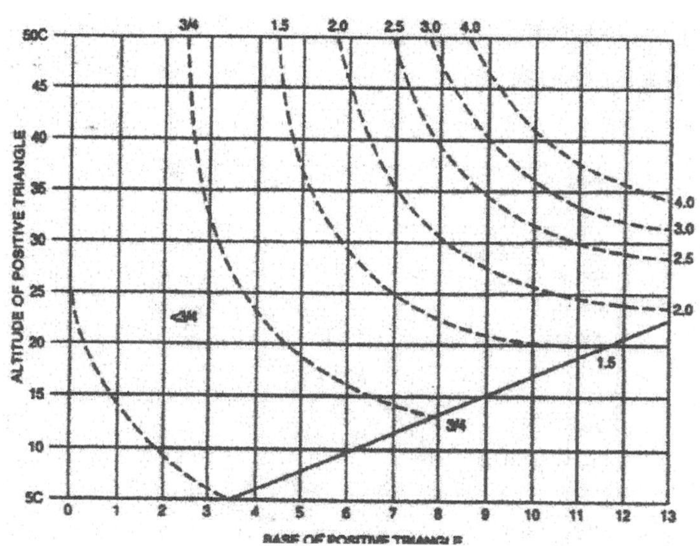

[그림 9-33] 우박 크기를 예측을 위한 그래프

참고문헌

곽종흠, 소선섭(편저), 1986, 一般氣象學, 교문사, 347pp.

기상청, 2000, 특보생산 및 발표, 117pp.

기상청, 2001, 초단기예보기술편람, 90pp.

기상청, 2002, 수치예보론, 121pp.

기상청, 2005, 일기분석 및 예보, 287pp.

기상청, 2012, 실용기상기후학, 455pp.

기상청, 2012, 예보관훈련용기술서: 수치예보, 424pp.

기상청 교재개발팀, 2003, 일기분석 및 예보, 287pp.

김화겸 손주범(역), 1990, 기상FAX이용법, 273pp.

손주형,이동희,정관영,김재진, 2005, 기상청 수치예보자료 이용 편람 (수치예보과 기술노트 2005-05), 기상청, 84pp.

윤일희 김종석, 기초 대기과학 및 실습, 시그마프레스, 242pp.

이우진, 2006, 일기도와 날씨해석, (주)광교이택스, 202pp.

이우진, 2006, 컴퓨터와 날씨예측, (주)광교이택스, 284pp.

홍성길, 1983, 기상분석과 일기예보, 교학연구사, 530pp.

홍성길, 1993, 일기예보이야기, 교학연구사, 206pp.

홍성길(편저), 1992, 중규모현상예보론, 기상연수원, 106pp.

홍성길(편저), 1993, 중규모현상예보론(II), 기상연수원, 101pp.

홍성길, 2003, 기상분석과 일기예보(개정증보판), 교학연구사, 530pp.

COMET Program, Since 1989, Impact of Model Structure and Dynamics (V2), UCAR Community Programs, http://www.comet.ucar.edu

Djuric, D., 1994, Weather Analysis, Prentice-Hall, 304pp.

Wallace, J.M., P.V. Hobbs, 1977, Atmospheric Science (An Introductory Survey), Academic Press, 467pp.

WMO, 2010, Manual on the Global Data-processing and Forecasting System, Vol.1-Global Aspects (WMO No. 485), 190pp.

WMO, 2010, Manual on Codes (WMO No. 306), (506pp).

WMO, 2012, Weather Reporting Vol.A Observing Stations (WMO No. 9), 593pp.

橋本梅治, 鈴木義男, 1976, 新しい航空氣象, 日本氣象協會, 639pp.

大塚熊藏, 1980, 高層天氣圖の利用法, 日本氣象協會, 111pp.

小倉義光, 1984, 一般氣象學, 東京大學出版會, 314pp.

安齊政雄, 1983, 新・天氣豫報の手引, 148pp.

부 록

I. 단위와 상수

(1) SI 시스템 단위

내용	단위명	기호	정의
기본단위			
Length(길이)	meter	m	
Mass(질량)	kilogram	kg	
Time(시간)	second	s	
Electrical current(전류)	ampere	A	
Temperature(온도)	degree Kelvin	°K	
유도단위			
Force(힘)	newton	N	$kg\ m\ s^{-2}$
Pressure(압력)	pascal	Pa	$N\ m^{-2}=kg\ m^{-1}\ s^{-2}$
Energy(에너지)	joule	J	$kg\ m^2\ s^{-2}$
Power(일)	watt	W	$J\ s^{-1}=kg\ m^2\ s^{-3}$
Electrical potential difference(전위차)	volt	V	$W\ A^{-1}=kg\ m^2\ s^{-3}\ A^{-1}$
Electrical charge(전하)	coulomb	C	A s
Electrical resistance(전기저항)	ohm	Ω	$V\ A^{-1}=kg\ m^2\ s^{-3}\ A^{-2}$
Electrical capacitance(전기용량)	farad	F	$A\ s\ V^{-1}=kg^{-1}\ m^{-2}\ s^4\ A^2$
Frequency(주파수)	hertz	Hz	s^{-1}
Celsius temperature(섭씨온도)	degree Celsius	°C	°K−273.15
Temperature interval(온도차)	degree	deg or°	K or C(need not be specified)

곱수	접두사	기호
10^{-1}	deci	d
10^{-2}	centi	c
10^{-3}	milli	m
10^{-6}	micro	μ
10^{-9}	nano	n
10^{-12}	pico	p
10^{-15}	femto	f
10^{-18}	atto	a

곱수	접두사	기호
10	deca	da
10^2	hecto	h
10^3	kilo	k
10^6	mega	M
10^9	giga	G
10^{12}	tera	T

(3) 상수

Universal constants	
Universal gas constant(R^*)	8.3143×10^3 J deg^{-1} $kmol^{-1}$
Boltzmann's constant(k)	1.381×10^{-23} J deg^{-1} $molecule^{-1}$
Avogadro's number(N_A)	6.022×10^{26} $kmol^{-1}$
Stefan-Boltzmann constant(σ)	5.6696×10^{-8} W m^{-2} deg^{-4}
Planck's constant(h)	6.6262×10^{-34} J s
Velocity of light(c^*)	2.998×10^8 m s^{-1}
The earth	
Average radius(R_E)	6.37×10^6 m
Acceleration due to gravity at surface of	
Solar irradiance on a perpendicular plane at distance d from sun	1.38×10^3 W m^{-2}
Dry air	
Apparent molecular weight(M_d)	28.97
Gas constant($R_d=R^*/M_d$)	287 J deg^{-1} kg^{-1}=68.56 IT cal kg^{-1} deg^{-1}
Density at 0°C and 1000 mb pressure (varies as p/T)	1.275kg m^{-3}
Specific heat at constant pressure(c_p)	1004 J deg^{-1} kg^{-1}
Specific heat at constant volume(c_v)	717 J deg^{-1} kg^{-1}
Ratio of the specific heats of dry air(c_p/c_v)	1.400
Thermal conductivity at 0°C (independent of pressure)	2.40×10^{-2} J m^{-1} s^{-1} deg^{-1}
Water substance	
Molecular weight(M_w)	18.016
Gas constant for water vapor($R_v=R^*/M_w$)	461 J deg^{-1} kg^{-1}=110.23 ITcal kg^{-1} deg^{-1}
Density of liquid water at 0°C	1.000×10^3 kg m^{-3}
Density of ice at 0°C	0.917×10^3 kg m^{-3}
Specific heat of water vapor at constant pressure	1952 J deg^{-1} kg^{-1}
Specific heat of water vapor at constant volume	1463 J deg^{-1} kg^{-1}
Specific heat of liquid water at 0°C	4218 J deg^{-1} kg^{-1}
Specific heat of ice at 0°C	2106 J deg^{-1} kg^{-1}
Latent heat of vaporization at −50°C,	2.635×10^6 J kg^{-1}
Latent heat of vaporization at 0°C	2.501×10^6 J kg^{-1}
Latent heat of vaporization at 40°C	2.406×10^6 J kg^{-1}
Latent heat of vaporization at 100°C	2.250×10^6 J kg^{-1}
Latent heat of fusion at −50°C	2.03×10^5 J kg^{-1}
Latent heat of fusion at 0°C	3.34×10^5 J kg^{-1}

(4) 환산값 및 보조 상수

e=2.7183

$\log_{10}e=0.43429$

$\log_e 10=2.3026$

1 Å (angström unit)=10^{-8}cm=$10^{-4}\mu$m=10^{-10}m

1 calorie (at 15° C) = 4.1855 × 10^7 erg = 4.1855 J

1 watt = 0.23892 cal s^{-1} = 14.335 cal min^{-1} = 1 J s^{-1}

1 langley = 1 cal cm^{-2} = 41.855 × 10^3 J m^{-2}

1 millibar = 1000 dyn cm^{-2} = 10^2 N m^{-2} = 1 hPa

1 newton = 1 kg m s^{-2}

1 knot = 1.689 ft s^{-1} = 1.853 km h^{-1} = 0.5148 m s^{-1}

1000 ft min^{-1} = 9.73 kt = 5.1 ms^{-1}

1 cm s^{-1} = 3600 $g\rho$ × 10^{-3} hPah^{-1} = 3.2 hPa h^{-1} at 700hPa

= 1.6 hPah^{-1} at 300hPa = 0.6 hPa h^{-1} at 100hPa

Velocity of sound in dry air = $\sqrt{(\gamma RT)}$ (T in degrees Kelvin)

= 331 $\sqrt{(1+T/273)}$ m s^{-1} if T is in degrees Celsius

Area of earth's surface = 510 × 10^6 km^2

Area of ocean surface = 360 × 10^6 km^2 (70.8% of earth's surface)

Area of land surface = 150 × 10^6 km^2 (29.2% of earth's surface)

Mass of atmosphere = 5.27 × 10^{21} g

II. ICAO 표준대기

Pressure	Temperature		Density	Height		Thickness of 1 hPa layer	
(hPa)	(°C)	(°F)	(kgm^{-3})	(m)	(ft)	(m)	(ft)
1013.2	15.0	59.0	1.225	0	0	8.3	27
1000	14.3	57.7	1.212	111	364	8.4	28
950	11.5	52.7	1.163	540	1773	8.8	29
900	8.6	47.4	1.113	988	3243	9.2	30
850	5.5	41.9	1.063	1457	4781	9.6	31
800	2.3	36.2	1.012	1949	6394	10.1	33
750	−1.0	30.1	0.960	2466	8091	10.6	35
700	−4.6	23.8	0.908	3012	9882	11.2	37
650	−8.3	17.0	0.855	3591	11780	11.9	39
600	−12.3	9.8	0.802	4206	13801	12.7	42
550	−16.6	2.1	0.747	4865	15962	13.7	45
500	−21.2	−6.2	0.692	5574	18289	14.7	48
450	−26.2	−15.2	0.635	6344	20812	16.1	53
400	−31.7	−25.1	0.577	7185	23574	17.7	58
350	−37.7	−36.0	0.518	8117	26631	19.7	65
300	−44.5	−48.2	0.457	9164	30065	22.3	75
250	−52.3	−62.2	0.395	10363	33999	25.8	85
200	−56.5	−69.7	0.322	11784	38662	31.7	104
150	−56.5	−69.7	0.241	13608	44647	42.3	139
100	−56.5	−69.7	0.161	16180	53083	63.4	208
90	−56.5	−69.7	0.145	16848	55275	70.5	231
80	−56.5	−69.7	0.128	17595	57726	79.3	260
70	−56.5	−69.7	0.112	18442	60504	90.6	297
60	−56.5	−69.7	0.096	19419	63711	105.7	347
50	−55.9	−68.8	0.080	20576	67507	127.0	417
40	−54.5	−66.0	0.064	22000	72177	160	525
30	−52.7	−62.8	0.047	23849	78244	215	706
20	−50.0	−58.0	0.031	26481	86881	326	1072
10	−45.4	−49.7	0.015	31055	101885	669	2195

III. 수면상의 포화혼합비*(‰)**

Temperature (°C)	Pressure(hPa)							
	1000	850	700	600	500	400	300	200
40	49.81	59.41						
35	37.25	44.27						
30	27.69	32.82	40.29					
25	20.44	24.17	29.59					
20	14.95	17.66	21.56	25.29				
15	10.83	12.78	15.57	18.24				
10	7.762	9.146	11.13	13.02	15.69			
5	5.495	6.471	7.870	9.198	11.07			
0	3.839	4.519	5.492	6.415	7.710			
−5	2.644	3.112	3.780	4.412	5.300	6.637		
−10	1.794	2.110	2.562	2.990	3.590	4.492		
−15	1.197	1.408	1.709	1.994	2.393	2.993	3.995	
−20	0.785	0.923	1.120	1.306	1.568	1.960	2.615	
−25	0.505	0.594	0.720	0.840	1.008	1.260	1.680	2.523
−30	0.318	0.374	0.454	0.530	0.635	0.794	1.058	1.588
−35	0.196	0.231	0.280	0.327	0.392	0.490	0.653	0.979
−40	0.118	0.139	0.169	0.197	0.236	0.295	0.393	0.589
−45	0.070	0.082	0.099	0.116	0.139	0.173	0.231	0.346
−50	0.040	0.047	0.057	0.066	0.079	0.099	0.132	0.198

* Extracted from *Smithsonian Meteorlogical Tables* (Washington, D.C., 1951).

** ‰는 천분비

IV. 온도와 노점차로 계산한 상대습도*(%)

Dewpoint Depres-sion (°C)	Temperature(°C)																
	40	35	30	25	20	15	10	5	0	−5	−10	−15	−20	−25	−30	−35	−40
1	95	95	94	94	94	94	94	93	93	93	92	92	92	91	91	91	90
2	90	89	89	89	88	88	87	87	86	86	85	85	84	83	83	82	81
3	85	85	84	83	83	82	82	81	80	79	79	78	77	76	75	74	73
4	81	80	79	78	78	77	76	75	74	73	73	71	70	69	68	67	66
5	76	75	75	74	73	72	71	70	69	68	67	66	64	63	62	60	59
6	72	71	70	69	68	67	66	65	64	63	61	60	59	57	56	54	53
7	68	67	66	65	64	63	62	61	59	58	57	55	54	52	51	49	47
8	64	63	62	61	60	59	57	56	55	53	52	50	49	47	46	44	42
9	61	60	59	57	56	55	54	52	51	49	48	46	45	43	41	39	38
10	58	56	55	54	53	51	50	48	47	45	44	42	41	39	37	35	34
11	54	53	52	50	49	48	46	45	43	42	40	39	37	35	33	32	27
12	51	50	49	47	46	45	43	41	40	38	37	35	34	32	30	28	24
13	48	47	46	44	43	42	40	38	37	35	34	32	30	29	27	25	21
14	46	44	43	41	40	39	37	36	34	32	31	29	28	26	24	23	19
15	43	42	40	39	37	36	34	33	31	30	28	27	25	23	22	20	16
16	40	39	38	36	35	33	32	30	29	27	26	24	23	21	20	16	
17	38	37	35	34	32	31	29	28	27	25	23	22	21	19	18	14	
18	36	34	33	32	30	29	27	26	24	23	21	20	19	17	16	12	
19	34	32	31	30	28	27	25	24	22	21	20	18	17	15	14	11	
20	32	30	29	28	26	25	23	22	21	19	18	16	15	14	12	09	
21	30	28	27	26	24	23	22	20	19	17	16	15	14	12	09		
22	28	27	25	24	23	21	20	19	17	16	15	13	12	11	08		
23	26	25	24	22	21	19	18	17	16	15	15	12	11	10	07		
24	25	23	22	21	19	18	17	16	14	13	12	11	10	09	06		
25	23	22	21	19	18	17	16	14	13	12	11	10	09	08	06		
26	22	20	19	18	17	16	14	13	12	11	10	09	08	05			
27	20	19	18	17	16	14	13	12	11	10	09	08	07	05			
28	19	18	17	15	14	13	12	11	10	09	08	07	06	04			
29	18	17	15	14	13	12	11	10	09	08	07	06	06	04			
30	17	16	14	13	12	11	10	09	08	07	07	06	05	03			

* Computed from saturation vapor pressures (with respect to water surface) given in *Smithsonian Meteorological Tables* (6th rev. ed.; Washington, D.C., 1951).

V. 지상기상관측실황전문(실습용)

GTS SYNOP 전문 : 2013.01.12.00:00 Z (2013.01.12.09:00 KST)

12001 30739 119// 00000 11400 21434 39408 40364 57001 60002 71000 333 21414=
12001 30758 11993 00000 11387 21408 39411 40392 53005 60002 74474 333 21387 47010 55000=
12001 30879 11904 00000 11397 21423 39455 40345 53004 60002 74540 333 21400 47017 55049=
12001 30935 12999 00000 11390 21412 39289 40383 58006 60002 333 21391 47017 55035=
12001 30949 12999 00000 11377 21399 39121 40390 52006 69902 333 21380 3/142 47009 55003=
12001 30965 11996 01201 11413 21426 39403 40377 52012 69902 71000 333 21413 47009 55045=
12001 31388 11993 00000 11424 21444 39944 40253 54000 60002 74640 333 21427 47017 55064=
12001 31489 41993 00000 11398 21428 30066 40242 57007 74440 333 21399=
12001 31532 42999 00000 11412 21438 39884 40285 53003 333 21427 55078=
12001 31707 42999 23203 11290 21314 30125 40229 52004 80001 333 21290=
12001 31735 42997 32202 11264 21319 30115 40213 58005 80001 333 21290=
12001 31825 42999 80000 11270 21302 39997 40228 57008 83039 333 21295=
12001 31873 41995 80702 11245 21281 30077 40225 56006 77171 8802/=
12001 31909 42999 82903 11164 21256 30117 40200 58005 84029 333 21182 55080=
12001 31960 41297 83504 11145 21156 39941 40191 57005 72272 886// 333 21146 55051 88705=
12001 31989 41599 80204 11062 21073 30127 40183 57015 72682 889//=
12001 32053 42999 02404 11283 21213 30123 40178 51003 333 21298 91004 91105=
12001 32061 41598 61202 11255 21294 30143 40186 58001 78581 85930 333 21277 55031 91004 91105=
12001 32150 41596 73201 11174 21186 30154 40186 58001 78582 85930 333 55073 91002 91103=
12000 44231 319// 00000 11266 21290 38645 40307 58005 70400 333 21280 47011 55038 555 31333=
12000 44239 329// 03402 11284 21322 38725 40298 58005 333 21289 43009 555 31302=
12000 44259 12997 22804 11299 21339 39320 40360 51013 69932 80004 333 21312 47010 555 31331 80622 93100=

12000 44277 329// 03306 11158 21218 37739 40333 58003 333 21195 46001 555 31247=
12000 44288 32899 62702 11117 21171 38094 40255 53004 86040 333 21160 46004 555 31218=
12000 44341 329// 00000 11200 21247 38548 40305 54000 333 21271 46002 555 31265=
12000 44354 32999 63605 11194 21232 39091 40313 53007 85014 333 21195 45000 555 31236=
12000 44373 32999 11402 11184 21240 38470 40276 58002 81040 333 21184 41997 55077 555 31237=
12001 47008 31560 80000 11077 21083 30136 40192 57006 71022 85501 333 21084=
12001 47014 11650 60000 11192 21204 39801 40238 54000 60012 70377 86500 333 21197=
12001 47035 12965 00000 11076 21131 30233 40242 52016 60012 333 21076=
12001 47041 11560 50000 11074 21104 30174 40203 57002 69902 71042 85500 333 21088=
12004 47102 11620 62911 10003 21055 30061 40244 52017 69932 70522 86500 333 20001 3/000 49008=
12004 47105 369// /2512 10036 21043 30183 40216 50001 333 21004 3/001=
12004 47108 11650 80205 11017 21053 30141 40251 52009 69912 71022 8552/ 333 21027 3/101 43006=
12004 47115 32665 32311 10042 21055 39942 40196 58001 83500 333 20008 3/000 43008 92044=
12004 47140 32662 60703 11003 21035 30229 40259 53006 85500 333 21037 3/102 41/// 92021=
12004 47159 32968 03204 10037 21100 30172 40259 52005 333 20016 30101 92022=
12004 47169 31657 32704 10074 20008 30165 40259 52008 70511 83500 333 20030 31005 92032=
12004 47189 32670 23202 10090 20004 30204 40264 52009 82500 333 20066 30005 92021=
12004 47401 11/08 82508 11058 21095 30163 40178 58005 60012 78682 883// 333 21078 4/077 70025=
12004 47405 17/67 /2606 11047 21095 30164 40185 58003 69902 77087 333 21169 555 19051=
12004 47420 15/70 /2506 11051 21134 30170 40205 58003 60002 333 21110=
12004 47421 17/70 /1504 11038 21092 30163 40208 58008 69902 70070 333 21051=

12004 47426 17/70 /3504 11032 21121 30164 40214 58005 69902 70070 333 21056=

12004 47575 11/70 82001 11006 21036 30208 40213 56020 69902 78582 883// 333 21032 4/076 70020=

12004 47582 11/04 81005 11020 21027 30201 40229 56010 60072 78682 883// 333 21042 4/055 70095=

12004 47585 15/70 /2305 11023 21082 30177 40237 58013 60002 333 21064=

12004 47590 12982 72307 11003 21075 30186 40242 58013 60002 81032 333 21039 70000=

12004 47600 17/70 /2308 10022 20003 30220 40228 56008 69902 76776 333 20002=

12004 47602 17/66 /2213 10063 20014 30219 40228 55009 69902 76160 333 20000 555 19001=

12004 47624 12980 33109 10004 21110 30099 40244 58018 60002 81032 333 21028 70000=

12004 47648 11/65 72608 10043 20006 30200 40245 58001 69902 70282 84832 333 20012 79999=

12004 47655 15/70 /2710 10080 21048 30199 40257 52005 60002 333 20012=

12004 47678 15/70 /1904 10116 20044 30070 40259 50001 60002 333 20036=

12004 47740 15/70 /2709 10093 20000 30197 40232 55000 60002 333 21004=

12004 47778 15/70 /0104 10087 20036 30174 40259 52004 60002 333 20041=

12004 47807 12/80 11303 10049 21015 30253 40272 51007 60002 81800 333 20020 70000=

12004 47827 11/70 73306 10101 20045 30222 40261 53012 69902 72582 8687/ 333 20068 79999=

12004 47843 15/72 /2002 10062 20027 30234 40268 51007 60002 333 20009=

12004 47891 12/65 72501 10019 21028 30252 40270 53010 60002 85802 333 21008 70000=

12004 47898 15/70 /0507 10103 20036 30214 40265 52004 60002 333 20053=

12004 47909 12/65 71403 10144 20126 30225 40235 53005 60002 8227/ 333 20110 70000=

12004 47918 11460 70915 10208 20178 30172 40189 53003 60022 70286 8587/ 333 20190 70020=

12004 47936 11/75 70208 10188 20119 30162 40221 51011 69902 76062 8487/ 333 20158 79999=

12004 47945 12/65 21014 10206 20156 30193 40217 50005 60002 81130 333 20183 79999=

12004 47971 12/80 10607 10175 20064 30242 40252 51010 60002 81101 333 20132 79999=

12001 48806 32460 81402 10090 20071 39424 40223 52012 888// 333 00010 20088 3/010 58008 85894 88696=

12001 48808 11440 80000 10084 20080 39953 40251 52005 69922 76162 888// 333 01010 20082 96010 96160=

12001 50136 31920 20000 11402 21447 39676 40305 52003 71000 80002 333 05300 92516=

12001 50353 32970 00000 11405 21451 39995 40253 52003 80000 333 05351 92502=

12001 50527 32970 22702 11372 21417 39430 40349 52020 80002 333 05101 92528=

12001 50557 31956 20000 11387 21434 39925 40280 52012 70400 80002 333 05301 92522=

12001 50727 11980 00000 11313 21357 38987 40335 52029 69901 70070 80000 333 05103 79999 92520=

12001 50745 32963 73201 11315 21353 30059 40292 52019 83032 333 05302 92529=

12001 50756 31956 53601 11290 21316 39921 40258 52010 70400 80002 333 05504 92513=

12001 50915 32980 00202 11264 21299 39210 40326 52041 80000 333 00251 70005 92522=

12001 50953 31958 82902 11262 21295 30088 40252 52010 70400 8802/ 333 05504 92502=

12001 51288 32980 01105 11066 21202 38274 57015 80000 333 05505 92519=

12001 51463 11758 31601 11160 21174 39052 40281 57012 69901 72274 82502 333 05852 31026 79999 92536=

12001 51573 32962 00000 11173 21201 30276 40324 57012 80000 333 05551 92506=

12001 52203 32980 30000 11214 21244 39362 40329 57005 80002 333 05401 92506=

12001 52267 32980 02701 11151 21204 39092 40281 54000 80000 333 05601=

12001 52323 32980 02507 11131 21223 38188 57002 80000 333 05304=

12001 52418 32980 01101 11175 21204 38889 40300 57007 80000 333 05201=

12001 52495 32980 02501 11180 21239 38667 40291 52005 80000 333 05751=

12001 52533 32980 02203 11123 21204 38516 40288 57002 80000 333 05402=

12001 52602 32980 02002 11219 21300 37265 57002 80000 333 05202=

12001 52652 32980 71605 11126 21198 38530 40293 57002 80002 333 05405=

12001 52681 32980 02502 11122 21242 38634 40290 52004 80000 333 05652=
12001 52737 32980 00401 11173 21340 37069 57001 80000 333 05352=
12001 52818 32980 03201 11146 21250 37227 57001 80000 333 05202=
12001 52866 32970 00000 11197 21279 37701 52002 80000 333 05451=
12001 52996 32970 02204 11081 21158 37536 52004 80000 333 05502=
12001 53068 32980 23402 11230 21256 39059 40301 52012 80002 333 05253 92500=
12001 53336 32970 21801 11156 21203 38688 40275 57001 80002 333 05552=
12001 53463 32975 33203 11154 21182 38868 40293 52001 80002 333 05152 92503=
12001 53614 32965 03601 11128 21170 38903 40264 54000 80000 333 05654=
12001 53646 32970 00000 11094 21168 38860 40283 57002 80000 333 05501=
12001 53673 31957 03401 11138 21193 40295 57003 70400 80000 333 00051=
12001 53698 31/01 92901 11106 21116 40249 57001 74944 333 00052=
12001 53845 32965 00000 11134 21201 38850 40287 57002 80000 333 05553=
12001 53863 32962 10000 11136 21181 40301 54000 80002 333 05261=
12001 53898 32/// 91802 11072 21081 40262 57005 333 00254=
12001 53915 32980 03401 11120 21176 38660 40280 57008 80000 333 05754=
12001 54026 11970 70000 11177 21211 39882 40238 52014 69901 77000 8703/ 333 05300 79999=
12001 54094 11956 82901 11199 21227 39903 40230 52013 69911 70470 8802/ 333 05808 70007 92512=
12001 54102 32980 02201 11228 21259 39017 40318 52040 80000 333 00255 70002 92520=
12001 54161 11956 72701 11204 21230 39930 40250 52007 69901 77070 80002 333 05353 31047 70038 92530=

12001 54208 32980 02703 11127 21177 38734 40278 52019 80000 333 00152 79999 92510=
12001 54218 32980 03402 11138 21203 39395 40241 52016 80000 333 05101 92507=
12001 54337 31957 02501 11135 21165 30150 40239 57005 71000 80000 333 00053=
12001 54511 31/06 93402 11082 21095 30202 40244 52003 74740 333 05154=
12001 54539 31/03 92501 11101 21106 30245 40260 52006 74940 333 00156 79999=
12001 54662 31956 81802 11027 21060 30133 40251 52006 71000 8802/ 333 05253 79999=
12001 54753 31756 82504 11051 21065 30272 40279 52007 71000 885// 333 00152 31011 92502=
12001 54776 31920 02907 11015 21026 30206 40265 52014 71000 80000 333 05252 31023=
12001 54823 32970 01602 10002 21112 30046 40264 57002 80000 333 00252=
12001 54857 31/08 93402 11044 21049 30185 40282 52009 74700 333 00056=
12001 56029 32980 20000 11202 21241 36464 52009 80002 333 00153 92501=
12001 56096 32972 00201 11031 21113 38983 40266 52001 80000 333 05500=
12001 56137 32980 00000 11119 21228 36821 52011 80000 333 00454=
12001 56146 11780 70901 11137 21170 36751 52005 69901 70080 81102 333 00153 79999=
12001 56187 31920 80000 11022 21033 40278 52002 71000 8807/ 333 05354 31021=
12001 56444 32980 02703 11100 21133 36809 52005 80000 333 00300=
12001 56462 11580 73203 11056 21083 37148 52010 69981 70080 874// 333 00253 31037 70008 92501=
12001 56492 31940 80000 10039 20021 39843 40262 57008 71000 8807/ 333 05300 30012=
12001 56671 32780 70000 10035 20006 38234 52007 874// 333 00203 30024 70004=
12001 56691 11465 81602 11028 21044 37785 57011 69911 77077 8677/ 333 00001 31003 70017 92500=
12001 56778 11560 81402 10029 20010 38141 52002 69911 70080 884// 333 00253 30017 70098=
12001 56964 11565 82501 10122 20114 38710 40205 52008 60051 78080 884// 333 00101 70046=
12001 56985 11620 80402 10038 20020 38750 40244 52012 69981 71060 885// 333 00353 30046 70020=
12001 57046 32971 02215 11014 21263 37934 57005 80000 333 05306 91119 91522=
12001 57237 31958 73201 11027 21043 40294 57002 71000 8704/ 333 05100 31046=
12001 57265 31959 73601 11028 21042 30105 40284 54000 71000 8703/ 333 05100=

12001 57447 31958 42701 10001 20000 39727 40292 52004 71000 84040 333 00051 30001=
12001 57461 31956 02201 10012 20000 30114 40282 57001 71000 80000 333 00052 31033=
12001 57494 31902 72001 11032 21033 30249 40281 52002 74440 8703/ 333 00155 31034=
12001 57516 31920 82902 10047 20024 39949 40269 57004 71000 8807/ 333 05200 30033=
12001 57633 31930 71601 11002 21010 39285 40283 57001 71000 8704/ 333 05101 31022=
12001 57662 31957 21801 10029 20003 30080 40269 57004 71000 82040 333 00051 31021=
12001 57687 31920 70000 10033 20021 30183 40270 57003 71000 82042 333 05152 30014=
12001 57745 31930 71102 10027 20008 39932 40271 52001 71000 8704/ 333 05251 30012=
12001 57799 11/02 92701 10055 20054 30179 40271 52001 69961 74764 333 00001 30038 70011=
12001 57816 31650 82901 10007 21014 38836 40273 52001 71000 885// 333 00002 31007 79999=
12001 57866 11720 83401 10048 20035 30054 40268 57007 69981 76060 885// 333 05100 30045 70026=
12001 57902 11458 81401 10010 20003 38673 40274 57003 69931 76060 887// 333 00000 30013 70026=
12001 57957 11556 80203 10063 20038 30049 40254 52007 69971 76060 885// 333 05201 30049 70026=
12001 58040 31915 02701 11055 21059 30274 40288 52007 71000 80000 333 00054=
12001 58102 31956 50000 11042 21053 30232 40283 54000 71000 80002 333 00152=
12001 58221 31912 00000 11043 21055 30246 40282 52007 71000 80000 333 00151=
12001 58238 31915 02001 11012 21022 30240 40287 52007 71000 80000 333 00100 31025=
12001 58251 31907 00202 11025 21041 30273 40288 52006 74444 80000 333 05152 31014=
12001 58362 31956 62701 10026 20010 30268 40286 52004 71000 86030 333 05201 31023=
12001 58424 31920 63201 11016 21022 30204 40285 52002 72840 82042 333 00152 31039=
12001 58457 31930 71802 10019 20004 30233 40287 52008 71000 84042 333 05102 31013=
12001 58477 31958 53401 10050 21002 30232 40278 52008 70500 85040 333 05204 30002 79999=
12001 58606 31909 51401 10033 20033 30212 40272 57001 74600 85040 333 00051 30005 79999=
12001 58633 11615 80901 10025 20012 30174 40279 52005 69911 76060 885// 333 05101 30017 70003=
12001 58725 11550 80701 10066 20056 39984 40254 57008 60031 76066 885// 333 05200 70052=
12001 58752 11662 83602 10079 20045 40263 52007 69901 76060 885// 333 05204 79999=
12001 58847 31657 83202 10094 20070 30134 40239 52005 71000 885// 333 05202=
12001 58921 11921 72002 10081 20072 39994 40248 52001 69901 71060 8704/ 333 05201 70027=
12001 58968 11556 71202 10178 20153 30192 40200 55002 60022 72162 8672/=
12001 58974 11258 80310 10172 20164 30082 40207 53003 60372 76166 887//=
12001 59023 11456 82501 10067 20067 39943 40264 52007 60081 76060 887// 333 05100 70107=
12001 59082 31657 83203 10076 20044 30094 40245 57001 70500 885// 333 05100 79999=
12001 59134 11763 80401 10132 20089 30051 40221 52003 69901 76000 885// 333 05302 79999=
12001 59211 11720 83201 10086 20069 30050 40266 52008 60041 76060 885// 333 00100 70044=
12001 59265 31740 80701 10078 20064 30095 40238 52004 71000 885// 333 05101 70001=
12001 59287 32961 23603 10096 20063 30137 40224 52002 80002 333 05151=
12001 59316 32960 51101 10137 20105 30203 40208 52002 85040 333 05201=
12001 59431 11430 82901 10077 20060 30097 40249 52007 69971 76066 887// 333 05100 70015=

VI. 고층기상관측실황전문(실습용)

고층기상관측전문(TTAA) : 2013.01.11 23:00Z

TTAA 12001 30673 99944 40718 00000 00227 ///// ///// 92763 38943 33003 85357 28135 31504 70755 28940 34506 50508 44350 33007 40654 53756 32509 30836 61557 32511 25949 62157 31013 20087 60757 30513 15266 60757 29013 10519 60356 26515 88279 63157 32012 77999=

TTAA 12001 30715 99964 23329 10502 00170 ///// ///// 92750 18531 14505 85400 12340 33003 70850 24324 29011 50525 33759 30020 40677 45350 29525 30863 59336 29524 25976 62737 28526 20112 67336 29527 15287 63737 30526 10534 66148 28527 88204 67535 29527 77999=

TTAA 12001 30758 99941 37723 00000 00249 ///// ///// 92790 35132 //001 85396 23733 28004 70809 26350 30508 50516 40757 32015 40665 49157 31523 30848 60757 31526 25960 62757 31026 20098 61357 30524 15276 61758 28522 10527 61758 27524 88285 62157 31527 77999=

TTAA 12001 30935 99929 38950 00000 00260 ///// ///// 92801 37957 01001 85397 25556 19506 70828 23142 30011 50523 34958 30018 40675 45756 30524 30862 56950 31030 25975 63747 30532 20111 65343 29531 15287 61350 29024 10536 63356 28031 88204 68145 30031 77250 30532=

TTAA 12001 30965 99940 41127 00000 00250 ///// ///// 92790 32333 33504 85400 24332 31503 70810 27734 33009 50516 42538 31014 40664 50140 32023 30848 59340 31526 25961 60740 31025 20100 60942 30525 15280 59747 28524 10531 60346 27528 88276 60541 31525 77999=

TTAA 12001 31300 99991 36322 00000 00166 ///// ///// 92709 27314 01002 85324 28912 34506 70718 28710 34009 50505 44520 36011 40650 54526 35509 30833 59931 32007 25946 59932 29508 20086 58533 28008 15267 57938 26514 10524 56557 24517 88304 59930 32007 77999=

TTAA 12001 31369 99011 35325 27002 00125 31508 28005 92683 27931 30013 85289 29741 30014 70682 28740 22502 50503 42160 15005 40651 50559 13504 30835 56959 22504 25950 56560 25506 20092 53761 26011 15278 52363 25515 10543 44968 24025 88332 57159 20504 77999=

TTAA 12001 31510 99000 32739 30002 00168 ///// ///// 92734 24550 32006 85346 26148 31506 70744 29347 29509 50508 43345 28512 40654 52938 29010 30836 57939 28013 25952 56947 27515 20093 55956 27519 15277 53157 26523 10538 51359 26035 88346 57134 29009 77100 26035=

TTAA 12001 31538 99976 38526 01001 00175 ///// ///// 92719 29936 32002 85323 26523 31009 70720 28540 29014 50506 42356 27515 40654 51156 27017 30837 57956 26518 25952 57357 26517 20093 54558 26021 15278 52959 26025 10541 49361 25031 88303 57956 26518 77120 25531=

TTAA 12004 31736 99011 28320 20002 00152 26917 21504 92719 23916 23512 85334 22932 28508 70744 26956 27513 50510 41130 26519 40659 49948 26524 88999 77999=

TTAA 12001 31770 99017 29925 24002 00142 26529 26003 92712 23350 30011 85328 24356 30005 70729 28357 26019 50509 39760 27025 40658 49560 26524 30842 58160 27022 25956 56560 27022 20098 54162 26526 15284 48766 25536 10554 453// 24024 88314 57760 27022 77153 25536 40506=

TTAA 12001 31873 99008 28156 09002 00156 27956 09503 92723 22756 02501 85342 21756 27011 70753 28556 27015 50510 41356 25523 40658 51556 27025 30840 59556 27026 25954 57956 26530 20095 54957 27534 15280 52757 27038 88318 58956 27526 77123 27545=

TTAA 12001 31977 99008 13317 22502 00147 13739 22503 92748 08945 25508 85399 13150 26013 70848 23156 25516 50525 37557 26523 40676 47357 27527 30863 52756 27035 25981 51356 26537 20126 48356 26041 15315 49157 ///// 88339 53157 27031 77167 26547=

TTAA 12001 32061 99014 27723 12003 00135 25520 13002 92692 26112 21504 85309 30310 28508 70704 29750 26012 50504 41160 26515 40653 51161 26519 30837 57161 26519 25953 56361 26018 20095 53162 26018 15281 51964 26024 10550 46367 25025 88338 56160 26018 77999=

TTAA 12001 32098 99018 30330 32002 00140 27929 35003 92706 23542 28504 85324 24550 28509 70734 27160 28012 50509 40960 27524 40658 49559 27026 30842 59358 27522 25957 56359 26522 20100 52360 27024 15285 51762 27031 10554 45365 25527 88292 59958 27521 77139 26532=

TTAA 12005 32150 99016 17727 34001 00141 15920 34001 92727 17112 26503 85355 21113 25510 70782 23162 28018 50517 37950 27524 88999 77999=

TTAA 12001 32215 99994 03144 34006 00527 ///// ///// 92587 05950 33009 85240 12532 31513 70692 22950 34009 50506 41339 32504 40654 50747 33503 30841 55357 26507 25958 52758 26008 20103 47961 24513 15294 43766 24515 10569 39973 22015 88308 56157 26007 77999=

TTAA 62001 44231 99865 26727 27004 00144 ///// ///// 92774 ///// ///// 85417 16132 08504

70885 18158 30037 50534 31356 31053 40688 445// 31051 30873 605// 32578 25985 667// 29557 20120 655// 29559 15297 623// 28557 10546 641// 29064 88238 685// 30064 77294 32078 42038 31313 48008 82332=

TTAA 12001 44292 99865 24148 06502 00248 ///// ///// 92/// ///// ///// 85434 24119 09506 70884 18942 29014 50532 33350 30520 40684 447// 31519 30872 573// 31018 25985 639// 31020 20121 635// 30025 15299 619// 29031 10550 625// 28037 88231 657// 29522 66100 28037=

TTAA 12001 45004 99011 13256 00000 00157 13850 02503 92813 13250 04004 85525 13458 18003 70125 00643 26008 50579 08373 25030 40749 16784 23539 30960 28789 26044 25088 38582 24541 20237 52165 22544 15419 64572 25037 10658 78562 24528 88999 77204 22545 41315=

TTAA 1200/ 47058 99020 02319 31501 00192 03316 92805 06917 85460 10328 70942 14950 50542 29750 88999 77999=

TTAA 62001 47090 99018 03057 25007 00170 01260 25021 92791 04156 25032 85453 07757 26044 70945 15373 29535 50540 30971 28553 40695 40171 28072 30889 46771 26101 25010 46175 26123 20157 50177 26157 15343 54977 25635 10600 56377 26105 88309 46372 26601 88162 54578 26146 77203 25659 42615 31313 52108 82309 =

TTAA 62001 47102 99004 00456 29015 00191 00156 30014 92808 06302 28514 85469 05768 28022 70967 13168 29537 50545 31364 29560 40699 41178 28560 30891 48779 27095 25010 48983 26620 20157 49583 26146 15343 54381 26123 10601 58780 25602 88354 47176 28066 88171 53382 26143 88104 59580 25599 77198 26150 42408 31313 52108 82312 =

TTAA 62001 47122 99017 01737 15501 00187 01313 21008 92810 02310 26023 85476 07507 25525 70968 13975 28538 50546 28768 29054 40702 37370 27573 30897 43367 26601 25020 44368 26133 20168 47368 25635 15355 55367 26131 10608 62564 26125 88327 44168 26589 77141 26139 43008 31313 52106 82311 =

TTAA 62001 47138 99024 01162 20003 00195 00264 23517 92819 01159 27533 85487 04167 26037 70992 11596 27050 50549 25991 27078 40708 35780 27090 30905 41177 26634 25029 40786 26180 20178 49183 25694 15363 55781 26154 10616 58780 25606 88346 41376 26100 88128 60979 26159 77183 26200 40737 31313 52108 82316 =

TTAA 62001 47158 99025 05120 00000 00206 00461 16003 92834 00556 27020 85503 05750 27525 70012 09785 29040 50552 24982 27072 40710 34977 26084 30908 42372 26122 25033 38977 25681 20183 47575 25687 15368 59372 26163 10621 60372 26109 88326 40572 26111 88121 63171 26148 77216 25688 40805 31313 52108 82305 =

TTAA 62001 47169 99016 06856 29007 00217 05249 28512 92848 00323 26516 85519 02956 27527 70037 09796 29534 50555 24391 27067 40714 35387 26079 30911 41585 26120 25035 40586 25179 20185 48783 25187 15369 59180 26161 10620 61179 26101 88329 42557 26113 88121 64378 25648 77184 25689 41225 31313 52108 82334 =

TTAA 62001 47185 99018 07857 32009 00216 07057 31011 92849 00626 30010 85525 00971 28021 70049 08790 29029 50558 22378 26572 40719 30566 26085 30919 37375 26141 25045 38986 25168 20195 48583 25170 15380 60974 26161 10628 65374 26608 88317 39163 25616 88118 65973 25630 77182 25180 40724 31313 52108 82317 =

TTAA 62001 47401 99017 05950 27008 00139 07347 28508 92740 12519 24017 85379 18116 23024 70818 23342 26531 50522 38535 27054 40671 497// 27055 30855 563// 26567 25971 519// 26574 20117 503// 26081 15305 477// 27081 10572 477// 25576 88313 573// 26557 77157 26588 31313 48008 82330=

TTAA 62001 47412 99019 04956 18006 00167 05556 17005 92774 09737 28510 85420 14537 28028 70875 20330 26541 50529 37345 26556 40679 493// 26073 30866 539// 26109 25983 517// 26609 20129 487// 27105 15317 503// 26592 10582 523// 26080 88303 543// 26108 77213 26612 31313 48008 82330=

TTAA 62001 47418 99018 15120 03005 00157 05560 26512 92763 10356 28030 85410 14357 31515 70870 18562 29048 50530 35938 27056 40681 483// 26576 30867 543// 27114 25984 521// 27122 20130 493// 27606 15318 485// 27101 10584 497// 27557 88323 545// 26596 77251 27122 31313 48108 82331=

TTAA 62001 47580 99020 00950 20006 00192 01949 19508 92805 06532 19008 85462 09916 25523 70938 18118 26051 50538 33329 25570 40692 435// 26091 30882 493// 26122 25001 517// 26630 20147 495// 26640 15335 505// 27119

10595 565// 26087 88254 521// 26630 88126 541// 26611 77193 26642 31313 72208 82330=

TTAA 62001 47582 99022 02709 13005 00180 03107 12517 92797 03907 22522 85461 07309 25024 70947 17121 26036 50540 31950 26078 40694 411// 25598 30887 479// 26619 25007 471// 26639 20154 497// 26653 15342 529// 26618 10598 597// 26099 88310 481// 26118 88123 585// 27125 77215 26659 77133 26638 31313 48008 82330=

TTAA 62001 47600 99022 01823 22008 00184 02826 20515 92812 00715 22033 85482 05310 25020 70980 13937 26540 50547 28510 25070 40703 37381 26595 30898 431// 26137 25022 397// 26189 20172 497// 26699 15356 553// 26156 10611 611// 26103 88339 431// 26117 88120 599// 27131 77199 26699 31313 48108 82331=

TTAA 62001 47646 99022 00350 28004 00197 01059 32004 92825 00229 21015 85500 00373 23520 70021 10976 26031 50553 26933 25072 40712 35156 26597 30911 36787 27151 25037 409// 26687 20186 495// 26692 15369 615// 27178 10618 637// 26612 88379 38530 26600 88121 655// 26661 77224 26698 31313 48008 82330=

TTAA 62001 47678 99008 09856 23506 00217 08658 23508 92855 03033 23017 85536 00172 26512 70064 06580 25527 50562 22520 26568 40725 25171 26603 30931 28982 25661 25059 39975 26171 20207 521// 26173 15389 619// 27152 10632 691// 26619 88487 241// 26570 88107 725// 26630 77210 26175 31313 73008 82330=

TTAA 62001 47681 99023 03859 34008 00227 05462 31514 92858 01057 27523 85533 03740 27533 70047 10776 26039 50557 22350 26072 40718 29368 26603 30920 33988 26654 25046 38587 26189 20196 497// 26689 15379 615// 27159 10624 681// 27126 88417 31957 26587 88120 689// 26642 77233 26194 31313 75508 82331=

TTAA 62001 47741 99022 01226 25003 00200 04057 24014 92831 00827 27030 85504 04132 27531 70014 11172 26043 50552 25592 26073 40711 33376 26101 30911 37588 26651 25036 403// 25686 20186 489// 26189 15370 599// 26168 10620 635// 27109 88317 39982 26124 77221 25694 31313 48108 82331=

TTAA 62001 47778 99017 07242 03004 00210 08057 02003 92848 03628 25012 85531 00038 24529 70055 09380 25041 50559 22350 26565 40722 28173 26093 30927 31987 26160 25054 38782 25680 20203 501// 26181 15386 623// 26660 10629 703// 26627 88391 29570 26097 88117 713// 26145 77204 25683 31313 48108 82331=

TTAA 62001 47807 99025 04050 12002 00218 05457 20007 92850 00225 29509 85523 02765 29515 70050 09759 26031 50558 21779 26075 40719 29771 26093 30922 33588 26162 25049 38587 25181 20198 497// 25683 15382 615// 26666 10628 691// 27126 88374 33566 25603 88111 689// 25638 77207 25689 31313 48008 82330=

TTAA 62001 47827 99021 09650 31008 00211 08450 35011 92851 05008 27507 85539 01625 24022 70076 05533 26532 50565 19757 26586 40729 23985 25620 30936 27191 25156 25064 38981 25157 20213 495// 25659 15397 615// 26137 10639 737// 25606 88469 23358 26578 88108 739// 26117 77223 24663 31313 48008 82330=

TTAA 62001 47909 99989 13809 30002 00197 ///// ///// 92853 10406 06010 85552 05404 15002 70117 03704 29029 50573 15909 25570 40740 19573 26107 30950 28780 25124 25077 39570 24130 20226 511// 24624 15408 631// 26101 10650 763// 26072 88999 77246 24130 31313 73008 82330=

TTAA 62001 47918 99018 20428 08015 00161 19226 08521 92827 14603 11029 85539 10802 14519 70139 02803 22519 50579 08968 25552 40749 18571 25072 30960 29167 24593 25087 39962 23099 20236 523// 22595 15416 647// 26074 10655 787// 26547 88999 77240 22601 31313 73008 82330=

TTAA 62001 47945 99020 20046 09012 00188 18235 09019 92851 13834 13012 85559 09041 13502 70152 02846 28027 50582 08176 26064 40752 17979 24570 30962 30566 25086 25089 409// 24591 20236 507// 24092 15418 639// 26568 10658 791// 25550 88999 77206 23601 31313 48108 82331=

TTAA 62001 47971 99025 17461 06006 00214 14660 06508 92865 08456 07510 85556 03859 13004 70138 03675 29525 50581 07582 26566 40752 16581 25574 30963 30757 26087 25089 413// 26091 20238 505// 26097 15420 637// 27076 10658 787// 27560 88999 77214 26101 31313 51108 82330=

TTAA 12001 48820 99022 11450 02002 00190 09637 00508 92831 04204 36011 85521 05800 24001 70108 01432 25513 50576 09783 27034 40745 20980 26038 30957 26190 26547 25086 37184 25541 20236 509// 24543 15417 651// 24540 10658 751// 25523 88999 77339 27051 41806 31313 48008 82349=

TTAA 12001 58968 99019 17219 08002 00169 16414 08505 92830 12606 04510 85538 09605 11006 70135 02805 17010 50578 09986 25026 40747 21174 24037 30956 28191 24048 25084 39773 24053 20233 499// 23553 15415 637// 25042 10656 771// 26530 88999 77213 23056 41234=

TTAA 11231 50527 99942 36944 00000 92783 31516 30002 85394 23349 34006 70802 28133 32009 50515 42750 32014 40662 51558 32018 30846 58360 31023 25961 58761 30025 20101 56962 29524 15283 57765 28031 10540 55977 26532 88307 58160 31022 77999 31313 63303 82315=

TTAA 11231 50557 99991 37356 00000 92740 23357 33504 85357 24550 34504 70762 28543 30008 50510 44332 28510 40656 55138 30508 30839 56158 28512 25955 56758 28019 20097 54760 27521 15281 54761 28028 10541 54761 26035 88396 55338 30008 77999 31313 63203 82315=

TTAA 11231 50774 99989 33350 00000 92743 24326 26003 85362 22558 30505 70778 26924 28010 50513 42357 27518 40661 51557 26524 30845 56759 26523 25960 55560 27027 20103 53562 27030 15289 53163 26033 10553 48965 26038 88286 58359 26023 66117 26542 31313 63203 82315=

TTAA 11231 50953 99007 27550 27002 00172 26527 27502 92745 21159 29005 85372 19140 30010 70799 25326 28012 50517 41939 25520 40665 49559 27031 30850 56161 27530 25966 54361 27033 20110 51164 27034 15296 52365 26037 10558 52366 26542 88323 55761 27530 77113 26546 77353 27032 31313 63203 82315=

TTAA 11231 51463 99905 14321 07001 85423 03964 14008 70968 05976 21503 50551 25563 29013 40709 38761 30524 30900 54160 31036 25014 609// 30537 20152 625// 29034 15330 623// 28543 10580 635// 29046 88222 639// 30035 66111 29047 31313 63103 82315=

TTAA 11231 52203 99936 19534 04501 92826 13717 08001 85475 09944 29002 70990 08174 26507 50551 26772 28510 40708 40369 30008 30897 55967 29017 25011 619// 29524 20149 619// 30030 15328 601// 29038 10580 605// 29040 88238 629// 30025 77999 31313 63203 82315=

TTAA 11231 52267 99909 14956 25002 85458 07760 27015 70976 09575 30010 50548 28371 29516 40704 41768 30019 30893 54167 29023 25008 623// 29525 20145 623// 28525 15324 585// 29034 10580 591// 28034 88226 645// 29525 77999 31313 63203 82315=

TTAA 11231 52323 99820 13359 25008 70012 08576 29009 50553 27573 31012 40709 39970 32014 30899 54967 30019 25013 629// 29022 20150 623// 30027 15330 581// 29039 10585 605// 29036 88234 641// 29524 88105 613// 29538 77999 31313 63203 82315=

TTAA 11231 52418 99889 17132 00000 85488 04566 35002 70026 06975 26510 50554 29560 28014 40711 38774 30517 30902 53570 30021 25017 59969 30525 20157 577// 30033 15338 573// 29543 10593 597// 28540 88249 60169 30525 77160 30043 31313 63203 82315=

TTAA 11231 52533 99851 12160 22502 85492 11560 22502 70022 07574 27510 50553 30121 29520 40708 39763 32513 30899 52364 30517 25015 611// 29021 20154 585// 29027 15335 581// 29535 10590 591// 29038 88238 621// 29522 77114 29043 31313 63203 82315=

TTAA 11231 52681 99863 12163 22501 85485 02368 31003 70023 07776 31012 50554 29364 30011 40709 42956 29014 30899 51959 29520 25016 57759 28022 20155 595// 28023 15337 563// 28034 10593 605// 28540 88233 59959 28023 88107 597// 28038 77999 31313 63203 82315=

TTAA 11231 52818 99723 13565 00000 70057 07370 18004 50561 25566 29519 40719 37564 31032 30910 53762 31037 25027 53562 30540 20171 54162 30545 15355 54962 29546 10608 641// 29543 88284 54962 31039 88103 645// 29543 77132 29053 31313 63203 82315=

TTAA 11231 52836 99688 16566 00000 50558 27361 29016 40715 38563 30023 30905 52961 30527 25022 55161 30032 20166 52962 30036 15351 54363 29035 10605 611// 29041 88261 54961 30530 88112 613// 29041 77127 29047 31313 63203 82315=

TTAA 11231 52866 99770 18360 00000 70026 09372 29007 50554 28362 29517 40710 39361 29522 30902 50561 29017 25019 57360 29017 20160 56760 28527 15343 55561 28032 10598 607// 29039 88250 57360 29017 88118 607// 27539 77106 28541 31313 63203 82315=

TTAA 11231 52983 99810 14356 25001 70021 05384 30011 50556 26770 29014 40712 40563 29015 30903 51163 28020 25020 56762 28019 20162 54363 27526 15347 54164 27536 10603 589// 27535 88239 58362 27022 88119 603// 27539 77119 27539 31313 63203 82315=

TTAA 11231 53068 99906 22116 22501 85446 14358 35505 70924 16559 29517 50538 31758 29025 40692 44732 28530 30879 57356 28531 25993 609// 29029 20131 601// 28532 15313 557// 27535 10570 569// 26539 88234 631// 28530

77388 28531 31313 63203 82315=

TTAA 11231 53463 99897 14527 00000 85481 10556 20006 70977 12790 28516 50546 29968 28528 40701 42167 28032 30889 57365 28034 25003 595// 28528 20142 601// 27532 15324 563// 26539 10583 553// 27037 88269 607// 28031 66120 26042 77312 27535 31313 63203 82315=

TTAA 11231 53513 99897 14148 00000 85459 02961 25507 70979 09791 26516 50548 29385 28520 40703 42575 27523 30892 55777 28024 25007 59176 28525 20146 629// 28030 15326 575// 27534 10582 559// 26534 88204 635// 28029 77999 31313 63303 82315=

TTAA 11231 53614 99890 12145 00000 85469 04168 30505 70008 06391 27009 50553 28976 24010 40708 41573 25514 30897 53770 28021 25013 58569 28023 20153 59169 27526 15335 56170 27536 10592 56570 27035 88243 59969 28024 77117 26538 31313 63203 82315=

TTAA 11232 53772 99932 09356 13501 92836 06757 11001 85499 03566 24008 70021 09972 27014 50554 27971 29517 40710 40969 28021 30900 53967 27024 25016 58167 26529 20156 57367 26040 15341 54967 10599 58167 88243 58767 26529 66172 26546 31313 63103 82315=

TTAA 11231 53845 99885 12159 00000 85496 02167 23009 70032 07780 26507 50555 27973 24009 40711 40570 25016 30901 53569 26521 25018 55368 26028 20160 54568 25533 15344 55569 26041 10599 601// 26543 88276 56568 26523 88105 607// 26044 77105 26044 31313 63103 82315=

TTAA 11231 53915 99866 10360 31501 85495 07761 15502 70035 04771 22009 50557 27568 28015 40713 40167 28015 30904 49566 27019 25022 55965 27018 20163 55165 26031 15348 54165 26542 10605 605// 26536 88236 58165 26522 77149 26542 31313 63203 82315=

TTAA 11231 54102 99901 19724 34002 85434 20318 34007 70872 19571 29524 50531 32765 29533 40685 44164 29536 30873 55163 28532 25988 619// 28030 20126 585// 28033 15308 537// 27536 10567 567// 26541 88240 639// 28030 77457 29540 31313 63203 82315=

TTAA 11231 54135 99998 20321 13502 92753 14539 20507 85394 15958 25515 70839 23115 27018 50525 34565 28537 40678 44763 29042 30866 54162 29548 25981 58362 28045 20122 55162 27542 15308 51963 26044 10568 51763 27046 88256 58762 28045 88117 55962 26549 66321 29550 31313 63203 82316=

TTAA 11231 54161 99991 19728 22501 92755 17907 26502 85387 18118 25508 70832 21547 26520 50523 36544 27030 40675 46579 28034 30862 53777 28039 25978 54577 27542 20122 51978 27038 15308 52778 26044 10571 50578 26540 88309 53977 28539 66127 26548 31313 63303 82315=

TTAA 11231 54218 99939 10959 22502 92782 09360 24004 85434 11758 28014 70904 16763 30029 50536 30970 29029 40691 42567 29029 30879 55165 28033 25994 621// 27533 20133 569// 27544 15317 529// 26544 10577 555// 26541 88248 625// 27533 66144 26545 31313 63203 82315=

TTAA 11231 54292 99987 13930 00000 92749 09522 29010 85397 13717 26511 70847 21526 27520 50526 36360 28524 40677 47958 28028 30864 53759 27538 25981 51759 27042 20125 50760 26549 15313 50561 26553 10578 51562 26034 88317 54558 27535 77159 26555 31313 63203 82315=

TTAA 11231 54342 99017 18316 00000 00175 15505 18504 92770 11957 25505 85417 10968 26514 70888 18367 27023 50533 31571 29036 40687 43778 29039 30875 54777 29542 25991 58576 28046 20134 52778 27045 15320 51178 26553 10582 52978 26539 88254 58776 28045 77147 26554 31313 63303 82316=

TTAA 11231 54374 99974 16302 00000 92770 09911 31004 85418 14104 23511 70878 19587 27017 50530 35336 28532 40682 45159 28037 30870 52969 28040 25987 52378 27544 20132 50978 26049 15320 51378 26552 10580 57177 26045 88332 52764 28038 88104 57376 25544 77152 26552 31313 63303 82317=

TTAA 11231 54511 99020 08518 25001 00186 07516 32002 92802 02761 24510 85469 04764 28005 70968 12965 29021 50546 29362 27528 40701 42761 29030 30889 56960 29036 25003 579// 27540 20145 561// 26540 15329 547// 26048 10586 593// 26545 88265 605// 27539 88108 589// 26546 77149 26048 31313 63203 82315=

TTAA 11232 54662 99013 03328 25004 00194 03528 25005 92807 06163 28011 85469 06980 28513 70965 12374 29522 50545 30372 29033 40700 42769 29029 30889 53767 27532 25006 52968 26549 88288 54967 27536 66230 26555 77498 29033 31313 63203 82315=

TTAA 11231 54727 99011 07945 18001 00209 02360 18502 92835 00680 26007 85507 03583 27011 70028 09191 27515

50553 28585 28019 40709 39581 28025 30901 51578 26534 25018 53777 25544 20162 50978 25059 15348 55577 25562 10604 59976 25546 88275 53777 26037 88139 57176 25558 77159 25563 31313 63203 82315=

TTAA 11231 54857 99018 04311 31503 00212 03920 32005 92832 02364 31007 85505 02371 31006 70028 09368 29013 50553 28566 29020 40710 38565 27534 30902 48764 26043 25022 48564 26060 20169 49164 25074 15354 56763 25572 10608 593// 25553 88312 48564 26540 88144 58163 25569 77183 25081 31313 63203 82315=

TTAA 11231 56029 99645 19750 00000 50563 23567 29521 40722 37165 31033 30914 49963 31539 25034 48764 30546 20181 48764 30046 15367 54364 29049 10620 625// 27536 88315 49963 31537 77140 29052 31313 63203 82315=

TTAA 11231 56080 99714 19558 00000 70054 16559 06001 50558 26744 28511 40714 40141 29016 30906 52357 28515 25023 53957 27021 20167 55157 28026 15351 52758 27543 10609 59758 27534 88274 54957 29018 77139 28047 31313 63203 82315=

TTAA 11231 56137 99682 11164 36000 50568 22165 30016 40727 34963 32036 30922 45562 30543 25044 43363 30547 20193 45963 30046 15381 55762 27549 10631 679// 28045 88309 46962 31041 66127 28559 31313 63103 82315=

TTAA 11231 56146 99674 13535 00000 50564 23363 29517 40722 38558 30525 30915 47163 30526 25036 46764 30040 20183 48964 28541 15369 55364 28050 10622 645// 28547 88295 47963 30528 77128 28054 31313 63203 82315=

TTAA 11231 56187 99959 01511 00000 92843 03427 15501 85525 00458 25001 70063 06571 19503 50562 24168 30512 40721 36969 28523 30914 45766 27028 25036 45768 26535 20184 48568 25547 15370 55167 26556 10624 625// 27037 88332 46165 26027 88135 58967 27555 77143 27058 31313 63203 82315=

TTAA 11231 56571 99843 03621 00000 70086 05330 20502 50566 22139 36007 40726 34539 29017 30925 37171 27037 25051 40971 27543 20201 46170 26554 15388 58568 27565 10638 703// 26036 88388 36549 28518 77151 27565 31313 63203 82315=

TTAA 11231 56691 99779 03314 13501 70082 03117 27009 50566 21111 27514 40727 33159 26020 30928 34762 26047 25056 35763 26055 20208 44762 26064 15395 57961 26561 10644 695// 26532 88375 35161 26528 77182 26066 31313 63203 82316=

TTAA 11231 56739 99835 03028 02501 70085 02739 17503 50571 16183 30518 40735 25179 29034 30943 28185 30057 25071 38182 30058 20221 47779 27548 15405 621// 27056 10647 737// 28541 88428 26173 29525 77288 30059 31313 63203 82315=

TTAA 11231 56778 99814 03023 11501 70091 03318 28007 50569 16773 27019 40733 28371 26533 30938 28573 27049 25067 35771 27554 20219 45770 26063 15404 605// 26558 10650 743// 27535 88376 29971 26036 77199 26063 31313 63203 82315=

TTAA 11231 56964 99870 12006 04501 85499 10605 12503 70093 01209 26008 50572 12590 29021 40740 21987 26538 30949 28585 29554 25078 35383 28548 20230 46979 27049 15414 613// 25548 10657 741// 27535 88999 77303 29554 31313 63303 82315=

TTAA 11231 56985 99875 03809 36002 85533 01403 00503 70089 00903 25019 50571 14389 25532 40737 23786 26026 30945 26985 28043 25074 34583 27056 20227 46180 25551 15411 619// 25551 10654 751// 28035 88357 28385 28034 77239 26565 77548 23535 31313 63303 82315=

TTAA 11231 57083 99013 05334 22502 00211 01256 24501 92842 03078 21005 85520 01181 25508 70049 08976 28008 50557 25976 28009 40715 37772 26524 30907 50569 25533 25025 51369 25543 20171 50170 25060 15357 55369 25557 10611 601// 26047 88288 51169 25535 88109 619// 25551 77196 25062 31313 63203 82315=

TTAA 11231 57127 99965 02117 00000 92850 01056 08001 85529 00156 14502 70062 06576 22514 50560 25565 27512 40717 39365 28519 30910 48564 26526 25029 50764 26030 20174 49564 25044 15361 53764 26048 10617 605// 26539 88289 50164 27026 88105 617// 26539 77170 26053 31313 63203 82315=

TTAA 11231 57131 99975 05560 04502 92831 00570 07506 85510 02875 17006 70054 06581 24507 50558 27569 27013 40715 39170 27015 30906 49968 25523 25025 53567 25529 20169 51968 25542 15354 53968 26048 10611 59767 26042 88247 53767 25529 88119 59367 25543 66177 25549 31313 63203 82315=

TTAA 11231 57178 99011 03131 00000 00221 00348 20002 92853 03263 19508 85532 00375 25505 70066 06792 27008 50560 23373 26517 40719 36566 25021 30912 50961 25536 25032 48165 25048 20179 48566 24564 15365 56166 25557 10618 615// 25546 88293 51561 25537 88119 615// 25054 77195 24565 31313 63203 82315=

TTAA 11231 57447 99972 00316 31501 92853 00415 00501 85532 00536 32501 70067 05380 18004 50562 21731 27507 40722 34140 24518 30918 41364 25041 25041 42169 24553 20191 46369 25064 15378 56368 25561 10630 659// 25555 88320 45333 25032 77172 25069 31313 63203 82315=

TTAA 11231 57461 99011 02023 31501 00220 02617 29002 92855 03857 19503 85536 00356 17001 70071 05592 22002 50562 21946 26009 40722 33763 24018 30918 44363 25042 25041 40771 25059 20191 47372 24571 15377 57171 26063 10628 675// 25556 88319 46145 25032 77188 24572 31313 63203 82315=

TTAA 11231 57494 99024 03708 00000 00212 02256 08502 92843 03295 08506 85524 00081 02004 70064 04392 21502 50562 22159 24508 40723 32979 26013 30921 39981 25548 25046 39581 24567 20197 45780 24578 15383 58176 25570 10632 681// 25557 88330 40573 25034 77197 24579 31313 63303 82320-

TTAA 11231 57516 99961 04828 20502 92851 04045 17002 85532 00740 16503 70066 06520 20003 50563 22161 30009 40722 35731 26514 30918 40961 25538 25042 42162 25547 20192 45762 25558 15379 54762 27057 10632 659// 25547 88340 43534 25028 77196 25558 31313 63203 82315=

TTAA 11231 57679 99021 03019 00000 00218 04024 03002 92852 03263 05504 85533 00427 09006 70081 03339 25507 50566 19530 25527 40728 30935 25034 30932 30780 24063 25060 37979 24064 20210 47977 24574 15395 609// 25571 10640 717// 25050 88370 33366 25539 77183 24577 31313 63203 82315=

TTAA 11231 57749 99994 03426 00000 92848 03859 05504 85530 00442 08506 70074 03724 27005 50566 19325 25029 40728 31126 25037 30931 33171 24560 25059 35172 24562 20211 45570 24573 15397 59168 25566 10642 735// 25047 88370 33964 25040 88104 733// 25546 77204 24573 31313 63203 82315=

TTAA 11231 57816 99884 00819 02503 85539 00928 02502 70081 03137 28009 50566 19318 25531 40728 29966 25033 30931 32171 25555 25060 34771 25560 20212 45169 25567 15398 58767 26564 10644 741// 26040 88356 33368 25541 77203 25567 77485 25033 31313 63203 82315=

TTAA 11231 57957 99004 06432 04503 00202 06434 03005 92837 02026 03008 85520 02619 04504 70084 01524 23515 50569 17124 25023 40733 26957 26040 30940 28379 24553 25069 35977 24062 20221 46774 25059 15405 621// 25557 10648 745// 26039 88394 27360 26044 77242 24063 31313 63203 82316=

TTAA 11233 57972 99004 05221 00000 00219 05017 00000 92851 01019 03003 85531 03023 09002 70101 01923 24014 50570 17361 25528 40735 24386 25046 30942 27385 24561 25071 35983 88360 28585 24555 66287 24064 31313 63203 82315=

TTAA 11231 57993 99009 05609 22501 00207 04803 27002 92839 01803 04004 85526 04406 12501 70099 00706 23016 50571 17161 24536 40736 22787 24049 30943 29385 24058 25072 36782 24066 20223 48179 24560 15406 621// 24553 10647 777// 26543 88999 66244 24066 31313 63303 82316=

TTAA 11231 57993 99009 05609 22501 00207 04803 27002 92839 01803 04004 85526 04406 12501 70099 00706 23016 50571 17161 24536 40736 22787 24049 30943 29385 24058 25072 36782 24066 20223 48179 24560 15406 621// 24553 10647 777// 26543 88999 66244 24066 31313 63303 82316=

TTAA 11231 58027 99023 03720 13502 00222 00221 14506 92851 01667 25502 85526 02568 28004 70055 08171 29005 50558 24568 27520 40717 36965 27031 30910 49763 26046 25030 45764 25561 20178 49564 25075 15363 57563 25568 10616 633// 26054 88299 49963 26046 88113 631// 26062 77198 25076 31313 63203 82315=

TTAA 11231 58150 99028 03313 00000 00220 00829 03505 92847 00266 03003 85521 01972 31004 70053 07772 29506 50558 24369 27024 40717 36166 27037 30912 43764 25555 25035 42365 25078 20184 47965 25089 15369 58763 25578 10619 645// 25557 88310 46562 25553 88116 655// 25565 77193 25090 31313 63203 82315=

TTAA 11231 58203 99024 01922 00000 00220 04664 11003 92853 02272 13004 85529 02374 29005 70066 07777 27506 50560 22766 26520 40720 35760 26024 30914 48556 24542 25036 44765 24564 20184 47567 24076 15370 58366 24571 10621 643// 26052 88302 48949 24542 88113 649// 24562 77168 24581 31313 63203 82316=

TTAA 11231 58238 99024 00919 02501 00228 03030 02502 92859 01056 33501 85536 00173 29003 70077 06181 28507 50563 21367 26521 40724 33162 25530 30921 40561 25058 25045 40365 24081 20195 48765 24584 15380 58563 25573 10627 661// 25552 88341 41943 24536 88116 681// 25563 77181 25086 31313 63203 82315=

TTAA 11231 58362 99027 01415 25002 00220 03630 34005 92852 05078 00504 85537 01872 30503 70082 04980 27508 50565 20767 26022 40726 32363 24536 30926 37365 24570 25053 38767 23579 20203 48965 24084 15386 611// 25080

10632 705// 26056 88325 37362 24557 88112 691// 25561 77218 24086 31313 63203 82316=

TTAA 11231 58424 99026 00219 00000 00227 03421 03502 92858 02266 05502 85537 00563 05502 70080 03985 33501
50565 21366 23013 40726 32522 24530 30926 36169 24563 25052 38571 24074 20202 47770 24578 15387 59368 25071
10634 667// 25554 88335 38163 24543 88109 693// 25558 77179 24581 31313 63203 82315=

TTAA 11231 58457 99023 00411 18001 00226 04657 26502 92858 02670 02006 85538 00663 34502 70086 04357 25507
50566 19759 25523 40728 31327 24541 30931 34783 25070 25058 38982 24078 20207 48179 24580 15391 611// 25577
10635 719// 26554 88386 33321 24545 77225 24583 31313 63203 82315=

TTAA 11231 58606 99022 03009 02501 00221 04628 02504 92853 02458 05005 85535 00821 08505 70089 02357 25007
50568 18940 25027 40730 25964 24040 30935 31767 24062 25063 37166 ///// 20216 47765 ///// 15401 607// 25570
10644 745// 25554 88417 29323 24535 77159 25072 31313 63203 82315=

TTAA 11231 58633 99017 01813 00000 00222 02618 04503 92854 03456 05005 85537 01416 15003 70094 02717 25512
50568 18520 24027 40731 28556 24547 30936 31966 24567 25063 37566 23576 20214 48164 24575 15398 613// 25571
10642 697// 25053 88107 7110/ 25057 77231 24079 31313 63203 82315=

TTAA 11231 58665 99026 06018 34002 00214 07833 36006 92852 03665 02510 85540 04624 28004 70109 01711 24018
50571 17514 24022 40736 25960 24554 30940 33362 24567 25068 37362 24075 20218 48561 24574 15402 613// 25565
10645 719// 25049 88106 739// 25052 77230 24077 31313 63203 82315=

TTAA 11231 58725 99999 06607 00000 92845 03418 01503 85535 05217 16503 70106 01119 ///// 50572 17726 25025
40736 25765 24549 30941 32365 24062 25069 36565 24571 20220 48363 24566 15403 625// 25562 10645 757// 25548
88100 761// 25548 77238 24072 31313 63203 82315=

TTAA 11231 58847 99014 10027 00000 00200 09223 30501 92844 06820 05006 85541 06624 13003 70122 00456 24015
50575 10990 23530 40742 22575 24046 30950 29582 24056 25078 38380 24062 20228 48776 24559 15410 623// 25050
10652 787// 26041 88999 77222 24064 31313 63203 82315=

TTAA 11231 59134 99005 12847 13501 00182 12650 12001 92833 09416 06507 85534 07434 01505 70117 02441 24014
50576 11577 25026 40744 20372 24040 30953 28373 24048 25082 38571 24054 20231 48569 23552 15413 639// 24542
10653 767// 25532 88999 77219 23057 31313 63203 82315=

TTAA 11231 59211 99005 08204 25001 00215 08212 26002 92855 04218 33005 85537 00514 02007 70097 00017 25012
50571 15717 26026 40736 26364 26045 30945 26769 25546 25074 36367 25048 20225 47366 25053 15408 631// 25551
10650 765// 27035 88382 27565 26049 77214 25553 31313 63203 82315=

TTAA 11231 59265 99009 07612 29501 00193 07219 33502 92833 05417 07006 85526 06221 17003 70107 00356 25013
50573 11378 24537 40740 21974 24546 30951 26176 25053 25080 36973 24053 20230 48371 24550 15413 629// 24539
10653 773// 26034 88377 24773 24550 77232 23554 31313 63203 82315=

TTAA 11231 59280 99012 09036 07001 00184 09239 05003 92826 06417 01004 85524 07815 25004 70108 01660 26008
50575 09386 25537 40744 20380 23545 30953 26186 25553 25082 37582 24054 20233 48779 24552 15415 633// 25041
10656 767// 26534 88999 77238 24055 31313 63103 82315=

TTAA 11231 59316 99020 12828 36002 00171 12439 36006 92825 12450 04509 85532 09637 35505 70132 02021 21512
50580 09374 25026 40749 18372 24540 30959 27771 25044 25088 38769 24047 20237 49567 23045 15419 641// 24537
10658 781// 25028 88999 77236 24048 31313 63203 82315=

TTAA 11231 59316 99020 12828 36002 00171 12439 36006 92825 12450 04509 85532 09637 35505 70132 02021 21512
50580 09374 25026 40749 18372 24540 30959 27771 25044 25088 38769 24047 20237 49567 23045 15419 641// 24537
10658 781// 25028 88999 77236 24048 31313 63203 82315=

TTAA 11231 59431 99011 08020 34002 00194 07222 33004 92831 02619 35006 85517 05026 13505 70101 00426 24012
50572 15772 25531 40738 23186 25544 30947 27185 26053 25076 36982 25052 20226 48779 24553 15409 619// 26041
10651 769// 27030 88401 23186 25544 77220 24555 31313 63203 82315=

고층기상관측전문(TTBB) : 2013.01.12 00:00Z

TTBB 12008 45004 00011 13256 11010 14256 22978 12442 33954 13050 44949 12844 55928 13250 66883 12420 77863 13043 88852 13458 99810 10859 11725 03257 22670 02907 33660 03531 44652 03159 55649 01572 66636 00574 77630 00973 88618 01496 99492 09372 11434 15377 22400 16784 33325 27183 44318 26190 55302 28987 66291 28791 77197 52567 88195 50780 99146 65970 11100 78562 21212 00011 00000 11976 07505 22961 07007 33941 06505 44901 06001 55803 28005 66749 27507 77710 25508 88692 26008 99667 23507 11655 22009 22627 24020 33586 24523 44553 24521 55528 26025 66456 23033 77426 24035 88372 24542 99351 23543 11298 26044 22259 24540 33204 22545 44182 24035 55157 25039 66140 24531 77132 24031 88120 26532 99100 24528 31313 48108 82318 41414 ///// 51515 11898 09001 22800 28005 33600 24522=

TTBB 1200/ 47058 00020 02319 11973 04314 22876 09529 33830 10928 44782 11750 55716 13950 66670 16556 77620 19156 88545 24950 99510 28350 11454 35146=

TTBB 62008 47090 00018 03057 11896 06150 22876 05757 33829 09356 44799 08367 55768 10170 66614 22977 77566 25172 88416 39771 99333 42975 11309 46372 22287 46972 33278 45773 44266 47373 55253 45775 66221 48776 77218 47177 88162 54578 99136 53178 11106 59776 22100 56377 21212 00018 25007 11974 24524 22882 26045 33635 30536 44422 28060 55302 26100 66203 25659 77158 26149 88148 25632 99129 25638 11118 26117 22102 26112 33100 26105 31313 52108 82309 =

TTBB 62008 47102 00004 00456 11908 07500 22905 07901 33896 06361 44885 06962 55862 05366 66763 10596 77686 13765 88617 18768 99460 35969 11434 37175 22354 47176 33318 46784 44283 50178 55233 47983 66214 50982 77195 48383 88171 53382 99134 53382 11104 59580 22100 58780 21212 00004 29015 11993 30017 22951 31014 33926 28514 44896 30012 55846 28022 66638 29550 77364 28562 88330 27586 99198 26150 11100 25602 31313 52108 82312 =

TTBB 62006 47122 00017 01737 11002 01514 22975 00408 33954 01103 44827 09704 55814 08358 66715 14170 77664 14375 88550 25168 99420 36568 11381 37570 22327 44168 33279 42968 44218 45569 55119 62164 66105 61564 21212 00017 15501 11987 25013 22957 27016 33928 26023 44869 25024 55635 30045 66460 28557 77282 26098 88216 25602 99183 26134 11161 26606 22141 26139 33106 26133 31313 52106 82311 61616 11900 25024 22800 27027 33600 30044 =

TTBB 62008 47138 00024 01162 11938 00360 22867 05356 33848 03969 44825 04567 55720 12967 66699 11596 77657 13195 88564 22984 99468 27590 11346 41376 22278 40980 33260 38786 44128 60979 55114 62379 66105 60579 77100 58780 21212 00024 20003 11014 23511 22887 28040 33835 25539 44598 27553 55458 26589 66375 26588 77317 26114 88239 25692 99183 26200 11168 26190 22151 26154 33126 26160 44102 25605 55100 25606 31313 52108 82316 =

TTBB 62008 47158 00025 05120 11016 02759 22011 02160 33005 00461 44993 02058 55963 02257 66823 08147 77815 06161 88803 05965 99758 08569 11705 09186 22552 23976 33473 26780 44389 36377 55350 37771 66326 40572 77297 42572 88269 38377 99245 39178 11177 51774 22157 58372 33143 57972 44121 63171 55117 59572 66105 60572 21212 00025 00000 11982 24010 22957 27018 33897 28022 44801 26537 55717 28535 66478 27078 77408 26581 88353 26116 99299 26123 11271 26170 22216 25688 33158 26181 44148 26154 55121 26148 66104 26111 31313 52108 82305 61616 11900 28022 22800 26537 33600 28049 =

TTBB 62008 47169 00016 06856 11884 03309 22861 02557 33830 04156 44800 05970 55755 05998 66718 07997 77574 21592 88490 24991 99396 35987 11377 35373 22329 42557 33320 41770 44307 40985 55296 42185 66271 38986 77241 40586 88121 64378 99117 61379 11107 63179 22100 61179 21212 00016 29007 11885 26514 22794 27531 33743 30030 44569 29545 55537 27550 66489 27070 77389 26582 88363 26113 99304 26115 11268 25672 22184 25689 33164 26178 44143 26145 55120 25648 66103 26604 77100 26101 31313 52108 82334 =

TTBB 62008 47185 00018 07857 11892 02104 22876 00467 33813 02167 44743 07360 55715 07988 66685 09189 77612 15578 88484 22775 99439 29359 11399 30766 22373 34765 33356 34759 44337 35364 55317 39163 66273 35987 77248 38786 88218 43185 99150 60974 11118 65973 22106 63374 33100 65374 21212 00018 32009 11011 29010 22002 31011 33964 31510 44863 28021 55768 27026 66703 29529 77580 26549 88482 26578 99411 25580 11343 25618 22316 25617 33286 26164 44182 25180 55166 25680 66132 26136 77113 25630 88100 26608 31313 52108 82317 =

고층기상관측전문(TTCC) : 2013.01.12 00:00Z

TTCC 12002 45004 70860 76965 26012 50062 62180 11503 30379 60581 10521 20631 59581 11013 88810 82562 26515 77999=

TTCC 62001 47090 70827 52780 26065 50044 57180 26561 30371 49183 25534 20633 51582 22009 10088 44584 16527 88999 77999 31313 52108 82309 =

TTCC 62001 47102 70826 57980 26581 50039 54581 26574 30369 54181 26055 20629 54181 23528 10082 47184 19028 88999 77999 31313 52108 82312 =

TTCC 62001 47122 70833 52368 26087 50051 52368 27564 30379 57167 27069 20641 48969 24518 10106 37172 17522 88999 77999 31313 52106 82311 =

TTCC 62001 47138 70839 56980 27574 50053 47983 25555 30381 55781 30039 20638 51982 25035 10093 43585 14524 88999 77999 31313 52108 82316 =

TTCC 62002 47158 70840 57172 27084 50055 50177 26565 30386 56977 29543 20643 48979 25043 88999 77999 31313 52108 82305 =

TTCC 62001 47169 70840 62979 26079 50051 50183 28064 30380 57980 30039 20636 57180 25034 10086 48383 20023 88999 77999 31313 52108 82334 =

TTCC 62001 47185 70845 68173 25575 50056 59980 25556 30381 55181 30534 20638 56181 21525 10089 47783 17524 88715 67773 25580 77999 31313 52108 82317 =

고층기상관측전문(TTDD) : 2013.01.12 00:00Z

TTDD 1200/ 45004 11810 82562 22691 76165 33660 71769 44628 72572 55607 71773 66552 60581 77466 63980 88307 60381 99271 62580 11201 59781 22166 50584 33148 55182 21212 11899 28520 22848 28517 33736 23516 44678 28510 55654 27508 66631 30505 77614 00000 88602 19005 99593 19007 11571 20005 22454 07002 33428 01005 44418 04506 55397 03510 66377 08512 77316 09518 88265 13023 99260 13523 11246 11512 22243 11012 33232 12515 44224 12012 55216 09008 66198 11512 77194 11011 88187 05009 99178 03514 11174 04009 22168 08506 33158 05009 44150 06013 55148 05512=

TTDD 6200/ 47090 11978 55177 22920 56777 33892 53778 44734 57779 55715 56779 66672 47583 77516 58580 88482 54181 99461 56980 11428 54181 22419 57780 33391 58580 44335 52982 55326 49583 66230 54581 77198 52182 88195 49583 99177 52382 11150 46384 22123 51382 33117 46784 44104 47983 55092 41185 66078 39786 77071 43585 88059 36987 99055 38186 11050 35587 21212 11923 26072 22873 25082 33769 26091 44674 26050 55601 22531 66539 25534 77502 26561 88465 27053 99421 24043 11391 24567 22361 27069 33341 27078 44321 28070 55290 25017 66274 20517 77251 18012 88223 25028 99204 25013 11198 19008 22195 15010 33193 14011 44176 17514 55170 22013 66168 22013 77150 19521 88122 19533 99110 20028 11103 16525 22091 18018 33072 20549 44062 20042 55058 22042 66050 19040 31313 52108 82309 =

TTDD 6200/ 47102 11854 54581 22725 60179 33583 58180 44469 51982 55443 54781 66358 50383 77292 55181 88265 51382 99240 55781 11215 53382 22204 55381 33189 53981 44178 49383 55139 52582 66122 46784 77083 47783 88067 39386 99059 41785 11054 37987 22051 31989 21212 11983 26105 22860 26570 33722 26085 44618 26065 55399 26572 66365 26552 77311 25555 88292 27056 99260 25025 11240 24040 22226 25531 33217 23020 44211 22022 55197 24025 66190 22025 77184 22529 88177 20022 99168 21010 11161 18007 22156 17513 33140 21529 44131 24024 55118 23512 66113 29512 77112 29510 88108 23006 99107 18510 11106 18013 22103 20524 33100 19530 44096 19022 55093 21518 66091 18012 77089 16508 88087 14512 99084 14520 11081 18030 22078 16534 33072 19533 44069 18533 55067 21033 66063 19536 77056 23038 88053 18542 99051 21040 31313 52108 82312 =

TTDD 6200/ 47122 11957 63364 22608 48969 33459 54768 44423 48769 55359 56567 66293 57767 77279 56367 88270 49969 99227 54768 11210 48369 22177 49169 33154 44170 44130 43771 55120 39972 66086 37772 77083 37972 88078 31974 21212 11805 26090 22717 25591 33625 28065 44547 28062 55386 26059 66283 26571 77202 24518 88174 24516 99166 22010 11142 21013 22122 22022 33107 17523 44081 16018 31313 52106 82311 =

TTDD 6200/ 47138 11992 58580 22777 61779 33735 56980 44636 57380 55602 61579 66561 52982 77508 47383 88422

54781 99381 53182 11340 58580 22302 55581 33278 59780 44246 60179 55240 59180 66237 53382 77225 55181 88197 51982 99178 55181 11168 48583 22146 47184 33124 52582 44105 41985 55093 46984 66078 37987 77071 40386 88059 34788 99052 36387 11046 33588 22039 23591 33032 19193 44031 17194 21212 11948 25115 22877 26586 33768 26593 44661 27064 55553 27075 66467 25543 77430 24545 88408 26551 99377 28072 11342 29562 22331 28062 33313 28540 44292 30537 55252 29018 66242 25027 77224 23542 88212 25046 99195 24029 11189 25023 22181 23015 33177 21021 44171 22030 55153 25024 66150 23018 77147 17512 88136 24506 99132 20010 11125 21026 22121 20032 33115 22528 44110 22027 55108 20021 66105 14523 77100 14524 88092 15505 99090 12517 11087 16529 22083 16020 33081 18016 44076 17534 55066 21032 66064 20519 77062 21024 88061 19024 99059 20521 11056 20527 22054 22514 33053 26011 44052 26011 55051 22507 66050 23510 77049 25515 88048 25019 99047 23510 11046 28001 22045 00000 33044 17510 44043 19021 55042 16528 66039 18036 77037 19534 88035 17522 99033 19022 11032 19023 22031 22521 31313 52108 82316 =

TTDD 6200/ 47158 11987 59972 22761 65170 33732 63571 44682 55373 55604 62372 66594 57573 77573 54374 88469 45579 99357 54577 11328 54377 22323 56977 33275 58576 44264 56377 55242 61575 66221 54577 77209 53777 88204 48779 99189 47580 11171 53178 22158 52179 33157 51979 21212 11856 25605 22788 26587 33741 26597 44678 26576 55612 25079 66549 26582 77482 26562 88424 26075 99354 29046 11286 29041 22262 31036 33245 29532 44230 28542 55220 25039 66209 25050 77184 27510 88175 24001 99167 18010 11159 22524 22157 22024 31313 52108 82305 =

TTDD 6200/ 47169 11984 59780 22752 64978 33717 64378 44677 59180 55575 63778 66553 55381 77489 48783 88388 55981 99339 54581 11242 59380 22216 54781 33202 57580 44196 53382 55180 51982 66147 54181 77129 49183 88120 51982 99118 48383 11101 48783 22094 40786 33079 40985 44068 37387 55059 43385 66057 39186 77053 38386 88050 30589 99042 22192 11037 23192 21212 11965 25100 22835 27077 33674 25086 44600 26067 55541 26579 66483 27551 77451 25574 88405 25071 99376 26569 11335 27553 22303 30041 33285 28534 44270 28546 55254 27523 66237 26535 77231 25529 88219 30523 99212 29017 11206 26022 22198 24037 33182 25533 44175 28018 55170 28010 66163 22513 77152 20019 88144 22025 99136 25518 11131 22517 22126 26011 33125 25510 44123 21505 55122 15510 66121 16510 77120 14510 88119 14513 99116 19010 11112 16019 22109 19521 33106 19515 44104 16016 55100 20022 66093 19531 77092 20028 88090 18028 99088 19525 11086 17522 22083 21010 33082 18004 44080 19011 55079 20511 66077 25019 77076 23018 88075 24523 99073 26017 11072 22511 22071 22014 33070 21015 44069 21516 55068 18513 66067 17519 77066 19020 88064 18518 99062 19015 11060 24020 22059 26025 33057 23019 44055 23537 55053 25026 66052 24518 77051 25521 88050 23022 99047 23527 11045 18522 22044 17533 33043 18039 44041 20532 55039 21021 66037 18530 31313 52108 82334 =

TTDD 6200/ 47185 11888 68772 22853 62973 33715 67773 44696 67973 55659 59975 66610 55380 77568 54981 88489 60179 99476 53182 11462 51782 22376 59180 33289 53781 44239 59380 55218 58780 66192 56181 77179 51182 88136 51982 99122 48183 11104 48783 22095 46384 33081 37587 44059 40786 55054 38386 66051 31589 77048 27590 21212 11922 26593 22746 25077 33659 26577 44586 27052 55568 26044 66531 24054 77465 28059 88391 27558 99352 29060 11304 31033 22257 23026 33239 27023 44228 27019 55216 31018 66211 29012 77203 22021 88195 22030 99171 29015 11167 26512 22162 23016 33154 23016 44144 27020 55133 22521 66128 21524 77123 17521 88117 17015 99110 18032 11096 17520 22094 18523 33092 22023 44089 24021 55084 25516 66082 23513 77079 22016 88075 25025 99071 25030 11066 26516 22061 28528 33060 28522 44058 26012 55056 24015 66054 26027 77052 27517 88051 26014 99048 26523 31313 52108 82317 =

VII. 일기도용 백지도(지상)

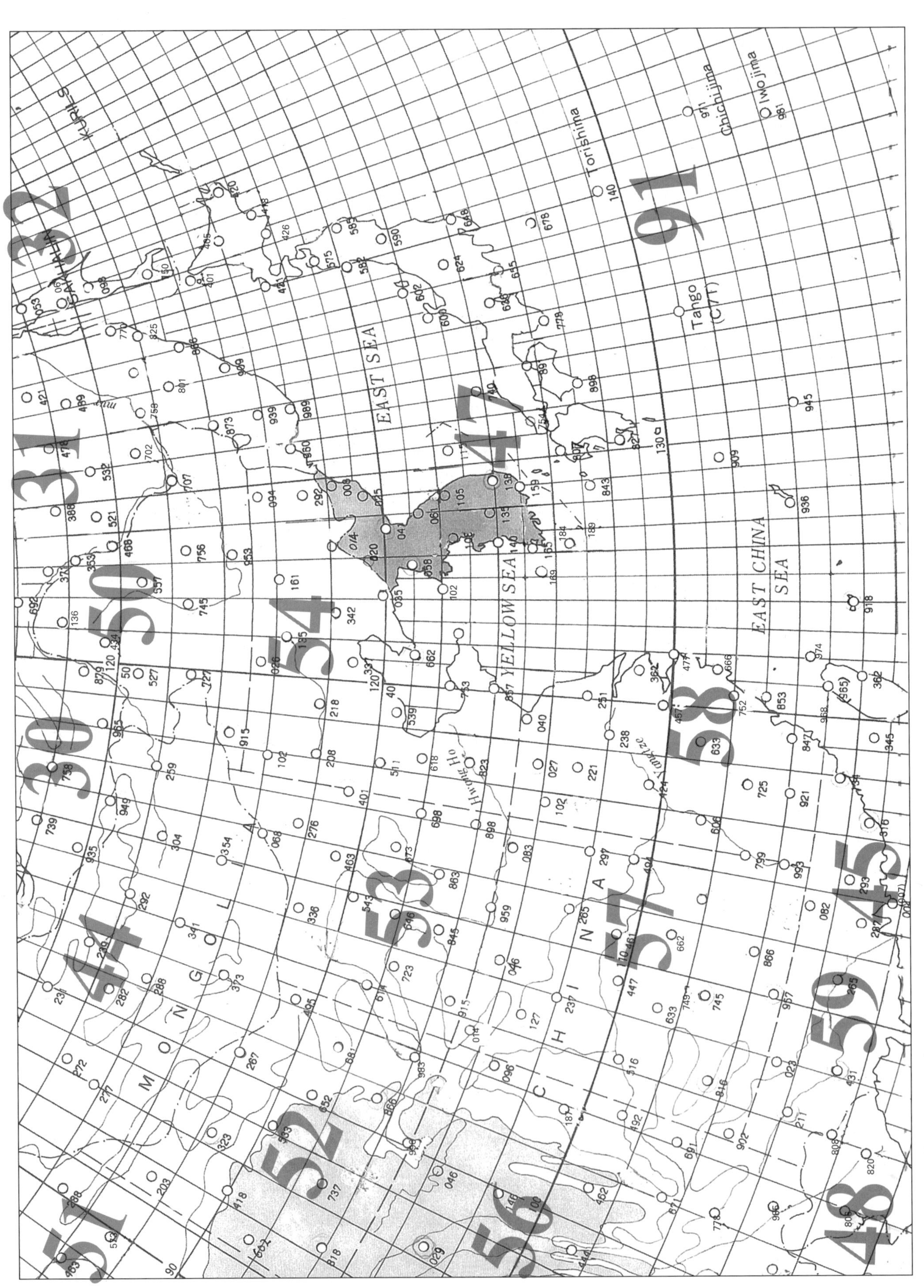

VIII. 기입일기도(지상)

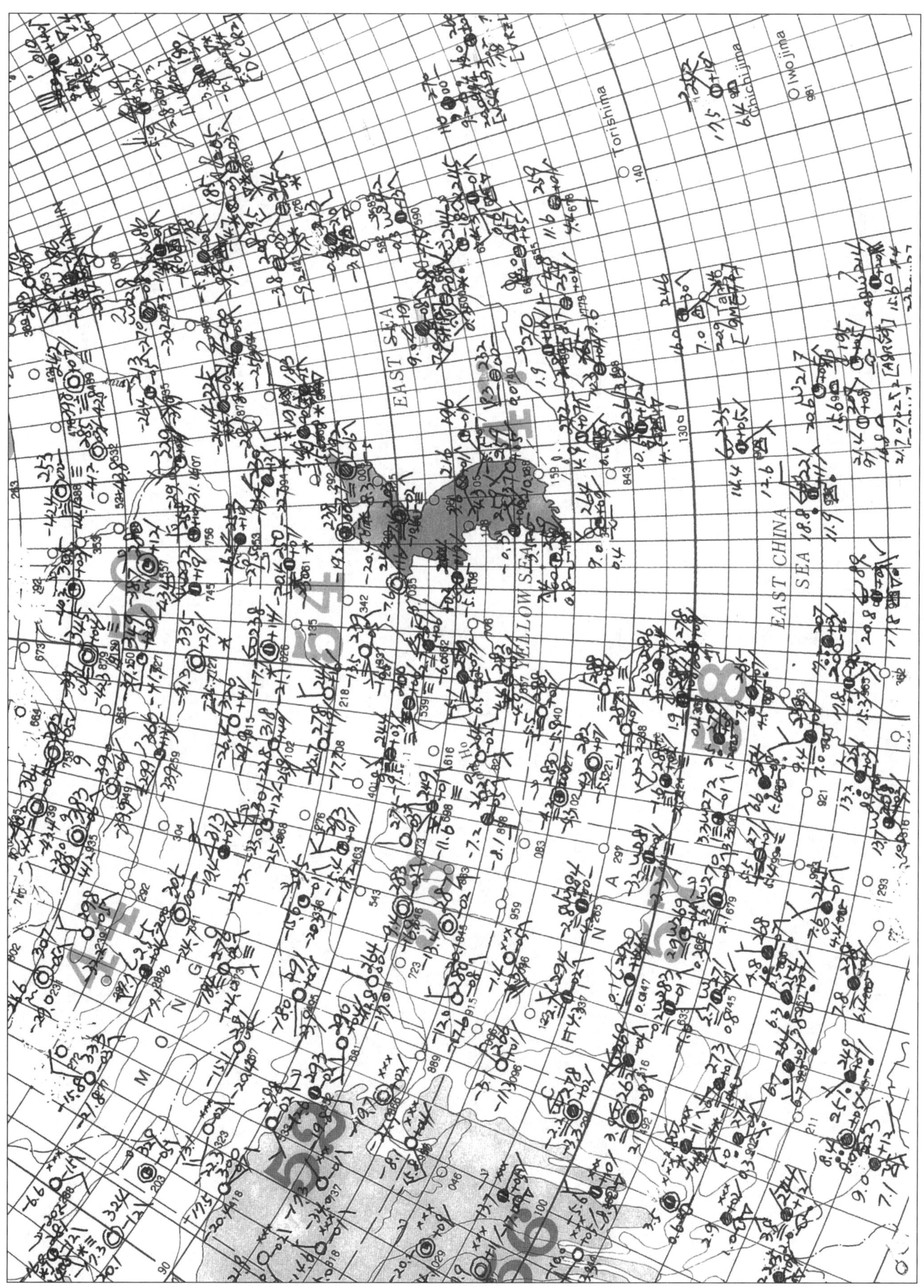

IX. 일기도용 백지도(상층)

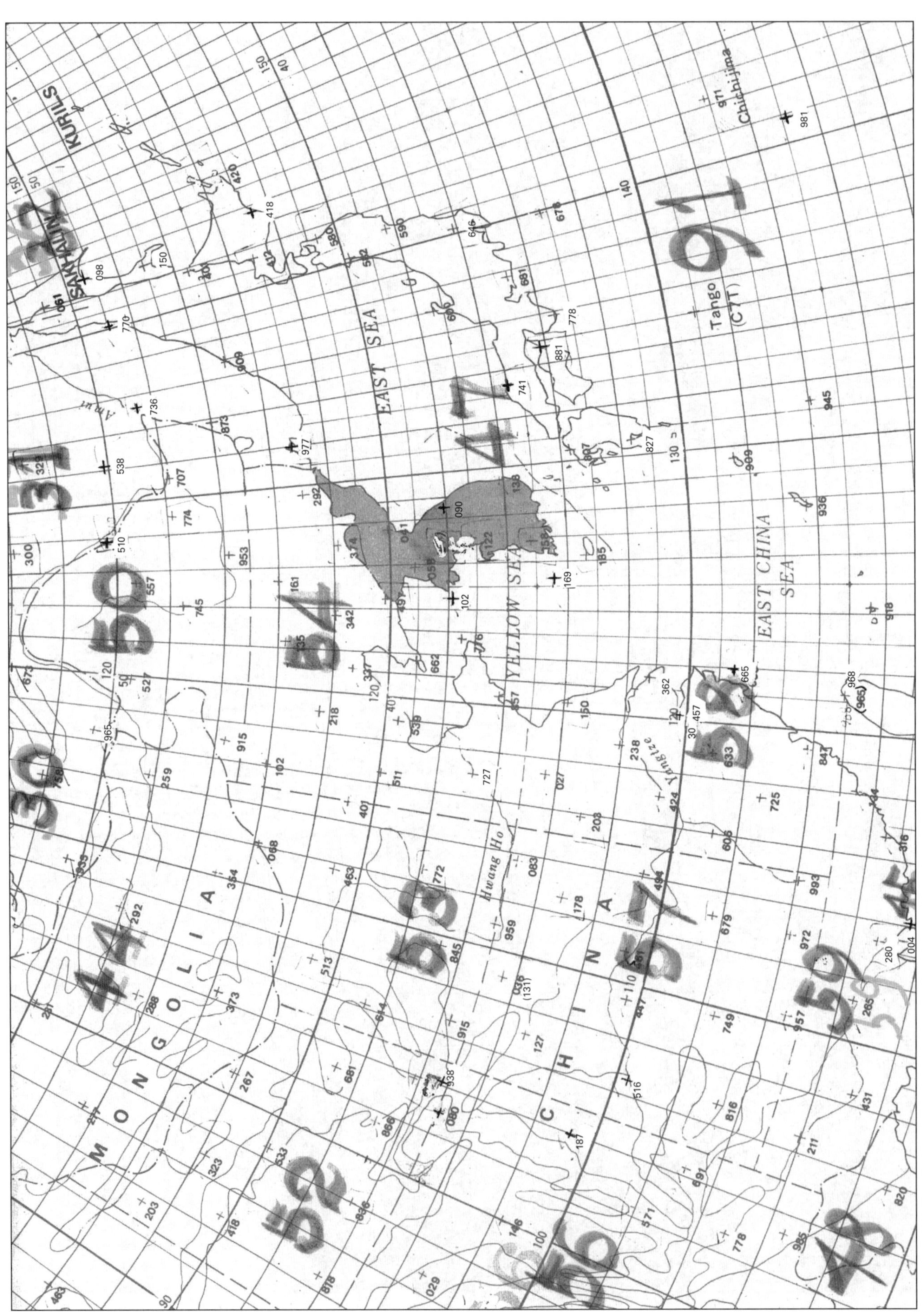

X. 기입일기도(500hPa)

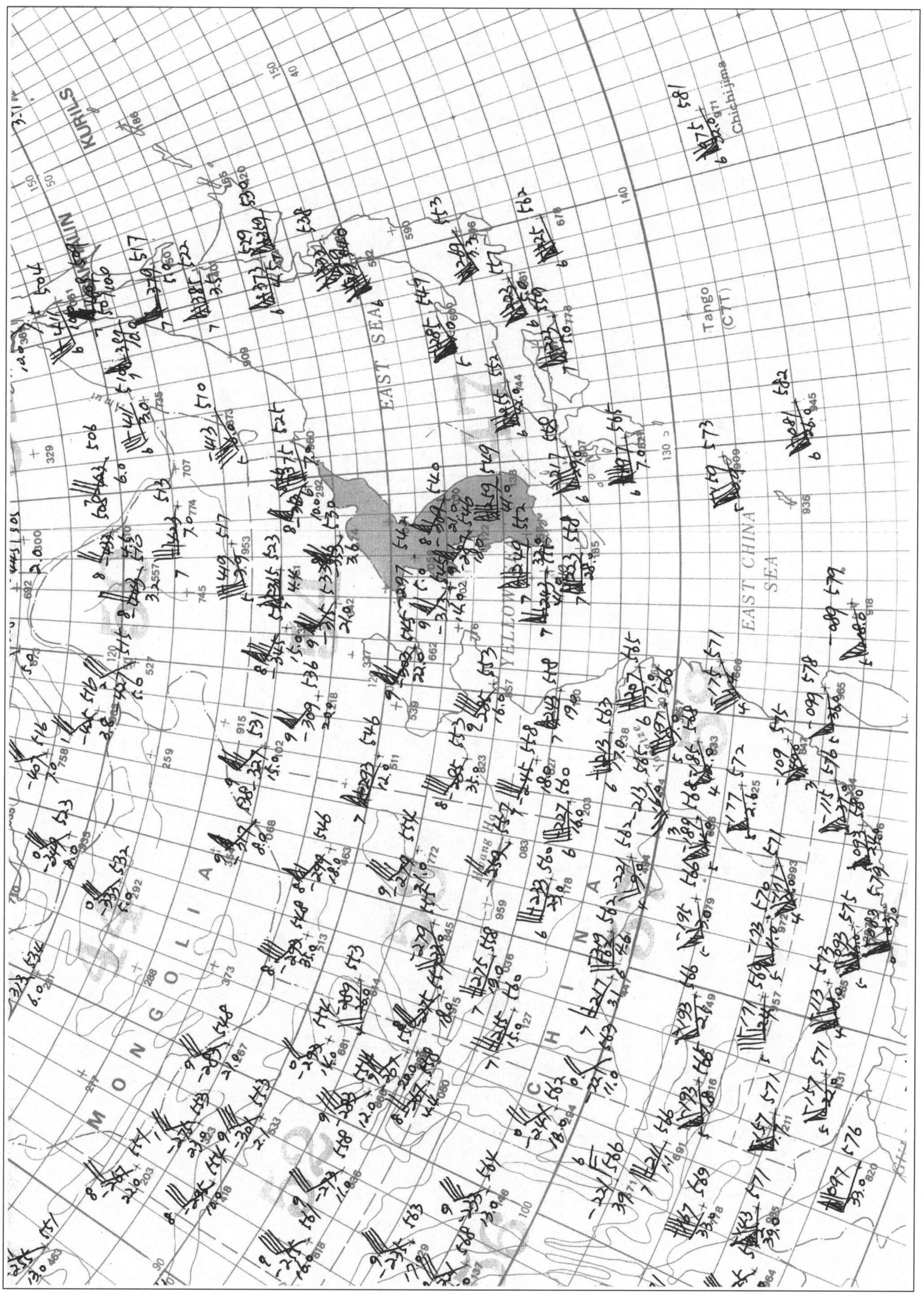

XI. 지상일기도(묘화예시)

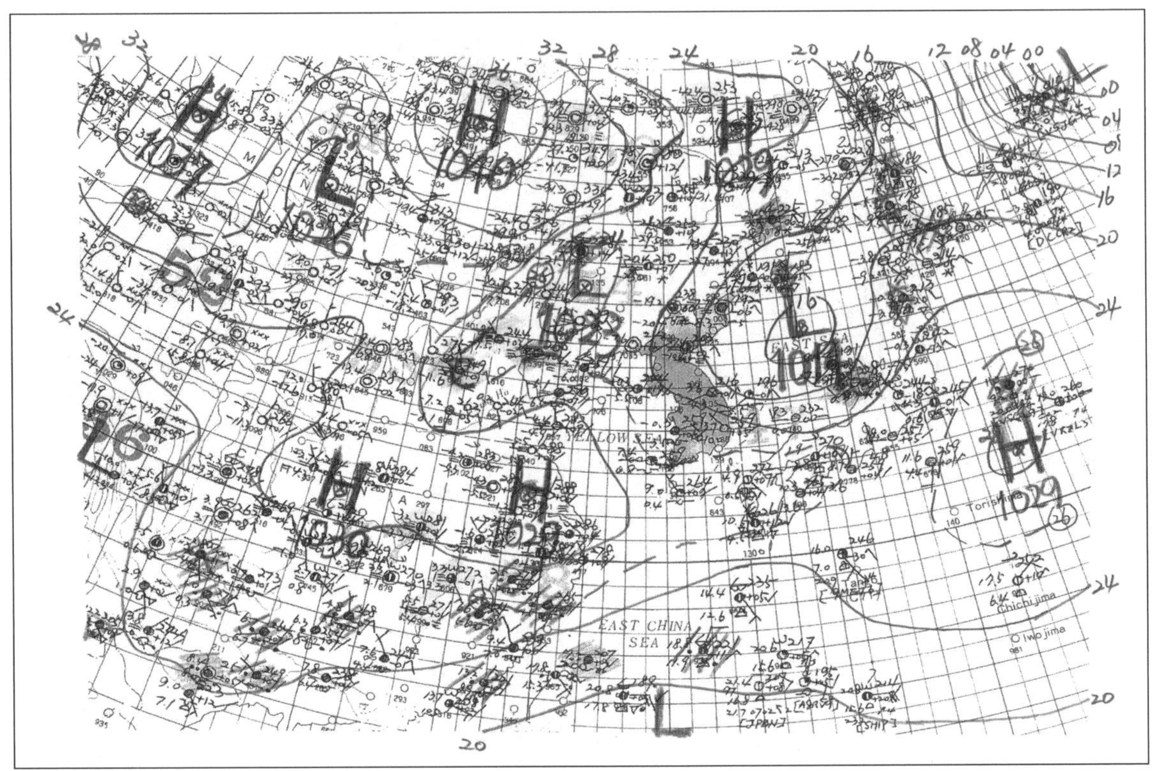

XII. 500hPa일기도(묘화예시)

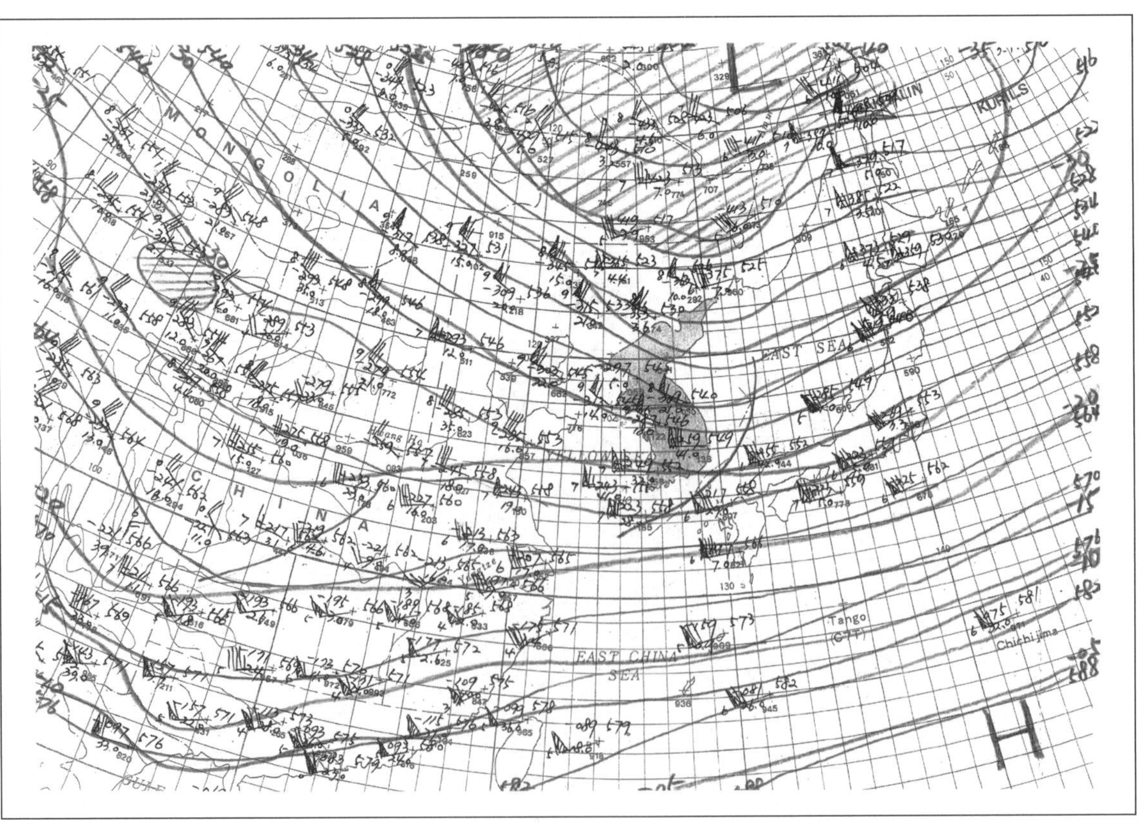

XIII. 단열선도

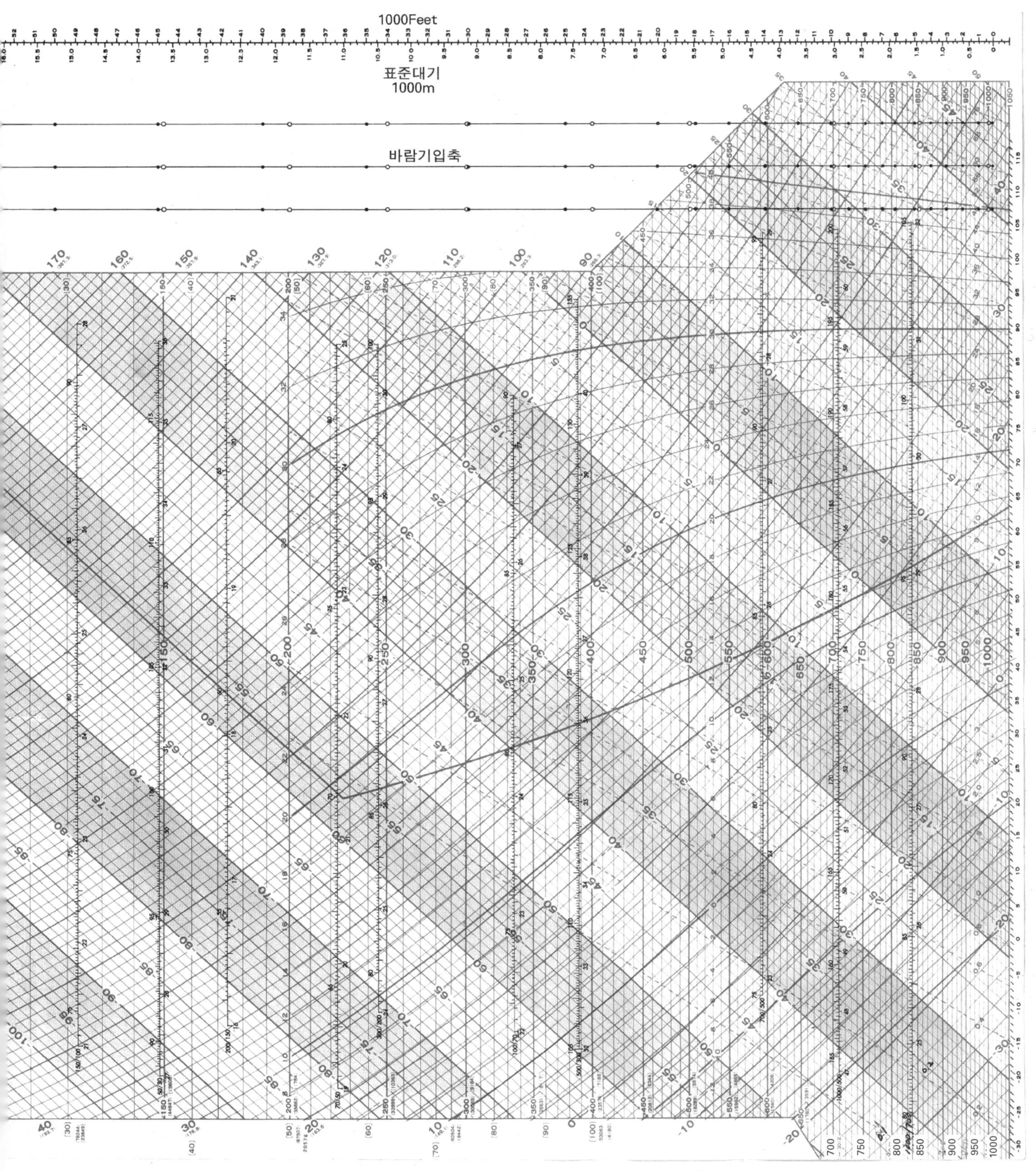

찾아보기

(ㅈ)

Meteorological analysis
and weather forecast

기상분석과 일기예보

초판 2쇄 ● 2016년 2월 28일

지은이 ● 홍성길
펴낸이 ● 양진숙
펴낸곳 ● 교학연구사

관 리 ● 황현준 · 이윤화
편집·디자인 ● 김윤경

주소 ● 서울특별시 마포구 공덕동 105-67번지
전화 ● 02-717-3554(영업부)
전화 ● 02-703-1140(편집부)
팩스 ● 02-717-3567

등록 ● 제10-17호(1980.4.14)

정가 ● 30,000원
ISBN 978-89-354-0517-6 93450